演算法設計
基礎、分析與網際網路實例

Algorithm Design
Foundations, Analysis, and Internet Example

Michael T. Goodrich、Roberto Tamassia　原著

劉傳銘　編譯

WILEY

全華圖書股份有限公司

前言

本書的構思乃是爲電腦演算法及資料結構的設計與分析提供一廣泛的介紹。在計算機科學與工程的學業中，我們所寫的這本書主要是供大三、大四演算法課程 (CS7) 之用，在部分學校中，這是研究所第一年的課。

主題

本書所涵蓋演算法設計與分析的各種主題範圍廣大，列舉如下：

- **演算法分析與設計：**包括漸進表示法、最差狀況分析，以及攤銷式、隨機式、實驗式等分析法
- **演算法設計模式：**包括貪婪法、各個擊破法、動態程式設計、回溯法以及分支限制法
- **演算法架構：**包括 NP 完整性、估計演算法、線上演算法、外部記憶體演算法、分散式演算法以及平行演算法
- **資料結構：**包括串列、向量、樹、優先權佇列、AVL 樹、2-4 樹、紅黑樹、外張樹、B 樹、雜湊表、跳躍串列、聯集尋找樹
- **組合演算法：**包括雜湊排序、快速排序、合併排序、選擇、平行串列排名、平行排序
- **圖形演算法：**包括走訪 (DFS 及 BFS)、拓撲排序、(完全配對及單一源點之下的) 最短路徑 、最小生成樹、最大流量、最小成本流量以及比對。
- **幾何演算法：**包括範圍搜尋、凸多邊形包覆、線段交集、最近配對。
- **數値演算法：**包括整數、矩陣、多項式乘法、快速傅立葉轉換、擴充的歐幾里德演算法、模數取冪以及質數檢驗。
- **網路演算法：**包括封包路由、群播、領袖選舉、加密、數位簽章、文字樣式比對、資訊擷取、資料壓縮、網頁快取以及網路拍賣。

關於作者

Goodrich 教授及 Tamassia 教授皆是知名的資料結構及演算法研究者，在這個領域已發表了許多論文，內容涵蓋網路計算的應用、資訊的視覺化、地理資訊系統以及電腦安全性。他們曾參與多項合作研究，並且在美國國家科學基金會、陸軍研究處、國防部先進研究計畫署等機構資助的多項聯合計畫中，擔任主要研究者。他們在教育科技研究領域也很活躍，特別是演

算法視覺呈現系統及遠距教學支援架構方面。

Michael Goodrich於 1987 年在普渡大學計算機科學系取得博士學位，他目前是加州大學 Irvine 分校資訊及計算機科學系的教授。在此之前，曾擔任過約翰霍普金斯大學計算機科學教授，Hopkins 中心的演算法工程的總監。他是 International Journal of Computational Geometry & Applications、Journal of Computational and System Sciences，以及 Journal of Graph Algorithms and Applications 等期刊的編輯。

Roberto Tamassia於 1988 年在Urbana-Champaign的伊利諾大學計算機工程系取得博士學位，目前是伯朗大學計算機科學系教授及幾何計算中心總監。他是 Computational Geometry: Theory and Applications 以及 Journal of Graph Algorithms and Applications 的編輯，並曾任 IEEE Transactions on Computers 編輯委員會成員。

除了在研究方面的成就之外，這兩位作者也擁有豐富的教學經驗。例如，Goodrich 博士自從 1987 年起便開始教授大一大二的資料結構，以及較高年級的演算法介紹課程，其教學能力爲他贏得了多項教學獎項。他的教學風格是讓學生在課堂互動中發掘資料結構及演算法背後的直覺與意義，並且爲需要精確數學分析的問題建立起解答公式。Tamassia從 1988 年起便開始教授大一的資料結構與演算法概論。他也吸引了許多學生 (包括高年級生) 修習他所開的幾何計算進階課程，這門課在伯朗大學是資訊科學系研究所的課程。他的教學風格與眾不同之處，在於有效的超媒體呈現方式，延續了伯朗大學「數位教室」的傳統。Tamassia 博士精心設計的教學網頁，已成爲全球師生的參考教材。

給教師的話

本書主要供三、四年級的演算法課程 (CS7) 做爲教科書，在某些學校中是研究所第一年的課程。本書包含許多習題，並分爲複習題、挑戰題、軟體專案等三部分。本書某些方面是專爲教學者設計的，包括：

- **視覺化的解說 (亦即以圖解證明)**：使學生更容易了解數學論證，對於習於以視覺學習者很具吸引力。我們的視覺化由下往上堆積建構就是視覺化解說的一例，這個主題在過去很難表達得讓學生了解，因此教師得花許多時間來解釋；利用圖解來證明，便能達到直覺、嚴謹且快速。
- **演算法設計模式**：內容說明了演算法設計與實作的技巧，例如各個擊破法、動態程式設計、裝飾模式以及樣版方法模式。

- **隨機法的使用：**利用演算法中的隨機選擇，簡化其設計與分析。使用隨機法，便能以簡單資料結構及演算法的直覺分析，取代設計繁複之資料結構所用的複雜平均狀況分析，例如跳躍串列、隨機快速排序、隨機快速選擇以及隨機質數驗證。
- **網路演算法主題：**包括以全新的網路觀點來討論傳統的演算法主題，或是衍生自網路應用程式的新演算法。例如資訊擷取、網頁走訪、封包路由、網路拍賣演算法以及網頁快取演算法。我們發現以網路應用程式來介紹相關演算法主題，可以明顯地激發學生的學習興趣。
- **Java 實作範例：**包括軟體設計方法、物件導向設計議題，以及演算法的實驗分析。我們以獨立章節提供這些實作範例，因此教師可以列為上課內容的一部分，也可以將它指定為課外作業，或是直接略過不用。

本書的架構使教師能自由地安排教材的組成與呈現方式。而且，章與章之間的相依性並不高，教師可依其演算法課程需要做彈性調整，以強調他(她)覺得最重要的主題。本書討論了很多網路演算法方面的主題，您將會發現學生對此很感興趣。此外，我們也在其他章節安排了傳統演算法的網路應用程式範例。

表 0.1 所示為本書在傳統演算法概論課程 (CS7) 中的使用方式，裡面也涵蓋一些因網路而生的新演算法。

本書也可當作專門的網路演算法課程用書，可根據網路的全新角度來複習一些傳統演算法主題，同時涵蓋因應網路應用程式而生的新演算法。表 0.2 所示為本書在此類課程中的使用方式。

當然，本書還可以用在其他課程安排中，例如傳統演算法概論 (CS7) 與網路演算法的混合課程，在此便不贅述，留給有興趣的教師來發揮創意吧！

網路輔助教材

本書的教學網站請見

http://www.wiley.com/college/goodrich/

這個網站蒐集了許多教學資源，可用來加強本書各主題。我們也特別為學生準備了：

章	主題	選讀
1	演算法分析	實驗分析
2	資料結構	堆積的 Java 範例
3	搜尋	第 3.2 到 3.5 節擇一
4	排序	原位快速排序
5	演算法技巧	FFT
6	圖形演算法	DFS 的 Java 範例
7	加權圖	Dijkstra 的 Java 範例
8	網路流與配對	安排在課程之末
9	文件處理 (至少一節)	trie
12	計算幾何	安排在課程之末
13	NP 完整性	回溯
14	演算法架構 (至少一節)	安排在課程之末

表 **0.1**：傳統演算法概論課程 **(CS7)** 的教學大綱範例，包括每章的選讀內容。

章	主題	選讀
1	演算法分析	實驗分析
2	資料結構 (包括雜湊)	快速複習
3	搜尋 (包括第 3.5 節的跳躍串列)	搜尋樹的 Java 範例
4	排序	原位快速排序
5	演算法技巧	FFT
6	圖形演算法	DFS 的 Java 範例
7	加權圖	MST 演算法擇一省略
8	網路流與配對	配對演算法
9	文件處理 (至少一節)	樣式比對
10	安全性與密碼學	Java 範例
11	網路演算法	群播
13	NP 完整性	安排在課程之末
14	演算法架構 (至少二節)	安排在課程之末

表 **0.2**：網路演算法課程的教學大綱範例，包括每章的選讀內容。

- 幾乎本書所有主題的上課投影片 (每頁四張)
- 存放了部分作業提示的資料庫，可用習題號碼檢索。
- 互動式 applet，以及資料結構和演算法動畫。
- 本書中 Java 範例原始碼。

我們覺得提供提示的功能會特別令人感興趣，特別是挑戰題，對某些學生來說是很有難度的。

網站中也爲使用本書的教師開闢了一個專區，內含下列教學輔助資源：

- 本書部分習題解答
- 補充習題及解答的資料庫
- 幾乎本書所有主題的上課投影片 (每頁一張)

想要親手實作演算法及資料結構的讀者，可至下列 URL 下載 JDSL (Data Structures Library in Java)：

http://www.jdsl.org/

先修科目

本書是預設提供給已有一定程度的學生。具體而言，我們假設讀者已了解基本的資料結構，例如陣列和串列，並且至少初步熟悉一種高階語言，例如 C、C++或 Java。僅管如此，本書中全部演算法仍是以高階「虛擬碼」寫成，只有在選讀的 Java 實作範例章節中，才以特定語言寫出程式。

在數學背景方面，我們假設讀者已熟悉大專一年級數學課的各主題，包括指數、對數、級數、極限，以及基本的機率。僅管如此，我們還是在第一章中復習了上述範圍中的大部份數學事實，包括指數、對數與級數，並且將其他實用的數學事實 (包括基本機率) 整理在附錄 A 中。

目錄

Part

I 演算法分析

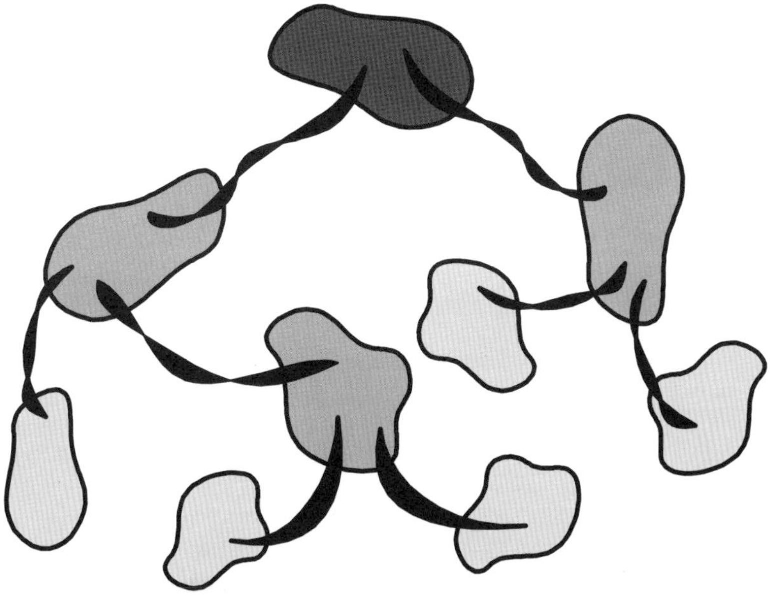

Chapter

1 演算法分析

在古老的故事當中，有一個著名的數學家阿基米德 (Archimedes) 受國王委託，檢驗皇冠是否由純金製成，因爲有告密者向國王告密說皇冠並非純金，而是參雜了銀的成分在裡面。阿基米得在希臘 (Greek) 大澡堂裡面找到檢驗的方法。

他注意到泡入水中的物體體積，相當於所溢出的水的體積。他領悟到這個事實所隱藏的意義，沒有穿衣服就立即從澡堂跑出去，並且在城市當中大喊：「我找到了，我找到了！」，因爲他找到了一種分析方式 (排水量)，只要配合簡單的量器就能判斷皇冠的好壞。不過這個發現對金匠來說非常不幸，當阿基米得完成這個分析之後，發現皇冠的體積大於相同重量的金塊，這就表示皇冠並不是純金。

在本書當中，我們感興趣的是設計「好的」演算法以及資料結構。簡單來說，**演算法 (algorithm)** 就是在有限的時間內，使用一步接著一步的程序來執行某項工作。**資料結構 (data structure)** 就是使用有系統的方法來組織和存取資料。這個概念是電腦計算的核心概念，但是要能分辨哪些是「好的」演算法和資料結構，我們必須有嚴謹的分析方法。

在本書當中，我們使用的主要分析方式，在於描述出演算法和操作資料結構的執行時間特性，此外空間使用量 (space usage) 也是我們感興趣的課題。因爲時間是寶貴的資源，所以執行時間自然也是判定「好壞」的因素。但是將判斷優劣的主要方法放在執行時間 (running time)，意謂著我們需要使用一點數學來描述執行時間和比較演算法。

本章的一開始，我們會介紹分析演算法所需要的基本架構，其中包括描述演算法的語言、使用此語言的計算模型以及評估執行時間時所包含的主要因素，並且簡單討論分析遞迴演算法的方式。在第 1.2 節當中，我們介紹一種描述執行時間特性的主要表示法，也就是所謂的「big-O」。以上就是設計與分析演算法的主要理論工具。

在第 1.3 節當中，我們先暫停一下演算法分析架構的發展工作，在該節中先複習一些重要的數學事實，其中包含總和、對數、證明技巧與基礎的機率。利用這些背景知識以及演算法分析表示法，我們在第 1.4 節當中，使用實例探討理論演算法分析。我們在第 1.5 節的例子之後提供一個稱爲攤銷的有趣的分析技巧，這個技巧允許我們交待許多個別運算所形成的整體行爲。最後，在第 1.6 節當中，我們介紹一個重要且實用的分析技巧—實驗法，作爲本章的結論。在該節中，我們討論良好實驗架構的主要原則，以及由實驗分析中找出結論及資料特性的技巧。

1.1 演算法分析方法論

演算法或操作資料結構所需的分析時間，通常與幾種因素有關，那麼，什麼才是測量執行時間的正確方法？假如已經實作出一個演算法，我們可以使用不同的測試資料來執行它，並且紀錄下每次的實際執行時間，以此研究這個演算法的執行時間。測量執行時間的精確方法，就是在撰寫演算法時加入程式語言或作業系統的系統呼叫。一般來說，我們感興趣的是輸入的資料大小和演算法執行時間之間的關係。要找出這個關係，我們可以使用許多不同大小的資料來執行測試。如果想要利用圖形來看出這種關係，可以將每次演算法的執行結果，畫在以輸入資料大小 n 為 x 軸，以執行時間 t 為 y 軸的座標圖中。(請看圖 1.1) 為了要使結果更有意義，這個分析必須選擇好的樣本，並且做足夠的測試，這樣才能建立正確的統計論點，我們在第 1.6 節當中會再討論更進一步的細節。

一般來說，演算法或資料結構所需的執行時間會隨著輸入資料變大而成長，雖然使用同樣大小的輸入資料也可能會得到多種不同的結果。演算法執行時間也會受到撰寫、編譯以及執行該演算法時所在的硬體環境 (如處理器，時脈，記憶體，磁碟等等)。或軟體環境 (如作業系統，程式語言，編譯器，直譯器等等) 的影響。例如在所有其他條件都相同之下，使用相同的輸入資料來執行同樣的演算法，在較快的電腦上執行時間會比較快，而先將程式編譯成機器語言來執行，也會比在虛擬機器上以直譯器執行還快。

一般分析方法論的要件

我們在第 1.6 節看到，以實驗法來研究執行時間是蠻有用的，但是會面臨以下幾種限制：

- 只能使用有限的測試資料來做實驗，而且必須小心地選擇具有代表性的資料。
- 必須在同樣的硬體與軟體環境下進行執行時間的實驗，否則要比較演算法的效率會很困難。
- 必須實際撰寫並執行演算法才能以實驗的方式得知演算法的執行時間。

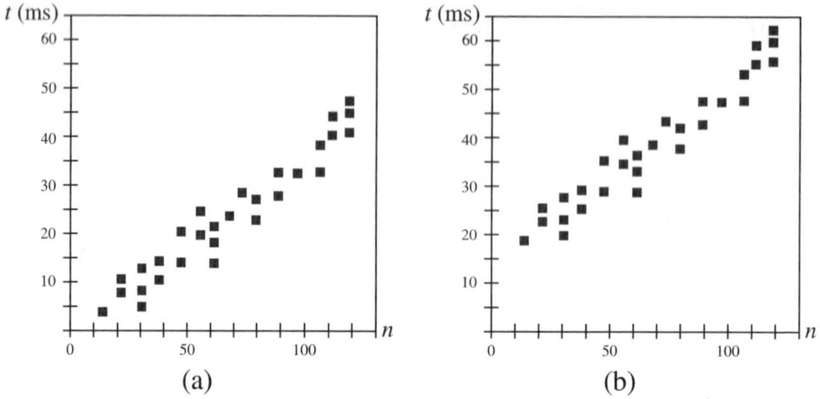

圖 **1.1**：某演算法執行時間的實驗研究結果。圖中點的座標 (n, t) 當中的 n 代表輸入資料大小，t 代表演算法的執行時間，單位是毫秒 **(ms)**。 **(a)** 在較快的電腦上執行演算法所得到的結果。**(b)** 在較慢的電腦上執行演算法所得到的結果。

所以實驗法雖然在演算法分析當中扮演很重要的角色，但是只靠實驗是不夠的。因此除了實驗法之外，我們希望能夠有一個分析架構，它具有有以下特色：

- 能將所有可能的輸入情形考慮進去。
- 可以使用與軟硬體環境無關的方式，來評估兩個演算法效率的高下。
- 使用演算法的高階語言描述，也能夠適用這套架構，而不必實際撰寫或執行該演算法。

這個方法的目標，是爲每一個演算法找出一個相關的函式 $f(n)$，該函式以輸入資料的大小 n 來描述執行時間的特性。我們以含有 n 和 n^2 的函數做代表。例如，當我們寫出「演算法 A 的執行時間和 n 成正比」這樣的敘述，意思就是如果執行實驗，會發現演算法 A 對於輸入任意資料大小 n，執行時間都不會超過 cn，其中 c 是常數，與使用的軟硬體環境有關。如果有兩個演算法 A 和 B，其中 A 的執行時間和 n 成正比，B 的執行時間和 n^2 成正比，我們會偏愛 A 而不是 B，因爲函數 n 的成長率比函式 n^2 的成長率小。

我們現在已經準備好「捲起袖子」，開始建立我們的演算法分析方法論。這個方法論由以下幾個項目組成：

- 描述演算法的語言
- 執行演算法所用的計算模型
- 測量演算法執行時間的矩陣

- 描述演算法執行間的方法，包含遞迴演算法

我們將在本節接下來的部分描述這些項目的細節。

1.1.1 虛擬碼

程式設計師常會被要求描述一個演算法，讓其他人可以直接清楚看到該演算法。這種描述並非電腦語言，但是比平常的文章更結構化。它們在分析高階演算法以及資料結構的時候非常有效。我們將這種描述稱爲虛擬碼(pseudo-code)。

虛擬碼的實例

陣列最大數問題，是一個要在儲存 n 個整數的陣列 A 當中找出最大整數的簡單問題。我們可以用稱爲 arrayMax 的演算法來解這個問題，這個演算法使用 **for** 迴圈來來掃描 A 當中所有的元素。

演算法的虛擬碼描述列在演算法 1.2 之 arrayMax 當中。

```
Algorithm arrayMax(A,n):
  Input: An array A storing n ≥ 1 integers.
  Output: The maximum element in A.
 currentMax ← A[0]
 for i ← 1 to n − 1 do
   if currentMax < A[i] then
     currentMax ← A[i]
 return currentMax
```

演算法 1.2：arrayMax 演算法。

要注意虛擬碼比實際的軟體程式碼還要精簡。而且虛擬碼比較容易閱讀，也較容易了解。

使用虛擬碼來證明演算法的正確性

經由觀察虛擬碼，我們可以使用簡單的敘述來說明 arrayMax 演算法的正確性。*currMax* 變數的的初始值與 A 第一個元素的值相等。我們宣稱迴圈第 i 次疊代開始的時候，*currMax* 等於 A 中前 i 個元素的最大值。由於我們會在第 i 次疊代比較 *currMax* 和 A[i]，如果這個宣稱在這次疊代之前成立，則在第 $i+1$ (記數器 i 的下一個值) 次疊代也成立。所以，執行第 $n-1$ 次疊代之後，*currMax* 將會等於 A 當中的最大元素。如同這個例子，我們希望我們的虛擬碼描述的細節，足以判斷該演算法的正確性，並且夠簡單以令

讀者瞭解。

什麼是虛擬碼？

虛擬碼是自然語言與高階程式構造的混合，用來描述資料結構或演算法實作背後的概念。虛擬碼語言並沒有嚴格的定義，因爲它依賴自然語言而存在。同時爲了明確，虛擬碼混合了標準程式語言的構造與自然語言。我們所選擇的程式構造，與 C、C++和 Java 等現代高階程式語言一致，包含下列元件：

- **運算式：**我們使用標準的數學符號來表示數值與布林值運算。在設值 (assignment) 運算式當中，我們使用向左箭號 (←) 來代表設值運算子 (相當於 C、C++和 Java 當中的 = 運算子)。並且使用等號(=)當作布林運算式當中的相等關係 (相當於C、C++和Java當中的「==」關係)。
- **method 宣告：Algorithm** 函數名 (參數 1、參數 2、…) 宣告一新 method 的「函數名」以及它的參數。
- **判斷結構：if** 條件 **then** 爲眞時的動作 [**else** 爲僞時的動作]。我們使用縮排來表示動作屬於條件爲眞或爲僞的範圍。
- **While 迴圈：while** 條件 **do** 動作。我們以縮排來表示動作包括在迴圈範圍中。
- **Repeat 迴圈：repeat** 動作 **until** 條件。我們以縮排來表示動作包括在迴圈範圍中。
- **For 迴圈：for** 變數增值定義 **do** 動作。我們以縮排來表示動作包括在迴圈範圍中。
- **陣列索引：**A[i] 表示陣列 A 的第 i 個位置。有 n 個位置的陣列 A 的編號由 $A[0]$ 到 $A[n-1]$ (與 C、C++和 Java 一致)。
- **method 的呼叫：** object.method (引數) (在不會混淆的情形下，可以省略 object)。
- **方法的傳回： return** 值。這個運算將值傳回給呼叫此 method 的那個 method。

當我們寫虛擬碼的時候，我們必須記住是要寫給人看的，而不是寫給電腦看的。所以我們必須努力使用高階的概念來與人溝通，而不是低階的實作細節。同時，我們不必將重要的步驟做註解。如同許多人類溝通的模式，找到正確的平衡點是重要的技巧，必須經由許多練習。

現在我們已經建立了描述演算法的高階方法，再來我們會討論如何分析虛擬碼寫成的演算法，找出它的特徵。

1.1.2 隨機存取機器 (RAM) 模型

如同我們以上的說明，用實驗的方式作分析是有價值的，但是有它的限制。如果我們要分析一個特定的演算法，但是不經由實驗來測試執行時間，我們可以使用以下的分析方法，直接分析高階碼或是虛擬碼。我們定義一組高階基本運算 (primitive operations)，這組運算無關乎使用哪一種程式語言，即使是虛擬碼也同樣適用。基本運算包括以下動作：

- 將某個值設定給某變數
- 呼叫 method
- 執行算術運算 (例如將兩個數字相加)
- 比較兩個數
- 陣列索引動作
- 追蹤某物件的 reference
- 從一個 method 返回

更清楚的說，一個基本運算相當於一個執行時間受軟硬體環境影響的低階指令，不過該指令的執行時間是常數。我們不嚐試測量每一個基本運算確實的執行時間，而是去數 (count) 執行了多少個基本運算，並且使用數字 t 當作演算法執行時間的高階估計。我們所得到的運算數目，與特定軟硬體環境下的執行時間相關，其中每一個基本運算相當於常數時間指令，並且只有固定個數的基本運算。這個方法隱含的假設是：各個不同的基本運算，執行時間都很相似。所以演算法當中執行的基本運算個數 (數字 t)，和演算法的實際執行時間成正比。

RAM 機器模型的定義

上述方法只須計算基本運算數目，由此可衍生一個計算模型，稱爲隨機存取機器 (Random Access Machine) (RAM)。不要把這個模型和「隨機存取記憶體」混淆了。這個模型，將電腦簡單地當作是一顆 CPU 連接到一堆記憶體單元所組成。每一個記憶體單元儲存一個字，可以是數字、字元字串或是位址，也就是某一基本型別的值。所謂「隨機存取」，指的是CPU使用一基本運算，就能存取任意記憶體單元。爲了使模型簡化，我們不限制每一記憶體單元所能儲存的數字大小。我們假設RAM模型中的CPU執行任何基本運算僅須常數個步驟，並且和輸入的大小無關。所以，演算法所執行基本運算個數的精確上限，就相當於演算法在 RAM 模型上面的執行時間。

1.1.3 計數基本運算

我們現在使用演算法 1.2 這個範例，說明如何計算演算法所執行的基本運算個數，該演算法之虛擬碼見前述 arrayMax。我們將這個分析的焦點放在演算法的每一個步驟，以及計算其中基本運算的個數，並且要考慮某些運算被重複執行，因爲它們被包在迴圈當中。

- 將變數 *currentMax* 初始化成 $A[0]$ 相當於兩個基本運算 (在陣列中執行索引動作並設值到變數當中)，且該動作只在演算法開始時執行，所以這個動作使運算總數加二。
- 在 for 迴圈開始的時候，計數器 i 會初始化爲 1。這個作相當於執行一次基本運算 (將變數設定一個值)。
- 在進入 for 迴圈之前，會先檢查條件 $i<n$。這個動作相當於執行一個簡單指令 (比較兩個數)。由於計數器的值 i 是由 0 開始，而且計數器的值會在每一次疊代的結尾處遞增 1，因此 $i<n$ 的比較動作會執行 n 次。所以這個動作使運算總數加 n。
- for 迴圈的本體執行了 $n-1$ 次 (計數器的值爲 1、2、…、$n-1$)。在每一次疊代中，$A[i]$ 會與 currentMax 作比較 (兩個基本運算，索引動作和比較)，$A[currentMax]$ 可能會設值給 currentMax (兩個基本運算，索引動作和設值)，然後計數器 i 遞增 (兩個基本運算，相加與設值)。所以，在迴圈的每一次疊代中，會執行 4 個或 6 個基本運算，端視 $A[i] \le currentMax$ 或 $A[i] > currentMax$ 合者成立。所以迴圈的本體使運算總數增加 $4(n-1)$ 與 $6(n-1)$ 之間。
- 傳回變數 *currentMax* 的值相當於一次基本運算，並且只會執行一次。

綜上所述，演算法 arrayMax 執行的基本運算總數至少有

$$2+1+n+4(n-1)+1 = 5n$$

而最多是

$$2+1+n+6(n-1)+1 = 7n-2$$

當 $A[0]$ 是最大元素的時候會發生最佳情形 ($t(n) = 5n$)，在這個情形下，變數 *currentMax* 不會被重新設值。當元素以遞減的方式排列時，會發生最差情形 ($t(n) = 7n-2$)，在這個情形之下， for 迴圈當中的變數在每一次疊代都會重新設值。

平均情形與最差情形的分析

就像 arrayMax method，演算法可能對於某些輸入資料的執行速度比對於其他的要快。在這種情形之下，我們可能想要把這個演算法的執行時間表示成所有可能輸入資料的平均時間。雖然這種平均情形分析通常是很有價值的，但往往也是項艱鉅的任務。我們得先定義輸入資料集合的機率分布，但這通常是一件困難的工作。圖 1.3 依據輸入資料的分佈，繪出演算法的執行時間，我們可看出演算法的執行時間可能落在最差與最佳情形之間的任何值。例如，若輸入資料只有「A」或「D」會發生麼情形？

平均情形分析通常需要依據給定的輸入資料分佈，計算執行時間的期望值。這種分析通常須要使用大量數學與機率理論。

所以，除了以實驗的方式來研究執行時間，以及利用隨機方式來分析演算法之外，本書當中通常以**最差情形 (worst case)** 來描述演算法的執行時間特性。例如，我們說 arrayMax 演算法在**最差情形 (in worst case)** 執行 $t(n) = 7n - 2$ 個基本運算，也就意謂對於所有大小爲 n 的輸入資料，該演算法所需執行的基本運算個數最多爲 $7n - 2$。

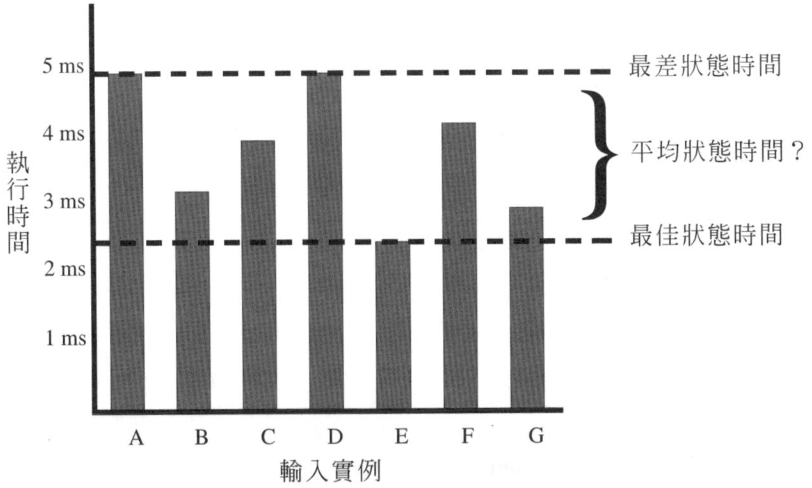

圖 1.3：最佳情形和最差情形執行時間的差異。每一個長條表示某個演算法對不同輸入資料的執行時間。

這種分析要比平均情形的分析要容易的多，因爲不必使用機率理論，而只需要能找出最差情形的輸入，通常做起來較爲直覺。而且，使用最差情形的分析方式，事實上可以找出較佳的演算法。爲演算法的最差表現設定高效率標準，也就是要求該演算法要對每一種輸入資料都表現得很有效率。也就是說，針對最差情形設計演算法可以使演算法有較強壯的「肌肉」，正如田徑明星總是以跑上坡來做練習。

1.1.4 分析遞迴演算法

解決問題的有趣方法不只迭代法，還有另外一種稱爲**遞迴 (recursion)** 的實用技巧，時常被許多演算法所使用。在這個技巧當中，我們定義一呼叫自己作爲副程式的程序 P，其中對 P 的呼叫可解決較小的子問題。爲處理較小問題而呼叫 P 作爲副程式的情形，稱爲「遞迴呼叫」。遞迴呼叫必須定義一個基本狀況 (base case)，此狀況小到演算法不須使用遞迴就能直接解決問題。

演算法 1.4 所示爲陣列最大值問題的遞迴解法。這個演算法先檢查陣列是否只包含一個元素，在這種情形之下，該元素一定是最大值，在這個簡單的基本狀況中，問題可以直接解決。在其他的情形下，演算法會以遞迴的方式找出陣列當中前 $n-1$ 個元素當中的最大元素，並且將該元素與陣列最後一個元素相比，選擇最大值回傳。

Algorithm recursiveMax(A,n):
 Input: An array A storing $n \geq 1$ integers.
 Output: The maximum element in A.
 if $n = 1$ **then**
  return $A[0]$
 return max{recursiveMax($A, n-1$), $A[n-1]$}

演算法 **1.4**：recursive Max 演算法。

如同這個例子，遞迴演算法通常都非常的簡潔，然而分析遞迴演算法的執行時間通常要多花些功夫。說得仔細一點，就是我們使用**遞迴方程式 (recurrence equation)** 分析執行時間，這個方程式定義遞迴演算法執行時間必定滿足的數學式。我們使用一函數 $T(n)$ 代表在輸入大小 n 的情形下，演算法所需的執行時間，然後寫出 $T(n)$ 必定滿足的方程式。例如，我們可以將演算法 recursiveMax 的執行時間 $T(n)$ 的特性描述成

$$T(n) = \begin{cases} 3 & \text{若 } n = 1 \\ T(n-1)+7 & \text{其他} \end{cases}$$

其中假設我們將比較、陣列索引、遞迴呼叫、取最大值或 **return** 等都當作單一基本運算。理想上，我們喜歡以**封閉式 (closed form)** 描述以上的方程式，其中等號右邊不會出現函數 T。在演算法 recursiveMax 當中，不難看出封閉式是 $T(n) = 7(n-1)+3 = 7n-2$。一般來說，找出遞迴演算法的封閉

式同常要比以上的例子更具挑戰性，我們會在第 4 章中學習一些排序和選擇演算法，屆時會看到一些更特殊的遞迴演算法例子，並且在第 5.2 節當中探討遞迴方程式一般式的解法。

1.2 漸進表示法

很明顯的，在評估 arrayMax 以及它的遞迴版本 recursiveMax 這兩個簡單演算法的執行時間時，我們掉進了繁複的細節當中。如果我們必須以這種方法來分析更複雜的演算法，無疑地會惹來麻煩。一般來說，虛擬碼中的每一個步驟與高階語言中的每一個敘述，都相當於少數個基本運算，而且和輸入資料大小無關。因此，我們可以簡化分析，只計算虛擬碼的步驟數或是被執行的高階語言敘述數，再乘以常數倍就能估計出基本運算個數。幸運的是，有一個表示法可以讓我們描述影響演算法執行時間的主要因素，而不必陷入「某段執行時間爲常數的程式，究竟會用到多少個基本運算」這種細節。

1.2.1 「Big-O」表示法

令 $f(n)$ 和 $g(n)$ 是從非負整數對映到實數的函數。若對任意整數 $n \geq n_0$，有實數常數 $c>0$ 和整數常數 $n_0 \geq 1$，使得 $f(n) \leq cg(n)$，我們就稱 $f(n)$ 是 $O(g(n))$。這個定義通常稱爲「big-O」表示法，因爲有時候讀作「$f(n)$ is ***big-Oh*** of $g(n)$」。除此之外，也可以將它說成「$f(n)$ is ***order*** $g(n)$」。(圖 1.5 爲此定義的圖示)

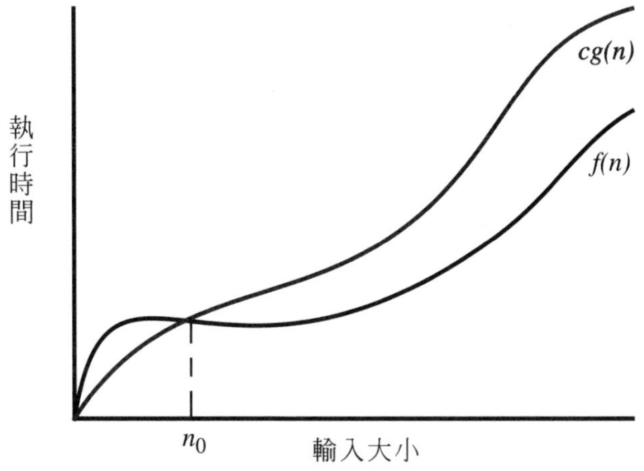

圖 **1.5** ：「**big-O**」表示法的圖示。函數 $f(n)$ 是 $O(g(n))$，當 $n \geq n_0$ 時，$f(n) \leq c \cdot g(n)$。

範例 1.1： $7n-2$ 是 $O(n)$

證明：

由 big-O 的定義，我們需要找到實數常數 $c>0$ 和整數常數 $n_0 \geq 1$，使得對任意整數 $n \geq n_0$，$7n-2 \leq cn$ 都會成立。很明顯的，$c=7$ 和 $n_0=1$ 是一種可能的選擇。實際上，這是無限多種選擇當中的其中一種，因爲任意大於或等於 7 的實數都可以當作 c，並且任意大於等與 1 的整數都可以當作 n_0。 ■

big-O 表示法使我們可以說，某個 n 的函數的常數倍 (由定義中的常數 c)「小於或等於」另一個函數 (由定義中的不等式「≤」)，並且在 n 趨近於無窮大 (由定義中的敘述「$n \geq n_0$」) 時**漸近於 (asymptotic)** 該函數。

big-O 表示法廣泛地使用在描述演算法執行時間及可用空間的上限，將之表示爲某參數 n 的函數，n 會依據問題的不同而異，但是通常會直觀地以問題當中的「大小」來定義。例如，欲求出整數陣列當中最大元素 (請看 1.2 當中的 arrayMax)，令 n 表示陣列中的元素個數是最自然的。例如，我們可以將 1.2 之 arrayMax 演算法執行時間明確描述如下。

定理 1.2： 找出含 n 個整數陣列當中最大元素的 arrayMax 演算法執行時間爲 $O(n)$。

證明：

如同已經在第 1.1.3 節所示，演算法 arrayMax 執行的基本運算個數至多有 $7n-2$ 個。取 $c=7$ 和 $n_0=1$ 代入 big-O 定義，於是得到 arrayMax 演算法的執行時間是 $O(n)$。 ■

讓我們再考慮幾個例子來解釋 big-O 表示法。

範例 1.3： $20n^3+10n\log n+5$ 是 $O(n^3)$。

證明：

對於 $n \geq 1$，$20n^3+10n\log n+5 \leq 35n^3$。 ■

事實上，任意多項式 $a_kn^k+a_{k-1}n^{k-1}+\cdots+a_0$ 都是 $O(n^k)$。

範例 1.4： $3\log n+\log\log n$ 是 $O(\log n)$。

證明：

$n \geq 2$ 時，$3\log n+\log\log n \leq 4\log n$。請注意在 $n=1$ 時，$\log\log n$ 沒有定義，因此我們採用 $n \geq 2$。 ■

範例 1.5： 2^{100} 是 $O(1)$。

證明：

對於 $n \geq 1$，$2^{100} \leq 2^{100} \cdot 1$。請注意，變數 n 沒有出現在不等式當中，因為我們處理的是常數值函數。■

範例 1.6： $5/n$ 是 $O(1/n)$。

證明：

對於 $n \geq 1$，$5/n \leq 5(1/n)$ (即便這其實是一個遞減函數)。■

一般來說，我們會盡可能地用最接近的 big-Oh 表示法來描述函數特性。雖然 $f(n) = 4n^3 + 3n^{4/3}$ 是 $O(n^5)$ 成立，但是 $f(n)$ 是 $O(n^3)$ 是更精確的說法。以下是一個比喻：有一個飢餓的駕駛者在鄉間的道路開車開了很長的一段時間之後，碰巧遇見一個從市場回家的農夫。如果旅行者問農夫還有多遠可以買到食物，農夫可能會告訴他「不會超過十二小時」，這個答案並沒有錯，不過告訴旅行者「再繼續開幾分鐘就到了」比較精確 (且更有幫助)。

除了直接應用 big-Oh 定義來得到 big-Oh 特性，我們也可以使用以下規則來簡化此表示法。

定理 1.7： 令 $d(n)$、$e(n)$、$f(n)$ 和 $g(n)$ 是從非負整數對映到非負實數的函數。則

1. 對任意常數 $a > 0$，若 $d(n)$ 是 $O(f(n))$，則 $ad(n)$ 是 $O(f(n))$。
2. 若 $d(n)$ 是 $O(f(n))$ 且 $e(n)$ 是 $O(g(n))$，則 $d(n) + e(n)$ 是 $O(f(n) + g(n))$。
3. 若 $d(n)$ 是 $O(f(n))$ 且 $e(n)$ 是 $O(g(n))$，則 $d(n)\,e(n)$ 是 $O(f(n)\,g(n))$。
4. 若 $d(n)$ 是 $O(f(n))$ 且 $f(n)$ 是 $O(g(n))$，則 $d(n)$ 是 $O(g(n))$。
5. 若 $f(n)$ 是 d 次多項式 (也就是 $f(n) = a_0 + a_1 n + \cdots + a_d n^d$)，則 $f(n)$ 是 $O(n^d)$。
6. 對任意固定的 $x > 0$ 和 $a > 1$，n^x 是 $O(a^n)$。
7. 對任意固定的 $x > 0$，$\log n^x$ 是 $O(\log n)$。
8. 對任意固定常數 $x > 0$ 和 $y > 0$，$\log^x n$ 是 $O(n^y)$。

在 big-Oh 表示法中，我們不喜歡包含常數項以及低次項。例如，我們不流行說函數 $2n^2$ 是 $O(4n^2 + 6n \log n)$，雖然這是完全正確的。我們應該極力使用最簡式來描述 big-Oh 內的函數。

範例 1.8： $2n^3 + 4n^2 \log n$ 是 $O(n^3)$。

證明：

我們可以套用定理 1.7 的規則，如下所示：

- $\log n$ 是 $O(n)$ (規則 8)。
- $4n^2 \log n$ 是 $O(4n^3)$ (規則 3)。
- $2n^3 + 4n^2 \log n$ 是 $O(2n^3 + 4n^3)$ (規則 2)。
- $2n^3 + 4n^3$ 是 $O(n^3)$ (規則 5 或規則 1)。
- $2n^3 + 4n^2 \log n$ 是 $O(n^3)$ (規則 4)。 ■

有些函數常出現在演算法和資料結構的分析當中，我們常用一些特殊詞彙稱呼它們。表 1.6 列出演算法分析當中常用的詞彙。

對數	線性	二次	多項式	指數
$O(\log n)$	$O(n)$	$O(n^2)$	$O(n^k)\ (k \geq 1)$	$O(a^n)\ (a > 1)$

表 **1.6**：不同類別的函數之詞彙。

使用 Big-Oh 表示法

一般來說，我們不使用「$f(n) \leq O(g(n))$」這樣的講法，因爲 big-Oh 已經用來當作「小於或等於」概念的記號。同樣地，「$f(n) = O(g(n))$」這樣的講法雖然常見，但也不是完全正確的 (不符合我們平常所了解的「 = 」關係)。而「$f(n) \geq O(g(n))$」或「$f(n) > O(g(n))$」事實上都是不正確的講法。最好的說法是「$f(n)$ 是 $O(g(n))$」使用更數學的說法，

「$f(n) \in O(g(n))$」

這種說法也是正確的，因爲就技術上來說，big-Oh 表示法就是代表所有函數的集合。

即使有這樣的解讀，big-Oh 表示法所能適用的數學運算還是有很大的空間，能夠清楚地建立起與 big-Oh 定義之間的關聯。例如我們可以說，

「$f(n)$ 是 $g(n) + O(h(n))$」

意思就是有常數 $c > 0$ 和 $n_0 \geq 1$ 使得對於 $n \geq n_0$,，$f(n) \leq g(n) + ch(n)$ 成立。如同上述例子，在描述漸近特徵時，我們有時候會想精確寫出第一項，在這種狀況下，我們會說「$f(n)$ 是 $g(n) + O(h(n))$」，其中 $h(n)$ 的成長比 $g(n)$ 慢。例如，我們可以說 $2n \log n + 4n + 10\sqrt{n}$ 是 $2n \log n + O(n)$。

1.2.2 Big-Oh 表示法的「親屬」

如同 big-Oh 記號提供漸進方式，來表達一個函數是「小於或等於」另一個，也有其他表示法可提供漸近方式做其他類型的比較。

Big-Omega 和 Big-Theta

令 $f(n)$ 和 $g(n)$ 是從整數對映到實數的函數。若 $g(n)$ 是 $O(f(n))$，我們就說 $f(n)$ 是 $\Omega(g(n))$ (讀作「$f(n)$ 是 $g(n)$ 的 big-Omega」)；也就是，存在一個實數常數 $c>0$ 以及一個整數常數 $n_0 \geq 1$ 使得對於 $n \geq n_0$，$f(n) \geq cg(n)$ 成立。這個定義允許我們以漸進方式表達某個函數的常數倍大於或等於另外一個函數。同樣的，若 $f(n)$ 是 $O(g(n))$ 且 $f(n)$ 是 $\Omega(g(n))$，我們就說 $f(n)$ 是 $\Theta(g(n))$ (念成「$f(n)$ $g(n)$ 的 big-Theta」)，也就是有實數常數 $c'>0$ 和 $c''>0$ 與整數常數 $n_0 \geq 1$ 使得對於 $n \geq n_0$，$c'g(n) \leq f(n) \leq c''g(n)$ 成立。

big-Theta 可以讓我們表達兩個函數的常數倍是漸進式的相等。以下是這些表示法的一些範例。

範例 1.9： $3\log n + \log\log n$ 是 $\Omega(\log n)$。

證明：

對於 $n \geq 2$，$3\log n + \log\log n \geq 3\log n$。 ■

由上例可看出，低次項不會影響 big-Omega 記號的下界。所以，如同以下例子的結論，低次項也不會影響 big-Theta 表示法。

範例 1.10： $3\log n + \log\log n$ 是 $\Theta(\log n)$。

證明：

由範例 1.4 和 1.9 可得到這個結果。 ■

一些警告

在此依序提出幾個關於漸進表示法的警告。第一，注意 big-Oh 以及相關的表示法在使用時，若隱藏的常數倍數非常大的時候，會造成某種程度的誤導。例如，儘管函數 $10^{100}n$ 爲 $\Theta(n)$ 是正確的，但若是比較執行時間，則與執行時間 $10n\log n$ 的演算法相比，我們寧可選 $\Theta(n\log n)$ 時間的演算法，即使在漸近層次上，線性時間演算法較快速。這個選擇是因爲常數倍數 10^{100}，人稱一「one googol」，許多天文學家相信這個數字是宇宙中所有原子總數的上限。所以我們不太可能在眞實世界遇到輸入資料大小這麼大的問題。所以，使用 big-Oh 表示法的時候，我們還是要稍微注意被「隱藏」的常數倍數以及低次項。

上述觀察引發了一個問題：是什麼造就了「快速」的演算法？一般來說，任意演算法的執行時間在 $O(n\log n)$ (有合理的常數倍數)之內都是視爲有效率的。甚至 $O(n^2)$ 時間的方法在某些狀況下也會被視爲夠快，那就是

當 n 很小的時候。但是演算法的執行需 $\Theta(2^n)$ 時間就不可能被視爲有效率。這個事實可以用一個西洋棋發明人的著名故事來解釋。他只要求國王在棋盤的第一個格子放一粒米，第二個格子放兩粒米，第三的格子放四粒米，第四個格子放八粒米，以此類推。但是試著想像在最後一個格子卻要放 2^{64} 粒米的景象！事實上，大部分的程式語言的標準長整數 (long) 都放不下這個數字。

所以，如果我們必須在有效率和沒有效率的演算法之間畫出界限，自然而然的就會以執行時間是多項式時間範圍還是指數時間範圍來作區分，也就是將演算法的執行時間區分成 $O(n^k)$，其中 $k \geq 1$ 爲一常數，以及執行時 $\Theta(c^n)$，其中 $c > 1$ 爲一常數。正如同本節常常提及的，對這個想法我們也要抱持一點懷疑，比方說執行時間爲 $\Theta(n^{100})$ 的演算法也許就不能視作有效率。儘管如此，以演算法執行時需多項式時間或指數時間，來區分它所處理問題的難易度，還是相當可信的。

Big-Oh 的「遠親」：Little-Oh 和 Little-Omega

這裡也有些方式，可表達在漸近層次上一個函數絕對小於或是絕對大於另一函數，但是並不像 big-Oh、big-Omega 和 big-Theta 般常用。但是，爲了讓內容更完整，我們也在此介紹它們的定義。

令 $f(n)$ 和 $g(n)$ 是將整數對映到實數的函數。如果對任意常數 $c > 0$，可找到一個常數 $n_0 > 0$，使得對任意 $n \geq n_0$，$f(n) \leq cg(n)$ 成立，則我們說 $f(n)$ 是 $o(g(n))$ (念成「$f(n)$ 是 $g(n)$ 的 little-oh」)。同樣，我們說 $f(n)$ 是 $\omega(g(n))$ (念成「$f(n)$ 是 $g(n)$ 的 little-omega」) 如果 $g(n)$ 是 $o(f(n))$，也就是，如果存在任意常數 $c > 0$，可找到一常數 $n_0 > 0$ 使得對任意 $n \geq n_0$，$g(n) \leq cf(n)$ 成立。以直覺來看，在漸近層次上，$o(\cdot)$ 類似「小於」，而 $\omega(\cdot)$ 類似「大於」。

範例 1.11： 函數 $f(n) = 12n^2 + 6n$ 是 $o(n^3)$，也是 $\omega(n)$。

證明：

我們先證明 $f(n)$ 是 $o(n^3)$。令 $c > 0$ 是任意常數。若我們取 $n_0 = (12+6)/c$，則對於 $n \geq n_0$ 我們可以得到

$$cn^3 \geq 12n^2 + 6n^2 \geq 12n^2 + 6n$$

所以，$f(n)$ 是 $o(n^3)$。

要證明 $f(n)$ 是 $\omega(n)$，再令 $c > 0$ 是任意常數。若我們取 $n_0 = c/12$，則對於 $n \geq n_0$，我們可以得到

$$12n^2 + 6n \geq 12n^2 \geq cn$$

所以，$f(n)$ 是 $\omega(n)$。 ■

熟悉極限值的讀者，可以注意：$f(n)$ 是 $o(g(n))$ 若且唯若

$$\lim_{n \to \infty} \frac{f(n)}{g(n)} = 0$$

若極限值存在。little-oh 和 big-Oh 表示法之間的主要差異是：若**存在**常數 $c > 0$ 和 $n_0 \geq 1$ 使得對任意 $n \geq n_0$，$f(n) \leq cg(n)$ 成立，則 $f(n)$ 是 $O(g(n))$；而，若**所有的**常數 $c > 0$，可找到一常數 n_0，使得對任意 $n \geq n_0$，$f(n) \leq cg(n)$ 成立，則 $f(n)$ 是 $o(g(n))$。直觀上來說，若 n 趨近於無窮大時，$f(n)$ 與 $g(n)$ 相比顯得微不足道，則 $f(n)$ 爲 $o(g(n))$。如前所述，漸近表示法很實用，因爲它讓我們集中注意力在影響函數成長速度的主要因素上。

總結來說，漸近表示法 big-Oh、big-Omega 及 big-Theta 與 little-oh 及 little-omega 等，提供我們方便的語言來分析資料結構以及演算法。如前所述，這些表示法之所以方便，因爲它們讓我們集中注意力在「宏觀架構」上，而非低階的細節上。

1.2.3 漸進表示法的重要性

漸進表示法有許多重要的好處，但可能不是顯而易見的。特別的，我們在表 1.7 當中解釋漸進的重要的一面。這個表顯示使用不同執行時間的演算法，在一秒、一分鐘與一小時內，可解決之最大問題的大小。在此假設每一個運算都需要 1 微秒的執行時間 (1 μs)。它也顯示出演算法分析的重要性，因爲在漸近層次上執行時間較慢的演算法 (例如，$O(n^2)$) 最終還是會被漸近層次上執行時間較快的演算法 (例如，$O(n \log n)$) 打敗，即使較快的那個演算法的常數倍數較差。

執行時間	最大問題大小 (n)		
	1 秒	1 分	1 小時
$400n$	2,500	150,000	9,000,000
$20n\lceil\log n\rceil$	4,096	166,666	7,826,087
$2n^2$	707	5,477	42,426
n^4	31	88	244
2^n	19	25	31

表 1.7：使用不同執行時間 (以毫秒計) 的演算法，在一秒、一分鐘與一小時內，可解決之最大問題的大小。

然而，好的演算法設計，重要性不僅只是在給定的電腦上執行得有效率就可以的。如同表 1.8 所示，儘管我們顯著地提昇硬體的速度，也不能克服漸近式緩慢演算法的障礙。這個表列出在任意固定時間中，使用不同執行時間的演算法，在電腦執行速度快 256 倍時能解決之最大問題的大小。

將函數依成長率排序

假設有兩個可以解相同問題的演算法：執行時間 $\Theta(n)$ 的演算法 A，以及執行時間是 $\Theta(n^2)$ 的演算法 B。哪一種是比較好的演算法？little-oh 表示法說 n 是 $o(n^2)$，意謂著演算法 A 漸近式地優於演算法 B，雖然給較小的 n 的時候，演算法 B 的執行時間可能比演算法 A 的執行時間還要短。但是最終，如同上表所示，演算法 A 相對於演算法 B 的優勢，會越來越明顯。

執行時間	新的最大問題大小
$400n$	$256m$
$20n\lceil\log n\rceil$	approx. $256((\log m)/(7+\log m))m$
$2n^2$	$16m$
n^4	$4m$
2^n	$m+8$

表 **1.8**：以不同執行時間的演算法在固定時間內解決一問題，在使用比之前快 **256** 倍的電腦之後，可解決的最大問題變大了。表中每一項表示為 m 的函式，其中 m 是之前的最大問題大小。

將函數依照成長率排序
$\log n$
$\log^2 n$
$\sqrt{n}$
n
$n\log n$
n^2
n^3
2^n

表 **1.9**：排序過的簡單函數列表。要注意到，如果以常用術語來說，以上的函數其中一種是對數的，其中有兩個是多項式的，其中有三個是次線性，有一個是線性，有一個是二次，有一個是三次，有一個是指數。

一般來說，我們可以使用 little-oh 表示法，將函數依照漸近式成長率排序、分類。在表 1.9 當中，我們將各函數依成長率由小到大排列，也就是說如果函數 $f(n)$ 在表中的位置在函數 $g(n)$ 之前，則 $f(n)$ 就是 $o(g(n))$。

在表 1.10 當中，我們列出了表 1.9 當中的函數的成長率的差別，其中有一個函數不包括在內。

n	$\log n$	$\sqrt{n}$	n	$n\log n$	n^2	n^3	2^n
2	1	1.4	2	2	4	8	4
4	2	2	4	8	16	64	16
8	3	2.8	8	24	64	512	256
16	4	4	16	64	256	4,096	65,536
32	5	5.7	32	160	1,024	32,768	4,294,967,296
64	6	8	64	384	4,096	262,144	1.84×10^{19}
128	7	11	128	896	16,384	2,097,152	3.40×10^{38}
256	8	16	256	2,048	65,536	16,777,216	1.15×10^{77}
512	9	23	512	4,608	262,144	134,217,728	1.34×10^{154}
1,024	10	32	1,024	10,240	1,048,576	1,073,741,824	1.79×10^{308}

表 **1.10**：幾個函數的成長率。

1.3 相關數學速覽

在本節當中，我們簡單的複習離散數學當中的基本概念，這些概念將會在稍後的討論中出現。除了這些基本概念以外，附錄A包含其他有用的數學事實，可以應用在資料結構以及演算法的分析當中。

1.3.1 總和

總和是一個會一再出現在演算法和資料結構分析的符號，我們將它定義爲：

$$\sum_{i=a}^{b} f(i) = f(a)+f(a+1)+f(a+2)+\cdots+f(b)$$

因爲迴圈的執行時間自然會形成總和，所以資料結構及演算法分析當中會出現總和。例如，幾何級數是常出現在資料結構以及演算法分析的總和。

定理 1.12： 對任意整數 $n \geq 0$ 以及任意實數 $0 < a \neq 1$，考慮

$$\sum_{i=0}^{n} a^i = 1 + a + a^2 + \cdots + a^n$$

(要記得若 $a > 0$，則 $a^0 = 1$)。這個總和等於

$$\frac{1 - a^{n+1}}{1 - a}$$

在定理 1.12 當中的總和稱爲幾何總和，因爲在 $a > 1$ 的情形，級數當中的每一項都以幾何方式大於前一項。由此可看出，幾何總和展現出指數成長。例如，每一個人在計算工作當中都會知道

$$1 + 2 + 4 + 8 + \cdots + 2^{n-1} = 2^n - 1$$

在這裡最大整數可以表示成使用 n 位元的二進位表示法。

此外在其他地方會出現的總和是

$$\sum_{i=1}^{n} i = 1 + 2 + 3 + \cdots + (n-2) + (n-1) + n$$

當迴圈當中所執行的運算數，隨著每次疊代增加一固定、常數量的時候，分析此迴圈就會出現這種總和。這個總和有一個有趣的歷史。在西元 1787 年，有一位德國的小學老師要求它的學生算出由 1 加到 100 的總和。但是幾乎在出完題目的同時，就已經有一個同學算出答案，也就是 5,050。

這位小學同學就是高斯 (Karl Gauss)，他長大以後成爲十九世紀最偉大的數學家。大家都認爲小高斯當年是使用以下的公式算出答案。

定理 1.13： 對任意正整數 $n \geq 1$，我們有

$$\sum_{i=1}^{n} i = \frac{n(n+1)}{2}$$

證明：

我們用圖 1.11 以圖形的方式說明定理 1.13，兩個圖都是以長條圖來表示數字 1 到 n，以計算面積的方式求總和。在圖 1.1a 當中我們在長方形當中劃出一個大三角形，其中長方形的總面積等於大三角形的面積 $(n^2/2)$，加上 n 個面積爲 (1/2) 的小三角形的面積。圖 1.11b 的情形適用在 n 等於偶數的時候，我們注意到 1 加 n 等於 $n+1$，與 2 加 $n-1$、3 加 $n-2$ 相同，以此類推。它們總共有 $n/2$ 對。 ■

1.3.2 對數與指數

演算法和資料結構的分析當中，存在著最令人感興趣、甚至是驚訝的一點，就是指數與對數似乎無所不在，我們說

$$\log_b a = c \qquad 若 \qquad a = b^c$$

在計算文件的書寫習慣當中如果指數的底 $b = 2$，我們就省略 b。例如 $\log 1024 = 10$ 。

這裡有一些指數和對數的重要規則，我們將這些規則列在下面：

定理 1.14： 令 a、b 和 c 都是正實數，可以得到：

1. $\log_b ac = \log_b a + \log_b c$
2. $\log_b a/c = \log_b a - \log_b c$
3. $\log_b a^c = c\log_b a$
4. $\log_b a = (\log_c a)/\log_c b$
5. $b^{\log_c a} = a^{\log_c b}$
6. $(b^a)^c = b^{ac}$
7. $b^a b^c = b^{a+c}$
8. $b^a/b^c = b^{a-c}$

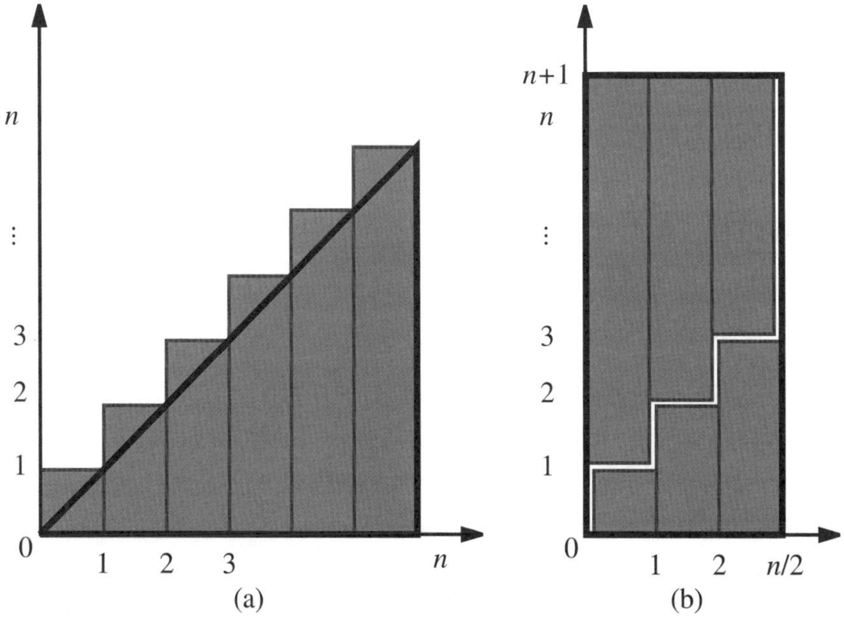

圖 **1.11**：定理 1.13 的圖形解釋。兩個圖示都說明了 n 單位寬度以及 1、2、⋯、n 單位高度的長方形蓋住了整個面積。在 **(a)** 當中所顯示的長方形可以覆蓋大三角形面積 $n^2/2$ (底為 n 且高為 n) 加上 n 小三角形，其中每一個三角形的面積為 1/2 (因為底為 1 且高為 1）。在 **(b)** 只能應用在 n 是偶數的時候，長方形可以蓋住底為 $n/2$ 並且高為 $n+1$ 的長方形。

而且，爲了簡潔起見，我們用 $\log^c n$ 來代表 $(\log n)^c$，用 $\log\log n$ 來代表 $\log(\log n)$。這些等式都可直接由指數與對數的定義導出，在此我們不打算解釋如何推導它們，而是用一些例子說明這些公式的用途。

範例 1.15： 我們將說明當指數或對數的底是 2 的時候的一些有趣的情形。這些規則可以參考定理 1.14。

- $\log(2n \log n) = 1 + \log n + \log\log n$，應用規則 1 (兩次)
- $\log(n/2) = \log n - \log 2 = \log n - 1$，應用規則 2
- $\log\sqrt{n} = \log(n)^{1/2} = (\log n)/2$，應用規則 3
- $\log\log\sqrt{n} = \log(\log n)/2 = \log\log n - 1$，應用規則 2 以及 3
- $\log_4 n = (\log n)/\log 4 = (\log n)/2$，應用規則 4
- $\log 2^n = n$，應用規則 3
- $2^{\log n} = n$，應用規則 5
- $2^{2\log n} = (2^{\log n})^2 = n^2$，應用規則 5 以及 6
- $4^n = (2^2)^n = 2^{2n}$，應用規則 6
- $n^2 2^{3\log n} = n^2 \cdot n^3 = n^5$，應用規則 5、6 和 7
- $4^n/2^n = 2^{2n}/2^n = 2^{2n-n} = 2^n$，應用規則 6 和 8

下限函數和上限函數

另外一種關於對數的說明是 order。對數的值常常不是整數，但是演算法的執行時間通常表示為整數，例如執行運算的次數。所以，演算法分析有時候要使用到「下限」和「上限」函數，定義如下：

- $\lfloor x \rfloor$ = 小於或等於 x 的最大整數。
- $\lceil x \rceil$ = 大於或等於 x 的最小整數。

這些函數提供我們將實數值函式轉換成整數值函數的方法。即使如此，用來分析演算法以及資料結構的函數，常常還是單純地寫成實數值函數 (例如：$n\log n$ 或 $n^{3/2}$)。我們應將該執行時間式視為被一個「大」上限函數符號包住[1]。

1.3.3 簡單的驗證技巧

我們有時候會希望能強力主張某種資料結構或演算法可達成特定標準，例如我們可能希望證明我們的演算法是正確的，或是執行速度快。為了嚴謹地提出主張，我們必須使用數學語言，並且為了支持這種假定，我們必須驗證或證明我們的敘述。幸運的是，有許多簡單的方法可達到這個目的。

[1] 實數值執行時間函數幾乎總是與第 1.2 節當中描述的漸近式表示法一併使用，因為使用上限函數通常是累贅。(請參考習題 R-1.24)

舉例說明

有些主張長得像如下形式：「在集合 S 當中有元素 x 滿足性質 P。」要證明這個主張，我們只需找出一個滿足性質 P 的 $x \in S$。同樣的，有一些難以令人相信的主張長得像如下形式，「每一個在集合 S 當中的元素 x 都有性質 P。」要證明這個主張是錯誤的，我們只需在 S 當中找出一個不能滿足條件 P 的元素 x。我們所找到的 x 就稱爲反例。

範例 1.16： 有位Amongus教授主張：若 i 是大於 1 的整數，則每一個形式爲 2^i-1 的數都是質數。 Amongus 教授的主張是錯的。

證明：

要證明 Amongus 教授是錯的，我們必須找出反例。 很幸運，這個反例並不難找，$2^4 - 1 = 15 = 3 \cdot 5$ 就是一個反例。 ■

「反向」證明

另外一組驗證的技巧則包含反向思維的使用。其中兩個主要的方法是使用反證法與歸謬法。反證法的使用很像經由反面鏡來看。要證明「若 p 爲眞，則 q 也爲眞。」這個敘述，我們可以用「若 q 爲非眞，則 p 也非眞」來代替。在邏輯上，這兩個敘述是相同的，但是針對後者-前者的反向敘述，可能會比較容易思考。

範例 1.17： 若 ab 是奇數，則 a 是奇數或 b 是偶數。

證明：

要驗證這個宣稱，可以考慮反向敘述，「若 a 是偶數且 b 是奇數，則 ab 是偶數。」所以假設 $a = 2i$，其中 i 是某個整數。則 $ab = (2i)b = 2(ib)$；所以，ab 是偶數。 ■

前面的例子除了表示使用反證法的技巧，也包含了笛摩根定律的應用。這個定律幫助我們處理否定句，它說型式爲「p 或 q」的敘述，否定句是「非 p 且非 q」。很類似的，它也說型式爲「p 且 q」的敘述的否定句是「非 p 或非 q」。

另外一個反面的證明技巧爲歸謬法，也通常包含了笛摩根定律的使用。在使用歸謬法技巧的證明當中，我們會先假設敘述 q 爲僞，然後證明此前題會導致矛盾 (像是 $2 \neq 2$ 或 $1>3$)，由此來得到敘述 q 爲眞的結論。由達到這種矛盾，我們證明沒有任何情形可使 q 爲僞，所以 q 必須爲眞。

當然，爲了達到這個結論，在假設 q 爲僞之前，我們必須先確定自己的立足點是可靠的。

範例 1.18： 若 ab 是奇數，則 a 是奇數或 b 是偶數。

證明：

令 ab 是奇數。我們希望能證明「a 是奇數或 b 是偶數」成立。所以，爲了產生矛盾，我們使用反面的假設，也就是，假定「a 是偶數且 b 是奇數」。由此，可找到一整數 i 使得 $a = 2i$。所以，$ab = (2i)b = 2(ib)$，也就是 ab 是偶數。但這產生了一個矛盾：ab 不能同時是奇數又是偶數。所以得證「a 是奇數或 b 是偶數」。 ■

歸納法

我們針對執行時間或空間界限所提出的大部分主張，都與整數參數 n (在直觀上通常表示問題的「大小」) 有關。而且，大部分的主張都相當於在說某個敘述 $q(n)$ 對於「所有的 $n \geq 1$」皆爲眞。因爲這主張涉及一含有無窮個數字的集合，所以我們無法直接驗證這個主張。

不過，我們通常可以使用歸納法來驗證如上的主張爲眞。這個技巧證明，對任意特別的 $n \geq 1$，皆可由某個已知爲眞的狀況開始，依序實作有限次，最後使得 $q(n)$ 爲眞。說得更清楚些，就是歸納證明法一開始證明當 $n = 1$ (以及可能的其他值 $n = 2,3,...,k$，其中 k 爲任意常數) 的時候 $q(n)$ 爲眞，然後我們可以證明 $n > k$ 時推導得步驟爲眞，也就是說，我們證明「如果對任意 $i < n$，$q(i)$ 皆爲眞，則 $q(n)$ 爲眞」。組合這兩個片段就完成了歸納法。

範例 1.19： 考慮 Fibonacci 數列：$F(1) = 1$、$F(2) = 2$，以及對於 $n > 2$，$F(n) = F(n-1) + F(n-2)$。我們宣稱 $F(n) < 2^n$。

證明：

我們將會使用歸納法來證明我們的主張。

基本步驟： $(n \leq 2)$。$F(1) = 1 < 2 = 2^1$ 且 $F(2) = 2 < 4 = 2^2$。

歸納步驟： $(n > 2)$。假定 $n' < n$ 時，我們的主張爲眞。考慮 $F(n)$。因爲 $n > 2$，$F(n) = F(n-1) + F(n-2)$，並且，因爲 $n-1 < n$ 且 $n-2 < n$，我們可以應用歸納法假設來得到 $F(n) < 2^{n-1} + 2^{n-2}$。而且，

$$2^{n-1} + 2^{n-2} < 2^{n-1} + 2^{n-1} = 2 \cdot 2^{n-1} = 2^n$$

遂得證。 ■

讓我們來作另外一個歸納法論證，這個時候我們看到以前見過的事實。

定理 1.20： (和定理 1.13 相同)

$$\sum_{i=1}^{n} i = \frac{n(n+1)}{2}$$

證明：

我們用歸納法來證明這個等式。

基本步驟： $n = 1$。很明顯的，如果 $n = 1$，則 $1 = n(n+1)/2$。

歸納步驟： $n \geq 2$。當 $n' < n$ 時，假設我們的主張為眞。考慮 n 的狀況

$$\sum_{i=1}^{n} i = n + \sum_{i=1}^{n-1} i$$

由歸納法假設，得到

$$\sum_{i=1}^{n} i = n + \frac{(n-1)n}{2}$$

可以簡化成

$$n + \frac{(n-1)n}{2} = \frac{2n + n^2 - n}{2} = \frac{n^2 + n}{2} = \frac{n(n+1)}{2}$$

遂得證。 ■

我們有時候會覺得，很難證明某事對所有 $n \geq 1$ 為眞。然而我們必須記得歸納技巧的具體性。它證明了，對任意特定的 n，皆可由某個已知為眞的狀況開始，循著有限的實作步驟，推導出 n 也為眞。induction 歸納法簡單來說，歸納論證就是用以建立一連串直接驗證的一套公式。

Loop Invariants

在本節當中我們討論的最後一個證明的技巧是 loop invariant。

要證明某些有關迴圈的敘述 S 是正確的，首先將 S 定義成一連串較小的敘述 S_0、S_1、⋯、S_k，其中：

1. 初始主張 S_0 在迴圈開始之前為眞。
2. 如果 S_{i-1} 在次疊代 i 開始之前為眞，則可以證明 S_i 在次疊代 i 結束之後為眞。
3. 最後的敘述 S_k 引申出我們所欲證明的敘述 S 為眞。

我們事實上已經在第 1.1.1 節 (關於 arrayMax 正確性) 看到，loop invariant 證明技巧的使用，不過在此我們還要再多舉一個例子。現在，讓我們考慮應用 loop invariant 技巧來證明演算法所示之演算法的正確性，這個

演算法在陣列 A 當中搜尋元素 x。

要證明 arrayFind 是正確的，我們用 loop invariant 來論證。也就是我們歸納地定義敘述，S_i，當 $i = 0$、1、⋯、n 說明了演算法 1.12arrayFind 的正確性。特別地，我們聲稱以下敘述在 i 次疊代開始的時候爲眞：

S_i：x 與 A 當中前 i 個元素都不相等。

這個宣稱在迴圈第一次疊代開始時爲眞，因爲 A 的前 0 個元素當中沒有任何元素 [這種顯然爲眞的主張稱爲**空 (vacuously)** 成立]。在 i 次疊代當中，我們拿元素 x 和元素 $A[i]$ 作比較，如果這兩個元素相等，則傳回索引 i，這麼做顯然正確。如果兩個元素 x 和 $A[i]$ 不相等，則我們又多找到一個不等於 x 的元素，於是索引 i 遞增。所以在下一個次疊代開始的時候，對這個新的 i 值而言，主張 S_i 成立，。如果 while 迴圈終止，但沒有回傳任何 A 的索引值，則 S_n 爲眞—也就是在 A 當中沒有元素等於 x。所以，這個演算法如我們所要求的，正確地傳回「無索引」值 -1。

```
Algorithm arrayFind(x,A):
  Input: An element x and an n-element array, A.
  Output: The index i such that x = A[i] or −1 if no element of A is equal to x.
 i ← 0
 while i < n do
   if x = A[i] then
     return i
   else
     i ← i+1
 return −1
```

演算法 1.12：**arrayFind** 演算法。

1.3.4 基本機率

當我們分析隨機演算法，或是想分析演算法的平均效能時，則我們就需要使用到一些機率理論。其中最基本的就是只要和機率有關的敘述，都是定義在樣本空間 S 上面，S 的定義是某實驗產生之所有可能結果的集合。在此我們不對「結果」以及「實驗」兩個名詞作正式的定義。

範例 1.21： 考慮一投擲銅板 5 次之實驗。這個樣本空間有 2^5 種不同的結果，每一結果代表可能出現的一組銅板正反面排列，其中各結果之排列皆不相同。

樣本空間也可以是無限的，如同以下的例子所示。

範例 1.22： 考慮一投擲銅板直到出現正面的隨機實驗。這個樣本空間是無窮大的，實驗的每一結果是連續出現 i 次背面後緊接著出現一次正面，其中 $i \in \{0,1,2,3,...\}$。

機率空間是由樣本空間 S 以及機率函數 Pr 所組成，Pr 將 S 的子集合對映到 $[0, 1]$ 區間中的實數。它以數學方式描述某個「事件」發生的機率。正式的說，S 的每一個子集合 A 稱爲事件，而相對於定義自 S 之事件，機率函數 Pr 被設定爲擁有下列基本性質：

1. $\Pr(\varnothing) = 0$
2. $\Pr(S) = 1$
3. $0 \le \Pr(A) \le 1$，對任意 $A \subseteq S$。
4. 若 $A,B \subseteq S$ 且 $A \cap B = \varnothing$，則 $\Pr(A \cup B) = \Pr(A) + \Pr(B)$。

獨立事件

若

$$\Pr(A \cap B) = \Pr(A) \cdot \Pr(B)$$

則稱 A 和 B 兩個事件是獨立的。若一組事件 $\{A_1, A_2, ..., A_n\}$ 中，對任何子集合 $\{A_{i_1}, A_{i_2}, ..., A_{i_k}\}$，

$$\Pr(A_{i_1} \cap A_{i_2} \cap \cdots \cap A_{i_k}) = \Pr(A_{i_1}) \Pr(A_{i_2}) \cdots \Pr(A_{i_k})$$

皆成立，則該組事件被稱爲相互獨立。

範例 1.23： 令 A 是投擲一個骰子得到 6 的事件，B 是投擲第二顆骰子出現 3 的事件，C 是投擲兩骰子加總起來是 10 的事件，則 A 和 B 是獨立事件，但是 C 和 A 或 B 都不是獨立。

條件機率

已知一事件 B 發生，則事件 A 發生的條件機率記作 $\Pr(A|B)$，其定義爲

$$\Pr(A|B) = \frac{\Pr(A \cap B)}{\Pr(B)}$$

假設 $\Pr(B) > 0$。

範例 1.24： 令 A 是投擲兩個骰子得到總和爲 10 的事件，B 是投擲第一個骰子得到點數是 6 的事件。請注意 $\Pr(B) = 1/6$ 以及 $\Pr(A \cap B) = 1/36$，因爲若第一個骰子的點數是 6，投擲兩個骰子得到總和爲 10 的情形只有一種 (也就是第二個爲 4)。所以，$\Pr(A|B) = (1/36)/(1/6) = 1/6$。

隨機變數與期望值

處理事件有個巧妙的方法，就是利用隨機變數。就直觀上來說，隨機變數就是其值由實驗結果決定的變數。正式地說，隨機變數是一個將得自某樣本空間 S 之結果對映到實數的函數 X。指示隨機變數 (indicator random variable) 是一個將結果對映到集合 $\{0, 1\}$ 的隨機變數。在演算法分析當中，我們常使用擁有一組離散性可能結果的隨機變數 X，來描述隨機演算法的執行時間特性。在這個狀況中，樣本空間被定義為在演算法中使用到的、由亂數源產生的所有可能結果。通常我們最感興趣的，是隨機變數的典型值、平均值或「期望」值。離散隨機變數的期望值被定義為

$$E(X) = \sum_x x\Pr(X = x)$$

其中總和定義為涵蓋整個 X 範圍。

定理 1.25： **(期望值的線性特性)**令 X 與 Y 為任意二個隨機變數。 則 $E(X+Y) = E(X)+E(Y)$

證明：

$$\begin{aligned}
E(X+Y) &= \sum_x\sum_y (x+y)\Pr(X = x \cap Y = y) \\
&= \sum_x\sum_y x\Pr(X = x \cap Y = y) + \sum_x\sum_y y\Pr(X = x \cap Y = y) \\
&= \sum_x\sum_y x\Pr(X = x \cap Y = y) + \sum_y\sum_x y\Pr(Y = y \cap X = x) \\
&= \sum_x x\Pr(X = x) + \sum_y y\Pr(Y = y) \\
&= E(X)+E(Y)
\end{aligned}$$

請注意，無論在 X、Y 各等於某個值的事件中之獨立假設為何，此證明皆與之無關。 ■

範例 1.26： 令 X 是一個隨機變數，它將投擲兩個公平的骰子所產生的結果對應到所顯示的點數和。則 $E(X) = 7$。

證明：

要證明這個主張，令隨機變數 X_1、X_2 各代表其中一骰子的點數。所以，$X_1 = X_2$ (也就是它們是同一個函數的兩個實例) 並且 $E(X) = E(X_1 + X_2) = E(X_1)+E(X_2)$。投擲一公正骰子的每一個結果之機率為 1/6。因此

$$E(X_i) = \frac{1}{6}+\frac{2}{6}+\frac{3}{6}+\frac{4}{6}+\frac{5}{6}+\frac{6}{6} = \frac{7}{2}$$

其中 $i = 1$、2。所以，$E(X) = 7$。 ■

若對所有實數 x 以及 y，

$$\Pr(X = x | Y = y) = \Pr(X = x)$$

成立，則我們說 X、Y 這兩個隨機變數是獨立的。

定理 1.27： 若兩個隨機變數 X 和 Y 是獨立的，則 $E(XY) = E(X)E(Y)$

範例 1.28： 令 X 是一個隨機變數，它將投擲兩個公平的骰子一次所產生的結果對應到所顯示的點數乘積。則 $E(X) = 49/4$。

證明：

令隨機變數 X_1、X_2 分別表示各骰子的點數。很明顯的，變數 X_1 和 X_2 是獨立的，因此，

$$E(X) = E(X_1X_2) = E(X_1)E(X_2) = (7/2)^2 = 49/4$$ ■

Chernoff 界限

通常在分析隨機演算法時，我們需要定出一隨機變數集合總和的界限。有一組不等式可以讓這件事變得比較容易，那就是 Chernoff 界限。令 $X_1, X_2, ..., X_n$ 爲互相獨立的指示隨機變數，其中每個 X_i 爲 1 的機率是 $p_i > 0$，否則即爲 0。令 $X = \Sigma_{i=1}^{n} X_i$ 是這些隨機變數的總和，並且令 μ 爲 X 的平均，也就是 $\mu = E(X) = \Sigma_{i=1}^{n} p_i$，則可得到如下定理。證明在此省略。

定理 1.29： 令 X 如同以上定義。則，對於 $\delta > 0$，

$$\Pr(X > (1+\delta)\mu) < \left[\frac{e^{\delta}}{(1+\delta)^{(1+\delta)}}\right]^{\mu}$$

並且，對於 $0 < \delta \leq 1$，

$$\Pr(X < (1-\delta)\mu) < e^{-\mu\delta^2/2}$$

1.4 演算法分析實例

在介紹描述、分析演算法的一般架構之後，現在我們來看一些演算法分析的實際例子。更明確的說，我們會告訴你如何運用 big-Oh 表示法，來分析兩個解決相同問題、但執行時間不同的演算法。

在本節中我們所討論的問題，是計算一數列之前置平均值。也就是說，給定一儲存 n 個整數之陣列 X，我們想要找出陣列 A，使得 $A[i]$ 爲 $X[0]$、…、$X[i]$ 的平均，其中 $i = 0$、…、$n-1$，亦即

$$A[i] = \frac{\Sigma_{j=0}^{i} X[j]}{i+1}$$

前置平均值的計算在經濟或統計中有許多應用。例如，給定一共同基金之

逐年報酬率，投資人通常會想知道此基金去年、前三年、前五年等等的年平均報酬率。前置平均值也可當作「平滑」函數，用來處理變化快速的參數，如圖 1.13 所示。

1.4.1 二次方時間之前置平均演算法

我們為前置平均問題設計的第一個演算法 prefixAverages1，如演算法 1.14 所示。它分別計算 A 中的每個元素，正如同問題的定義所描述的。

讓我們來分析 prefixAverages1 演算法。

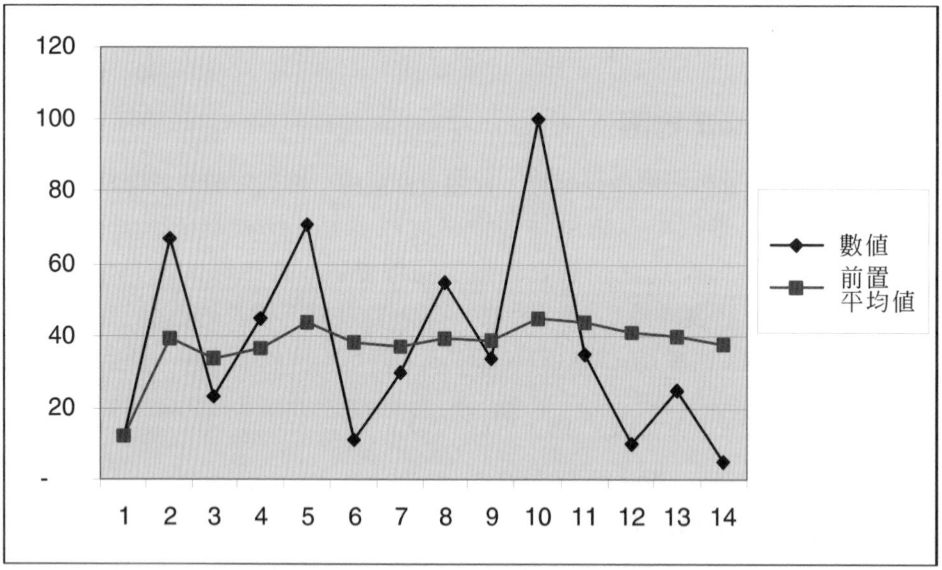

圖 1.13：前置平均值函數的圖示，可看出用它來處理一連串變化快速數值的「平滑」效果。

Algorithm prefixAverages1(X):

  Input: An n-element array X of numbers.

  Output: An n-element array A of numbers such that $A[i]$ is the average of elements $X[0],\ldots,X[i]$.

Let A be an array of n numbers.
for $i \leftarrow 0$ **to** $n-1$ **do**
  $a \leftarrow 0$
  for $j \leftarrow 0$ **to** i **do**
    $a \leftarrow a + X[j]$
  $A[i] \leftarrow a/(i+1)$
return array A

演算法 1.14：prefixAverages1 演算法。

- 在開頭、結尾的地方初始化及回傳 A 陣列，對每個元素須執行常數個基本運算，花費 $O(n)$ 時間。
- 演算法中有兩個巢狀 for 迴圈，分別由變數 i 及 j 控制。當 $i = 0$、⋯、$n-1$ 受 i 控制的外迴圈內的程式碼被執行了 n 次。因此，敘述 $a = 0$ 及 $A[i] = a/(i+1)$ 各執行了 n 次。這意謂此二敘述再加上變數 i 的遞增及檢查，所造成基本運算數目增加數正比於 n，也就是 $O(n)$ 時間。
- 由變數 j 控制的內迴圈，程式碼執行了 $i+1$ 次，實際次數視外迴圈之 i 值而定。因此，內迴圈當中的敘述 $a = a+X[j]$ 會執行 $1+2+3+\cdots+n$ 次。由定理 1.13 得知，$1+2+3+\cdots+n = n(n+1)/2$，意謂著內迴圈佔用了 $O(n^2)$ 時間。同理，參數 j 的遞增及檢查所需的基本運算，也用掉 $O(n^2)$ 時間。

上述三個項目合計，即爲演算法 prefixAverages1 的執行時間。第一和第二項爲 $O(n)$，第三項爲 $O(n^2)$。簡單地應用定理。

1.4.2 線性時間之前置平均演算法

爲了要更有效率地計算前置平均，我們觀察到連續的兩個平均值 $A[i-1]$ 和 $A[i]$ 是很類似的。

$$A[i-1] = (X[0]+X[1]+\cdots+X[i-1])/i$$

$$A[i] = (X[0]+X[1]+\cdots+X[i-1]+X[i])/(i+1)$$

若我們以 S_i 代表前置和 $X[0]+X[1]+\cdots+X[i]$，則前置平均值即爲 $A[i] = S_i/(i+1)$。當我們在迴圈中逐項處理陣列 X 之元素的時候，要保留目前前置和的值並不難。細節部分如演算法 1.15 (prefixAverages2) 所示。

```
Algorithm prefixAverages2(X):
  Input: An n-element array X of numbers.
  Output: An n-element array A of numbers such that A[i] is
    the average of elements X[0],...,X[i].
 Let A be an array of n numbers.
 s ← 0
 for i ← 0 to n − 1 do
   s ← s + X[i]
   A[i] ← s/(i + 1)
 return array A
```

演算法 **1.15**：prefix Averages2 演算法。

以下是對演算法 prefixAverages2 執行時間的分析。

- 在開頭、結尾的地方初始化及回傳 A 陣列，對每個元素須執行常數個基本運算，花費 $O(n)$ 時間。
- 在開始的時候初始化變數 s，花費 $O(1)$ 時間。
- 僅有一個由變數 i 控制的 **for** 迴圈，當 $i = 0$、⋯、$n-1$ 時，迴圈內的程式碼會執行 n 次。因此，敘述 $s = s + X[i]$ 和 $A[i] = s/(i+1)$ 各會被執行 n 次，意謂著這兩個敘述加上變數 i 的遞增及檢查，所花費的基本運算次數和 n 成正比，也就是 $O(n)$ 時間。

上述三個項目合計，即爲演算法 prefixAverages2 的執行時間。第一和第三項爲 $O(n)$，第二項爲 $O(1)$。簡單地應用定理 1.7 可以得知 prefixAverages2 的執行時間爲 $O(n)$，比二次方時間的演算法 prefixAverages1 好得多了。

1.5 攤銷分析

有些演算法中的執行步驟效能變化劇烈，要了解此種演算法的執行時間，有個實用的重要工具可以利用，那就是攤銷分析。「攤銷」一詞是由會計領域得來，它以錢作比喻來分析演算法，我們將會在本節當中看到。

典型的資料結構通常支援多種方法來存取以及更新其所儲存的資料。同樣的，有些演算法使用次疊代的方式運作，而其中每一次次疊代的工作量可能有所不同。有時候，考慮個別操作在最差狀況下的執行時間，可以有效率地分析資料結構和演算法的效能。攤銷分析則採用不同的觀點，這種分析並非個別注意每一個操作，而是將重點放在所有操作之間的相互影響，研究一系列操作的執行時間。

可清除式表格資料結構

如下例所示，我們介紹一簡單的抽象資料結構 (ADT)，可清除式表格。這個 ADT 將元素儲存在表格中，並且可藉由元素在表格中的索引來存取。另外，可清除式表格也支援以下兩種函式：

add (e)：在表格裡面的下一個可使用位置加入元素 e。

clear ()：移除所有的元素以清空表格。

令 S 是一個以陣列來實作且含有 n 個元素的可清除式表格，這個表格

的大小有固定上限 N。爲了確實清空表格，我們必須將表格中所有的元素一一清除，所以 clear 運算花費 $\Theta(n)$ 的時間。

現在考慮在一個已經清空的可清除式表格上連續執行 n 個運算。若我們用最差情形的來考慮，我們可能會說這一連串運算的執行時間是 $O(n^2)$，因爲一個 clear 運算的執行時間是 $O(n)$，而這一連串的運算當中 clear 運算的個數可能多達 $O(n)$。儘管分析的本身是正確的，但卻也是一個誇大的結論，因爲若分析時將運算之間的互動關係考慮進去，則會發現這一連串運算的執行時間事實上只花了 $O(n)$。

定理 1.30： 在一個以陣列來實作，初始狀態爲清空的可清除式表格上，連續執行 n 個運算所花費的時間爲 $O(n)$。

證明：

令 M_0、…、M_{n-1} 是在 S 上面執行的一連串運算，並且令 M_{i_0} …、$M_{i_{k-1}}$ 是序列當中的 k 個 clear 運算。可以得到

$$0 \le i_0 < \cdots < i_{k-1} \le n-1$$

我們也定義 $i_{-1} = -1$。運算 M_{i_j} (一個 clear 運算) 的執行時間是 $O(i_j - i_{j-1})$，因爲從上一個 clear 運算 $M_{i_{j-1}}$ 或是從第一個運算開始算起，頂多有 $i_j - i_{j-1} - 1$ 個元素被加到表格當中 (使用 add 運算)。所以，所有 clear 運算的執行時間是

$$O \le (\sum_{j=0}^{k-1} (i_j - i_{j-1}))$$

像這種總和稱爲**套疊和 (telescoping sum)**，除了第一項和最後一項以外的所有項皆互相消除。也就是說，這個總和是 $O(i_{k-1} - i_{-1})$，也就是 $O(n)$。而除了 clear 運算以外的其他運算則各需花費 $O(1)$ 的時間。因此，我們斷定在初始成清空狀態的可清除式表格上連續執行 n 個運算，需花費 $O(n)$ 的時間。 ■

定理 1.30 指出，對於一初始狀態爲空的可清除式表格，施予任意一連串運算，則其中任一運算的平均執行時間爲 $O(1)$。

演算法執行時間的攤銷

以上的例子提供了使用攤銷技巧的動機，該方法可以讓我們用最差情況的方式來處理平均情況的分析。正式的說，我們將一個運算在一組運算中的攤銷執行時間定義爲，一組運算在最差情況下的執行時間除以運算的總數。當沒有明確定義一組運算的內容時，通常就假定運算序列是某個資料

結構所提供操作方法的任意組合，且運算的執行從空的資料結構開始。所以當我們使用陣列實作可清除式表格的時候，由定理 1.30，我們可以說可清除式表格 ADT 當中的每一個運算的攤銷執行時間是 $O(1)$。請注意，一個運算的實際執行時間會比攤銷執行時間還要多 (例如，特定 clear 運算可能花費 $O(n)$ 時間)。

使用攤銷分析的優點，就是讓我們不須用到任何機率方法，就能作平均情況分析。我們只須要求得在最差狀況下，一組運算的總執行時間。我們甚至可以延申攤銷執行時間的概念，為運算序列中每個個別運算給定攤銷執行時間，其中運算序列的實際總執行時間，不大於個別運算的攤銷執行時間上限總和。

攤銷式分析有幾種做法。最顯而易見的方法是使用一個直接的證明來得到執行一系列運算所需要的全部時間的界限，我們在定理 1.30 當中的證明就是這一種。對於一組簡單的運算，通常可以直接進行分析，至於比較複雜的一組運算，則採用一些特別的技巧來做攤銷分析會比較容易。

1.5.1 攤銷式分析技巧

這裡有兩個執行攤銷式分析的基本技巧，其中會計方法是來自財務模型，而函數方法則是來自能量模型。

會計方法

攤銷分析的會計方法，是使用借貸法則來記錄序列當中各個運算的執行時間。會計方法的基本原理是很簡單的，我們將電腦視為投幣設備，必須支付電子幣一元來使用一單位計算時間。我們也將運算視為一連串固定時間的基本運算所組成，執行每個基本運算須花費電子幣一元。當執行運算的時候，我們必須有足夠的電子幣來支付運算的執行時間。當然，最顯而易見的方法是將運算的收費，訂為組成該運算的基本運算個數。但是，會計方法最有趣的地方是，各運算的付費不必公平。也就是說，我們可以為某些包含較少基本運算的運算多付點錢，再將沒有花掉的錢存起來，用以資助執行其他包含較多基本運算的運算。這個機制可以讓我們為運算序列中的每個運算支付相同費用 a，而且所付金額始終足以購買電腦執行時間。因此，我們可以設計一攤銷方案，使得這一連串運算當每個運算都攤銷了執行時間 $O(a)$。在設計攤銷方案的時候，為了方便起見，我們可以將還沒有使用的電子幣想成「儲存」在資料結構的某個地方，例如存放在表格的元素當中。

另外一種攤銷方案，就是爲不同的運算支付不同數量的電子幣。在這種情形，一運算的攤銷執行時間和總費用除以運算數的商成正比。

我們現在回到可清空表格的例子，並且使用攤銷技巧來得到定理 1.30 的另外一個證明。讓我們假設電子幣一元就足夠支付索引存取運算或是 add 運算的執行，以及使用 clear 運算來刪除一元素所需時間。我們爲每個運算付出電子幣二元，意思就是我們爲 clear 運算付的費用比所需爲低，而其他運算皆多付出一元。在 add 運算省下的電子幣將會儲存在運算所插入的元素之處。(請看圖 1.16)。當 clear 運算執行時，使用儲存在每一個元素當中的電子幣來買刪除所需的時間。如此，我們得到了一套有效的攤銷方案，其中我們爲每一運算付出電子幣二元，並且所付金額足以購買全部的計算時間。這套簡單的攤銷方案暗示定理 1.30 成立。

請注意，執行時間的最差狀況發生在一連串 add 運算後面跟著一個 clear 運算。在其他情形，在一連串運算結束的時候，我們可能還會結餘一些尚未花掉的電子幣，這些結餘是索引存取運算所省下來的，以及仍儲存在序列中元素的電子幣。實際上，執行一連串 n 個運算的計算時間，用 n 至 $2n$ 元之間的電子幣即可買到。我們在攤銷方案中考慮的是最差狀況，因此每次運算收費都是電子幣二元。

在這裡，我們必須強調會計方法只是分析工具，我們不必爲了它去更改資料結構或演算法的執行。也就是說，我們不必增加物件來記錄電子幣的使用情形。

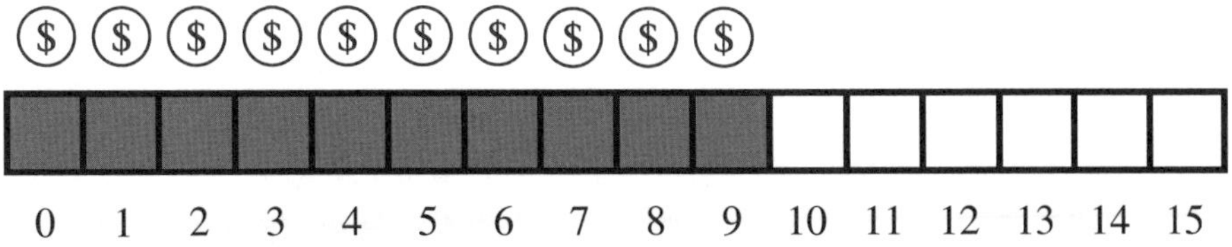

圖 1.16：在 S 上執行一連串運算的攤銷式分析當中，將電子幣儲存在可清除式表格的元素之處。

位能函數

執行攤銷分析的另外一個有用技巧是來自能量模型。在這種方法當中，我們給予結構一個值 Φ，這個值表示系統目前的能量。每一個我們執行的運算都會將某個值(也就是攤銷執行時間)加到 Φ，但是之後也會從 Φ 扣掉某個正比於實際花費時間的值。正式的說，我們令 $\Phi_0 \geq 0$ 表示執行運算之前

Φ的初始值。並且使用Φ_i來表示位能函數Φ在執行第i個運算之後的值。使用位能函數論證的主要概念，就是利用第i個運算時位能的改變量$\Phi_i - \Phi_{i-1}$，來描述該運算所需的攤銷執行時間。

讓我們更進一步來看第i個運算的動作，令t_i表示它的實際執行時間。我們將第i個運算的攤銷執行時間定義如下

$$t_i' = t_i + \Phi_i - \Phi_{i-1}$$

也就是說，第i個運算的攤銷成本，等於實際執行時間加上運算引起的位能變化(可能是正或負值)。換個表示法，

$$t_i = t_i' + \Phi_{i-1} - \Phi_i$$

也就是說，實際花費的時間，等於攤銷成本加上位能的淨損失。

以T'來表示施行n個運算於資料結構的總攤銷時間，也就是，

$$T' = \sum_{i=1}^{n} t_i'$$

則施行n個運算的總實際執行時間T，其上限為：

$$\begin{aligned} T &= \sum_{i=1}^{n} t_i \\ &= \sum_{i=1}^{n} \leq (t_i' + \Phi_{i-1} - \Phi_i) \\ &= \sum_{i=1}^{n} t_i' + \sum_{i=1}^{n} \leq (\Phi_{i-1} - \Phi_i) \\ &= T' + \sum_{i=1}^{n} \leq (\Phi_{i-1} - \Phi_i) \\ &= T' + \Phi_0 - \Phi_n \end{aligned}$$

其中上式中的第二項為套疊合。換句話說，實際花費的總時間，等於總攤銷時間加上一連串運算之後的淨位能損失。既然$\Phi_n \geq \Phi_0$，則$T \leq T'$，因此實際花費時間不會比攤銷執行時間還要多。

要使這個概念更為具體，讓我們使用位能的論證來再一次分析可清除式表格。在這種情形，我們令系統的位能Φ為可清除式表格當中實際元素的個數。我們主張任何運算的攤銷時間是 2，也就是對於$i = 1$、⋯、n，$t_i' = 2$。要證明這個主張，讓我們考慮第i個運算的兩個可能的方法。

- add (e)：在表格中插入元素e，會將Φ加 1，並且實際需要的時間為 1 單位時間。所以，在這個情形當中，

  $$1 = t_i = t_i' + \Phi_{i-1} - \Phi_i = 2 - 1$$

  很明顯是成立的。
- clear ()：從表格當中移除所有m個元素需要的時間不會超過$m+2$單

位時間 m 單位來作移除加上最多兩個單位來當作方法呼叫以及其他開銷。但是這個運算也使位能 Φ 由 m 降到 0 (我們也允許 $m = 0$)。所以，在這個情形當中，

$$m+2 = t_i = t_i{}' + \Phi_{i-1} - \Phi_i = 2+m$$

很明顯是成立的。

所以，在可清除表格上執行一任意運算，攤銷執行時間是 $O(1)$。並且，因爲 $\Phi_i \geq \Phi_0$，對任意 $i \geq 1$，在初始化爲空的可清除表格上執行 n 個運算的實際執行時間 T 是 $O(n)$。

1.5.2 分析可擴充陣列的實作

以上列出的可清楚表格 ADT 簡單陣列的實作最主要的弱點是，必須先估計可能儲存在表格當中的元素數量，並指定一定値 N 當作容量。如果表格當中實際的元素數量 n 比 N 還要小，這個實作就會浪費空間。更糟的情況是，假如 n 增加到超過 N，這個實作就會當掉。

讓我們提供一個方法，使得表 S 當中用來儲存元素的陣列能夠長大。當然，在任何常見的程式語言當中，像是 C、C++以及 Java，我們並不能眞的使陣列 A 長大，它的容量固定爲某個數 N。變通的方法是，當**溢出 (overflow)** 發生的時候，也就是，當我們在 $n = N$ 時呼叫 add 方法，便實行以下步驟：

1. 配置一個容量 $2N$ 的新陣列
2. 複製 $A[i]$ 到 $B[i]$ 當中，其中 $i = 0$、⋯、$N-1$
3. 令 $A = B$，也就是使用 B 當作支援 S 的陣列。

這個陣列代換技巧就是可擴充陣列。(請看圖 1.17) 直觀來說，這個技術很像是寄居蟹，當它長大了，就會去找一個更大的殼。

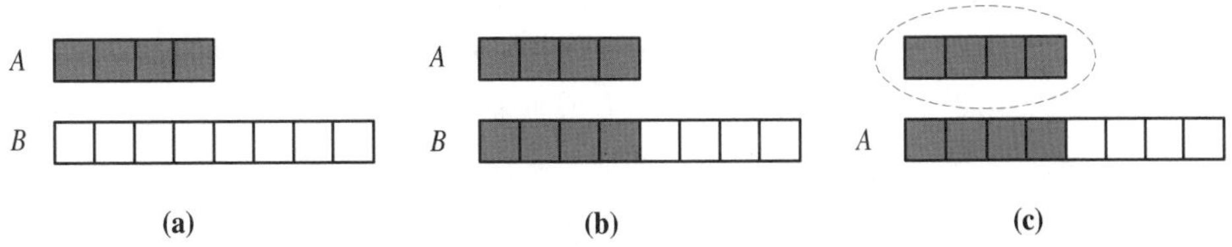

圖 1.17：可擴充陣列的「成長」三步驟圖示：**(a)** 建立新陣列 B； **(b)** 將 A 中的元素複製到\,B 中； **(c)** 將參考 A 指向新陣列。圖中所示不包括舊陣列的垃圾收集。

依照效率的觀點，這個陣列的代換技巧剛開始可能看起來很慢，因爲

代換大小爲n的陣列需執行一些插入運算，花費$\Theta(n)$時間。儘管如此，要注意到我們執行陣列代換之後，我們便能在新陣列中加入n個新元素，才須再次執行代換。依據這個簡單的事實，我們便能證明對初始爲空的可擴充表格施行一連串運算，實際上是很有效率的。爲了簡便，我們以「add」運算表示在向量的最後一個位置插入一元素。使用 **amortization (攤銷分析)**，我們可以證明在可擴充陣列實作成的可擴充表上，執行一連串 add 運算，事實上是很有效率的。

定理 1.31： 令S是由可擴充陣列A實作的表，如前述。從S爲空且A的大小爲$N = 1$開始，在S當中執行n個 add 運算的總時間爲$O(n)$。

證明：

我們使用會計方法當中的攤銷分析來證明這個定理。要執行這個分析，我們再次將電腦視爲投幣設備，欲使用一段固定的計算時間就必須支付電子幣。當執行運算的時候，我們在「銀行帳戶」必須有足夠的電子幣來支付運算的執行時間。所以，任意計算所花費的電子幣總額正比於計算所花費的時間。這個分析漂亮的地方是，我們可以在某些運算多儲存些電子幣來償付其他運算。

讓我們假設電子幣一元便足夠支付S當中的每一個 add 運算的執行，但陣列成長所需的時間除外。並且，讓我們假設從大小k成長到大小$2k$的陣列需要k個電子幣來支付複製元素所花費的時間。我們應該爲每次 add 運算支付電子幣三元，如此一來，我們在每次執行未造成溢出的 add 運算時，便可存下電子幣二元。

請把插入運算時省下的電子幣二元，想成「儲存」在被插入元素之處。對於整數$i \geq 0$，當表格S有2^i個元素且表格S所使用的陣列大小是2^i的時候，會發生溢出。所以，將陣列變成兩倍大需要電子幣2^i元。幸運的是，我們可以從儲存在2^{i-1}到$2^i - 1$區間的元素找到所需的電子幣。(請看圖 1.18)。請注意，前一次溢出發生在元素個數第一次大於2^{i-1}時，所以2^{i-1}到$2^i - 1$資料格當中的電子幣並未被花掉。如此，我們便得到有效的攤銷方案，其中我們爲每一個運算支出電子幣三元，而支付的電子幣足以買到全部的計算時間。也就是，我們可以使用電子幣$3n$元來支付n個 add 運算的執行。

在前面的例子中，每一次的擴展都會使表成長爲兩倍大，不過我們也可以用 capacityIncrement 參數明確指定每次擴展時陣列所增加的固定大小。也就是，我們將這個參數設定爲一數值k，則當陣列成長的時候會增

加 k 個新的資料格，但是我們採用這種方式時必須當心。對於大部分的應用程式來說，每次將大小增爲兩倍才是正確的選擇，如同以下定理所示。

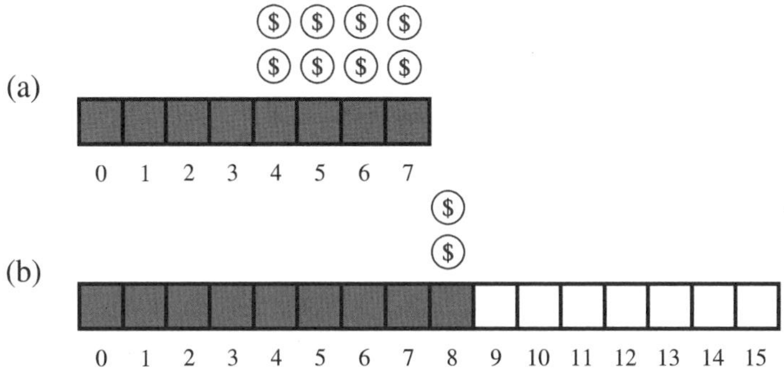

圖 **1.18**：昂貴的 add 運算：**(a)**8 格全滿，其中標號 4 到 7 的格子中，每格儲存著電子幣二元；**(b)** add方法將容量加倍時，複製元素消耗掉表中的電子幣，插入一新元素花費電子幣一元用來支付 add，而多出來的二元儲存在標號 8 的格子中。

定理 1.32： 若我們建立一空表格，並且採用固定的正值 capacityIncrement，則在向量上執行連續 n 個 add 運算花費 $\Omega(n^2)$ 時間。

證明：

令 $c>0$ 是 capacityIncrement 值，且令 $c_0>0$ 表示陣列的初始值。當表中目前元素的個數是 c_0+ic，其中 $i=0$、⋯、$m-1$，$m=\lfloor (n-c_0)/c \rfloor$，此時進行 add 運算便會造成溢出。所以，由定理 1.13，處理溢出的全部時間會和下式成正比

$$\sum_{i=0}^{m-1}(c_0+ci) = c_0m+c\sum_{i=0}^{m-1}i = c_0m+c\frac{m(m-1)}{2}$$

亦即 $\Omega(n^2)$。所以，執行 n 個 add 運算花費 $\Omega(n^2)$ 時間。 ■

圖 1.19 所示爲給定二種 capacityIncrement 初始值，在初始化爲空的表格上，執行一連串 add 運算的執行時間比較。

稍後討論到擴張樹 (第 3.4 節) 以及在集合分割當中執行聯集和尋找運算所使用的樹狀結構 (第 4.2.2 節) 時，我們會再更進一步討論攤銷分析的應用。

1.6 實驗方法

使用漸進分析來找出演算法執行時間的上限，是一種演繹的過程。我們學習演算法的虛擬碼描述。我們推論出演算法的最差選擇爲何，並且使用數學工具，例如攤銷、總和、遞迴方程式，來描繪演算法執行時間的特性。

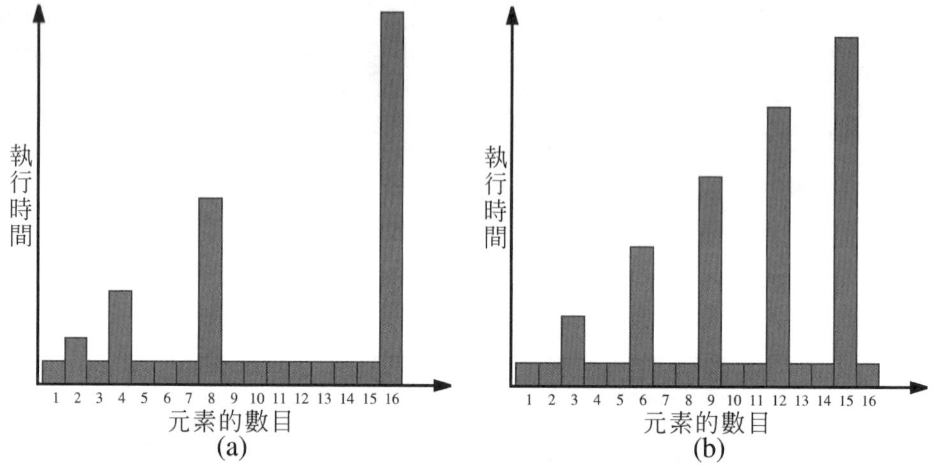

圖 1.19：對一可擴充表格執行一連串 add 運算的執行時間比較圖。每次擴充時，**(a)**大小增為原來的二倍，**(b)**大小比原來增加 capacityIncrement = 3。

這個方法很有威力，但也有其限制。漸進分析的演繹法，並不總是能讓人看出演算法分析當中，隱藏在 big-Oh 之後常數系數的玄機。同樣的，此種演譯法並不能告訴我們，何時該使用系數小的漸進式慢速演算法，何時該使用系數大的漸進式快速演算法。並且，演譯法主要將重點放在輸入的最差狀況，可能無法代表特定問題的典型輸入情形。最後，當演算法過於複雜，導致無法有效找出該演算法的效能上限時，演譯法便會失敗。此時，實驗通常可以幫助我們進行演算法分析。

在本節當中，我們討論一些進行實驗演算法分析的技巧與法則。

1.6.1 實驗設定

在進行實驗時，有幾個步驟是實驗架設階段必須要做的。對這些步驟必須深思熟慮，並且小心進行。

選擇問題

架設實驗的第一個步驟，是決定要測試什麼。在演算法分析的領域當中有幾種可能：

- 估計一演算法在平均情形之下的漸進執行時間。
- 在輸入範圍介於 $[n_0, n_1]$ 時，從兩個演算法當中選出較快的一個。
- 對於依據參數決定行爲的演算法 (例如常數 α 或 ε)，找出使演算法最有效率的參數值。

對於嘗試找出輸入的某函數之最小或最大值的演算法，測試該演算法與最佳值的接近程度。一旦決定要測試的問題是上述問題中的哪一個，或是其他想要以實驗求解的問題，便可進行實驗架設的下一步。

決定要測量什麼

決定好要問的問題之後，接下來便將重點放在這個問題的量化測量，以找出問題的答案。在最佳化問題當中，我們測量的是欲最大化或最小化的函數。至於執行時間的問題，該測量什麼因素，可能就沒有我們一開始想的那麼明顯。

我們當然可以測量一個演算法的實際執行時間。呼叫一個會傳回時間的程序，便可以測量演算法執行前後的時間，將兩者相減即可求出演算法的執行時間。如果實驗所使用的電腦，就是將來該演算法會使用的電腦「典型」，這種測量就很有用。

此外我們也必須認清，我們得到的是執行該演算法的一種實作的「時鐘」時間，它會受許多因素影響，包括同時間電腦執行的其他程式、該演算法是否有效率地使用快取記憶體，以及該演算法是否使用了太多記憶體，以至於要對第二階記憶體頻頻做資料置換。這些多出來的因素，全都會拖慢在其他地方可以快速執行的演算法，所以若要使用時鐘時間來測量演算法時間，我們必須確定將上述影響最小化。

另外一個方法是從與平台無關的角度來測量速度─計算在該演算法當中重複使用到某些基本運算的次數。演算法分析時，常被有效使用到的基本分析舉例如下：

- **記憶體存取：**針對一資料密集的演算法，計算其記憶體存取次數，所得到的值會與該演算法在任何機器上的執行時間高度相關。
- **比較：**若演算法主要是以兩兩相比較的方式來處理資料，例如排序演算法，則該演算法使用的比較次數會與該演算法的執行時間高度相關。
- **算術運算：**在數值演算法的內涵主要就是算術計算，只要計算加法和乘法 (或取其一) 的次數便可有效估計出執行時間。若再考慮所使用的電腦是否有數學輔助處理器，便可將上述估計轉換爲演算法在該電腦上的執行時間。

一旦我們決定好欲測量的標的，接下來就必須產生測試資料供演算法執行時使用，以便蒐集統計資料。

產生測試資料

我們的目標是要產生如下的測試資料：

- 我們希望能產生足夠多的樣本，使其平均能夠產生統計上有效的結果。
- 我們希望產生不同大小的輸入樣本，以便針對大範圍的輸入大小變化，有根據地推測出該演算法的效能。
- 我們希望產生的測試資料，足以代表該演算法日後實際應用時採用的資料。

產生滿足前二點的資料只是涵蓋範圍的問題；欲滿足第三點則需要思考。我們需要思考輸入分布情形，並且依據該分布來產生測試資料。單純地隨機產生平均分布的資料，在此通常不是個適當的選擇。舉例來說，如果我們的演算法是在一份自然語言文件中做搜尋，則搜尋需求就不應該是平均分布的。理想上，我們會想要設法蒐集夠多的實際資料，以便找出統計上合理的結論。當這種資料只有部份可取得的時候，妥脅的做法是依據可取得的實際資料之關鍵統計特性，產生隨機資料。無論如何，我們應該努力創造夠好的測試資料，以幫助我們推導出一般化的結論，來支持或反駁該演算法的某些假說。

撰寫程式碼並執行實驗

要將我們的演算法正確有效地實作出來，需要一定程度的程式設計技術。而且，若欲將我們的演算法與另一演算法相比較，我們須確定撰寫我們的演算法與撰寫比較用的演算法，兩者使用的是相同程度的技術。用來比較的兩個演算法實作，程式碼最佳化程度必須盡可能的接近。以實驗的方式來比較兩個演算法時，要求所謂的公平，確實是相當主觀的一件事，不過在這個狀況下，我們還是得盡力達成公平的比較。最後，我們應盡力求得可**複製的 (reproducible)** 結果，也就是不同的程式設計師以類似的技術來做類似的實驗，也能得到類似的結果。

撰寫好程式碼、且產生好測試資料之後，便可以開始做實驗、蒐集資料。當然，我們應該盡可能在「乾淨」的環境下進行實驗，在蒐集資料時盡可能排除干擾源。我們應該特別注意所使用的計算環境細節，包括CPU的個數、CPU 的速度、主記憶體的大小以及記憶體匯流排的速度。

1.6.2 資料分析與呈現

人們常以列表的方式檢視資料，但這個方法通常不如將資料繪成圖形有用。資料分析與繪圖技巧的完整說明已超出本書的範圍，在此我們僅討論其中兩種演算法分析與繪圖技巧。

比值測試

在**比值測試 (ratio test)** 當中，我們使用我們對演算法的知識，導出該演算法執行時間的主項爲函數 $f(n) = n^c$，其中 $c > 0$ 爲某個常數。然後我們的分析，就是測試我們的演算法是不是 $\Theta(n^c)$。令 $t(n)$ 表示該演算法解決某個大小爲 n 的問題所需的實際執行時間。比值測試就是蒐集數次實驗所得的 $t(n)$ 值，來繪出比值 $r(n) = t(n) / f(n)$。(參考圖 1.20)

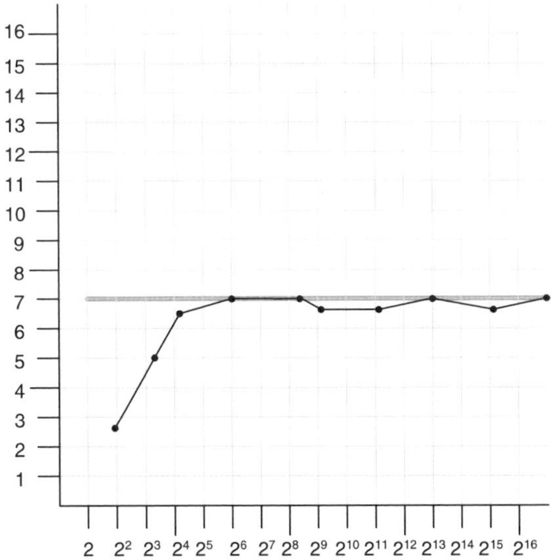

圖 **1.20**：比值測試，估計 $r(n) = 7$ 的一個例子。

如果 $r(n)$ 隨著 n 的增加而成長，表示 $f(n)$ 低估了執行時間 $t(n)$。另一方面，若 $r(n)$ 收斂到 0，則表示 $f(n)$ 高估了執行時間。假如比值函數 $r(n)$ 收斂到某一個大於 0 的常數 b，則 $f(n)$ 就是 $t(n)$ 成長率的一個良好估計。此外，常數 b 也是執行時間 $t(n)$ 中常數因子的一個良好估計。

我們還是必須認清一點，那就是任何實驗都只能測試有限的輸入種類及輸入大小，因此，比值測試的方法不能用來找出指數 $c > 0$ 確實的值。而且，它的準確度只能用於多項式的函數 $f(n)$，並且已經有許多研究證實，我們能找到的最佳 c 值只能準確到一個範圍 $[c - 0.5, c + 0.5]$。

指數測試

利用**指數測試 (power test)**，不必預先對執行時間作良好的猜測，就能找出執行時間 $t(n)$ 的良好估計。這個測試的構想是，從實驗中蒐集 (x,y)，其中 $y = t(x)$，而 x 是輸入樣本的大小，然後轉換 $(x,y) \rightarrow (x',y')$，其中 $x' = \log x$ 且 $y' = \log y$ ，然後我們描繪出所有 (x',y') 並且檢查結果。

注意到如果 $t(n) = bn^c$，其中 b、c 爲二個大於 0 的常數，則 log-log 轉換暗示著 $y' = cx' + b$。所以如果 (x',y') 所描繪出的曲線接近一直線，則經由這一直線，我們就可以得到常數 b 及 c 的值，其中指數 c 就是位於此 log-log 座標裡的直線之斜率，係數 b 就是這條直線的 y 軸截距。(請看圖 1.21)。另一方面，若 (x',y') 明顯成長，則我們可以放心的歸納出 $t(n)$ 是超多項式的 (super-polynomial)，而若 (x',y') 收斂到常數，則 $t(n)$ 很有可能是次線性的 (sublinear)。無論如何，指數測試就如同比值測試一般，由於只能使用有限組不同大小的輸入，因此 c 的精確度很難比範圍 $[c - 0.5, c + 0.5]$ 更好。

即使如此，以實驗估計演算法執行時間時，比值測試和指數測試通常是不錯的選擇。例如說，比起利用回歸技巧、試著直接找出最接近測試結果的多項式，則利用比值測試和指數測試就好得多。由於曲線擬合 (curve-fitting) 技巧對雜訊很敏感，因此利用這種技巧，可能無法對多項式執行時間中的指數做出良好估計。

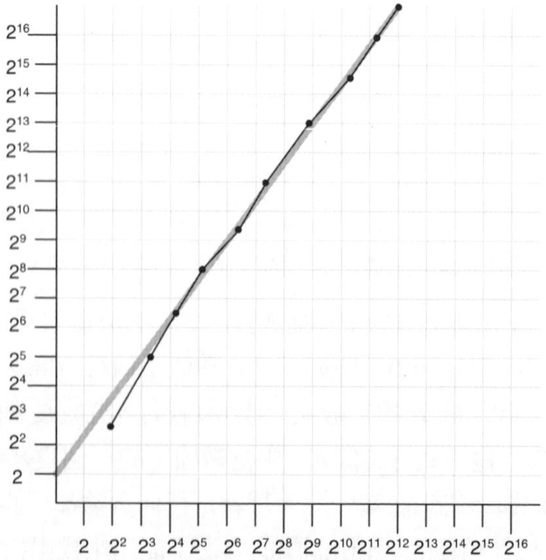

圖 1.21：指數測試的一個例子。在本例中，我們可估計 $y' = \mathbf{(4/3)}x' + \mathbf{2}$，也就是估計 $t(n) = \mathbf{2}n^{\mathbf{4/3}}$。

1.7 習題

複習題

R-1.1 請在 x 軸、y 軸皆爲對數刻度的座標系中，畫出函數 $12n$、$6n\log n$、n^2、n^3 及 2^n 的圖形，亦即若函數 $f(n)$ 爲 y，則 x 座標是 $\log n$、y 座標是 $\log y$，以此畫出 $f(n)$ 的圖形。

R-1.2 演算法 A 使用 $10n\log n$ 個運算，而演算法 B 使用 n^2 個運算。請找出一 n_0 值，使得 A 比 B 還要好，其中 $n \geq n_0$。

R-1.3 仿照上題，但在此 B 使用 $n\sqrt{n}$ 個運算。

R-1.4 證明 $\log^3 n$ 是 $o(n^{1/3})$。

R-1.5 證明以下兩個敘述是等價的：

(a) 演算法 A 的執行時間是 $O(f(n))$。

(b) 在最差狀況下，演算法 A 的執行時間是 $O(f(n))$。

R-1.6 依照 big-Oh 表示法，將以下列函數依照順序排列。(例如，畫出底線) 選出互爲 big-Theta 的函數。

$6n\log n$	2^{100}	$\log\log n$	$\log^2 n$	$2^{\log n}$
2^{2^n}	$\lceil\sqrt{n}\rceil$	$n^{0.01}$	$1/n$	$4n^{3/2}$
$3n^{0.5}$	$5n$	$\lfloor 2n\log^2 n\rfloor$	2^n	$n\log_4 n$
4^n	n^3	$n^2\log n$	$4^{\log n}$	$\sqrt{\log n}$

[**提示**：若在比較函數 $f(n)$ 和 $g(n)$ 時產生疑問，請想想 $\log f(n)$ 和 $\log g(n)$ 或 $2^{f(n)}$ 和 $2^{g(n)}$。]

R-1.7 下表當中，對於每一函數 $f(n)$ 與時間 t，假設對於某一演算法解決問題需花費 $f(n)$ 微秒，試求該演算法在時間 t 內所能解決之最大問題之大小 n 爲何。請記得 $\log n$ 是以 2 爲底的 n 的對數。表中已預先填好某些欄位，請依此作答。

	1 秒	1 小時	1 個月	1 世紀
$\log n$	$\approx 10^{300000}$			
$\sqrt{n}$				
n				
$n\log n$				
n^2				
n^3				
2^n				
$n!$				

R-1.8 Bill 提出一演算法 find2D，用來在 $n\times n$ 陣列 A 當中找出某個元素 x。find2D 演算法對 A 的每一列重複呼叫演算法 1.12 所示的 arrayFind 演算法，直到找到 x 或是已經

搜尋完 A 中的每一列。試以 n 表示出 find2D 的最差執行時間？這個演算法是線性時間的嗎？爲何是或爲何不是？若執行時間和輸入大小成比例，我們就說演算法是線性。

R-1.9 考慮以下的遞迴方程式 $T(n)$，定義如下

$$T(n) = \begin{cases} 4 & \text{若 } n = 1 \\ T(n-1)+4 & \text{其他} \end{cases}$$

使用歸納法證明 $T(n) = 4n$。

R-1.10 試以 n 表示出演算法 1.22 演算法中 Loop1 函式執行時間的 big-Oh 特性。

R-1.11 仿照上題，分析演算法 1.22 中的 Loop2 函式。

R-1.12 仿照上題，分析演算法 1.22 中的 Loop3 函式。

R-1.13 仿照上題，分析演算法 1.22 中的 Loop4 函式。

R-1.14 仿照上題，分析演算法 1.22 中的 Loop5 函式。

R-1.15 試證明若 $f(n)$ 是 $O(g(n))$ 且 $d(n)$ 是 $O(h(n))$，則 $f(n)+d(n)$ 的和是 $O(g(n)+h(n))$。

R-1.16 試證明 $O(\max\{f(n),g(n)\}) = O(f(n)+g(n))$。

R-1.17 試證明 $f(n)$ 是 $O(g(n))$ 若且唯若 $g(n)$ 是 $\Omega(f(n))$。

R-1.18 試證明若 $p(n)$ 是 n 的多項式，則 $\log p(n)$ 是 $O(\log n)$。

R-1.19 試證明 $(n+1)^5$ 是 $O(n^5)$。

```
Algorithm Loop1(n):
  s ← 0
  for i ← 1 to n do
    s ← s + i

Algorithm Loop2(n):
  p ← 1
  for i ← 1 to 2n do
    p ← p · i

Algorithm Loop3(n):
  p ← 1
  for i ← 1 to n² do
    p ← p · i

Algorithm Loop4(n):
  s ← 0
  for i ← 1 to 2n do
    for j ← 1 to i do
      s ← s + i

Algorithm Loop5(n):
  s ← 0
  for i ← 1 to n² do
    for j ← 1 to i do
      s ← s + i
```

演算法 **1.22**：一組迴圈 **method**。

R-1.20 試證明 2^{n+1} 是 $O(2^n)$。

R-1.21 試證明 n 是 $o(n \log n)$。

R-1.22 試證明 n^2 是 $\omega(n)$。

R-1.23 試證明 $n^3 \log n$ 是 $\Omega(n^3)$。

R-1.24 試證明若 $f(n)$ 是恆大於 1 的正值非遞減函數，則 $\lceil f(n) \rceil$ 是 $O(f(n))$。

R-1.25 試證明以下事實：若 $d(n)$ 是 $O(f(n))$ 且 $e(n)$ 是 $O(g(n))$，則 $d(n)\,e(n)$ 是 $O(f(n)\,g(n))$。

R-1.26 對於以陣列實作、初始值爲空的可擴充表，施行連續 n 個 add 運算，使 capacityIncrement 參數總是保持在 $\lceil \log(m+1) \rceil$，其中 m 堆疊元素的個數，請問這個運算的攤銷是執行時間是？也就是，表格每次擴充皆增加 $\lceil \log(m+1) \rceil$ 個資料格，此時 capacityIncrement 會重設爲 $\lceil \log(m'+1) \rceil$ 資料格，其中 m 是表格原本的大小，而 m' 是它的新的大小 (以實際的元素來表示)。

R-1.27 試描述在 n 個元素的陣列 A 當中，找出最大值與最小值的遞迴演算法。你的函式必須傳回序對 (a, b)，其中 a 是最小元素且 b 是最大元素。請問你的函式執行時間爲何？

R-1.28 請根據陣列從大小 k 成長到大小 $2k$ 的成本是 $3k$ 個電子幣的假設，重新寫出定理 1.31 的證明。欲使攤銷方案可行，則每次執行 add 運算要支出多少電子幣？

R-1.29 在半對數座標繪圖，利用比值測試，將下列點集合

$$S = \{(1,1),(2,7),(4,30),(8,125),(16,510),(32,2045),(64,8190)\}$$

與下列函數做比較：

a. $f(n) = n$
b. $f(n) = n^2$
c. $f(n) = n^3$

R-1.30 將下列點集合畫在 log-log 座標中

$$S = \{(1,1),(2,7),(4,30),(8,125),(16,510),(32,2045),(64,8190)\}$$

使用指數法則，找出最符合上述資料的多項函數 $f(n) = bn^c$。

挑戰題

C-1.1 假設當 i 是 3 的倍數時 p_i 的執行時間是 $\Theta(i)$，否則爲常數時間，則一連串 n 個運算 $P = p_1 p_2 \ldots p_n$ 的攤銷執行時間爲何？

C-1.2 令 $P = p_1 p_2 \ldots p_n$ 是一連串 n 個運算，其中每一個運算是 red 或 blue 運算，其中 p_1 是 red 運算並且 p_2 是 blue 運算。blue 運算的執行時間總是常數。第一個 red 運算的執行時間是常數，但是之後的每一個 red 運算 p_i 的執行時間是前一次 red 運算 p_j 的兩倍 (其中 $j < i$)。red 和 blue 運算在下列條件下的攤銷是執行時間是？

a. 在連續的兩個 red 運算之間必有 $\Theta(1)$ 個 blue 運算。
b. 在連續的兩個 red 運算之間必有 $\Theta(\sqrt{n})$ 個 blue 運算。
c. 在 red 運算 p_i 與前一個 red 運算 p_j 之間的 blue 運算個數，必定是 red 運算 p_j 與前一個 red 運算之間 blue 運算個數的二倍。

C-1.3 假設將目前數字 i 加 1 所需時間，正比於二進位表示法中，將 i 增加到 $i+1$ 所須改變的位元個數，試問以二進位從 1 數到 n 的全部執行時間？

C-1.4 考慮定義如下的遞迴方程式 $T(n)$

$$T(n) = \begin{cases} 1 & 若\ n = 1 \\ T(n-1)+n & 其他 \end{cases}$$

試用歸納法證明 $T(n)=n(n+1)/2$。

C-1.5 考慮定義如下的遞迴方程式 $T(n)$

$$T(n)=\begin{cases} 1 & 若\ n = 1 \\ T(n-1)+2^n & 其他 \end{cases}$$

試用歸納法證明 $T(n) = 2^{n+1}-1$。

C-1.6 考慮定義如下的遞迴方程式 $T(n)$

$$T(n)=\begin{cases} 1 & 若\ n = 1 \\ 2T(n-1) & 其他 \end{cases}$$

試用歸納法證明 $T(n) = 2^n$。

C-1.7 Al 和 Bill 正在爭論他們的排序演算法的效率。Al 主張他的 $O(n\log n)$ -time 演算法總是比 Bill 的 $O(n^2)$-time 時間演算法還要快。要解決這個爭論，他們實作並且執行演算法，輸入許多隨機產生的資料集合。讓Al氣餒的是，他們發現若 $n<100$，則 $O(n^2)$ -time 演算法實際執行速度較快，並且只有在 $n \geq 100$ 的時候 $O(n\log n)$ -time 演算法會較佳。請解釋爲什麼這是可能的。你可以舉幾個數字的例子。

C-1.8 通信的安全在計算機網路當中是非常重掉的，而許多網路通信協定使用加密的信息來增加安全性。一般網路上用來安全地傳遞信息的加密技術，是建立在沒有以知的演算法能夠有效率地分解大整數。所以若我們可以用一個很大的質數 p 來表示加密信息，我們可以在網路傳遞數字 $r = p\cdot q$，其中 $q>p$ 是另一個大質數，用來當作加密金鑰。得到在網路上傳遞的數字 r 的竊聽者必須分解 r 來得到加密信息 p。

在不知道加密金鑰 q 的情況下，使用分解來解出信息是非常困難的。要了解爲什麼，考慮以下的分解演算法：

對每一個整數 p，其中 $1<p<r$，檢驗 p 是否整除 r。如果是，印出「The secret message is p!」並且停止，如果不是則繼續。

a. 假定竊聽者使用以上的演算法，他所使用的電腦可以在一微秒內執行兩個數的除法，每個數最大可達 100 位元。若 r 有 100 位元，估計在最差情況，解密必須用掉多少時間。

b. 以上的演算法的最差時間複雜度是什麼？因爲演算法的輸入只是一個大整數\, r，我們假設輸入大小 n 是儲存 r 所需的位元組，也就是 $n = (\log_2 r)/8$，且每次除法花費的時間是 $O(n)$。

C-1.9 試舉一正函數 $f(n)$ 爲例，使得 $f(n)$ 不是 $O(n)$ 也不是 $\Omega(n)$。

C-1.10 試證明 $\Sigma_{i=1}^{n} i^2$ 是 $O(n^3)$。

C-1.11 試證明 $\Sigma_{i=1}^{n} i/2^i<2$。[**提示：**嚐試使用幾何級數將總和加起來找出界限。]

C-1.12 證明若 $b>1$ 是常數，則 $\log_b f(n)$ 是 $\Theta(\log f(n))$。

C-1.13 試描述一使用少於 $3n/2$ 次比較，即可從 n 個數中找出最大值及最小值的函式。[**提**

示：先建立最小值的候選群組以及最大值的候選群組。]

C-1.14 假設您有一些小盒子，從 1 到 n 編號，每個箱子看起來都一樣，但其中前 i 個盒子中每個各裝有一顆珍珠，而剩下的 $n-i$ 是空的。你有兩支魔術棒能測試箱子是否是空的，如果被測試的箱子是空的，魔術棒便會消失。證明在不知道 i 的值的情況下，您能使用二支魔術棒找出所有裝著珍珠的箱子，至多只使用魔術棒 $o(n)$ 次。試以 n 的函數來表示所須使用魔術棒次數的漸進數。

C-1.15 承上題，假設您現在有 k 個魔術棒，其中 $k>2$ 且 $k<\log n$。試以 n 及 k 的函數，來表示找出所有裝著珍珠的盒子所須使用魔術棒次數的漸進數。

C-1.16 n **階多項式** $p(x)$ 是有如下型式的方程式

$$p(x) = \sum_{i=0}^{n} a_i x^i$$

其中 x 是實數並且每一個 a_i 都是常數。

a. 描述一個簡單的 $O(n^2)$ 時間函式，以計算當 x 等於某個值時候的 $p(x)$。

b. 現在將 $p(x)$ 重寫如下

$$p(x) = a_0 + x(a_1 + x(a_2 + x(a_3 + \cdots + x(a_{n-1} + xa_n)\cdots)))$$

就是所謂的 Horner 方法。使用 big-Oh 表示法來描述這個計算方法所使用的乘法和加法個數。

C-1.17 考慮以下的歸納法「證明」羊群當中所有的綿羊都是同一種顏色：

基本狀況：一隻棉羊。很清楚的，牠和牠自己有相同的顏色。

歸納步驟：有 n 隻羊的羊群。從羊群當中選取一隻羊 a。由歸納法得知，剩下的 $n-1$ 隻羊都是同一種顏色。現在把羊 a 放回羊群，並且選出另一隻羊 b。由歸納法可知，所有的 $n-1$ 之羊（現在羊 a 已位在這群羊當中）都是同樣的顏色。所以，a 和所有其他羊是同一個顏色，所以羊群當中所有的羊都是同一種顏色。這個「證明」錯在哪裡？

C-1.18 考慮 Fibonacci 函數 $F(n)$ 是 $O(n)$ 的「證明」如下，其中 $F(n)$ 定義爲：$F(1)=1$、$F(2)=2$、$F(n)=F(n-1)+F(n-2)$：

基本狀況 $(n \le 2)$：$F(1)=1$ 是 $O(1)$，以及 $F(2)=2$ 是 $O(2)$。

歸納步驟 $(n>2)$：假設當 $n'<n$ 時，我們的主張爲眞。考慮 n 時，$F(n)=F(n-1)+F(n-2)$。由歸納法得知，$F(n-1)$ 是 $O(n-1)$ 且 $F(n-2)$ 是 $O(n-2)$。由習題
這個「證明」錯在哪裡？

C-1.19 考慮上一題的 Fibonacci 函數 $F(n)$。試利用歸納法證明 $F(n)$ 是 $\Omega((3/2)^n)$。

C-1.20 仿照圖 1.11b，繪圖驗證當 n 是奇數時的定理 1.13。

C-1.21 陣列 A 包含 $n-1$ 個各不相同的整數，範圍爲 $[0, n-1]$，也就是，再這個範圍當中有一個數不在 A 當中。請設計一個 $O(n)$ 時間的演算法來找出該數字。除了陣列 A 本身以外，你只可以使用 $O(1)$ 額外的空間。

C-1.22 試證明總和 $\Sigma_{i=1}^{n}\lceil\log_2 i\rceil$ 是 $O(n\log n)$。

C-1.23 試證明總和 $\Sigma_{i=1}^{n}\lceil\log_2 i\rceil$ 是 $\Omega(n\log n)$。

C-1.24 試證明總和 $\Sigma_{i=1}^{n}\lceil\log_2(n/i)\rceil$ 是 $O(n)$。你可以假設 n 是 2 的次方數。[**提示：**使用歸

納法，將問題縮小為$n/2$時的情形。]

C-1.25 有一個邪惡的國王在地窖當中藏了n瓶昂貴的酒，他的守衛抓到了一個嘗試在國王酒中下毒的間諜。幸運的是，守衛抓到間諜時，間諜只在其中一瓶酒下了毒。不幸的是，他們並不知道是哪一瓶。更嚴重的是，間諜使用的毒物是非常致命的，只要十億分之一的濃度就足以致命。雖然如此，但這種毒藥的效力很慢，它的毒性要一個月後才會發作。設計一個方法使邪惡的國王可以在一個月的時間知道哪一瓶酒被下毒，最多只能用$O(\log n)$位測試者。

C-1.26 令S是n條線的集合，其中任兩條線皆不互相平行，且任三條線皆不交會在同一點。使用歸納法證明S當中的線決定了$\Theta(n^2)$個交會點。

C-1.27 假定$n \times n$陣列A當中的每一列皆包含 1 和 0，其中A的每一列當中所有的 1 都在 0 之前出現。假設A已經在記憶體當中，描述一個在$O(n)$時間 (不是在$O(n^2)$時間) 之內執行的函式來找出A當中包含最多 1 的列。

C-1.28 假定$n \times n$陣列A當中的每一列皆包含 1 和 0，其中A的每一列當中所有的 1 都在 0 之前出現。並且假設列i當中的 1 的個數至少等於列$i+1$當中的 1 的個數，對$i = 0$、1、…、$n-2$。假設A已經在記憶體當中，描述一個在$O(n)$時間 (不是在$O(n^2)$時間) 之內執行的函式，計算出A當中的 1 的個數。

C-1.29 使用虛擬碼描述一個函式，用來將$n \times m$矩陣A和$m \times p$矩陣B相乘。回想$C = AB$的定義滿足$C[i][j] = \sum_{k=1}^{m} A[i][k] \cdot B[k][j]$。請問你的函式執行時間為何？

C-1.30 設計一遞迴演算法來計算兩個整數m和n的乘積，其中只能使用加法。

C-1.31 試為新類別 ShrinkingTable 的設計完整的虛擬碼，該類別之 add 函式與可擴充表用的一樣，remove ()函式可將最後一個 (實際) 元素自表中移除，shrinkToFit ()函式會將表所使用的陣列置換成大小和表中元素個數相等的陣列。

C-1.32 考慮支援 add 和 remove 方法的可擴充表，如上題所述。並且假設當我們需要將表所使用的陣列擴大時，便將之擴大為原來的兩倍，而當 (實際) 元素數量下降到$N/4$以下時 (N是陣列目前的容量)，便將陣列的容量變成原來的一半。試證明從陣列大小為$N = 1$開始，執行連續n個 add 和 remove 函式，須花費$O(n)$時間。

C-1.33 考慮可擴充列表的實作，當表格所使用的陣列裝滿的時候，我們不將表中元素複製到二倍大的陣列當中 (也就是從N到$2N$)，而是將元素複製到增加了$\lceil\sqrt{N}\rceil$格的陣列中，此時容量從N變為$N+\lceil\sqrt{N}\rceil$。試證明如此一來，執行連續n個 add 運算 (也就是在末端插入元素) 之執行時間在$\Theta(n^{3/2})$。

軟體專案

P-1.1 將第 1.4 節當中的演算法 prefixAverages1 和 prefixAverages2 寫成程式，並且為這兩個演算法進行小心的實驗分析。將這兩個演算法的執行時間畫成輸入大小的函數，分別畫在線性-線性及對數-對數座標中。請為輸入的大小n選擇具有代表性的值，並且對每個n值至少執行五次測試。

P-1.2 執行小心的實驗分析，比較演算法 1.22 中各函式的相對執行時間。請使用比值測試及指數測試來估計各函式的執行時間。

P-1.3 使用陣列實作可擴充表，該表在加入元素的時候，陣列的大小可隨之長大。

請針對以下情形進行實驗性分析：執行一連串 n 個 add 函式，假定陣列大小在增加時，會從 N 變為：

a. $2N$
b. $N+\lceil\sqrt{N}\rceil$
c. $N+\lceil\log N\rceil$
d. $N+100$

進階閱讀

本章中所討論的主題取材自多種來源。攤銷已經被用來分析多種不同的資料結構以及演算法，但是直到 1980 年代中期，攤銷分析才成為一個獨立的討論主題。要獲取有關更多攤銷分析的資訊，請閱讀 Tarjan [201] 或是 Tarjan [200]。

我們的 big-Oh 表示法與大部分作者所使用的一樣，但是我們比一些其他的作者使用得更嚴謹。big-Oh 表示法引發了許多演算法及計算理論領域的討論，請參考 [37, 92, 120]。例如 Knuth [118, 120] 定義它的時候，使用的是 $f(n) = O(g(n))$ 表示法，但是將其中的「等號」視為「單向的」，不過他也提到，big-Oh 實際上定義的是函數的集合。我們選擇以更標準的觀點看待等號，並且將 big-Oh 表示法視為集合，這是依照 Brassard [37] 的建議。若讀者對平均情況分析興趣，請參考 Vitter 和 Flajolet [207]。

我們加入一些有用的數學事實在附錄 A 當中。若讀者有興趣進一步了解演算法分析，請參考 Graham、Knuth 與 Patashnik [90] 以及 Sedgewick 和 Flajolet [184]。若讀者有興趣了解更多數學方面的歷史，請參考 Boyer 與 Merzbach [35]。我們所舉的 Archimedes 著名故事是採用 [155] 的版本。最後，有關使用實驗方法來估計演算法執行時間的更多資訊，我們建議有興趣的讀者閱讀 McGeoch 與其他作者合著的多篇論文 [142, 143, 144]。

Chapter 2 基本資料結構

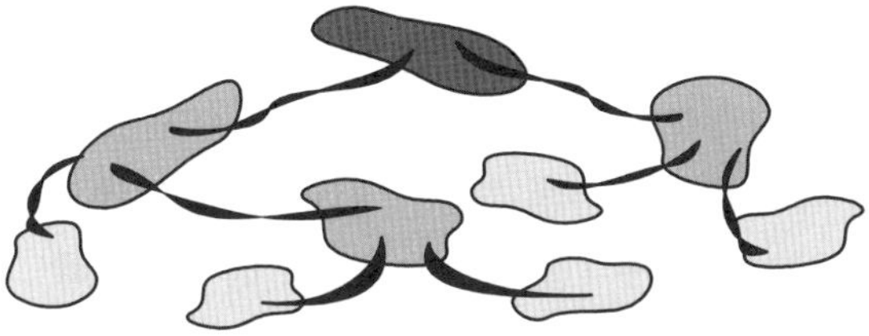

堆疊和佇列等基本資料結構時常在不同的應用當中出現。使用好的資料結構，常常就是有效率演算法與無效率演算法之間的差異所在。所以，我們認爲複習以及討論幾種基本資料結構是很重要的。

我們由學習**堆疊 (stack)** 和**佇列 (queue)** 來開始本章的學習，包括在遞迴及多重程式設計中，它們如何被使用。我們接著討論向量、串列以及序列等抽象資料型態，其中每一個都包括一組線性排列的元素以及存取、插入以及移除任意元素的函式。序列有一個與堆疊及佇列相似的重要性質：序列當中元素的順序，是由抽象資料結構中所定義的操作來決定，並不是由元素的值來決定。

除了線性資料結構之外，我們也討論非線性結構，它們所使用的組織關係，並不只是單純的前後關係。特別的，我們討論**樹 (tree)** 的抽象資料型態，其中的組織關係是階層關係，也就是有些物件在其他物件上面，有些物件在其他物件下面。附帶一提，樹這種資料結構中的主要名詞是由家族譜而來，也就是『父』、『子』、『祖先』以及『子孫』，這幾個名詞是我們描述階層關係時最常使用的名詞。

在本章當中，我們也學習儲存『具有優先次序的元素』的資料結構，也就是對每一個元素都賦予優先次序。這種優先次序通常是數值，但是任何物件只要有一定的方法可以兩兩相比較，就可以被視爲優先次序。優先權佇列允許我們選擇和移除第一優先的元素，在此我們將第一優先定義爲具有最小值的元素，這個定義並不失一般性。這個一般觀點允許我們定義一個一般的抽象資料型態，稱爲**優先權佇列 (priority queue)**，用來儲存以及提取具有優先權的元素。這個ADT，本質上與本章中所提到的以位置爲基礎的資料結構，例如堆疊、佇列、序列或甚至是樹，是有所不同的。後者在特定的位置儲存元素，通常是線性排列的位置，位置由插入以及刪除該元素的運算決定。優先權佇列 ADT 依據元素的優先權來儲存元素，並沒有『位置』的概念。

我們最後討論的資料結構是字典，這個資料結構儲存元素的方式，使得元素可以依據鍵值 (key) 快速地被存取。這種搜尋的動機，來自於典型狀況下，字典當中的每一個元素除了搜尋鍵值之外，還會儲存一些其他有用資訊，但是取得該資訊的唯一方法是使用搜尋鍵值。跟優先權佇列類似地，字典是鍵值-元素對所形成的容器。不過，鍵值的完整順序關係對優先權佇列來說總是必要的，對字典來說則是選擇性的。實際上，字典最簡單的型式是使用雜湊表，我們只要能爲每個鍵值設定一整數值，並且能決定任兩個鍵值是否相等，即可使用這種字典。

2.1 堆疊和佇列

2.1.1 堆疊

堆疊 (stack) 是一個物件的容器，依**後進先出 (LIFO)** 的原則來插入以及移除容器當中的物件。物件可以在任何時間插入堆疊當中，但是只有最近一次 (也就是「最後」) 插入的物件可以在任意時間移出。之所以叫它「堆疊」，是因爲它就像餐館所用的一種裝有彈簧、可以取放盤子的機器，裡頭放著一疊盤子，它的基本操作包括對那疊盤子「Push」和「Pop」等動作。

範例 2.1： 網際網路瀏覽器將最近瀏覽過的網站位址儲存在堆疊當中。每次使用者造訪新網站的時候，該網站的位址會被「Push」到位置的堆疊當中。然後使用者可以用瀏覽器的「上一頁」按鈕「Pop」回先前造訪的網站。

堆疊的抽象資料型態

堆疊 S 是一種抽象資料型態 (ADT)，它支援以下兩種操作函式：

push(o)：在堆疊頂端插入物件 o。

pop()：移除並傳回堆疊頂端的物件，也就是最近一次插入的元素。若堆疊是空的，則傳回錯誤值。

另外，我們再定義以下輔助函式：

Size()：傳回堆疊當中元素的個數。

isEmpty()：傳回布林值，指示堆疊是否已空。

top()：傳回堆疊頂端的元素，但是不移除它。如果堆疊是空的，則傳回錯誤值。

利用陣列完成的簡單實作

堆疊可以很容易地以 N 個元素的陣列 S 來實作，將元素儲存在 $S[0]$ 到 $S[t]$ 當中，其中 t 爲整數，代表 S 最頂端元素的索引。請注意，這種實作方式有一個重要細節，那就是我們必須爲堆疊指定一最大值 N，例如 $N = 1{,}000$。(參考圖 2.1)

還記得在本書當中，我們規定陣列由索引 0 開始，現在我們將 t 之初始值設爲-1，並且利用這個 t 值表示陣列處於空的狀態。同樣的，我們利用這個參數來求得堆疊當中元素的個數，也就是 $(t+1)$。若欲插入一個新的元素到已滿的陣列中時，則必須發出錯誤信號。有了這個新的例外處理，現在我們就可以實作出這個堆疊 ADT 的主要函式，如演算法 2.2 所示。

圖 **2.1**：使用陣列 S 實作堆疊。最頂端的元素在 $S[t]$ 位置中。

Algorithm push(o):
  if size() $= N$ **then**
    indicate that a stack-full error has occurred
  $t \leftarrow t+1$
  $S[t] \leftarrow o$

Algorithm pop():
  if isEmpty() **then**
    indicate that a stack-empty error has occurred
  $e \leftarrow S[t]$.
  $S[t] \leftarrow$ **null**
  $t \leftarrow t-1$
  return e

演算法 **2.2**：使用陣列實作堆疊。

我們可以很直接看出，上述堆疊 ADT 函式中的虛擬碼敘述，執行僅需常數時間。因此，陣列實作當中的每一個堆疊函式執行常數個敘述，包含算術運算、比較以及給值。也就是說，在這個堆疊 ADT 實作中，每一個函式的執行時間都是 $O(1)$。

這個堆疊的陣列實作簡單且有效率，而在許多計算應用程式中被廣泛地使用。然而，這個實作有一個不好的地方，必須依堆疊的最大尺寸設定固定上限 N。一個應用程式事實上需要的空間比這個限制還要小很多，在這種情況下，會浪費記憶體。另一方面，一個應用程式也可能需要比這個上限還要多的空間，而當我們將第 $(N+1)$ 個元素 push 進堆疊時，這個堆疊實作可能會發生錯誤而使應用程式『當掉』。所以，雖然這種陣列實作方式簡單且有效率，但是這種實作還是不理想的。幸運的，本章後面還會討論其他實作方式，堆疊大小不會受到限制，且記憶體的使用量正比於堆疊中實際儲存的元素數量。另一方面，我們也可以使用第 1.5.2 節中所提到的可擴充表格。不過，如果我們可以妥善估計出執行時堆疊裡會有多少個元素，則這個陣列實作還是很管用的。堆疊在不少計算應用程式中扮演重要的角色，因此可以快速實作出堆疊 ADT 是很有用的，上述的簡單陣列實作就是一例。

堆疊的應用：程序呼叫及遞迴

堆疊在 C、C++及 Java 等現代程序語言的執行期環境中有重要的應用。使用這些程式語言寫成的程式，在執行時，每個執行緒都有私有的堆疊，稱爲函式堆疊，當它們被叫用到的時候，這個堆疊就用來保存區域變數及函式中其他重要資料。(參考圖 2.3)

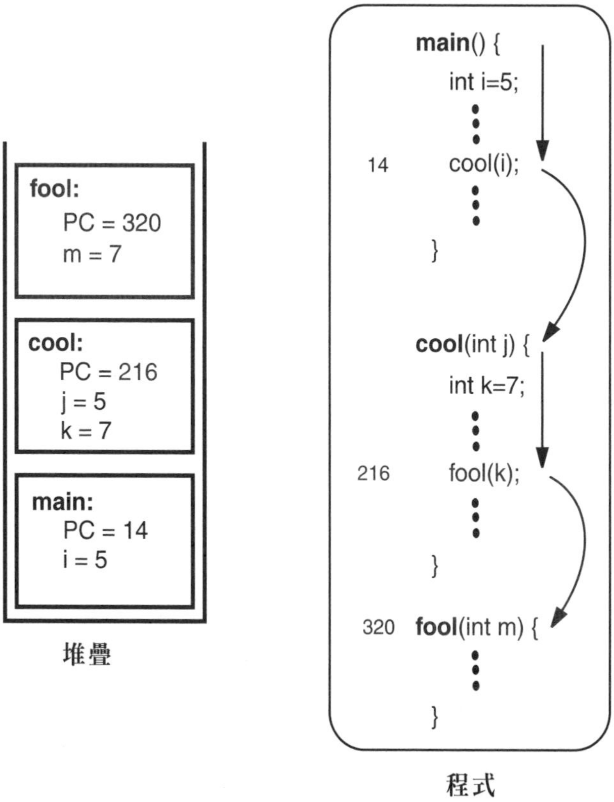

圖 2.3：函式堆疊範例：fool 函式剛被 cool 函式呼叫，而後者之前又是被 main 函式呼叫。請注意存在堆疊框架中的程式記數器、參數以及區域變數的值。當 fool 函式的叫用結束時， cool 函式會回到指令 **217** 繼續執行，而這個指令位置，就是堆疊框架所儲存的程式記數器之值加一所得到的。

更詳細的說，在程式執行緒執行的時候，執行期環境會維護一堆疊，這個堆疊當中的元素記錄著目前動作中 (尚未終止) 之被叫用函式的狀態。

用以記錄函式狀態的一組描述元素，就稱為**框架 (frame)**。某次叫用「cool」函式的框架，儲存著cool函式的區域變數及參數目前的值，以及呼叫 cool 函式的函式之資訊，以及要傳回哪些值給這個呼叫函式。

這個執行期環境將執行緒目前執行到的敘述之位址，存在一個稱為**程式計數器**的特別暫存器中。當「cool」函式叫用另一個函式「fool」時，程式計數器目前的值就被存到目前叫用中的 cool 的框架當中 (如此一來，電腦才「知道」當 fool 函式結束的時候要返回到哪裡)。

在函式堆疊的最上面，是執行中函式的框架，也就是目前掌控執行權的函式。堆疊的其餘部分，是已暫停函式的框架，已暫停函式就是叫用了其他函式、目前正在等它終止以取回控制權的函式。堆疊中元素的順序，視目前動作中函式的叫用順序而定。當一新的函式被叫用，這個函式的框架就會被 push 到堆疊當中。當它結束時，它的框架會從堆疊 pop 出來，然後電腦會繼續處理先前暫停的函式。

函式堆疊也用來傳遞參數給函式。明確的說，在許多程式語言中，例如C和Java，以傳值方式傳遞參數時，就是利用函式堆疊。這表示傳給被呼叫函式的引數，就是變數 (或運算式) 目前的值。若變數 x 為原始型態 (例如 int 或 float)，x 目前的值就是 x 所代表的數值。當這個值傳遞到被呼叫函式時，它會被設定給被呼叫函式框架中的一個區域變數。(圖 2.3 所示也包括這個簡單的設定動作)。請注意，若被呼叫函式改變了這個區域變數的值，也不會影響到呼叫函式的變數之值。

遞迴

使用堆疊來實作函式叫用的其中一種好處，就是它允許程式使用遞迴 (請參考第 1.14 節)。也就是它允許函式呼叫自己來當作副程式。

還記得這個技巧的正確用法吧。設計遞迴函式時，我們一定要確保它會在某一狀況下終止 (舉例來說，問題的「較小」的案例以遞迴呼叫來解決，而「最小」案例則是不透過遞迴、直接解決的特殊狀況)。請注意，若我們設計出一個「無窮遞迴」函式，實際上它並不會永遠執行下去，而是會用完全部的函式堆疊記憶體之後，產生記憶體用盡的錯誤。不過，如果我們小心使用遞迴，函式堆疊在執行遞迴函式時並不會有任何麻煩。相同函式的每一次呼叫，都會伴隨著不同的框架，完成時有自己的區域變數值。遞迴可以是威力強大的，它可以讓我們設計出簡單又有效率的程式來解決困難的問題。

2.1.2 佇列

另外一個基本資料結構是**佇列 (gueue)**。佇列是堆疊的近親，它也是一個物件的容器，不過是依據**先進先出 (FIFO)** 原則來插入、移除物件。也就是，元素可以在任意時間插入，但是只有佇列當中存在最久的元素可以在任意時間移除。我們通常說元素是從後端被放入佇列當中、從前端被移除。

佇列的抽象資料型態

佇列 ADT 將元素保存爲一序列，並且限制只能存取或刪除序列的第一個元素，稱爲佇列的前端，而插入元素的地方也限制在序列的最後，稱爲佇列的後端。如上所述，插入及移除元素的動作被強制須遵照 FIFO 原則。佇列 ADT 支援以下兩個基本的函式：

enqueue (o)：在物件的後端插入佇列。

dequeue ()：從佇列的前端移除並且傳回物件。若佇列是空的，則傳回錯誤值。

並且，佇列 ADT 包括以下支援的函式：

size()：傳回佇列當中物件的個數。

isEmpty()：傳回布林值，指示佇列是否爲空。

front ()：傳回佇列當中第一個元素，但不會將它移除。若佇列是空的，則傳回錯誤值。

利用陣列完成的簡單實作

以下示範一佇列的簡單實作，我們以一容量N的陣列Q來儲存元素。由於佇列ADT的主要規則是經由FIFO原則來插入以及刪除資料，我們必須決定如何記住佇列前端及後端位置。

要避免移動已經儲存在Q當中的物件，我們定義f和r兩個變數，它們所代表的意義如下：

- 除非佇列是空的 (這時$f = r$)，否則f代表Q儲存第一個元素之位置的索引值 (也就是下一個將被 dequeue 運算移除的元素)，
- r是陣列Q當中下一個可以使用的位置。

剛開始，我們設定$f = r = 0$，並且規定當$f = r$就表示佇列是空的。現在，

當我們從佇列前端移除第一個元素，只要增加f值，使它成為下一位置的索引值即可。同樣的，當我們增加一個元素，只要增加r值，使它成為Q的下一個可用位置之索引值即可。但是我們必須要小心，動作不可超出陣列的結尾。例如，假設我們分別對一個元素重複enqueue和dequeue N次，便得到$f = r = N$。若現在再插入一個元素，即使此時佇列還有很多空間，我們卻可能會遇到超出陣列界限的錯誤 (因為Q當中N個合法的位置是從$Q[0]$到$Q[N-1]$)。為了避免這個問題、以充分利用陣列Q當中所有的空間，我們令索引值f和r會從Q的尾端『繞回』前端。也就是，我們現在將Q視為從$Q[0]$到$Q[N-1]$之後又接回$Q[0]$的環狀陣列。(參考圖 2.4)

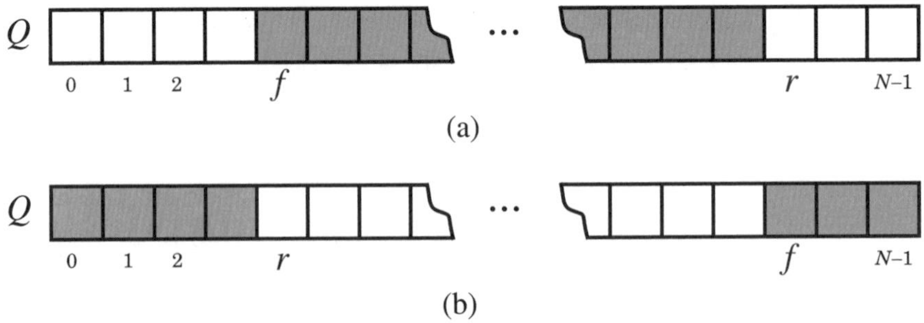

圖 2.4：使用環狀的方式使用陣列Q： **(a)**「一般」狀況，此時$f \leq r$；**(b)**「繞回」的狀況，此時$r<f$。有顏色的部分表示儲存著佇列元素。

要將Q當作環狀來實作是很容易的。每一次遞增f或r時，以計算「$(f+1) \bmod N$」或「$(r+1) \bmod N$」取代之，其中「mod」代表**模數 (mogulo)** 算子， 也就是取整數除法運算之後的餘數，因此，如果y是非零數，則

$$x \bmod y = x - \lfloor x/y \rfloor y$$

再想想，如果我們要將N個物件放入佇列當中，但是不做移除動作會怎麼樣。我們可能會得到$f = r$，與佇列為空的時候相同。這麼一來，我們就分辨不出滿堆疊和空堆疊的不同了。幸好這不是個大問題，有很多方法可以處理這個狀況。例如，我們可以強制要求Q不能保存超過$N-1$個物件。解決了這個滿佇列的處理問題之後，我們的佇列簡單實作就完成了，我們將主要的佇列函式寫成如演算法 2.5 所示之虛擬碼。請注意，我們可以使用運算式$(N-f+r) \bmod N$計算佇列的大小，如此一來，無論是「一般」狀況 (當$f \leq r$) 或「繞回」狀況 (當$r<f$)，都能得到正確的答案。

跟之前堆疊的陣列實作例子一樣，在此陣列實作中，每一個佇列函數執行常數個敘述，包含算術運算、比較以及給值。也就是說，這個實作的

每一個函式，執行時間都是 $O(1)$。

Algorithm dequeue():
  if isEmpty() **then**
    throw a QueueEmptyException
  $temp \leftarrow Q[f]$
  $Q[f] \leftarrow$ **null**
  $f \leftarrow (f+1) \bmod N$
  return *temp*

Algorithm enqueue(o):
  if size() $= N-1$ **then**
    throw a QueueFullException
  $Q[r] \leftarrow o$
  $r \leftarrow (r+1) \bmod N$

演算法 **2.5**：將陣列視為環狀所完成的佇列實作。

此外，跟之前堆疊的陣列實作例子一樣，這個佇列的陣列實作只有一個眞正的缺點，就是我們得人爲地規定佇列的容量爲某一個數 N。在實際的應用中，實際上需要的佇列容量可能比這個數多或少，但是如果我們對佇列可能包含的元素數量能做出良好估計，那麼這個陣列實作也是很有效率的。

佇列的應用：多重程式

多重程式 (multiprogramming) 是實現受限版平行處理的一種方法，即使電腦上只有一顆 CPU 也同樣可行。這個機制允許我們在同一個時間執行多個task或執行緒，其中每一個執行緒負則某一個特定運算。多重程式在圖形化的應用程式當中特別有用。例如，一個執行緒可以負責捕捉滑鼠點擊，同時其他的執行緒負責處理螢幕上的動畫。即使電腦只有一顆CPU，這些不同的計算執行緒還是可被視爲在同一時間執行，因爲：

1. CPU 比我們所能感覺得到的時間快很多。
2. 作業系統分配不同的 CPU 時間「切片」給每一個執行緒。

這些分配給各個不同執行緒的時間片段很快速且接連不斷地發生，因此各執行緒看起來就像是同時、平行地執行著。

例如，Java 有內建的機制來執行多重程式，也就是 Java 執行緒。Java 執行緒是能夠相互合作及溝通的運算物件，它們可彼此分享記憶體中的其他物件、電腦螢幕或其他種類的資源和裝置。在一個 Java 程式中，不同的執行緒之間可以快速切換，因為各執行緒在 Java 虛擬機記憶體當中 Java Virtual Machine 都有它自己的 Java 堆疊。每個執行緒的函式堆疊，包含區域變數以及該執行緒目前正在執行之函式的框架。所以，要從執行緒 T 切換到另外一個執行緒 U，CPU 只要「記住」切換到執行緒 U 之前，是從哪裡離開執行緒 T 就行了。我們已經討論過如何完成這項工作，也就是將 T 的程式記數器目前的值儲存在 T 的 Java 堆疊頂端，這個值指向 T 中下一個將執行的指令。動作中的各執行緒將程式計數器的值儲存在自己的 Java 堆疊頂端，則 CPU 可以將 U 的 Java 堆疊頂端所儲存之值回存到程式計數器，而回到它之前離開 U 的地方 (並且將 U 的堆疊當作「目前的」Java 堆疊使用)。

在設計一個多重執行緒程式的時候，我們必須小心不能允許某個執行緒獨占整個 CPU 時間。這種獨占 CPU 的行為可能導致應用程式或 applet 當掉，在技術上它會繼續執行，但實際上沒有做任何事。但是在某些作業系統當中，不會有執行緒獨占 CPU 的問題。這些作業系統利用佇列、**依照輪循 (round-robin)** 原則配置 CPU 時間給可執行的執行緒。

輪循原則的主要概念就是將可執行的執行緒儲存在佇列 Q 當中。當 CPU 準備好要提供時間片段給執行緒的時候，它就對佇列 Q 做 dequeue，得到下一個可用的可執行執行緒，讓我們稱它為 T。不過，在 CPU 實際開始執行 T 的指令之前，它會先啓動一個硬體定時器，設定好時間限制。CPU 現在等待直到 (a) 執行緒 T 自己進入暫停 (藉由任一種之前提到的暫停方式)，或是 (b) 記時器終止。若情況是後者，CPU 會停止 T 的執行，並且實行 enqueue 運算，將 T 放置在目前可執行的執行緒隊伍後面。無論情況為何者，CPU 都會將目前 T 程式計數器的值儲存在 T 的函式堆疊頂端，並且再對 Q 做一次 dequeue，取出下一個可用的可執行執行緒。如此一來，CPU 便可確保每一個可執行執行緒都能公平的分享時間。

因此，作業系統使用一簡單佇列資料結構以及硬體計時器，便能避免 CPU 獨占的問題。在利用佇列解決多重程式問題之後，我們必須提醒讀者，這個解決方案事實上是極度簡化了大部分作業系統採用輪循原則分割時間的做法，因為大部分系統都會為執行緒設定不同的優先順序。所以，它們會使用優先權佇列來實作時間分割。我們將在第 2.4 節當中討論優先權佇列。

2.2 Vectors、Lists 和 Sequences

堆疊和佇列將元素儲存在一個線性序列中，並且對序列的「兩端」進行更動。我們在本節當中討論的資料結構，則是在維護線性序列的同時，也允許對「中間」進行存取以及更動。

2.2.1 向量 (vector)

假設給我們一個含有 n 個元素的線性序列 S。S 當中的每個元素 e，都可以利用範圍 $[0,n-1]$ 當中的整數，獨一無二地分辨出來，該整數之值就等於 S 當中位於 e 之前元素的個數。我們定義 S 當中的元素 e 的 **rank** 爲在 S 中位於 e 之前的元素個數。所以，在序列當中的第一個元素的 rank 是 0，而最後一個元素的 rank 是 $n-1$。

請注意，rank 和陣列的索引很類似，但是我們不會堅持用陣列來實作序列時，非把 rank 是 0 的元素放在陣列中索引是 0 的地方不可。rank 的定義讓我們在參照序列中某個元素的「索引」時，不必煩惱串列的實作方法。請注意，一個元素的 rank 在序列被更動之後，可能會跟著改變。例如，如果我們在序列開始的地方插入一元素，其他元素的 rank 都會加一。

可依元素的 rank 來存取元素的線性串列稱爲向量。Rank 是一個簡單但威力強大的概念，因爲它可用來指定將將新元素插入向量當中的何處，或是從何處將舊的元素移除。例如，我們可以指定新元素插入之後的 rank (例如， insert at rank 2)。我們也能使用 rank 來指定要移除的元素 (例如，remove the element at rank 2)。

向量之抽象資料型態

向量 S 儲存 n 個元素並且支援以下的基本函式：

elemAtRank (r)：傳回 S 當中 rank 是 r 的元素，若 $r<0$ 或 $r>n-1$ 則進行錯誤處理。

replaceAtRank (r, e)：以新元素 e 取代 rank r 處的元素並回傳該元素，若 $r<0$ 或 $r>n$ 則進行錯誤處理。

insertElemAtRank (r, e)：在 S 當中插入新元素 e 使其 rank 爲 r，若 $r<0$ 或 $r>n$ 則進行錯誤處理。

removeElemAtRank (r)：將 S 中 rank r 的元素移除; 若 $r<0\,r$，$r>n-1$ 則進行錯誤處理。

並且，向量支援普通的 size() 和 isEmpty() 函式。

利用陣列完成的簡單實作

要實作向量 ADT 有個明顯的選擇，就是使用一陣列 A，其中 rank 爲 i 的元素(的參考) 儲存於 $A[i]$。我們爲陣列 A 選擇一個夠大的空間 N，並且我們將向量中的元素個數 $n<N$ 保存在一變數當中。向量 ADT 函式的實作細節是相當簡單的。例如，要實作 elemAtRank (r) 運算，只要傳回 $A[r]$。我們在演算法 2.6 寫出函式 insertElemAtRank (r, e) 及 removeElemAtRank (r) 的實作。這個實作當中重要 (且費時) 的部分，在於向上或向下移動元素以保持鄰近位置被使用。這個位移運算是爲了確保 rank 爲 i 的元素儲存在 A 中索引爲 i 的位置。(請看圖 2.7 以及習題 C-2.5)。

```
Algorithm insertAtRank(r,e):
   for i = n−1, n−2, ..., r do
      A[i+1] ← A[i]          {make room for the new element}
   A[r] ← e
   n ← n+1

Algorithm removeAtRank(r):
   e ← A[r]          {e is a temporary variable}
   for i = r, r+1, ..., n−2 do
      A[i] ← A[i+1]          {fill in for the removed element}
   n ← n−1
   return e
```

演算法 **2.6**：以陣列實作向量 **ADT** 的函式。

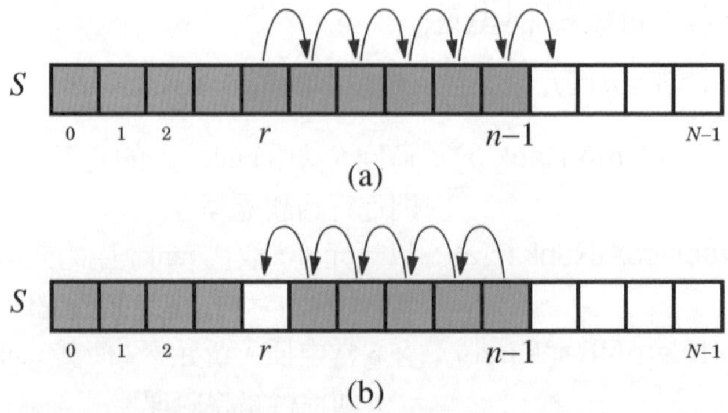

圖 **2.7**：以陣列實作一包含 n 個元素的向量 S： **(a)** 在 rank r 作插入動作時，所做的向上移動；**(b)** 在 rank r 作移除動作時，所做的向下移動。

表 2.8 列出以陣列實作之向量函式的執行時間。函式 isEmpty、size 與 elemAtRank 的執行時間很明顯爲 $O(1)$，但是插入以及移除函式花費的時間比這些還要長很多。特別的，在最差的情形下，insertAtRank(r, e) 的執行時間是 $\Theta(n)$。實際上，這個運算的最差狀況會發生在 $r = 0$，因爲所有存在的 n 個元素都必須向後移動。函式 removeAtRank (r) 也是同樣的道理，它的執行時間是 $O(n)$ 時間，因爲我們必須在最差狀況 ($r = 0$) 向前移動 $n - 1$ 個元素。事實上，假定每一個 rank 都有同樣的機率成爲這些運算的引數，它們的平均執行時間是 $\Theta(n)$，因爲平均而言我們得移動\,n/2\,個元素。

method	**時間**
size()	$O(1)$
isEmpty()	$O(1)$
elemAtRank (r)	$O(1)$
replaceAtRank (r, e)	$O(1)$
insertAtRank (r, e)	$O(n)$
removeAtRank (r)	$O(n)$

表 **2.8**：以陣列實作的 n 元素向量的最差情況之效能。空間使用量是 $O(N)$，其中 N 是陣列的大小。

更進一步來看 insertAtRank (r, e) 和 removeAtRank (r)，我們注意到他們每一個都在 $O(n - r + 1)$ 時間當中執行，只有在高於或是等於 rank r 的元素會被向上或是向下移動。所以，使用函式 insertAtRank (n, e) 和 removeAtRank$(n - 1)$ 在向量的結尾插入或移除元素，分別只須花費 $O(1)$ 時間。也就是，在向量的結尾插入或是移除元素花費常數時間，如同在尾端固定數量的位置以內插入或是移除一個元素。以上的實作方式在向量的開頭插入或移除元素時，必須一次移動其他每個元素，所以須花費 $\Theta(n)$ 時間。所以，這個向量實作有不對稱的地方，更動尾端快，而更動開頭較慢。

事實上，只要少許的努力，我們可以設計出向量 ADT 的實作陣列，使得在 rank 0 移除或插入元素皆只需 $O(1)$ 時間，與在尾端插入及移除元素一樣快。若要達到這個需求，我們必須放棄「將 rank 爲 i 的元素儲存在 A 的索引 i 處」這個規則，而必須使用我們在第 2.1.2 當中用來實作佇列的環狀陣列設計。我們留下這個實作的細節當作習題 (C-2.5)。此外，請注意向量也可以使用 extendable table (節 1.5.2) 有效率的實作出來，事實上這就是 Java 當中預設的向量 ADT 實作。

2.2.2 串列

要描述某個元素在序列當中的位置，並非只能使用 rank。我們也可以實作串列 S，其中儲存在特定節點物件中的每一個元素，其位置都以其與前一個及後一個元素的相對關係來表示。在這種情況，我們可以更自然以及有效率地使用一個節點，而不使用 rank 來識別哪裡可以存取以及更新一個串列。在本節當中，我們嘗試將節點的概念，也就是串列的「位置」抽象化。

位置以及對節點的運算

現在我們想為串列 S 定義函式，這些函式將串列中的節點當作參數以及傳回值型態。例如，我們可以定義一個假設的函式 removeAtNode (v)，它會移除儲存在 S 中節點 v 的元素。使用節點當作參數允許我們在 $O(1)$ 時間移除一個元素，只要直接到放置節點的位置，並且更動與相鄰節點之間的鏈結，使該節點不再鏈結於串列中即可。

在定義串列 ADT 函式中的節點運算時，牽涉到我們必須透露出多少串列實作資訊的問題。無疑地，在這實作中，我們希望能夠讓使用者不須觸及實作細節。而且，我們不允許不具相關知識的使用者去改動串列的內部結構。為了將各種不同串列實作中儲存元素的方法抽象化，我們為串列裡一元素與其他元素之相對「位置」的直覺想法提出一正式說法，也就是串列的位置概念。

為了要安全地擴充串列運算，我們將「位置」這個概念抽象化，以便讓我們能夠在不違反物件導向原則之下，也能在串列實作中享有節點運算的效率。在此架構下，我們將串列視為元素的容器，其中各個元素有其專屬位置，而這些位置的存放順序是線性的。位置本身就是一種抽象資料結構，支援以下簡單的函式：

element()：傳回儲存在該位置的元素

位置的定義永遠是相對的，也就是表示為「與相臨位置間的關係」。在串列當中，位置 p 總是在某個 q「之後」、在某個位置 s「之前」(除非 p 是第一個或是最後一個位置)。串列 S 中元素 e 的對應位置 p 不會改變，即使 e 在 S 中的 rank 改變亦然，除非我們明確地移除 e (並且摧毀位置 p)。此外，若我們將儲存在p的元素e替換成另外一個元素或與其他位置的元素交換，位置p也不會改變。有了上述位置操作的定義，我們就可以定義出各式各樣對位置進行運算、將位置物件當作參數及傳回值的串列函式。

串列的抽象資料型態

使用「位置」的概念來包裝串列中的節點概念，即可定義另一種類型的序列 ADT，稱爲串列 ADT。這個 ADT 支援以下串列S函式：

first： 傳回S的第一個元素的位置；若S是空集合則發生錯誤。

last ()： 傳回S的最後一個元素；若S是空集合則發生錯誤。

isFirst (p)： 傳回布林值，指示位置p是否串列的第一個位置。

isLast (p)： 傳回布林值，指示位置p是否串列的最後一個位置。

before (p)： 傳回S中位於p之元素的前一個元素位置，若p是第一個位置則發生錯誤。

after (p)： 傳回S中位於p之元素的下一個元素位置，若p是第一個位置則發生錯誤。

以上的函式允許我們由串列的開頭或尾端，指出串列中的相對位置，並且能依次在串列當中前後移動。我們可以將這些位置直覺地想成串列中的節點，但是要注意，在這些函式中，節點物件並無特定位址，也沒有對前一節點或後一節點的鏈結。除了以上的函式以及一般的 size 和 isEmpty 函式之外，我們也爲串列 ADT 準備了以下的更新函式。

replaceElement (p, e)： 將位置p的元素代換成e，並回傳原本在位置p的元素。

swapElement (p, q)： 交換儲存在位置p和q的元素，使得在p位置的元素移到位置q，而在位置q的元素則移到p。

insertFirst (e)： 在S當中插入新的元素e當作第一個元素。

insertLast (e)： 在S當中插入新的元素e當作最後一個元素。

insertBefore (p, e)： 將新元素e插入S中的位置p之前，若p是第一個位置則發生錯誤。

insertAfter (p, e)： 在S當中的位置p之後插入新的元素e，若p是

最後一個元素則發生錯誤。

remove (p)：將 S 中位置 p 的元素移除。

串列 ADT 允許我們以位置來分辨一組有序物件，而不必煩惱位置的實際表示方式。並且，請注意，以上的串列 ADT 所有的功能當中有一些重覆的地方。比方說，我們可以藉由檢查 p 是否等於 first()傳回的位置來取代 isFirst (p)運算。我們也可以藉由 insertBefore(first(), e)來取代 InsertFirst (e)運算。這些累贅的方法可視爲捷徑。

若傳給串列運算的引數是一個不合法位置，則發生錯誤。位置不合法，可能是因爲 p 是 null、是另一串列的位置或是之前已從串列中刪除。

採用位置概念的串列ADT，在某些場合裡是很有用的。例如，簡單的文字編輯器就包括以位置進行插入和移除的功能，因爲這種編輯器通常只對游標前後的內容做更動，其中游標就是指向文字串列當中目前正在編輯的位置。

鏈結串列實作

在鏈結串列資料結構中，許多種不同運算的執行時間皆爲 $O(1)$，包括對各個位置的插入及刪除。在單向鏈結串列中，節點將指向下一節點的位址儲存在**next**鏈結欄位中。所以，單向鏈結串列只能以一個方向來走訪－從頭到尾。另一方面，雙向鏈結串列當中的節點儲存兩個位址－一個 **next** 鏈結，指向串列當中的下一個元素，以及一個 **prev** 鏈結，指向串列當中的前一個元素。所以，一個雙向鏈節串列可以用兩個方向來走訪。如果從任意給定的節點能找出前一個及下一個節點，則可大大簡化串列的實作，因此我們使用雙向鏈節串列來實作串列 ADT。

爲了簡化更新和搜尋的動作，我們在串列的頭尾二端各增加一特別的節點：在串列前端加一頭節點「**header**」，在串列尾端加一尾節點「**trailer**」。這些節點是「假的」，供警示之用，並不儲存任何元素。頭節點儲存著合法的 *next* 位址，但 *prev* 位址是 null，而尾節點有合法的 *prev* 位址，但 *next* 位址是 null。圖 2.9 所示爲一含有警示節點的雙向鏈節串列。請注意，鏈結串列物件只需要儲存這兩個警示節點，以及記錄串列中元素個數(不包括警示節點) 的 size 記數器。

我們可以簡單利用鏈結串列的節點，實作出位置 ADT，只要定義一個 element()函式，該函式傳回儲存在節點的元素。如此一來，節點本身的行爲就表現得如同位置一般。

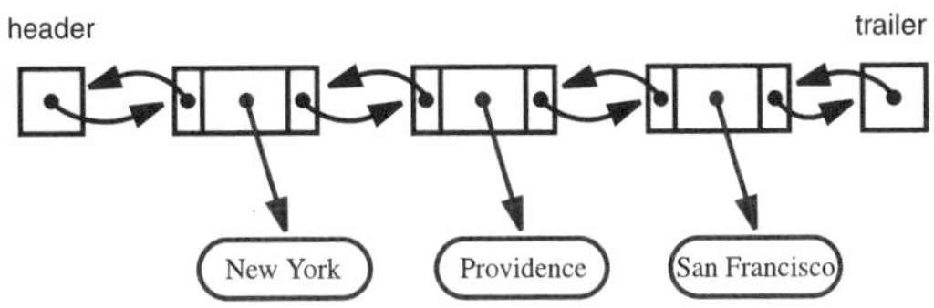

圖 2.9：有警示節點的雙向鏈結串列， header 和 trailer 標示串列的結束。在空串列中，這兩個警示節點會互相指向對方。

Algorithm insertAfter(p, e):
  Create a new node v
  v.element $\leftarrow e$
  v.prev $\leftarrow p$ {link v to its predecessor}
  v.next $\leftarrow p$.next {link v to its successor}
  $(p$.next$)$.prev $\leftarrow v$ {link p's old successor to v}
  p.next $\leftarrow v$ {link p to its new successor, v}
  return v {the position for the element e}

演算法 2.10：在鏈結串列的位置 p 之後插入元素 e。

考慮我們如何實作 insertAfter (p, e) 函式，這個函式用來在位置 p 之後插入元素 e。我們建立一新節點 v 來存放元素 e，並且將 v 鏈結到這個串列中，並且更新 v 的兩個新鄰居的 next 與 prev 位址。我們用虛擬碼在法 2.10 中寫出這個函式，並且圖示如圖 2.11。

函式 InsertBefore、insertFirst 和 insertLast 的演算法類似函式 insertAfter 的演算法；我們將細節當作習題 (R-2.1)。其次，考慮 remove (p) 函式，該函式用以移除儲存在位置 p 的元素。要執行這個運算，我們將 p 的兩個鄰居互向指向對方，從而將 p 排除於鏈結之外。請注意，將 p 移出鏈結之後，就不再有節點指向 p；所以，垃圾收集器就會回收 p 所佔用的空間。我們用虛擬碼在法 2.12 中寫出這個演算法，並且圖示如圖 2.13。請注意，由於我們使用了警示節點，無論 p 是串列中第一、最後或唯一的眞實位置，這個演算法都是有效的。

2.2.3 序列

在本節當中，我們定義一個通用的序列 ADT，這個 ADT 包含所有向量及串列 ADT 的函式。因此，這個 ADT 可使用 rank 或位置存取元素，它是一個多用途且應用廣泛的資料結構。

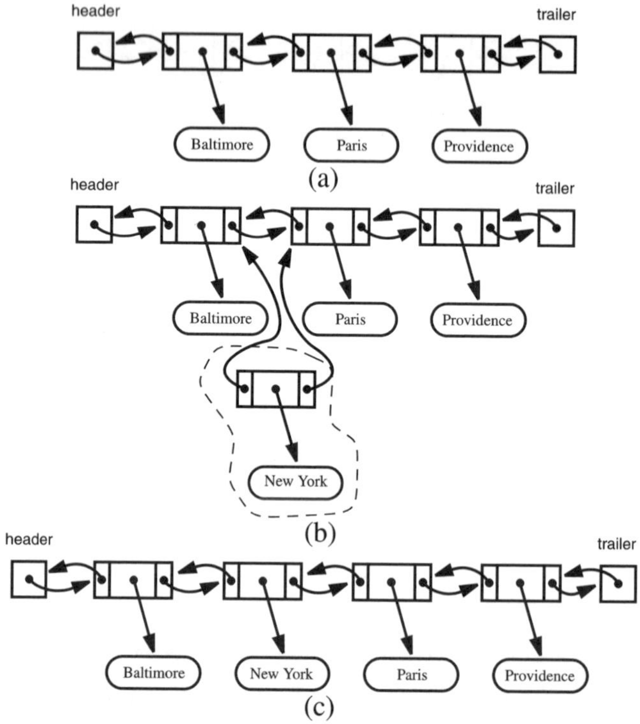

圖 **2.11**：在「Baltimore」的位置之後加入一個新的節點：**(a)**在插入之前；**(b)** 建立節點 *v* 並且將它鏈結進去；**(c)** 插入之後。

Algorithm remove(p):
 $t \leftarrow p$.element {a temporary variable to hold the return value}
 (p.prev).next $\leftarrow p$.next {linking out p}
 (p.next).prev $\leftarrow p$.prev
 p.prev $\leftarrow$ **null** {invalidating the position p}
 p.next $\leftarrow$ **null**
 return t

演算法 **2.12**：移除在鏈結串列的位置 p 之元素 e。

序列的抽象資料結構

序列 (sequence) 是一個抽象資料結構，支援向量 ADT (在第 2.21 節當中討論) 和串列 ADT (在第 2.2.2 節當中討論) 的所有函式，並且提供以下兩個「橋樑」函式，建立起 rank 和位置之間的關聯：

atRank (r)： 傳回 rank 爲 r 之元素的位置。
rankOf (p)： 傳回位置 p 之元素的。

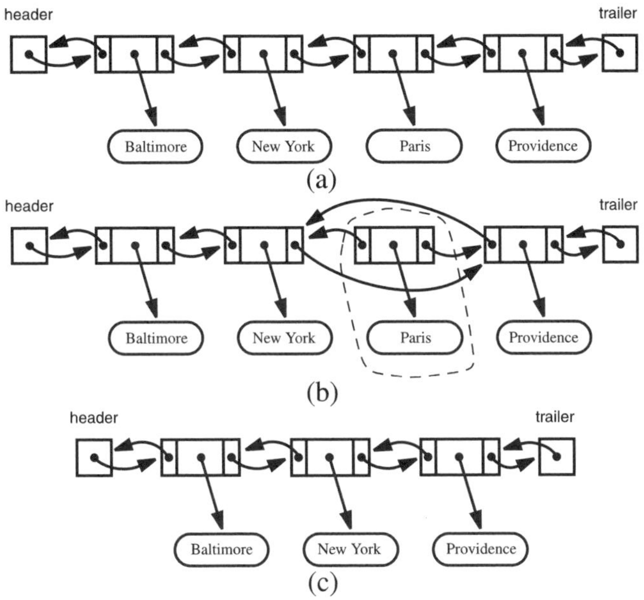

圖 **2.13**：將「Paris」位置所儲存之物件移除：**(a)** 移除前；**(b)** 移除舊節點的鏈結；**(c)** 移除 (以及垃圾回收) 之後。

運算	陣列	鏈結串列
size, isEmpty	$O(1)$	$O(1)$
atRank, rankOf, elemAtRank	$O(1)$	$O(n)$
first, last, before, after	$O(1)$	$O(1)$
replaceElement, swapElements	$O(1)$	$O(1)$
replaceAtRank	$O(1)$	$O(n)$
insertAtRank, removeAtRank	$O(n)$	$O(n)$
insertFirsr, insertLast	$O(1)$	$O(1)$
insertAfer, nisertBefore	$O(n)$	$O(1)$
remove	$O(n)$	$O(1)$

表 **2.14**：比較以陣列 (採用環狀方式) 或雙向鏈結串列實作之函式的執行時間。我們以 n 表示在執行時，序列中元素的個數。雙向鏈結串列實作的空間使用量是 $O(n)$，陣列實作的是 $O(N)$，其中 N 是陣列的大小。

通用序列可以使用雙向鏈結串列或是陣列來實作，而這兩種實作自然需要我們做某些取捨。表 2.14 比較以陣列 (採用環狀方式) 或雙向鏈結串列來實作的通用序列 ADT 之執行時間。

由上述比較表可得知，在 rank 運算上，陣列實作比鏈結串列實作表現更佳 (atRank、rankOf 和 elemAtRank)，而在其他存取運算上，兩者表現都是旗鼓相當。至於更新運算，在對位置的更新運算上，鏈結串列實作擊敗陣列實作 (insertAfter、insertBefore 和 remove)。雖然如此，但是對 rank 的更新函式，在最差狀況下陣列實作與鏈結串列實作 (insertAtRank 和 removeAtRank) 表現相同，不過原因不同。在 insertFirst 和 insertLast 更新運算當中，這兩種實作方式效率不相上下。

再說到空間使用量，請注意陣列必須使用 $O(N)$ 空間，其中 N 是陣列的大小 (除非我們使用可擴充陣列)，而雙向鏈結串列使用 $O(n)$ 空間，其中 n 是序列當中元素的個數。因爲 n 小於或等於 N，這就意謂鏈結串列實作的漸近空間使用量比固定大小的陣列還要好，不過鏈結串列比起陣列有一點點固定額外花費，因爲陣列不需要以鏈結來維持位置的順序。

陣列和鏈結串列實作都各有優缺點。對特定應用程式而言，哪一種實作才是正確選擇，端視運算種類和可用記憶體空間而定。採用與實作方式無關的序列 ADT 設計，使我們可以輕易地在各種實作之間轉換、採用最適合應用程式的實作，並且只需要少量修改程式。

迭代器

對向量、串列或是序列的典型運算，是依次、逐一地處理各個元素，例如找尋某一個元素。

迭代器 (iterator) 是一個軟體設計模式，它將逐一搜尋元素的過程抽象化。迭代器包含一序列 S、S 中的目前位置以及跳到 S 中下一個位置而使其變成「目前位置」的方法。因此，迭代器擴充了第 2.2.2 節當中介紹的位置 ADT 概念。事實上，位置可以視爲不會跑到其他位置的迭代器。迭代器包裝了一組物件的「位置」和「下一個」的觀念。

我們定義迭代器 ADT 支援以下的函式：

hasNext：測試迭代器中是否還有元素存在。
nextObject：傳回迭代器中的下一個元素並移除之。

請注意，這個 ADT 在走訪整序列的時候，有所謂「目前」元素的概念。第一次呼叫 nextObject 函式會傳回迭代器的第一個元素 (當然，在此假設迭代器至少包含一個元素)。

迭代器提供一致的方式來存取容器 (一組物件) 中的所有元素，這種方式與這組物件的組成方式無關。一序列的迭代器會依元素的線性次序傳回元素。

2.3 樹

樹 (tree) 是一個以階層方式儲存各元素的抽象資料結構。除了最頂層的元素之外，樹中的每個元素都有父元素以及零個以上的子元素。樹通常被畫成有許多存放著元素的橢圓形或是矩形，並且以一直線連接父節點以及子節點。(參考圖 2.15)。我們通常稱最頂層的元素爲樹的根，不過我們把它畫在最上面，而它下面連接著許多其他元素 (剛好和眞實的樹長相相反)。

樹 *T* 是節點的集合，在當中儲存著有父子關係的元素，並具有以下性質：

- *T* 有一特別節點 *r*，稱爲 *T* 的根 (root) 節點。
- 在 *T* 中除了 *r* 以外的每一個節點 *v*，都有父 (parent) 節點 *u*。

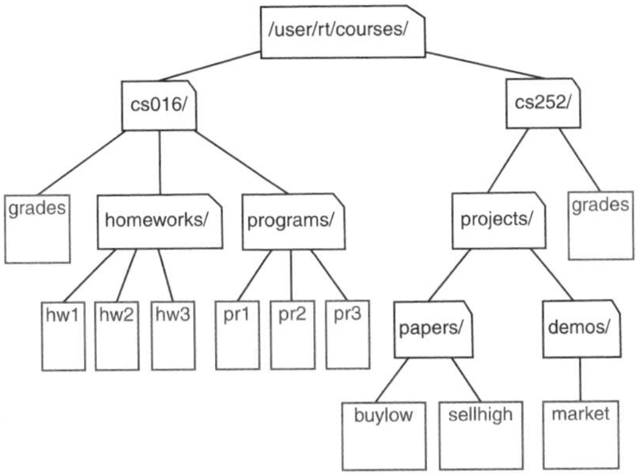

圖 2.15：以樹表示出檔案系統的一部分。

請注意，根據以上定義，樹不能是空的，因爲它必須至少有一個節點，也就是根節點。我們也可以提出允許空樹存在的定義，但在此我們採取必包含一根元素的樹的定義，如此一來表示方式較爲簡單，並且不必老是在演算法中另外討論空樹所造成的特殊狀況。

假設 *u* 是 *v* 的父節點，則我們說 *v* 是 *u* 的子節點。同一父節點的兩的子節點稱爲兄弟。一個節點如果沒有子節點，就稱爲外部節點，如果有一個以上的子節點，就稱爲內部節點。外部節點也稱爲葉。以 *v* 爲根節點的 *T* 的子樹，包含樹 *T* 當中 *v* 的所有子孫 (包括 *v* 本身)。

範例 2.2： 一個節點的祖先，就是該節點本身，或該節點的父節點的祖先。反之，若

*u*是*v*的祖先，則我們稱節點*v*爲節點*u*的子孫。在大部分的作業系統當中，檔案的組織是階層化巢狀目錄(也稱爲資料夾)，並且以樹的型式顯示在使用者面前。(參考圖 2.15) 更明確的說，也就是樹的內部節點代表目錄，而外部節點代表普通的檔案。在 UNIX/Linux 作業系統中，樹的根節點就被稱爲「根目錄」，並且以符號「/」表示。在 UNIX/Linux 檔案系統當中，它是所有目錄和檔案的祖先。

如果樹中每一節點的子節點是有線性次序的樹，也就是說，每個節點的子節點可分爲第一個、第二個、第三個等等，則我們稱此樹爲**有序 (ordered)**。有序樹一般是將兄弟節點依序列在序列或是迭代器中，以顯示出它們之間的線性次序。

範例 2.3： 一份結構化的文件，例如一本書，具有像樹一般的階層化組織，其中章、節和子節就是內部節點，段落、表、圖形以及參考書目等等就是外部節點。(參考圖 2.16) 事實上，我們還可以進一步將樹展開，顯示出段落包含句子、句子包含字、字包含字元等結構。上述任一種樹都是有序樹的例子之一，因爲其中每一節點的子節點之間，有著明確的前後順序。

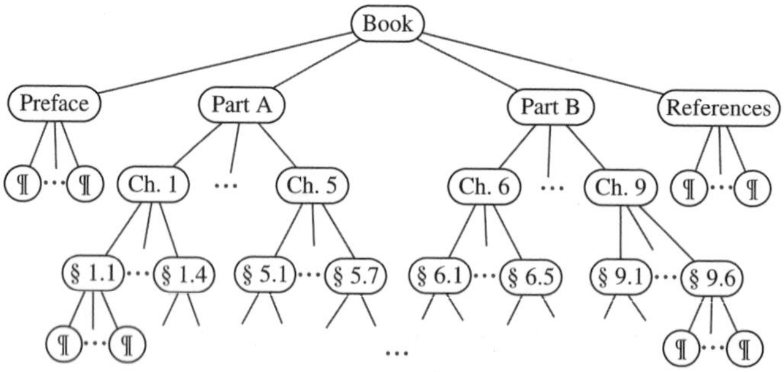

圖 2.16：一本書的樹狀結構。

二元樹 (binary tree) 是有序樹的一種，其中每一個節點最多有兩個子節點。如果一個二元樹中的每一個內部節點都有兩個子節點，則稱它爲完全二元樹。對於每一個二元樹的內部節點，我們將它的每個子節點標示爲左子節點或右子節點。這些子節點的順序是左節點先於右節點。以內部節點*v*的左子節點或右子節點爲根的子樹，分別稱爲*v*的左子樹或右子樹。除非有另外說明，否則在本書中，我們所說的二元樹都是完全二元樹。當然，即使是不完全二元樹也還是一般樹，有每一個內部節點至多有兩個子節點的性質。 二元樹有幾種有用的應用，以下是其中的一例。

範例 2.4： 一個數學運算式可以表示成樹狀結構，其中外部節點代表變數或常數，內部節點代表+、−、×和/運算子。(參考圖 2.17) 在這種樹當中的每一個節點都有一個相對應的值。

- 外部節點的值等於它所代表的變數或是常數。
- 內部節點的值定義爲：以它所代表的運算子，計算它的子節點之值，所得到的值。

這種算數運算樹是一個完全二元樹，因爲每一個+、−、×以及/算子都正好有兩個運算元。當然，如果我們允許單元運算子存在，例如「$-x$」中的負號(−)，則會得到一個不完全二元樹。

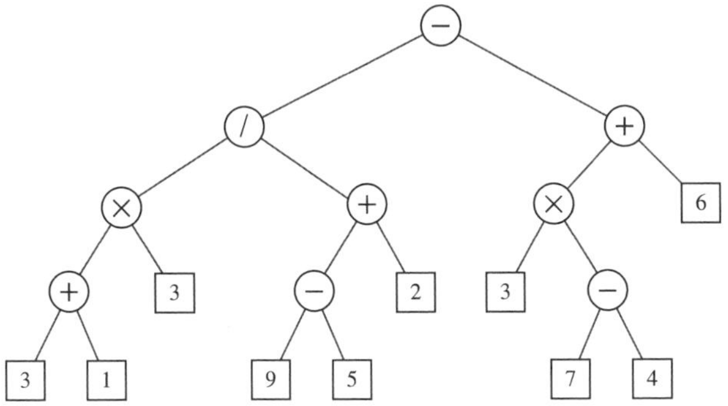

圖 2.17：用二元樹表示一個數學運算式。這棵樹所代表的運算式為 $((((3+1)\times3)/((9-5)+2))-((3\times(7-4))+6))$。代表「/」的內部節點之值為 2。

2.3.1 樹的抽象資料型態

樹 ADT 將元素儲存在位置中，在此位置的定義爲與鄰居之相關位置，與串列中的位置相同。樹當中的位置就是節點，其與相鄰位置之關係，滿足一合法樹當中父子節點關係的定義。所以在談論樹的時候，我們交替使用「位置」和「節點」這兩個詞。就如同串列中所使用的位置，樹的位置物件也支援 element()函式，該函式傳回這個位置所存放的物件。不過，樹的節點位置眞正的威力，主要在於樹 ADT 支援下列存取函式：

root()：傳回樹的根節點。

parent (v)：傳回節點 v 的父節點；若 v 是根節點會產生錯誤。

children (v)：傳回節點 v 之子節點的迭代器。

如果樹T是有序的，則可利用迭代器 children (v) 依序存取v的子節點。若v是一個外部節點，則 children (v) 是一個空的迭代器。

此外，我們也提出以下查詢函式：

isInternal (v)： 測試節點v是否爲內部節點。
isExternal (v)： 測試節點v是否爲外部節點。
isRoot (v)： 測試節點v是否爲根節點。

還有一些樹必須支援、但不一定和樹的結構相關的函式。這些一般函式包含以下函式：

size()： 傳回樹當中節點的個數。
elements()： 傳回儲存於樹節點中全部元素的迭代器。
positions()： 傳回樹中所有節點的迭代器。
swapElements (v, w)： 交換儲存在節點v和w的元素。
replaceElement (v, e)： 將儲存在節點v的元素置換成e，並傳回原本儲存於v的元素。

在這裡我們不去定義樹的更新函式，而是保留到稍後討論樹的特定應用時，再來定義它們。

2.3.2 樹的走訪

在本節當中，我們說明樹的計算演算法，並且藉由樹 ADT 的函式來存取它。

假定

爲了分析樹演算法的執行時間，我們假設樹 ADT 函式的執行時間依循如下規則。

- 存取函式 root()和 parent (v) 花費$O(1)$時間。
- 查詢函式 isInternal (v)、isExternal (v) 和 isRoot (v) 花費$O(1)$時間。
- 存取函式 children (v) 的計算花費$O(c_v)$時間，其中c_v爲節點v的子節點個數。
- 一般函式 swapElements (v, w)及 replaceElement (v, e)花費$O(1)$時間。
- 傳回迭代器的一般函式 elements() 和 psoitions()，花費$O(n)$時間，其中n是樹當中的節點個數。

- 對於 elements()、positions()和 children (v)等函式傳回的迭代器，其函式 hasNext()、nextObject() 或 nextPosition()花費 $O(1)$ 時間。

在第 2.3.4 節當中，我們將提出滿足以上假設的樹資料結構。但在我們描述如何使用具體的資料結構來實作出樹 ADT 之前，先來看看如何使用樹 ADT 函式解決一些樹的有趣問題。

深度和高度

令 v 是樹 T 的節點。v 的深度是除了 v 本身以外之 v 的祖先個數。注意到這個定義意謂 T 的根節點深度是 0。節點 v 的深度也可以如以下以遞迴方式定義：

- 若 v 是根節點，則 v 的深度是 0。
- 否則，v 的深度是 v 的父節點深度加一。

由以上定義，演算法 2.18 所示之遞迴演算法 depth 就是以遞迴呼叫來計算 v 的父節點深度，然後將所得的值加一後回傳，以此計算出\,v\,本身的深度。

```
Algorithm depth(T, v):
  if T.isRoot(v) then
    return 0
  else
    return 1 + depth(T, T.parent(v))
```

演算法 **2.18**：用來計算樹 T 當中節點 v 深度的 depth 演算法。

演算法 depth (T, v)的執行時間是 $O(1+d_v)$，其中 d_v 表示節點 v 在樹 T 當中的深度，因爲演算法爲 v 的每一個祖先節點執行常數次遞迴步驟。由此可知，深度演算法在最差情況下的執行時間爲 $O(n)$，其中 n 是樹 T 當中的節點總數，因爲某些節點在樹 T 當中的深度可能接近這個數。雖然執行時間是輸入大小的函數，不過表示成參數 d_v 的函數會更正確，因爲 d_v 通常比 n 要小得多。

樹 T 的高度相等 T 的外部節點深度的最大值。雖然這個定義是正確的，但由此並不能設計出有效率的演算法。實際上，若我們應用上述 depth 演算法計算出樹 T 中每一個節點的高度、再以此計算出 T 的高度，我們會得到一個 $O(n^2)$ 時間的演算法。但是若將樹 T 節點的高度改爲下述遞迴定義，則可得到更好的演算法：

- 若 v 是外部節點，則 v 的高度等於 0。
- 否則，v 的高度等於 v 之子節點高度的最大值加一。

樹 T 的高度是 T 的根節點的高度。

使用前述高度遞迴定義，可得出演算法 2.19 所示之 height 演算法，它可以有效率地計算出樹 T 的高度。我們將這個演算法表示爲遞迴函式 height (T, v)，此函式計算出樹 T 當中以 v 爲根節點的子樹之高度。呼叫 height $(T, T.\text{root}())$ 即可得到樹 T 的高度。

```
Algorithm height(T, v):
  if T.isExternal(v) then
    return 0
  else
    h = 0
    for each w ∈ T.children(v) do
      h = max(h, height(T, w))
    return 1 + h
```

演算法 **2.19**：用來計算樹 T 當中以 v 為根節點的子樹高度之 height 演算法。

height 演算法是一個遞迴演算法，假如一開始時我們在 T 的根節點上呼叫它，最後它會在 T 的每個節點上各被呼叫一次。所以，欲計算這個函式的執行時間，我們可以利用攤銷分析法，首先算出每一個節點所花的時間 (非遞迴部分)，然後將所有節點上的時間花費相加。迭代器 children (v) 的計算花費 $O(c_v)$ 時間，其中 c_v 表示節點 v 的子節點個數。而 **while** 迴圈共執行了 c_v 圈，其中每一圈花費 $O(1)$ 時間加上在 v 的子節點上的遞迴呼叫時間。所以，演算法 height 在每一個節點 v 花費 $O(1+c_v)$ 時間，而總執行時間是 $O(\Sigma_{v\in T}(1+c_v))$。我們利用以下的性質來完成這個分析。

定理 2.5： 令 T 是有 n 個節點的樹，其中 c_v 代表 T 中節點 v 的子節點個數。則

$$\sum_{v\in T} c_v = n-1$$

證明：

除了根節點外，T 的每個節點都是其他節點的子節點，因此各佔總合 $\Sigma_{v\in T}\, c_v$ 之中的一單位。 ■

根據定理 2.5， 在 T 的根節點呼叫演算法 height，其執行時間爲 $O(n)$，其中 n 是 T 的節點個數。

所謂的走訪樹 T，也就是有系統地存取或『拜訪』T 中的所有節點。

以下我們將說明走訪樹的基本方法，分別是前序走訪以及後序走訪。

前序走訪

在樹 T 的前序走訪當中，會先走訪 T 的根，然後以遞迴的方式走訪以根的子節點爲根的子樹。如果樹是有序的，便依照子節點的順序走訪子樹。『走訪』節點 v 要做些什麼特定動作，端視執行此「走訪」的應用而定，可能是計數器加一，也可能是針對 v 做一些複雜計算。演算法 2.20 所示的虛擬碼，便是以 v 爲根節點之子樹的前序走訪。最開始時，我們以 preorder $(T,T.$ root ()) 呼叫這個常式。

Algorithm preorder(T, v):
  perform the "visit" action for node v
  for each child w of v **do**
    recursively traverse the subtree rooted at w by calling preorder(T, w)

演算法 **2.20**：preorder 演算法。

前序走訪演算法可用於產生樹中節點的線性排序，其順序是，父節點必定位於其子節點之前。這種排序有幾種不同的應用，我們在下面的範例當中探討其中一個簡單的實例。

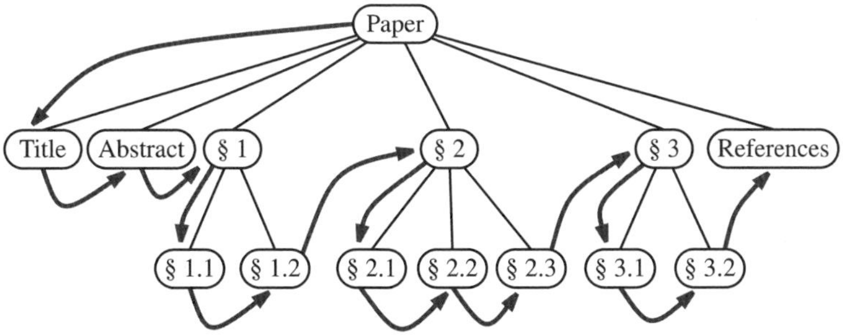

圖 **2.21**：有序樹的前序走訪。

範例 2.6： 依據一份文件所建立的樹之前序走訪。如範例 2.3 所示，從頭到尾循序檢查整份文件。若外部節點在走訪之前被移除，便走訪檢查文件目錄。(參考圖 2.21)

前序走訪的分析事實上和前述的 height 演算法相似。在每一個節點 v 上面，前序走訪演算法的非遞迴部分需要的時間是 $O(1+c_v)$，其中 c_v 是 v 的子節點的個數。所以，由定理 2.5，T 的前序走訪整體執行時間是 $O(n)$。

後序走訪

另一種重要的樹走訪演算法是後序走訪。這個演算法可以視爲前序走訪的相反，因爲它是先遞迴走訪以根節點的子節點爲根的子樹，然後再走訪根節點。

不過，與前序走訪類似地，我們指定在「走訪」節點時所做的動作，以此解決特定問題。而且，與前序走訪同樣地，假如樹是有序的，則我們依照節點 v 的各子節點順序來做遞迴呼叫。後序走訪的虛擬碼請見演算法 2.22。

```
Algorithm postorder(T, v):
  for each child w of v do
    recursively traverse the subtree rooted at w by calling postorder(T, w)
  perform the "visit" action for node v
```

演算法 **2.22**：**Method postorder**。

後序走訪的名稱是因爲這個走訪方法在走訪節點 v 之前，會先走訪以節點 v 爲根的子樹中之其他全部節點，然後再走訪節點 v。(參考圖 2.23)

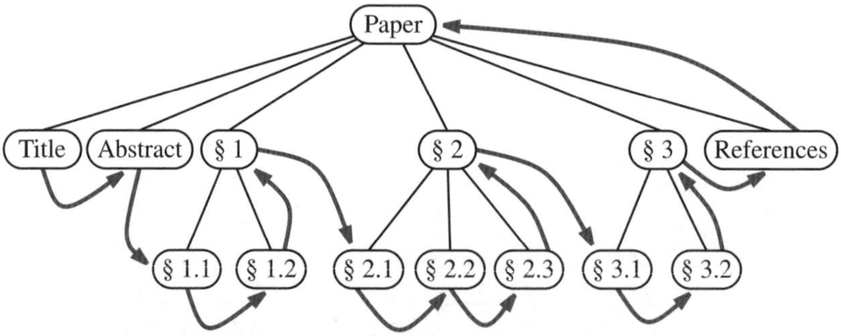

圖 **2.23**：圖 **2.21** 當中的有序樹的後續走訪。

後序走訪的執行時間分析和前序走訪相似。演算法的非遞迴部分花費的全部時間，與走訪樹當中的每一個子節點所花費的時間成正比。所以，假定拜訪每一個節點花費 $O(1)$ 時間，則一個有 n 個節點的樹 T 的後序走訪花費 $O(n)$ 時間。也就是，後序走訪的執行時間是線性時間。

當我們要計算樹中每個節點 v 的某特性時，需要先爲所有 v 的子節點計算該特性，這種問題應用後序走訪就相當有用。以下的例子就是其中一種應用。

範例 2.7： 考慮檔案系統樹 T，其中外部節點表示檔案，而內部節點表示目錄 (範例 2.2)。假定我們想要計算某個目錄使用的磁碟空間，可用遞迴方式表示以下各項的和：

- 目錄本身的大小；
- 目錄當中檔案的大小
- 子目錄使用的空間。

(請看圖 2.24) 這個計算可以由樹 T 的後序走訪來完成。在內部節點 v 的子樹走訪完畢之後，我們將目錄 v 本身大小、v 當中的檔案大小，與 v 的每個內部子節點所佔空間 (以遞迴方式後序走訪 v 的子節點來計算) 相加，求得目錄 v 的空間使用量。

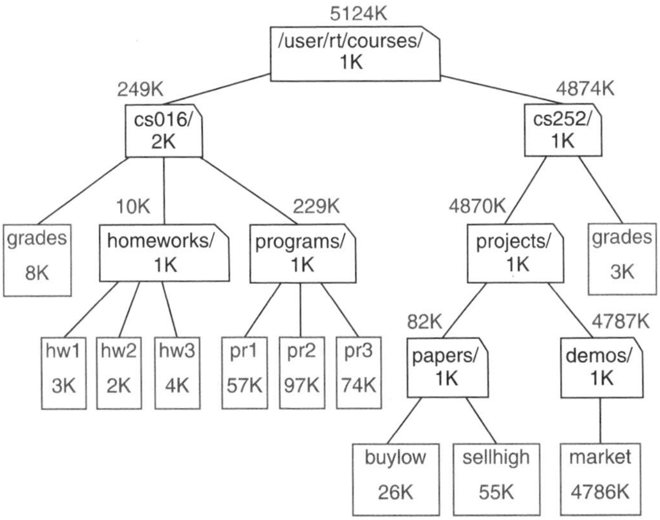

圖 2.24：**圖 2.15** 當中的樹表示檔案系統，顯示在每個節點中顯示相對應檔案／目錄的名稱與大小，並且在每個內部節點之上顯示相對應目錄所佔的磁碟空間。

雖然前序和後序走訪是拜訪樹中節點的常見方式，但我們還是可以想像得到其他種走訪方式。例如，我們可以先走訪深度 d 的全部節點，再走訪深度 $d+1$ 的節點，以此方式走訪一整棵樹。這種走訪可以使用佇列等方式實作出來，相對地，前序和後序走訪使用的是堆疊 (當我們以遞迴方式描述函式時，其實是在台面下使用了堆疊，若將遞迴移除，則堆疊的使用便會浮上台面)。而且，我們在接下來的討論中，將會看到二元樹支援另一種走訪方式，也就是所謂的中序走訪。

2.3.3 二元樹

二元樹是一種人們特別感興趣的樹。如同我們在第 2.3.1 節所討論的，一個完全二元樹是一個有序樹，其中每一個內部節點都正好有兩個子節點。如果沒有特別說明，我們在書中提到的二元樹都是指完全二元樹。請注意，這個做法並不失一般性，因爲我們可以很容易將任意非完全二元樹轉換成完全二元樹，請參見習題C-2.14。即使不經轉換，我們還是可以將非完全二元樹視爲完全，只要將少掉的外部節點視爲「空節點」，或是一個白佔位置的節點。

樹的抽象資料型態

作爲抽象資料型態，二元樹是樹的一種，它所支援的函式多出下列三個：

leftChild (v)： 傳回 v 的左子節點，若 v 是外部節點則回傳錯誤值。

rightChild (v)： 傳回 v 的右子節點，若 v 是外部節點則回傳錯誤值。

sibling (v)： 傳回節點 v 的兄弟節點，若 v 是根節點則回傳錯誤值。

請注意，在非完全二元樹的情形中，這些方法必須要有額外的錯誤條件。例如，在非完全二元樹當中，一個內部節點可能沒有左子節點或是右子節點。在此我們沒有寫出更新二元樹的方法，因爲這些方法應視需求來設計。

二元樹的性質

我們將樹 T 當中在同一層的全部節點，表示爲 T 的階層 d。在二元樹當中，階層 0 有一個節點 (根節點)，階層 1 最多有兩個節點 (根節點的子節點)，階層 2 最多有四個節點，以此類推，參考圖 2.25。一般來說，階層 d 最多包含 2^d 個節點，隱含以下的定理 (證明留作習題 R-2.4)。

定理 2.8： 令 T 是有 n 個節點的 (完全) 二元樹，並且令 h 表示 T 的高度。則 T 有以下的性質：

1. T 當中的外部節點的個數最少是 $h+1$，最多是 2^h。
2. T 當中的內部節點的個數最少是 h，最多是 2^h-1。
3. T 當中的全部節點的個數最少是 $2h+1$，最多是 $2^{(h+1)}-1$。

4. T的高度至少是 $\log(n+1)-1$，至多是 $(n-1)/2$，也就是 $\log(n+1)-1 \le h \le (n-1)/2$。

此外，還有下述定理。

定理 2.9： 在 (完全) 二元樹 T 當中，外部節點個數比內部節點個數還要多一。

證明：

我們使用歸納法來證明。若 T 本身只有一個節點 v，則 v 是外部節點，並且這個命題顯然成立。否則，我們從 T 當中移除 (任一) 外部節點 w 以及它的父節點 v(後者爲內部節點)。若 v 有父節點 u，則我們重新將 u 和 w 原本的兄弟節點 z 連結在一起，如同圖 2.26 所示。我們將這個運算稱爲 removeAboveExternal (w)，它移除一個內部節點以及一個外部節點，並且使樹保持爲一完全二元樹。因此，依據歸納法前提，可知樹的外部節點個數比內部節點個數還要多一。因爲我們移除一個內部點以及一個外部節點以將 T 變成較小的這個樹，因此這個性質對 T 也成立。 ■

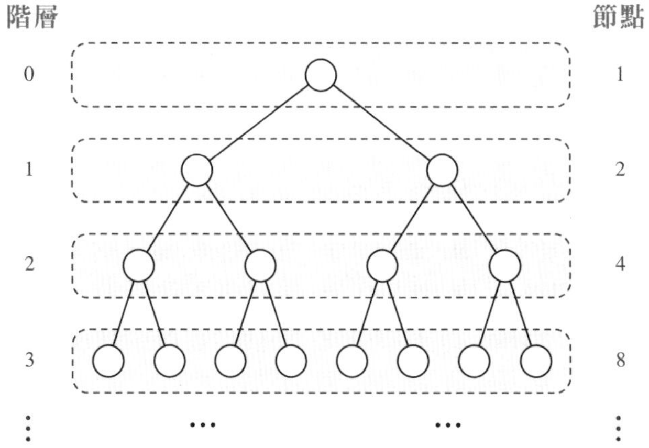

圖 2.25：二元樹各階層所含節點個數的最大值。

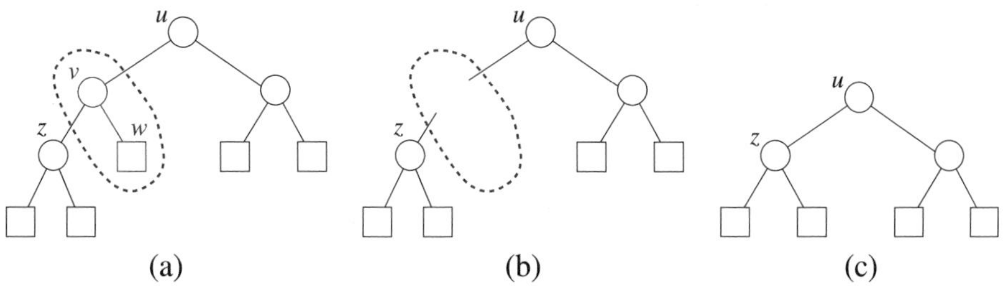

圖 2.26：removeAboveExternal (w) 運算，移除一個外部節點和它的父節點，用來證明定理 2.9。

請注意，一般來說以上關係在非二元樹是不成立的。

在接下來的章節當中，我們探索利用以上事實的重要應用。不過，在我們討論這些應用之前，我們必須先了解更多有關二元樹的走訪以及表示法。

二元樹的走訪

如同一般樹，二元樹的計算通常包含樹的走訪。在這節當中，我們使用二元樹 ADT 中的函式，來描述二元樹走訪的演算法。關於執行時間，除了第 2.3.2 節的樹 ADT 函式所假設的執行時間之外，我們也假設二元樹中的函式 children (v)花費 $O(1)$ 時間，因爲每一個節點只可能有零個或兩個節點。同樣的，我們假設 leftChild (v)、rightChild (v)以及 sibling (v)等函式都花費 $O(1)$ 時間。

二元樹的前序走訪

因爲任意二元樹也可以視爲一般樹，因此一般樹 (程式碼 2.20) 的前序走訪也可以應用到任意二元樹。不過，在二元樹的走訪當中，我們可以將虛擬碼再簡化，如演算法 2.27 所示。

Algorithm binaryPreorder(T, v):
  perform the "visit" action for node v
  if v is an internal node **then**
    binaryPreorder$(T, T$.leftChild$(v))$ {recursively traverse left subtree}
    binaryPreorder$(T, T$.rightChild$(v))$ {recursively traverse right subtree}

演算法 **2.27**：演算法 binaryPreorder 前序走訪二元樹 T 中以 v 為根節點的子樹。

二元樹的後序走訪

類似的，一般樹 (演算法 2.22) 的後序走訪可以爲二元樹改寫爲演算法 2.28 所示。

Algorithm binaryPostorder(T, v):
  if v is an internal node **then**
    binaryPostorder$(T, T$.leftChild$(v))$ {recursively traverse left subtree}
    binaryPostorder$(T, T$.rightChild$(v))$ {recursively traverse right subtree}
  perform the "visit" action for the node v

演算法 **2.28**：演算法 binaryPostorder 後序走訪二元樹 T 中以 v 為根節點的子樹。

有趣的是，由前序和後序走訪函式的二元樹特別版，可聯想出第三種二元樹的走訪方式，這種方式與前序和後序走訪都不一樣。

二元樹的中序走訪

二元樹還有一種走訪方法是中序走訪。在這種走訪當中，我們走訪一節點的時間點，是介於遞迴走訪該節點的左子樹和右子樹之間，如同演算法 2.29 所示。

Algorithm inorder(T, v):
  if v is an internal node **then**
    inorder$(T, T$.leftChild$(v))$ {recursively traverse left subtree}
  perform the "visit" action for node v
  if v is an internal node **then**
    inorder$(T, T$.rightChild$(v))$ {recursively traverse right subtree}

演算法 **2.29**：演算法中序走訪以 v 為根節點的子樹。

我們可將二元樹 T 的中序走訪非正式地視爲「由左向右」走訪 T 的節點。確實，對於每一個節點 v，中序走訪拜訪該節點的時間，是在走訪完所有 v 的左子樹節點之後、以及走訪 v 的右子樹節點之前。(參考圖 2.30)

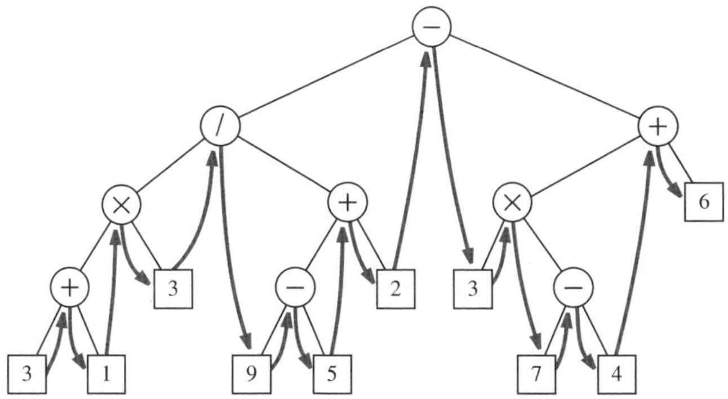

圖 **2.30**：二元樹的中序走訪。

走訪樹的統一架構

直到目前爲止，我們所討論的樹的走訪演算法，都是一種迭代子 (iterator)。每一種走訪，都以特別的次序拜訪樹的節點，並且都保證每一個節點都只走訪一次。但是我們可以將以上的樹走訪演算法統一爲一種設計模式，在該模式中放寬每一個節點只能拜訪一次的要求，由此得到的走訪方法稱爲歐拉路徑走訪，我們將在後面討論。這個走訪的優點在於它容許我們很容易的表示出更一般化的演算法。

二元樹的歐拉路徑走訪

我們可將二元樹 T 的歐拉路徑走訪，非正式地定義為在 T 周圍「走動」，方法是由根節點開始向它的左子節點移動，並且將 T 的邊當作牆，永遠保持左邊靠牆行走。參考圖 2.31。在歐拉路徑當中，每一個 T 的節點 v 都會被遇到三次：

- 「從左邊」 (在 v 的左子樹的由拉路徑之前)
- 「從底下」 (在 v 的兩個子樹的由拉路經中間)
- 「從右邊」 (在 v 的右子樹的尤拉路徑之後)

若 v 是外部節點，則這三種「走訪」實際上是同時發生。

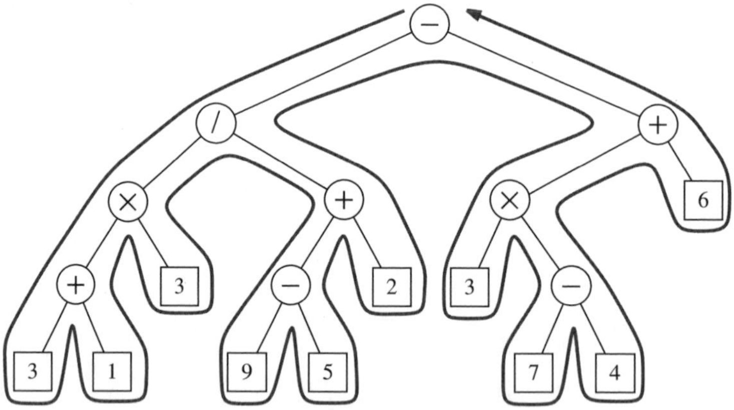

圖 **2.31**：二元樹的歐拉走訪。

演算法 2.32 中的虛擬碼，對以節點 v 當作根節點的子樹進行歐拉路徑。

Algorithm eulerTour(T, v):
  perform the action for visiting node v on the left
  if v is an internal node **then**
    recursively tour the left subtree of v by calling eulerTour(T, T.leftChild(v))
  perform the action for visiting node v from below
  if v is an internal node **then**
    recursively tour the right subtree of v by calling eulerTour(T, T.rightChild(v))
  perform the action for visiting node v on the right

演算法 **2.32**：用來計算二元樹 T 中以 v 為根節點的子樹之歐拉路徑的 eulerTour 演算法。

二元樹的前序走訪，相當於在歐拉路徑中每一個節點只有從左邊被遇到時，有對應的「走訪」動作發生。同樣的，二元樹的中序和後續走訪，分別相當於在歐拉路徑中，每一個節點從底下或從右邊被遇到時，有相對應「走訪」動作發生的情形。

歐拉路徑走訪擴充前序、中序以及後續走訪，但是它也可以執行其他方式的走訪。例如，假定我們想要計算 n 個節點的二元樹 T 當中，節點 v 的子孫個數。我們在開始歐拉路徑的時候，將計數器初始化為 0，並且每次從左邊遇到一節點的時候，便將計數器加一。要找出節點 v 的子孫個數，只要將從左邊遇到 v 時的計數器數值，與從右邊再遇到 v 時的計數器數值相減後加一。我們可以用這個簡單規則來計算 v 的子孫個數，因為以 v 為根節點的子樹中，每個節點都是在 v 從左邊被遇到後才被走訪，且在 v 從右邊被遇到時已完全走訪完畢。所以，我們得到了 $O(n)$ 時間的方法，可用以計算 T 當中每一個節點的子孫個數。

歐拉路徑走訪的執行時間很容易分析，假定走訪一節點花費 $O(1)$ 時間，也就是，在每一次的走訪中，我們花在每一個節點上的時間都是常數的，所以對 n 個節點的樹而言，整體執行時間是 $O(n)$。

歐拉路徑走訪的另外一個應用，是可依據算式的表示式樹狀結構，來印出加上括號的完整算式 (範例 2.4)。在演算法 2.33 所示的 printExpression 函式，由在歐拉路徑中執行以下的動作完成這個工作：

- 「從左邊」動作：若節點是外部節點,印出「(」。
- 「從底下」動作：印出儲存在節點的值或是運算元。
- 「從右邊」動作：若節點是外部節點, 印出「)」。

Algorithm printExpression(T, v):
  if T.isExternal(v) **then**
    print the value stored at v
  else
    print "("
    printExpression(T, T.leftChild(v))
    print the operator stored at v
    printExpression(T, T.rightChild(v))
    print ")"

演算法 **2.33**：對一算式的樹狀結構 T，依據以 v 為根節點的子樹列印出該子樹所代表的算式。

將這些虛擬碼演算法列出之後，我們現在描述一些有效方法，利用具體的資料結構如序列和鏈結結構等，來實現樹抽象資料結構。

2.3.4 用來表示樹的資料結構

在本節當中,我們描述用來表示樹的具體資料結構。

以向量為基礎的二元樹結構

依據 T 的節點標號方法，我們可找出一表示二元樹 T 的簡單結構。對於 T 的每個節點 v，令 $p(v)$ 是如下定義的整數。

- 若 v 是 T 的根節點，則 $p(v) = 1$。
- 若 v 是 u 的左子節點，則 $p(v) = 2p(u)$。
- 若 v 是 u 的右子節點，則 $p(v) = 2p(u)+1$。

在二元樹 T 中，編號函數 p 也就是節點的階層編號，因爲它是由左到右以遞增順序爲 T 的每一層節點編號，不過它可能會跳過某個數。(參考圖 2.34)

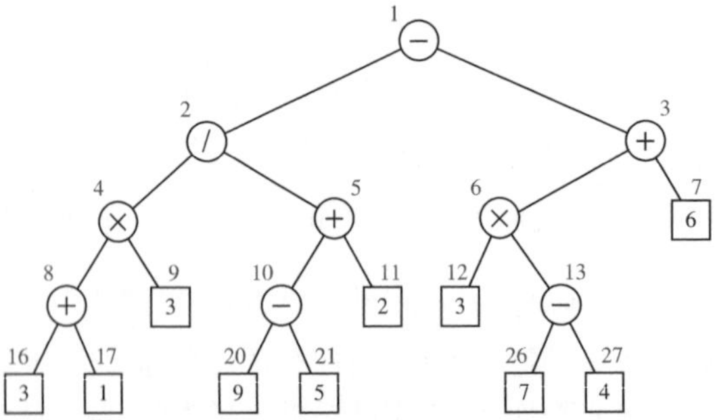

圖 2.34：二元樹階層編號的範例。

等階層號函數 p，讓我們想到可以利用向量 S 支援二元樹的表示 T，以 S 在等級 $p(v)$ 的元素，來代表 T 的節點 v。(參考圖 2.35) 一般來說，我們以可擴充陣列來實作向量 S。(參考第 1.5.2 節) 這種實作簡單且快速，我們可以利用與每個節點 v 相對應的數字 $p(v)$ 來進行相對應的簡單數學運算，以執行 root、parent、leftChild、rightChild、sibling、isInternal、isExternal 及 isRoot 等函式。也就是，每一個位置物件 v，是向量 S 中索引 $p(v)$ 的「包裝」。我們將此實作的細節留作簡單的習題(R-2.7)。

令 n 是 T 的節點個數，並且令 p_M 是 T 所有節點之 $p(v)$ 的最大值。向 S 的大小是 $N = p_M+1$，因爲 S 的等級 0 元素不會對應到 T 的任何節點。而且一般來說，向量 S 會有一些空元素，在 T 中找不到存在的節點與之對應。

例如，這些空位可能對應到空的外部節點，或甚至是這些節點的子孫節點在樹中所應該佔的位置。實際上，在最差情形下，$N = 2^{(n+1)/2}$，證明留作習題(R-2.6)。在第 2.4.3 節，我們將會看到一種二元樹類別，稱為「堆積(heap)」，其中 $N = n+1$。並且，若所有外部節點是空節點，則我們可以再節省一些空間，如同以下將出現的堆積實作，對於外部節點索引值超過樹中最後內部節點的情形，我們不必增加向量 S 的大小，便可將它們加入 S。所以不管最差情況的空間使用量為何，在某些應用中，將二元樹以向量表現，還是可以有效率地使用空間。然而，在一般二元樹，這種表示方式的最差情況，會耗用到的空間仍是指數的，代價相當高昂。

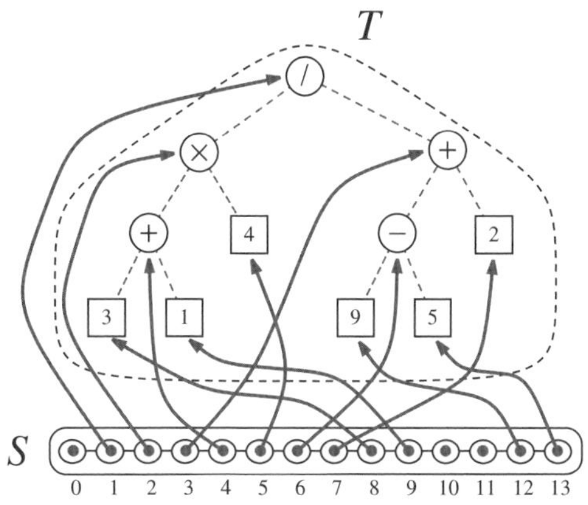

圖 **2.35**：以向量 S 來表示二元樹 T。

表 2.36 總結以向量實作的二元樹中，各函式的執行時間。在表當中，不包含更新二元樹的函式。

運算	**時間**
positions, elements	$O(n)$
swapElements, replaceElement	$O(1)$
root, parent, children	$O(1)$
leftChild, rightChild, cibling	$O(1)$
isInternal, isExternal, isRoot	$O(1)$

表 **2.36**：使用向量 S 實作的二元樹 T 之各函式的執行時間，其中 S 是以陣列實現。我們用 n 表示 T 的節點個數，並且用 N 表示 S 的大小。迭代器 elements ()、positions () 和 children (v)的 hasNext()、nextObject() 和 nextPosition() 函式花費 $O(1)$ 時間。空間使用量是 $O(N)$，最差情況是 $O(2^{(n+1)/2})$

二元樹的向量實作是快速且簡單的，但是若樹的高度很高，空間的使用就會非常無效率。我們接下來所要討論用以表示二元樹的資料結構，便沒有這個缺點。

二元樹的鏈結結構

用來表示二元樹 T 最自然的方法是使用鏈結結構。在這種方法當中，我們用以實作出 T 的每個節點 v 的物件，含有指向儲存在 v 的元素，以及指向 v 的子節點位置、父節點位置的參考。圖 2.37 所示即二元樹的鏈結結構表示法。

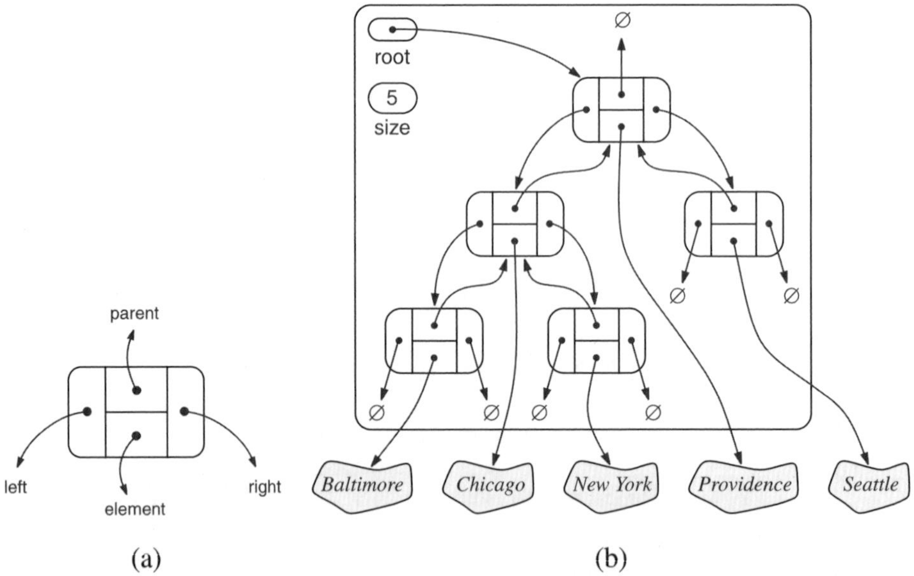

圖 **2.37**：用鏈結結構來表示二元樹的例子：**(a)** 與節點相對應的物件；**(b)** 有五個節點的完全二元樹。

若 v 是 T 的根節點，則它的父節點參考是 null，而若 v 是外部節點，則 v 的子節點的參考是 null。

若我們希望在外部節點爲空的情況下節省空間，則我們將空的外部節點參考設爲 null。也就是，我們可以允許內部節點指向外部子節點的參考爲 null。

此外，將 size()、isEmpty()、swap (v, w) 和 replaceElement (v, e) 等函式實作成 $O(1)$ 時間也十分直覺。並且，positions() 函式可藉由執行中序走訪來實作，而實作 elements() 函式也是類似的。所以，positions() 函式和 elements() 函式都花費 $O(n)$ 時間。

現在來看看這種資料結構的空間使用情形。注意到樹 T 的每一個節點，都有一個固定大小的物件。所以，整體空間使用量是 $O(n)$。

一般樹的鏈結結構

我們能將鏈結結構表現二元樹的方法，擴大到表現一般樹。由於在一棵一般樹中，任一節點 v 可擁有的子節點個數沒有上限，我們使用一容器 (例如，串列或向量) 來存放 v 的子節點，而不使用實體變數。這個結構圖解於圖 2.38 當中，其中我們假設節點所用的容器爲序列。

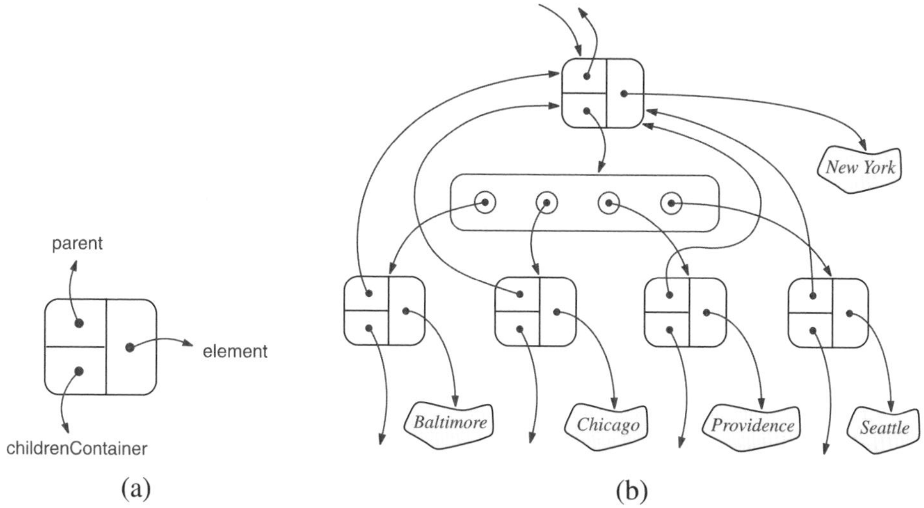

圖 **2.38**：樹的鏈結結構：**(a)** 相對應於節點的物件；**(b)** 相對應於節點及其子節點的資料結構部分。

我們注意到樹 ADT 的鏈結實作，效率和二元樹的鏈結實作差不多，請見表 2.39。主要的差別是，我們在樹 ADT 的實作使用有效率的容器，像是串列或是向量，來儲存節點\,v\,的子節點，而非直接鏈結到兩個子節點。

2.4 優先權佇列與堆積

在本節當中，我們以鍵值與比較子的概念，來學習優先權佇列的架構。

2.4.1 優先權佇列抽象資料結構

應用程式通常必須依據名爲「鍵值」的參數或性質，來比較物件與排序，集合中的各物件皆會被給定一鍵值。正式的說，我們定義鍵值是一個物件，該物件會被指定給一元素，作爲該元素的特別屬性，以當作該元素的識別、等級或權重。請注意，鍵值通常由使用者或是應用程式指派給元素。

運算	時間
size, isEmpty	$O(1)$
positions, elements	$O(n)$
swapElements, replaceElement	$O(1)$
root, parent	$O(1)$
children (v)	$O(c_v)$
isInternal, isExternal, isRoot	$O(1)$

表 **2.39**：以鏈結結構實作的 n 節點樹之各函式執行時間。我們令 c_v 表示節點 v 的子節點個數。

因此，將鍵值視爲一任意物件型別的觀念，是相當一般化的。但是爲了在採取這種鍵值一般性定義的同時，也能比較鍵值之間的優先順序，我們需要清楚的定義鍵值的比較規則。也就是，優先權佇列需要一個不會造成自我矛盾的比較規則。爲了將 $\leq$ 這種比較規則建立得夠可靠，必須定義完整順序 (total order) 關係，也就是說，這種比較規則的定義適用於任意一對鍵值，並且必須滿足以下三點：

- **反身性 (Reflexive property)**：$k \leq k$。
- **反對稱性 (Antisymmetric property)**：若 $k_1 \leq k_2$ 且 $k_2 \leq k_1$，則 $k_1 = k_2$。
- **遞移性 (Transitive property)**：若 $k_1 \leq k_2$ 且 $k_2 \leq k_3$，則 $k_1 \leq k_3$。

任何比較規則 $\leq$，只要滿足這三個規則，就不會使比較產生矛盾。實際上，這種規則爲鍵值集合定義出線性次序。所以，若我們爲一組 (有限個) 元素定義了完整順序關係，則最小鍵值的概念 $k_{\min}$ 也擁有了良好的定義，也就是，最小鍵值 $k_{\min}$ 滿足 $k_{\min} \leq k$，其中 k 是這組元素當中任意其他的鍵值。

優先權佇列 (priority queue) 是一個元素的容器，每一個元素在被插入的時候，都會被指定一個對應的鍵值。「優先權佇列」這個名稱，得自於選擇要移除的元素時，是依據鍵值來決定「優先次序」。優先權佇列 P 有兩個基本函式如下：

InsertElement (k, e)： 插入一個鍵值 k 的元素 e 到 P 當中。

removeMin()： 傳回並移除 P 當中鍵值最小的元素，也就是鍵值

比 P 當中的其他每個元素鍵值都更小的元素。

附帶一提，有些人將 removeMin 函式稱爲「extractMin」函式，以強調它同時移除並傳回 P 中最小元素。除了上述兩個函式以外，我們還可以增加兩個支援函式 size() 及 isEmpty()，以及如下的存取函式：

minElement()： 傳回 P 當中鍵值最小的元素 (但不移除)。
minKey()： 傳回 P 當中最小的鍵值 (但不移除)。

這兩個函式在優先權佇列是空的時候傳回錯誤信息。

優先權佇列 ADT 有趣的一面現在變得很清楚了，那就是，優先權佇列 ADT 比序列 ADT 要簡單。這個簡單性是因爲整個優先權佇列的插入和移除都是依據鍵值，而序列中元素的插入和移除是依據位置和等級。

比較子

優先權佇列 ADT 暗示一種軟體工程設計模式的使用，也就是比較子。這個模式指定鍵值的比較方法，設計用來支援最具一般性且可重覆使用的優先權佇列。爲了這種設計，我們不能依賴鍵值提供比較規則，因爲那種規則可能並非使用者想要的 (特別是多維度的資料)。實際上，我們使用鍵值外的特別比較子 (comparator) 物件來提供比較規則。我們假設優先權佇列 P 建立的時候，就已經給定了比較子，而我們也可想像到，當優先權佇列的舊有比較子變得「不合時宜」時，我們可再給它一個新的比較子。當 P 需要比較兩個鍵值的時候，它使用給定的比較子來執行比較。所以程式員能寫出一般性的優先權佇列，適用於多種不同的內容。正式的說，比較子物件提供以下函式，每一個方法都取兩個元素進行比較 (或是當鍵值無法被比較時，傳回錯誤信息) 。比較子 ADT 的函式包括：

isLess (a, b)：若且唯若 a 小於 b。
isLessOrEqualTo (a, b)：若且唯若 a 小於等於 b。
isEqualTo (a, b)：若且唯若 a 和 b 相等。
isGreater (a, b)：若且唯若 a 大於 b。
isGreaterOrEqualTo (a, b)：若且唯若 a 大於等於 b。
isComparable (a)：若且唯若 a 能被比較。

2.4.2 PQ 排序、選擇排序以及插入排序

在這一節當中，我們討論如何使用優先權佇列來將元素集合做排序。

PQ 排序：使用優先權佇列的排序法

在**排序問題**當中會有 n 個元素的集合 C，其中的元素可依據完整順序關係來比較，而我們想要以遞增的順序來排列這些元素 (如果其中有相等的元素，至少要能以非遞減的方式來排列) 。利用優先權佇列 Q 來將 C 排序的演算法很簡單，它包含了以下兩個程序：

1. 在第一階段，我們執行一連串 n 個 insertItem 運算，將 C 的元素一一放入初始化爲空 initially empty 的優先權佇列 P。
2. 在第二階段，我們使用一連串 n 個 removeMin 運算，以非遞減順序從 P 取出元素，並依序放回 C。

這個演算法的虛擬碼如演算法 2.40 所示，其中假定 C 是一個序列 (像是串列或向量)。對任意優先權佇列 P，這個演算法都可以正確運作，無論 P 的實作方式爲何。但是這個演算法的執行時間由 insertItem 和 removeMin 運算來決定，這就和 P 的實作方式有關了。實際上，將 PriorityQueueSort 視爲排序「方案」會比排序「演算法」適當，因爲它並未指定優先權佇列 P 的實作方式。這個 PriorityQueueSort 方案是好幾種著名的排序演算法的典型，包含選擇排序、插入排序以及堆積排序，我們會在這一節接下來的部分討論這些排序法。

Algorithm PQ-Sort(C,P):
  Input: An n-element sequence C and a priority queue P that compares keys, which are elements of C, using a total order relation
  Output: The sequence C sorted by the total order relation

```
while C is not empty do
    e ← C.removeFirst()        {remove an element e from C}
    P.insertItem(e,e)          {the key is the element itself}
while P is not empty do
    e ← P.removeMin()          {remove a smallest element from P}
    C.insertLast(e)            {add the element at the end of C}
```

演算法 **2.40**：**PQ-Sort** 演算法。請注意輸入序列 C 的元素會成為鍵值和優先權佇列中的元素。

使用未排序序列實作優先權佇列

如同我們第一次實作優先權佇列 P，讓我們考慮將 P 的元素以及它們的鍵值儲存在序列 S 當中。讓我們稱 S 是是用陣列或雙向鏈節串列實作的一般序列(我們將會看到，特定的實作方法不會影響效能)。所以，S 的元素是序對 (k,e)，其中 e 是 P 的元素，而 k 是它的鍵值。實作 P 的 insertItem (k,e)

函式的簡單方式，是在 S 執行 insertLast (p)函式，將新的一對物件 $p = (k, e)$ 加在序列 S 的最後。這個 insertItem 函式實作的執行時間是 $O(1)$，與序列是使用陣列或是鏈結串列實作無關(看第 2.2.3 節)。這個選擇的意思是 S 未經排序，總是在 S 的結尾插入項目，而不考慮鍵值的順序。結果是，對 P 執行 minElement、minKey 或 removeMin 運算，我們必須檢查序列 S 的全部元素，以找出 S 中擁有最小 k 值的元素 $p = (k, e)$ 所以，無論 S 如何實作，這些在 P 上面的搜尋函式都花費 $O(n)$ 時間，其中 n 是在函式執行時，P 當中的元素個數。並且，甚至在最佳情況之下這些函式的執行時間也要花 $\Omega(n)$，因爲它們都必須搜尋全部的序列來找到最小元素。也就是，這些方法的執行時間爲 $\Theta(n)$。所以，經由使用未排序序列來實作優先權佇列，插入運算達到了常數時間，但是 removeMin 運算花費線性時間。

選擇排序

若我們使用未排序序列實作優先權佇列 P，則 PQ-Sort 函式的第一階段花費 $O(n)$ 時間，因爲我們插入每一個元素所需時間爲常數。在第二階段，假定我們能在常數時間比較兩個鍵值，每一個 removeMin 運算的執行時間和 P 當中目前元素的個數成比例。所以，這個實作的計算瓶頸是在第 2 階段當中，重複地從未排序序列當中「選擇」最小元素。也就爲了這個原因，這個演算法以選擇排序聞名於世。

讓我們分析選擇排序演算法。如同以上所注意到的，瓶頸在第二階段，其中我們重複在優先權佇列 P 移除鍵值最小的元素。P 的大小剛開始時是 n，隨著每次的 removeMin 運算逐一地遞減到 0。所以，第一個 removeMin 運算花費 $O(n)$ 時間，第二個花費 $O(n-1)$ 時間，以此類推，直到最後的 (n th) 個運算花費 $O(1)$ 時間。所以，第二階段所需的全部時間是

$$O \leq (n + (n-1) + \cdots + 2 + 1) = O\left(\sum_{i=1}^{n} i\right)$$

由定理 1.13，我們得到 $\Sigma_{i=1}^{n} i = \dfrac{n(n+1)}{2}$。所以，第二階段花費 $O(n^2)$ 時間，如同整個選擇排序演算法。

使用已排序序列實作優先權佇列

另外一種優先全佇列 P 的實作也使用序列 S，但這次各項目是依照鍵值排序來儲存。在此，我們可以使用 S 的 first 函式，來存取序列中第一個元素，以此實作 minElement 和 minKey 函式。同樣的，我們可以將 P 的 removeMin 函式實作如 S.remove (S. first())。假定 S 是使用鏈結串列或陣列實作，且支援固定時間，從開頭端移除元素 (參考第 2.2.3 節)，尋找及移除 P 當中的最小元素花費 $O(1)$ 時間。所以，使用已排序序列，可讓我們簡單且快速的實做出優先權佇列的存取和移除函式。

然而，這個好處的代價是，爲了找到適當的位置來插入新的元素和鍵值，P 的函式 insertItem 必須將 S 整個掃過一遍。所以，這個 P 的 insertItem 函式實作的執行時間爲 $O(n)$，其中 n 爲函式執行時，P 的元素個數。總結來說，若使用已排序序列來實作優先權佇列，插入運算得花線性時間，而找出並移除最小值則花常數時間即可完成。

插入排序

若我們使用已排序序列實作優先權佇列 P，則 PQ-Sort 函式在第二階段的執行時間會改進成 $O(n)$，因爲每一個 P 上面的 removeMin 運算的執行時間現在變成了 $O(1)$。不幸的是，第一階段現在成爲執行時間的瓶頸。實際上，在最差情況下，每一個 insertItem 運算的執行時間和目前優先權佇列的元素個數成正比，佇列的大小由零開始，逐漸增加爲 n。第一個 insertItem 運算花費 $O(1)$ 時間，第二個花費 $O(2)$ 時間，以此類推直到最後，在最差情況下，最後一個 (n th) 運算花費 $O(n)$ 時間。所以，若我們使用已排序序列來實作 P，則第一階段會成爲瓶頸。因此這個排序演算法以插入排序聞名於世，因爲這個排序演算法的瓶頸在於，在已排序序列當中找出適當位置「插入」新的元素。

分析插入排序的執行時間，我們注意到在最差情況第一階段花費 $O(\sum_{i=1}^{n} i)$ 時間，再一次，依據定理 1.13，第一階段的執行時間是 $O(n^2)$，此演算法的整體執行時間也一樣。因此，選擇排序和插入排序的執行時間都是 $O(n^2)$。

雖然選擇排序和插入排序是類似的，但是他們仍然有一些有趣的差別。例如，我們注意到選擇排序總是花費 $\Omega(n^2)$ 時間，因爲在第二階段的每一個步驟選擇最小值時，必須將整個優先權佇列序列掃過一遍。另一方面，選擇排序的執行時間則依輸入序列而異。例如，若 S 的輸入序列是以相反的順序排序，則插入排序的執行時間爲 $O(n)$。

2.4.3 堆積資料結構

有一種資料結構可用來實現優先權佇列，讓插入和移除都很有效率，這種

資料結構稱為堆積 (heap)。這個資料結構讓我們能在指數時間執行插入和移除。堆積達到這個改善的基本方法是，不將元素和鍵值儲存在序列當中，而是儲存在二元樹當中。

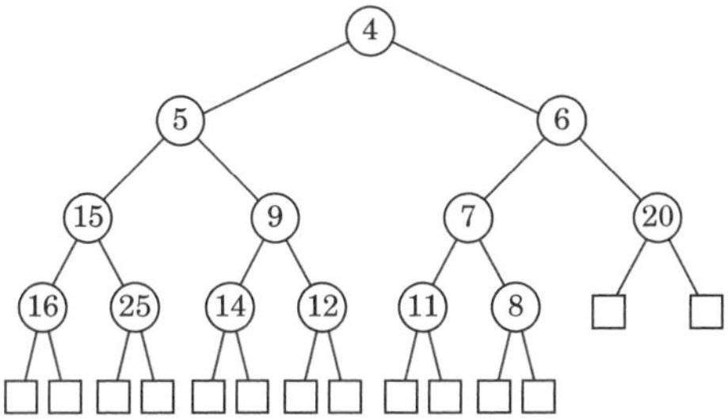

圖 2.41：圖示之範例為儲存有 13 個整數鍵值的堆積。最後一個節點是儲存著鍵值 8 的節點，而外部節點都是空的。

堆積 (參考圖 2.41) 是將鍵值集合儲存在內部節點的二元樹 T，它滿足下列兩個性質：根據鍵值儲存在 T 中之方式所定義的關係性質，以及以 T 本身來定義的結構性質。我們假定已經給定鍵值的全序關係 (例如，給定一比較子)。並且，在我們的堆積定義中，T 的外部節點並不儲存鍵值或元素，它們的作用只是「佔位置」。T 有以下的關係性質：

Heap-Order 性質：在堆積 T 中，對於根節點以外的每一個節點 v，儲存在 v 中的鍵值大於或等於 v 的父節點中的鍵值。

這個性質造成的結果是，在 T 中從根節點到外部節點遇到的鍵值是以非遞減的方式排序。並且，最小值總是儲存在 T 的根節點。為了效率的緣故，我們希望讓堆積 T 的高度盡可能的小。我們再要求堆積 T 滿足下述結構性質，即可達成這個希望：

完全二元樹：我們稱一高度 h 的二元樹是完全二元樹，若它的第 0、1、2、…、$h-1$ 層有最大可能的節點個數 (也就是，第 i 層有 2^i 個節點，對於 $0 \leq qi \leq qh-1$)，並且在第 $h-1$ 層的所有內部節點都位於外部節點的左邊。

上述所說第 $h-1$ 層的所有內部節點都位於外部節點的「左邊」，意思是在中序走訪當中，這一層的所有內部節點會比任何外部節點先被拜訪到。(參考圖 2.41)

為了要保持 T 是完全二元樹，我們在堆積 T 當中標示出根節點之外的另一重要節點，稱為 T 的**最後節點**，它的定義是 T 中最右邊、最深的內部

節點。(參考圖 2.41)

使用堆積實作優先權佇列

我們以堆積為基礎的優先權佇列包含以下幾個項目 (參考圖 2.42)：

- **heap**：元素儲存在內部節點，並且鍵值滿足堆積順序性質的完全二元樹 T。我們假設使用向量來實作完全二元樹 T，如同在第 2.3.4 節所描述。對每一個 T 的內部節點 v，我們將儲存在 v 的鍵值表示為 $k(v)$。
- **last**：指向 T 中最後一個節點的參考。給定一個 T 的向量實作，我們假設變數實體 last 是向量的整數索引，代表 T 中最後一個節點在向量中的位置。
- **comp**：定義鍵值之間的完整順序的比較子。我們假設 **comp** 將最小元素放在根節點，這個假設不失一般性。如果我們要將最大元素放在根節點，只要將比較規則適當地重新定義即可。

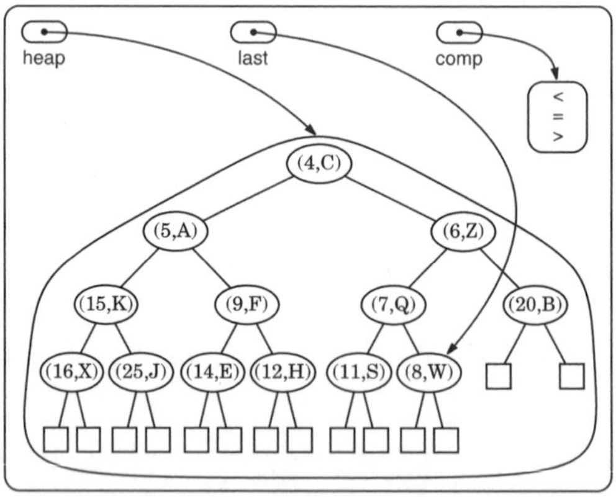

圖 **2.42**：以堆積實作出的優先權佇列，儲存著整數鍵值和文字元素。

這個實作的效能可根據以下事實來評估。

定理 2.10：儲存著 n 個鍵值的堆積 T，高度為 $h = \lceil \log(n+1) \rceil$。

證明：

因為 T 是完全二元樹，所以 T 的內部節點個數至少為

$$1+2+4+\cdots+2^{h-2}+1 = 2^{h-1}-1+1 = 2^{h-1}$$

這個下限值是發生在第 $h-1$ 層只有一個內部節點時。反過來說，我們觀察到 T 的內部節點個數至多為

$$1+2+4+\cdots+2^{h-1} = 2^h-1$$

這個上限值是發生在第 $h-1$ 層的 2^{h-1} 個節點全都是內部節點時。因為內

部節點個數等於鍵值的個數 n，所以 $2^{h-1} \le n$ 且 $n \le 2^h - 1$。因此，在不等式的兩邊取對數，我們可以得到 $h \le \log n + 1$ 及 $\log(n+1) \le h$，亦即 $h = \lceil \log(n+1) \rceil$。 ■

所以，如果我們在堆積上的更新運算，執行時間與堆積的高度成正比，則這些運算的執行時間是對數時間以內。

堆積的向量表示

請注意，當我們以向量實作堆積 T 的時候，最後一個節點的索引永遠等於 n，而第一個空的外部節點 z 的索引等於 $n+1$。(參考圖 2.43) 請注意，在以下的情形中，z 的索引也會等於這個值：

- 如果目前的最後節點 w 是自己所在那一層的最後一個節點，則 z 是最下面一層的最左邊節點 (參考圖 2.43b)。
- 如果 T 沒有內部節點 (也就是優先權佇列為空，且 T 的最後一個節點是未定義的)，則 z 是 T 的根節點。

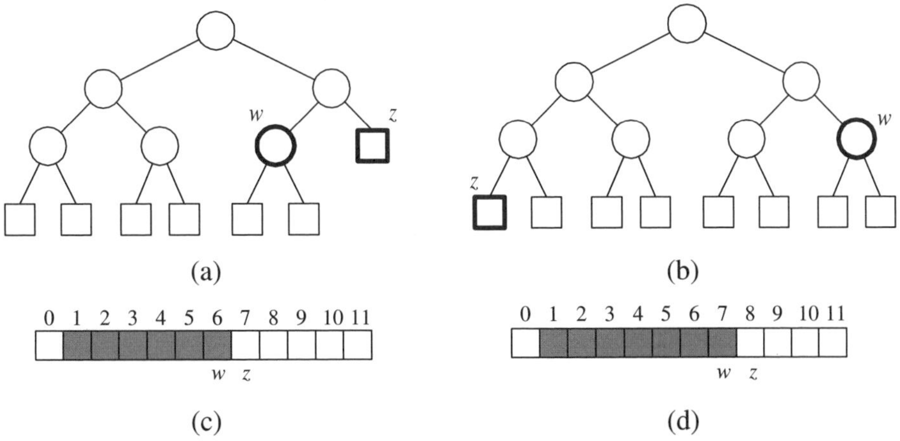

圖 **2.43**：堆積當中的最後節點 w 和第一個外部節點 z：**(a)** 一般狀況—z 在 w 的右邊；**(b)** z 在最底層最左邊的狀況。**(a)** 的向量表示表示在 **(c)**；同樣的，**(b)** 的表示表示在 **(d)**。

以向量表示堆積 T 的簡化效果，對於實作優先權佇列 ADT 的函式很有幫助。例如，更新方法 expandExternal (z)和 removeAboveExternal (z) 也可以在 $O(1)$ 時間之內執行 (假設向量不需要擴張)，因為這些動作只牽涉到在向量當中配置或解除配置一位置。照往例，這個資料結構的 size 和 isEmpty 方法花費 $O(1)$ 時間。此外，minElement 和 minKey 方法也可以很容易在 $O(1)$ 時間之內執行，只須存取堆積的根節點當中儲存的元素或鍵

值即可 (亦即向量中等級 1 的位置)。並且，因爲 T 是完全二元樹，當我們以向量來實作二元樹時，和堆積 T 相對應的向量有 $2n+1$ 個元素，依照我們的慣例，其中的 $n+1$ 個是只佔位置的外部節點。事實上，因爲所有的外部節點的索引高過任意內部節點，我們甚至不必明確儲存所有的外部節點。(參考圖 2.43)

插入

讓我們考慮如何使用堆積 T 來執行優先權佇列 ADT 的函 insertItem。爲了要將新的鍵值－元素對 (k, e) 儲存到 T 當中，我們必須在 T 加入一個外部節點。爲了要將 T 保持爲完全二元樹，增加的這個新節點必須是 T 的新最後節點。也就是我們必須找出正確的外部節點 z，以便執行 expandExternal (z) 運算，將 z 取代爲一個內部節點 (帶著一個空的外部子節點) ，然後在 z 插入一個新元素。(參考圖 2.44a-b) 注意到 z 稱爲插入位置。

通常，節點 z 是直接連接到最後節點 w 右邊的外部節點。(參考圖 2.43a) 在任何情況，由我們 T 的向量實作，插入位置 z 儲存在索引 $n+1$ 處，其中 n 是堆積目前的大小。所以，在 T 的向量實作當中，我們能在常數時間找出節點 z。然後在執行 expandExternal (z) 之後，節點 z 成爲最後節點，我們在其中儲存新的鍵值－元素對 (k, e)，所以 $k(z) = k$。

插入之後的上升氣泡

在這個動作之後，樹 T 就會成爲完全樹，但是它可能會違反堆積的順序性質。所以，除非節點 z 是 T 的根節點 (也就是優先權佇列在插入之前是空的) ，否則我們便將儲存在 z 的父節點 u 的鍵值 $k(u)$，拿來與鍵值 $k(z)$ 相比。如果 $k(u) > k(z)$，則我們必須恢復堆積的順序性質，將儲存在 z 和 u 的鍵值－元素對做交換可局部性地達成。這個交換動作使新的鍵值元素對 (k, e) 向上移動一層。再一次地，可能又違反了堆積的順序性質，於是我們繼續在 T 中往上做交換的動作，直到不違反堆積的順序性質爲止。(參考圖 2.44e-h)

這種由交換而產生的向上移動，慣例上被稱爲堆積的上升氣泡 (up-heap bubbling)。一個交換動作，若不是解決了堆積的順序性質衝突，就是將此衝突傳送到上面一層。在最差的情況下，堆積的上升氣泡會使新的鍵值－元素對從底部持續向上移動，直到堆積的根節點爲止 (參考圖 2.44) 所以，在最差的情形之下，函式 insertItem 的最差執行時間和 T 的高度成正比，也就是 $O(\log n)$，因爲 T 是完全二元樹。

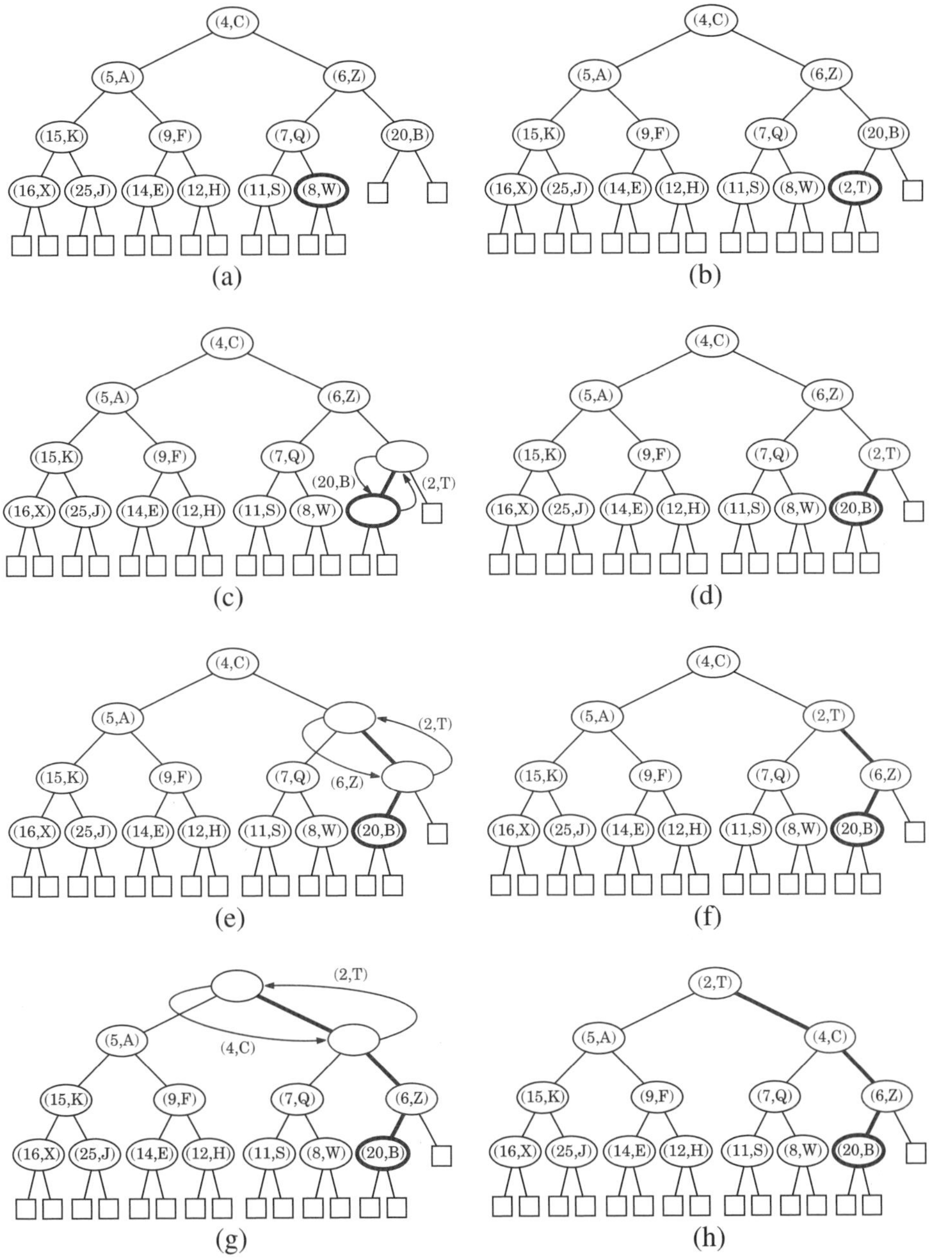

圖 **2.44**：插入有鍵值 **2** 的元素到圖 **2.42** 當中的堆積：**(a)** 初始堆積；**(b)** 在舊的最後節點右邊，插入一個新的最後節點；**(c)**－**(d)** 局部交換動作，回復部分順序 (partial order) 關係；**(e)**－**(f)** 另一個交換動作；**(g)**－**(h)** 最後的交換動作。

如果以向量實作 T，則我們可以在 $O(1)$ 時間直接找到新的最後節點 z。例如，我們將向量實作出的二元樹加以擴充，增加一個函式傳回索引為

$n+1$ 的節點，也就是階層數爲 $n+1$，如同在第 2.3.4 節定義的。又或者，我們甚至可以定義一個 add 函式，用以在向量中等級 $n+1$ 的第一個外部節點 z 增加一個新的元素。演算法 2.60 會在本章稍後列出，我們會說明如何使用這個函式，有效率地實作 insertItem 函式。另一方面，如果使用鏈結結構來實作堆積 T，則要找到插入位置 z 就比較複雜一些 (參考習題 C-2.27)。

移除

讓我們現在來看優先權佇列 ADT 的 removeMin 函式。使用堆積 T 來執行 removeMin 函式的演算法，圖解在圖 2.45 當中。

我們知道有最小鍵值的元素儲存在堆積 T 當中的根節點 (即使有最小鍵值的節點超過一個也是如此)。但是，除非 r 是 T 的唯一內部節點，否則我們不能只刪除節點 r，因爲這個動作會破壞二元樹的結構。因此，我們的做法是存取 T 的最後節點 w，將它的鍵值－元素對複製到根節點 r，然後執行更新運算 removeAboveExternal (u)刪除最後節點，其中 u = T.rightChild (w))。這個運算將節點 u 本身和它的父節點 w 一起移除 u，並且將 w 換成它的左子節點。(參考圖 2.45a－b)

在這個常數時間的動作之後，我們需要更新指向最後節點的參考，只要將參考指向實作樹的向量中，等級 n 的節點即可。

插入後的下降氣泡

但是到目前爲止還沒有全部完成，雖然 T 現在是完全樹，但現在 T 可能違反堆積順序性質。要決定是否必須回復堆積順序性質，我們必須檢查 T 的根節點 r。假如 r 的兩個子節點都是外部節點，則顯然滿足堆積的順序性質，因此動作已經完成。若非如此，則分成以下兩種情形來處理：

- 如果 r 的左子節點是內部節點，而右子節點是外部節點，則令 s 是 r 的左子節點。
- 否則 (r 的兩個子節點都是內部節點)，令 s 是 r 的子節點中鍵值最小的那一個。

如果儲存在 r 的鍵值 $k(r)$ 大於儲存在 s 的鍵值 $k(s)$，則我們必須恢復堆積順序性質，將儲存在 r 和 s 的鍵值－元素對交換即可達成。請注意，不可將 r 與 s 的兄弟節點交換。這個交換動作可回復節點 r 和它的子節點間的堆積順序性質，但是它可能造成在 s 違反順序性質，所以我們可能必須在 T 中

持續向下做交換，直到沒有任何違反堆積順序性質的情形為止。(參考圖 2.45e-h)

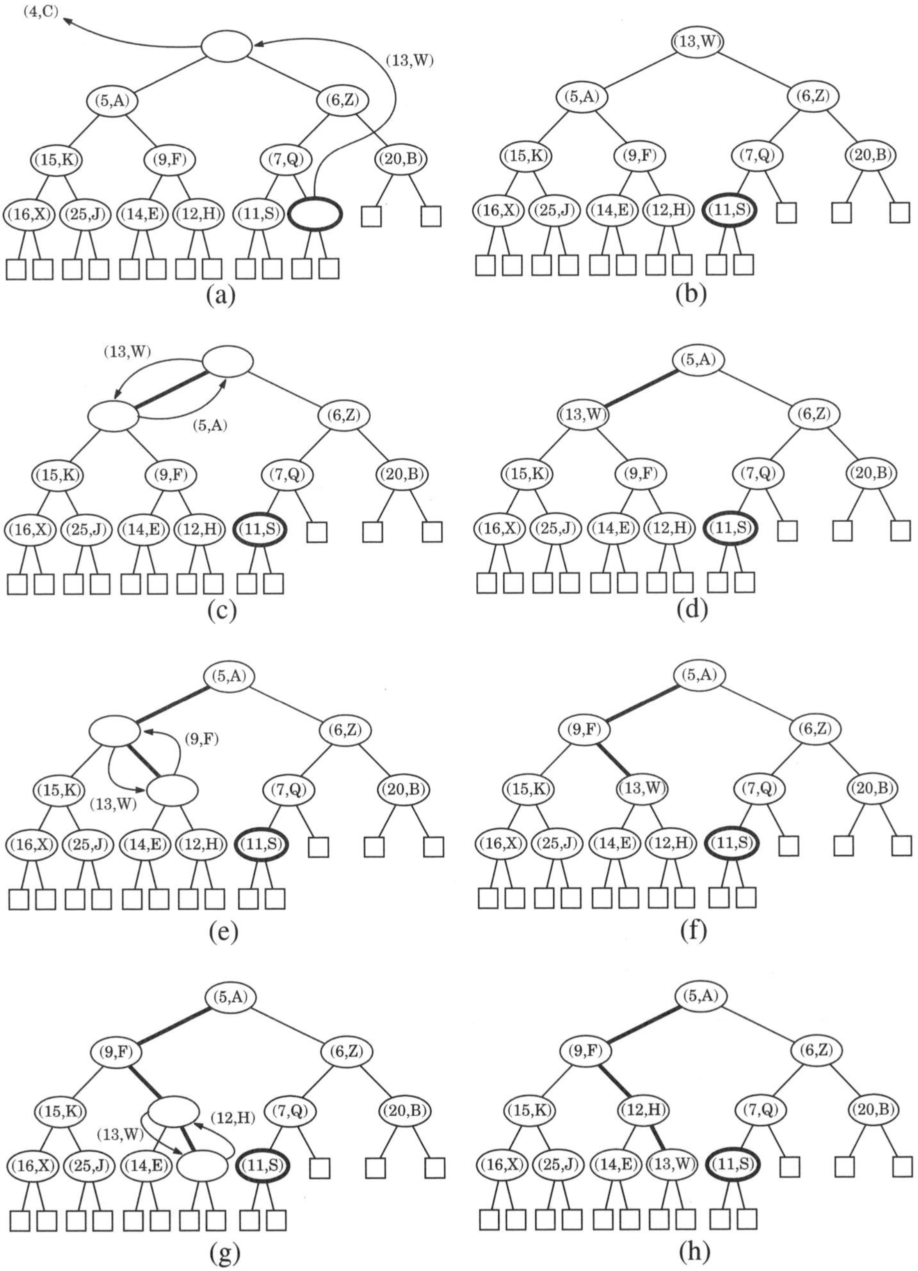

圖 **2.45**：從堆積當中移除鍵值最小的元素：**(a)**−**(b)** 移除最後節點，將它的鍵值−元素對儲存到根節點；**(c)**−**(d)** 局部交換回復堆積的順序性質；**(e)**−**(f)** 其他的交換動作；**(g)**−**(h)** 最後的交換動作。

這個向下交換的過程稱為堆積的**下降氣泡 (down-heap bubbling)**。一個交換若不是解決了堆積順序性質的衝突，就是將此衝突傳送到下面一層。在最差的情形之下，鍵值-元素對會持續向下移動，直到最底層的上一層為止。(參考圖 2.45) 所以，函式 removeMin 的執行時間在最差情況下和堆積 T 的高度成正比，也就是 $O(\log n)$。

效能

表 2.46 顯示使用堆積實作的優先權佇列中，優先權佇列 ADT 各函式的執行時間，假設堆積 T 本身是由二元樹資料結構實做的，該資料結構的二元樹 ADT 各函式，執行時間在 $O(1)$ 以內 (elements() 除外)。第 2.3.4 節所介紹的鏈結結構以及向量為基礎的結構可輕易地滿足這個需求。

運算	**時間**
size, isEmpty	$O(1)$
minElement, minkey	$O(1)$
insertItem	$O(\log n)$
removeMin	$O(\log n)$

表 **2.46**：以堆積實作之優先權佇列的效率，其中堆積是以向量實作的二元樹實作出來的。我們以 n 代表函式執行時，優先權佇列的元素個數。如果堆積是以鏈結結構實作，空間使用量是 $O(n)$；如果堆積是以向量結構來實作，空間使用量是 $O(N)$，其中 $N \geq n$，代表用來實作向量的陣列大小。

簡單的說，每一個優先權佇列 ADT 函式，可以在 $O(1)$ 或 $O(\log n)$ 時間內執行，其中 n 代表函式執行時，優先權佇列的元素個數。函式的執行時間分析是根據以下幾點：

- 堆積 T 的高度是 $O(\log n)$，因為 T 是完全樹。
- 在最差的情形，堆積的上升和下降氣泡花費的時間和 T 的高度成正比。
- 在 insertItem 執行中找到插入位置，以及在 removeMin 執行中更新最後節點的位置，皆花費常數時間。
- 堆積 T 有 n 個內部節點以及 $n+1$ 個外部節點，其中每一個內部節點儲存著一個指向鍵值的參考以及一個指向元素的參考。

我們的結論是，以堆積資料結構來實現優先權佇列 ADT 是非常有效率的，無論堆積是使用鏈結結構或序列來實作。以堆積實作，使得插入和移除等動作的執行時間都快速，比用序列來實作優先權佇列要好。實際上，以堆積爲基礎的實作，在效率方面產生了一個重要的效果，也就是它可以加快優先權佇列的排序，比起以序列爲基礎的插入排序及選擇排序演算法還要快很多。

2.4.4 Heap-Sort

讓我們再次考慮第 2.4.2 節當中的 PQ-Sort 排序技巧，它是使用優先權佇列 P 來排序序列 S。如果我們使用堆積來實作優先權佇列 P，則在第一個階段當中，n 個 insertItem 運算中，每一個都花費 $O(\log k)$ 時間，其中 k 代表執行時堆積當中元素的個數。同樣的，在第二個階段當中，n removeMin 運算中的每一個，執行時間都是 $O(\log k)$，其中 k 代表執行時堆積當中元素的個數。由於 k 永遠滿足 $k \leq n$，因此每一個運算在最差情形下的執行時間是 $O(\log n)$。所以，每一個階段花費 $O(n\log n)$ 時間，而使用堆積來實作的優先權佇列，其排序演算法的整體執行時間是 $O(n\log n)$。這個排序演算法就是著名的堆積排序法 (heap-sort)，它的效能可整理成以下的定理。

定理 2.11： 對於一含有 n 個可互相比較之元素的序列 S，使用堆積排序演算法來將 S 排序，所需時間爲 $O(n\log n)$。

回想表 1.7，我們強調堆積排序的執行時間 $O(n\log n)$ 比選擇排序的執行時間 $O(n^2)$ 還要好。而且，實際上還有多種修正做法，可用以提升堆積排序演算法的效能。

在原位的堆積排序實作

如果欲將一陣列實作的序列 S 加以排序，我們可以藉由使用序列的一部分來儲存堆積，避免使用外部堆積資料結構，以此加快堆積排序速度、降低空間需求量爲原來的常數倍。我們可以用如下方式更改演算法來達成：

1. 我們可以反轉堆積所使用的比較子，使得最大元素被放在堆積頂端。在演算法執行時，我們可以使用 S 左端到某等級 $i-1$ 的部分，來儲存堆積當中的元素，以及 S 的右邊等級 i 到 $n-1$ 的部分，來儲存序列當中的元素。如此，S 的前 i 個元素 (等級 0、…、$i-1$) 提供堆積所使用的向量 (並且將階層數改成由 0 而非由 1 開始)，也就是，在等級 k 的元素大於或是等於存放在 $2k+1$ 及 $2k+2$ 的「子節點」。
2. 在演算法的第一階段，我們以一個空的堆積作爲開始，並且一步一步地將堆積和序列之間的界限由左到右移動。在步驟 i ($i = 1$、…、n)，

我們在等級 $i-1$ 處增加元素來擴充堆積。

3. 在演算法的第二階段，我們以一個空的序列作為開始，並且一步一步地將堆積和序列之間的界限由右到左移動。在步驟 i ($i=1$、⋯、n)，我們從堆積當中移除最大元素，並將它儲存在等級 $n-i$。

以上的堆積排序變化版被描述為在原位，排序，因為除了序列本身以外，只使用了常數大小的空間。這個方法並不將元素移出序列而後又加入，而是將元素重新排列。我們在圖 2.47 當中解說在原位的堆積排序。一般來說，如果一排序演算法除了儲存所欲排序物件本身的元素以外，只使用常數大小的記憶體，我們便說它是「在原位」。使用在原位的排序演算法，好處是可以將執行所使用電腦的主記憶體做最有效率的利用。

由下到上建構堆積

堆積排序演算法的分析，顯示我們可以在 $O(n\log n)$ 時間建立一個堆積，將 n 個鍵值−元素對做排序，我們可以執行 n 個連續的 insertItem 運算，再使用這個堆積依序取出元素。但是如果要儲存到堆積的所有鍵值都是事先給定的，則我們還可以使用由下到上建構函式，它的執行時間為 $O(n)$。

我們在本節當中描述這個方法，並且觀察到它可以被加入以當作 Heap 類別的一個建構子，而不必使用一連串 n 個 insertItem 運算來填堆積。為了簡化說明，我們在這個由下往上堆積建構的描述中，假設鍵值個數 n 是滿足如下形式的整數

$$n = 2^h - 1$$

也就是，這個堆積是一個完全二元樹，每一層都是滿的，所以堆積的高度是

$$h = \log(n+1)$$

我們以遞迴演算法描述由下往上的堆積建構，如同演算法 2.48 所顯示的，我們在呼叫它時，傳入儲存著鍵值的序列，這些鍵值就是我們要用來建構堆積的。我們將此演算法描述為對鍵值做動作，並且知道有元素伴隨著這些鍵值。也就是，在樹 T 當中儲存著的是鍵值−元素對。

這個建構演算法稱為「由下往上」堆積建構，這是由遞迴呼叫傳回子樹的方式而得名，這些子樹是它們所儲存元素的堆積。也就是 T 的「堆積化(heapification)」開始於外部節點，隨著每次遞迴呼叫的回返，在樹中往上蔓延。為了這個原因，有些作者把由下往上的堆積建構稱為「heapify」運算。

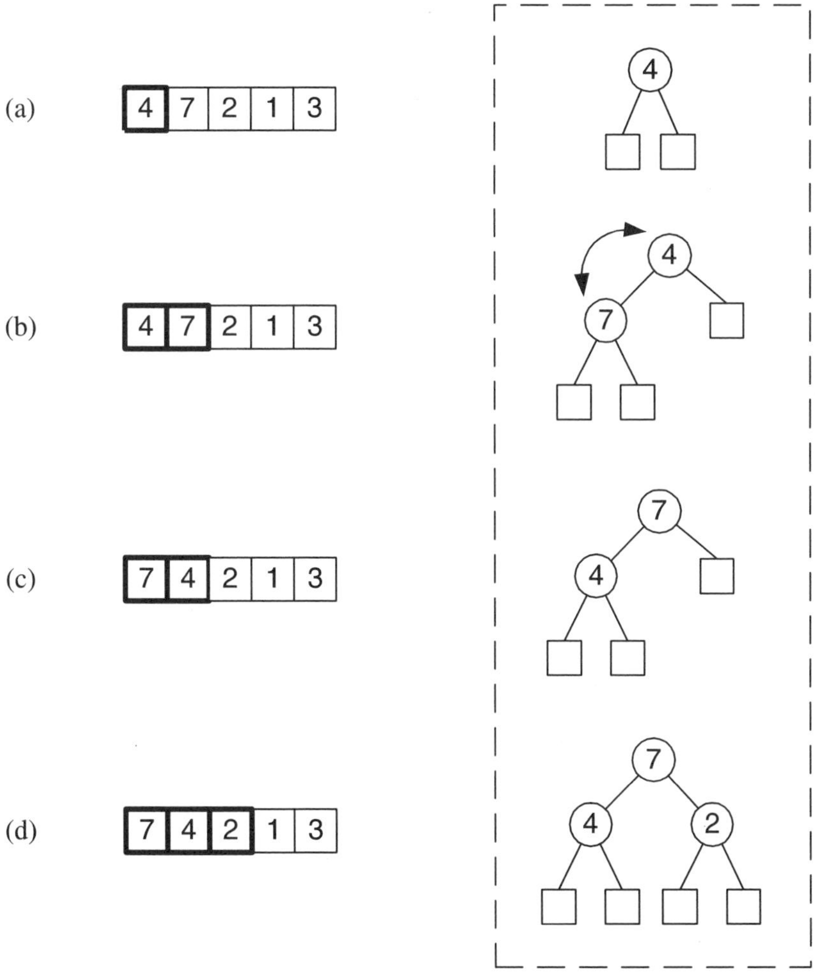

圖 2.47：在原位的堆積排序，階段 1 的前三個步驟。向量的堆積部分用粗黑線標示。在向量旁邊，我們畫出堆積的二元樹表示法，不過在此演算法中，並沒有實際將樹建構出來。

我們在圖 2.49 當中解釋堆積建構，其中 $h = 4$。

由下往上堆積建構漸進上比在初始狀態為空的堆積中插入 n 個鍵值還要快，如同以下定理所證明的。

定理 2.12： 有 n 個項目的堆積由下往上建構，花費 $O(n)$ 時間。

證明：

我們使用「視覺」的方式來分析由下往上堆積建構，如圖 2.50 所示。

令 T 是最後的堆積，令 v 是 T 的內部節點，並且令 $T(v)$ 表示以 v 當做根節點的 T 的子樹。在最差情況 (worst case)下，我們利用遞迴地建構 (recursively formed) 出的兩個以 v 的子節點爲根節點的子樹來建構 $T(v)$，所需時間與 $T(v)$ 的高度成正比。最差情況 (worst case) 發生在氣泡從 v 開始，一路下降到 $T(v)$ 的最底層 (bottom-most) 外部節點。現在考慮在 T 中進行中序走訪時，從節點 v 到外部節點的路徑 $p(v)$，也就是，由 v 開始，向右走到 v 的子節點，然後向下走左邊直到遇到外部節點。我們說路徑 $p(v)$ 與節點 v 相對應。請注意，$p(v)$ 不必與建立 $T(v)$ 時堆積氣泡下降的路徑一致。很清楚的，$p(v)$ 的長度 (邊的個數) 等於 $T(v)$ 的高度。所以，在最差情況下，建立 $T(v)$ 所需時間和 $p(v)$ 的長度成正比。$p(v)$ 因此堆積由下往上建構的執行時間，與內部節點相對應的路徑長度總和成正比。

請注意，對於 T 的任意兩個內部節點 u 和 v，其路徑 $p(u)$ 和 $p(v)$ 不會共用邊，雖然可能會共用節點。(參考圖 2.50) 所以，和 T 的內部節點相對應的路經長度總和，不會比堆積 T 中邊的個數還要多，也就是不會超過 $2n$。我們得到堆積 T 的由下往上建構花費 $O(n)$ 時間。 ■

總結，定理 2.12 說堆積排序的第一個步驟可以被實作成在 $O(n)$ 時間之內執行。不幸的是，在最差情況下堆積排序第二階段的執行時間是 $\Omega(n \log n)$。不過，我們要到第 4 章再來證明這個下限値。

Algorithm BottomUpHeap(S):

  Input: A sequence S storing $n = 2^h - 1$ keys
  Output: A heap T storing the keys in S.

  if S is empty **then**
    return an empty heap (consisting of a single external node).
  Remove the first key, k, from S.
  Split S into two sequences, S_1 and S_2, each of size $(n-1)/2$.
  $T_1 \leftarrow$ BottomUpHeap(S_1)
  $T_2 \leftarrow$ BottomUpHeap(S_2)
  Create binary tree T with root r storing k, left subtree T_1, and right subtree T_2.
  Perform a down-heap bubbling from the root r of T, if necessary.
  return T

演算法 **2.48**：遞迴的由下往上堆積建構。

定位器設計模式

我們接下來討論一設計模式，用以擴充優先權佇列 ADT 讓它擁有更多有用的功能 (比方說，可用在本書稍後會提到的圖形演算法)，以此做爲本節的結論。

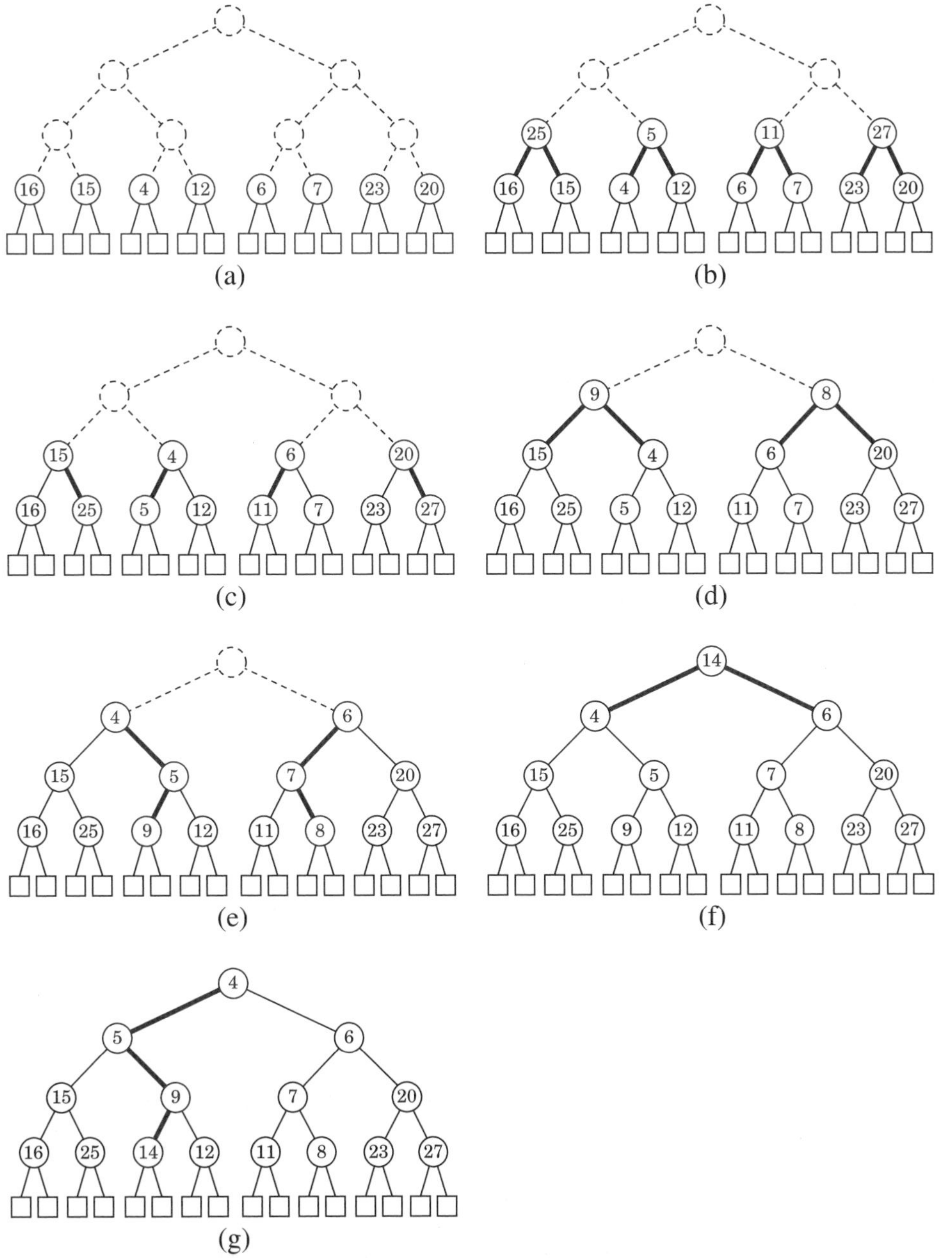

圖 2.49：有十五個鍵值的由下往上堆積建構：**(a)** 我們首先在底層建立含有一個鍵值的堆積；**(b)**−**(c)** 我們將這些堆積結合成含有三個鍵值的堆積，然後是 **(d)**−**(e)** 七個鍵值的堆積，直到 **(f)**−**(g)** 建構出最後的堆積。我們用粗黑線表示堆積中氣泡下降的路徑。

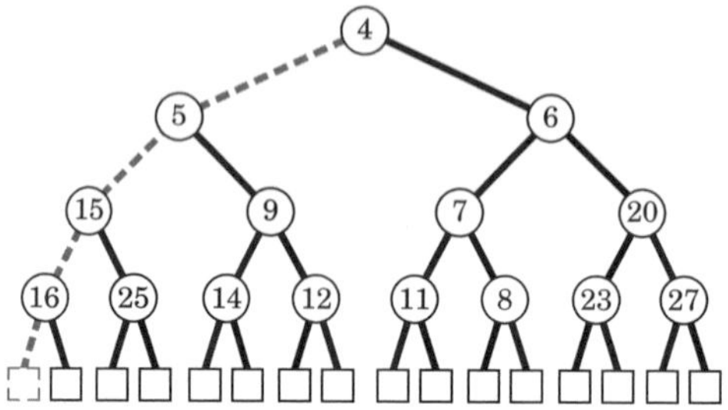

圖 2.50：以圖示說明由下往上堆積建構的線性執行時間，其中與各內部節點相對應的路徑，以灰色和黑色的線區分之。例如，與根節點相對應的路徑，包括鍵值為 4、6、7 和 11 的內部節點，以及一個外部節點。

正如我們在串列和二元樹的例子中所看到的，容器中位置資訊的擷取是一種非常有威力的工具。在第 2.2.2 節描述的位置 ADT，可用以識別容器中存放元素的「地方」。位置裡的元素可能會改變 (例如，在經過 swapElements 運算之後)，不過位置本身始終保持不變。

不過，對某些應用程式來說，追蹤容器內元素的移動情形是有必要的。有一個設計模式可以滿足這個需要，那就是**定位器 (locator)**。定位器是在容器當中用來記載元素和它目前所在位置之間關係的一個機制。一定位器會「粘住」某個元素，即使元素在容器當中的位置改變了。

定位器像是一張寄物憑單，我們可以把外套給寄物處管理員，然後拿到一張憑單，這張憑單就是外套的「定位器」。當其他外套被加入或是移除的時候，我們的外套和其他外套的相對位置可能會改變，但是我們總是可以使用寄物憑單來取回外套。請記得，定位器最重要的特性就是它總是跟著項目，即使項目的位置改變也是如此。

如同寄物憑單，我們現在可以想像當我們在容器當中插入某個元素時，會取得某個東西－我們可以得到該物件的定位器。之後，我們可以利用這個定位器，從容器當中找出該元素，例如說，找出這個元素以便將它從容器當中移除。作爲一個抽象資料型態，定位器 ℓ 支援以下函式：

element()： 傳回與 ℓ 相對應的元素。
key ()： 傳回與 ℓ 相對應項目的鍵值。

爲了說得更具體些，接下來我們討論如何使用定位器擴充優先權佇列 ADT 的運算列表，包括傳回定位器和將定位器當作引數的函式。

使用定位器的優先權佇列函式

在優先權佇列中，我們可以用很自然的方式使用定位器。在這種情況下，定位器與插入優先權佇列之項目保持連接，讓我們使用一般的方法存取項目，與優先權佇列如何實作無關。這個能力對於優先權佇列的實作是很重要的，因爲在優先權佇列當中沒有位置的概念，畢竟我們並不以「等級」、「索引」或「節點」等概念來指向元素。

擴充優先權佇列 ADT

使用了定位器之後，我們可以將優先權佇列 ADT 擴充成包含以下函式，這些函式可用以存取和變更優先權佇列 P：

min()：傳回指向 P 中鍵值最小項目的定位器。
Insert (k, e)：插入含有元素 e 和鍵值 k 的新項目到 kP。當中，並且傳回指向該項目的定位器。
remove (ℓ)：從 P 中移除定位器 ℓ 指向的項目。
replaceElement (ℓ, e)：在 P 當中以 e 取代定位器 ℓ 指向的項目之元素，並且傳回該元素。
replaceKey (ℓ, k)：在 P 當中以 k 取代定位器 ℓ 指向的項目之鍵值，並且傳回該鍵值。

使用定位器的存取，執行時間是 $O(1)$，而使用鍵值存取，必須從整個序列或堆積當中找出元素，最差執行時間是 $O(n)$。此外，某些應用要求將 replaceKey 運算的功能做個限制，只用來將鍵值遞增或遞減。例如，我們可以定義新的 increaseKey 或 decreaseKey 函式來達到這個限制，這些函式使用定位器當作引數。這種優先權佇列函式的更進一步應用請見第 7 章。

各種優先權佇列實作的比較

在表 2.51 當中，我們列出本節中所定義的，使用未排序序列、已排序序列及堆積等實作出的優先權佇列 ADT 函式，並且比較它們的執行時間。

2.5 字典與雜湊表

電腦字典和紙本字典很類似，它們都是用來查找東西的。主要的概念是，使用者可以先將鍵值指定給元素，之後就可以用這些鍵值來搜尋或是移除元素。(參考圖 2.52) 所以，字典抽象資料結構包括插入、移除以及搜尋有鍵值元素的函式。

函式	未排序序列	已排序序列	堆積
size, isEmpty, key, replaceElement	$O(1)$	$O(1)$	$O(1)$
minElement, min, minKey	$O(n)$	$O(1)$	$O(1)$
insertItem, insert	$O(1)$	$O(n)$	$O(\log n)$
removeMin	$O(n)$	$O(1)$	$O(\log n)$
remove	$O(1)$	$O(1)$	$O(\log n)$
replaceKey	$O(1)$	$O(n)$	$O(\log n)$

表 **2.51**：使用未排序序列、已排序序列和堆積來實作的優先權佇列ADT函式，執行時間的比較，我們用 n 來表示執行時優先權佇列當中的元素個數。

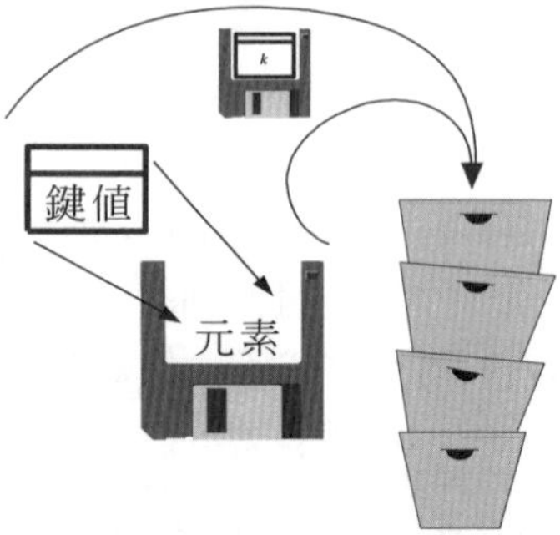

圖 **2.52**：字典 **ADT** 概念的圖示。鍵值 (標籤) 由使用者指定給元素 (磁片)，再將產生的項目 (有標籤的磁片) 插入字典中 (檔案櫃)，之後就可以用鍵值來取出或移除項目。

2.5.1 無序字典 ADT

字典中儲存著稱為項目的鍵值-元素對 (k, e)，其中 k 是鍵值，而 e 是元素。例如，儲存著學生資料 (諸如學生姓名、地址和成績等等) 的字典當中，鍵值可能是學生的學號。在某些應用當中，鍵值本身可能也是元素。

我們將字典分成兩種形式，也就是無序字典以及有序字典。我們將在第 3 章學習有序字典，而在本節討論無序字典。在這兩種狀況中，應用程式或使用者會將鍵值設定給相對應元素，我們便用鍵值來識別這些元素。

為了達到一般化，我們的定義允許字典儲存多個擁有相同鍵值的元素。但是，在某些應用上面，我們可能不允許元素有相同的鍵值 (例如，在字典當中儲存學生紀錄，我們可能不會想讓兩個學生有相同的學號)。在這種鍵值唯一的情形之下，與物件相對應的鍵值可以視爲物件在記憶體中的「位址」。事實上，這種字典有時候被稱爲「關聯儲存」，因爲和物件相關聯的鍵值決定了物件在字典當中的「位置」。

做爲一個 ADT，字典 D 支援以下幾個基本函式：

fundElement (k)：若 D 包含鍵值等於 k 的項目，則傳回這個項目的元素，否則傳回特別元素 NO_SUCH_KEY。

insertItem (k, e)：插入鍵值爲 k、元素爲 e 的項目到 D 中。

removeElement (k)：從 D 移除鍵值爲 k 的項目，並且傳回它的元素。若 D 中沒有這種元素，則傳回特別元素 NO_SUCH_KEY。

請注意，我們希望將項目 e 儲存到字典中，使得該項目本身就是它自己的鍵值，則我們可以用 insertItem (e, e)這個函式呼叫來插入 e。當 findElement (k)和 removeElement (k)運算不成功時 (也就是，字典 D 當中沒有鍵值等於 k 的項目)，我們便依照規則傳回特別元素 NO_SUCH_KEY。這種特別元素就是所謂的警戒值。

此外，字典可以實作其他的支援函式，像是容器通常都會有的 size() 和 isEmpty()函式。此外，我們還可以加入函式 elements()，用來傳回 D 當中的元素，以及 keys()，用來傳回 D 當中儲存的鍵值。再者，由於鍵值不是唯一的，因此我們可能會想加入 findAllElements (k)函式，用來傳回鍵值爲 k 的所有元素的迭代器，以及 removeAllElements (k)函式，用來從 D 刪除鍵值爲 k 的所有項目，並傳回它們的元素的迭代器。

紀錄檔

實現字典 D 的有個簡單方法，那就是使用未排序序列 S，其中 S 是使用向量或串列實作，用來儲存鍵值–元素對。這種實作通常稱爲紀錄檔或稽核紀錄。紀錄檔主要應用在儲存的資料量小，或是資料不會時常變動的情況。我們也將 D 的紀錄檔實作稱爲**無序序列實作**。

紀錄檔的空間使用量是 $\Theta(n)$，因爲向量和鏈結串列資料結構可以維持記憶體使用量正比於它們的大小。此外，使用紀錄檔實作的字典 ADT 中，insertItem (k, e)運算可以實作得容易且有效率，只要呼叫一次函式 insertLast 對 S 運算，執行時間爲 $O(1)$。

不幸的，findElement (k)運算必須對整個序列 S 進行掃描，檢查當中的每一個元素。對這個函式來說，最差的情況很明顯出現在搜尋失敗的時候，這時我們已經掃描到序列的結尾、檢查過全部 n 個項目。所以 findElement (k)方法的執行時間是 $O(n)$。類似的，在最差狀況下，對 D 執行 removeElement(k)運算需要線性時間，因爲要依據給定的鍵值來移除元素，必須先將序列 S 整個掃描一次，以找出該元素。

2.5.2 雜湊表

字典中元素的鍵值通常代表這些元素的「位址」。這種應用的例子包含編譯器的符號表以及環境變數的登錄值。這兩種結構都包含符號名稱的聚集，其中每一個名稱都是變數的型別和值等性質的「位址」。在這種狀況下，實作字典最有效率的方法之一，就是使用雜湊表。雖然我們待會會看到，使用雜湊表時，字典 ADT 運算的最差執行時間是 $O(n)$，其中 n 是字典中的項目個數，但雜湊表可以使這些運算的執行時間期望值爲 $O(1)$。雜湊表包含兩個主要元件，第一個是水桶 (bucket) 陣列。

水桶陣列

雜湊表使用的水桶陣列是一個大小爲 N 的陣列 A，其中 A 的每一個位置視爲一個「水桶」(也就是鍵值−元素對的容器)，而整數 N 定義了陣列的容量。如果鍵值是平均分布在範圍 $[0, N-1]$ 當中的整數，這個水桶陣列就能滿足我們的需求。我們只要將鍵值 k 的元素 e 插入桶子 $A[k]$ 當中即可。至於與未出現在字典當中的鍵值相對應的水桶位置，我們令它們裝著特殊物件 NO_SUCH_KEY。(參考圖 2.53)

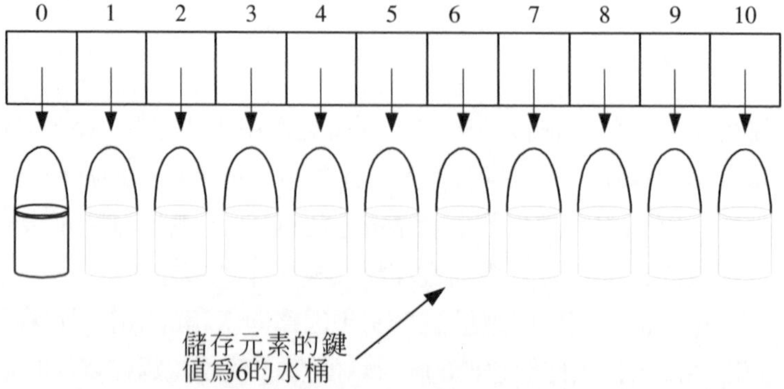

圖 2.53：水桶陣列的例子。

當然，如果鍵值不是唯一，則兩個不同的元素可能會對應到陣列 A 當中相同的水桶。這種情形，我們稱之爲有衝突發生。更明白的說，若每一個A的水桶只能儲存單一個元素，那我們就不能在一個水桶中裝入超過一個元素，這時就造成了衝突的問題。為了確定起見，有許多處理衝突的方法，而我們也將在稍後討論之，但是最好的策略還是在一開始就避免問題發生。

水桶陣列結構的分析

如果鍵值是唯一的，則不須對衝突多加考慮，在最差狀況下從雜湊表當中搜尋、插入以及移除元素會花費$O(1)$時間。這聽起來像是偉大的成就，但是它有兩個主要的缺點。第一個缺點是使用$\Theta(N)$空間，它不一定和字典當中實際存在的元素個數相關。確實，若相對於n來說，N值很大，則這個實作就很浪費空間。第二個缺點是，這個水桶陣列要求鍵值必須是範圍$[0, N-1]$中的唯一整數，但這通常不符合要求。既然這兩個缺點的如此常見，我們定義的雜湊表資料結構，便是由水桶陣列以及一個將鍵值對應到範圍$[0, N-1]$中整數的「好」映射所組成。

2.5.3 雜湊函數

雜湊表結構的第二部分是雜湊函數h，這個函數將字典當中的每一個鍵值k映射到範圍$[0, N-1]$中的整數，其中N是這個表的水桶陣列容量。有了雜湊函數h，我們可以將水桶陣列函式應用到任意鍵值。這種方式的主要觀念是使用雜湊函數值$h(k)$當作水桶陣列A的索引，而不使用鍵值k (它可能最不適合當水桶陣列索引)。也就是說，我們將元件(k, e)儲存在$A[h(k)]$當中。

如果一雜湊函數為字典的鍵值所做映射，能將衝突減少到盡可能的低，我們就說這個雜湊函數「好」。在實用上，我們也希望給定的雜湊函數可以快速且容易地計算出來。依照常見慣例，我們將雜湊函數值$h(k)$的計算，視為包含兩個動作－將鍵值k映射到整數稱為雜湊碼，以及將雜湊碼映射到水桶陣列索引範圍內的整數稱為壓縮映射 (參考圖 2.54)。

雜湊碼

雜湊函式執行的第一個動作是取一個任意鍵值k，並且設定一個整數值給它。設定給鍵值k的整數稱為k的雜湊碼或雜湊值。這個整數值不必在範圍$[0, N-1]$內，甚至也可以是負值，但是我們希望對應到鍵值的雜湊碼集合能夠盡可能避免衝突。此外，為了對所有的鍵值中保持一致，我們給鍵值k的雜湊碼，必須等於給其他任何等於k的鍵值的雜湊碼。

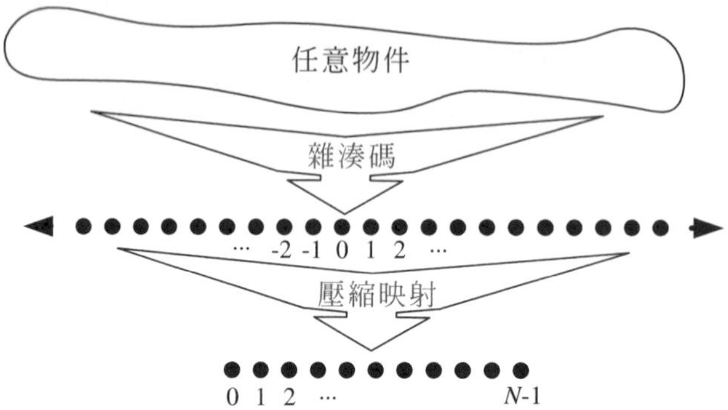

圖 2.54：雜湊函數的兩個部分：雜湊碼和壓縮映射。

將各部位相加

如果鍵值所屬的基本型別之位元表示法是雜湊碼的兩倍，就不能直接用上述做法。不過，一個可能的雜湊碼，也是實際被許多 Java 實作使用的雜湊碼，簡單的將該型別的 (長) 整數表示法，轉型成符合雜湊碼大小的整數。當然，這個雜湊碼略去了一半的原始內容資訊，而如果字典當中有許多鍵值彼此間的差異就在這些被略去的位元，則使用這個簡單的雜湊碼會導致它們產生衝突。於是，有另外一種雜湊碼是將所有的原始位元考慮進去，它是將整數表示法中的高位元和低位元相加。事實上，將各部位相加的做法，可以延伸到將任何物件 x 的二進位表示法視爲 k 項整數的組合 (x_0、x_1、…、x_{k-1})，如此我們就可以將 x 的雜湊碼設爲 $\sum_{i=0}^{k-1} x_i$。

多項式雜湊碼

以上所述的加總式雜湊碼，對於可被視爲 (x_0、x_1、…、x_{k-1}) 型式 (其中 x_i 有明顯的順序性) 的字元字串或其他長度不定之物件來說，並不是一個好選擇。例如，考慮以加總 ASCII (或 Unicode) 字元的值，當作字元字串 s 的雜湊碼。不幸的是，這個雜湊碼會導致常用的字串群組產生很多我們不想要的衝突。舉個實際例子來說，使用這個函數會導致「temp01」和「temp10」衝突，其他如「stop」與「tops」、「pots」與「spot」也都如此。一個更好的雜湊碼應該以某種方式將 x_i 的位置考慮進來。另一個雜湊碼的選擇就做到了這點一選擇一非零常數 $a \neq = 1$，雜湊碼的計算方式如下：

$$x_0a^{k-1} + x_1a^{k-2} + \cdots + x_{k-2}a + x_{k-1}$$

其中，由 Horner 法則 (參考習題 C-1.16)，可將上式重寫成

$$x_{k-1}+a(x_{k-2}+a(x_{k-3}+\cdots+a(x_2+a(x_1+ax_0))\cdots))$$

以數學上的講法來說，就是 a 的多項式，取物件 x 的各部位 (x_0、x_1、⋯、x_{k-1}) 當作它的係數。所以這個雜湊碼稱爲多項式雜湊碼。

雜湊法的實驗分析

直觀上，多項式雜湊碼是以乘上常數 a 的方式，爲 tuple 中的各部位「決定位置」，同時又能保存之前其他部位的特徵。當然，在一般的電腦上，計算多項式時使用的雜湊表示法位元數有限，所以，這個值會周期性的溢出整數使用的位元。由於我們較有興趣的是物件 x 相對於其他鍵值的分布是否良好，因此只要忽略溢出的部分即可。不過，我們必須記住溢出會發生，並且選擇常數 a 使它具有非零的低位元，以便在溢出發生時仍能保存部分資訊內容。

根據我們所完成的一些實驗顯示，對於英文字所組成的字元字串，採用 33、37、39 和 41 來當作 a 值，效果特別好。實際上，我們發現採用 33、37、39 或 41 當作 a 值，用於兩種 Unix 版本所提供、總計超過 50,000 個英文字，產生的衝突皆少於 7 次！因此，當我們得知許多字元字串的實作中，多項式雜湊函數採用的 a 值都是上述常數的其中之一，也就不讓人驚訝了。不過，爲了速度考量，某些實作在處理長字串時，是將多項雜湊函數應用到字串的一部分，例如以每八個字元爲一組。

2.5.4 壓縮映射

鍵值 k 的雜湊碼通常不適合直接和水桶陣列一起使用，因爲鍵值通常超過水桶陣列 A 的合法索引值範圍。也就是，不正確地使用雜湊碼當作水桶陣列的索引，會造成陣列超出界限的例外狀況，這時可能是索引爲負值，或是超過 A 的容量。所以，爲鍵值物件 k 決定好整數雜湊碼之後，還得將該整數映射到範圍 $[0, N-1]$ 當中。這個壓縮步驟是雜湊函數所做的第二個動作。

除法方法

我們可以使用一種簡單的壓縮映射：

$$h(k) = |k| \bmod N$$

稱爲除法方法。

若我們取 N 爲質數，則除法壓縮映射有助於「分散」雜湊值分布。實際上，若 N 不是質數，鍵值的分布的模式，可能會在雜湊碼當中重現，而造成衝突。例如將鍵值 {200,205,210,215,220,⋯,600} 雜湊放入大小 100 的水桶陣列，則每個雜湊碼會和另三個發生衝突；但是將這組鍵值雜湊放入大小 101 的水桶陣列，則不會發生衝突。若雜湊函數選擇得好，應該能確保兩個不同鍵值被放入相同水桶的機率最多是 $1/N$。然而，選擇質數做為 N 值並不總是足夠，若對於幾個不同的 i，鍵值有重覆出現之模式型式如 $iN+j$，則仍然會產生衝突。

MAD 方法

另一個更加複雜的壓縮函數是乘加除法，簡稱 MAD 方法，有助於消去整數鍵值集合中的重複模式。在這個方法中，我們定義壓縮函數為

$$h(k) = |ak+b| \bmod N$$

其中 N 是質數，而 a 和 b 是決定壓縮函數時隨機選出的非負整數，並且滿足 $a \bmod N \neq 0$。這個壓縮函數是用以消除雜湊碼集合中的重複模式，讓我們得到盡可能「好」的雜湊函數，也就是，任意兩個不同鍵值產生衝突的機率最多是 $1/N$ 的雜湊函數。這個良好表現，就如同我們將鍵值均勻且隨機地「丟入」A 一般。

給定這樣一個壓縮函數，用以將 n 個整數平均地散布在範圍 $[0, N-1]$ 中，再給定一映射將字典中之鍵值映射到整數，即為有效的雜湊函數。這樣一個雜湊函數再加上水桶陣列，便是字典 ADT 雜湊表實作的主要成份。

不過，在我們進入 findElement、insertItem 和 removeElement 等運算的執行細節前，我們要先解決的問題是如何處理衝突。

2.5.5 衝突處理方案

請回想雜湊表的主要概念是取一個水桶陣列 A，和一個雜湊函數 h，使用它們實作字典的方法是將每一個項目 (k, e) 儲存在「水桶」$A[h(k)]$ 當中。但是當我們有兩個不同的鍵值 k_1 和 k_2 使得 $h(k_1) = h(k_2)$ 時，這個簡單的概念就受到挑戰了。這種衝突的存在，使我們不能單純地將新元素 (k, e) 直接插入水桶陣列 $A[h(k)]$ 當中，並且使得負責 findElement(k) 運算的程序變得複雜。所以，我們需要一個可靠的方案來解決衝突。

分離鏈接

處理衝突簡單且有效率的方法是每一個桶子 $A[i]$ 儲存一參照指向串列、向量或序列 S_i，並且將雜湊函數映射到水桶 $A[i]$ 的所有項目儲存在其中。S_i

可以視爲一小型字典，使用無序序列或是紀錄檔方式實作，但是限制它們只保存滿足 $h(k) = i$ 的項目 (k, e)。這個衝突解決規則被稱爲分離鏈接。假定我們將小型字典中裝有東西的水桶，以這種方式實作成紀錄檔，則基本字典運算可用下列方式實行：

- findElement(k):

  $B \leftarrow A[h(k)]$
  if B is empty **then**
    return NO_SUCH_KEY
  else
    {search for the key k in the sequence for this bucket}
    return B.findElement(k)

- insertItem(k, e):

  if $A[h(k)]$ is empty **then**
    Create a new initially empty, sequence-based dictionary B
    $A[h(k)] \leftarrow B$
  else
    $B \leftarrow A[h(k)]$
  B.insertItem(k, e)

- removeElement(k):

  $B \leftarrow A[h(k)]$
  if B is empty **then**
    return NO_SUCH_KEY
  else
    return B.removeElement(k)

因此，對於每一個與鍵值 k 有關的基本字典運算，處理的重點在於儲存在 $A[h(k)]$、以序列爲基礎的小型字典。所以，插入運算會將新元素放進序列的尾端，搜尋運算會搜尋整個序列直到到達尾端或找到和鍵值相符的項目，而移除運算會在找到項目之後移除該項目。我們可以使用簡單的紀錄檔字典實作以「避開」繁複手續，因爲雜湊函數的分散性質有助於讓每一個小型字典保持較小尺寸。確實，一個好的雜湊函數會嘗試將衝突發生的可能性將到最低，意味著大部分的水桶都會是空的或只儲存一個元素。

在圖 2.55 所示爲一個使用除法壓縮函數及分離鏈接來解決衝突的簡單雜湊表。

承載率與再雜湊

假定我們使用好的雜湊函數，把含有 n 個項目的字典放入容量 N 的水桶陣列，則我們預期每一個桶子的容量是 n/N。這個參數稱爲雜湊表的承載率，因此這個值必須保持小於一個小常數，最好低於 1。因爲，給定一個好的雜湊函數，則使用這個函數的雜湊表所實作出的字典當中，findElement、insertItem 和 removeElement 等運算的期望執行時間是 $O(\lceil n/N \rceil)$。所以，若已知 n 是 $O(N)$，則我們可以實作出期望執行時間爲 $O(1)$ 的標準字典運算。

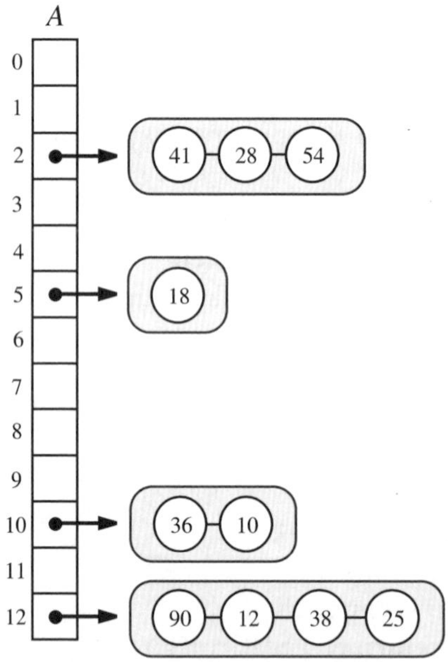

圖 2.55：圖示之雜湊表範例大小是 13，儲存 10 個整數鍵值，以鏈接法解決衝突問題。這個例子的壓縮映射是 $h(k) = k \bmod 13$。

爲了保持雜湊表的承載率爲常數 (通常是 0.75)，當我們加入元素而導致這個值超過界限時，就必須做一些額外的工作。在這種情形之下，爲了要讓承載率低於指定的常數，我們需要增加水桶陣列的大小，並且依據這個新的大小改變壓縮映射來。而且，我們必須使用新的壓縮映射，將已存在雜湊表中的所有元素，插入到新的水桶陣列。這種大小增加和雜湊表重建的情形稱爲再雜湊。依照擴充陣列的方式 (第 1.5.2 節)，好選擇是將陣列再雜湊爲大小約爲兩倍的陣列。新陣列的大小必須是質數。

開放定址

分離練接法則有許多好的性質，例如允許字典運算的簡單實作，不過它也有一個輕微的缺陷：它需要使用輔助的資料結構－串列、向量或序列－將鍵值相衝突的項目保存在紀錄檔中。不過，我們也可以使用分離鏈接以外的方法來處理衝突。特別是，如果空間是最大考量，則我們可以採用另一種方法－總是將項目直接放入水桶，且每個水桶至多放一個元素。由於不必使用其他的資料結構，所以這個方法能節省空間，不過處理衝突的方式就變得比較複雜一點。這種方法被稱爲開放定址，實作方式有好幾種。

線性探測

一個簡單的開放定址衝突處理策略是線性探測。在這個策略當中，若我們嘗試將項目 (k, e) 插入桶子 $A[i]$ 當中，其中 $i = h(k)$，而 $A[i]$ 已經被佔用，則我們往下嘗試 $A[(i+1) \bmod N]$。若 $A[(i+1) \bmod N]$ 已經被佔用，則我們嘗試 $A[(i+2) \bmod N]$，以此類推，直到我們在 A 當中找到能接受新項目的桶子。一旦找出這個桶子的位置，我們只要在這裡插入項目 (k, e)。當然，要使用這個衝突解決策略，我們必須改變 findElement (k)運算的實作。特別是，執行這種搜尋時，我們必須從 $A[h(k)]$ 開始，逐一檢查連續的桶子，直到我們找到鍵值等於 k 的項目，或是找到空的桶子 (在搜尋不成功的狀況下)。參考圖 2.56。

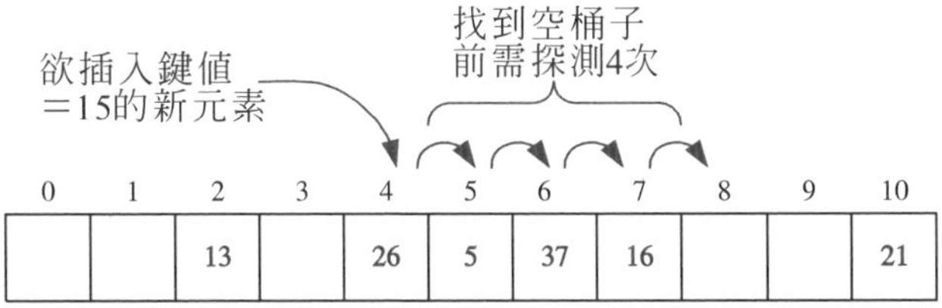

圖 2.56：使用線性探測解決雜湊表插入時的衝突問題。在這裡我們使用壓縮映射 $h(k) = k \bmod 11$

但是 removeElement (k)運算比這個還要複雜。實際上，要完全實作這個函式，我們必須復原水桶陣列的內容，讓它看起來像是鍵值 k 從來就未曾被插入桶子 $A[i]$ 一樣。雖然執行這種回復確實是可行的，我們必須將 $A[i]$ 以上的部分項目向下移動，但不去移動到其他項目 (也就是已經在正確位置的項目)。避開這個困難的典型的方式，是將被刪除的項目取代爲「無效項目」的特殊物件。這個物件必須被標示，使我們可以立即檢測出該物件是否佔據某一水桶。由於在雜湊表的水桶中可能放有這種特別的記號，我們得修改 removeElement (k)或 findElement (k)的搜尋演算法，使得在搜尋鍵值 k 時跳過無效項目，並且持續探測直到找到目標項目或是空水桶。而我們的 insertItem (k, e)演算法則必須在找到無效項目便停止，並且將它替換成要插入的新項目。

線性探測很節省空間，但是它的移除運算較爲複雜。即使使用無效項目物件，線性探測衝突處理策略還是有另一個缺點。它會使字典的項目連成長長的一串，使得搜尋速度明顯地變慢。

二次探測

另外一個開放定址策略，就是所謂的二次探測，做法是對於 $j = 0$、1、2、…，依次嘗試水桶 $A[(i + f(j)) \bmod N]$，其中 $f(j) = j^2$，直到找到空桶。如同線性探測，二次探測策略使移除操作變得複雜，但是它可以避免線性探測當中項目聚集成長串的現象。不過，它造成項目以另一種方式聚集，稱爲二次聚集，其中被塡滿的陣列格子的集合以特定模式「分散」在陣列各處。若 N 不是選爲質數，則二次探測策略甚至可能在 A 當中有空水桶時，也找不到空水桶可用。事實上，即使 N 是質數，這個策略也可能在水桶陣列至少半滿時，找不到空的槽可用。

雙重雜湊

另有一種開放位址策略不會造成線性探測及二次探測的項目聚集現象，它就是雙重雜湊策略。在這種方法中。我們選擇另外一個雜湊函數 h'，若 h 映射某一個鍵值 k 到水桶 $A[i]$，其中 $i = h(k)$，但該水桶已被佔用，則我們可以對於 $j = 1$、2、3、…，依次嘗試桶子 $A[(i + f(j)) \bmod N]$，其中 $f(j) = j \cdot h'(k)$。在這種方法當中，第二個雜湊函數的計算結果不可爲零；常見的選擇是對於某個質數 $q < N$，$h'(k) = q - (k \bmod q)$，其中 N 也必須是質數。而且，我們所選擇的第二雜湊函數，必須盡可能讓聚集現象減到最小。

這些開放定址技巧比起分離鏈接法來說，節省了一些空間，但是不一定比較快。依據實驗或理論分析，鏈接方法比其他方法更快或更具競爭力，端看水桶陣列的承載率而定。所以，如果記憶體空間並非主要考量，衝突處理方法看起來應該選擇分離鏈接。但是若記憶體空間有短缺之虞，則可以考慮選用開放位址中的一種方法來實作，只要注意使用探測策略將開放定址造成的聚集現象減到最小即可。

2.5.6 共通雜湊

在本節當中，我們說明如何確保雜湊函數是好的。爲了小心做這件事，我們必須用比較數學的方式討論這個問題。

像是我們先前提到的，我們假設鍵值的集合是某個範圍的整數，此假設不失一般性。令該範圍是 $[0, M-1]$，則我們可以將雜湊函數 h 視爲將範圍 $[0, M-1]$ 的整數映射到 $[0, N-1]$ 的函數。我們可以將候選的雜湊函數集合視爲雜湊函數的家族 H。若對任兩個在範圍 $[0, M-1]$ 當中的整數 j 和 k，以及均勻的隨機從 H 選出的雜湊函數，滿足下式

$$\Pr(h(j) = h(k)) \leq \frac{1}{N}$$

則我們稱該家族爲共通的。這種家族又被稱爲 2 共通的雜湊函數家族。由此，選擇好雜湊函數的目標，可以視爲選擇容易計算的雜湊函數的小型共通家族 H。雜湊函數的共通家族之所以實用，原因是它們造成的衝突期望值低。

定理 2.13： 令 j 是在範圍 $[0, M-1]$ 當中的整數，令 S 是相同範圍的 n 個整數的集合，而 h 是從雜湊函數共通家族均勻地隨機選擇出的雜湊函數，該家族的雜湊函數將範圍 $[0, M-1]$ 的整數對應到範圍 $[0, N-1]$。則在 j 與 S 中的整數發生衝突的期望值是最多是 n/N。

證明：

令 $c_h(j, S)$ 代表 j 與 S 中整數發生衝突的次數，也就是，$c_h(j,S) = |\{k \in S{:}h(j) = h(k)\}|$）。我們有興趣的數值是期望值 $E(c_h(j,S))$。我們可以將 $c_h(j, S)$ 寫成

$$c_h(j, S) = \sum_{k \in S} X_{j,k}$$

其中 $X_{j,k}$ 是隨機變數，若 $h(j) = h(k)$ 則 $X_{j,k}$ 爲 1，否則爲 0 也就是，$X_{j,k}$ 是代表 j 和 k 衝突的指示隨機變數。由期望值的線性關係，可得

$$E(c_h(j, S)) = \sum_{s \in S} E(X_{j,k})$$

並且，由共通家族的定義，可得 $E(X_{j,k}) \leq 1/N$。所以，

$$E(c_h(j, S)) \leq \sum_{s \in S} \frac{1}{N} = \frac{n}{N}$$

■

在另外一方面，這個定理說明了雜湊碼 j 和已經在雜湊表中的鍵值發生衝突的期望值 (使用隨機選自共通家族 H 的雜湊函數)，最多等於該雜湊表的承載率。

因爲在使用鏈接衝突解決規則的雜湊表當中，執行搜尋、插入或是刪除鍵值 j 的執行時間，正比於 j 和表中其他鍵值衝突數目，這蘊含任一個這種運算的期望執行時間，正比於雜湊表的承載率。這正是我們要的。

現在讓我們集中注意力到建構一個小型雜湊函數共通家族，其中所包含的雜湊函數都是容易計算的。我們建構的雜湊函數集合，實際上和我們在前一節結尾考慮的最後家族相似。令 p 是大於或等於雜湊碼號碼 M、但是小於 $2M$ 的質數 (依據被稱爲 **Bertrand 公理**的數學事實，我們總是可以找到這樣一個質數)。

將 H 定義成下列型式的雜湊函數集合：

$$h_{a,b}(k) = (ak + b \bmod p) \bmod N$$

以下的定理證實這個雜湊函數的家族是共通的。

定理 2.14： $H = \{h_{a,b}: 0 < a < p \text{ 及 } 0 \le b < p\}$ 家族是共通的。

證明：

令 Z 表示範圍 $[0, p-1]$ 的整數集合。讓我們將每一個雜湊函數 $h_{a,b}$ 分割成以下函數

$$f_{a,b}(k) = ak + b \bmod p$$

和

$$g(k) = k \bmod N$$

使得 $h_{a,b}(k) = g(f_{a,b}(k))$。$f_{a,b}$ 函數的集合定義一個雜湊函數家族 F，將 Z 中的整數映射到 Z 中的整數。我們宣稱在 F 當中的每一個函數根本上不會造成衝突。要證明這個宣稱，對於 Z 當中二個不同整數 j 和 k 的數對，考慮 $f_{a,b}(j)$ 和 $f_{a,b}(k)$。若 $f_{a,b}(j) = f_{a,b}(k)$，則衝突發生。但是，請回想模數運算的定義，它意味著

$$aj + b - \left\lfloor aj + \frac{b}{p} \right\rfloor p = ak + b - \left\lfloor ak + \frac{b}{p} \right\rfloor p$$

我們可以假設 $k < j$ 且不失一般性，這意味著

$$a(j-k) = \left(\left\lfloor aj + \frac{b}{p} \right\rfloor - \left\lfloor ak + \frac{b}{p} \right\rfloor \right) p$$

因爲 $a \neq 0$ 且 $k < j$，這便意味著 $a(j-k)$ 是 p 的倍數。但是 $a < p$ 且 $j - k < p$，所以 $a(j-k)$ 不可能是 p 的正倍數，因爲 p 是質數 (請回想，任意正整數可以分解成質數的乘積)。所以若 $j \neq k$，則 $f_{a,b}(j) = f_{a,b}(k)$ 不可能成立。換句話說，每一個 $f_{a,b}$ 使用一對一對應的方式，將 Z 中的整數映射到 Z 中的整數。因爲在 F 當中的函數不會造成任何衝突，函數 $h_{a,b}$ 會造成衝突的唯一方法，也會使 g 造成衝突。

令 j 和 k 是 Z 當中兩個不同的整數。並且，令 $c(j,k)$ 代表 H 當中，將 j 和 k 映射到相同整數的函數個數 (也就是，會使 j 和 k 衝突)。我們可以使用簡單的計算技巧導出 $c(j,k)$ 的上限。若我們考慮 Z 當中的任意整數 x，有 p

個不同的函數$f_{a,b}$，使得$f_{a,b}(j) = x$(因為我們可以為a的每一個選擇，選擇一b值使之成立)。現在我們固定x並且注意每一個這種函數$f_{a,b}$將k映射到一獨特整數

$$y = f_{a,b}(k)$$

在Z當中並且$x \neq y$。並且，p個型式為$y = f_{a,b}(k)$的不同整數，最多有

$$\lceil p/N \rceil - 1$$

使得$g(y) = g(x)$且$x \neq y$(由g的定義)。所以，對於Z當中的任意x，在H當中最多有$\lceil p/N \rceil - 1$個函數$h_{a,b}$使得

$$x = f_{a,b}(j) \quad 及 \quad h_{a,b}(j) = h_{a,b}(k)$$

因為在Z當中整數x的選擇有p個，以上的論證意味著

$$c(j,k) \le p\left(\left\lceil \frac{p}{N} \right\rceil - 1\right) \le \frac{p(p-1)}{N}$$

H當中有$p(p-1)$個函數，因為每一個函數$h_{a,b}$是由數對(a,b)決定，該數對滿足$0<a<p$且$0 \le b<p$。所以，從H當中均勻隨機選出一函數，牽涉到從$p(p-1)$個函數中做選擇。所以，對任意兩個Z當中不同的整數j和k，

$$\begin{aligned}\Pr(h_{a,b}(j) = h_{a,b}(k)) &\le \frac{p(p-1)/N}{p(p-1)} \\ &= \frac{1}{N}\end{aligned}$$

也就是，H家族是共通的。 ■

除了是共通的之外，H當中的函數還有一些其他的好性質。在H當中的函數是很容易選擇的，要做到這件事，只要隨機選擇一對整數a和b，使得$0<a<p$且$0 \le b<p$。並且，H當中的每一個函數都很容易在$O(1)$時間之內計算出來，只需要一個乘法、一個加法，並且使用兩個模數函數。所以，任意從H當中均勻隨機選出的雜湊函數，可用來實作字典 ADT，使得其中的基本運算都有$O(\lceil n/N \rceil)$期望執行時間，因為我們使用鏈接規則來解決衝突。

2.6 Java 範例：堆積

為了提供更好的示範，講解樹 ADT 和優先權佇列 ADT 的函式在堆積資料結構的具體實作當中如何互動，我們在本節的實例討論中，以Java實作堆積資料結構。具體而言，演算法 2.57-2.60 所示即為以堆積為基礎的優先權佇列 Java 實作。為了增進模組化，我們使用稱為**堆疊樹 (heap-tree)** 的資

料結構來維護堆積本身的結構。它是由二元樹擴充而來，增加以下的特殊更新函式：

add (o)： 執行以下一連串的運算：
expandExternal(z)；
replace (z, o)；
return z；
使 z 在運算結束時成爲樹的最後一個節點。

remove()： 執行以下一連串的運算：
$t \leq \leftarrow$ z element()；
removeAboveExternal(rightChild (z))；
return t；
其中 z 是運算開始時的最後一個節點。

也就是， add 運算在第一個外部節點加入新元素，以及 remove 運算移除最後一個節點的元素。使用以向量爲基礎的樹的實作 (參考第 2.3.4 節)，add 和 remove 運算花費 $O(1)$ 時間。堆積樹 ADT 以 Java 介面表示，如演算法 2.57 所示。我們假定 Java 類別 VectorHeapTree (未示出) 使用向量實作 HeapTree 介面，並且支援 $O(1)$ 時間的 add 和 remove 函式。

```
public interface HeapTree extends InspectableBinaryTree, PositionalContainer {
  public Position add(Object elem);
  public Object remove();
}
```

程式碼 **2.57**：堆積樹的介面。它將 InspectableBinaryTree 介面延伸，擁有 replaceElement 及 swapElements 函式，繼承自 PositionalContainer 介面，並且加上特殊的更新函式 adds 及 remove。

Class HeapPriorityQueue 類別使用堆積實作 PriorityQueue 介面，如演算法 2.58 及 2.60 所示。請注意，我們將鍵值–元素項目儲存於堆積樹中，這些項目屬於 Item 類別，它是專爲鍵值–元素對所設計的類別。

```
public class HeapPriorityQueue implements PriorityQueue {
  HeapTree T;
  Comparator comp;

  public HeapPriorityQueue(Comparator c) {
    if ((comp = c) == null)
      throw new IllegalArgumentException("Null comparator passed");
    T = new VectorHeapTree();
  }

  public int size() {
    return (T.size() - 1) / 2;
  }

  public boolean isEmpty() {
    return T.size() == 1; }

  public Object minElement() throws PriorityQueueEmptyException {
    if (isEmpty())
      throw new PriorityQueueEmptyException("Empty Priority Queue");
    return element(T.root());
  }

  public Object minKey() throws PriorityQueueEmptyException {
    if (isEmpty())
      throw new PriorityQueueEmptyException("Empty Priority Queue");
    return key(T.root());
  }

⋮
```

程式碼 **2.58**：實例變數、建構式、以及類別 HeapPriorityQueue 的函式 size、isEmpty、minElement 和類別 HeapPriorityQueue 的 minkey，以堆積實作優先權佇列。這個類別的其他函式如演算法 **2.60** 所示。輔助函式 key 和 element 分別用來從堆積樹的給定位置中，取出儲存於其中的優先權佇列項目的鍵值和元素。

```
public void insertItem(Object k, Object e) throws InvalidKeyException {
  if (!comp.isComparable(k))
    throw new InvalidKeyException("Invalid Key");
  Position z = T.add(new Item(k, e));
  Position u;
  while (!T.isRoot(z)) { // up-heap bubbling
    u = T.parent(z);
    if (comp.isLessThanOrEqualTo(key(u), key(z)))
      break;
    T.swapElements(u, z);
    z = u;
  }
}

public Object removeMin() throws PriorityQueueEmptyException {
  if (isEmpty())
    throw new PriorityQueueEmptyException("Empty priority queue!");
  Object min = element(T.root());
  if (size() == 1)
    T.remove();
  else {
    T.replaceElement(T.root(), T.remove());
    Position r = T.root();
    while (T.isInternal(T.leftChild(r))) { // down-heap bubbling
      Position s;
      if (T.isExternal(T.rightChild(r)) ||
          comp.isLessThanOrEqualTo(key(T.leftChild(r)), key(T.rightChild(r))))
        s = T.leftChild(r);
      else
        s = T.rightChild(r);
      if (comp.isLessThan(key(s), key(r))) {
        T.swapElements(r, s);
        r = s;
      }
      else
        break;
    }
  }
  return min;
}
```

程式碼 **2.60**：HeapPriorityQueue 的 insertItem、removeMin 方法。這個類別的其他方法請見演算法 **2.58**。

2.7 習題

複習題

R-2.1 使用虛擬碼描述串列 ADT 的 nsertBefore (p, e)、insertFirst (e)及 insertLast (e)函式的實作，假定串列是使用雙向鏈結串列實作。

R-2.2 依照下列說明畫出數學式的表示樹。該樹有四個外部節點，儲存數字 1、5、6 和 7 (每一個外部節點都儲存一個數字，但不必依照此順序)，有三個內部節點，每一個節點儲存一個二元算數運算，該運算爲集合 $\{+, -, \times, /\}$ 當中的一個，使得該樹的根節點值是 21。假定運算皆傳回有理數 (而非整數)，並且一個運算可能被使用超過一次 (但是我們只在每一個內部節點儲存一個運算)。

R-2.3 令 T 是擁有超過一個節點的有序樹。T 的前序走訪有可能和 T 的後序走訪以同樣的次序拜訪節點嗎？如果可以，請舉一個例子，否則請說明爲什麼不可能發生。同樣的，T 的前序走訪有可能和 T 的後序走訪以相反的次序拜訪節點嗎？如果可以，請舉一個例子，否則請說明爲什麼不可能發生。

R-2.4 請回答下列問題，以證明定理 2.8。

a. 畫出高度 7，並且擁有最多的外部節點的二元樹。

b. 高度爲 h 的二元樹，其外部節點的最小個數是多少？請證明你的答案是對的。

c. 高度爲 h 的二元樹，其外部節點的最大個數是多少？請證明你的答案是對的。

d. 令 T 是有高度 h 以及有 n 個節點的二元樹。試證

$$\log(n+1) - 1 \le h \le (n-1)/2$$

e. n 和 h 是多少才能使以上不等式的等號成立？

R-2.5 令 T 是一個所有外部節點的深度都相同的二元樹。令 D_e 是 T 的所有外部節點的深度的總合，並且令 D_i 是 T 的所有內部節點深度的總合。找出常數 a 和 b 使得

$$D_e + 1 = aD_i + bn$$

其中 n 是 T 的節點個數。

R-2.6 令 T 是有 n 個節點的二元樹，並且令 p 是 T 中節點的階層數，如同第 2.3.4 節所述。

a. 試證對 T 的任意節點 v，$p(v) \le 2^{(n+1)/2} - 1$。

b. 請舉一個有至少五個節點的二元樹實例，該樹中某個節點 v 的 $p(v)$ 值爲最大且達到上限值。

R-2.7 令 T 是以向量 S 實作的二元樹，它有 n 個節點，並且令 p 是 T 當中節點的階層數，如同第 2.3.4 節所述。請寫出 root、parent、leftChild、rightChild、isInternal、isExternal 和 isRoot 等函式的虛擬碼描述。

R-2.8 請說明選擇排序演算法應用在以下序列時的效能：(22, 15, 36, 44, 10, 3, 9, 13, 29, 25)。

R-2.9 請說明上一題當中使用插入排序的效能。

R-2.10 試舉一組 n 個元素的排列使得插入排序時發生最差情況的例子，並且證明對此序列做插入排序須花費 $\Omega(n^2)$ 時間。

R-2.11 堆積當中的最大項目可能是儲存在哪裡？

R-2.12 請說明堆積排序演算法應用在以下序列時的效能：(2, 5, 16, 4, 10, 23, 39, 18, 26, 15)。

R-2.13 假定二元樹 T 使用向量 S 實作，如同第 2.3.4 節所述。若 n 個項目以排序後之順序，由索引 1 開始儲存在 S 當中，請問樹 T 是堆積嗎？

R-2.14 是否存在有堆積 T，其中儲存七個不同元素，使得 T 的前序走訪結果是 T 的元素依照順序排列？如果是中序走訪呢？如果是後序走訪呢？

R-2.15 試證明堆積排序分析中所得到的總合 $\sum_{i=1}^{n} \log i$ 是 $\Omega(n \log n)$。

R-2.16 試說明從圖 2.41 中的堆積移除鍵值 16 的步驟。

R-2.17 試說明在圖 2.41 中的堆積將 5 取代爲 18 的步驟。

R-2.18 畫出一個堆積的例子，它的鍵值是從 1 到 59 的所有奇數 (沒有重複)，使得插入鍵值 32 的項目時，產生的堆疊上升氣泡會一直升到根節點的子節點 (將該子節點的鍵值取代爲 32)。

R-2.19 畫出有 11 個項目的雜湊表，該表是使用雜湊函數 $h(i) = (2i + 5) \bmod 11$ 將鍵值 12、44、13、88、23、94、11、39、20、16 和 5 做雜湊所得，並且假設衝突是以鏈接法來處理。

R-2.20 承上題，假設衝突是以線性探測處理，則結果爲何？

R-2.21 假設衝突是以二次探測處理，直到該函式因找不到空槽可用而失敗，請說明習題 R-2.19 的結果。

R-2.22 假設衝突是以雙重雜湊處理，其中使用的第二個雜湊函數是 $h'(k) = 7 - (k \bmod 7)$，則習題 R-2.19 的結果是什麼？

R-2.23 請寫出一虛擬碼，描述對雜湊表的插入運算，其中衝突是以二次探測來處理，並且假定我們使用「無效項目」這個特殊物件替換掉被刪除的項目。

R-2.24 請說明使用新的雜湊函數 $h(k) = 2k \bmod 19$，將圖 2.55 當中的雜湊表重新雜湊爲大小 19 的表所得到的結果。

挑戰題

C-2.1 使用虛擬碼，描述沿著鏈結移動以找出雙向鏈結串列的中間節點的函式，該串列有頭尾警示節點，而頭尾警示節點之間有奇數個眞實節點。(注意：這個函式只能利用鏈結移動，不能使用記數器)。請問這個函式的執行時間？

C-2.2 描述如何使用兩個堆疊來實作佇列 ADT，使得 dequeue 和 enqueue 的攤銷執行時間是 $O(1)$，假設堆疊支援常數時間的 push、pop 和 size 函式。在此狀況下，請問 enqueue() 和 dequeue() 函式的執行時間？

C-2.3 描述如何使用兩個佇列來實作堆疊 ADT。在此狀況下，請問 push() 和 pop() 函式的執行時間？

C-2.4 描述一個遞迴演算法，用以列舉出數字 $\{1,2, \ldots ,n\}$ 的所有排列。請問這個方法的執行時間？

C-2.5 描述以陣列爲基礎的向量ADT實作之結構和虛擬碼，它在等級0處插入和移除的執行時間是$O(1)$時間，且在向量尾端插入和移除亦然。你的實作也必須提供常數時間的 elemAtRank 函式。

C-2.6 在小孩子玩的一個遊戲「燙手山芋」當中，有n個小孩圍成一圈，沿著圓圈傳遞一個物件稱爲「芋頭」(在此假設是以順時針方向)。孩子們會一直傳遞芋頭直到領隊響鈴爲止，在這個時候拿到芋頭的小朋友必須離開遊戲，而其他小朋友圍成較小的圓圈繼續玩。這個程序會繼續直到只剩下一個人爲止，這個人就是贏家。使用序列ADT描述一個有效率的函式來實作出這個遊戲。假設領隊總是在芋頭傳遞k次之後響鈴 (找出最後贏家的問題就是所謂的 **Josephus 問題**)。若序列使用雙向鏈節串列實作則請將此函式的執行時間爲何？若序列是使用陣列實作呢？請將執行時間以n和k表示出來。

C-2.7 使用 Sequence ADT，試描述一個有效率的方式，列出一序列代表隨機排列的n張牌。使用函數 randomInt (n)，它會傳回一介於0和$n-1$當中的隨機數(包括0和$n-1$)。你應該確保函式傳回任一可能順序的機率大約是相同的。若序列是使用陣列實作，請問此函式的執行時間？若是使用鏈結串列實作呢？

C-2.8 設計一演算法用以繪出二元樹，可利用走訪樹時所得到的數值。

C-2.9 設計一個在二元樹T的節點v進行以下運算的演算法：

- preorderNext (v)：傳回前序走訪v時，在v之後第一個拜訪的節點。
- inorderNext (v)：傳回中序走訪T時，在v之後第一個拜訪的節點。
- postorderNext (v)：傳回後序走訪T時，在v之後第一個拜訪的節點。

請問你的演算法的最差執行時間是什麼？

C-2.10 設計一個$O(n)$時間的演算法，用來計算樹T中所有節點的深度，其中n是T的節點個數。

C-2.11 二元樹的內部節點v的平衡因數是v的左子樹和右子樹之間高度的差。說明如何寫出一尤拉路徑走訪的特別版，來印出二元樹的所有節點的平衡因數。

C-2.12 若兩個有序樹T'和T''滿足以下性質之一，我們就說這兩個樹是**同構的 (isomorphic)**：

- T'和T''都包含一個單獨的節點。
- T'和T''同樣都有k個子樹，並且對於$i=1$、…、k，第i個T'的子樹和第i個T''的子樹同構。

設計一個演算法測試兩個給定的樹是否同構。請問你的演算法的執行時間？

C-2.13 令數對(v,a)代表尤拉路徑走訪中的每個走訪動作，其中v是被走訪的節點，而a是 *left*、*below* 或 *right* 的其中之一。設計一個執行 tourNext (v,a)運算的演算法，它會傳回(v,a)之後的走訪動作(w,b)　請問你的演算法的最差執行時間？

C-2.14 說明如何以完全二元樹來表示非完全二元樹。

C-2.15 令T是有n個節點的二元樹。定義 **Roman node** 是T當中的一個節點v，且v的左子樹子孫節點個數和右子樹子孫節點個數最多差 5。試描述一線性時間函式，用來找出T中每個不是 Roman node、但它的所有子孫節點都是 Roman node 的節點

v。

C-2.16 使用虛擬碼描述二元樹的尤拉走訪演算法。這個演算法不使用遞迴，也不使用堆疊，並且執行時間爲線性時間。

提示：你可以記錄你是從哪裡來到目前這個節點，以此分辨現在該採取哪一種走訪行爲。

C-2.17 使用虛擬碼描述一個非遞迴函式，用來在線性時間之內完成二元樹的中序走訪。

C-2.18 令 T 是有 n 個節點的二元樹 (T 可以是也可以不是以向量實作)。設計一個線性時間的函式，這個函式必須使用 BinaryTree 介面的函式來走訪 T 的節點，走訪順序使得階層編號函數 p 的值遞增 (p 的定義請見第 2.3.4 節)。這個走訪就是所謂的階層序走訪。

C-2.19 樹 T 的路徑長度就是 T 當中所有節點的深度。描述一個線性時間函式，用來計算樹 T 的路徑長度 (T 不一定是二元樹)。

C-2.20 定義樹 T 的內部路徑長度 $I(T)$ 爲 T 當中所有內部節點的深度總和。同樣的，定義樹 T 的外部路徑長度 $I(T)$ 爲 T 當中所有外部節點的深度總和。證明若 T 是有 n 個內部節點的二元樹，則 $E(T) = I(T) + 2n$。

C-2.21 令 T 是有 n 個節點的樹。定義兩個節點 v 和 w 的最低共同祖先 (LCA) 爲在 T 當中最低、且 v 和 w 都是其子孫的節點 (節點可被視爲它自己的子孫節點)。給定兩個節點 v 和 w，描述一個有效率的演算法來找出 v 和 w 的 LCA。請問此函式的執行時間？

C-2.22 令 T 是有 n 個節點的樹，並且對 T 當中的任意節點 v，令 d_v 表示節點 v 在 T 當中的深度。T 當中的兩個節點 v 和 w 的距離是 $d_v + d_w - 2d_u$，其中 u 是 v 和 w 的 LCA (如同前一個習題定義的)。T 的直徑是 T 當中二節點間距離的最大值。描述一個有效率的演算法來找出 T 的直徑。請問此函式的執行時間？

C-2.23 假定我們有型式如同 $[a_i, b_i]$ 的 n 個區間集合 S。設計一個有效率的演算法來計算 S 當中所有區間的聯集。請問此函式的執行時間？

C-2.24 假定一個排序問題的輸入是以陣列 A 給定，描述如只使用陣列 A 以及最多六個額外的變數 (基本型態) ，實作出選擇排序演算法。

C-2.25 假定一個排序問題的輸入是以陣列 A 給定，描述如只使用陣列 A 以及最多六個額外的變數 (基本型態)，實作出插入排序演算法。

C-2.26 假定一個排序問題的輸入是以陣列 A 給定，描述如只使用陣列 A 以及最多六個額外的變數 (基本型態)，實作出堆積排序演算法。

C-2.27 假定用來實作堆積的二元樹 T 只能使用二元樹 ADT 的函式來存取。也就是說，我們不能假定 T 是以向量實作。給定一個參考指向目前的最後一個元素 v，描述一個有效率的演算法用來找到插入點 (也就是新的最後節點)，其中只使用二元樹介面的函式。務必考慮到所有可能的情況並處理之。請問此函式的執行時間？

C-2.28 證明對任意 n，存在一插入順序，使得對堆積進行插入時，需要 $\Omega(n \log n)$ 時間來處理。

C-2.29 我們可以使用二進位字串表示從二元樹的根節點到某一節點的路徑，其中 0 的意思是「走到左子節點」，而 1 的意思是「走到右子節點」。試依據此表示法設計一個對數時間演算法，用來在儲存著 n 個元素的堆積中找出最後一個節點。

C-2.30 證明在最差狀況下，要從堆積當中找出第 k 小的元素，至少要花費 $\Omega(k)$ 時間。

C-2.31 建立一個 $O(n+k\log n)$ 時間的演算法，從 n 個不同的整數當中，找出第 k 小的元素。

C-2.32 令 T 是儲存 n 個鍵值的堆積。給定一個有效率的演算法，用來找出所有 T 當中小於或等於給定查詢值 x 的鍵值(x 不須存在於 T 當中)。例如，給定圖 2.41 當中的堆積以及查詢值 $x = 7$，這個演算法必須輸出 4、5、6、7。請注意，鍵值不必依大小順序輸出。理想上，你的演算法執行時間必須在 $O(k)$，其中 k 是輸出的元素個數。

C-2.33 在雜湊表的字典實作中，我們必須找出一介於數字 M 和 $2M$ 之間的質數。請實作一函式，利用篩選演算法找出此質數。在這個演算法中，我們配置一個擁有 $2M$ 個位置的布林值陣列 A，並且令位置 i 對應整數 i。我們將陣列當中的所有的位置都初始化成「眞」，並且「劃掉」所有 2、3、5、7…等等數字之倍數的位置，持續進行這個程序直到數字大於 $\sqrt{2M}$ 爲止。

C-2.34 以虛擬碼描述從雜湊表中執行移除運算，並使用線性探測來解決衝突的問題，其中我們不使用特別標示來代表被移除的元素。也就是，我們必須重新排列雜湊表的內容，使得雜湊表的樣子就像被移除的元素從一開始就沒有被插入表中一樣。

C-2.35 二次探測策略有聚集的問題，它與衝突發生時，該策略尋找空槽來使用的方式有關。也就是，當衝突發生在水桶 $h(k)$，對 $f(j) = j^2$ 我們檢查 $A[(h(k)+f(j)) \bmod N]$，其中 $j = 1、2、\cdots、N-1$。

a. 試證明 $f(j) \bmod N$ 會採用最多 $(N+1)/2$ 個不同的值，其中 N 是質數，而 j 的範圍是從 1 到 $N-1$。作爲此證明的一部分，請注意對於所有的 R，$f(R) = f(N-R)$ 成立。

b. 較佳的策略是選擇 N 使 N 除以 4 的餘數等於 3，然後檢查水桶 $A[(h(k)\pm j^2) \bmod N]$，其中 j 的範圍從 1 到 $(N-1)/2$，交替地出現於加、減之時。試證明這個版本的二次探測可確保 A 當中的每一個水桶都被檢查到。

軟體專案

P-2.1 寫一個程式，讀取完整加上括號的數學式，並且將它轉換成二元表示樹。你的程式必須用某種方法顯示出這顆樹，並且印出根節點之處的值。若要讓問題更具挑戰性，允許枝葉儲存 x_1、x_2、x_3 等形式的變數，將它們初始化爲 0，並且可利用程式互動更新它們的值，同時表示樹所顯示的根節點之值也會做相對應的改變。

P-2.2 寫一個 applet 或是獨立的圖形程式，繪出堆積的動畫。你的程式必須支援所有的優先權佇列運算，並且以視覺方式表現出堆積的氣泡上升及下降過程。(加強版：將由下往上堆積建構也視覺化地表現出來)。

P-2.3 執行一個比較性分析，研究各種雜湊碼應用在字元字串時的衝突率，例如隨著參數 a 不同所得到的各種多項式雜湊碼。使用雜湊表來判斷衝突，但是只計算不同字串映射到相同雜湊碼的衝突 (而非它們被映射到雜湊表中相同位置的衝突)。在網際網路上找一些文字檔來測試這些雜湊碼。

P-2.4 承上題，使用 10 位數的電話號碼代替字元字串，執行比較性分析。

進階閱讀

在本章當中討論的堆疊、佇列和鏈結串列在計算機科學當中已經是歷史悠久。它們最早是出現在 Knuth 所著的重要書籍 *Fundamental Algorithms* [117] 當中。在本章中，我們定義堆疊、佇列和雙向佇列的方式是，先定出它們的 ADT，再說明具體實作。這種制定資料結構及實作的方式，是產生自物件導向設計的軟體工程成就，現在已被視爲資料結構教學的標準方法。我們所採用的資料結構設計方法，是參考 Aho、Hopcroft 和 Ullman 所著的資料結構和演算法的經典 [7, 8]。若想要更進一步了解抽象資料型態，請看 Liskov 和 Guttag 合著的書 [135]，以及 Cardelli 和 Wegner 的整理論文 [44]，或是 Demurjian 所著書中章節 [57]。我們使用的堆疊、佇列和雙向佇列 ADT 函式的命名規則，是參考 JDSL [86]。JDSL 是 Java 的資料結構函式庫，以 C++在 STL [158] 及 LEDA [151] 函式庫所採用的方式建立。在本書中，我們統一採用此命名規則。在本章當中，我們以 Java 的實作來探討堆疊和佇列。如果讀者希望能學習更多的 Java 的執行期環境－稱爲 Java 虛擬機器 (JVM)，請參考 Lindholm 和 Yellin [134] 書中的 JVM 定義。

序列和迭代器是 C++標準模板函式庫的常見概念 STL [158]，它們也是 Java 的資料結構程式庫 JDSL 中的基本份子。序列 ADT 是 Java API 的一般化擴充版本 (例如，請參考 Arnold 和 Gosling [13] 合著的書)，而串列 ADT 則是由 Aho、Hopcroft 和 Ullman 所提出 [8]，他們引進「位置」的抽象概念，而 Wood [211] 定義的串列 ADT 則和我們的類似。使用陣列和鏈結串列來實作序列，請參見 Knuth 的重要著作 *Fundamental Algorithms* 中的討論[118]。Knuth 系列著作中的 *Sorting and Searching* [119]，則描述了氣泡排序法，以及該演算法和其他排序演算法的歷史。

將資料結構視爲容器的概念 (以及物件導向設計的其他原理) 可以在 Booch [32] 以及 Budd 的物件導向設計書籍當中找到。在 Golberg 與 Robson [79] 及 Liskov 與 Guttag [135] 的書當中也有相同的概念，不過被稱爲「收集類別 (collection class)」。我們使用的「位置」抽象概念是由 Aho、Hopcroft 及 Ullman [8] 介紹的「位置」及「節點」抽象概念衍生而來。以典型的前序、中序及後序方式走訪樹的函式，在Knuth的Fundamental Algorithms 一書中有相關討論。尤拉路徑走訪技巧是得自平行演算法社群，它是由 Tarjan 及 Vishkin [197] 引進，而 JáJá [107] 及 Karp 與 Ramachandran [114] 也都討論過它。樹的繪製演算法通常被認爲是圖形繪製演算法中「歷史悠久」的一部分。對圖形繪製演算法感興趣的讀者，可參考 Tamassia [194] 及 Di Battista 等人的著作 [58,59]。習題 R-2.2 的謎題是由 Micha Sharir 所提出的。

Knuth 談論排序和搜尋的書中 [119]，描述了選則排序、插入排序和堆積排序的動機和歷史。堆積排序演算法是由 Williams 所提出 [210]，而線性時間堆積建構演算法是由 Floyd 所提出 [70]。有關堆積和各種版本的堆積排序，更多演算法與分析可以參考 Bentley [29]、Carlsson [45]、Gonnet 與 Munro [82]、McDiarmid 與 Reed [141] 以及 Schaffer 與 Sedgewick [178] 等論文。定位器模式 (在 [86] 當中也有描述) 則是比較新的主題。

Chapter

3 搜尋樹與跳躍串列

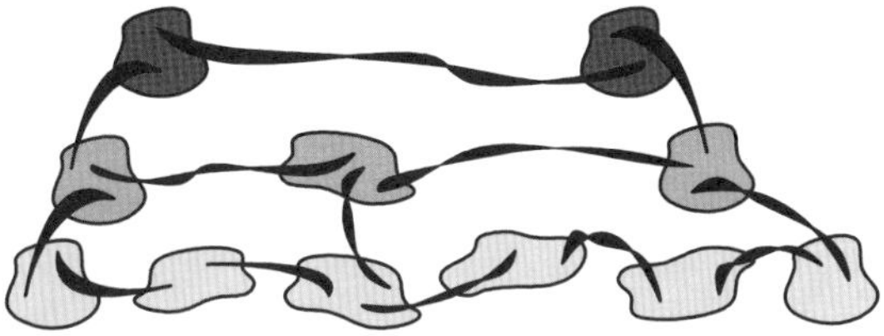

人們喜歡作選擇。我們喜歡用不同的方法解決相同的問題，所以我們能探索不同的取捨 (trade-off) 和效能關係。本章主要在探索各種不同用來實作有序字典(ordered dictionary) 的方法。在本章的一開始我們介紹二元搜尋樹以及他們如何支援以樹爲基礎的有序字典實作，但不保證其在最差狀況的效能表現。儘管如此，他們提供了以樹實作字典的基礎，我們在本章中將會花費相當的篇幅討論之。其中一種最典型的實作是在第 3.2 節當中所提到的 AVL 樹，它是一個可以在對數時間內達成搜尋與更新運算的二元樹。

在第 3.3 節中，我們介紹有限深度樹 (bounded-depth tree) 的觀念，它將所有的外部節點保持在相同的深度 (或稱爲「虛擬深度」)。多元搜尋樹是這種樹當中的其中一種，它是一種在每個內部節點都可以儲存許多項目而且可以有許多子節點的有序樹。多元搜尋樹類似二元搜尋樹，是二元搜尋樹的推廣。如同二元搜尋樹，它也可以被特製成供有序字典使用的一種有效率的資料結構。第 3.3 節當中討論了一種特別的多元搜尋樹－(2, 4) 樹，這種樹是一種有限深度搜尋樹，其中的每個內部節點儲存了 1、2 或 3 個鍵值，並且各有 2、3 或 4 個子節點。這種樹的優點是其插入以及移除鍵值的演算法都具備有簡單且直觀的特性。(2, 4) 樹的更新運算乃透過分解與合併『附近的』節點，或在它們之間傳遞鍵值等自然的操作來達成。(2, 4) 樹使用 $O(n)$ 空間儲存 n 個項目，其所支援的搜尋、插入以及移除等操作的最差狀況執行時間均爲 $O(\log n)$。在本節所介紹的另一種有限深度搜尋樹是紅黑樹。這是一種節點均被著色成『紅色』以及『黑色』的二元搜尋樹，而其著色的方法保證每一個外部節點均在相同的 (對數的) 『黑色深度』。黑色深度的虛擬深度概念乃源自於紅黑樹和 (2, 4) 樹之間明顯的相似性。而這種相似性給予我們動機與靈感，發展出某種以旋轉與重新上色的方式來處理紅黑樹的插入及移除操作的複雜演算法。紅黑樹優於其他二元搜尋樹 (像是 AVL 樹) 的地方是在插入或移除後，它只需要 $O(1)$ 次的旋轉就能夠達成更新結構的目的。

在第 3.4 當中，我們討論外張樹 (splay tree)。而這種樹的迷人之處在於它簡單明瞭的搜尋以及更新函式。外張樹是一種二元搜尋樹，該樹在每一次的搜尋、插入或刪除後，透過一連串精心設計編排的旋轉操作，將被存取的節點移至根節點。這種簡單的『向上移動』的實證法則幫助這個資料結構適應所要執行的各種運算類型。這種實證法則的一個結果是保證了各個字典的攤銷執行時間都是對數時間。

最後，我們在第3.5節當中討論跳躍串列，跳躍串列不是樹資料結構，但是仍然有把所有的元素留在對數深度的深度觀念。不過這些結構是隨機化的，因此他們的深度界線是機率性的。特別是，有非常高的機率，儲存有 n 個元素的跳躍串列的高度爲 $O(\log n)$。這項結論並不如同最差狀況界限一般受到十足的認可，但是跳躍串列的更新運算較爲簡單，而且它們在實務上很適合用來和搜尋樹作比較。

我們在第3.6節當中把焦點放在二元搜尋樹的實作練習，並且給出AVL樹和紅黑樹的 Java 實作。我們強調如何利用第 2.3 節中討論的 ADT 樹來建立這些資料結構。

在本章中討論了不少種類的搜尋結構，因此我們認知到讀者或是老師也許會因爲時間有限，所以只對幾個主題有興趣。爲了這個原因，除了將要介紹的第一節之外，我們已經將本章中的每一節都設計成可以獨立地學習。

3.1 有序字典和二元搜尋樹

在有序字典當中，我們希望能夠執行在第 2.5.1 節當中所討論過的一般性字典運算，像是 findElement (k)、insertltem (k, e) 和 removeElement (k)，但是仍然維持住鍵值在字典當中的次序關係。我們可以使用比較器來提供鍵值之間的次序關係，等一下你將會發現這種次序關係可以幫助我們有效地實作字典 ADT。除此之外，有序字典也會支援以下的函式：

closestKeyBefore (k)： 傳回鍵值爲小於或等於 k 之最大值項目的鍵值。
closestElemBefore (k)： 傳回鍵值爲小於或等於 k 之最大值項目的元素。
closestKeyAfter (k)： 傳回鍵值爲大於或等於 k 之最小值項目的鍵值。
closestElemAfter (k)： 傳回鍵值爲大於或等於 k 之最小值項目的元素。

如果字典當中沒有任何項目滿足查詢條件，則這些函式都會傳回特別的 NO_SUCH_KEY 物件。

雖然當字典的鍵值以近乎隨機的方式分佈時，雜湊表可以達到它們的最佳搜尋速度，但是以上運算的有序本質使得日誌檔 (log file) 或是雜湊表都不適合用來實作字典，因爲這兩種方法都不會維護字典內的任何順序資訊。所以，當處理有序字典的時候，我們必須考慮新的字典實作方式。

在定義了字典的抽象資料型態以後，現在讓我們來看一些實作這個 ADT 的簡單方式。

3.1.1 已排序列表

如果字典 D 是有序的，我們可以依照鍵值遞增的規則來將項目存放至向量 S。我們指明 S 是一個向量而不是一般的序列，因爲在同樣的次序關係中，將當作 S 向量來搜尋會比將 S 當作鏈結串列 (link list) 等其他資料型態要來得快。我們稱這種利用有序向量來實作字典 D 的方式爲查詢表。我們將這種實作方式和使用無序序列來實作字典的日誌檔作了一些比對。

假設我們調整儲存向量 S 的陣列大小，使其與 S 內的項目個數成正比，則查詢表所需要的空間爲 $\Theta(n)$，和日誌檔相似。然而和日誌檔不同的是，在查詢表中執行更新動作卻需要花費不少的時間。尤其是在查詢表中執行 insertItem (k, e) 運算時，在最差狀況下需要花費 $O(n)$ 時間，因爲我們必須將向量中所有鍵值大於 k 的項目往鍵值大的方向移動，以騰出放置新項目 (k, e) 的空間。因此就字典更新運算的最差狀況執行時間而言，查詢表實作法是較日誌檔實作法差的。儘管如此，在一個排序過的查詢表上執行 findElement 運算卻比在日誌檔上快上許多。

二元搜尋

使用以陣列爲基礎的向量 S 來實作有 n 個項目的有序字典 D，有一個明顯的好處是，當依照等級 (rank) 來存取 S 的元素時，僅需花費 $O(1)$ 的時間。還記得我們在第 2.2.1 節當中提過，一個在向量當中的元素的等級就是在它之前的元素的個數。所以，在序列當中的第一個元素的等級是 0，而最後一個元素的等級是 $n-1$。

S 當中的元素是字典 D 當中的項目，而且由於 S 是有序的，因此在第 i 等級的項目的鍵值必不小於在第 0、…、$i-1$ 等級的項目的鍵值，也必不大於在第 $i+1$、…、$n-1$ 等級的項目的鍵值。這個觀察允許我們使用一種改編自小孩子玩的『高低』遊戲來快速地瞄準到欲搜尋的鍵值 k 上。對於字典 D 中的項目 I，如果在目前的搜尋階段，我們不能排除項目 I 之鍵值等於 k 時，則我們稱項目 I 爲候選人。這個演算法維護著兩個參數，low 和 high，使得所有在 S 當中候選項目的等級最小爲 low 並且最大是 high。在一開始的時候，low = 0 而且 high = 1，並且我們令 Key (i) 代表在等級爲 i 的鍵值，而 elem (i) 即爲它的元素。然後我們拿 k 和位居中間之候選人的鍵值作比較，而該候選人的等級爲

$$\text{mid} = \lfloor(\text{low}+\text{high})/2\rfloor$$

我們考慮三種情況：

- 若 k = key (mid)，則我們已經找到我們所要尋找的項目，搜尋成功結束並傳回 elem (mid)。
- 若 k<key (mid)，則我們遞迴到向量的前半部，也就是在等級 low 到 mid−1的範圍內。
- 若 k>key (mid)，則我們遞迴到 mid+1 到 high

這個搜尋方法稱爲二元搜尋，它的虛擬碼列在演算法 3.1 當中。在以向量 S 實作的 n − 項目字典上所執行的 findElement (k)運算乃是以呼 BinarySearch ($S, k, 0, n-1$)來達成。

Algorithm BinarySearch(S, k, low, high):
  Input: An ordered vector S storing n items, whose keys are accessed with method key(i) and whose elements are accessed with method elem(i); a search key k; and integers low and high
  Output: An element of S with key k and rank between low and high, if such an element exists, and otherwise the special element NO_SUCH_KEY

```
if low > high then
  return NO_SUCH_KEY
else
  mid ← ⌊(low + high)/2⌋
  if k = key(mid) then
    return elem(mid)
  else if k < key(mid) then
    return BinarySearch(S, k, low, mid − 1)
  else
    return BinarySearch(S, k, mid + 1, high)
```

演算法 3.1：有序向量當中的二元搜尋。

我們在圖 3.2 中提供了二元搜尋演算法的圖解。

關於二元搜尋的執行時間方面，我們注意到在每一次的遞迴呼叫當中有常數個運算被執行到，因此執行時間和遞迴呼叫被執行的次數成正比。一項重要的事實是在每一次的遞迴呼叫中，在序列 S 當中仍然需要被搜尋的候選人個數爲 high − low + 1。此外，剩下的候選人個數在每一次的遞迴呼叫後至少會減少一半。具體地說，根據 mid 的定義，剩下的候選人的個數若非

$$(\text{mid}-1)-\text{low}+1=\left\lfloor\frac{\text{low}+\text{high}}{2}\right\rfloor-\text{low}\le\frac{\text{high}-\text{low}+1}{2}$$

則爲

$$\text{high}-(\text{mid}+1)+1=\text{high}-\left\lfloor\frac{\text{low}+\text{high}}{2}\right\rfloor\le\frac{\text{high}-\text{low}+1}{2}$$

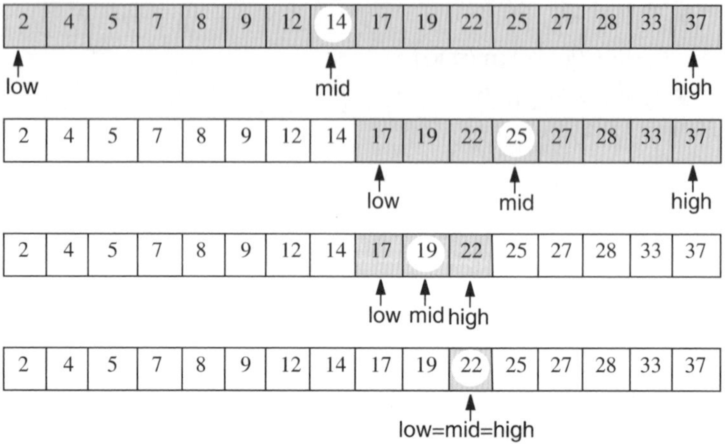

圖 3.2：一個在字典執行 findElement(22) 運算的二元搜尋例子，該字典有整數鍵值並且用以陣列為基礎的有序向量實作。為了簡潔起見，我們繪出的是儲存在字典中的鍵值，而不是元素。

剛開始的時候，候選人的個數是 n；在第一次呼叫 BinarySearch 之後，最多有 $n/2$ 個；在第二次呼叫之後，它最多有 $n/4$；以此類推。也就是，如果我們令一個函數 $T(n)$ 表示這個函式的執行時間，那麼遞迴二元搜尋演算法的執行時間就可以表示如下：

$$T(n) \leq \begin{cases} b & \text{若 } n < 2 \\ T(n/2) + b & \text{其他} \end{cases}$$

其中 b 是一個常數。一般來說，這個遞迴呼叫方程式顯示出在每一次的遞迴呼叫後所剩下的候選項目最多會有 $n/2^i$ 個。(我們將在第 5.2.1 節當中討論類似於這一個的遞迴方程式)。在最差的情況下 (不成功的搜尋) ，當沒有剩餘的候選項目時，遞迴呼叫就會停止。所以，遞迴呼叫的最大執行次數爲滿足 $n/2^m < 1$ 的最小整數 m。換句話說，$m > \log n$ (還記得之前提過當對數的基底爲 2 的時候我們就省略不寫出來)。因此我們得到 $m = \lfloor \log n \rfloor + 1$，而這暗示著 BinarySearch($S, k, 0, n-1$)的執行時間爲 $O(\log n)$。

表 3.3 比較了以日誌檔或是查詢表實作出字典的各種函式之執行時間。日誌檔有快速的插入，但是有慢速的搜尋及移除；反之，查詢表有快速的搜尋但是卻有慢速的插入和移除。

3.1.2 二元搜尋樹

我們在本節中討論的資料結構爲二元搜尋樹，將二元搜尋程序的想法應用於以樹爲基礎的資料結構。我們將二元搜尋樹定義爲一種二元樹，其中每

一個內部節點 v 儲存一個元素 e，使得 v 的左子樹儲存的元素皆小於或等於 e，並且儲存在右子樹的元素皆大於或等於 e。並且，我們假設外部節點沒有儲存任何元素，所以，它們事實上可以是空元素或是指向物件的參考。

函式	**日誌檔**	**查詢表**
findElement	$O(n)$	$O(\log n)$
insertItem	$O(1)$	$O(n)$
removeElement	$O(n)$	$O(n)$
closestKeyBefore	$O(n)$	$O(\log n)$

表 **3.3**：以日誌檔或是查詢表實作出有序字典之主要函式的執行時間比較表。我們假設當函式執行時，字典中的項目個數為 n。closestElementBefore、closestKeyAfter 以及 closestElem-After 函式的執行效能和 DictLocateKeyPrev 函式的類似。

二元搜尋樹的中序走訪是以非遞減的順序拜訪儲存在樹當中的元素。二元搜尋樹支援搜尋的方式爲，詢問每一個內部節點是否小於、等於或是大於目前欲搜尋的元素。

經由走訪二元搜尋樹 T 的方式，我們可以找出樹 T 中值爲 x 的元素位置。在每一個內部節點我們比較欲搜尋元素 x 與目前節點的值。如果問題的答案是『小於』，則會繼續搜尋左子樹。如果答案是『等於』，則搜尋會成功結束。如果答案是『大於』，則搜尋會在右子樹繼續。最後，如果我們達到外部節點 (也就是空節點)，則搜尋會終止於不成功狀態。(參考圖 3.4.)

3.1.3 二元搜尋樹當中的搜尋

正式的說，**二元搜尋樹**是一個搜尋樹 T，其中每一個 T 的內部節點 v 儲存著字典 D 的一個項目 (k, e)，並且儲存在 v 的左子樹中的鍵值都小於或等於 k，而儲存在 v 的右子樹中的鍵值都大於或等於 k。

在演算法 3.5 我們根據上述二元搜尋樹 T 的搜尋策略，給出一個遞迴函式 TreeSearch。給定一個搜尋鍵值 k 以及一個 T 的節點 v，函式 Tree-Search 傳回一個以 v 爲根的 T 的子樹 $T(v)$ 的節點 (位置) w，並且使下述兩種情形之一發生：

- w 是儲存有鍵值 k 的 $T(v)$ 的內部節點。
- w 是 $T(v)$ 的外部節點。所有中序走訪在 w 之前的 $T(v)$ 的內部節點都有小於 k 的鍵值，並且所有中序走訪在 w 之後的 $T(v)$ 的內部節點都有大於 k 的鍵值。

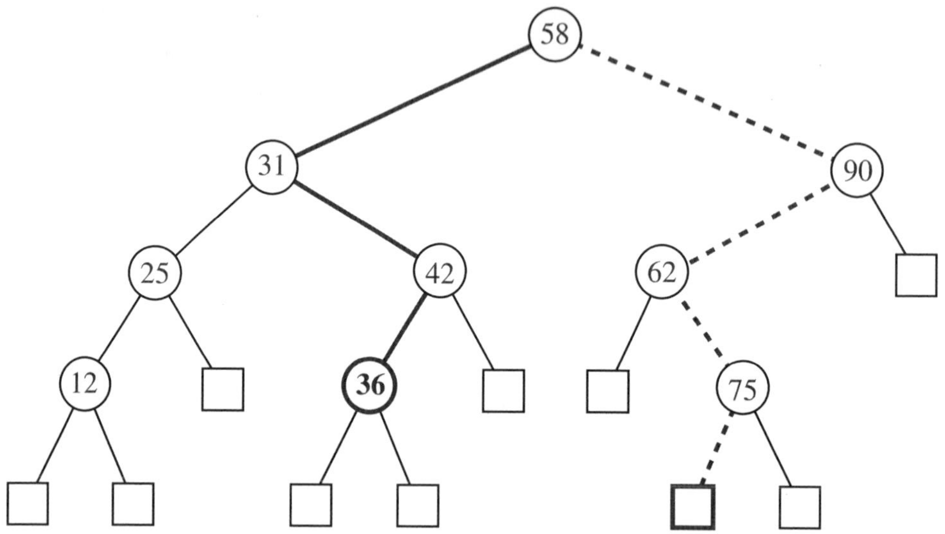

圖 3.4：一個儲存整數的二元樹。粗的實線代表的是搜尋 36 時的成功走訪路徑。粗的虛線代表的是搜尋 70 時的不成功走訪路徑。

Algorithm TreeSearch(k, v):
Input: A search key k, and a node v of a binary search tree T
Output: A node w of the subtree $T(v)$ of T rooted at v, such that either w is an internal node storing key k or w is the external node where an item with key k would belong if it existed

if v is an external node **then**
  return v
if $k = \text{key}(v)$ **then**
  return v
else if $k < \text{key}(v)$ **then**
  return TreeSearch$(k, T.\text{leftChild}(v))$
else
  $\{$we know $k > \text{key}(v)\}$
  return TreeSearch$(k, T.\text{rightChild}(v))$

演算法 3.5：二元搜尋樹當中的遞迴搜尋。

像這樣，施行於字典 D 上的函式 findElement (k)可以經由呼叫施行於 T 上的函式 TreeSearch (k, T.root()) 來加以執行。令 w 是 T 的節點，由 TreeSearch 函式的呼叫傳回。如果 w 是一個內部節點，我們就傳回儲存在 w 的元素；不然，如果 w 是外部節點，我們就傳回 NO_SUCH_KEY。

注意到在二元搜尋樹 T 上面的執行時間和 T 的高度成比例。因爲有 n

個節點的樹的高度最小可以和 $O(\log n)$ 一樣小，最大則可以和 $\Omega(n)$ 一樣大，所以二元搜尋樹在高度最小的時候最有效率。

二元樹搜尋的分析

爲二元樹 T 在最差狀況下的搜尋執行時間做正式分析是簡單的。二元樹搜尋演算法對於在樹當中它所走訪的各個節點而言，它所執行的原生運算個數是常數的。走訪時的每一個新步驟，都是作用在前一個節點的子節點上。也就是，二元樹的搜尋演算法是在 T 的一條路徑上面的節點上執行，它從根節點開始，並且每次往下一個階層。所以，這種節點的個數以 $h+1$ 爲界限，其中 h 是 T 的高度。換句話說，因爲我們在搜尋當中每遇到一個節點就花費 $O(1)$ 時間，所以函式 findElement (或是其他標準搜尋運算) 的執行時間是 $O(h)$，其中 h 是用來實作字典 D 的二元搜尋樹的高度。(參考圖 3.6)

我們也可以證明上述演算法的變化版可在時間 $O(h+s)$ 內執行運算 findElements (k)，以鍵值 k 尋找字典中的所有項目，其中 s 是傳回的元素個數。不過這個方法有一些複雜，因此我們將細節留給讀者作爲習題 (C-3.3)。

顯然，T 的高度 h 能和 n 一樣大，但是我們期待它在通常的情況下可以小很多。確實，我們將在本章中接下來的各節中說明如何將搜尋樹 T 的高度保持在上界 $O(\log n)$ 以內。但是在我們描述這種技巧之前，讓我們先描述在可能不平衡的二元搜尋樹中，字典更新函式的實作。

3.1.4 二元搜尋樹的插入運算

二元搜尋樹允許使用相當直觀，卻不是可以輕易想到的演算法來實作 insertItem 和 removeElement 的運算。

要在以二元搜尋樹 T 加以實作的字典 D 上執行運算 insertItem (k, e)，我們以呼叫作用於 T 上的函式 TreeSearch (k, T.Root())作爲開始。令 w 爲 TreeSearch 所傳回的節點。

- 如果 w 是一個外部節點 (也就是在 T 當中沒有儲存鍵值是 k 的項目)，經由作用於 T 上面的運算 expandExternal (w) (請參考第 2.3.3 節)，我們將 w 代換成一個儲存有項目 (k, e) 的內部節點以及兩個外部子節點。
- 如果 w 是一個內部節點 (也就是另外一個具有鍵值 k 的項目被儲存在

w當中)，那麼我們就呼叫 TreeSearch (k,rightChild (w)) (或是呼叫 TreeSearch (k,leftChild (w))也可以)，並且以遞迴的方式將演算法應用在 TreeSearch 所傳回的節點上。

上述的插入演算法最後會走出一條從T的根節點開始向下到外部節點的路徑，而這個外部節點會被替換成一個包含有新項目的新內部節點。因此，一個插入運算會在搜尋樹T的『底部』插入一個新的節點。圖 3.7 中顯示了一個二元搜尋樹的插入例子。

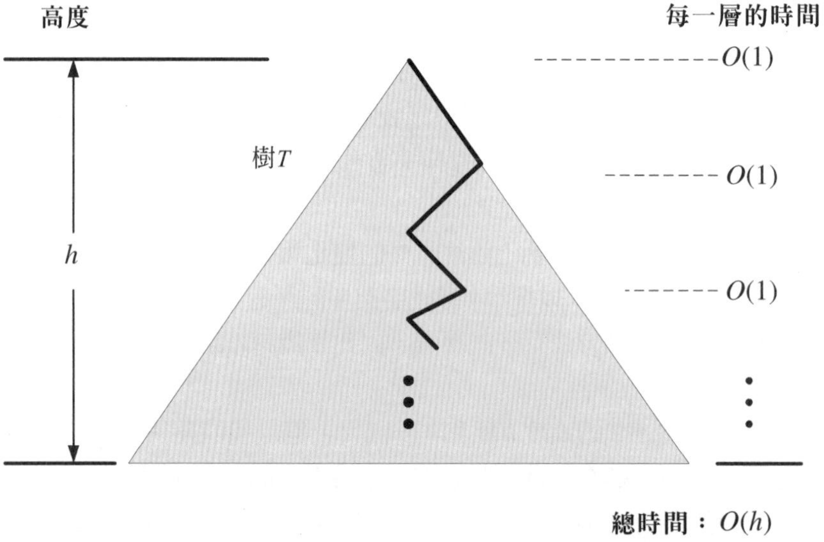

圖 3.6：圖示為在二元搜尋樹當中做搜尋的執行時間。這張圖使用標準的視覺化簡示：將二元搜尋樹視為一個大的三角形，並且將從根節點開始的路徑視為鋸齒形折線。

插入演算法的分析與搜尋的分析很類似。在最差狀況下，已經拜訪過的節點個數和T的高度h成比例。並且，假設T是以鏈接資料結構來加以實作 (見第 2.3.4 節)，我們在每一個拜訪過的節點就只花費了$O(1)$時間。因此，函式 insertItem 的執行時間爲$O(h)$。

3.1.5 二元搜尋樹的移除運算

在以二元搜尋樹T實作的字典D上面執行運算 removeElement (k) 有一點複雜，因爲我們不希望在樹T上面製造出任何『漏洞』。這種漏洞，也就是不儲存元素的內部節點，會導致在二元搜尋樹當中正確地執行搜尋這件事，變得不可能或至少是非常困難。的確，如果我們做了許多次不重建樹T結構的移除，那麼可能就會有一大部份的內部節點沒有儲存元素，而這會使得以後的搜尋陷入混亂。

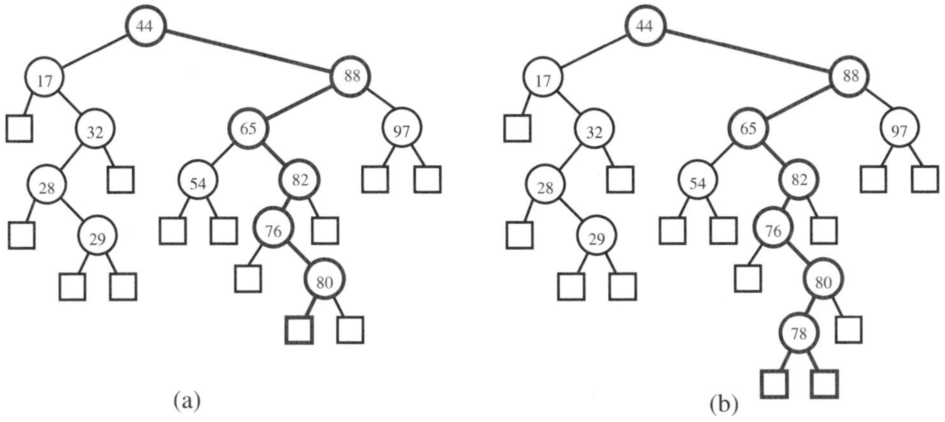

圖 3.7：在二元搜尋樹當中插入鍵值是 78 的項目。**(a)** 顯示的是尋找插入的位置，**(b)** 顯示的是插入後的結果。

移除運算開始時很簡單。我們經由執行作用在 T 上的演算法 TreeSearch $(k, T.\text{root}())$ 來尋找儲存有鍵值 k 的節點，如果 TreeSearch 傳回一個外部節點，那麼字典 D 當中就沒有鍵值為 k 的項目，然後我們傳回特別的元素 NO_SUCH_KEY 後就結束了。反之，如果 TreeSearch 傳回的是內部節點 w，w 就儲存了一個我們想要移除的項目。

我們以節點 w 的移除是否容易來區分成以下兩種情況 (愈後面愈難)：

- 若節點 w 的其中一個子節點是外部節點，例如節點 z，我們只要經由作用在 T 上面的運算 removeAboveExternal (z) 來把 w 和 z 從 T 中移除即可。這個運算 (也請見圖 2.26 和第 2.3.4 節) 經由把 w 代換成 z 的兄弟節點來調整 T 的結構，如此便將 w 和 z 這兩個節點由 T 中移除。

  在圖 3.8 中提供了這種情況的圖解。

- 若 w 的兩個子節點都是內部節點，我們就不能只是從 T 當中移除節點 w，因為這樣做會在 T 當中製造出「漏洞」。取而代之的是，我們以下述的步驟來加以進行 (參考圖 3.9)：

1. 我們在 T 的中序走訪中找出跟在 w 後面的第一個內部節點 y，注意到 y 是 w 的右子樹中最左邊的內部節點，它是以先走到 w 的右子節點然後從那裡沿著在 T 中的左邊子節點向下找到的。另外，y 的左子節點 x 是一個外部節點，它在中序走訪中，後面會直接跟著 w。
2. 我們將儲存在 w 中的元素存放在暫時的變數 t 中，並且將 y 的項目移

動到 w。這個動作有移除儲存在 w 中的先前項目的效用。

3. 我們使用作用於 T 上的運算 removeAboveExternal (x)將 x 和 y 從 T 中移除。這個動作將 y 的位置代換成 x 的兄弟節點，並且將 x 和 y 從 T 中移除。
4. 我們傳回先前儲存在 w 中的元素，也就是我們已經存放在暫時變數 t 中的元素。

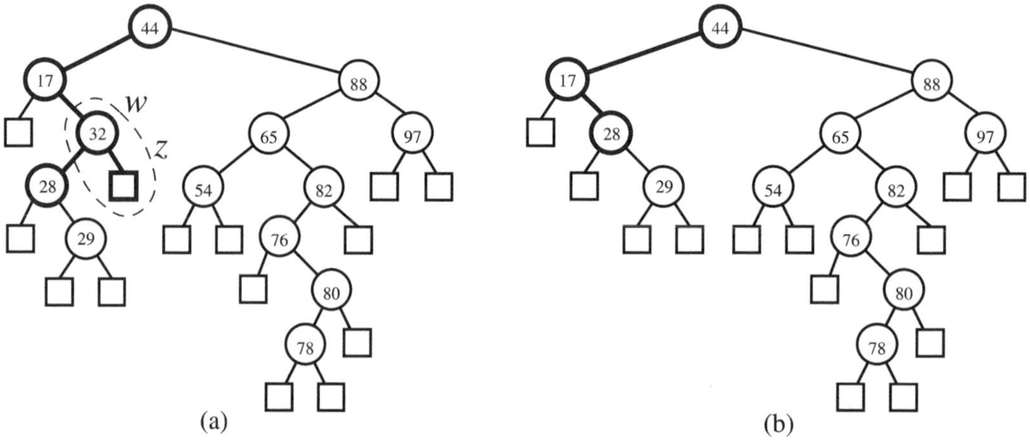

圖 **3.8**：對圖 **3.7b** 當中的二元搜尋樹做移除動作，其中要移除的鍵值 (32) 是儲存在具有一個外部節點的節點 w：**(a)** 顯示了移除之前的樹，以及受到作用在 T 上面的 removeAboveExternal (z)運算影響的節點；**(b)** 顯示了移除之後的 T。

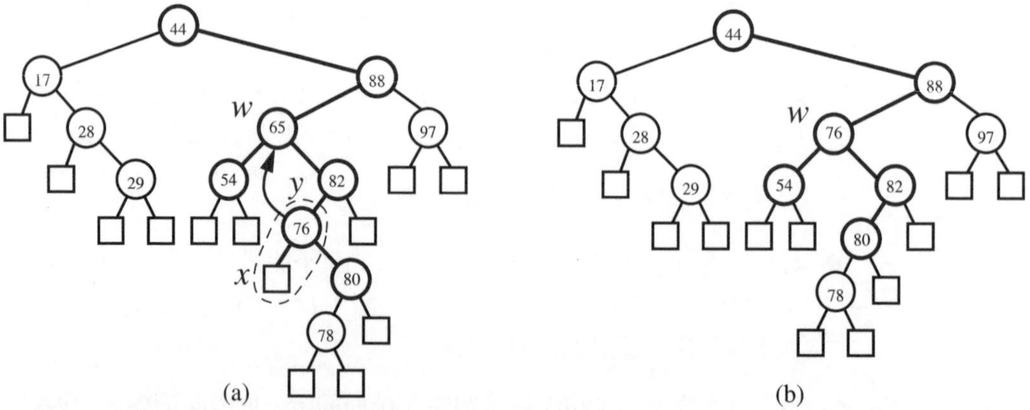

圖 **3.9**：圖 **3.7b** 中，二元搜尋樹的移除動作，其中要移除的鍵值 (65) 是儲存在兩個子節點皆為內部節點的節點中：**(a)** 移除之前；**(b)** 移除之後。

這個移除演算法的分析與插入和搜尋演算法的類似。我們在每一個拜訪過的節點上花費了 $O(1)$ 時間，並且，在最差狀況下已經拜訪過的節點個數和 T 的高度 h 成比例。因此，在一個以二元搜尋樹 T 來實作的字典 D 中，removeElement 函式的執行時間爲 $O(h)$，其中 h 是 T 的高度。

我們也可以證明上述演算法的變形可以 $O(h+s)$ 時間執行運算 removeAllElement (k)，其中 s 是在傳回的迭代子 (iterator) 中的元素個數。細節留作習題 (C-3.4)。

3.1.6 二元搜尋樹的效能

以二元搜尋樹實作的字典，其效率總結在以下的定理以及表 3.10 當中。

定理 3.1： 有 n 個含鍵值元素且高度是 h 的二元搜尋樹 T，使用 $O(n)$ 空間，並且用以下的執行時間執行字典 ADT 運算。Size 和 IsEmpty 運算花費 $O(1)$ 時間。findElement、insertItem (k, e) 以及 removeElement 運算花費 $O(h)$ 時間。findAllElement 和 RemoveAllElements 運算花費 $O(h+s)$ 時間，其中 s 是所傳回之迭代子的大小。

函式	時間
size, isEmpty	$O(1)$
findElement, insertItem, removeElement	$O(h)$
findAllElements, removeAllElements	$O(h+s)$

表 3.10：以二元搜尋樹實作之字典的各主要函式執行時間。我們將目前樹的高度表示為 h，並且將 findElementAll 以及 removeAllElement 傳回的迭代子大小表示為 s。空間的使用量為 $O(n)$，其中 n 是儲存在字典中的元素個數。

注意到在二元搜尋樹中，根據不同的樹的高度，會使得搜尋與更新運算的執行時間的差異相當大。儘管如此，就平均而言，對一個產生自一連串隨機插入和移除鍵值所產生的 n 鍵值二元搜尋樹而言，它的期望高度是 $O(\log n)$，我們可以對此感到放心。上述所謂一隨機系列的插入和移除的意義爲何，其定義得仔細且精確地使用數學語言，並且以精巧的機率理論來證明；因此，這個證明超過本書所討論的範圍。在此，我們接受隨機更新序列會使得二元搜尋樹平均而言具有對數高度這件事，但是要謹記在心的是它們在極差狀況下的效能。在更新並不是隨機的應用裡，我們也應該小心地使用標準的二元搜尋樹。

由於二元搜尋樹的相對簡單性以及良好的平均狀況效率，因此若一應用之鍵值是以隨機模式插入以及移除、並且允許偶爾反應時間慢，則二元搜尋樹是相當具有吸引力的字典資料結構。不幸的是，對某些應用來說，快速最差狀況搜尋以及更新時間的字典是絕對必要的。在下一節中所展示的資料結構正是用來處理這項需求。

3.2 AVL 樹

在前一節中，我們討論了什麼是一個有效率的字典資料結構，但是對於各種運算而言，它所達到的最差狀況是線性時間，這並沒有比以序列爲基礎加以實作的字典 (像是日誌檔和查詢表) 還好。在本節當中，我們描述了一個修正這個問題的簡單方法以使得所有基本的字典運算都可以達到對數時間。

定義

這個簡單的修正就是加一個規則到二元搜尋樹的定義當中，以使它將樹維護在對數高度。我們在本節中所考慮的規則是下述的**高度平衡性質**，該規則以內部節點的高度來描述二元搜尋樹 T 的結構特性 (還記得在 2.3.2 節曾經提過，在某樹中的節點 v 的高度，即爲從 v 到任一個外部節點的最長路徑)：

高度平衡性質： 在 T 當中的每一個內部節點 v，其子節點的高度最多只能相差 1。

任何滿足這項性質的二元搜尋樹 T 被稱爲一棵 AVL 樹，它是以其發明者的首字母 (Adel'son-Vel'skii 和 Landis) 來加以命名的觀念：圖 3.11 中顯示了 AVL 樹的一個例子。

高度平衡性質的立即結果是 AVL 樹的子樹本身也是 AVL 樹。高度平衡性質的另外一個重要結果就是保持小的高度，如同下述論點所示：

定理 3.2： 儲存 n 個項目的 AVL 樹的高度是 $O(\log n)$。

證明：

在此與其嘗試尋找 AVL 樹的高度上限，不如以「相反問題」來加以著手會比較容易，也就是對於一高度 h 的 AVL 樹，找出其最小內部節點個數 $n(h)$ 的下限。我們會證明 $n(h)$ 至少會以指數的速度成長，也就是，對於

某個常數 $c>1$，$n(h)$ 為 $\Omega(c^h)$。有了這個結果，要推導出儲存有 n 個鍵值的 AVL 樹的高度是 $O(\log n)$ 就變成了一個簡單的步驟。

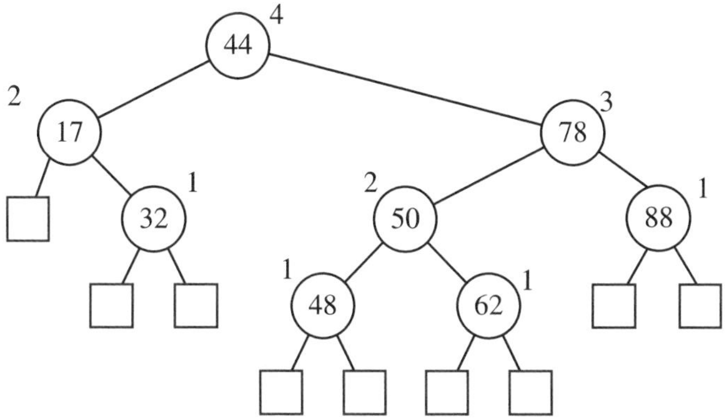

圖 3.11：一個 **AVL** 樹的例子。鍵值顯示在節點裡面，高度則顯示在節點的旁邊。

注意到 $n(1)=1$ 而且 $n(2)=2$，因為一個高度為 1 的 AVL 樹必須至少有一個內部節點，而高度為 2 的 AVL 樹則必須至少有兩個內部節點。現在，當 3 的時候，一個高度為 h 而且具有最少節點個數的 AVL 樹的兩個子樹，也必須為具有最少節點個數的 AVL 樹。其中一個高度是 $h-1$，另外一個高度是 $h-2$。如將根節點加入計算，對於 $h\geq 3$，我們可以得到 $n(h)$ 與 $n(h-1)$ 以及 $n(h-2)$ 的關係式如下：

$$n(h) = 1+n(h-1)+n(h-2) \tag{3.1}$$

公式 3.1 暗示了 $n(h)$ 是 h 的絕對遞增函數 (相當於費氏級數) 。由此，我們得知 $n(h-1)>n(h-2)$。將公式 3.1 中的 $n(h-1)$ 代換成 $n(h-2)$ 並且將 1 捨棄，我們得到對於 $h\geq 3$，

$$n(h) > 2\cdot n(h-2) \tag{3.2}$$

公式 3.2 指出了在每次 h 遞增 2 時，$n(h)$ 至少會增加為兩倍，直觀的意思是 $n(h)$ 以指數的速度成長。要用正式的方式來證明這項事實，我們以簡單的歸納論證來重複地應用公式 3.2，以證明

$$n(h)>2^i\cdot n(h-2i) \tag{3.3}$$

其中對任意滿足 $h-2i\geq 1$ 的整數 I。因為我們已經知道 $n(1)$ 和 $n(2)$ 的值，因此我們就挑出一個 i 值，以使 $h-2i$ 的值等於 1 或是 2。也就是，我們挑出 $i=\lceil h/2\rceil-1$。將在公式 3.3 中的上述 i 值加以代換，我們可以得到對於 $h\geq 3$，

$$n(h) > 2^{\left\lceil \frac{h}{2}\right\rceil-1}\cdot n\left(h-2\left\lceil \frac{h}{2}\right\rceil+2\right)$$

$$> 2^{\left\lceil \frac{h}{2} \right\rceil -1} n(1)$$

$$> 2^{\frac{h}{2}-1} \qquad (3.4)$$

將公式 3.4 的兩邊同時取對數我們可以得到 $\log n(h) > \frac{h}{2} - 1$，由此可得

$$h < 2\log n(h) + 2 \qquad (3.5)$$

這暗示了儲存有 n 個鍵值的 AVL 樹高度至多爲 $2\log n + 2$。 ■

經由定理 3.2 以及在第 3.1.2 節中給出的二元搜尋樹的分析可知，在一個以AVL樹加以實作的字典，其findElement運算的執行時間爲 $O(\log n)$，其中 n 代表字典當中項目的個數。

3.2.1 更新運算

剩下的一項重要議題是如何維持AVL樹在插入或移除後的高度平衡性質。AVL 樹的插入和移除運算和這些二元搜尋樹相似，但是作用在 AVL 樹上面的時候我們必須進行額外的計算。

插入

在 AVL 樹 T 上面的插入操作，一開始與第 3.1.4 節中 (簡單) 二元搜尋樹的 insertItem 運算一樣。還記得之前提過這種運算總是插入一個新項目到 T 當中的節點 w，而該節點之前是一個外部節點，並利用運算 expandExternal 使 w 成爲一個內部節點。也就是說，它增加了兩個外部子節點給 w。然而，這個動作可能會違反高度平衡性質，因爲某些節點的高度會增加一。也就是說，節點 w 以及它的一些祖先節點的高度可能會增加一。因此，讓我們描述一下如何調整 T 的結構以回復它的高度平衡。

給定一個二元搜尋樹 T，如果 v 的子節點的高度差的最多爲 1，我們就說 T 的節點 v 是平衡的，不然我們就說是不平衡。所以，我們說一 AVL 樹具有高度平衡性質，就等同於說它的每一個內部節點都是平衡的。假定 T 滿足高度平衡性質，因此在我們插入新的項目之前它是一個 AVL 樹。如同我們之前提到的，在 T 上面執行運算 expandExternal (w)之後，T 中包含 w 在內的某些節點，高度都會增加。所有這種節點都是在 T 中由 w 到 T 的根節點的路徑上。而在 T 中也只有它們會變成不平衡的節點。(參考圖 3.12a) 當然，如果有這種情形發生，則 T 將不再是 AVL 樹，此時我們需要一個機制來修正這些由我們所造成的「不平衡」。

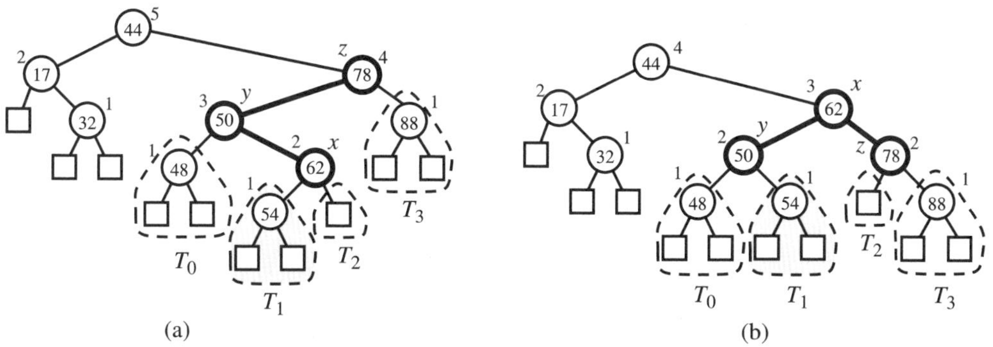

圖 **3.12**：在圖 **3.11** 當中的 **AVL** 樹插入鍵值 54 的範例：**(a)** 為鍵值 54 加入新的節點後，儲存鍵值 78 和 44 的節點變成不平衡；**(b)** 三節點結構重建回復了高度平衡性質。我們在節點的旁邊標註其高度，並且標出節點 x、y、z 以作為識別。

Algorithm restructure(x):

Input: A node x of a binary search tree T that has both a parent y and a grandparent z

Output: Tree T after a trinode restructuring (which corresponds to a single or double rotation) involving nodes x, y, and z

1: Let (a,b,c) be a left-to-right (inorder) listing of the nodes x, y, and z, and let (T_0,T_1,T_2,T_3) be a left-to-right (inorder) listing of the four subtrees of x, y, and z not rooted at x, y, or z.

2: Replace the subtree rooted at z with a new subtree rooted at b.

3: Let a be the left child of b and let T_0 and T_1 be the left and right subtrees of a, respectively.

4: Let c be the right child of b and let T_2 and T_3 be the left and right subtrees of c, respectively.

演算法 **3.13**：二元搜尋樹的三節點結構重建運算。

我們經由簡單的「尋找並修復」策略回復二元搜尋樹 T 的節點平衡。也就是說，令 z 代表我們從 w 走到 T 的根節點時，遇到的第一個不平衡的節點。(參考圖 3.12a) 並且令 y 表示 z 的子節點中擁有較高高度的那一個 (請注意，y 必定是 w 的祖先節點)。最後，令 x 是 y 的高度較高的子節點 (若兩個子節點高度相等，就選 w 的祖先節點當作 x)。注意到節點 x 的值可能等於 w，並且 x 是 z 的子孫節點。z 之所以變得不平衡，是因為插入發生在以它的子節點 y 作為根的子樹，因而造成 y 的高度比它的兄弟節點還要大 2。

我們現在呼叫三節點結構重建 (trinode restructuring) 的 restructure (x) 函式來重新平衡以 z 為根節點的子樹，我們將它描述於演算法 3.13，並且圖示於圖 3.12 和 3.14。三節點結構的重建暫時將節點 x、y、z 更名為 a、

b、c，所以在T的中序走訪當中，a在b的前面，並且b在c的前面。這裡有四種可能的方法來將x、y、z對應到a、b、c，如圖 3.14 所顯示的，經由重新標記我們可以將它們整合成一種。三節點結構重建接著將z取代爲名爲b之節點，將這個節點的子節點設爲a和c，再將a和c的子節點設爲x、y、z(與x和y不同) 原本的四個子節點，同時保持T的所有節點的中序關係。

在二元搜尋樹當中的三節點結構重建。三節點結構重建運算對樹T的修改通常稱爲旋轉，這個名稱來自於我們所看到的樹T改變的幾何方式。若 $b = y$(參考演算法 3.13)，則三節點結構重建方法被稱爲單一旋轉，因爲它可以被視爲越過z來「旋轉」y。(參考圖 3.14a 和 b)

另一方面，如果$b = x$，則三節點結構重建運算被稱爲 二重旋轉，因爲它可以被視爲將x先越過y旋轉，然後再越過z旋轉。(參考圖 3.14c 和 d 以及圖 3.12)。一些研究者將這兩種視爲不同的方法，而每一種各有兩種對稱的型式；我們則是選擇將這四種型式的旋轉視爲同一種。不論我們的觀點爲何，注意到三節點結構重建方法在T中修訂了$O(1)$個節點的父子關係，同時保存了在T中的所有節點的中序走訪順序。

除了它的順序保持性質，三節點結構重建也改變了在T中的節點高度，以用來回復平衡。回想我們執行 restructure (x)函式，是因爲x的祖父節點z不平衡。並且，這個不平衡是由於x的其中一個子節點的高度和z的另一個子節點比較起來過大。旋轉的結果就是，我們將x的「高的」子節點向上移動的同時，將z的「矮的」子節點向下移動。由此，在執行 restructure (x)之後，以名爲b之節點作爲根節點的子樹中，所有節點都已經是平衡的了。(參考圖 3.14)。所以，我們在節點x、y、z **區域地 (locally)** 回復了高度平衡性質。

另外，因爲在執行了新項目的插入之後，以b爲根節點的子樹取代了以z爲根節點的子樹 (它高了一個單位) ，所有先前不平衡的z的祖先節點都變得平衡了。(參考圖 3.12) (這項事實的驗證留作習題 C-3.13) 所以這個結構重建也會全域地 (globally) 回復高度平衡性質。也就是，一次旋轉 (單一或是二重) 就足夠在 AVL 樹的一次插入之後回復高度平衡性質。

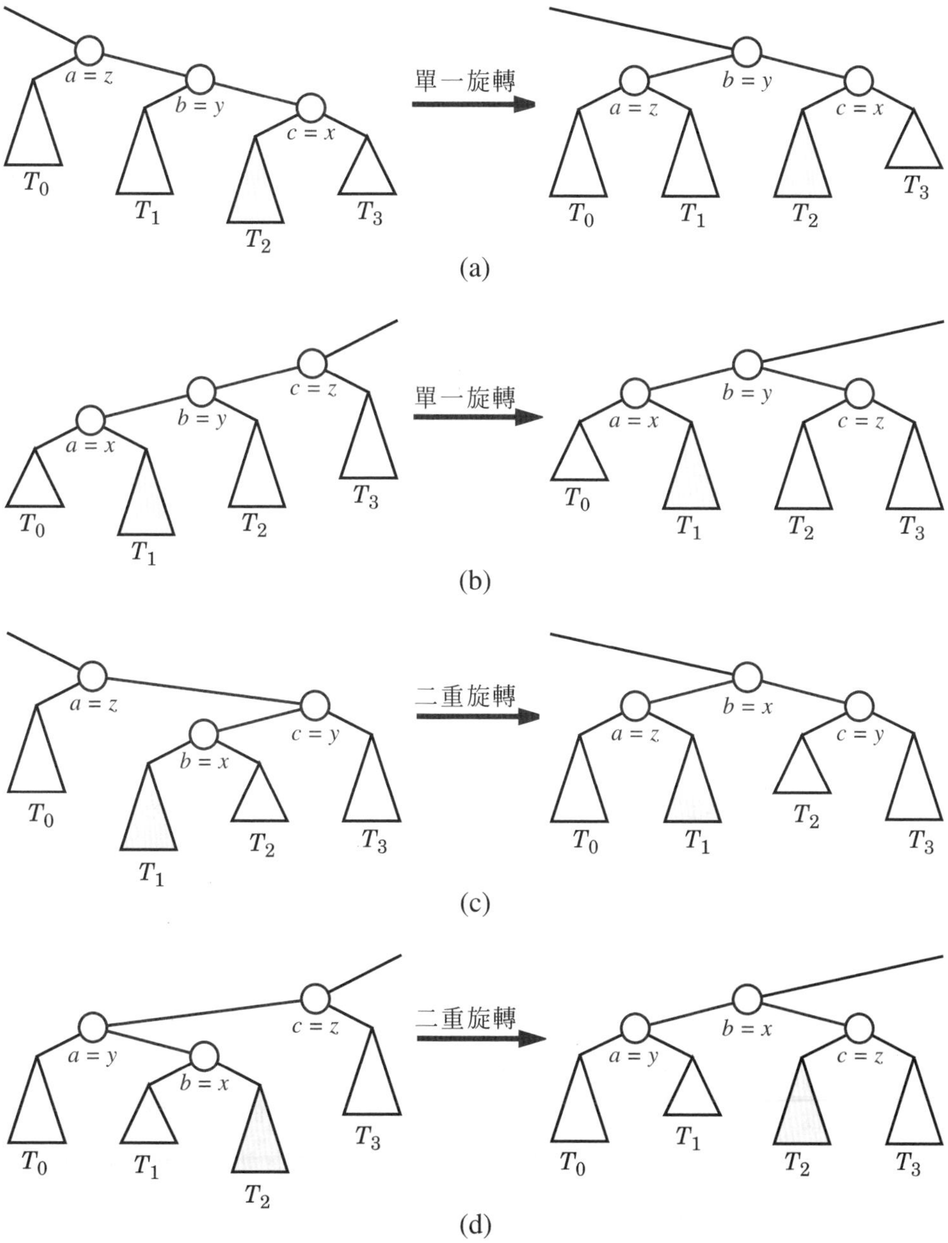

圖 **3.14**：三節點結構重建運算的概要圖解 **(a)** 和 **(b)** 部分表示單一旋轉，而 **(c)** 和 **(d)** 部份表示二重旋轉。

移除運算

如同字典運算 insertItem，我們一開始先使用正常二元搜尋樹的 remover-

Element 運算演算法，來實作 AVL 樹 T 的字典運算 removerElement。在 AVL 樹上使用這個方式所增加的困難是，它可能會違反高度平衡性質。

特別是使用 removeAboveExternal 運算移除內部節點，並且將它的一個子節點提高到該位置之後，從之前被移除節點的父節點 w 到 T 的根節點這條路徑上，可能會有一個不平衡的節點。(參考圖 3.15a) 實際上，最多也只會有一個這種節點。(這項事實的驗證留作習題 C-3.12)

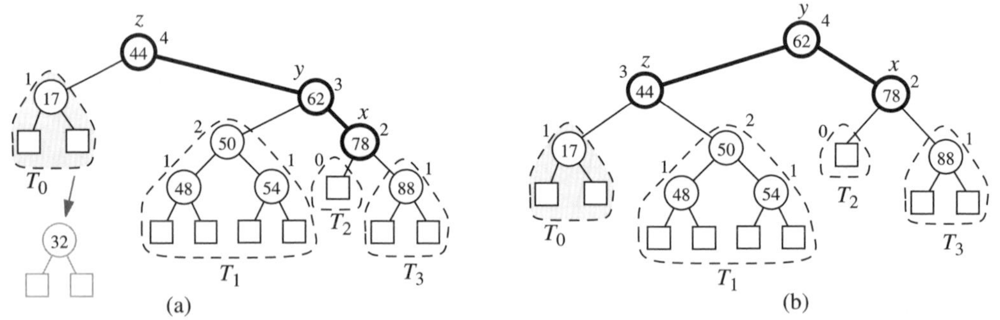

圖 **3.15**：從圖 **3.11** 當中的 **AVL** 樹移除具有鍵值 32 的元素：**(a)** 移除儲存有鍵值 32 的節點之後，根節點會變成不平衡；**(b)** 一次 **(**單一**)** 旋轉回復了高度平衡性質。

如同插入一般，我們使用三節點結構重建來使樹 T 回復平衡，詳細說明如下。令 z 爲從 w 向上走到 T 的根節點時，所遇到的第一個不平衡節點。並且，令 y 爲 z 的具有較大高度的子節點 (注意到節點 y 是 z 的子節點中，不是 w 的祖先的那一個)，並且令 x 爲 y 的具有較大高度的節點。x 的選擇不唯一，因爲 y 的子樹可能有同樣高度。在任何狀況下，我們接著都可以在先前以 z 作爲根節點，而現在以 b 節點 (暫時稱之) 作爲根節點的子樹上，執行可以區域地修復高度平衡性質的運算 restructure (x) (參考圖 3.15b) 。

這個三節點結構重建可能會將以 b 作爲根節點的子樹高度減少 1，這可能會造成 b 的一個祖先節點變爲不平衡。因此，在移除運算之後，單單做一次三節點結構重建可能不會保持高度平衡性質。所以，在重新平衡 z 之後，我們繼續在 T 中往上找尋不平衡的節點。如果找到了另外一個，我們就執行結構重建運算來回復平衡性，並且繼續在 T 中往上來找尋更多，直到根節點爲止。最後，因爲 T 的高度爲 $O(\log n)$，其中 n 是項目的個數，由定理 3.2 可知，$O(\log n)$ 次三節點結構重建就足以回復高度平衡性質。

3.2.2 效能

我們總結對 AVL 樹的分析如下。findElement、insertItem 和 removeElement 運算沿著 T 中由根節點到樹葉的路徑拜訪節點，並且有可能再加上它們的兄弟節點，而且每個節點花費 $O(1)$ 時間。這樣，因爲定理 3.2 指出 T 的高度爲 $O(\log n)$，所以上述的任一個運算均花費 $O(\log n)$ 時間。我們將效能圖解於圖 3.16。

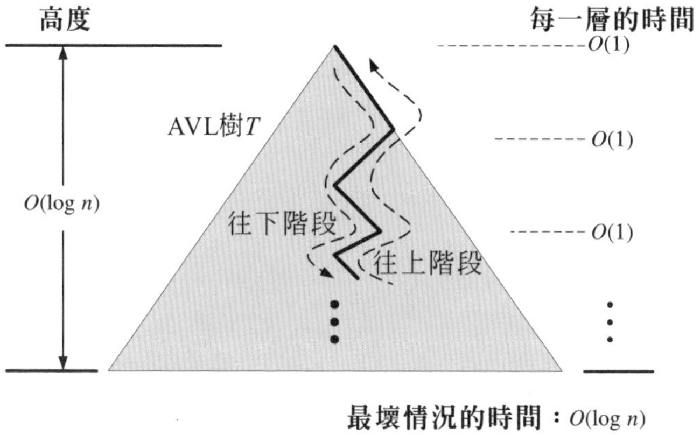

圖 3.16：**AVL** 樹中搜尋和更新執行時間的圖解。每一階的時間效率是 $O(1)$，並區分為二向，其中往下階段通常與搜尋有關，而往上階段則通常與更新高度值以及執行區域的三節點結構重建 (旋轉) 有關。

3.3 有限深度搜尋樹

有些搜尋樹的效率是奠基於明確限制其高度的規則。事實上，這種樹通常會定義深度函數，或是和深度密切相關的「虛擬深度」函數，所以每一個外部節點都具有同樣的深度或是虛擬深度。以這樣子的作法，它們可以將儲存有 n 個元素的樹的外部節點保持在 $O(\log n)$ 深度。因爲樹的搜尋以及更新的執行時間通常和深度成比例，這樣的有限深度樹可以用來實作搜尋和更新時間爲 $O(\log n)$ 的有序字典。

3.3.1 多元搜尋樹

某些有限深度搜尋樹是多元樹，也就是樹的內部節點有兩個以上的子節點。在本節當中，我們描述如何將多元樹拿來作爲搜尋樹使用，包括了多元樹如何儲存項目，以及我們如何在多元搜尋樹中執行搜尋運算。回想我們儲存在搜尋樹中的項目的形式爲 (k, x)，其中 k 是鍵值而 x 是和鍵值相關的元素。

令 v 爲一個有序樹的節點。如果 v 有 d 個子節點，我們就說 v 是 d 點。

我們將多元搜尋樹定義為具有下述性質的有序樹 T (圖解於圖 3.17a 當中)：

- 每一個 T 的內部節點都至少有兩個子節點。也就是，每一個內部節點都是一個 d 節點，其中 $d \geq 2$。
- 每一個 T 的內部節點儲存了形式為 (k, x) 的項目集合，其中 k 是鍵值而 x 是一個元素。
- 每一個 T 的 d 節點 v，有子節點 $v_1, \ldots, v_d$，並且儲存 $d-1$ 個項目 (k_1, x_1)、⋯、(k_{d-1}, x_{d-1})，其中 $k_1 \geq \cdots \geq k_{d-1}$。
- 讓我們定義 $k_0 = -\infty$ 和 $k_d = +\infty$。對於 $i = 1$、⋯、d 以及以 v_i 為根的 v 的子樹，儲存在樹中節點的任一個項目 (k, x) 皆滿足 $k_{i-1} \geq k \geq k_i$。

也就是，如果我們將儲存在 v 中的鍵值集合想像成包含有特別的假想鍵值 $k_0 = -\infty$ 和 $k_d = +\infty$，那麼儲存在以子節點 v_i 為根的 T 的子樹，必須「介於」儲存於 v 的兩個鍵值之間。這個簡單觀點造就了具有 d 個子節點的節點儲存有 $d-1$ 個鍵值這項規則，而且它也形成了多元搜尋樹當中的搜尋演算法的基礎。

由上述的定義，多元搜尋樹的外部節點並沒有儲存任何項目，而只是「佔有位置」。這樣，我們可以將二元搜尋樹 (第 3.1.2 節) 視為多元搜尋樹的特殊例子。就另一個極端而言，多元搜尋樹也可能只有單一個儲存有所有項目的內部節點。除此之外，雖然外部節點也可以是空的 (**null**)，但我們在此簡單假設為它們是真正的節點，只是沒有儲存任何東西。

然而，不論多元樹的內部節點是否具有兩個或多個子節點，項目個數與外部節點個數之間都存在著一個有趣的關係。

定理 3.3： 儲存有 n 個項目的多元搜尋樹，有 $n+1$ 個外部節點。

我們將這個定理的驗證留作習題 (C-3.16)。

在多元搜尋樹當中的搜尋

給定多元搜尋樹 T，搜尋鍵值為 k 的元素很簡單。我們在 T 中追蹤由根節點開始的路徑來執行這樣的搜尋。(參考圖 3.17b 和 c) 在搜尋時，當我們到了 d 節點 v，我們就會將鍵值 k 拿來和儲存於 v 中的鍵值 $k_1, \ldots, k_{d-1}$ 相比。對於某個 I，若 $k = k_I$，搜尋就會成功結束。不然，我們會繼續在 v 的子節點 v_i 搜尋，其中 $k_{i-1} < k < k_i$。(回想 $k_0 = -\infty$ 和 $k_d = +\infty$。) 如果我們到達外部節點，那麼我們就知道在 T 當中沒有鍵值為 k 的項目，然後搜尋就會不成功地結束。

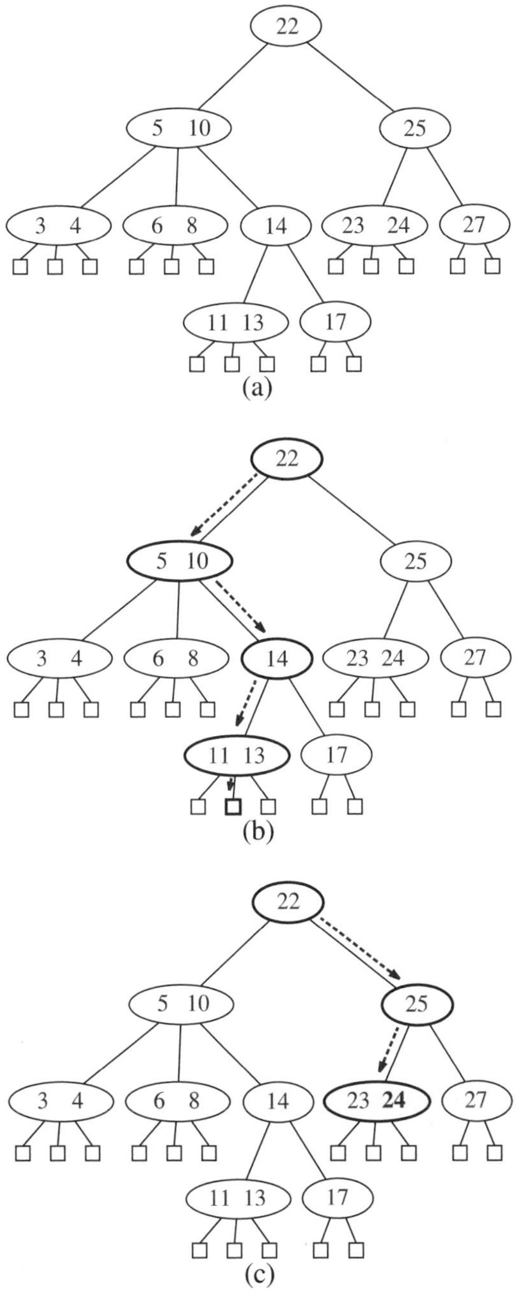

圖 3.17：**(a)** 多元搜尋樹 *T*。**(b)** 在 *T* 當中搜尋鍵值 12 的路徑 (不成功的搜尋)；**(c)** 在 *T* 當中搜尋鍵值 24 的路徑 (成功的搜尋)。

多元搜尋樹的資料結構

在第 2.3.4 節當中，我們討論了一般樹的各種表示方法。它們當中的任一個表示法也都可以讓多元搜尋樹使用。實際上，使用一般的多元樹來實作多元搜尋樹，我們唯一需要儲存在各個節點中的額外資訊，是與該節點相對應之項目 (包括鍵值) 的集合。也就是，我們需要與 v 儲存在一起的是一個參考，指向儲存有 v 的項目的某個容器或集合。

記得當我們使用二元樹來表示有序字典 D 時，我們在每一個內部節點中只儲存一個指到單一項目的參考。要使用多元搜尋樹 T 來表示 D，我們必須在 T 之中的每一個內部節點 v 都儲存一個參考，指向對應項目的有序集合。這個推論一開始看起來像是循環論證，因爲我們需要使用一個有序字典來表示一個有序字典。但是我們可以經由使用拔靴法技術來避開循環論證，作法是我們使用之前 (較不精準) 的解答來獲得新 (較爲精準) 的解答。在此，利用拔靴法，就是將相對應於內部節點的有序集合，利用我們之前所建立的字典資料結構 (例如第節所示，以有序向量實作的查詢表) 表示出來。說得更清楚些，假設我們已經有了實作有序字典的方法，我們可以經由取一棵樹 T，並且在 T 中的每一個 d 節點 v 中儲存這樣的一個字典，來實現多元搜尋樹。

我們在每一個節點 v 中所儲存的字典被熟知爲**次級 (secondary)** 資料結構，因爲我們是將它用來來支援較大的**主 (primary)** 資料結構。我們將儲存在 T 的節點 v 中的字典記作 $D(v)$。我們儲存在 $D(v)$ 當中的項目，讓我們能在搜尋運算時找到下一次要處理的節點。具體地說，對 T 中每一個具有子節點 v_1、⋯、v_d 和項目 (k_1, x_1)、⋯、(k_{d-1}, x_{d-1}) 的節點 v，我們將項目 (k_1, x_1, v_1)、(k_2, x_2, v_2)、⋯、$(k_{d-1}, x_{d-1}, v_{d-1})$、$(+\infty, null, v_d)$ 儲存在字典 $D(v)$ 中。也就是字典 $D(v)$ 的項目 (k_i, x_i, v_i) 有著鍵值 k_i 和元素 (x_i, v_i)。注意到最後一個項目儲存著特別的鍵值 $+\infty$。

將多元搜尋樹 T 實現如上之後，當我們以鍵值 k 搜尋 T 當中的一個元素時，d 節點 v 的處理，就可以藉由執行一個搜尋運算，找出 $D(v)$ 中的 (k_i, x_i, v_i) 鍵值大於或等於 k 的項目來完成，類似運算 closestElemAfter(k)中的做法 (參考第 3.1 節)。我們分成兩種情況：

- 若 $k < k_I$，那麼我們經由處理子節點 v_i 來繼續搜尋。(注意到若傳回特別的鍵值 $k_d = +\infty$，則 k 大於所有儲存在節點 v 的鍵值，並且我們會以處理子節點 v_d 來繼續搜尋。)

- 不然 (即 $k = k_i$)，則搜尋成功地終止。

多元搜尋樹的效能議題

考慮上述儲存有 n 個項目的多元搜尋樹 T 實作需要多少空間。由定理 3.3，若使用有序字典的任何普通實作第 2.5 節來作爲 T 中節點的次級結構，則 T 的整體空間需求爲 $O(n)$。

接下來考慮在 T 中回答一次搜尋的時間花費。在 T 的 d 節點 v 中搜尋，花費的時間和我們如何實現次級資料結構 $D(v)$ 有關。如果 $D(v)$ 是以向量爲基礎的已排序字典 (也就是查詢表) 來加以實現，我們可以在 $O(\log d)$ 時間處理 v。相對地，如果 $D(v)$ 是以未排序過的序列 (也就是記錄檔) 來實現，那麼處理 v 會花費 $O(d)$ 時間。令 $d_{\max}$ 表示 T 的節點的子節點最大個數，並且令 h 表示 T 的高度。多項搜尋樹的搜尋時間依據 T 中節點的次級資料結構 (也就是字典 $D(v)$) 實作，不是 $O(h\, d_{\max})$ 就是 $O(h \log d_{\min})$。如果 $d_{\max}$ 是常數的話，執行搜尋的執行時間爲 $O(h)$，而與次級資料結構的實作無關。

如此，多元搜尋樹主要的效能目標是保持儘可能小的高度，也就是我們希望 h 是 n 的對數函數，其中 n 是儲存在字典中的全部項目。像是這樣的一個具有對數高度的搜尋樹稱爲**平衡搜尋樹**。有限深度搜尋樹滿足這項目標的方式，是保持每一個在樹當中的外部節點都有完全相同的深度。

我們接著討論作爲有限深度搜尋樹的 $d_{\max}$ 最大爲 4 的多元搜尋樹。在第 14.12 節，我們討論更爲一般類型的多元搜尋樹，它可以應用在搜尋樹過大，以致無法完全放進電腦的內部記憶體中的情形。

3.3.2 (2,4) 樹

在實際使用多元搜尋樹時，我們希望它是平衡的，也就是有對數高度。我們接下來要學習的多元搜尋樹是一種相當容易保持平衡的樹，它就是 (2,4) 樹。它有時也被稱爲 2-4 樹或 2-3-4 樹。實際上我們可以經由維護兩個簡單的性質來保持 (2,4) 樹的平衡 (見圖 3.18)：

大小性質：每一個節點最多有四個子節點。
深度性質：所有外部節點都有相同的深度。

我們強制執行 (2,4) 樹的大小性質來保持多元搜尋樹的節點大小爲常數，因爲它允許我們在每一個內部節點 v 中使用固定大小的陣列來表示字典。另一方面，深度性質是以強制 (2,4) 樹爲一個有限深度的結構來維持其平衡。

定理 3.4： 儲存有 n 個項目的 $(2,4)$ 樹的高度是 $\Theta(\log n)$。

證明：

令 h 是儲存有 n 個項目的 $(2,4)$ 樹 T 的高度。注意到根據大小性質，在深度 1 時我們最多有 4 個節點，在深度 2 時我們最多有 4^2 個節點，以此類推。所以 T 的外部節點的個數最多爲 4^h。同樣，根據深度性質和 $(2,4)$ 樹的定義，我們必須至少有 2 個節點在深度 1，至少有 2^2 個節點在深度 2，以此類推。因此在 T 中的外部節點個數至少有 2^h。除此之外，由定理 3.3 可知，在 T 中的外部節點個數爲 $n+1$。所以我們得到

$$2^h \geq n+1 \qquad 及 \qquad n+1 \geq 4^h$$

對上述各項取以 2 爲底的對數，我們得到

$$h \geq \log(n+1) \qquad 及 \qquad \log(n+1) \geq 2h$$

因此驗證了我們的定理。 ■

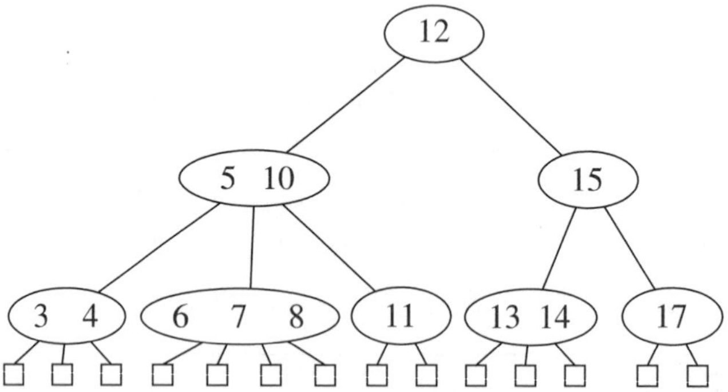

圖 3.18：(2, 4) 樹。

(2, 4) 樹的插入

定理 3.4 說明了大小和深度性質足夠用來保持多元樹的平衡。但是保持這些性質需要在 $(2,4)$ 樹執行移除和插入之後作出一些努力。特別是在插入鍵值爲 k 的新項目 (k,x) 到 $(2,4)$ 樹 T 時，我們要先搜尋 k。假設 T 當中沒有鍵值爲 k 的元素，這個搜尋會在一個外部節點 z 不成功地結束。令 v 是 z 的父節點。我們插入一個新的項目到節點 v，並且增加新的子節點 w (是一個外部節點) 到 z 的左子樹上。也就是我們增加項目 (k,x,w) 到字典 $D(v)$ 中。

我們的插入方法能夠保存深度性質，是因爲我們是在現有的外部節點的相同階層上插入新的外部節點。不過它有可能會違反大小性質。確實如

此，如果節點 v 已經是 4 節點的話，那麼在插入之後會成爲 5 節點，並且使得樹 T 不再是 (2,4) 樹。這種違反大小性質的型式被稱爲在節點 v 的溢位，而且必須加以解決以回復 (2,4) 樹的性質。令 v_1、⋯、v_5 是 v 的子節點，並且令 k_1、⋯、k_4 是儲存在 v 的鍵值。要補救 v 的溢位，我們在 v 執行如下的分割運算 (參考圖 3.19)：

- 將 v 代換成兩個節點 v' 和 v''，其中
  - v' 是 3 節點，它儲存有鍵值 k_1 和 k_2 ，並且有子節點 v_1、,v_2、v_3。
  - v'' 是 2 節點，它儲存有鍵值 k_4，並且有子節點 v_4、v_5。
- 如果 v 是 T 的根節點，那麼就建立一個新的根節點 u；不然就令 u 是 v 的父節點。
- 插入 k_3 到 u 中，並且將 v' 和 v'' 變成 u 的子節點，因此如果 v 是 u 的子節點 I，那麼 v' 和 v'' 就會分別成爲 u 的子節點 i 和 $i+1$。

我們在圖 3.20 中顯示在 (2,4) 樹中一序列的插入。

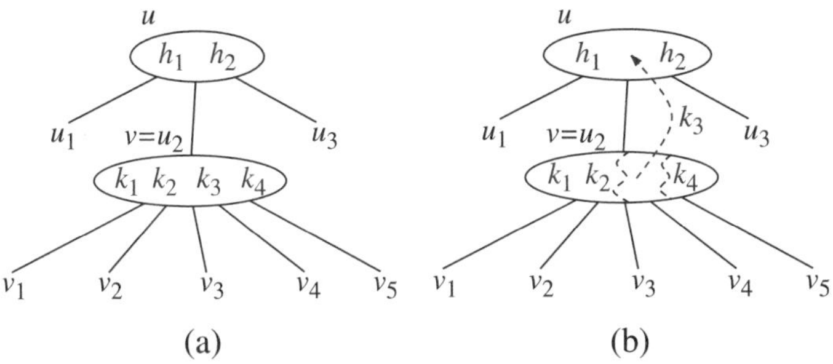

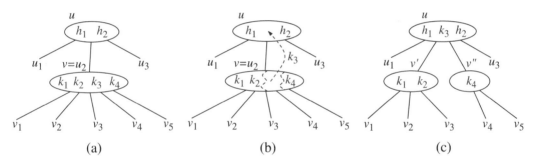

圖 3.19：節點的分割：**(a)** 在 **5** 節點 v 的溢位；**(b)** v 的第三個鍵值被插入 v 的父節點 u；**(c)** 節點 v 被代換為一個 **3** 節點 v' 和 **2** 節點 v''。

分割運算會影響到樹中的常數個節點以及儲存在這些節點中的 $O(1)$ 個項目。因此它可以被實作成可以在 $O(1)$ 時間內執行。

(2, 4) 樹插入的效率

如同在節點 v 上分割運算的後果一般，在 v 的父節點 u 上面可能會發生新的溢位。如果發生這種溢位，它會依次引發在節點 u 上面的分割。(參考圖 3.21)。一個分割運算若不是直接消去溢位，就是將它傳遞到目前節點的父節點，確實這種傳遞效應可能會一直持續到搜尋樹的根節點。但是如果它眞的被一路傳遞到根節點，那麼它會最終在這一點被解決。我們在圖 3.21 當中顯示這樣一個序列的分割傳遞。

如此，分割運算的個數受限於樹的高度，由定理 3.4 得知其爲 $O(\log n)$。所以，在 (2, 4) 樹中執行插入運算所需要的總時間爲 $O(\log n)$。

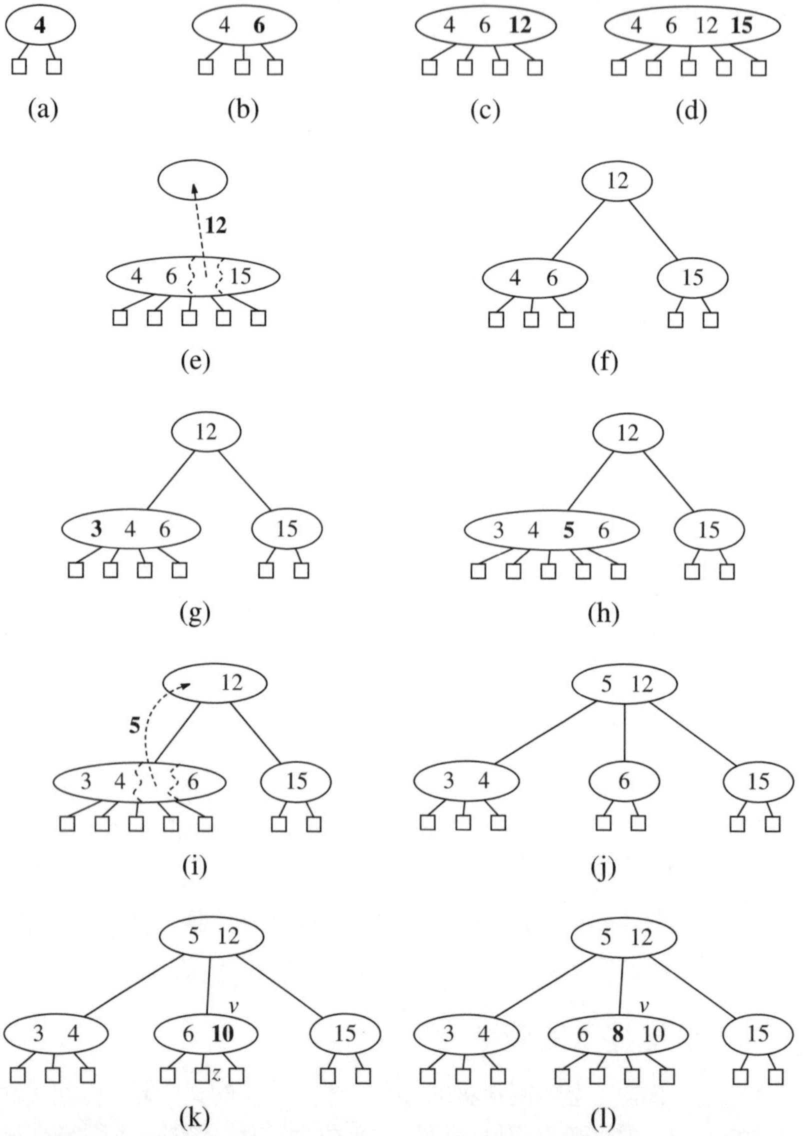

圖 3.20：一序列插入元素到 (2, 4) 中的動作：**(a)** 只有一個項目的初始樹；**(b)** 6 的插入；**(c)** 12 的插入；**(d)** 15 的插入；會造成溢位；**(e)** 分割；會造成一個新的根節點的產生；**(f)** 分割後；**(g)** 3 的插入；**(h)** 5 的插入；會造成溢位；**(i)** 分割；**(j)** 分割後；**(k)** 10 的插入；**(l)** 8 的插入。

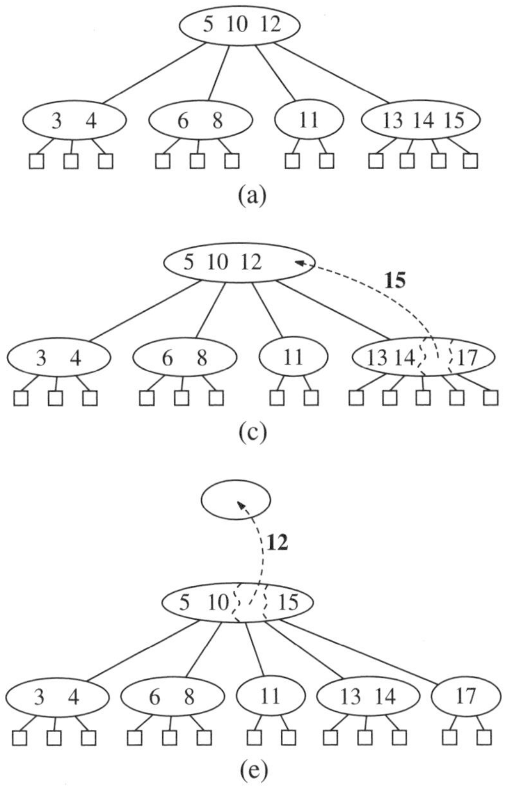

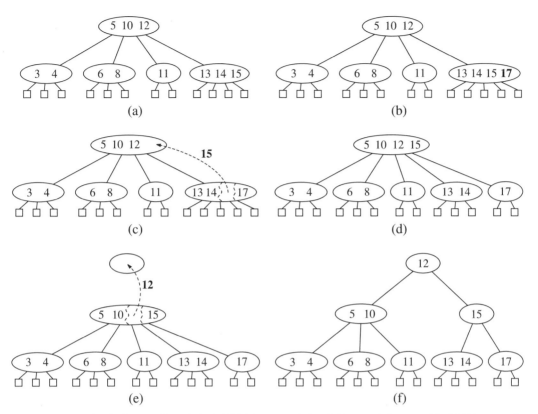

圖 **3.21**：一個造成 (2, 4) 樹一連串分割的插入：**(a)** 插入之前；**(b)** 插入 17，造成溢位；**(c)** 分割；**(d)** 分割後產生新的溢位；**(e)** 另外一次分割，產生新的根節點；**(f)** 最後的樹。

(2, 4) 樹中的移除

現在讓我們考慮從 (2, 4) 樹 T 移除一個具有鍵值 k 的項目。我們由在 T 當中搜尋具有鍵值 k 的項目來作為這個運算的開始。從 (2, 4) 樹當中移除這種項目，總是能將問題化簡成要移除的項目是儲存在節點 v，其中 v 的子節點是外部節點。例如，假定我們所希望移除的鍵值 k 項目是儲存在一個只有單一內部子節點的節點 z 中，第 i 個項目 (k_i, x_i) 上。在這種狀況下，我們依據下列步驟 (參考圖 3.22d) 將項目 (k_i, x_i) 與儲存在具有外部子節點的節點 v 中的適當項目做交換：

1. 我們在以 z 的第 i 個子節點作為根節點的子樹中，找出最右邊的內部節點 v，要注意的是節點 v 的子節點全部都是外部節點。
2. 我們拿 z 中的 (k_i, x_i) 項目和 v 中的最後一個項目做交換。

一旦我們確定要移除的項目是儲存在一個只具有一外部子節點的節點 v 中，(因爲它若不是本來就在 v 中，就是被我們交換到 v 中)，我們只需從 v 中移除該項目 (也就是從字典 $D(v)$ 中) 並且移除 v 的第 i 個外部節點。

如上述，從節點 v 中移除項目 (以及子節點) 會保存深度性質，因爲我們總是移除一個只有外部子節點的節點 v 的外部子節點。然而，移除這種外部節點的時候，我們可能會在 v 違反大小性質。確實如此，如果 v 本來是 2 節點，那麼移除之後會變成沒有項目的 1 節點 (圖 3.22d 和 e) ，而這在 (2, 4) 樹是不被允許的。這種違反大小性質的型式稱爲在節點 v 的欠位 (underflow)。爲了補救欠位，我們檢查是否有緊鄰於 v 的兄弟節點是 3 節點或 4 節點。如果我們找到這樣的兄弟節點 w，那麼我們就執行轉移(transfer)運算，也就是移動 w 的子節點到 v、移動一個 w 的鍵值到 v 中的 w 的父節點 u，以及移動一個 u 的鍵值到 v。(參考圖 3.22b 和 c) 如果 v 只有一個兄弟節點，或是與 v 緊鄰的兄弟節點都是 2 節點，那麼我們就執行結合 (fusion) 運算，也就是將 v 與其兄弟節點合併產生新結點 v'，並且從 v 的父節點 u 移動鍵值到 v'。(參考圖 3.23e 和 f)。

在節點 v 的結合運算可能會在 v 的父節點 u 中造成新的欠位，這會依次引發在 u 上的轉移或是合成。(參考圖 3.23)。所以合成運算的個數是受限於樹的高度，由定理可知其爲 $O(\log n)$。如果欠位的傳遞直達根節點，那麼根節點就會被刪除掉。(參考圖 3.23c 和 d)。我們在圖 3.22 和 3.23 中顯示 (2, 4) 樹一序列的移除。

(2, 4) 樹的效能

表 3.24 總結以 (2, 4) 樹實現的字典主要運算的執行時間。時間複雜度的分析是使用下列基礎：

- 根據定理 3.4，儲存有 n 個項目的 (2, 4) 的高度是 $O(\log n)$。
- 分割，轉移或結合運算花費 $O(1)$ 時間。
- 搜尋，插入或移除一個項目要拜訪 $O(\log n)$ 個節點。

所以 (2, 4) 樹提供快速的字典搜尋和更新運算。(2, 4) 樹和我們接著討論的資料結構也有著有趣的關係。

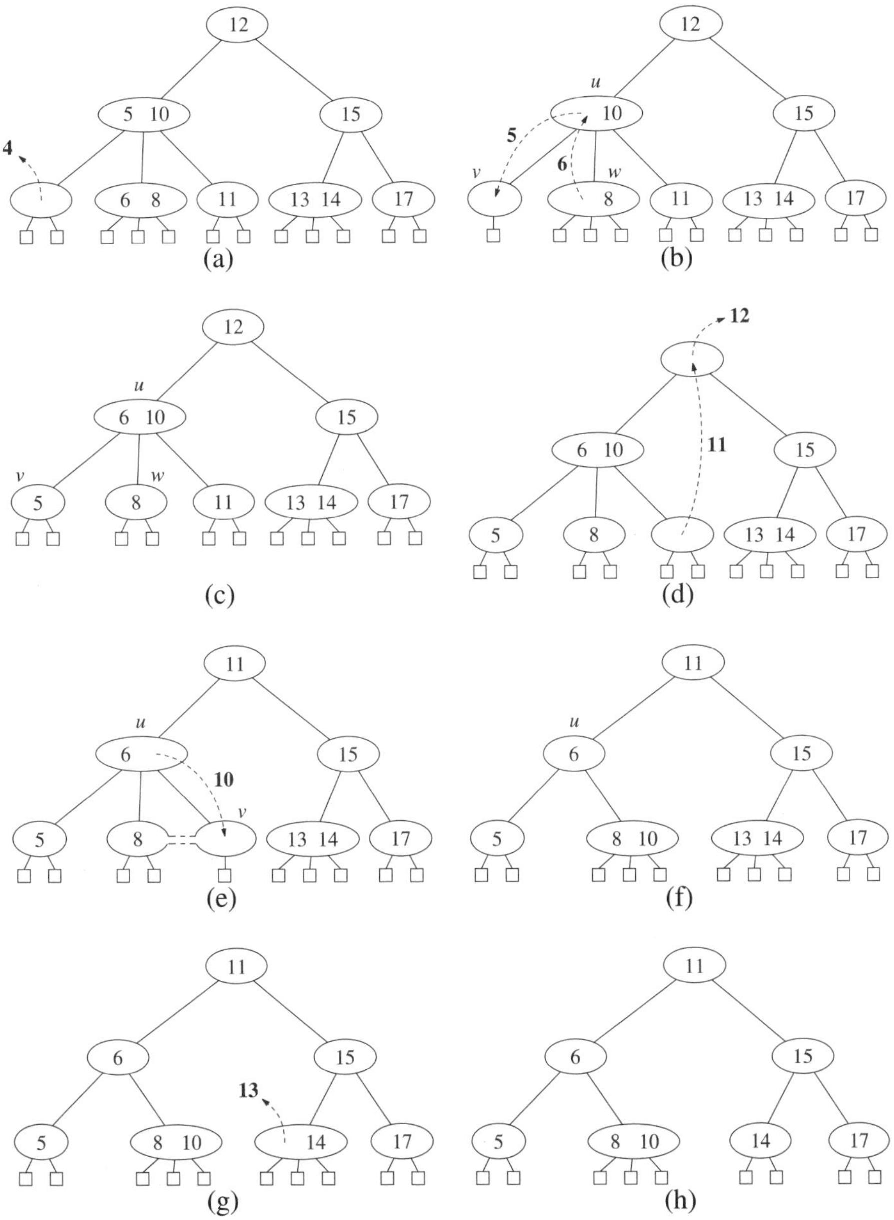

圖 3.22：一序列 (2, 4) 樹移除：**(a)** 移除 4，造成欠位 (underflow)；**(b)**轉移運算；**(c)** 轉移運算後；**(d)** 移除 12，造成欠位；**(e)** 結合運算；**(f)** 結合運算後；**(g)** 移除 13；**(h)** 移除 13 後。

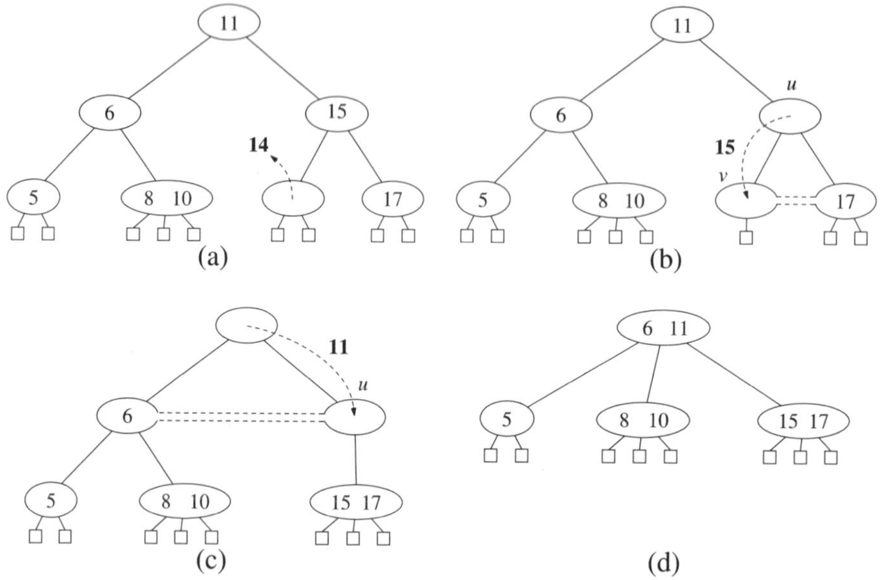

圖 **3.23**：一個在 (2, 4) 樹中結合的傳遞序列：**(a)** 移除 14，造成欠位；**(b)** 結合，造成另一次欠位；**(c)** 第二個結合運算，造成根節點的移除；**(d)** 最終樹。

運算	**時間**
size, isEmpty	$O(1)$
findElement, insertItem, removeElement	$O(\log n)$
findAllElements, removeAllElements	$O(\log n + s)$

表 **3.24**：一個以 (2, 4) 樹加以實現的 n 元素字典的效能，其中 s 表示由 findElementAll 和 removeAllElement 所傳回的迭代子的大小。空間使用量是 $O(n)$。

3.3.3 紅黑樹

我們在本節所討論的資料結構稱爲紅黑樹。紅黑樹是一種經由使用有限深度搜尋樹的方法，來使用「虛擬深度」以達到平衡的二元搜尋樹。詳言之，**紅黑樹 (red-black tree)** 是一種在節點上塗有紅色或黑色的二元搜尋樹，而其著色的方式滿足以下性質：

根節點性質：根節點是黑色。
外部節點性質：外部節點是黑色。
內部節點性質：紅色節點的子節點是黑色。
深度性質：所有的外部節點都有相同的**黑色深度 (blackdepth)**，黑色深度是定義爲黑色祖先節點的個數減一。

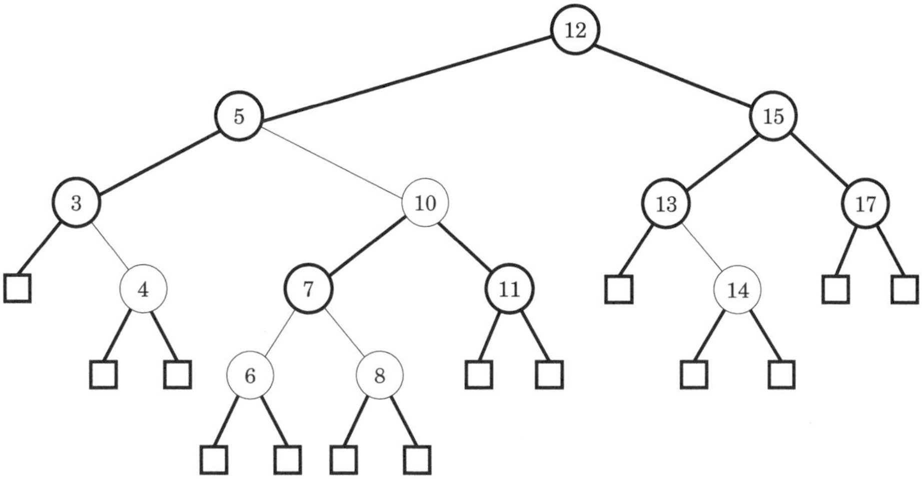

圖 3.25：與圖 3.18 中 (2, 4) 樹相對應的紅黑樹。在這個紅黑樹中的每一個外部節點都有三個黑色祖先節點；因此黑色深度為 3。記得粗線代表黑色節點。

圖 3.25 顯示的是是一個紅黑樹的例子。在本節中我們按照慣例，使用粗線來繪製黑色節點與其父節點之間的邊。

作爲本章的慣例，我們假設項目皆儲存在紅黑樹的內部節點，而其外部節點則爲空的佔位者。此外我們在描述演算法時，乃是假設外部節點是眞實存在的，不過要順道一提的是，如果處理複雜一點的搜尋和更新函式時，外部節點可以是空的或是指到 NULL_NODE 物件的參考。

如 3.26 的圖解，經由對應紅黑樹和 (2, 4) 樹，可以讓我們對紅黑樹的定義更有感覺。也就是，給定一個紅黑樹，我們可以經由合併每一個紅色節點 v 到它的父節點，並且在父節點儲存從 v 得來的項目來建構出其對應的 (2, 4) 樹。相反地，我們可以將每一個節點塗成黑色，並且爲每一個內部節點 v 執行簡單的轉型，以此將任意的 (2, 4) 樹轉換爲其對應的紅黑樹。

- 如果 v 是 2 節點，那麼就維持 v 原來的 (黑色) 子節點。
- 如果 v 是 3 節點，那麼就產生新的紅色節點 w，並將 v 的前兩個 (黑色) 子節點給 w，然後使 w 和 v 的第三個子節點作爲 v 的兩個子節點。
- 如果 v 是 4 節點，那麼就產生兩個新的紅色節點 w 和 z，把 v 的前兩個 (黑色) 子節點移到 w，把 v 的後兩個 (黑色) 子節點移到 z，然後使 w 和 z 作爲 v 的子節點。

紅黑樹和 (2, 4) 樹的對應關係提供了重要直覺，我們將會在接下來的討論中用到。實際上，如果沒有這項直覺，紅黑樹的更新演算法將會異常的複雜。紅黑樹也有以下的性質。

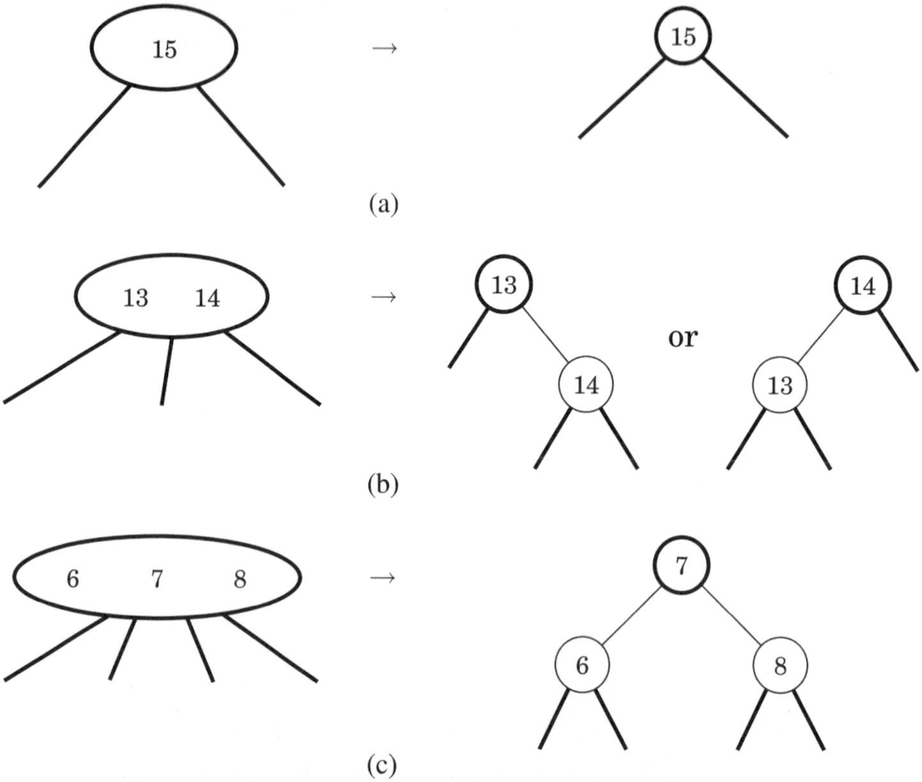

圖 3.26：**(2, 4)** 樹和紅黑樹的對應關係：**(a) 2** 節點；**(b) 3** 節點；**(c) 4** 節點。

定理 3.5： 儲存有 n 個項目的紅黑樹的高度是 $O(\log n)$。

證明：

令 T 是儲存有 n 個項目的紅黑樹，令 h 是 T 的高度。我們經由建立下述的事實來驗證這項定理：

$$\log(n+1) \geq h \geq 2\log(n+1)$$

令 d 是 T 的所有外部節點的共同黑色深度。令 T' 是 T 對應的 $(2, 4)$ 樹，令 h' 是 T' 的高度。已知 $h' = d$。所以由定理 3.4，$d = h' \geq \log(n+1)$。$d = h' \geq \log(n+1)$。由內部節點性質 $h \geq 2d$。所以我們得到 $h \geq 2\log(n+1)$。另外一個不等式 $\log(n+1) \geq h$。是由定理 2.8 以及 T 有 n 個內部節點的事實而得。■

我們假設紅黑樹是以二元樹的鏈結結構來加以實現。(第 2.3.4 節)，而在每個節點中我們儲存了字典項目和它的顏色指示子。因此儲存 n 個鍵值

的空間需求為 $O(n)$。在紅黑樹 T 中所使用的搜尋演算法和標準的二元搜尋樹一樣 (第 3.1.2 節)，因此在紅黑樹中的搜尋花費了 $O(\log n)$ 時間。

除了必須額外地回復顏色性質之外，紅黑樹的更新運算也和二元搜尋樹類似。

紅黑樹的插入

考慮在紅黑樹 T 當中插入具有鍵值 k 的元素 x，請回想樹 T 和和 $(2,4)$ 樹 T' 的對應關係以及 T' 的插入演算法。插入演算法在一開始和二元搜尋樹的一樣 (第 3.1.4 節)。也就是在 T 中搜尋 k 直到達到 T 的一個外部節點為止，然後我們將這個節點代換成儲存有 (k,x) 並且有兩個外部節點的內部節點 z，如果 z 是 T 的根節點，我們令 z 是黑色；不然我們令 z 是紅色。我們也令 z 的子節點為紅色。這個動作相當於插入 (k,x) 到 $(2,4)$ 樹 T' 中的一個具有外部節點的節點。除此之外，這個動作保持 T 的根節點性質、外部性質以及深度性質，但可能違反內部性質。確實如此，如果 z 不是 T 的根節點，而且 z 的父節點 v 是紅的，那麼我們就有了同時為紅色的父節點和子節點 (即 v 和 z)。注意到由根節點性質，v 不能是 T 的根節點，再由內部性質 (先前已經滿足)，v 的父節點 u 必須是黑色的。因為 z 和它的父節點都是紅色的，而 z 的祖父節點 u 是黑色的，我們將這種內部節點性質的違反稱為節點 z 的雙紅。

要修正雙紅，我們考慮兩種狀況：

狀況 1：v 的兄弟節點 w 是黑色的。(參考圖 3.27) 在這種狀況下，雙紅代表我們已經在紅黑樹中產生了對應於 $(2,4)$ 樹的 4 節點的異常代換，其中 4 節點的子節點即為 u、v、z 的四個黑色子節點。我們的異常代換中有一個紅色節點 (v)，它是另一紅色節點 (z) 的父節點，而我們想要的是使兩個紅色節點變成兄弟節點。我們執行 T 的三節點結構重建來修正這個問題。三節點結構重建是由運算 restructure (z) 來完成，它包含了以下的步驟 (再一次見圖 3.27；這項運算也在第 3.2 節中討論)：

- 取節點 z，它的父節點 v，和它的祖父節點 u，並且使用由左到右的順序重新標示它們為 a、b 和 c，所以在中序走訪中會以 a、b 和 c 這個順序拜訪。
- 將祖父節點 u 代換為標示為 b 的節點，並且使節點 a 和 c 成為 b 的子節點，以保持中序關係不變。

在執行了運算 restructure (z)之後，我們將 b 塗黑，並將 a 和 c 塗紅。像這樣，結構重建就消除了雙紅問題。

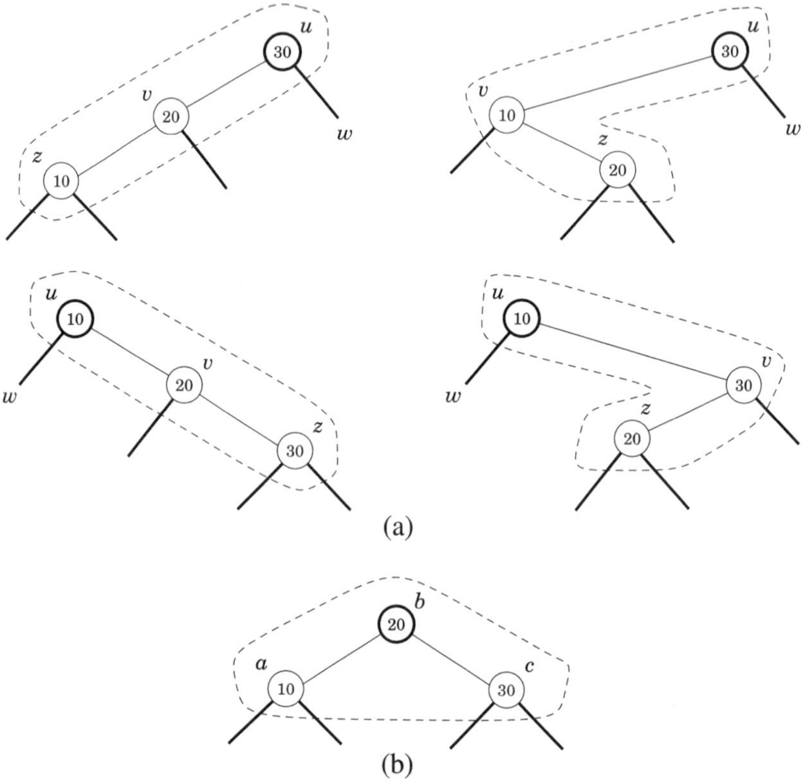

圖 **3.27**：結構重建紅黑樹解決雙紅問題：**(a)** 結構重建之前 u、v 和 z 的四種配置；**(b)** 結構重建之後。

狀況 2：v 的兄弟節點 w 是紅色的。(參考圖 3.28) 在這種狀況，雙紅表示的是在對應的 $(2,4)$ 樹 T 中的溢位。為了修正這個問題，我們執行分割運算的同等動作，也就是重新著色。我們將 v 和 w 塗黑，並且將它們的父節點 u 塗紅 (除非 u 是根節點，這樣的話 u 要塗黑)。在這樣的重新著色之後可能會重新出現雙紅問題，雖然因為 u 可能有紅色父節點而在 T 中往上。如果雙紅問題在 u 出現，那麼我們就要反覆地考慮 u 的兩種狀況。如此，重新著色如果不是在節點 z 消除了雙紅問題，就是將它傳遞到 z 的祖父節點 u。我們繼續在 T 中往上執行重新著色，直到我們最終解決雙紅問題為止 (以最後的重新著色或是三節點結構重建)。這樣，插入所造成的重新著色的個數會超過樹的高度的一半，也就是 $\log(n+1)$ (根據定理 3.5) 。

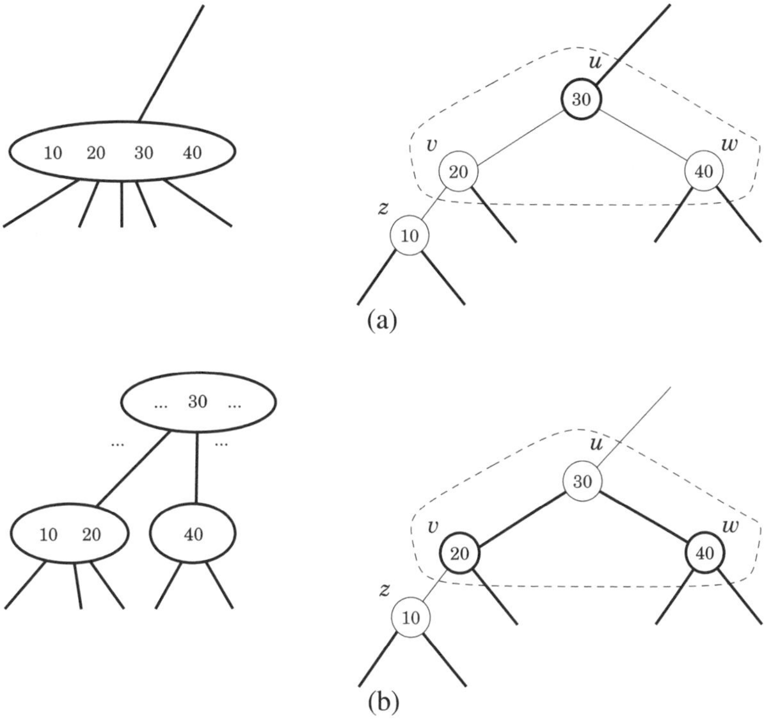

圖 3.28：重新著色解決雙紅問題：**(a)** 重新著色之前，以及相對應的分割前的 (2, 4) 樹 5 節點；**(b)** 重新著色之後 (以及分割後相對應的 (2, 4) 樹中的節點)。

圖 3.29 和 3.30 顯示了紅黑樹中一序列的插入。

插入的狀況暗示了紅黑樹的有趣性質。也就是，由於狀況 1 的動作以單一個三節點結構重建來消除雙紅問題，而狀況 2 並不執行結構重建運算，紅黑樹的插入最多只需要一次結構重建。由以上的分析以及結構重建與重新著色花費 $O(1)$ 時間，我們可得以下結論：

定理 3.6： 在儲存有 n 個項目的紅黑樹上面插入「鍵值−元素」項目，可以在 $O(\log n)$ 時間完成，並且需要最多 $O(\log n)$ 次重新著色以及一次三節點結構重建 (也就是 restructure 運算) 。

紅黑樹中的移除

假定現在我們被要求移除紅黑樹 T 中鍵值爲 k 的項目。移除這樣的一個項目剛開始和二元搜尋樹一樣 (第 3.1.5 節) 。第一，我們尋找儲存有這樣一個項目的節點 u。如果節點 u 沒有外部子節點，我們會在中序走訪中在 u 之後找到內部節點 v，移動 v 中的項目到 u，並且在 v 執行移除。所以，我們可以只考慮將儲存在有外部子節點w的節點v中，具有鍵值k的項目移除，並且，如同我們在插入所做的，我們要將紅黑樹和(2,4) T'之間的對應關係 (以及T'的移除演算法) 記在心裡。

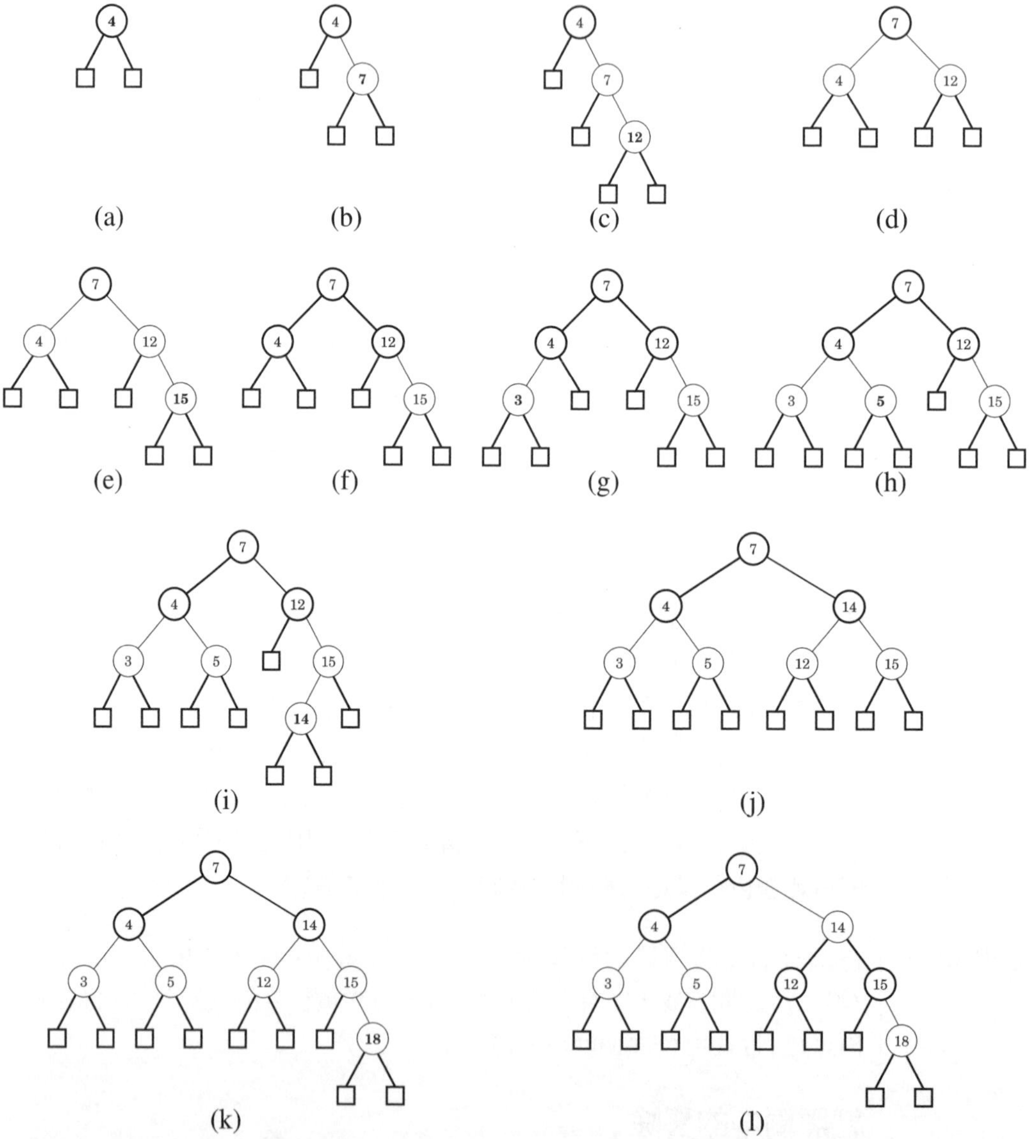

圖 3.29：紅黑樹中一序列的插入：**(a)** 初始樹；**(b)** 插入 7；**(c)** 插入 12，造成雙紅；**(d)** 結構重建後；**(e)** 插入 15，造成雙紅；**(f)** 重新著色後 (根節點保持黑色)；**(g)** 插入 3；**(h)** 插入 5；**(i)** 插入 14，造成雙紅；**(j)** 結構重建後；**(k)** 插入 18，造成雙紅；**(l)** 重新著色後。**(接續於圖 3.30)**

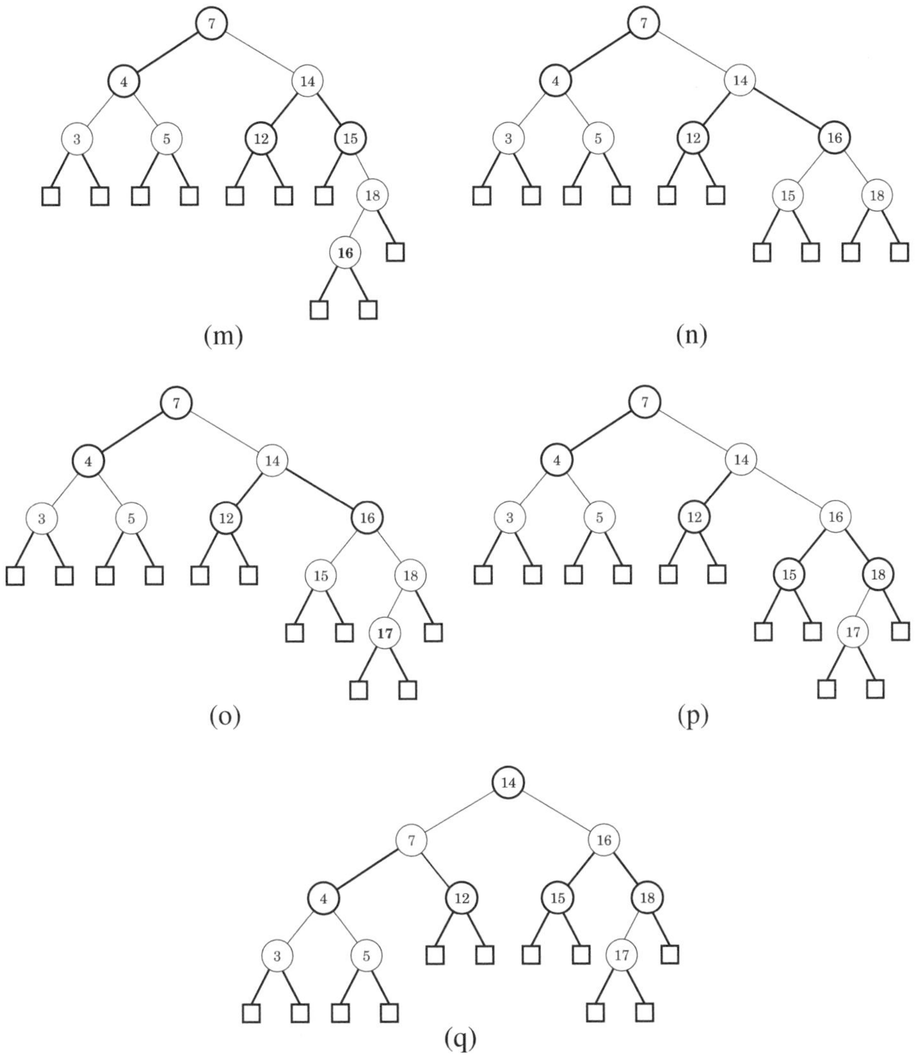

圖 3.30：紅黑樹中一序列的插入 (接續自圖 3.29) ：**(m)** 插入 16，造成雙紅；**(n)** 結構重建後；**(o)** 插入 17，造成雙紅；**(p)** 重新著色後再一次造成雙紅，以結構重建來處理；**(q)** 結構重建後。

要從 T 中帶有外部子節點 w 的節點 v，移除鍵值爲 k 的項目，我們如下處理。令 r 是 w 的兄弟節點，並且令 x 是 v 的父節點。我們移除節點 v 和 w，並且使 r 成爲 x 的子節點。如果 v 先前是紅色的 (所以 r 現在是黑色的) 或是 r 現在是紅色的 (所以 v 先前是黑色的)，那麼只要把 r 塗黑就完成了。如果 r 現在是黑色的，而且 v 先前是黑色的，那麼爲了保持深度性質，我們給 r 一個虛構的雙黑顏色。我們現在有了一個稱爲雙黑的顏色違反。T 中的雙黑表示在對應的 (2,4) 樹 T' 中的欠位。記得 x 是雙黑節點 r 的父節點。要修正在 r 中的雙黑性質我們考慮三種狀況。

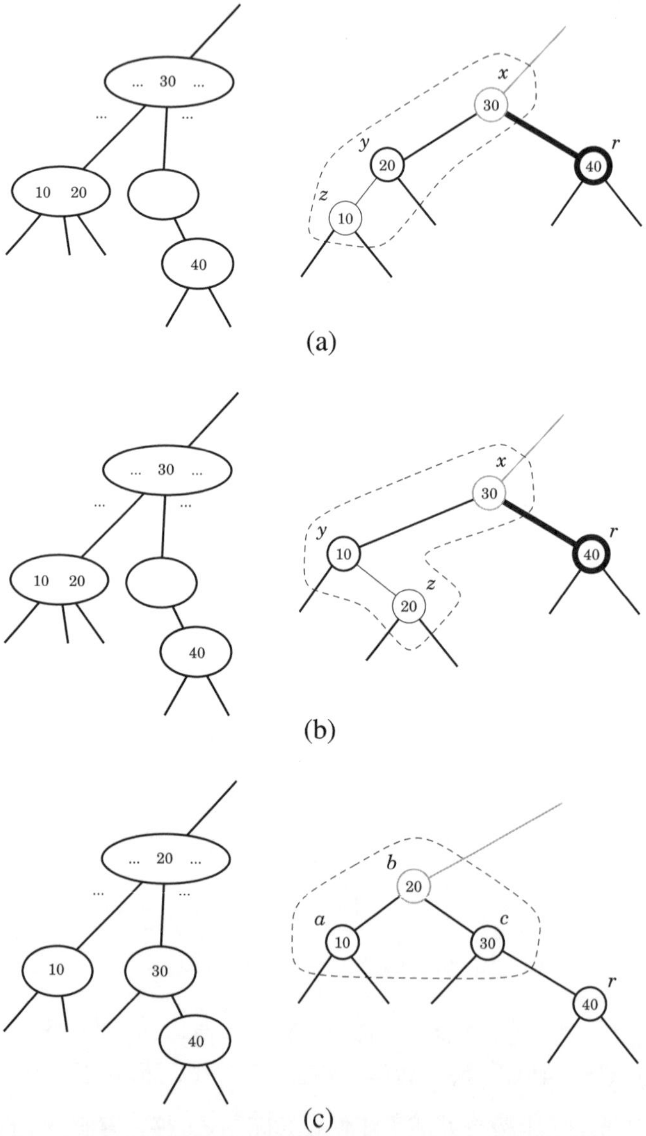

圖 3.31：紅黑樹為了補救雙黑問題的結構重建：**(a)** 和 **(b)** 結構重建之前的配置，其中 r 是右子節點以及 **(2, 4)** 樹中轉換之前的對應節點 **(**其他兩種 r 為左子節點的配置也是可能的**)**：**(c)** 結構重建之後的配置以及對應的轉換之後的 **(2, 4)** 樹。**(a)** 和 **(b)** 部份當中的節點 x 以及 **(c)** 部分的節點 b 可能是紅色或黑色的。

狀況 1：r 的兄弟節點 y 是黑色的並且有紅色子節點 z。(參考圖 3.31) 解決這種狀況相當於在 (2, 4) 樹 T' 上面執行轉換操作。我們經由運 restructure(z)來執行三節點結構重建。記得運算 restructure(z)要取節點z、它的父節點y、以及祖父節點x，暫時將它們由左至右標示為a、b和c，然後將x代換為標示為b的節點，再使它作為其他兩個節點的父節點。(請參考第 3.2 節當中 restructure 的描述)。我們將a和c塗成黑色，將b塗成x先前的顏色，並且將r塗成黑色。這個三節點結構重建會消去雙黑問題。所以，在這種狀況下，移除運算最多只會執行一次結構重建。

狀況 2：r的兄弟節點y是黑色的而且y的兩個子節點都是黑色的。(參考圖 3.32 和 3.33)。解決這種狀況相當於在對應的(2,4)樹T'中的結合運算。我們重新著色如下；我們將r塗黑並且將y塗紅，並且如果x是紅色的，我們就將它塗黑(圖 3.32)；不然的話，我們就將x塗成雙黑(圖 3.33)。所以重新著色之後，r的父節點x可能會重新出現雙黑問題。看圖 3.33。也就是，重新著色如果不是消除了雙黑性質，就是將它傳遞到目前節點的父節點。然後我們在父節點反覆考慮這三種狀況。如此，因為狀況 1 執行了三節點結構重建然後就停止 (我們可以很快看到狀況 3 也是類似的)，移除所造成的重新著色的次數不會超過$\log(n+1)$。

狀況 3：r的兄弟節點y是紅色的。(參考圖 3.34)。在這種狀況下，我們執行調整運算。如果y是x的右子樹，就令z為y的右子節點；不然就令z為y的左子節點。執行會將y變成x的父節點的三節點結構重建運算 restructure(z)。將y塗黑並將x塗紅。調整相當於在(2,4)樹T'上面選擇 3 節點的不同表現。在調整運算之後，r的兄弟節點會變黑，而且應用在狀況 1 或是狀況 2，x和y會有不同的意義。注意到如果應用在狀況 2 的話，就不會再次出現雙黑問題。這樣，要完成狀況 3 我們只要多應用上述狀況 1 或狀況 2 中的一種就能完成。因此在移除運算中最多只有一次調整運算會被執行。

從以上的演算法描述，我們看到了移除之後樹的更新需要，牽涉到樹T中往上前進的動作，其中每一個節點執行所需要的工作量(在結構重建、重新著色、或是調整)是常數的。我們在T中任一節點所做的改變花費$O(1)$時間，因為它只影響到常數個節點。並且，因為結構重建的狀況終結了往上傳遞，我們可以得到以下結果。

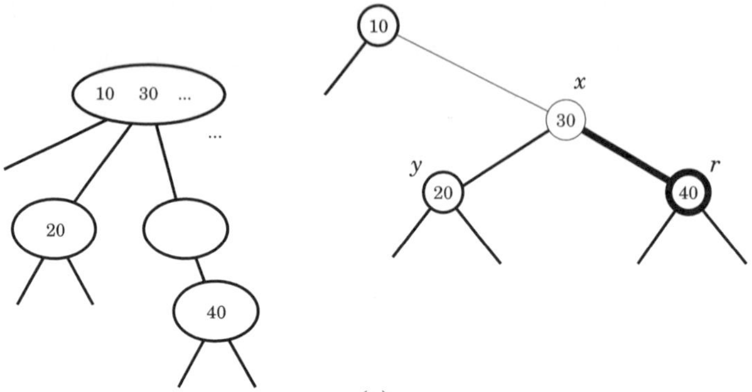

(a)

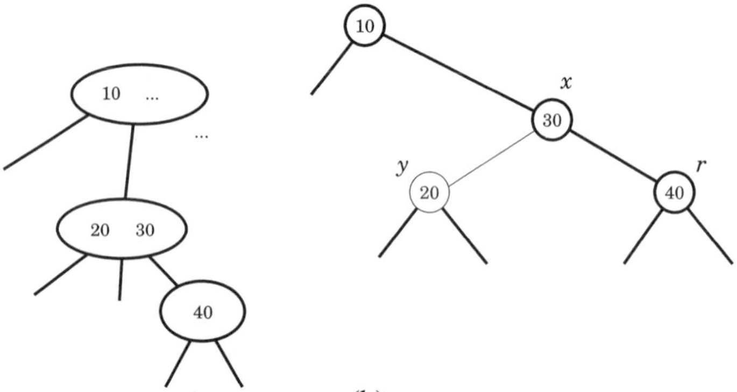

(b)

圖 3.32：將紅黑樹重新著色以修正雙黑問題：**(a)** 重新著色之前以及對應的 **(2, 4)** 樹在結合之前的相對應節點 (也可能是其他類似的配置)；**(b)** 重新著色之後以及對應的 **(2, 4)** 樹在結合之後的相對應節點 (也可能是其他類似的配置)。

定理 3.7： 用來從有 n 個項目的紅黑樹中移除項目的演算法需花費 $O(\log n)$ 時間，並且執行 $O(\log n)$ 個重新著色以及最多一次調整、再加上一次額外的三節點結構重建。所以它最多執行兩個 restructure 運算。

在圖 3.35 以及 3.36 中顯示了一序列的紅黑樹移除運算。我們將狀況 1 結構重建圖解在圖 3.35c 和 d。我們將狀況 2 重新著色圖解在圖 3.35 和 3.36 中的數個地方。最後，在圖 3.36i 和 j 中，我們顯示了狀況 3 調整。

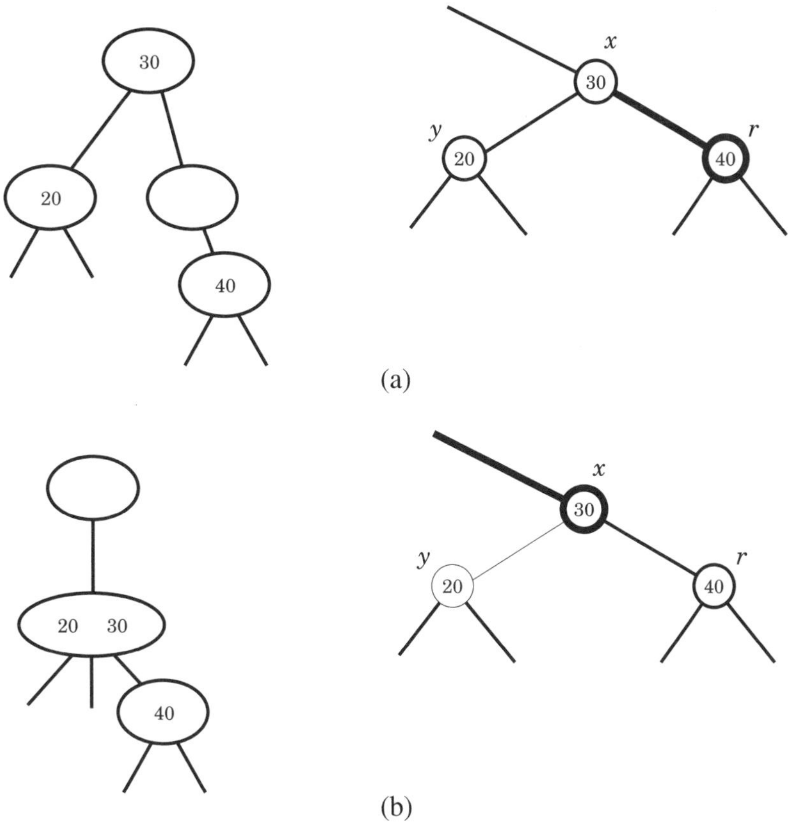

圖 3.33：傳遞雙黑問題的紅黑樹的重新著色：**(a)** 重新著色之前的配置以及對應的 **(2, 4)** 樹在結合之前的相對應節點 **(**也有可能是其他類似的配置**)**；**(b)** 重新著色之後的配置以及對應的 **(2, 4)** 樹在結合之後的相對應節點。

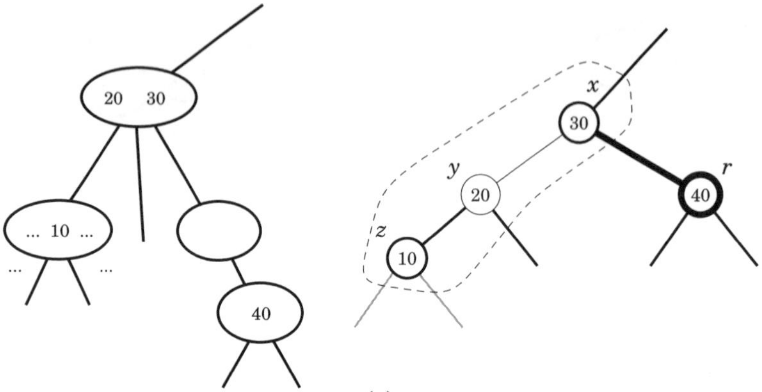

(a)

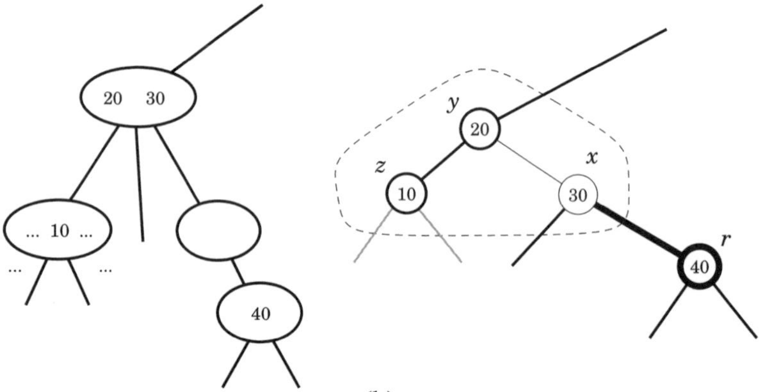

(b)

圖 **3.34**：出現有雙黑問題的紅黑樹的調整：**(a)** 調整之前的配置以及對應的 **(2, 4)** 樹中的相對應節點 **(**對稱的配置也是可能的**)** ；**(b)** 調整之後的配置以及對應的 **(2, 4)** 樹中的相對應節點。

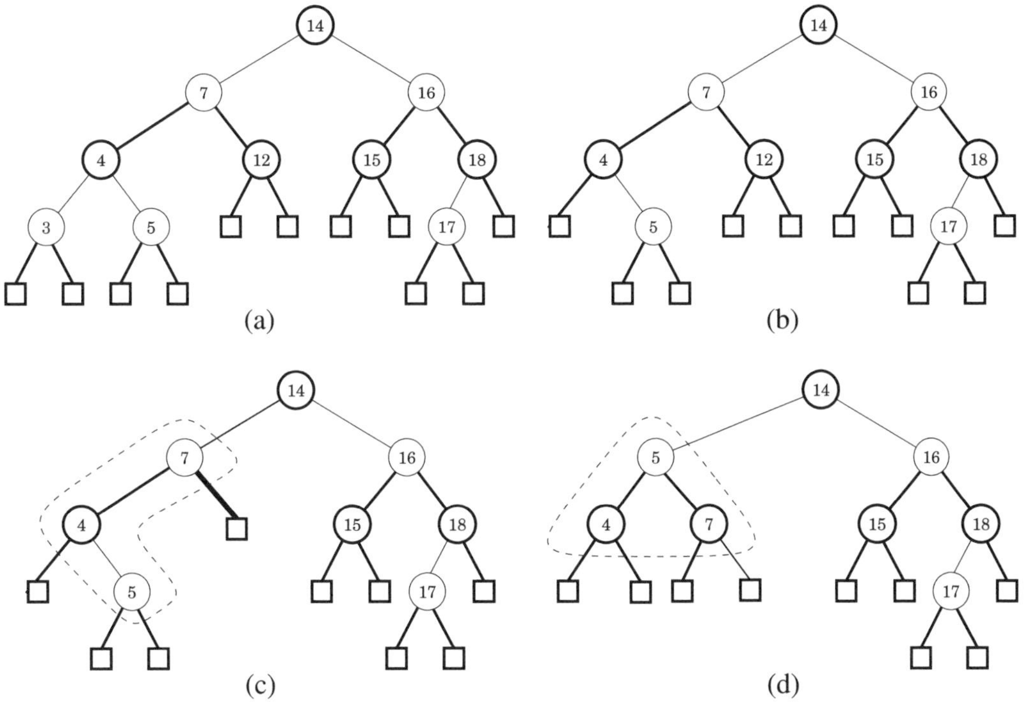

圖 **3.35**：紅黑樹的一序列移除：**(a)** 初始樹；**(b)** 移除 3；**(c)** 移除 12，造成雙黑 **(**以結構重建來處理**)**；**(d)** 結構重建之後。

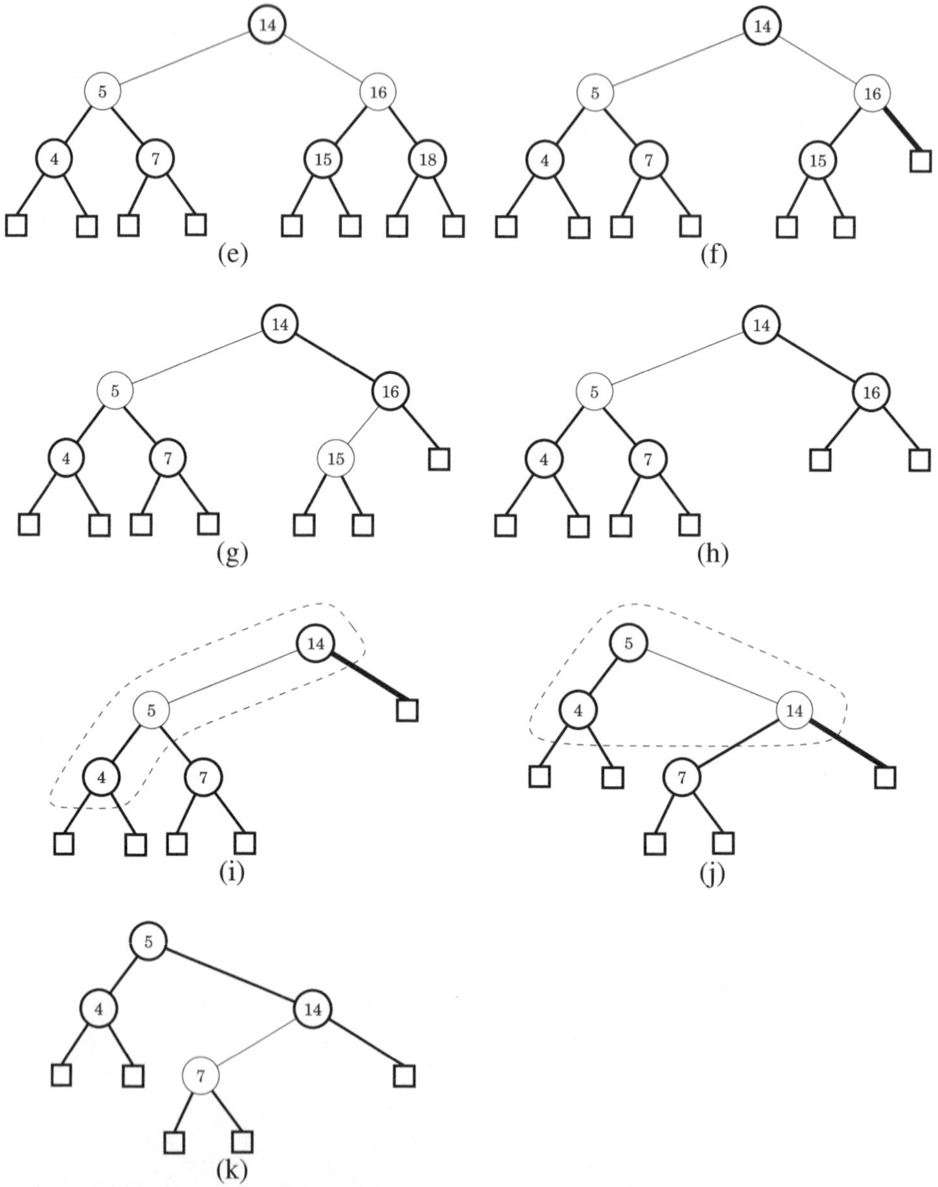

圖 **3.36**：紅黑樹的一序列移除 (接續上頁)：**(e)** 移除 17；**(f)** 移除 18，造成雙黑 (以重新著色來處理)；**(g)** 重新著色後；**(h)** 移除 15；**(i)** 移除 16，造成雙黑 (以調整來處理；**(j)** 調整後，造成需要由重新著色來處理的雙黑；**(k)** 重新著色後。

紅黑樹的效率

表 3.37 總結以紅黑樹加以實現的字典，其主要的運算的執行時間。我們在圖 3.38 中圖解了這些界限的驗證。

運算	時間
size, isEmpty	$O(1)$
findElement, insertItem, removeElement	$O(\log n)$
findAllElements, removeAllElements	$O(\log n+s)$

表 **3.37**：以紅黑樹實現的 n 元素字典的效率，其中 s 表示由 findAllElements 和 removeAllElements $O(n)$。

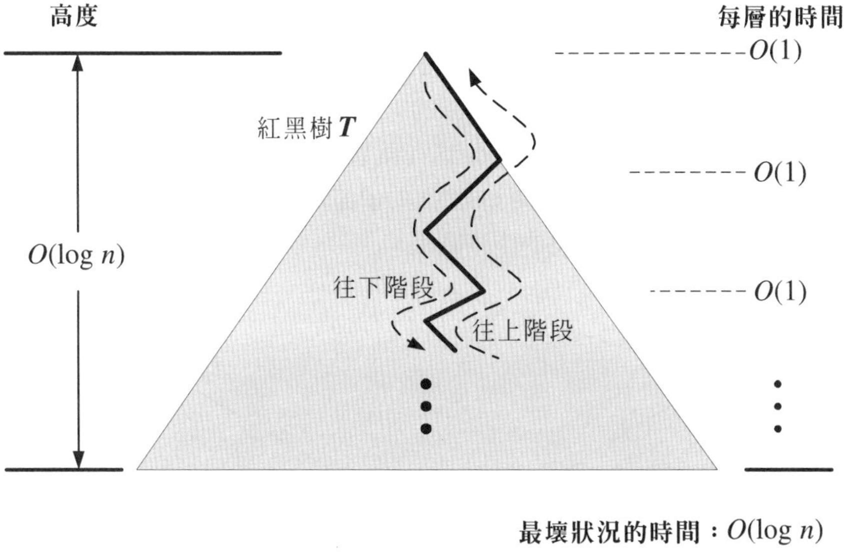

圖 **3.38**：更新的執行時間的圖解。每一階層的時間效將將率是 $O(1)$，分成往下階段，通常牽涉到搜尋，以及往上階段，通常牽涉到重新著色以及執行區域的三節點結構重建 **(**旋轉**)**。

這樣，紅黑樹在字典的搜尋和更新這兩方面都可以達到對數的最差狀況執行時間。紅黑樹的資料結構稍微比它相對應的 $(2,4)$ 樹要複雜。即使如此，紅黑樹仍具有概念上的優勢，也就是它只需要常數個數的三節點結構重建來回復更新之後紅黑樹的平衡。

3.4 外張樹

在本章當中所討論的最後一個平衡搜尋樹資料結構是外張樹。這個資料結構在概念上和先前所討論的平衡搜尋樹相當不同 (AVL、紅黑和 $(2,4)$ 樹)

，因爲外張樹並不使用任何明確的規則來保持它的平衡。取而代之的是，它在每次存取之後應用稱爲外張的特定的「移動到根節點」運算，以攤銷的概念來保持搜尋樹的平衡。外張運算是在插入、刪除或甚至是搜尋達到最底層的節點 x 的時候執行。外張最令人驚訝的是，它允許我們保證插入、刪除以及搜尋的攤銷執行時間爲對數。外張樹的結構是簡單的二元搜尋樹 T。事實上，這個樹中的節點並沒有額外的高度、平衡或是顏色標記。

3.4.1 外張運算

給定一個二元搜尋樹 T 的內部節點 x，我們經由一序列的結構重建把 x 移動到 T 的根節點來對它作外張。我們所執行的特別的結構重建是很重要的，因爲只做任意的結構重建並不足以移動 x 到 T 的根節點。我們所執行的將 x 往上移動的運算，和 x 的相對位置、它的父節點 y 以及 x 的祖父節點 z (如果存在的話) 有關。我們考慮的有三種狀況：

zig-zig: 節點 x 以及它的父節點 y 兩者都是左或右子節點。(參考圖 3.39) 把 z 代換成 x，使 y 成爲 x 的子節點並使 z 成爲 y 的子節點，同時維護著 T 中節點的中序關係。

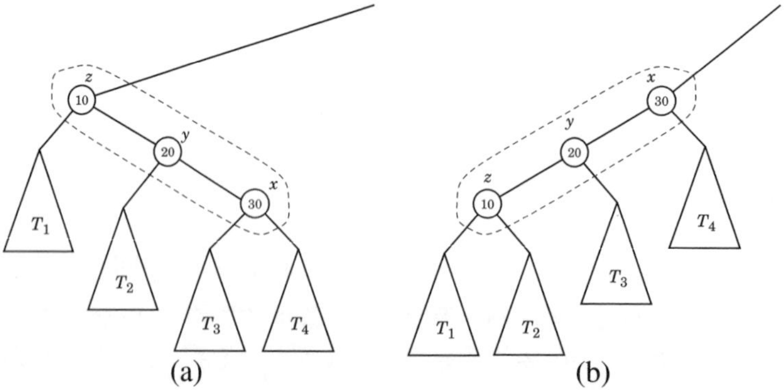

圖 3.39：**zig-zig**：**(a)**之前；**(b)** 之後。當 x 和 y 都是左子節點時，有著另一個對稱的配置。

zig-zag：x 和 y 的其中一個是左子節點，而另一個是右子節點。(參考圖 3.40)。在這種狀況下，我們將 z 取代爲 x 並使節點 y 和 z 成爲 x 的子節點，同時維護著 T 中節點的中序關係。

zig：x 沒有祖父節點 (或是因爲某種理由，不考慮 x 的祖父節點，參考圖 3.41) 在這種狀況下，我們 x 旋轉過 y，使得 x 的子節點爲節點 y 以及 x 先前的子節點 w，以便維護 T 中節點的相對中序關係。

我們在當 x 有祖父節點時執行 zig-zig 或 zig-zag，以及在當 x 有父節點但是沒有祖父節點時執行 zig。一次外張步驟包含了在 x 上反覆結構重建，直到 x 成為 T 的根節點。注意到這和一序列將 x 移動到根節點的簡單旋轉不同。在圖 3.42 和圖 3.43 中顯示了一個節點的外張範例。

在一次 zig-zig 或 zig-zag 之後，x 的深度以二遞減，而在一次 zig 之後，x 的深度以一遞減。這樣，如果 x 有深度 d，外張 x 包含了 $\lfloor d/2 \rfloor$ 次 zig-zigs 以及／或 zig-zags，如果 d 是奇數就再加上一次最後的 zig。因為單一個 zig-zig、zig-zag 或 zig 只影響到常數個數的節點，所以它可以在 $O(1)$ 時間內完成。所以，在二元搜尋樹 T 當中外張節點 x 要花費 $O(d)$ 時間，其中 d 是在 T 中的 x 深度。換句話說，對一個節點 x 執行外張步驟的執行時間，與從 T 的根節點做由上至下 (top-down) 搜尋時剛好到達該節點的時間相同。

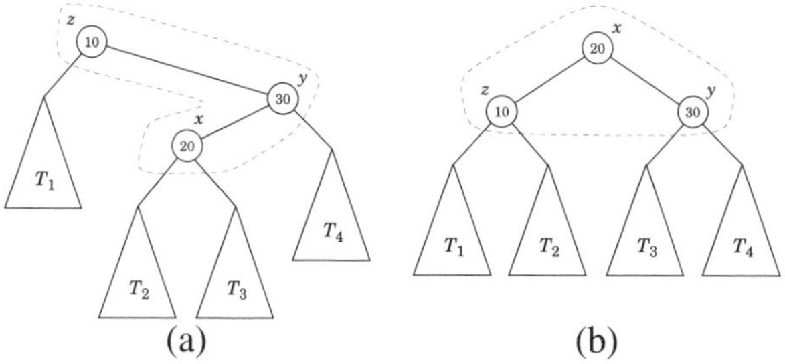

圖 3.40：**Zig-zag**：**(a)** 之前；**(b)** 之後。當 x 是右子節點而且 y 是左子節點時，有著另一個對稱的配置。

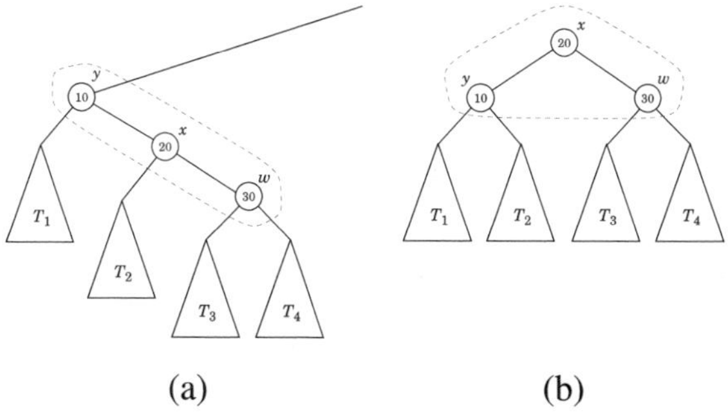

圖 3.41：**Zig**：**(a)** 之前；**(b)** 之後。 當 x 和 w 是左子節點時，有著另一個對稱的配置。

何時外張

支配何時應當執行外張的規則如下：

- 尋鍵值 k 的時候，若在節點 x 找到 k，我們就外張 x，不然我們就外張在搜尋不成功地終止之處的外部節點之父節點。例如，圖 3.42 和 3.43

的外張可以在當搜尋鍵值 14 成功之後或是搜尋鍵值 14.5 失敗之後執行。

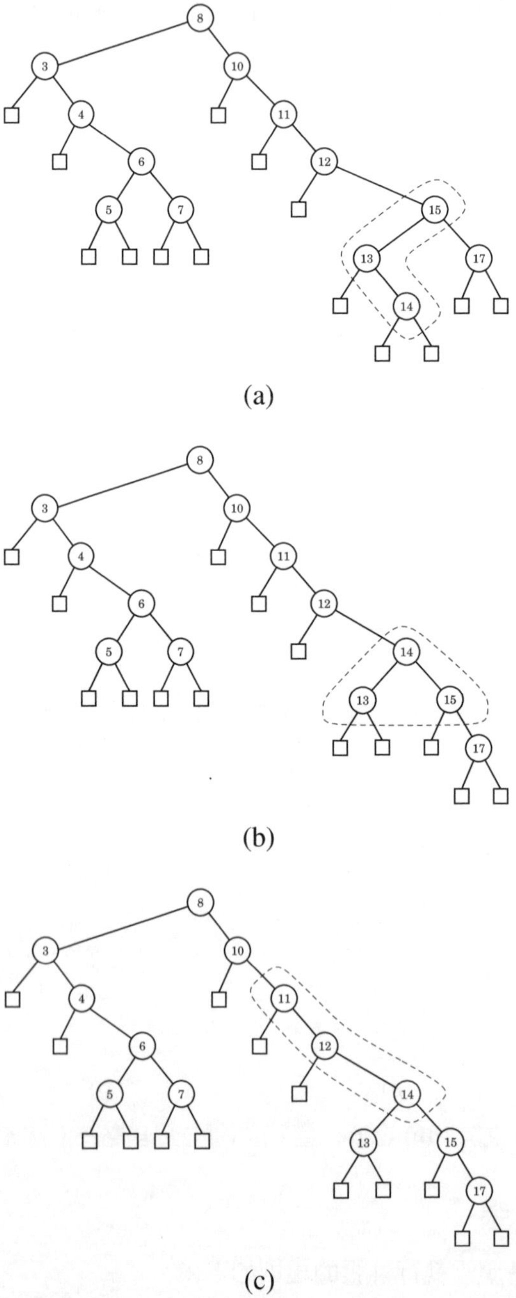

圖 3.42：外張一個節點的範例：**(a)** 外張儲存 14 的節點，以 **zig-zag** 作為開始，**(b)** 在 **zig-zag** 之後；**(c)** 下一個步驟是 **zig-zig**。

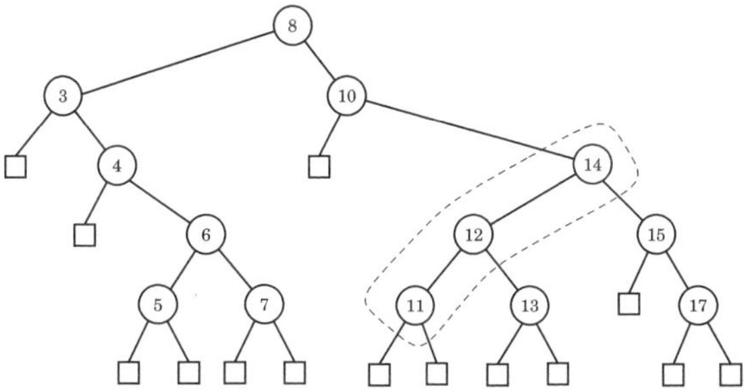

(d)

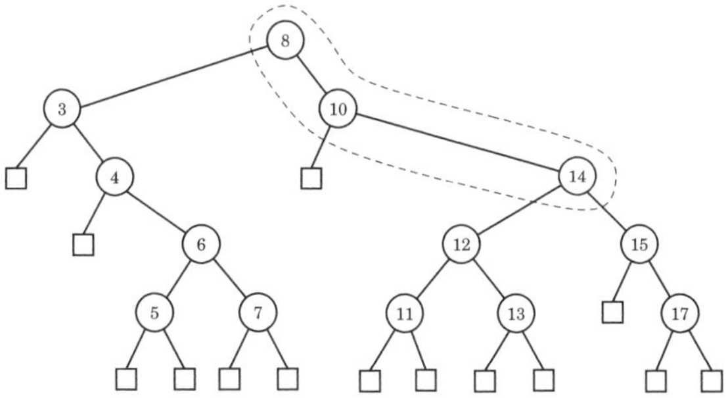

(e)

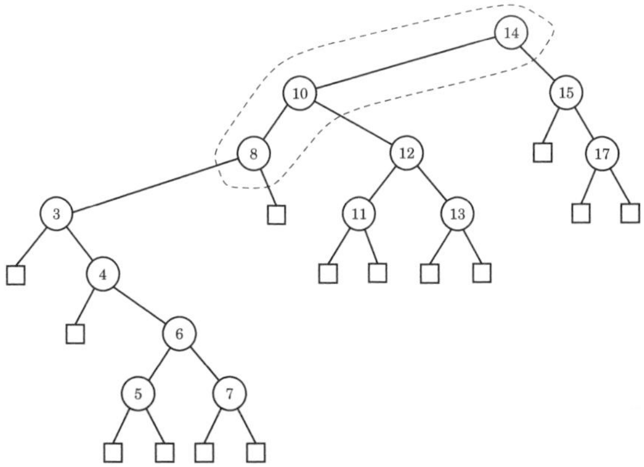

(f)

圖 **3.43**：外張一個節點的範例 **(**接續圖 **3.42)**：**(d)** 在 **zig-zig** 之後；**(e)** 下一個步驟也是 **zig-zig**；**(f)** 在 **zig-zig** 之後。

- 入鍵值 *k* 時，我們就外張 *k* 所插入的那個新產生的內部節點。例如，若 14 是新插入的鍵值。例如，在圖 3.42 與 3.43 中的外張可以在當 14 是新插入的鍵值時執行。我們在圖 3.44 中顯示在一棵外張樹中一序列的插入。

- 當刪除鍵值 k 時，我們就外張被移除節點 w 的父節點，也就是，w 如果不是儲存有 k 的節點，就是它的其中一個子孫。(回想第 3.1.2 節中的二元搜尋樹的刪除演算法)。刪除之後的外張範例顯示在圖 3.45 中。

在最差狀況下，在一棵高度爲 h 的外張樹中，搜尋、插入或刪除的全部執行時間爲 $O(h)$，因爲我們外張的節點可能就是樹的最深節點。而且如同在圖 3.44 中所顯示的，h 有可能是 $\Omega(n)$。因此，從最差狀況的觀點來看，外張樹並不是一個吸引人的資料結構。

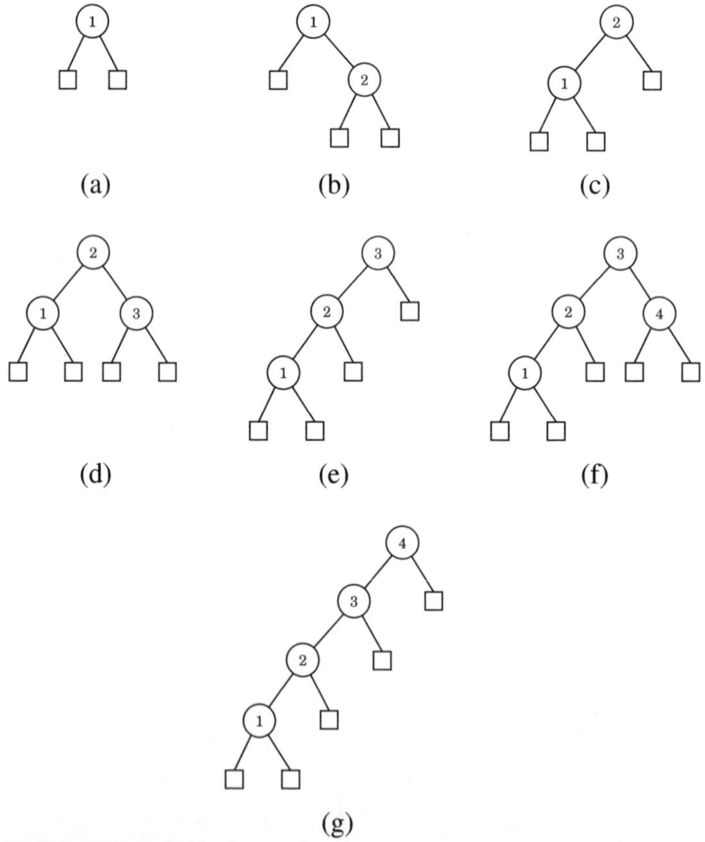

圖 **3.44**：在外張樹中一序列的插入：**(a)** 初始樹；**(b)** 插入 2 之後；**(c)** 外張之後；**(d)**插入 **3** 之後；**(e)** 外張之後；**(f)** 插入 4 之後；**(g)** 外張之後。

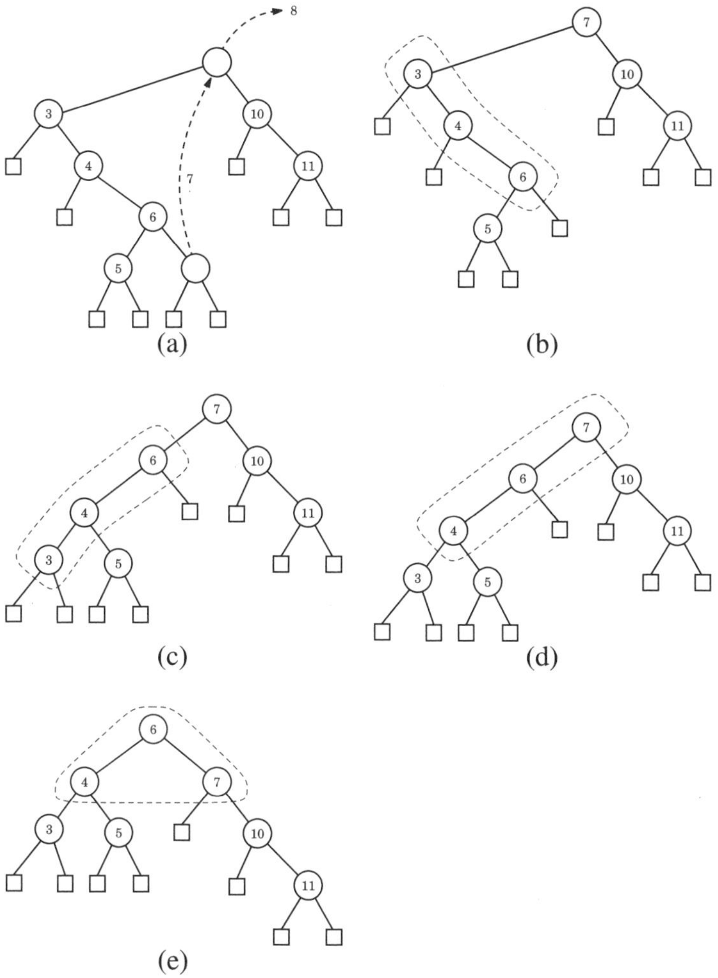

圖 3.45：從外張樹中的刪除：**(a)** 從節點 r 刪除 8，是以移動在 r 的左子樹中最右側節點 v 的鍵值到 r、刪除 v 以及外張 v 的父節點 u 來加以執行的；**(b)** 以 zig-zig 開始來外張 u；**(c)** 在 zig-zig 之後；**(d)** 下一步驟是 zig；**(e)** 在 zig 之後。

3.4.2 外張的攤銷分析

儘管外張樹在最差狀況下的執行效率很糟，但是以攤銷的方式來看，外張樹的表現還算不錯。也就是，在一序列混合的搜尋、插入以及刪除，每一次運算的平均花費是對數時間。我們注意到執行搜尋、插入或刪除運算的時間和與之相關的外張時間成比例；所以，在我們的分析當中，我們只考慮外張時間。

令 T 是具有 n 個鍵值的外張樹，並且令 v 是 T 的節點。我們將 v 的大小

$n(v)$ 定義成以 v 作爲根節點的子樹的節點個數。注意到內部節點的大小比它兩個子節點的大小總和還要大一。我們將節點 v 的等級 $r(v)$ 定義成以 2 爲底的對數所表示的 v 的大小，也就是 $r(v) = \log n(v)$。很清楚的，T\,的根節點具有最大的大小 $2n+1$ 以及最大的等級 $\log(2n+1)$，而每一個外部節點則有著大小 1 以及等級 0。

我們使用電子幣來支付在樹 T 當中節點 x 的外張所要執行的工作，並且我們假設一元電子幣可以支付一次 zig，而二元電子幣可以支付一次 zig-zig 或 zig-zag。所以，外張一個深度爲 d 的節點需要花費 d 個電子幣。我們在 T 中的每一個內部節點中保持一個虛擬帳戶以用來儲存電子幣。注意到這些帳戶只爲了我們的攤銷分析而存在，並不需要被包含在實作外張樹 T 的資料結構當中。當我們執行一次外張運算時，我們會付出一些數量的電子幣 (確實的值會在稍後決定)。我們分辨出三種狀況：

- 如果支付的款項相當於外張工作，我們就將它全部用來支付外張運算。
- 如果支付的款項大於外張工作，我們就將超過的部分儲蓄在數個節點的帳戶當中。
- 如果支付的款項小於外張工作，我們就從數個節點中的帳戶提領出來以補不足之處。

我們證明了在每一次運算中，$O(\log n)$ 電子幣所支付的款項足夠保持住系統的工作，也就是，確定了每一個節點都保持了非負的帳戶平衡。我們也保持以下的不變量：

外張的前後，每一個 T 的節點 v 都有 $r(v)$ 元電子幣。

注意到此不變量並不要求我們贈與空樹任何電子幣。令 $r(T)$ 是 T 當中所有節點等級的總合。爲了在外張之後保持不變量，我們必須使支付的款項等於外張工作加上在 $r(T)$ 中的所有改變。我們會以子步驟來指稱在外張樹中的單一個 zig、zig-zig 或 zig-zag 運算。並且，我們將一次外張子步驟前後的 T 的節點 v 的等級分別表示成 $r(v)$ 和 $r'(v)$。下述的引理給出了單一外張子步驟所造成的 $r(T)$ 的改變的上限。

引理 3.8： δ 是外張樹 T 中，對節點 x 做單一外張子步驟 (zig、zig-zig 或 zig-zag) 所造成的 $r(T)$ 變化量。我們有以下結果：

- $\delta \le 3(r'(x) - r(x)) - 2$ 如果子步驟爲 zig-zig 或 zig-zag。
- $\delta \le 3(r'(x) - r(x))$ 如果子步驟爲 zig。

證明：

我們必須使用以下的數學事實 (請見附錄 A)：若 $a>0$，$b>0$ 以及 $c>a+b$，則

$$\log a + \log b \leq 2\log c - 2$$

讓我們考慮每一種型式的外張子步驟對 $r(T)$ 所造成的改變。

zig-zig：(想圖 3.39) 因爲每個節點的大小比它的兩個子節點的大小還要大一，注意到只有 x、y 和 z 的等級在 zig-zig 運算當中改變，其中 y 是 x 的父節點，而 z 是 y 的父節點。又，$r'(x) = r(z)$、$r'(y) \geq r'(x)$ 而且 $r(y) \geq r(x)$。因此，我們有：

$$\begin{aligned}\delta &= r'(x)+r'(y)+r'(z)-r(x)-r(y)-r(z)\\ &\leq r'(y)+r'(z)-r(x)-r(y)\\ &\leq r'(x)+r'(z)-2r(x)\end{aligned}$$

觀察到 $n(x)+n'(z) \leq n'(x)$。所以，由公式 3.6 $r(x)+r'(z) \leq 2r'(x)-2$。也就是，

$$r'(z) \geq 2r'(x)-r(x)-2$$

這個不等式和公式 3.7 暗示了：

$$\begin{aligned}\delta &\leq r'(x)+(2r'(x)-r(x)-2)-2r(x)\\ &\leq 3(r'(x)-r(x))-2\end{aligned}$$

zig-zag：(回想圖 3.40)。再一次，由大小和等級的定義，只有 x、y 和 z 的等級有改變，其中 y 表示 x 的父節點而 z 表示 y 的父節點。又，$r'(x) = r(z)$ 且 $r(x) \leq r(y)$。所以

$$\begin{aligned}\delta &= r'(x)+r'(y)+r'(z)-r(x)-r(y)-r(z)\\ &\leq r'(y)+r'(z)-r(x)-r(y)\\ &\leq r'(y)+r'(z)-2r(x)\end{aligned}$$

觀察到 $n'(y)+n'(z) \leq n'(x)$。所以，由公式 3.6，$r'(y)+r'(z) \leq 2r'(x)-2$。這個不等式和公式 3.8 暗示了：

$$\begin{aligned}\delta &\leq 2r'(x)-2-2r(x)\\ &\leq 3(r'(x)-r(x))-2\end{aligned}$$

zig：(回想圖 3.41)。在這個狀況下，只有 x 和 y 的等級有改變，其中 y 表示 x 的父節點。又，$r'(y) \leq r(y)$ 且 $r'(x) \geq r(x)$。因此

$$\begin{aligned}\delta &= r'(y)+r'(x)-r(y)-r(x)\\ &\leq r'(x)-r(x)\\ &\leq 3(r'(x)-r(x))\end{aligned}$$

■

定理 3.9： 令T為具有根節點t的外張樹，並令Δ是因為外張深度d的節點x所造成的$r(T)$之總變化量。我們得到：

$$\Delta \le 3(r(t) - r(x)) - d + 2。$$

證明：

外張節點x包含$p = \lceil d/2 \rceil$次外張子步驟，其中的每一次都是 zig-zig 或 zig-zag，除了最後一次在當d為奇數時是 zig 之外。對於$i = 1$、⋯、 p，令$r_0(x) = r(x)$是x的初始等級，並且令$r_i(x)$是在第i次子步驟之後的x的等級，以及令δ_i是由第i次子步驟所造成的$r(T)$的變異量。根據引理 3.8，由外張節點x所造成的$r(T)$的變化量Δ給定如下：

$$\begin{aligned}\Delta &= \sum_{i=1}^{p} \delta_i \\ &\le \sum_{i=1}^{p} (3(r_i(x) - r_{i-1}(x)) - 2) + 2 \\ &= 3(r_p(x) - r_0(x)) - 2p + 2 \\ &\le 3(r(t) - r(x)) - d + 2\end{aligned}$$

■

根據定理 3.9，如果我們用$3(r(t) - r(x)) + 2$元電子幣來支付節點x的外張動作，我們會有足夠的電子幣來維持不變量，並在T中的每一個節點v保持$r(v)$元電子幣，我們也能夠支付要花費d元電子幣的整個外張工作。因為根節點t的大小是$2n+1$，所以它的等級是$r(t) = \log(2n+1)$。除此之外，我們有$r(x) < r(t)$。這樣，外張運算所要支付的款項是$O(\log n)$元虛擬錢幣。為了完成我們的分析，我們必須計算在當節點插入或是刪除時，維護不變量所需要的花費。

當插入新的節點v到具有n個鍵值的外張樹中時，v所有祖先節點的等級都會增加。也就是，令v_0、v_i、⋯、v_d是v的祖先節點，其中$v_0 = v$，而v_i是v_{i-1}的父節點，並且v_d是根節點。對於$i = 1$、⋯、 d令$n'(v_i)$和$n(v_i)$分別是v_i在插入之前和之後的大小，並且令$r'(v_i)$和$r(v_i)$分別是v_i插入之前和之後的大小。我們得到：

$$n'(v_i) = n(v_i) + 1$$

又，對於$i = 0$、1、⋯、$d-1$，因為$n(v_i) + 1 \le n(v_{i+1})$，我們對在這個範圍中的每一個$i$有以下的結果：

$$r'(v_i) = \log(n'(v_i)) = \log(n(v_i) + 1) \le \log(n(v_{i+1})) = r(v_{i+1})$$

這樣，由於插入所造成的$r(T)$的所有變化量為：

$$\sum_{i=1}^{d} (r'(v_i) - r(v_i)) \le r'(v_d) + \sum_{i=1}^{d-1} (r(v_{i+1}) - r(v_i))$$

$$= r'(v_d) - r(v_0)$$
$$\le \log(2n+1)$$

如此，支付 $O(\log n)$ 元虛擬錢幣就足夠在插入新節點時維持不變量。

當從具有 n 個鍵值的外張樹中刪除節點 v，v 所有祖先節點的等級都會降低。所以，刪除對 $r(T)$ 所造成的變化量爲負，所以我們不需要支付任何款項來維持這個不變量。因此，我們可以在以下的定理對攤銷分析做個總結。

定理 3.10： 考慮在外張樹上面一連串 m 個運算，而且每一個搜尋、插入或是刪除運算都是從一個空的，沒有任何鍵值的外張樹開始。又，令 n_i 代表在運算 i 之後樹的鍵值個數，n 是插入的總次數。執行這一系列運算所需的所有執行時間爲：

$$O\left(m + \sum_{i=1}^{m} \log n_i\right)$$

此即爲 $O(m\log n)$。

換句話說，在外張樹中執行搜尋、插入或是刪除的攤銷執行時間是 $O(\log n)$，其中 n 是此時的外張樹大小。這樣，外張樹可以用來實作能夠達到對數時間攤銷效率的有序字典 ADT。這個攤銷效率就能和 AVL 樹、(2, 4) 樹與紅黑數的最差狀況效率一樣。不過它使用了並沒有在節點上儲存任何額外平衡資訊的簡單的二元樹就做到了。除此之外，外張樹有其他別的平衡樹所沒有的有趣性質是。我們在以下的定理探索這樣的額外性質 (這個定理有時候稱爲外張樹的「靜態最佳化」定理)。

定理 3.11： 考慮在外張樹上一序列的 m 次運算，而且每一個搜尋、插入或是刪除運算都是從一個空的，沒有任何鍵值的外張樹開始。又，令 $f(i)$ 表示項目 i 在外張樹中被存取的次數，也就是它的頻率 (frequency)，並且令 n 是項目的總個數。假設每一個項目都至少會被存取一次，則執行這一序列運算所需的全部執行時間爲：

$$O\left(m + \sum_{i=1}^{n} f(i)\log(m/f(i))\right)$$

我們將這個定理的證明留作爲習題。關於這個定理值得注意的是，存取項目 i 的攤銷執行時間是 $O(\log(m/f(i)))$。例如，如果一連串運算最多存取某一項目 i 的次數是 $m/4$，那麼在當字典是以外張樹來加以實作時，每次存取所需的攤銷執行時間是 $O(1)$。相較之下，如果字典是使用 AVL 樹、

(2, 4) 數或紅黑樹來加以實作，那麼存取這個項目所需的時間則為 $\Omega(\log n)$。所以外張樹的另一個好性質，就是它們能夠在字典中「調整」項目被存取的方式，以達到針對較常存取項目的較快執行時間。

3.5 跳躍串列

一個用來有效率地實現有序字典 ADT 的有趣資料結構是**跳躍串列 (skip list)**。這個資料結構會在排列資料時作出隨機的選擇，以使搜尋和更新時間平均 (on average) 為對數時間。

隨機化的資料結構和演算法

有趣的是，這裡所使用的平均時間複雜度和輸入鍵值的機率分佈無關，而是和插入實作中用來決定新項目位置的亂數產生器有關。也就是說，資料結構的結構以及某些作用在它上面的演算法，和隨機事件的結果有關。在這種情境下，插入項目時，依據亂數所產生的所有可能結果，使得執行時間平均化了。

由於它們廣泛地被使用在電腦遊戲、密碼學和電腦模擬中，大部分的現代電腦中都內建有產生可被視為亂數之數字的函式。有些稱為**假隨機數字產生器 (pseudo-random number generators)** 的函式，是以決定性的方式 (diterministically) 產生類似隨機的數字，它是以稱為**種子 (seed)** 的初始數字來開始。其他的函式則使用硬體裝置從自然界取得「真的」隨機變數。無論採用何種函式，我們都假設電腦所取得的數字對我們的分析是夠隨機的。在資料結構以及以演算法設計當中使用**隨機化 (randomization)** 的主要好處是，其結果通常是簡單而且有效率的。我們可以設計一個稱為跳躍串列的簡單隨機化資料結構，它的搜尋有著對數時間的上限，和二元搜尋演算法所達到的類似。儘管如此，當在查詢表中進行二元搜尋是**最差情況 (worst-case)** 時，在跳躍串列中仍然可以期待對數界限。另一方面，對於字典更新而言，跳躍串列比起查尋表要快多了。

跳躍串列的定義

字典 D 的**跳躍串列 (skip list)** S 包含了一系列的串列 $\{S_0, S_1, ..., S_h\}$。每個串列 S_i 儲存有 D 的項目子集合，並以一個非遞減鍵值加上兩個特別的鍵值—記作 $-\infty$ 和 $+\infty$ —來加以排序，其中 $-\infty$ 比任何可能在 D 中插入的鍵值還要小，而 $+\infty$ 則比任何可能在 D 中插入的鍵值還要大。此外，S 中的串列滿足以下性質：

- 串列 S_0 包含有字典 D 中的每一個元素 (再加上具有鍵值 $-\infty$ 和 $+\infty$ 的特別項目)。
- 對 $i = 1$、⋯、$h-1$，串列 S_i 包含 (除了 $-\infty$ 以及 $+\infty$ 之外) 串列 S_{i-1} 中項目隨機選取所產生的子集合。
- 串列 S_h 只包含 $-\infty$ 和 $+\infty$。

跳躍串列的一個範例顯示在圖 3.46 中。跳躍串列 S 的視覺習慣爲 S_0 在底下，而 S_1、⋯、S_h 在它上面。又，我們以 h 來表示跳躍串列 S 的高度 (height)。

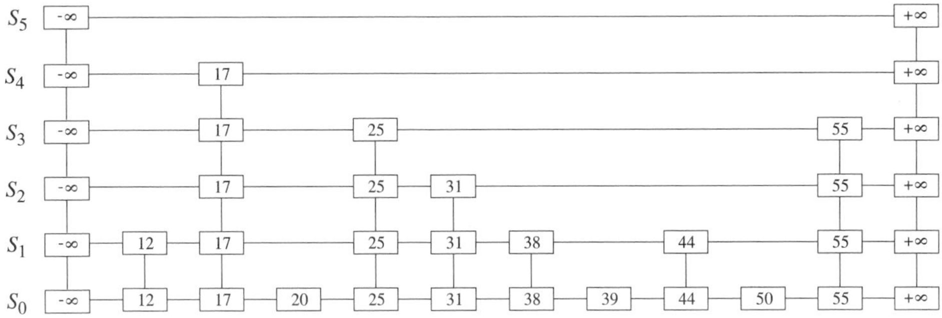

圖 3.46：跳躍串列的範例。

直觀上，串列被設定爲使 S_{i+1} 包含有差不多 S_i 中的每個其他項目。如同我們會在插入函式的細節中所看到的，在 S_{i+1} 中的項目是由 S_i 中的項目隨機選擇，其中從 S_i 選取到的任一個元素同樣在 S_{i+1} 中也有的機率是 1/2。這實質上就是我們對 S_i 中的元素「投擲銅板」，如果是正面就將項目放在 S_{i+1} 中。所以我們期望 S_1 有約 $n/2$ 個項目，S_2 有約 $n/4$ 個項目，一般來說 S_i 有約 $n/2^i$ 個項目。換句話說，我們期望 S 的高度 h 大約是 $\log n$。然而，從一個串列中取出折半的項目個數到另一個串列並不是跳躍串列所要強制執行的明確性質。而是隨機化的使用。

我們取用串列和樹所使用的位置特性，將跳躍串列視爲二維位置集合，水平方向爲階層，垂直方向爲塔。每一個階層是串列 S_l，每一個塔包含了儲存有跨越鄰近連續串列中相同項目的位置。跳躍串列中的位置可以使用以下的運算加以走訪：

after(p)： 傳回同一階層中，在 p 後面的位置。
before (p)： 傳回同一階層中，在 p 前面的位置。
below (p)： 傳回同一塔中，在 p 下面的位置。

above (p)： 傳回同一塔中，在p上面的位置。

我們假設，如果要求的位置並不存在的話，則以上的運算會傳回空位置。不進入細節地講，請注意我們可以很容易地以鏈結結構來實作跳躍串列，對於一給定之跳躍串列位置p，上述的每一個走訪函式花費$O(1)$時間。這樣的一個鏈結結構本質上是h個排在塔上的雙向鏈接串列的集合，其中塔也是雙向鏈結串列。

3.5.1 搜尋

跳躍串列能夠簡化字典搜尋演算法。事實上，所有的跳躍串列搜尋函式都是以巧妙的 SkipSearch 程序爲基礎，顯示在演算法 3.47 當中，它會取鍵值k並在跳躍串列S當中找尋擁有小於或等於k的最大鍵值 (可能是 $-\infty$) 的項目。

Algorithm SkipSearch(k):
　Input: A search key k
　Output: Position in S whose item has the largest key less than or equal to k

　Let p be the top-most, left position of S (which should have at least 2 levels).
　while below(p) $\neq$ **null** **do**
　　$p \leftarrow$ below(p)　　　{drop down}
　　while key(after(p)) $\leq k$ **do**
　　　Let $p \leftarrow$ after(p)　　　{scan forward}
　return p.

演算法 **3.47**：跳躍串列S中的搜尋演算法。

讓我們更進一步來檢驗這個演算法。在 SkipSearch 函式開始時，我們將位置變數p設定爲跳躍串列S中的最左上位置。也就是，p被設定爲在S_h中具有鍵值$-\infty$的特別項目。然後我們就可以執行下列步驟 (見圖 3.48)：

1. S.below(p)是空的，那麼搜尋就會終止－我們現在就在最底層，並且已找出S中鍵值小於或等於k的最大元素位置。不然，我們就以$p \leftarrow S$.below (p)的設定下移到目前塔的下一層。
2. 置p開始將p往前移動，直到它位在目前階層的最右邊 right-most 的位置爲止，並且使得 key (p) $\leq k$。我們稱這個是向前掃描步驟。注意到這種位置總是存在，因爲每一階層都會包含有特別的鍵值$+\infty$和$-\infty$。 實際上，我們在這一階層執行了向前掃描之後，p可能仍在它開始時的位置。 無論如何，我們接下來再重複前面的步驟。

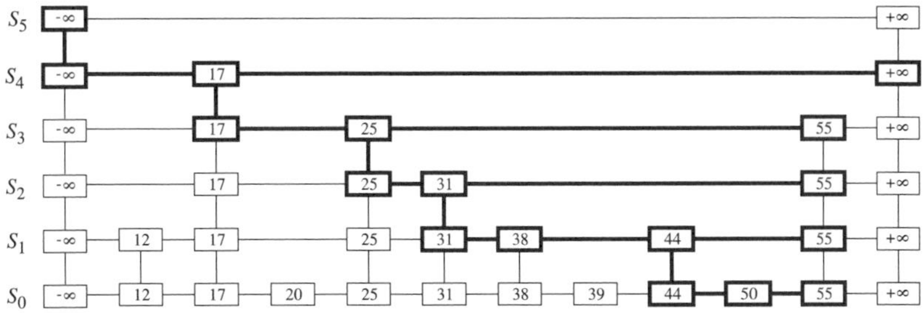

圖 **3.48**：串列的搜尋範例。在 (不成功地) 搜尋鍵值 52 中拜訪過的位置和走訪過的路徑用粗線表示。

3.5.2 更新運算

給定 SkipSearch 函式，可以很容易實作 findElement (k)我們只需要執行 $p \leftarrow$SkipSearch (k)並且測試 key (p) = k 是否成立即可。結果是，SkipSearch 演算法的期望執行時間是 $O(\log n)$。不過我們先討論完跳躍串列的更新函式之後，再來做分析。

插入

跳躍串列中的插入演算法使用隨機法來決定有多少指向新項目 (k, e) 的參考要被加入跳躍串列當中。我們經由執行 SkipSearch (k)運算開始插入新項目 (k, e) 到跳躍串列中，這給了我們最底層且鍵值小於或等於 k 的項目位置 p (注意 p 的位置可能是鍵值為 $-\infty$ 的特別項目)。接下來，我們在緊接位置 p 之後，將 (k, e) 插入最底層串列。在這個階層插入新項目之後，我們「投擲」銅板。也就是我們呼叫傳回值介於 0 和 1 之間的函式 random ()，如果傳回的數字小於 1/2，我們就視為銅板的「正面」，不然就是為「反面」。如果投擲出現反面，我們就停止。如果出現正面，則退回前一個 (下個較高的) 階層，並且在這一階層的適當位置中插入 (k, e)。我們再投擲一次銅板，如果又出現正面，我們就到下一個更高階層反覆進行。由此，我們繼續在串列中插入新的項目 (k, e) 直到投擲出現反面。我們將這個過程中，為新項目 (k, e) 產生的全部參考鏈接在一起，以產生 (k, e) 的塔。我們在演算法 3.49 給出跳躍串列 S 之插入演算法的虛擬碼，並且在圖 3.50 中圖解這個演算法。我們的插入演算法使用了運算 indertAfterAbove $(p, q, (k, e))$，它會在位置 p 之後、位置 q 之上插入儲存有項目 (k, e) 的位置 (和 p 同一層)，傳回新項目的位置 r (並且設定內部參考以使 after、before、above 和 below 函式對 p、q 和 r 都可以正確運作)。

Algorithm SkipInsert(k,e):
Input: Item (k,e)
Output: None
$p \leftarrow$ SkipSearch(k)
$q \leftarrow$ insertAfterAbove$(p,$ **null**$, (k,e))$ {we are at the bottom level}
while random() $< 1/2$ **do**
  while above$(p) =$ **null do**
    $p \leftarrow$ before(p) {scan backward}
  $p \leftarrow$ above(p) {jump up to higher level}
  $q \leftarrow$ insertAfterAbove$(p,q,(k,e))$ {insert new item}

演算法 **3.49**：跳躍串列中的插入，假設 random ()傳回一個介於 0 和 1 之間的亂數，而且插入動作不會超越最上層。

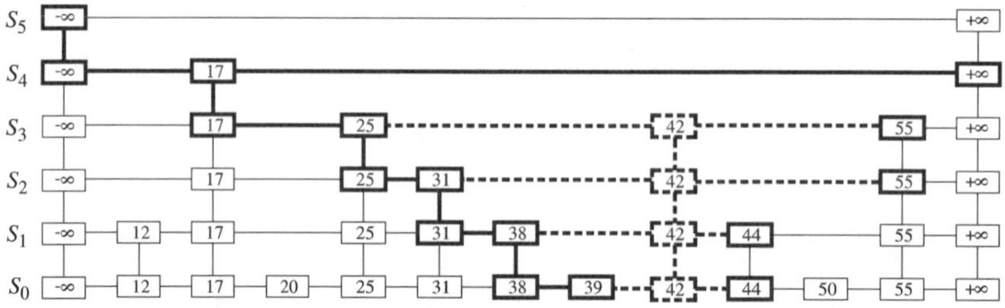

圖 **3.50**：插入一個具有鍵值 42 的元素到圖 **3.46** 的跳躍串列中。拜訪過的位置以及走訪過的鏈結是以粗線表示。為儲存新項目而插入的位置則是以虛線表示。

移除

與搜尋和插入演算法一樣，跳躍串列 S 的移除演算法很簡單。實際上，它甚至比插入演算法還要簡單。也就是，要執行 removeElement (k)運算，我們是從搜尋一個給定的鍵值 k 開始。如果沒有找到鍵值 k 的位置 p，我們就傳回 NO_SUCH_KEY 元素。不然，如果有鍵值 k 的位置 p 在底層被找到了，我們就移除在 p 上面的所有位置，這可以很容易地使用 SkipUp 運算來做到，它會在位置 p 開始，在 S 中這個元素的塔往上爬。移除演算法在圖 3.51 中圖解，它的細節則留作習題 (R-3.19)。如同我們在次節所證明的，在跳躍串列中的移除，其執行時間的期望值爲 $O(\log n)$。

但是在我們給出這項分析前，我們想要先討論對跳躍串列資料結構做一些小小的改進。首先，我們不需要在階層 0 以上的元素中儲存參考，因爲在這些層所需要的都是指向鍵值的參考。第二，我們實際上並不需要 SkipUp 函式。事實上我們同樣也不需要 SeqPrev 函式。我們可以嚴格的由上往下以及向前掃描的方式來執行項目的插入和移除，這樣就可以省掉了「up」和「prev」參考的空間。我們在習題 (C-3.26) 中探索這個最佳化的細節。

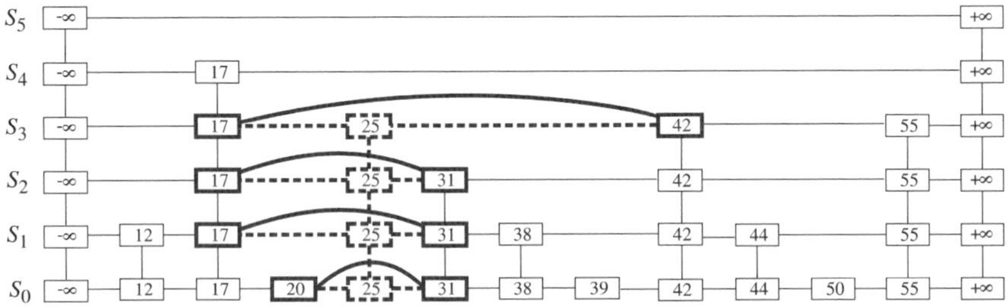

圖 3.51：從圖 3.50 的跳躍串列中移除具有鍵值 25 的項目。在初次搜尋之後拜訪過的節點以及走訪過的鏈接用粗線表示。被移除的位置則用虛線表示。

最高階層的維護

跳躍串列 S 必須將指向 S 中最左上位置的參考，保存在一個實體化變數中，並且對於想要繼續插入新元素到超過 S 最高階層的動作，要有解決對策。我們有兩種不同方案可以採用，兩者各有各的好處。

有一種可能就是限制最高階層 h，使其保持在某個固定值，該值爲 n 的函數，其中 n 爲目前在字典當中的元素個數 (由這個分析我們將會看到 $h = \max\{10, 2\lceil \log n \rceil\}$ 是一個合理的選擇，選擇 $h = 3\lceil \log n \rceil$ 的話更爲安全)。實作這個選擇的用意是，我們必須修正插入演算法，使得達到最高階層時便停止插入新元素 (除非 $\lceil \log n \rceil < \lceil \log(n+1) \rceil$，在這個狀況我們現在就可以多走至少一個階層，因爲高度的界限值變大) 。

另一個可能是允許插入動作繼續插入新元素，只要它持續地從亂數產生器中傳回正面。如同我們在跳躍串列中的分析，要到一個比 $O(\log n)$ 還高的階層的機率是非常低的，所以這個設計選擇應該也能工作。

不過這兩種選擇中的任一個都會使得我們能夠在執行元素的搜尋、插入和移除時具有 $O(\log n)$ 的預期時間，我們會在下一節中證明。

3.5.3 跳躍串列的機率分析

如同我們以上所證明的那樣，跳躍串列提供了有序字典的簡單實作。但是以最差狀況效率來看，跳躍串列並不是一個較好的資料結構。實際上，如果我們沒有正式地防止插入繼續執行到超過目前的最高層，插入演算法可能會進入無窮迴圈 (不過它實際上不是一個無窮迴圈，因爲公平銅板的結果永遠出現正面的機率是 0)。另外，我們無法一直加入元素到串列中而不用盡記憶體。在任何狀況中，如果我們在最高階層 h 終止項目的插入，那麼在一個具有 n 個項目以及高度為 h 的跳躍串列 S 中執行 findElement、insertItem 和 removeElement 運算的最差狀況執行時間是 $O(n+h)$。當每個項目的塔達到階層 $h-1$ 時會發生這個最差狀況，其中 h 是 S 的高度。不過這個事件有著非常低的機率。從這個最差狀況來判斷的話，我們可能會作出跳躍串列比起本章中較早討論的字典實作還要差的結論。但是這不是一個公正的分析，因為這個最差狀況是個太粗略的過度評估。

因為插入步驟牽涉到隨機化，因此一個對跳躍串列較公正的分析應該要用到一點機率。在一開始，這可能看起來像是一個大任務，因為完全且詳盡的機率分析可能會需要很深的數學。幸運的是，這樣的一個分析並不需要了解跳躍串列的預期漸進特性。以下所示的非正式而直覺的機率分析，只使用到機率理論的基本概念。

限制跳躍串列高度

讓我們以決定 S 的高度期望值 h 來開始 (假定我們沒有先終止插入)。一個給定的項目被儲存在階層 i 的機率，等於投擲銅板時連續出現 i 個正面，也就是其機率為 $1/2^I$。所以在階層 i 中至少有一個項目的機率 P_i 最多為

$$P_i \le \frac{n}{2^i}$$

因為 n 個不同事件中，任意一個發生的機率，最多是每個都發生的機率之總和。

S 的高度 h 比 i 大的機率和層級 i 至少有一個元素的機率相等，也就是它不會比 P_i 大。也就是 h 的高度超過 (例如) $3\log n$ 的機率最多是

$$P_{3\log n} \le \frac{n}{2^{3\log n}} = \frac{n}{n^3} = \frac{1}{n^2}$$

更一般地說，給定常數 $c>1$，h 大於 $c\log n$ 的機率最多是 $1/n^{c-1}$。也就是 h 小於或等於 $c\log n$ 的機率至少是 $1-1/n^{c-1}$。於是有很大的機率，S 的高度 h 會是 $O(\log n)$。

分析跳躍串列的搜尋時間

考慮在跳躍串列 S 中的搜尋的執行時間，回想這樣的一個搜尋包含了兩個巢狀的 **while** 迴圈。內部迴圈只要在下一個鍵值不大於搜尋鍵值 k，就在 S 中的一層執行向前掃描，而外部迴圈則往下掉到下一個階層，然後反覆向前掃描的迭代。因為 S 的高度 h 有很大的機率是 $O(\log n)$，所以往下掉的步

驟個數也有很高的機率是 $O(\log n)$。

所以我們已經限制住了我們要作的向前掃描步驟個數。令 n_i 是在階層 i 中向前掃描所檢查出的鍵值個數。觀察一下，在開始位置的鍵值之後，每一個在階層 i 中向前掃瞄所檢查到的額外鍵值不可能同時存在階層 $i+1$。如果這些項目中的任何一個在前一階層已出現，我們早在前一次向前掃瞄步驟中就會遇到了。所以在 n_i 中，任何鍵值被算到的機率是 1/2。因此，n_i 的期望值恰好等於我們投擲公正銅板出現正面之前的次數。讓我們把這個量表示爲 e。我們有

$$e = \frac{1}{2}\cdot 1 + \frac{1}{2}\cdot(1+e)$$

所以 $e = 2$，而且在任一階層 i 中花費在向前掃描的期望數量是 $O(1)$。因爲在很高的機率下，S 會有 $O(\log n)$ 個階層，所以在 S 中的搜尋花費期望時間 $O(\log n)$。經由類似的分析，我們可以證明一次插入或移除的期望執行時間是 $O(\log n)$。

跳躍串列的空間使用量

最後讓我們討論跳躍串列 S 的空間需求。如同我們之前的觀察，在階層 i 中，項目的期望個數是 $n/2^i$，這意味著 S 中項目的全部期望個數是

$$\sum_{i=0}^{h} \frac{n}{2^i} = n\sum_{i=0}^{h}\frac{1}{2^i} < 2n$$

所以 S 的期望空間使用量是 $O(n)$。

表 3.52 總結了以跳躍串列實作之字典的效率。

運算	**時間**
keys, elements	$O(1)$
findElement, insertItem, removeElement	$O(\log n)$ (expected)
findAllElements, removeAllElements	$O(\log n+s)$ (expected)

表 **3.52**：以跳躍串列實作字典的效率。我們將在運算執行時，在字典中的項目個數表示為 n，並且把運算 FindAllElements 和 RemoveAllElements 所傳回的迭代子大小表示為 s。期望的空間需求是 $O(n)$。

3.6 Java 範例：AVL 和紅黑樹

我們在本節描述了一個一般化的二元搜尋樹類別，也就是 BinarySearch-Tree，以及如何將它擴充來製作出 AVL 樹或紅黑數的實作。BinarySearchTree 類別儲存有 Item 類別的鍵值−元素對，以作爲儲存在它的底

層二元樹的位置 (節點) 中的元素。BinarySearchTree的程式碼顯示在 3.54 到 3.56 的程式碼區段中。注意到底層的二元樹 T 只能經由 BinaryTree 介面來使用，我們在其中假設了 BinaryTree 也包含有 expandExternal 和 removeAboveExternal 函式 (參考第 2.3.4 節)。由此，類別 BinarySearchTree 利用了程式碼重用的好處。

以 TreeSearch 演算法爲基礎的輔助函式 findPosition，是以 findElement、insertItem 和 removeElement 函式來叫用。實體變數 actionPos 儲存了最近的搜尋、插入或刪除結束時的位置。這個實體變數對於二元搜尋樹的實作是不需要的，但是對於要擴充自 BinarySearchTree 的類別很有用 (見程式碼區段 3.58-3.59 和 3.62-3.63) 來辨識出先前搜尋、插入和移除所發生的位置。位置 actionPos 在執行 findElement、insertItem 和 removeElement 之後立即被使用的條件下，有特意的意義存在。

3.6.1 AVL 樹的 Java 實作

現在讓我們來看使用具有 n 個內部節點的 AVL 樹 T，來實作具有 n 個項目的有序字典的實作細節和分析。T 的插入和移除演算法的需求是，我們要能夠執行三節點結構重建以及決定兩個兄弟節點高度之間的差別。關於結構重建，我們應該以增加 restructure 函式來擴充二元樹 ADT 的運算集合。如果 T 是使用鏈結結構 (第 2.3.4 節) 來實作的話，可以很容易看出 restructure 運算能在 $O(1)$ 時間執行，但若使用向量就不會是這樣 (第 2.3.4 節)。所以我們偏好使用鏈結結構來表示 AVL 樹。

```
public class Item {
  private Object key, elem;
  protected Item (Object k, Object e) {
    key = k;
    elem = e;
  }
  public Object key() { return key; }
  public Object element() { return elem; }
  public void setKey(Object k) { key = k; }
  public void setElement(Object e) { elem = e; }
}
```

程式碼 **3.53**：給儲存在字典中的鍵值–元素對使用的類別。

就高度資訊而論，我們可以在節點本身明確地儲存每一個內部節點 v 的高度。另一個作法是，我們可以在 v 中儲存 v 的平衡因子，它的定義是 v 的左子節點高度減去 v 的右子節點高度。這樣子，除了在插入或移除期間，平衡因子的值可能暫時}是 −2 或 +2 之外，v 的平衡因子總是等於 −1、0 或 1。在插入或移除的執行期間，會有 $O(\log n)$ 個節點的高度和平衡因子受到影響，而維護所需時間爲 $O(\log n)$。

```
/** Realization of a dictionary by means of a binary search tree */
public class BinarySearchTree implements Dictionary {
  Comparator C; // comparator
  BinaryTree T; // binary tree
  protected Position actionPos; // insertion position or parent of removed position

  public BinarySearchTree(Comparator c) {
    C = c;
    T = (BinaryTree) new NodeBinaryTree();
  }

  // auxiliary methods:
  /** Extract the key of the item at a given node of the tree. */
  protected Object key(Position position) {
    return ((Item) position.element()).key();
  }
  /** Extract the element of the item at a given node of the tree. */
  protected Object element(Position position) {
    return ((Item) position.element()).element();
  }
  /** Check whether a given key is valid. */
  protected void checkKey(Object key) throws InvalidKeyException {
    if(!C.isComparable(key))
      throw new InvalidKeyException("Key "+key+" is not comparable");
  }
```

程式碼 **3.54**：**Binary Search Tree** 數列。**(**連續到程式碼 **3.55)**

在程式碼 3.57-3.59 中，我們顯示了使用 AVL 樹實作字典的 Java 程式碼。顯示在演算法 3.57 中的 AVLItem 類別擴充了用來表示二元搜尋樹的鍵值−,元素項目的 Item 類別。它定義了一個額外的實體變數 height，用來表示節點的高度。類別 AVLTree 擴充了 BinarySearchTree (參考程式碼 3.54-3.56) ，並且完整地顯示在 3.58 和 3.59 中。AVLTree 的建構子先執行父類別的建構子，然後指派一個 RestructurableNodeBinaryTree 給 T，也就是實作了二元樹 ADT 的類別，並且額外地支援了爲了執行三節點結構重建的 restructure 函式。AVLTree 類別從它的父類別 BinarySearchTree 繼承了 size、isEmpty、findElement、findAllElements 和 removeAllElement 函式，不過覆蓋了 insertItem 和 removeElement 函式。

```
/** Auxiliary method used by removeElement. */
protected void swap(Position swapPos, Position remPos){
  T.replaceElement(swapPos, remPos.element());
}
/** Auxiliary method used by findElement, insertItem, and removeElement. */
protected Position findPosition(Object key, Position pos) {
  if (T.isExternal(pos))
    return pos; // key not found and external node reached returned
  else {
    Object curKey = key(pos);
    if(C.isLessThan(key, curKey))
      return findPosition(key, T.leftChild(pos));
    else if(C.isGreaterThan(key, curKey)) // search in left subtree
      return findPosition(key, T.rightChild(pos)); // search in right subtree
    else
      return pos; // return internal node where key is found
  }
}

// methods of the dictionary ADT
public int size()  {
  return (T.size() - 1) / 2;
}

public boolean isEmpty() {
  return T.size() == 1;
}

public Object findElement(Object key) throws InvalidKeyException {
  checkKey(key); // may throw an InvalidKeyException
  Position curPos = findPosition(key, T.root());
  actionPos = curPos; // node where the search ended
  if (T.isInternal(curPos))
    return element(curPos);
  else
    return NO_SUCH_KEY;
}
```

程式碼 **3.55**：Binary Search Tree 類別，由程式碼 **3.54** 延續過來。**(連續到程式碼 3.56)**

insertItem 函式 3.59 以呼叫父類別的 insertItem 函式開始，它會插入新的項目並且指派插入位置 (如在圖 3.12 中儲存鍵值 54 的節點) 給實體變數 actionPos。輔助的 rebalance 函式接著被用來走訪從插入的位置到根節點的路徑。這個走訪，更新了所有拜訪過的節點的高度，並且在有需要的情況下執行三節點結構重建。同樣的，removeElement 函式 3.59 以呼叫父類別中的 removeElement 函式開始，它會執行項目的移除並且會指派要代換已經移除的元素的位置給實體變數 actionPos。輔助的 rebalance

函式接著被用來走訪從被移除掉的位置到根節點的路徑。

```
public void insertItem(Object key, Object element)
  throws InvalidKeyException {
  checkKey(key); // may throw an InvalidKeyException
  Position insPos = T.root();
  do {
    insPos = findPosition(key, insPos);
    if (T.isExternal(insPos))
      break;
    else // the key already exists
      insPos = T.rightChild(insPos);
  } while (true);
  T.expandExternal(insPos);
  Item newItem = new Item(key, element);
  T.replaceElement(insPos, newItem);
  actionPos = insPos; // node where the new item was inserted
}

public Object removeElement(Object key) throws InvalidKeyException {
  Object toReturn;
  checkKey(key); // may throw an InvalidKeyException
  Position remPos = findPosition(key, T.root());
  if(T.isExternal(remPos)) {
    actionPos = remPos; // node where the search ended unsuccessfully
    return NO_SUCH_KEY;
  }
  else{
    toReturn = element(remPos); // element to be returned
    if (T.isExternal(T.leftChild(remPos)))
      remPos = T.leftChild(remPos);
    else if (T.isExternal(T.rightChild(remPos)))
      remPos = T.rightChild(remPos);
    else { // key is at a node with internal children
      Position swapPos = remPos; // find node for swapping items
      remPos = T.rightChild(swapPos);
      do
        remPos = T.leftChild(remPos);
      while (T.isInternal(remPos));
      swap(swapPos, T.parent(remPos));
    }
    actionPos = T.sibling(remPos); // sibling of the leaf to be removed
    T.removeAboveExternal(remPos);
    return toReturn;
  }
 }
}
```

程式碼 **3.56**：Binary Search Tree 類別，由程式碼 **3.54** 延續過來。**(連續到程式碼 3.56)**

```
public class AVLItem extends Item {
  int height;
  AVLItem(Object k, Object e, int h) {
    super(k, e);
    height = h;
  }
  public int height()  { return height; }
  public int setHeight(int h)  {
    int oldHeight = height;
    height = h;
    return oldHeight;
  }
}
```

程式碼 **3.57**：實作 **AVL** 樹中一個節點的類別。在樹中的節點高度被儲存在為一個實體變數。

```
/** Realization of a dictionary by means of an AVL tree. */
public class AVLTree extends BinarySearchTree implements Dictionary {
  public AVLTree(Comparator c) {
    super(c);
    T = new RestructurableNodeBinaryTree();
  }
  private int height(Position p)  {
    if(T.isExternal(p))
      return 0;
    else
      return ((AVLItem) p.element()).height();
  }
  private void setHeight(Position p) { // called only if p is internal
    ((AVLItem) p.element()).setHeight(1+Math.max(height(T.leftChild(p)),
                                    height(T.rightChild(p))));
  }
  private boolean isBalanced(Position p) {
    // test whether node p has balance factor between -1 and 1
    int bf = height(T.leftChild(p)) - height(T.rightChild(p));
    return ((-1 <= bf) && (bf <= 1));
  }
  private Position tallerChild(Position p)   {
    // return a child of p with height no smaller than that of the other child
    if(height(T.leftChild(p)) >= height(T.rightChild(p)))
      return T.leftChild(p);
    else
      return T.rightChild(p);
  }
```

程式碼 **3.58**：AVLTree 類別的建構子和輔助的函式。

```
/**
 * Auxiliary method called by insertItem and removeElement.
 * Traverses the path of T from the given node to the root. For
 * each node zPos encountered, recomputes the height of zPos and
 * performs a trinode restructuring if zPos is unbalanced.
 */
private void rebalance(Position zPos) {
  while (!T.isRoot(zPos)) {
    zPos = T.parent(zPos);
    setHeight(zPos);
    if (!isBalanced(zPos)) {
      // perform a trinode restructuring
      Position xPos = tallerChild(tallerChild(zPos));
      zPos = ((RestructurableNodeBinaryTree) T).restructure(xPos);
      setHeight(T.leftChild(zPos));
      setHeight(T.rightChild(zPos));
      setHeight(zPos);
    }
  }
}

// methods of the dictionary ADT

/** Overrides the corresponding method of the parent class. */
public void insertItem(Object key, Object element)
    throws InvalidKeyException {
  super.insertItem(key, element); // may throw an InvalidKeyException
  Position zPos = actionPos; // start at the insertion position
  T.replaceElement(zPos, new AVLItem(key, element, 1));
  rebalance(zPos);
}

/** Overrides the corresponding method of the parent class. */
public Object removeElement(Object key)
    throws InvalidKeyException {
  Object toReturn = super.removeElement(key);
                          // may throw an InvalidKeyException
  if(toReturn != NO_SUCH_KEY) {
    Position zPos = actionPos; // start at the removal position
    rebalance(zPos);
  }
  return toReturn;
}
```

程式碼 3.59：AVLTree 類別的輔助函式 rebalance 和函式 insertItem 與 removeElement。

3.6.2 紅黑樹的 Java 實作

在程式碼 3.60-3.63，我們顯示了經由使用紅黑樹來實作字典的部份 Java 實作。RBTItem 類別，顯示在 3.60 中，擴充了用來表示二元搜尋樹的鍵值–元素項目的 Item 類別。它定義了一個額外的實體變數 isRed 來表示節點的顏色以及用來設定和傳回它的函式。

類別 RBTree，部分顯示在 3.61-3.63 擴充了 BinarySearchTree (3.54-3.56) 如同 AVLTree 類別，RBTree 的建構子首先執行父類別的建構子，然後並且指派一棵 RestructurableNodeBinaryTree 給 T，它是實作二元樹 ADT 的類別，並且支援了 restructure 函式以用來執行三節點結構重建 (旋轉)。RBTree 類別從 BinarySearchTree 繼承了 size、isEmpty、findElement、findElementAll 以及 removeAllElement 函式，不過覆蓋了 insertItem 和 removeElement 函式。有幾個 RBTree 類別的輔助函式沒有顯示出來。

函式 insertItem (3.62) 和 removeElement (3.63) 先呼叫父類別中相對應的函式，然後以呼叫輔助函式來執行沿著從更新位置 (由繼承自父類別的實體變數 actionPos 給定) 到根節點的路徑的旋轉來平衡這根樹。

```java
public class RBTItem extends Item {
  private boolean isRed;
  public RBTItem(Object k, Object elem, boolean color) {
    super(k, elem);
    isRed = color;
  }
  public boolean isRed() {return isRed;}
  public void makeRed() {isRed = true;}
  public void makeBlack() {isRed = false;}
  public void setColor(boolean color) {isRed = color;}
}
```

程式碼 **3.60**：實作了紅黑樹的節點的類別。

```java
/** Realization of a dictionary by means of a red-black tree. */
public class RBTree extends BinarySearchTree implements Dictionary {
  static boolean Red = true;
  static boolean Black = false;

  public RBTree(Comparator C) {
    super(C);
    T = new RestructurableNodeBinaryTree();
  }
```

程式碼 **3.61**：類別 RBTree 的實體變數和建構子。

```
public void insertItem(Object key, Object element)
    throws InvalidKeyException {
  super.insertItem(key, element); // may throw an InvalidKeyException
  Position posZ = actionPos; // start at the insertion position
  T.replaceElement(posZ, new RBTItem(key, element, Red));
  if (T.isRoot(posZ))
    setBlack(posZ);
  else
    remedyDoubleRed(posZ);
}

protected void remedyDoubleRed(Position posZ) {
  Position posV = T.parent(posZ);
  if (T.isRoot(posV))
    return;
  if (!isPosRed(posV))
    return;
  // we have a double red: posZ and posV
  if (!isPosRed(T.sibling(posV))) { // Case 1: trinode restructuring
    posV = ((RestructurableNodeBinaryTree) T).restructure(posZ);
    setBlack(posV);
    setRed(T.leftChild(posV));
    setRed(T.rightChild(posV));
  }
  else { // Case 2: recoloring
    setBlack(posV);
    setBlack(T.sibling(posV));
    Position posU = T.parent(posV);
    if (T.isRoot(posU))
      return;
    setRed(posU);
    remedyDoubleRed(posU);
  }
}
```

程式碼 **3.62**：類別 **RBTree** 中的字典函式 insertItem 及輔助函式 remedy Double Red。

```
public Object removeElement(Object key) throws InvalidKeyException {
  Object toReturn = super.removeElement(key);
  Position posR = actionPos;
  if (toReturn != NO_SUCH_KEY) {
    if (wasParentRed(posR) || T.isRoot(posR) || isPosRed(posR))
      setBlack(posR);
    else
      remedyDoubleBlack(posR);
  }
  return toReturn;
}
protected void remedyDoubleBlack(Position posR) {
  Position posX, posY, posZ;
  boolean oldColor;
  posX = T.parent(posR);
  posY = T.sibling(posR);
  if (!isPosRed(posY)) {
    posZ = redChild(posY);
    if (hasRedChild(posY)) { // Case 1: trinode restructuring
      oldColor = isPosRed(posX);
      posZ = ((RestructurableNodeBinaryTree) T).restructure(posZ);
      setColor(posZ, oldColor);
      setBlack(posR);
      setBlack(T.leftChild(posZ));
      setBlack(T.rightChild(posZ));
      return;
    }
    setBlack(posR);
    setRed(posY);
    if (!isPosRed(posX)) { // Case 2: recoloring
      if (!T.isRoot(posX))
        remedyDoubleBlack(posX);
      return;
    }
    setBlack(posX);
    return;
  } // Case 3: adjustment
  if (posY == T.rightChild(posX))
    posZ = T.rightChild(posY);
  else
    posZ = T.leftChild(posY);
  ((RestructurableNodeBinaryTree)T).restructure(posZ);
  setBlack(posY);
  setRed(posX);
  remedyDoubleBlack(posR);
}
```

程式碼 **3.63**：removeElement 函式及其輔助函式。

3.7 習題

複習題

R-3.1 在空的二元搜尋樹當中插入以下鍵值 (依照給定的順序)：30、40、 24、58、48、26、11、13。 畫出每次插入之後的樹。

R-3.2 某教授主張將固定集合的元素插入二元搜尋樹的次序不會影響結果－也就是每次都會產生相同的樹。舉一個小例子證明這位教授的錯誤。

R-3.3 某教授主張他有一個前面習題的「修正版」：固定集合的元素插入AVL樹中的次序不會影響結果－也就是每次都會產生相同的 AVL 樹。舉一個小例子證明這位教授的錯誤。

R-3.4 在圖 3.12 當中完成的旋轉是單一旋轉或是二重旋轉？圖 3.15 當中的又是哪一種旋轉呢？

R-3.5 畫出在圖 3.15b 當中的 AVL 樹插入鍵值 52 的項目所得到的結果。

R-3.6 畫出在圖 3.15b 當中的 AVL 樹移除鍵值 62 的項目所得到的結果。

R-3.7 解釋爲什麼在一個使用序列表示的 n 節點二元樹上，執行一次旋轉需要花費 $\Omega(n)$ 時間。

R-3.8 圖 3.17a 當中的多元搜尋樹是 $(2,4)$ 樹嗎？請驗證你的答案。

R-3.9 在 $(2,4)$ 樹當中的節點 v 上面執行分割的另外一個方法是將 v 分割成 v' 和 v''，其中 v' 是 2 節點且 v'' 是 3 節點。在這種狀況下我們將哪一個鍵值儲存在 v 的父節點？爲什麼？

R-3.10 某教授主張儲存一集合之項目的 $(2,4)$ 樹總是有相同的結構，和元素插入的順序無關。請證明這位教授是錯誤的。

R-3.11 考慮以下的鍵值序列：

(5、16、22、45、2、10、18、30、50、12、1)

依照給定鍵值的次序，考慮以這個鍵值集合的項目插入：

a. 一開始爲空的 $(2,4)$ 樹 T'。
b. 一開始爲空的紅黑樹 T''。
畫出每次插入之後的 T' 和 T''。

R-3.12 使用本章描述的對應規則，畫出四個對應到相同 $(2,4)$ 樹的不同紅黑樹。

R-3.13 畫出不是 AVL 樹的紅黑樹。你的樹必須至少有 6 個節點，但是不要超過 16 個節點。

R-3.14 對於以下每一個關於紅黑樹的陳述，判斷它的眞假。如果你認爲是眞的，請寫出證明。如果你認爲是假的，請給出反例。

a. 紅黑樹的子樹本身也是紅黑樹。
b. 外部節點的兄弟節點若不是外部節點就是紅色的。
c. 給定一棵紅黑樹 T，會有與它對應的唯一的 $(2,4)$ 樹 T'。

d. 給定一棵 $(2,4)$ 樹 T，會有與它對應的唯一的紅黑樹 T'。

R-3.15 在一個一開始爲空的外張樹當中執行以下運算，並且畫出每次運算之後的樹。

a. 依照所列出的順序插入鍵值 0、2、4、6、8、10、12、14、16、18。
b. 依照所列出的順序搜尋鍵值 1、3、5、7、9、11、13、15、17、19。
c. 依照所列出的順序刪除鍵值 0、2、4、6、8、10、12、14、16、18。

R-3.16 如果外張樹中的項目是依照它們鍵值的遞增順序來存取，外張樹看起來會像什麼？

R-3.17 在外張樹當中執行 zig-zig、zig-zag 以及 zig 更新，需要多少次三節點結構重建運算？用圖來解釋你的計算。

R-3.18 畫出在圖 3.51 當中，對跳躍串列執行了下列一連串運算所產生的結果：removeElement (38)、insertItem $(48, x)$、insertItem $(24, y)$、removeElement(55)。假設投擲銅板的結果，在第一個插入依次是兩個正面一個反面，在第二個插入依次是三個正面一個反面。

R-3.19 給出 removeElement 字典運算的虛擬碼敘述，假設字典是以跳躍串列結構來實作。

挑戰題

C-3.1 假定我們有兩個有序字典 S 和 T，其中每一個都有 n 個項目，並且 S 和 T 是由以陣列爲基礎的有序序列加以實作。試描述一個 $O(\log n)$ 時間的演算法，用來在從 S 和 T 的鍵值的聯集當中找出第 k 小的鍵值 (假設沒有重複)。

C-3.2 設計一個在以有序陣列加以實作的有序字典當中執行 findElementAll (k) 的演算法，並且證明它在 $O(\log n+s)$ 時間內執行，其中 n 是字典當中的元素個數而 s 是傳回的項目個數。

C-3.3 設計一個在以二元搜尋樹 T 來加以實作的有序字典中執行 findElementAll (k) 運算的演算法，並且證明它在 $O(h+s)$ 時間內執行，其中 h 是 T 的高度，而 s 是傳回的項目的個數。

C-3.4 描述如何在以二元搜尋樹 T 實作的有序字典上執行 removeAllElement (k) 運算，並且證明該方法在 $O(h+s)$ 時間內執行，其中 h 是 T 的高度，而 s 是傳回的迭代子大小。

C-3.5 畫出 AVL 樹的例子，使得對該樹執行一個 removeElement 運算，便導致需要 $\Theta(\log n)$ 次從葉子到根節點的三節點結構重建 (或旋轉)，才能重新回復高度平性質。(使用三角形來表示沒有被這個運算影響的子樹)。

C-3.6 顯示如何在使用 AVL 樹實作的字典當中，在 $O(s\ lon)$ 內執行 removeAllElement (k) 運算，其中 n 是運算在執行時字典當中元素的個數，而 s 是該運算傳回的迭代子的大小。

C-3.7 若我們設一參考指向 AVL 樹最左邊的內部節點位置，那麼 first 運算就可以在 $O(1)$ 時間執行。描述如何修改其他字典函式的實作，以保持參考指向最左邊的位置。

C-3.8 證明任何 n 節點二元樹都可以使用 $O(n)$ 次旋轉來轉換成任何其他的 n 節點二元樹。

提示：證明 $O(n)$ 次旋轉足以轉換任何的二元樹爲左鏈樹，其中任一個內部節點都有一個外部子節點。

C-3.9 證明在 AVL 樹執行 expandExternal 運算 (是在 insertItem 運算當中的執行) 後變成不平衡的節點，在執行一插入運算中，可能在從新插入的節點到根節點的路徑上不連續。

C-3.10 令 D 是使用 AVL 樹實作的 n 項目有序字典。說明如何實作下述對 D 的運算，使其執行時間爲 $O(\log n+s)$，其中 s 是傳回的迭代子大小：

findAllInRange (k_1, k_2)：傳回 D 當中具有鍵值 k 的所有元素的迭代子，其中 $k_1 \le k \le k_2$ 。

C-3.11 令 D 是使用 AVL 樹實作的 n 項目有序字典。請說明如何在 D 中實作下列函式，使執行時間爲 $O(\log n)$：

countAllInRange (k_1, k_2)：在 D 當中計算 compute 並且傳回具有鍵值 k 的元素個數，其中 $k_1 \le k \le k_2$ 。

注意到這個函式傳回單一個整數。

提示：你會需要擴充 AVL 樹的資料結構，在每一個內部節點加入新的欄位，並且想辦法在更新時維護這個欄位。

C-3.12 證明在 removeElement 字典運算之內的 removeAboveExternal 運算被執行之後，在 AVL 樹當中最多只有一個節點會變成不平衡。

C-3.13 證明在 AVL 樹當中的任何插入之後，最多只需要一次三節點結構重建 (對應於單一或二重旋轉) 來回復平衡。

C-3.14 令 T 和 U 分別爲儲存有 n 個和 m 個元素的 $(2,4)$ 樹，並使 T 當中所有項目的鍵值都小於 U 當中所有項目的鍵值。描述一函式可用以在 $O(\log n+\log m)$ 時間結合 T 和 U 爲一顆樹，樹中儲存有 T 和 U 的所有元素 (毀掉 T 和 U 的舊版)。

C-3.15 將 T 和 U 改爲紅黑樹重複上一題。

C-3.16 驗證定理 3.3。

C-3.17 用來標示出紅黑樹「紅」和「黑」的布林值不是絕對需要的。描述不需要增加額外空間到二元搜尋樹節點中的紅黑樹實作方案。你的方案如何影響紅黑樹搜尋和更新的執行時間？

C-3.18 令 T 是儲存有 n 個項目的紅黑樹，並且令 k 是 T 當中的項目的鍵值。說明如何在 $O(\log n)$ 時間由 T 建構出兩個紅黑樹 T' 和 T''，使得 T' 包含 T 中所有小於 k 的鍵值，而且 T'' 包含 T 中所有大於 k 的鍵值。這個運算會毀掉 T。

C-3.19 可合併堆積支援了 insert (k,x)、remove (k)、unionWith (h) 和 minElement () 運算，其中 unionWith (h) 運算執行了與可合併堆積 h 的合併，並且會毀掉兩個舊版。描述具體的可合併堆積 ADT 實作，以使其所有的運算都達到 $O(\log n)$ 效率。爲了簡單起見，你可以假設在所有可合併堆積中的鍵值都是不同的，不過嚴格來說這並不需要。

C-3.20 考慮一個稱爲**半外張樹**的外張樹變種，其中在深度 d 外張一個節點，最快會在節點達到深度 $\lfloor d/2 \rfloor$ 時停止。請爲半外張樹做攤銷分析。

C-3.21 標準外張樹步驟需要通過兩關：第一關是向下找到要外張的節點 x，第二關是向上

外張節點 x。描述一函式，可在一次向下通關中，外張以及搜尋 x。現在每一個子步驟都要求你在向下到 x 的路徑中考慮下兩個節點，和一個可能在結尾執行的 zig 子步驟。描述執行每一個 zig-zig、zig-zag 和 zig 子步驟的細節。

C-3.22 描述對一個 n 節點外張樹 T 的一連串存取，其中 n 為奇數，使得 T 成為帶有外部子節點之內部節點的單一鏈，並且使在 T 中往下的內部節點路徑有著左子節點和右子節點交替出現的情形。

C-3.23 驗證定理 3.11。建立這個驗證的一種方法是我們可將節點的「大小」重新定義為其子節點的存取頻率和，並且證明定理 3.9 的整個驗證仍然成立。

C-3.24 假設給定一個包含有項目 (x_0、x_1、⋯、x_{n-1}) 的已排序序列 S，使得每一個項目 x_i 都被給定一個正的整數權重 a_i。令 A 表示 S 當中所有元素的全部權重。建構 $O(n\log n)$ 時間的演算法，來為 S 建立搜尋樹 T，並且使得每一個項目 a_i 的深度是 $O(\log A/a_i)$。

提示：找一個具有最小 j 值的項目 x_j，使得 $\Sigma_{i=1}^{j} a_i < A/2$。考慮將這個項目放置到根節點中，然後在這個動作所造成的兩棵子樹上遞迴地進行。

C-3.25 為前一問題設計線性時間演算法。

C-3.26 證明當我們使用跳躍串列來有效率地實作字典時， above (p)和 before (p)函式其實並不需要。也就是，我們可以使用嚴格的由上而下和向前掃描方式，來實作跳躍串列中項目的插入和移除，而根本不必使用 above 或 before 函式。

C-3.27 描述如何在使用有序序列加以實現的字典中，實作出以定位器為基礎的函式 before (ℓ)以及函式 closBefore (k)。使用無序序列實作再做一次相同的事。這些函式的執行時間為何？

C-3.28 使用跳躍串列重複前面的練習。在你的實作中，兩個以定位器為基礎的函式，期望執行時間各為何？

C-3.29 假定在 $n\times n$ 的陣列 A 中，每一列都包含 1 和 0，使得在 A 的任何一列中，所有的 1 都出現在任何 0 之前。假定 A 已經在記憶體中，描述一個在時間 $O(n\log n)$ 內 (而非 $O(n^2)$) 計算 A 中 1 的個數的函式。

C-3.30 描述一個有效率的已排序字典結構，其中儲存有 n 個元素，這些元素對應於一 $k<n$ 個鍵值 (來自完整順序) 的集合。也就是鍵值集合小於元素的個數。你的結構應該要讓所有的有序字典運算期望時間皆在 $O(\log k+s)$ 以內，其中 s 是傳回的元素個數。

軟體專案

P-3.1 使用 AVL 樹、跳躍串列或是紅黑樹來實作有序字典 ADT 的函式。

P-3.2 提供跳躍串列運算的圖形動畫。視覺化地展示項目如何在插入跳躍串列時向上移，以及項目如何在移除時與跳躍串列失去鏈結。

進階閱讀

以上討論的部分資料結構在 Knuth [119]以及 Mehlhorn [148] 中都有廣泛地說明。 AVL 樹是依據Adel'son-Vel'skii和Landis [2]。二元樹的平均高度分析請見Aho、Hopcroft和Ullman合著 [8] 以及 Cormen、Leiserson 和 Rives [55] 合著的書中找到。Gonnet 和 Baeza-Yates [81] 的手冊包含了字典實作的許多理論和實驗性的比較。Aho、Hopcroft 和 Ullman [7] 討論了和(2, 4)樹相似的(2, 3)樹 trees。紅黑樹定義在Bayer [23]，並且在Guibas和Sedgewick [91] 中有更深入的討論。外張樹是 Sleator 和 Tarjan [189] 所發明的 (也看[200]) 。補充資料可以在 Mehlhorn [148] 和 Tarjan [200] 的書中以及 Mehlhorn 和 Tsakalidis [152] 的章節中找到。Knuth [119] 是平衡樹早期進展的絕佳補充。習題 C-3.25 是受到 Mehlhorn 的論文所啓發 [147]。跳躍串列是由 Pugh [170] 引入。我們對跳躍串列的分析是在 Motwani 和 Raghavan [157] 書中所給出的展示的簡化。對其他用來支援字典 ADT 的機率建構有興趣的讀者，可以參考 Motwani 和 Raghavan 所提供的材料 [157]。至於跳躍串列的更深入分析，讀者可以參考已被提出的跳躍串列論文 [115, 163, 167]。

Chapter 4 排序、集合與選擇

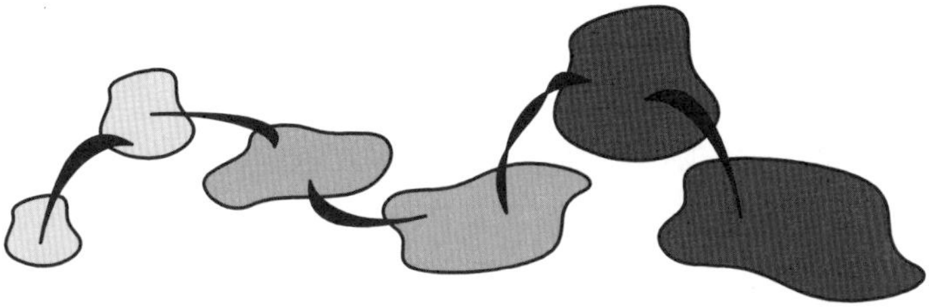

熱力學第二定律指出大自然是傾向於混亂無秩序的。與之相反，人類則偏好井然有序的事物。確實，維持資料的秩序會有一些好處。例如，二元搜尋演算法只有在有序的陣列或是向量當中才能正確工作。因爲電腦是用來作爲人類的工具，我們將本章奉獻於學習排序演算法以及它們的應用。我們回憶排序問題 (sorting problem) 的定義如下。令 S 爲一個有 n 個元素的序列，這些元素可以依據完整順序關係和其他元素作比較，也就是說，S 當中的任兩個元素總是可以被比較一哪一個比較大、比較小或兩者相等。我們想要重新排列 S 當中的元素，以使這些元素以遞增 (或是非遞減，如果在 S 中有相等的元素的話) 的順序排列。

在前面幾章中我們已經展示了幾個排序演算法。特別是，在第 2.4.2 節中我們展示了一個稱爲 PQ-Sort 的簡單排序方案，它包括了在優先權佇列 (priority queue) 中插入一些元素，然後以一系列的 removeMin 運算，將它們以非遞減的順序取出。如果優先權佇列是以序列來實作的話，那麼這個演算法的執行時間便是 $O(n^2)$，並且根據序列是否被維持成有序，可以對應到插入排序 (insertion-sort) 或是選擇排序 (selection-sort)。如果優先權佇列是以堆積 (第 2.4.3 節) 來實作的話，那麼這個演算法的執行時間是 $O(n \log n)$，使用的是被稱爲堆積排序 (heap-sort) 的排序方法。

在本章中，我們介紹另外幾個排序演算法，以及它們所依據的演算法設計模式。其中兩個像這樣的演算法，稱爲**合併排序 (merge-sort)** 與**快速排序 (quick-sort)**，它們是以各個擊破 (divide-and-conquer) 模式爲基礎，這個模式也能廣泛地應用到其他問題上。另外兩個演算法，**桶子排序 (bucket-sort)** 和**基底排序 (radix-sort)**，則是依據雜湊所用的水桶陣列法。我們也介紹稱爲**集合 (set)** 的抽象資料型態，並且證明使用在合併排序演算法中的合併技術如何可以用來實作集合的函式。集合抽象資料型態有一個已知爲**分割 (partition)** 的重要子型態，它支援了主要函式 union 與 find，而且有著令人吃驚的快速實作。確實，我們可證明連續 n 個 union 和 find 運算的實作，執行時間是 $O(n \log^* n)$，其中 $\log^* n$ 是由 n 開始，在到達 1 之前，能夠應用這個對數函數的次數。這項分析提供了一個非顯而易見的攤銷分析的例子。

在本章中，我們也討論了排序問題的下限證明，它說明了任何比較式方法，都必須要執行至少 $\Omega(n \log n)$ 個運算來排序 n 個數字。然而在某些狀況中，我們沒有興趣排序整個集合，而是只想要在集合中挑出第 k 小的元素。我們可證明這種**挑選 (selection)** 問題，事實上比排序問題能更快速地被解決。總結本章的 Java 實作範例是一個原位快速排序。

本章從頭到尾，我們都假設要被排序的元素已定義好全序關係，如果這項關係是由比較器 (comparator) (請見第 2.4.1 節)而得，則我們假設比較測試只花費 $O(1)$ 時間。

4.1 合併排序

在本節中我們展示了一種稱爲**合併排序 (merge-sort)** 的排序技術，它可以使用遞迴而以簡潔的方式來描述。

4.1.1 各個擊破

合併排序是基於一個稱爲**各個擊破 (divide-and-conquer)** 的演算法設計模式。各個擊破典型可以一般術語描述爲包括下述的三個步驟：

1. **分切 (Divide)：**如果輸入的大小比某個門檻還要小 (例如一個或兩個元素)，就以直覺直接解決問題並且傳回得到的值。不然就將輸入資料分切成兩個或更多個互不相交集的子集合。
2. **遞迴 (Recur)：**遞迴地解決這些子集合所代表的子問題。
3. **征服 (Conquer)：**將這些從子問題裡得到的答案「合併」成爲原始問題的答案。

合併排序法就是應用了各個擊破的技巧於排序問題中。

使用各個擊破來排序

回憶在排序問題中，我們被給定一 n 個物件的集合，以及定義這些物件之全序關係的某個比較器，物件通常被儲存在串列、向量、陣列、或是序列中。接著我們要求出這些物件的排序結果。爲了一般化，我們所要處理的排序問題版本，是將物件放在序列 S 作爲輸入，然後傳回一個排序過的 S。對於其他線性結構，像是串列、向量、或是陣列，只須用很直覺的方式改寫此版本，所以留作習題 R-4.3 和 R4.13。對於排序具有 n 個元素的序列 S 這個問題，其各個擊破的三個步驟如下：

1. **分切：**如果 S 有零個或一個元素，就立刻傳回 S；它原本就是依順序排列的。不然的話 (S 有至少兩個元素)，就將所有的元素從 S 中移除，然後將它們放到 S_1 與 S_2 這兩個序列中，每個序列中包含大約一半 S 的元素；也就是，S_1 包含了 S 中的前 $\lceil n/2 \rceil$ 個元素，而 S_2 包含了剩下的$\lfloor n/2 \rfloor$個元素。

2. **遞迴**：遞迴地排序 S_1 與 S_2 序列。
3. **征服**：將排序過的序列 S_1 與 S_2 合併為一個排序過的序列，並將元素放回 S。

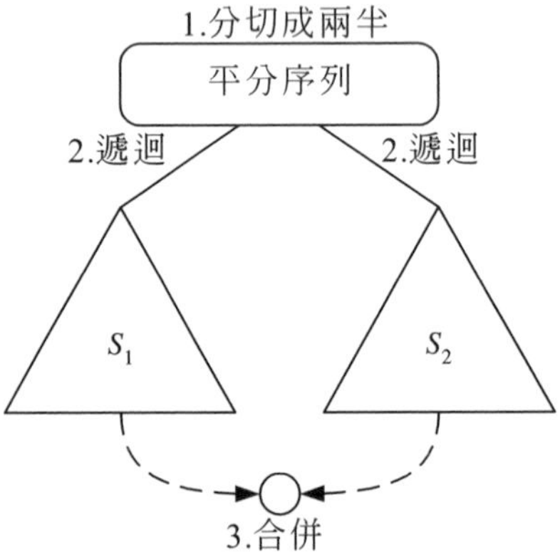

圖 4.1：合併排序演算法的圖解。

我們在圖 4.1 中顯示了合併排序演算法的圖解。我們可以利用名為合**併排序樹 (merge-sort tree)** 的二元樹 T，將合併排序演算法的執行過程以視覺方式表現。(參閱圖 4.2)。T的每個節點表示合併排序演算法的一個遞迴叫用 (或呼叫)。我們以 T的每一個節點 v 代表處理序列 S的呼叫，v的子節點則代表處理 S 之子序列 S_1 和 S_2 的遞迴呼叫。T的外部節點則代表 S的個別元素，對應於不使用遞迴呼叫處理的演算法實例。

圖 4.2 是合併排序演算法的摘要，顯示在合併排序樹的每個節點上，處理輸入與輸出序列的情形。這種以合併排序樹表示的演算法視覺化，可幫助我們分析合併排序演算法的執行時間。特別是，因為輸入序列的大小在每一次合併排序的遞迴呼叫時大約減半，所以合併排序樹的高度大約是 $\log n$(請記得 log 如果省略底數的話，則底數為 2)。

關於分切這個步驟，我們回憶$\lceil x \rceil$這個標記指的是x的上整數 (ceiling)，也就是使得 $x \le m$的最小整數m。類似地，$\lfloor x \rfloor$這個標記指的是x下整數 (floor)，也就是使得 $k \le x$的最大整數k。如此，分切步驟會將序列S儘可能地相等分切，這給了我們下面定理。

定理 4.1 代表在一個大小為 n 的序列上做合併排序的合併排序樹，其高度為$\lceil \log n \rceil$。

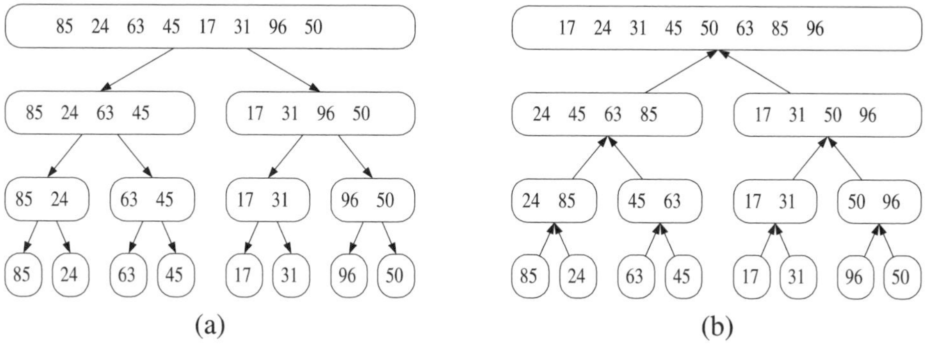

圖 **4.2**：合併排序樹 T 代表將合併排序演算法施行於一個有八個元素的序列上：**(a)** 在 T 的每個節點中處理的輸入序列；**(b)** 在 T 的每個節點中產生的輸出序列。

我們將定理 4.1 的驗證留作為一個簡單的習題 (R-4.1)。

在給出了合併排序的概觀以及它如何工作的圖解後，讓我們更詳細地思考這個各個擊破演算法中的每一個步驟。合併排序演算法的分切與遞迴步驟是簡單的；分切大小為 n 的序列，便是在秩為 $\lceil n/2 \rceil$ 的元素之處將它切開，而遞迴呼叫則是將這些較小序列作為參數傳入。困難的步驟是將兩個排序過的序列合併成一個排序過的序列的征服步驟。

合併兩個排序好的序列

演算法 4.3 中的 merge 演算法合併兩個排序過的序列 S_1 與 S_2 的方式，是反覆地從這兩個序列中移除最小的元素，然後把它加在輸出序列 S 的最後，直到兩個序列當中一個空了之後，我們再將剩下沒空的序列中其他的元素複製到輸出序列中。

我們經由作出一些簡單的觀察來分析 merge 演算法的執行時間。令 n_1 與 n_2 分別為 S_1 與 S_2 中的元素個數。又，讓我們假設序列 S_1 、S_2 與 S 的實作，使得從第一個或最後一個位置存取、插入與刪除時，每個動作花費 $O(1)$ 時間。這是利用循環陣列或是雙向鏈接串列 (第 2.2.3 節) 的實作的狀況。演算法 merge 有三個 **while** 迴圈。基於我們的假設，每個迴圈內執行的運算花費 $O(1)$ 時間。最關鍵的觀察是在這些迴圈的每一次迴圈反覆的期間，會有一個元素從 S_1 或是 S_2 當中移除。由於沒有插入被執行到 S_1 或 S_2 中，這項觀察暗示了這三個迴圈的全部反覆個數為 n_1+n_2。如此，演算法 merge 的執行時間為 $O(n_1+n_2)$，依此我們可以總結：

定理 4.2 合併兩個排序過的序列 S_1 與 S_2 花費了 $O(n_1+n_2)$ 的時間，其中 n_1 是序列 S_1 的大小，而 n_2 是序列 S_2 的大小。

Algorithm merge(S_1, S_2, S):

Input: Sequences S_1 and S_2 sorted in nondecreasing order, and an empty sequence S

Output: Sequence S containing the elements from S_1 and S_2 sorted in nondecreasing order, with sequences S_1 and S_2 becoming empty

```
while (not (S1.isEmpty() or S2.isEmpty) do
  if S1.first().element() ≤ S2.first().element() then
    { move the first element of S1 at the end of S }
    S.insertLast(S1.remove(S1.first()))
  else
    { move the first element of S2 at the end of S }
    S.insertLast(S2.remove(S2.first()))
{ move the remaining elements of S1 to S }
while (not S1.isEmpty()) do
  S.insertLast(S1.remove(S1.first()))
{ move the remaining elements of S2 to S }
while (not S2.isEmpty()) do
  S.insertLast(S2.remove(S2.first()))
```

演算法 **4.3**：merge 演算法用來合併兩個排序好的佇列。

我們在圖 4.4 中顯示了 merge 演算法的一個執行例子。

合併排序的執行時間

在給了合併排序演算法的細節之後，讓我們開始來分析整個合併排序演算法的執行時間，假設已經給定了一個有 n 個元素的序列。爲了簡單起見，讓我們也假設 n 是 2 的次方。當 n 不是 2 的次方時，我們的分析結果同樣也是成立的，證明則留作習題 R-4.4。

我們參考合併排序樹 T 來分析合併排序演算法。我們稱花費於 T 的一個節點 v 的時間爲 v 所代表的遞迴呼叫的執行時間，其中並不包含花在等待節點 v 的子孫所代表的遞迴呼叫終止的時間。換句話說，在節點 v 所花的時間包括了分切與征服步驟的執行時間，但是不包括遞迴步驟的執行時間。我們已經觀察到分切步驟的細節是淺顯易懂的；這個步驟執行在與 v 的序列的大小成正比的時間內。如同定理 4.2 所示，包括了合併兩個排序過的子序列的征服步驟，也是花費線性時間。也就是，令 i 表示節點 v 的深度，則在節點 v 所花的時間是 $O(n/2^i)$，這是因爲 v 所代表的遞迴呼叫所處理的序列大小相等於 $n/2^i$。

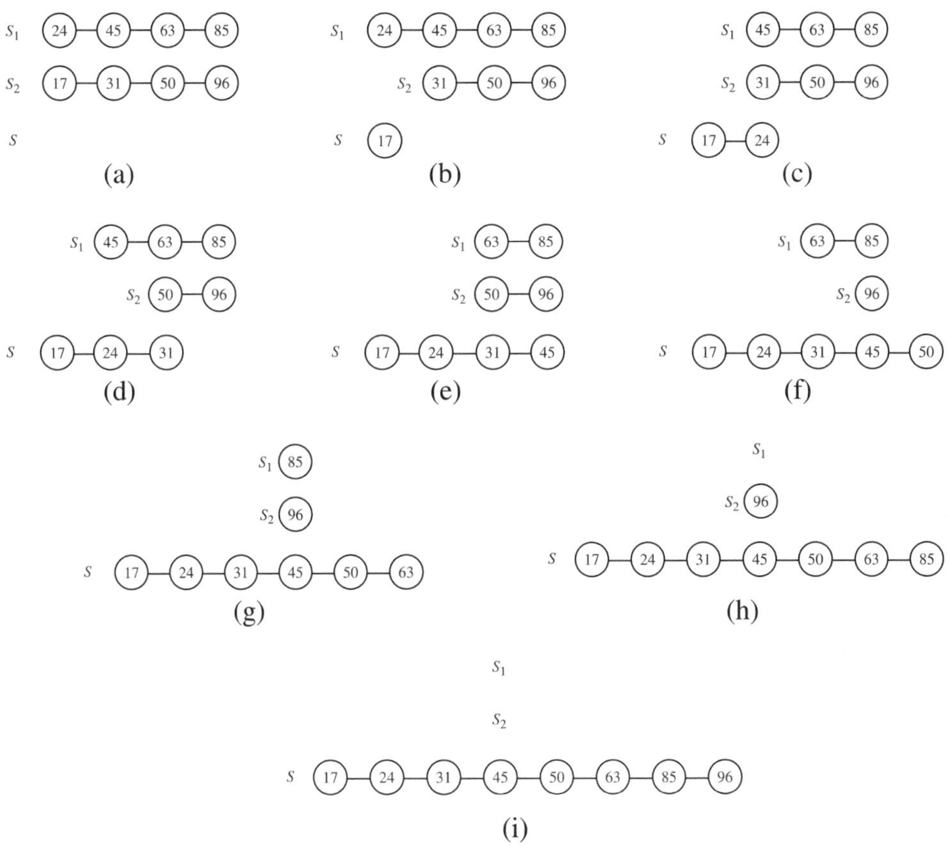

圖 **4.4**：演算法 **4.3** 中 **merge** 演算法的執行例子。

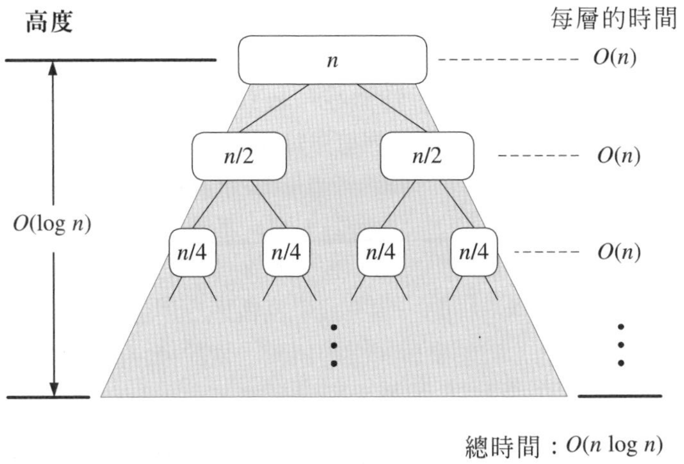

圖 **4.5**：合併排序執行時間的視覺化分析。合併排序樹的每個節點都標示有它的子問題的大小。

更全域地來看顯示於圖 4.5 的樹 T，我們發現到，給定了「花費於一個節點的時間」的定義後，合併排序的執行時間等於花費在樹 T 的節點的時間總和。觀察到在深度 i 時，T 有剛好 2^i 個節點。這項簡單的觀察有著一個重要的結果，也就是它暗示了樹 T 在深度 i 的全部節點所花費的全部時間是 $O(2^i \cdot n/2^i)$，也就是 $O(n)$。由定理 4.1 可知，樹 T 的深度是 $\log n$。如此，因爲在樹 T 中的 $\log n + 1$ 個階層中的每一個所花的時間是 $O(n)$，我們可以得到如下的結論：

定理 4.3 合併排序在最差狀況下，運算時間爲 $O(n\log n)$。

4.1.2 合併排序與遞迴方程式

有另一個方式可以驗證合併排序演算法的執行時間是 $O(n\log n)$。令函數 $t(n)$ 表示作用在一個大小爲 n 的輸入序列的合併排序的最差狀況執行時間。因爲合併排序是遞迴的，我們可以利用下面的方程式來描繪函數 $t(n)$ 的特徵，而函數 $t(n)$ 則以它自己來遞迴地表示，如下所示：

$$t(n) = \begin{cases} b & \text{若 } n = 1 \\ t(\lceil n/2 \rceil) + t(\lfloor n/2 \rfloor) + cn & \text{其他} \end{cases}$$

其中 $b > 0$ 和 $c > 0$ 都是常數。有著像上面的特徵的函數則稱爲遞迴方程式 (recurrence equtaion) (第 1.1.4 節與第 5.2.1 節)，因爲這一個函數同時出現在等號的左邊與右邊。雖然這樣的特徵很正確也很準確，但是我們要的特徵是 $t(n)$ 以大O的型式出現，而不是函數 $t(n)$ 它本身 [也就是說，我們要的是函數 $t(n)$ 的**封閉形式 (closed-form)** 特徵]。

爲了要提供 $t(n)$ 的封閉形式特徵，讓我們將注意力限制在當 n 是 2 的次方的狀況。證明漸近特徵在一般狀況下仍然成立的問題則留作習題 R-4.4。在這個狀況下，我們可以將函數 $t(n)$ 的定義簡化爲

$$t(n) = \begin{cases} b & \text{若 } n = 1 \\ 2t(n/2) + cn & \text{其他} \end{cases}$$

但是既使如此，我們仍然必須要以封閉形式的方式試著特徵化這一個遞迴方程式。要做到這樣的一個方式是反覆地應用這一個方程式，假設 n 在相對上是很大的。舉例來說，在經過再一次的應用這個方程式之後，我們可以重寫 $t(n)$ 的一個新的遞迴方程式如下：

$$\begin{aligned} t(n) &= 2(2t(n/2^2) + (cn/2)) + cn \\ &= 2^2 t(n/2^2) + 2cn \end{aligned}$$

如果我們再應用這個方程式一次，我們得到

$$t(n) = 2^3 t(n/2^3) + 3cn$$

在應用了這個方程式 i 次之後，我們得到

$$t(n) = 2^i t(n/2^i) + icn$$

這時，剩下來的議題是決定什麼時候停止這一個過程。要看什麼時候停止，回憶我們在當 $n = 1$ 時會切換成封閉形式 $t(n) = b$，而這在當 $2^i = n$ 時會發生。換句話說，它會在當 $i = \log n$ 發生。實行這項取代可以得到

$$\begin{aligned} t(n) &= 2^{\log n} t(n/2^{\log n}) + (\log n)cn \\ &= nt(1) + cn\log n \\ &= nb + cn\log n \end{aligned}$$

如此，我們便得到 $t(n)$ 是 $O(n\log n)$ 這項事實的另一個驗證。

4.2 抽象資型態集合

在這一節裡，我們將介紹**集合 (set)** ADT. 一個集合是一個裝著相異物件的容器。也就是，在一個集合裡，任兩個元素都不會是完全一樣的，而且也沒有任何明確鍵值甚至順序的觀念。即使如此，我們仍然在這裡，在排序的一章中包含我們對於集合的討論，因爲排序對於集合抽象資料型態運算的有效率實作，可以扮演一個很重要的角色。

集合與它們的一些用途

首先，我們回憶兩個集合 A 與 B 的**聯集 (union)**、**交集 (intersection)** 與**差集 (subtraction)** 的數學定義：

$$\begin{aligned} A \cup B &= \{x : x \in A \text{ 或 } x \in B\} \\ A \cap B &= \{x : x \in A \text{ 且 } x \in B\} \\ A - B &= \{x : x \in A \text{ 且 } x \notin B\} \end{aligned}$$

範例 4.4 對於每一個在它們的字典資料庫中的字 x，大部分的網際網路搜尋引擎儲存著包含著 x 的一個集合 $W(x)$，其中每一個網頁都被識別爲一個獨特的網際網路位址。當有使用者要查詢字 x 時，這樣的搜尋引擎只要傳回在集合 $W(x)$ 裡的網頁就行了，這些網頁可能是依據某些專屬的優先排名作爲其重要性來排序的。但是當使用者查詢是兩個字 x 和 y 時，這樣的一個搜索引擎必須先計算交集 $W(x) \cap W(y)$，然後再依優先順序將結果傳回給使用者。有一些搜尋引擎使用本節所提到交集演算法來做計算。

集合 ADT 的基本函式

作用在集合A上的集合 ADT 的基本函式如下：

union (B)： 用A和B的聯集代換A，也就是執行 $A \leftarrow A \cup B$。
intersect (B)： 用A和B的交集代換A，也就是執行 $A \leftarrow A \cap B$。
subtract (B)： 用A和B的差集代換A，也就是執行 $A \leftarrow A - B$。

我們將運算 union、intersection 和 subtract 定義如上，使它們可以用來修訂集合A所代表的內容。另一種作法則是將這些運算定義爲不去修訂A的內容，而是傳回一個新的集合。

4.2.1 一個簡單的集合實作

有一個最簡單的用來實作集合的方法，就是將它的元素以排序過的序列來儲存。舉例而言，這種實作被包括在數個軟體程式庫的原生資料結構。因此，讓我們考慮使用一個排序過的序列來實作集合 ADT (我們在數個習題中考慮其他的實作)。在相同的順序被使用於所有的集合中的前提下，任何在元素之間的一致性全序關係都可以被使用。

我們使用一個原生版本的合併演算法來實作三個基礎集合運算中的每一個，它取兩個表示輸入集合的排序過的序列來作爲輸入，並且建構出一個表示輸出集合的序列，這輸出即爲輸入集合的聯集、交集或是差集。

這一個原生合併演算法反覆地檢驗與比較分別爲輸入序列A和B之中的元素a和b，並且找出是$a<b$、$a=b$或是$a>b$。然後，依據這個比較的輸出結果，來決定它是否要複製a和b其中一個輸出的序列C中。這個決定是依據我們現在所執行特定運算，可能是聯集、交集或是差集。接著被考慮的是屬於一個或是兩個序列的下一個元素。舉例而言，在一個聯集運算中，我們進行如下：

- 若$a<b$，我們複製a到輸出序列並且繼續考慮A的下一個元素；
- 若$a=b$，我們複製a到輸出序列並且繼續考慮A和B的下一個元素；
- 若$a>b$，我們複製b到輸出序列並且繼續考慮B的下一個元素。

原生合併的效能

讓我們分析原生合併演算法的執行時間。在每一次的反覆中，我們比較輸入序列A和B的兩個元素，可能會複製一個元素到輸出序列中，然後前進到A、B或這兩者的目前元素。假設比較和複製元素都花費$O(1)$的時間，那麼執行的總時間是 $O(n_A+n_B)$，其中 n_A 是 A 的大小而 n_B 是 B 的大小；也就是，原生合併花費的時間與牽涉到的元素個數成正比。由此，我們可以得到：

定理 4.5 集合 ADT 可以用有序序列以及一個支援 $O(n)$ 時間內執行 union、intersect 與 subtract 運算的原生合併方案來實作，其中 n 表示牽涉到的集合的大小的和。

還有一個特別而且重要的集合 ADT 版本，它只應用來處理一組互不交集的集合。

4.2.2 尋找聯集運算的分割

一個**分割 (partition)** 是一組互不交集的集合。我們在定義分割 ADT 的方法時，皆使用定位器 (第 2.4.4 節) 來存取儲存在集合中的元素。在這種狀況中每個定位器就像是一個指標，利用它可立即存取在分割中儲存著元素的所在位置 (節點)。

makeSet(e)： 產生一個包含元素 e 的單獨集合，並且傳回 e 的定位器 ℓ。

union(A, B)： 計算並且傳回集合 $A \leftarrow A \cup B$。

find(ℓ)： 傳回一包含有定位器 ℓ 所指元素的集合。

序列的實作

具有 n 個元素的分割的一個簡單實作可用一組序列，一個序列代表一個集合，其中代表集合 A 的序列儲存定位器節點作爲它的元素。每一個定位器節點都有一個指到它的元素 e 的參照，以便讓定位器抽象資料型態的函式 element() 可以在 $O(1)$ 內執行，另外還有一個參照指向儲存有元素 e 的序列。(參考圖 4.6) 如此，我們可以在 $O(1)$ 時間內執行運算 find (ℓ)。同樣的，makeSet 也花費了 $O(1)$ 時間。運算 union(A, B) 需要我們將兩個序列合併成一個序列，並且在兩個定位器的一個中更新序列的參照。我們選擇將較小序列中的所有定位器移除，並且將它們插入到較大序列之中，以此方式來實作這個運算。因此，運算 union(A, B) 花費了 $O(\min(|A|, |B|))$ 的時間，也就是 $O(n)$，因爲在最差狀況下 $|A| = |B| = n/2$。不過，如同下面所證明的，這樣的實作以攤銷法分析的結果，比起上述最差狀況分析要好得多了。

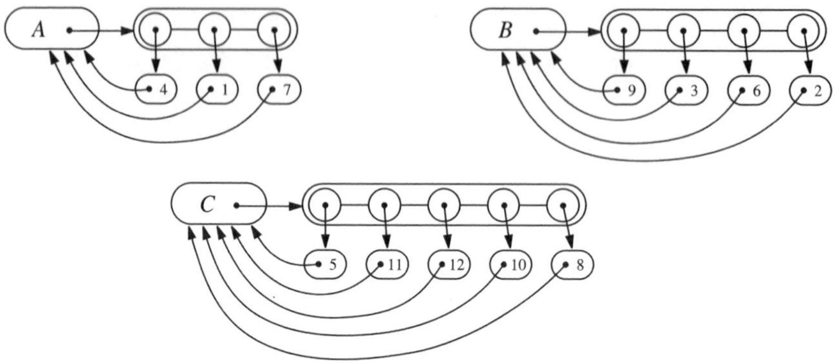

圖 4.6：以序列作為基礎的分割實作，其中包括了三個集合：$A = \{1, 4, 7\}$、$B = \{2, 3, 6, 9\}$ 和 $C = \{5, 8, 10, 11, 12\}$。

序列實作的效能

上面的序列實作方法雖然簡單，卻也是有效率的，如同以下的定理所示。

定理 4.6 使用上面以序列爲基礎的實作方法，並且由初始爲空的分割開始，執行一系列 n 個 makeSet、union 以及 find，會花費 $O(n\log n)$ 時間。

證明：

我們使用會計的方法並且假設一個虛擬貨幣可以用來支付執行一個 find 或 makeSet 運算，或是在 union 運算中將定位器節點從一個序列移動到另一個所花費的時間。在運算 find 或是 makeSet 的狀況中，我們對這些運算本身索價 1 虛擬貨幣。然而在 union 這個運算的情況，當我們將每一個定位器節點從一個集合移到另一個時，索價 1 虛擬貨幣。注意到我們對 union 運算本身並沒有索價。很清楚地，對於 find 和 makeSet 運算的全部的索價，其總和會是 $O(n)$。

接著考慮爲了 union 運算，對定位器索價次數。一項重要的發現就是，當每次我們將一個定位器由一個集合移到另一個時，這一個新的集合的大小至少會是兩倍。如此，每個定位器從一個集合移到另一個集合最多是 $\log n$ 次；因此，每個定位器最多會被索價 $O(\log n)$ 次。因爲我們假設分割在初始時是空的，所以會有 $O(n)$ 個不同元素被給定的一系列運算參考到。這暗示了全部 union 運算的總時間是 $O(n\log n)$。 ■

在一連串的 makeSet、union 和 find 運算中，一個運算的攤銷執行時間，是一連串運算的總時間除以運算個數。我們從上面的定理可以總結出，對於一個使用序列來實作的分割，每個運算的攤銷執行時間是 $O(\log n)$。如此，我們可以總結此一簡單的以序列爲基礎的分割實作的效能如下。

定理 4.7 使用序列所實作的分割，其初始狀態爲空，施以一連串 n 個 makeSet、union 與 find 運算，則每個運算的攤銷執行時間是 $O(\log n)$。

注意在這一個以序列爲基礎的分割實作中，每一個find運算事實上花費了最差狀況下的 $O(1)$ 時間。這是 union 運算的執行時間，它是計算的瓶頸所在。

在下一節裡，我們會描述以樹爲基礎的分割實作，它不能保證 find 運算可以在常數的時間內完成，但是在每一個 union 運算裡，它的攤銷執行時間會遠優於 $O(\log n)$。

4.2.3 以樹實作分割

實作具有 n 個元素的分割，替代資料結構可使用一組樹來將元素儲存在集合裡，其中每一棵樹各代表一個互不相同的集合 (參閱圖 4.7) 。更明確地說，我們是以鏈接資料結構來實作樹 T，其中樹 T 中的每個節點 u 儲存了 T 所代表之集合中的一個元素，以及一個指向 u 的父節點的 parent 參考。如果 u 是根，那麼它的 parent 參考將會指向它自己。將樹的節點當作分割中元素的定位器。又我們以代表集合的樹的根來識別每一個集合。

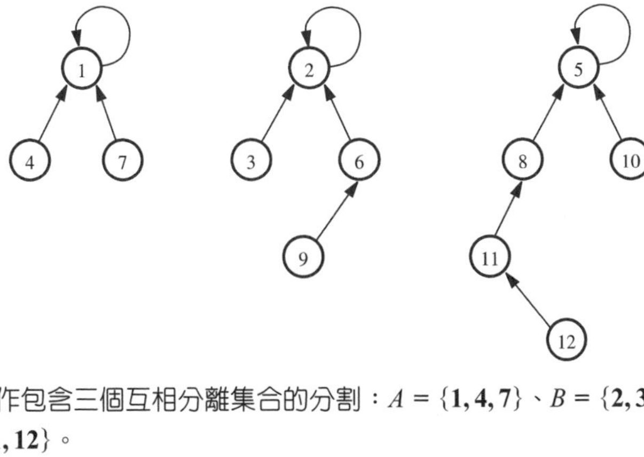

圖 4.7：以樹實作包含三個互相分離集合的分割：$A = \{1,4,7\}$、$B = \{2,3,6,9\}$ 與 $C = \{5,8,10,11,12\}$。

在這個分割資料結構中，union 運算的做法是將兩棵樹中的其中一棵變成另外一個樹的子樹 (圖 4.8b)，只要將其中一棵樹的根的 parent 參考指向另外一棵樹的根即可，這件事情可以在 $O(1)$ 的時間內完成。而對一個

定位器節點 ℓ 執行運算 find，則是在包含有定位器 ℓ 的樹中往上走到根的過程，最差的狀況下會花費 $O(n)$ 的時間。

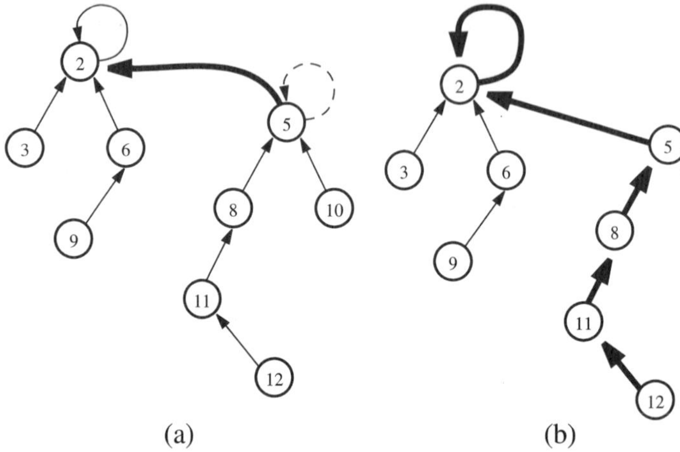

圖 **4.8**：以樹為基礎的分割實作：**(a)** 運算 union (A, B)；**(b)** 運算 find(ℓ)，其中 ℓ 代表元素 12 的定位器。

注意到這種樹的表示法，是用來實作分割的特殊化資料結構，而不是用來實現樹的抽象資料型式的 (參考 第 2.3 節)。的確，這種表現只有「往上」的鏈接，而且沒有提供任何方式來存取一個給定節點的子節點。在一開始，這樣的實作方法看起來似乎不如以序列來做資料結構的好，不過我們加入一些簡單的經驗法則如下，便能使它執行得更快：

依大小作聯集：令 $n(v)$ 代表以 v 爲根的子樹大小，並且儲存在 v。在一個 union 運算中，令一個具有較小集合的樹成爲另一個樹的子樹，在所得到的樹中，將根的大小欄位值更新。

路徑壓縮：在一個 find 運算中，對於每一個被 find 所拜訪的節點 v，將 parent 指標重設爲從 v 指向根節點。(參考圖 4.9)。

這些經驗法則會使得運算時間增加常數倍，不過如同我們下面所證明的，它們會明顯地改進攤銷執行時間。

定義排名函數

讓我們分析對一分割進行一連串 n 個 union 與 find 運算的執行時間，此分割最初是包含 n 個集合，其中每個集合僅含有單一元素。

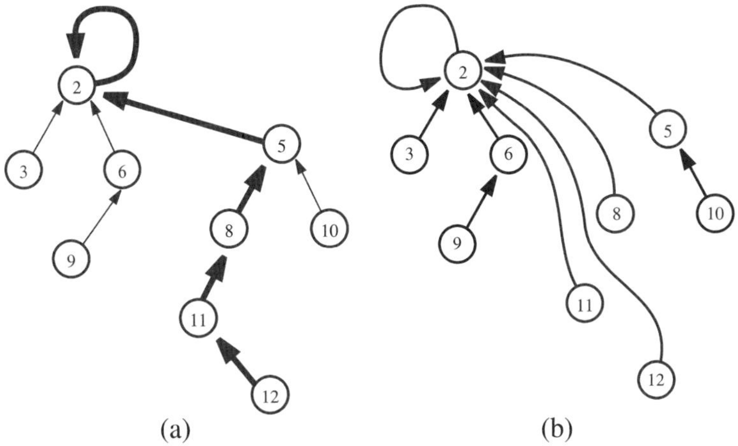

圖 **4.9**：路徑壓縮經驗法則：**(a)** 以在元素 12 上的運算 find 所走訪的路徑；**(b)** 重新結構化的樹。

對於每一個根節點 v，回憶我們定義了 $n(v)$ 爲以 v 爲根的子樹大小 (包含 v)，並且我們以代表一集合的樹的根節點來識別該集合。

每一次當一個集合被聯集到 v 中時，我們就更新 v 中的大小欄位。如此，若 v 不是根的話，那麼 $n(v)$ 即爲以 v 爲根的子樹之大小所可能達到的最大值，最大值是發生在剛好將 v 與某個大小至少與 v 一樣大的其他節點聯集之前。接著，定義任何節點 v 的排名 (rank)，我們記爲 $r(v)$，如下：

$$r(v) = \lfloor \log n(v) \rfloor$$

如此，我們馬上可以得到 $n(v) \geq 2^{r(v)}$。又，因爲在 v 的樹裡最多有 n 個節點，對於每個節點 v，我們可以得到 $r(v) \leq \lfloor \log n \rfloor$。

定理 4.8

> 如果節點 w 是節點 v 的父節點，那麼
> $$r(v) < r(w)$$

證明：

只有當 w 的大小在聯集之前至少和 v 的大小一樣大時，我們才使 v 指向 w。令 $n(w)$ 表示 w 在聯集之前的大小，並且令 $n'(w)$ 表示 w 在聯集之後的大小。如此，在聯集之後我們可以得到

$$\begin{aligned} r(v) &= \lfloor \log n(v) \rfloor \\ &< \lfloor \log n(v) + 1 \rfloor \\ &= \lfloor \log 2n(v) \rfloor \\ &\leq \lfloor \log (n(v) + n(w)) \rfloor \\ &= \lfloor \log n'(w) \rfloor \end{aligned}$$

$$\leq r(w)$$ ■

換句話說，這一個定理陳述了當我們跟著parent指標在樹中往上時，排名是**單調地 (monotonically)** 遞增。它也暗示了以下定理：

定理 4.9 對於 $0 \leq s \leq \lfloor \log n \rfloor$，最多有 $n/2^s$ 個排名為 s 的節點。

證明：

根據前面的定理，對於任何節點 v，$r(v) < r(w)$，而當我們跟著parent指標在任何的樹中往上時，排名是單調地遞增。如此，對於兩個節點 v 和 w，假如 $r(v) = r(w)$，那麼在 $n(v)$ 中被計入的節點必定與在 $n(w)$ 中被計入的節點分開且互不相同。根據排名的定義，如果一個節點 v 的排名是 s，那麼 $n(v) \geq 2^s$。因此，由於總共最多有 n 個節點，所以排名為 s 的節點最多有 $n/2^s$ 個。 ■

攤銷分析

一旦使用了依大小作聯集與路徑壓縮這兩個經驗法則，以樹實作的分割資料結構便有了令人驚奇的特性，那就是執行一連串 n 個 union 與 find 運算只會花費 $O(n\log^* n)$ 的時間，其中 $\log^* n$ 代表「反覆對數」函數，它是**tower-of-twos** 函數 $t(i)$ 的反函數：

$$t(i) = \begin{cases} 1 & \text{如果 } i = 0 \\ 2^{t(i-1)} & \text{如果 } i \geq 1 \end{cases}$$

也就是，

$$\log^* n = \min\{i : t(i) \geq n\}$$

直覺上，$\log^* n$ 是反覆將所得數值取以 2 為底的對數，在數值變得小於 2 之前所能反覆的次數。表 4.10 列出這個函數的一些範例值。

最小 n 值	$\log^* n$
1	0
2	1
$2^2 = 4$	2
$2^{2^2} = 16$	3
$2^{2^{2^2}} = 65{,}536$	4
$2^{2^{2^{2^2}}} = 2^{65{,}536}$	5

表 **4.10**：的最小值一些 $\log^* n$ 的範例值，以及要得到這一個值所需要的最小 n 值。

就像表 4.10 所展示的，對於所有實用的目的而言，$\log^* n \leq 5$。它是個令人驚奇的慢速成長函數 (但是仍然是在成長)。

爲了要驗證我們所提出的令人驚奇的主張，也就是執行 n 個 union 和 find 運算所需要的時間是 $O(n\log^* n)$，我們將節點分切成數個**排名群 (rank group)**。如果

$$g = \log^*(r(v)) = \log^*(r(u))$$

則節點 v 和 u 是在同一個排名群 g 裡。由於最大排名是 $\lfloor \log n \rfloor$，所以最大排名群是

$$\log^*(\log n) = \log^* n - 1$$

我們使用排名群來導出會計方法中的攤銷分析規則。我們已經觀察到執行一個 union 運算花費了 $O(1)$ 時間。爲了支付這個，我們對每一個 union 運算索價 1 元虛擬貨幣。因此，我們可以將注意力放在 find 運算上，以便驗證我們的主張—執行全部 n 個運算會花費 $O(n\log^* n)$ 的時間。

執行一個 find 運算的主要計算任務在於，從節點 u 開始跟著 parent 指標往上，直到包含有 u 的樹的根爲止。我們可以經由對於每一個我們所走訪的 parent 參考支付一元虛擬貨幣的方式來說明所有這項工作。令 v 爲路徑上的某個節點，並且令 w 爲 v 的父節點。我們使用兩個規則來訂這個 parent 參考的走訪價格：

- 如果 w 是根節點，或者 w 和 v 是在不同的排名群裡，那麼就對運算 find 索價一元虛擬貨幣；
- 不然的話 (也就是 w 不是根節點並且 v 和 w 是在同一個排名群裡)，就對節點 v 索價一個虛擬貨幣。

因爲最多有 $\log^* n - 1$ 個排名群，所以這一個規則保證任何的 find 運算最多被索價 $\log^* n$ 元虛擬貨幣。如此，這個方案說明了 find 運算的價格，不過我們仍然必須說明對節點索取的全部虛擬貨幣。

觀察當我們對節點 v 索價後，v 將會接著獲得一個新的父節點，這個節點在樹中比 v 還高。此外，因爲排名在樹中往上是單調遞增的，v 的新的父節點的排名將會比 v 的舊的父節點 w 的排名還大。因此，任何節點 v 可被索價的次數，最多爲 v 的排名群裡所含之不同排名的個數。同樣地，因爲任何在排名群 0 裡的節點都有一個父節點在更高的排名群裡，我們可以限制我們的注意力在排名群高過 0 的節點上 (因爲我們總是會對 find 運算索價以檢驗節點是否在排名群 0 裡)。如果 v 在排名群 $g>0$ 裡，那麼在 v 得到一個在更高的排名群裡的父節點之前 (並且從這裡開始 v 再也不會被索價)，v 最多可被索價 $t(g) - t(g-1)$ 次。換句話說，在每個節點上所可能被索取虛擬貨幣總數 C，其限制是：

$$C \le \sum_{g=1}^{\log^* n-1} n(g)\cdot(t(g)-t(g-1))$$

其中 $n(g)$ 表示在排名群 g 裡的節點個數。

因此，假如我們可以得出 $n(g)$ 的上限值，我們就可以接著將它代入上面的方程式以得出 C 的上限值。爲了要得出 $n(g)$ 的界限，在排名群 g 裡節點的個數，回憶對於任何給定的排名 s，其節點總數最大爲 $n/2^s$ (由定理 4.9)。如此，對於 $g>0$

$$\begin{aligned} n(g) &\le \sum_{s=t(g-1)+1}^{t(g)} \frac{n}{2^s} \\ &= \frac{n}{2^{t(g-1)+1}} \sum_{s=0}^{t(g)-t(g-1)-1} \frac{1}{2^s} \\ &< \frac{n}{2^{t(g-1)+1}}\cdot 2 \\ &= \frac{n}{2^{t(g-1)}} \\ &= \frac{n}{t(g)} \end{aligned}$$

將這一個界限代入之前得到的節點索價總數 C 的界限，我們可以得到

$$\begin{aligned} C &< \sum_{g=1}^{\log^* n-1} \frac{n}{t(g)}\cdot(t(g)-t(g-1)) \\ &\le \sum_{g=1}^{\log^* n-1} \frac{n}{t(g)}\cdot t(g) \\ &= \sum_{g=1}^{\log^* n-1} n \\ &\le n\log^* n \end{aligned}$$

因此，我們已經證明了對節點索價的所有虛擬貨幣最多爲 $n\log^* n$。這暗示了以下的定理：

定理 4.10 令 P 爲具有 n 個元素、以一組樹所實作的分割，如上所述，使用以大小作聯集和壓縮路徑等經驗法則。P 的初始狀態爲一組單一元素集合，在 P 上執行一連串 union 和 find 運算，則每一個運算的攤銷時間是 $O(\log^* n)$ 。

Ackermann 函數

我們實際上可以證明一連串 n 個如上實作的分割運算中，單一個運算的攤銷時間爲 $O(\alpha(n))$，其中 $\alpha(n)$ 是一個函數，它是 **Ackermann 函數 (Ackerm-**

ann function) $\mathcal{A}$ 的反函數，它的漸進成長甚至比 $\log^* n$ 還要慢，不過此證明已經超出本書的範圍。

僅管如此，我們還是在此定義 Ackermann 函數，然後欣賞它是如何地快速成長；因此可知，它的反函數成長是如何地慢。我們首先定義一個帶有索引值的 Ackermann 函數 $\mathcal{A}_i$，如下：

$$\mathcal{A}_0(n) = 2n \qquad \text{當 } n \geq 0$$
$$\mathcal{A}_i(1) = \mathcal{A}_{i-1}(2) \qquad \text{當 } i \geq 1$$
$$\mathcal{A}_i(n) = \mathcal{A}_{i-1}(\mathcal{A}_i(n-1)) \qquad \text{當 } i \geq 1 \text{ 且 } n \geq 2$$

換句話說，索引 Ackermann 函數定義了一個函數的級數，在其中的每個函數都會比前一個函數更加快速地成長：

- $\mathcal{A}_0(n) = 2n$ 是一個乘以二的函數。
- $\mathcal{A}_1(n) = 2^n$ 是一個二的 n 次方函數。
- $\mathcal{A}_2(n) = 2^{2^{\cdot^{\cdot^{2}}}}$ (有 n 個 2) 是塔狀的二次方 (tower-of-twos) 函數。
- $\mathcal{A}_3(n)$ 是塔狀的塔狀二次方 (tower-of-tower-of-twos) 函數依此類推。

然後我們定義 Ackermann 函數爲 $\mathcal{A}(n) = \mathcal{A}_n(n)$，這是一個難以置信地快速成長的函數。同樣的，它的倒數，$\alpha(n) = \min\{m: \mathcal{A}(m) \geq n\}$，是一個難以置信地緩慢成長的函數。

接下來我們回到排序問題，並且討論快速排序。就像合併排序一樣，這一個演算法也是基於各個擊破典型，不過，以某種角度看，它是以相反的手法來使用這個技術，也就是所有困難的工作都是在遞迴呼叫之前就完成了。

4.3 快速排序

快速排序演算法使用一個簡單的各個擊破方式來將序列 S 排序，藉此我們將 S 分切成子序列，遞迴地排序這些子序列，然後用一個簡單的連結將這一些排序過的子序列結合起來。更明確地說，快速排序演算法包括了下列三個步驟 (參考圖 4.11)：

1. **分切：**如果 S 有至少兩個元素 (當 S 有零個或一個元素時，什麼都不需要做)，從 S 中挑出一個特定的元素 x，我們稱它爲中樞 (pivot)。在一般實務中，我們選擇 S 裡最後一個元素作爲中樞 x。將所有元素從 S 移除，並將它們放進三個序列：

- L，儲存 S 中比 x 還要小的元素；
- E，儲存 S 中和 x 相等的元素；
- G，儲存 S 中比 x 還要大的元素。

(如果 S 的所有元素都互不相同，E 就只有包含一個元素－中樞。)

2. **遞迴**：遞迴地排序 L 和 G 序列。
3. **征服**：將所有元素放回 S，順序是先插入 L 之中的元素，然後是 E 中的元素，最後是 G 中的元素。

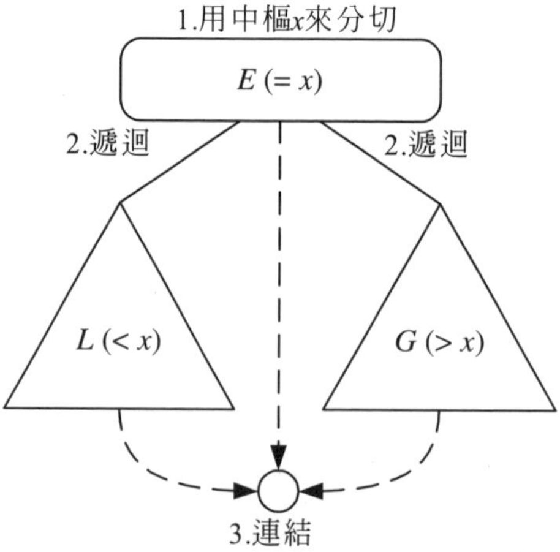

圖 4.11：快速排序演算法的圖解。

就像合併排序，我們可以使用二元遞迴樹來表現快速排序的視覺化圖解，它被稱爲快速排序樹 (quick-sort tree)。圖 4.12 是快速排序演算法的視覺化表現，顯示快速排序樹中每個節點的輸出輸入序列範例。

然而，與合併排序不同的是，代表快速排序一次執行的快速排序樹，其高度在最差狀況下仍是線性的。舉例而言，如果序列具有 n 個互不相同的元素而且已經排序過，就會發生這種現象。確實，在這種狀況下，中樞的標準選擇是最大的那個元素，結果會產生一個大小爲 $n-1$ 的子序列 L，同時子序列 E 的大小爲 1 並且子序列 G 的大小爲 0。因此，在最差的狀況下，快速排序樹的高度在最差狀況下是 $n-1$。

快速排序的執行時間

我們可以用第 4.1.1 節中用在合併排序上的相同技術來分析快速排序的執行時間。也就是，找出在快速排序樹 T 的每個節點上所花的時間 (圖 4.12)，然後將全部節點的執行時間加總起來。快速排序中的分切步驟以及征服步驟可以容易地在線性時間內實作。因此，在 T 的節點 v 上花費的時間與 v 的輸入大小 $s(v)$ 成正比，我們將 $s(v)$ 定義爲節點 v 所代表的快速排序呼叫中處理的序列大小。因爲子序列 E 至少有一個元素 (也就是中樞)，所以 v 的子節點輸入大小總和最多爲 $s(v)-1$。

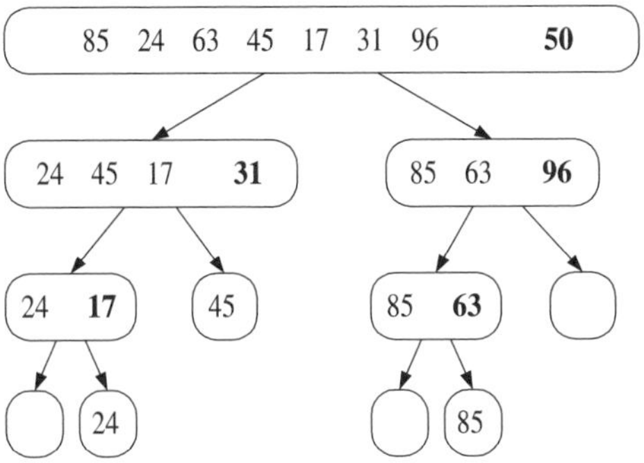

(a)

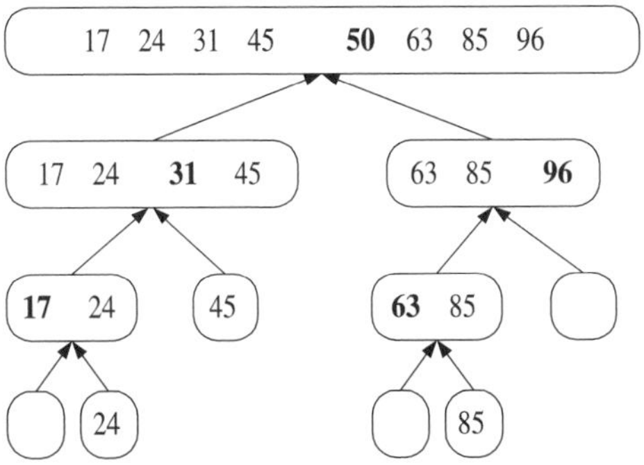

(b)

圖 **4.12**：快速排序樹 T，對一個內含八個元素的序列執行快速排序演算法的情形：**(a)** 在每一個 T 的節點上處理的輸入序列；**(b)** 在每一個 T 的節點上產生的輸出序列。在遞迴的每一階層中所使用的中樞是以粗體來表示。

給定一個快速排序樹 T，令 s_i 表示在 T 中深度爲 i 的節點輸入大小總和。很清楚地，$s_0 = n$，因爲 T 的根節點 r 代表整個序列。同樣地，$s_1 \le n-1$，因爲中樞並不被傳遞到 r 的子節點。考慮下一個 s_2。如果 r 的兩個子節點輸入大小都不是零的話，那麼 $s_2 = n-3$。不然的話 (根節點的其中一個子節點的大小是零，而另一個的大小是 $n-1$)，就 $s_2 = n-2$。如此，$s_2 \le n-2$。繼續這樣的推論下去，我們可以得到 $s_i \le n-i$。

如同在 4.3 節中觀察到的，T 的高度在最差狀況下是 $n-1$。因此快速排序的最差執行時間爲

$$O\left(\sum_{i=0}^{n-1} s_i\right)\text{，它是 } O\left(\sum_{i=0}^{n-1}(n-i)\right)\text{，亦即 } O\left(\sum_{i=1}^{n} i\right)$$

由定理 1.13 可得 $\sum_{i=1}^{n} i$ is $O(n^2)$。因此，快速排序最差狀況時間是執行在 $O(n^2)$。

從快速排序的名字來看，我們會期待它能夠很快地執行。然而，上面的二次界限指出了快速排序在最差狀況下是慢的。矛盾的是，最差狀況是發生在當排序應該是簡單的問題實例中－當序列已經排序過後。另外，請注意在一個具有互不相同元素的序列上做快速排序，最佳情況是發生在當子序列 L 和 G 剛好大小都差不多的時候。的確，在這種狀況下在每一個內部節點中都儲存有一個中樞，並且對它的子節點發出兩個大小相同的呼叫。如此，我們在根節點儲存 1 個中樞，在第 1 階層儲存 2 個，在第 2 階層儲存 2^2 個，依此類推。也就是，在最佳狀況下，我們有

$$\begin{aligned} s_0 &= n \\ s_1 &= n-1 \\ s_2 &= n-(1+2) = n-3 \\ &\vdots \\ s_i &= n-(1+2+2^2+\cdots+2^{i-1}) = n-(2^i-1) \end{aligned}$$

依此類推。如此，在最佳狀況下，T 的高度為 $O(\log n)$，而快速排序在 $O(n \log n)$ 時間內執行；我們將這項事實的驗證留作為習題 (R-4.11)。

隱藏在快速排序的期望行為後的非正式直覺是，在每一次的呼叫中，中樞會有極大的可能將輸入序列大約相等地分切開來。因此，我們可以期待快速排序的平均執行時間能夠相近於在最佳狀況下的執行時間，也就是 $O(n \log n)$。在下一節我們將會看到利用隨機化的方式使快速排序的行為與上面所描述的完全一致。

4.3.1 隨機快速排序

分析快速排序的一般方法是假設中樞將總是把序列幾乎相等地分切。我們覺得這樣的假設預設了輸入的分布情形，但這項資訊一般來說是無法取得的。舉例來說，我們會必須要假設我們很少會取得一個「幾乎」排序好的序列來排序，但事實上在許多應用中，這種情況是常見的。幸運的是，我們不需要這個假設，也可以將直覺對應到快速排序的行為。

因為快速排序方法的分割步驟目的是要幾乎相等地分切序列 S，讓我們使用一個新的規則來選出中樞－從輸入序列裡選擇一個**隨機元素 (random**

element)。如同我們接下來所證明的，如此得到的演算法－稱爲**隨機快速排序 (randomized quick-sort)** －當給定一個具有 n 個元素的序列時，它的期望執行時間爲 $O(n\log n)$。

定理 4.11 在一個大小爲 n 的序列上，隨機快速排序的期望執行時間爲 $O(n\log n)$。

證明：

我們利用了機率理論裡的一個簡單事實：

投擲一個硬幣直到它出現 k 次正面的期望次數爲 $2k$。

現在考慮在隨機快速排序裡一個特有的遞迴呼叫，並且令 m 表示這次呼叫的輸入序列大小。如果所選擇的中樞所產生的子序列 L 和 G 每一個的大小至少 $m/4$、至多 $3m/4$，我們就可以說這次呼叫是「好的」。因爲中樞的選擇是均質隨機的，並且在呼叫中有 $m/2$ 個中樞是好的，那麼這些呼叫會是好的機率是 1/2 (就像投擲硬幣會出現正面的機率一樣)。

如圖 4.13 所示，若快速搜尋樹 T 裡的節點 v 代表「好的」遞迴呼叫，那麼每一個 v 的子節點輸入大小最大是 $3s(v)/4$ (這和 $(s(v)/(4/3)$ 相同)。如果我們在 T 中從根節點到一個外部節點取一條路徑，那麼此路徑之長度最大等於欲得到 $\log_{4/3}n$ 次好呼叫 (在此路徑上的每個節點) 所必須呼叫次數。應用上面復習過的機率事實，欲得到此結果，我們必須作出的期望呼叫次數是 $2\log_{4/3}n$ (如果一個路徑在這個階層之前終止，那這樣的話更好)。因此，在 T 裡從根節點到一個外部節點之路徑的期望長度是 $O(\log n)$。回想一下，在 T 裡每一個階層所要花費的時間是 $O(n)$，因此隨機快速排序的期望執行時間是 $O(n\log n)$。 ■

我們注意到執行時間的期望值是取決於演算法作出的所有可能選擇，而獨立於演算法可能遇到的輸入序列分布的任何假設。事實上，經由使用有力的機率事實，我們可以證明隨機快速排序執行時間達到 $O(n\log n)$ 的機率很高 (參考練習題 C4.8)。

4.4 比較式排序的下限

將我們討論過的排序方式在此作重點陳述，我們描述了一些對一個大小爲 n 的序列做排序時，最差狀況或期望執行時間爲 $O(n\log n)$ 的一些方法。這一些方法包含了在這一章所描述的合併排序法與快速排序法，以及在第 2.4.4 節所描述的堆積排序法。此時自然會出現的問題就是，排序有沒有可能比 $O(n\log n)$ 還要快。

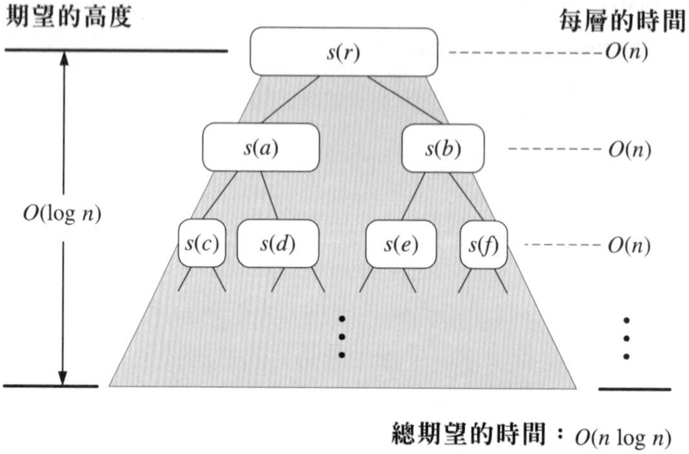

圖 **4.13**：快速排序樹 T 的視覺化時間分析。

在這一節裡，我們證明如果排序演算法所使用的原始運算是兩元素的比較，那麼這已經是我們能夠做到最好的了－比較式排序其最差狀況下的執行時間的下限是 $\Omega(n \log n)$ (回憶第 1.2.2 節中的標記 $\Omega(\cdot)$)。爲了要專注在比較式排序的主要花費，我們只計算排序演算法所執行的比較。因爲我們想要得出的是下限，這個應該是足夠的了。

假設我們被給定一個我們想要排序的序列 $S = (x_0, x_1, ..., x_{n-1})$，並且假設在 S 裡所有的元素是互不相同的 (因爲我們要得出的是下限，所以這點並不是個限制)。每一次排序演算法比較兩個元素 x_i 與 x_j (也就是，它問了「是否 $x_i < x_j$？」)，會有兩種結果：「是」或「否」。依據這樣的比較結果，排序演算法可執行一些內部運算 (在此不列入計算)，並且最終將會取 S 的另兩個元素再做另一次比較，同樣的，也會產生兩種結果。因此，我們可以用決策樹 T 來表示一個比較式排序演算法。也就是，在 T 裡的每個內部節點 v 代表一次比較，而從節點 v' 到它的子節點的邊則代表導因於「是」或「否」的答案的計算 (參考圖 4.14)。

請注意，在討論中所假定的排序演算法，並沒有關於樹 T 的明確知識，這點很重要。我們只是使用 T 來表示排序演算法所能作出之比較的所有可能序列，從第一個比較 (由根節點所代表) 開始並且在最後一個比較 (由一個外部節點的父節點所代表) 結束，正好在演算法終止它的執行之前。

s 中元素的每一種可能的初始順序或稱爲**排列 (permutation)**，都會造成我們所假定的排序演算法去執行一連串的比較，也就是走訪在 T 中由根節點到某個外部節點的路徑。那麼，讓我們以 T 中的每個外部節點 v，代表造成排序演算法在 v 終止的 S 排列之集合。在我們的下限值論述中，最重要的觀察就是在 T 中的每個外部節點 v 都可以用來表示至多一種 S 的排列所呈現的比較序列。這項主張的驗證很簡單：如果 S 的兩個不同排列 P_1 和 P_2 都由同一個外部節點來代表，那麼最少有兩個物件 x_i 和 x_j 會使得在 P_1 之中 x_i 在 x_j 之前，但是在 P_2 中 x_i 是在 x_j 之後。在此同時，v 所代表的輸出必須是 S 裡的一個特定的重排順序，其中不是 x_i 就是 x_j 出現在對方之前。但是如果 P_1 和 P_2 兩者都會造成排序演算法以這個順序輸出 S 的元素，那麼就暗示了存在一種方法可以欺騙演算法，使其以錯誤的順序輸出 x_i 和 x_j。因爲這不可能被一個正確的排序演算法所允許，因此在 T 裡的每個外部節點必定代表恰好一種 S 的排列。我們使用決策樹代表一個排序演算法的這個性質來證明以下的結果：

定理 4.12 以任何比較式演算法排序一 n 個元素的序列，執行時間在最差狀況下爲 $\Omega(n \log n)$。

證明：

比較式排序演算法的執行時間必須大於或等於代表這個演算法的決策樹 T 的高度，如之前所描述的 (參考圖 4.14)。根據上面的論述，每個在 T 中的外部節點必定代表 S 的一個排列。此外，S 的每個排列必能導出 T 裡面的一個不同節點。n 個物件的排列的個數爲

$$n! = n(n-1)(n-2)\cdots 2\cdot 1$$

因此，T 必須最少有 $n!$ 個外部節點。由定理 2.8，T 的高度最少是 $\log(n!)$。這就立刻驗證了這個定理，因爲在 $n!$ 乘積中至少有 $n/2$ 項會大於等於 $n/2$；所以，

$$\log(n!) \geq \log\left(\frac{n}{2}\right)^{\frac{n}{2}} = \frac{n}{2}\log\frac{n}{2}$$

也就是 $\Omega(n \log n)$。 ■

4.5 桶子排序與基底排序

在前面一節，我們證明了使用比較式排序演算法排序 n 個元素的序列，在最差狀況下需要 $\Omega(n \log n)$ 的時間。接著我們很自然地會問，是否有其他不同類型的排序演算法，可以被設計爲漸近式執行時間比 $O(n \log n)$ 還快？有趣的是，這樣的演算法是存在的，但是要對所欲排序的輸入序列做一些特

別的假設。即使如此，這種狀況在實務上經常出現，所以討論它們是值得的。在這一節裡，我們考慮排序一序列項目的問題，其中每個項目是一個鍵值元素對。

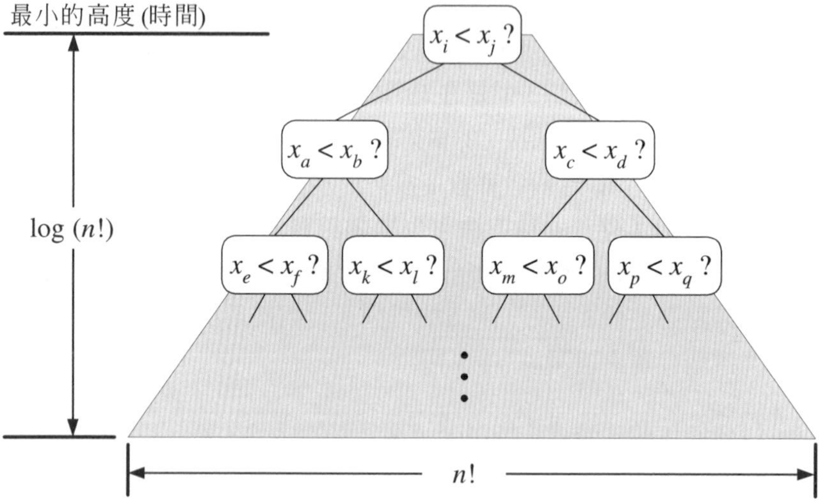

圖 **4.14**：比較式排序下限值的視覺化。

4.5.1 桶子排序

考慮一個具有 n 個項目的序列 S，它們的鍵值是在範圍 $[0, N-1]$ 內的正整數，對於某個正整數 $N \geq 2$，並且假定序列 S 應該要根據項目的鍵值來排序。在這個狀況下，在 $O(n+N)$ 的時間裡排序 S 是可能的。它看起來似乎令人驚訝，不過這暗示了，舉例而言，如果 N 是 $O(n)$，我們可以在 $O(n)$ 時間內排序 S。當然，重點是在於，我們對元素格式做了限制性的假設，因此可以省去比較的動作。

主要的想法是使用一個叫做**桶子排序 (bucket sort)** 的演算法，它不是以比較作爲基礎的，而是使用鍵值作爲桶子陣列 B 的索引，其中 B 擁有從 0 到 $N-1$ 的欄位。一個具有鍵值 k 的項目會被放在「桶子」$B[k]$ 裡，$B[k]$ 本身是一個序列 (含有鍵值爲 k 的項目)。將輸入序列 S 的每一個項目插入到它的桶子之後，我們按照順序地列出桶子 $B[0]$、$B[1]$、⋯、$B[N-1]$ 的內容，依此排序過的順序將這些項目放回 S。演算法 4.15 爲一桶子排序的虛擬碼描述。

只要檢驗上述的兩個 **for** 迴圈，就可以很容易地看出桶子排序是在 $O(n+N)$ 時間內執行，並且使用了 $O(n+N)$ 的空間。

Algorithm bucketSort(S):
  Input: Sequence S of items with integer keys in the range $[0, N-1]$
  Output: Sequence S sorted in nondecreasing order of the keys
  let B be an array of N sequences, each of which is initially empty
  for each item x in S **do**
    let k be the key of x
    remove x from S and insert it at the end of bucket (sequence) $B[k]$
  for $i \leftarrow 0$ to $N-1$ **do**
    for each item x in sequence $B[i]$ **do**
      remove x from $B[i]$ and insert it at the end of S

演算法 **4.15**：桶子排序。

因此，當鍵值的範圍N相對於序列大小n並不大時，例如$N = O(n)$或是$N = O(n \log n)$，此時桶子排序是有效率的。儘管如此，它的效率仍隨著N相對於n的成長而降低。

另外，桶子排序演算法的一個重要性質就是，即使有很多具有相同鍵值的不同元素，它也能夠正確地工作。確實，我們描述它的方式，就是預期到這種情況會發生。

穩定的排序

當排序鍵值元素項目時，一個重要的議題就是如何應付相等的鍵值。令$S = ((k_0, e_0), \ldots, (k_{n-1}, e_{n-1}))$爲一項目序列。如果一排序演算法，對於$S$的任何兩個項目$(k_i, e_i)$與$(k_j, e_j)$使得在排序前（也就是，$i<j$）$k_i = k_j$而且$(k_i, e_i)$在$S$中的$(k_j, e_j)$之前，並且在排序後項目$(k_i, e_i)$仍然在$(k_j, e_j)$之前，則我們說這一個排序演算法是**穩定的 (stable)**。穩定性對一個排序演算法來說是重要的，因爲應用可能會想要保存具有相同鍵值的元素的初始順序。

我們在演算法 4.15 中對桶子排序的非正式描述並不能保證穩定性。然而，這並不是桶子排序方法的天生特性，因爲我們可以簡單地修訂我們的描述使桶子排序成爲穩定的，同時仍然保存著它的$O(n+N)$執行時間。確實，只要在演算法執行時，總是從序列S以及從序列$B[i]$中移除第一個元素，便能得到一個穩定的桶子排序演算法。

4.5.2 基底排序

一個穩定的排序如此重要的其中一個理由是，它允許了桶子排序法可以用在比整數更一般化的內容。舉例而言，假定我們想要排序鍵值爲數對(k, l)

的項目，其中k與 1 是在範圍$[0, N-1]$裡的整數，對於某個整數$N \geq 2$。在像這樣子的情境中，很自然地可以使用辭彙編纂 (lexicographical；字典式) 慣例來爲這些項目定義一個順序，其中如果

- $k_1 < k_2$ 或
- $k_1 = k_2$ 且 $l_1 < l_2$。

則$(k_1, l_1) < (k_2, l_2)$。這是辭彙編纂比較函數的「成對比較」版本，通常是應用到相同長度的字元字串上 (而它也可以簡單地被擴充以適用d個數的多重值 (tuple)，其中$d > 2$)。

基底排序 (radix sort) 演算法排序數對序列 (例如S) 的方式，是以穩定桶子排序對序列進行兩次排序；第一次使用數對中的一個數值部位作爲順序鍵值，然後再使用第二個部位。但是哪一個順序才是正確的呢？我們應該先對k (第一個部位) 排序、然後再對 1 (第二個部位) 排序呢，還是應該反過來呢？

在我們回答這個問題之前，我們先考慮以下的範例。

範例 4.13 考慮以下的序列S：

$$S = ((3,3),(1,5),(2,5),(1,2),(2,3),(1,7),(3,2),(2,2))$$

如果我們穩定地以第一個部位來排序S，那麼我們會獲得序列

$$S_1 = ((1,5),(1,2),(1,7),(2,5),(2,3),(2,2),(3,3),(3,2))$$

如果我們接著穩定地以第二個部位來排列S_1序列，那麼我們會獲得序列

$$S_{1,2} = ((1,2),(2,2),(3,2),(2,3),(3,3),(1,5),(2,5),(1,7))$$

這並不確實是一個排序過的序列。另一方面，如果我們先使用第二個部位來穩定地排序S，那麼我們會獲得序列

$$S_2 = ((1,2),(3,2),(2,2),(3,3),(2,3),(1,5),(2,5),(1,7))$$

如果我們接著使用第一個部位來穩定地排序S_2序列，那麼我們會獲得

$$S_{2,1} = ((1,2),(1,5),(1,7),(2,2),(2,3),(2,5),(3,2),(3,3))$$

這就確實是一個按照辭彙編纂順序的序列S了。

所以，由這一個例子，我們被引導到相信要先使用第二個部位來排序，然後再使用第一個部位。這一個直覺確實是正確的。先使用第二個部位來排序，然後再使用第一個部位，如此可確保若第二次排序中 (使用第一個組成) 有兩個元素相等，則它們在初始時序列 (使用第二個部位排序) 中的相對順序會被保存。因此，結果序列可以保證每一次被排序都是依照辭彙編纂順序。至於如何將這個方法擴充到數值的三重值以及其他的d重

值，我們將它留作爲一個簡單的習題(R-4.15)。我們可以總結本節如下：

定理 4.14 令 S 爲一個具有 n 個鍵值元素項目的序列，每個項目有一個鍵值 $(k_1, k_2, ..., k_d)$，其中 k_i 是在範圍 $[0, N-1]$ 裡的整數，對於某個 $N \geq 2$。我們可以使用基底排序，在 $O(d(n+N))$ 時間內依照辭彙編纂順序來排序 S。

和它本身一樣重要，排序並不是處理在元素的一個集合上的全序關係的唯一有趣問題。舉例而言，有些應用並不需要將整個集合的元素依序列出，而只要求關於集合的一部分順序資訊。在我們研究這樣的一個問題(稱爲「挑選」) 之前，讓我們回頭比較一下到目前爲止所學過的全部排序演算法。

4.6 排序演算法的比較

至此，讓我們稍作喘息，並且想想在這本書中所有已學過用來排序一 n 元素序列的演算法，可能會有幫助。就像在生命當中的許多事情一樣，並沒有清楚的「最好的」排序演算法，但是我們可以根據「好的」演算法的已知性質來提供一些引導和觀察。

如果實作得好的話，插入排序 (insertion-sort) 執行時間爲 $O(n+k)$，其中 k 是倒置的次數 (也就是，未按照順序的元素對的數目)。如此，在排序一個小序列 (如，少於 50 個元素) 時，插入排序是非常好的演算法。又，在一個幾乎已經差不多排序過的序列中，插入排序法也相當地有效。我們所說的「幾乎」的意思是指倒置的個數很少。但是插入排序法的 $O(n^2)$ 時間效能，使得它在這些特別的情境之外變成很差的選擇。

另一方面，合併排序最差狀況的執行時間爲 $O(n \log n)$，這對比較式排序方法來說已經是最佳了。儘管如此，實驗研究已經證明，由於要使合併排序法在原位執行是很難的，所以在序列可以完全放入電腦主記憶體的狀況下，實作合併排序所需要的多餘工夫，使它比起堆積排序和快速排序的原位實作較沒有吸引力，。即使如此，合併排序對於輸入資料無法全部放到主記憶體中，而必須被儲存在磁碟等外部記憶裝置中的情況，仍是一個非常好的演算法。在這些狀況中，合併排序在長的合併串流中處理資料的方式，對於從磁碟中的一個區塊被帶進主記憶體的全部資料作出了最佳的使用 (參考第 14.1.3 節)。

實驗研究已經證明，如果輸入序列可以整個地放進主記憶體中的話，那麼原位版本的快速排序與堆積排序會比合併排序執行得快。事實上，快速排序就平均而言，在這些測試中傾向表現得比堆積排序更好。所以，對於一般目的且在記憶體中進行的排序演算法，快速排序是一個非常好的選擇。確實，它被包括在由 C 語言函式庫所提供的 qsort 排序工具中。儘管如此，由於它在最差狀況下須花費 $O(n^2)$ 時間，在即時應用中，我們必須保證完成一個排序運算的時限，此時快速排序並不是個好選擇。

在我們有固定的時間來執行一個排序運算，而且輸入資料可以被放進主記憶體的即時狀況下，堆積排序 (heap-sort) 可能是最好的選擇。它最差狀況下的執行時間是 $O(n\log n)$，並且可以簡單地被改成在原位執行。

最後，如果我們的應用牽涉到以整數鍵值或是整數鍵值的 d 重值來作排序的話，則桶子排序或是基底排序是非常好的選擇，因爲它的執行時間爲 $O(d(n+N))$，其中 $[0, N-1]$ 是整數鍵值的範圍 (而且對於桶子排序，$d = 1$)。因此，如果 $d(n+N)$ 是在 $n\log n$「之下」 (正式的說，$d(n+N)$ 是 $o(n\log n)$)，那麼這個排序方法甚至會比快速排序和堆積排序執行得還要快。

因此，我們學習這所有各不相同排序演算法，便提供了一組用途廣泛的排序方法給我們的演算法設計「工具箱」。

4.7 挑選

在某些應用中，我們會想以某個元素在整個集合中的順位別，來找出這個元素。找出最大或最小元素就是一個例子，但是我們可能也有興趣找出其他類的元素，例如**中間值 (median)** 元素，也就是，其他元素中的一半比它小，剩下來的一半則比它大。一般而言，以一個給定排名來詢問一個元素的查詢被稱爲順序統計 (order statistics)。

在這一節裡，我們討論一個一般順序統計問題－從一組 n 個可比較元素中，挑出第 k 小的元素，我們稱之爲**挑選 (selsction)** 問題。當然，我們可以先排序這組元素，然後製作索引到排序過的序列中，直到順位索引 $k-1$ 爲止。使用最佳的比較式排序演算法，這個方式會花費 $O(n\log n)$ 時間。如此，會問到的一個很自然的問題是，我們是否可以對所有的 k 的值達到 $O(n)$ 執行時間 (包括尋找中間值這個有趣狀況)，其中 $k = \lceil n/2 \rceil$。

4.7.1 修剪與搜尋

也許有點令人驚訝，但是我們確實對於任何 k 值都能在 $O(n)$ 時間內解決挑選問題。而且，我們使用來達到這個結果的技術採納了一個有趣的演算法設計模式。這一個設計模式被稱爲**修剪與搜尋 (prune-and-search)** 或是**減少與征服 (decrease-and-conquer)**。應用這個設計模式，我們經由剪去一部份的 n 個物件，並且遞迴地解決較小的問題來解決定義在具有 n 個物件的集合上的一個給定的問題。當我們最後把問題縮小到常數大小的物件集合時，我們就使用某個暴力方法來解決問題。當所有的遞迴呼叫都傳回時就完成了這個建構。在一些狀況下，我們可以避免使用遞迴，這樣我們只要反覆修剪與搜尋的縮減步驟，直到我們可以應用暴力方法並且停止爲止。

4.7.2 隨機快速挑選

爲了將修剪與搜尋的模式應用到挑選問題上，我們設計一個簡單且實用的方法，稱爲**隨機快速挑選 (randomized quick-select)**，用來在全序關係已經定義好的具有 n 個元素的序列中尋找第 k 小的元素。隨機快速挑選的**期望 (expected)** 執行時間爲 $O(n)$，涵蓋演算法可能產生的所有隨機選擇，且這個期望值與任何關於輸入分配的隨機假設完全無關。雖然我們注意到隨機快速挑選在最差狀況下執行於 $O(n^2)$ 時間，這個的驗證則留作爲習題 (R-4.18)。我們也提供一個修訂隨機快速挑選以得到一個最差狀況在 $O(n)$ 時間內執行的**決定式 (deterministic)** 選擇演算法的習題(C-4.24)。然而，這一個決定式演算法的存在大部份是由於理論上的興趣，因爲在這個狀況下隱藏在大 Oh 標記裡的常數因子相對的大。

假定我們被給定一個具有 n 個可比較元素，以及一個整數 $k \in [1, n]$ 的沒有排序過的序列 S。在一個高的階層，用來在 S 中尋找第 k 小的元素的快速挑選演算法，在結構上與第 4.3.1 節中所描述的隨機快速排序演算法一樣。我們從 S 中隨機地挑出一個元素 x，並且將它當成是「中樞」以用來將序列 S 分切成三個序列 L、E 與 G，分別地儲存比 x 小，相等於 x，以及比 x 大的 S 的元素。這就是修剪的步驟。然後根據 k 的值，我們決定在這些集合中的哪一個要被遞迴。隨機快速挑選的描述請見演算法 4.16。

4.7.3 分析隨機快速挑選

我們在上面提到，隨機快速挑選演算法的期望執行時間爲 $O(n)$。很幸運的，驗證這項主張只需要最簡單的機率論述。我們用到的主要機率事實爲**期望值的線性性質 (linearity of expectation)**。請回想，這項事實是說：如果 X 與 Y 爲隨機變數，而 c 爲一個數值，那麼 $E(X+Y) = E(X)+E(Y)$ 並且 $E(cX) = cE(X)$，在這裡我們使用 $E(Z)$ 來表示式子 Z 的期望值。

Algorithm quickSelect(S,k):
Input: Sequence S of n comparable elements, and an integer $k \in [1,n]$
Output: The kth smallest element of S

if $n = 1$ **then**
  return the (first) element of S
pick a random element x of S
remove all the elements from S and put them into three sequences:

- L, storing the elements in S less than x
- E, storing the elements in S equal to x
- G, storing the elements in S greater than x.

if $k \le |L|$ **then**
  quickSelect(L,k)
else if $k \le |L| + |E|$ **then**
  return x {each element in E is equal to x}
else
  quickSelect$(G, k - |L| - |E|)$ {note the new selection parameter}

演算法 **4.16**：隨機快速挑選演算法。

令 $t(n)$ 表示在大小為 n 的序列上做隨機快速挑選的執行時間。因為隨機快速挑選演算法依賴於隨機事件的結果，所以它的執行時間 $t(n)$ 是一個隨機變數。我們有興趣限制 $E(t(n))$，也就是 $t(n)$ 的期望值。如果隨機快速挑選的遞迴叫用分割了 S，並且使得 L 和 G 的大小最多為 $3n/4$，則我們說它是一個「好的」呼叫。很清楚的，機率達 1/2 的遞迴呼叫是一個好的呼叫。令 $g(n)$ 表示在獲得一個好的叫用之前，須連續進行遞迴叫用的次數 (包括了目前的這一個)。則

$$t(n) \le bn \cdot g(n) + t(3n/4)$$

其中 $b > 0$ 是一個常數 (用來計算每次呼叫的工作量)。我們當然會把焦點放在 n 比 1 大的狀況上，因為我們可以輕易得出 $t(1) = b$ 的封閉形式特徵。將期望值的線性性質應用到一般狀況中，我們接著可以獲得

$$E(t(n)) \le E(bn \cdot g(n) + t(3n/4)) = bn \cdot E(g(n)) + E(t(3n/4))$$

因為使用機率 1/2 的遞迴呼叫是好的，並且一個遞迴呼叫好不好，與它的父呼叫好不好無關，$g(n)$ 的期望值與我們投擲一個硬幣出現正面所要投擲次數的期望值是一樣的。這暗示了 $E(g(n)) = 2$。因此，如果我們令 $T(n)$ 為 $E(t(n))$ 的縮寫標記 (也就是隨機快速挑選演算法的期望執行時間)，那麼對於 $n > 1$ 我們可以將狀況寫為

$$T(n) \le T(3n/4) + 2bn$$

就像是合併排序的遞迴方程式一樣，我們想將他轉換成封閉的形式。要做到這點，讓我們假設 n 很大，並且反覆地應用這個方程式。所以，舉例而言，經過兩次反覆的應用後，我們得到

$$T(n) \le T((3/4)^2 n) + 2b(3/4)n + 2bn$$

在這裡，我們可以看出一般化的狀況是

$$T(n) \le 2bn \cdot \sum_{i=0}^{\lceil \log_{4/3} n \rceil} (3/4)^i$$

換句話說，隨機快速挑選的期望執行時間是 $2bn$ 乘上一個底爲小於 1 的正數的幾何級數和。如此，根據定理 1.12 的幾何總和，我們得到的結果是 $T(n)$ 爲 $O(n)$。總結起來，我們得到：

定理 4.15 在一個大小爲 n 的序列上的隨機快速挑選，期望執行時間爲 $O(n)$。

就像我們早先所提到的，有一個不使用隨機化並且最差狀況下執行時間爲 $O(n)$ 的快速挑選變化版。有興趣的讀者可利用習題 C-4.24 來設計並分析此演算法。

4.8 Java 範例：原位的快速排序

回憶到第 2.4.4 節，如果只使用到常數數量的，而不是使它們本身的物件被排序所需的記憶體，那麼排序演算法即爲**原位 (in-place)** 的。合併排序演算法，就像我們前面所描述的，並不是原位的，而且要使它成爲可在原位執行，需要用到比我們在第 4.1.1 節裡討論到的還要複雜的合併方法。然而，原位排序並不是天生就複雜。因爲，就像堆積排序，快速排序也可以被調整成爲原位的。

然而，將快速排序在原位執行需要一點巧思，因爲我們必須使用輸入序列本身來儲存全部的遞迴呼叫的子序列。我們在演算法 4.17 中顯示了執行原位快速排序的演算法 inPlaceQuickSort。演算法 inPlaceQuickSort 假設輸入序列 S 有互不相同的元素。這項限制的理由在習題 R-4.12 中被探究。延伸至一般化狀況的版本在習題 C-4.18 中討論。這演算法以順位來存取輸入序列 S 中的元素。因此，以陣列來實作 S 能執行得較有效率。

原位快速排序使用 swapElements 運算來改變輸入序列而且不會明確地產生子序列。的確，一個輸入序列的子序列隱含地由最左邊的順位 1 與最右邊的順位 r 的位置所指定的範圍來表示。分切的步驟是以同時地由左

邊 1 向前並且由右邊 r 向後掃描，並且交換反序的元素對來執行，如圖 4.18 所示。當這兩個指標相遇時，子序列 L 和 G 分處於相遇點的兩端。這個演算法是以在這兩個子序列裡遞迴來完成。

Algorithm inPlaceQuickSort(S,a,b):
Input: Sequence S of distinct elements; integers a and b
Output: Sequence S with elements originally from ranks from a to b, inclusive, sorted in nondecreasing order from ranks a to b

```
if a ≥ b then return          {empty subrange}
p ← S.elemAtRank(b)            {pivot}
l ← a          {will scan rightward}
r ← b − 1          {will scan leftward}
while l ≤ r do
   {find an element larger than the pivot}
   while l ≤ r and S.elemAtRank(l) ≤ p do
      l ← l + 1
   {find an element smaller than the pivot}
   while r ≥ l and S.elemAtRank(r) ≥ p do
      r ← r − 1
   if l < r then
      S.swapElements(S.atRank(l), S.atRank(r))
{put the pivot into its final place}
S.swapElements(S.atRank(l), S.atRank(b))
{recursive calls}
inPlaceQuickSort(S, a, l − 1)
inPlaceQuickSort(S, l + 1, b)
```

演算法 **4.17**：用陣列實作的序列的原位快速排序演算法。

原位快速排序可以常數倍地降低由於產生新的序列以及在它們之間移動元素而造成的執行時間。我們在程式碼 4.20 顯示了原位快速排序的一個 Java 版本。

不幸的是，我們的快速排序實作技術上來說並不是那麼的原位，因爲它仍然需要超過常數數量的額外空間。當然，在子序列我們並沒有使用額外的空間，而且在區域變數上 (像是 1 和 r) 我們也只使用了常數數量的額外空間。那麼，這些額外的空間是從哪裡來的？它是從遞迴而來的，回憶第 2.1.1 節，在快速排序裡，我們需要與遞迴樹深度成比例的堆疊空間，它最少是 $\log n$ 並且最多是 $n-1$。爲了使快速排序成爲眞正的原位，我們必須非遞迴地來實作它 (並且不使用堆疊)。這樣一個實作的關鍵細節在於我們需要一種原位方式以用來決定目前子序列的左邊界與右邊界。不過這樣的方案並不太困難，所以我們將這個實作的細節留作習題 (C-4.17)。

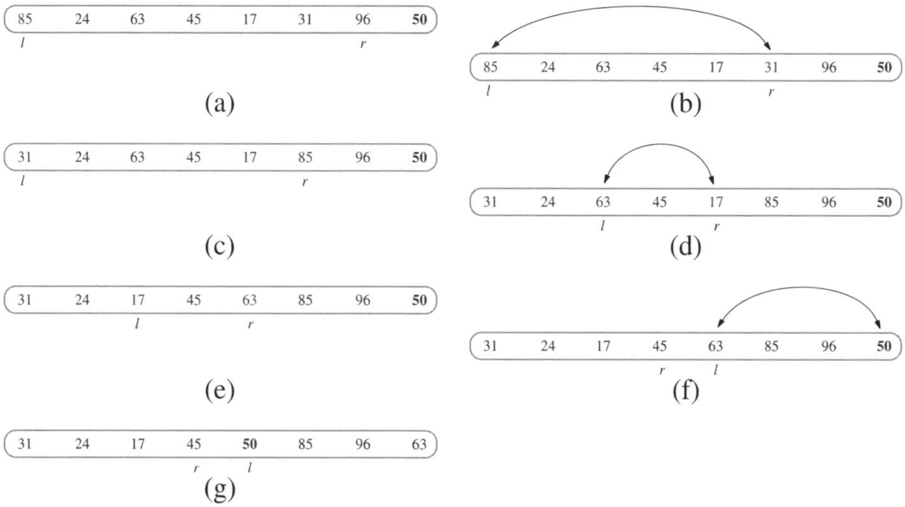

圖 **4.18**：原位快速排序的分切步驟。指標 1 從左到右掃描序列，而指標 *r* 從右到左掃描序列。當 1 在一個大於中樞的元素上，而 *r* 在一個小於中樞的元素上時，交換就會執行。最後一次在中樞上交換時，分切步驟就完成了。

```
/**
 * Sort the elements of sequence S in nondecreasing order according
 * to comparator c, using the quick-sort algorithm. Most of the work
 * is done by the auxiliary recursive method quickSortStep.
 **/
public static void quickSort (Sequence S, Comparator c) {
  if (S.size() < 2)
    return; // a sequence with 0 or 1 element is already sorted
  quickSortStep(S, c, 0, S.size()-1); // recursive sort method
}

/**
 * Sort in nondecreasing order the elements of sequence S between
 * ranks leftBound and rightBound, using a recursive, in-place,
 * implementation of the quick-sort algorithm.
 **/
private static void quickSortStep (Sequence S, Comparator c,
                            int leftBound, int rightBound ) {
  if (leftBound >= rightBound)
    return;
  Object pivot = S.atRank(rightBound).element();
  int leftIndex = leftBound;      // will scan rightward
  int rightIndex = rightBound-1; // will scan leftward
  while (leftIndex <= rightIndex) {
    // scan rightward to find an element larger than the pivot
    while ( (leftIndex <= rightIndex) &&
          c.isLessThanOrEqualTo(S.atRank(leftIndex).element(), pivot) )
      leftIndex++;
    // scan leftward to find an element smaller than the pivot
    while ( (rightIndex >= leftIndex) &&
          c.isGreaterThanOrEqualTo(S.atRank(rightIndex).element(), pivot) )
      rightIndex--;
    if (leftIndex < rightIndex) // both elements were found
      S.swapElements(S.atRank(leftIndex), S.atRank(rightIndex));
  } // the loop continues until the indices cross
  // place the pivot by swapping it with the element at leftIndex
  S.swapElements(S.atRank(leftIndex), S.atRank(rightBound));
  // the pivot is now at leftIndex, so recur on both sides of it
  quickSortStep(S, c, leftBound, leftIndex-1);
  quickSortStep(S, c, leftIndex+1, rightBound);
}
```

程式碼 **4.20**：原位快速排序的 Java 實作。假設輸入序列是以內含互不相同元素的陣列來實作。

4.9 習題

複習題

R-4.1 試爲定理 4.1 舉出一完整驗證。

R-4.2 試描述一個合併排序演算法的虛擬碼。你可以將 merge 演算法當作副程式來呼叫。

R-4.3 試描述一合併排序演算法變化版的虛擬碼，它作用在一個陣列而不是一般的序列上。

提示：使用輔助陣列當作「緩衝區」。

R-4.4 試證明對 n 個元素的序列做合併排序演算法的執行時間爲 $O(n \log n)$，即使當 n 不是 2 的次方時亦然。

R-4.5 假定我們有兩個 n 元素的已排序序列 A 和 B，且它們不能被視爲集合 (也就是說 A 和 B 可能包含重覆的項目)。描述一個 $O(n)$ 時間的方法來計算代表集合 $A \cup B$ 的序列 (不包含重覆的項目)。

R-4.6 試證明對任意三集合 X、A 與 B，下式皆成立：$(X-A) \cup (X-B) = X-(A \cap B)$。

R-4.7 假設我們只使用以大小作聯集的經驗法則來實作以樹爲基礎的分割 (聯集並尋找) 資料結構。在這種狀況下，一連串 n 個 union 和 find 運算的攤銷執行時間爲何？

R-4.8 試提出虛擬碼描述，用來對一個集合進行 insert 和 remove，其中該集合是用已排序序列來實作的。

R-4.9 假定我們修訂快速排序演算法的決定式版本如下：對一 n 元素序列，不選擇最後元素作爲中樞，而選擇順位 (索引) 爲 $\lfloor n/2 \rfloor$ 的元素，也就是在序列的中間的元素爲中樞。對一個已排序序列執行這個版本的快速排序，試問執行時間爲何？

R-4.10 再次考慮修訂快速排序演算法的決定式版本如下：對一 n 元素序列，不選擇最後元素作爲中樞，而選擇順位 (索引) 爲 $\lfloor n/2 \rfloor$ 的元素，也就是在序列的中間的元素爲中樞。試描述會造成這個版本的快速排序執行時間爲 $\Theta(n^2)$ 的是何種序列。

R-4.11 試證明對一大小爲 n 且其中元素互不相同的序列做快速排序，最佳狀況執行時間爲 $O(n \log n)$。

R-4.12 假設演算法 inPlaceQuickSort (演算法 4.17) 在一個有重覆元素的序列上執行。試證明在這種狀況下，這個演算法會正確的排序輸入序列，但是分切步驟的結果可能與在第 4.3 節提出的高階描述不同，並且可能導致無效率。特別是，在分割步驟中，當有元素相等於中樞時會發生什麼事？序列 E (儲存有與中樞相同的元素) 眞的會被計算嗎？演算法會在序列 L 和 R 上進行遞迴，或是在其他的子序列上？如果輸入序列的全部元素都相同的話，演算法的執行時間爲何？

R-4.13 舉出原位式快速排序的虛擬碼描述，其輸入爲一陣列，而不是一般序列，然後傳回同一個陣列作爲輸出。

R-4.14 如果下列演算法中有穩定的演算法，請列舉出來：氣泡排序法、堆積排序法、合併排序法、快速排序法。

R-4.15 描述一個基底排序方法，以辭典式排序三鍵組 (k, l, m) 的序列 S，其中 k、1 和 m 爲範圍 $[0, N-1]$ 內的整數，對於某個 $N \geq 2$。這個方案可以如何擴充到 d 鍵組

$(k_1, k_2, ..., k_d)$，其中每一個 k_i 為範圍 $[0, N-1]$ 中的整數？

R-4.16 桶子排序演算法是否為原位的？為什麼是？或為什麼不是？

R-4.17 試舉出一原位快速挑選演算法的虛擬碼。

R-4.18 試證明對一個 n 元素序列做快速挑選，最差執行時間是 $\Omega(n^2)$。

挑戰題

C-4.1 試說明如何利用原生合併演算法的變化版，實作出執行於集合 A 上的方法 equals (B)，用來檢驗 $A = B$，且執行時間為 $O(|A|+|B|)$？假設 A 和 B 是以排序過的序列來實作。

C-4.2 試舉出一原生合併演算法變化版以計算 $A \oplus B$，該集合中的元素屬於 A 或 B，但不同時屬於兩者。

C-4.3 假定我們實作集合ADT時，使用平衡搜尋樹來表示每一個集合。描述並且分析在這個集合 ADT 中每一個方法.

C-4.4 令 A 為物件的群集。試描述一個將 A 轉換成一個集合的有效率演算法。也就是，自 A 中移除所有完全相同的元素。請問這個方法的執行時間為何？

C-4.5 考慮一集合，其元素為 (或是可以映對到) 落在 $[0, N-1]$ 中之整數。欲表示出這種型式的集合 A，有一種常見方案：利用布林向量 B，其中 x 屬於 A 若且唯若 $B[x]$ = **true**。因為 B 的每一格都能用單一個位元來表示，所以 B 有時候被指稱為位元向量。以這種表示法，描述一有效率演算法，來執行集合 ADT 的 union、intersection 和 subtraction 等方法。請問這些方法的執行時間為何？

C-4.6 假定我們使用以大小作聯集的經驗法則以及部分路徑壓縮經驗法則來實作以樹為基礎的分割 (聯集並尋找) 資料結構。在這個案例中，部分路經壓縮的意思是，在執行 find 運算時經過一連串指標跳躍之後，將沿著這條路徑上的每一個節點 u 的 parent 指標更新為指向它的祖父節點。試證明執行 n 個 union 以及 find 運算的總執行時間仍然為 $O(n \log^* n)$ 。

C-4.7 假定我們以大小作聯集以及路徑壓縮經驗法則來實作一個以樹為基礎的分割 (聯集並尋找) 資料結構。試證明如果所有的聯集出現在所有的尋找前面的話，執行 n 個 union 以及 find 運算的執行時間為 $O(n)$。

C-4.8 試證明隨機快速排序有 $1 - 1/n^2$ 的機率使其執行時間為 $O(n \log n)$。

提示：使用 **Chernoff bound**，它是說如果我們拋擲一個硬幣 k 次，則出現正面次數少於 $k/16$ 個的機率小於 $2^{-k/8}$。

C-4.9 假定我們被給定一個具有 n 個元素的序列 S，其中每個元素不是塗紅就是塗藍。假設 S 是以陣列來表示，給出一個原位方法來排列 S，使得所有藍色元素都被列在紅色元素之前。你能將你使用的方式擴充以便在三種顏色的狀況下使用嗎？

C-4.10 假定我們被給定一個 n 元素的序列 S，使得 S 中每個元素代表選舉中的一張選票，這些選票互不相同，其中每一張選票被設定為一個整數，代表被選擇的候選人識別碼。在此不作關於誰參選、甚至有多少候選人的任何假設，請設計一個 $O(n \log n)$時間的演算法來看誰贏得選舉，假設得票數高的當選。

C-4.11 考慮前一個習題的投票問題，但是現在假定我們知道有 $k<n$ 位候選人參選。描述

一個 $O(n \log k)$ 時間的演算法決定誰贏得選舉。

C-4.12 試證明任何比較式排序演算法都可以被設計成穩定的，而且不會影響到這個演算法的漸進式執行時間。
提示：改變元素互相比較的方式。

C-4.13 假定我們被給定兩個具有 n 個元素的序列 A 和 B，它們有可能包含完全相同的元素，且全序關係已經定義。試描述一個判斷 A 和 B 是否包含同一集合的元素 (順序可能不同)。請問這個方法的執行時間爲何？

C-4.14 假定我們被給定一個具有 n 個元素的序列 S，每個元素爲在範圍 $[0, n^2 - 1]$ 內的一個整數。描述一個在 $O(n)$ 時間內排序 S 的簡單方法。
提示：試著用各種不同方式來看待元素。

C-4.15 令 S_1、S_2、…、S_k 爲 k 個不同序列，對某個參數 $N \geq 2$，它們的元素都有著範圍爲 $[0, N - 1]$ 內的整數鍵值。描述一個將所有序列排序 (不是聯集)、執行時間爲 $O(n + N)$ 的演算法，其中 n 代表全部序列的大小總和。

C-4.16 假定我們被給定一個具有 n 個元素的序列 S，其中全序關係已經定義。描述一個判斷 S 中是否有兩個相同的元素的演算法。請問此方法的執行時間爲何？

C-4.17 試描述一個非遞迴、且爲原位的快速排序演算法。這個演算法應該仍然以相同的各個擊破法作爲基礎。[**提示：**考慮如何在現有版本作出遞迴呼叫之前，「標出」目前子序列的左右邊界。]

C-4.18 修訂演算法 inPlaceQuickSort (演算法 4.17) 以有效率地應付輸入序列 S 可能有完全相同鍵值時的一般化狀況。

C-4.19 令 S 爲一個具有 n 個元素的序列，並且全序關係已經定義。在 S 中的倒置是指一對滿足下列條件的一對元素 x 和 y：x 出現在 y 之前但 $x > y$。描述一個判斷 S 中倒置個數的演算法，並使其執行時間爲 $O(n \log n)$。[**提示：**試著修改合併排序演算法來解決這個問題。]

C-4.20 令 S 爲一個具有 n 個元素的序列，並且全序關係已經定義。描述一個在 $O(n + k)$ 時間排序 S 的比較式演算法，其中 k 爲 S 中的倒置個數 (由上一個問題回憶倒置的定義)。[**提示：**考慮一個插入排序演算法的原位版本，在一個線性時間的前置處理步驟之後，它只交換倒置的元素。]

C-4.21 試舉出一個具有 n 個元素且有 $\Omega(n^2)$ 個倒置的序列。(回憶習題 C-4.19 中的倒置定義。)

C-4.22 令 A 和 B 爲各自包含 n 個整數的序列。給定一整數 x，描述一個 $O(n \log n)$ 時間的演算法，以判斷是否存在 A 中的一個整數 a 以及 B 中的一個整數 b，使得 $x = a + b$。

C-4.23 給定一個具有 n 個可比較元素的未排序序列 S，描述一有效率的方法以找出 S 排序之後，秩最接近中央元素的 $\lceil \sqrt{n} \rceil$ 個項目。此方法的執行時間爲何？

C-4.24 本題是將快速挑選演算法修改爲決定式版板，並且在處理一個 n 元素序列時，執行時間仍然是 $O(n)$。修改的想法是，改變選擇中樞的方式，使它因此可以決定式地，而非隨機地被選擇。作法如下：

將集合 S 分割為 $\lceil n/5 \rceil$ 群，其中每群大小為 5 (其中可能的一群除外) 。排序每個小集合並且識別出在集合中的中間元素。從集合中 $\lceil n/5 \rceil$ 個「baby」中間值，遞迴地應用選擇演算法找出這些 baby 中間值的中間值。使用這個元素作為中樞，之後的步驟與快速挑選演算法相同。

回答下列問題以證明這個決定式方法的執行時間為 $O(n)$ (如果能簡化數學式的話，請忽略下限函數和上限函數，因為加了這兩種函數，漸近式仍是一樣的)：

a. 有多少個 baby 中間值比選擇的中樞小或是相等？有多少比中樞大或是相等？
b. 對於每個小於或相等於中樞的 baby 中間值，有多少其他元素小於或相等於中樞？這個數目和相等於或大於中樞的一樣嗎？
c. 試辯證為何尋找決定式中樞的方法並且使用它去分割 S 須花費 $O(n)$ 的時間。
d. 基於這些估計，為這個挑選演算法的最差狀況執行時間 $t(n)$，寫出一個遞迴方程式來找出它的範圍。(注意：最差狀況中有兩個遞迴呼叫，一個是找出 baby 中間值的中間值，另一個是接著為 L 和 G 中較大者所作的遞迴呼叫。)
e. 使用此遞迴方程式，用歸納法證明 $t(n)$ 為 $O(n)$。

C-4.25 包柏有一個含 n 個螺帽的集合 A 以及一個含 n 個螺絲的集合 B，其中每個在 A 中的螺帽在 B 中有一個唯一的配對螺絲。不幸的是，A 中的螺帽看起來都很像，而在 B 中的螺絲也看起來都很像。包柏唯一能做的比較是取一對螺絲與螺帽 (a, b)，其中 $a \in A$ 而且 $b \in B$，然後測試 a 的螺紋是大於、小於或完美地配對於 b 的螺紋。描述一個為包柏配對所有的螺絲和螺帽的有效率演算法。這個演算法的執行時間為何？請以包柏必須做的螺絲螺帽檢驗次數來表示。

C-4.26 試說明一個決定式 $O(n)$ 時間的挑選演算法，如何被用來設計類似快速排序的排序演算法，使其在處理一 n 個元素的序列時，最差狀況執行時間為 $O(n\log n)$。

C-4.27 給定一個具有 n 個可比較元素的未排序序列 S 以及一個整數 k，試舉出一個期望執行時間為 $O(n \log k)$ 的演算法，以找出秩為 $\lceil n/k \rceil$、$2\lceil n/k \rceil$、$3\lceil n/k \rceil \cdots$ 以此類推的 $O(k)$ 個元素。

軟體專案

P-4.1 請設計並實作桶子排序演算法的穩定版本，用來排序一個具有 n 個元素的序列，各元素的整數鍵值介於範圍 $[0, N-1]$，其中 $N \geq 2$。演算法應該在 $O(n+N)$ 時間內執行。對於不同的 n 與 N 值，執行一系列的基準試驗，以測試這個方法是否確實在這個時間內執行，然後撰寫一份簡短的報告來描述程式碼以及這些試驗的結果。

P-4.2 請實作合併排序與決定式快速排序，然後執行一系列的基準測試來看哪一個比較快。你的測試應該包括非常隨機的序列以及近似排序過或近似反向排序過的序列。撰寫一份簡短的報告描述程式碼以及這些測試的結果。

P-4.3 請實作快速排序演算法的決定式版本以及隨機版本，並且執行一系列的基準測試來看哪一個比較快。你的測試應該包括非常隨機的序列以及近似排序過的序列。撰寫一份簡短的報告描述程式碼以及這些測試的結果。

P-4.4 請實作一個原位版本的插入排序以及一個原位版本的快速排序，並且進行一連串的基準測試，看哪個 n 值會使得快速排序平均而言比插入排序快。

P-4.5 設計並且實作本章中的一種排序演算法的動畫。你的動畫應該要能以直覺的手法來圖解這個演算法的關鍵性質，並且也應該要以文字及／或聲音說明，以便解釋給不熟悉這個演算法的人聽。撰寫一份簡短的報告來解釋這個動畫。

P-4.6 請使用以樹爲基礎的方式，配合依大小作聯集和路經壓縮等經驗法則，實作出分割 (聯集並尋找) ADT。

進階閱讀

Knuth`s 的經典之作 Sorting and Searching [119] 包含了範圍廣泛的排序問題歷史以及解決問題的演算法，從十九世紀的人口普查卡片排序機器開始介紹。Huang 與 Langston [103] 描述了如何在線性時間內原位地合併兩個排序過的串列。我們的集合 ADT 是由 Aho、Hopcroft 與 Ullman [8] 的集合 ADT 而來。標準的快速排序演算法是由 Hoare [96] 提出。一個對隨機快速排序更緊緻的分析可以在 Motwani 和 Raghavan [157] 的書裡找到。Gonnet 和 Baeza-Yates [81] 提供了對於許多不同排序演算法的實驗比較與理論分析。「修剪與搜尋」這個術語一開始是由計算幾何文獻而來 (Clarkson [47] 與 Megiddo [145, 146])。「減少與征服」這個術語是由 Levitin [132] 而來。

分割資料結構的分析是來自 Hopcroft 與 Ullman[99] (同樣參閱 [7])。Tarjan [199] 證明了一連串 n 個如本章所描述那樣實作的聯集與尋找運算，可以在 $O(n\alpha(n))$ 時間內執行，其中 $\alpha(n)$ 是成長非常緩慢的 Ackermann 函數 的反函數，並且這界限在最差狀況下是很接近的。(同樣參閱 [200])。然而在某些狀況下， Gabow 與 Tarjan [73] 證明了它可以達到 $O(n)$ 的執行時間。

Chapter

5 基本技巧

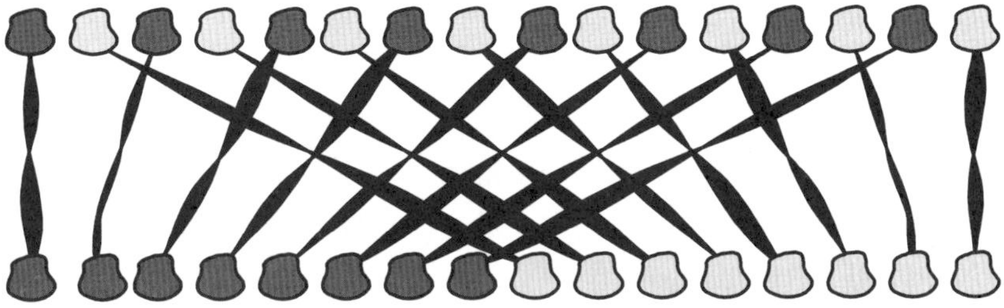

一個著名的電視網播放兩種不一樣的木匠業的節目。其中一個節目，主辦單位利用特殊化的有力工具來製造家具，而另外一個節目中的主辦單位則是用一般目的的手工工具來建造家具。第一個節目裡的特殊化工具在它們想要達到的工作上都能做得很好，但是它們沒有一個是多功能的。在第二個節目裡所展示的工具相當基本，然而，由於師傅都很了解也很專業，所以能夠有效地用於各式各樣不同的任務。

在資料結構與演算法設計上，這兩個電視節目給了我們一個很有趣的比喻。有一些演算法工具是相當特殊化的，對於某些它們專精的問題上能有很好的表現，但是它們並不是多功能的。而有一些其他的演算法工具是相當**基本 (fundamental)** 的，它們可以應用在多樣化不同的資料結構與演算法設計問題上。學習使用這些基礎工具是一種技能，而這一章正是致力於發展有效地使用這些技術的知識。

在這一章裡所涵蓋的基礎技術包括貪婪演算法、各個擊破法、以及動態規劃。這一些技術是多功能的，在本章以及其他章節裡都有範例。

貪婪演算法是用在第 7 章中討論的加權圖演算法，以及展示在第 9.3 節中的一個資料壓縮問題。這個技術的主要想法正如它的名字所暗示的，是作出一連串的貪婪選擇以建構出一個給定問題的最佳解 (或是近似最佳解)。在這一章裡，我們提出貪婪演算法的一般結構，並且說明將它應用在背包和排程問題上的方式。

各個擊破被用在第 4 章中的合併排序以及快速排序演算法中。隱藏在這一個技術背後的一般想法是，將一個給定的問題分切爲少數幾個相似子問題，遞迴地解決每一個子問題，直到它們小到足夠以暴力法來解決，然後，在遞迴呼叫傳回之後，將所有的子問題合併在一起以得出原始問題的解。在這一章裡，我們說明如何設計並且分析一般化的各個擊破演算法，並且提出這項技術的另一個應用：大整數與大矩陣的乘法問題。我們也給出了許多解決各個擊破遞迴方程式的技術，其中包括有一個可以被應用在各式各樣方程式中的一般化主導者定理。

動態規劃技術一開始看起來有些神秘，但是它十分有用。它解問題時的主要想法是，使用一小組整數索引來特徵化給定問題的子問題。這個特徵化的主要目標在於使一個子問題的最佳解可經由更小子問題之解的組合 (有可能重疊) 來定義。要建構出這個特徵描述，是動態規劃技術裡最困難的步驟，如果我們能夠建構出，那麼我們就可以設計出一個相當直覺的演算法，利用較小子問題的解答來建立較大子問題的解答。這就是第 6 章的

Floyd-Warshall transitive closure 演算法使用的技術。在這一章裡，我們描述了動態規劃的一般架構並且舉出一些應用，其中包括了 0-1 背包問題。

5.1 貪婪演算法

在本章中，我們第一個要考慮的演算法技術是**貪婪演算法 (greedy method)**。我們以一般化的**貪婪選擇 (greedy-choice)** 性質來描述貪婪演算法設計模式，然後我們會舉出兩個使用它的應用。

貪婪演算法應用在最佳化的問題上，也就是在一組**設定 (configurations)** 中搜尋，找出一設定，可將應用此設定所定義的目標函數最小化或是最大化。貪婪演算法的一般式都不是很簡單。為了要解決給定的最佳化問題，我們進行一連串的選擇。這一連串選擇是從某個已清楚瞭解的起始設定開始，然後從目前可能的所有情形反覆地作出看起來最好的決策。

這個貪婪的方式並不總是會得到最佳解。但是有一些問題，應用它確實可以達到最佳化，這樣的問題被稱為擁有**貪婪選擇 (greedy-choice)** 性質。這個性質的內涵是：從一個已清楚定義的設定開始，進行一連串區域的最佳選擇 (也就是說，選擇在目前這一個時間點上所有可能中的最好的一個)，便能找出全域的最佳設定。

5.1.1 分數背包問題

考慮分數背包問題，給定一具有 n 個項目的集合 S，使得每一個項目 i 有一個正的分數 b_i，以及一個正的權重 w_i，我們希望能夠找到一個子集合，使得總權重不超過指定權重 W 之下，得分最高。如果我們被限制在完全地接受或是拒絕每一個項目，便得到這個問題的 0-1 版本 (我們在第 5.3.3 節會為它提出一個動態程式解)。然而，現在讓我們允許自己取出任意比例的某些元素。這個分數背包問題的動機在於想像我們將去徒步旅行，而我們所擁有的這個背包可以裝下的最大重量為 W。另外，我們被允許可以將項目任意地分成各種比例。也就是說，我們可以攜帶每一個項目 i 的一個數量 x_i，使得

$$0 \le x_i \le w_i \text{，其中 } i \in S \quad \text{且} \quad \sum_{i \in S} x_i \le W$$

項目的總價值是由以下目標函數所決定的

$$\sum_{i \in S} b_i (x_i / w_i)$$

```
Algorithm FractionalKnapsack(S,W):
  Input: Set S of items, such that each item i ∈ S has a positive benefit b_i and a
    positive weight w_i; positive maximum total weight W
  Output: Amount x_i of each item i ∈ S that maximizes the total benefit while not
    exceeding the maximum total weight W
 for each item i ∈ S do
   x_i ← 0
   v_i ← b_i/w_i          {value index of item i}
 w ← 0         {total weight}
 while w < W do
   remove from S an item i with highest value index          {greedy choice}
   a ← min{w_i, W − w}          {more than W − w causes a weight overflow}
   x_i ← a
   w ← w + a
```

演算法 **5.1**：針對分數背包問題的貪婪演算法。

考慮如下例子：一位學生要去參加戶外運動並且必須將要帶去的背包裝滿食物。每種候選的食物都是可以輕易被分成許多份的，像是蘇打汽水、洋芋片、爆玉米花和披薩。

這是一個貪婪演算法可以應用良好的地方，因爲我們可以使用演算法 5.1 所示的貪婪演算法來解決分數背包問題。

FractionalKnapsack 演算法可以被實作在 $O(n \log n)$ 時間內，其中 n 是在 S 中的項目個數。詳言之，我們使用一個以堆積爲基礎的優先權佇列 (第 2.4.3 節) 來儲存 S 的項目，其中每一個項目的鍵值是它自己的索引值。以這樣的資料結構，每一個移除具有最大索引值項目的貪婪選擇須花費 $O(\log n)$ 的時間。

爲了了解分數背包問題滿足貪婪選擇性質，假定有兩個項目 i 與 j 滿足

$$x_i < w_i \text{，} x_j > 0 \text{ 及 } v_i < v_j$$

令

$$y = \min\{w_i - x_i, x_j\}$$

我們可以接著將項目 j 的一個數量 y 以相等數量的項目 i 來代換，如此就可以在不改變整體權重的情況下增加總價值。所以，對於這些項目，我們採用貪婪選擇，選出索引值最大的項目，如此便能正確地計算最佳化的數量。由此導出以下定理。

定理 5.1：給定一個具有 n 個項目的集合 S，其中每一個項目 i 的價值爲 b_i、權重爲 w_i，並且允許數量爲分數，我們可以在 $O(n \log n)$ 的時間內從 S 建構出總權重爲 W、總價值最高的子集合。

這一個定理說明了我們可以多麼有效率地解決分數版本的背包問題。然而，全有全無(或說「0－1」)版本的背包問題並不滿足貪婪選擇性質，而且要解決這個版本的問題是困難得多的，我們將會在第 5.3.3 與 13.3.4 節裡討論這個問題。

5.1.2 工作排程

讓我們來考慮另一個最佳化問題。給定一個有 n 個**工作 (tasks)** 的集合 S，每個工作 i 有一個**開始時間 (start time)** s_i 以及一個結束時間 f_i (其中 $s_i < f_i$)。工作 i 必須在時間 s_i 開始並且保證能夠在 f_i 的時候完成。每個工作都必需在一個機器執行，並且每一個機器在同一時間只能執行一項工作。如果對兩個工作 i 和 j 來說，$f_i \le s_j$ 或 $f_j \le s_i$，則我們說這兩個工作是**不互相衝突的 (nonconflicting)**。任兩個工作只有當它們不互相衝突時可以被排程在同一台機器上執行。

我們在這裡考慮的**工作排程 (task scheduling)** 問題是將集合 T 裡所有的工作予以排程，使它們互不相衝突地在儘可能少台的機器上執行。又或者，我們可以將工作想成是會議，而我們必須將它們排程，以便用到的會議室間數盡可能的少。(參考圖 5.2)

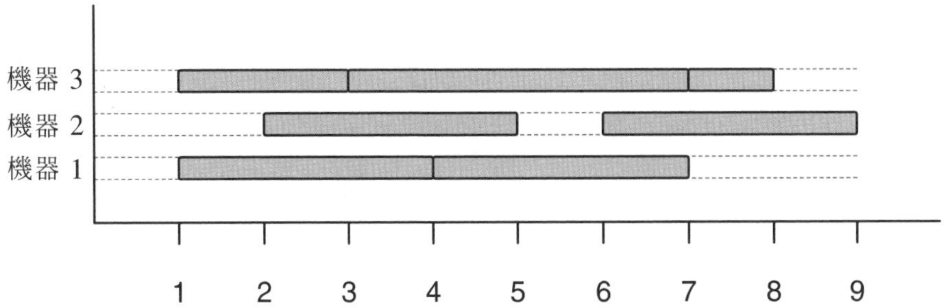

圖 5.2：工作排程問題解答的圖示，其中每個工作的開始/結束時間對為 {(1, 3), (1, 4),(2, 5), (3, 7), (4, 7), (6, 9), (7, 8)}。

在演算法 5.3 中，我們描述了解決這個問題的簡單貪婪演算法。

貪婪工作排程的正確性

在演算法 TaskSchedule 裡，我們以零台機器作爲開始，並且以貪婪的形式來考慮工作，其中工作是以它們的開始時間作爲順序。對每個工作 i，如果我們有一台機器可以處理工作 i，那麼我們將 i 排程在這一台機器上。反之，我們新增一台機器，將 i 排程在這一台新增的機器上，然後反覆地執行貪婪選擇的過程，直到我們已經考慮過集合 T 裡所有的工作。

Algorithm TaskSchedule(T):

Input: A set T of tasks, such that each task has a start time s_i and a finish time f_i

Output: A nonconflicting schedule of the tasks in T using a minimum number of machines

```
m ← 0          {optimal number of machines}
while T ≠ ∅ do
  remove from T the task i with smallest start time s_i
  if there is a machine j with no task conflicting with task i then
    schedule task i on machine j
  else
    m ← m + 1          {add a new machine}
    schedule task i on machine m
```

演算法 5.3：工作排程問題的貪婪演算法。

上述演算法 TaskSchedule 可以正確地工作的事實，是建立在下列定理之上。

定理 5.2： 給定一具有 n 個工作的集合，其中的工作各指定有開始和結束時間。演算法 TaskSchedule 會在 $O(n \log n)$ 時間內產生一個使用最少台機器的工作排程。

證明：

我們可以利用一個簡單的矛盾推論，證明上面的簡單的貪婪演算法 TaskSchedule 能找出一個在使用最少機器的最佳排程。

所以，假定這個演算法行不通。也就是，假定這個演算法找到使用 k 台機器的互不衝突排程，但是存在著一個使用 $k-1$ 台機器的互不衝突排程。令 k 爲我們演算法所設置的最後一台機器，並且令 i 爲第一個被排程到 k 上的工作。根據演算法的結構，當我們排程 i 時，每一台從 1 到 $k-1$ 的機器都包含著與 i 相互衝突的工作。因爲它們與工作 i 互相衝突，而且我們是以工作的開始時間來考慮工作的順序，任何與工作 i 相衝突的工作必定在 s_i 的時間或之前開始，並且結束時間在 s_i 之後。換句話說，這些工作不只與工作 i 相衝突，它們其實全部都是互相衝突的。但是這就代表我們在集合 T 裡有 k 個工作互相都是衝突的，這就暗示了我們不可能只用到 $k-1$ 台機器來排程所有的工作。因此，k 就是我們將 T 中所有工作排程所需要的最少機器台數。

我們將證明如何在 $O(n \log n)$ 的時間內實作一個 TaskSchedule 演算法

的工作留作爲習題 R-5.2。 ■

在這本書中我們考慮了貪婪演算法的一些其他應用，包括兩個問題：其一爲字串壓縮 (第 9.3 節)，其中貪婪演算法促成了所謂的赫夫曼編碼 (Huffman coding) 的建立；其二爲圖形演算法 (第 7.3 節) ，其中貪婪演算法被用來解決最短路徑以及最小生成樹的問題。

下一個我們要討論的技術是各個擊破技術，它是使用遞迴來設計有效率演算法的一般性方法。

5.2 各個擊破 (Divide-and-Conquer)

以各個擊破技術解決某個計算問題的方式，是將該問題切割成一個或一個以上的較小「子問題」，以遞迴方式一一解決這些子問題，再將這些子問題的答案「合併」以得到原問題的答案。

我們可以將各個擊破法的模型建立如下：以一個參數 n 代表原始問題的大小，並且令 $S(n)$ 代表這一個問題。我們解決問題 $S(n)$ 的方式爲：解決它的 k 個子問題的集合 $S(n_1)$、$S(n_2)$、⋯、$S(n_k)$，其中對於 $i = 1$、⋯、k 而言，$n_i < n$，然後再合併這一些子問題的答案。

舉例而言，在典型的合併排序演算法中 (第 4.1 節)，$S(n)$ 代表「排序包含 n 個元素的序列」的一個問題。「合併排序」解決問題 $S(n)$ 的方式，是將原問題切割成兩個子問題 $S(\lfloor n/2 \rfloor)$ 和 $S(\lceil n/2 \rceil)$，遞迴地解決這兩個子問題，然後再將排序過的許多結果序列組合成單一個排序過的序列，也就是 $S(n)$ 的解答。合併的步驟中所花掉的時間爲 $O(n)$。也就是說，整個合併排序演算法的執行時間是 $O(n\log n)$。

就如同合併排序演算法這個例子，一般性的各個擊破技巧可用來建立執行速度快的演算法。

5.2.1 各個擊破遞迴方程式

爲了分析各個擊破演算法，我們應用了**遞迴方程式 (recurrence equation**，第 1.1.4 節) 中所提到的技術。也就是，我們令函數 $T(n)$ 代表在輸入大小爲 n 時，該演算法所需的執行時間，接著將 $T(n)$ 以相關的方程式來描述它本身，其中用來構成方程式的各項，皆以輸入大小比 n 小的函數 T 來加以表示。在合併排序演算法的例子中，我們可以得到方程式

$$T(n) = \begin{cases} b & \text{若 } n<2 \\ 2T(n/2)+bn & \text{若 } n\geq 2 \end{cases}$$

其中某常數 $b>0$，這裡我們使用「n 是 2 的次方」這個簡化的假設。事實上，遍及這一整節，我們都簡單的假設 n 為 2 的次方，如此我們可以不必使用下限函數與上限函數。即使我們放寬這個假設，我們所作的每個有關於遞迴等式的漸近式陳述仍將保持正確，只是這項事實的正式正明既冗長又乏味。正如我們在上面所觀察到的，我們能夠證明在這個例子中 $T(n)$ 為 $O(n\log n)$。然而一般來說，我們所得到的需要解決的遞迴方程式可能比上式更有挑戰性。因此，發展一些一般化方法以用來解決各個擊破演算法分析過程中所遇到的不同類型遞迴方程式，是相當有幫助的。

迭代式代換法

解決各個擊破遞迴方程式的方法之一，就是利用**迭代式代換法 (iterative substitution)**，比較口語一點的說法就是代入消去法。要使用這個方法，我們假設問題的大小 n 是相當大的，並且我們可以在一般化遞迴方程式裡每一次函數 T 出現的地方，都用等式裡右邊的形式代換進去。舉例而言，在合併排序遞迴方程式裡執行這樣的代換會產出下列方程式

$$\begin{aligned} T(n) &= 2(2T(n/2^2)+b(n/2))+bn \\ &= 2^2T(n/2^2)+2bn \end{aligned}$$

將 T 的一般式再次地代入會產出下列方程式

$$\begin{aligned} T(n) &= 2^2(2T(n/2^3)+b(n/2^2))+2bn \\ &= 2^3T(n/2^3)+3bn \end{aligned}$$

應用迭代式代換法的希望在於，在某個時刻，我們會看到樣式能夠被轉換成一個封閉的一般式 (此時 T 只會出現左邊)。在合併排序遞迴方程式的狀況中，其一般式是

$$T(n) = 2^iT(n/2^i)+ibn$$

請注意，這個一般式在 $n=2^i$ 時，可以轉換成基本狀況 $T(n)=b$，也就是說，當 $i=\log n$，意謂

$$T(n) = bn+bn\log n$$

換句話說，$T(n)$ 為 $O(n\log n)$。在迭代式代換法的一般應用中，我們希望能夠找出函數 $T(n)$ 的一般樣式，並且得知何時 $T(n)$ 會轉換成基本狀況。

從數學的觀點來看，使用迭代式代換法的技術，在某個節骨眼需要一點邏輯上的「跳躍」，這跳躍發生在我們試著從一連串的代換找出一般樣

式的特徵。通常，就像我們這一個合併排序遞迴方程式的例子，這樣的跳躍是可以理解的。然而，在另外一些時候，一個方程式的一般形式也許並不那麼顯而易見。在這些狀況中，跳躍可能比較危險。爲了要在進行這樣的跳躍時完全安全，我們必須，也許使用歸納法，來完全地驗證方程式的一般式。結合了這樣的驗證之後，迭代式代換法是完全正確的並且經常是特徵化遞迴方程式的有用方式。附帶一提，迭代式代換法的較口語化說法「代入消去法」是來自於這個方法將函數 $T(n)$ 的遞迴部份「代入」它自己本身，然後通常在經過一連串的代數「消去」後，便能將方程式轉換形式，而我們便可由此推導出一般樣式。

遞迴樹

另一個描述遞迴方程式特徵的方式是使用**遞迴樹 (recursion tree)**。就像迭代式代換法一樣，這個技術利用重複的代換來解遞迴方程式，但它與迭代式代換法不相同的地方是，它是一個視覺化的方式，而不是使用代數法。使用遞迴樹方法時，我們畫一棵樹 R，其中每個節點分別代表每個不一樣的代換。因此，每個在 R 中的節點有一個它所代表函數 $T(n)$ 的參數 n 的值。另外，對於 R 中的每一個節點 v，我們給定一相關聯的**額外工作量 (overhead)**，其定義是 v 中遞迴方程式的非遞迴部份之值。在各個擊破的遞迴中，額外工作量取決於合併 v 的子節點所代表的子問題解答所花費之執行時間。遞迴方程式之解則是將 R 中所有節點的工作量相加。通常是先將 R 中每一階層的值加總，然後再將這些總和全部加起來。

範例 5.3： 考慮下面遞迴方程式：

$$T(n) = \begin{cases} b & \text{若 } n < 3 \\ 3T(n/3) + bn & \text{若 } n \geq 3 \end{cases}$$

這是我們獲得的遞迴方程式，所採用的方式舉例而言，是以修訂合併排序演算法，以將一個未排序的序列分成三個同等大小的序列，遞迴地排序每一個，然後對三個排序過的序列作一次三向合併以產生一個原始序列的已排序版本。此遞迴的遞迴樹 R 中，每一個外部節點 v 有三個子節點，以及 v 所代表的大小和額外工作量之值各一，其中額外工作量取決於合併 v 的子節點所產生子問題解答時需要的時間。我們將遞迴樹 R 圖解在圖 5.4。注意到在每一個階層，每個節點的額外工作量總和是 bn。我們觀察到 R 的深度是 $\log_3 n$，因此可得到 $T(n)$ 是 $O(n \log n)$。

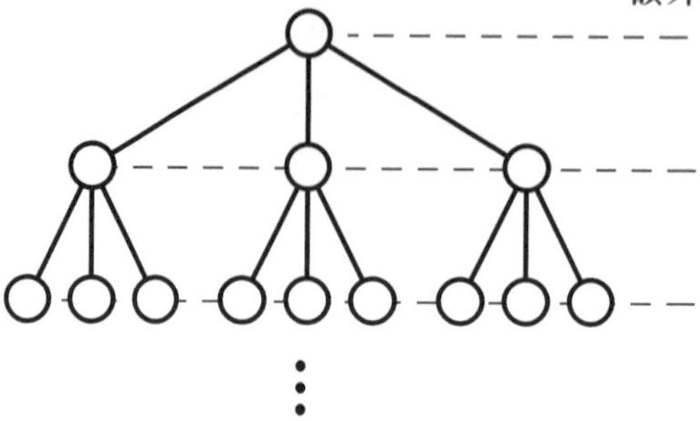

圖 5.4：範例 5.3 當中的遞迴樹 R，我們顯示每個階層的累積額外工作量。

猜測驗證法

另外一個用來解遞迴方程式的技術是猜測驗證法。這個技術首先依據經驗與知識來猜一個遞迴方程式的封閉形式解可能看起來是怎樣，然後再來驗證這一個猜測，通常是利用歸納法驗證之。舉例而言，我們利用猜測試驗法的方式，可以是將它當作一種二元搜尋法，用來爲一個給定的遞迴方程式找出良好上限。如果我們目前的猜測驗證失敗了，便代表我們需要一個更快速成長的函數，又如果我們目前的猜測被驗證爲「太寬大」，便代表我們需要使用一個比較慢速成長的函數。然而，使用這個技術時，對於我們所採取的每個數學步驟，以及根據我們的猜測來驗證某個假說是否成立，都要十分小心。我們經由下面的例子來探究猜測證驗法的應用。

範例 5.4： 考慮下列遞迴方程式 (假設對於 $n<2$，基本狀況爲 $T(n) = b$)：

$$T(n) = 2T(n/2) + bn\log n$$

這看起來和合併排序的遞迴方程式相當類似，所以我們作出猜測如下：

第一個猜測：$T(n) \le cn\log n$

其中某個常數 $c>0$。我們當然可以選擇夠大的 c 來使此式對基本狀況成立。所以，考慮當 $n \ge 2$ 的情況。如果我們假設當輸入大小小於 n 時，我們第一個猜測的歸納法假說成立，那麼便可得到：

$$\begin{aligned} T(n) &= 2T(n/2) + bn\log n \\ &\le 2(c(n/2)\log(n/2)) + bn\log n \\ &= cn(\log n - \log 2) + bn\log n \\ &= cn\log n - cn + bn\log n \end{aligned}$$

但是對於 $n \ge 2$，無法證實後一行小於或等於 $cn\log n$。所以，我們第一次的猜測還不夠充分。因此讓我們試試下面的猜測

更好的猜測：$T(n) \le cn\log^2 n$

其中常數 $c>0$。我們可以再一次選擇夠大的 c 以使其對於基本狀況爲眞，所以考慮當 $n \ge 2$ 的狀況。如果我們假設當輸入大小小於 n 時，我們這個猜測的歸納法假說成立，那麼便可得到：

$$\begin{aligned} T(n) &= 2T(n/2) + bn\log n \\ &\le 2(c(n/2)\log^2(n/2)) + bn\log n \\ &= cn(\log^2 n - 2\log n + 1) + bn\log n \\ &= cn\log^2 n - 2cn\log n + cn + bn\log n \\ &\le cn\log^2 n \end{aligned}$$

其中，已知 $c \ge b$。因此，我們得證在這個狀況下 $T(n)$ 的時間確實是 $O(n\log^2 n)$。

使用這個方法我們必須小心。因爲一個歸納法的假設不成功，並不代表另外一個與它成正比的假設就不會成功。

範例 5.5： 考慮下列遞迴方程式 (假設對 $n<2$ 基本狀況爲 $T(n) = b$)：

$$T(n) = 2T(n/2) + \log n$$

這個遞迴式就是第 2.4.4 節中討論的由下往上堆積建構的執行時間，我們已經證明它是 $O(n)$。儘管如此，如果我們嘗試利用最淺顯易懂的歸納方式來證明它，我們會遇到一些困難。詳言之，考慮下式：

第一個猜測：$T(n) \le cn$

對某個常數 $c>0$。我們當然可以選擇夠大的 c 使其對於基本狀況爲眞，所以考慮當 $n \ge 2$ 的狀況。如果我們假設，當輸入大小小於 n 時，這個歸納假說成立，那麼我們可以得到

$$\begin{aligned} T(n) &= 2T(n/2) + \log n \\ &\le 2(c(n/2)) + \log n \\ &= cn + \log n \end{aligned}$$

但是對於 $n \ge 2$ 而言，我們沒有辦法證實最後一行小於或等於 cn。所以，我們第一次的猜測還不夠充足，即使 $T(n)$ 確實是 $O(n)$。還是一樣，我們可以使用下述猜測來證明這項事實

更好的猜測：$T(n) \le c(n - \log n)$

對某個常數 $c>0$。我們可以再次選擇夠大的 c 使其對於基本狀況爲眞；事實上，我們可以證明它在任何時候當 $n<8$ 時爲眞。所以考慮當 $n \ge 8$ 的這一個狀況。如果我們假設，當輸入大小小於 n 時，這次的歸納假說成立，那麼我們便得到

$$
\begin{aligned}
T(n) &= 2T(n/2) + \log n \\
&\le 2c((n/2) - \log(n/2)) + \log n \\
&= cn - 2c\log n + 2c + \log n \\
&= c(n - \log n) - c\log n + 2c + \log n \\
&\le c(n - \log n)
\end{aligned}
$$

以 $c \ge 3$ 和 $n \ge 8$ 爲條件。因此，我們證明了在這狀況下 $T(n)$ 的時間確實是 $O(n)$。

猜測驗證法可以用來建立一個遞迴方程式的漸近式複雜度的上限與下限值。即使是如此，就像上面例子所展示的，我們還是得先建立某些數學歸納法的技巧。

主導者方法

上面每一個用來解遞迴方程式的方法都只限於用在特定問題，而且需要老練的數學技巧才能有效率地使用。然而，還是有一個相當一般化、不需要明確使用歸納法的方法，可用來解各個擊破的遞迴方程式。它就是主導者方法 (master method)。主導者方法是一種「食譜型」方法，可用來爲類型廣泛的遞迴方程式找出漸近特徵。詳言之，它可用在具有下列形式的遞迴方程式上

$$
T(n) = \begin{cases} c & \text{若 } n < d \\ aT(n/b) + f(n) & \text{若 } n \ge d \end{cases}
$$

其中 $d \ge 1$ 爲一個整數常數，而 $a > 0$、$c > 0$ 以及 $b > 1$ 爲實數常數。當 $n \ge d$，$f(n)$ 是一個正値的函數。在分析一個各個擊破演算法時可能會得到這樣的一個遞迴方程式，其中，問題被分割成 a 個子問題，每個子問題最大爲 n/b，然後遞迴地解決每個子問題，再合併子問題的解成爲原始問題的解。在此方程式裡的函數 $f(n)$，代表將問題分割成子問題以及將子問題的解合併成原始問題的解所需要的時間總和。前述遞迴方程式都符合這樣的形式，而本書先前用來分析每一個各個擊破演算法的遞迴方程式也是如此。因此，它確實是各個擊破遞迴方程式的一般化形式。

用主導者方法來解這種遞迴方程式，只須在下列三種狀況中，挑選出一個適用的，再依此寫出答案。每一種狀況的特點在於函數 $f(n)$ 與特殊函數 $n^{\log_b a}$ 之間的比較 (我們稍後會證明爲什麼這個特殊函數如此重要)。

定理 5.6： **主導者定理：** 令 $f(n)$ 與 $T(n)$ 定義如上。

1. 如果有一個小常數 $\varepsilon > 0$ 使得 $f(n)$ 爲 $O(n^{\log_b a - \varepsilon})$，則 $T(n)$ 爲

$\Theta(n^{\log_b a})$。

2. 如果有一個常數 $k \geq 0$ 使得 $f(n)$ 爲 $\Theta(n^{\log_b a}\log^k n)$，則 $T(n)$ 爲 $\Theta(n^{\log_b a}\log^{k+1} n)$。
3. 如果有一個小常數 $\varepsilon > 0$ 且 $\delta < 1$ 使得當 $n \geq d$ 時，$f(n)$ 爲 $\Omega(n^{\log_b a+\varepsilon})$ 且 $af(n/b) \leq \delta f(n)$，則 $T(n)$ 爲 $\Theta(f(n))$。

狀況 1 所描述的特徵表示 $f(n)$ 的多項式等級小於特殊函數 $n^{\log_b a}$。狀況 2 所描述的特徵表示 $f(n)$ 漸進地等於該特殊函數。狀況 3 所描述的特徵表示 $f(n)$ 的多項式等級大於該特殊函數。

我們將會以一些例子說明主導者方法的使用方式 (每個例子中都假設當 $n < d$ 且常數 $c \geq 1$ 及 $d \geq 1$ 時，$T(n) = c$) 。

範例 5.7： 考慮以下遞迴式

$$T(n) = 4T(n/2) + n$$

這個狀況中，$n^{\log_b a} = n^{\log_2 4} = n^2$。因此適用狀況 1，因爲當 $\varepsilon = 1$ 時， $f(n)$ 爲 $O(n^{2-\varepsilon})$。這表示根據主導者方法，$T(n)$ 是 $\Theta(n^2)$。

範例 5.8： 考慮以下遞迴式

$$T(n) = 2T(n/2) + n\log n$$

它是前面出現過的遞迴式之一。在這個例子中，$n^{\log_b a} = n^{\log_2 2} = n$。因此適用狀況 2，其中 $k = 1$，因爲 $f(n)$ 爲 $\Theta(n\log n)$。這表示根據主導者方法，$T(n)$ 爲 $\Theta(n\log^2 n)$。

範例 5.9： 考慮以下遞迴式

$$T(n) = T(n/3) + n$$

這是一個由 n 開始，總和呈幾何遞減的遞迴式。在這個例子中，$n^{\log_b a} = n^{\log_3 1} = n^0 = 1$。因此適用狀況 3，因爲，$f(n)$ 爲 $\Omega(n^{0+\varepsilon})$，其中 $\varepsilon = 1$ 且 $af(n/b) = n/3 = (1/3)f(n)$。這表示根據主導者方法，$T(n)$ 爲 $\Theta(n)$。

範例 5.10： 考慮以下遞迴式

$$T(n) = 9T(n/3) + n^{2.5}$$

在這個例子中，$n^{\log_b a} = n^{\log_3 9} = n^2$。因此適用狀況 3，因爲 $f(n)$ 是 $\Omega(n^{2+\varepsilon})$ (其中 $\varepsilon = 1/2$) 而且 $af(n/b) = 9(n/3)^{2.5} = (1/3)^{1/2}f(n)$。這表示根據主導者方法，$T(n)$ 是 $\Theta(n^{2.5})$。

範例 5.11： 最後，考慮以下遞迴式

$$T(n) = 2T(n^{1/2}) + \log n$$

不幸的是，這不是一個我們可以套用主導者方法的形式。然而，我們可以將它轉換成這樣的形式，只要引入變數 $k = \log n$，便可將此式改寫成

$$T(n) = T(2^k) = 2T(2^{k/2}) + k$$

代入 $S(k) = T(2^k)$ 這個方程式，我們得到

$$S(k) = 2S(k/2) + k$$

現在，這一個遞迴方程式允許我們使用主導者方法，其中指定了 $S(k)$ 是 $O(k\log k)$。將 $T(n)$ 代回去暗示了 $T(n)$ 是 $O(\log n \log\log n)$。

我們不提供定理 5.6 的嚴謹證明，而是以較高層次來討論主導者方法的正確性。

如果我們應用迭代式代換法於一般的各個擊破遞迴式的話，我們可以得到

$$\begin{aligned} T(n) &= aT(n/b) + f(n) \\ &= a(aT(n/b^2) + f(n/b)) + f(n) = a^2T(n/b^2) + af(n/b) + f(n) \\ &= a^3T(n/b^3) + a^2f(n/b^2) + af(n/b) + f(n) \\ &\ \vdots \\ &= a^{\log_b n}T(1) + \sum_{i=0}^{\log_b n - 1} a^i f(n/b^i) \\ &= n^{\log_b a}T(1) + \sum_{i=0}^{\log_b n - 1} a^i f(n/b^i) \end{aligned}$$

其中最後一次代換是基於 $a^{\log_b n} = n^{\log_b a}$ 這個全等式。的確，這就是得出那個特殊函數的方程式。給定 $T(n)$ 的封閉特徵式，我們可以依直覺看出這三種狀況的每一種是如何得出的。狀況 1 是來自於當 $f(n)$ 值小、而且上述的第一項佔有主導地位時的情況。狀況 2 是表示上述總和中每一項都與其他項成正比時的情形，因此 $T(n)$ 的特徵式爲 $f(n)$ 乘上一個對數因子。最後，狀況 3 是表示當第一項小於第二項，並且上式的總和是從 $f(n)$ 開始、將幾何遞減的各項加總；因此，$T(n)$ 本身與 $f(n)$ 成正比。

定理 5.6 的證明就是將這個直覺化爲數學形式，不過我們在此不提供詳細證明，而是在下面舉出兩個主導者方法的應用。

5.2.2 整數乘法

我們在這一節考慮**大整數 (big integer)** 的乘法問題。所謂大整數，就是須用掉許多位元來表現的整數，它使用的位元數多到超過電腦處理器中算術

單元所能處理的最大位元數。在資料安全領域裡，大整數相乘有相當重要的應用，其中大整數是被使用在加密法中。

給定兩個大整數 I 和 J，各以 n 個位元來表示，我們能夠很簡單地在 $O(n)$ 時間內計算 $I+J$ 和 $I-J$。然而，使用小學所教的演算法有效率地計算乘法 $I\cdot J$ 卻需要 $O(n^2)$ 時間。在這一節的剩餘部份，我們說明使用各個擊破技術可以設計出一個少於二次時間的演算法，來相乘兩個 n 位元的整數。

讓我們假設 n 爲 2 的冪次 (如果不是這樣的狀況，我們可以在 I 和 J 墊上 0) 。因此我們可以將 I 和 J 的位元表示分成兩半，其中一半代表**較高位 (higer-order)** 位元而另外一半則表示 **較低位 (lower-order)** 位元。詳言之，如果我們將 I 切成 I_h 和 I_l，並且將 J 切成 J_h 和 J_l，則

$$I = I_h 2^{n/2} + I_l$$
$$J = J_h 2^{n/2} + J_l$$

又，觀察到將一個二元數 I 乘以 2 的冪次，亦即 2^k，是極爲簡單的，它只是將 I 的所有位元往左邊移 k 個位元 (也就是，往更高位元方向)。由於一個左移運算只需花常數時間，所以整數乘以 2^k 花的時間爲 $O(k)$。

讓我們將焦點放在計算乘積 $I\cdot J$ 上。已知 I 和 J 的擴展式如前所述，則我們可以將 $I\cdot J$ 改寫成

$$I\cdot J \;=\; (I_h 2^{n/2} + I_l)\cdot(J_h 2^{n/2} + J_l) \;=\; I_h J_h 2^n + I_l J_h 2^{n/2} + I_h J_l 2^{n/2} + I_l J_l$$

如此，我們可以利用各個擊破演算法將位元表示的 I 和 J 分成兩半，遞迴地計算其中 $n/2$ 位元數的四項乘積 (請見上式)，最後將這些算出來的子乘積在 $O(n)$ 的時間利用加法以及乘以 2 的冪次合併成原始答案，以此計算出 $I\cdot J$。我們可以在碰到相乘兩個 1 位元數的時候中止遞迴，因爲它是極爲簡單的。這個各個擊破演算法的特徵可用下述遞迴式表示 (其中 $n \ge 2$) ：

$$T(n) = 4T(n/2) + cn$$

對於某個常數 $c > 0$。我們接著可以應用主導者定理，找出在這個狀況下的特殊函數是 $n^{\log_b a} = n^{\log_2 4} = n^2$，因此適用狀況 1，而 $T(n)$ 是 $\Theta(n^2)$。不幸的是，這個結果並不比小學的演算法好。

主導者方法給了我們某個可以改進這一個演算法的領悟。如果我們能夠降低遞迴呼叫的次數，那麼我們就能夠降低使用在主導者定理中特殊函數的複雜度，它在目前是執行時間的控制因子。幸運的是，如果我們在定義遞迴地解決的子問題時聰明一點的話，事實上可以減少遞迴呼叫的次數。特別是，考慮下列乘積

$$(I_h - I_l)\cdot(J_l - J_h) = I_h J_l - I_l J_l - I_h J_h + I_l J_h$$

這確實是一個很奇怪的乘法，但它有一個有趣的性質。當它展開後，它包含兩個我們要計算的乘積 (就是，I_hJ_l 和 I_lJ_h) 以及兩個可以遞迴地計算的乘積 (就是，I_hJ_h 和 I_lJ_l)。因此，我們可以計算 $I \cdot J$ 如下：

$$I \cdot J = I_hJ_h2^n + [(I_h - I_l) \cdot (J_l - J_h) + I_hJ_h + I_lJ_l]2^{n/2} + I_lJ_l$$

這個計算需要遞迴計算三個 $n/2$ 位元數的乘積，以及 $O(n)$ 的額外工作。如此便得到一個各個擊破演算法，其執行時間的特徵如下述遞迴式所示 (其中 $n \geq 2$)：

$$T(n) = 3T(n/2) + cn$$

對某個常數 $c > 0$。

定理 5.12： 我們可以在 $O(n^{1.585})$ 時間內相乘兩個 n 位元的整數。

證明：

我們以特殊函數 $n^{\log_b a} = n^{\log_2 3}$ 來應用主導者定理，因此為狀況 1，而 $T(n)$ 為 $\Theta(n^{\log_2 3})$，也就是 $O(n^{1.585})$。 ■

使用各個擊破，我們已經設計了一個整數乘法的演算法，其漸進速度比直覺的二次時間法還快。事實上，我們還可以使用一個更複雜的各個擊破演算法來得到更好的結果，那就是**快速傅利葉轉換 (fast Fourier transform)**，其執行時間「幾乎」可以達到 $O(n\log n)$。我們會在第 10.4 節裡討論這個方法。

5.2.3 矩陣乘法

假定我們有兩個 $n \times n$ 矩陣 X 和 Y，我們希望計算它們的乘積 $Z = XY$，它被定義如下

$$Z[i,j] = \sum_{k=0}^{e-1} X[i,k] \cdot Y[k,j]$$

觀察這個方程式，馬上就可以得到一個簡單的 $O(n^3)$ 時間演算法。

另一個看待這個乘法的方式就是分割為子矩陣。也就是，我們假設 n 為 2 的冪次，並且分割 X、Y 與 Z 成為四個 $(n/2) \times (n/2)$ 矩陣，因此我們可以改寫 $Z = XY$ 為

$$\begin{pmatrix} I & J \\ L & L \end{pmatrix} = \begin{pmatrix} A & B \\ C & D \end{pmatrix} \begin{pmatrix} E & F \\ G & H \end{pmatrix}$$

因此，

$$I = AE + BG$$
$$J = AF + BH$$

$$K = CE + DG$$
$$L = CF + DH$$

我們可以在各個擊破演算法裡使用這一組方程式，這個演算法利用從 A 到 G 的子陣列來計算 I、J、K 與 L，以此計算 $Z = XY$。根據上面的方程式，我們對 8 個 $(n/2)\times(n/2)$ 的子陣列遞迴地計算矩陣乘積，以此計算出 I、J、K 和 L，再加上 4 個可以在 $O(n^2)$ 時間內完成的加法。因此，由上述方程式可得到一各個擊破演算法，其執行時間 $T(n)$ 的特徵如下述遞迴式

$$T(n) = 8T(n/2) + bn^2$$

其中常數 $b > 0$。不幸的是，根據主導者定理，此方程式意謂 $T(n)$ 爲 $O(n^3)$ 時間。因此，它並沒有比直覺式的矩陣乘法還好。

有趣的是，有一個稱爲 **Strassen 演算法** 的演算法，它將 A 到 G 的子陣列計算加以組織，使得我們能夠使用剛好 7 個遞迴的矩陣乘法來計算 I、J、K 和 L。關於 Strassen 如何發現這些方程式，是有點神秘，但我們可以很簡單地驗證它的正確性。

我們以定義 7 個子矩陣乘積來開始 Strassen 演算法：

$$S_1 = A(F - H)$$
$$S_2 = (A + B)H$$
$$S_3 = (C + D)E$$
$$S_4 = D(G - E)$$
$$S_5 = (A + D)(E + H)$$
$$S_6 = (B - D)(G + H)$$
$$S_7 = (A - C)(E + F)$$

已知這 7 個子矩陣的積，我們可以如下計算 I

$$\begin{aligned} I &= S_5 + S_6 + S_4 - S_2 \\ &= (A + D)(E + H) + (B - D)(G + H) + D(G - E) - (A + B)H \\ &= AE + DE + AH + DH + BG - DG + BH - DH + DG - DE - AH - BH \\ &= AE + BG \end{aligned}$$

我們可以如下計算 J

$$\begin{aligned} J &= S_1 + S_2 \\ &= A(F - H) + (A + B)H \\ &= AF - AH + AH + BH \\ &= AF + BH \end{aligned}$$

我們可以如下計算 K

$$\begin{aligned}K &= S_3 + S_4\\ &= (C+D)E + D(G-E)\\ &= CE + DE + DG - DE\\ &= CE + DG\end{aligned}$$

最後我們可以如下計算 L

$$\begin{aligned}L &= S_1 - S_7 - S_3 + S_5\\ &= A(F-H) - (A-C)(E+F) - (C+D)E + (A+D)(E+H)\\ &= AF - AH - AE + CE - AF + CF - CE - DE + AE + DE + AH + DH\\ &= CF + DH\end{aligned}$$

因此，我們可以對 $(n/2)\times(n/2)$ 矩陣做 7 個遞迴乘法來計算 $Z = XY$。因此，我們以下式描述執行時間 $T(n)$

$$T(n) = 7T(n/2) + bn^2$$

其中常數 $b > 0$。因此，根據主導者方法，我們可以得到：

定理 5.13： 我們可以在 $O(n^{\log 7})$ 時間內將兩個 $n\times n$ 矩陣相乘。

因此，以多一點點的額外複雜度，我們可以在 $O(n^{2.808})$ 時間，也就是 $o(n^3)$ 對 $n\times n$ 矩陣執行乘法。正如 Strassen 矩陣乘法一樣公認的複雜，事實上還有更複雜的矩陣乘法，其執行時間可以低到 $O(n^{2.376})$。

5.3 動態規劃

在這一節裡，我們討論動態規劃 (Dynamic Programming) 演算法設計的技術。這個技術與各個擊破技術類似，它可以應用在大範圍的不同問題上。然而在概念上，動態規劃的技術與各個擊破不同，各個擊破能夠用一兩個句子簡單地加以解釋，而且能以單一個例子適當地加以圖解。動態規劃在它可以完全地被體會之前要花去更多的解釋以及多個例子。

即使如此，付出超額的努力來完全體會動態規劃是相當值得的。有一些演算法技術能將看起來需要用指數時間來解決的問題用多項式的時間把它們解決。動態規劃就是一個這樣的技術。另外，應用動態規劃技術所發展出的演算法通常很簡單，常常只需要比幾行多一點的程式碼，寫出幾個巢狀迴圈來填表即可。

5.3.1 矩陣的連鎖積

不由解釋動態規劃技術的一般組成開始，取而代之的是，我們先給出一個

經典、具體的例子。假定我們有一群集內含 n 個二維矩陣，我們希望計算乘積如下

$$A = A_0 \cdot A_1 \cdot A_2 \cdots A_{n-1}$$

其中 $i = 0$、1、2、…、$n-1$，而 A_i 是一個 $d_i \times d_{i+1}$ 的矩陣。在標準的(也就是我們將要使用的) 矩陣乘法演算法裡，要將 $d \times e$ 矩陣 B 乘以 $e \times f$ 矩陣 C，我們計算乘積裡第 (i, j) 個項目爲

$$\sum_{k=0}^{e-1} B[i,k] \cdot C[k,j]$$

這一個定義暗示了矩陣乘法有結合性，也就是說，它暗示了 $B \cdot (C \cdot D) = (B \cdot C) \cdot D$。因此，我們可以將 A 的表示式用任何我們想要的方式以括弧區隔，最後得到的答案是相同的。然而，我們不需要在每一個括號中進行相同個數的基本 (亦即純量) 乘法，請見以下例子的說明。

範例 5.14： 令 B 爲一個 2×10 矩陣，令 C 爲一 10×50 矩陣，並且令 D 爲一 50×20 矩陣。計算 $B \cdot (C \cdot D)$ 需要 $2 \cdot 10 \cdot 20 + 10 \cdot 50 \cdot 20 = 10400$ 次乘法，而計算 $(B \cdot C) \cdot D$ 只需要 $2 \cdot 10 \cdot 50 + 2 \cdot 50 \cdot 20 = 3000$ 次乘法。

矩陣的連鎖積 (matrix chain-product) 問題是用來找出定義乘積 A 時括號的組合方式，使得純量乘法執行總次數最小化。當然，解決此問題其中一個簡單的方法是我們一一列舉表示式 A 裡可能的括號組合，並且找出每一個括號執行乘法的次數。不幸的是，A 的運算式的所有不同括號的方式的集合，相等於具有 n 個外部節點的所有不同的二元樹的集合個數。這個數目是一個 n 的指數函數。如此，這個直覺的 (暴力) 演算法執行時間是指數的，因爲要括號起具有結合性的算術式有著指數個數的方式 (這一個數目相等於第 n 個 **Catalan 數 (Catalan number)**，它是 $\Omega(4^n/n^{3/2})$)。

定義子問題

然而，我們可以利用對矩陣連鎖積問題本質的一些觀察，將效率改善得明顯優於暴力演算法的效果。第一個發現是問題可以被切割成**子問題 (sub-problem)**。在這一個狀況下，我們可以定義一些不同子問題，在各個子問題中計算子表示式 $A_i \cdot A_{i+1} \cdots A_j$ 的最佳括號組合。作爲一個簡潔的表示法，我們使用 $N_{i,j}$ 表示計算子表示式所需要的最少次數乘法。如此，原始的矩陣連鎖乘積問題的特徵可以被描述爲計算 $N_{0,n-1}$ 的值。這一個觀察很重要，但是爲了應用動態規劃的技術我們還需要另外一個觀察。

最佳解的特徵

我們對矩陣連鎖乘積問題的另一個重要觀察是，我們可以將某個子問題最佳解的特徵，以它的子問題之最佳解表示出來。我們稱這項性質爲**子問題最佳化 (subproblem optimality)** 條件。

在這個狀況下的矩陣連鎖乘積問題，我們觀察到，無論我們如何去括號一個子表示式，總是會有某個我們必須執行的矩陣乘法。這就是說，子表示式 $A_i \cdot A_{i+1} \cdots A_j$ 的一個完全括號表示一定具有 $(A_I \cdots A_k) \cdot (A_{k+1} \cdots A_j)$ 的形式，對某個 $k \in \{i, i+1, ..., j-1\}$。此外，不管哪一個 k 才是對的選擇，乘積 $(A_i \cdots A_k)$ 與 $(A_{k+1} \cdots A_j)$ 也必須被最佳化地解決。如果不是這樣，那麼將會有一個全域最佳解，使這些子問題在其中被次最佳化地解決。但那是不可能的，因爲我們只要利用一個子問題的最佳解來取代目前子問題的解，便能降低乘法的全部個數。這一個觀察暗示了一個明確地定義 $N_{i,j}$ 最佳化問題的方法，那就是將它表示成其他最佳子問題的解。也就是說，我們可以考慮最後一個乘法的位置 k 的可能選擇，並且利用所有選擇的最小值來計算 $N_{i,j}$。

設計一個動態規劃演算法

前面的討論暗示了我們可以將一個最佳化子問題解 $N_{i,j}$ 的特徵寫成

$$N_{i,j} = \min_{i \le k < j} \{N_{i,k} + N_{k+1,j} + d_i d_{k+1} d_{j+1}\}$$

其中注意到

$$N_{i,i} = 0$$

因爲包含單獨一個矩陣的子表示式不需要任何的工作。也就是說，$N_{i,j}$ 是對所有可能執行最後乘法的位置，求取每一個子表示式所需計算乘法個數，加上最後矩陣乘法所需執行乘法個數，取其中的最小值。

$N_{i,j}$ 的方程式看起來像是我們爲各個擊破演算法所導出來的遞迴方程式。但是這只是表面相似而已，因爲方程式 $N_{i,j}$ 有一個特色，使我們很難利用各個擊破法來計算它。詳言之，由於有**子問題共享 (sharing of subproblems)** 的存在，阻止了我們將問題切分爲完全獨立的子問題 (這是我們在應用各個擊破技巧時的要件)。儘管如此，我們仍然可以利用 $N_{i,j}$ 方程式，由下往上計算，並且將 $N_{i,j}$ 值的中間解儲存在一張表中，以此導出一個有效率的演算法。我們可以簡單地由 $i = 0$、1、$\cdots$、$n-1$ 的 $N_{i,i} = 0$ 開始，接著利用 $N_{i,j}$ 的一般方程式來計算 $N_{i,i+1}$ 的值，因爲只需 $N_{i,i}$ 和 $N_{i+1,i+1}$ 即可決定其值，而這兩個值都是已求得的。給定 $N_{i,i+1}$ 的值，我們

接著可以計算 $N_{i,i+2}$ 的值，依此類推。因飽 A 我們從以前計算的值往上建立 $N_{i,j}$ 的值，一直到我們最後能計算 $N_{0,n-1}$ 的值爲止，這也就是我們一直要尋找的值。動態規劃之解的細節請見演算法 5.5。

Algorithm MatrixChain($d_0,\ldots,d_n$):
 Input: Sequence $d_0,\ldots,d_n$ of integers
 Output: For $i,j=0,\ldots,n-1$, the minimum number of multiplications $N_{i,j}$ needed to compute the product $A_i\cdot A_{i+1}\cdots A_j$, where A_k is a $d_k\times d_{k+1}$ matrix

```
for i ← 0 to n − 1 do
  N_{i,i} ← 0
for b ← 1 to n − 1 do
  for i ← 0 to n − b − 1 do
    j ← i + b
    N_{i,j} ← +∞
    for k ← i to j − 1 do
      N_{i,j} ← min{N_{i,j}, N_{i,k} + N_{k+1,j} + d_i d_{k+1} d_{j+1}}.
```

演算法 **5.5**：針對矩陣連鎖乘積問題的動態規劃演算法。

分析矩陣連鎖乘積演算法

如此，我們可以一個主要包括了三個巢狀 for 迴圈的演算法來計算 $N_{0,n-1}$。外面那個迴圈執行了 n 次。裡面的迴圈最多執行 n 次。而最裡面的那個迴圈最多也是執行 n 次。 因此，這一個演算法的總執行時間是 $O(n^3)$。

定理 5.15： 給定一個 n 個二維矩陣的連鎖乘積，我們可以計算在 $O(n^3)$ 時間內達到純量乘法的最少個數的這個連鎖的括號。

證明：

我們已經在上面說明了我們可以如何計算純量乘積的最佳個數。但我們如何復原實際的括號呢？

用來計算括號本身的方法事實上是非常淺顯易懂的。我們修訂計算 $N_{i,j}$ 值的演算法使得我們在任何時間找到 $N_{i,j}$ 的最小值時，我們就與 $N_{i,j}$ 一起儲存允許了我們達到這個最小值的索引 k。 ■

在圖 5.6 中，我們圖解了對於填滿在陣列 N 中的矩陣連鎖乘積問題，動態規劃的解的方式。

現在我們已經將一個動態規劃的問題從頭走了一次，讓我們來討論動態規劃技術的一般化觀點，因爲它可以被應用在其他的問題上。

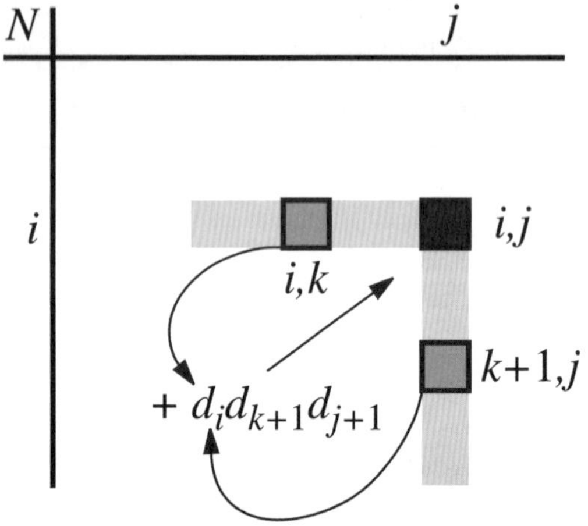

圖 5.6：對於填滿在陣列 N 中的矩陣連鎖乘積問題，動態規劃的解的方式的圖解。

5.3.2 一般化技術

動態規劃技術主要是用在**最佳化 (optimization)** 問題上，當我們需要找到最好的方式來做某件事情時。通常用不同方法來做某件事情的數目是指數的，所以用暴力搜尋來找最佳解除了在較小的問題大小之外，在計算上是不可行的。然而，我們可以將動態規劃技術應用在當問題有著我們可以利用的特定數量的結構的這樣的情況中。這個結構牽涉到下述三樣組成：

簡單子問題：一定有某種方式可以將全域最佳化問題切割成子問題，每一個子問題都和原始問題有類似的結構。另外，應該要有一個簡單的方式以少量的索引 (像是 i、j、k 依此類推) 來定義子問題。

子問題最佳化性質：一個全域問題的最佳解必須能夠使用一些相對簡單的組合運算，由子問題的最佳解組合而成。我們不應該能夠找出包含子問題的次最佳解的全域最佳解。

子問題重疊：一般來說對於不相關子問題的最佳解也可以包含子問題。確實，這樣的重疊增進了儲存有對於子問題的解的動態規劃演算法的效率。

現在我們已經給定了動態規劃演算法的一般組成，我們接著給出一個關於它的使用的例子。

5.3.3 0-1 背包問題

假定一個徒步旅行者要帶著一個背包困難地穿過一個雨林。我們再假定她知道她最多總共能攜帶的重量 W，並且她有 n 個她有可能攜帶的不一樣的有用物品的集合 S，像是摺疊椅、帳篷以及本書的拷貝。我們假設每一個物品 i 有一個整數重量 w_i 以及一個價值 b_i，這個價值是這一位徒步旅行者指定給物品 i 的實用值。當然，她的問題就是如何最佳化她所能攜帶物品的集合 T 的整體的值，並且不超過重量的限制 W。也就是，她有下面的目的：

$$\text{求 } \sum_{i \in T} b_i \text{ 的最大值，並且滿足 } \sum_{i \in T} w_i \leq W$$

她的問題就是 0-1 背包問題的一個例子。這一個問題被稱作「0-1」問題是因爲每樣東西只能拿與不拿，不能切開。我們在 5.1.1 考慮此問題的分數版本，然後我們在習題 R-5.12 中學習背包問題如何在網路拍賣中出現。

初步嘗試找出子問題特徵

當然，經由列舉 S 中的所有子集合並從中選出有最大優勢且總重量不超過 W 的方式，我們可以輕易地在 $\Theta(2^n)$ 時間內解決背包問題。然而，這是一個沒有效率的演算法。幸運的是，我們可以從動態規劃演算法裡導出一個使背包問題在大部分狀況下都能夠執行得更快的演算法。就像是許多動態規劃問題一樣，設計 0-1 背包問題的演算法最困難的一部分是去找出對子問題一個好的特徵化 (所以我們能夠滿足動態規劃演算法的三個性質)。爲了簡化討論，數字化在 S 裡的項目爲 1、2、…、n 並且對於每個 $k \in \{1、2、\cdots、n\}$，定義子集合

$$S_k = \{\text{S 中標示爲 } 1、2、\cdots、k \text{ 的目標}\}$$

讓我們定義子問題的一個可能的方式是，經由使用參數 k，使得子問題 k 爲只使用從集合 S_k 來的物品來填滿背包的最佳方式。這是一個有效的子問題定義，但它完全沒有清楚地說明如何以子問題最佳解來定義對於索引 k 的最僅解。我們的希望在於我們能夠導出一個使用來自於 S_{k-1} 的物品得到最佳解的方程式，並且考慮如何增加一個物品 k 進去。不幸的是，如果我們堅持在這個子問題的定義，那麼這一個進路具有致命的缺點。因爲就像我們在圖 5.7 所說明的那樣，如果我們以此描述這個子問題的特徵，那麼一個全域最佳解可能實際上包含了一個次最佳的子問題。

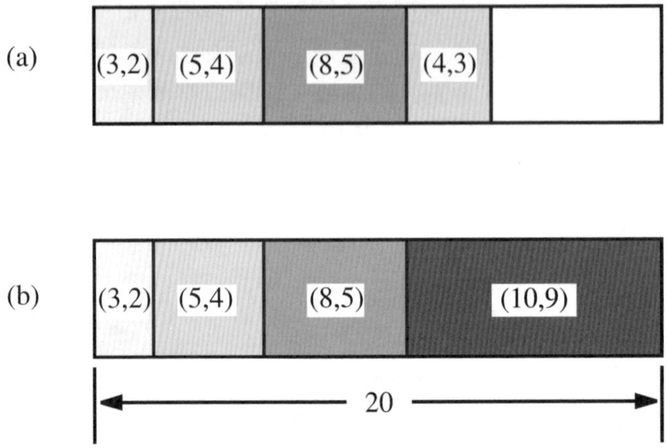

圖 5.7：這是一個我們第一次定義背包問題而失敗的例子。集合 S 包含五個項目對以 (權重, 價值) 表示為 (3, 2)、(5, 4)、 (8, 5)、 (4, 3) 及 (10,9)。最大總重是 $W = 20$：**(a)** 前四個項目之最佳解；**(b)** 前五個項目之最佳解。我們按照各個項目的優勢塗上顏色。

一個較好的子問題特徵描述

僅以索引 k 來定義子問題具有致命缺點的其中一個原因是，在子問題裡並沒有提供足夠的資訊來幫助解決區域最佳解的問題。然而，我們可以經由加入第二個參數 w 來修正這項困難。然後我們將每一個子問題公式化為計算 $B[k, w]$，它是定義為從這些有總重量恰好為 w 的子集合中，S_k 的子集合的最大總值。我們對每一個 $w \leq W$ 有 $B[0, w] = 0$，並且我們導出一般化狀況的如下關係：

$$B[k, w] = \begin{cases} B[k-1, w] & \text{若 } w_k > w \\ \max\{B[k-1, w], B[k-1, w-w_k] + b_k & \text{其他} \end{cases}$$

這就是，有著總重量 w 的最佳子集合 S_k 不是有著總重量 w 的最佳子集合 S_{k-1} 就是有著總重量 $w - w_k$ 加上項目 k 的最佳子集合 S_{k-1}。因為有著總重量 w 的最佳子集合 S_k 必須包含物品 k 或不包含，兩個選擇中有一個必須是正確的。如此，我們得到一個簡單的子問題定義 (只需要用兩個參數 k 和 w)，並且能夠滿足子問題最佳化之條件。另外，它有著子問題重疊，因為重量總和恰好為 w 的最佳化方式可能會被許多未來的子問題使用到。

在從這個定義推導出一個演算法之中，我們可以作出一項額外的觀察，也就是，$B[k, w]$ 的定義是從 $B[k, w]$ 或可能從 $B[k-1, w-w_k]$ 來建立的。這樣子，我們可以使用單一個陣列 B 來實作這個演算法，我們在每一次一系列的根據參數 k 加以索引的反覆中更新，使得每個反覆均結束在

$B[w] = B[k,w]$。這給了我們演算法 5.8 (01Knapsack)。

Algorithm 01Knapsack(S,W):

Input: Set S of n items, such that item i has positive benefit b_i and positive integer weight w_i; positive integer maximum total weight W

Output: For $w = 0,\ldots,W$, maximum benefit $B[w]$ of a subset of S with total weight w

for $w \leftarrow 0$ to W **do**
  $B[w] \leftarrow 0$
for $k \leftarrow 1$ to n **do**
  for $w \leftarrow W$ downto w_k **do**
    if $B[w-w_k]+b_k > B[w]$ **then**
      $B[w] \leftarrow B[w-w_k]+b_k$

演算法 **5.8**：用來解決 **0-1** 背包問題的動態規劃演算法。

分析 0-1 背包動態規劃演算法

0-1 背包演算法的執行時間是由兩個巢狀的 for 迴圈所控制，外面那個執行迭代了 n 次而裡面那一個最多迭代 W 次。在它完成之後我們可以經由定位出 $B[w]$ 的值來找到最佳值，其中 $B[w]$ 對於 $w \le W$ 是最大的。如此，我們得到如下：

定理 5.16： 給定一整數 W 與一包含 n 個項目集合 S，每一個項目有一個正價值以及一個正的權重，我們可以找到在 $O(nW)$ 的時間內，具有總重量最大為 W 的 S 的最高優勢子集合。

證明：

我們已經給定演算法 5.8 (01Knapsack) 演算法，並且使用一個陣列 B 的價值來建構出 S 的最大價值子集合的**值**，其中 S 有著最大為 W 的總重量。然而，我們可以簡單地將我們的演算法轉換成一個輸出在最佳子集合中的項目的演算法。我們將這個轉換的細節留作為習題。 ■

虛擬多項式時間演算法

除了作為動態規劃的另一個有用的應用外，定理 5.16 陳述了一些有趣的事情。也就是，它陳述了我們的演算法的執行時間是依賴於一個嚴格說來，並不與輸入的大小成比例的參數 W，其中輸入為 n 個項目，以及它的重量和價值，加上**數字 (number)** W。假設 W 是以某種標準方式加以編碼 (像是二進位數)，那麼它只需要 $O(\log W)$ 個位元來編碼 W。另外，如果 W 非常

大 (如 $W = 2^n$)，那麼這個動態規劃演算法確實漸進地比暴力法還慢。因此，技術上來說，這一個演算法並不是一個多項式時間的演算法，因爲它的執行時間事實上並非輸入大小 (*size*) 的函數。

在談到像是我們的背包動態規劃演算法的一個演算法時，通常會稱它是一個**虛擬多項式時間 (pseudo-polynomial time)** 演算法，因爲它的執行時間是依賴於給定在輸入中的一個數量的等級，而不是它的編碼大小。在實用上，這樣的演算法應該會比任何的暴力法運行得還要快，但也不能很正確地說它們是眞的多項式時間的演算法。事實上，有一個在第 13 章討論的定理叫做 **NP-completeness**，它陳述了對於 0-1 背包問題，任何人都幾乎不可能可以找到一個多項式時間的演算法。

在書中的其他地方，我們給出了動態規劃技術的額外應用，如在一個有向圖中計算可到達性 (第 6.4.2 節) 以及測試兩個字串的相似性 (第 9.4 節)。

5.4 習題

複習題

R-5.1 $S = \{a, b, c, d, e, f, g,\}$ 爲一個具有價值及重量值的群集如下：a: (12, 4)、b: (10, 6)、c: (8, 5)、d: (11, 7)、e: (14, 3)、f: (7, 1)、g: (9, 6)。S 的分數背包最佳解爲何？假設我們的背包最多可以裝重量 18 的東西？證明你的工作。

R-5.2 描述如何實作運行在 $O(n \log n)$ 時間內的 TaskSchedule 方法。

R-5.3 假設我們被給定一個以開始時間和結束時間組成加以指定的工作對如下：$T = \{(1, 2),(1, 3),(1, 4),(2, 5),(3, 7),(4, 9),(5, 6),(6, 8),(7, 9)\}$。解算對於此工作集合的排程問題。

R-5.4 使用主導者方法 (假設對於 $n < d$ 以及常數 $c > 0$ 與 $d \geq 1$，$T(n) = c$) 特徵化下述的每一個遞迴方程式。

a. $T(n) = 2T(n/2) + \log n$

b. $T(n) = 8T(n/2) + n^2$

c. $T(n) = 16T(n/2) + (n \log n)^4$

d. $T(n) = 7T(n/3) + n$

e. $T(n) = 9T(n/3) + n^3 \log n$

R-5.5 使用 5.2.2 中的各個擊破演算法，以二進位來計算 $10110011 \cdot 10111010$。

R-5.6 使用 Strassen 矩陣乘法演算法計算：

$$X = \begin{pmatrix} 3 & 2 \\ 4 & 8 \end{pmatrix} \quad \text{及} \quad Y = \begin{pmatrix} 1 & 5 \\ 9 & 6 \end{pmatrix}$$

R-5.7 一複數 $a + b\mathbf{i}$，其中 $\mathbf{i} = \sqrt{-1}$，可以被表示爲 (a, b)。描述一個只用三個實數乘法的方法來計算代表 $a + b\mathbf{i}$ 與 $c + d\mathbf{i}$ 的乘積的 (e, f)。

R-5.8 布林矩陣是每個項目都是 0 或 1 的矩陣，並且矩陣乘法是使用 AND 作爲 · 以及 OR 作爲 +。假設給定兩個 $n \times n$ 隨機布林矩陣 A 和 B，使得每一個項目爲 1 的機率爲 $1/k$。證明如果 k 是常數，那麼有著一個演算法使得 A 和 B 相乘的計算期望時間是 $O(n^2)$。如果 k 是 n 又如何？

R-5.9 如果維度是 10×5、5×2、2×20、20×12、12×4 和 4×60 的話，矩陣連鎖乘積的最佳方式爲何？證明你的工作。

R-5.10 設計一個有效率的矩陣連鎖乘積演算法，使其輸出完整的括號來表示如何以最少次數的乘法運算來相乘這些矩陣。

R-5.11 對於 0-1 背包問題解習題 R-5.1。

R-5.12 莎莉在網路上拍賣 n 個裝飾品。她收到 m 個喊價，其形式爲「我要 k_i 裝飾物，我出 d_i 元」，其中 $i = 1$、2、⋯、m。利用背包問題來特徵化她的最佳化問題。在怎樣的條件下，此問題是 0-1 或是分數版本？

挑戰題

C-5.1 一個叫做 Anatjari 的澳洲原住民希望橫越沙漠並且只帶一個水瓶。他有一張地圖標示經過路上所有的水源。假設一瓶水可以走 k 哩，設計一演算法使得他使用儘可能最少次的裝水來走完全程。論證爲什麼你的演算法是對的。

C-5.2 考慮單一機器的排程問題，其中我們有以其開始時間與結束時間加以指定的工作集合 T，不同的是我們只有一台機器，而且我們希望在這一台機器上儘可能的執行更多的工作。爲這個單一機器排程問題設計一個貪婪演算法並且證明它是正確的。這個演算法的執行時間爲何？

C-5.3 描述一個使用最少個數的硬幣，對一個指定的值作出改變的有效率貪婪演算法，假設有四種面額的硬幣，其值分別爲 25、10、5 以及 1。論證爲什麼你的演算法是對的。

C-5.4 設計出一個貨幣面額的集合，使得貪婪演算法不會使用最少的錢幣個數。

C-5.5 在**藝廊守衛**問題中我們被給定一線 L 來代表藝廊中一條很長之走廊。我們也被給定一個實數集合 $X = \{x_0, x_1, \ldots, x_{n-1}\}$ 代表走廊上的畫的位置。假設一個守衛可以保護距離他最多爲 1 的所有畫。設計一演算法使得要保護 X 中的畫的守衛人數爲最少。

C-5.6 設計一各個擊破演算法，以不超過 $3n/2$ 次的比較來找到 n 個數中的最小值和最大值元素。想想在基礎例子中發生了什麼事情。

C-5.7 給定在某項運動中的具有 n 個隊伍的一個集合 P，一個 round-robin 錦標賽程是一些比賽的收集品，其中每個隊伍和每個其他隊伍剛好比賽一次。假設 n 爲 2 的冪次，設計一個有效率的演算法來建構出 round-robin 錦標賽程。使用 各個擊破。

C-5.8 令一個在區間 $[0, 1]$ 中的區間集合 $S = \{[a_0, b_0], [a_1, b_1], \ldots, [a_{n-1}, b_{n-1}]\}$，其中對於 $i = 0$、1、⋯、$n-1$，$0 \le a_i < b_i \le 1$。再假設我們給定一個高度 h_i 給在 S 中的每個區間 $[a_i, b_i]$。S 的 **upper envelope** 定義爲一串列的數對 $[(x_0, c_0)$、(x_1, c_1)、(x_2, c_2)、⋯、(x_m, c_m)、$(x_{m+1}, 0)]$，其中 $x_0 = 0$ 且 $x_{m+1} = 1$，並以 x_i 值決定其順序，使得，對每一個子區間 $s = [x_i, x_{i+1}]$ 以及 $i = 0$、1、⋯、m，在包含 s 的 S 中的最高區間的高度爲 c_i。設計一個 $O(n \log n)$ 時間的演算法來計算 S 的 **upper envelope**。使各個擊破。

C-5.9 我們可以如何由只計算對於 0-1 背包問題的最大優勢值，到計算?出了這個優勢的指定動作來修訂動態規劃演算法？

C-5.10 假設我們被給定一個合計爲 N 的 n 個正整數的收集品 $A = \{a_1, a_2, \ldots, a_n\}$。設計一個 $O(nN)$ 時間的演算法來決定是否有子集合 $B \subset A$，使得 $\sum_{a_i \in B} a_i = \sum_{a_i \in A-B} a_i$。

C-5.11 令 P 爲一凸面多邊形 (12.5.1) 。一個 P 的 三角網 是連接 P 的頂點的額外對角線，並且使得每一個內部形狀皆爲三角形。一個三角網的**權重**爲所有對角線長度之總和。假設我們能夠計算長度並且在常數時間內加總它們，給出一個有效率的演算法來計算 P 的三角網的最小權重。此問題與矩陣連鎖乘積有一讓人驚訝的相似處。

C-5.12 一個**文法** G 爲從一個經由應用稱爲生產 (production) 的簡單代換規則的非終結符號 S 產生一個終結字元的字串的方法。如果 $B \to \beta$ 是一個生產, 那麼我們可以將一個形式爲 $\alpha B \gamma$ 的字串轉換爲字串 $\alpha\beta\gamma$。如果每個生產的形式皆爲「$A \to BC$」或「$A \to a$」，其中 A、B 與 C 爲非終結字元並且 a 爲一終結字元，一個文法就是處在 **Chomsky 正規形式**。設計一個 $O(n^3)$ 時間的各個擊破演算法來決定是否字串能從符號S開始產生字串$x = x_0x_1 \cdots x_{n-1}$。考慮計算參數之形式為$N_{i,j}$,其為一非終結字元之集合用以產生字串$x_ix_{i+1} \cdots x_j$。

C-5.13 假設我們被給定一個n節點的有根樹T，使得每個在T中之節點v被給定一權重$w(v)$。一個T的**獨立集合**為T中節點的子集合S, 使得在S中沒有任何節點是其他節點的子節點或父節點。設計一個有效率的動態規劃演算法來找到在T中的節點的最大權重獨立集，其中節點的一個集合的權重只是在那個集合中的節點的權重和。你的演算法的執行時間為何？

軟體專案

P-5.1 設計並且實作一個支援了四則運算的大整數套件。

P-5.2 實作一個用來有效率地解決背包問題的系統。你的系統應該可以在分數 (fractional) 或 0-1 背包 (0-1 knapsack) 問題中工作。執行一個實驗分析以測試你的系統的效率。

進階閱讀

貪婪演算法這個術語是由 Edmonds [64] 在 1971 所創造的，雖然這概念以前就已經存在。關於更多貪婪演算法的資訊以及支援它的理論，已知為 matroid 理論，請參閱 Papadimitriou 和 Steiglitz [164] 的書。

各個擊破技術是資料結構與演算法設計的基本常識之一。用來解決各個擊破遞迴的 master 方法可以追溯它的源頭到 Bentley、Haken 與 Saxe [30] 的論文。用在相乘兩個大整數的各個擊破演算法的時間是在$O(n^{1.585})$一般是歸功於俄國人 Karatsuba 與 Ofman [111]。相乘兩個n位數目的已知的漸進最快的演算法是一個由 Schönhage 與 Strassen [181] 得出的以快速傅利葉轉換為基礎的演算法，其執行時間為$O(n \log n \log\log n)$。

動態規劃是在運算研究社群中發展出來，並且由 Bellman [26] 正式化。我們所描述的矩陣連鎖乘積是根據 Godbole [78]。漸近最快演算法是根據 Hu 與 Shing [101,102]。針對背包問題的動態規劃演算法是在 Hu [100] 的書中找到。Hirchsberg [95] 證明如何在上面所給的相同時間內解決最長共同子字串問題，不過他是以線性空間來解 (參閱 [56])。

Part II 圖形演算法

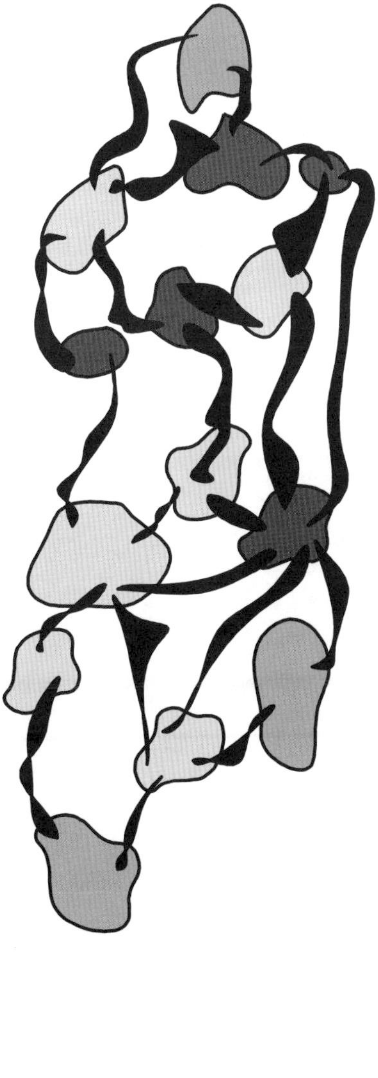

Chapter 6 圖

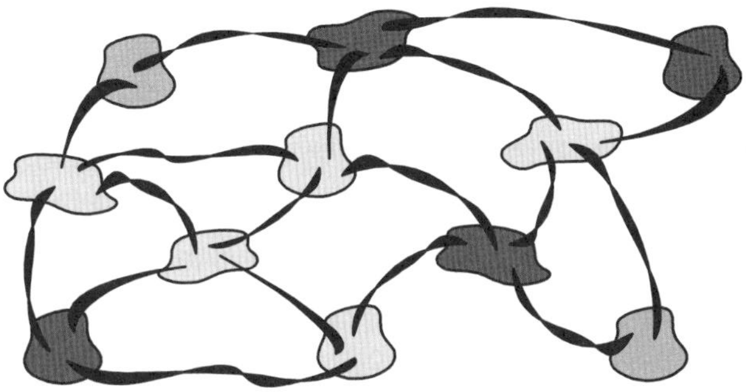

希臘神話中，有一個故事提到一個很精巧的迷宮，用來收容半人半牛的怪物牛頭人 (Minotaur)。這個大迷宮非常複雜，所以沒有任何人或動物逃得出來。直到希臘英雄賽修斯 (Theseus) 在愛瑞雅妮 (Ariadne) 公主的協助之下，決定實行本章所討論的一個演算法，才成功地逃出這個大迷宮。賽修斯在迷宮門口繫了一卷線，當他穿越彎彎曲曲的通道尋找怪物時，把線解開。顯然賽修斯知道如何設計好的演算法，因爲當他找到並擊敗怪獸之後，可以很容易地沿著線離開迷宮，回到愛瑞雅妮愛的懷抱當中。

能夠決定哪些物件 (例如迷宮的通道) 與其他物件連通，也許並不一定像這個故事一般攸關生死，但它仍然十分重要。舉例來說，在都市地圖中看得到連通性資訊，其中的物件就是道路；網路的路由表中也看得到，其中的物件則是電腦。由二元樹定義的親子關係中也有連通性資訊，其中的物件就是樹的節點。事實上，兩個物件之間存在的各種關係都可以定義連通性資訊。因此，本章研究的主題**圖 (graphs)**，將集中於更有效地處理這些關聯的表示法與演算法。也就是說，圖乃是物件 (叫做頂點) 的集合，加上這些物件之間成對關係的聚集。順便一提，千萬不要把圖的觀念與長條圖及函數圖形搞混，因爲這些圖與本章的主題無關。

許多不同的領域都應用到圖，包括地圖的製作 (如地理資訊系統)、運輸 (如道路與航線網)、電機工程 (如電路) 及電腦網路 (如網際網路的連線)。由於應用非常廣泛且種類繁多，於是發展出許多術語來描述圖的不同組件與性質。幸好圖的應用是最近才發展起來的，因此這些術語相當直觀。

在本章中，我們首先複習大部份的術語，並描述圖的ADT，包括圖的一些基本性質。介紹過圖的ADT之後，在 6.2 節中，我們將描述用來表示圖的三大資料結構。走訪 (traversal) 是圖的重要運算，就像樹一樣，我們將在 6.3 節中討論。6.4 節將討論有向圖，其中的「關係」是有方向的，連通性問題也變得非常有趣。最後，在 6.5 節，我們提供了一個以 Java 語言撰寫的「深度優先搜尋」個案研究，這個個案研究使用了兩個軟體工程的設計模式 — 裝飾樣式與樣板方法樣式，以及如何將深度優先搜尋使用於垃圾收集。

6.1 圖的抽象資料型態

抽象來看，**圖 (graph)** G 就是頂點 (vertices)的集合 V，以及 V 中的頂點對，叫做**邊 (edges)** 組成的群集 E。因此，圖是表示某一集合 V 中各對物件之間的關聯或關係的一種方式。附帶一提，有些書使用不同的術語來描述圖，

他們使用節點 (nodes) 來稱呼我們所說的頂點，而用弧 (arcs)表示我們所說的邊。但本書使用的術語是「頂點」和「邊」。

圖形中的邊可分為**有向 (directed)** 與**無向 (undirected)**。如果 (u, v) 對為有序，且 u 在 v 之前，則稱邊 (u, v) 為有向；如果 (u, v) 對並非有序，則稱 (u, v) 為無向。有時我們使用集合符號，將無向的邊記為 $\{u, v\}$，但為了簡單起見，我們使用 (u, v)，請注意在無向圖中，(u, v) 與 (v, u) 相同。將圖視覺化時，通常把頂點畫成橢圓形或長方形，把邊畫成連接兩個橢圓形或長方形的線段或曲線。

範例 6.1： 某一領域的研究者之間的合作關係，可以藉著建立一個圖使其視覺化，圖的頂點代表研究者本身，各邊所連接的一對頂點，代表相關的研究者有合著一篇論文或一本書(參考圖 6.1)。這種邊是無向的，因為合著關係是一種**對稱關係 (symmetric relation)**；也就是說，如果 A 與 B 共同發表了一些著作，則 B 也必然與 A 共同發表過一些著作。

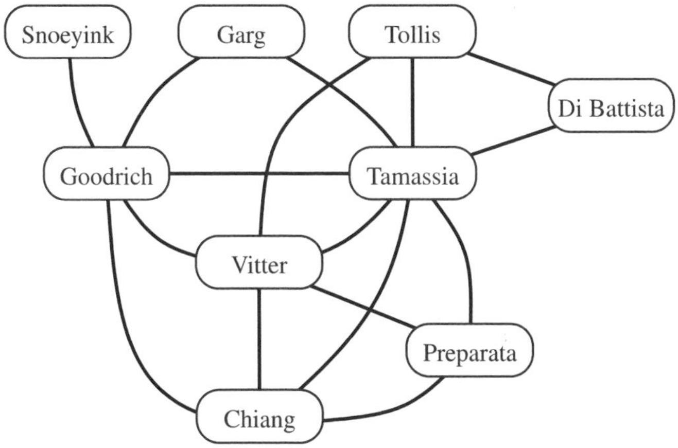

圖 **6.1**：某些作者之間的合著關係的圖。

範例 6.2： 我們可以將一個物件導向程式與圖聯繫起來，圖中的頂點代表程式中定義的類別，邊表示類別之間的繼承關係。若 v 的類別擴充了 u 的類別，則有一個從頂點 v 到頂點 u 的邊。這樣的邊是有方向的，因為繼承的關係只有一個方向，也就是說它是**非對稱的 (asymmetric)**。

如果一個圖中所有的邊都是無向的，則我們說這個圖是**無向圖 (undirected graph)**；同樣地，如果所有的邊都是有向的，則稱為**有向圖 (directed graph 或 digraph)**。一個既有有向邊，又有無向邊的圖，通常稱為**混合圖 (mixed graph)**。值得注意的是，只要把無向邊 (u, v) 換成一對有向邊

(u, v) 和 (v, u)，就可以把無向圖或混合圖轉換成有向圖。然而，讓無向圖與混合圖保持原來的樣子，通常是很有用的，因爲這些圖本身就有一些應用。

範例 6.3： 市區地圖可用圖做爲模型，其中的頂點是十字路口或死巷，邊則是不含十字路口的街道。這個圖具有有向邊與無向邊，無向邊對應雙向道，有向邊對應單行道。因此，模擬市區地圖的圖是一個混合圖。

範例 6.4： 圖的實際範例也可以在一棟建築物中的電源接線及配管網路中找到。此種網路可用圖做爲模型，其中的接頭、設備或電源插座可視爲頂點，每一段連續的電線或水管可視爲邊。這樣的圖其實是某個更大的圖 (例如當地的電力與自來水分配網路) 的一個部分。原則上，水可以沿著水管雙向流動，電流也可以沿著電線雙向流通，因此我們可以把它們的邊視爲無向或有向，端視我們對這些圖的哪些方面有興趣而定。

由一個邊連接的兩個頂點稱爲**端點 (end vertices**，也稱爲 **endpoints)**。如果邊是有向的，則第一個端點稱爲**起點 (origin)**，另一個稱爲**終點 (destination)**。

如果兩個頂點是同一個邊的端點，則稱爲**相鄰 (adjacent)**。如果一個頂點是某個邊的端點之一，則稱這個邊**連接 (incident)** 至該頂點。一個頂點的**射出邊 (outgoing edges)** 是以該頂點爲起點的有向邊；一個頂點的**射入邊 (incoming edges)** 是以該頂點爲終點的有向邊。頂點 v 的**分支度 (degree)** 是指與該頂點相連接的邊數，記爲 $Deg(v)$。頂點 v 的**向內分支度 (indegree)** 與**向外分支度 (out-degree)** 是 v 的射入邊與射出邊的數目，分別記爲 indeg (v) 與 outdeg (v)。

範例 6.5： 研究航空運輸時，可以建立一個叫做**航線網路 (flight network)** 的圖 G，其中的頂點與機場有關，邊則與航班有關 (參考圖 6.2)。在圖 G 中，邊是有向的，因爲已知的任何航班都具有特定的行進方向 (從起點機場到目的地機場)。圖 G 中，邊 e 的端點分別對應於航班 e 的起點與終點。如果有一航班在兩個機場之間飛行，則這兩個機場相鄰；如果邊 e 的航班飛往頂點 v 的機場或從該處起飛，則稱邊 e 連接至頂點 v。頂點 v 的射出邊對應於從 v 的機場出發的航班，射入邊則對應於返回 v 的機場的航班。最後，G 中頂點 v 的向內分支度對應於返回 v 的機場的航班數目，向外分支度則對應於從 v 的機場出發的航班數目。

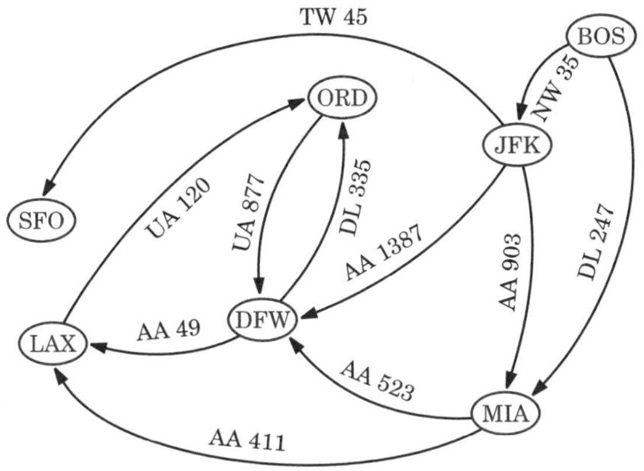

圖 6.2：代表航線網路的有向圖範例，邊 UA 120 的端點為 LAX 和 ORD；因此 LAX 與 ORD 相鄰。DFW 的向內分支度為 3，向外分支度為 2。

圖的定義把所有的邊放在**群集 (collection)**，而不是集合內，因此允許兩個無向邊擁有相同的端點，也允許兩個有向邊擁有相同的起點與終點。這樣的邊稱爲**平行邊 (parallel edges)** 或**多重邊 (multiple edges)**。平行邊可能存在於航線網中 (範例 6.5)，在這種情況下，同一對頂點之間的多重邊，表示同一天的不同時段在同一航線上飛行的航班。另一種特殊的邊將頂點連接到自己。在這種情況下，如果一個邊 (不論無向或有向) 的兩個端點重合，則我們說這個邊是一個**自我迴路 (self-loop)**。自我迴路可能出現在與市區地圖 (範例 6.3) 有關的圖中，它對應於一個「圓」(一條回到起點的彎曲街道)。

除了上面提到的少數幾個例外情況，一般的圖並沒有平行邊或自我迴路，這樣的圖稱爲**簡單 (simple)**。因此，通常我們可以說簡單圖的邊是頂點對的集合 (而非只是群集)。除非另外聲明，以下整章均假設圖是簡單圖。這個假設簡化了圖的資料結構與演算法的表示法。把這些結果推廣到含有平行邊與自我迴路的一般圖是直接的，但相當無趣。

在以下的定理中，我們探討一個圖中的分支度與邊數的一些重要性質。這些性質把圖的頂點數與邊數彼此關聯起來，也把它們和頂點的分支度關聯起來。

定理 6.6： 令 G 爲一具有 m 個邊的圖，則

$$\sum_{v \in G} deg(v) = 2m$$

證明：

邊 (u, v) 在上面的求和表示式中被計算了兩次；一次是從端點 u，一次是從端點 v，因此所有邊的對分支度的貢獻爲邊數的兩倍。■

定理 6.7： 若 G 爲一具有 m 個邊的有向圖，則

$$\sum_{v \in G} \in deg(v) = \sum_{v \in G} outdeg(v) = m$$

證明：

有向圖中，(u, v) 邊貢獻一單位給起點 u 的向外分支度，也貢獻一單位給終點 v 的向內分支度。因此，各邊對頂點向外分支度的總貢獻等於邊數；同理，向內分支度亦然。■

定理 6.8： 令 G 爲一有 n 個頂點和 m 個邊的簡單圖。若 G 爲無向圖，則 $m \le n(n-1)/2$，若 G 是有向圖，則 $m \le n(n-1)$。

證明：

假設 G 爲無向。因爲沒有任何兩個邊可以擁有相同的端點，也沒有自我迴路，故圖 G 中頂點的最大分支度爲 $n-1$，因此根據定理 6.6，$2m \le n(n-1)$。現在假設 G 爲有向。因爲沒有任何兩個邊可以擁有相同的始點、終點，也沒有自我迴路，故圖 G 中頂點的最大向內分支度爲 $n-1$，因此根據定理 6.7，$m \le n(n-1)$。■

換句話說，定理 6.8 說明：一個具有 n 個頂點的簡單圖有 $O(n^2)$ 個邊。

圖中的**路徑 (Path)** 是一連串交錯的頂點與邊，從一個頂點開始，結束於另一個頂點，使得每一邊均連接至先前與後繼頂點。**迴路 (cycle)** 是指啓始頂點與結束頂點相同的路徑。如果路徑中的每一頂點都不同，則稱該路徑爲簡單。如果迴路中除了第一個和最後一個頂點以外，其餘的頂點都不同，則稱該迴路爲簡單。**有向路徑 (directed path)** 是指所有的邊都有方向，並沿著該方向走訪的路徑。**有向迴路 (directed cycle)** 的定義和有向路徑類似。

範例 6.9 已知一個代表都市地圖的圖 G(參考範例 6.3)，我們可以用走訪圖 G 中的一條路徑做爲模型，描述從家裡開車到推薦餐廳用晚餐的一對夫婦。如果他們知道路怎麼走，也不曾無意間經過相同的十字路口兩次，那他們就走訪了 G 中的一條簡單路徑。同樣地，我們可用迴路做爲模型，描述這對夫婦從家裡前往餐廳再返回的整個行程。如果他們從餐廳返家時走的路與他們前往餐廳時完全不同，且不曾經過相同的十字路口兩次，那麼整個來回行

程就是一個簡單迴路。最後，如果他們是沿著單行道完成整個行旅程，則可把他們的夜間外出描述為有向迴路。

若圖 H 的頂點與邊分別為圖 G 的頂點與邊的子集合，則稱圖 H 為圖 G 的**子圖 (subgraph)**，G 的**生成子圖 (spanning subgraph)** 是包含 G 中所有頂點的子圖。如果一個圖中的任何兩個頂點之間均有一路徑，則該圖為**連通 (connected)**。圖 G 若不連通，則它的最大連通子圖稱為 G 的**連通成分 (connected components)**。**森林 (forest)** 是指沒有迴路的圖。樹則是連通的森林，亦即沒有迴路的連通圖。

請注意，這裡的樹定義與第 2.3 節不同。也就是說，在探討圖時，樹是無根的。若有模糊不清之處，則第 2.3 節的樹應稱為**有根樹 (rooted trees)**，本章的樹則應稱為**自由樹 (free trees)**。森林的連通成分是 (自由) 樹。圖的**生成樹 (spanning tree)** 是一個形成 (自由) 樹的生成子圖。

範例 6.10： 目前大家談論最多的圖可能是網際網路。它可以視為一個圖，頂點是電腦，(無向) 邊則是網際網路上兩臺電腦之間的連線。單一網域 (例如 wiley.com) 內的電腦及它們之間的連線形成網際網路的子圖。若該子圖為連通，則網域內任何兩臺電腦的使用者可以互相傳送電子郵件，而不需讓他們的資訊封包離開該網域。假設子圖的邊形成一生成樹。這表示即使單一連線故障 (例如有人把此網域內某一臺電腦後面的通訊電纜線拔掉)，則該子圖便不再連通了。

樹、森林和連通圖有一些簡單的性質。

定理 6.11： 令 G 為一具有 n 個頂點與 m 個邊的無向圖。則我們有以下結果：

- 若 G 為連通圖，則 $m \geq n-1$。
- 若 G 為樹，則 $m = n-1$。
- 若 G 為森林，則 $m \leq n-1$。

我們把這個定理的証明留下來做為習題 (C- 6.1)。

6.1.1 圖的方法

從抽象資料形態的角度來看，圖是元素的位置容器，其中的元素儲存於頂點與邊上。也就是說，圖中的**位置 (positions)** 就是它的頂點和邊。因此，圖中的元素可以儲存於邊上與頂點上 (或是兩者均有)。就物件導向實作來說，這樣的選擇意味我們可以定義擴充了位置 ADT 的頂點 ADT 與邊 ADT。回想一下，在 2.2.2 節中，位置有一個 element() 方法，會傳回儲存於該位置的元素。我們也可以使用特殊的頂點與邊迭代器，這樣就能分別反覆列舉一群頂點和邊。由於圖是一個位置容器，故其抽象資料型態支援 size()、isEmpty()、elements()、positions()、replaceElement (p,o) 及 swapElements (p,q)方法，其中p和q代表位置，o代表物件 (也就是元素)。

圖遠比前面各章討論的抽象資料型態要豐富，這樣的豐富主要來自於可以幫助我們定義圖的兩種位置：頂點和邊。爲了儘可能有系統地呈現圖 ADT 的方法，我們將圖的方法分成三大類：一般方法，處理有向邊的方法，以及更新與修改圖的方法。此外，爲了簡化表達，我們把節點位置記爲v，邊位置記爲e，儲存於頂點或邊上的物件(元素)記爲o。我們不討論可能發生的錯誤情況。

一般方法

我們從描述圖的基本方法開始，並忽略邊的方向。以下每一個方法均傳回圖G的一般資訊：

numVertices()： 傳回G中頂點的數目。
numEdges ()： 傳回G中邊的數目。
vertices()： 傳回G的頂點迭代器。
edges ()： 傳回G的邊迭代器。

圖不像(有根)樹，它沒有特殊的節點。因此我們有一個方法，傳回圖中的任何一個頂點：

aVertex()： 傳回G的一個頂點。

下面的存取器方法把頂點和邊當做引數：

degree (v)： 傳回v的分支度。
adjacentVertices (v)： 傳回與v相鄰之頂點的迭代器。
endVertices (e)： 傳回一個大小爲 2 的陣列，其中儲存e的端點。
opposite (v, e)： 傳回邊e上與v不同的端點。
areAdjacent (v, w)： 傳回頂點v和w是否相鄰。

處理有向邊的方法

當我們允許圖中的某些或所有的爲有向時，圖 ADT 就必須包含一些額外的方法。我們先列出一些專門處理有向邊的方法。

directedEdges ()：傳回所有有向邊的迭代器。
undirectedEdges()：傳回所有無向邊的迭代器。
destination (e)：傳回有向邊 e 的終點。
origin (e)：傳回有向邊 e 的起點。
isDirected (e)：若且唯若 e 爲有向邊，則傳回眞。

除此之外，有向邊的存在使我們需要一些方法，根據方向來關聯頂點和邊：

inDegree (v)：傳回 v 的向內分支度。
outDegree (v)：傳回 v 的向外分支度。
inIncidentEdges (v)：傳回 v 的所有射入邊的迭代器。
outIncidentEdges (v)：傳回 v 的所有射出邊的迭代器。
inAdjacentVertices (v)：傳回沿著 v 的射入邊與 v 相鄰的所有頂點的迭代器。
outAdjacentVertices (v)：傳回沿著 v 的射出邊與 v 相鄰的所有節點的迭代器。

更新圖的方法

我們也可以有一些更新方法，用來新增或刪除邊和頂點：

insertEdge (v, w, o)：在頂點 v 和 w 之間插入一個無向邊，並傳回這個邊，同時將物件 o 儲存於該位置。
insertDirectedEdge (v, w, o)：在頂點 v 和 w 之間插入一個有向邊，並傳回這個邊，同時將物件 o 儲存於該位置。
insertVertex (o)：插入一個新的 (孤立) 頂點，並傳回這個點，同時將物件 o 儲存於該位置。
removeVertex (v)：移除頂點 v，以及所有與 v 相連的邊。
removeEdge (e)：移除邊 e。
makeUndirected (e)：使 e 變成無向。
reverseDirection (e)：反轉有向邊 e 的方向。
setDirectionFrom (e, v)：使邊 e 的方向變成離開 v。
setDirectionTo (e, v)：使邊 e 的方向變成射入 v。

圖 ADT 的方法確實不少。然而因爲圖擁有豐富的結構，因此在某個程度上，有這麼方法是免不了的。圖支援兩種位置：頂點和邊，甚至允許邊可為有向或無向。我們需要不同的方法來存取和更新這些不同的位置，並處理這些不同的位置之間可能存在的各種關係。

6.2 圖的資料結構

有幾種方法可以用具體的資料結構來實現圖的ADT。在本節中，我們討論三種最普遍的方法，通常稱為**邊串列 (edge list)** 結構、**鄰接串列 (adjacency list)** 結構和**鄰接矩陣 (adjacency matrix)**。在這三種表示法中，我們使用容器 (例如串列或向量) 來儲存圖的頂點。至於邊，前面兩種結構和最後一種結構有一個根本的不同，就是邊串列結構與鄰接串列結構只儲存圖中眞正存在的邊，而鄰矩陣結構則為每一對頂點 (不論它們之間是否有一個邊) 儲存一個保留位置。在本節中我們將解釋，這項差異表示，對於一個有 n 個頂點和 m 個邊的圖 G，邊串列或鄰接串列表示法使用的空間為 $O(n+m)$，鄰接矩陣表示法使用的空間則為 $O(n^2)$。

6.2.1 邊串列結構

邊串列結構可能是圖 G 最簡單的表示法，但不是最有效率的表示法。在這種表示法中，G 的節點 v (其中儲存著元素 o) 由頂點物件明確表示，所有的頂點物件都儲存在容器 V 中，這個容器通常是一個串列、向量或字典。舉例來說，如果把 V 表示成向量，我們自然認為這些頂點已經編號過。另一方面，如果把 V 表示成字典，我們自然認為這些頂點可以用我們賦予的鍵值來識別，要注意的是容器 V 中的元素是圖 G 的頂點位置。

頂點物件

儲存元素 o 的頂點 v，其頂點物件具有以下的案例變數

- 指向 o 的參考。
- 計數器，用來記錄相連接的無向邊、射入的有向邊，以及射出的有向邊的數目
- 一個參考，指向容器 V 中頂點物件的位置 (或定位器)。

邊串列結構與眾不同的特徵不是如何表示頂點，而是如何表示邊。在此結構中，G 的邊 e (其中儲存著中元素 o) 由邊物件明確表示。邊物件儲存於容器 E 內，這個容器可能是串列、向量或字典 (可能支援定位器樣式)。

邊物件

邊e的邊物件 (其中儲存著元素o) 具有以下的案例變數

- 指向o的參考。
- 布林指示器，指示e為有向或無向。
- 一些參考，指向V中與e的端點 (若e為無向) 或e的起點與終點 (若e為有向) 相關的頂點物件。
- 一個參考，指向容器E中邊物件的位置 (或定位器)。

我們在圖 6.3 中說明有向圖G的邊串列結構。

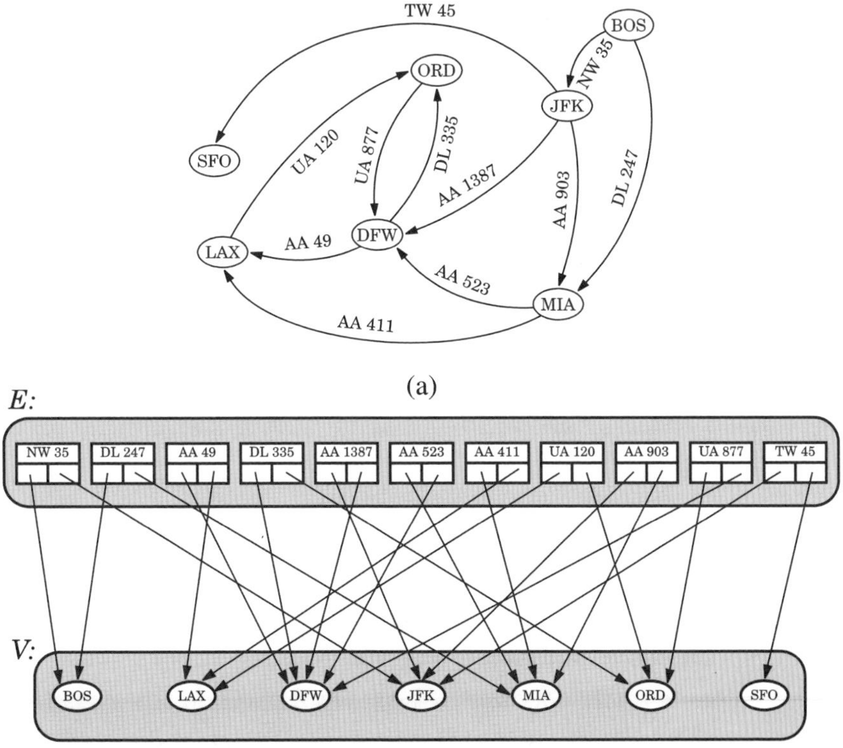

(a)

(b)

圖 **6.3**：**(a)** 有向圖G；**(b)** 圖G之邊串列的圖形表示。為了避免凌亂，下列頂點物件的欄位並未顯示：三個記錄與該頂點相連之邊的計數器，以及指向容器V中頂點物件之位置 (或定位器) 的參考。下列邊物件的欄位亦未顯示：布林方向指示器，以及指向容器E中邊物件之位置 (或定位器) 的參考。最後，我們使用元素名稱，而非實際指向元素物件的參考，將儲存於頂點物件和和邊物件中的元素視覺化。

邊串列

這個結構被稱爲邊串列結構，是因爲容器 E 最簡單和最常見的實作方式是使用串列。即使如此，爲了更方便地搜尋與邊有關的特定物件，儘管我們稱容器 E 爲「**邊串列**」，仍有可能希望以字典來實作它。基於同樣的理由，我們也可能希望以字典來實作容器 V，但爲了遵循傳統，我們把這個結構稱爲邊串列結構。

邊串列結構的主要特徵，讓我們可以從邊直接存取與它們相連的頂點。這樣一來，即可制定簡單的演算法，以實作圖 ADT 中以邊爲基礎的各種方法 (例如 endVertices、origin 和 destination 方法)。我們只需存取已知邊物件的適當成員，即可實作這些方法。

然而，「反」運算 — 也就是存取與某一頂點相連的邊 — 需要徹底檢查 E 中所有的邊。因此 incidentEdges (v)執行的時間與圖中邊的數目成正比，而不是我們希望的與頂點 v 的分支度成正比。事實上，即使是以 areAdjacent (v, w)方法檢查兩個頂點 v 和 w 是否相鄰，也需要搜尋整個邊串列，以找出邊 (v, w) 或 (w, v)。此外，由於移除一個頂點也需要移除所有與該頂點相連的邊，故 removeVertex 方法也需要搜尋整個邊串列 E。

效能

假定 V 和 E 是由雙向鏈結串列來實作的，則邊串列結構的重要效能特徵包含以下各點：

- numVertices()、numEdges()和 size()方法的實作方式是存取與串列 V 及/或 E 相關的尺寸欄位，故需要 $O(1)$ 時間。
- 與頂點物件一同儲存的計數器允許我們以常數時間執行 degree、inDegree 和 outDegree 方法。
- vertices()和 edges()方法被實作爲分別傳回頂點串列或邊串列的迭代器。同樣地，我們可以實作迭代器 directedEdges()和 undirectedEdges()，以擴充串列 E 的迭代器，使它只傳回屬於正確類型的邊。
- 由於容器 V 和 E 是以雙向鏈結串列實作的串列，故我們可以在 $O(1)$ 時間內插入頂點，以及插入或移除邊。
- incidentEdges、inIncidentEdges、outIncidentEdges、adjacentVertices、inAdjacentVertices、outAdjacentVertices 和 areAdjacent 等方法均花費 $O(m)$ 時間，因爲要決定哪些邊與頂點 v 相連，必須檢查所有的邊。

- 更新方法 removeVertex (v)要花費 $O(m)$ 時間，因為它必須檢查所有的邊，以找出與 v 相連的邊，並將其移除。

6.2.2 鄰接串列結構

邊串列表示法雖然簡單，但有它的限制，因為有許多對於個別頂點而言應該很快的方法，必須檢查整個邊串列，才能正確地執行。圖 G 的鄰接串列結構擴充了邊串列結構，因為它加入了額外的資訊，可以支援直接存取與每個頂點相連的邊。邊串列結構只從邊的觀點來看邊與頂點之間的連接關係，鄰接串列結構則是從兩個觀點來考慮。這種對取的看法，讓我們在使用鄰接串列結構實作圖 ADT 的一些頂點方法時，遠比只使用邊串列結構要快，儘管這兩種表示法使用的空間均與圖中的頂點數和邊數成正比。鄰接串列結構包含邊串列結構的所有結構成員，再加上以下資訊：

- 頂點物件 v 持有指向容器 $I(v)$ 的參考，這個容器叫做**連接容器 (incidence container)**，其中儲存這一個參考，指向與頂點 v 相連的邊。如果我們允許有向邊，則可將 $I(v)$ 分割成 $I_{in}(v)$ 、 $I_{out}(v)$ 和 $I_{un}(v)$，它們分別儲存與該頂點 v 相連的射入邊、射出邊和無向邊。
- 邊 (u, v) 的邊物件持有一參考，指向該邊在連接容器 $I(u)$ 和 $I(v)$ 中的位置 (或定位器)。

鄰接串列

傳統上，頂點 v 的連接容器 $I(v)$ 是用串列來實現的，這也就是為什麼我們把這種表示圖的方式稱為**鄰接串列**結構。然而，在某些情況下，我們可能希望以字典或優先權佇列來表示 $I(v)$，因此讓我們堅持把 $I(v)$ 當成邊物件的一般性容器。如果我們想支援一個可能包含有向和無向邊的圖 G 之圖表示法，則每個頂點有三個連接容器 $I_{in}(v)$、$I_{out}(v)$ 和 $I_{un}(v)$，分別儲存著參考，指向與 v 相連的有向射入邊、有向射出邊和無向邊的邊物件。

鄰接串列結構提供了從邊到頂點，以及從頂點到其連接邊的直接存取。由於鄰接串列能提供頂點與邊之間的雙向存取，因此使用鄰接串列結構，而不使用邊串列結構，可使一些圖形方法的效能加速。我們在圖 6.4 中說明一個有向圖的鄰接串列結構。對頂點 v 而言，v 的連接容器使用的空間與 v 的分支度成正比，也就是 $O(\deg(v))$，因此根據定理 6.6，鄰接串列結構的空間需求是 $O(n+m)$。

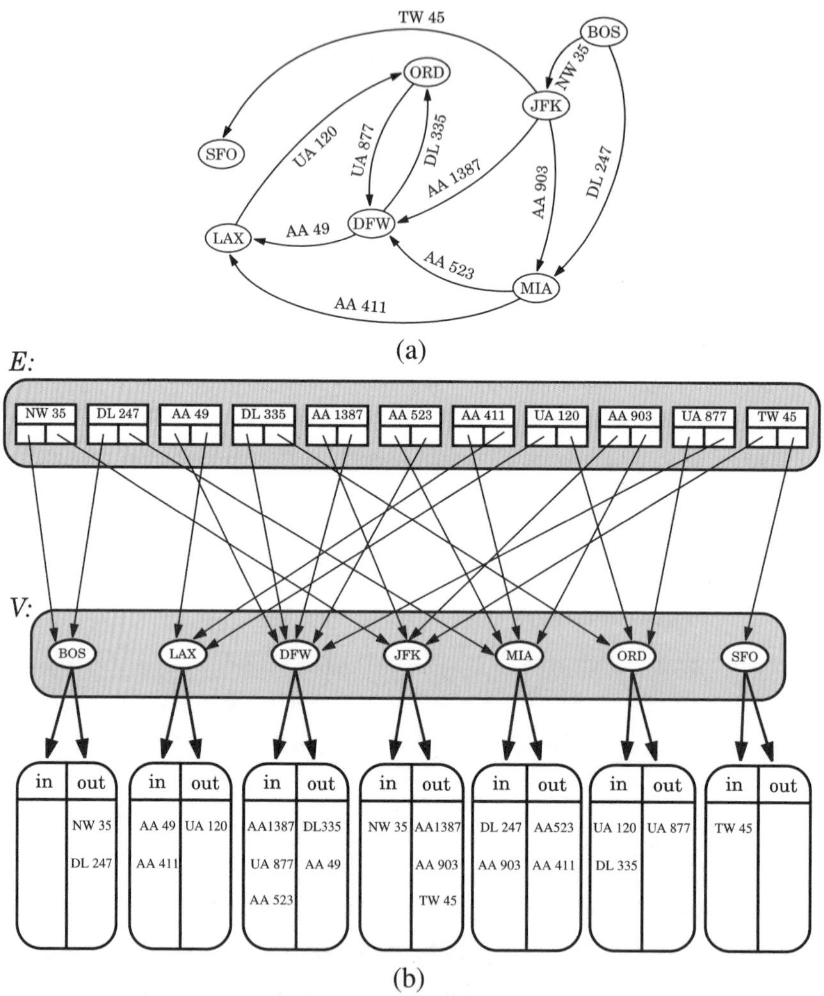

圖 6.4：**(a)** 有向圖 G；**(b)** G之鄰接串列結構的圖形表示。如圖 **6.3** 一般，我們使用名稱將容器的元素視覺化。我們也只顯示有向邊的連接容器，因為這個圖中沒有無向邊。

鄰接串列結構的效能比得上邊串列結構，同時它也改進了下列方法的執行時間：

- 傳回與某一頂點 v 相連的邊或與相鄰頂點之迭代器的方法，可在與其輸出的大小成正比的時間，亦即 $O(\deg(v))$ 內執行。
- 檢查 u 或 v 其中一個的連接容器，即可執行 areAdjacent (u, v)方法。選擇兩者中比較小的那一個，可得到 $O(\min\{\deg(u), \deg(v)\})$ 的執行時間。
- removeVertex (v)方法需要呼叫 incidentEdges (v)，以找出由於這項操作而必須移除的邊。隨後 $\deg(v)$ 個邊的移除，各花費 $O(1)$ 時間。

6.2.3 鄰接矩陣結構

圖的**鄰接矩陣**結構也使用額外的資訊來擴充邊結構，就像鄰接串列結構一樣。在這個例子中，我們使用矩陣 A (一個二維陣列) 來擴充邊串列結構，讓我們可以在常數時間內決定任何兩個頂點是否鄰接。我們即將看到，要達到這樣的加速，付出的代價便是資料結構的使用空間。

在鄰接矩陣表示法中，我們將頂點編號為 0、1、…、$n-1$，將邊視為這些整數形成的整數對。我們用一個 $n \times n$ 的陣列 A 來表示圖 G，如果邊 (i,j) 存在，則 $A[i,j]$ 儲存指向這個邊的參考。如果沒有 (i,j) 這個邊，則 $A[i,j]$ 是空值。

更明確地說，鄰接矩陣以下列方式擴充了邊串列結構：

- 頂點物件 v 也儲存了一個範圍在 0、1、…、$n-1$ 之間的獨特整數鍵值，稱為 v 的**索引 (index)**。為了簡化討論，擁有索引 i 的頂點可以簡稱為「頂點 i」。
- 我們保存一個 $n \times n$ 的二維陣列 A，若存在與頂點 i 和 j 相連的邊 e，則 $A[i,j]$ 儲存指向這個邊的參考。如果連接頂點 i 和 j 的邊為無向，則 $A[i,j]$ 和 $A[j,i]$ 中均儲存指向 e 的參考。如果沒有從頂點 i 到頂點 j 的邊，則 $A[i,j]$ 將參考到空物件 (或其他指示器，表示沒有與這一格關聯的邊)。

如果我們使用鄰接矩陣 A，即可在 $O(1)$ 時間內執行 areAdjacent (v, w) 方法。我們存取頂點 v 和 w，以決定它們個別的索引 i 和 j，然後測試 $A[i,j]$ 是否為空，而達到此一效能。然而，要達到這樣的效能，代價是空間使用量的增加 (現在已經是 $O(n^2)$)，以及其他方法的執行時間。例如 incidentEdges 和 adjacentVertices 方法需要檢查陣列 A 的一整列或一整行，花費的時間為 $O(n)$ 時間。鄰接串列結構在使用空間上比鄰接矩陣好，所有方法 (areAdjacent 方法除外) 的執行時間也比鄰接矩陣好。

從歷史上來看，鄰接矩陣是第一種使用於圖的表示法，其中鄰接矩陣被嚴格定義為：

$$A[i,j] = \begin{cases} 1 & \text{如果是 } (i,j) \text{ 一個邊} \\ 0 & \text{其他} \end{cases}$$

因此，鄰接矩陣很自然地具有引人入勝的數學結構 (例如無向圖有一個對稱的鄰接矩陣)。我們的鄰接矩陣定義將歷史觀點更新為物件導向結構。我們檢驗的大部分圖形演算法中，當其作用於以鄰接串列表示法儲存的圖時，執行起來最有效率。然而在某些情況下，必須進行取捨，端視圖中有多少個邊而定。

我們在圖 6.5 中說明鄰接矩陣的範例。

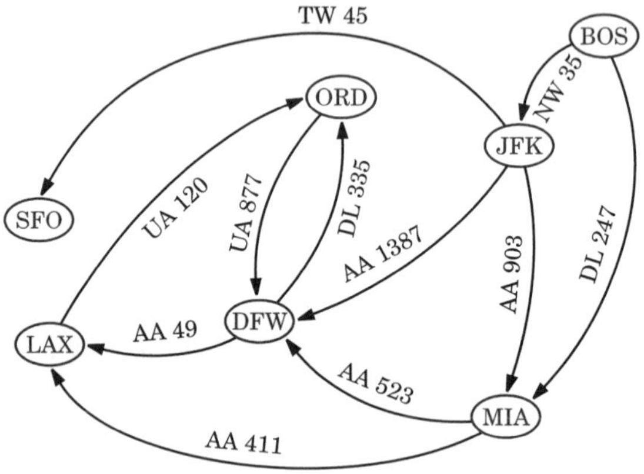

(a)

0	1	2	3	4	5	6
BOS	DFW	JFK	LAX	MIA	ORD	SFO

(b)

	0	1	2	3	4	5	6
0	Ø	Ø	NW 35	Ø	DL 247	Ø	Ø
1	Ø	Ø	Ø	AA 49	Ø	DL 335	Ø
2	Ø	AA 1387	Ø	Ø	AA 903	Ø	TW 45
3	Ø	Ø	Ø	Ø	Ø	UA 120	Ø
4	Ø	AA 523	Ø	AA 411	Ø	Ø	Ø
5	Ø	UA 877	Ø	Ø	Ø	Ø	Ø
6	Ø	Ø	Ø	Ø	Ø	Ø	Ø

(c)

圖 **6.5**：鄰接矩陣結構的圖形表示：**(a)** 有向圖 G；**(b)** 頂點的一種編號方式；**(c)** G 的鄰接矩陣 A。

6.3 圖形走訪

走訪是指檢查圖中所有頂點和邊，以探索該圖的一種系統化程序。例如，搜尋引擎的資料蒐集部分，亦即網頁 **spider** 或 **crawler**，必須檢查頂點 (文件) 和邊 (文件之間的超連結)，以探索由超文件構成的的圖。如果某種走訪方法拜訪所有的頂點和邊所花的時間，與它們的數目成正比 (也就是線性時間)，則它是有效率的。

6.3.1 深度優先搜尋

我們考慮的第一個走訪演算法是無向圖的**深度優先搜尋 (depth-first search，DFS)**。深度優先搜尋對於執行一些圖的計算很有用，包括尋找從一個頂點到另一個頂點的路徑、決定一個圖是否連通，以及計算連通圖的生成樹 (spanning tree)。

利用回溯技術走訪一個圖

無向圖 G 中的深度優先搜尋運用了**回溯 (backtracking)** 技術，相當於在迷宮中帶著細繩和一桶油漆漫遊，而不會迷路。我們從 G 中某個特定的啓始頂點 s 開始，把繩子的一端繫在 s，並將它著色成「已拜訪」。頂點 s 現在是「目前」的頂點 — 我們把目前的頂點稱爲 u。然後我們考慮與目前頂點 u 相連的 (任何) 邊 (u, v)。如果邊 (u, v) 帶領我們到一個已經拜訪過的頂點 v (亦即已著色)，我們立刻回溯到頂點 u。另一方面，如果 (u, v) 通往一個尚未拜訪過的頂點 v，則我們解開繩子，並走到頂點 v。然後我們將 v 塗成「已拜訪」，讓它成爲目前的頂點，並重複上面的計算。最後，我們會走到某個目前頂點 u，所有與 u 相連的邊均通往已經拜訪過的頂點，也就是「死巷」。因此，採取任何一條與 u 相連的邊都會讓我們回到 u。爲了打破僵局，我們把繩子捲起來，沿著帶領我們來到 u 的邊回溯到先前拜訪過的頂點 v。然後我們把 v 當做目前的頂點，並針對任何與 v 相連，且先前尚未查看過的邊重複上面的計算。如果所有與頂點 v 相連的邊均通往已經拜訪過的頂點，我們就再把繩子捲起來，並返回帶我們來到 v 的頂點，然後在該頂點重複整個程序。因此，我們繼續沿著到目前爲止我們追蹤的路徑回溯，直到我們找到的頂點還有尚未探索過的邊，此時我們採取這樣的一個邊，然後繼續走訪。當回溯過程帶我們回到啓始頂點 s，且與 s 相連的邊均已探索過時，這個程序才停止。這個簡單的程序以一種優美、系統化的

方式走訪 G 的邊 (參考圖 6.6)。

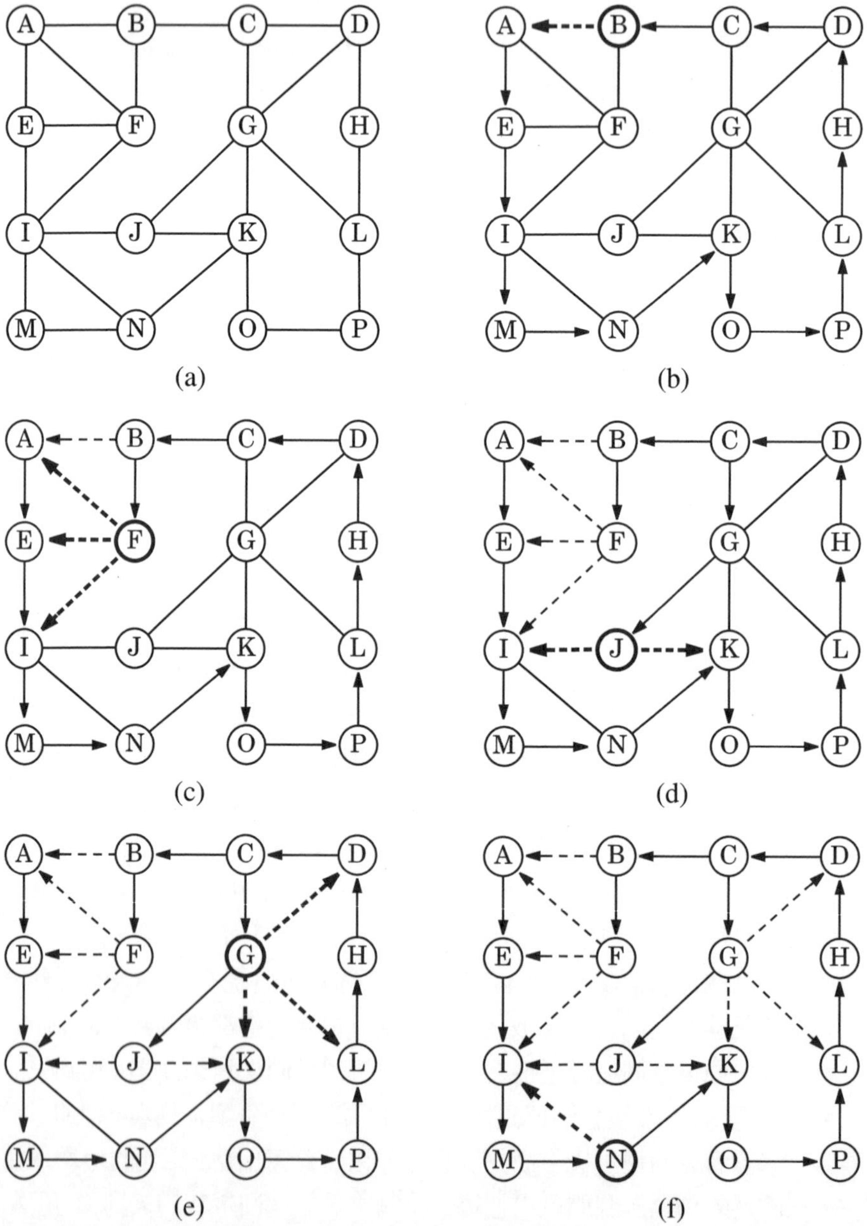

圖 6.6：在圖中進行深度優先走訪，從頂點 A 開始。發現邊以實線表示，返回邊以虛線表示。目前的頂點以粗線繪出：**(a)** 輸入的圖；**(b)** 從 A 開始的發現邊的路徑，直到遇見返回邊 (B, A)；**(c)** 到達 F，結果發現是死巷；**(d)** 回溯到 C 之後，從邊 (C, G) 開始，直到遇見另一條死巷 J；**(e)** 回溯到 G 之後；**(f)** 回溯到 N 之後。

將深度優先搜尋視覺化

我們可以將DFS走訪視覺化，方法是讓所有的邊指向它們在進行走訪時被探索的方向，並將邊區分爲發現新頂點的邊，稱爲**發現邊 (discovery edges)** 或**樹邊 (tree edges)**，以及通往已拜訪之頂點的邊，稱爲**返回邊 (back edges)** (參考圖 6.6f)。在上面的比喻中，發現邊就是當我們走訪時，解開繩子的邊，返回邊則是我們立即返回，而不解開繩子的邊。發現邊形成啓始頂點 s 之連通成分的生成樹，叫做 **DFS 樹 (DFS tree)**。我們把不在 DFS 樹中的邊稱爲「返回邊」，因爲這種邊會把樹中的頂點帶回它的祖先頂點。

遞迴式深度優先搜尋

從頂點 v 開始的DFS走訪，其虛擬碼是依照使用繩子和油漆來實行回溯技術的比喻。我們使用遞迴來實作這個方法。我們假設有一個 (類似塗漆的) 機制可以決定一個頂點或邊是否曾被拜訪過，而將邊標記爲發現邊或返回邊。遞迴式 DFS 的虛擬碼請參考演算法 6.7。

我們觀察深度優先搜尋演算法之後，可以得到一些結論，其中有很多是來自於 DFS 將無向圖 G 的邊分成兩群 — 發現邊和返回邊 — 的方式。例如，由於返回邊總是把頂點 v 連接到先前拜訪過的頂點 u，因此每一個返回邊均意味著 G 中的一個迴路，亦即將從 u 到 v 的發現邊加上返回邊 (u, v)。

下面的定理 6.12 指出深度優先搜尋走訪方法其他的一些重要性質。

Algorithm DFS(G, v):
  Input: A graph G and a vertex v of G
  Output: A labeling of the edges in the connected component of v as discovery edges and back edges

for all edges e in G.incidentEdges(v) **do**
  if edge e is unexplored **then**
    $w \leftarrow G$.opposite(v, e)
    if vertex w is unexplored **then**
      label e as a discovery edge
      recursively call DFS(G, w)
    else
      label e as a back edge

演算法 **6.7**：**DFS** 演算法的遞迴式描述。

定理 6.12： 令 G 爲一無向圖，並從頂點 s 開始執行 DFS 走訪，則該走訪會拜訪 s 之連通成分中的所有頂點，且其發現邊形成 s 之連通成分的生成樹。

證明：

爲了得到矛盾，假設在 s 的連通成分中至少有一個頂點 v 未被拜訪過。令 w 爲從 s 到 v 的某一路徑上第一個未被拜訪過的頂點 (有可能 $v = w$)。既然 w 是該路徑上第一個未被拜訪過的頂點，因此它有一個鄰居 u 已經被拜訪過。然而當我們拜訪 u 時，必定已經考慮過邊 (u, w)；故 w 沒有被拜訪過是不正確的。因此 s 的連通成分中不會有未被拜訪過的頂點。由於我們只有在到達尚未拜訪過的頂點時，才會標記這個邊，因此發現邊絕對不會形成迴路，也就是說發現邊會形成樹。此外，該樹爲生成樹，因爲深度優先搜尋會拜訪 s 的連通成分中的每一個頂點。 ■

請注意，在每一個頂點，DFS 都恰巧被呼叫一次，且每一個邊都恰巧被檢查兩次，分別從它的起點、終點各一次，令 m_s 代表頂點 s 之連通成分的邊數，如果下列條件滿足，則從 s 開始的 DFS，其執行時間爲 $O(m_s)$：

- 圖是由具有以下效能的資料結構來表示的：
  - incidentEdges (v)方法花費的時間爲 $O(\text{degree}(v))$
  - incidentEdges (v)傳回的 EdgeIterator，其 hasNext()和 nextEdge ()方法花費的時間爲 $O(1)$
  - opposite (v, e)方法花費的時間爲 $O(1)$。

  鄰接串列結構滿足這些性質，鄰接矩陣結構則否。

- 我們有一種方法，可以在 $O(1)$ 時間內將頂點和邊「標記」爲已拜訪，以及測試該頂點或邊是否被拜訪過。其中一種標記方法，是將實作頂點與邊的節點位置的功能擴充，使它包含 visited 旗標。另一種方法是使用 6.5 節討論的裝飾設計模式。

定理 6.13： 令 G 爲一有 n 個頂點和 m 個邊，且使用鄰接串列表示的圖。G 的 DFS 走訪可在 $O(n+m)$ 時間內執行。以下的問題也存在以 DFS 爲基礎，且執行時間爲 $O(n+m)$ 的演算法：

- 測試 G 是否連通
- 計算 G 的生成森林
- 計算 G 的連通成分
- 計算 G 中兩頂點之間的路徑，或回報此路徑不存在
- 計算 G 中的一個迴路，或回報 G 沒有迴路

我們將在幾則習題中探討此定理的證明細節。

6.3.2 雙連通成分

假設 G 爲一連通圖，G 的**分隔邊 (separation edge)** 是指如果被移除，G 便不再連通的邊。G 的**分隔頂點 (separation vertex)** 是指如果被移除，則 G 便不再連通的頂點。分隔邊與分離點對應於網路中故障的點。因此我們希望把它們找出來。如果連通圖 G 中的任何兩個頂點 u 和 v 之間，都有兩條不相交的路徑，也就是說這兩條路徑除了 u 和 v 以外沒有共同的頂邊或點，則 G 爲**雙連通 (biconnected)**。G 的**雙連通成分 (biconnected component)** 是一個滿足下列條件的子圖 (參考圖 6.8)：

- 它是 G 的雙連通子圖，加入 G 中任何額外的頂點或邊，將迫始它不再是雙連通。
- G 中單一的邊，由分隔邊及其端點構成。

如果 G 爲雙連通，則它有一個雙連通成分：G 本身。另一方面，如果 G 沒有迴路，則 G 的每一邊都是雙連通成分。雙連通成分在電腦網路中很重要，其中的頂點代表路由器，邊則代表連線。因爲在雙連通成分中，如果一部路由器故障了，仍然可以使用其餘的路由器，在該雙連通成分中傳遞訊息。

如以下的引理所述，雙連通性等價於不存在分隔頂點與分隔邊，其証明留下來做爲習題 (C-6.5)。

引理 6.14： 令 G 爲一連通圖，則以下陳述爲等價：

1. G 爲雙連通。
2. G 中的任何兩個頂點均存在一個包含它們的簡單迴路。
3. G 沒有分隔頂點或分隔邊。

等價類和其連結關係

當我們有一群物件的群集 C 時，對於 C 中的任何一對 x 和 y，可以定義一個布林關係 $R(x,y)$。也就是說，對於 C 中的每一個 x 和 y，$R(x,y)$ 均有定義，非對即錯。如果關係 R 具有下列性質，則爲一等價關係：

- **反身性：** 對於 C 中的每一個 x，$R(x,x)$ 爲眞。
- **對稱性：** 對於 C 中的每一對 x 和 y，$R(x,y) = R(y,x)$。
- **遞移性：** 對於 C 中的每一個 x、y 和 z，若 $R(x,y)$ 爲眞，且 $R(y,z)$ 爲

眞，則$R(x,z)$爲眞。

例如，在任何數目的集合中，一般的「等號」(=) 是一個等價關係。C中任何物件x的**等價類 (equivalence class)** 是指所有滿足$R(x,y)$爲眞的物件y組成的集合。請注意，集合C的任何等價關係R都可以將C分割成互斥的子集合，這些子集合是由C中等價類的物件組成的。

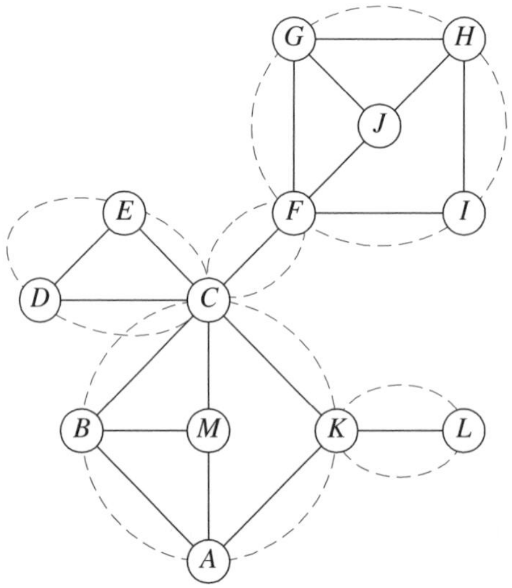

圖 6.8：以虛線圈起來的雙連通成分。C、F和K為分隔頂點；(C,F)和(K,L)為分隔邊。

我們可以在圖G的邊上定義有趣的**連結關係 (link relation)**。對於G中的兩個邊e和f，如果$e = f$，或G中有一個包含e和f的簡單迴路，則我們說e和f是**連結 (linked)** 的。以下的引理說明連結關係的重要性質。

引理 6.15： 令G爲一連通圖。則，

1. 連結關係在G的邊上形成一等價關係。
2. G中的雙連通成分是由連結邊的等價類導出的子圖。
3. 邊e爲G中的分隔邊，其充分必要條件爲e形成含有單一元素的連結邊等價類。
4. 頂點v爲G中的分隔頂點，其充分必要條件爲與v相連的邊至少分別屬於兩個不同的連結邊等價類。

證明：

連結關係顯然具有反身性與對稱性。爲証明遞移性，假設邊f與g具有連結關係，且邊g與h具有連結關係。如果$f = g$或$g = h$，則$f = h$，或

存在一個包含f和h的簡單迴路；因此f與h具有連結關係。假設f、g和h均不相同，這表示有一個穿過f和g的簡單迴路C_{fg}，也有一個穿過g和h的簡單迴路C_{gh}。現在考慮將迴路C_{fg}和C_{gh}取聯集而形成的圖。儘管這個圖本身可能不是簡單迴路，但它包含一個穿過f和h的簡單迴路，故f與h具有連結關係。

因此連結關係是一種等價關係。連結關係的等價類與G的雙連通成分之間的對應，是引理 6.14 的一個結果。■

利用連結關係，以 DFS 計算雙連通成分

根據引理 6.15，既然G的邊上中的連結關係，其等價類與G中的雙連通成分相同。因此，要連構G的雙連通成分，只需要計算G的邊上之連結關係的等價類。爲了進行這項計算，讓我們從G的 DFS 走訪開始，並按照以下的方式建構**輔助圖 (auxiliary graph)** B (參考圖 6.9)：

- B的頂點代表G的邊。
- 對於G的每一個返回邊e，令f_1、…、f_k爲G的發現邊，使其與e形成一迴路，圖B包含邊$(e, f_1), \cdots, (e, f_k)$。

由於有$m-n+1$個返回邊，每一返回邊導出的迴路最多有$O(n)$邊，故圖B最多有$O(nm)$個邊。

一個 $O(nm)$ 時間的演算法

從圖 6.9 中可看出，B中的每一個連通成分似乎均對應圖G之連結關係中的一個等價類。畢竟，對於每一個返回邊e，我們會在B中加入一個邊(e, f)，其中的返回邊是在由e與 DFS 生成樹所導出，且包含f的迴路上找到的。

下面的引理在圖B與「G中的成分在連結關係中的等價類」之間，建立了強烈的關係，其証明留下來做爲習題 (C-6.7)。爲了簡明起見，我們把連結關係中的等價類稱爲G的**連結成分 (link components)**。

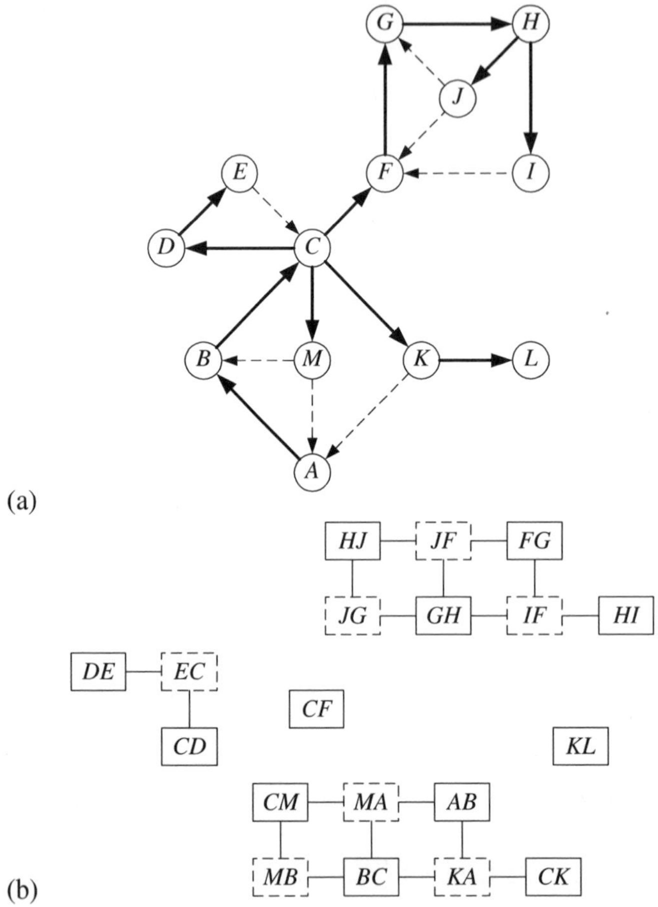

圖 **6.9**：用來計算連結成分的輔助圖：**(a)** 已執行 DFS 走訪的圖 G **(**返回邊以虛線表示**)**。**(b)** G 的輔助圖及其 DFS 走訪。

引理 6.16： 輔助圖 B 的連通成分對應於導出圖 B 之圖 G 中的連結成分。

引理 6.16 產生了下面的演算法，對於一個具有 n 個頂點和 m 個邊的圖，這些演算法均可在 $O(nm)$ 時間內計算 G 的所有連結成分：

1. 在 G 上進行 DFS 走訪 T。
2. 找出 G 中每一個由 T 之返回邊導出的迴路，以計算輔助圖 B。
3. 在輔助圖 B 上執行 DFS 走訪，以計算 B 的連通成分。
4. 對於 B 的每一個連通成分，輸出 B 的點 (即 G 的邊)，做為 G 的連結成分。

我們找出 G 中的連結成分之後，就可以在線性時間內決定 G 的雙連通成分、分隔頂點和分隔邊。換句話說，G 的邊根據連結關係被分割成等價類之後，只要使用引理 6.15 中列出的簡單規則，即可在 $O(n+m)$ 時間內找出圖 G 的雙連通成分、分隔頂點和分隔邊。不幸的是，建構圖 B 可能需要花費 $O(nm)$ 時間；因此這個演算法的計算瓶頸在於 B 的建構。

但請注意，要找出 B 的連通成分，事實上並不需要整個輔助圖 B。我們只需要找出 B 中的連通成分。因此，如果我們只計算 B 中每一個連通成分的生成樹 (亦即 B 的生成森林)，其實就夠了。由於 B 的生成森林中的連通成分與圖 B 本身一樣，事實上我們並不需要 B 中所有的邊 — 只要足以建構出 B 的生成森林即可。

因此，讓我們專注於如何應用此一更有效率的生成森林方法，以計算 G 的邊在連結關係中的等價類。

線性時間演算法

如同以上所述，我們可以使用比較小的輔助圖 (就是 B 的生成森林)，將計算 G 之連結成分的時間縮短為 $O(m)$。此演算法描述於演算法 6.10。

Algorithm LinkComponents(G):
  Input: A connected graph G
  Output: The link components of G

Let F be an initially empty auxiliary graph.
Perform a DFS traversal of G starting at an arbitrary vertex s.
Add each DFS discovery edge f as a vertex in F and mark f "unlinked."
For each vertex v of G, let $p(v)$ be the parent of v in the DFS spanning tree.
for each vertex v, in increasing rank order as visited in the DFS traversal **do**
  for each back edge $e = (u, v)$ with destination v **do**
    Add e as a vertex of the graph F.
    {March up from u to s adding edges to F only as necessary.}
    while $u \neq s$ **do**
      Let f be the vertex in F corresponding to the discovery edge $(u, p(u))$.
      Add the edge (e, f) to F.
      if f is marked "unlinked" **then**
        Mark f as "linked."
        $u \leftarrow p(u)$
      else
        $u \leftarrow s$ {shortcut to the end of the while loop}
Compute the connected components of the graph F.

演算法 **6.10**：計算連結成分的線性時間演算法，注意 F 中由個別「未連結」的頂點組成的連通成分對應於分隔邊 (在連結關係中，只與自己有關)。

讓我們分析演算法 6.10 中 LinkComponents 的執行時間。一開始在 G 上進行的 DFS 走訪要花費 $O(m)$ 時間，然而主要的計算乃是建立輔助圖 F，所花費的時間與 F 的頂點數和邊數成正比。注意在演算法執行期間的某一個時刻，G 的每一個邊會被加入 F 中做為頂點。我們使用記帳付費的方式來處理 F 的邊，也就是說，每當邊 (e, f) (從剛遇到的返回邊 e 到發現邊 F) 被加入 F 時，如果 f 被標記為「未連結」，那麼運算的花費就歸 f 所有，否則歸 e 所有。從內部 while 迴圈的構造，我們發現：如果使用這個策略，當演算法執行時，對於 F 的每一個頂點，我們最多只會記錄一次它的花費。因此我們推論 F 的建構需要 $O(m)$ 時間。最後，計算 F 的連通成分 (對應於 G 的連結成分) 需要 $O(m)$ 時間。

上面這個演算法的正確性，來自於下面的事實，亦即 LinkComponents 中的圖 F 乃是引理 6.16 中提到的 B 的生成森林。志於細節部分，請參考習題 C-6.8。因此我們用下面的定理來總結，並於圖 6.11 中舉出一個 LinkComponents 的範例。

定理 6.17： 已知一個有 m 個邊的連通圖 G，我們可以在 $O(m)$ 時間內計算 G 的雙連通成分、分隔頂點和分隔邊。

6.3.3 廣度優先搜尋

在本節中，我們考慮**廣度優先搜尋 (breadth-first search，BFS)** 走訪演算法。BFS 如同 DFS 一般，會走訪一個圖的連通成分，同時定義出一個有用的生成樹，但 BFS 不像 DFS 那樣「冒險」。BFS 並不在圖中漫遊，而是按照回合進行，並將頂點分為不同的**層 (levels)**。我們也可以把 BFS 想像成使用細線與油漆進行走訪，只是 BFS 解開繩子的方式比較「保守」。

BFS 從某一已知的頂點 s 開始，這個頂點位於第 0 層，且指定了線的「下錨點」。在第一回合，我們解開長度為一個邊的繩子，並拜訪可以到達的所有頂點，但不再解開更長的繩子。在這個例子中，我們拜訪與啓始頂點 s 相鄰的頂點，並將它們塗成「已拜訪」— 這些頂點將放在第一層。在第二回合，我們解開長度為兩個邊的繩子，並拜訪可以到達的所有頂點，但不再解開更長的繩子。這些新頂點與第一層頂點相鄰，且先前未被指定為任何一層，它們會被放在第二層，依此類推。當所有的頂點都已拜訪過時，BFS 走訪便停止。

從頂點 s 開始的 BFS 走訪，其虛擬碼示於演算法 6.12，我們使用輔助空間來標示每一個邊、標記已拜訪過的頂點，並儲存與各層有關的容器，也就是說，L_0、L_1、L_2 分別儲存第 0 層、第 1 層、第 2 層的節點，依此類推。這些容器可以實作爲佇列。這樣一來，BFS 即可採用非遞迴的形式。在圖 6.13 當中解釋 BFS 走訪。

BFS 走訪的優點之一，就是在進行走訪時，我們可以把每一個頂點標上從啓始頂點 s 到該頂點之最短路徑的距離 (以邊數表示)。更明確地說，如果從頂點 s 開始的 BFS 走訪將頂點 v 放在第 i 層，那麼從 s 到 v 的的最短路徑長度爲 i。

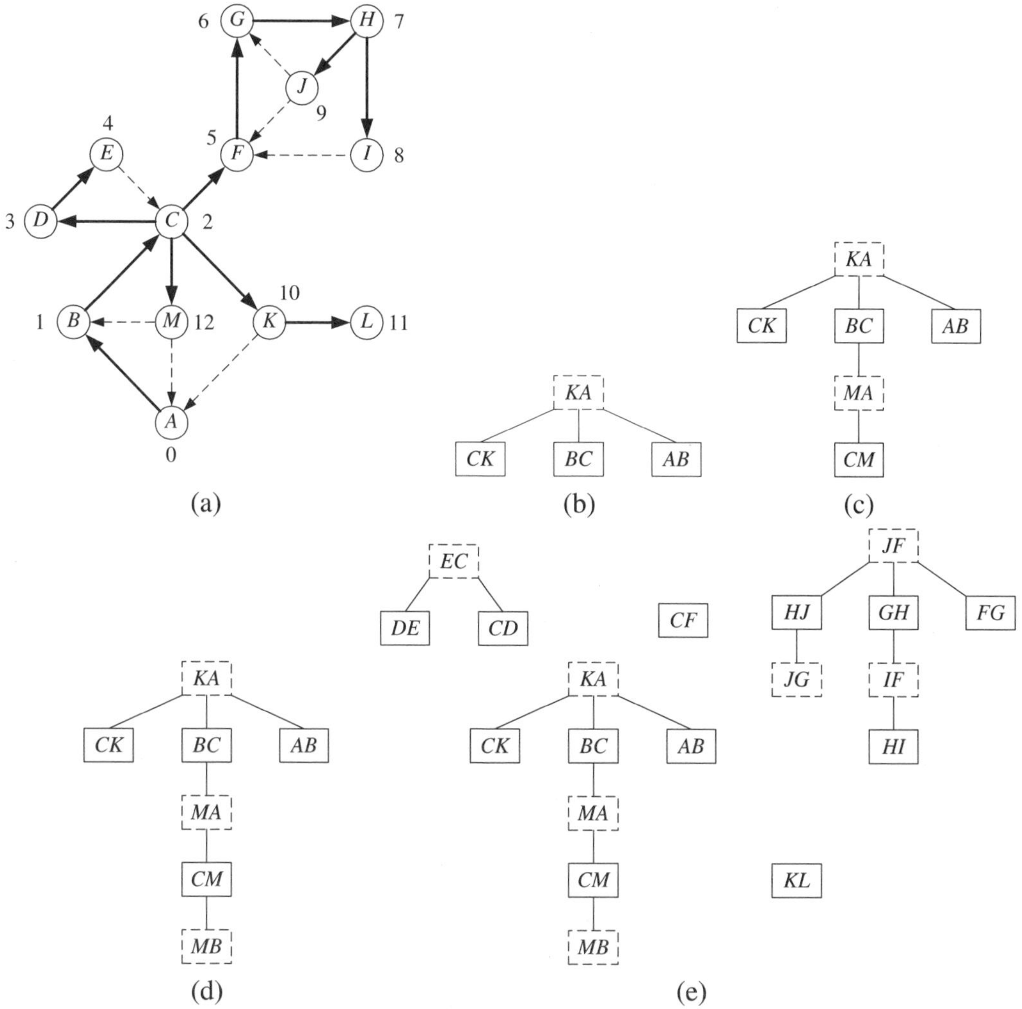

圖 6.11：演算法 LinkComponents (演算法 6.10) 的執行範例：**(a)** 進行 DFS 走訪之後的輸入圖 G (我們以拜訪的順序標示各頂點，返回邊以虛線繪出)；進行處理之後的輔助圖 F **(b)** 返回邊 (K, A)，**(c)** 返回邊 (M, A)，以及 **(d)** 返回邊 (M, B)；**(e)** 演算法結束時的圖 F。

```
Algorithm BFS(G, s):
   Input: A graph G and a vertex s of G
   Output: A labeling of the edges in the connected component of s as discovery
      edges and cross edges
   create an empty container L_0
   insert s into L_0
   i ← 0
   while L_i is not empty do
      create an empty container L_{i+1}
      for each vertex v in L_i do
         for all edges e in G.incidentEdges(v) do
            if edge e is unexplored then
               let w be the other endpoint of e
               if vertex w is unexplored then
                  label e as a discovery edge
                  insert w into L_{i+1}
               else
                  label e as a cross edge
      i ← i + 1
```

演算法 **6.12**：圖的 **BFS** 走訪。

如同 DFS 一般，BFS 走訪也可以視覺化，方法是讓所有的邊指向它們在進行走訪時被探索的方向，並將邊區分爲發現新頂點的邊，稱爲**發現邊 (discovery edges)**，以及通往已拜訪之頂點的邊，稱爲**交錯邊 (cross edges)** (參考圖 6.13f)。如同 DFS 一般，發現邊會形成生成樹，稱爲 **BFS 樹 (BFS tree)**。然而，在這個例子中，我們沒有將非樹邊稱爲返回邊，因爲這些邊並沒有將頂點連接到它的祖先頂點。每一個非樹邊都會將頂點 v 連接到另一個頂點，這個頂點既不是 v 的祖先節點，也不是 v 的後代節點的節點。

BFS 走訪演算法有一些有趣的性質，其中的一部份陳述於下面的定理。

定理 6.18： 令 G 爲一無向圖，並已從頂點 s 開始執行了 BFS 走訪。則：
該走訪會拜訪過 s 的連通成分中的所有頂點。

- 發現邊形成 s 之連通成分的生成樹 T。
- 對於第 i 層的每一個頂點 v，樹 T 上在 s 與 v 之間的路徑恰有 i 個邊，且 G 中 s 與 v 之間的任何其他路徑至少有 i 個邊。
- 若 (u, v) 爲一交錯邊，則 u 與 v 最多相差 1 層。

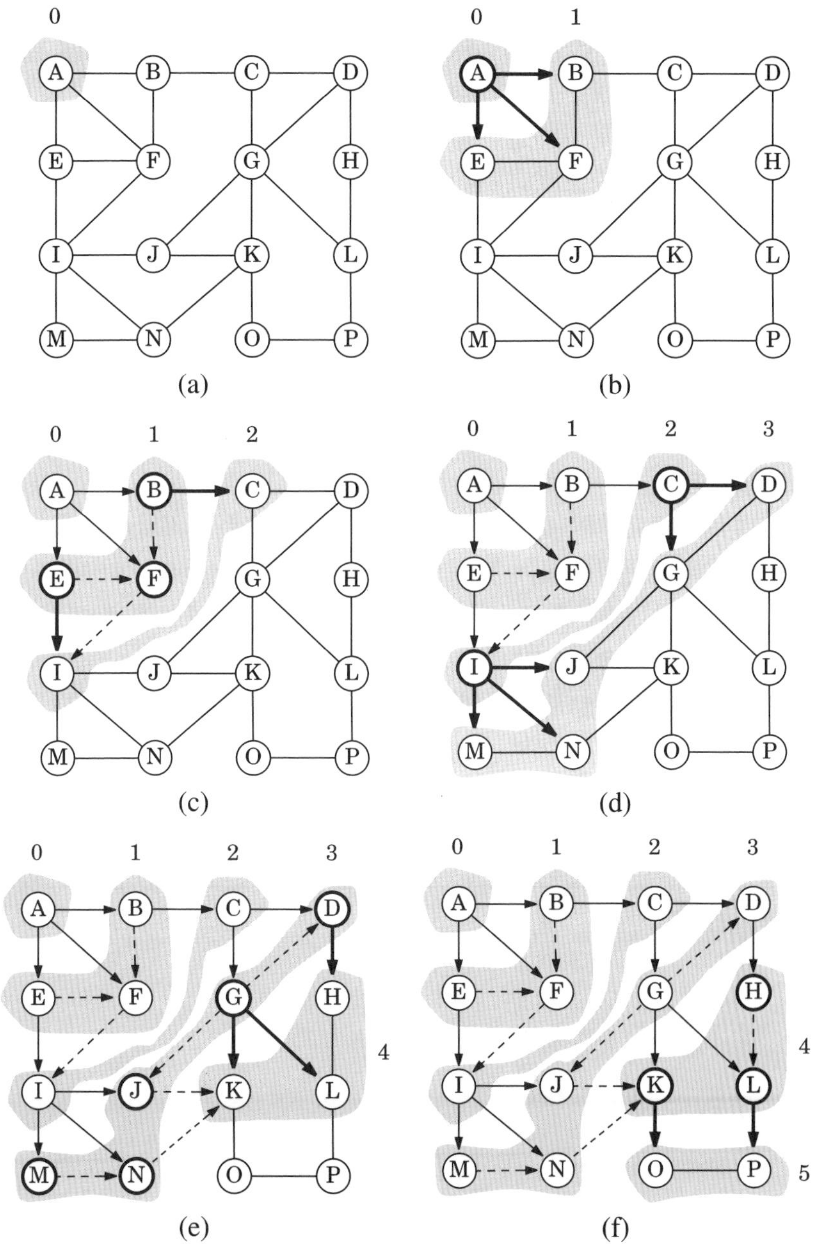

圖 **6.13**：廣度優先搜尋走訪的範例，我們按照相鄰頂點的字母順序逐一探索與各頂點相連的邊。發現邊以實線顯示，交錯邊以虛線顯示：**(a)** 走訪前的圖；**(b)** 第 1 層的發現；**(c)** 第 2 層的發現；**(d)** 第 3 層的發現；**(e)** 第 4 層的發現；**(f)** 第 5 層的發現。

我們把這個定理的証明留下來做為習題 (C-6.20)，BFS 執行時間的分析與 DFS 類似。

定理 6.19: 令 G 為一具有 n 個頂點和 m 個邊，且使用接鄰矩陣結構表示的圖。G 的 BFS 走訪要花費 $O(n+m)$ 時間。而且以下的問題存在以 BFS 為基礎，且執行時間為 $O(n+m)$ 的演算法：

- 測試 G 是否連通
- 計算 G 的生成樹
- 計算 G 的連通成分
- 已知 G 的啓始頂點 s，針對 G 的每一個頂點 v，計算 s 和 v 之間邊數最少的路徑，或回報此路徑不存在。
- 計算 G 中的迴路，或回報 G 中沒有迴路。

BFS 與 DFS 的比較

根據定理 6.19，我們宣稱 DFS 走訪可以執行的任何工作，BFS 走訪也辦得到。然而這兩種方法之間有一些有趣的差別，事實上，兩者各自有一些任務可以比另一個做得更好。BFS 走訪比較擅長尋找圖中的最短路徑 (其中距離是以邊的數目來計算的)。它也會產生一棵生成樹，其中所有的非樹邊均為交錯邊。DFS走訪則比較擅長回答複雜的連通性問題，例如決定圖中的每一對頂點是否都可以由兩條不相交的路徑連接在一起。同樣地，它也會產生一棵生成樹，其中所有的非樹邊均為返回邊。然而這些性質只對無向圖成立。不過，當我們在下一節中探討時，會發現有向 DFS 和 BFS 的一些有趣的性質。

6.4 有向圖

在本節中，我們考慮有向圖特有的問題。回想一下，所謂的有向圖，又稱為 **digraph**) 是指每一個邊都具有方向的圖。

可到達性

有向圖的基本課題乃是**可到達性 (reachability)** 的概念，亦即決定在有向圖中我們可以到達什麼地方。舉例來說，在一個具有單向連線 (例如衛星連線) 的電腦網路中，瞭解我們是否能夠從網路中的任何節點到達其他所有節點，是非常重要的。有向圖的走訪總是沿著有向路徑，也就是說，我們會沿著路徑中每一個邊各自的方向進行走訪。已知有向圖 DG 的頂點 u 和 v，如果 DG 中有一條從 u 到 v 的有向路徑，我們就說從 u **到達 (reaches)** v [且 v 從 u **可到達 (reachable)**]。如果從頂點 v 可到達邊 (w,z) 的起點 w，我

們也說從 v 可到達邊 (w, z)。

對於有向圖 $\overline{G}$ 的任何兩個頂點 u 和 v，如果從 u 可到達 v，從 v 也可到達 u，則稱 $\overline{G}$ 為**強連通 (strongly connected)**。$\overline{G}$ 的**有向迴路 (directed cycle)** 是指所有的邊均遵循其各自的方向走訪的迴路 (注意 $\overline{G}$ 可能包含由兩個邊組成的迴路，這兩個邊位於同一對頂點之間，且方向相反)。如果有向圖 $\overline{G}$ 不含有向迴路，則為**無迴路 (acyclic)** (參考圖 6.14)。

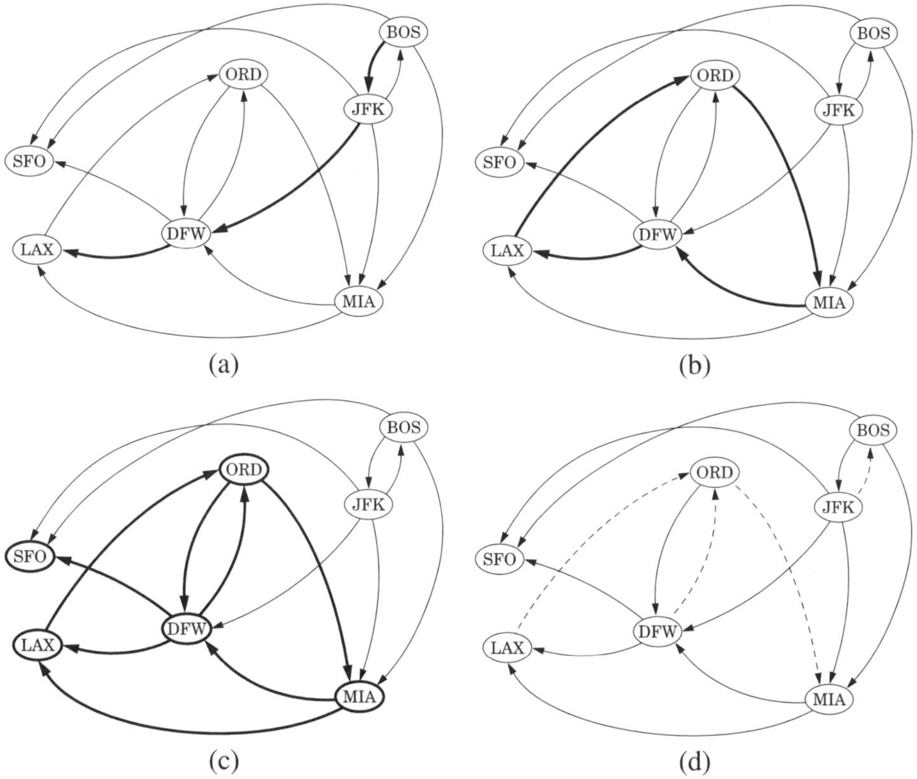

圖 **6.14**：有向圖中可到達性的範例：**(a)** 從 BOS 到 LAX 的有向路徑以粗線繪出 **(b)** 有向迴路 (ORD, MIA, DFW, LAX, ORD) 以粗線繪出，其頂點形成一個強連通子圖 **(c)** 從 ORD 可到達的頂點和邊形成的子圖，以粗線表示 **(d)** 將虛線邊移除，即可產生一個無迴路有向圖。

有向圖 $\overline{G}$ 的**遞移性閉包 (transitive closure)** 是另一個有向圖 $\overline{G}^*$，其頂點與 $\overline{G}$ 相同，且只要 $\overline{G}$ 中有一條從 u 到 v 的路徑，$\overline{G}^*$ 就有 (u, v) 這個邊。也就是說，我們從有向圖 $\overline{G}$ 開始，對於圖中的任何兩個頂點 u 和 v，如果從 u 可到達 v，且 $\overline{G}$ 中目前還沒有 (u, v) 這個邊，就加入一個額外的邊 (u, v)，這樣產生的有向圖，我們定義為 $\overline{G}^*$。

討論有向圖 $\overline{G}$ 中可到達性的有趣問題包括：

- 已知頂點 u 和 v，決定 u 是否可到達 v。
- 找出 $\overline{G}$ 中可從已知頂點 s 到達的所有頂點。
- 決定 $\overline{G}$ 是否爲強連通。
- 找定 $\overline{G}$ 是否爲無迴路。
- 計算 $\overline{G}$ 的遞移性閉包 $\overline{G}^*$。

本節的其餘部分將探討可以解決這些問題的一些有效的演算法。

6.4.1 走訪有向圖

如同無向圖一般，我們也可以利用類似先前爲無向圖定義的深度優先搜尋 (DFS) 和廣度優先搜尋 (6.3.1 節和 6.3.3 節) 方法，以系統化的方式探索有向圖。這樣的走訪可以回答可到達性的問題。我們在本節中所發展，用來執行這種探索的有向深度優先搜尋和廣度優先搜尋與無向圖 DFS 或 BFS 非常類似。事實上，唯一的眞正差異在於有向深度優先搜尋和廣度優先搜尋只會沿著每一個邊各自的方向走訪。

從頂點 v 開始的 DFS 有向版本，示範於圖 6.15 中。

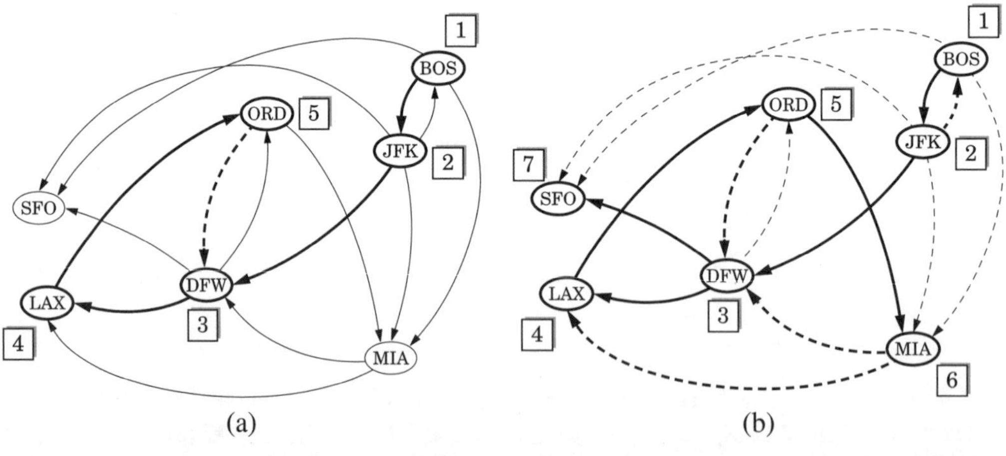

圖 6.15：有向圖 DFS 的範例：**(a)** 中間步驟，其中我們第一次到達一個先前已拜訪的頂點 (DFW)；**(b)** 完成的 DFS。發現邊以粗實線顯示，返回邊以粗虛線顯示，前向邊和交錯邊以細虛線顯示。頂點旁邊的標籤指示各頂點被拜訪的順序。(DRD, DFW) 為返回邊，但 (DFW, ORD) 為前向邊。(BOS, SFO) 為前向邊，(SFO, LAX)則為交錯邊。

有向圖 $\vec{G}$ 上的有向 DFS 把 $\vec{G}$ 中可從啓始頂點到達的邊區分爲帶領我們發現新頂點的發現邊或樹邊，以及帶我們到先前已拜訪之頂點的非樹邊。發現邊形成一棵以啓始頂點爲根節點的樹，稱爲**有向 DFS 樹 (directed DFS tree)**。另外，非樹邊也可以區分爲三種 (參考圖 6.15b)：

- **返回邊 (back edges)**：將頂點連接到 DFS 樹中的祖先頂點。
- **前向邊 (forward edges)**：將頂點連接到 DFS 樹中的後代頂點。
- **交錯邊 (cross edges)**：將頂點連接到一個既不是祖先頂點，也不是後代頂點的頂點。

定理 6.20： 令 $\vec{G}$ 爲一有向圖。從節點 s 開始，在 $\vec{G}$ 上進行的深度優先搜尋會拜訪 $\vec{G}$ 中從 s 可以到達的所有節點。DFS 樹也包含從 s 到每一個從 s 可以到達之頂點的有向路徑。

證明：

令 V_s 爲從頂點 s 點開始的 DFS 所拜訪之頂點的子集。我們想要証明 V_s 包含 s 和從 s 可以到達的每一個頂點。爲了得到矛盾，我們假設有一個頂點 w 從 s 可以到達，卻不在 V_s 內。考慮從 s 到 w 的有向路徑，並令 (u, v) 爲此種路徑上第一個帶我們離開 V_s 的邊，亦即 u 在 V_s 內，但 v 不在 V_s 內。然而當 DFS 到達 u 時，會探索 u 的每一個射出邊，因此一定也會經由 (u, v) 邊到達 v。故 v 應該在 V_s 內，所以產生矛盾。因此，V_s 必定包含從 s 可以到達的所有頂點。 ■

有向 DFS 方法的執行時間分析與無向 DFS 類似。每一個頂點恰好都進行遞迴呼叫，每一個邊也恰好 (沿著它的方向) 被走訪一次。因此，如果我們以鄰接串列來表示有向圖，且從頂點 s 可到達的子圖有 n_s 個頂點和 m_s 邊，則從 s 開始的有向 DFS 可在 $O(n_s + m_s)$ 時間?執行。

根據定理 6.20，我們可以利用 DFS 找出從一已知頂點可以到達的所有頂點，因此也可以找出 $\vec{G}$ 的遞移性閉包。也就是說，我們可以從 $\vec{G}$ 的每一個頂點 v 開始執行 DFS，看看有哪些頂點 w 可以從 v 到達，然後針對每一個這樣的頂點，將 (v, w) 這個邊加入遞移性閉包。同樣地，輪流從有向圖 $\vec{G}$ 的每一個頂點開始，重複進行 DFS 走訪，即可很容易地測試 $\vec{G}$ 是否爲強連通。因此，如果每一次 DFS 都能拜訪到 $\vec{G}$ 的所有頂點，則 $\vec{G}$ 爲強連通。

定理 6.21： 令 $\vec{G}$ 爲一具有 n 個頂點和 m 個邊的有向圖。下面的問題可使用執行時間爲 $O(n(n+m))$ 的演算法來解決：

- 針對 $\vec{G}$ 的每一個頂點 v，計算從 v 可到達的子圖
- 測試 $\vec{G}$ 是否爲強連通
- 計算 $\vec{G}$ 的遞移性閉包 $\vec{G}^*$。

強連通的測試

事實上，只使用兩次深度優先搜尋，就可以決定一個有向圖 $\vec{G}$ 是否爲強連通，所需的時間遠比 $O(n(n+m))$ 要少。

我們從任何一個頂點 s 開始執行有向圖 $\vec{G}$ 的 DFS 走訪。如果 $\vec{G}$ 中有任何頂點無法被此 DFS 拜訪到，亦即從 s 無法到達，該圖就不是強連通。因此，如果第一次的 DFS 拜訪了 $\vec{G}$ 的每一個頂點，我們就把 $\vec{G}$ 中所有的邊反向 (使用 reverseDirection 方法)，然後在這個「反向」圖中，從 s 開始再執行另一次 DFS。如果第二次的 DFS 也拜訪了 $\vec{G}$ 的每一個頂點，則該圖爲強連通，因爲第二次 DFS 拜訪的每一個頂點都可以到達 s。由於這個演算法只使用了兩次 $\vec{G}$ 的 DFS 走訪，故可在 $O(n+m)$ 時間內執行。

有向廣度優先搜尋

如同 DFS 一般，我們也可以擴充廣度優先搜尋 (BFS)，以處理有向圖。新的演算仍然一層一層地拜訪頂點，同時把邊的集合分割成**樹邊** (或**發現邊**) 和**非樹邊**。所有的樹邊形成以啓始節點爲根節點的有向廣度優先搜尋樹。然而在有向 BFS 方法中，只剩下兩種非樹邊，此點與有向 DFS 方法不同：

- **返回邊**：將頂點連接到某一個祖先頂點，以及
- **交錯邊**：將頂點連接到一個既不是祖先頂點，也不是後代頂點的頂點。

這裡沒有前向邊，我們將在習題 (C-6.14) 中探討這個事實。

6.4.2 遞移性閉包

在本節中，我們探討另一種計算有向圖的遞移性閉包的技術。也就是說，我們描述一種方法，可以直接決定有向圖中符合「從 v 可到達 w」這個條件的所有頂點對 (v, w)。這樣的訊息對電腦網路而言很有用，因爲它使我們可以馬上知道能不能從節點 v 傳送訊息到節點 w，或者對該訊息而言，指出「你不能從那裡到達這裡」是否合適。

假設 $\vec{G}$ 是一個具有 n 個頂點和 m 個邊的有向圖，我們在一連串的回合中計算 $\vec{G}$ 的遞移性閉包。一開始的時候，令 $\vec{G}_0 = \vec{G}$。我們也把 $\vec{G}$ 的頂點任意編號爲

$$v_1、v_2、\cdots、v_n$$

然後我們開始進行各回合的計算，從第 1 回合開始。在一般性的第 k 個回合，我們從 $\vec{G}_k = \vec{G}_{k-1}$ 開始建造有向圖 $\vec{G}_k$，如果有向圖 $\vec{G}_{k-1}$ 包含 (v_i, v_k) 和 (v_k, v_j) 這兩個邊，我們就把有向邊 (v_i, v_j) 加入 $\vec{G}_k$。這樣一來，我們就執行了一個簡單的規則，如下面的引理所包含。

引理 6.22： 對於 i = 1、…，有向圖 $\vec{G}_k$ 具有有向邊 (v_i, v_j) 的充分必要條件爲有向圖 $\vec{G}$ 中有一條從 v_i 到 v_j 的有向路徑，其中間頂點在集合 $\{v_1$、…、$v_k\}$ 內。更特別的是，$\vec{G}_n$ 等於 $\vec{G}^*$，也就是 $\vec{G}$ 的遞移性閉包。

這個引理暗示我們利用一個簡單的**動態規劃 (dynamic programming)** 演算法 (5.3 節) (稱爲 **Floyd-Warshall 演算法**) 來計算 DG 的遞移性閉包。這個方法的虛擬碼在演算法 6.16 中列出。

Floyd-Warshall 演算法的執行時間很容易分析。主迴圈執行 n 次，內迴圈逐一考慮 $O(n^2)$ 對頂點，每一對頂點均執行一常數時間的計算。如果我們使用的資料結構 (例如鄰接矩陣結構) 可以在 $O(1)$ 時間內支援 areAdjacent 和 insertDirectedEdge 方法，則總執行時間爲 $O(n^3)$。

Algorithm FloydWarshall($\vec{G}$):
  Input: A digraph $\vec{G}$ with n vertices
  Output: The transitive closure $\vec{G}^*$ of $\vec{G}$

```
let v_1, v_2, ..., v_n be an arbitrary numbering of the vertices of G⃗
G⃗_0 ← G⃗
for k ← 1 to n do
   G⃗_k ← G⃗_{k−1}
   for i ← 1 to n, i ≠ k do
      for j ← 1 to n, j ≠ i,k do
         if both edges (v_i, v_k) and (v_k, v_j) are in G⃗_{k−1} then
            if G⃗_k does not contain directed edge (v_i, v_j) then
               add directed edge (v_i, v_j) to G⃗_k
return G⃗_n
```

演算法 **6.16**：Floyd-Warshall 演算法。對於 k = 1、…、n，這個動態規劃演算法以遞增方式計算一連串的有向圖 $\vec{G}_0$、$\vec{G}_1$、…、$\vec{G}_n$，最後計算出 G 的遞移性閉包。

以上的描述與分析蘊含著下面的的定理。

定理 6.23: 令 $\vec{G}$ 爲一具有 n 個頂點，並以接鄰矩陣結構表示的有向圖，則 Floyd-Warshall 演算法可在 $O(n^3)$ 時間內計算遞移性閉包。

Floyd-Warshall 演算法的效能

我們現在比較兩種演算法的執行時間，第一種是 Floyd-Warshall 演算法，第二種則是定理 6.21 中較複雜的演算法，亦即從每一個頂點開始，重複執行 n 次 DFS。

如果我們以鄰接矩陣結構表示有向圖，則 DFS 走訪要花費 $O(n^2)$ 時間 (我們在習題中探討其原因)。因此，執行 n 次 DFS 將花費 $O(n^3)$ 時間，並不會比單獨執行一次 Floyd-Warshall 演算法來得好。

如果我們以鄰接串列結構表示有向圖，則執行 n 次 DFS 演算法將花費 $O(n(n+m))$ 時間。即使如此，如果該圖為**稠密 (dense)**，亦即具有 $\Theta(n^2)$ 個邊，這個方法的執行時間仍然是 $O(n^3)$。

所以定理 6.21 唯一比 Floyd-Warshall 要好的情形是當圖並不稠密，且使用鄰接串列結構表示時。

我們在圖 6.17 中說明 Floyd-Warshall 演算法的執行範例。

6.4.3 DFS 與垃圾收集

在某些程式語言中 (例如 C 和 C++)，程式設計師必須明確地配置和釋放物件的記憶體空間。程式設計新手常常會忽略這項記憶體配置任務，如果做法不正確，甚至有可能成為讓老鳥挫折不已的臭蟲來源。有鑒於此，其他程式語言 (例如 Java) 的設計者遂將記憶體管理的責任交給執行期環境。當某個物件的生命週期結束時，Java 程式設計師並不需要明確地釋放該物件佔用的記憶體，而是由**垃圾收集器 (garbage collector)** 機制來釋放此種物件佔用的記憶體。

在 Java 程式語言中，大部分的物件使用的記憶體是從一個叫做「記憶體堆積」(不要和堆積資料結構搞混) 的記憶體儲存池中配置的。此外，執行緒 (2.1.2 節) 會把它們的案例變數使用的空間儲存於各自的方法堆疊中 (2.1.1 節)。由於方法堆疊中的案例變數可以參照記憶體堆積中的物件，故執行緒的方法堆疊中所有的變數和物件稱為**根物件 (root objects)**。沿著從根物件開始的物件參考可以到達的所有物件稱為**使用中物件 (live objects)**。使用中物件乃是執行中的程式目前使用的現役物件；這些物件不應該被刪除。舉例來說，一個執行中的 Java 程式可能將一個指向序列 S 的參考儲存於一個變數中，該序列則使用雙向鏈結節串列實作。指向 S 的參考變數是一個根物件，然而 S 的物件、從這個物件參照的所有節點物件，以及從這些節點物件參照的所有元素都是使用中物件。

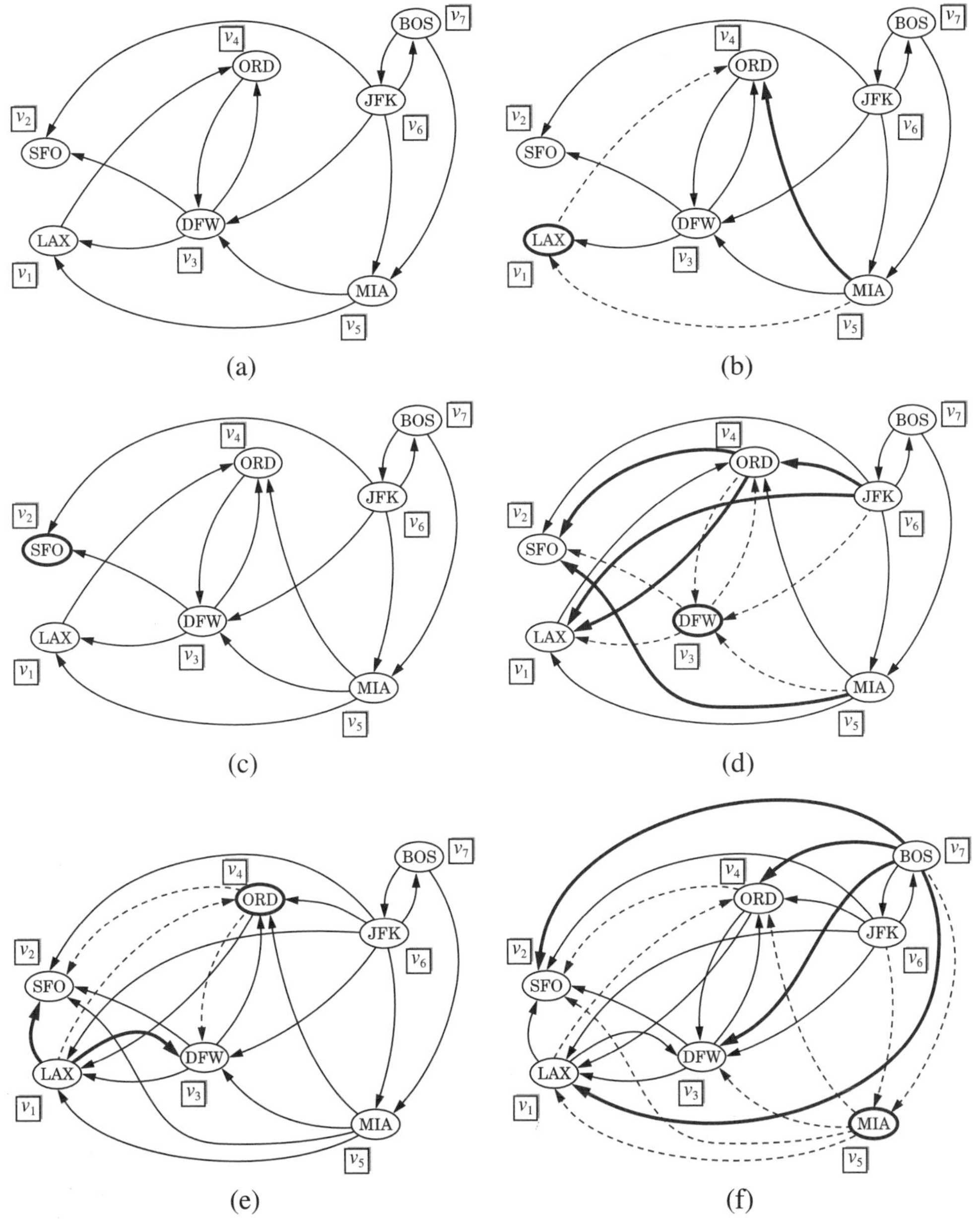

圖 **6.17**：Floyd-Warshall 演算法計算的一連串有向圖：**(a)** 初始有向圖 $\vec{G} = \vec{G}_0$，以及頂點的編號；**(b)** 有向圖 $\vec{G}_1$；**(c)** $\vec{G}_2$；**(d)** $\vec{G}_3$；**(e)** $\vec{G}_4$；**(f)** $\vec{G}_5$。注意 $\vec{G}_5 = \vec{G}_6 = \vec{G}_7$。如果有向圖 $\vec{G}_{k-1}$ 包含邊 (v_i, v_k) 和 (v_k, v_j) 這兩個邊，但不含 (v_i, v_j)，則有向圖 $\vec{G}_k$ 繪出時，(v_i, v_k) 和 (v_k, v_j) 以細虛線顯示，(v_i, v_j) 以粗實線顯示。

Java 虛擬機器 (JVM) 可能不時會注意到記憶體堆積中可用的空間正在減少。此時 JVM 可以選擇回收不再使用的物件所佔用的空間。這個回收程序就是所謂的垃圾收集。有幾種不同的垃圾收集演算法，但最常用的方法中，有一種叫做標記清理演算法。

標記清理演算法

在標記清理垃圾收集演算法，我們在每一個物件中加入一個「標記」位元，以識別該物件是否正在使用。當我們決定需要進行垃圾收集時，會暫緩執行所有其他的執行緒，並清除記憶體堆積中目前已分配之所有物件的標記位元。然後我們追蹤所有目前執行緒中的 Java 堆疊，並將這些堆疊中所有的 (根) 物件標記爲「使用中」。接下來，我們必須決定所有的其他使用中物件，從根物件可以到達的物件。爲了有效率地執行這項任務，我們應該使用深度優先搜尋走訪的有向圖版本。在這個例子中，記憶體堆積中的每一個物件視爲有向圖的一個頂點，從一個物件到另一個物件的參考則視爲一個邊。我們從每一個根物件開始執行有向 DFS 走訪，即可正確地找出及標記每一個使用中的物件。這個程序就是所謂的「標記」階段。一旦完成這個程序，我們就掃描整個記憶體堆積，並回收未被標記的物件佔用的空間。這個掃描程序稱爲「清理」階段，當它完成時，我們重新開始執行被暫停的執行緒。因此標記清理垃圾收集演算法回收未使用的空間所需的時間，與使用中物件及其參考的個數加上記憶體堆積的大小成正比。

就地執行 DFS

標記清理演算法正確地回收了記憶體堆積中未使用的空間，然而在標記階段，我們必須面對一個重要的問題。既然我們是在可用記憶體很稀少的時候回收記憶體空間，因此一定要小心，不要在垃圾收集期間使用額外的空間。問題是我們以遞迴方式描述的 DFS 演算法可能會使用到與圖中的頂點數成正比的空間。在垃圾收集的例子中，圖中的頂點乃是記憶體堆積中的物件；因此我們沒有這麼多記憶體可以使用。所以唯一的解決之道是找出一種方法，以就地進行 (而非遞迴) 的方式執行 DFS，也就是說，我們必須在只使用固定量額外儲存空間的情況下執行 DFS。

就地執行 DFS 的主要想法是利用圖的邊 (在垃圾收集的例子中對應於物件參考) 來模擬遞迴堆疊。當我們走訪從已拜訪之頂點 v 到新頂點 w 的一個邊時，我們將儲存於 v 之鄰接串列的邊 (v, w) 改成指向 v 在 DFS 樹中的親代頂點。當我們回到 v 時 (模擬從我們在 w 進行的「遞迴」呼叫中返回)，可以把我們修改過的邊轉過來，讓它指回 w。當然我們需要某種方法來識別哪些邊需要改回來。有一種可能是把從 v 指出的參考編號爲 1、2 等等，同時除了標記位元 (在 DFS 中當做「已拜訪」的標籤使用) 之外，再儲存一個計數識別變數，告訴我們哪些邊已被修改。

如果我們使用計數識別變數，當然每個物件都需要一個額外的儲存字組。然而在某些實作方式中，這個額外的字組可以避免。例如，許多 Java 虛擬機器的實作方式以兩個元素的組合體來表示物件，第一個元素是具有型態識別碼 (識別該物件是否爲 Integer 或其他型態) 的參考，另一個元素則是指向其他物件或該物件之資料欄位的參考。在這種實作方式中，由於型態參考始終應該是組合體的第一個元素，因此當我們離開物件 v，到達另一個物件 w 時，可以使用這個參考來「標記」被我們更改過的邊。我們只需要將儲存於 v，且指向 v 之型態的參考，與儲存於 v，且指向 w 的參考互換。當我們返回 w 時，可以很快地辨別出我們更改過的邊 (v, w)，因爲它將是 v 的組合體的第一個參考，而指向 v 之型態的參考，其位置會告訴我們這個邊在 v 的鄰接串列中所屬的位置。因此，不論我們使用邊互換技巧或是計數識別變數，我們可以就地實作 DFS，而不影響它的漸近執行時間。

6.4.4 有向無迴路圖

有許多應用會遇到不含有向迴路的有向圖。這種有向圖通常稱爲有向**無迴路圖 (directed acyclic graph)**，或簡寫爲 **dag**。這種圖的應用包含下列：

- C++類別或 Java 介面之間的繼承關係
- 學位課程之間的先修關係
- 專案中各項工作之間的排程限制

範例 6.24： 爲了管理大型專案，如果把它分解成一組規模較小的工作，則甚爲方便。然而各項工作很少是獨立的，因爲它們之間有排程限制 (例如在蓋房子的專案中，「訂購釘子」很明顯地必須在「將木瓦釘在屋頂平臺上」之前)。排程限制顯然不能有循環，因爲循環性將使專案無法完成 (例如，爲了得到一份工作，你需要有工作經驗，然而爲了得到工作經驗，你需要有一份工作)。排程限制讓工作執行的順序有所限制。也就是說，如果一項限制規定工作 a 必須在工作 b 開始之前完成，則 a 的執行順序必須在 b 前面。所以，如果我們建立有向圖模型，把一組可行的工作當做有向圖的頂點，同時只要工作 v 必須在工作 w 之前執行，我們就加上從 v 到 w 的一個有向邊，那麼我們就定義了一個有向無迴路圖。

上面這個範例激發了下面的定義：假設 $\vec{G}$ 是一個具有 n 個頂點的有向圖。$\vec{G}$ 的**拓撲次序 (topological ordering)** 是 $\vec{G}$ 中所有頂點的一種次序 (v_1、v_2、⋯、v_n)，使得對於 DG 的每一個邊 (v_i, v_j)，$i<j$ 均成立 (參考圖 6.18)。也就是說，拓撲次序可使 DG 的任何有向路徑均依照漸增次序走訪各頂點。請注意，一個有向圖的拓撲次序可能不止一種。

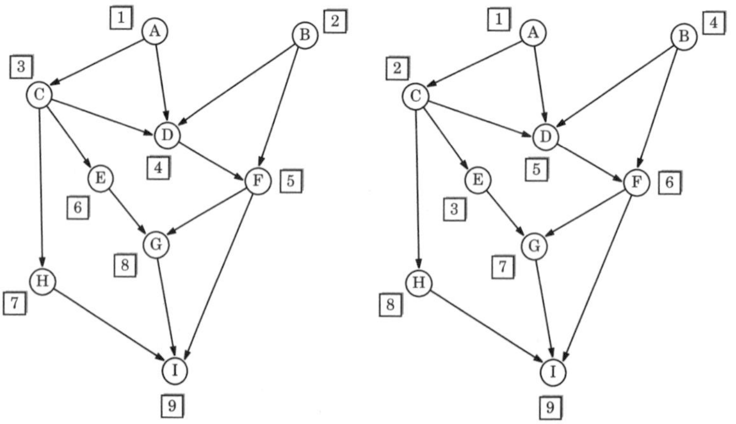

圖 6.18：同樣一個無迴路有向圖的兩種拓撲次序。

定理 6.25： 有向圖具有拓撲次序的充分必要條件 (若且唯若) 是該圖爲無迴路。

證明：

必要性 (陳述句中的「唯若」部分) 很容易證明。假設 $\vec{G}$ 具有拓撲次序。爲了得到矛盾，我們假設 $\vec{G}$ 包含一個由邊 $(v_{i_0}, v_{i_1}), (v_{i_1}, v_{i_2}), ..., (v_{i_{k-1}}, v_{i_0})$ 組成的迴路。由於拓撲次序，我們必須有 $i_0 < i_1 < \cdots < i_{k-1} < i_0$。這顯然是不可能的，因此 $\vec{G}$ 必定爲無迴路。

現在我們證明充分性 (「若」的部分)。假設 $\vec{G}$ 爲無迴路。我們描述一個可以建立 $\vec{G}$ 的拓撲次序的演算法。既然 $\vec{G}$ 爲無迴路，$\vec{G}$ 一定有一個頂點沒有射入邊 (亦即向內分支度爲 0)。令此頂點爲 v_1。如果 v_1 眞的不存在，那麼當我們從任何一個啓始頂點追蹤一條有向路徑時，最後一定會遇到先前已拜訪過的頂點，此與 $\vec{G}$ 爲無迴路的性質矛盾。如果我們從 $\vec{G}$ 中移除 v_1 及其射出邊，這樣產生的有向圖仍爲無迴路。因此，所產生的有向圖也有一個頂點沒有射入邊，令此頂點爲 v_2。我們重複這個過程，直到 $\vec{G}$ 變成空，即可得到 $\vec{G}$ 中頂點的一個次序 v_1、⋯、v_n。由於以上的建構方式，如果 (v_i, v_j) 是 $\vec{G}$ 的一個邊，能刪除 v_j 之前，v_i 一定已經被刪除，故 $i<j$。因此 v_1、⋯、v_n 爲一拓撲次序。 ■

以上的證明暗示了演算法 6.19，稱爲**拓撲排序**。

Algorithm TopologicalSort($\vec{G}$):
 Input: A digraph $\vec{G}$ with n vertices.
 Output: A topological ordering $v_1,\ldots,v_n$ of $\vec{G}$ or an indication that $\vec{G}$ has a directed cycle.

```
let S be an initially empty stack
for each vertex u of G do
   incounter(u) ← indeg(u)
   if incounter(u) = 0 then
      S.push(u)
i ← 1
while S is not empty do
   u ← S.pop()
   number u as the i-th vertex v_i
   i ← i+1
   for each edge e ∈ G.outIncidentEdges(u) do
      w ← G.opposite(u,e)
      incounter(w) ← incounter(w) − 1
      if incounter(w) = 0 then
         S.push(w)
if S is empty then
   return "digraph G has a directed cycle"
```

演算法 **6.19**：拓撲排序演算法。

定理 6.26： 令 $\vec{G}$ 爲一具有 n 個頂點和 m 個邊的有向圖。拓撲排序演算法可在 $O(n+m)$ 時間內執行，其中使用到 $O(n)$ 的額外空間，而且若不是計算出 $\vec{G}$ 的拓撲次序，就是無法將某些頂點編號 (表示 $\vec{G}$ 含有有向迴路)。

證明：

一開始的向內分支度計算及設定 incomuter 變數可以使用圖的簡單走訪來完成，這樣要花費 $O(n+m)$ 時間。我們可以在圖的節點中使用一個額外的欄位，或利用下一節描述的裝飾模式，將計數器屬性加入頂點中。假設當頂點 u 從堆疊 S 移除時，u 會被拓撲排序演算法拜訪。頂點 u 只有在

incomuter$(u)=0$時才會被拜訪，這表示它所有的前代頂點 (具有連接到u之射出邊的頂點) 先前均已被拜訪過。結果，有向迴路上的任何頂點永遠不會被拜訪到，而任何其他頂點恰好會被拜訪一次。這個演算法會走訪每一個已拜訪之頂點的射出邊一次，故其執行時間與已拜訪頂點的射出邊個數成正比。所以這個演算法可以在$O(n+m)$時間內執行。至於空間使用量，請注意堆疊S及加入頂點的 incomuter 變數均使用$O(n)$空間。

這個演算法的附帶功能是：它也可以測試輸入的有向圖DG是否爲無迴路。的確如此，如果演算法結束時，並沒有將所有的頂點排序，則未被排序的頂點所形成的子圖一定含有一個有向迴路 (參考圖 6.20)。 ■

我們在圖 6.21 中將拓撲排序演算法視覺化。

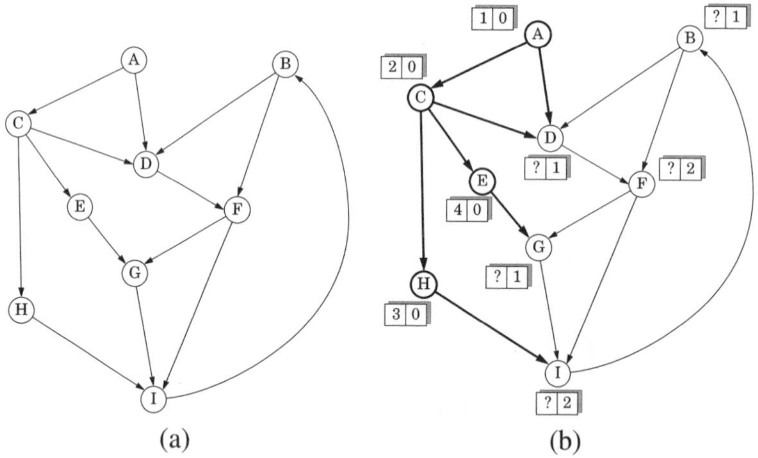

圖 6.20：偵測有向迴路：**(a)** 輸入的有向圖；**(b)** 演算法 TopologicalSort (演算法 **6.19**) 結束之後，編號未確定的頂點所形成的子圖含有一個有向迴路。

6.5 Java 範例：深度優先搜尋

在本節中，我們描述一個以Java語言實作的深度優先搜尋演算法的個案研究。這個實作並非只是使用Java語言將虛擬碼實例化，因爲它還運用了兩個有趣的軟體工程設計模式：裝飾模式與樣板方法模式。

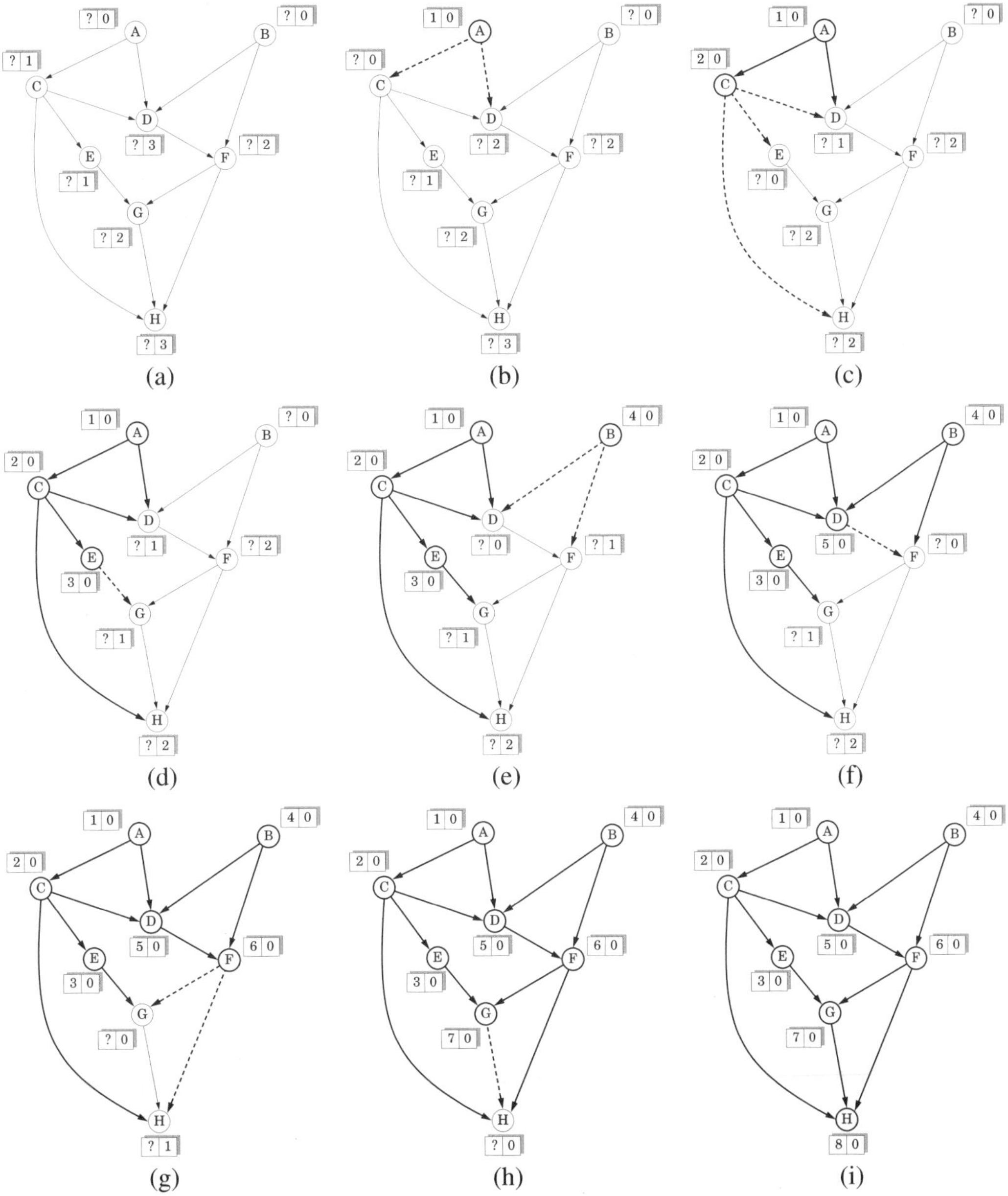

圖 **6.21**：演算法 TopologicalSort (演算法 **6.19**) 的執行範例：**(a)** 初始設定；(b-i) 每一次 while 迴圈執行之後。節點的標籤指定頂點號碼和 incounter 變數目前的值。在先前的回合中走訪過的邊以粗實線畫出。目前回合中走訪的邊以粗虛線畫出。

6.5.1 Decorator 模式

在 DFS 的走訪中標示已經拜訪的頂點是**裝飾**軟體工程設計模式的範例。Decorator模式係用於將屬性或「裝飾」加入現存的物件。每一個屬性由特別的裝飾物件 *a* 加以識別，它的作用如同識別這個屬性的某種鍵值。直觀上來說，屬性 *a* 是裝飾的「名稱」，同時我們允許對於以 *a* 屬性裝飾的不同物件而言，這個屬性可以具有不同的值。某些演算法和資料結構可能需要把額外的變數或暫時性資料加入物件中，但該物件通常不含這些變數，使用裝飾的動機即來自此種需求。因此裝飾是一個可以動態指定給物件的(屬性，值)配對。例如，AVL 樹或紅黑樹中的節點可能以高度或顏色來裝飾。在我們的DFS範例中，我們希望有「可裝飾」的頂點和邊，且包含一個 **explored** 屬性和一個布林值。

我們可以在 ADT 中加入以下的方法，為所有的位置容器實現裝飾模式：

has (a)： 測試哪一個位置有屬性 *a*。
get (a)： 傳回屬性 *a* 的值。
set (a, x)： 將屬性 *a* 的值設定為 *x*。
destroy (a)： 移除屬性 *a* 及其相關的值。

實作 Decorator 模式

我們可以在每一個位置儲存屬性及其在該位置之值的字典 (例如一個小型雜湊表)，以實作上面的方法。也就是說，屬性 (可以是特定的屬性物件，或甚至是定義屬性「名稱」的字串) 定義了雜湊表中使用的鍵值。同樣地，值是簡單的基礎型態，或者會把特定的一份資料指定給已知屬性的物件。這種雜湊表實作提供了快速有效的方法，可以實現decoeator模式的方法。確實如此，雖然未顯示，但我們在DFS應用程式中使用小型雜湊表來實作裝飾式。

6.5.2 DFS 引擎

在程式碼 6.22 中，我們顯示遞迴式深度優先搜尋走訪的主要 Java「引擎」，此引擎由 DFS 類別實作。

```
/** Generic depth first search traversal of a graph using the template
 * method pattern. A subclass should override various methods to add
 * functionality to this traversal.    */
public abstract class DFS {
  /** The graph being traversed. */
  protected InspectableGraph G;
  /** The result of the traversal. */
  protected Object visitResult;
  /** Perform a depth first search traversal.
   * @param g Input graph.
   * @param start Start vertex of the traversal.
   * @param info Auxiliary information (to be used by subclasses).
   */
  public Object execute(InspectableGraph g, Vertex start, Object info) {
    G = g;
    for (PositionIterator pos = G.positions(); pos.hasNext(); )
      unVisit(pos.nextPosition());
    return null;
  }
  /**
   * Recursive template method for a generic DFS traversal.
   * @param v Start vertex of the traversal.
   */
  protected Object dfsTraversal(Vertex v) {
    initResult();
    startVisit(v);
    visit(v);
    for (EdgeIterator inEdges = G.incidentEdges(v); inEdges.hasNext(); ) {
      Edge nextEdge = inEdges.nextEdge();
      if (!isVisited(nextEdge)) { // found an unexplored edge, explore it
        visit(nextEdge);
        Vertex w = G.opposite(v, nextEdge);
        if (!isVisited(w)) { // w is unexplored, this is a discovery edge
          traverseDiscovery(nextEdge, v);
          if (!isDone())
            visitResult = dfsTraversal(w);
        }
        else // w is explored, this is a back edge
          traverseBack(nextEdge, v);
      }
    }
    finishVisit(v);
    return result();
  }
```

程式碼 **6.22**：DFS 類別的主要變數和引擎 **(dfsTraversal)**。

6.5.3 樣板方法設計模式

DFS 類別被定義爲其行爲可針對任何特定的應用予以特殊化。在程式碼 6.23 和 6.24 中，我們顯示在 DFS 類別中執行特殊化和裝飾動作的方法。我們重新定義 execute 方法和下面的各方法，而完成特殊化，前者會啓動計算過程，後者則由遞迴式樣板方法 dfsTraversal 在不同的時刻呼叫。

- initResult()：在 dfsTraversal 開始執行時呼叫。
- startVisit(Vertex v)：也是在 dfsTraversal 開始執行時呼叫。
- traverseDiscovery(Edge e, Vertex v)：走訪從 v 射出之發現邊 e 時呼叫。
- traverseBack(Edge e, Vertex v)：走訪從 v 射出之返回邊 e 時呼叫。
- isDone()：欲決定是否提前結束走訪時，則呼叫之。
- finishVisit(Vertex v)：當所有與 v 相連的邊均已走訪完畢時呼叫。
- result()：欲傳回 dfsTraversal 的輸出時，則呼叫之。

```
/** Auxiliary methods for specializing a generic DFS */
protected void initResult() {} // Initializes result (called first)
protected void startVisit(Vertex v) {} // Called when we first visit v
protected void finishVisit(Vertex v) {} // Called when we finish with v
protected void traverseDiscovery(Edge e, Vertex from) {} // Discovery edge
protected void traverseBack(Edge e, Vertex from) {} // Back edge
protected boolean isDone() { return false; } // Is DFS done early?
protected Object result() { return new Object(); } // The result of the DFS
```

程式碼 **6.23**：將 DFS 類別的 dfsTraversal 模板方法 (程式碼 **6.22**) 特殊化的輔助方法。

```
/** Attribute and its two values for the visit status of positions. */
protected static Object STATUS = new Object(); // The status attribute
protected static Object VISITED = new Object(); // Visited value
protected static Object UNVISITED = new Object(); // Unvisited value
/** Mark a position as visited.        */
protected void visit(Position p) { p.set(STATUS, VISITED); }
/** Mark a position as unvisited.      */
protected void unVisit(Position p) { p.set(STATUS, UNVISITED); }
/** Test if a position has been visited. */
protected boolean isVisited(Position p) { return (p.get(STATUS) == VISITED); }
```

程式碼 **6.24**：DFS 類別的 visit、unVisit 和 isVisited 方法 (程式碼 **6.22**)，此類別使用可裝飾的位置實作。

樣板方法模式的定義

我們的通用性深度優先搜尋走訪是以樣板方法模式爲基礎的，這個模式描述一種泛型計算機制，我們可以重新定義某些步驟而將其特殊化。也就是說，我們定義一個泛型類別 Algorithm，這個類別會執行一些有用的功能(甚至有可能很複雜)，也會在某些時刻呼叫一群具名步驟。一開始的時候，這個程序什麼事也沒做，然而當我們擴充 Algorithm 類別，並重新定義這些方法來做一些有趣的事情時，就可以建構不簡單的計算。Java程式語言中的 Applet 類別就是這個設計模式的使用範例。在我們的 DFS 應用的例子中，我們使用深度優先搜尋的樣板方法模式，並假設底層的圖是無向圖，但它很容易修改成可以處理有向圖。

在走訪期間，用來識別已拜訪之頂點和邊的方式被封裝於對 isVisited、visit 和 unVisit 方法的呼叫。我們的實作方式(參考程式碼 6.24)假設頂點和邊位置支援裝飾模式，接下來我們會討論 (另外一種方法是建立一個位置的字典，並將已拜訪的頂點和邊儲存於字典中)。

使用 DFS 樣板

如果我們希望使用 dfsTraversal 來做任何有趣的事情，我們必須擴充 DFS 類別，並重新定義程式碼 6.23 中的一些輔助方法來做一些不簡單的事情。這種做法符合樣板方法模式，因為這些方法將樣板方法 dfsTraversal 的行為特殊化。

舉例來說，程式碼 6.25 中列出的 ConnectivityTesterDFS 類別將 DFS 類別擴充，建立了一個可以測試一個圖是否連通的程式。它會計算從某一頂點開始的DFS走訪可以到達的頂點數，然後將這個數與圖的總頂點數相比。

擴充類別 DFS 以尋找路徑

我們可以用更聰明的方式來擴充 DFS，以執行更有趣的演算法。

例如，程式碼 6.26 中列出的 FindPathDFS 類別會尋找已知啓始頂點和目標頂點之間的路徑。它執行從啓始頂點開始的深度優先搜尋走訪。我們記錄從啓始頂點到目前頂點的發現邊的路徑。當我們遇到未拜訪過的頂點時，就把它加到路徑的尾端，當我們將一頂點處理完畢時，就把它從路徑中移除。當我們遇到目邊頂點時，走訪就結束，並以頂點迭代器的形式傳回路徑。請注意，這個類別找到的路徑是由發現邊組成的。

```
/** This class specializes DFS to determine whether the graph is connected. */
public class ConnectivityTesterDFS extends DFS {
  protected int reached;
  public Object execute(InspectableGraph g, Vertex start, Object info) {
    super.execute(g, start, info);
    reached = 0;
    if (!G.isEmpty()) {
      Vertex v = G.aVertex();
      dfsTraversal(v);
    }
    return (new Boolean(reached == G.numVertices()));
  }
  public void startVisit(Vertex v) { reached++; }
}
```

程式碼 **6.25**：將 DFS 類別特殊化，以測試圖是否連通。

```
/** This class specializes DFS to find a path between the start vertex
  * and a given target vertex. */
public class FindPathDFS extends DFS {
  protected Sequence path;
  protected boolean done;
  protected Vertex target;
  /** @param info target vertex of the path
    * @return Iterator of the vertices in a path from the start vertex
    * to the target vertex, or an empty iterator if no such path
    * exists in the graph */
  public Object execute(InspectableGraph g, Vertex start, Object info) {
    super.execute(g, start, info);
    path = new NodeSequence();
    done = false;
    target = (Vertex) info; // target vertex is stored in info parameter
    dfsTraversal(start);
    return new VertexIteratorAdapter(path.elements());
  }
  protected void startVisit(Vertex v) {
    path.insertLast(v);
    if (v == target)
      done = true;
  }
  protected void finishVisit(Vertex v) {
    if (!done)
      path.remove(path.last());
  }
  protected boolean isDone() {
    return done;
  }
}
```

程式碼 **6.26**：將 DFS 類別特殊化，以尋找啓始頂點與目標頂點之間的路徑。輔助類別 VertexIteratorAdapter 提供從序列到頂點迭代器之間的轉換器。

擴充 DFS 以尋找迴路

如同 FindCycleDFS 類別一般，我們也可以擴充 DFS (在程式碼 6.27 中列出)，以尋找一已知頂點 *v* 之連通成分中的迴路。這個演算法會執行從 *v* 開始的深度優先搜尋走訪，當我們找到返回邊時即停止。這個方法會傳回由所找到的返回邊形成之迴路的迭代器 (可能是空的)。

```
/** Specialize DFS to find a cycle in connected component of start vertex. */
public class FindCycleDFS extends DFS {
  protected Sequence cycle; // sequence of edges of the cycle
  protected boolean done;
  protected Vertex cycleStart, target;
  /** @return Iterator of edges of a cycle in the component of start vertex */
  public Object execute(InspectableGraph g, Vertex start, Object info) {
    super.execute(g, start, info);
    cycle = new NodeSequence();
    done = false;
    dfsTraversal(start);
    if (!cycle.isEmpty() && start != cycleStart) {
      PositionIterator pos = cycle.positions();
      while (pos.hasNext()) { // remove the edges from start to cycleStart
        Position p = pos.nextPosition();
        Edge e = (Edge) p.element();
        cycle.remove(p);
        if (g.areIncident(cycleStart, e)) break;
      }
    }
    return new EdgeIteratorAdapter(cycle.elements());
  }
  protected void finishVisit(Vertex v) {
    if ((!cycle.isEmpty()) && (!done)) cycle.remove(cycle.last());
  }
  protected void traverseDiscovery(Edge e, Vertex from) {
    if (!done) cycle.insertLast(e);
  }
  protected void traverseBack(Edge e, Vertex from) {
    if (!done) {
      cycle.insertLast(e); // back edge e creates a cycle
      cycleStart = G.opposite(from, e);
      done = true;
    }
  }
  protected boolean isDone() { return done; }
}
```

程式碼 **6.27**：將 DFS 類別特殊化，以尋找啓始頂點之連通成分中的迴路。輔助類別 EdgeIteratorAdapter 提供從序列到邊迭代器的轉換器。

6.6 習題

複習題

R-6.1 畫出一個具有 12 個頂點、18 個邊和 3 個連通成分的簡單無向圖 G。如果 G 有 66 個邊，試說明爲什麼不可能畫出具有 3 個連通成分的圖 G？

R-6.2 令 G 爲一具有 n 個頂點和 m 個邊的簡單圖。試解釋爲什麼 $O(\log m)$ 等於 $O(\log n)$。

R-6.3 畫出一個具有 8 個頂點和 16 個邊的簡單連通有向圖，並讓每一個頂點的向內分支度和向外分支度都等於 2。證明有單一的 (非簡單) 迴路可以包含圖中所有的邊，也就是說，你可以沿著每一個邊各自的方向畫出所有的邊，而不必拿起鉛筆 (這樣的迴路稱爲**歐拉路徑 (Euler tour)**)。

R-6.4 Bob 喜愛外語，他希望能規劃課程表，選修以下九門語言課程：LA15、LA16、LA22、LA31、LA32、LA126、LA127、LA141 和 LA169。這些課程的先修課程如下：

- LA15：(無)
- LA16：LA15
- LA22： (無)
- LA31： LA15
- LA32： LA16、LA31
- LA126：LA22、LA32
- LA127：LA16
- LA141：LA22、LA16
- LA169：LA32

試找出一個課程序列，讓 Bob 滿足所有的先修課程。

R-6.5 假設我們以邊串列結構表示一個具有 n 個頂點和 m 個邊的圖 G。在這種情況下，爲什麼 insertVertex 方法可以在 $O(1)$ 時間內執行， removeVertex 方法卻需要 $O(m)$ 的執行時間？

R-6.6 令 G 爲一圖，其頂點爲 1 到 8 的整數，並令每個頂點的相鄰頂頂點如下表：

頂點	相鄰頂點
1	(2, 3, 4)
2	(1, 3, 4)
3	(1, 2, 4)
4	(1, 2, 3, 6)
5	(6, 7, 8)
6	(4, 5, 7)
7	(5, 6, 8)
8	(5, 7)

假設走訪 G 時，我們按照與以上表格所列出的相同順序傳回一已知頂點的相鄰頂點。

a. 畫出 G。

b. 按照從頂點 1 開始之 DFS 走訪拜訪的順序，將各頂點排序。

c. 按照從頂點 1 開始之 BFS 走訪拜訪的順序，將各頂點排序。

R-6.7 在下面的情況中，你會使用邊串列結構或鄰接矩陣結構呢？請說明你做這些選擇的理由。

a. 該圖有 10,000 個頂點和 20,000 個邊，且使用空間愈少愈好是很重要的。
b. 該圖有 10,000 個頂點和 20,000,000 個邊，且使用空間愈少愈好是很重要的。
c. 你必須儘快回答 areAdjacent 問題，不論使用多少空間。

R-6.8 試解釋為什麼在一個具有 n 個頂點，且以鄰接矩陣結構表示的簡單圖上進行 DFS 走訪需要 $\Theta(n^2)$ 時間。

R-6.9 畫出圖 6.2 中所示之有向圖的遞移性閉包。

R-6.10 計算圖 6.14d 中以實邊繪出之有向圖的拓撲次序。

R-6.11 在演算法 6.19 所示的拓撲排序演算法中，可以使用佇列來代替堆疊做為輔助資料結構嗎？

R-6.12 列出在圖 6.6 所示的 DFS 走訪中，每一個邊被標示的順序。

R-6.13 同習題 R-6.12，列出在圖 6.13 所示的 DFS 走訪中，每一個邊被標示的順序。

R-6.14 同習題 R-6.12，列在圖 6.15 所示的 DFS 走訪中，每一個邊被標示的順序。

挑戰題

C-6.1 證明定理 6.11。

C-6.2 描述在 $O(n+m)$ 時間內計算無向圖 G (具有 n 個頂點和 m 個邊) 中所有連通成分之演算法的細節。

C-6.3 令 T 為在連通無向圖 G 中，從啓始頂點開始進行深度優先搜尋而形成的生成樹，其根節點為啓始頂點。證明為什麼 G 中每一個不在 T 裡面的邊會從 T 中的某一頂點連接到它的祖先頂點，也就是說這個邊是返回邊。
提示：假設這樣的非樹邊為一交錯邊，根據 DFS 走訪這個邊的端點依序討論。

C-6.4 假設我們希望使用邊串列結構來表示一個具有 n 個頂點的圖 G，並以集合 $\{0, 1, ..., n-1\}$ 中的整數來識別各頂點。描述如何實作容器 E，以支援 areAdjacent 方法具有 $O(\log n)$ 時間的執行效能。在這種情況下，你如何實作這個方法？

C-6.5 證明引理 6.14。

C-6.6 證明如果圖 G 至少有三個頂點，則只有在它有一個分隔頂點時，它才有一個分隔邊。

C-6.7 證明引理 6.16。

C-6.8 提供 LinkComponents 演算法 (演算法 6.10) 之正確性的證明細節。

C-6.9 Tamarindo 大學和世界其他大學正在進行一個多媒體合作計劃。他們建立了一個電腦網路，用通訊連結將這些學校連接起來，這些連結形成一棵自由樹。所有學校決定在其中一所大學內安裝一具檔案伺服器，供各校之間分享資料。由於連結的傳輸時間係由連結的設定及同步狀況決定，故資料傳遞的成本與使用的連結數成正比。因此我們希望為檔案伺服器選擇一個「位於中央」的位置。已知自由樹 T

及 T 的節點 v，v 的離心率 (eccentricity) 是從 v 到 T 中任何其他節點之最長路徑的長度。T 中離心率最小的節點稱爲 T 的中心 (center)。

a. 設計一個有效的演算法，當已知一棵有 n 個節點的自由樹 T 時，會計算出 T 的中心。

b. 請問中心是唯一的嗎？如果不是，一棵自由樹最多可以有幾個中心？

C-6.10 說明如何使用單一佇列 (而非各層的容器 L_0、L_1、⋯) 做爲資料結構，以進行 BFS 走訪。

C-6.11 如果 T 是連通圖 G 中從頂點 s 開始而產生的 BFS 樹，證明對於第 i 層的每一個頂點 v 而言，T 上從 s 到 v 點的路徑有 i 個邊，而 G 中任何從 s 到 v 的路徑至少有 i 個邊。

C-6.12 長途電話的時間延遲可由電話網路上發話者與收話者之間的通訊連結數乘上一個固定的小常數來決定。假設 RT&T 公司的電話網路爲一自由樹。RT&T 工程師想要計算長途電話可能遇到的最長時間延遲。已知一自由樹 T，T 的直徑定義爲 T 中任何兩個節點之間的最長距離。提出一個有效率的演算法，計算 T 的直徑。

C-6.13 RT&T 公司有一個網路，網路中有 n 個交換站，由 m 個高速通訊連結連接。每一位顧客的電話均直接連接到當地的交換站。RT&T 的工程師已經開發出影像電話系統的雛型，兩位顧客打電話時，可以彼此看到對方。然而爲了獲得滿意的影像品質，雙方之間用來傳輸影像信號的連結數不得超過 4。假設我們以圖表示 RT\&T 的網路，設計一個有效率的演算法，爲每一個交換站計算使用 4 個以內的連結可以連接到的所有交換站。

C-6.14 解釋對於爲有向圖建構的 BFS 樹而言，爲何沒有前向的非樹邊。

C-6.15 寫出有向 DFS 走訪演算法的詳細虛擬碼描述。我們如何決定非樹邊是返回邊，前向邊或交錯邊？

C-6.16 解釋爲何 6.4.1 節提供的強連通性測試演算法是正確的。

C-6.17 令 G 爲一具有 n 個頂點和 m 個邊的無向圖。描述一個演算法，執行時間爲 $O(n+m)$，並可雙向走訪 G 的每一個邊恰好一次。

C-6.18 無向圖 $G=(V,E)$ 的獨立集 I 是 V 的一個子集合，其中的任何兩個頂點均不相鄰；也就是說，如果 $u,v \in I$，則 $(u,v) \notin E$。**最大獨立集 (maximal independent set)** M 是一個獨立集，若在其中加入任何一個頂點，均使其不再爲獨立。每一個圖都有一個最大獨立集 (你看得出來嗎？這個問題雖然不是習題的一部分，但值得思考)。提出一個有效率的演算法，計算圖 G 的最大獨立集。這個方法的執行時間爲何？

C-6.19 有向圖 $\vec{G}$ 有 n 個頂點和 m 個邊。$\vec{G}$ 的歐拉路徑是指可以沿著各邊的方向恰好走訪每一個邊一次的迴路。如果 $\vec{G}$ 是連通的，且每一頂點的向內分支度等於向外分支度，則此種路徑一定存在。描述一個可以在 $O(n+m)$ 時間內找出有向圖 $\vec{G}$ 的歐拉路徑的演算法。

C-6.20 證明定理 6.18。

軟體專案

P-6.1 使用鄰接矩陣結構，實作一個簡化的圖 ADT，只具有與無向圖有關的方法，但不包括更新方法。

P-6.2 使用鄰接串列結構，實作 P-6.1 中描述的簡化型圖 ADT。

P-6.3 使用樣板方法模式實作泛型 BFS 走訪。

P-6.4 實作拓撲排序演算法。

P-6.5 實作 Floyd-Warshall 遞移性閉包演算法。

進階閱讀

深度優先搜尋是電腦科學「傳說故事」的一部分，但只有 Hopcroft 和 Tarjan [98, 198] 說明了這個演算法在解決幾種不同的圖形問題時多麼有用。Knuth[118]討論了拓撲排序問題。6.4.1 節中所描述，用來決定一個有向圖是否爲強連通的簡單線性時間演算法是由Kosaraju提出的。Floyd-Warshall 演算法出現在 Floyd 的一篇論文中 [69]，而且是根據 Warshall 的定理 [209]。我們描述的標記—清理垃圾收集方法，乃是許多種不同的垃圾收集演算法的其中之一。我們鼓勵有興趣進一步研究垃圾收集的讀者仔細研讀 Jones 的書 [110]。要學習不同的圖形繪製演算法，請閱讀 Tamassia 在 [194] 一書中的專章， Di Battista 等人 附有註釋的書目 [58]，或由 Di Battista 等人著作的書籍 [59]。

有興趣進一步學習圖形演算法的讀者，可以參考 Ahuja、Magnanti 和 Orlin[9]， Cormen、Leiserson 和 Rivest [55]， Even [68]， Gibbons [77]， Mehlhorn [149]及 Tarjan [200] 以及 van Leeuwen 在 [205] 一書中的專章。

Chapter 7 加權圖

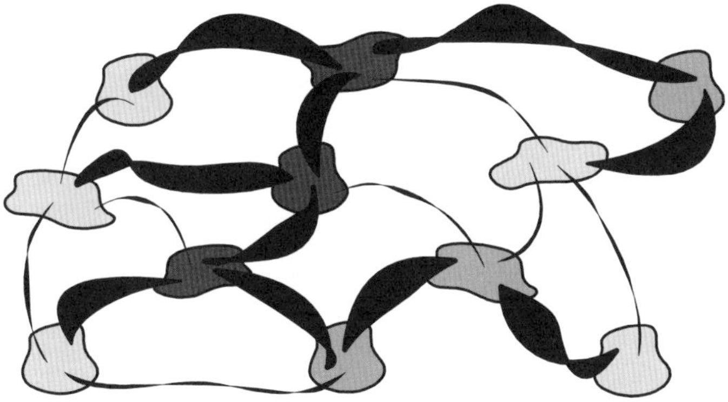

如前一章所見，廣度優先搜尋策略可以找出從一連通圖中的某個啓始頂點到其他頂點的最短路徑。當每個邊彼此並無好壞之分時，這個方法是有意義的，然而在許多情況下，這個方法並不適當。

例如，我們可能用圖來表示電腦網路(例如網際網路)，也有興趣找出在兩臺電腦之間傳送資料封包的最快路徑。在這種情況下，把所有的邊視爲彼此相同，可能並不適當，因爲電腦網路中有些連線基本上遠比其他連線快 (例如某些邊可能代表慢速的電話線連線，其他的邊則代表高速的光纖連線)。同樣地，我們可能希望用圖來表示城市之間的道路，也有興趣找出橫越全國旅行最快的路。在這種情況下，讓所有的邊彼此相等，可能也同樣不適當，因爲某些城市之間的距離很可能遠比其他城市間的距離大得多。因此，很自然地會考慮各個邊權重不等的圖。

在本章中，我們研究加權圖。**加權圖 (weighted graph)** 是指每個邊 e 都有一個相關聯的數值標籤 $w(e)$，稱爲邊 e 的**權重 (weight)** 的圖。邊的權重可以是整數、有理數或是實數，代表距離、連接費用或是親和力等觀念。圖 7.1 中顯示一個加權圖的範例。

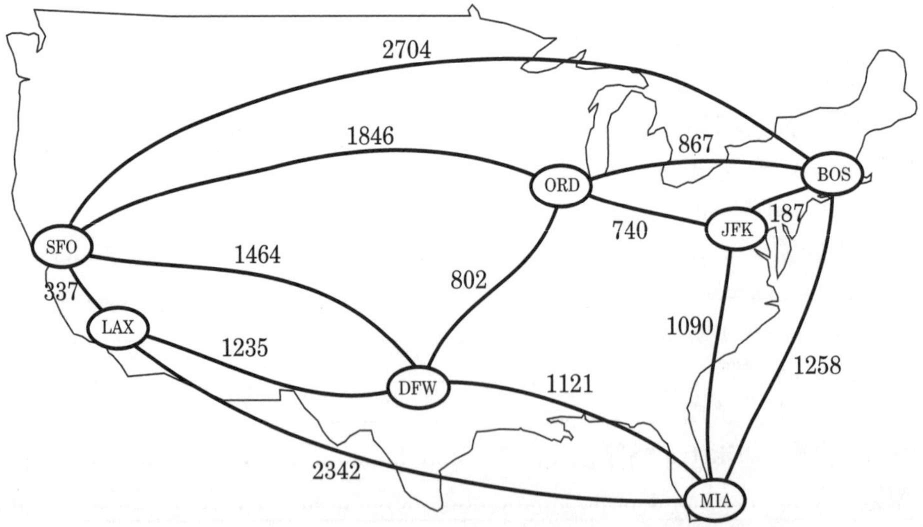

圖 7.1：一個加權圖，頂點代表美國主要的機場，邊的權重代表距離 (單位為英哩)。圖中有一條從 JFK 到 LAX 的路徑 (經過 ORD 和 DFW)，其總權重為 2,777。這是本圖中從 JFK 到 LAX 的最小權重路徑。

7.1 單一源點的最短路徑

假設 G 是一個加權圖。路徑 P 的**長度 (length，或權重 (weight))** 等於 P 各邊權重的總和。也就是說，如果 P 由邊 e_0、e_1、…、e_{k-1} 組成，則 P 的長度記爲 $w(P)$，定義爲

$$w(P) = \sum_{i=0}^{k-1} w(e_i)$$

在 G 中，從頂點 v 到頂點 u 的**距離**，記爲 $d(v, u)$ 是指從 v 到 u 之最小長度路徑，又稱爲**最短路徑 (shortest path)** 的長度 (如果這樣的路徑存在)。

如果 G 中完全沒有從 v 到 u 的路徑，則我們習慣以 $d(v, u) = +\infty$ 來表示。然而，即使有從 v 到 u 的路徑，如果 G 中有一個總權重爲負值的迴路，那麼從 v 到 u 的距離仍有可能無法定義。例如，假設 G 中的頂點代表城市，且 G 中邊的權重代表從一個城市到另一個城市要花費多少錢。如果眞的有人願意付錢讓我們從 JFK 到 ORD，則 (JFK, ORD) 這個邊的「費用」將是負的。如果還有人願意付錢讓我們從 ORD 到 JFK，那麼 G 中將有一個權重爲負值的迴路，且距離不再有定義。也就是說，現在任何人都可以在 G 中建立一條 (有迴路的) 路徑，從任何一個城市 A 到另一個城市 B 去，亦即首先前往 JFK，然後在抵達 B 之前，他或她可以在 JFK 和 ORD 之間任意來回許多次。這種路徑的存在，使我們可以建立一條路徑，其費用爲任意小的負數 (在這個例子中，我們還可以發財)。然而距離不可能是任意小的負數。因此，當我們使用邊的權重來代表距離時，一定要小心，不要引入任何權重爲負值的迴路。

假設有人給我們一個加權圖 G，並要求我們：如果把這些邊的權重當做距離，試找出從 G 中的某個頂點 v 到其他頂點的最短路徑。在本節中，我們探討找出所有像這樣的**單一源點的最短路徑 (single-source shortest path)** 的有效方法 (如果它們存在的話)。

我們討論的第一個演算法是針對雖然簡單，卻很常見的情形，亦即 G 中所有的邊權重均爲非負值 (也就是說，對於 G 的每一個邊 e，$w(e) \geq 0$)；因此，我們事先就知道 G 裡面沒有權重爲負值的迴路。回想一下，在所有權重均爲 1 的特例中，可以使用 6.3.3 節描述的 BFS 走訪演算法來解決計算最短路徑的問題。

有一個根據**貪婪演算法 (greedy method)** 設計模式 (5.1 節) 的有趣方法，可以解決這種**單一源點 (single-source)** 問題。記得在這個模式裡，我們重複地在每一個回合中選擇最好的選項，以解決手邊的問題。當我們試

圖在一群物件中將某個成本函數最佳化的時候，經常可以使用這種思考模式。我們可以把物件加入我們的集合中，一次加入一個，並且總是從目前可以選擇的物件當中挑一個令函數最佳化的物件。

7.1.1 Dijkstra 演算法

將貪婪演算法模式應用於單一源點最短路徑問題時，主要的想法是執行一個由v開始的「加權」廣度優先搜尋。更明確地說，我們可以用貪婪演算法來發展一個演算法，這個演算法會反覆地將一「群」頂點往v之外擴展，且這些頂點會按照它們與v 的距離依序進入該群。因此，在每一個回合中，我們選擇的下一個頂點是在該群之外最靠近v的頂點。當這個頂點群外面再也沒有頂點時，演算法就停止，這時我們就得到從v到G中其他各頂點的最短路徑。這個方法是貪婪演算法設計模式中一個簡單但很有效的例子。

找出最短路徑的貪婪演算法

將貪婪演算法應用於單一源點的最短路徑問題，結果產生了一個演算法，叫做 **Dijkstra 演算法 (Dijkstra's algorithm)**。然而，貪婪演算法應用到其他的圖形問題時，不一定找得到最佳解 (例如在所謂的**旅行推銷員問題 (traveling salesman problem)** 中，我們想要找出可以拜訪圖中所有頂點恰好一次的最短路徑)。不過在某些情況下，我們可以用貪婪演算法計算最佳解。在本章中，我們討論兩個這樣的情況：計算最短路徑和建造最小生成樹。

接下來，為了簡化 Dijkstra 演算法的描述，我們假設輸入的圖 G 是無向的 (亦即它所有的邊都是無向的)，也是簡單的 (亦即它沒有自我迴路，也沒有平行邊)。因此我們用無序的頂點對 (u,z) 來表示 G 的邊。至於加權有向圖適用的 Dijkstra 演算法，我們把它的描述留下來做為習題 (R-7.2)。

在 Dijkstra 演算法中，我們在應用貪婪演算法時試圖最佳化的成本函數，也是我們試圖計算的函數 — 最短路徑的距離。乍看之下，這似乎是循環論證，但我們終究會瞭解：實際上我們可以利用統計學中的「bootstrap」重新抽樣技巧來實行這個方法，其中的過程包括使用我們試圖計算之距離函數的近似值，這個值最後會等於真實距離。

邊長縮短

讓我們為G的每一個頂點u定義一個標籤$D[u]$，用來近似從v到u的距離。

這些標籤的意思是：$D[u]$ 總是儲存著到目前為止所找到從 v 到 u 的最佳路徑的長度。一開始的時候，$D[v] = 0$，而且對於 $u \neq v$，$D[u] = +\infty$，同時我們把集合 C (也就是「頂點群」) 定義為空集合 emptyset。在演算法的每一個回合，我們選擇一個不在 C 裡面，且標籤 $D[u]$ 最小的頂點 u，並將 u 拉進 C 內。在第一個回合，我們當然會把 v 放在 C 裡面。一旦有新的頂點 u 被拉進 C 內，我們就針對每一個與 u 相鄰，且在 C 之外的頂點 z，而更新其標籤 $D[z]$，以反映也許有一條更好的新路徑，可以經由 u 到 z 去的事實。此一更新運算就叫做**縮短 (relaxation)** 步驟，因為它會檢查舊的估計值，看看它能不能改進，而變得更接近實際的數值。(我們把它稱為縮短，這個比喻來自於一截彈簧，這截彈簧先被拉長，然後「放鬆 (relaxed)」，回復靜止時的真實形狀，長度也跟著縮短)。在 Dijkstra 演算法的例子中，我們對一個邊 (u, z) 進行邊長縮短運算，其中我們會計算 $D[u]$ 的新數值，並希望知道使用 (u, z) 這個邊之後，$D[z]$ 是否有更好的值。邊長縮短運算的明確步驟如下：

邊長縮短：

$$\textbf{if } D[u] + w((u,z)) < D[z] \textbf{ then}$$
$$D[z] \leftarrow D[u] + w((u,z))$$

注意，若新發現通往 z 的路徑並不比舊路徑更好，則 $D[z]$ 不改變。

Dijkstra 演算法的細節

我們在演算法 7.2 中列出 Dijkstra 演算法的虛擬碼。注意我們使用優先權佇列 Q 來存儲在頂點群 C 之外的頂點。

我們在圖 7.3 和 7.4 中示範 Dijkstra 演算法的幾個回合。

為什麼它有效

Dijkstra 演算法有趣的一點，甚至有些令人驚訝的一點是：當頂點 u 被拉進 C 的時候，它的標籤 $D[u]$ 就已經儲存著從 v 到 u 之最短路徑的正確長度。因此當演算法終止時，它已經計算出從 v 到 G 中每一個頂點的最短路徑的距離。也就是說，它已經解決了單一源點最短路徑問題。

我們也許無法馬上看出來，為什麼 Dijkstra 演算法能夠正確地找出從起始頂點 v 到圖中每一個其他頂點 u 的最短路徑。當頂點 u 被拉進頂點群 C 時 (同時也是 u 從優先權佇列 Q 中移除的時候)，為什麼從 v 到 u 的距離會等於標籤 $D[u]$ 在該時刻的值？這個問題的答案在於圖中沒有權重為負值的邊，因爲這一點讓貪婪演算法可以正確地運行，如下面的引理所示。

Algorithm DijkstraShortestPaths(G, v):
 Input: A simple undirected weighted graph G with nonnegative edge weights, and a distinguished vertex v of G
 Output: A label $D[u]$, for each vertex u of G, such that $D[u]$ is the distance from v to u in G

 $D[v] \leftarrow 0$
 for each vertex $u \neq v$ of $\vec{G}$ **do**
  $D[u] \leftarrow +\infty$
 Let a priority queue Q contain all the vertices of G using the D labels as keys.
 while Q is not empty **do**
  {pull a new vertex u into the cloud}
  $u \leftarrow Q$.removeMin()
  for each vertex z adjacent to u such that z is in Q **do**
   {perform the ***relaxation*** procedure on edge (u,z)}
   if $D[u] + w((u,z)) < D[z]$ **then**
    $D[z] \leftarrow D[u] + w((u,z))$
    Change to $D[z]$ the key of vertex z in Q.
 return the label $D[u]$ of each vertex u

演算法 7.2：單一源點最短路徑的 Dijkstra 演算法，從圖 G 中的頂點 v 開始。

引理 7.1： 在 Dijkstra 演算法中，當頂點 u 被拉進頂點群時，標籤 $D[u]$ 會等於 $d(v,u)$，亦即從 v 到 u 的最短路徑的長度。

證明：

假設對於 V 中的某個頂點 t，$D[t] > d(v,t)$，並令 u 爲第一個被演算法拉進頂點群 C (亦即從 Q 中移除)，且 $D[u] > d[v,u]$ 的頂點。從 v 到 u 有一條最短路徑 P (否則 $d(v,u) = +\infty = D[u]$)。因此，讓我們考慮當 u 被拉進 C 的瞬間，並令 z 爲 P 上第一個目前不在 C 裡面的頂點 (從 u 到 v 時)。令 y 爲 z 在路徑 P 上的前一個頂點 (注意有可能 $y = v$)。(參考圖 7.5) 由於我們選擇了這樣的 z，我們知道此時 y 已經在 C 裡面。再者，$D[y] = d(v,y)$，因爲 u 是**第一個**不正確的頂點。當 y 被拉進 C 時，我們測試 $D[z]$ (也可能將它更新)，使得在此刻，我們有

$$D[z] \leq D[y] + w((y,z)) = d(v,y) + w((y,z))$$

但因爲 z 是從 v 到 u 之最短路徑上的下一個頂點，這表示

$$D[z] = d(v,z)$$

但我們目前正處於要挑選 u (而不是 z) 加入 C 的時刻；因此

$$D[u] \leq D[z]$$

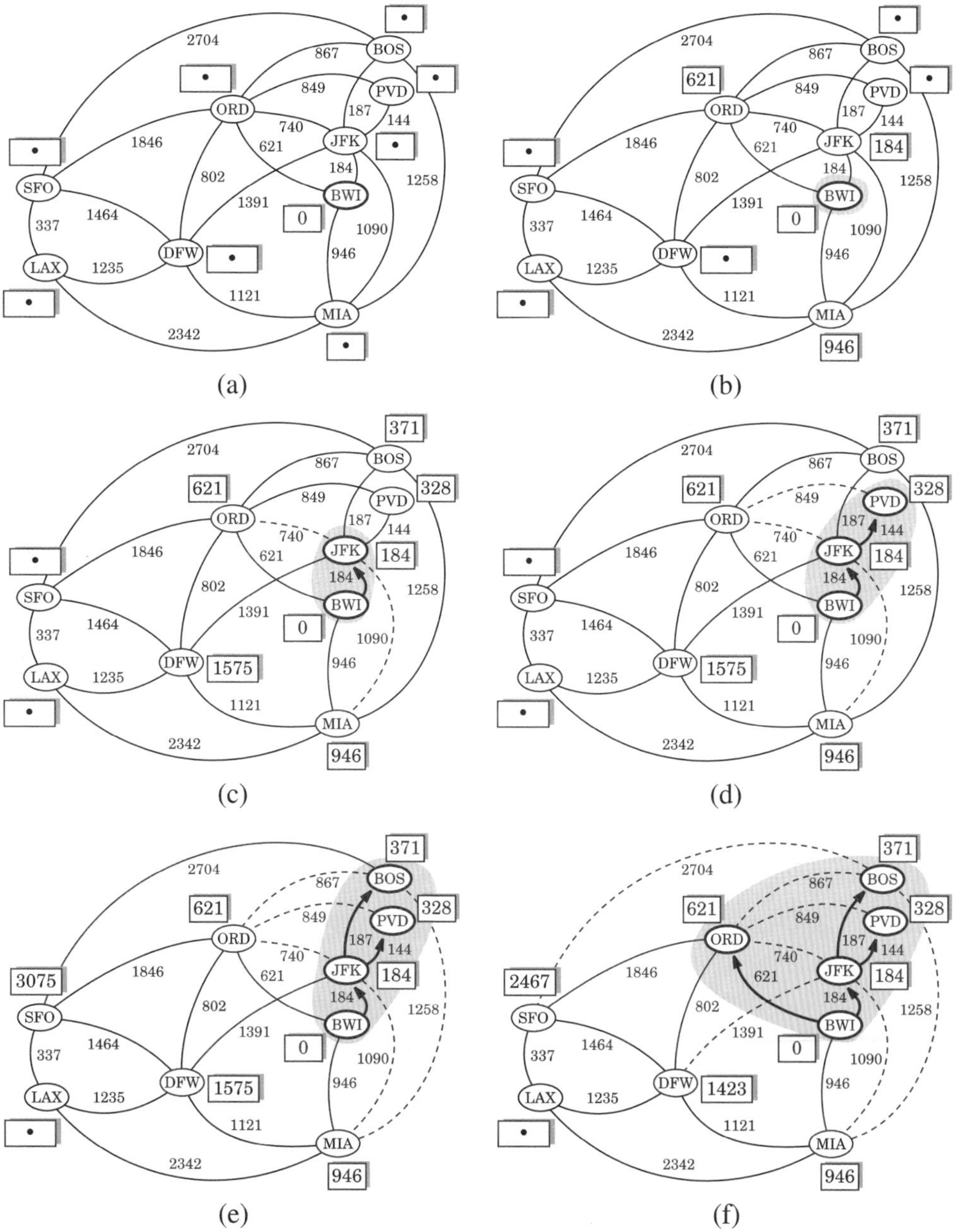

圖 7.3：在加權圖中執行 Dijkstra 演算法。啓始頂點是 BWI。每一個頂點 u 旁邊的方格儲存著標籤 $D[u]$。我們使用符號 • 來代替 $+\infty$。最短路徑樹的邊畫成粗箭頭，對於「頂點群」外的每一個頂點 u，我們以實線表示欲將 u 拉進該群時所考慮的最理想的邊。**(在圖 7.4 中繼續)**

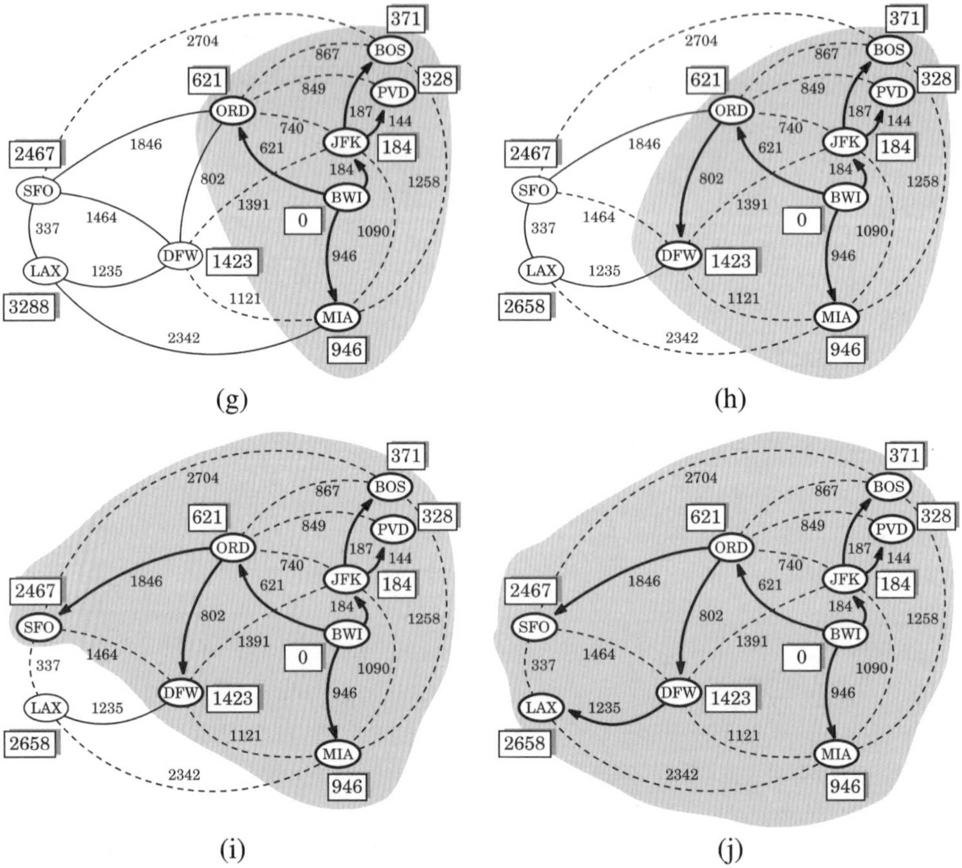

圖 7.4：Dijkstra 演算法的視覺化。(接續圖 7.3)

最短路徑的子路徑顯然也是最短路徑。因此，既然 z 在從 v 到 u 的最短路徑上，

$$d(v,z)+d(z,u)=d(v,u)$$

此外，因為沒有權重為負值的邊，故 $d(z,u)\geq 0$。因此，

$$D[u]\leq D[z]=d(v,z)\leq d(v,z)+d(z,u)=d(v,u)$$

但這與 u 的定義矛盾。因此，不可能會有這樣的頂點 u。■

Dijkstra 演算法的執行時間

在本節中，我們分析 Dijkstra 演算法的時間複雜度。我們將輸入圖 G 的頂點數和邊數分別記為 n 和 m。我們假設邊的權重可以在常數時間內相加與比較。由於我們在演算法 7.2 中列出的 Dijkstra 演算法描述的層次很抽象，並不明確，因此若想分析演算法的執行時間，則需要提供更詳細的實作細節。更明確地說，我們應該指出所使用的資料結構，以及它們如何實作。

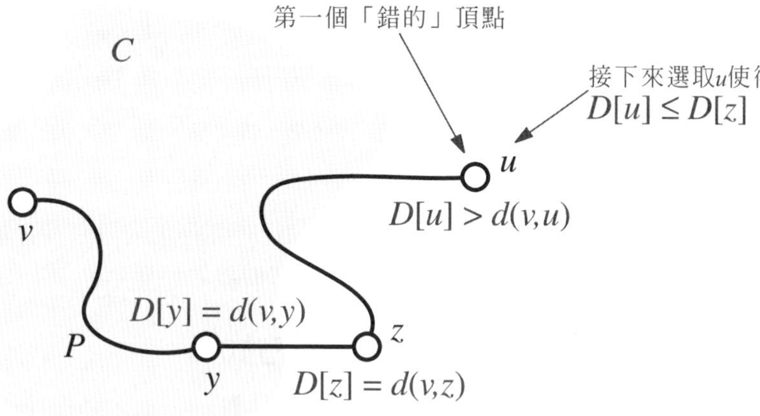

圖 7.5：定理 7.1 證明的圖示。

首先，讓我們假設我們使用鄰接串列結構來表示圖 G。這個資料結構允許我們在進行邊長縮短步驟時，逐一檢查與 u 相鄰的頂點所需的時間，與它們的個數成正比。然而這樣仍然沒有確定演算法中所有的細節，因爲我們必須更詳細地說明如何實作其他的主要資料結構 — 優先權佇列 Q。

有效率的優先權佇列 Q 實作會使用堆積 (參考 2.4.3 節)。這樣一來，我們可以呼叫 removeMin 方法，在 $O(\log n)$ 時間內取出 D 標籤最小的頂點 u。如同虛擬碼中所記述，每當我們更新標籤 $D[z]$ 時，需要更新優先權佇列中 Z 的鍵值。如果以堆積來實作 Q，則可先移除 z，然後插入具有新鍵值的 z，而完成鍵值更新。如果我們的優先權佇列支援定位器模式 (參考 2.4.4 節)，則可很容易地在 $O(\log n)$ 時間內實行鍵值更新，因爲頂點 z 的定位器可讓 Q 立即存取堆積中儲存著 z 的項目 (參考 2.4.4 節)。如果我們假設 Q 採取此種實作方式，則 Dijkstra 演算法可在 $O((n+m)\log n)$ 時間內執行。

再回來參照演算法 7.2，執行時間分析的細節如下：

- 所有頂點及其初始鍵值，可藉由重複插入，在 $O(n\log n)$ 時間內插入 Q 中，或者使用由下而上的堆積建造方式，則可在 $O(n)$ 時間內完成 (參考 2.4.4 節)。
- 在 **while** 迴圈的每一個回合，我們花費 $O(\log n)$ 時間，從 Q 中移除頂點 u，並花費 $O(\deg(v)\log n)$ 時間，針對與 u 相連的邊執行內邊長縮短程序。
- **while** 迴圈的總執行時間爲

$$\sum_{v\in G}(1+\deg(v))\log n$$

根據定理 6.6，這就是 $O((n+m)\log n)$ 。
因此，我們有以下的定理。

定理 7.2： 已知一個有 n 個頂點和 m 個邊的加權圖 G，且每個邊的權重均爲非負值。則 Dijkstra 演算法可實作爲能夠在 $O(m\log n)$ 時間內找出 G 中從頂點 v 開始的所有最短路徑。

注意，如果我們希望將上面的執行時間表示成只有 n 的函數，則在最差情況下爲 $O(n^2\log n)$，因爲我們已經假設 G 是簡單的。

Dijkstra 演算法的另一種實作方式

現在讓我們考慮優先權佇列 Q 的另一種實作方式，亦即使用未排序的序列。這樣一來，我們當然必須花費 $\Omega(n)$ 時間來取出最小元素，然而，如果 Q 支援定位器模式 (參考 2.4.4 節)，則鍵值更新可以非常快速。更明確地說，我們可以在 $O(1)$ 時間內實行邊長縮短步驟中所做的每一項鍵值更新——一旦我們找出了 Q 中欲更新的項目的位置，只需要改變鍵值即可。因此，這種實作方式產生了 $O(n^2+m)$ 的執行時間，因爲 G 是簡單的，故可簡化爲 $O(n^2)$ 。

比較兩種實作方式

實作 Dijkstra 演算法中的優先權佇列時，我們有兩個選擇：以定位器爲基礎的堆積實作方式，並產生 $O(m\log n)$ 的執行時間，以及以定位器爲基礎的未排序序列實作方式，並產生 $O(n^2)$ 時間的演算法。由於爲這兩種實作方式撰寫程式都相當簡單，因此就程式設計所需的熟練度而言，兩者大約相同。這兩種實作方式在最差情況下的執行時間，其常數因子也大約相等。如果我們只看這些最差情況下的執行時間，當圖中的邊數很少時 (亦即當 $m<n^2/\log n$ 時)，我們比較喜歡堆積的實作方式，而當邊數很大時 (亦即當 $m>n^2/\log n$ 時)，我們比較喜歡序列的實作方式。

定理 7.3： 已知一個有 n 個頂點和 m 個邊的簡單加權圖 G，以及 G 的一個頂點 v，圖中每一個邊的權重均爲非負值，Dijkstra 演算法可在 $O(m\log n)$ 時間或 $O(n^2)$ 時間內計算出從 v 到 G 中所有其他頂點的距離。

在習題 R-7.3 中，我們探討如何修改 Dijkstra 演算法，讓它輸出一個以 v 爲樹根的樹 T，使得 T 中從 v 到頂點 u 的路徑，就是 G 中從 v 到 u 的最短路徑。此外，將 Dijkstra 演算法推廣到有向圖是相當直截了當的。然而當圖中具有權重爲負值的邊時，則無法將 Dijkstra 演算法推廣，如圖 7.6 所示。

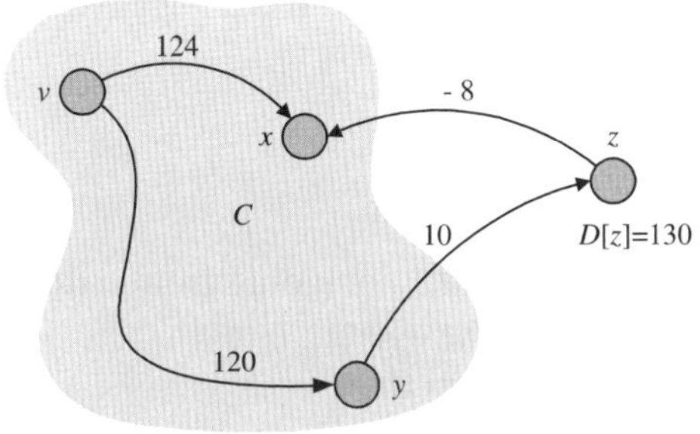

圖 7.6：說明當圖中有權重為負值的邊時，為什麼 Dijkstra 演算法會失敗的範例。將 z 拉進 C，並執行邊長縮短，將使先前所計算到 x 的最短路徑距離 (124) 變成無效。

7.1.2 Bellman-Ford 最短路徑演算法

如果一個圖具有權重爲負值的邊，則有另外一個由 Bellman 和 Ford 提出的演算法，可以找出圖中的最短路徑。在這種情況下，我們必須堅持圖是有向的，否則的話，任何一個權重爲負值的無向邊，均立即意味著有一個權重爲負值的迴路，我們可以沿著這個邊來回走訪。我們不能容許這樣的邊，因爲權重爲負值的迴路會造成以邊的權重爲基礎而建立的距離概念不再有效。

假設 $\vec{G}$ 是一個有向加權圖，圖中可能有一些權重爲負值的邊。Bellman-Ford 演算法可以計算從 $\vec{G}$ 的某個頂點 v 到 $\vec{G}$ 中每一個其他頂點的最短路徑距離，這個演算法非常簡單。它也使用了 Dijkstra 演算法中的「邊長縮短」概念，但不與貪婪演算法一同使用 (在這種情況下會失效，參考習題 C-7.2)。也就是說，Bellman-Ford 演算法如同 Dijkstra 演算法一般使用標籤 $D[u]$，其中的值永遠是從 v 到 u 的距離 $d(v,u)$ 的上界，它也會反覆地被「縮短」，直到它確實等於該距離。

Bellman-Ford 最短路徑演算法的細節

Bellman-Ford 方法示於演算法 7.7。它針對有向圖中的每一個邊進行 $n-1$ 次邊長縮短運算。我們在圖 7.8 中示範 Bellman-Ford 演算法的執行過程。

Algorithm BellmanFordShortestPaths($\vec{G}, v$):

 Input: A weighted directed graph $\vec{G}$ with n vertices, and a vertex v of $\vec{G}$

 Output: A label $D[u]$, for each vertex u of $\vec{G}$, such that $D[u]$ is the distance from v to u in $\vec{G}$, or an indication that $\vec{G}$ has a negative-weight cycle

```
D[v] ← 0
for each vertex u ≠ v of G⃗ do
  D[u] ← +∞
for i ← 1 to n − 1 do
  for each (directed) edge (u,z) outgoing from u do
    {Perform the relaxation operation on (u,z)}
    if D[u] + w((u,z)) < D[z] then
      D[z] ← D[u] + w((u,z))
if there are no edges left with potential relaxation operations then
  return the label D[u] of each vertex u
else
  return "G⃗ contains a negative-weight cycle"
```

演算法 7.7：Bellman-Ford 單一源點最短路徑演算法，圖中可以有權重為負值的邊。

引理 7.4： 演算法 7.7 執行完必畢時，如果有一個邊 (u, z) 可以縮短 (亦即 $D[u]+w((u,z))<D[z]$)，則輸入的有向圖 $\vec{G}$ 含有權重爲負值的迴路。否則，對於 $\vec{G}$ 中的每一個頂點 u，$D[u] = d(v, u)$ 均成立。

證明：

爲了證明的緣故，讓我們在有向圖中引入一個新的距離。更明確地說，令 $d_i(v, u)$ 代表從 v 到 u，且最多包含 i 個邊的所有路徑中的最短路徑的長度。我們將 $d_i(v, u)$ 稱爲由 v 到 u 的 i **邊長距離 (*i*-edge distance)**。我們宣稱：當 Bellman-Ford 演算法中的主要 for 迴圈執行完第 i 個回合之後，對於 $\vec{G}$ 中的每一個頂點 u，$D[u] = d_i(v, u)$ 均成立。我們開始第一個回合之前，這當然是正確的，因爲 $D[v] = 0 = d_0(v, v)$，而且對於 $u \neq v$ 而言，$D[u] = +\infty = d_0(v, u)$。假設在第 i 個回合之前，這項聲明是正確的 (我們現在要證明如果情況是這樣，則第 i 個回合之後，這項聲明也是正確的)。在第 i 個回合，我們對有向圖的每一個邊執行一次邊長縮短步驟。從 v 到頂點 u 的 i 邊長距離 $d_i(v, u)$ 是按照下面兩種方式其中之一決定的。對於 $\vec{G}$ 的某個頂點 z，如果不是 $d_i(v, u) = d_{i-1}(v, u)$，就是 $d_i(v, u) = d_{i-1}(v, z) + w((z, u))$。因爲在第 i 個回合中對 $\vec{G}$ 中的每一個邊實施邊長縮短運算，如果是第一種情形，則第 i 個回合之後，我們有 $D[u] = d_{i-1}(v, u) = d_i(v, u)$，如果是第二種情形，我們有 $D[u] = D[z] + w((z,u)) = d_{i-1}(v,z) + w((z,u)) = d_i(v,u)$。因此，對於每一個頂點 u，如果在第 i 個回合之前，$D[u] = d_{i-1}(v,u)$，則第 i 個回合之後，$D[u] = d_i(v,u)$。

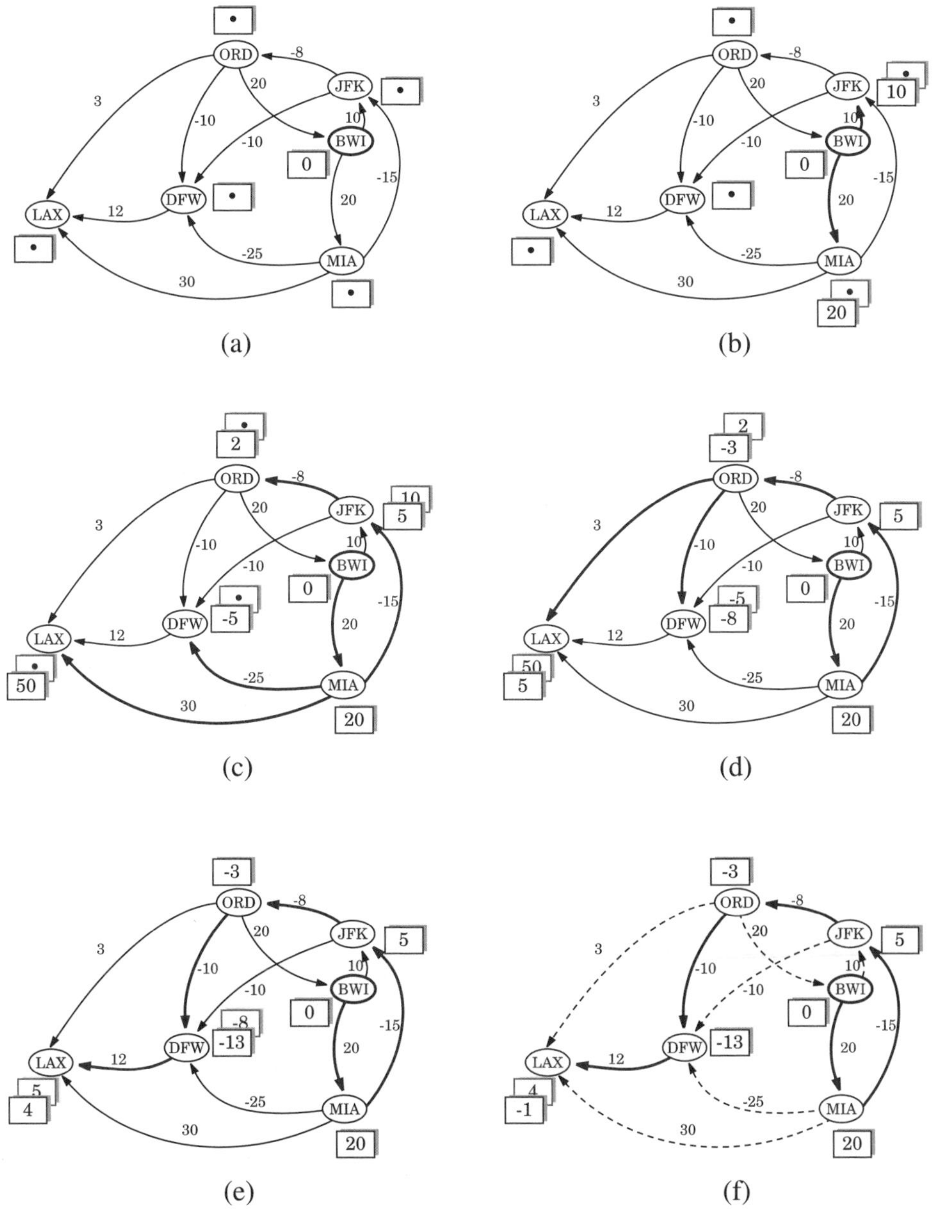

(a) (b) (c) (d) (e) (f)

圖 7.8：Bellman-Ford 演算法應用的圖示。啓始頂點為 BWI。每一個頂點 u 旁邊的方格儲存著標籤 $D[u]$，「陰影」顯示在邊長縮短過程中被修改的值；粗邊造成這樣的邊長縮短。

所以，在第 $n-1$ 個回合之後，對於 $\vec{G}$ 中的每一個頂點 u，$D[u] = d_{n-1}(v,u)$ 均成立。現在請注意，如果 $\vec{G}$ 中有一個邊仍然可以縮短，則 $\vec{G}$ 中有一個頂點 u，使得從 v 到 u 的 n 邊長距離小於從 v 到 u 的 $n-1$ 邊長距離，亦即 $d_n(v,u) < d_{n-1}(v,u)$。但 $\vec{G}$ 中只有 n 個頂點；因此，如果從 v 到 u 有一條有 n 個邊的最短路徑，它一定會重複經過 $\vec{G}$ 中的某個頂點 z 兩次。也就是說這條路徑一定含有一個迴路。再者，由於從一個頂點到它自己，且使用 0 個邊的距離爲 0 (亦即 $d_0(z,z) = 0$)，故這個迴路一定是權重爲負值的迴路。因此，在執行Bellman-Ford演算法之後，如果 $\vec{G}$ 中有一個邊仍然可以縮短，則 $\vec{G}$ 含有一個權重爲負值的迴路。另一方面，執行 Bellman-Ford 演算法之後，如果 $\vec{G}$ 中沒有任何一個邊可以再縮短，則 $\vec{G}$ 不含權重爲負值的迴路。此外，在這種情況下，兩個頂點之間的最短路徑最多含有 $n-1$ 個邊；因此，對於 $\vec{G}$ 中的每一個頂點 u，$D[u] = d_{n-1}(v,u) = d(v,u)$ 均成立。 ■

因此，Bellman-Ford 演算法是正確的，甚至還可以讓我們判斷有向圖是否含有權重爲負值的迴路。Bellman-Ford 演算法的執行時間很容易分析。主要的 for 迴圈會執行 $n-1$ 次，每一次迴圈執行時，對於 $\vec{G}$ 中的每一個邊均花費 $O(1)$ 時間。 因此這個演算法的執行時間爲 $O(nm)$。我們將上面的結果總結如下：

定理 7.5： 已知一個具有 n 個頂點和 m 個邊的加權有向圖 G，以及 $\vec{G}$ 的一個頂點 v，Bellman-Ford 演算法可在 $O(nm)$ 內計算出從 v 到 G 中所有其他頂點的距離，或決定 $\vec{G}$ 含有一個權重爲負值的迴路。

7.1.3 有向無迴路圖中的最短路徑

如同前面所說，Dijkstra 演算法和 Bellman-Ford 演算法對有向圖都有效。然而，如果有向圖不含有向迴路，亦即該圖是一個加權有向無迴路圖 (DAG)，那麼我們可以使用比這些演算法更快的方法來解決單一源點最短路徑問題。

回想一下，在 6.4.4 節中，有向無迴路圖 $\vec{G}$ 的拓撲次序乃是其頂點 (v_1、v_2、⋯、v_n) 的列表，如果 (v_i, v_j) 是 $\vec{G}$ 的一個邊，則 $i<j$。同樣也回想一下，在一個具有 n 個頂點和 m 個邊的有向無迴路圖 $\vec{G}$ 中，我們可以使用

深度優先搜尋演算法，在 $O(n+m)$ 時間內計算這些頂點的拓撲次序。有趣的是，若已知加權有向無迴路圖 $\vec{G}$ 的拓撲次序，則可在 $O(n+m)$ 內計算出從一已知頂點 v 開始的所有最短路徑。

計算 DAG 中最短路徑的細節

在演算法 7.9 列出的這個方法，包含了根據拓撲次序拜訪 $\vec{G}$ 的頂點，以及每次拜訪時將射出邊縮短。

Algorithm DAGShortestPaths($\vec{G}, s$):

Input: A weighted directed acyclic graph (DAG) $\vec{G}$ with n vertices and m edges, and a distinguished vertex s in $\vec{G}$

Output: A label $D[u]$, for each vertex u of $\vec{G}$, such that $D[u]$ is the distance from v to u in $\vec{G}$

Compute a topological ordering $(v_1, v_2, \ldots, v_n)$ for $\vec{G}$
$D[s] \leftarrow 0$
for each vertex $u \neq s$ of $\vec{G}$ **do**
  $D[u] \leftarrow +\infty$
for $i \leftarrow 1$ to $n-1$ **do**
  {Relax each outgoing edge from v_i}
  for each edge (v_i, u) outgoing from v_i **do**
    if $D[v_i] + w((v_i, u)) < D[u]$ **then**
      $D[u] \leftarrow D[v_i] + w((v_i, u))$
Output the distance labels D as the distances from s.

演算法 **7.9**：有向無迴路圖的最短路徑演算法。

DAG 最短路徑演算法的執行時間很容易分析。假設我們使用鄰接串列來表示有向圖，則可在常數時間加上一段額外時間 (與頂點的射出邊個數成正比) 內處理每一個頂點。另外，我們已經觀察到，$\vec{G}$ 中頂點的拓撲次序可在 $O(n+m)$ 時間內計算出來。因此整個演算法可在 $O(n+m)$ 時間內執行。我們在圖 7.10 中說明這個演算法。

定理 7.6： 在一具有 n 個頂點和 m 個邊的有向圖 $\vec{G}$ 中，DAGShortestPaths 可在 $O(n+m)$ 時間內計算出從啓始頂點 s 到其他每一個頂點的距離。

證明：

爲了得到矛盾，假設 v_i 是拓撲次序中第一個使得 $D[v_i]$ 不等於從 s 到 v_i 之距離的頂點。首先，請注意 $D[v_i] < +\infty$，因爲除了 s 以外，其他頂點的初始 D 值均爲 $+\infty$，而且如果我們發現了從 s 開始的一條路徑，則標籤 D

的值只會降低。因此，如果 $D[v_j] = +\infty$ ，則 v_j 無法從 s 到達。所以，既然 v_i 可以從 s 到達，故從 s 到 v_i 有一條最短路徑。令 v_k 為從 s 到 v_i 之最短路徑上的倒數第二個頂點。由於頂點是按照拓撲次序來編號的，所以我們有 $k<i$ 。因此 $D[v_k]$ 是正確的 (有可能 $v_k = s$)。然而當我們處理 v_k 時，我們會縮棄從 v_k 射出的每一個邊，包括從 v_k 到 v_i 的最短路徑上的邊，故 $D[v_i]$ 會被指定為從 s 到 v_i 的距離。但這與 v_i 的定義矛盾；因此，不存在像 v_i 這樣的頂點。 ■

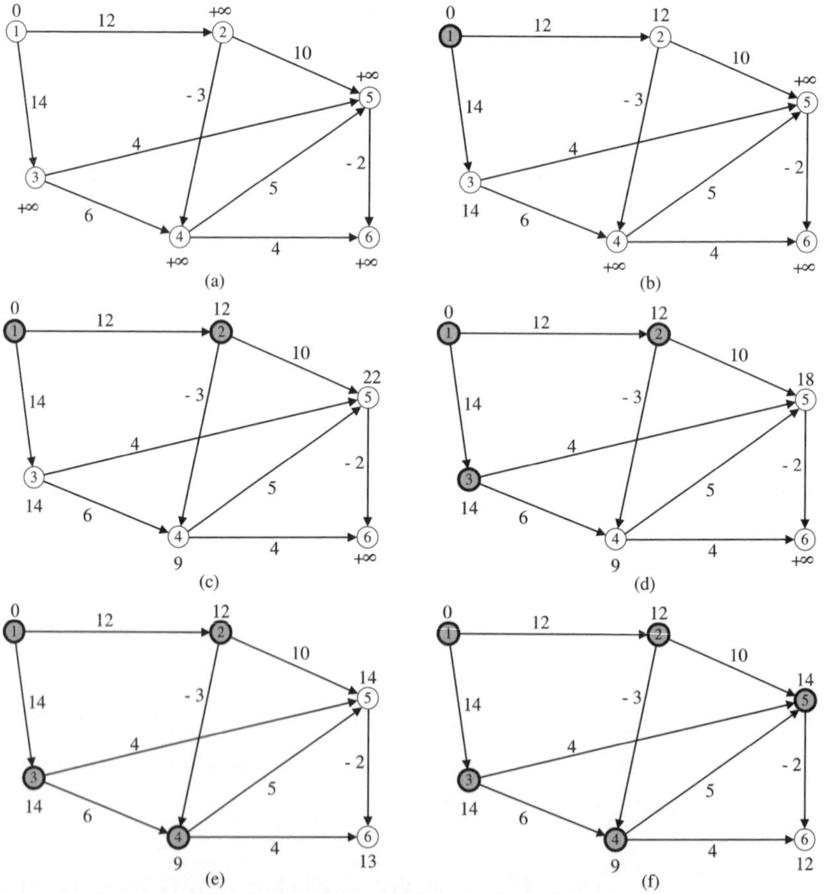

圖 7.10：**DAG** 最短路徑演算法的圖解。

7.2 完全配對最短路徑

假設有一個具有 n 個頂點和 m 個邊的有向圖 $\vec{G}$，而我們想要計算圖中每一對頂點之間的最短路徑距離。當然，如果 $\vec{G}$ 不含權重為負值的邊，那麼我

們可以針對 $\vec{G}$ 的每一個頂點輪流執行 Dijkstra 演算法。假設我們使用鄰接串列結構來表示 $\vec{G}$，那麼這個方法將花費 $O(n(n+m)\log n)$ 時間。在最差情況下，這個界限可能高達 $O(n^3 \log n)$。同樣地，如果 $\vec{G}$ 包含權重爲負值的迴路，那麼我們可以從 $\vec{G}$ 的每一個頂點開始，輪流執行 Bellman-Ford 演算法。這個方法可以在 $O(n^2 m)$ 時間內執行，在最差情況下可能高達 $O(n^4)$。在本節中，我們考慮一些演算法，即使在圖中包含權重爲負值的邊 (但不含權重爲負值的迴路) 的情況下，這些演算法也可以在 $O(n^3)$ 時間內解決完全配對最短路徑問題。

7.2.1 動態規劃的最短路徑演算法

我們討論的第一個完全配對最短路徑演算法，乃是本書前面討論過的一個演算法的變形，亦即用來計算有向圖之閉包的 Floyd-Warshall 演算法 (6.16)。

令 $\vec{G}$ 爲一已知的加權有向圖。我們將 $\vec{G}$ 的頂點任意編號爲 (v_1、v_2、…、v_n)。如同任何動態規劃演算法 (5.3 節) 一般，演算法中最關鍵的架構就是定義一個容易計算，並可讓我們在最後算出一個最終答案的參數化成本函數。在這個例子中，我們使用成本函數 $D^k_{i,j}$，定義爲只使用集合 {v_1、v_2、…、v_k} 內的中間頂點時，從 v_i 到 v_j 的距離。一開始的時候，

$$D^0_{i,j} = \begin{cases} 0 & \text{若 } i = j \\ w((v_i, v_j)) & \text{若 } (v_i, v_j) \text{是 } \vec{G} \\ +\infty & \text{其他} \end{cases}$$

已知這個參數化的成本函數 $D^k_{i,j}$ 及其初始值 $D^0_{i,j}$，即可很容易地將任何 $k>0$ 時的值定義爲

$$D^k_{i,j} = \min\{D^{k-1}_{i,j},\ D^{k-1}_{i,k} + D^{k-1}_{k,j}\}$$

換句話說，如果只使用編號從 1 到 k 的頂點，則從 v_i 到 v_j 的成本等於兩條可能路徑中比較短的那一條。第一條路徑就是只使用編號從 1 到 k 的頂點時，從 v_i 到 v_j 的最短路徑。第二條路徑的成本等於從 v_i 到 v_k 的最短路徑的成本 (只使用編號從 1 到 $k-1$ 的頂點) 加上從 v_k 到 v_j 的最短路徑的成本 (只使用編號從 1 到 $k-1$ 的頂點)。此外，使用 {v_1、v_2、…、v_k} 中的頂點，並從 v_i 到 v_j 的路徑中，沒有比這兩條更短的。如果眞的有一條更短的路徑，且該路徑不包含 v_k，將違反 $D^{k-1}_{i,j}$ 的定義。如果眞的有一條更短的路徑，且該路徑包含 v_k，將違反 $D^{k-1}_{i,k}$ 或 $D^{k-1}_{k,j}$ 的定義。事實上，請注意只要 $\vec{G}$ 不含

成本為負值的迴路，即使其中有成本為負值的邊，這個論點仍然成立。在演算法 7.11 中，我們證明這個成本函數的定義讓我們可以建立完全配對最短路徑的有效解答。

```
Algorithm AllPairsShortestPaths(G⃗):
  Input: A simple weighted directed graph G⃗ without negative-weight cycles
  Output: A numbering v_1, v_2, ..., v_n of the vertices of G⃗ and a matrix D, such
    that D[i, j] is the distance from v_i to v_j in G⃗

  let v_1, v_2, ..., v_n be an arbitrary numbering of the vertices of G⃗
  for i ← 1 to n do
    for j ← 1 to n do
      if i = j then
        D^0[i,i] ← 0
      if (v_i, v_j) is an edge in G⃗ then
        D^0[i, j] ← w((v_i, v_j))
      else
        D^0[i, j] ← +∞
  for k ← 1 to n do
    for i ← 1 to n do
      for j ← 1 to n do
        D^k[i, j] ← min{D^{k−1}[i, j], D^{k−1}[i,k] + D^{k−1}[k, j]}
  return matrix D^n
```

演算法 **7.11**：在不含負迴路的有向圖中，計算完全配對最短路徑距離的動態規劃演算法。

這個動態規劃演算法的執行時間顯然是 $O(n^3)$。所以我們下面的定理。

定理 7.7： 已知一個有 n 個頂點的簡單加權有向圖 $\vec{G}$，其中不含權重為負值的迴路，則演算法 7.11 (AllPairsShortestPaths)可在 $O(n^3)$ 時間內計算出 $\vec{G}$ 中每一對頂點之間的最短路徑距離。

7.2.2 利用矩陣乘法計算最短路徑

我們可以把「計算有向圖 $\vec{G}$ 中所有頂點對的最短路徑距離」看成是一個矩陣問題。在本小節中，我們描述如何使用這個方法，在 $O(n^3)$ 時間內解決完全配對最短路徑問題。我們首先描述如何使用這個方法，在 $O(n^4)$ 時間內解決完全配對問題，然後證明：更深入地研究這個問題，可將上述時間改進為 $O(n^3)$。當我們使用鄰接矩陣資料結構來表示圖時，以矩陣乘法解決最短路徑問題特別有用。

加權鄰接矩陣表示法

讓我們把 $\vec{G}$ 的頂點編號爲 (v_0、v_1、⋯、v_{n-1})，回復我們將頂點從索引 0 開始編號的慣例。如果我們以這種方式將 $\vec{G}$ 的頂點編號，則有向圖的鄰接矩陣表示法就有一個自然的外觀，其中 $A[i,j]$ 的定義如下：

$$A[i,j] = \begin{cases} 0 & \text{若 } i = j \\ w((v_i, v_j)) & \text{若 } (v_i, v_j) \text{ 爲 } \vec{G} \text{ 的一個邊} \\ +\infty & \text{其他} \end{cases}$$

(請注意這個定義與前一小節的成本函數 $D^0_{i,j}$ 相同。)

最短路徑和矩陣乘法運算

換句話說，$A[i,j]$ 儲存著當路徑只使用一個邊或更少的邊時，從 v_i 到 v_j 的最短路徑距離。因此，讓我們用矩陣 A 來定義另一個矩陣 A^2，使得 $A^2[i,j]$ 儲存著當路徑最多使用兩個邊時，從 v_i 到 v_j 的最短路徑距離。最多只有兩個邊的路徑如果不是空路徑 (零個邊的路徑)，就是把一個額外的邊加入零個邊或一個邊的路徑。故我們可以將 $A^2[i,j]$ 定義爲

$$A^2[i,j] = \min_{l = 0, 1, \ldots, n-1} \{A[i,l] + A[l,j]\}$$

因此，已知 A，我們可以使用一個與標準矩陣乘法演算法非常類似的演算法，在 $O(n^3)$ 時間內計算矩陣 A^2。

事實上，只要我們重新定義矩陣乘法演算法中運算子「加」和「乘」的意義，就可以把這個計算式看成是矩陣乘法 (C++程式語言明確地允許這樣的運算子多載)。如果我們把「加」爲重新定義「min」，再把「乘」重新定義爲「+」，則 $A^2[i,j]$ 可以寫成眞正的矩陣乘法：

$$A^2[i,j] = \sum_{l = 0, 1, \ldots, n-1} A[i,l] \cdot A[l,j]$$

這個矩陣乘法運算的觀點確實是我們爲什麼要將這個矩陣寫成「A^2」的原因，因爲它是是矩陣 A 的平方。

讓我們繼續使用這個方法來定義矩陣 A^k，使得 $A^k[i,j]$ 等於當路徑最多使用 k 個邊時，從 v_i 到 v_j 的最短路徑距離。既然一條最多有 k 個邊的路徑，等於一條最多有 $k-1$ 個邊的路徑，可能再加上一個額外的邊，如果我們繼續使用運算子的重新定義，令「+」代表「min」，以及「·」代表「+」，則可將 A^k 定義爲

$$A^k[i,j] = \sum_{l = 0, 1, \ldots, n-1} A^{k-1}[i,l] \cdot A[l,j]$$

我們觀察到十分重要的一點：如果 $\vec{G}$ 不含權重爲負值的迴路，則 A^{n-1} 儲存著 $\vec{G}$ 中每一對頂點之間的最短路徑距離。這個觀察來自於「任何定義明確的最短路徑，最多只含有 $n-1$ 個邊」的事實。如果一條路徑擁有的邊超過 $n-1$ 個，它一定會重複經過某個頂點；因此它一定含有迴路。但最短路徑絕對不會含有迴路 (除非 $\vec{G}$ 中有一個權重爲負值的迴路)。因此，要解決完全配對最短路徑問題，只需要將 A 自乘 $n-1$ 次。由於每一次這樣的乘法均可在 $O(n^3)$ 時間內完成，因此這個方法立刻得到下面的定理。

定理 7.8： 已知一個有 n 個頂點的加權有向圖 $\vec{G}$，以及 $\vec{G}$ 的加權鄰接矩陣 A，圖中不含權重爲負值的迴路，我們可以在 $O(n^4)$ 時間內計算 A^{n-1}，以解決 $\vec{G}$ 的完全配對最短路徑問題。

在 10.1.4 節中，我們討論了數目的冪次演算法，這個演算法可以運用於目前的矩陣乘法，在 $O(n^3 \log n)$ 時間內計算出 A^{n-1}。然而，藉由目前在利用完全配對最短路徑問題中的額外結構，實際上我們可以在 $O(n^3)$ 時間內計算 A^{n-1}。

矩陣的閉包

如同以上的觀察，如果 $\vec{G}$ 不含權重爲負值的迴路，那麼 $\vec{G}$ 中每一對頂點之間的最短路徑距離都蘊藏在 A^{n-1} 內。定義明確的最短路徑不能含有迴路；因此，一個被限制爲最多只能含有 $n-1$ 個邊的最短路徑，一定是眞正的最短路徑。同樣地，最多含有 n 個邊的最短路徑是眞正的最短路徑，正如最多含有 $n+1$ 個邊、$n+2$ 個邊的最短路徑，依此類推。所以，如果 $\vec{G}$ 不含權重爲負值的迴路，則

$$A^{n-1} = A^n = A^{n+1} = A^{n+2} = \cdots$$

矩陣 A 的閉包定義爲

$$A^* = \sum_{l=0}^{\infty} A^l$$

如果這樣的矩陣存在的話。如果 A 是一個加權鄰接矩陣，則 $A^*[i,j]$ 是從 v_i 到 v_j 的所有可能路徑的總和。在我們的例子中，A 是有向圖 $\vec{G}$ 的加權鄰接矩陣，而且我們已經把「+」重新定義爲「min」。因此我們可以寫成

$$A^* = \min_{i=0,\ldots,\infty} \{A^i\}$$

再者，既然我們正在計算最短路徑距離，所以 A^{i+1} 中的元素絕對不會大於

A^i 中的元素。所以，對一個有向圖 $\vec{G}$ (有 n 個頂點，且不含權重為負值的迴路) 的鄰接矩陣來說，

$$A^* = A^{n-1} = A^n = A^{n+1} = A^{n+2} = \cdots$$

也就是說，$A^*[i,j]$ 儲存著從 v_i 到 v_j 之最短路徑的長度。

計算加權鄰接矩陣的閉包

我們可以採用各個擊破的策略，在 $O(n^3)$ 時間內計算閉包 A^*。在不失去一般性的前提下，我們假設 n 是二的冪次 (如果不是的話，就在有向圖 $\vec{G}$ 中補上沒有射入或射出邊的額外頂點)。讓我們將 $\vec{G}$ 中頂點的集合 V 分割成兩個大小相同的集合 $V_1 = \{v_0, \ldots, v_{n/2-1}\}$ 和 $V_2 = \{v_{n/2}, \ldots, v_{n-1}\}$。已知這個分割之後，我們可以同樣地將鄰接矩陣 A 分成 B、C、D、E 四個區塊，每一個區塊各有 $n/2$ 列和 $n/2$ 行，其定義如下：

- B：從 V_1 到 V_1 的邊的權重。
- C：從 V_1 到 V_2 的邊的權重。
- D：從 V_2 到 V_1 的邊的權重。
- E：從 V_2 到 V_2 的邊的權重。

也就是說，

$$A = \begin{pmatrix} B & C \\ D & E \end{pmatrix}$$

我們在圖

同樣地，我們可以將 A^* 分割為 W、X、Y 和 Z 四個區塊，並以類似的方式定義。

- W：從 V_1 到 V_1 的最短路徑的權重
- X：從 V_1 到 V_2 的最短路徑的權重
- Y：從 V_2 到 V_1 的最短路徑的權重
- Z：從 V_2 到 V_2 的最短路徑的權重

也就是說，

$$A^* = \begin{pmatrix} W & X \\ Y & Z \end{pmatrix}$$

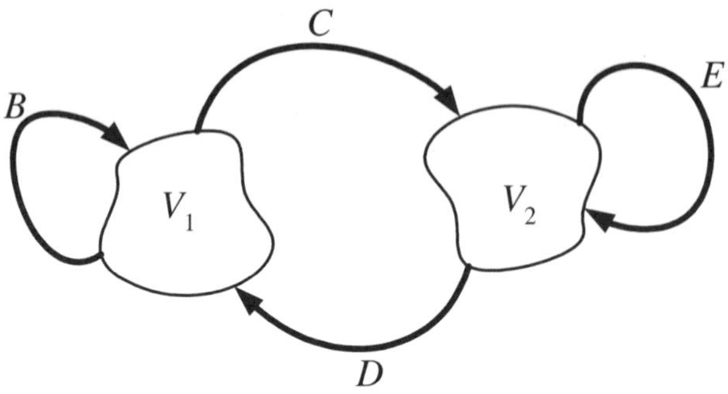

圖 7.12：四個邊的集合之圖示，在計算 A^* 的各個擊破演算法中，這些集合被用來分割鄰接矩陣 A 。

子矩陣的方程式

根據這些定義和以上的結果，我們可以從子矩陣 B、C、D、E 直接推導出簡單的方程式，以定義 W、X、Y、Z 。

- $W=(B+C\cdot E^*\cdot D)^*$ ，因爲 W 中的路徑包含兩種子路徑的閉包，第一種子路徑會停留在 V_1 內，第二種子路徑則會跳到 V_2 ，在 V_2 中行進一段時間，然後跳回到 V_1 。
- $X=W\cdot C\cdot E^*$ ，因爲 X 中的路徑包含兩種子路徑的閉包，第一種子路徑開始和結束都在 V_1 內 (可能跳到 V_2 ，再跳回來)，然後跳到 V_2 ，第二種子路徑會停留在 V_2 內。
- $Y=E^*\cdot D\cdot W$ ，因爲 Y 中的路徑包含兩種子路徑的閉包，第一種停留在 V_2 內，然後跳到 V_1 ，第二種子路徑則是開始和結束都在 V_1 內 (可能跳到 V_2 ，在跳回來)。
- $Z=E^*+E^*\cdot D\cdot W\cdot C\cdot E^*$ ，因爲 Z 中的路徑包含停留在 V_2 內的路徑，或是在 V_2 內行進，跳到 V_1 ，在 V_1 內行進一段時間 (可能跳到 V_2 ，再跳回來)，跳回 V_2 ，並停留在 V_2 內的路徑。

有了這些方程式之後，要建造計算 A^* 的遞迴演算法，就非常簡單了。在這個演算法中，我們把 A 分割成 B、C、D、E 等區塊，如以上所描述。然後我們以遞迴方式計算閉包 E^* 。已知 E^* 之後，即可採用遞迴方式計算閉包 $(B+C\cdot E^*\cdot D)^*$ ，亦即 W 。

請注意，計算 X、Y、Z 時，並不需要其他的遞迴性閉包計算。因此，進行固定次數的矩陣加法和乘法之後，我們可以計算 A^* 中所有的區塊。所以我們得到下面的定理。

定理 7.9： 已知一個有 n 個頂點的加權有向圖 $\vec{G}$，以及 $\vec{G}$ 的加權鄰接矩陣 A，圖中不含權重為負值的迴路，我們可以在 $O(n^3)$ 時間內計算 A^{n-1}，以解決 $\vec{G}$ 的完全配對最短路徑問題。

證明：

我們已經討論過為什麼計算 A^* 可以解決完全配對最短路徑問題。現在讓我們考慮用來計算 A^* ($n \times n$ 鄰接矩陣 A 的閉包) 的各個擊破演算法的執行時間。這個演算法包含兩次遞迴呼叫 (用來計算 $(n/2) \times (n/2)$ 子矩陣的閉包)，加上固定次數的矩陣加法和乘法 (用「min」代替「+」，以及用「+」代替「·」)。因此，假設我們使用直接的 $O(n^3)$ 時間矩陣乘法演算法，即可將計算 A^* 所需之執行時間 $T(n)$ 的特性描述為

$$T(n) = \begin{cases} b & \text{若 } n = 1 \\ 2T(n/2) + cn^3 & \text{若 } n > 1 \end{cases}$$

其中 b 和 $c > 0$ 的常數。因此，根據 Master Theorem (5.6)，我們可以在 $O(n^3)$ 時間內計算出 A^*。■

7.3 最小生成樹

假設我們希望使用最少量的電纜線，將一棟嶄新的辦公大樓中所有的電腦連接起來。同樣地，假設我們有一個無向的電腦網路，其中任何兩具路由器之間的連線均有一使用費用；我們希望花費可能的最低成本，將所有的路由器連線。我們可以用一個加權圖 G 做為這個問題的模型，圖的頂點代表電腦或路由器，它的邊則代表所有可能的電腦配對 (u, v)，而邊 (v, u) 的權重 $w((v, u))$ 相當於將電腦 v 連線到電腦 u 所需電纜線的量或網路費用。我們有興趣的並不是計算從某個特殊的頂點 v 開始的最短路徑樹，而是找出一棵 (自由) 樹，這棵樹包含 G 的所有頂點，而且在所有符合這個條件的樹中總權重最小。本節的焦點是找出這種樹的方法。

問題的定義

已知一個加權無向圖 G，我們有興趣找出一棵樹 T，包含 G 的所有頂點，且使 T 的各邊權重的總和最小，亦即

$$w(T) = \sum_{e \in T} w(e)$$

我們回想一下，在 6.1 節中，像這樣一棵包含連通圖 G 中所有頂點的樹叫做**生成樹 (spanning tree)**。計算具有最小總權重的生成樹 T，乃是建

造一個**最小生成樹 (minimum spanning tree，或 MST)** 的問題。

最小生成樹問題的有效演算法，其發展比現代觀點的電腦科學本身還要早。在本節中，我們討論兩個解決 MST 問題的演算法。這些演算法都是**貪婪演算法 (greedy method)** 的典型應用。如同 5.1 節中所討論，應用貪婪演算法時，我們不斷地地選擇物件，亦即逐步挑選使某個成本函數降到最低的物件，將它加入一個逐漸擴大的集合。

我們討論的第一個 MST 演算法是 Kruskal 演算法，這個演算法依照權重的順序考慮所有的邊，並逐漸「擴大」群組中的 MST。我們討論的第二個演算法是 Prim-Jarnik 演算法，這個演算法從單一樹根頂點長出 MST，和 Dijkstra 最短路徑演算法的方式很類似。在本節的結尾，我們討論 Barůuvka 提出的第三個演算法，這個演算法以平行方式應用貪婪演算法。

如同在 7.1.1 節一般，接下來，爲了簡化演算法的描述，我們假設輸入的圖 G 是無向的 (亦即它所有的邊都是無向的)，也是簡單的 (亦即它沒有自我迴路，也沒有平行邊)。因此我們用無序的頂點對 (u, z) 來表示 G 的邊。

最小生成樹的一個關鍵事實

在我們討論這些演算法的細節之前，讓我們說明最小生成樹的一個關鍵事實，它形成了這些演算法的基礎。更明確地說，我們討論的所有 MST 演算法均以貪婪演算法爲基礎，在這種情況下，下面這件事實對它們至爲重要 (參考圖 7.13)。

定理 7.10： 令 G 爲一加權連通圖，並令兩個互斥的非空集合 V_1 和 V_2 爲 G 中所有頂點的一個分割。此外，令 e 爲 G 中所有「一個終點在 V_1 內，另一個終點在 V_2 內」的邊中，具有最小權重的邊。那麼有一棵最小生成樹 T，e 是其中的一個邊。

證明：

令 T 爲 G 的最小生成樹。如果 T 不包含邊 e，將 e 加入 T 一定會產生一個迴路。所以，這個迴路有某一個邊 f，它的一個終點在 V_1 內，另一個終點在 V_2 內。此外，由於 e 的選擇方式，$w(e) \leq w(f)$。如果我們從 $T \cup \{e\}$ 中移除 f，我們會得到一棵生成樹，其總權重不超過先前的值。既然 T 是最小生成樹，這棵新的樹一定也是最小生成樹。 ■

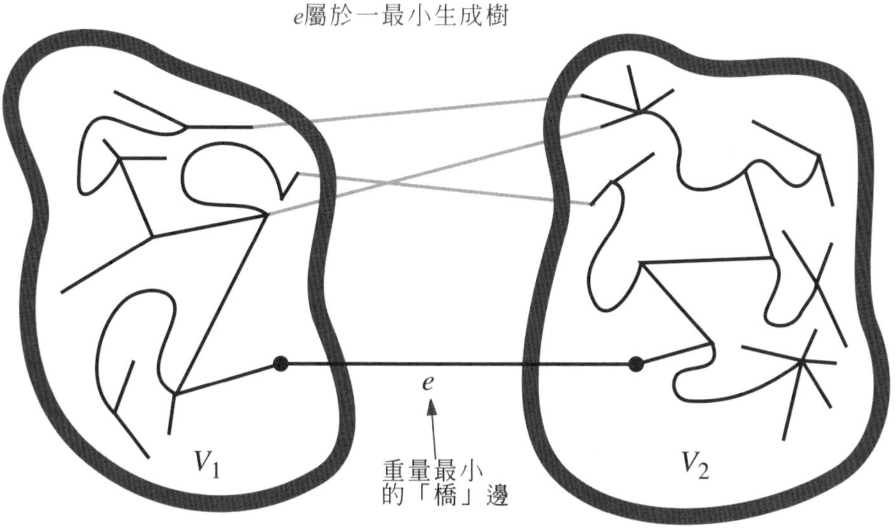

圖 7.13：最小生成樹關鍵事實的圖示。

事實上，如果 G 中的權重全部都不相同，那麼最小生成樹就是唯一的；我們把這個比較不關鍵的事實的證明留下來當作習題 (C-7.5)。

另外，請注意即使圖 G 包含權重為負值的邊或迴路，定理 7.10 仍然是有效的，這一點與我們先前介紹的最短路徑演算法不同。

7.3.1 Kruskal 演算法

定理 7.10 重要到可以做為建立最小生成樹的基礎。在 Kruskal 演算法中，它被用來在群組中建立最小生成樹。一開始的時候，每一個頂點都在由它自己所形成的群組中。然後這個演算法輪流考慮每一個邊，並按照權重遞增的順序來排序。如果有一個邊 e 連接兩個不同的群組，則 e 會被加入最小生成樹的邊形成的集合內，e 所連接的兩個群組也會被合併成一個群組。另一方面，如果 e 連接的兩個頂點已經屬於同一個群組，則 e 會被丟棄。一旦演算法加入的邊已經足以形成一棵生成樹，它就會終止，並輸出這棵樹，做為最小生成樹。

我們在演算法 7.14 中列出虛擬碼，描述可用來解決 MST 問題的 Kruskal 方法，並於圖 7.15、7.16 和 7.17 中顯示這個演算法的運行過程。

如同前面所說，Kruskal 演算法的正確性來自於最小生成樹的關鍵事實，亦即定理 7.10。每當 Kruskal 演算法將一個邊 (v, u) 加入最小生成樹 T 時，我們可以令 V_1 為包含 v 的群組，並令 V_2 為包含 V 中其他頂點的群組，而定義出頂點集合 V 的一個分割 (如定理中一般)。這顯然定義出 V 中頂點的互斥分割，更重要的是，既然我們按照權重的順序，依序從 Q 中取出邊來，e 必然是一個頂點在 V_1 內，另一個頂點在 V_2 內的最小權重邊。因此，Kruskal 演算法總是加入一個有效，且屬於最小生成樹的邊。

實作 Kruskal 演算法

我們將輸入圖 G 的頂點數和邊數分別記爲 n 和 m。我們假設邊的權重可以在常數時間內比較。由於我們在演算法 7.14 中列出的 Kruskal 演算法描述的層次很抽象，並不明確，因此若想分析演算法的執行時間，則需要提供更詳細的實作細節。更明確地說，我們應該指出所使用的資料結構，以及它們如何實作。

我們使用堆積來實作優先權佇列 Q。因此，我們可以利用重複插入的方式，在 $O(m \log m)$ 的時間內將 Q 初始化，或使用由下而上的堆積建造方式，在 $O(m)$ 時間內將 Q 初始化 (參考 2.4.4 節)。另外，在 **while** 迴圈的每一個回合，我們可以在 $O(\log m)$ 時間內裡移除一個權重最小的邊，事實上所需的時間等於 $O(\log n)$，因爲 G 是簡單的。

Algorithm KruskalMST(G):

  Input: A simple connected weighted graph G with n vertices and m edges
  Output: A minimum spanning tree T for G

  for each vertex v in G **do**
    Define an elementary cluster $C(v) \leftarrow \{v\}$.
  Initialize a priority queue Q to contain all edges in G, using the weights as keys.
  $T \leftarrow \emptyset$ $\{T$ will ultimately contain the edges of the MST$\}$
  while T has fewer than $n-1$ edges **do**
    $(u,v) \leftarrow Q$.removeMin()
    Let $C(v)$ be the cluster containing v, and let $C(u)$ be the cluster containing u.
    if $C(v) \neq C(u)$ **then**
      Add edge (v,u) to T.
      Merge $C(v)$ and $C(u)$ into one cluster, that is, union $C(v)$ and $C(u)$.
  return tree T

演算法 **7.14**：解決 MST 問題的 Kruskal 演算法。

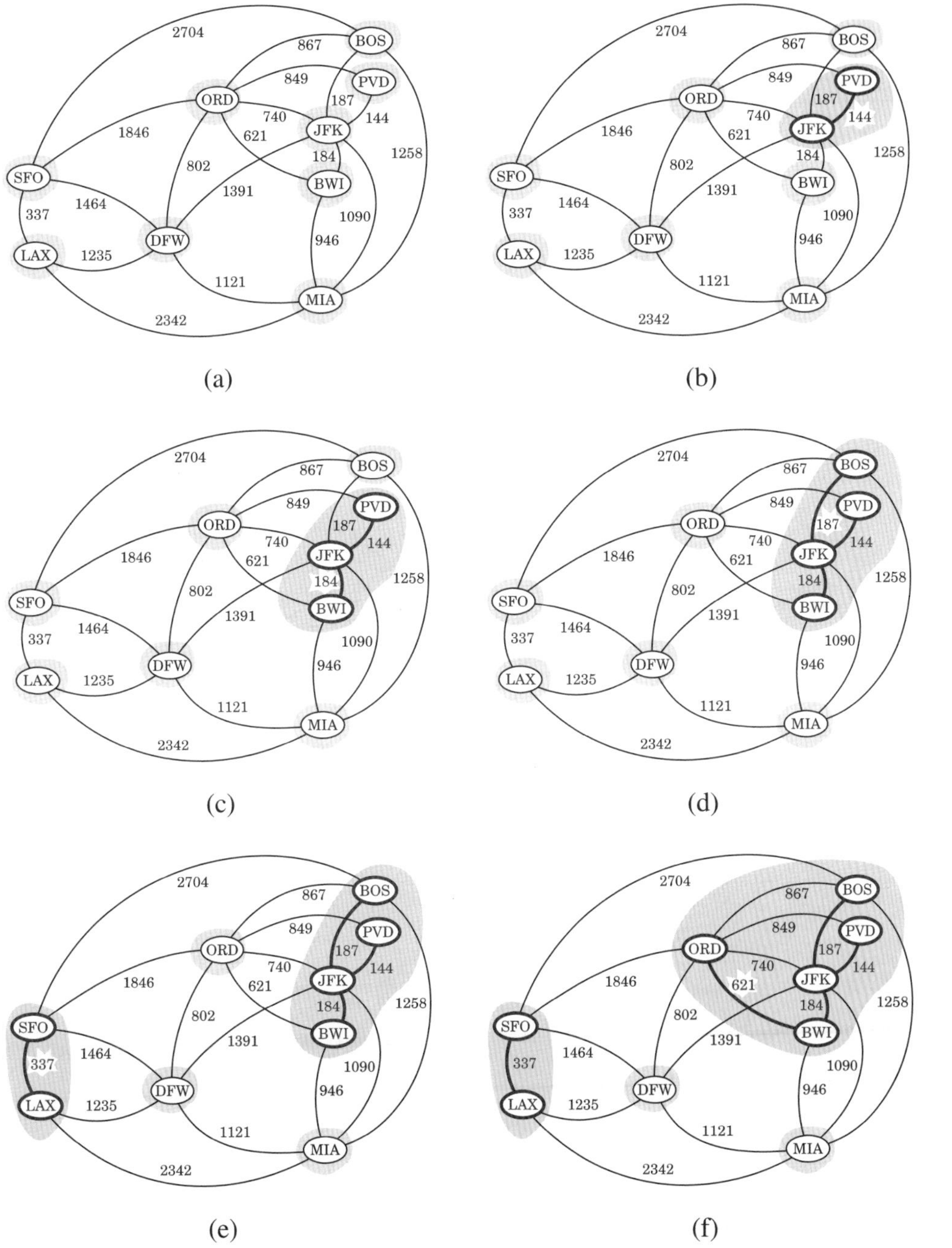

圖 **7.15**：Kruskal MST 演算法在具有整數權重的圖上執行的範例。我們使用有陰影的區域來表示群組，並以粗線顯著地標示每一個回合中被考慮的邊 (在圖 **7.16** 中繼續)。

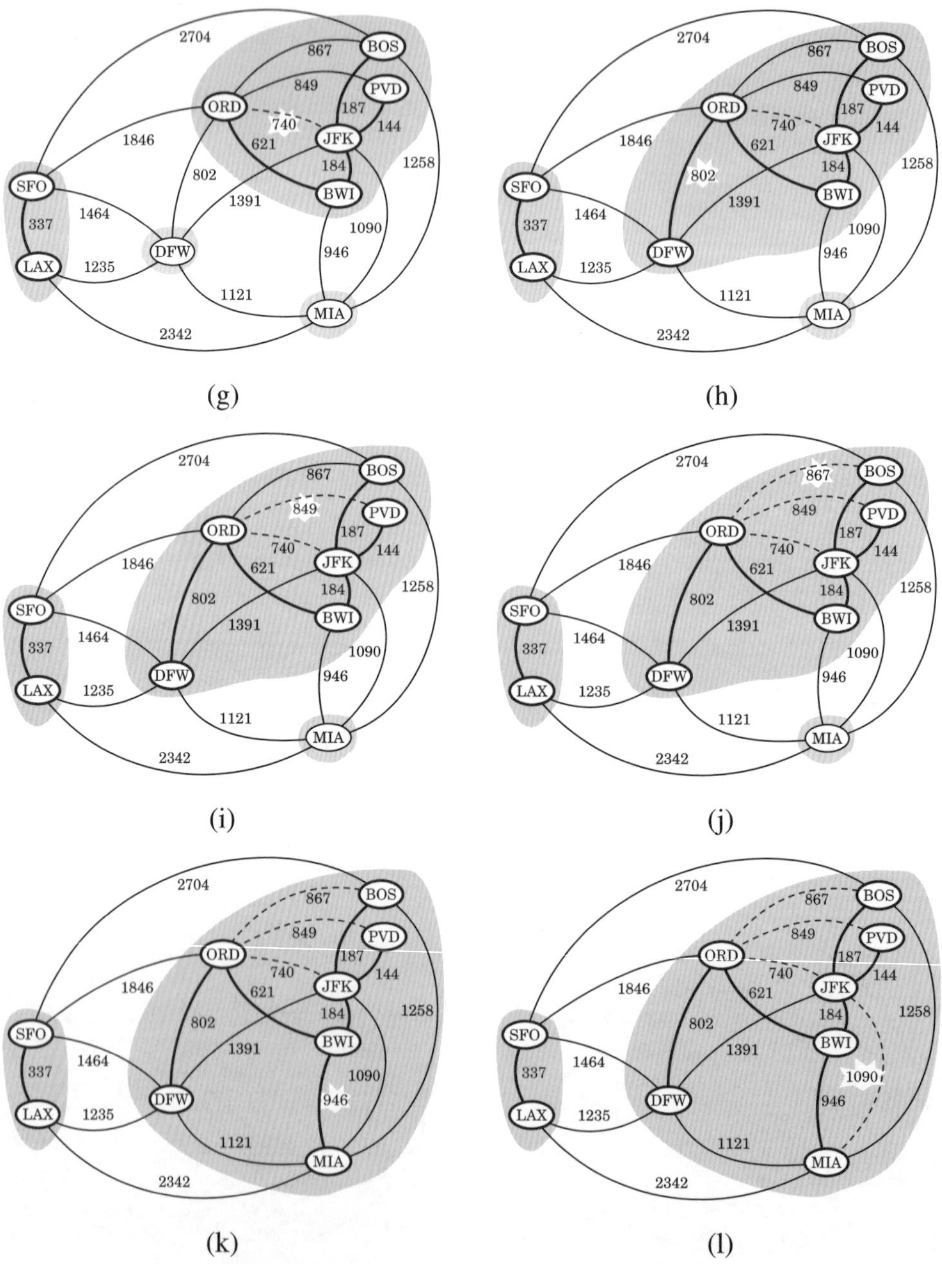

圖 7.16：Kruskal MST 演算法的執行範例 (續)。被捨棄的邊以虛線來表示 (在圖 7.17 中繼續)。

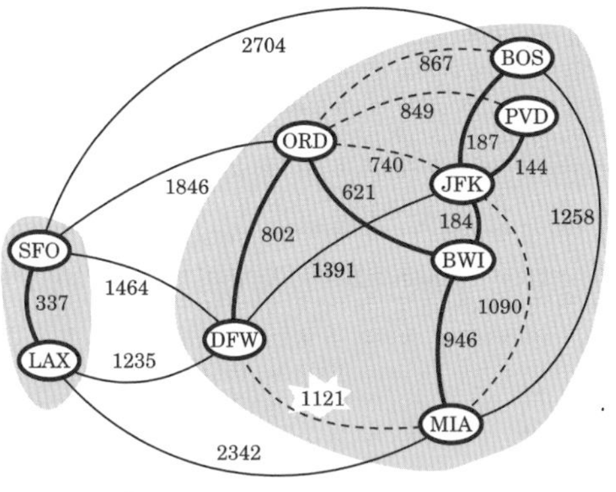

(m)

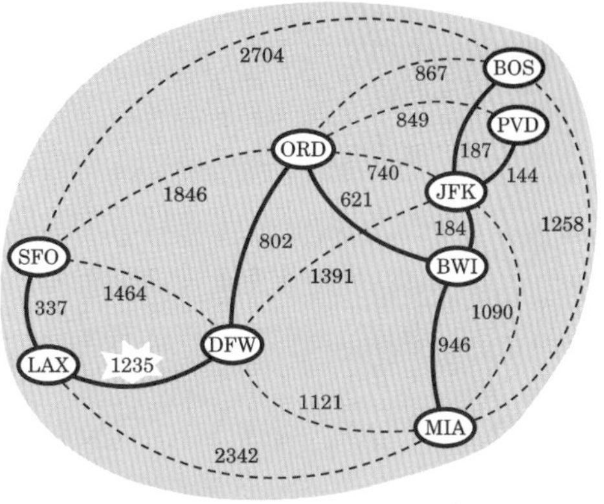

(n)

圖 **7.17**：Kruskal MST 演算法的執行範例 **(**從圖 **7.15** 和 **7.16** 繼續**)**。步驟 (n) 中考慮的邊合併了最後兩個群，也結束了 Kruskal 演算法的執行。

一個簡單的群組合併策略

我們以串列實作群組的分割 (4.2.2 節)。也就是說，我們使用頂點的無序鏈結串列來表示每一個群組 C，在串列中，頂點 v 將與指向其群組 $C(v)$ 的參考一同儲存。使用這種表示法的話，測試 $C(u) \neq C(v)$ 是否為眞，只需要花費 $O(1)$ 時間。當我們需要合併 $C(u)$ 和 $C(v)$ 這兩個群組時，我們把**較小**的群組中的元素移動到較大的群組，並更新較小的群組中每一個頂點的群組參考。由於我們只需要把較小的群組中的元素加入較大的群組的尾端，因此合併兩個群組所花的時間，與較小之群組的大小成正比。也就是說，合併 $C(u)$ 和 $C(v)$ 花費 $O(\min\{|C(u)|, |C(v)|\})$ 時間。還有其他更有效率的群組合併方法 (參考 4.2.2 節)，但這個簡單的方法已經足夠了。

引理 7.11： 考慮在一個有 n 個頂點的圖上執行 Kruskal 演算法，其中各群組是以序列及儲存於每一個頂點的群組參考來表示的。合併群組所花費的總時間為 $O(n \log n)$。

證明：

我們觀察到，每當一個頂點被移動到新群組時，包含該頂點的群組，其大小至少會加倍。令 $t(v)$ 為頂點 v 移動到新群組的次數。由於最大的群組大小為 n，

$$t(v) \leq \log n$$

把每個頂點花費的時間加起來，即可得到在 Kruskal 演算法中合併群組所

花費的總時間，該時間與

$$\sum_{v \in G} t(v) \le n \log n$$

成正比。■

使用引理 7.11 及類似Dijkstra演算法的分析的論證，我們推論Kruskal演算法的總執行時間為 $O((n+m)\log n)$。這個時間可以簡化為 $O(m \log n)$，因為 G 是簡單且連通的。

定理 7.12： 已知一個有 n 個頂點和 m 個邊的連通加權圖 G，Kruskal 演算法可在 $O(m \log n)$ 時間內建造出 G 的最小生成樹。

7.3.2 Prim-Jarnik 演算法

在 Prim-Jarnik 演算法中，我們由某個「樹根」頂點 v 開始，從單一群組長出一棵最小生成樹。主要的概念與 Dijkstra 演算法類似。我們從某個頂點 v 開始，定義啓始的「頂點群」C。然後，在每一個回合中，我們選擇一個權重最小，並將頂點群 C 內頂點 v 連接到 C 外頂點 u 的邊 $e = (v, u)$。接下來，頂點 u 被放進頂點群 C 中，這個過程將一直重複，直到形成一棵生成樹。最小生成樹的關鍵事實再度發揮功用，因為如果我們一直選擇權重最小，並將 C 內頂點連接到 C 外頂點的邊，則可保證總是把有效的邊加入MST。

長出單一的 MST

為了有效地實作這個方法，我們可以利用從 Dijkstra 演算法得到的另一個線索。我們為頂點群 C 之外的每一個頂點 u 保留一個標籤 $D[u]$，$D[u]$ 中儲存著考慮將 u 加入頂點群 C 時，目前最理想的邊的權重。當我們決定接下來要將哪一個頂點加入頂點群時，這些標籤可以減少我們必須考慮的邊數。我們在演算法 7.18 中列出虛擬碼。

分析 Prim-Jarnik 演算法

令 n 和 m 分別代表輸入圖 G 的頂點數和邊數。Prim-Jarnik 演算法的實作問題和 Dijkstra 演算法類似。如果我們將優先權佇列 Q 實作為堆積，並能支援以定位器為基礎的優先權佇列方法 (參考 2.4.4 節)，那麼在每一個回合中，我們可以在 $O(\log n)$ 時間內取出頂點 u。

```
Algorithm PrimJarníkMST(G):
  Input: A weighted connected graph G with n vertices and m edges
  Output: A minimum spanning tree T for G
  Pick any vertex v of G
  D[v] ← 0
  for each vertex u ≠ v do
    D[u] ← +∞
  Initialize T ← ∅.
  Initialize a priority queue Q with an item ((u,null),D[u]) for each vertex u,
  where (u,null) is the element and D[u] is the key.
  while Q is not empty do
    (u,e) ← Q.removeMin()
    Add vertex u and edge e to T.
    for each vertex z adjacent to u such that z is in Q do
      {perform the relaxation procedure on edge (u,z)}
      if w((u,z)) < D[z] then
        D[z] ← w((u,z))
        Change to (z,(u,z)) the element of vertex z in Q.
        Change to D[z] the key of vertex z in Q.
  return the tree T
```

演算法 7.18：MST 問題的 Prim-Jarnik 演算法。

此外，我們也可以在 $O(\log n)$ 時間內更新每一個 $D[z]$ 值，對於每一個邊 (u,z) 而言，這項運算最多只會被考慮一次。每一個回合的其他步驟可在常數時間內完成。故總執行時間為 $O((n+m)\log n)$，亦即 $O(m\log n)$。因此，我們可以總結如下：

定理 7.13： 已知一個具有 n 個頂點和 m 個邊的簡單連通加權圖 G，Prim-Jarnik 演算法可在 $O(m\log n)$ 時間內建造 G 的最小生成樹。

我們在圖 7.19 和 7.20 中示範 Prim-Jarnik 演算法。

7.3.3 Baruvka 演算法

前面描述的兩個最小生成樹演算法，均利用優先權佇列 Q 來達成有效率的執行時間，我們可以使用堆積 (或是更複雜的資料結構) 來實作它。使用優先權佇列看來應該是很自然的，因為最小生成樹演算法必須應用貪婪演算法 — 而且在這個例子中，貪婪演算法必須明確地在我們考慮的圖中的各頂點之間，使某一種優先順序最佳化。然而在本節中，我們將證明：即使不用優先權佇列，確實也可以設計出一個有效率的最小生成樹演算法。這一點可能有些令人驚訝。然而可能更令人驚訝的一點，乃是此一簡化背後的洞察力，來自於目前已知最古老的最小生成樹演算法 — Baruvka 演算法。

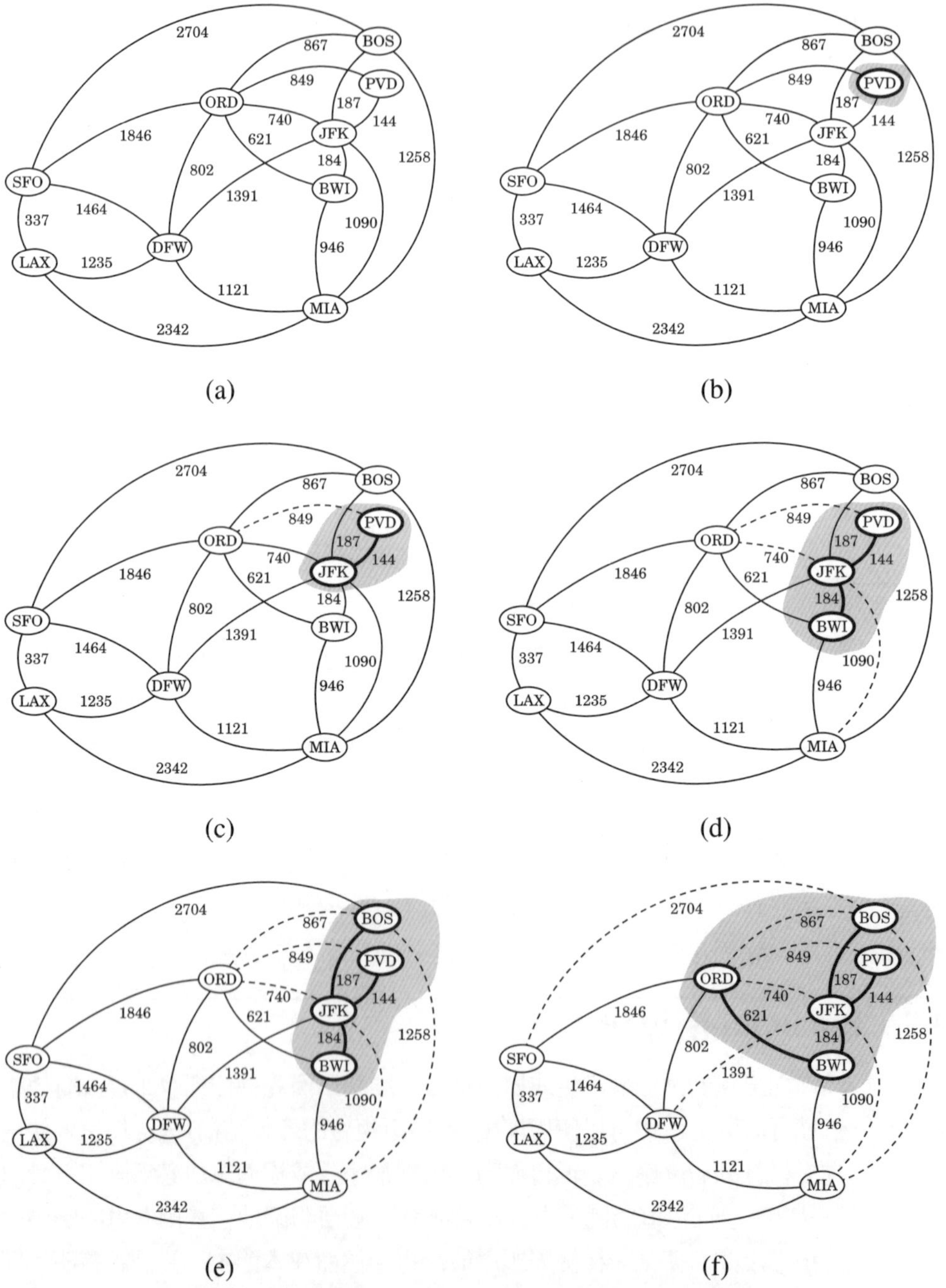

圖 **7.19**：想像 Prim-Jarnik 演算法。**(**在附圖 **7.20** 中繼續**)**

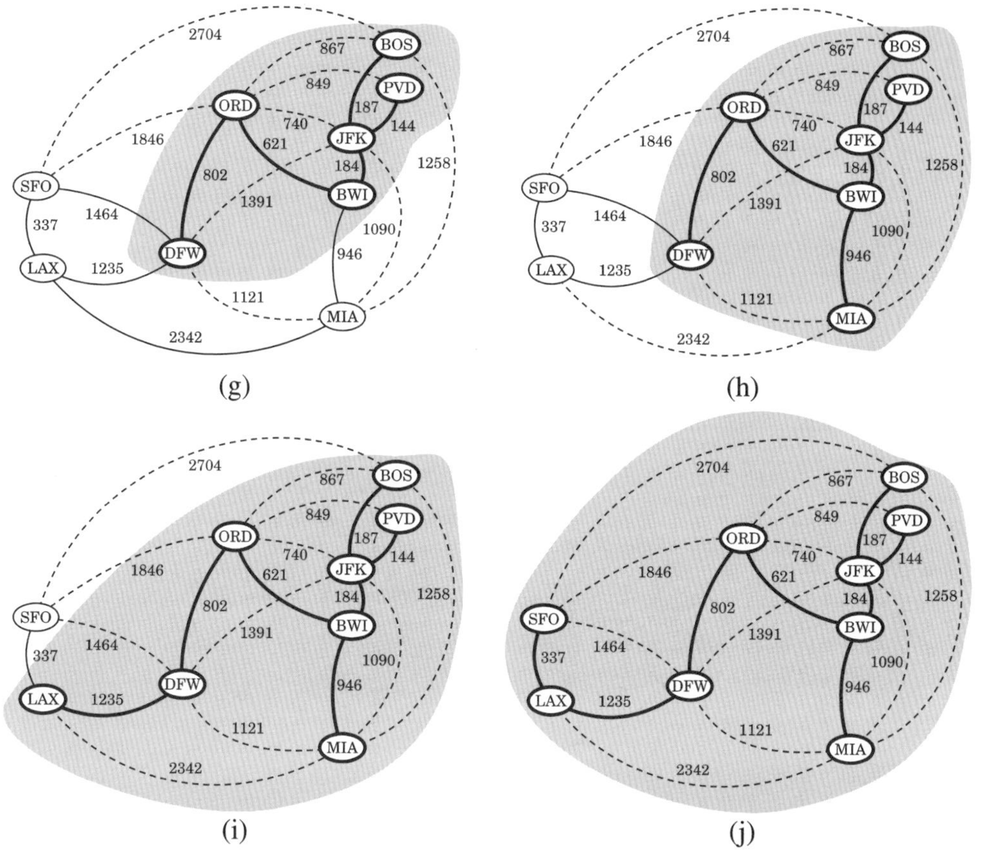

圖 **7.20**：想像 Prim-Jarnik 演算法。**(**從附圖 **7.19** 接續**)**

Algorithm BarůvkaMST(G):

  Input: A weighted connected graph $G = (V, E)$ with n vertices and m edges

  Output: A minimum spanning tree T for G.

  Let T be a subgraph of G initially containing just the vertices in V.

  while T has fewer than $n-1$ edges $\{T$ is not yet an MST$\}$ **do**

    for each connected component C_i of T **do**

      $\{$Perform the MST edge addition procedure for cluster $C_i\}$

      Find the smallest-weight edge $e = (v, u)$, in E with $v \in C_i$ and $u \notin C_i$.

      Add e to T (unless e is already in T).

  return T

演算法 **7.21**：Barůvka 演算法的虛擬碼。

我們在演算法 7.21 中列出 Baruvka 最小生成樹演算法的虛擬碼描述，並於圖 7.22 中示範這個演算法的執行過程。

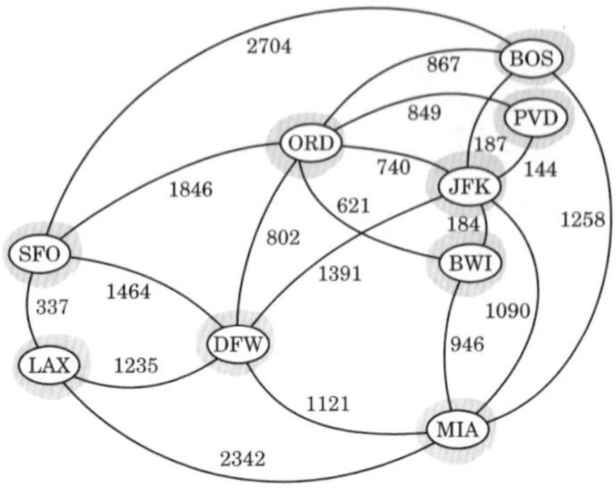

(a)

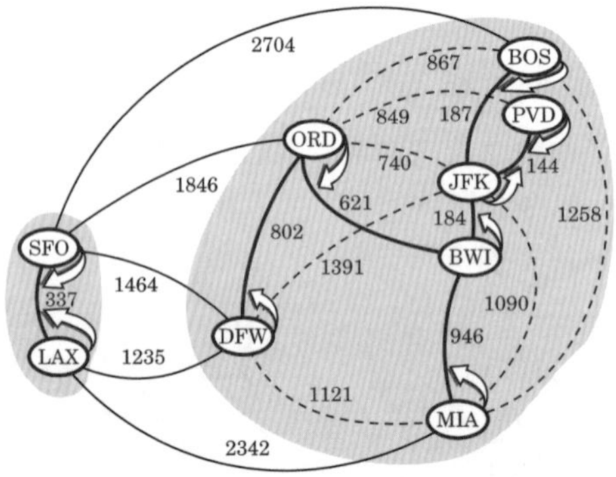

(b)

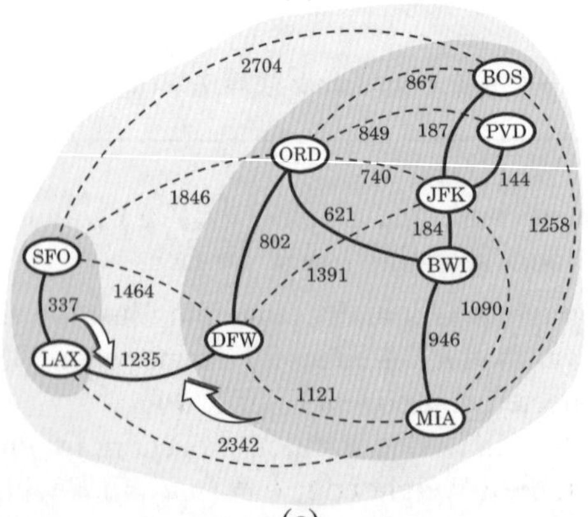

(c)

圖 7.22：Barůvka 演算法的執行範例。我們將群組顯示為陰影區域。我們用箭頭明確標示每一個群組選擇的邊，並以粗線畫出每一個 MST 的邊。被判定不在 MST 內的邊以虛線顯示。

實作 Baruvka 演算法

Baruvka 演算法的實作相當簡單，只要能夠執行下面四個步驟即可：

- 維護一個經常進行邊插入運算的森林 T，如果我們使用鄰接串列來表示 T，則可很容易地在 $O(1)$ 時間內支援此種運算
- 走訪森林 T，以找出連通成分 (群組)，我們可以使用 T 的廣度優先搜尋，在 $O(n)$ 時間內完成
- 以各頂點所屬的群組名稱標示各頂點，只要讓每一個頂點使用一個額外的案例變數即可
- 掃描群組 C_i 中各頂點在 G 中的鄰接串列，以找出 E 中與 C_i 相連，且權重最小的邊。

Barůvka 演算法像 Kruskal 演算法一樣，在一連串的回合中，讓許多個群組擴大，以建立最小生成樹，而不像 Prim-Jarnik 演算法那樣，只讓一個群組擴大。但是在 Barůvka 演算法中，我們會將最小生成樹的關鍵事實同時應用在每一個群組上，而使群組擴大。這種做法可以使每一個回合有更多的邊被加入最小生成樹。

為什麼這個演算法是正確的？

在 Barůvka 演算法的每一個回合，我們從最小生成樹的邊形成的目前集合 T 的每一個連通成分 C_i 中，選擇一個從 C_i 射出，且權重最小的邊。在所有的情況下，這個邊都是有效的選擇，因爲如果我們考慮把 V 分割成在 C_i 內的頂點和 C_i 外的頂點，那麼我們爲 C_i 選擇的邊 e 將滿足最小生成樹關鍵事實的條件 (定理 7.10)，故可保證 e 屬於某一棵最小生成樹。

分析 Barůvka 演算法

讓我們分析 Barůvka 演算法 (演算法 7.21) 的執行時間。當我們實作每一個回合時，可以窮舉搜尋每一個群組中每一個頂點的鄰接串列，而找出從該群組射出，且權重最小的邊。因此，花費在搜尋最小權重邊的執行時間可以變成 $O(m)$，因爲它需要將 G 的每一個邊 (v,u) 測試兩次：一次是對 v，另一次是對 u (因爲我們以各頂點所在的群組編號標示該頂點)。主要 while 迴圈中其餘的運算包括重新標示所有的頂點 (要花費 $O(n)$ 時間)，以及走訪 T 中所有的邊 (要花費 $O(n)$ 時間)。所以，Barůvka 演算法中的每一個回合要花費 $O(m)$ 時間 (因爲 $n \le m$)。在演算法的每一個回合，我們從每個群組中選擇一個從該群組射出的邊，然後把 T 的每一個新連通成分合併到一個新的群組裡。因此，T 的每一個舊群組一定至少會和 T 的另一個舊群組合併。也就是說，在 Barůvka 演算法的每一個回合，群組的總數會減少一半。故回合的總次數爲 $O(\log n)$；所以，Barůvka 演算法的總執行時間爲

$O(m \log n)$。我們將這些結果總結如下：

定理 7.14： 對於一個具有 n 個頂點和 m 個邊的連通加權圖 G，Barůvka 演算法可在 $O(m \log n)$ 時間內計算出最小生成樹。

7.3.4 MST 演算法的比較

上面的 MST 演算法雖然具有相同的最差情況執行時間，但它們都使用不同的資料結構，和不同的最小生成樹建造方法，而得到此一執行時間。

如果我們考慮輔助的資料結構，Kruskal 演算法使用優先權佇列來儲存邊，又使用一群集合 (以串列實作) 來儲存群組。Prim-Jarnik 演算法只使用優先權佇列來儲存頂點和邊形成的對。因此，從程式撰寫容易程度的觀點來看，Prim-Jarnik 演算法比較理想。Prim-Jarnik 演算法和 Dijkstra 演算法確實非常相似，如果我們有一份 Dijkstra 演算法的實作，不需要花費太多工夫，就可以把它轉換成 Prim-Jarnik 演算法的實作。Barůvka 演算法需要一種表示連通成分的方法。因此，從程式撰寫容易程度的觀點來看，Prim-Jarnik 演算法和 Barůvka 演算法似乎是最理想的。

就常數因子來看，這三個演算法相當類似，因爲它們的漸近執行時間都擁有相當小的常數因子。在 Kruskal 演算法中，如果我們依據邊的權重將它們排序 (使用 4.2.2 節的分割資料結構)，則其漸近執行時間可以改進。同樣地，將 Barůvka 演算法稍微修改一下，可讓它在最差情況下的執行時間變成 $O(n^2)$ (我們在習題 C-7.12 中探討這個問題)。所以，這三個演算法中沒有明顯的勝利者，不過 Barůvka 演算法在三者當中最容易實作。

7.4 Java 範例：Dijkstra 演算法

在本節中，我們假設已知一個權重爲正整數的無向圖，並提供執行 Dijkstra 演算法 (演算法 7.2) 的 Java 程式碼。

我們利用 Dijkstra 這個抽象類別 (程式碼 7.23-7.25) 來表達 Dijkstra 演算法的實作。這個類別宣告了一個抽象方法 weitht(e)，用來取出邊 e 的權重。Dijkstra 類別是預備由實作 subclasses weitht (e) 方法的子類別來延伸的。例如，參考程式碼 7.26 中所示的 MyDijkstra 類別。

dijkstraVisit 方法會實作 Dijkstra 演算法。我們使用可支援以定位器爲基礎之方法 (第 2.4.4 節) 的優先權佇列 Q。我們以 PQLocInsert 方法將頂點 u 插入 Q 內，這個方法會傳回 u 在 Q 中的定位器。我們遵循 decorator 模式，利用 setLoc 方法將 u 及其定位器連結起來，並以 getLoc 方法取出 u 的定位器。在邊長縮短程序中，將頂點 z 的標籤變更爲 d，可使用 replaceKey(ℓ, d) 完成，其中 ℓ 是 z 的定位器。

```
/** Dijkstra's algorithm for the single-source shortest path problem
  * in an undirected graph whose edges have integer weights. Classes
  * extending ths abstract class must define the weight(e) method,
  * which extracts the weight of an edge. */
public abstract class Dijkstra {
  /** Execute Dijkstra's algorithm. */
  public void execute(InspectableGraph g, Vertex source) {
    graph = g;
    dijkstraVisit(source);
  }
  /** Attribute for vertex distances. */
  protected Object DIST = new Object();
  /** Set the distance of a vertex. */
  protected void setDist(Vertex v, int d) {
    v.set(DIST, new Integer(d));
  }
  /** Get the distance of a vertex from the source vertex. This method
    * returns the length of a shortest path from the source to u after
    * method execute has been called. */
  public int getDist(Vertex u) {
    return ((Integer) u.get(DIST)).intValue();
  }
  /** This abstract method must be defined by subclasses.
    * @return weight of edge e. */
  protected abstract int weight(Edge e);
  /** Infinity value. */
  public static final int INFINITE = Integer.MAX_VALUE;
  /** Input graph. */
  protected InspectableGraph graph;
  /** Auxiliary priority queue. */
  protected PriorityQueue Q;
```

程式碼 **7.23**：類別 Dijkstra 實作 Dijkstra 演算法 (在程式碼 **7.24** 和 **7.25** 中繼續)。

```
/** The actual execution of Dijkstra's algorithm.
  * @param v source vertex. */
protected void dijkstraVisit (Vertex v) {
  // initialize the priority queue Q and store all the vertices in it
  Q = new ArrayHeap(new IntegerComparator());
  for (VertexIterator vertices = graph.vertices(); vertices.hasNext();) {
    Vertex u = vertices.nextVertex();
    int u_dist;
    if (u==v)
      u_dist = 0;
    else
      u_dist = INFINITE;
    // setDist(u, u_dist);
    Locator u_loc = Q.insert(new Integer(u_dist), u);
    setLoc(u, u_loc);
  }
  // grow the cloud, one vertex at a time
  while (!Q.isEmpty()) {
    // remove from Q and insert into cloud a vertex with minimum distance
    Locator u_loc = Q.min();
    Vertex u = getVertex(u_loc);
    int u_dist = getDist(u_loc);
    Q.remove(u_loc); // remove u from the priority queue
    setDist(u, u_dist); // the distance of u is final
    destroyLoc(u); // remove the locator associated with u
    if (u_dist == INFINITE)
      continue; // unreachable vertices are not processed
    // examine all the neighbors of u and update their distances
    for (EdgeIterator edges = graph.incidentEdges(u); edges.hasNext();) {
      Edge e = edges.nextEdge();
      Vertex z = graph.opposite(u,e);
      if (hasLoc(z)) { // check that z is in Q, i.e., it is not in the cloud
        int e_weight = weight(e);
        Locator z_loc = getLoc(z);
        int z_dist = getDist(z_loc);
        if ( u_dist + e_weight < z_dist ) // relaxation of edge e = (u,z)
          Q.replaceKey(z_loc, new Integer(u_dist + e_weight));
      }
    }
  }
```

程式碼 7.24：Dijkstra 類別的 dijkstraVisit 方法。

```
/** Attribute for vertex locators in the priority queue Q. */
protected Object LOC = new Object();
/** Check if there is a locator associated with a vertex. */
protected boolean hasLoc(Vertex v) {
  return v.has(LOC);
}
/** Get the locator in Q of a vertex. */
protected Locator getLoc(Vertex v) {
  return (Locator) v.get(LOC);
}
/** Associate with a vertex its locator in Q. */
protected void setLoc(Vertex v, Locator l) {
  v.set(LOC, l);
}
/** Remove the locator associated with a vertex. */
protected void destroyLoc(Vertex v) {
  v.destroy(LOC);
}
/** Get the vertex associated with a locator. */
protected Vertex getVertex(Locator l) {
  return (Vertex) l.element();
}
/** Get the distance of a vertex given its locator in Q. */
protected int getDist(Locator l) {
  return ((Integer) l.key()).intValue();
}
```

程式碼 **7.25**：Dijkstra 類別的輔助方法。它們假設圖的頂點為 decorable (從演算法 **7.23** 和 **7.24** 繼續)。

```
/** A specialization of class Dijkstra that extracts edge weights from
  * decorations.  */
public class MyDijkstra extends Dijkstra {
  /** Attribute for edge weights. */
  protected Object WEIGHT;
  /** Constructor that sets the weight attribute. */
  public MyDijkstra(Object weight_attribute) {
    WEIGHT = weight_attribute;
  }
  /** The edge weight is stored in attribute WEIGHT of the edge. */
  public int weight(Edge e) {
    return ((Integer) e.get(WEIGHT)).intValue();
  }
}
```

程式碼 **7.26**：MyDijkstra 類別延伸了 Dijkstra，並提供了 weight(e)方法的具體實作。

7.5 習題

複習題

R-7.1 畫出一個具有 8 個頂點和 16 個邊的簡單連通加權圖，其中每一個邊都有一個獨一無二的權重。將某一個頂點視爲「啓始」頂點，並示範在這個圖執行 Dijkstra 演算法。

R-7.2 當一個圖爲有向，而且我們要計算從來源頂點到其他頂點的最短**有向路徑**時，說明如何修改 Dijkstra 演算法。

R-7.3 說明如何修改 Dijkstra 演算法，使它不但能輸出從 v 到 G 中每一個頂點的距離，還能輸出一棵以 v 爲樹根的樹 T，使得在 T 中從 v 到頂點 u 的路徑，確實是 G 中從 v 到 u 的最短路徑。

R-7.4 畫出一個具有 10 個頂點和 18 個邊的 (簡單) 有向加權圖 G，使得 G 含有一個至少有 4 個邊的最小權重迴路。證明 Bellman-Ford 演算法可以找到這個迴路。

R-7.5 演算法 7.11 的動態規劃演算法使用 $O(n^3)$ 的空間。描述這個演算法使用 $O(n^2)$ 空間的版本。

R-7.6 演算法 7.11 的動態規劃演算法只計算最短路徑距離，而不是實際的路徑。描述這個演算法的一個版本，輸出在一個有向圖的每一對頂點之間最短路徑的集合。這個演算法的執行時間應該仍然是 $O(n^3)$ 時間。

R-7.7 畫出一個具有 8 個頂點和 16 個邊的簡單連通無向加權圖，其中每一個邊都有一個獨一無二的權重。示範在這個圖上執行 Kruskal 演算法。(請注意，對這個圖來說，只有一棵最小生成樹。)

R-7.8 針對 Prim-Jarnik 演算法重複前一個問題。

R-7.9 針對 Barůvka 演算法重複前一個問題。

R-7.10 考慮以未排序的序列實作 Dijkstra 演算法中的優先權佇列 Q。在這種情況下，對於一個有 n 個頂點的圖，Dijkstra 演算法 $\Omega(n^2)$ 的最佳狀況執行時間爲何？[**提示：**考慮每當最小元素被取出時 Q 的大小。]

R-7.11 描述在說明 Dijkstra 演算法的圖 7.3 和圖 7.4 中所使用之圖例的意義。箭頭代表什麼意義？粗線條和虛線代表什麼意義？

R-7.12 針對說明 Kruskal 演算法的圖 7.15 和 7.17，重複習題 R-7.11。

R-7.13 針對說明 Prim-Jarnik 演算法的圖 7.19 和 7.20，重複習題 R-7.11。

R-7.14 針對說明 Barůvka 演算法的圖 7.22，重複習題 R-7.11。

挑戰題

C-7.1 舉出一個有 n 個頂點的簡單圖 G 的例子，如果使用堆積來實作優先權佇列，將使 Dijkstra 演算法的執行時間變成 $\Omega(n^2 \log n)$。

C-7.2 舉出一個加權有向圖 $\vec{G}$ 的例子，圖中有權重爲負值的邊，但不含權重爲負值的迴路，使得 Dijkstra 演算法計算出從某個啓始頂點 v 開始的最短路徑距離，但這個距離是不正確的。

C-7.3 考慮下面的貪婪策略，用來在一已知的連通圖中找出從頂點 *start* 到頂點 *goal* 的最短路徑。

1. 將 *path* 初始化為 *start*。
2. 將 *VisitedVertices* 初始化為{ *start*}。
3. 如果 *start* = *goal*，則傳回 *path* 並離開。否則繼續下去。
4. 找出最小權重的邊 (*start*, *v*)，使得 *v* 與 *start* 相鄰，且不在 *VisitedVertices* 裡。
5. 將 *v* 加入 *path*。
6. 將 *v* 加入 *VisitedVertices*。
7. 設定 *start* 等於 *v*，並跳到步驟 3。

這個貪婪策略一定找得到 *start* 到 *goal* 的最短路徑嗎？試直觀地解釋它為什麼有效，不然舉一個反例。

C-7.4★ 假設我們有一個有 n 個頂點和 m 個邊的加權圖 G，每一個邊上的權重都是介於 0 和 n 之間的整數。試證明我們可以在 $O(n \log^* n)$ 時間內找出 G 的最小生成樹。

C-7.5 試證明如果連通加權圖 G 中所有權重都不相同的話，那麼 G 恰好只有一棵最小生成樹。

C-7.6 試設計一個有效率的演算法，找出從一個無迴路加權有向圖 $\vec{G}$ 中的頂點 s 到頂點 t 的**最長**有向路徑。詳細說明你所使用的圖形表示法及任何輔助資料結構。此外，分析一下你的演算法的時間複雜度。

C-7.7 假設你有一張電話網路圖，這個電話網路是一個圖 G，頂點代表交換中心，邊則代表兩個交換中心之間的通訊線路。每一個邊都標上了頻寬。一個路徑的頻寬等於其最低頻寬邊的頻寬。試提出一個演算法，當我們輸入一個表和兩個交換中心 a 和 b 時，將輸出 a 和 b 間之路徑的最大頻寬。

C-7.8 美國太空總署想用通訊頻道來連結散佈在全國的 n 個站。每兩個站之間的可用頻寬都不相同，而且是事先就知道的。美國太空總署希望選擇 $n-1$ 個頻道 (可能的最小值)，讓所有的站都由頻道連結，且總頻寬 (定義為個別頻道之頻寬總和) 為最大值。試針對這個問題，提出一個有效的演算法，並決定最差情況下的時間複雜度。考慮加權圖 $G=(V,E)$，其中 V 為站的集合，E 為各站之間的頻道的集合。將邊 $e \in E$ 的權重 $w(e)$ 定義為對應頻道的頻寬。

C-7.9 假設你有一張時刻表，其中包含：

- 由 n 個機場組成的集合 $\mathcal{A}$，以及對於每一個機場 $a \in \mathcal{A}$，最短的飛行時間 $c(a)$。
- 由 m 個航班組成的集合 $\mathcal{F}$，對於每一航班 $f \in \mathcal{A}$，有以下的資訊：
    - 起點機場 $a_1(f) \in \mathcal{A}$
    - 終點機場 $a_2(f) \in \mathcal{A}$
    - 出發時間 $t_1(f)$
    - 抵達時間 $t_2(f)$

描述可以解決航班排程問題的有效演算法。在這個問題中，已知機場 a 、b 和時刻 t，我們希望計算出一系列航班，當我們在 t 時刻或該時刻之後從 a 出發時，能儘早抵達 b。應該注意中間機場的最短飛行時間。如果以 n 和 m 的函數來表示，試問你的演算法執行時間爲何？

C-7.10 爲了答謝你從邪惡怪獸「Exponential Asymptotic」的手中拯救了 Bigfunnia 王國，國王要賞賜你一個機會，讓你賺取一筆豐富的獎賞。在城堡的後面有一個迷宮，迷宮的每個走道中都有一袋金幣，每一袋的金幣數量都不同。你將有一個機會在迷宮中行走，並拾取金幣袋。你只能從標有「入口」的門進入，也只能從標有「出口」的門離開。(它們是不同的門)。在迷宮裡，你不能往回走。迷宮裡的每個走道都有一個畫在牆上的箭頭。你只能依循箭頭所指的方向走下去。在迷宮裡無法走訪一個「迴路」。你將得到一張迷宮的地圖，地圖上記載著金幣的數量及每個走道的方向。試描述一個演算法，幫助你獲得最多的金幣。

C-7.11 假設我們有一個具有 n 個頂點的有向圖 $\vec{G}$，並令 M 爲對應於 $\vec{G}$ 的 $n\times n$ 鄰接矩陣。

a. 對於 $1 \le i$，$j \le n$，令 M 和它自己的乘積 (M^2) 的定義如下：

$$M^2(i,j) = M(i,1)\odot M(1,j)\oplus\cdots\oplus M(i,n)\odot M(n,j)$$

其中「$\oplus$」爲布林 **or** 運算子，且「$\odot$」爲布林 **and**。有了這個定義之後，那麼 $M^2(i,j) = 1$ 意味著頂點 i 和 j 有什麼關係？如果 $M^2(i,j) = 0$ 呢？

b. 假設 M^4 是 M^2 和它自己的乘積。M^4 的元素代表什麼意義？$M^5 = (M^4)(M)$ 的元素又有什麼意義？一般來說，矩陣 M^p 內包含了什麼資訊？

c. 現在假設 $\vec{G}$ 爲一加權圖，並假設下列情況：

1：for $1 \le i \le n$，$M(i,i) = 0$。

2：for $1 \le i,j \le n$，$M(i,j) = weight(i,j)$ 如果 $(i,j) \in E$。

3：for $1 \le i,j \le n$，$M(i,j) = \infty$ 如果 $(i,j) \notin E$。

同樣地，對於 $1 \le i$，$j \le n$，令 M^2 的定義如下：

$$M^2(i,j) = \min\{M(i,1)+M(1,j), ..., M(i,n)+M(n,j)$$

如果 $M^2(i,j) = k$，我們可以推斷出頂點 i 和 j 之間有什麼關係？

C7-12 說明如何修改 Barůvka 演算法，使它在最差情況下，也可以在 $O(n^2)$ 時間內執行。

軟體專案

P-7.1 假設邊的權重爲整數，試實作 Kruskal 演算法。

P-7.2 假設邊的權重爲整數，試實作 Prim-Jarnik 演算法。

P-7.3 假設邊的權重爲整數，試實作 Barůvka 演算法。

P-7.4 從本章討論的最小生成樹演算法 (亦即 Kruskal、Prim-Jarnik 或 Barůvka 中選擇兩個，然後進行實驗，比較這兩個方法。試發展一組大規模的實驗，使用隨機產生的圖，以測試這些演算法的執行時間。

進階閱讀

第一個已知的最小生成樹演算法是由Barůvka [22] 提出的，並於 1926 年發表。Prim-Jarnik 演算法首先由Jarnik於 1930 年以捷克文發表 [108]，並由Prim於 1957 年以英文發表 [169]。Kruskal 於 1956 年發表他最小生成樹演算法 [127]。對最小生成樹問題的歷史有興趣進一步研究的讀者，請參考 Graham 和 Hell 的論文[89]。目前漸近行爲最快速的最小生成樹演算法是 Karger、Klein 和 Tarjan [112] 的隨機方法，可在 $O(m)$ 的預期時間內執行。

Dijkstra於 1959 年發表他的單一源點最短路徑問題 [60]。Bellman-Ford演算法是從 Bellman [25] 和 Ford [71] 各自的論文中得到的。

有興趣進一步研究圖形演算法的讀者，可參考Ahuja、Magnanti和Orlin [9]、Cormen、Leiserson 和 Rivest [55]、Even [68]、Gibbons [77]、Mehlhorn [149] 和 Tarjan [200] 的書，以及 vaneeuwen 在 [205] 書中的專章。

順便一提，事實上我們可以使用「Fibonacci 堆積」[72] 或「鬆弛堆積」[61] 這兩個更複雜的資料結構來實作佇列 Q，而將 Prim-Jarnik 演算法及 Dijkstra 演算法的執行時間改進爲 $O(n \log n + m)$。對這些實作方式有興趣的讀者，可以參考描述這些結構的實作，以及如何將它們應用於最短路徑和最小生成樹問題的論文。

Chapter

8 網路流與配對

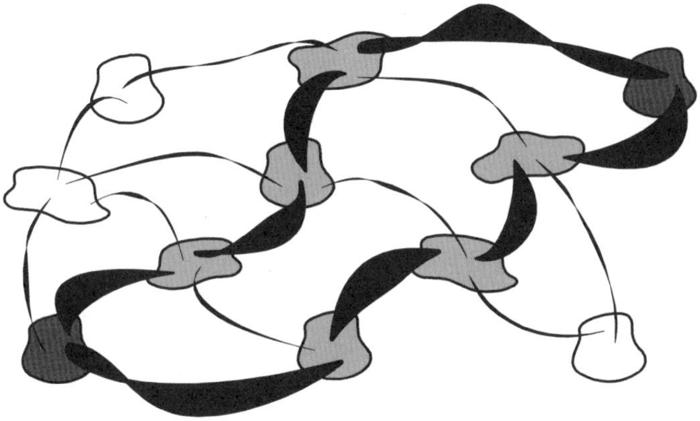

有一個重要的問題與加權圖有關，就是**最大網路流 (maximum flow)** 問題。在這個問題中，我們已知一個加權有向圖 G，圖中的每一個邊代表可以運輸商品的「管道」，邊的權重則代表能運輸的最大容量。最大網路流問題乃是找出在某個頂點 s (稱爲源點) 與另一個頂點 t (稱爲匯點) 之間運輸最大量已知商品的方式。

範例 8.1： 考慮網際網路的一部分，我們以有向圖 G 做爲模型，其中每一個頂點代表一臺電腦，每一個邊 (u, v) 代表從電腦 u 到電腦 v 的單向通訊頻道，每一個邊 (u, v) 的權重代表通訊頻道的頻寬，也就是一秒鐘內可從 u 傳送到 v 的最大位元組數目。如果我們希望從 G 中的某一臺電腦 s 傳送高頻寬串流媒體連線到 G 中的另一臺電腦 t，最快的方法是把連線資料分割成封包，然後根據最大網路流，在 G 中傳送這些封包 (參閱圖 8.1)。

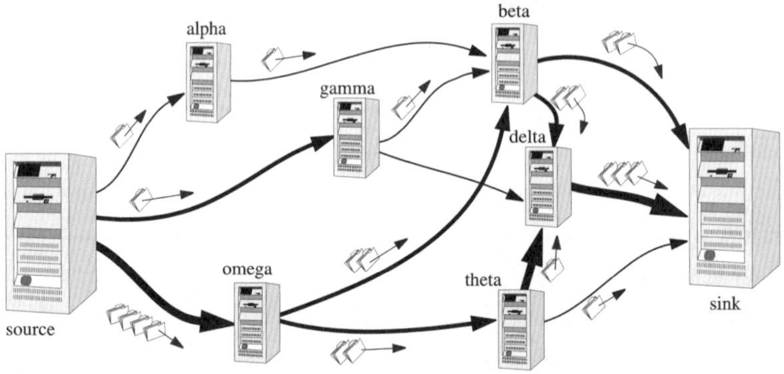

圖 8.1：代表電腦網路的圖中的網路流範例，其中粗邊的頻寬 (bandwidth) 為 4 MB/s，中等粗細的邊頻寬為 2 MB/s，細線的頻寬為 1 MB/s。我們將各邊上傳送的資料以資料夾圖示表示，其中每個資料夾代表 1 MB/s 的資料流量。注意從源點傳送到匯點的總網路流 (6 MB/s) 並不是最大値。確實如此，我們可以從源點再擠出 1 MB/s 的網路流到 gamma，從 gamma 到 delta，再從 delta 到匯點。加入這個額外的網路流之後，總網路流將為最大値。

最大網路流問題與另一個問題密切相關，這個問題就是在找出一個圖中某一型態的頂點與另一型態的頂點之間的最大配對的方法。因此我們也會研究最大配對問題，並說明如何使用最大網路流問題有效地解決這個問題。

有時候我們會有許多不同的最大網路流。雖然就所產生的網路流而言，這些網路流都具有最大値，但事實上它們的成本可能並不相同。因此，在本章中，我們也會研究當我們有許多不同的最大網路流，而且我們有某種方式可以測量這些網路流的相對成本時，計算成本最低的最大網路流的方法。最後我們以最低成本網路流演算法的Java實作來結束這一章。

8.1 網路流與切割

上面的範例說明了一個合法網路流必須遵守的規則。爲了更精確地說明這些規則，讓我們仔細地定義網路流的意義。

8.1.1 流量網路

一個**流量網路 (flow network)** N包含下列各項：

- 一個連通有向圖 G，邊上的權重爲非負值的整數，其中邊 e 的權重稱爲 e 的**容量 (capacity)** $c(e)$。
- G 中兩個不同的頂點 s 和 t，分別叫做**源點 (source)** 和**匯點 (sink)**，其中 s 沒有射入邊，而 t 沒有射出邊。

已知這種有標示的圖，我們面臨的挑戰是：在符合每一個邊的容量決定可以沿著該邊傳送的最大網路流的條件之下，決定某種商品可以從 s 運送到 t 的最大數量 (參考圖 8.2)。

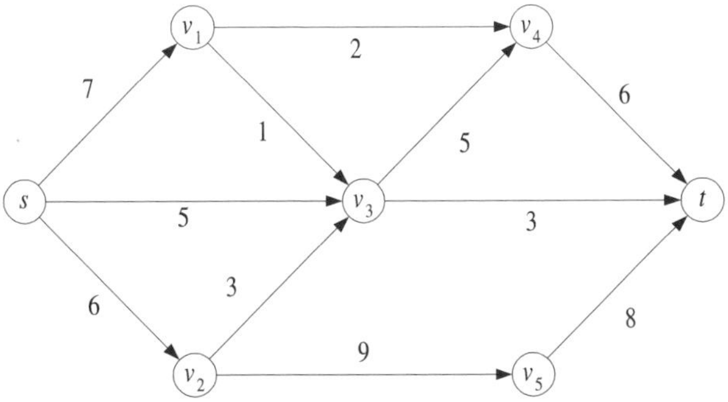

圖 8.2：流量網路 N。N的每一個邊以它的容量 $c(e)$ 來標示。

當然，如果我們希望將某種商品從 s 流到 t，我們需要更精確地說明「網路流」的意義。網路 N 的**網路流 (flow)** 乃是將整數值 $f(e)$ 指定給 G 中每一個邊 e 的一種方式，且滿足以下的性質：

- 對於 G 的每一個邊 e，

  $0 \le f(e) \le c(e)$ [容量規則 (capacity rule)]

- 對於 G 中除了源點 s 和匯點 t 以外的每一個頂點 v

  $\sum_{e \in E^-(v)} f(e) = \sum_{e \in E^+(v)} f(e)$ [守恆規則 (conservation rule)]

其中 $E^-(v)$和 $E^+(v)$分別代表 v 的射入邊與射出邊的集合。

換句話說，網路流必須滿足邊的容量限制，而且對於 s 和 t 以外的每一個頂點 v，流出 v 的總網路流必須等於流入 v 的總網路流。例如，圖 8.3 中所示的網路流就滿足上面的所有規則。

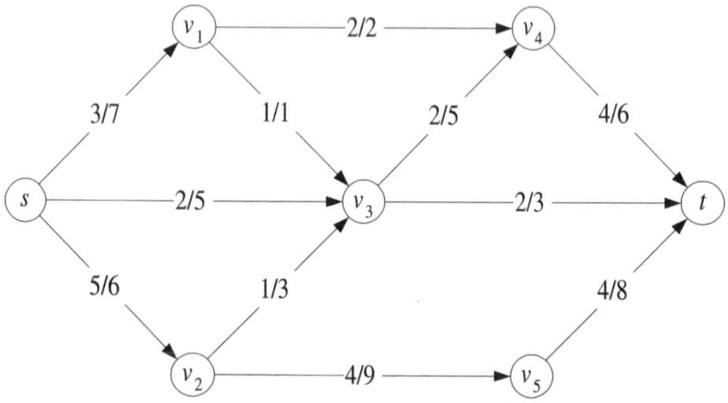

圖 **8.3**：圖 **8.2** 之流量網路中的網路流 f (f的值 $|f| = 10$)。

數量 $f(e)$ 稱爲邊 e 的**流量 (flow)**。網路流 f 的**值 (value)** 以 $|f|$ 表示，這個值等於從源點 s 流出的所有流量：

$$|f| = \sum_{e \in E^+(s)} f(e)$$

很容易證明網路流的值也等於進入匯點 t 的總流量 (參閱習題R-8.1)：

$$|f| = \sum_{e \in E^-(t)} f(e)$$

也就是說，一個網路流指定某種商品如何從 s 送出，並穿過網路 N，最後到達匯點 t。流量網路 N 的**最大網路流 (maximum flow)** 是 N 的所有網路流中具有最大值的網路流 (參考圖 8.4)。由於最大網路流使用網路最有效率，我們最有興趣的是計算最大網路流的方法。

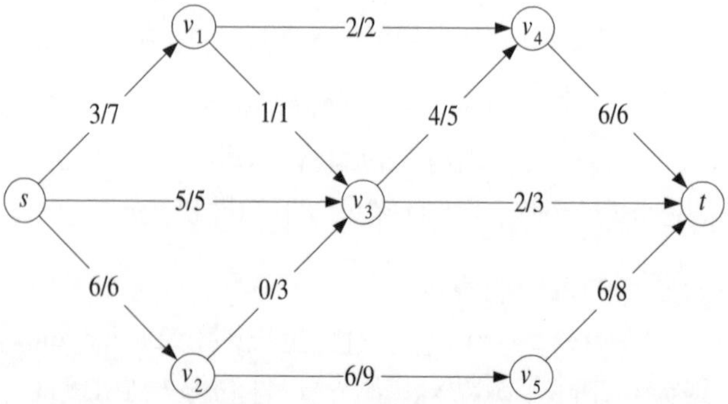

圖 **8.4**：圖 8.2 中之流量網路 N 的最大網路流 f^* (值為 $|f^*| = 14$)。

8.1.2 切割

原來網路流與另外一個叫做「切割」的觀念關係很密切。直觀上來說，切割就是把流量網路N的頂點分成兩部份，其中s在一端，t在另外一端。正式地說，N的切割是N的頂點的分割$\chi = (V_s, V_t)$，使得$s \in V_s$且$t \in V_t$。N中起點$u \in V_s$，且終點$v \in V_t$的邊e稱爲χ的**正向邊 (forward edge)**，起點在V_t，且終點在V_s的邊稱爲**逆向邊 (backward edge)**。我們把切割想像成在N中切割N的邊，而分隔s與t，正向邊是從s端走向t端，逆向邊行進的方向則相反 (參考圖 8.5)。

已知N的網路流f，通過切割χ的流量 (flow across cut χ，記爲$f(\chi)$) 等於χ中的正向邊的流量和減去χ中逆向邊的流量和。也就是說，$f(\chi)$等於從χ的s端流到χ的t端之商品的淨量。下面的引理說明$f(\chi)$的一個有趣的性質。

引理 8.2： 令N爲一流量網路，且令f爲N的一個網路流。對N的任何切割χ而言，f的值等於穿過切割χ的流量，亦即$|f| = f(\chi)$。

證明:

考慮總和

$$F = \sum_{v \in V_s} \Big(\sum_{e \in E^+(v)} f(e) - \sum_{e \in \in E^-(v)} f(e) \Big)$$

根據守恆規則，對於V_s中與s不同每一個頂點v，我們有$\sum_{e \in E^+(v)} f(e) - \sum_{e \in E^-s(v)} f(e) = 0$，故$F = |f|$。

另一方面，對於既不是切割χ的正向邊，也不是逆向邊的每一個邊e，總和F可能包含$f(e)$和$-f(e)$這兩項，可以互相抵消，也可能既不包含$f(e)$，也不包含$-f(e)$。所以$F = f(\chi)$。 ■

上面的定理顯示不論我們從哪裡切割流量網路，以分隔s和t，通過切割的流量均等於整個網路的流量。χ的容量 (capacity) (記爲$c(\chi)$) 等於χ的正向邊的容量和 (注意到我們並沒有包括逆向邊)。下一個引理顯示切割的容量$c(\chi)$是任何通過χ之流量的上界。

引理 8.3： 令N爲一流量網路，並令χ爲N的切割。已知N的任何一個網路流f，通過切割χ的流量並不會超過χ的容量，亦即$f(\chi) \le c(\chi)$。

證明：

我們以$E^{+}(\chi)$表示χ的正向邊，$E^{-}(\chi)$表示χ的逆向邊。由$f(\chi)$的定義，我們有

$$f(\chi) = \sum_{e \in E^{+}(\chi)} f(e) - \sum_{e \in E^{-}(\chi)} f(e)$$

捨棄以上總和中的非正項，我們得到$f(\chi) \leq \Sigma_{e \in E^{+}(\chi)} f(e)$。根據容量規則，對於所有的邊$e$，$f(e) \leq c(e)$。所以我們有

$$f(\chi) \leq \sum_{e \in E^{+}(\chi)} c(e) = c(\chi)$$

■

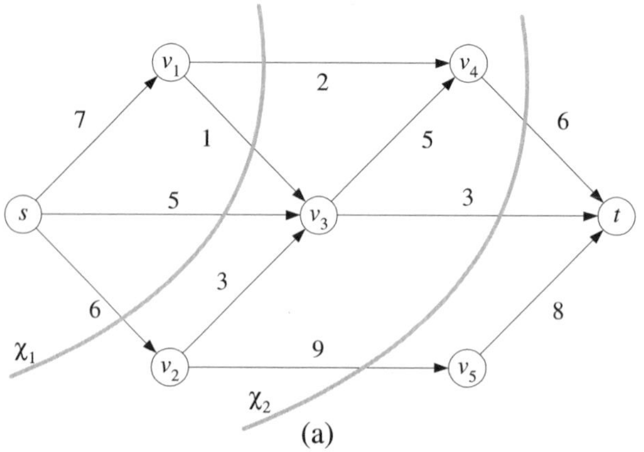

(a)

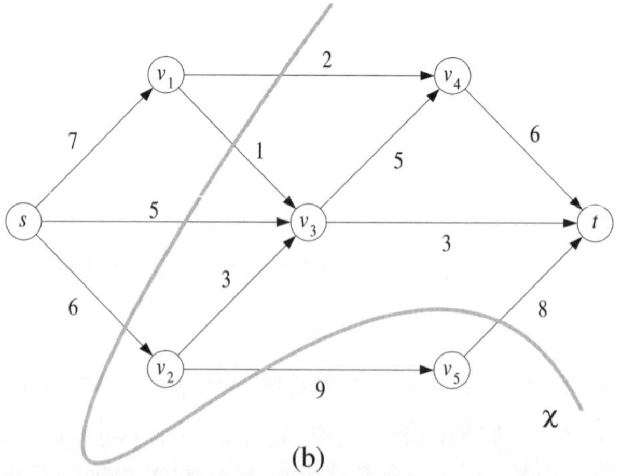

(b)

圖 8.5：**(a)** 圖 **8.2** 中之流量網路N的兩個切割χ_1 **(**左邊**)** 和χ_2 **(**右邊**)**。這些切割只有正向邊，其容量為$c(\chi_1) = 14$和$c(\chi_2) = 18$。切割χ_1是N的一個最小切割。**(b)** N中具有正向邊和逆向邊的切割χ，其容量為$c(\chi) = 22$。

結合引理 8.2 和引理 8.3，我們得到以下與網路流和切割有關的重要結果。

定理 8.4： 令 N 為一流量網路，已知 N 的任何網路流 f 及任何切割 χ，f 的值不會超過 χ 的容量，亦即 $|f| \le c(\chi)$。

換句話說，已知流量網路 N 的任何切割 χ，χ 的容量是 N 中任何網路流流量的上界。甚至對於 N 的**最小切割 (minimum cut)**，亦即 N 的所有切割中具有最小容量的切割，這個上界也成立。在圖 8.5 的範例中，χ_1 就是一個最小切割。

8.2 最大網路流

定理 8.4 意味著最大網路流的值不會超過最小切割的容量。在本節中，我們將證明這兩個量其實是相等的。在這個過程中，我們將概略描述建構最大網路流的方法。

8.2.1 剩餘容量與可擴增路徑

為了證明某一個網路流 f 具有最大值，我們需要一些方法，以顯示絕對沒有任何多餘的網路流可以「擠」到 f 裡面去。使用以下所討論的剩餘容量及可擴增路徑等相關觀念，當網路流 f 具有最大值時，我們可以提供這樣的證明。

剩餘容量

假設 N 是一個流量網路，其中由圖 G 指定容量函數 c、源點 s 和匯點 t。此外，假設 f 是 N 的一個網路流。已知 G 中從頂點 u 到頂點 v 的一個邊 e，從 u 到 v 相對於網路流 f 的**剩餘容量 (residual capacity**，記為 $\Delta_f(u,v)$) 定義為

$$\Delta_f(u,v) = c(e) - f(e)$$

從 v 到 u 的剩餘容量則定義為

$$\Delta_f(v,u) = f(e)$$

直觀上來說，網路流 f 定義的剩餘容量就是當 f 從 s「擠出」到 t 的流量時，尚未充分利用到的任何額外容量。

假設 π 是從 s 到 t 的路徑，並可沿著正向或逆向經過每一個邊，也就是說，我們可以從邊 (u,v) 的起點 u 走訪到終點 v，或從終點 v 走訪到起點 u。正式地說，π 的**正向邊**是 π 的一個邊 e，當我們沿著路徑 π 從 s 行進到 t 時，e 的起點會在 e 的終點之前遇到。π 的邊如果不是正向邊，就稱為**逆向邊**。讓我們把剩餘容量的定義推廣到 π 中的邊 e (從 u 行進到 v)，使得

$\Delta_f(e) = \Delta_f(u, v)$。換句話說，

$$\Delta_f(e) = \begin{cases} c(e) - f(e) & \text{若 } e \text{ 爲正向邊} \\ f(e) & \text{若 } e \text{ 爲逆向邊} \end{cases}$$

也就是說，邊 e 沿著正向行進時，其剩餘容量是 e 的容量中尚未被 f 消耗的部分，但相反方向的剩餘容量則是 f 已經消耗的容量(如果「歸還」這些流量，可以產生另一個值更大的網路流，這就是可以歸還的部分)。

可擴增路徑

路徑 π 的剩餘容量 $\Delta_f(\pi)$ 等於其所有各邊中的最小剩餘容量。也就是說，

$$\Delta_f(\pi) = \min_{e \in \pi} \Delta_f(e)$$

這個值乃是我們可以「擠」到路徑內，而不違反容量限制的最大額外流量。網路流 f 的**可擴增路徑 (augmenting path)** 是一條從源點 s 到匯點 t 的路徑 π，且剩餘容量不等於零，也就是說，對於 π 的每一個邊 e，

- $f(e) < c(e)$，若 e 爲正向邊
- $f(e) > 0$，若 e 爲逆向邊。

我們在圖 8.6 中顯示可擴增路徑的範例。

如下面的引理所示，可擴增路徑的剩餘容量永遠可以加入現有的網路流，而得到另一個有效的網路流。

引理 8.5： 令 π 爲網路 N 中網路流 f 的可擴增路徑，則存在 N 的網路流 f'，其值等於 $|f'| = |f| + \Delta_f(\pi)$。

證明：

我們修改 π 的邊上的流量，以計算網路流 f'：

$$f'(e) = \begin{cases} f(e) + \Delta_f(\pi) & \text{若 } e \text{ 爲正向邊} \\ f(e) - \Delta_f(\pi) & \text{若 } e \text{ 爲逆向邊} \end{cases}$$

請注意，若 e 爲逆向邊，我們要減去 $\Delta_f(\pi)$，因爲在這種情況下，我們乃是減去 e 中已經被 f 用掉的流量。在任何情況下，因爲 $\Delta_f(\pi) \geq 0$ 是 π 中任何一個邊的最小剩餘容量，我們在正向邊加上 $\Delta_f(\pi)$，並不會違反任何容量限制，在逆向邊減去 $\Delta_f(\pi)$ 也不會得到小於零的流量。因此 f' 是 N 的合法網路流，且 f' 的值等於 $|f| + \Delta_f(\pi)$。 ■

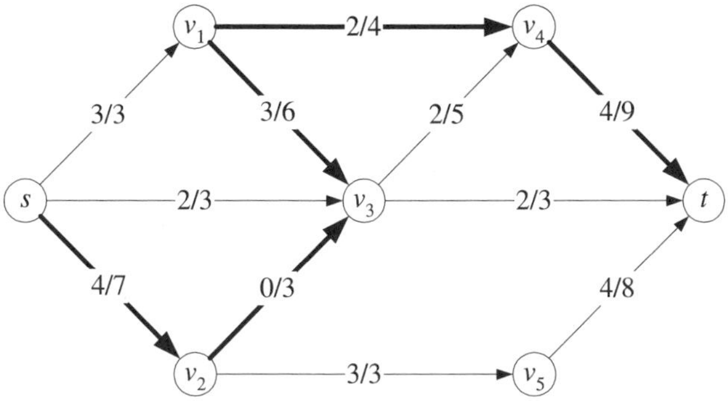

(a)

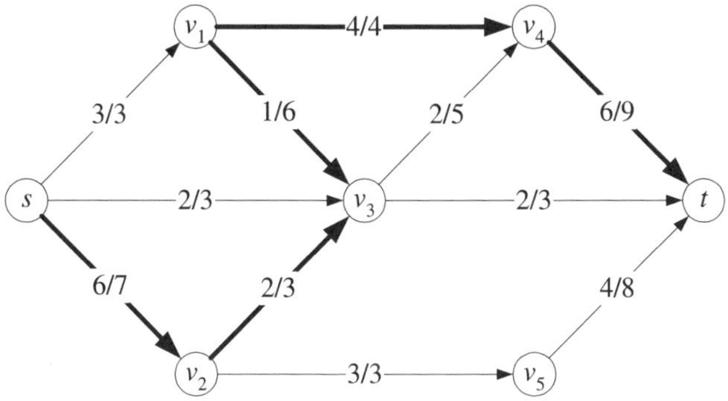

(b)

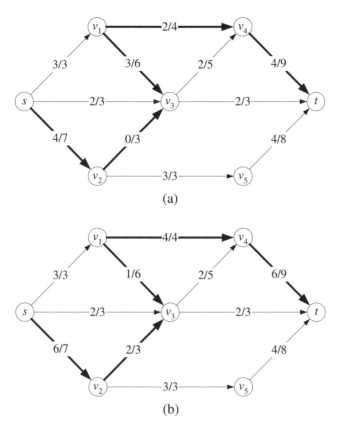

圖 **8.6**：可擴增路徑的範例：**(a)** 網路 N，網路流 f，以及用粗線畫出的可擴增路徑 π ((v_1, v_3) 為逆向邊)；**(b)** 網路流 f'，乃是從 f 開始，將 $\Delta_f(\pi) = \mathbf{2}$ 個單位的流量沿著路徑 π 從 s 擠到 t 而得到的。

根據引理 8.5，網路流 f 存在可擴增路徑 π，表示 f 並不是最大網路流。此外，已知一條可擴增路徑 π，我們可以沿著從 s 到 t 的路徑 π 擠入 $\Delta_f(\pi)$ 單位的流量，以修改 f，並增加它的值，如同引理 8.5 的證明所示。

如果網路 N 中的網路流 f 沒有可擴增路徑，會發生什麼事？在這種情況下，我們得到 f 是最大網路流，如以下的引理所示。

引理 8.6： 若網路 N 相對於網路流 f 而言沒有可擴增路徑，則 f 爲最大網路流，且 N 中有一切割 χ，使得 $|f| = c(\chi)$。

證明：

令 f 爲 N 的網路流，並假設 N 中沒有相對於 f 的可擴增路徑。我們從 f 建立一個切割 $\chi = (V_s, V_t)$，方法如下。滿足下列條件的所有頂點 v，都放在集合 V_s 內：從源點 s 到頂點 v 有一條由剩餘容量不等於零的邊組成的路徑。

這樣的路徑稱為從 s 到 v 的可擴增路徑。集合 V_t 包含 N 的其他頂點。由於網路流 f 沒有可擴增路徑，故 N 的匯點 t 在 V_t 內。因此 $\chi = (V_s, V_t)$ 滿足切割的定義。

根據 χ 的定義，切割 χ 的每一個正向邊和逆向邊，其剩餘容量均為零，亦即，

$$f(e) = \begin{cases} c(e) & \text{若 } e \text{ 為} \chi \text{的正向邊} \\ 0 & \text{若 } e \text{ 為} \chi \text{的逆向邊} \end{cases}$$

因此，χ 的容量等於 f 的值。也就是說，

$$|f| = c(\chi)$$

根據定理 8.4，我們得到 f 是最大網路流。 ■

我們有以下將最大網路流與最小切割互相關聯的重要結果，這是定理 8.4 和引理 8.6 的推論。

定理 8.7： **(最大網路流，最小切割定理)** 最大網路流的值等於最小切割的容量。

8.2.2 Ford-Fulkerson 演算法

Ford 和 Fulkerson 提出了一個精典的演算法，將貪婪演算法則應用於可擴增路徑方法 (證明「最大網路流，最小切割定理」，亦即定理 8.7 時曾經使用過)，以計算網路中的最大網路流。

Ford-Fulkerson 演算法的主要想法是依階段逐漸增加網路流的值，在每一個階段，都有一部分的流量沿著從源點到匯點的可擴增路徑被擠出來。一開始的時候，每一個邊的流量都等於零，在每一個階段中，我們計算出可擴增路徑 π，並沿著該路徑將等於 π 之剩餘容量的流量擠出來，正如在引理 8.5 的證明中一般。當目前的網路流不再容許有可擴增路徑時，演算法就終止。引理 8.6 保證在這種情況下，f 為最大網路流。

我們在演算法 8.7 中提供 Ford-Fulkerson 方法的虛擬碼描述，以解決尋找最大網路流的問題。

我們在圖 8.8 中將 Ford-Fulkerson 演算法視覺化。

實作細節

Ford-Fulkerson 演算法有一些很重要的實作細節，會影響到我們如何表示一個網路流，以及如何計算可擴增路徑。要表示一個網路流其實相當簡單。我們可以將網路的每一個邊標上一個屬性，代表沿著該邊的流量 (第

6.5 節)。為了計算可擴增路徑，我們在代表流量網路的圖 G 上使用特殊的走訪。此一走訪是DFS (第 6.3.1 節) 或BFS (第 6.3.3 節) 走訪的簡單變形，然而並不是所有連接到目前頂點 v 的邊均列入考慮。我們只考慮以下的邊：

- 為 v 的射出邊，且流量小於容量
- 為 v 的射入邊，且流量不等於零。

```
Algorithm MaxFlowFordFulkerson(N):
  Input: Flow network N = (G, c, s, t)
  Output: A maximum flow f for N
 for each edge e ∈ N do
   f(e) ← 0
 stop ← false
 repeat
   traverse G starting at s to find an augmenting path for f
   if an augmenting path π exists then
     { Compute the residual capacity Δ_f(π) of π }
     Δ ← +∞
     for each edge e ∈ π do
       if Δ_f(e) < Δ then
         Δ ← Δ_f(e)
     { Push Δ = Δ_f(π) units of flow along path π }
     for each edge e ∈ π do
       if e is a forward edge then
         f(e) ← f(e) + Δ
       else
         f(e) ← f(e) − Δ          {e is a backward edge}
   else
     stop ← true          {f is a maximum flow}
 until stop
```

演算法 **8.7**：計算網路中最大網路流的 Ford-Fulkerson 演算法。

此外，計算相對於目前網路流 f 的可擴增路徑，可以簡化成在一個從 G 衍生的圖 R_f 中的尋找簡單路徑的問題。其中 R_f 的頂點和 G 的頂點相同。對於 G 中每一對相鄰頂點 u 和 v 形成的有序對，如果 $\Delta_f(u, v) > 0$，我們就加入一個從 u 到 v 的有向邊。圖 R_f 稱為相對於網路流 f 的剩餘圖 (residual graph)。相對於網路流 f 的可擴增路徑對應於剩餘圖 R_f 中從 s 到 t 的有向路徑。我們可以利用從源點 s 開始，在 R_f 中進行的 DFS 走訪來計算該路徑。(參考第 6.3 節和第 6.5 節。)

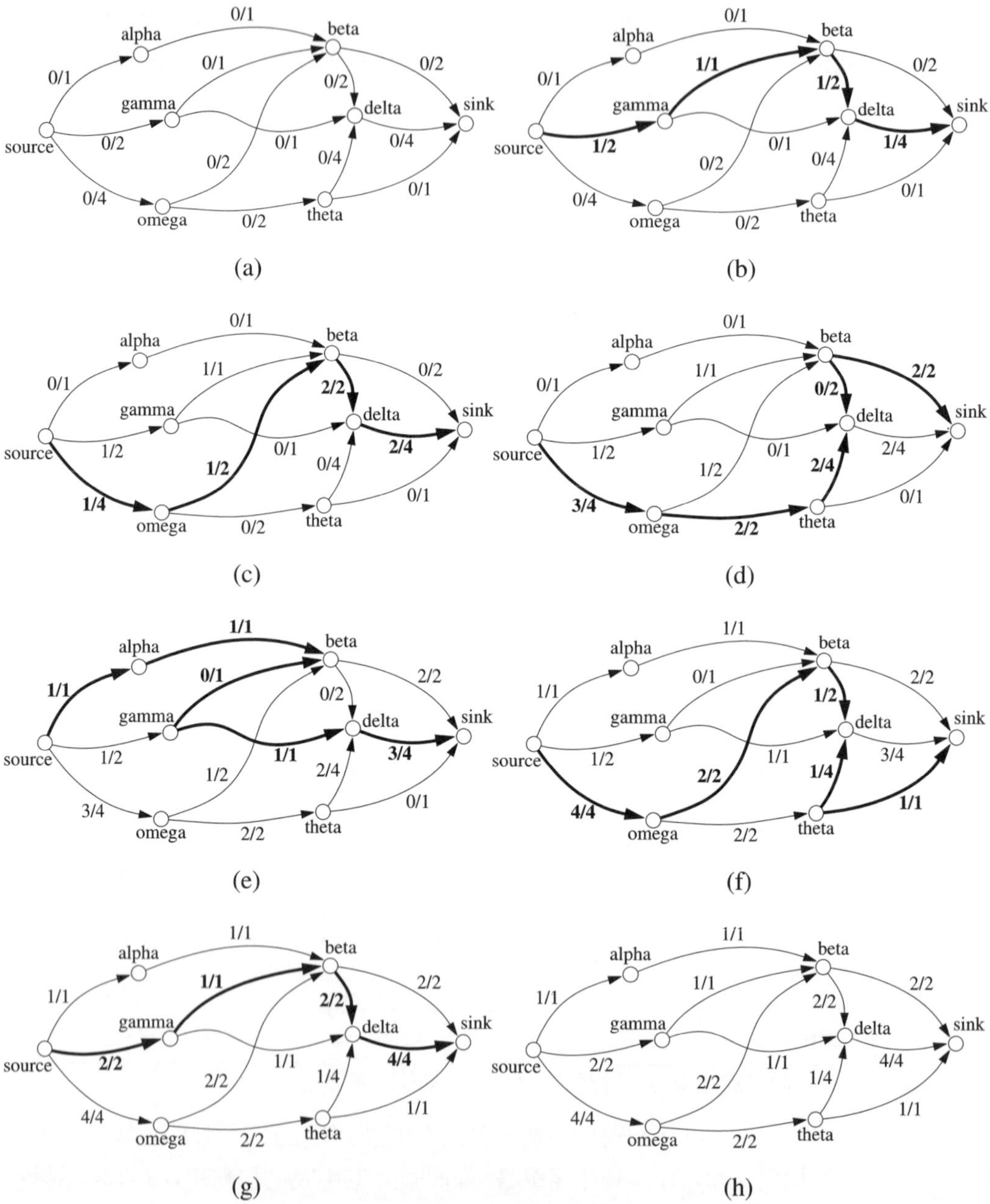

圖 **8.8**：Ford-Fulkerson 演算法在圖 **8.1** 中的流量網路上的執行範例。可擴增路徑以粗線畫出。

8.2.3 Ford-Fulkerson 演算法的分析

Ford-Fulkerson 演算法的執行時間分析有點複雜，這是因爲演算法並沒有指出尋找可擴增路徑的確切方法，我們接下來也會看到，可擴增路徑的選擇對演算法的執行時間有很大的影響。

假設流量網路的頂點數和邊數分別爲 n 和 m，並假設 f^* 爲最大網路流。由於代表網路的圖是連通的，我們有 $n \le m+1$。請注意，每當我們找到一條可擴增路徑時，網路流的值至少增加 1，因爲邊的容量和流量是整數。因此最大網路流的值 $|f^*|$ 是演算法尋找可擴增路徑的次數的上界。並且注意我們可以使用簡單的圖形走訪 (例如 DFS 或 BFS 走訪) 來找出可擴增路徑，這樣要花費 $O(m)$ 時間 (參考定理 6.13 和定理 6.19，同時回想一下 $n \le m+1$)。因此，我們可以把 Ford-Fulkerson 演算法的執行時間限定爲最多 $O(|f^*|m)$。如圖 8.9 所示，對於某些可擴增路徑的選擇，確實可能達到這個界限。故我們結論 Ford-Fulkerson 演算法是一個準多項式演算法 (5.5.3 節)，因爲它的執行時間與輸入的大小及某個數值參數的值都有關。所以，如果 $|f^*|$ 很大，可擴增路徑又選得很糟，Ford-Fulkerson 演算法的時間界限可能非常緩慢。

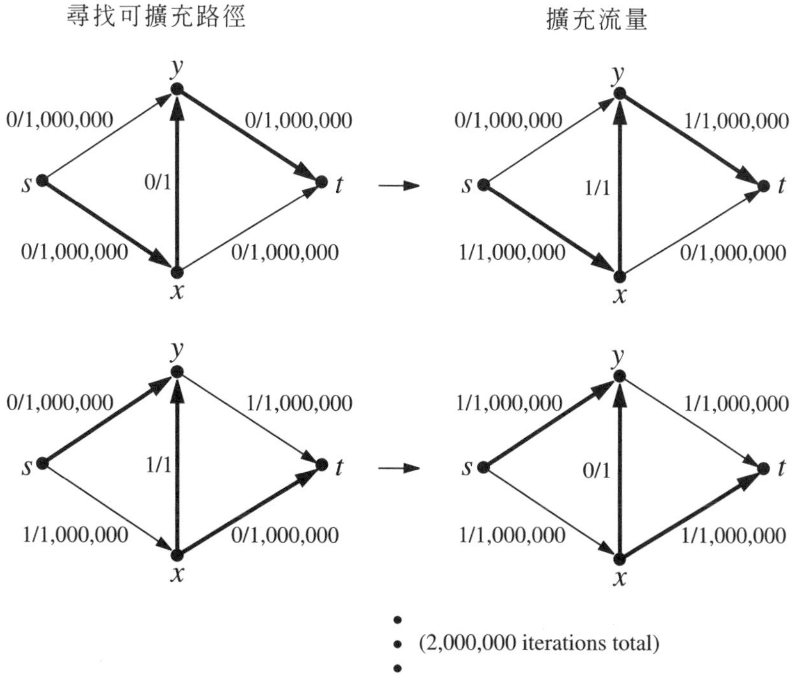

圖 **8.9**：會使標準 Ford-Fulkerson 演算法執行得非常緩慢的網路範例。如果演算法選擇的可擴增路徑在 (s,x,y,t) 和 (s,y,x,t) 之間來回跳動，即使只需要執行兩個回合就夠了，該演算法仍將執行 2, 000, 000 個回合。

8.2.4 Edmonds-Karp 演算法

Edmonds-Karp 演算法是 Ford-Fulkerson 演算法的變形。它使用一個簡單的技術來尋找理想的可擴增路徑，結果產生了比較快的執行時間。這個技術是根據以下的觀念：將貪婪演算法則應用於最大網路流問題時，可以「更貪婪」一點。也就是說，在每一個回合，我們選擇邊數最少的可擴增路徑，使用修改過的 BFS 走訪，就可以很容易地在 $O(m)$ 時間內完成這項任務。我們將證明，如果我們使用這些 **Edmonds-Karp 擴增 (Edmonds-Karp augmentations)**，則執行的回合數不會超過 nm，這表示 Edmonds-Karp 演算法的執行時間為 $O(nm^2)$。

我們先介紹一些記號。我們把路徑 π 中的邊數稱為 π 的**長度 (length)**。令 f 為網路 N 的網路流。已知一個頂點 v，我們把相對於 f，且從源點 s 到頂點 v 可擴增路徑的最小長度記為 $d_f(v)$，並將這個量稱為 v 相對於網路流 f 的**剩餘距離 (residual distance)**。

下面的討論說明每個頂點的剩餘距離如何影響 Edmonds-Karp 演算法。

Edmonds-Karp 演算法的效能

我們先說明在一系列的 Edmonds-Karp 擴增過程中，剩餘距離不會減少，並從這裡開始進行分析。

引理 8.8： 令 g 為從網路流 f 開始，沿著最小長度的路徑 π 進行擴增而得到的網路流。則對每一個頂點 v，

$$d_f(v) \le d_g(v)$$

證明：

假設有一個頂點違反上面的不等式。令 v 為此種頂點，且相對於 g 的剩餘距離為最短，亦即，

$$d_f(v) > d_g(v) \tag{8.1}$$

且

$$d_g(v) \le d_g(u)\text{，對於每一個滿足 } d_f(u) > d_g(u) \text{ 的頂點 } u \tag{8.2}$$

考慮一個相對於網路流 g，並從 s 到 v 的最短長度可擴增路徑 γ。令 u 為 γ 上與 v 緊鄰的前一個頂點，並令 e 為 γ 的邊，其終點為 u 和 v (參考圖 8.10)。從以上的定義，我們有

$$\Delta_g(u, v) > 0 \tag{8.3}$$

而且，既然 u 是最短路徑 γ 上與 v 緊鄰的前一個頂點，我們有

$$d_g(v) = d_g(u) + 1 \tag{8.4}$$

最後，由 (8.2) 和 (8.4)，我們有

$$d_f(u) \le d_g(u) \tag{8.5}$$

我們現在證明 $\Delta_f(u, v) = 0$。確實如此，如果 $\Delta_f(u, v) > 0$，那麼我們可以沿著相對於網路流 f 的可擴增路徑，從 u 行進到 v。這就表示

$$\begin{aligned} d_f(v) &\le d_f(u) + 1 \\ &\le d_g(u) + 1 && \text{依據(8.5)} \\ &= d_g(v) && \text{依據(8.4)} \end{aligned}$$

故與 (8.1) 矛盾。

既然 $\Delta_f(u, v) = 0$，且根據 (8.3)，$\Delta_g(u, v) > 0$，從 f 產生 g 的可擴增路徑 π 一定會從 v 到 u 經過邊 e (參考圖 8.10)。所以，

$$\begin{aligned} d_f(v) &= d_f(u) - 1 && \text{因爲 } \pi \text{ 是最短路徑} \\ &\le d_g(u) - 1 && \text{依據(8.5)} \\ &\le d_g(v) - 2 && \text{依據(8.4)} \\ &< d_g(v) \end{aligned}$$

所以我們得到與 (8.1) 矛盾的結果，而完成證明。 ■

直觀上來說，引理 8.8 意味著每當我們進行一次 Edmonds-Karp 擴增時，從 s 到任何頂點 v 的剩餘距離只會增加或保持不變。這件事實使我們得到下面的引理。

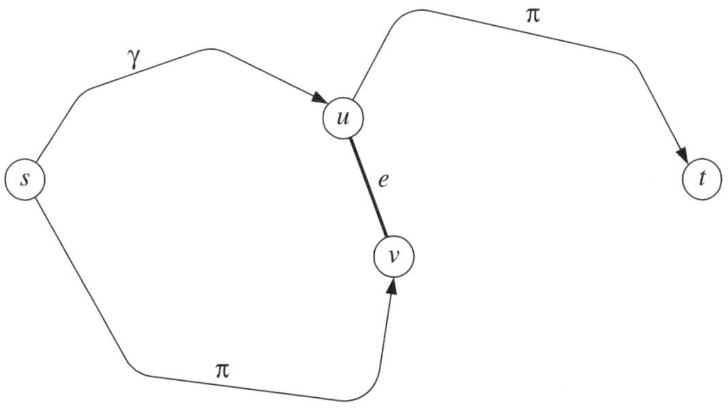

圖 8.10：引理 8.8 之證明的圖解。

引理 8.9： 在具有 n 個頂點和 m 個邊的網路中執行 Edmonds-Karp 演算法時，網路流擴增的次數不會超過 nm。

證明：

令 f_i 爲網路中在第 i 次擴增之前的網路流。並令 π_i 爲此種擴增使用的路徑。如果 e 的剩餘容量等於 π_i 的剩餘容量，則我們說 π_i 的邊 e 是 π_i 的**瓶頸 (bottleneck)**。顯然 Edmonds-Karp 演算法使用的每一條可擴增路徑至少有一個瓶頸。

考慮由邊 e 連接的兩個頂點 u 和 v，並假設邊 e 是兩條可擴增路徑 π_i 和 π_k 的瓶頸，且 $i<k$，這兩條路徑從 u 到 v 經過 e。以上的假設表示下面各點均成立：

- $\Delta_{f_i}(u, v) > 0$
- $\Delta_{f_{i+1}}(u, v) = 0$
- $\Delta_{f_k}(u, v) > 0$

因此，一定有一個介於其間的第 j 次擴增，且 $i<j<k$，其可擴增路徑 π_j 從 v 到 u 經過邊 e。所以我們得到

$$
\begin{aligned}
d_{f_j}(u) &= d_{f_j}(v) + 1 && \text{(因爲 } \pi_j \text{ 是最短路徑)} \\
&\geq d_{f_i}(v) + 1 && \text{(根據引理 8.8)} \\
&\geq d_{f_i}(u) + 2 && \text{(因爲 } \pi_i \text{ 是最短路徑)}
\end{aligned}
$$

既然頂點的剩餘距離永遠小於頂點 n 的個數，在 Edmonds-Karp 演算法的執行期間，每個邊最多會成爲瓶頸 n 次 (沿著可擴增路徑可以經過它的兩個方向其中之一各 $n/2$ 次)。所以擴增的總次數不會超過 nm。 ■

由於使用修改過的BFS策略，可在 $O(m)$ 時間內完成單一網路流擴增，我們可以將上面的討論總結如下。

定理 8.10： 已知一個有 n 個頂點和 m 個邊的流量網路，Edmonds-Karp 演算法可在 $O(nm^2)$ 時間內計算出最大網路流。

8.3 最大二分配對

有一個問題在許多重要的應用中出現，那就是**最大二分配對 (maximum bipartite matching)** 問題。在這個問題中，我們已知一個具有下列性質的連通無向圖：

- G 的頂點分割成兩個集合，X 和 Y。
- G 的每一個邊，都有一個端點在 X 中，且另一個端點在 Y 中。

這種圖稱爲**二分圖 (bipartite graph)**。G的一個**配對 (matching)** 是一個邊的集合，其中的邊沒有共同的端點 — 這樣的集合將X中的頂點和Y中的頂點「配成一對」，因此每一個頂點在另一個集合中最多只有一個「夥件」。最大二分配對問題就是要找出(所有配對中)具有邊數最多的配對。

範例 8.11： 假設G是一個二分圖，其中集合X代表一群年輕的男生，集合Y代表一群年輕的女生，他們全部出現在社區的舞會之中。如果X中的x與Y中的y願意和對方一起跳舞，則有一個邊連接x和y。G的最大配對相當於同時可以一起快樂地跳舞的最大集合。

範例 8.12： 假設G是一個二分圖，其中集合X代表示一組大學課程，Y代表一組教室。根據選課人數和視聽教學的需要，X中的課程x可以在Y中的教室y授課，則有一個邊連接x和y。G的最大配對相當於可以同時授課，而不致衝堂的最大課程數。

這兩個範例顯示了最大二分配對問題可以解決的應用問題中的一小部份。幸運的是，最大二分配對問題有一個很簡單的解決方法。

8.3.1 簡化成最大網路流問題

假設G是一個二分圖，其頂點被分割成兩個集合X和Y。我們建立一個流量網路H，使得H中的最大網路流可以直接轉換成G的最大配對：

- 首先，我們在H中納入G的所有頂點，再加上一個新的源點s和一個新的匯點t。
- 接下來，我們把G的每一個邊加入H，但賦予它們方向，使其從X中的端點指向Y中的端點。此外，我們加入從s到X的每一個頂點，以及從Y的每一個頂點到t的有向邊。最後，我們將H的每一個邊的容量指定爲 1。

已知H的網路流f，我們按照以下的規則，使用f來定義G的邊形成的集合M：只要$f(e) = 1$，M中就有一個邊 (參考圖 8.11)。現在我們證明M是一個配對。因爲H中的容量都是 1，流過H中的每一個邊，流量不是 0 就是 1。再者，由於X的每一個頂點x只有一個射入邊，守恆規則表示x最多只有一個射出邊的流量不是零。同樣地，由於Y的每一個頂點y恰好只有一個射出邊，故y最多只有一個射入邊的流量不是零。所以X中的每一

個頂點將透過 M 與 Y 中最多一個頂點配成一對，也就是說集合 M 是一個配對。並且我們可以很容易看出 M 的大小等於 $|f|$，亦即網路流 f 的值。

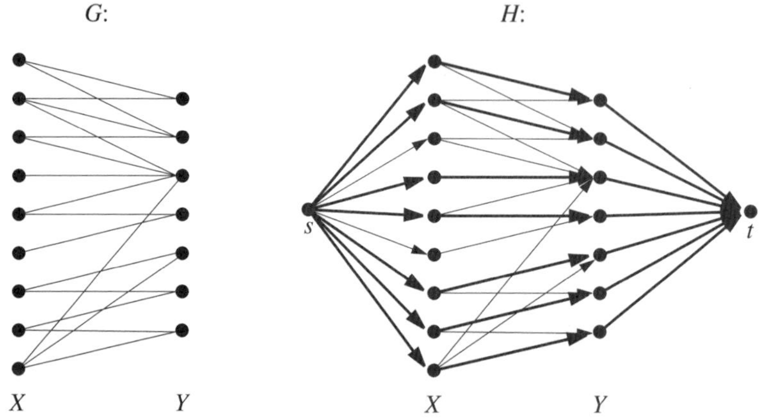

圖 8.11：**(a)** 二分圖 G。**(b)**由 G 導出的流量網路，以及 H 中的最大網路流；粗邊的流量為一，其餘的邊流量為零。

我們也可以定義反向的轉換。也就是說，已知圖 G 的配對 M，我們可以按照以下的規則，使用 M 來定義 H 的網路流 f：

- 對於 H 中每一個也在 G 中的邊 e，如果 $e \in M$，則 $f(e) = 1$，否則 $f(e) = 0$。
- 對於 H 中連接到 s 或 t 的每一個邊，如果 v 是 M 中某一個邊的端點，則 $f(e) = 1$，否則 $f(e) = 0$，其中 v 代表 e 的另一個端點。

很容易證明 f 是 H 的網路流，且 f 的值等於 M 的大小。

因此，任何一個最大網路流演算法都可以用來解決圖 G (具有 n 個頂點和 m 個邊) 的最大二分配對問題。也就是說：

1. 我們可以從二分圖 G 建立網路 H。這個步驟要花費 $O(n+m)$ 時間。網路 H 有 $n+2$ 個頂點和 $n+m$ 個邊。
2. 我們使用標準的 Ford-Fulkerson 演算法來計算 H 的最大值。既然最大網路流的值等於 $|M|$，亦即最大配對的大小，而且 $|M| \leq n/2$，因此這些步驟要花費 $O(n(n+m))$ 時間，因爲 G 是連通的，所以等於 $O(nm)$。

因此，我們有以下的定理。

定理 8.13： 令 G 爲一具有 n 個頂點和 m 個邊的二分圖。G 的最大配對可在 $O(nm)$ 時間內計算。

8.4 最低成本網路流

最大網路流問題有另外一種變形，適用於「沿著一個邊傳送一單位的流量時，附帶有一成本」的情況。在本節中，我們擴充網路的定義，爲每一個邊指定第二個非負整數的權重 $w(e)$，代表邊 e 的成本 (cost)。

已知一個網路流 f，我們將 f 的成本定義爲

$$w(f) = \sum_{e \in E} w(e)f(e)$$

其中 E 代表網路中所有的邊的集合。如果網路流 f 在值等於 $|f|$ 的所有網路流中成本最低，我們就說 f 是**最低成本網路流 (minimum-cost flow)**。**最低成本網路流問題 (minimum-cost flow problem)** 乃是在所有的最大網路流中，找出成本最低的最大網路流。最低成本網路流問題的一個變化形式，要求我們找出具有已知流量值的最低成本網路流。已知一條相對於網路流 f 的可擴增路徑 π，我們將 π 的成本 (記爲 $w(\pi)$) 定義爲 π 的正向邊的成本總和減去 π 的逆向邊的成本總和。

8.4.1 可擴增迴路

相對於 f 的**可擴增迴路 (augmenting cycle)** 是一個可擴增路徑，它的第一個頂點與最後一個頂點相同。如果使用更數學化的術語，它是一個有向迴路 γ，且頂點爲 v_0、v_1、$\cdots v_{(k-1)}$、$v_k = v_0$，使得 $\Delta_f(v_i, v_{i+1}) > 0$ 對 $i = 0$、$\cdots$、$k-1$ (參考圖 8.12)。剩餘容量 (在第 8.2.1 節中提出) 和 (上面所提出的) 成本的定義也適用於可擴增迴路。此外，請注意，因爲它是一個迴路，所以我們可以把可擴增迴路的網路流加入現存的網路流中，而不改變它的流量值。

從可擴增迴路加入網路流

下面的引理和引理 8.5 類似，因爲它顯示我們可以使用可擴增迴路，將一個最大網路流轉變成另外一個最大網路流。

引理 8.14： 令 γ 爲網路 N 中網路流 f 的可擴增迴路，則 N 中存在一個網路流 f'，其值爲 $|f'| = |f|$，且成本爲

$$w(f') = w(f) + w(\gamma)\Delta_f(\gamma)$$

我們把引理 8.14 的證明留下來做爲習題 (R-8.13)。

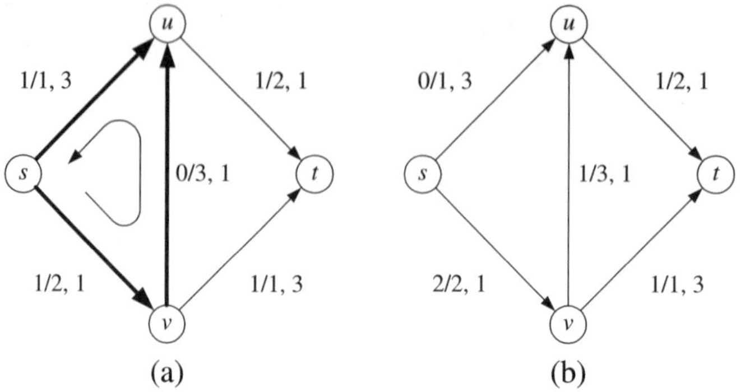

圖 **8.12**：**(a)** 具有網路流 f 的網路，其中的每一個邊 e 均以 $f(e)/c(e), w(e)$ 標示。我們有 $|f| = 2$ 和 $w(f) = 8$。可擴增迴路 $\gamma = (s, v, u, s)$ 以粗線畫出。γ 的剩餘容量是 $\Delta_f(\gamma) = 1$　γ 的成本是 $w(\gamma) = -1$。**(b)** 從 f 開始，沿著迴路 γ 推送一個單位的流量而得到的網路流 f'。我們有 $|f'| = |f|$ 和 $w(f') = w(f) + w(\gamma)\Delta_f(\gamma) = 8 + (-1)\cdot 1 = 7$

最低成本網路流的條件

請注意引理 8.14 意味著如果網路流 f 有一個負成本的可擴增迴路，那麼 f 的成本就不是最小值。下面的定理顯示反過來也是成立的，這樣一來，我們就得到一個條件，可以測試網路流是否為最低成本網路流。

定理 8.15： 網路流 f 在值等於 $|f|$ 的所有網路流中成本最低，若且唯若相對於 f 而言，不存在成本為負值的的可擴增迴路。

證明：

根據引理 8.14，立即可以得到「唯若」的部份。為證明「若」的部份，假設網路流 f 的成本並非最低，並令 g 為值等於 $|f|$，且成本最低的網路流。我們可以利用沿著可擴增路徑的一系列擴增，從 f 得到網路流 g。既然 g 的成本低於 f 的成本，這些迴路中一定至少有一個的成本為負值。 ■

尋找最低成本網路流的演算法

定理 8.15 提示了一個最低成本網路流的演算法，這個演算法是以「重複地沿著成本為負值的迴路將網路流擴增」為基礎。首先，我們利用 Ford-Fulkerson 演算法或 Edmonds-Karp 演算法找出最大網路流 f^*。其次，我們決定網路流 f^* 是否允許一個成本為負值的可擴增迴路。Bellman-Ford 演算法 (第 7.1.2 節) 可在時間 $O(nm)$ 內找出成本為負值的可擴增迴路。假設 w^* 代表初始最大網路流 f^* 的成本。每次執行 Bellman-Ford 演算法之後，網路流的成本至少降低一個單位。所以，從最大網路流f^*開始，我們可以在$O(w^*nm)$時間內計算成本最低的最大網路流。因此，我們有下面的定理：

定理 8.16： 已知一個有n個頂點和m個邊的流量網路N，以及一個最大網路流f^*，N的每一個邊均附有一成本，則我們可以在$O(w^*nm)$時間內計算成本最低的最大網路流，其中w^*爲f^*的總成本。

然而，計算可擴增迴路時，如果更加小心，那麼我們可以做得遠比這個結果要好，我們在本節的其餘部份將說明這一點。

8.4.2 連續的最短路徑

在本節中，我們提出另一種計算最低成本網路流的方法。我們的想法是從一個空的網路流開始，並沿著最低小成本可擴增路徑進行一系列的擴增過程，以建立最大網路流。下面的定理提供了這個方法的基礎。

定理 8.17： 令f爲一最低成本網路流，並令f'爲將f沿著最低成本的可擴增路徑π進行擴增而得到的網路流。則網路流f'爲一最低成本網路流。

證明：

此證明示於圖 8.13 中。

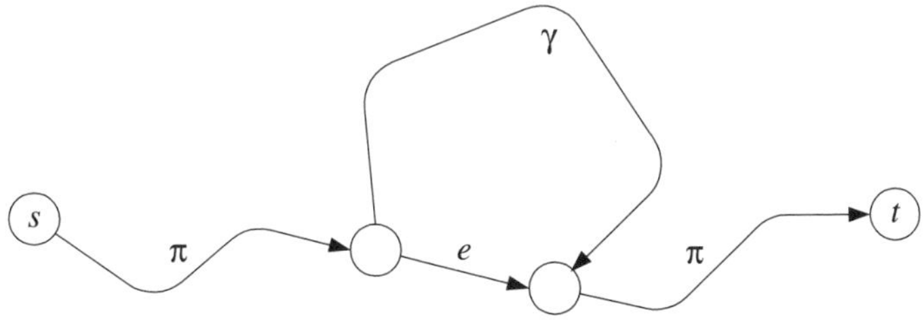

圖 8.13：定理 8.17 證明的圖示。

爲了得到矛盾，假設f'的成本並非最低。根據定理 8.15，f'有一個成本爲負值的可擴增迴路γ。迴路γ一定至少有一個邊e與路徑π相同，並沿著與π相反的方向經過e，否則γ即爲相對於網路流f，且成本爲負值的可擴增迴路，但這是不可能的，因爲f的成本最低。考慮從π開始，把邊e換成$\gamma - e$而得到的路徑$\hat{\pi}$。路徑$\hat{\pi}$是相對於網路流f的可擴增路徑，且路徑$\hat{\pi}$的成本爲

$$w(\hat{\pi}) = w(\pi) + w(\gamma) < w(\pi)$$

此與π爲相對於網路流f的最低成本可擴增路徑的假設矛盾。 ■

我們可以從初始值爲空的網路流開始，重複地應用定理 8.17，以計算最低成本的最大網路流 (參考圖 8.14)。已知目前的網路流 f，我們按照下列步驟，爲剩餘圖 R_f 的邊指定一個權重 (回想一下第 8.2.2 節中剩餘圖的定義)。對於原來的網路中每一個從 u 指向 v 的邊 e，R_f 中從 u 到 v 的邊 (記作 (u, v))，其權重爲 $w(u, v) = w(e)$，從 v 到 u 的邊 (v, u)，其權重爲 $w(v, u) = -w(e)$。我們可以使用 Bellman-Ford 演算法 (參考第 7.1.2 節)，完成 R_f 中最短路徑的計算，因爲根據定理 8.15，R_f 沒有成本爲負值的迴路。所以我們得到一個準多項式時間的演算法 (第 5.3.3 節)，這個演算法可以在 $O(|f^*|nm)$ 時間內計算最低成本的最大網路流 f^*。

上面這個演算法的執行範例示於圖 8.14 中。

8.4.3 修正權重

我們可以變更剩餘圖 R_f 的權重，使它們均爲非負值，以縮短最短路徑的計算時間。進行修正之後，我們可以使用執行時間爲 $O(m \log n)$ 的 Dijkstra 演算法，以取代執行時間爲 $O(nm)$ 的 Bellman-Ford 演算法。

現在我們描述權重的修正。假設 f 是目前的最低成本網路流，我們把 R_f 中從源點 s 到頂點 v 的距離 (記爲 $d_f(v)$) 定義爲 R_f 中從 s 到 v 之路徑的最小權重 (從源點 s 到頂點 v 之可擴增路徑的成本)。請注意這個定義與第 8.2.4 節中 Edmonds-Karp 演算法使用的定義並不相同。

假設 g 是沿著最低成本路徑將 f 擴增，而從 v 得到的網路流。我們按照以下方式，爲 R_g 定義一組新的權重 w' (參考圖 8.15)：

$$w'(u, v) = w(u, v) + d_f(u) - d_f(v)$$

引理 8.18： 對於剩餘網路 R_g 的每一個邊 (u, v)，我們有

$$w'(u, v) \geq 0$$

此外，R_g 中具有修正權重 w' 的最短路徑也是具有原始權重 w 的最短路徑。

證明：

我們區分兩種情況。

情況 1： R_f 中含有邊 (u, v)。

在這種情況下，從 s 到 v 的距離 $d_f(v)$，不會超過從 s 到 u 的距離 $d_f(u)$ 加上邊 (u, v) 的權重 $w(u, v)$，亦即

$$d_f(v) \leq d_f(u) + w(u, v)$$

所以我們有

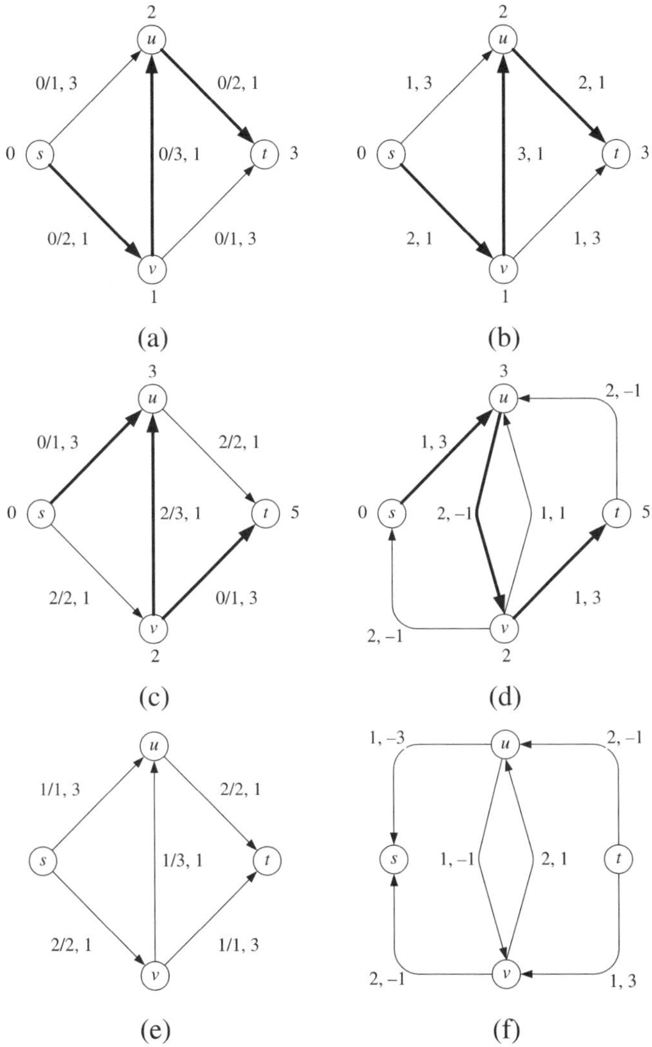

圖 8.14：經由最短路徑連續擴增的最低成本網路流計算範例。每一個步驟中的網路顯示於左邊，剩餘網路顯示於右邊。各頂點以其與源點的距離標示。網路中的每一個邊 e 以 $f(e)/c(e), w(e)$ 標示。剩餘網路的每一個邊以其剩餘容量和成本標示 (剩餘容量為零的邊則省略)。可擴增路徑以粗線畫出。我們使用兩次擴增，計算出最低成本網路流。在第一次擴增時，有兩個單位的流量沿著路徑 (s, v, u, t) 被擠出。在第二次擴增時，有一個單位的流量沿著路徑 (s, u, v, t) 被擠出。

$$w'(u, v) \geq 0$$

情況 2： R_f 中沒有存在邊 (u, v)。

在這種情況下，(v, u) 一定是從網路流 f 得到網路流 g 之可擴增路徑的一個邊，並且我們有

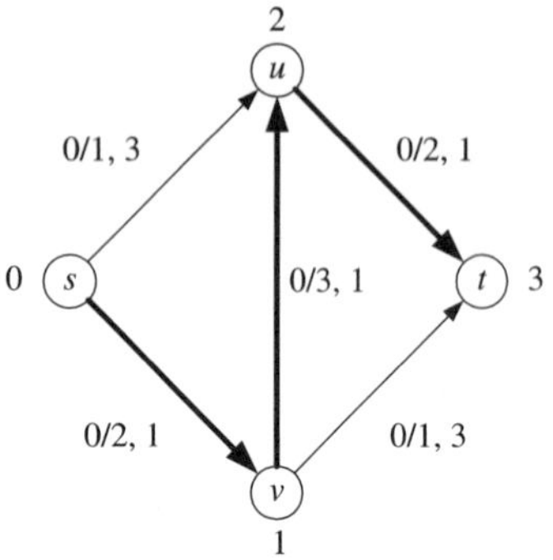

(a)

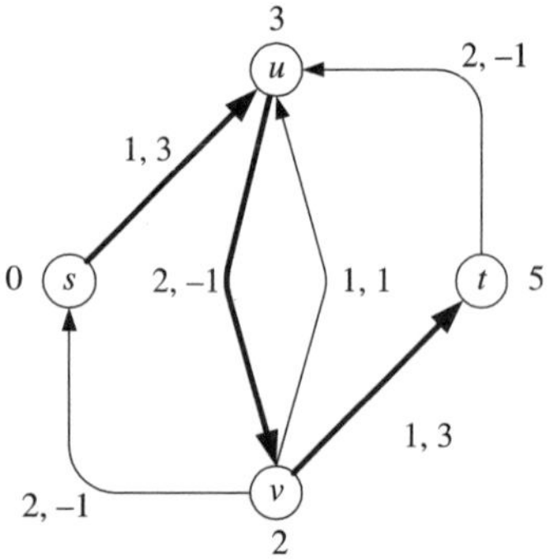

(b)

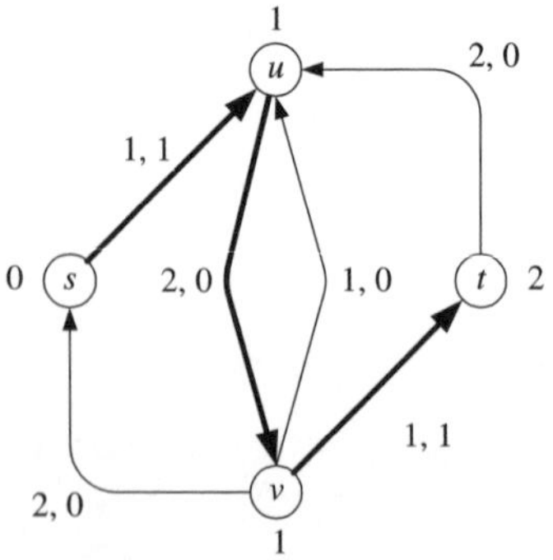

(c)

圖 **8.15**：以「經由最短路徑連續擴增」方法進行的最低成本網路流計算中，各邊成本的修正。**(a)** 流量網路 N_f，其中有初始值為空的網路流 f 和最短可擴增路徑 $\pi_1 = (s, v, u, t)$ (成本為 $w_1 = w(\pi_1) = 3$)。每一個頂點均以從源點到該頂點的距離 d_f 標示 (和圖 **8.14b** 中相同) **(b)** 沿著路徑 π_1 和最短路徑 $\pi_2 = (s, u, v, t)$ (成本為 $w(\pi_2) = 5$) 將網路流 f 擴增兩個單位的流量之後的剩餘網路 R_g (和圖 **8.14d** 中相同)。**(c)** 具有修正邊權重的流量網路 R_g。路徑 π_2 仍然是最短路徑，然而它的成本降低了 w_1。

$$d_f(u) = d_f(v) + w(v, u)$$

因爲 $w(v, u) = -w(u, v)$，我們有

$$w'(u, v) = 0$$

已知 R_g 中從 s 到 t 的路徑 π，π 相對於修正權重的成本 $w'(\pi)$ 與 π 的成本 $c(\pi)$ 相差一個常數：

$$w'(\pi) = w(\pi) + d_f(s) - d_f(t) = w(\pi) - d_f(t)$$

因此，R_g 相對於原始權重的最短路徑也是相對於修正權重的最短路徑。■

使用連續最短路徑方法來計算最低成本網路流的完整演算法，在演算法 8.16 (MinCostFlow) 中列出。

我們把本節的結果總結於下面的定理：

定理 8.19： 在一個具有 n 頂點和 m 個邊的網路中，最低成本的最大網路流 f 可在 $O(|f| m \log n)$ 時間內計算。

```
Algorithm MinCostFlow(N):
  Input: Weighted flow network N = (G, c, w, s, t)
  Output: A maximum flow with minimum cost f for N
 for each edge e ∈ N do
   f(e) ← 0
 for each vertex v ∈ N do
   d(v) ← 0
 stop ← false
 repeat
   compute the weighted residual network R_f
   for each edge (u, v) ∈ R_f do
     w'(u, v) ← w(u, v) + d(u) − d(v)
   run Dijkstra's algorithm on R_f using the weights w'
   for each vertex v ∈ N do
     d(v) ← distance of v from s in R_f
   if d(t) < +∞ then
     {π is an augmenting path with respect to f}
     {Compute the residual capacity Δ_f(π) of π }
     Δ ← +∞
     for each edge e ∈ π do
       if Δ_f(e) < Δ then
         Δ ← Δ_f(e)
     { Push Δ = Δ_f(π) units of flow along path π }
     for each edge e ∈ π do
       if e is a forward edge then
         f(e) ← f(e) + Δ
       else
         f(e) ← f(e) − Δ          {e is a backward edge}
   else
     stop ← true          {f is a maximum flow of minimum cost}
 until stop
```

演算法 **8.16**：計算最低成本網路流的連續最短路徑演算法。

8.5 Java 範例：最低成本網路流

在本節中，我們列出演算法 8.16 (MinCostFlow) 之 Java 實作的各部分。這個演算法沿著最低成本路徑連續進行擴增，以計算最低成本網路流。MinCostFlowTemplate 抽象類別以樣板方法模式爲基礎，實作演算法的核心功能。實作 MinCostFlowTemplate 抽象類別的任何具體類別均應重新定義 MinCostFlowTemplate 類別的 cost (e)和 capacity (e)方法，以傳回邊 e 在該應用中特有的成本與權重值。MinCostFlowTemplate類別的案例變數及 cost (e)和 capacity (e)抽象方法示於程式碼 8.18 中。使用 doOneIteration ()方法進行的最短路徑核心計算示於程式碼 8.19 中。

演算法可以逐步執行或立即完成。程式碼 8.20 中顯示的兩個execute 方法將在輸入的流量網路上執行該演算法。演算法會一直執行下去，直到以達成輸入的網路流目標值，或從源點 (案例變數 source_) 到匯點 (案例變數 dest_) 之間再也沒有可擴增路徑爲止。我們也可以選擇先透過 init (G, s, t)方法將演算法初始化，然後重複地呼叫 doOneIteration()，讓演算法一次執行一條可擴增路徑。輔助方法示於程式碼 8.22 中。要移除演算法使用的任何輔助物件，可呼叫 cleanup()方法 (未顯示)。

程式碼 8.23 中包含處理剩餘圖方法。distance (v)方法傳回頂點 v 與剩餘圖的源點的距離。residualWeight (e)方法傳回邊 e 的修正權重。isAtCapacity (v, e)方法用來決定從端點 v 經過邊 e 時，其剩餘容量是否等於零。此外，呼叫 doOneIteration()方法會傳回目前可擴增路徑的邊的迭代器。flow (e)和 maximumFlow()方法報告其結果 (未顯示)。

MinCostFlowTemplate 類別使用輔助類別 MinCostFlowDijkstra (未顯示)，以 Dijkstra 演算法計算最短路徑。MinCostFlowDijkstra 類別是 JDSL 函式庫提供的泛型 Dijkstra 最短路徑演算法 (類似程式碼 7.23 到 7.25 中列出的類別) 的特殊化。MinCostFlowDijkstra 類別的主要方法如下。weight (e)方法傳回邊 e 的修正權重，這個權重是由MinCostFlowTemplate類別的 residualWeight (e)方法計算出來的。incidentEdges (v)方法也被重新定義，使其只考慮頂點 v 的入射邊中剩餘容量不等於零的邊 (這個方法實際上「移除」了剩餘圖中已經飽和的邊)。此外，MinCostFlowDijkstra 會藉著裝飾來記錄經過每個節點的目前最短路徑中的流量瓶頸。因此，MinCostFlowDijkstra 每一次執行結束時，我們知道從源點到匯點的最低成本路徑，以及可以沿著該路徑擠出的最大流量。

```
/**
 * Implementation of the minimum-cost flow algorithm based on
 * successive augmentations along minimum-cost paths. The algorithm
 * assumes that the graph has no negative-weight edges. The
 * implemetation uses the template-method pattern.
 */
public abstract class MinCostFlowTemplate {

  // instance variables
  protected MinCostFlowDijkstra dijkstra_;
  protected InspectableGraph graph_;
  protected Vertex source_;
  protected Vertex dest_;
  protected boolean finished_;
  protected int maximumFlow_;
  protected int targetFlow_;

  // various constants
  public final int ZERO = 0;
  public final int INFINITY = Integer.MAX_VALUE;

  // node decorations
  private final Object FLOW        = new Object();
  private final Object DISTANCE    = new Object();

  /**
   * Returns the cost for a specified edge. Should be overridden for
   * each specific implementation.
   * @param e Edge whose cost we want
   * @return int cost for edge e (non-negative) */
  protected abstract int cost(Edge e);

  /**
   * Returns the capacity for the specified edge. Should be
   * overridden for each specific implementation.
   * @param e Edge whose capacity we want
   * @return int capacity for edge e (non-negative) */
  protected abstract int capacity(Edge e);
```

程式碼 **8.18**：MinCostFlowTemplate 類別的抽象方法和案例變數。

```
/**
 * Performs one iteration of the algorithm. The EdgeIterator it
 * returns contains the edges that were part of the associated path
 * from the source to the dest.
 *
 * @return EdgeIterator over the edges considered in the augmenting path */
public final EdgeIterator doOneIteration()
  throws jdsl.graph.api.InvalidEdgeException {
  EdgeIterator returnVal;
  runDijkstraOnResidualNetwork();
  updateDistances();
  // check to see if an augmenting path exists
  if (distance(dest_) < INFINITY) {
    EdgeIterator pathIter = dijkstra_.reportPath();
    int maxFlow = dijkstra_.reportPathFlow(dest_);
    maximumFlow_ += maxFlow;
    // push maxFlow along path now
    while (pathIter.hasNext()) {
      // check if it is a forward edge
      Edge e = pathIter.nextEdge();

      if (isForwardEdge(e)) {
        setFlow(e, flow(e) + maxFlow);
      } else {
        setFlow(e, flow(e) - maxFlow);
      }
    }
    pathIter.reset();
    returnVal = pathIter;
  } else {
    finished();
    returnVal = new EdgeIteratorAdapter(new ArrayObjectIterator(new Object[0]));
  }
  return returnVal;
}
```

程式碼 **8.19**：計算最低成本可擴增路徑的 MinCostFlowTemplate 類別。

```
/**
 * Helper method to continually execute iterations of the algorithm
 * until it is finished.     */
protected final void runUntil() {
  while (shouldContinue()) {
    doOneIteration();
  }
}
/**
 * Execute the algorithm, which will compute the maximum flow
 * between source and dest in the Graph g.
 *
 * @param g a Graph
 * @param source of the flow
 * @param dest for the flow */
public final void execute(InspectableGraph g, Vertex source, Vertex dest)
  throws InvalidVertexException {
  init(g, source, dest);
  runUntil();
}
/**
 * Execute the algorithm, which will execute until the target flow
 * is reached, or no more flow is possible.
 *
 * @param g a Graph
 * @param source of the flow
 * @param dest for the flow */
public final void execute(InspectableGraph g, Vertex source, Vertex dest,
                          int target)
  throws InvalidVertexException {
  targetFlow_ = target;
  execute(g, source, dest);
}
```

程式碼 **8.20**：控制 MinCostFlowTemplate 類別中最低成本網路流演算法之執行方式的方法。

```
/**
 * Initializes the algorithm.  Set up all local instance variables
 * and initialize all of the default values for the decorations.
 * Dijkstra's is also initialized.
 *
 * @param g a Graph
 * @param source of the flow
 * @param dest for the flow */
public void init(InspectableGraph g, Vertex source, Vertex dest)
  throws InvalidVertexException {
  if( !g.contains( source ) )
    throw new InvalidVertexException( source + " not contained in " + g );
  if( !g.contains( dest ) )
    throw new InvalidVertexException( dest + " not contained in " + g );
  graph_ = g;
  source_ = source;
  dest_ = dest;
  finished_ = false;
  maximumFlow_ = ZERO;
  targetFlow_ = INFINITY;
  // init dijkstra's
  dijkstra_ = new MinCostFlowDijkstra();
  dijkstra_.init(g, source);
  // initialize all the default values
  VertexIterator vertexIter = vertices();
  while (vertexIter.hasNext()) {
    Vertex u = vertexIter.nextVertex();
    setDistance(u, ZERO);
  }
  EdgeIterator edgeIter = edges();
  while (edgeIter.hasNext()) {
    Edge e = edgeIter.nextEdge();
    setFlow(e, ZERO);
  }
}
```

程式碼 **8.21**：MinCostFlowTemplate 類別的初始化方法。

```
/**
 * Helper method to copy all of the vertex distances from an
 * execution of Dijkstra's algorithm into local decorations so they
 * can be used in computing the residual network for the next
 * execution of Dijkstra's. */
protected void updateDistances() {
  // copy distances from residual network to our network
  VertexIterator vertexIter = vertices();
  while (vertexIter.hasNext()) {
    Vertex v = vertexIter.nextVertex();
    try {
      setDistance(v, dijkstra_.distance(v));
    } catch (InvalidQueryException iqe) {
      // vertex is unreachable; set distance to INFINITY
      setDistance(v, INFINITY);
    }
  }
}

/**
 * Helper method to execute Dijkstra's on the residual network. We
 * are sure to cleanup all past executions by first calling the
 * cleanup() method. */
protected void runDijkstraOnResidualNetwork() {
  dijkstra_.cleanup();
  dijkstra_.execute(graph_, source_, dest_);
}

/**
 * Helper method that is called exactly once when the algorithm is
 * finished executing. */
protected void finished() {
  finished_ = true;
}
```

程式碼 8.22：MinCostFlowTemplate 類別的輔助方法。

```
/**
 * Returns the distance of a vertex from the source.
 * @param v a vertex
 * @return the distance of v from the source
 * @throws InvalidQueryException if v has not been reached yet */
public final int distance(Vertex v) throws InvalidQueryException {
  try {
    return ((Integer)v.get(DISTANCE)).intValue();
  }
  catch (InvalidAttributeException iae) {
    throw new InvalidQueryException(v+" has not been reached yet");
  }
}
/**
 * Returns the modified weight of edge e in the current residual
 * graph. It can be calculated on the fly because distance
 * information is only updated after every iteration of the
 * algorithm.
 * @param e Edge to find residual weight for
 * @return int residual weight of e */
public final int residualWeight(Edge e) {
  // use the absolute value because if we traverse
  // the edge backwards, then w(v,u) = -w(u,v)
  return Math.abs( cost(e) +
                   distance(graph_.origin(e)) -
                   distance(graph_.destination(e)) );
}
/**
 * Determines whether edge e has null residual capacity when
 * traversed starting at endpoint v.
 * @param v Vertex from which edge is being considered
 * @param e Edge to check
 * @return boolean true if the edge is at capacity, false if not */
public final boolean isAtCapacity(Vertex v, Edge e) {
  // forward edges are full when capacity == flow
  if( v == graph_.origin( e ) )
    return (capacity(e) == flow(e));
  // back edges are full when flow == 0
  else
    return (flow(e) == 0);
}
```

程式碼 **8.23**：MinCostFlowTemplate 類別的 distance、residualWeight 和 isAtCapacity 方法。

8.6 習題

複習題

R-8.1 證明對於網路流f而言，流出源點的總流量流等於流入匯點的總流量，亦即

$$\sum_{e \in E^{+}(s)} f(e) = \sum_{e \in E^{-}(t)} f(e)$$

R-8.2 回答以下有關圖 8.6a 所示之流量網路N與網路流f的問題：

- 請問可擴增路徑π的正向邊爲何？逆向邊爲何？
- 有多少條相對於網路流f可擴增路徑？對於每一條這種路徑，列出路徑中頂點的順序，以及路徑的剩餘容量。
- N中最大網路流的值爲何？

R-8.3 使用引理 8.6 證明中的方法，建構圖 8.4 所示之網路的最小切割。

R-8.4 說明 Ford-Fulkerson 演算法在圖 8.2 的流量網路中的執行情況。

R-8.5 畫出一個具有 9 個頂點和 12 個邊的流量網路。說明 Ford-Fulkerson 演算法在該圖中的執行情況。

R-8.6 找出圖 8.8a 的流量網路的最小切割。

R-8.7 已知一個具有m個邊的流量網路中的最大網路流，證明N的最小切割可在$O(m)$時間內計算。

R-8.8 找出圖 8.11a 的二分圖中與圖 8.11b 之最大配對不同的兩個最大配對。

R-8.9 令G爲一完全二分圖，且$|X| = |Y| = n$，並且對每一對頂點$x \in X$和$y \in Y$，均有一個邊連接x和y。證明G有$n!$個不同的最大配對。

R-8.10 說明 Ford-Fulkerson 演算法在圖 8.11b 的流量網路中的執行情況。

R-8.11 說明 Edmonds-Karp 演算法在圖 8.8a 的流量網路中的執行情況。

R-8.12 說明 Edmonds-Karp 演算法在圖 8.2 的流量網路中的執行情況。

R-8.13 證明引理 8.14。

R-8.14 說明以「沿著成本爲負值的迴路連續進行擴增」爲基礎的最低成本網路流演算法，在圖 8.14a 的流量網路中的執行情況。

R-8.15 說明以「沿著最低成本路徑連續進行擴增」爲基礎的最低成本網路流演算法，在圖 8.2 的流量網路中的執行情況，其中邊(u, v)的成本等於$|\deg(u) - \deg(v)|$。

R-8.16 請問演算法 8.16 (MinCostFlow) 是準多項式時間的演算法嗎？

挑戰題

C-8.1 如果所有的邊的容量都小於某一個常數，試問 Ford-Fulkerson 演算法的最差情況執行時間爲何？

C-8.2 證明 Edmonds-Karp 演算法最多有$nm/4$個擴增過程，以改進引理 8.9 執行時間的界限。[**提示**：除了$d_f(s, v)$之外，也使用$d_f(u, t)$。]

C-8.3 令N爲一具有n個頂點和m個邊的流量網路。說明如何在$O((n+m)\log n)$時間內計

算出具有最大剩餘容量的可擴增路徑。

C-8.4 試證明：如果我們在 Ford-Fulkerson 演算法的每一個回合均選擇具有最大剩餘容量的可擴增路徑，則其執行時間為 $O(m^2 \log n \log \lfloor f^* \rfloor)$。

C-8.5 你希望儘量增加網路的最大網路流，但你只能增加一個邊的容量。
 a. 你如何找到這樣的一個邊？(寫出虛擬碼) 你可以假設已經存在計算最大網路流和最小切割的演算法。請問你的演算法執行時間為何？
 b. 一定找得到這種邊嗎？證明你的答案。

C-8.6 已知一個流量網路 N 和 N 的最大網路流 f，假設 N 的某一個邊 e 的容量減少了一個單位，並令所產生的網路為 N'。提出一個演算法，藉由修正 f，計算出網路 N' 的最大網路流。

C-8.7 已知一個具有 n 個頂點和 m 個邊的圖，提出一個可以在 $O(n+m)$ 時間內決定該圖是否為二分圖的演算法。

C-8.8 提出一個演算法，決定在一個無向圖的已知頂點 s 和 t 之間最多有幾條由不相交的邊組成的路徑。

C-8.9 有一家計程車公司可以在 n 個地點接受載客的要求，公司有 m 輛計程車可以使用，其中 $m \geq n$，且計程車 i 到地點 j 的距離為 d_{ij}。提供一個演算法，計算將 n 輛計程車分配到 n 個載客地點，且總距離最小的派車方式。

C-8.10 提出一個演算法，可以在下面這兩個額外的限制之下，計算具有最大值的網路流：
 a. 每一個邊 e 的流量有一個下界 $\ell(e)$。
 b. 有多重源點和匯點，而且網路流的值等於流出所有源點的總流量 (等於流入所有匯點的總流量)。

C-8.11 試證明：如果流量網路的容量並非整數，Ford-Fulkerson 演算法有可能不會終止。

軟體專案

P-8.1 設計與實作一個以動畫方式示範 Ford-Fulkerson 網路流演算法的 applet。示範流量擴增、剩餘容量以及實際的網路流時，請儘量發揮你的創造力。

P-8.2 實作 Ford-Fulkerson 網路流演算法，並使用三種不同的方法找出可擴增路徑。對這些方法進行仔細的實驗比較。

P-8.3 實作計算最大二分配對的演算法。說明如何重覆使用計算最大網路流的演算法。

P-8.4 實作 Edmonds-Karp 演算法。

P-8.5 實作以「沿著成本為負值的迴路連續進行擴增」為基礎的最低成本網路流演算法。

P-8.6 實作以「沿著最低成本路徑連續進行擴增」為基礎的最低成本網路流演算法。實作使用 Bellman-Ford 演算法的變形，以及修正成本，並使用 Dijkstra 演算法的變形。

進階閱讀

Ford 和 Fulkerson 的網路流演算法 (8.2.2) 描述於他們著作的書中 [71]。Edmonds 和 Karp

[65] 描述了兩種計算可擴增路徑的方法：最短的可擴增路徑 (第 8.2.4 節) 和具有最大剩餘容量的可擴增路徑 (習題 C-8.4)，讓 Ford-Fulkerson 演算法執行得更快。以「沿著最低成本路徑連續進行擴增」爲基礎的最低成本網路流演算法 (第 8.4.2 節) 也是由 Edmonds 和 Karp 提出的 [65]。

有興趣進一步研究圖形演算法及流量網路的讀者，可參閱 Ahuja、Magnanti 和 Orlin [9]、Cormen、Leiserson 和 Rivest [55]、Even [68]、Gibbons [77]、Mehlhorn [149]、Tarjan [200] 以及 van Leeuwen 寫在書中的章節 [205]。

Dan Polivy 發展了第 8.5 節列出的最低成本網路流的實作。

Part III 網路演算法

Chapter 9 文字處理

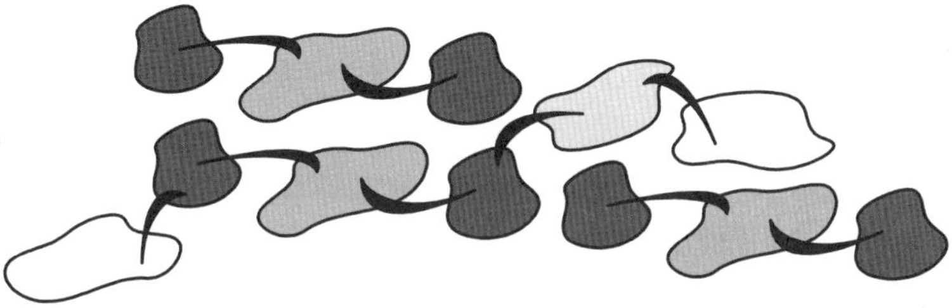

文件處理正快速地成爲電腦的主要用途之一，人們使用電腦編輯文件、搜尋文件、透過網路傳輸文件、及將文件顯示在印表機與螢幕上。網路漫遊與網路搜尋成爲重要的電腦應用，在這些文件處理上，許多重要的計算牽涉到字元串列 (character strings) 與字串樣式的比對 (pattern matching)。例如，網路文件格式 HTML 與 XML 主要是文字格式加上多媒體內容的連結。要使這數以兆計位元組的文件成爲有意義的資訊，我們需要大量的文字處理。

在本章，我們要學習幾種基本的文字處理演算法，以快速演算重要的字串操作。我們特別著重在字串搜尋與樣式比對上，因爲這類運算常成爲許多文件處理應用上的瓶頸。我們也會研究一些牽涉到文字處理的重要演算議題。

文字處理演算法主要針對字元串列進行操作。本章所使用關於字串的術語及符號都相當直覺易懂，而使用字元陣列來表示字串也十分簡明直接。因此我們不花太多時間在字串的描述上。不過，字串處理常會牽涉到一個有趣的字串樣式比對方法，我們會在第 9.1 節中探討樣式比對的演算法。

在第 9.2 節中，我們會學習 trie 資料結構，這是一種能讓我們快速地對一群字串進行搜尋的樹狀結構。

我們將在第 9.3 節中探討一個重要的文字處理問題—文字文件的壓縮，使文件能更有效率地儲存，或在網路上傳輸。

最後，在第 9.4 節中，我們將會研究如何衡量兩份文件的相似性。這些都是我們在網際網路計算中會遇到的問題，諸如網路自動搜尋器 (web crawler)，搜尋引擎，文件散播以及資訊擷取等。

除了有趣的應用外，本章也會特別討論一些重要的演算設計模式 (algorithmic design pattern，參考第 5 章)。在樣式比對上，我們會討論**暴力演算法 (brute-force method)**。暴力演算法通常較無效率，不過應用範圍相當廣泛。在文字壓縮乙節中，我們會學習到一種**貪婪演算法 (greedy method**，參考第 5.1 節) 的應用，貪婪演算法通常能求得難題 (hard problem) 的近似解，在某些問題上，如文字壓縮，甚至可以求得最佳解。最後，在文字相似程度比對上，我們會介紹**動態規劃 (dynamic programming)** 的另一個應用 (第 5.3 節)。在某些特例上，它可以在多項式時間內解決乍看之下需要指數時間解決的問題。

9.1 字串與樣式比對演算法

文字文件在現代計算中無所不在，它們用來傳遞並發佈資訊。從演算法設計的角度來看，這類文件可視爲簡單的字串。也就是說，它們可抽象地看成一連串構成內容的字元。因此，要在這類資料上進行有趣的搜尋與處理，我們需要有效率的方法來處理字串。

9.1.1 字串操作

文字處理演算法的核心，就是對字元串列的處理。字元串列的來源包羅萬象，包括科學的，語言的，以及網際網路的應用系統。以下爲一些字串的例子：

P = "CGTAAACTGCTTTAATCAAACGC"
R = "U.S. Men Win Soccer World Cup!"
S = "http：//www.wiley.com/college\change/goodrich/"

第一個字串 P，取自 DNA 排序；最後一個字串 S，爲介紹本書的網址(URL)；而中間的字串 R，則是一則虛構的新聞標題。在這節中，我們會介紹一些由字串抽象資料型態 (string ADT) 支援的有效操作，來處理上述這類字串。

許多典型的字串處理運算涉及將大字串拆解成小字串有關。爲討論從這種運算中所產生的字串片段，我們使用「有 m 個字元之字串 P 的**子字串 (substring)**」一詞來代表格式爲 $P[i]P[i+1]P[i+2]\cdots P[j]$ 的字串，其中 $0 \le i \le j \le m-1$，這代表此子字串是由字串 P 中索引由 i 到 j 的字元組成。技術上來說，這表示一個字串就是本身的一個子字串 (取 $i=0$ 和 $j=m-1$)，所以如果我們要排除這個狀況，就必須採取更嚴格的定義−**合適的 (proper)** 子字串，亦即要求索引值滿足 $i>0$ 或 $j<m-1$。爲了簡化子字串的表示符號，我們使用 $P[i..j]$ 來表示在 P 中索引範圍由 i 到 j 的 P 的子字串。也就是，

$$P[i..j] = P[i]P[i+1]\cdots P[j]$$

我們的慣例是，若 $i>j$，那麼 $P[i..j]$ 字串就是一個長度爲 0 的**空字串 (null string)**。此外，爲了區別某些特殊種類的子字串，對於 $0 \le i \le m-1$，我們把形式爲 $P[0..i]$ 的子字串，稱做 P 的**字首 (prefix)**，而形式爲 $P[i..m-1]$ 的子字串，稱做 P 的**字尾 (suffix)**。舉例來說，對上述的 DNA 序列字串 P 而言，「CGTAA」就是 P 的一個字首，「CGC」則是 P 的一個字尾，而

「TTAATC」即爲 P 的 (完全) 子字串。注意，空字串也是所有字串的一個字首和字尾。

樣式比對問題

在典型的字串**樣式比對 (pattern matching)** 問題中，假設有一個長度爲 n 的**文字 (text)** 字串 T，以及長度爲 m 的**樣式 (pattern)** 字串 P，我們必須找出 P 是否爲 T 的子字串。「比對」的概念是，將起始索引爲 i 的 T 的子字串與 P 這兩個字串，以字元爲單位逐一比對檢查，使得

$T[i] = P[0]$、$T[i+1] = P[1]$、⋯、$T[i+m-1] = P[m-1]$

也就是，

$$P = T[i..i+m-1]$$

因此，樣式比對演算法的輸出結果可能是 P 不存在於 T 字串當中，或是自某個索引位置開始的 T 的子字串完全與 P 相符。

爲完整探討字元串列的廣義概念，一般來說，我們不會限制 T 和 P 字串的字元必須全部是從我們所熟知的 ASCII 或 Unicode 等字元集而來。相反地，我們通常使用通用符號 Σ 來表示 T 和 P 的來源字元集，或字母集。當然，字母 Σ 可看成是 ASCII 或 Unicode 字元集的子集合，但它也可以變得更廣義，甚至可允許視爲無限大。不過，由於大多數的文件處理演算法使用的是有限字元的應用系統，我們通常假設字母集 Σ 的大小是個固定的常數，以 $|\Sigma|$ 表示。

範例 9.1： 假設有一個文字字串

$$T = \text{"abacaabaccabacabaabb"}$$

和一個樣式字串

$$P = \text{"abacab"}$$

我們可看出 P 就是 T 的子字串，以 $P = T[10..15]$ 表示。

在本節中，我們將介紹三種不同的樣式比對演算法。

9.1.2 暴力樣式比對

當我們要搜尋或希望最佳化一些功能時，在演算法的設計中，**暴力 (brute force)** 的演算比對方法可算是一個功能強大的技術。一般的情況下，當我們使用這個技術時，通常會列舉出所有包含輸入字串的可能結果，然後從中挑選出最佳的答案。

暴力樣式比對

應用暴力演算比對方法的技術，我們可設計出一個相當直覺的演算法：直接測試相對於 T 的 P 字串當中，所有字元配置的可能性。這個方法十分簡單，如演算法 9.1 所示。

```
Algorithm BruteForceMatch(T,P):
  Input: Strings T (text) with n characters and P (pattern) with m characters
  Output: Starting index of the first substring of T matching P, or an indication
    that P is not a substring of T
  for i ← 0 to n − m {for each candidate index in T} do
    j ← 0
    while (j < m and T[i + j] = P[j]) do
      j ← j + 1
    if j = m then
      return i
  return "There is no substring of T matching P."
```

演算法 **9.1**：暴力樣式比對演算法。

暴力樣式比對演算法的概念再簡單不過了，它由兩個巢狀迴圈組成，外部迴圈指到文字字串中的所有可能的起始索引，而內部迴圈指到樣式字中的每個字元，與文字字串中有可能相符的字元相比較。因此，使用暴力樣式比對演算法的正確性立即可見。

然而，在最差的情況下，暴力樣式比對演算法所花的時間令人不甚滿意，因爲對每個 T 的可能索引而言，至多要比對 m 次才能確定 P 字串與 T 字串目前索引的內容並不相符。根據演算法 9.1，我們可知外部迴圈的執行次數最多不超過 $n-m+1$ 次，而內部迴圈的執行次數至多爲 m 次。因此，暴力法的執行時間是 $O((n-m+1)m)$，也就是 $O(nm)$。是故，在最差情況下，n 與 m 幾近相等，本演算法的執行時間可視爲 n 的平方。

我們以圖 9.2 說明範例 9.1，以暴力樣式比對演算法來執行 T 及 P 字串的比對過程。

9.1.3 Boyer-Moore 演算法

一開始，我們或許覺得爲了要能夠判斷出 P 是 T 的子字串，就必須檢查每個 T 字串的字元，以找到 P 在 T 字串中的位置。但並非總是如此，我們在這節將學習的 **Boyer-Moore (BM)** 比對樣式演算法，有時能避免比對 P 和 T 字串中相當比例的字元。但值得注意的是，暴力演算法即使在一組有可能無限大的字母集內仍然可以運作，但是BM演算法則假設字母集都是有限且固定的。在適當大小的字母集與相對較長的樣式字串下，它運作得最快。

在這個小節，我們將說明一個原始BM演算法簡化後的版本。它的想法是爲暴力演算法增加兩個可能省時的經驗法則 (heuristics)，以改善執行時間：

鏡子法則 (Looking-Glass Heuristic)：當測試 P 在 T 中可能出現的一個位置時，從 P 的尾端開始比較，並往回移動到 P 的開頭。

字元跳躍法則(Character-Jump Heuristic)：當正在測試 P 在 T 中可能出現的一個位置時，若文字字串的字元 $T[i] = c$ 與相對的樣式字串 $P[j]$ 發生配對錯誤的情況，我們將採取下列的方式處理：如果 c 與 P 字串中的任何一個字元都不相同，就將 P 字串遞移到 $T[i]$ 之後(因爲 $T[i]$ 之前無法配對到任何 P 字串裡的字元)；否則便將 P 字串遞移至 P 的字元 c 與 $T[i]$ 對齊之處。

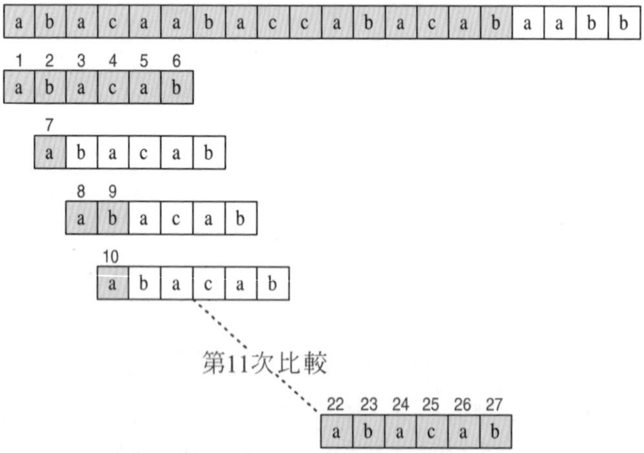

圖 **9.2**：暴力樣式比對演算法的執行範例。本演算法示範了 **27** 次字元比較，並以數字標示在上方。

我們稍後會將這兩個經驗法寫成一個簡短的公式，不過直觀來看，就是讓它們進行「團隊合作」。鏡子法則可用來爲另一個經驗法則做準備，讓我們不必將 P 與 T 的所有字元作比較。至少在這個情況下，我們可以藉由反向回到字串開頭的動作而快點達到比對正確的目的。因爲當我們碰到 P 與某確切位置的 T 字元發生配對錯誤的狀況時，使用字元跳躍法則將 P 遞移至相對位置，可以避免絕大部份不必要的比對工作。若是檢驗 P 與 T 字串之對應時，字元跳躍法則早點派上用場，則可得到更大效能。

因此，讓我們定義如何將字元跳躍演算法整合到字串樣式比對演算法中。要實作這個法則，我們定義 last(*c*)這個函數，它以字母集中的字元 *c* 爲參數，表示在文字字串中發現某字元等於 *c*，但不符合樣式比對時，須將 *P* 遞移的距離。實際上，我們將 last(*c*)定義如下：

- 如果 *P* 包含 *c*，則last(*c*)就是 *c* 出現在 *P* 之中最後一個位置(最右方)的索引值。否則，我們直接定義 last (*c*) = −1。

如果字元在陣列中可當索引使用，那麼last函數便可用查詢表格的方式簡單地實作出來。我們將計算這個表格的方法留作習題R-9.6。last函數提供了我們使用字元跳躍法則時所需的全部資訊。演算法 9.3 所示即 BM 樣式比對方法，圖 9.4 詳細說明跳躍步驟。

在圖 9.5 中，我們以範例 9.1 中的輸入字串來解釋 Boyer-Moore 樣式比對演算法的執行方式。

Algorithm BMMatch(T, P):
    Input: Strings T (text) with n characters and P (pattern) with m characters
    Output: Starting index of the first substring of T matching P, or an indication that P is not a substring of T

```
compute function last
i ← m − 1
j ← m − 1
repeat
  if P[j] = T[i] then
    if j = 0 then
      return i          {a match!}
    else
      i ← i − 1
      j ← j − 1
  else
    i ← i + m − min(j, 1 + last(T[i]))        { jump step }
    j ← m − 1
until i > n − 1
return "There is no substring of T matching P."
```

演算法 **9.3**：Boyer-Moore 樣式比對演算法。

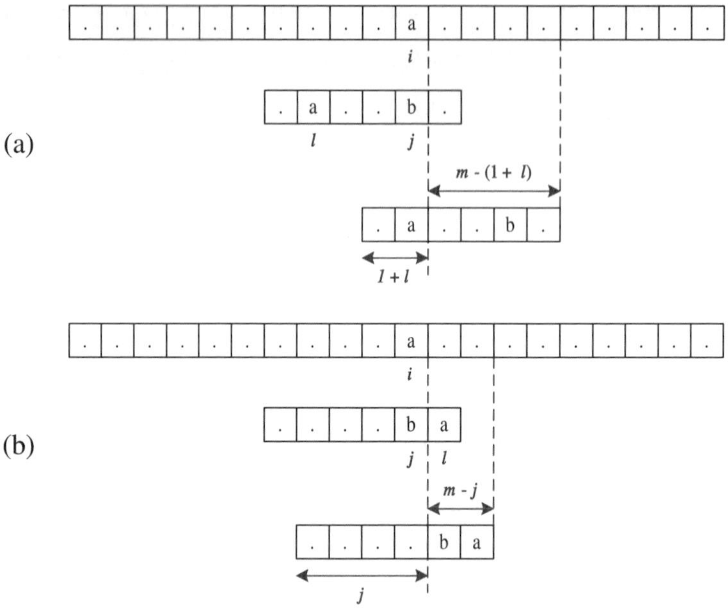

圖 9.4：BM 演算法當中的跳躍步驟的圖示，其中 ℓ 表示 last ($T[i]$)。我們分成兩種情況：**(a)** 當 $1+l \leq j$ 時，我們將比對的樣式遞移 $j-l$ 個單位；**(b)**當 $j<1+\ell$ 時，只遞移一個單位。

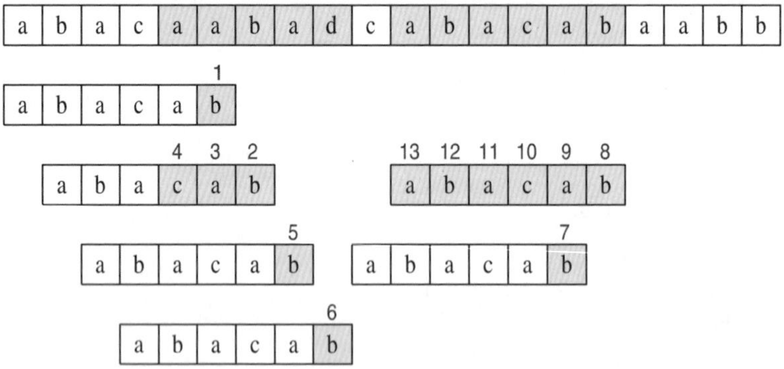

last(c)函數：

c	a	b	c	d
last(c)	4	5	3	−1

圖 9.5：BM 樣式比對演算法的圖解。這個演算法一共進行了 13 次的字元比較，皆以數字標示在圖上。

BM 樣式比對演算法的正確性即爲當它每次遞移字串時，都能保證不「略過」任何有可能的配對，因爲 last (c)是 c 在 P 中的**最後一個 (last)** 位置。

在最差情況下，BM 演算法的執行時間是 $O(nm+|\Sigma|)$。也就是說，函數last的計算花了 $O(m+|\Sigma|)$ 的時間，而搜尋樣式實際所花的時間是 $O(nm)$，因此在最差情況下的執行時間與使用暴力演算法一樣。達到最差情況的一組文字和樣式字串例子如下：

$$T = \overbrace{aaaaaa\cdots a}^{n}$$

$$P = b\overbrace{aa\cdots a}^{m-1}$$

然而，將英文文章當作輸入字串時，不太可能有機會遇到效能最差的情況。

的確，BM 演算法常能夠略過大部分的本文 (參考圖 9.6)。實驗證明，以英文文章做爲輸入字串時，在樣式字串長度爲五個字元的情況下，文字字串中每個字元被比較的平均次數約爲 0.24 次。然而，對於二進位串列或極短的樣式，則結果並不顯著，此時使用第 9.1.4 節所討論到的KMP 演算法，或使用暴力演算法對付極短的樣式，可能效果會更好。

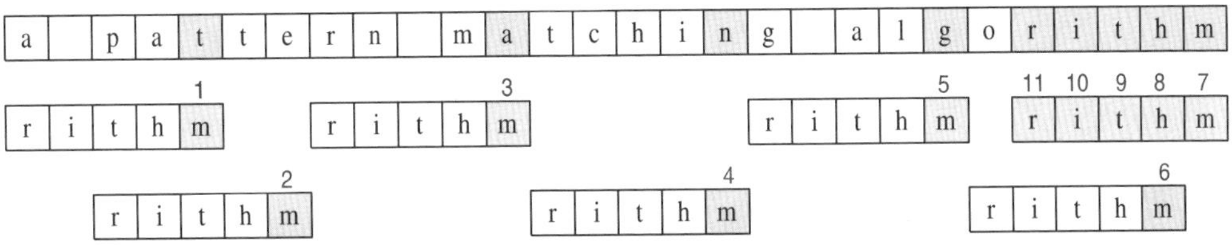

圖 9.6：對英文字母組成的文字和樣式字串執行 Boyer-Moore 演算法，可看出執行速度得到明顯的改善。要注意的是，它並沒有檢查文字字串中的所有字元。

到此我們已經介紹了一個精簡版的 Boyer-Moore (BM) 演算法。原版的BM 演算法使用了另一種遞移法則來搬移部分配對正確的文字字串，無論何時它移動樣式字串的距離都比字元跳躍法則更大，藉此使執行時間達到 $O(n+m+|\Sigma|)$。它所使用的這種遞移法則的主要概念是從接下來要介紹的 Knuth-Morris-Pratt 樣式比對演算法而來。

9.1.4 Knuth-Morris-Pratt 演算法

在研究暴力演算法與BM樣式比對演算法在特定問題案例中的最差情況時(如範例 9.1 中所示)，我們應該注意一個最主要導致效能低落的地方。具體來說，檢驗樣式與文字字串時，我們可能會列出許多比較情況，若是發現有一個字元與文字字串並不符合時，便會將已取得的比對資訊直接丟棄，並從下一個字元位置重新開始。在這個小節討論到的 Knuth-Morris-

Pratt (或"KMP") 演算法，正是在避免這樣的資訊浪費，如此一來，執行時間便能達到 $O(n+m)$，這正是最差情況的最佳值，亦即在最差情況下，任何一種樣式比對演算法都必須對文字字串與樣式字串中的每一個字元檢驗至少一次。

失效函數

KMP 演算法的主要概念為預先處理樣式字串 P，以計算出**失效函數 (failure function)** f，它能指出 P 需要遞移的單位量。使得我們能在最大的可能下重複使用先前演算過的比較配對。具體來說，失效函數 $f(j)$ 被定義為 P 的最長字首同時也是 $P[1..j]$ 的字尾的長度，(注意到我們在此並未使用 $P[0..j]$)。依照往例，我們也定義 $f(0) = 0$。之後，我們會討論如何有效地計算失效函數。失效函數的重要性在於它「編碼」樣式裡的重複子字串。

範例 9.2： 考慮範例 9.1 當中的樣式字串 P = "abacab"。字串 P 的 KMP 失效函數 $f(j)$ 表示在下表：

j	0	1	2	3	4	5
$P[j]$	a	b	a	c	a	b
$f(j)$	0	0	1	0	1	2

如演算法 9.7 所示，KMP 樣式比對演算法遞增地處理文字字串 T 與樣式字串 P 的比對工作。每次一有配對成功，我們便增加目前的索引值。另一方面，如果發生配對失敗且我們 P 在的比對上已有些進展，便諮詢失效函數來決定 P 的新索引，以繼續檢查 T 與 P 之間的對應。否則 (一開始檢查樣式，便發生 P 的配對錯誤時)，我們只需增加 T 的索引 (且保持 P 最原先的索引變數)。我們重複這個過程，直到在 T 找到 P 的正確配對，或到達 T 的索引 n，n 即為 T 字串的長度 (顯示我們並未在 T 找到 P 樣式)。

KMP 演算法的主要部分是 while 迴圈，當迴圈每重複一次，便進行一次 T 字串的每一個字元與 P 字串的每一個字元之間的比對工作。演算法將會依據這個比較結果，繼續移動到 T 和 P 的下一個字元，詢問失效函數另一個新的 P 候選字元，或者在 T 字串的下一個新索引重新比對。演算法的正確性來自於失效函數的定義。因為失效函數保證所有被忽略的比較都是多餘的—它們會包含我們已知配對成功的字元，所以實際上被略過的比較是不必要的。

在圖 9.8，我們使用與範例 9.1 中相同的輸入字串，以圖解 KMP 樣式比對演算法的執行過程。請注意失效函數的使用，它避免重覆做樣式字元與文字字元之間的比較。整體而言，還可發現到本演算法在同樣字串上比暴力演算法做了更少的比較 (圖 9.2)。

Algorithm KMPMatch(T,P):

Input: Strings T (text) with n characters and P (pattern) with m characters

Output: Starting index of the first substring of T matching P, or an indication that P is not a substring of T

```
f ← KMPFailureFunction(P)          {construct the failure function f for P}
i ← 0
j ← 0
while i < n do
  if P[j] = T[i] then
    if j = m − 1 then
      return i − m + 1          {a match!}
    i ← i + 1
    j ← j + 1
  else if j > 0 {no match, but we have advanced in P} then
    j ← f(j − 1)          {j indexes just after prefix of P that must match}
  else
    i ← i + 1
return "There is no substring of T matching P."
```

演算法 **9.7**：KMP 樣式比對演算法。

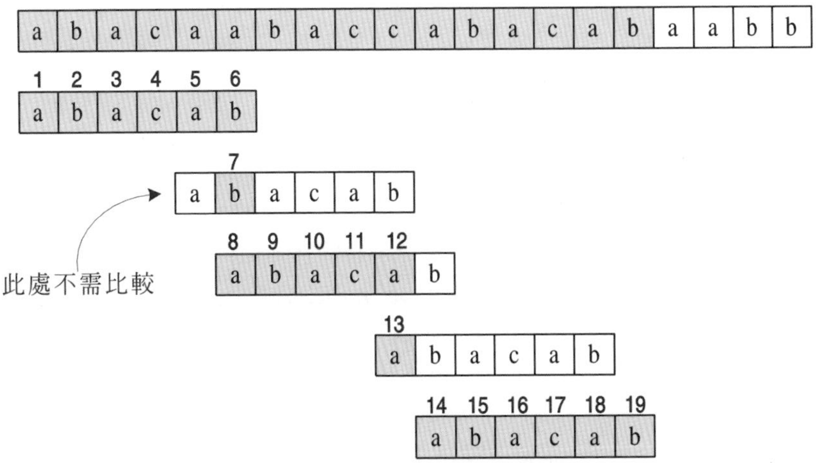

圖 **9.8**：KMP 樣式配對演算法的圖解，失敗函數 f 所使用的比對樣式可參考範例 9.2。這個演算法執行了 19 次字元比對，已在圖中使用數字標號表示。

效能

除了失效函數的計算之外，KMP 演算法的執行時間與 while 迴圈的執行次數清楚地呈現一定關係的比例。爲了便於分析，我們定義 $k = i - j$。直觀而論，k 是樣式 P 與字串 T 相對遞移的總數。在整個演算法的執行過程中，一直都是 $k \leq n$。每一次迴圈執行時會有下列三種狀況其中一種狀況發生。

- 若 $T[i] = P[j]$，則 i 每次遞增 1。並且 k 沒有改變，因爲 j 也每次遞增 1。
- 若 $T[i] \neq P[j]$ 且 $j > 0$，則 i 不會改變。並且 k 每次至少遞增 1，因爲在這個情況下，k 會從 $i - j$ 變成 $i - f(j-1)$，它其實是 $j - f(j-1)$ 的加法，又因爲 $f(j-1) \leq j$，所以它一定是正數。
- 若 $T[i] \neq P[j]$ 且 $j = 0$，則 i 和 k 每次都遞增 1，因爲 j 並沒有改變。

因此，每次迴圈重複時，i 或 k 會至少增加 1(也可能是兩者)；所以，KMP 樣式比對演算法的 while 迴圈重複總數最多是 $2n$。想當然爾，這是假設我們已爲 P 計算過失效函數，才能達到這個上限值。

建構 KMP 失效函數

爲了建構在 KMP 樣式比對演算法中所使用的失效函數，我們使用在演算法 9.9 所示的方法。這個演算法是「引導程序」的另一個例子，與 KMP 配對演算法 KMPMatch 所使用的相似。如同在 KMP 演算法中，我們將樣式與本身比較。每次我們有兩個字元配對正確時，我們設定 $f(i) = j + 1$。既然在整個演算法的執行過程中，始終是 $i > j$，那麼 $f(j-1)$ 在我們需要的時候便已明確的被定義了。

KMPFailureFunction 演算法的執行時間是 $O(m)$。它的分析類似於演算法 KMPMatch。所以我們有：

定理 9.3： 在一個長度 n 的文字字串和長度 m 的樣式字串中，Knuth-Morris-Pratt 演算法執行樣式比對的執行時間是 $O(n+m)$。

KMP 演算法的執行時間分析初看可能令人驚訝，如同它所陳述的，只需花正比於分開讀取字串 T 及 P 的時間，便能找到 P 在 T 中的第一個出現位置。另外也應該注意到 KMP 演算法的執行時間不是依字母集的大小來決定。

Algorithm KMPFailureFunction(P):
  Input: String P (pattern) with m characters
  Output: The failure function f for P, which maps j to the length of the longest prefix of P that is a suffix of $P[1..j]$

```
i ← 1
j ← 0
f(0) ← 0
while i < m do
   if P[j] = P[i] then
      {we have matched j+1 characters}
      f(i) ← j+1
      i ← i+1
      j ← j+1
   else if j > 0 then
      {j indexes just after a prefix of P that must match}
      j ← f(j−1)
   else
      {we have no match here}
      f(i) ← 0
      i ← i+1
```

演算法 **9.9**：KMP 樣式配對演算法當中的失效函數的計算。注意到演算法如何利用失效函數先前的值來有效的計算一個新的值。

9.2 Trie 樹

在前一節所討論的樣式比對演算法，藉由預先處理樣式以加速對文件 (text) 的搜尋 (計算 KMP 演算法的失效函數或是 BM 演算法的 last 函數)。在本節，我們介紹一個互補的方法，也就是一個預先處理文件 (text) 的字串搜尋演算法。這觀點對一個固定的文件去執行一系列的查詢應用是合宜的，因爲在這樣的情況下，花在預先處理文件的時間就可因加速每一次附加的查詢而得到補償 (例如，網站提供莎士比亞哈姆雷特的樣式比對或搜尋引擎提供哈姆雷特標題的網頁)。

trie (發音爲"try") 是一個儲存資料串列以支援快速樣式比對的樹狀資料結構。trie 的主要應用在於資訊擷取 (information retrieval)。的確，「trie」這個字來自「retrieval」。在資訊擷取的應用上，例如在遺傳基因資料庫搜尋某個特定的 DNA 序列，我們將字串集 S 裡的字串都定義在相同的字母集上。

Trie 主要支援的查詢操作就是樣式比對與**字首比對 (prefix matching)**。後者的操作包括給定一字串 X，並在 S 中尋找以 X 為字首的的所有字串。

9.2.1 標準 Trie

假設 S 為一組來自字母集 Σ 中的 s 個字串之字串集，並且在 S 中就沒有字串是另一個字串的字首。對 S 來說，一個標準 trie 是一個排序過的樹 T，並有著下列的屬性 (參考圖 9.10)：

- 除了根節點之外，每個 T 的節點都以 Σ 的一個字元做為標籤。
- T 內部節點的子節點的排列順序乃是依據字母集 Σ 的標準排列順序 (canonical ordering) 來決定。
- T 有 s 個外部節點，每個都與字串集 S 的字串有關聯，使得從根節點到外部節點 v 的路徑上所連接的節點標籤產生與 v 相關聯的 S 字串。

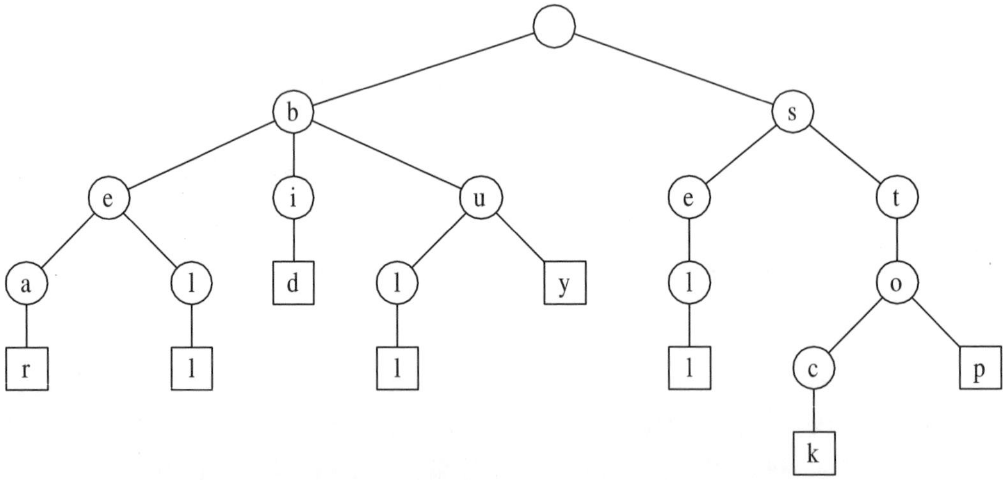

圖 9.10：字串 {bear, bell, bid, bull, buy, sell, stock, stop} 的標準 trie。

因此，trie T 以根節點到 T 的外部節點的路徑來表示字串集 S 中的字串。要注意的是，在字串集 S 的字串裡，沒有一個字串是另一個字串的字首，這個假設有其重要性。這確保每個在字串集 S 的字串都能獨一無二地地與 T 的外部節點有所聯結。我們永遠可以在字串末尾藉由增加一個字母集 Σ 沒有的特殊字元來滿足這個假設。

當 d 代表字母集的大小時，標準 trie T 的內部節點能夠在任何地方，擁有 1 至 d 個子節點。對於每個在 S 的字串的頭字元，都有一條邊從根節點連到其中一個相對應的子節點。此外，一條從 T 的根節點至一個深度 i 的

內部節點 v 的路徑，會對應到字串集 S 裡，一個有著 i 個字元的字首 $X[0..i-1]$ 之字串 X。事實上，對字串集 S 來說，字串中若有字元 c 接續著字首 $X[0..i-1]$，必然會有一個 v 的子節點被標示著 c。trie 便以這種方式簡明地儲存存在於一個集合中的字串的共同字首。

如果在字母集中只有兩個字元，那麼 trie 就是二元樹，雖然有些內部節點可能只有一個子節點 (也就是說它可能是個不完全二元樹)。一般來說，如果在字母集中有 d 字元，那麼 trie 將會是個多元樹，每個內部節點會有 1 至 d 個子節點。此外，一個標準 trie 可能有數個內部節點，這些節點的子節點少於 d 個。例如，圖 9.10 所示的 trie 有數個內節點僅有一子節點。我們可以樹的節點儲存字元，做爲實作 trie 的方式。

下列定理提供了標準 trie 的重要結構特性：

定理 9.4： 一個標準 trie 儲存了有 s 個字串的字串集 S，這些字串的總長度爲 n，且字串集 S 均定義在大小爲 d 的字母集中，有著以下性質：

- 每個 T 的內節點最多有 d 個子節點
- T 有 s 個外節點
- T 的高度等同於在 S 中最長字串的長度
- T 的節點數爲 $O(n)$

效能

當沒有兩個字串分享一個共同的非空字首時，trie 的節點數的最差情況便會發生。 也就是說，除了根節點之外，所有內部節點都會有一子節點。

一個包含字串集 S 的 trie T 可被用來實現一本字典，而其索引便是字串集 S 中的字串。也就是說，我們藉著根節點追蹤由 X 字串的字元的路徑來搜尋在 T 之中字串 X。如果這條路徑可被追蹤並在一個外部節點上終止，那麼我們便知道 X 在這字典之中。舉例來說，對圖 9.10 的 trie 追蹤「bull」，而它就是結束在一個外部節點上。如果路徑無法追蹤或可被追蹤但在內節點上終止，那麼 X 就不在字典之中。在圖 9.10 的範例中，「bet」的路徑無法追蹤，且「be」的路徑在內節點上終止。這些字都不在字典中，注意到在這字典的實作裡，我們比較單一字元而非整個字串 (即索引關鍵值)。

顯而易見地，一個大小爲 m 的字串其搜尋的執行時間爲 $O(dm)$，其中 d 是字母集的大小。的確，我們到訪了至多 $m+1$ 個 T 的節點，並在每個節點上花了 $O(d)$ 的時間。對某些字母集而言，使用以雜湊表或搜索表實作的由字元所組成的字典，或許能夠改善每個節點所花的時間，縮小成 $O(1)$ 或 $O(\log d)$。然而，由於 d 在大部分應用中爲常數，我們可以堅持造訪每節點所花的時間爲 $O(d)$ 這一簡單的觀點。

從上述的討論，我們可以據此使用一個 trie 來演算一個特殊的樣式比對種類，稱爲**單字比對 (word matching)**，它是用來決定是否已知的樣式與文件中的某單字完全相符 (參考圖 9.11)。單字比對不同於標準樣式比對，因爲樣式無法比對文件中的任意子字串，只能在文件中的單字擇一比對。使用 trie 作單字比對，一個在大小 d 的字母集中長度爲 m 的字串需要 $O(dm)$ 的執行時間，且此執行時間與文件 的大小無關。如果字母集的大小是常數(如自然語言與 DNA 序列的例子)，查詢一次需時 $O(m)$，與樣式的大小呈現出一定關係的比例。這個方案的簡易延伸便能支援字首的比對查詢。然而，在文字字串中，若是樣式任意的出現便無法有效演算 (例如，樣式爲某個字或跨兩字的字尾)。

我們可使用增量演算法爲字串集 S 建構一個標準 trie，其作法爲每次插入一個字串於 trie 中。要記住沒有任何一個 S 的字串是其他字串的字首這個假設，爲了插入字串 X 到目前的 trie T，我們首先試著追蹤在 T 中與 X 有關聯的路徑。既然 X 尚未在 T 裡，且任一 S 的字串均非其他字串的字首，我們在到達 X 的末端前，便會停止追蹤 T 的內節點 v 的路徑，於是我們創造一串新的 v 的子孫節點以儲存剩餘的 X 的字元。在 X 的長度爲 m，字母集的大小爲 d 的設定下，插入 X 的時間爲 $O(dm)$。因此，當 n 爲 S 的字串總長度時，建構整個 S 的 trie 要花費 $O(dn)$ 的時間。

在標準 trie 中有潛在的空間無效率特性，因而促使了壓縮 trie 的發展，即所謂的 Patricia trie (因爲歷史原因)。也就是，在標準 trie 中存在著有許多節點只有一子節點的潛在可能性，而這種節點的存在是個浪費，意味著樹的總節點數目可能多過回應本文的字數。我們會在下個小節討論壓縮 trie 資料結構。

9.2.2 壓縮 trie

壓縮 trie (compressed trie) 類似標準 trie，但它確保每個在 trie 的內部節點至少都有兩個子節點。它將只有一子的節點鏈壓縮成單一的邊，來強制執行此規則 (參見圖 9.12)。現有一標準 trie T，如果 v 有一子節點，又不是根節點時，我們稱 T 的內部節點 v 是**多餘的 (redundant)**。例如，圖 9.10 的 trie 有八個多餘的節點。我們也定義一個有 $k \geq 2$ 個邊的鏈，

$$(v_0, v_1)\,(v_1, v_2)\cdots(v_{k-1}, v_k)$$

如果下列條件成立，則這個鏈便是多餘的(redundant)：

- v_i 是多餘的，對於 $i = 1$、…、$k-1$
- v_0 和 v_k 不是多餘的

我們將 T 轉換成一壓縮 trie，藉由取代每個有 $k \geq 2$ 個邊的多餘鏈 $(v_0, v_1)\cdots(v_{k-1}, v_k)$，變成單一邊 (v_0, v_k)，並以節點的連續標籤 v_1、…、v_k 來重新標示 v_k。

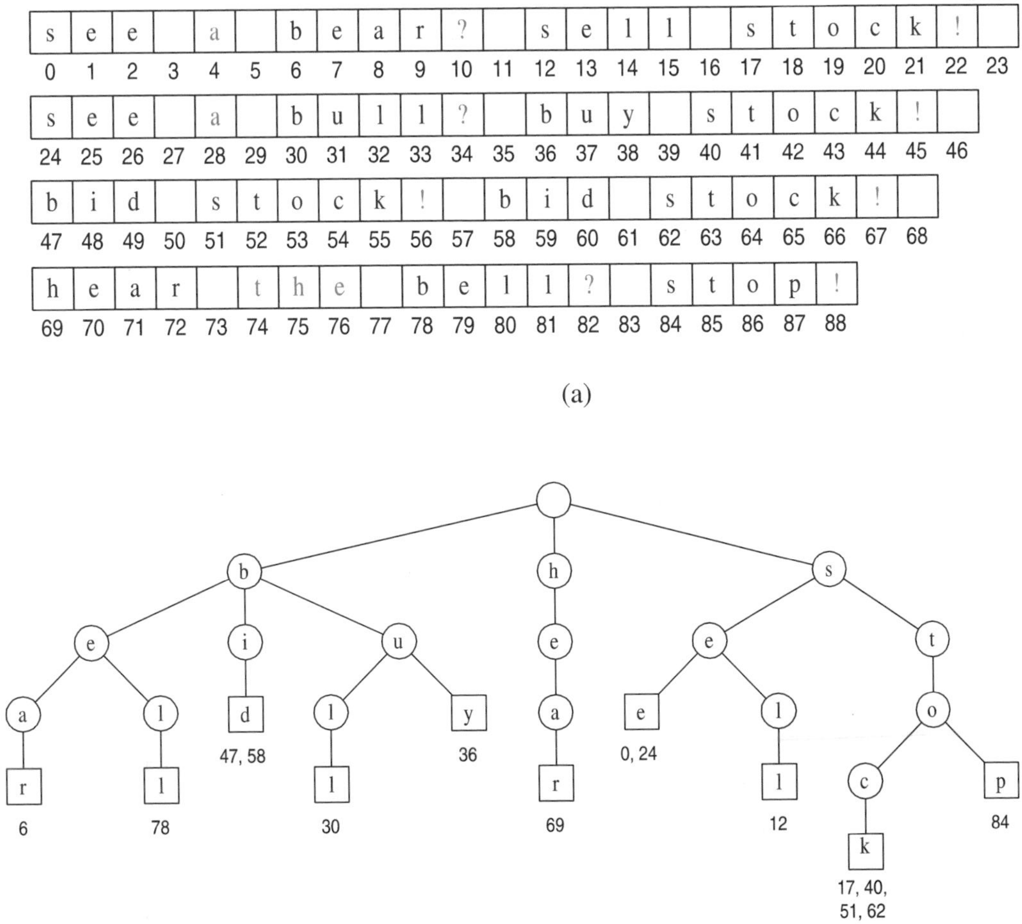

(b)

圖 9.11：使用標準 trie 的單字比對與字首比對：**(a)**要搜尋的文件範例；**(b)**本文中字組的標準 trie (冠詞與介系詞是 ***stop words***，因此排除在外，不予考慮)。我們表現出外部節點加上對應字元位置的指示。

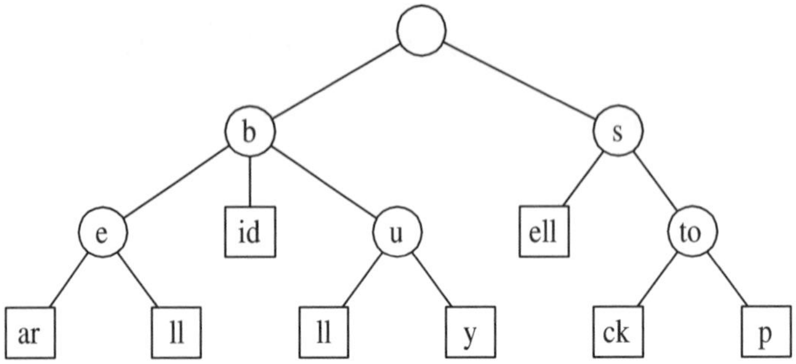

圖 **9.12**：字串 {bear, bell, bid, bull, buy, sell, stock, stop} 的壓縮 trie，與圖 **9.10** 的標準 trie 對照比較。

因此，在壓縮 trie 的節點將以字串標示，即集合中字串的子字串，而非單一字元。壓縮 trie 勝過標準 trie 的優勢，如下列定理所示 (與定理 9.4 相較)，在於壓縮 trie 的總節點數正比於字串個數，而非字串的總長度。

定理 9.5： 假設字串集 S 有 s 個從大小爲 d 的字母集所組成的字串，一個儲存字串集 S 的壓縮 trie 有以下特性：

- 每個 T 的內節點至少有兩個子節點，至多有 d 個
- T 有 s 個外節點
- T 的節點數爲 $O(s)$

專心的讀者可能想知道路徑的壓縮是否提供了任何顯著的優勢，儘管它是藉由節點標籤的相關延伸性來抵銷。的確，壓縮 trie 只有在已經儲存於主結構的字串集合中，做爲輔助索引結構時才有眞正助益，且未被要求確實儲存所有集合中字串的字元。然而，作爲輔助結構，壓縮 trie 的確十分有效。

例如，假設字串集 S 是一個字串陣列 $S[0]$、$S[1]$、⋯、$S[s-1]$。我們不把節點的標籤 X 清楚地儲存，反而把它模糊地放在三個整數 (i, j, k) 中，像是 $X = S[i][j..k]$。意即，X 是 $S[i]$ 以第 j 個到第 k 個字元組成的子字串。(參考圖 9.13 範例，並比較圖 9.11 的標準 trie)。

這個附加的壓縮方案使我們能縮小總空間，從佔用 $O(n)$ 的標準 trie 縮小到 $O(s)$ 的壓縮 trie，其中字串集 S 中，字串總長度爲 n，且 S 的字串個數爲 s。當然，我們還是要在 S 儲存不同的字串，但我們縮小了 trie 的空間。在下一段落，我們介紹字串集合也能密集儲存的應用。

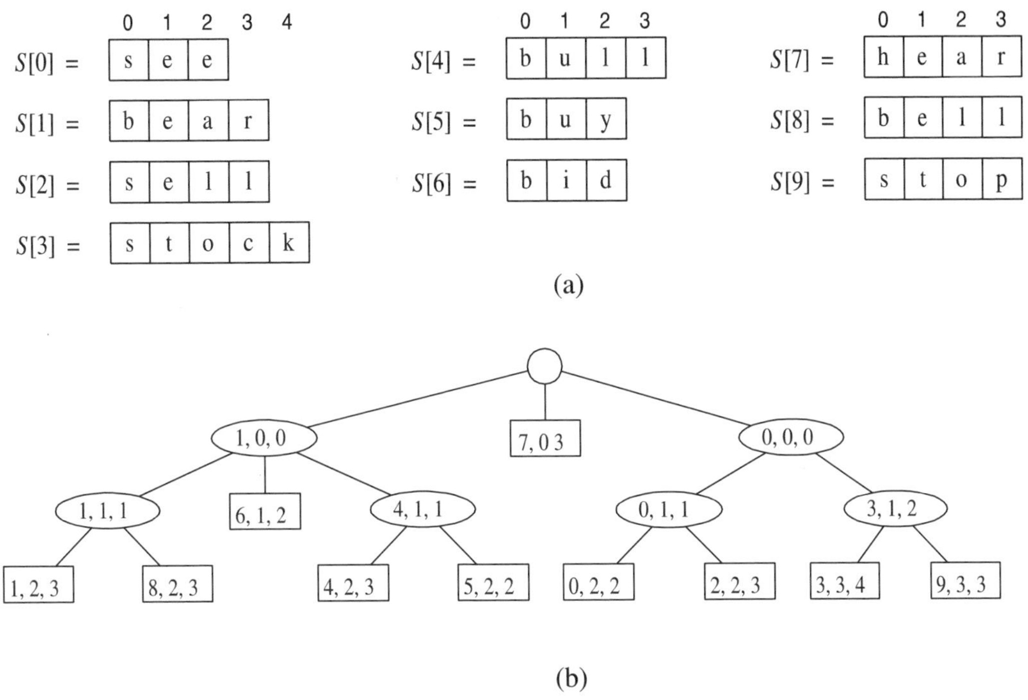

圖 **9.13**：**(a)** S 的字串儲存於陣列中。**(b)** S 的壓縮 trie 的密集圖示。

9.2.3 字尾 trie

Trie 的主要應用之一就是當字串集 S 的字串全部是字串 X 的字尾。這樣的 trie 稱爲字串 X 的字尾 trie (也就是字尾樹或定點樹)。圖 9.14a 顯示了以字串「minimize」的八個字尾爲例的字尾 trie。

對一字尾 trie 而言，在先前段落中的壓縮過的呈現都可以被進一步的簡化。意即我們可以建構一 trie 使每個頂點的標籤都是與字串 $X[i..j]$ 相對應的一組數字 (i,j)。(參考圖 9.14b) 爲滿足沒有一個 X 的字尾是其他字尾的字首之條件，我們可以增加一個特殊字元，以表示。在原始的字母集 Σ 中，它並不存在於 X 的末端(每個字尾也是這樣)。因此，如果是長度爲 n 的字串 X，我們就爲字串 $X[i..n-1]$ 建立一個trie，其中 $i=0$、⋯、$n-1$。

節省空間

藉由使用數種空間壓縮技巧 (包括在壓縮 trie 所用過的)，字尾 trie 使我們能在標準 trie 節省空間。對字尾 trie 而言，其密實表現的優勢變得顯而易見。因此，長度爲 n 的字串 X，其字尾的總長度爲

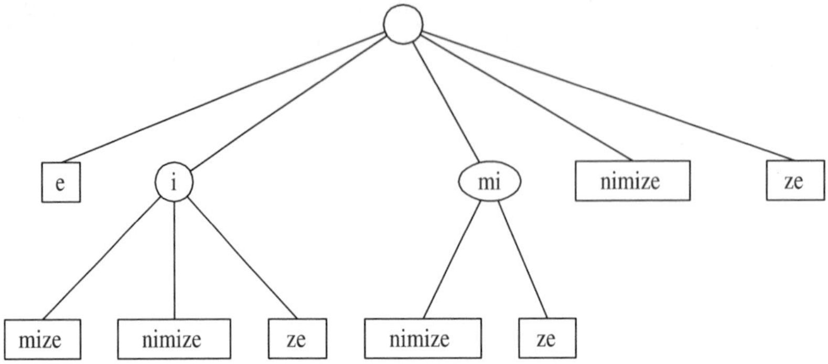

(a)

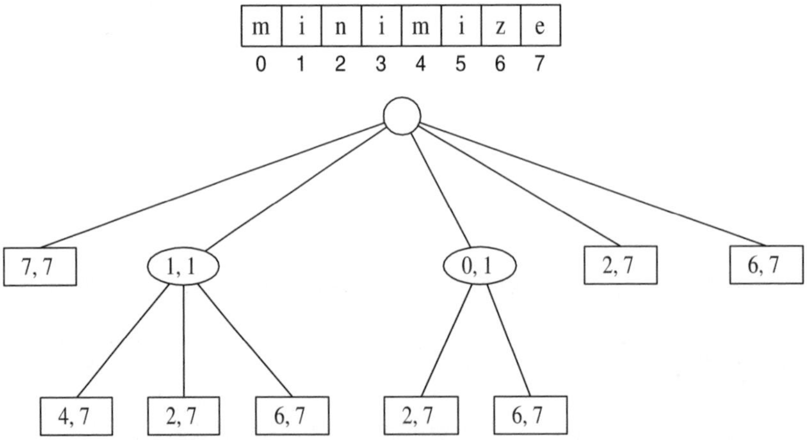

(b)

圖 **9.14**：**(a)**字串 $X=$ "minimize" 的字尾 trie，**(b)** T 壓縮後的呈現，其中數對 (i,j) 代表 $X[i..j]$。

$$1+2+\cdots+n=\frac{n(n+1)}{2}$$

而它清楚地儲存所有 X 的字尾會佔用 $O(n^2)$ 的空間。再者，字尾 trie 若模糊地呈現出這些字串，僅佔用 $O(n)$ 的空間，如下列定理所述。

定理 9.6： 對一字尾 trie T 經壓縮後的呈現而言，長度為 n 的字串 X 會使用 $O(n)$ 的空間。

建構

我們以第 9.2.1 所示的遞增演算法，對長度為 n 的字串來建構其字尾 trie。此建構過程將花費 $O(dn^2)$ 的時間，因為字尾的總長度是 n 的二次方。然而，長度 n 的字串之(壓縮)字尾 trie 可以用一個特殊化的演算法來建構，只

需花費 $O(n)$ 的時間，和普通的 trie 不同。但，這個線性時間的建構演算法十分複雜，在此略而不提。但是，當我們要用字尾 trie 去解決其他問題時，使用這個快速的建構演算法確實是有許多好處的。

使用字尾 Trie

字串 X 的字尾 trie T 能在本文 X 的樣式比對查詢中有效地被運用。意即我們可藉由嘗試追蹤 T 中與 P 相關的路徑來決定樣式 P 是否爲 X 的子字串。如果這樣的路徑可被追蹤到，那麼 P 就是 X 的子字串。此樣式比對演算法的細節在演算法 9.15，假設以下節點標籤的附加內容都在經壓縮過的字尾 trie 呈現：

> 若節點 v 有標籤 (i,j)，且長度爲 y 的字串 Y 與根節點到 v (包括在內)的路徑相關，則 $X[j-y+1..j]=Y$。

當比對正確發生時，這個特性確保我們可在本文中輕易地計算樣式的起始索引。

字尾 Trie 的特性

我們可以從搜尋 trie T 的過程中得知演算法 suffixTrieMatch 的正確性，此種搜尋逐次比對樣式 P 的字元直到以下事件之一發生爲止：

- 我們比對樣式 P 完全符合
- 我們發現比對錯誤 (直到 for 迴圈的終點，且沒有被 break-out 打斷迴圈)
- 在處理了一個外節點後，我們留下 P 的字元以待比對

令 m 爲樣式 P 的大小，且 d 爲字母集的大小。爲了決定演算法 suffixTrieMatch 的執行時間，我們有以下觀察：

- 我們處理 trie 的節點至多爲 $m+1$ 個
- 每個處理過的節點至多有 d 個子節點
- 對每個處理過的節點 v，我們在每個 v 的子節點 w 執行至多一個字元的比對，來決定接著要處理哪一個 v 的子節點 (藉由使用快速字典資料結構對 v 的子節點之索引進行編碼或許可加快處理時間)。
- 在處理過的節點中，我們執行至多 m 個字元的比較
- 我們花費 $O(1)$ 的時間來比較每個字元

```
Algorithm suffixTrieMatch(T, P):
  Input: Compact suffix trie T for a text X and pattern P
  Output: Starting index of a substring of X matching P or an indication that P
    is not a substring of X
  p ← P.length() { length of suffix of the pattern to be matched }
  j ← 0 { start of suffix of the pattern to be matched }
  v ← T.root()
  repeat
    f ← true { flag indicating that no child was successfully processed }
    for each child w of v do
      i ← start(v)
      if P[j] = T[i] then
        { process child w }
        x ← end(w) − i + 1
        if p ≤ x then
          { suffix is shorter than or of the same length of the node label }
          if P[j..j + p − 1] = X[i..i + p − 1] then
            return i − j { match }
          else
            return "P is not a substring of X"
        else
          { suffix is longer than the node label }
          if P[j..j + x − 1] = X[i..i + x − 1] then
            p ← p − x { update suffix length }
            j ← j + x { update suffix start index }
            v ← w
            f ← false
            break out of the for loop
  until f or T.isExternal(v)
  return "P is not a substring of X"
```

演算法 **9.15**：字尾 trie 的樣式比對。我們將節點 v 的標籤表示成 (start (v), end (v))，也就是說，這對索引指定了與 v 相關的本文子字串。

效能

總結而論，演算法 suffixTrieMatch 執行樣式比對查詢的時間爲 $O(dm)$ (而且如果我們使用字典將字尾 trie 的子節點索引編碼，速度可能會更快)。必須注意到執行時間不依本文 X 的大小而定，並且，對固定大小的字母集而言，執行時間與樣式大小呈線性比例，也就是 $O(m)$。因此，當一系列樣式比對查詢在一固定的文件中演算時，字尾 tries 適合重複的樣式比對應用。我們將這段落的結果要點列在以下的定理。

定理 9.7： 令X為一個有n個在大小為d的字母集中的字元之文字字串，，我們能在$O(dm)$的時間裡，針對X對樣式比對查詢，其中樣式長度為m。並能在 $O(n)$的空間、$O(dn)$的時間內將X的字尾 trie 建構完成。

我們在以下小節探討另一個 trie 的應用。

9.2.4 搜尋引擎

網際網路包含一個巨大的本文文件集合 (網頁)。這些網頁資料的集合是靠一個叫做**網路自動搜尋器 (web crawler)** 的程式，將這些資料儲存在特殊的字典資料庫。網路搜尋引擎讓使用者在這資料庫中檢索相關資訊，從而在網路已包含的關鍵字中辨識出相關網頁。在這個小節，我們將介紹一個簡化的搜尋引擎模型。

倒置檔案

搜尋引擎所儲存的核心資訊是一個字典資料結構，稱做倒置索引或倒置檔案，儲存關鍵值數對(w, L)，在此，w是一個字，而L是包含字w的參照頁。在這字典資料結構中的鍵值 (字) 被稱做**索引詞 (index terms)**，並且以一組字彙及適當的名詞的方式登錄。而字典裡的元素叫做**出現名單 (occurrence lists)**，它們應該盡可能的涵蓋多數的網頁。

我們可以在包含以下條件的資料結構中有效地實作倒置索引：

- 一個儲存詞彙出現的清單之陣列 (無特定排序)
- 由索引詞的集合所構成的壓縮 trie，它的每個外節點會儲存相關詞彙的出現清單之索引

將詞彙出現清單儲存在trie之外的理由是為了維持trie的資料結構的大小，當它夠小才能儲存在內部記憶體。否則，由於它們的佔用的容量太大，該清單就必須儲存在磁碟裡了。

由於這樣的資料結構，關鍵單字的查詢便類似於單字比對查詢 (參考第 9.2.1 節)。也就是說，我們在 trie 找到關鍵字後，便回到相關的出現清單裡。

當輸入多重關鍵字並希望能看見包含所有所輸入關鍵字的網頁時，我們使用 trie 取得每個關鍵字的出現清單並輸出它們的交集。為加速交集的計算，每個出現清單應該以位址的序列分類或以字典的來執行 (例如，在第 4.2 節所討論的通用合併計算)。

除了回到包含所輸入關鍵字的網頁名單這一基本任務外，搜尋引擎提供一個重要的附加功能：爲網頁**排名 (ranking)**。爲搜尋引擎策劃快速並準確的排序網頁對電腦研究者與電子商務公司是個重要的挑戰。

9.3 文字壓縮

在這個小節，我們思考另一個文字處理應用，**文字壓縮 (text compression)**。在這個課題中，我們考慮字串 X 的字原是在某些字母集裡，例如 ASCII 或 Unicode 字元集，並希望有效地將 X 編碼成較小的二元串列 Y(僅使用字元 0 及 1)。文字壓縮在利用低頻寬的頻道通訊時很有用，例如一條較慢的數據機線或無線連接，當然我們希望文字傳輸所需的時間能減到最小。同樣地，文字壓縮在儲存大量文件上也更加有效率，使固定容量的儲存裝置能容納盡可能更多的文件。

在這小節要探討的文字壓縮方法是**霍夫曼編碼 (Huffman code)**。標準的編碼法則是使用固定長度的二元串列來編碼，例如 ASCII 系統爲 7 位元， Unicode 系統爲 16 位元。然而，霍夫曼編碼使用可變換長度的編碼方式達到最佳化。我們根據每個字元被使用的頻率做爲最佳化的標準，對每個字元 c 而言，c 在字串 X 中出現的次數以 $f(c)$ 計算。霍夫曼編碼藉由使用較短的字碼串列來編碼高出現頻率的字元，並使用較長的字碼串列來編碼低出現頻率的字元，使得它比固定長度的編碼方式更爲節省空間。

爲了將字串 X 編碼，我們轉換每個在 X 的字元，從固定長度的字碼變成可變長度的字碼，並且連結所有的字碼以產生出字串 X 的編碼 Y。爲了避免模稜兩可的情況，我們堅持在編碼中沒有任一個字碼是另一個字碼的字首。這種編碼方式的碼稱爲**字首碼 (prefix code)**，它簡化了 Y 的解碼過程，以便得到原字串 X。(參考圖 9.16)。即便有這個限制，可變長度的字首碼所節省的空間仍相當有意義，特別是在字元出現頻率有大幅度變化的情況(如自然語言文字在幾乎所有口語語言中的例子)。

對 X 而言，產生最佳可變長度的字首碼的霍夫曼演算法，其基礎在於建構一個能呈現這些字碼的二元樹 T。除了根節點之外，每個在 T 的節點，都以字碼的一個位元來表示，而它的左子節點代表「0」、右子節點代表「1」。每個外節點 v 都與特殊字元相關，因而每個字元的字碼定義爲以 T 的根節點到 v 的路徑所代表的字元串列 (參考圖 9.16)。每個外節點 v 都有 $f(v)$ 代表其頻率，也就是在 X 中與 v 相關的該字元之出現頻率。此外，我們給定每個 T 的內部節點 v 一個頻率 $f(v)$，代表所有以 v 爲根的子樹的外部節點之頻率總和。

9.3.1 霍夫曼編碼演算法

霍夫曼編碼演算法從字串 X 中 d 個不同字元開始，以單一節點二元樹的根節點爲首進行編碼。演算法將執行好幾回合，在每一回合，演算法取兩個最小頻率的二元樹，將它們合併成單一的二元樹。它會重複此步驟直到剩下一個樹爲止 (參考演算法 9.17)。

(a)

字元		a	b	d	e	f	h	i	k	n	o	r	s	t	u	v
數字	9	5	1	3	7	3	1	1	1	4	1	5	1	2	1	1

(b)

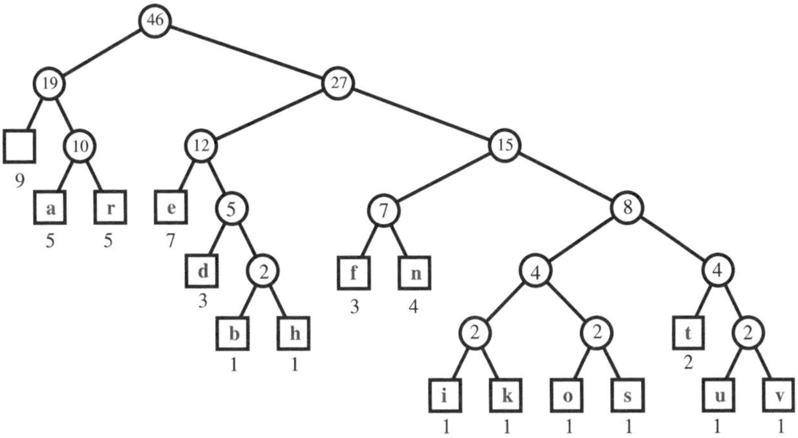

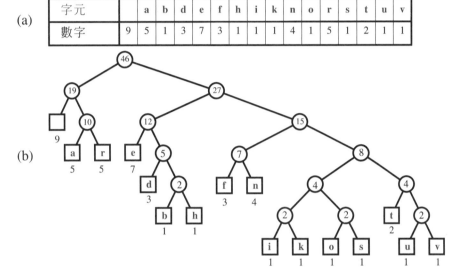

圖 9.16：字串 X = "a fast runner need never be afraid of the dark" 的霍夫曼編碼範例圖解：**(a)** 每個 X 的字元之出現頻率；**(b)** 字串 X 的霍夫曼樹 T。追蹤 T 的根節點至外部節點字元 c 的路徑，遇左子節點代表編碼 0 而右子節點代表編碼 1，可知字元 c 的編碼方式。舉例來說，「a」的編碼是 010，而「f」的編碼是 1100。

在霍夫曼演算法中，每個 while 的迴圈藉由使用有優先權佇列 (priority queue) 來表示這堆節點，可以 $O(\log d)$ 的時間執行，。此外，在每回合 (iteration) 從 Q 取出兩個節點並加入一個，此程序會重複進行 $d-1$ 次，直到 Q 確實只剩一個節點。因此，這個演算法執行時間爲 $O(n+d\log d)$。雖然這個演算法的正確性尚待辯護，但我們注意到一個簡單直覺的想法：任何一個最佳化的碼可被轉換爲一個有兩個最低出現頻率字元的字碼，a 及 b，它們僅在最後一個位元有差別。重複此字元 c 取代 a 及 b 組成的字串的辯證如下：

定理 9.8： 霍夫曼演算法建構一長度爲 n、d 個不同字元的最佳化字首碼所需要的時間爲 $O(n+d\log d)$。

Algorithm Huffman(X):
  Input: String X of length n with d distinct characters
  Output: Coding tree for X

  Compute the frequency $f(c)$ of each character c of X.
  Initialize a priority queue Q.
  for each character c in X **do**
    Create a single-node binary tree T storing c.
    Insert T into Q with key $f(c)$.
  while Q.size() > 1 **do**
    $f_1 \leftarrow Q$.minKey()
    $T_1 \leftarrow Q$.removeMin()
    $f_2 \leftarrow Q$.minKey()
    $T_2 \leftarrow Q$.removeMin()
    Create a new binary tree T with left subtree T_1 and right subtree T_2.
    Insert T into Q with key $f_1 + f_2$.
  return tree Q.removeMin()

演算法 9.17：霍夫曼編碼演算法。

9.3.2 再論貪婪演算法

在建立最佳化編碼上，霍夫曼演算法是一個演算法設計模式的應用範例，稱之爲貪婪演算法。回想在第 5.1 節所探討的，這個設計模式是應用在最佳化問題上，其作法是當我們在逐步建構問題解的時候，同時也最小化或最大化建構中的問題解。

的確，霍夫曼編碼演算法與貪婪演算法的樣式的通用法則密切相關。也就是說，爲了解決使用貪婪演算法來最佳化字碼的問題，我們以一連串的選擇來處理。這些選擇是由已知的前提下開始的，並計算初始狀態的成本。最後，我們重覆地新增其他選擇，在最近所有可能的選擇中，找到一個能達成最佳成本改善的決定。這個方式並不一定總是導向最好的解決辦法，但它的確在霍夫曼演算法的概念中找到最佳化字首碼。

在霍夫曼編碼演算法中，整體的最佳化是因爲最佳字首編碼的問題本身便具有貪婪性選擇的特質，其意義爲自一個定義完善的情況下，藉由一連串的局部最佳化選擇 (意即，在當時現有的可能性中的最佳選擇)，來達成整體最佳化的前提。事實上，計算最佳化可變長度字首碼的問題，只是一個擁有貪婪性選擇特質的範例之一。

9.4 文字相似性測試

一個在遺傳基因與軟體工程中常遇見的文字處理問題，就是測試兩個文字字串的相似性 (similarity)。在遺傳的應用上，兩個字串可相當於 DNA 的兩股，來自兩個相異的個體，但如果它們在各自的 DNA 序列中，有一長串相同的子序列，那麼我們會設想他們有基因上有其相關性。同樣的，在軟體工程應用中，兩個字串可能從同一程式的兩個不同版本的原始碼而來，我們會想要解釋這個版本到另一版本做了什麼改變。此外，搜尋引擎的資料集結系統，稱爲網路自動搜尋器 (Web spider or crawler)，必須能夠在網頁間有所分辨，以避免造訪不需要的網頁。的確，在兩字串中確定其相似性是個常見的應用，Unix/Linux 作業系統研發了一個叫做 diff 的程式，用來比較文字檔案。

9.4.1 最長共同子序列問題

我們能以數種不同的方法來定義兩字串之間的相似性。即使如此，我們可以使用字元串列及它們的子序列來把這個問題簡單、一般化。給定一個大小爲 n 的字串 X，X 的子序列是任何符合以下格式的字串：

$$X[i_1]X[i_2]\cdots X[i_k] \qquad i_j < i_{j+1} \text{ 當 } j = 1、\cdots、k$$

意即，這個字元序列不必然是相連的，卻是從字串 X 中依序取出的。例如，字串 *AAAG* 是字串 *CGATAATTGAGA* 的子序列。注意到字串的子序列這一概念和字串的子字串不同，定義在第 9.1.1 節。

問題定義

我們在這裡提到特定的文字相似性問題即爲**最長共同子序列 (longest common subsequence，LCS)** 的問題。在這當中，我們給定兩個字元串列，分別是大小爲 n 的 X 及大小爲 m 的 Y，它們都被定義在某個字母集之中，並被要求在 X 及 Y 中找出一個最長的字串 S。

解決最長共同子序列問題的其一方法是列舉所有 X 的子序列，取出最長、又同時是 Y 的子序列的一個。既然每個 X 的字元有可能存在或不存在於子序列中，這表示 X 有 2^n 個不同子序列的可能性，而每個子序列都需要 $O(m)$ 的時間來決定它是否爲 Y 的子序列。因此，暴力法所產生的指數函數

演算法需時 $O(2^n m)$，這非常沒有效率。在這個段落裡，我們討論如何動態規劃 (第 5.3 節) 來較快速地解決最長共同子序列的問題。

9.4.2 運用動態規劃至 LCS 問題上

我們可利用比指數函數更省時的動態規劃來解決 LCS 問題。如第 5.3 節所提到的，動態規劃技術的一個關鍵是定義簡單的子問題，能滿足子問題的最佳化和與子問題重疊的特性。

重新回到 LCS 問題，給定兩個字元串列 X 與 Y，長度為 n 及 m，分別被要求找出同樣是 X 及 Y 子序列中，最長的字串 S。由於 X 及 Y 為字元串列，我們便使用索引來定義子問題-指向字串 X 及 Y 的索引。因此，我們計算 $X[0..i]$ 及 $Y[0..j]$ 的最長共同子序列之長度，以 $L[i,j]$ 表示，藉以定義子問題。

在最佳化子問題的解決方案上，這個定義能使我們重寫 $L[i,j]$。我們考量以下兩種狀況 (參考圖 9.18)。

狀況 1： $X[i] = Y[j]$

令 $c = X[i] = Y[j]$。我們宣稱 $X[0..i]$ 及 $Y[0..j]$ 的子序列終止於字元 c。為證實這個說法，我們假設它不成立。當 $X[i_1]X[i_2]\cdots X[i_k] = Y[j_1]Y[j_2]\cdots Y[j_k]$ 為一最長共同子序列，若 $X[i_k] = c$ 或 $Y[j_k] = c$，那麼設定 $i_k = i$ 及 $j_k = j$ 便能得到同樣的序列。或者，若 $X[j_k] \neq c$，我們可藉由增加字元 c 於序列末尾，而得到更長的共同子序列。所以，$X[0..i]$ 及 $Y[0..j]$ 的最長共同子序列必定終止於 $c = X[i] = Y[j]$。因此我們設定

$$L[i,j] = L[i-1, j-1] + 1 \qquad \text{當} X[i] = Y[j] \tag{9.1}$$

狀況 2： $X[i] \neq Y[j]$

在這個狀況下，我們不可能有包含 $X[i]$ 及 $Y[j]$ 的共同子序列。也就是說，一個共同子序列可終止在 $X[i]$ 或 $Y[j]$ 上，或兩者皆非，但不能兩者都有。因此我們設定

$$L[i,j] = \max\{L[i-1, j],\ L[i, j-1]\} \qquad \text{當} X[i] \neq Y[j] \tag{9.2}$$

為了使方程式 9.1 及 9.2 在 $i = 0$ 或 $j = 0$ 的案例邊界中成立，我們定義 $L[i, -1] = 0$，其中 $i = -1$、0、1、$\cdots$、$n-1$；且 $L[-1, j] = 0$，其中 $j = -1$、0、1、$\cdots$、$m-1$。

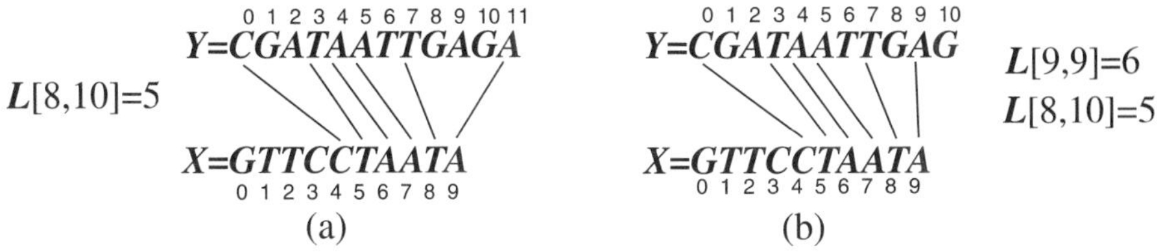

圖 **9.18**：這兩種情況對 $L[i,j]$ 的定義分別是：**(a)** $X[i] = Y[j]$；**(b)** $X[i] \neq Y[j]$。

LCS 演算法

上述 $L[i,j]$ 的定義滿足了子問題的最佳化，因為我們不可能在沒有子問題的最長共同子序列的情況下，卻找到原始問題的最長共同子序列。並且，它利用子問題重疊的特性，讓子問題的解決方案 $L[i,j]$，可以套用在其他的問題上 (像是 $L[i+1,j]$、$L[i,j+1]$ 與 $L[i+1,j+1]$ 的情況)。

將 $L[i,j]$ 的定義導入演算法之中確實非常直觀。我們初始化一個 $(n+1)\times(m+1)$ 的陣列，當 $i = 0$ 或 $j = 0$ 時為邊界情況的例子。意即我們初始化 $L[i, -1] = 0$，其中 $i = -1$、0、1、$\cdots$、$n-1$；與 $L[-1,j] = 0$，其中 $j = -1$、0、1、$\cdots$、$m-1$。(這個標示法有些粗糙，因為實際上，我們必須把 L 其行與列的索引從 0 開始標示) 然後，我們反覆地將陣列 L 中建立各個值，直到 $L[n-1, m-1]$ 為止，它是 X 及 Y 最長共同子序列的長度。我們在演算法 9.19 提出一個虛擬碼敘述，說明這個方法如何產生一個解決最長共同子序列的問題的動態規劃解法。需注意到該演算法只儲存 $L[i,j]$ 的值，而非比對結果。

效能

演算法 9.19 的執行時間很容易分析，因為它由兩個巢狀 for 迴圈所支配，外層的重複執行 n 次，而內層則重複 m 次。由於迴圈中每個 if 條件及敘述需要 $O(1)$ 的操作時間，所以演算法需要執行時間為 $O(nm)$。因此，在最長共同子序列的問題上，動態規劃的技術應用比起暴力法對於 LCS 問題的指數執行時間，有了顯著的改善。

演算法 LCS (9.19) 計算最長共同子序列的長度 (儲存於 $L[n-1, m-1]$)，但並非子序列自身。如下面定理所示，一個簡易的後續處理 (postprocessing) 步驟能從演算法傳回的陣列 L 中，提取出最長共同子序列。

定理 9.9： 給定有 n 個字元的字串 X 及 m 個字元的字串 Y，我們可以在 $O(nm)$ 的時間內找到 X 及 Y 的最長共同子序列。

證明：

我們已經觀察到 LCS 演算法在 $O(nm)$ 的時間內，計算出輸入字串 X 及 Y 的最長共同子序列之長度。而給定一 $L[i,j]$ 值的表格，並建構一個最長共同子序列是很直接簡單的。其中一個方法是從 $L[n-1,m-1]$ 開始，由後往前的回溯表格，以完成重新建構最長共同子序列的工作。在 $L[i,j]$ 的任何位置，我們決定 $X[i] = Y[j]$ 是否成立。若爲眞，我們將取 $X[i]$ 爲子序列的下一個字元 (注意，$X[i]$ 是在它先前的那些字元之前就被找到)，接著把下一個位置移動到 $L[i-1,j-1]$。若 $X[i] \neq Y[j]$，我們就移動到 $L[i,j-1]$ 或 $L[i-1,j]$ 之中較大的一個 (參考圖 9.20)。當我們碰到邊界入口時 (當 $i = -1$ 或 $j = -1$) 就停止。以此方法建構最長共同子序列需多花 $O(n+m)$ 的時間。 ■

Algorithm LCS(X,Y):

Input: Strings X and Y with n and m elements, respectively

Output: For $i = 0,\ldots,n-1$, $j = 0,\ldots,m-1$, the length $L[i,j]$ of a longest common subsequence of $X[0..i]$ and $Y[0..j]$

```
for i ← −1 to n−1 do
  L[i,−1] ← 0
for j ← 0 to m−1 do
  L[−1,j] ← 0
for i ← 0 to n−1 do
  for j ← 0 to m−1 do
    if X[i] = Y[j] then
      L[i,j] ← L[i−1,j−1] + 1
    else
      L[i,j] ← max{L[i−1,j], L[i,j−1]}
return array L
```

演算法 **9.19**：LCS 問題的動態規劃演算法。

L	-1	0	1	2	3	4	5	6	7	8	9	10	11
-1	0	0	0	0	0	0	0	0	0	0	0	0	0
0	0	0	1	1	1	1	1	1	1	1	1	1	1
1	0	0	1	1	2	2	2	2	2	2	2	2	2
2	0	0	1	1	2	2	2	3	3	3	3	3	3
3	0	1	1	1	2	2	2	3	3	3	3	3	3
4	0	**1**	1	1	2	2	2	3	3	3	3	3	3
5	0	1	1	1	**2**	2	2	3	4	4	4	4	4
6	0	1	1	2	2	**3**	3	3	4	4	5	5	5
7	0	1	1	2	2	3	**4**	4	4	4	5	5	6
8	0	1	1	2	3	3	4	5	**5**	5	5	5	6
9	0	1	1	2	3	4	4	5	5	5	6	6	**6**

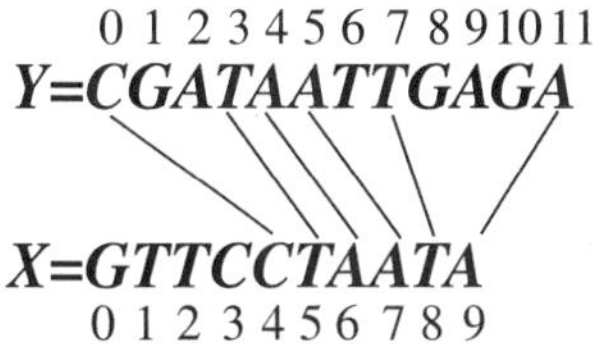

圖 **9.20**：利用陣列 *L* 來建構最長共同子序列的演算法圖解。

9.5 習題

複習題

R-9.1 有多少個字串 P = "aaabbaaa" 的非空字首同時也是 P 的字尾？

R-9.2 當本文為「aaabaadaabaaa」且樣式為「aabaaa」時，畫一暴力樣式比對演算法的比較圖。

R-9.3 以 BM 樣式比對演算法重複先前的問題，為了計算函數 last 的比對不計入。

R-9.4 以 KMP 樣式比對演算法重複先前的問題，為了失效函數所做的比較不計入。

R-9.5 以 BM 樣式比對演算法計算一個表示函數 last 的圖表，其樣式字串為

"the quick brown fox jumped over a lazy cat"

假設字串被定義在以下的字母集(從空白字元開始)：

$\Sigma = \{a, b, c, d, e, f, g, h, i, j, k, l, m, n, o, p, q, r, s, t, u, v, w, x, y, z\}$

R-9.6 假設在字母集 Σ 的字元可被一一列舉並以索引陣列表示，在一個長度為 m 的樣式字串 P 中，提出一個建構函數 last 需時 $O(m+|\Sigma|)$ 的方法。

R-9.7 給定樣式字串為「cgtacgttcgtac」，試計算一個以 KMP 失效函數表示的表格。

R-9.8 以下列字串組畫一個標準 trie：

{abab, baba, ccccc, bbaaaa, caa, bbaacc, cbcc, cbca}

R-9.9 以習題 R-9.8 的字串畫一個壓縮 trie。

R-9.10 以下列字串畫出一個字尾樹 trie 的壓縮呈現

"minimize minime"

R-9.11 何為字串 "cgtacgttcgtacg" 的最長字首，同時是該字串的字尾？

R-9.12 以下列字串畫一個頻率表及霍夫曼樹：

"dogs do not spot hot pots or cats"

R-9.13 展示如何在兩字串 "babbabab" 及 " bbabbaaab" 之間使用動態規劃來演算最長共同子序列。

R-9.14 以下列兩字串為例，畫出最長共同子序列的圖表 L

X = "skullandbones"

Y = "lullabybabies"

這兩個字串的最長共同子序列為何？

挑戰題

C-9.1 舉一個長度為 n 的文件 T 及長度為 m 的樣式 P，能迫使暴力樣式比對演算法的執行時間為 $\Omega(nm)$ 的例子。

C-9.2 說明為何 KMPFailureFunction (演算法 9.9) 在長度為 m 的樣式上，其執行時間為 $O(m)$。

C-9.3 說明如何修正 KMP 串列樣式比對演算法，使其能找到每一個在 T 以子字串形式出

現的樣式字串 P，而執行時間仍爲 $O(n+m)$ (確定即使重疊的比對也有抓到)。

C-9.4 假設 T 是個長度爲 n 的文字字串，而 P 爲長度 m 的樣式。試敘述一個能在 $O(n+m)$ 的時間，找出 P 的最長字首，同時是 T 的子字串之方法。

C-9.5 如果有一索引 $0 \leq i < m$，使得 $P = T[n-m+i..n-1] + T[0..i-1]$，則長度爲 m 的樣式 P 是長度 n 的文件 T 之循環子字串。，也就是說，若 P 爲 T 的子字串，或 P 等同於 T 的字尾與 T 的字首之連結。試以一 $O(n+m)$ 執行時間的演算法來決定 P 是否爲 T 的循環子字串。

C-9.6 藉由重新定義失效函數，KMP 樣式比對演算法可利用二元串列的方式執行的更快速，新的失效函數爲

$$f(j) = \text{最大的 } k<j \text{ 使得 } P[0..k-2]\overline{P[k-1]} \text{ 爲 } P[1..j] \text{ 的字尾}$$

其中 $\overline{P[k]}$ 表示 P 的第 k 個位元的補數。試敘述如何修正 KMP 演算法使其能在這新的失效函數中得利，並舉一方法計算此失效函數。說明此方法在本文與樣式間，至多有 n 次比較 (與第 9.1.4 節所提及的比較過 $2n$ 次之標準 KMP 演算法相反)。

C-9.7 使用從 KMP 演算法而來的想法修正本章所介紹的簡化 BM 演算法，使其能在 $O(n+m)$ 時間內執行。

C-9.8 試說明如何使用字尾 trie 來表示字首比對查詢。

C-9.9 給定一有效演算法，欲從標準 trie 中刪除一字串，試分析其執行時間。

C-9.10 給定一有效演算法，欲從壓縮 trie 中刪除一字串，試分析其執行時間。

C-9.11 試敘述建構一字尾 trie 的壓縮呈現演算法，並分析其執行時間。

C-9.12 令 T 爲長度 n 的文字字串。試敘述一個在 $O(n)$ 時間，找出 T 的最長字首並同時爲 T 的反轉字串之子字串的方法。

C-9.13 試敘述一有效演算法，找出長度爲 n 的字串 T，其字尾的最長迴文。記得提過的迴文是一個等同於它自身反轉的字串。這個方法的執行時間爲何？

C-9.14 給定一數字序列 $S = (x_0, x_1, x_2, ..., x_{n-1})$，試敘述一 $O(n^2)$ 時間的演算法，以找出最長的數字子序列 $T = (x_{i_0}, x_{i_1}, x_{i_2}, ..., x_{i_{k-1}})$，而且符合 $i_j < i_{j+1}$ 與 $x_{i_j} > x_{i_{j+1}}$。也就是說，T 是 S 的最長遞減子序列。

C-9.15 問題同上，試敘述一執行時間爲 $O(n \log n)$ 的演算法。

C-9.16 試說明由 n 個不同數字組成的序列，它包含了大小至少爲 $\lfloor\sqrt{n}\rfloor$ 的遞增或遞減子序列。

C-9.17 分別定義在長度爲 n 及 m 的兩字串 X 及 Y 間的編輯距離，它是一個將 X 轉換成 Y 的數字。一次編輯由字元插入、字元刪除、或字元替代所構成。例如，字串 "algorithm" 及 "rhythm" 有著編輯距離 6。試設計一執行時間爲 $O(nm)$ 的演算法去計算 X 及 Y 間的編輯距離。

C-9.18 假設 A，B 及 C 爲三個取自同樣固定大小字母集的長度爲 n 之字元串列。試設計一執行時間爲 $O(n^3)$ 的演算法，以找出 A、B、C 三者共同的最長子字串。

C-9.19 考慮一樣式比對演算法，當詢問一長度爲 m 的樣式 P 是否包含在一長度爲 n 的本文 T 之中時，它的傳回值永遠爲「不是」。其中 P 和 T 都定義在某個固定大小爲 d，且 $d>1$ 的字母集中。假設所有可能的長度爲 m 的樣式字串都相等，那麼這個

簡單的演算法錯誤地決定 P 是否為 T 的子字串之機率為何？試做一符合 big-Oh 條件的描述，範圍是 $o(1)$。[**提示：**當 m 範圍很大時，這是個十分精確的演算法。]

C-9.20 假設 A、B、C 這三個整數陣列是用來表示 ASCII 或 Unicode 的三個大小為 n 的字元串列之值。給定一任意整數 x，設計一個執行時間為 $O(n^2 \log n)$ 的演算法，來決定是否存在數字 $a \in A$、$b \in B$ 與 $c \in C$，使得 $x = a+b+c$。

C-9.21 以執行時間為 $O(n^2)$ 的演算法處理先前的問題。

C-9.22 假設在常數大小的字母集 Σ 中，每個字元 c 都有其整數價值 $w(c)$。兩個玩家要玩一場遊戲，給定一長度為 $2n$ 的字串 P 以取代 Σ。在每一回合，玩家必須選擇並移除 P 的第一或最後的字元，將它的長度減少一單位。每個玩家的目標是最大化他或她所選擇的字元總價值。試給一執行時間為 $O(n^2)$ 的演算法，為第一個玩家計算其最佳策略。[**提示：**使用動態規劃。]

C-9.23 為先前習題中的第一個玩家設計一個執行時間為 $O(n)$ 的不敗策略。你的策略不必是最好的，但它得保證遊戲結束時兩人平手或對第一個玩家有利。

軟體專案

P-9.1 試做一個實驗性分析，使用在網路上找到的文件，在至少兩個不同的樣式比對演算法中，以不同長度的樣式進行比較，其效能表現如何(能進行字元比較的數量)？

P-9.2 以霍夫曼編碼為基礎，執行壓縮與解壓縮的計畫。

P-9.3 為 ASCII 字串集合創造標準 trie 與壓縮 trie 的階等。每個等級需有建構者以字串清單為依據，且每等級需有方法可檢驗其給定的字串是否儲存在 trie 裡。

P-9.4 實作在第 9.2.4 節中所提到的小型網站的簡化網頁搜尋引擎。使用該網站中網頁所有的字做為索引字元，不包括停頓字如冠詞、介系詞及代名詞。

P-9.5 為小型網站的網頁實作一搜尋引擎，藉由增加網頁分類的特徵以簡化在第 9.2.4 節中所提到的搜尋引擎。你的網頁分類特徵應優先傳回最高度相關的網頁。另外，使用所有網頁裡的字作為索引字元，不包括停頓字如冠詞、介系詞及代名詞。

P-9.6 設計並實作動態規劃與貪婪演算法，以解決最長共同子序列的問題。以實驗的方式比較這兩個方法的執行時間大小與解決問題的能力。

P-9.7 實作一個能夠摘取文字中任何字串的演算法，並產生它的霍夫曼編碼。

進階閱讀

KMP 演算法是由 Knuth、Morris 與 Pratt 在他們的期刊文章上發表的 [122]。Boyer 與 Moore 在同一年發表它們的演算法 [36]。在他們的文章當中，Knuth 等人 [122] 也證明 BM 演算法的執行時間是線性的。更近的是 Cole [49] 證明 BM 演算法在最差情況下，使用至多 $3n$ 次比對，而且非常接近上限。雖然需要更多的理論架構，但本章節討論的演算法也可以在 Aho 的書 [6] 當中找到。有興趣進一步了解的讀者可以參閱 Stephen [193]、Aho [6] 以及 Crochemore 與 Lecroq [56] 所寫的書。

Trie 一詞由 Morrison [156] 發明，並且在 Knuth 的經典之作 Sorting and Searching [119]

中多所討論。「Patricia」這個名稱是「Practical Algorithm to Retrieve Information Coded in Alphanumeric」的縮寫 [156]。McCreight [139] 證明了在線性時間內可建立字尾 trie。資訊修補領域方面，也包含了網路搜尋引擎的討論，在 Baeza-Yates 和 Ribeiro-Neto 合著的書 [21] 中有完整介紹，而貪婪演算法在編碼問題的應用則來自於 Huffman [104]。

Chapter 10 數論與密碼學

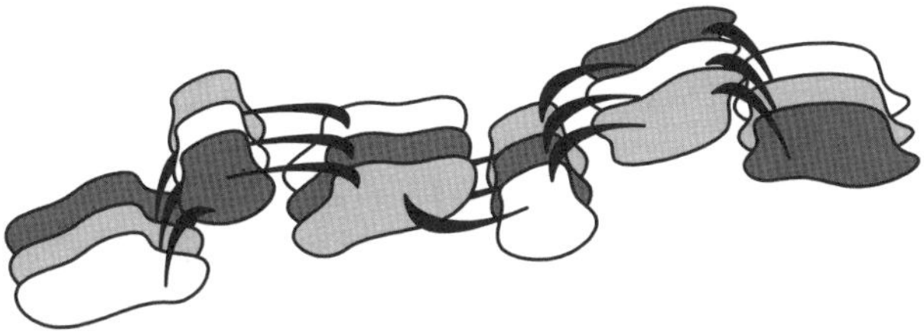

電腦現今被用在許多機密性應用上。客戶利用電子商務系統來購物、付款；商人利用網路分享機密性的公司文件並與商務夥伴來往；學校則使用網路儲存學生的個人資訊和他們的成績。這些機密資訊如果被竄改，破壞，或落入壞人手中，可能會造成潛在的損害。在本章我們會討論幾個強大的演算法，來保護這些機密性的訊息，以便達到下列目標：

- **資料完整性(Data integrity)**：資訊不該不知不覺地被更改變。例如，要保證經由網路傳送的訂購資料或合約文件不會被更改。
- **認證(Authentication)**：要存取或傳送機密資料的組織或個人，應確認其身份正確無誤，也就是認證。例如提供員工遠距工作的公司，必須設定讓員工經網路存取公司資料庫的認證程序。
- **授權(Authorization)**：牽涉到機密資訊運算的代理程式，必須經過授權才能執行運算。
- **防止抵賴(Nonrepudiation)**：在有合約的交易中，任何已同意合約的一方，不能私自取消合約。
- **機密性(Confidentiality)**：機密資訊應對未被授權的人員保持其機密性。也就是說，我們必須保證送件者和收件者能看到資料，但任何未經授權的竊聽者不行。舉例來說，很多電子郵件訊息應該是祕密的。

在本章中討論的大部分的技巧是利用數論來達成以上目標。因此，本章將始於討論許多重要的數論概念和演算法。我們將描述一個古典但效率依然驚人的演算法，即計算最大公因數的歐幾里德演算法，以及用來計算模數 (modular) 指數和反元素的演算法。此外，由於質數 (prime numbers) 在加密計算當中扮演重要的角色，我們將會討論有效率判斷質數的方法。我們將會展示哪些數論演算法可以用在資訊安全服務的加密演算法上。我們會特別強調加密與數位簽章，其中包括最普遍的 RSA 機制。本章我們也會討論一些能從這些演算法建立的通訊協定。

我們將以快速傅利葉轉換 (Fast Fourier Transform) 作爲結束，這是個用來解決許多具有類似乘法性質問題的一般性各個擊破 (divide-and-conquer) 技巧。我們將說明如何使用 FFT 來做有效率的多項式乘法和大數乘法運算。我們也提供一份大數相乘的 Java FFT 演算法實作版本，我們將根據經驗來比較此演算法和標準大數乘法兩者的效能。

10.1 關於數字的基礎演算法

本節我們會討論幾個關於數字的基礎演算法。我們將會描述有效率的方法

來計算模數 n 之下的指數及乘法反元素，以及測試整數 n 是否爲質數。這些計算都有其重要的應用，例如在著名加密計算中做爲關鍵的演算法。然而在提出這些演算法前，我們必須先提出一些來自數論的基本事實。在整個討論中，我們假設全部變數都是整數。此外，一些數學事實的證明會被留作習題。

10.1.1 一些關於基本數論的事實

爲了跨出第一步，我們需要一些來自基本數論的事實，包括一些符號使用和定義。 給定正整數 a 和 b，我們用符號

$$a \mid b$$

表示 a **整除 (divides)** b，也就是 b 是 a 的倍數。若 $a|b$，則我們知道有某個整數 k，使得 $b = ak$。以下的可除性質馬上可由定義得知。

定理 10.1： 令 a、b 與 c 是任意整數。則

- 若 $a|b$ 且 $b|c$，則 $a|c$。
- 若 $a|b$ 且 $a|c$，則 $a|(ib+jc)$，對所有整數 i 和 j 都成立。
- 若 $a|b$ 且 $b|a$，則 $a = b$ 或 $a = -b$。

證明：

見習題 R-10.1。 ■

若 $p \geq 2$，且其因數只有基本因數 1 和 p，則整數 p 稱爲質數 (prime)。所以在 p 是質數的情況下，$d|p$ 意味著 $d = 1$ 或 $d = p$。一整數若大於 2，又不是質數，則稱爲**複合數 (composite)**。因此，例如 5、11、101 和 98711 是質數，但 25 和 10403 (= 101·103) 則是複合數。我們同時有以下定理：

定理 10.2： 令 $n>1$ 是一整數，則存在唯一的質數集合 $\{p_1、\cdots、p_k\}$ 與正整數指數 $\{e_1、\cdots、e_k\}$，使得

$$n = p_1^{e_1} \cdots p_k^{e_k}$$

在此情況下，乘積 $p_1^{e_1} \cdots p_k^{e_k}$ 就是所謂 n 的**質因數分解 (prime decomposition)**。定理 10.2 以及唯一質因數分解的表示法是數種加密機制的基礎。

最大公因數

正整數 a 和 b 的**最大公因數 (greatest common divisor，GCD)**，是可同時整

除 a 和 b 的最大整數，並以 $\gcd(a, b)$ 表示。換句話說，如果 c 爲 $\gcd(a, b)$，若 $d|a$ 且 $d|b$，則 $d|c$。若 $\gcd(a, b) = 1$，我們則說 a 和 b **互質 (relatively prime)**。我們透過以下兩個規則來延伸任意一對整數之最大公因數的概念。

- $\gcd(a, 0) = \gcd(0, a) = a$
- $\gcd(a, b) = \gcd(|a|, |b|)$，負數的情形就解決了。

因此，$\gcd(12, 0) = 12$，$\gcd(10403, 303) = 101$ 以及 $\gcd(-12, 78) = 6$。

模數運算子

接下來是一些關於**模數運算子 (modulo operator)** 即所謂餘數運算子 (mod) 的描述。回想一下，$a \bmod n$ 是 a 除以 n 的餘數。也就是說，

$$r = a \bmod n$$

意味著

$$r = a - \lfloor a/n \rfloor n$$

換句話說，存在某個整數 q，使得

$$a = qn + r$$

另外請注意，$a \bmod n$ 永遠是集合 $\{0, 1, 2, ..., n-1\}$ 中的整數，即使當 a 是負數時亦然。

我們有時也常使用模 n **同餘 (congruence)** 的概念。若

$$a \bmod n = b \bmod n$$

我們就說在模數 n 之下，a 爲 b 之**同餘**，這稱爲**模數 (modulus)**，並將其以

$$a \equiv b \pmod{n}$$

表示。所以若 $a \equiv b \bmod n$，則 $a - b = kn$ 成立，其中 k 爲某個整數。

模數運算子和 GCD 的關係

下列定理告訴我們 GCD 的另一個特徵。其證明使用了模數運算子。

定理 10.3： 對任意正整數 a 和 b，滿足 $d = ia + jb$ 的最小正整數 d 爲 $\gcd(a, b)$，其中 i 和 j 爲二任意整數。換句話說，若 d 是 a 和 b 之線性組合的最小正整數，則 $d = \gcd(a, b)$。

證明：

假設 d 是會使得 $d = ia + jb$ 成立的最小整數，其中 i 和 j 爲二任意整數。注意，從 d 的定義馬上可得知，任意 a 和 b 的公因數也是 d 的因數。因此，

$d \geq \gcd(a, b)$。要完成這個證明，我們還需要證明 $d \leq \gcd(a, b)$。

令 $h = \lfloor a/d \rfloor$，亦即 h 爲使得 $a \bmod d = a - hd$ 的一個整數。則

$$\begin{aligned} a \bmod d &= a - hd \\ &= a - h(ia + jb) \\ &= (1 - hi)a + (-hj)b \end{aligned}$$

換句話說，$a \bmod d$ 也是 a 和 b 的整數線性組合。由模數運算子的定義可得，$a \bmod d < d$。但 d 是 a 和 b 之線性組合的最小正整數。所以我們必可得到 $a \bmod d = 0$ 的結論，意謂著 $d|a$。同理可得 $d|b$。所以 d 是 a 和 b 的因數，意謂著 $d \leq \gcd(a, b)$。 ■

如同我們將在第 10.1.3 節中所證明的，這個定理證明了 gcd 函數可以用來計算模數下的乘法反元素 (multiplicative modular inverse)。在下一小節中，我們將說明如何計算 gcd 函數。

10.1.2 歐幾里德的 GCD 演算法

要計算兩個數字的最大公因數，我們可以使用一種現知最古老的演算法，即歐幾里德演算法 (Euclid's algorithm)，即所謂輾轉相除法。此演算法根據以下的 $\gcd(a, b)$ 的性質爲基礎：

引理 10.4： 令 a 和 b 爲兩正整數。對任意整數 r，我們可得

$$\gcd(a, b) = \gcd(b, a - rb)$$

證明：

令 $d = \gcd(a, b)$ 且 $c = \gcd(b, a - rb)$。也就是說，d 是使 $d|a$ 及 $d|b$ 成立的最大整數，而 c 則是使 $c|b$ 及 $c|(a - rb)$ 成立的最大整數。我們想要證明 $d = c$。由 d 的定義，

$$(a - rb)/d = a/d - r(b/d)$$

的結果必然也是整數。所以 d 整除 b 及 $a - rb$；故 $d \leq c$。

由 c 的定義，因爲 $c|b$，$k = b/c$ 必然爲整數。而因爲 $c|(a - rb)$，

$$(a - rb)/c = a/c - rk$$

也必然是整數。所以 a/c 也必然是整數，即 $c \mid a$。故 c 整除 a 和 b；則 $c \leq d$。因此我們可得 $d = c$ 的結論。 ■

從引理 10.4，我們很容易想到一個用來計算二數之最大公因數 (GCD) 的古老演算法，即所謂的歐幾里德演算法，我們將此演算法表示在演算法

10.1 中。

```
Algorithm EuclidGCD(a,b):
  Input: Nonnegative integers a and b
  Output: gcd(a,b)
  if b = 0 then
    return a
  return EuclidGCD(b, a mod b)
```

演算法 **10.1**：歐幾里德的 **GCD** 演算法。

我們將歐幾里德演算法的執行範例列在表 10.2 中。

	1	2	3	4	5	6	7
a	412	260	152	108	44	20	4
b	260	152	108	44	20	4	0

表 **10.2**：計算 gcd(412, 260) = 4 的歐幾里德演算法執行範例。由左到右列出每次遞迴呼叫 EuclidGCD (412, 260)的引數 a 和 b 之值，每欄頂端的標題表示 EuclidGCD 的遞迴深度。

歐幾里德演算法的分析

EuclidGCD (a, b)所執行的算術運算次數和遞迴呼叫的次數成正比。所以要求歐幾里德演算法執行的算數運算次數上限，我們只需要算出遞迴呼叫的次數上限。首先，我們可觀察到，在第一次遞迴呼叫後，第一個引數永遠會比第二個引數大。對於 $i>0$，令 a_i 爲 EuclidGCD 第 i 次遞迴呼叫的第一個引數。很清楚的，遞迴呼叫的第二個引數等於 a_{i+1}，a_{i+1} 就是下次呼叫的第一個引數。此外，我們知道

$$a_{i+2} = a_i \bmod a_{i+1}$$

這意味著 a_i 是一個嚴格遞減數列。我們現在要來證明此數列會快速遞減。更具體的說，我們認定

$$a_{i+2} < \frac{1}{2} a_i$$

要證明此性質，我們分成兩種情形來討論：

第 1 種情形： $a_{i+1} \le \frac{1}{2} a_i$。因爲 a_i 爲嚴格遞增數列，我們可得

$$a_{i+2} < a_{i+1} \le \frac{1}{2} a_i$$

第 2 種情形： $a_{i+1} > \frac{1}{2}a_i$。在這個情形中，因爲 $a_{i+1} = a_i \bmod a_{i+1}$，我們可得

$$a_{i+2} = a_i \bmod a_{i+1} = a_i - a_{i+1} < \frac{1}{2}a_i$$

所以，EuclidGCD 第一個引數的大小，在每次其後遞迴呼叫時，都會減少一半。所以我們將以上分析統整如下。

定理 10.5： 令 a 和 b 爲二正整數。歐幾里德演算法會執行 $O(\log\ \max(a, b))$ 次算數運算，以計算 $\gcd(a, b)$。

留意此處的複雜度上限，是以計算算術運算的次數爲基礎。事實上，由於現今歐幾理德演算法是實作在數位計算機上，我們可以利用此點來改進這個上限的常數因數。

二進位歐幾里德演算法

二進位歐幾里德演算法 (Binary Euclid's Algorithm) 是一種歐幾里德演算法的變形。由於電腦中整數除以 2 的速度，比除以一般整數的速度要快，因爲除以 2 可以由處理器內建的**右移 (right-shift)** 指令完成。二進位歐幾里德演算法表示在演算法 10.3 中。它和原始的歐幾里德演算法一樣，在 $O(\log\ \max(a, b))$ 次算術運算內計算 a 和 b 的最大公因數，但擁有較小的常數因數。二進位歐幾里德演算法正確性的證明和逐步分析，我們留作習題 C-10.1。

10.1.3 模組式算術

令 Z_n 表示所有小於 n 的非負整數：

$$Z_n = \{0, 1, \cdots, (n-1)\}$$

集合 Z_n 也稱爲模數 n 的**餘數 (residues)** 集，因爲若 $b = a \bmod n$，b 有時候稱爲 a 模 n 的**餘數 (residue)**。在 Z_n 中的模組式算術，即是對 Z_n 中元素的運算加以 mod n，而其展現出許多和傳統算術運算類似的特性，如結合率、交換率、加和乘的分配律、以及加法單位元素 0 及乘法單位元素 1 的存在。此外，在任何算數運算式中，先對子運算式的結果取模數 n，或完成全部運算後再將結果取模數 n，兩者所得的值將會相同。然而，Z_n 中每個成員 x 都有一**加法反元素 (additive inverse)**，亦即對每個屬於 Z_n 的 x 而言，必存在一個 y 屬於 Z_n，使得 $x+y \bmod n = 0$。例如在取模數 11 時，5 的加

法反元素是 6。

Algorithm EuclidBinaryGCD(a,b):
  Input: Nonnegative integers a and b
  Output: $\gcd(a,b)$

```
if a = 0 then
  return b
else if b = 0 then
  return a
else if a is even and b is even then
  return 2 · EuclidBinaryGCD(a/2, b/2)
else if a is even and b is odd then
  return EuclidBinaryGCD(a/2, b)
else if a is odd and b is even then
  return EuclidBinaryGCD(a, b/2)
else
  {a is odd and b is odd}
  return EuclidBinaryGCD(|a − b|/2, b)
```

演算法 **10.3**：用來計算兩個非負整數其最大公因數的二進位歐幾里德演算法。

但涉及乘法反元數時，就有個重要的差異出現了。令 x 是 Z_n 的一個元素，x 的**乘法反元數 (multiplicative inverse)** 爲一個屬於 Z_n 的一個元素 x^{-1}，使得 $xx^{-1} \equiv 1 \bmod n$。例如在模數 9 之下，5 的乘法反元數是 2，亦即在 Z_9 中，$5^{-1} = 2$。如同標準算術，在 Z_n 中 0 沒有乘法反元數。有趣的是，Z_n 中也可能有非零的元素沒有乘法反元數。例如，在 Z_9 中 3 沒有乘法反元數。然而若 n 是質數，則 Z_n 中每個元素 $x \neq 0$ 都有一個屬於 Z_n 的乘法反元素 (1 是它自己的乘法反元素)。

定理 10.6： 在 Z_n 中，元素 $x > 0$ 有屬於 Z_n 之乘法反元素，若且唯若 $\gcd(x, n) = 1$ (亦即 $x = 1$ 或 x 不能整除 n)。

證明：

假定 $\gcd(x, n) = 1$。由定理 10.3 可知，會有整數 i 和 j，使得 $ix + jn = 1$。這意謂著 $ix \bmod n = 1$，也就是在 Z_n 中，$i \bmod n$ 是 x 的乘法反元素，這證明了定理當中「若」的部分。

要證明「唯若」的部分，爲了得到矛盾，我們假設 $x > 1$ 整除 n，並且會有一元素 y 使得 $xy \equiv 1 \bmod n$。我們知道對某個整數 k，$xy = kn + 1$ 成立。所以我們已經找到整數 $i = y$ 和 $j + -k$，使得 $ix + jn = 1$。由定理 10.3，這意謂 $\gcd(x, n) = 1$，與假設矛盾。 ■

若 $\gcd(x, n) = 1$，我們說 x 與 n **互質 (relatively prime)** (1 與所有其他數互質)。所以定理 10.6 意謂在 Z_n 當中 x 有乘法反元素若且唯若 x 和 n 互質。定理 10.6 也意謂序列 $0, x, 2x, 3x, ..., (n-1)x$ 只是 Z_n 的簡單重新排列，意即它是 Z_n 的成員排列，如以下推論。

推論 10.7： 若 $x > 0$ 爲 Z_n 之元素且 $\gcd(x, n) = 1$，則

$$Z_n = \{ix : i = 0, 1, ..., n-1\}$$

證明：

見習題 R-10.7。■

在表 10.4 中，我們列出 Z_{11} 所有成員的乘法反元素。若 Z_n 中存在 x 的乘法反元素 x^{-1}， y/x 在模數 n 的運算式中代表的意思是「$yx^{-1} \bmod n$」。

x	0	1	2	3	4	5	6	7	8	9	10
$x^{-1} \bmod 11$		1	6	4	3	9	2	8	7	5	10

表 **10.4**：Z_{11} 中所有元素的乘法反元素。

費馬小定理

我們現在有足夠的手段來探討我們的第一個主要定理，稱爲**費馬小定理 (Fermat's Little Theorem)**。

定理 10.8： 令 p 爲一質數，並且令 x 爲一整數使 $x \bmod p \neq 0$。則

$$x^{p-1} \equiv 1 \bmod p$$

證明：

我們只需證明 $0 < x < p$ 時的結果，因爲

$$x^{p-1} \bmod p = (x \bmod p)^{p-1} \bmod p$$

在模數 p 之下，我們可以對「x^{p-1}」簡化每個子運算式「x」。

由推論 10.7 可知，我們知道對 $0 < x < p$，集合 $\{1, 2, ..., p-1\}$ 與集合 $\{x \cdot 1, x \cdot 2, ..., x \cdot (p-1)\}$ 包含完全相同的成員。所以當我們乘上集合中所有的成員，我們會得到同樣的值，也就是說，我們會得到

$$1 \cdot 2 \cdots (p-1) = (p-1)!$$

換句話說，

$$(x \cdot 1) \cdot (x \cdot 2) \cdots (x \cdot (p-1)) \equiv (p-1)! \qquad (\bmod\ p)$$

提出 x 項，我們會得到

$$x^{p-1}(p-1)! \equiv (p-1)! \pmod{p}$$

因爲 p 是質數，每個 Z_p 的非零成員都有乘法反元素，所以我們可以把兩邊都消去 $(p-1)!$ 這項，則產生 $x^{p-1} \equiv 1 \bmod p$，故得證。 ■

表 10.5 列出 Z_{11} 非零元素的指數。我們觀察到下列有趣的規則：

- 在表格的最後一欄，對於 $x = 1$、⋯、10，$x^{10} \bmod 11$ 的值全部是 1，如費馬小定理所證明。
- 第 1 列中，(1)形成的子數列，會重複十次。
- 第 10 列中，包含兩個元素，以 1 結尾的子數列，會重複五次，因爲 $10^2 \bmod 11 = 1$。
- 第 3、4、5 和第 9 列中，包含五個元素，以 1 結尾的子序列，會重複兩次。
- 第 2、6、7 和第 8 列中，所有的元素都不同。
- 表格列中數列的長度，及它們重複的次數，都是 10 的因數，即 1、2、5 和 10。

x	x^2	x^3	x^4	x^5	x^6	x^7	x^8	x^9	x^{10}
1	1	1	1	1	1	1	1	1	1
2	4	8	5	10	9	7	3	6	1
3	9	5	4	1	3	9	5	4	1
4	5	9	3	1	4	5	9	3	1
5	3	4	9	1	5	3	4	9	1
6	3	7	9	10	5	8	4	2	1
7	5	2	3	10	4	6	9	8	1
8	9	6	4	10	3	2	5	7	1
9	4	3	5	1	9	4	3	5	1
10	1	10	1	10	1	10	1	10	1

表 **10.5**：在模數 11 下 Z_{11} 中所有元素的連乘積。

尤拉定理 (Euler's Theorem)

一正整數 n 的尤拉商數 (Euler's totient function) 記作 $\phi(n)$，其定義爲小於或等於 n 並與 n 互質的正整數個數，意即 $\phi(n)$ 等於 Z_n 中有乘法反元素的元素個數。若 p 是質數，則 $\phi(p) = p - 1$。因爲 p 是質數，1、2、⋯、$p - 1$ 每個數都和 p 互質，因此 $\phi(p) = p - 1$。

如果 n 不是質數呢？假定 $n = pq$，p 和 q 爲質數，則和 n 互質的數有多少個？一開始，我們可以觀察到在 1 和 n 之間有 pq 個正整數。但其中有 q 個是 p 的倍數 (包含 n)，這些數和 n 有最大公因數 p。同樣的，也有 p 個 q 的倍數 (也包含 n)。這些倍數不能算進 $\phi(n)$ 當中。所以我們可知

$$\phi(n) = pq - q - (p-1) = (p-1)(q-1)$$

尤拉商數和 Z_n 的某個重要子集合關係密切，即所謂 Z_n 的**乘法群 (multiplicative group)**，我們將它表示為 Z_n^*。集合 Z_n^* 的定義為和 n 互質，並且介於 1 到 n 之間的整數。若 n 是質數，則 Z_n^* 由 Z_n 的 $n-1$ 個非零元素構成，意即若 n 是質數，則 $Z_n^* = \{1, 2, ..., n-1\}$。一般來說，$Z_n^*$ 包含 $\phi(n)$ 個元素。

集合 Z_n^* 呈現出幾個有趣的性質，其中一個最重要的就是取模數 n 後，此集合的乘法具有封閉性。也就是對任意一對 Z_n^* 的元素 a 和 b，我們可知 $c = ab \bmod n$ 也屬於 Z_n^*。的確，由定理 10.6 可知，a 和 b 在 Z_n 當中有乘法反元素存在。為驗證 Z_n^* 具有此封閉性，我們令 $d = a^{-1}b^{-1} \bmod n$。很清楚的，$cd \bmod n = 1$，這意謂 d 是 c 在 Z_n 當中的乘法反元素。所以再使用定理 10.6，我們可知 c 和 n 互質，也就是 c 屬於 Z_n^*。在代數的術語中，我們將 Z_n^* 稱做一個**群 (group)**，這是一種簡便的說法，用來表示在 Z_n^* 中，每個元素都有乘法反元素，乘法具有結合律，存在單位元素，並且有封閉性等。

Z_n^* 有 $\phi(n)$ 個元素，並且是乘法群，這兩件事實很自然地引領我們到費馬小定理的延伸。想想，在費馬小定理當中，因為 p 是質數，則指數 $p-1 = \phi(p)$。事實證明某個費馬小定理的一般形式也是正確的。這個一般式如下，即著名的**尤拉定理 (Euler's Theorem)**。

定理 10.9： 令 n 為一正整數，且令 x 為一整數使得 $\gcd(x, n) = 1$。則

$$x^{\phi(n)} \equiv 1 \pmod{n}$$

證明：

這個定理的證明技巧與費馬小定理類似。將 Z_n^* 的元素，也就是 Z_n 乘法群的元素表示成

$$u_1、u_2、\cdots、u_{\phi(n)}$$

從 Z_n^* 的封閉性以及推論 10.7 可得，

$$Z_n^* = \{xu_i : i = 1、\cdots、\phi(n)\}$$

亦即將 Z_n^* 的元素在模數 n 之下乘以 x，僅會變更數列 $u_1、u_2、\cdots、u_{\phi(n)}$ 的次序。所以將所有 Z_n^* 的元素相乘，我們得到

$$(xu_1)\cdot(xu_2)\cdots(xu_{\phi(n)}) \equiv u_1\, u_2 \cdots u_{\phi(n)} \pmod{n}$$

再一次，我們將 $x^{\phi(n)}$ 項提到同一邊，讓我們得到同餘

$$x(u_1\ u_2 \cdots u_{\phi(n)}) \equiv u_1\ u_2 \cdots u_{\phi(n)} \qquad (\text{mod}\ \ n)$$

除以所有 u_i 的乘積，我們得到 $x^{\phi(n)} \equiv 1 \text{ mod } n$。 ■

定理 10.9 給我們一個乘法反元素的封閉型式。也就是若 x 和 n 互質，我們可以將乘法反元素寫成

$$x^{-1} \equiv x^{\phi(n)-1} \qquad (\text{mod}\ \ n)$$

生成元

給定一個質數 p 以及一個在 1 到 $p-1$ 之間的整數，則 a 的**階 (order)** 為一最小指數 $e>1$ 使得

$$a^e \equiv 1 \text{ mod } q$$

Z_p 的**生成元** [**generator**，亦稱為**原根 (primitive root)**] 是 Z_p 中 $p-1$ 階的一個元素 g。我們使用「生成元」這個詞來表示這種元素 a，因為 a 一個個相乘就可以生成所有 Z_p^* 的元素。例如，在表 10.5 中，Z_{11} 的生成元是 2、6、7 和 8。在許多計算裡，生成元扮演要角，包含第 10.4 節中討論的快速富立葉轉換演算法。生成元的存在可由下列定理得到，我們不加以證明。

定理 10.10： 若 p 是質數，則集合 Z_p 有 $\phi(p-1)$ 個生成元。

10.1.4 模數取冪

我們首先討論取冪的問題。主要的課題是找出和明顯的暴力法不同的方法。但是在我們描述有效率的演算法之前，讓我們複習一個單純的演算法，它其中已包含了某個重要的技巧。

暴力的取冪運算

任何取冪演算法都有同一個重要考量，就是保持中間結果值不能太大。假如我們要計算 $30\ 192^{43\ 791}$ mod 65 301。若先將 30 192 自己相乘 43 791 次，然後將結果取模數 65 301，大部分的程式語言將會因為算數溢位，而得出不可預料的答案。所以我們必須在每次迴圈都取模數，如演算法 10.6 所示。

```
Algorithm NaiveExponentiation(a, p, n):
   Input: Integers a, p, and n
   Output: r = a^p mod n
  r ← 1
  for i ← 1 to p do
     r ← (r · a) mod n
  return r
```

演算法 **10.6**：一個模數取冪運算的暴力法。

這個「直覺」的取冪演算法是正確的，但不是很有效率，它花了 $\Theta(p)$ 個迴圈來計算模數下數字的 p 次方。在指數很大的情況下，執行時間會很緩慢，很幸運的是，我們有更好的方法。

重複平方演算法

對於改良取冪演算法，有個簡單卻重要的觀察，把 a^p 平方與把其指數 p 乘二的結果相同。又，計算兩數 a^p 與 a^q 的乘積，和計算 $a^{(p+q)}$ 結果也相同。所以，讓我們將指數 p 寫成二進位數 $p_{b-1}...p_0$，意即

$$p = p_{b-1}2^{b-1} + \cdots + p_0 2^0$$

當然，每個 p_i 不是 1 就是 0。透過以上的觀察，我們可以藉由 Horner's rule 的變形來估算上述指數 p 的二進位展開式，以計算 $a^p \bmod n$ 的值。更具體的說，將 q_i 定義爲一個二進位表示式由 p 最左邊的 i 位元給定的數字，也就是說，q_i 的二進位可表示成 $p_{b-1}\cdots p_{b-i}$。很清楚地，我們可得 $p = q_b$。注意 $q_1 = p_{b-1}$，且我們可以用遞迴的方式定義 q_i 如

$$q_i = 2q^{i-1} + p_{b-i} \qquad 當 \qquad 1 < i \le b$$

如此一來，我們就可以用遞迴計算來求 $a^p \bmod n$ 的值，這稱爲**重複平方 (repeated squaring)** 法，如演算法 10.7 所示。

這個演算法的主要概念在於，將指數 p 一直除以二，直到 p 變成零爲止，以檢查 p 的每個位元，每看一個位元，就將目前的乘積 Q_i 平方一次。又，如果目前的位元是 1 (即，p 是奇數)，則我們還要再乘上底數 a。爲了瞭解此演算法爲何有用，對 $i = 1$、⋯、b，我們定義

$$Q_i = a^{q_i} \bmod n$$

從 q_i 的遞迴定義，我們得到以下 Q_i 的定義：

$$Q_i = (Q^2 \bmod n)\, a^{Pb-i} \bmod n \qquad 當 \qquad 1 < i \le b$$
$$Q_1 = a^{Pb-1} \bmod n \tag{10.1}$$

我們可以非常容易的証明 $Q_b = a^p \bmod n$。

```
Algorithm FastExponentiation(a,p,n):
  Input: Integers a, p, and n
  Output: r = a^p mod n
 if p = 0 then
   return 1
 if p is even then
   t ← FastExponentiation(a,p/2,n) { p is even, so t = a^{p/2} mod n }
   return t^2 mod n
 t ← FastExponentiation(a,(p−1)/2,n) { p is odd, so t = a^{(p−1)/2} mod n }
 return a(t^2 mod n) mod n
```

演算法 **10.7**：演算法 FastExponentiation 使用重複平方法進行模數取冪。注意在 FastExponentiation 中，因為模數運算是應用在算術運算之後，所以每次乘法和模運算的大小都不會超過 $2\lceil \log_2 n \rceil$位元。

p	12	6	3	1	0
r	1	12	8	2	1

表 **10.8**：重複平方演算法對模數取冪的執行實例。我們列出每次遞迴呼叫 FastExponentiation (2, 12, 13)的第二個引數p，和其輸出值$r = 2^p \bmod 13$。

我們在表 10.8 中展示重複平方演算法如何執行模數取冪運算。

重複平方演算法的執行時間相當容易分析。參考演算法 10.7，除了遞迴呼叫外，此演算法執行常數次的算術運算。並且，在每次遞迴呼叫當中，指數p會減半。因此，遞迴呼叫的次數和算術運算的個數是$O(\log p)$。因此我們可以整理出下列定理。

定理 10.11： 令a，p和n都是正整數，且$a<n$。重複平方演算法使用$O(\log p)$個算術運算以計算$a^p \bmod n$。

10.1.5 模數乘法反元素

我們現在來探討在Z_n中求取乘法反元素的問題。首先，我們回憶定理 10.6，一個Z_n的非負元素x擁有乘法反元素若且爲若 $\gcd(x,n) = 1$。定理 10.6 的證明事實上已提示我們如何計算$x^{-1} \bmod n$。也就是說，我們可以利用定理 10.3 找到整數i和j，使得

$$ix + jn = \gcd(x,n) = 1$$

如果我們可以找到這樣的整數i和j，我們即得到

$$i \equiv x^{-1} \bmod n$$

參考定理 10.3，我們可以利用歐幾理德演算法的變形來計算整數 i 和 j，此變形稱做**廣義歐幾理德演算法 (Extended Euclid's Algorithm)**。

廣義歐幾理德演算法

令 a 和 b 爲正整數，d 爲其最大公因數，即

$$d = \gcd(a, b)$$

令 $q = a \bmod b$ 且 r 爲一整數使 $a = rb + q$， 即，

$$q = a - rb$$

歐幾理德演算法以重複利用此計算式

$$d = \gcd(a, b) = \gcd(b, q)$$

爲基礎，此運算式可從引理 10.4 立即推得。

假設對此演算法的遞迴呼叫，會傳入引數 b 和 q，並且傳回整數 k 和 1，使得

$$d = kb + lq$$

回憶 r 的定義，我們得到

$$d = kb + lq = kb + l(a - rb) = la + (k - lr)b$$

因此，我們得到

$$d = ia + jb \qquad \text{其中 } i = l \quad \text{且} \quad j = k - lr$$

最後的這個方程式提示我們一個計算整數 i 和 j 的方法，即著名的廣義歐幾理德演算法，如演算法 10.9 所示。我們在表 10.10 顯示這個演算法的執行實例。其分析與歐幾理德演算法相類。

定理 10.12： 令 a 和 b 爲兩正整數。廣義歐幾里德演算法計算整數組 (d, i, j)，使得

$$d = \gcd(a, b) = ia + jb$$

共需執行 $O(\log \max(a, b))$ 次算術運算。

推論 10.13： 令 x 爲 Z_n 的元素且 $\gcd(x, n) = 1$。我們可以使用 $O(\log n)$ 次算術運算來計算 Z_n 中 x 的乘法反元素。

```
Algorithm ExtendedEuclidGCD(a,b):
  Input: Nonnegative integers a and b
  Output: Triplet of integers (d,i,j) such that d = gcd(a,b) = ia + jb
 if b = 0 then
   return (a,1,0)
 q ← a mod b
 Let r be the integer such that a = rb + q
 (d,k,l) ← ExtendedEuclidGCD(b,q)
 return (d,l,k − lr)
```

演算法 **10.9**：廣義歐幾里德演算法。

a	412	260	152	108	44	20	4
b	260	152	108	44	20	4	0
r	1	1	1	2	2	5	
i	12	-7	5	-2	1	0	1
j	-19	12	-7	5	-2	1	0

表 **10.10**：ExtendedEuclidGCD (a, b)的執行過程，對 $a = 412$ 及 $b = 260$ 計算 (d, i, j) ，使得 $d = \gcd(a, b) = ia + jb$。我們列出每次遞迴呼叫的引數 a 和 b，變數 r 以及輸出值 i 和 j。輸出值 d 永遠是 $\gcd(412, 260) = 4$。

10.1.6 質數判斷

質數在數字相關計算中扮演很重要的角色，這些計算包含加密等。但是我們該如何判斷 n 是否爲質數？尤其當 n 的值很大時。

當 n 很大時，檢驗 n 所有可能的因數，在計算上是行不通的。不過，費馬小定理 (定理 10.8) 似乎能提供我們有效率的解答。或許我們可以利用下式

$$a^{p-1} \equiv 1 \bmod p$$

來建立對 p 的測試。意即我們可以取一數 a，將其做 $p-1$ 次方，如果得到的結果**不是 (not)** 1，則數 p 絕對不是質數。反之若結果是 1，p 卻有機會不是質數。如果重複用不同的 a 測試，是否就能證明 p 是質數？不幸地，答案是否定的。有一種數叫**卡麥喀爾數 (Carmichael numbers)**，其特性是對

所有的 $1 \leq a \leq n-1$，$a^{n-1} \equiv 1 \bmod n$，但是 n 仍是複合數。這種數字的存在破壞了這個簡單的測試方法。舉例來說，561 及 1105 都是卡麥喀爾數。

質數判斷的一個模版

雖然上述「機率性的」測試方法不可行，但藉著費馬小定理較複雜的使用，卻有一些相關的可行辦法。這些對於質數可行的測試方法是基於以下的一般性方法。令 n 爲一我們進行質數判斷的奇數，並令 witness(x, n)爲一隨機變數 x 和 n 的布林方程式，並擁有以下特性：

1. 若 n 爲質數，則 witness(x, n)永遠爲僞。因此，如果 witness(x, n)爲眞，則 n 顯然是複合數。
2. 若 n 爲複合數，則 witness(x, n)爲僞的機率 $q < 1$。

函數 witness 爲一錯誤機率爲 q 的**複合證明函數 (compositeness witness functoin)**，q 爲 witness 錯認複合數爲質數的機率上限。透過獨立隨機參數 x 反覆計算 witness(x, n)，我們可以用任意小的錯誤率判斷 n 是否爲質數。當 n 是複合數時，對於 k 個獨立隨機參數 x，witness(x, n)會錯誤地傳回「僞」的機率是 q^k。根據此觀察，演算法 10.11 展示了一個通用的隨機質數判斷演算法。這個演算法我們使用一種稱爲範本方法樣式 (template method pattern) 的設計技巧 (design technique) 來描述，即假設我們有一個複合證明函數 witness 滿足以上兩個情況，要將這個範本轉變成一個完整的演算法，我們只需要描述出如何選擇任意數 x 和計算複合證明函數 witness(x, n)的細節便可以了。

Algorithm RandomizedPrimalityTesting(n, k):
  Input: Odd integer $n \geq 2$ and confidence parameter k
  Output: An indication of whether n is composite (which is always correct) or prime (which is incorrect with error probability 2^{-k})

```
{This method assumes we have a compositeness witness function witness(x,n)
with error probability q < 1.}
t ← ⌈k/log2(1/q)⌉
for i ← 1 to t do
  x ← random()
  if witness(x,n) then
    return "composite"
return "prime"
```

演算法 10.11：隨機質數判斷演算法的模版，以複合證明函數 witness(x, n)為基礎。我們假定附屬方法 random()會從隨機變數 x 的定義域隨機取值。

若RandomizedPrimalityTesting$(n, k,$ witness)傳回「複合數」，我們知道n的確是複合數，但若傳回「質數」，則n是複合數的機率不會超過2^{-k}。假設n是合成數但 RandomizedPrimalityTesting$(n, k,$ witness) 卻傳回「質數」，我們知道witness(x, n)對t個x的隨機數都計算出眞值，這個事件的機率是q^t。從信心參數k、迴圈次數t以及證明函數的錯誤機率q之間的關係，我們可得$q^t \le 2^{-k}$。模版方法 RandomizedPrimalityTesting 的第二個引數k是一個信心參數。

Solovay-Strassen 質數判斷演算法

用來判斷質數的 **Solovay-Strassen 演算法**是模版方法 RandomizedPrimalityTesting 的特殊形式。這個演算法使用的複合證明函數，是以下面這個數論事實爲基礎。

令p是一個奇質數。若Z_p的元素$a>0$是Z_p的某個元素x的平方，我們就稱元素a是二次餘數，亦即

$$a \equiv x^2 \pmod{p}$$

對於$a \ge 0$**雷建德符號 (Legendre symbol)** $\left(\frac{a}{p}\right)$的定義爲：

$$\left(\frac{a}{b}\right) = \begin{cases} 1 & \text{若 } a \bmod p \text{ 爲二次餘數} \\ 0 & \text{若 } a \bmod p = 0 \\ -1 & \text{其他} \end{cases}$$

雷建德符號的表示法不要和除法運算混淆。我們可以證明出 (參見習題 C-10.2)

$$\left(\frac{a}{p}\right) \equiv a^{\frac{p-1}{2}} \pmod{p}$$

我們去除p是質數的限制，來擴大雷建德符號的使用範圍。令正奇數n可以分解成以下的質數乘積

$$n = p_1^{e_1} \cdots p_k^{e_k}$$

對於$a \ge 0$，**賈克比符號 (Jacobi symbol)**，

$$\left(\frac{a}{n}\right)$$

可由以下方程式來定義：

$$\left(\frac{a}{n}\right) = \prod_{i=1}^{k} \left(\frac{a}{p_i}\right)^{e_i} = \left(\frac{a}{p_1}\right)^{e_1} \cdot \left(\frac{a}{p_1}\right)^{e_1} \cdots \left(\frac{a}{p_k}\right)^{e_k}$$

如同雷建德符號，賈克比符號等於 0、1 或 −1。我們在演算法 10.12 中展示計算雷建德符號的遞迴方法。有關其正確性的證明我們將之省略 (請參考習題 C-10.5)。

```
Algorithm Jacobi(a,b):
  Input: Integers a and b
  Output: The value of the Jacobi symbol (a/b)

 if a = 0 then
   return 0
 else if a = 1 then
   return 1
 else if a mod 2 = 0 then
   if (b^2 − 1)/8 mod 2 = 0 then
     return Jacobi(a/2,b)
   else
     return −Jacobi(a/2,b)
 else if (a − 1)(b − 1)/4 mod 2 = 0 then
   return Jacobi(b mod a,a)
 else
   return −Jacobi(b mod a,a)
```

演算法 **10.12**：雷建德符號的遞迴計算。

若 n 是質數，則雷建德符號 $\left(\frac{a}{n}\right)$ 和雷建德符號相同。所以，對任意 Z_n 中的成員 a，當 n 是質數時，我們可以獲得

$$\left(\frac{a}{n}\right) \equiv a^{\frac{n-1}{2}} \pmod{n} \tag{10.2}$$

若 n 是複合數，還是可能有 a 使得方程式 10.2 仍然成立。所以若滿足方程式 10.2，則我們說 n 是以 a 爲底的**尤拉僞質數 (Euler pseudo-prime)**。下列這個未提供證明的引理提出一個尤拉僞質數的性質，讓我們可以用來產生複合證明函數。

引理 10.14： 令 n 爲複合數。則 Z_n 中最多只有 $(n-1)/2$ 個正數 a 使得 n 是 a 爲底的尤拉僞質數。

Solovay-Strassen 質數判斷演算法使用以下的複合證明函數：

$$\text{witness}(x,n) = \begin{cases} \textit{false} & \text{若 } n \text{ 是以 } x \text{ 爲底的尤拉僞質數} \\ \textit{true} & \text{其他} \end{cases}$$

其中 x 是 $1 < x \le n-1$ 的隨機整數。由引理 10.14 可知，這個函數的錯誤機率 $q \le 1/2$。Solovay-Strassen 質數判斷演算法可以表示成模版方法 RandomizedPrimalityTesting (演算法 10.11) 的特殊型式，這個方法重新定義了如演算法 10.13 所示的輔助方法，witness(x,n)和 random()。

```
Algorithm witness(x,n):
  return (Jacobi(x,n) mod n) ≠ FastExponentiation (x, (n−1)/2, n)

Algorithm random():
  return a random integer between 1 and n − 1
```

演算法 **10.13**：Solovay-Strassen 演算法，由指定演算法 RandomizedPrimalityTesting (演算法 10.11) 的輔助方法而得。

分析 Solovay-Strassen 演算法的執行時間很簡單。因爲複合證明函數的錯誤機率不會大於 1/2，我們可以令 $q = 2$，這意味著我們需要的迴圈次數會等於信心參數 k。在每次迴圈中，計算 witness(x, n)需要 $O(\log n)$ 次算數運算 (參考定理 10.11 和習題 C-10.5)。我們做出以下結論。

定理 10.15： 給定一正奇數 n 以及一信心參數 $k>0$，Solovay-Strassen 演算法藉著執行 $O(k \log n)$ 次算數運算，在錯誤機率 2^{-k} 下，判斷 n 是否爲質數。

Rabin-Millerr 質數判斷演算法

我們現在描述用來判斷質數的 Rabin-Miller 演算法。它是建立在費馬小定理 (定理 10.8) 及以下的引理之上。

引理 10.16： 令 $p>2$ 爲一質數。若 x 是 Z_p 的元素且

$$x^2 \equiv 1 \pmod{p}$$

則

$$x \equiv 1 \pmod{p}$$

或

$$x \equiv -1 \pmod{p}$$

其一成立。

Z_n 中，單位元素之**非顯然平方根 (nontrivial square root of the unity)** x 的定義爲，x 是一整數且 $1<x<n-1$，並使得

$$x^2 \equiv 1 \pmod{p}$$

引理 10.16 指出若 n 是質數，則 Z_n 中的單位元素沒有非顯然平方根。

對奇數 n，令 $n-1$ 的二進位表示法爲

$$r_{b-1}r_{b-2}\cdots r_1r_0$$

我們定義 s_i 爲一個數字，其二進位表示是由 $n-1$ 的最左邊 i 個位元來給定，也就是 s_i 的二進位可以寫成

$$r_{b-1} \cdots r_{b-i}$$

給一整數 x，定義 Z_n 的元素 X_i 爲

$$X_i \equiv x^{s_i} \bmod n$$

Rabin-Miller 演算法定義它的複合證明函數 (即 witness(x, n))，其值爲眞若且唯若 $x^{n-1} \bmod n \neq 1$。某個 $1 < i < b-1$ 會使得 X_i 爲一單位元素的非顯然平方根。計算這個函數比看起來要來得容易。實際上，若我們使用重複平方演算法 (演算法 10.7) 來計算 $x^{n-1} \bmod n$，整數 X_i 只是該計算產生的副產品 (參考習題 C-10.6)。以下的引理提供錯誤機率，我們只敘述而不加以證明。

引理 10.17： 令 n 爲一複合數。Z_n 中最多有 $(n-1)/4$ 個正數 x 會使得 Rabin-Miller 複合證明函數 witness(x, n) 傳回眞值。

我們得到以下的結論。

定理 10.18： 給定一正奇數 n 及信心參數 $k > 0$，Rabin-Miller 演算法藉著執行 $O(k \log n)$ 次算數運算來判斷 n 是否爲質數，其錯誤機率是 2^{-k}。

Rabin-Miller 演算法被廣泛應用在各種質數判斷的實作上。

找尋質數

質數判斷演算法可以用來在一個給定的範圍內，或事先設定好的位元數上，選出隨機質數。從數論中我們可有以下的結果，但我們不會加以證明。

定理 10.19： 小於或等於 n 的質數個數 $\pi(n)$ 有 $\Theta(n/\ln n)$ 個。實際上，若 $n \geq 17$，則 $n/\ln n < \pi(n) < 1.26n/\ln n$。

以上的定理中，$\ln n$ 是 n 的自然對數，也就是 n 取以 e 爲底的對數，其中 e 是尤拉常數，爲一超越數，其前幾位數爲 2.71828182845904523536⋯。

由定理 10.19 可推論一隨機整數 n 是質數的機率是 $1/\ln n$。也就是說，如果要找一個 b 位元的質數，我們可以產生 b 位元的奇數並測試它們是否爲質數，直到找到質數爲止。

定理 10.20： 給定整數 b 及信心參數 k，我們能執行 $O(kb)$ 次算術運算，以找出一個 b 位元的隨機質數，錯誤機率爲 2^{-k}。

10.2 密碼計算

網際網路的活動越來越多，例如通信 (電子郵件)、購物 (網路商店) 以及帳務流通 (線上銀行)，都是用電子的方式來執行。然而網際網路本身是不安全的通信網路：在網際網路上傳遞的資料會通過一些稱做路由器 (router) 的特定電腦，資料有可能在路由器上被竊取或竄改。

人們開發出各式各樣的密碼技術，以便在不安全的網路，譬如網際網路上，支援安全通信。特別地，密碼學的研究已發展出以下有用的密碼計算：

- **加密/解密：**將被傳遞的信息 M 稱做**明文 (plaintext)**，明文在傳送至網際網路前，會被轉換成無法辨識的字元串列 C，稱做**密文 (ciphertext)**，這種轉換方式就是所謂的**加密 (encryption)**。在接收到密文 C 之後，可使用反向的轉換方法將密文轉換回明文 M (需要使用額外的機密資訊)。這種反向的轉換稱做**解密 (decryption)**。加密的基本要素是，外人沒法透過運算將 C 轉換回 M (在不知道接收者所擁有的機密資訊下)。
- **數位簽章：**訊息 M 的作者藉由 M 以及僅有作者知道的秘密信息，計算出一個新信息 S。如果其他人可以輕易檢查出僅有 M 的作者可以在合理的時間之內算出 S，則信息 S 爲一**數位簽章 (digital signature)**。

在資訊安全服務中使用密碼計算

加密和數位簽章的計算有時候會和其他的密碼計算相結合，其中一些稍後會在本章中加以討論。但上述的技巧已然足以支援在這章介紹中討論到的資訊安全服務：

- **資料完整性：**計算信息 M 的數位簽章不只可以幫助我們判斷 M 的作者，它也會檢查 M 的完整性，因爲更改 M 便會產生不同的簽章。所以，如果想執行資料完整性檢查，我們可以檢查 S 是否確實是信息 M 的數位簽章。
- **認證：**有兩種可能的方式使用以上的密碼工具來進行認證。在密碼認證的情形下，使用者會在客戶端輸入使用者帳號及密碼，這個組合會立即被加密並傳送到認證者。如果加密後的使用者帳號和密碼組合符合使用者資料庫之記錄，使用者便會通過認證 (資料庫不會使用明文來儲存密碼)。另一方面，認證者可以對使用者發出一段隨機的信息

M當作口令，使用者必須立刻對口令加上數位簽章以通過認證。

- **授權**：給定一種認證方式，我們可以藉由維護一份清單來發布授權，這份清單稱爲**存取控制清單 (access control list)**。存取控制清單會連結到只能被授權人士存取的敏感資料或計算上。另一方面，擁有存取敏感資料或計算權利的人，可以對信息C做數位簽章，來允許某個使用者執行某些動作。例如，信息可能有以下型式，「我是U.S.公司副總裁給予x存取本公司第四季營收資料的權力。」
- **隱密性**：機密資訊可以透過加密使未經授權的人無法得悉該資訊。
- **不可抵賴性**：若我們建立了談判合約M，並將該信息做數位簽章，則我們便有方法證明對方已經看見信息M並同意該信息的內容。

這一節將會對密碼計算做一個介紹。我們使用常見的人名如 Alice、Bob 和 Eve 等來表示參與密碼協定的某一方。我們主要的學習目標在公鑰加密技術上，這個技術以前一節介紹過的數論性質及演算法爲基礎。不過，在我們介紹公鑰加密技術的概念之前，我們簡要地談談另一種加密方法。

10.2.1 對稱式加密方案

誠如我們之前所言，密碼學的根本問題是機密性，也就是 Alice 傳遞信息給 Bob，第三者 Eve 不能從攔截到的信息得到任何資訊。此外，我們可以由**加密方案 (encryption schemes)** 或**秘密編碼 (cipher)** 來得到機密性，在此方案下，當稱爲明文的M在傳送到網路之前，會被加密爲無法辨認的字元字串C，稱爲密文。在收到密文C之後，它會被解密，轉換成爲明文M。

祕密金鑰

要描述加密方案的細節，我們必須解釋所有從明文M加密成密文C的步驟，以及如何把密文解密回明文M。更重要的是，要使Eve不能從C來得到M，其中必然有些機密資訊是 Eve 不可以知道的。

在傳統的加密方法中，會有**祕密金鑰 (secret keys)** k讓 Alice 和 Bob 共同持有，並且可以用來加密或解密該信息。這種計策也稱爲**對稱加密 (symmetric encryption)** 計策，因爲k同時用來加密和解密，且 Alice 和 Bob 共有相同的資訊。

代換式密碼

對稱式密碼的最經典的例子是**代換密碼 (Substitution Ciphers)**，它的祕密金鑰是一個字母集中所有的字元的一種**置換 (permutation)** π 方式。將明文 M 加密成密文 C 的方法，就是將每一個 M 的字元 x 代換成字元 $y = \pi(x)$。如果我們知道代換函數 π 為何，也可以很輕易地進行解密。實際上，M 可以經由將 C 的每一個字元 y 代換成字元 $x = \pi^{-1}(y)$ 而得到。**凱撒加密法 (Caecar Cipher)** 就是一個早期的代換密碼的例子，其中每個字元 x 會被代換成字元

$$y = x + k \bmod n$$

其中 n 是字母集的大小，而 $1 < k < n$ 則是祕密金鑰。這個代換策略就是所謂的「凱撒編碼法」，我們知道 Julius Caesar 曾經使用過 $k = 3$ 的代換密碼。

代換密碼很容易使用，但並不安全。實際上，使用**頻率分析 (frequency analysis)** 就可以很容易判斷出祕密金鑰，也就是以字元或一群連續字元，在該文本中出現的頻率爲基礎就可推得。

一次填充法

安全的對稱性加密是存在的。實際上，已知最安全的加密方法就是對稱式加密法。也就是**一次填充法 (One-Time Pad)**。在這個密碼系統。Alice 和 Bob 共享一個和他們想要傳送的信息一樣大小的隨機位元字串 K。字串 K 是對稱鑰，用來從 M 來計算密文 C。Alice 計算

$$C = M \oplus K$$

其中「$\oplus$」表示位元互斥或 (bitwise exclusive) 運算。她可以使用任何可信賴的通信頻道來傳送 C 給 Bob，即使 Eve 可以截聽到，因爲密文 C 是從隨機字串產生，是難以辨別的。但 Bob 能很容易的經由計算 $C \oplus K$ 來解密資訊 C，因爲

$$\begin{aligned} C \oplus K &= (M \oplus K) \oplus K \\ &= M \oplus (K \oplus K) \\ &= M \oplus 0 \\ &= M \end{aligned}$$

其中 0 表示和 M 長度相同且所有位元都是 0 字串。這個策略很清楚的是對稱式加密系統，因爲鍵值 K 同時用來加密和解密。

一次填充法在計算上是很有效率的，位元互斥或是電腦執行起來最快

的運算之一。並且如前所述，一次填充法有難以置信的安全性。然而一次性密碼仍然沒有被廣泛使用。主要的問題是 Alice 和 Bob 必須共同擁有非常大的祕密金鑰。並且，一次填充法的安全性之關鍵在於祕密金鑰 K 只能使用一次。若 K 被重複使用，就會有幾種簡單的加密分析可以破解這個系統。在實際的加密系統中，我們偏好能重複使用，長度小於加解密資訊的祕密金鑰。

其他的對稱式加密法

安全又有效率的對稱式加密法確實存在。我們使用頭字語或其他花俏的名稱來稱呼他們，像是「3DES」、「IDEA」、「Blowfish」以及「Rijndael」(讀作 「Rhine-doll」)，它們對明文各位元執行一系列複雜的交換及置換。雖然這些系統對許多應用來說很重要，但從演算法的角度來說它們並不特別有趣；因此，它們超出本書的範圍。它們的執行時間和待加解密的信息長度成正比。所以，即使我們提到這些演算法 的存在而且快速，但是在本書中我們不會詳細討論這些有效率的對稱性加密法。

10.2.2 公開金鑰密碼系統

對稱式加密法主要的問題是**鑰匙交換 (key transfer)**，或是說如何散佈用來加解密的祕密金鑰。西元 1976 年，Diffie 與 Hellman 提出一個抽象系統能避免這個問題，也就是公開金鑰密碼系統。雖然他們並沒有公佈特別的密鑰系統，但他們討論了這種系統的特徵。具體的說，給定一信息 M，一個加密函數 E 以及一個解密函數 D，以下四個性質必須成立：

1. $D(E(M)) = M$。
2. E 和 D 是容易計算的。
3. 由 E 導出 D 在計算上是不可行的†。
4. $E(D(M)) = M$。

回顧這些性質好像是常識。第一個性質只不過在敘述只要信息一被加密，運用解密程序後會被回復。第二個性質也許更明顯。爲了密碼系統的實用性，加密和解密計算一定要很快。

第三個性質才是改革的開始。它意指 E 是單向的；求 E 的反函數在計算上有不可行性，除非已經知道 D。所以，加密程序 E 可以公開。所有人

† 計算的困難性的概念列在第 13 章。

都可以傳送信息，但只有一個人可以將它解密。

第四個的性質若成立，則加解密是一對一函數。所以這個系統也是數位簽章問題的解答。Bob 給 Alice 一個電子信息，要如何證明眞的是 Bob 傳送了該信息呢？Bob 可以對某個簽章信息 M 使用它的解密程序，任何人都可以經由公開金鑰程序 E 驗證 Bob 眞的有傳遞信息。因爲只有 Bob 知道解密函數，只有 Bob 有正確的解密函數 E 來產生簽章信息。

公開金鑰密碼系統是現代加密法的基礎。它的經濟價值正快速成長，因爲它提供所有網路電子交易的基本安全架構。

公開金鑰密碼系統可以用一般的術語來描述。觀念就是找出計算機科學中非常難解的問題，並將它連接到密碼系統上。實際上，我們可以讓破解加密系統的難度在計算上相當於解決很困難的計算問題。這類型的問題非常多，稱爲 NP-complete 問題，這種問題目前還找不到任何多項式時間演算法來解決 (參考第 13 章)。事實上，大部分人都相信這種問題根本不存在多項式時間的演算法。然後我們爲這個難題設定一些特別的參數，來產生特別的加密和解密鑰匙。接著加密就意味著將信息轉換成這個難題的一個實例。收件者可用秘密資訊 (解密金鑰) 輕鬆解決這個難解的問題。

10.2.3 RSA 加密系統

我們必須注意一下，一個難以計算的問題要如何跟密碼系統相結合。其中一種早期的 Merkle-Hellman 公開金鑰密碼系統，和某個稱爲 knapsack 的 ***NP***-complete 問題相結合。不幸的，這個系統產生的實例，後來被發現是 knapsack 問題當中易解的子問題。所以呢，設計公開金鑰系統有其微妙之所在。

最著名的公開金鑰系統可能也是最古老的公開金鑰系統，它是和分解大數的困難性相結合。它的名稱 RSA 取自其發明人 Rivest、Shamir 與 Adleman 姓氏開頭的第一個字母。

在這個加密系統中，我們從選擇兩個大質數 p 和 q 開始。令 $n = pq$ 爲其乘積並且將使用先前討論的 $\phi(n) = (p-1)(q-1)$。加密和解密金鑰 e 和 d 以下列條件選擇，

- e 和 $\phi(n)$ 互質
- $ed \equiv 1 \pmod{\phi(n)}$

第二個條件的意義在於 d 爲 $e \bmod \phi(n)$ 的乘法反元素。n 和 e 這一對值構成

公開金鑰，而d則是私密金鑰。習慣上，e是由隨機決定或是這些數的其中一個：3、17 或 65,537。

使用 RSA 來加解密的規則相當簡單。爲簡單起見，我們假設明文是一個整數M，且$0<M<n$。若M是一個字串，我們可以將字串中字元的位元連接起來，將該字串視爲整數。我們使用加密金鑰e做爲指數，將明文M乘冪並取模數，成爲密文C：

$$C \leftarrow M^e \bmod n \quad \text{(RSA 加密)}$$

我們同樣用乘冪將密文C解密，現在則使用解密金鑰d當作指數：

$$M \leftarrow C^d \bmod n \quad \text{(RSA 解密)}$$

以上的加密和解密演算法，其正確性可由以下的定理來證明。

定理 10.21： 令p和q是兩個奇質數，並定義$n = pq$。令e和$\phi(n)$互質，並且令d爲e取模數$\phi(n)$的乘法反元素。對任一整數x，且$0<x<n$，則

$$x^{ed} \equiv x \pmod{n}$$

證明：

令$y = x^{ed} \bmod n$。我們希望證明$y = x$。因爲我們選擇e和d的方法，我們可知$ed = k\phi(n)+1$，k爲一整數。因此我們可以得到

$$y = x^{k\phi(n)+1} \bmod n$$

我們分成兩種情況來討論

狀況 1：x不整除n。我們把y改寫成：

$$\begin{aligned} y &= x^{k\phi(n)+1} \bmod n \\ &= xx^{k\phi(n)} \bmod n \\ &= x(x^{\phi(n)} \bmod n)^k \bmod n \end{aligned}$$

由定理 10.9 (尤拉定理) 可知$x^{\phi(n)} \bmod n = 1$，這意味$y = x \cdot 1^k \bmod n = x$。

狀況 2：x整除n。因爲$n = pq$，p和q是質數，則x是p或q的倍數。假定x是p的倍數，也就是$x = hp$，h爲一正整數。很清楚的，x不能是q的倍數，不然x會比$n = pq$還要大，會得到矛盾。所以，$\gcd(x,q) = 1$並且由定理 10.9 (尤拉定理)，我們可知

$$x^{\phi(q)} \equiv 1 \pmod{q}$$

因爲$\phi(n) = \phi(p)\phi(q)$，將同餘的兩邊一起做$k\phi(q)$次方，我們可得

$$x^{k\phi(n)} \equiv 1 \pmod{q}$$

而我們可以改寫成，對某個整數i

$$x^{k\phi(n)} = 1 + iq$$

將以上等式兩邊乘上x，記得$x = hp$且$n = pq$，我們可以得到：

$$\begin{aligned} x^{k\phi(n)+1} &= x + xiq \\ &= x + hpiq \\ &= x + (hi)n \end{aligned}$$

因此，我們得到

$$y = x^{k\phi(n)+1} \bmod n = x$$

在兩種情況，我們皆已證明$y = x$，故得證。 ■

用 RSA 做數位簽章

加解密的對稱性意謂 RSA 加密系統可以直接支援數位簽章。實際上，信息M的數位簽章S可以透過對M使用解密演算法來獲得，亦即，

$$S \leftarrow M^d \bmod n \qquad \text{(RSA 簽章)}$$

數位簽章S的驗證則藉由檢驗

$$M \equiv S^e \pmod{n} \quad \text{(RSA 驗證)}$$

和加密函數一起執行。

破解 RSA 的困難性

注意，即使我們知道e，我們也不能解出d，除非我們知道$\phi(n)$。大部分密碼學者都相信要破解 RSA 就必須計算$\phi(n)$，計算$\phi(n)$就必須分解n。在還沒有證明出因數分解是困難計算之前，近幾百年幾乎所有著名的數學家都曾嘗試解決這個問題。特別是n很大時 ($\approx$ 200 位數)，需要非常長的時間來分解它。，提供讀者關於目前技術的一些概念，當全國性的網路電腦系統能夠分解第九費馬數$2^{512} - 1$時，數學家都非常興奮，而第九費馬數「只有」155 位十位數字。即使有這個突破性的進展，RSA 系統仍然有保有安全性。技術若進步到可以分解 200 位的數值，我們只需要選擇n為四百位數即可。

RSA 加密的分析和設定

RSA 加密、解密、簽署及驗證的執行時間很容易分析。實際上每次這種運算需要常數次的模數指數運算，可以使用 FastExponentiation 方法來執行 (演算法 10.7)。

定理 10.22： 令 n 是使用RSA加密系統的模數。RSA加密、解密、簽章和檢查都要使用 $O(\log n)$ 個算數運算。

要設定 RSA 加密系統，我們需要產生一對公鑰和私鑰。也就是，我們必須計算在RSA所使用的私鑰 (d, p, q) 和公鑰 (e, n)。這包含下列計算：

- 選出指定位元數的兩個隨機質數 p 和 q。這個動作可以由在第 10.1.6 節的結尾所討論的判斷隨機整數的質數性來完成。
- 選出和 e 互質的整數 $\phi(n)$。這可由選取小於 $\phi(\mathrm{n})$ 的隨機質數直到我們發現一個不能整除 $\phi(n)$ 的質數爲止。實際上，我們只要從已知的質數列表中挑一些小質數來檢查就夠了 (通常 $e = 3$ 或 $e = 17$ 就可以了)。
- 在 $Z_{\phi(n)}$ 當中計算 e 的乘法反元素 d。這可以使用廣義歐幾里德演算法 (推論 10.13)。

我們已經在前面的章節中討論過這些數論演算法。

10.2.4 El Gamal 加密系統

我們已經知道 RSA 加密系統的安全性和分解大質數的困難度有關。我們也可以用其他困難的的數論問題爲基礎來建立密碼系統。現在我們談談El Gamal 加密系統，它是以發明者的名字 Taher El Gamal 來命名，利用稱爲「離散對數 (discrete logarithm)」的困難度爲基礎。

離散對數

當我們使用實數的時候，$\log_b y$ 是一個值 x，使得 $b^x = y$。我們可以定義類似的離散對數。給定整數 b 和 n，其中 $b<n$，整數 y 對於基底 b 的離散對數爲一整數 x，使得

$$b^x \equiv y \bmod n$$

離散對數也稱爲**索引 (index)**，並且寫成

$$x = \mathrm{ind}_{b,n} y$$

雖然數字可以很有效率的在模數 p 下做乘冪 (回憶重複平方演算法，演算法 10.7)，但反過來說離散對數的計算卻很困難。El Gamal 系統便建立在這種計算的困難度上。

El Gamal 加密法

令 p 爲一質數，且 g 是 Z_p 的生成元。私密金鑰 x 是介於 1 和 $p-2$ 之間的整

數。令 $y = g^x \bmod p$。El Gamal 加密法的公鑰是數對 (p, g, y)。若離散對數如大家相信的困難，則公開 $y = g^x \bmod p$ 就不會洩漏 x。

要加密明文 M，我們選擇一個與 $p-1$ 互質的隨機整數 k，並計算下面這對數值

$$\begin{aligned} a &\leftarrow g^k \bmod p \\ b &\leftarrow My^k \bmod p \end{aligned} \qquad \text{(El Gamal 加密法)}$$

密文 C 由以上計算完成的 (a, b) 構成。

El Gamal 解密

在 El Gamal 機制中，將密文 $C = (a, b)$ 解密取回明文 M 是很簡單的。

$$M \leftarrow b/a^x \bmod p \qquad \text{(El Gamal 解密)}$$

在以上的表示法當中，「除以 a^x」必須用模數計算的想法來解讀，亦即，M 乘以 a^x 在 Z_p 中的反元素。El Gamal 加密機制的正確性很容易檢查。實際上，

$$\begin{aligned} b/a^x \bmod p &= My^k(a^x)^{-1} \bmod p \\ &= Mg^{xk}(g^{kx})^{-1} \\ &= M \end{aligned}$$

使用 El Gamal 做數位簽章

以上機制的變化可以提供我們數位簽章。也就是說，信息 M 的簽章爲一數對 $S = (a, b)$，它使用和 $p-1$（當然，這等於 $\phi(p)$）互質的隨機整數 k，來計算簽章。

$$\begin{aligned} a &\leftarrow g^k \bmod p \\ b &\leftarrow k^{-1}(M - xa) \end{aligned} \qquad \text{(El Gamal 簽章)}$$

要檢查簽章 $S = (a, b)$，我們可以檢查

$$y^a a^b \equiv g^M \quad (\bmod\ p) \quad \text{(El Gamal 驗證)}$$

El Gamal 數位簽章機制的正確性如下：

$$\begin{aligned} y^a a^b \bmod p &= ((g^x \bmod p)^a \bmod p)((g^k \bmod p)^{k^{-1}(M-xa) \bmod (p-1)} \bmod p) \\ &= g^{xa} g^{kk^{-1}(M-xa) \bmod (p-1)} \bmod p \\ &= g^{xa+M-xa} \bmod p \\ &= g^M \bmod p \end{aligned}$$

El Gamal 加密法的分析

El Gamal 加密系統的效率分析和 RSA 類似。也就是說，我們有以下結果

定理 10.23： 令 n 是 El Gamal 加密系統使用的模數。El Gamal 加密、簽章和驗證都需要 $O(\log n)$ 次算數運算。

10.3 資訊安全演算法及協定

一旦我們擁有某些工具，比如數字相關的基礎演算法，以及公開金鑰加密的方法，我們便可以開始結合其他演算法來提供必要的資訊安全服務。在本章中，我們會討論幾個此類的協定，除了之前討論過的演算法外，其中有許多還會用到我們即將探討的主題。

10.3.1 單向雜湊函數

公開金鑰編碼系統通常會合單向雜湊函數一起使用，單向雜湊函數也稱爲**訊息摘要 (message digest)** 或**指紋 (fingerprint)**。我們接著會非正式地描述這種函數，而正式的描述則超過本書的範圍。

單向雜湊函數 H 會將任意長度字串 (信息)M 映射到固定位元數的整數 $d = H(M)$，此整數 d 稱爲 M 的摘要，並滿足以下性質：

1. 給予字串 M，M 的摘要可以快速算出。
2. 只給予 M 的摘要 d，但不給予 M，則要找出 M 在計算上是困難的。

若給予 M，要找到其他有相同摘要的字串 M' 在計算上是困難的，則我們說該單向雜湊函數擁有**抗碰撞性 (collision-resistant)**；更進一步，若要找到兩個有相同摘要的 M_1 和 M_2 在計算上是困難的，則該單向雜湊函數有**強烈抗碰撞性 (strongly collision resistant)**。

研究者設計過不少被認爲有強烈抗碰撞性的單向雜湊函數，其中最常用的是 MD5，它產生會 128 位元的摘要，以及 SHA-1，它會產生 160 位元的摘要。我們現在來檢視一下單向雜湊的某些應用。

單向雜湊的第一種應用是加速數位簽章的應用。若我們有單向抗碰撞雜湊函數，我們可以對信息的摘要做簽章，而不需要對信息本身，也就是說，簽章 S 是由下式給定：

$$S = D(H(M))$$

除非原始信息很短，否則將信息雜湊後再對摘要簽章，通常會快於直接對信息簽章。並且，這個程序也克服了 RSA 和 El Gamal 簽章機制的限制，即信息 M 必須小於模數 n。例如，當使用 MD5 時，我們可以使用固定的模數 n 來爲任意長度的信息簽章，而 n 只需要大於 2^{128} 就可以了。

10.3.2 時間戳記和認證辭典

下一個應用是**時間戳記 (timestamping)**。Alice 擁有文件 M，她想得到 M 在時間 t 就已存在的證明。

在其中一種時間戳記方法中，Alice 使用相信第三者 Trevor 的服務，Trevor 提供時間戳記，Alice 可以將信息 M 傳遞給 Trevor 並得到結合 M 和 t 的新文件 M'。雖然這個方法可行，但它的缺點是 Trevor 會看到 M。抗碰撞單向雜湊函數 H 可以防止這個問題。Alice 使用 H 計算 M 的摘要 d 並請 Trevor 對由 d 和 t 合成的新信息 M'' 簽章。

認證辭典

實際上我們能定義其他時間戳記的方法而不必完全相信 Trevor。這個不同的方法以**認證辭典 (authenticated dictionary)** 的概念爲基礎。

在認證辭典中，第三方 Trevor 收集了一部辭典資料庫，在時間戳記的應用上，資料庫中的項目是需要被證明在某個時間存在而加以時間戳記的文件摘要。但是在這種情況，我們不必相信 Trevor 的簽章聲明 Alice 的文件 M 在特定的日期 t 已經存在。反之，Trevor 會對整部字典做一份摘要，然後將摘要公布在時間戳記無可質疑的地方 (例如知名報紙的分類廣告)。此外，Trevor 會回應給 Alice 部分的摘要 D'，這個摘要會總結辭典中除 Alice 的文件摘要 d 以外的所有項目。

爲了讓這個機制有效率的施行，必須要有一個函數 f，使得 $D = f(D', d)$，f 要很容易計算 (對 Alice 來說)。但是這個函數必須是單向的，給定任意 y，計算 x 使 $D = f(x, y)$ 必須是難以計算的 (對 Trevor 來說)。如果有這種函數，我們可以依賴 Trevor 來計算所有它接收到的文件摘要並且可以公開摘要到公共區域。因爲計算上的困難，如果一份摘要 d 不存在於辭典中時，我們不用擔心 Trevor 會捏造回答說它存在。所以，這個協定的關鍵元素是單向函數 f 的存在。本節剩餘的部分我們將會探討適於認證辭典的可能函數 f 的建構方法。

雜湊樹 (Hash Trees)

一種叫做雜湊樹的有趣資料結構，可以用來實作認證辭典。這個資料結構支援辭典資料庫的初始建構，及後續的查詢回應某個項目是否爲辭典成員。

集合 S 的雜湊樹 T 會將 S 的成員儲存在完整二元樹 T 的外部節點，並在每個節點 v 中儲存雜湊值 $h(v)$，這個雜湊值使用著名的單向雜湊函數將其子節點的雜湊值結合。在時間戳記的應用上，外部節點所儲存的，便是必須被證明在某天存在，而加上時間戳記的文件摘要。S 的認證辭典包含雜湊樹 T，加上一份記錄根節點雜湊值 $h(r)$ 的公開文件。要證明某個成員 x 屬於 S，認證辭典會回報從儲存 x 的節點到根節點的路徑上，所有節點中儲存的值，以及所有這條路徑上，擁有鄰節點 (siblings) 的節點中所儲存的值。

如果得到這樣的路徑 p，Alice 就能重新計算根節點的雜湊值 $h(r)$。並且，因爲 T 是完整二元樹，她只需要呼叫 $O(\log n)$ 次雜湊函數來計算這個值，其中 n 是 S 的成員個數。

10.3.3 投擲銅板和位元擔保

我們現在來談談一個能讓 Alice 和 Bob 透過電子郵件或任何網路通信方式來投擲隨機銅板的協定。令 H 是強烈抗碰撞性的單向雜湊函數。Alice 和 Bob 之間的互動包含以下步驟：

1. Alice 選一個數 x 並且算出摘要 $d = H(x)$，傳送 d 給 Bob。
2. 收到 d 之後，Bob 傳送給 Alice 他猜測 x 是奇數或偶數。
3. Alice 公布投擲銅板的結果：若 Bob 猜對了，則銅板是正面；不然則是反面。她也將 x 傳遞給 Bob 以做爲此結果的證明。
4. Bob 檢查 Alice 沒有作弊，也就是 $d = H(x)$。

強烈抗碰撞性是基本的要求，不然 Alice 就可以選出兩個有相同摘要 d 的數字，一個是奇數另一個是偶數，並用之來控制投擲銅板的結果。

和銅板投擲相關的是**位元擔保 (bit commitment)**。在這種情況下，Alice 希望能對某個值 n 做擔保 (不能是單一位元或任意字串)，卻不希望洩漏給 Bob。一旦 Alice 說出 n，Bob 會想要能檢查她沒有作弊。比如說，Alice 可能想對 Bob 證明他可以預測明天股市會漲 ($n = 1$)，會跌 ($n = -1$)，或是平盤 ($n = 0$)。使用強烈抗碰撞性的單向雜湊函數 H，這個協定的運作如下：

1. 她傳送給Bob一個x，加上x、y、n連接起來的摘要。爲了符合密碼學文章的傳統，本章中我們將字串a和b的連接表示成「$a\|b$」。如此一來，使用這個記號，Alice 傳送給 Bob $d = H(x\|y\|n)$。注意，Bob 無法從x和d推想出n。
2. 等隔天交易結束後，大家都已知道n爲何，Alice 便傳送y給 Bob 用來驗證。
3. Bob 驗證 Alice 沒有作弊，即$d = H(x\|y\|n)$。

10.3.4 安全電子交易 (SET) 協定

我們最後所介紹的應用很明顯較爲複雜，它包含加密、數位簽章和單向雜湊的結合使用。實際上它是 **SET** (secure electronic transaction) 的簡化版本，SET 在網際網路上被用來做爲信用卡的安全加密協定。

Alice 想要使用 Lisa (銀行) 發行的信用卡，向 Barney (網路書店) 買一本書。Alice 考慮以下的私密性：一方面她不希望 Barney 看到她的信用卡號碼；另一方面，她不希望 Lisa 知道她從 Barney 買了哪一本書。但是她希望Barney寄出這本書給她，並且 Lisa 會付款給 Barney。最後，Alice 也希望保證Barney、Lisa和她之間的通信安全，即使如果網路上有人偷聽，還是能保持安全性。此協定如演算法 10.14 所示，使用強烈抗碰撞性的單向雜湊函數H。

SET 協定的性質

以下的觀察顯示出SET協定可滿足機密性、完整性、不可抵賴、認證等需求。

- Barney不能看見Alice的信用卡號，這個號碼存在付款單P上。Barney 有P的摘要p，但他沒法從p算出P，因爲H是單向的。Barney 也有包含P信息的密文C_L，但他無法將C_L解密，因爲他沒有 Lisa 的密鑰。
- Lisa 不能看見 Alice 訂購的書，這個資訊存在O當中。Lisa 有O的摘要o，但他不能從o計算出O，因爲H是單向的。
- Alice 提供的數位簽章S有兩個目的，它允許 Barney 確認 Alice 的訂購單O的正確性，以及 Lisa 確認 Alice 的付款單P的正確性。
- Alice 無法抵賴記載在O中書籍的訂購，以及記載在P中的信用卡扣款總額。因爲H是抗碰撞的，她不能僞造不同的訂購單或付款單，使得雜湊結果得到相同的摘要o和p。

- 在各方之間都使用公鑰加密並確保安全性，甚至有竊聽者存在也沒關係。

所以儘管有些複雜，但SET協定可以描繪出加密計算是如何結合實際的電子交易操作的。

---

1. Alice 準備兩份文件，一份是向 Barney 買書的訂購單O，另一份則是提供給 Lisa 的付款單P，包括了使用在交易中的卡號以及扣款的數目。Alice 計算這兩份文件的摘要

$$o = H(O)$$

$$p = H(P)$$

然後產生一份o與p連結之後的摘要的數位簽章S，亦即

$$S = D_A(H(o\|p)) = D(H(H(O)\|H(P)))$$

其中D_A爲 Alice 用來簽署數位簽章的函數，建立在其私密金鑰上。Alice 將o、P與S連結後用 Lisa 的公開金鑰加密，產生密文。

$$C_L = E_L(o\|P\|S)$$

她同時也將O、p與S連結後用 Barney 的公開金鑰加密，產生密文。

$$C_B = E_B(O\|p\|S)$$

她將C_L與C_B送給 Barney。

2. Barney使用其私密金鑰解密出O、p與S，然後使用Alice的公開金鑰驗證訂購單O

$$E_A(S) = H(H(O)\|p)$$

然後將C_L轉送給 Lisa。

3. Lisa 使用其私密金鑰解密出o、P與S，然後使用 Alice 的公開金鑰驗證付款單P

$$E_A(S) = H(o\|H(P))$$

然後驗證P是否指示付款給 Barney。接著 Lisa 會建立一份授權信息M，其中包含交易代碼、Alice的名字、以及她同意的付款總額。Lisa 計算出M的簽章T，日後將(M, T)用 Barney 的公開金鑰加密後送給 Barney，也就是說，$C_M = E_B(M\|T)$。

4. Barney將C_M解密出M與T，並且用Lisa的公開金鑰驗證授權信息M的眞實性，藉由檢查$E_L(T) = M$。Barney會確認M裡的名字是Alice，金額總數也是正確的書價，然後將書寄給 Alice 來完成合約，並寄給

Lisa 用 Lisa 的公開金鑰加密過的交易代號以請求款項。

5. Lisa 付錢 Barney 給並從 Alice 的信用卡帳戶中扣款。

演算法 **10.14**：簡易版的 **SET** 協定。

10.3.5 金鑰分配與交換

公開金鑰加密系統假定所有人都知道公開金鑰。例如若 Alice 要傳送機密的信息給Bob，她需要知道Bob的公開金鑰。相同的，若Alice想檢查Bob的數位簽章，同樣地，她也需要知道Bob的公開金鑰。Alice如何得到Bob的公開金鑰？Bob只需要將它傳送給Alice，但是若Eve可以將Bob和Alice之間的通信攔截下來，她就可以把Bob的公開金鑰置換成她自己的密鑰，並藉此欺騙 Alice 把她想要送給 Bob 的資訊洩漏出去，或欺騙她相信某則信息是由 Bob 所簽署，實際上卻是由 Eve 簽署的。

數位認證

這個問題的解決方案是加入第三方，Charlie，而 Charlie 是所有協定的參與者都信任的。更進一步地，我們假設每個參與者都有 Charlie 的公開金鑰。Charlie 發布憑證給所有參與者，這是一份由 Charlie 做過數位簽章的聲明，裡頭包含所有參與者的數位簽章和公開金鑰。Bob現在將Charlie發給他的憑證寄給 Alice。Alice 從憑證中解出 Bob 的公開金鑰並且用 Charlie 的公開金鑰驗證其正確性 (因為每個參與者都有 Charlie 的公開金鑰)。憑證在實際的公開金鑰應用程式被廣泛使用。他們的格式都被描述在 ***X.509*** ITU (International Telecommunication Union) 標準中。除了憑證和公開金鑰的關係外，憑證也包含唯一的序號和有效期限。憑證的發布者被稱為**憑證授權機構 (certificate authority，CA)**。

在實際的設定上，前一節描述的協定必須修改成用憑證來分配公開金鑰。又，憑證必須用 CA 的公開金鑰確認其眞實性。

憑證撤銷

私密金鑰有時候會遺失、被偷或者停用。當這種情況發生時，CA 必須為了該私密金鑰而撤銷憑證。例如，Bob 可能把他的私密金鑰保存在膝上型電腦的檔案中。若膝上型電腦被偷，Bob 必須請求 CA 立即撤銷他的憑證，不然竊賊就可以偽裝成 Bob。CA 會定期公佈一份經過簽章的**憑證撤銷清單 (certificate revocation list，CRL)**，它包含了所有未過期卻被撤銷的憑證序號，以及一份時間戳記。

當憑證生效時，參與者必須從CA得到最新的CRL，並驗證憑證有沒有失效。CRL 的年齡 (目前時間和時間戳記的差異) 提供一個參與者評估憑證風險的標準。此外，也有幾種線上機制，讓使用者可以透過一台存有憑證撤銷資訊的網路伺服器，來驗證某個數位憑證的有效性。

使用公開金鑰做對稱密鑰交換

公開金鑰加密系統克服了對稱密鑰加密系統的瓶頸，因為在公開金鑰加密系統，不必在加入安全通信前發布密鑰。不幸的是，這個好處需要額外的花費，現有的公開金鑰加密系統，花費在加解密的時間比現有的對稱加密系統要多。所以實際上公開金鑰系統通常會結合對稱系統來當作加密系統，以克服為了設定對稱加密系統而需要交換密鑰的挑戰。

例如，若 Alice 要設定和 Bob 之間的安全通信系統，她和 Bob 可以執行以下的步驟。

1. Alice 計算隨機數 x，計算 x 的數位簽章 S，並使用 Bob 的公開金鑰加密 (x, S)，並將密文 C 傳給 Bob。
2. Bob 使用私密金鑰將 C 解密，並且檢查簽章 S 以確認是否是 Alice 寄給他。
3. 然後 Bob 就可以用 Alice 的公鑰將 x 加密並傳回給她，以告訴 Alice 他已經收到 x。

然後他們便可以使用數字 x 當作對稱加密系統的密鑰。

Diffie-Hellman 密鑰交換

若 Alice 和 Bob 使用可靠但可能非隱私的媒體來聯絡，他們可以使用另一種機制來計算密鑰，以便之後使用在對稱加密通信上。這個機制稱為 Diffie-Hellman 密鑰交換，它包含以下的步驟：

1. Alice 和 Bob (公開地) 共同決定一個大質數 n，並且在 Z_n 當中產生 g。
2. Alice 選擇一個隨機數 x，並將 $B = g^x \bmod n$ 傳送給 Bob。
3. Bob 選擇一個隨機數 y，並將 $A = g^y \bmod n$ 傳送給 Alice。
4. Alice 計算 $K = A^x \bmod n$。
5. Bob 計算 $K' = B^y \bmod n$。

很清楚的，$K = K'$，所以 Alice 和 Bob 可以將 K (和 K') 使用在對稱加密系統上。

10.4 快速傅利葉轉換

許多加密系統的瓶頸在於巨大整數和多項式的乘法運算。快速傅利葉轉換是一種用來做這種乘法運算，但速度驚人的演算法。我們先描述用來做多項式乘法的演算法，然後我們會證明這種方法如何延伸到巨大整數上。

一個用**係數型式 (coeffceient form)** 表示的多項式，可以使用係數向量 $\mathbf{a} = [a_0, a_1, ..., a_{n-1}]$ 來表示，如下：

$$p(x) = \sum_{i=0}^{n-1} a_i x^i$$

這種多項式的**次數 (degree)** 爲非零係數 a_i 中最大的序數 (index)。長度爲 n 的係數向量，最多能表示 $n-1$ 次的多項式。

係數表示法自然且簡單，並且能讓我們快速地執行某些多項式運算。例如，假設給定另一個係數向量是 $\mathbf{b} = [b_0, b_1, ..., b_{n-1}]$ 的多項式

$$q(x) = \sum_{i=0}^{n-1} b_i x^i$$

我們可以輕易地將 $p(x)$ 和 $q(x)$ 的每個元素加起來以得到總和

$$p(x) + q(x) = \sum_{i=0}^{n-1} (a_i + b_i) x^i$$

同樣的，$p(x)$ 的係數型式也讓我們能夠使用 Horner 法則 (習題 C-1.16)，以有效率地計算 $p(x)$ 的值，如下

$$p(x) = a_0 + x(a_1 + x(a_2 + \cdots + x(a_{n-2} + xa_{n-1})\cdots))$$

所以，使用係數表示法，讓我們能在 $O(n)$ 時間內執行 $(n-1)$ 次多項式的加法以及求出多項式的值。

但是用以上定義的係數型式將兩個多項式 $p(x)$ 和 $q(x)$ 相乘卻並不容易，爲探討其困難度，我們考慮 $p(x)\,q(x)$：

$$p(x)q(x) = a_0b_0 + (a_0b_1 + a_1b_0)x + (a_0b_2 + a_1b_1 + a_2b_0)x^2 + \cdots + a_{n-1}b_{n-1}x^{2n-2}$$

也就是說，

$$p(x)q(x) = \sum_{i=0}^{2n-2} c_i x^i, \quad \text{其中} \quad c_i = \sum_{j=0}^{i} a_j b_{i-j}，當 i = 0、1、\cdots、2n-2$$

這個方程式定義了向量 $\mathbf{c} = [c_0, c_1, ..., c_{2n-1}]$，這個向量我們稱爲向量 **a** 和 **b** 的**疊積 (convolution)**。爲了對稱性的原因，我們將疊積視爲大小爲 $2n$ 的向量，並定義 $c_{2n-1} = 0$。我們將 **a** 和 **b** 的疊積記做 $\mathbf{a} * \mathbf{b}$。若我們直接應用疊積的定義，則兩個多項式 p 和 q 的相乘需要 $\Theta(n^2)$ 時間。

快速傅利葉轉換(FFT)演算法讓我們可以在 $O(n\log n)$ 時間執行這種乘法。FFT的改良是建立在一個有趣的觀察上。也就是，另一種定義 $(n-1)$ 次多項式的方法，是使用 n 個不同輸入值所求得的多項式值。從以下的定理可知，這種表示法是唯一的。

定理 10.24： **[多項式的內插定理]** 在平面上給定 n 個點的集合，$S=\{(x_0,y_0),(x_1,y_1),(x_2,y_2),\ldots,(x_{n-1},y_{n-1})\}$，其中所有的 x_i 都不同，則存在唯一的 $(n-1)$ 階多項式 $p(x)$，對於 $i=0$、1、…、$n-1$ 都滿足 $p(x_i)=y_i$。

因此，我們假設可以不使用係數，而是使用在不同輸入值下多項式的值，來表示一個多項式。這個定理提示我們有別種計算 p 和 q 相乘的方法。例如，用 $2n$ 個不同的輸入值 x_0、x_1、…、x_{2n-1}，來計算 p 和 q 的值，然後計算其乘積以得到這樣的集合

$$\{(x_0,p(x_0)q(x_0))，(x_1,p(x_1)q(x_1))，\cdots，(x_{2n-1},p(x_{2n-1})q(x_{2n-1}))\}$$

這樣的計算很明顯的只會進行 $O(n)$ 次，因為每個 p 和 q，都只有 $2n$ 對輸入一輸出。

要有效地使用這種方法將 p 和 q 相乘，接下來的挑戰就在於，如何快速地對 p 和 q 求出 $2n$ 對輸出一輸入的值。應用 Horner 規則在 $2n$ 個不同的輸入上，會花費 $\Theta(n^2)$ 時間，這在理論上完全沒有比直接使用疊積來得快速。所以 Horner 規則在這裡沒有幫助。當然，我們可以完全自由的選擇 $2n$ 個多項式輸入的集合。也就是說，我們可以自由選擇較容易計算的輸入。例如，$p(0)=a_0$ 是一個簡單的情況。但是我們必須選擇 $2n$ 個容易計算 p 值的輸入值，而非一個。幸運地，接下來我們要探討的數學觀念提供我們一組方便的輸入值來計算多項式值，而這組數值的計算要比使用Horner 規則 $2n$ 次來得容易。

10.4.1 單位元素的原根

如果一個數字 ω 滿足以下性質，則稱為單位元素的第 n 次原根，$n\geq 2$：

1. $\omega^n=1$，亦即 ω 是 1 的第 n 次原根。
2. 數字 1、ω、ω^2、…、ω^{n-1} 都不相同。

注意，這樣的定義意味著單位元素的第 n 次原根有乘法反元素 $\omega^{-1}=\omega^{n-1}$，

$$\omega^{-1}\omega=\omega^{n-1}\omega=\omega^n=1$$

所以我們可以說 ω 的負指數也有良好定義，如同正指數一般。

單位元素 n 次原根的符號乍看之下似乎是個罕有實例古怪定義。但它實際上確實有幾個重要的例子。其中一種重要的例子便是複數，當我們使用複數運算時，

$$e^{2\pi i/n} = \cos(2\pi/n) + \mathbf{i}\sin(2\pi/n)$$

就是一個單位元素的 n 階原根，其中 $\mathbf{i} = \sqrt{-1}$。

單位元素的 n 次原根有一些重要性質，包含以下三點。

引理 10.25： **(消去性)** 若 ω 是單位元素的 n 次原根。則對任意整數 $k \neq 0$，$-n<k<n$，

$$\sum_{j=0}^{n-1} \omega^{kj} = 0$$

證明：

因為 $\omega^k \neq 1$，

$$\sum_{j=0}^{n-1} \omega^{kj} = \frac{(\omega^k)^n - 1}{\omega^k - 1} = \frac{(\omega^n)^k - 1}{\omega^k - 1} = \frac{1^k - 1}{\omega^k - 1} = \frac{1 - 1}{\omega^k - 1} = 0$$

■

引理 10.26： **(降次性)** 若 ω 是單位元素的 $(2n)$ 次原根，則 ω^2 是單位元素的 n 次原根。

證明：

若 1、ω、ω^2、…、ω^{2n-1} 都不相同，則 1、ω^2、$(\omega^2)^2$、…、$(\omega^2)^{n-1}$ 也都不相同。 ■

引理 10.27： **(反射性)** 若 ω 是單位元素的 n 次原根，且 n 是偶數，則

$$\omega^{n/2} = -1$$

證明：

由消去性可知，對於 $k = n/2$，

$$\begin{aligned}
0 &= \sum_{j=0}^{n-1} \omega^{(n/2)j} \\
&= \omega^0 + \omega^{n/2} + \omega^n + \omega^{3n/2} + \cdots + \omega^{(n/2)(n-2)} + \omega^{(n/2)(n-1)} \\
&= \omega^0 + \omega^{n/2} + \omega^0 + \omega^{n/2} + \cdots + \omega^0 + \omega^{n/2} \\
&= (n/2)(1 + \omega^{n/2})
\end{aligned}$$

因此 $0 = 1 + \omega^{n/2}$。 ■

一個關於反射性的有趣推論，也是其命名的動機，就是若 ω 是單位元素的 n 次原根，且 $n \geq 2$ 是偶數，則

$$\omega^{k+n/2} = -\omega^k$$

10.4.2 離散傅利葉轉換

現在讓我們回到之前計算由係數向量 **a** 所定義的多項式的問題上，並且使用謹慎選擇的輸入值。

$$p(x) = \sum_{i=0}^{n-1} a_i x^i$$

本節討論的技巧，稱爲**離散傅利葉轉換 (Discrete Fourier Transform，DFT)**，使用單位元素的 n 次根 ω^0、ω^1、ω^2、⋯、ω^{n-1}，來計算 $p(x)$。顯然地，這只能給我們 n 對輸入－輸出。不過我們可以把 p 的係數表示法「補零」，即對於 $n \le i \le 2n-1$，設定 $a_i = 0$。這樣的補零可以讓我們視 p 爲 $(2n-1)$ 次多項式，如此一來就能讓我們使用單位元素的 $(2n)$ 次原始根來當作 p 的 DFT 輸入。因此，如果我們需要更多的輸入－輸出值，我們可以假設 p 的係數向量已經補上必要數量的 0。

用係數向量 **a** 表示的多項式 p，其離散傅利葉轉換可以正式地表示成向量 y，其值爲

$$y_j = p(\omega^j)$$

其中 ω 是單位元素的 n 次原根。也就是說，

$$y_j = \sum_{i=0}^{n-1} a_i \omega^{ij}$$

若用矩陣的說法，我們也可以把 **y** 想成 y_j 的向量和 **a** 當作行向量，然後寫成

$$\mathbf{y} = F\mathbf{a}$$

其中 F 是一個 $n \times n$ 矩陣，其中 $F[i,j] = \omega^{ij}$

逆離散傅利葉轉換

有趣的是，矩陣 F 有逆矩陣 F^{-1}，所以對任何 a，$F^{-1}(F(\mathbf{a})) = \mathbf{a}$。矩陣 F^{-1} 讓我們可以定義**逆離散傅利葉轉換 (inverse Discrete Fourier Transform)**。如果我們擁有一向量 y，其數值爲 $(n-1)$ 次多項式 p 在單位元素 n 次根 ω^0、ω^1、⋯、ω^{n-1} 的值，則我們可以經由計算下式來找出 p 的係數向量

$$\mathbf{a} = F^{-1}\mathbf{y}$$

更進一步，矩陣 F^{-1} 的型式很簡單，$F^{-1}[i,j] = \omega^{-ij}/n$。所以我們可以復原係數 a_i 爲

$$a_i = \sum_{j=0}^{n-1} y_j \omega^{-ij}/n$$

以下的引理驗證了這個主張，也是爲什麼我們把F和F^{-1}叫做「轉換」的立論基礎。

引理 10.28： 對任意向量 **a**，$F^{-1} \cdot F\mathbf{a} = \mathbf{a}$。

證明：

令$A = F^{-1} \cdot F$。我們只需證明$A[i,j] = 1$若$i = j$且$A[i,j] = 0$若$i \neq j$。也就是說，$A = I$，I爲單位矩陣。由F^{-1}、F及矩陣乘法的定義可知，

$$A[i,j] = \frac{1}{n} \sum_{k=0}^{n-1} \omega^{-ik} \omega^{kj}$$

若$i = j$，則這個方程式可以簡化成

$$A[i,j] = \frac{1}{n} \sum_{k=0}^{n-1} \omega^0 = \frac{1}{n} \cdot n = 1$$

所以考慮當$i \neq j$的情形，並且令 $m = j - i$。則A的第ij個元素可以寫成

$$A[i,j] = \frac{1}{n} \sum_{k=0}^{n-1} \omega^{mk}$$

其中 $-n < m < n$且$m \neq 0$。由單位元素n次原根的消去性可知，上式的右側會簡化成0；所以，

$$A[i,j] = 0$$

若$i \neq j$。 ■

擁有DFT以及逆DFT，我們現在可以來定義我們相乘p和q的方法。

疊積定理

我們利用以下的步驟，使用離散傅利葉轉換及其逆運算來計算兩個係數向量 **a** 與 **b** 的疊積，我們使用策略圖來表示，如圖 10.15 所示。

1. 將 **a** 和 **b** 各補上n個 0，並將之視爲行向量以定義
$$\mathbf{a}' = [a_0, a_1, \ldots, a_{n-1}, 0, 0, \ldots, 0]^T$$
$$\mathbf{b}' = [b_0, b_1, \ldots, b_{n-1}, 0, 0, \ldots, 0]^T$$
2. 計算離散傅立葉轉換 $\mathbf{y} = F\mathbf{a}'$及 $\mathbf{z} = F\mathbf{b}'$。
3. 將向量 **y** 和 **z** 兩兩相乘，定義簡單的乘積$\mathbf{y} \cdot \mathbf{z} = F\mathbf{a}' \cdot F\mathbf{b}'$，其中
$$(\mathbf{y} \cdot \mathbf{z})[i] = (F\mathbf{a}' \cdot F\mathbf{b}')[i] = F\mathbf{a}'[i] \cdot F\mathbf{b}'[i] = y_i \cdot z_i$$
對於$i = 1, 2, \ldots, 2n-1$。

4. 計算這個簡單乘積的逆離散傅立葉轉換。亦即，計算 $\mathbf{c} = F^{-1}(F\mathbf{a}' \cdot F\mathbf{b}')$ 。

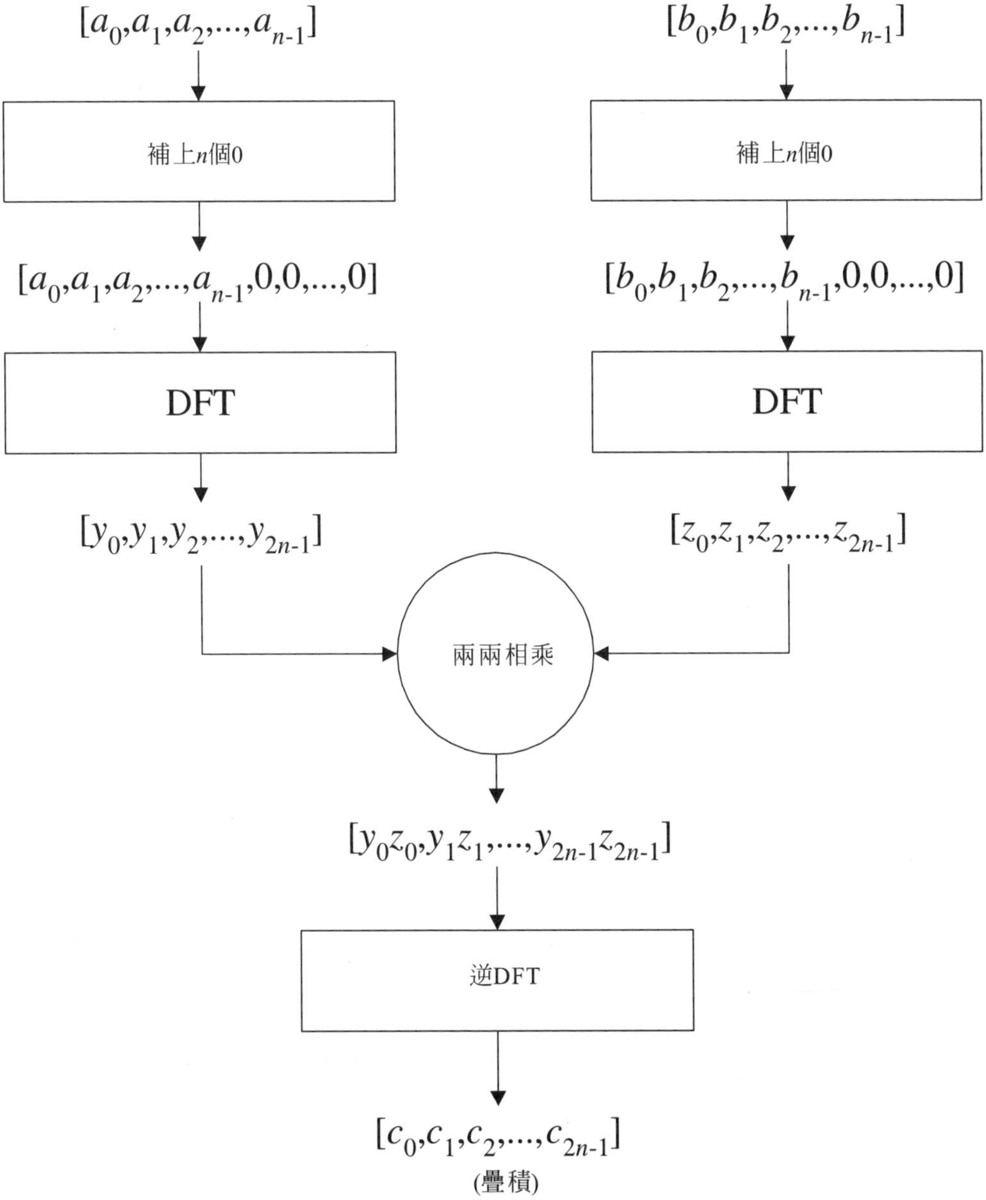

圖 10.15：疊積定理的圖例，計算 $\mathbf{c} = \mathbf{a} * \mathbf{b}$。

上述方法可行的緣故，是因爲以下的理由。

定理 10.29： **[疊積定理]** 假定我們有兩個長度爲 n 的向量 $\mathbf{a}$ 和 $\mathbf{b}$，並分別補 0 成爲長度 $2n$ 的向量 $\mathbf{a}'$ 和 $\mathbf{b}'$。則 $\mathbf{a}*\mathbf{b} = F^{-1}(F\mathbf{a}' \cdot F\mathbf{b}')$。

證明：

我們要證明 $F(\mathbf{a}*\mathbf{b}) = F\mathbf{a}' \cdot F\mathbf{b}'$。所以考慮 $A = F\mathbf{a}' \cdot F\mathbf{b}'$。因爲 $\mathbf{a}'$ 和 $\mathbf{b}'$ 的後半部都是 0，所以

$$A[i] = \left(\sum_{j=0}^{n-1} a_j \omega^{ij}\right) \cdot \left(\sum_{k=0}^{n-1} b_k \omega^{ik}\right)$$
$$= \sum_{j=0}^{n-1}\sum_{k=0}^{n-1} a_j b_k \omega^{i(j+k)}$$

對於 $i = 0$、1、…、$2n-1$。下一步，考慮 $B = F(\mathbf{a}*\mathbf{b})$。由疊積和 DFT 的定義，

$$B[i] = \sum_{l=0}^{2n-1}\sum_{j=0}^{2n-1} a_j \, b_{l-j} \, \omega^{il}$$

把 k 代換成 $l-j$，並改變加總的次序，我們得到

$$B[i] = \sum_{j=0}^{2n-1}\sum_{k=-j}^{2n-1-j} a_j \, b_k \, \omega^{i(j+k)}$$

因爲 b_k 在 $k<0$ 時未定義，上頭的第二個加總符號可以從 $k = 0$ 開始。此外，因爲當 $j>n-1$ 時 $a_j = 0$，我們可以將上頭第一個加總符號的上限降到 $n-1$。但是一旦我們做了這個代換，注意上頭第二加總符號的上限永遠至少是 n。如此一來，因爲當 $k>n-1$ 時 $b_k = 0$，我們可以把上頭第二個加總符號的上限減少到 $n-1$。因此，

$$B[i] = \sum_{j=0}^{n-1}\sum_{k=0}^{n-1-j} a_j \, b_k \, \omega^{i(j+k)}$$

故得證。 ■

我們現在得到一個計算多項式乘法的方法，牽涉到兩次 DFT，一次簡單的線性時間兩兩相乘，以及計算逆 DFT。所以若我們能找到計算 DFT 和其反元素的快速演算法，則我們也能得到計算多項式相乘的快速演算法。我們將描述這個快速的演算法，稱之爲「快速傅立葉轉換」。

10.4.3 快速傅立葉轉換演算法

快速傅立葉轉換 (FFT) 演算法可以在 $O(n \log n)$ 時間內計算長度爲 n 之向量的離散傅立葉轉換 (DFT)。FFT 演算法應用各個擊破的方法在多項式求值

上，我們觀察到，若 n 是偶數，我們可以將一個 $(n-1)$ 階多項式

$$p(x) = a_0 + a_1x + a_2x^2 + \cdots + a_{n-1}x^{n-1}$$

分成兩個 $(n/2-1)$ 階多項式

$$p^{\text{even}}(x) = a_0 + a_2x + a_4x^2 + \cdots + a_{n-2}x^{n/2-1}$$
$$p^{\text{odd}}(x) = a_1 + a_3x + a_5x^2 + \cdots + a_{n-1}x^{n/2-1}$$

並且我們可以經由下式將這兩個多項式組合回 p

$$p(x) = p^{\text{even}}(x^2) + xp^{\text{odd}}(x^2)$$

DFT 使用單位元素的 n 次根 $\omega^0, \omega^1, \omega^2, \ldots, \omega^{n-1}$ 來估算 $p(x)$ 的值，注意，根據降次性，$(\omega^2)^0$、ω^2、$(\omega^2)^2$、$(\omega^2)^3$、⋯、$(\omega^2)^{n-1}$ 爲單位元素的 $(n/2)$ 次根。所以，我們可以用這些值估算 $p^{\text{even}}(x)$ 以及 $p^{\text{odd}}(x)$，而且我們可以重複利用這些相同的計算來估算 $p(x)$。這個觀察被使用在演算法 10.16 (FFT) 上，其輸入爲長度 n 的係數向量 a，以及單位元素的 n 次原根 ω。爲方便起見，我們假設 n 爲二的次方數。

Algorithm FFT($\mathbf{a}, \omega$):

Input: An n-length coefficient vector $\mathbf{a} = [a_0, a_1, \ldots, a_{n-1}]$ and a primitive nth root of unity ω, where n is a power of 2

Output: A vector $\mathbf{y}$ of values of the polynomial for $\mathbf{a}$ at the nth roots of unity

```
if n = 1 then
  return y = a.
x ← ω^0          {x 會存下ω的乘冪，所以一開始 x = 1。}
{分切步驟，分割爲偶數與奇數兩部分}
a^even ← [a_0, a_2, a_4, ..., a_{n-2}]
a^odd ← [a_1, a_3, a_5, ..., a_{n-1}]
{遞迴呼叫，根據降次性，ω^2 爲單位元素的 (n/2) 次根}
y^even ← FFT(a^even, ω^2)
y^odd ← FFT(a^odd, ω^2)
{合併步驟，利用 x = ω^i }
for i ← 0 to n/2 − 1 do
  y_i ← y_i^even + x · y_i^odd
  y_{i+n/2} ← y_i^even − x · y_i^odd          {利用鏡射性}
  x ← x · ω
return
```

演算法 **10.16**：遞迴式 **FFT** 演算法。

FFT 演算法的正確性

演算法 10.16 所示的 FFT 演算法的假碼表示法看來很簡單，所以讓我們稍

微解釋一下為什麼它能夠正確執行。首先，注意到基本的遞迴狀況，當 $n = 1$，它會正確傳回只有一個元素的向量 y，$y_0 = a_0$ 是此時多項式 $p(x)$ 的首項，也是唯一的一項。

一般情況下，當 $n \geq 2$，我們將 **a** 分成偶數和奇數案例，$\mathbf{a}^{\text{even}}$ 和 $\mathbf{a}^{\text{odd}}$，並遞迴呼叫 FFT，使用 ω^2 做為單位元素的 $(n/2)$ 次原根。如同我們提過的，單位元素 n 次原根的降次性讓我們可以這樣使用 ω^2。所以我們可以假定

$$y_i^{\text{even}} = p^{\text{even}}(\omega^{2i})$$
$$y_i^{\text{odd}} = p^{\text{odd}}(\omega^{2i})$$

所以讓我們來看看用來合併遞迴呼叫結果的 for 迴圈。注意，在第 i 個迴圈時，$x = \omega^i$。因此，當我們執行

$$y_i \leftarrow y_i^{\text{even}} + x y_i^{\text{odd}}$$

時，我們只需要設定

$$\begin{aligned} y_i &= p^{\text{even}}((\omega^2)^i) + \omega^i \cdot p^{\text{odd}}((\omega^2)^i) \\ &= p^{\text{even}}((\omega^i)^2) + \omega^i \cdot p^{\text{odd}}((\omega^i)^2) \\ &= p(\omega^i) \end{aligned}$$

然後我們對每個 $i = 0$、1、⋯、$n/2 - 1$ 都如此做。同樣的，當我們執行

$$y_{i+n/2} \leftarrow y_i^{\text{even}} - x y_i^{\text{odd}}$$

時，我們只要設定

$$y_{i+n/2} = p^{\text{even}}((\omega^2)^i) - \omega^i \cdot p^{\text{odd}}((\omega^2)^i)$$

因為 ω^2 是單位元素的 $(n/2)$ 次原根，$(\omega^2)^{n/2} = 1$。並且，因為 ω 本身是單位元素的 n 次原根，由反射性可知

$$\omega^{i+n/2} = -\omega^i$$

所以我們可以用上面這個等式重寫 $y_{i+n/2}$

$$\begin{aligned} y_{i+n/2} &= p^{\text{even}}((\omega^2)^{i+(n/2)}) - \omega^i \cdot p^{\text{odd}}((\omega^2)^{i+(n/2)} \\ &= p^{\text{even}}((\omega^{i+(n/2)})^2) + \omega^{i+n/2} \cdot p^{\text{odd}}((\omega^{i+(n/2)})^2) \\ &= p(\omega^{i+n/2}) \end{aligned}$$

這個等式對每個 $i = 0$、1、⋯、$n/2 - 1$ 都會成立。所以 FFT 演算法傳回的向量 **y**，會儲存著 $p(x)$ 在每個單位元素 n 次原根的值

FFT 演算法的分析

FFT 演算法使用各個擊破的方式，將大小是 n 的原始問題，分成大小是 $n/2$ 的子問題，然後用遞迴的方式加以解決。我們假設演算法中所有算術運算都花費 $O(1)$ 時間，則分割步驟與用來合併遞迴解的合併步驟，皆花費 $O(n)$ 時間。所以我們可以用遞迴方程式來描繪 FFT 演算法執行時間 $T(n)$ 的特性

$$T(n) = 2T(n/2) + bn$$

$b > 0$ 爲一常數。由主導者定理 (5.6) 可知，$T(n)$ 爲 $O(n \log n)$。所以我們可以做出如下的結論。

定理 10.30： 假設給定一個多項式 $p(x)$，其係數向量 **a** 的長度爲 n，並同時給定一個單位元素的 n 次原根 ω，則 FFT 演算法能夠在 $O(n \log n)$ 時間內，對每一個 n 次原根 ω^i，$i = 0$、1、…、$n - 1$，計算出 $p(x)$ 的值。

同樣的，也有逆 FFT 演算法，這個演算法可以在 $O(n \log n)$ 時間內算出逆 DFT。這個演算法的細節和 FFT 演算法類似，所以我們把它留作習題 (R-10.14)。將這兩個演算法結合到我們相乘 $p(x)$ 和 $q(x)$ 的方法中，如果它們是長度爲 n 的係數向量，則我們有可以在 $O(n \log n)$ 時間內算出乘積的演算法。

順帶一提，這個利用 FFT 演算法和其逆運算來計算多項式乘法的方法，也可以用來解決大整數乘積的計算問題。我們將在下一節中討論這點。

10.4.4 大整數相乘

讓我們回到在第 5.2.2 節中研究過的問題。也就是假定我們有兩個大整數 I 和 J，這兩個整數最多會用到 N 個位元，而且我們想要計算 $I \cdot J$。在本節中，我們會描述如何使用 FFT 演算法來計算這個問題。當然，要在這裡使用 FFT 演算設計樣式的最大挑戰，便是如何定義整數運算以便讓我們能利用單位元素的原根 (舉例來說，參考習題 C-10.8)。

我們在此描述的演算法假定可以分別將 I 和 J 拆解爲 $O(\log N)$ 個位元的字組，如使得我們可以使用電腦內建的指令，以常數時間對每個字組完成算數運算。這是一個合理的假設，因爲只需要 $\lceil \log N \rceil$ 位元就能表示數字 N 本身。在這個假設下，我們用來執行 FFT 的數字系統，會在模數 p 之下執行所有的算術運算，p 是一個被適當挑選過的質數，其本身可以用一個最多 $O(\log N)$ 位元的字組來表示。這個特定的質數模數 p 是找兩個小整數 $c \geq 1$ 及 $n \geq 1$，使得 $p = cn + 1$ 爲質數，且 $N / \lfloor \log p \rfloor \leq n/2$。爲了簡便之故，讓我們再假定 n 是二的次方。

一般來說，我們將會期待在上述 p 的定義中，c 爲 $O(\log n)$，因爲從某個數論基本定理可知，範圍在 $[1, n]$ 內的隨意奇數，是質數的機率爲 $\Omega(1 / \log n)$。也就是說，我們期待 p 可以用 $O(\log N)$ 位元來表示。得到質數

p之後，我們的目的是對所有 FFT 的算術取模數p。由於我們要對由一個很大的整數向量所構成的字組做算數，我們也希望每個字組的大小，至少比用來表示p的字組大小還要小一半，如此一來，我們就能表示任意兩個字組的乘積，而不必對任何一對字組的乘積，取模數p做「消去」。例如，下列的p值在現今的電腦上功效良好：

- 若$n \le 2^{10} = 1024$，則我們選出$p = 25 \cdot 2^{10} + 1 = 25\ 601$做爲我們的質數模數，這可以用來表示 15 位元的字組。又，此時因爲$p > 2^{14}$，這樣的選擇讓我們能夠對大到需要用2^{10}個 7 位元字組來表示的數字做乘法。
- 若$n \le 2^{27} = 134\ 217\ 728$，則我們選$p = 15 \cdot 2^{27} + 1 = 2\ 013\ 265\ 921$當作我們的質數模數，這個質數使用了 31 位元的字組。又，此時因爲$p > 2^{30}$，我們能夠對大到需要用2^{27}個 15 位元字組，或曰 240MB，來表示的數字做乘法。

對適度小的整數$c \ge 1$，給定質數$p = cn + 1$，以及n使得$N/\lfloor \log p \rfloor$爲$O(n)$，我們定義$m = \lfloor (\log p)/2 \rfloor$。我們將$I$和$J$分別視爲向量 **a** 與 **b**，其中每個元素爲m位元的字組，並補上足夠的零使得 **a** 和 **b** 的長度都是n，其中至少有一半的高階項會是零。我們可以將I和J寫成

$$I = \sum_{i=0}^{n-1} a_i 2^{mi}$$

$$J = \sum_{i=0}^{n-1} b_i 2^{mi}$$

此外，我們要選擇n，使得最多只有前$n/2$個a_i及b_i不是零。 如此一來，我們就可以表示乘積$K = I \cdot J$如下

$$K = \sum_{i=0}^{n-1} c_i 2^{mi}$$

只要對一個適度小的整數$c \ge 1$，能有一質數$p = cn + 1$，我們則可以找到一整數x，爲Z_p^*群的生成元 (參考第 10.1 節)。也就是說，我們找出x，使得$x^i \bmod p$在$i = 0$、1、⋯、$p - 1$ 時均不相同。如果有這樣的生成元x，則我們可以用$\omega = x^c \bmod p$當作單位元素的n次原根(假定所有的乘法和加法運算都是在模數p之下完成)。也就是說，$(x^c)^i \bmod p$在$i = 0$、1、2、⋯、$n - 1$時均不相同，但是由費馬小定理 (定理 10.8)，

$$\begin{aligned}(x^c)^n \bmod p &= x^{cn} \bmod p \\ &= x^{p-1} \bmod p \\ &= 1\end{aligned}$$

為了計算N位元大整數I和J的乘積，我們曾將I和J分別視為長度n的向量，其元素為m位元的字組(其中至少$n/2$個高階字組為0)。注意，因為$m = \lfloor \log p/2 \rfloor$，我們可知$2^m < p$。所以，**a** 和 **b** 中的每一項，都已取模數p化簡，而不必再作任何額外的工作，而任何這些項目的乘積，也會被取模數p化簡。

為了計算$K = I \cdot J$，我們將會應用疊積定理，使用 FFT 與逆 FFT 演算法，來計算 **a** 與 **b** 的疊積 **c**。在此計算中，我們使用前面所定義的ω，當作單位元素的n次原根，並在模數p之下，執行所有的內部算術(包含轉換版本的 **a** 與 **b** 之個別元素乘積)。

在疊積**c**中，每項皆小於p，但是為了建立$K = I \cdot J$的表示法，實際上我們需要每一項都被表示成剛好m位元。所以在我們得到疊積**c**之後，我們必須如下計算K的乘積

$$K = \sum_{i=0}^{n-1} c_i 2^{mi}$$

這個最後的運算並不如表面上看來的困難，因為在二進位中，乘以二次方只是位移運算。此外，因為p為$O(2^{m+1})$，所以上頭的加總僅牽涉到從某一項傳遞一組進位位元到另一項而已。因此，用m位元字組構成的向量來建構K的二進位表示式，可以在$O(n)$的時間內執行。因為如上述地使用疊積定理需花費 $O(n \log n)$時間，我們得到以下定理。

定理 10.31： 則給定兩個N位元的整數I和J，我們可以在$O(N)$時間內計算$K = I \cdot J$。

證明：

我們只要選擇數字n使得計算時間是$O(N/\log N)$。所以若假設大小為$O(\log N)$的字組執行算數運算只需常數時間，則$O(n \log n)$的執行時間為$O(N)$。 ■

在某些情況，我們不能假設大小為$O(\log n)$的字組算數運算可以在常數時間內完成，而是我們必須為每次位元運算花費常數時間。在這樣的模型下，我們仍然有可能使用FFT來相乘兩個N位元的整數，但是細節會更複雜並且執行時間會增加到$O(N \log N \log \log N)$。

在第 10.5 節中，我們會研究一些 FFT 演算法重要的實作議題，包含對於其實際執行效能的實驗分析。

10.5 Java 範例：FFT

FFT演算法有一些有趣的實作議題，我們會在本節中討論。我們從一個大整數類別開始討論，這個類別使用遞迴版本的FFT來執行乘法，如同在演算法 10.16 中描述的虛擬碼。我們在程式碼 10.17 中展示這個類別的宣告，及其重要的實體變數與常數。這些宣告的重要細節包含我們定義的單位元素n次原根 OMEGA，我們選擇31^{15}，31 是質數$15 \cdot 2^{27}+1$之Z_p^*的生成元。從數論的某個定理可知 31 是這個Z_p^*的生成元。該定理指出整數x是Z_p^*的生成元，若且唯若對任何$\phi(p)$的質因數q，$x^{\phi(p)/q} \bmod p$不等於 1。$\phi(p)$爲尤拉商數，定義在第 10.1 節。對於我們所選的p，$\phi(p) = 15 \cdot 2^{27}$；所以，我們需要考慮的質因數$q$僅有 2、3 以及 5。

```
import java.lang.*;
import java.math.*;
import java.util.*;

public class BigInt {
  protected int signum=0;                  // neg = -1, 0 = 0, pos = 1
  protected int[] mag;                     // magnitude in little-endian format
  public final static int MAXN=134217728;  // Maximum value for n
  public final static int ENTRYSIZE=15;    // Bits per entry in mag
  protected final static long P=2013265921; // The prime 15*2^{27}+1
  protected final static int OMEGA=440564289; // Root of unity 31^{15} mod P
  protected final static int TWOINV=1006632961; // 2^{-1} mod P
```

程式碼 **10.17**：支援 FFT 演算法執行乘法之大整數類別的宣告與實體變數。

遞迴 FFT 實作

程式碼 10.18 中展示了我們的大整數類別BigInt所使用的乘法方法；另外，程式碼 10.19 展示了我們對遞迴 FFT 演算法的實作。注意，我們使用了一個變數prod來儲存會在後續運算式中用到的乘積。藉由分解出這個共同的子運算式，我們可以避免重複執行這個計算兩次。此外，注意到所有的模數算術都以 **long** 來操作。這個需求是因爲P使用 31 個位元的事實，所以我們可能會需要執行在標準整數上會溢位的加法和減法運算。所以我們用 **long** 執行所有的算術，然後再將結果存成 **int**。

```
public BigInt multiply(BigInt val) {
  int n = makePowerOfTwo(Math.max(mag.length,val.mag.length))*2;
  int signResult = signum * val.signum;
  int[] A = padWithZeros(mag,n);   // copies mag into A padded w/ 0's
  int[] B = padWithZeros(val.mag,n); // copies val.mag into B padded w/ 0's
  int[] root = rootsOfUnity(n);       // creates all n roots of unity
  int[] C = new int[n];               // result array for A*B
  int[] AF = new int[n];              // result array for FFT of A
  int[] BF = new int[n];              // result array for FFT of B
  FFT(A,root,n,0,AF);
  FFT(B,root,n,0,BF);
  for (int i=0; i<n; i++)
    AF[i] = (int)(((long)AF[i]*(long)BF[i]) % P);   // Component multiply
  reverseRoots(root);                 // Reverse roots to create inverse roots
  inverseFFT(AF,root,n,0,C);          // Leaves inverse FFT result in C
  propagateCarries(C);                // Convert C to right no. bits per entry
  return new BigInt(signResult,C);
  }
```

程式碼 **10.18**：支援 FFT 演算法執行乘法之大整數類別的乘法方法。

```
public static void FFT(int[] A, int[] root, int n, int base, int[] Y) {
  int prod;
  if (n==1) {
    Y[base] = A[base];
    return;
    }
  inverseShuffle(A,n,base);    // inverse shuffle to separate evens and odds
  FFT(A,root,n/2,base,Y);     // results in Y[base] to Y[base+n/2-1]
  FFT(A,root,n/2,base+n/2,Y); // results in Y[base+n/2] to Y[base+n-1]
  int j = A.length/n;
  for (int i=0; i<n/2; i++) {
    prod = (int)(((long)root[i*j]*Y[base+n/2+i]) % P);
    Y[base+n/2+i] = (int)(((long)Y[base+i] + P - prod) % P);
    Y[base+i] = (int)(((long)Y[base+i] + prod) % P);
    }
}
public static void inverseFFT(int[] A, int[] root, int n, int base, int[] Y) {
  int inverseN = modInverse(n);      // n^{-1}
  FFT(A,root,n,base,Y);
  for (int i=0; i<n; i++)
    Y[i] = (int)(((long)Y[i]*inverseN) % P);
}
```

程式碼 **10.19**：一個 FFT 演算法的遞迴實作。

避免重複的陣列配置

遞迴 FFT 演算法的虛擬碼會請求一些新陣列的配置，包括 $\mathbf{a}^{even}$、$\mathbf{a}^{odd}$、$\mathbf{y}^{even}$、$\mathbf{y}^{odd}$ 和 $\mathbf{y}$。若每次遞迴呼叫都重新配置所有這些陣列，會需要多做許多額外的工作。如果可以避免這些額外的陣列配置，其節省將會大大地改善 FFT 演算法時間效能 $O(n \log n)$ (或 $O(N)$ 時間) 的常數因數。

幸運地，FFT的結構讓我們能避免重複的陣列配置。無須配置許多陣列，我們可以僅使用單一陣列 A 儲存輸入係數，及單一陣列 Y 儲存答案。讓我們可以這樣使用陣列的主要概念在於，我們可以想像陣列 A 和 Y 被分割成多個子陣列，每個子陣列都連結到不同的遞迴呼叫。我們可以只用兩個變數來辨別這些子陣列；第一個變數是 base，用來辨別子陣列的基底位址；第二個變數 n，則用來辨別子陣列的大小。如此一來，我們就能避免在每次遞迴呼叫時配置大量小陣列造成的額外工作量。

逆向洗牌

決定不在每次 FFT 遞迴呼叫中配置新陣列後，我們必須處理 FFT 演算法會分開計算輸入陣列的奇數項及偶數項造成的問題。演算法 10.16 的虛擬碼中，我們使用新陣列 $\mathbf{a}^{even}$ 和 $\mathbf{a}^{odd}$，但是現在我們必須使用 A 的子陣列來儲存這些向量。我們對於這個記憶體管理問題的解決方案是，使用現有 n 格空間的 A 陣列，將其分成大小是 $n/2$ 的子陣列。其中一個子陣列和 A 會有相同的基底，而另一個的基底則是 base + $n/2$。我們將 A 的偶數項搬到下半部，將奇數項搬到上半部。這種有趣的排列變換叫做**逆向洗牌 (inverse shuffle)**。這個名字的來由，是因爲其反向變換相當類似於將陣列 A 看做一疊牌，然後將 A 分爲兩份之後做完美的洗牌 (參考圖 10.20)。

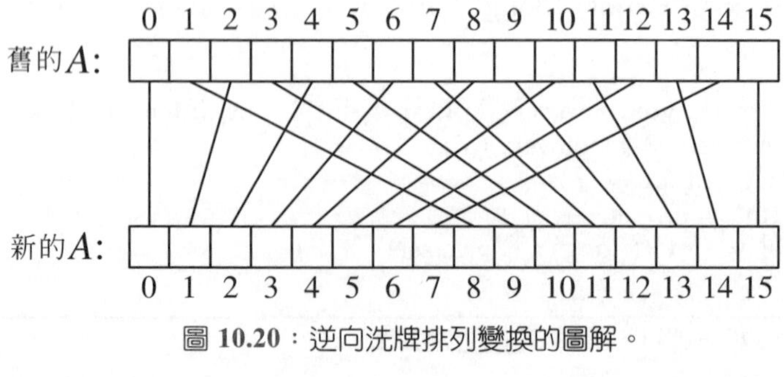

圖 10.20：逆向洗牌排列變換的圖解。

單位元素的根的預先運算以及其他的最佳化

在 FFT 實作上我們會利用一些額外的最佳化結果。程式碼 10.21 列出某些實作上重要的輔助方法，包含 n^{-1} 的計算、逆洗牌排列變換、所有單位元素 n 次原根的預先計算、疊積取模數 p 之後的進位傳遞。

```
protected static int modInverse(int n) { // assumes n is power of two
  int result = 1;
  for (long twoPower = 1; twoPower < n; twoPower *= 2)
    result = (int)(((long)result*TWOINV) % P);
  return result;
}
protected static void inverseShuffle(int[] A, int n, int base) {
  int shift;
  int[] sp = new int[n];
  for (int i=0; i<n/2; i++) { // Unshuffle A into the scratch space
    shift = base + 2*i;
    sp[i] = A[shift];          // an even index
    sp[i+n/2] = A[shift+1];    // an odd index
    }
  for (int i=0; i<n; i++)
    A[base+i] = sp[i];         // copy back to A
}
protected static int[] rootsOfUnity(int n) { //assumes n is power of 2
  int t = MAXN;
  int nthroot = OMEGA;
  for (int t = MAXN; t>n; t /= 2)  // Find prim. nth root of unity
    nthroot = (int)(((long)nthroot*nthroot) % P);
  int[] roots = new int[n];
  int r = 1;            // r will run through all nth roots of unity
  for (int i=0; i<n; i++) {
    roots[i] = r;
    r = (int)(((long)r*nthroot) % P);
    }
  return roots;
}
protected static void propagateCarries(int[] A) {
  int i, carry;
  carry = 0;
  for (i=0; i<A.length; i++) {
    A[i] = A[i] + carry;
    carry = A[i] >>> ENTRYSIZE;
    A[i] = A[i] − (carry << ENTRYSIZE);
    }
  }
```

程式碼 **10.21**：遞迴 FFT 的輔助方法。

迭代 FFT 的實作

FFT 演算法本身也可以做額外的時間效能改進，這牽涉到將遞迴演算法改成迭代演算法。我們的迭代 FFT 演算法是另一個大整數類別 FastInt 的成員。這個類別的乘法方法如程式碼 10.22 所示。

```
public FastInt multiply(FastInt val) {
  int n = makePowerOfTwo(Math.max(mag.length,val.mag.length))*2;
  logN = logBaseTwo(n);               // Log of n base 2
  reverse = reverseArray(n,logN);     // initialize reversal lookup table
  int signResult = signum * val.signum;
  int[] A = padWithZeros(mag,n);      // copies mag into A padded w/ 0's
  int[] B = padWithZeros(val.mag,n);  // copies val.mag into B padded w/ 0's
  int[] root = rootsOfUnity(n);       // creates all n roots of unity
  FFT(A,root,n);                      // Leaves FFT result in A
  FFT(B,root,n);                      // Leaves FFT result in B
  for (int i=0; i<n; i++)
    A[i] = (int) (((long)A[i]*B[i]) % P);     // Component-wise multiply
  reverseRoots(root);                 // Reverse roots to create inverse roots
  inverseFFT(A,root,n);               // Leaves inverse FFT result in A
  propagateCarries(A);                // Convert A to right no. of bits/entry
  return new FastInt(signResult,A);
}
```

程式碼 **10.22**：迭代 FFT 演算法的乘法方法。

在原位計算 FFT

從程式碼 10.22，我們已經可以發現這個乘法方法和遞迴 FFT 的不同。意即，我們現在在恰當的地方執行 FFT。也就是說，陣列 A 同時用在輸入和輸出上，這節省了在輸出和輸入陣列之間額外的複製工作。此外，我們會計算 n 以二爲底的對數值，並且將這個值存在靜態變數中，因爲這個對數值會不停地使用在迭代 FFT 演算法中。

避免遞迴

在適當位置版的 FFT 演算法中要避免遞迴的最大挑戰在於，如何將所有的反向洗牌都在輸入陣列 A 中完成。我們不要在每次迭代時做反向洗牌，而希望預先一次將所有的反向洗牌完成，我們假設輸入陣列的大小 n 是二的次方數。

爲了理解排列變換的淨影響，我們會重複遞迴做反向洗牌運算，讓我們能夠觀察反向洗牌如何在每次遞迴呼叫時搬移資料。當然，在第一次遞迴呼叫時，我們會對整個陣列做反向洗牌。留意這種排列變換是如何對 A

的序數在位元層級進行操作的。它會把所有最小位元爲零的成員搬到 A 的下半部。類似地，它會把所有最小位元爲 1 的成員搬到 A 的上半部。也就是說，如果某個成員一開始的位址最小位元爲 b，則他最後位址的最高位元也會是 b。位址的最小位元決定了該成員會被搬到 A 的哪一半去。在下一層的遞迴，我們再次對 A 的上下兩半各自進行反向洗牌，我們再次觀察位元層級，這些遞迴反向洗牌會把原本其位址次低位元爲 b 的成員，搬到次高位元爲 b 的位址去。依此類推，第 i 層遞迴會將位址第 i 低位元爲 b 的成員，搬到第 i 高位元爲 b 的位址去。因此，如果某個成員初始位址的二進位表示式是 $[b_{l-1}...b_2b_1b_0]$，則其最後位址的二進位表示式會是 $[b_0b_1b_2...b_{l-1}]$，$l = log_2 n$。也就是說，我們可以預先執行所有的反向洗牌，只要把 A 的成員移到將初始位置的位元顛倒過來的位址就行了。爲執行這個排列轉換，我們在乘法方法中建立一個排列轉換陣列，reverse，並將之用在 FFT 內部呼叫的 bitReversal 方法中，用來將 A 的成員根據此排列方式進行轉換。修改過的迭代 FFT 演算法如程式碼 10.23 所示。

```
public static void FFT(int[] A, int[] root, int n) {
  int prod,term,index;        // Values for common subexpressions
  int subSize = 1;            // Subproblem size
  bitReverse(A,logN);         // Permute A by bit reversal table
  for (int lev=1; lev<=logN; lev++) {
    subSize *= 2;             // Double the subproblem size.
    for (int base=0; base<n-1; base += subSize) { // Iterate subproblems
      int j = subSize/2;
      int rootIndex = A.length/subSize;
      for (int i=0; i<j; i++) {
        index = base + i;
        prod = (int) (((long)root[i*rootIndex]*A[index+j]) % P);
        term = A[index];
        A[index+j] = (int) (((long)term + P - prod) % P);
        A[index] = (int) (((long)term + prod) % P);
      }
    }
  }
}
public static void inverseFFT(int[] A, int[] root, int n) {
  int inverseN = modInverse(n);      // n^{-1}
  FFT(A,root,n);
  for (int i=0; i<n; i++)
    A[i] = (int) (((long)A[i]*inverseN) % P);
}
```

程式碼 **10.23**：一個 FFT 演算法的迭代版實作。

```
protected static void bitReverse(int[] A, int logN) {
  int[] temp = new int[A.length];
  for (int i=0; i<A.length; i++)
    temp[reverse[i]] = A[i];
  for (int i=0; i<A.length; i++)
    A[i] = temp[i];
}
protected static int[] reverseArray(int n, int logN) {
  int[] result = new int[n];
  for (int i=0; i<n; i++)
    result[i] = reverse(i,logN);
  return result;
}
protected static int reverse(int N, int logN) {
  int bit=0;
  int result=0;
  for (int i=0; i<logN; i++) {
    bit = N & 1;
    result = (result << 1) + bit;
    N = N >>> 1;
    }
  return result;
  }
```

程式碼 **10.24**：迭代 FFT 演算法實作的輔助方法。其他輔助方法和遞迴版本相似。

程式碼 10.24 列出一些迭代FFT演算法用到的額外輔助方法。所有這些輔助方法都用在處理 reverse 排列轉換表的計算，以及之後將該表用來對 A 執行位元倒換的排列轉換。

實驗結果

當然，使用FFT演算法來做大整數乘法的目的，在於處理表示成 n 字組向量的整數能夠在 $O(n \log n)$ 時間裡完成乘法，而傳統所教的 $O(n^2)$ 乘法。此外，我們設計了迭代FFT演算法，目的在於改進此乘法方式執行時間的常數係數。爲了實際測試這些目標，我們設計了一個簡單的實驗。在這個實驗中，對於每個 $s = 7$、8、…、16，我們隨機產生了十個大整數，這些整數由 2^s 個 15 位元字組構成，然後我們依順序將其兩兩相乘，對每個 s 產生九組乘積。我們記錄下計算這些乘積的執行時間，並將其與執行相同位數整數乘法的 Java BigInteger 類別標準實作相較。實驗結果如圖 10.25 所示。執行時間的單位爲毫秒，這個實驗是在配有 360MHz 處理器，128MB 記憶體的 Sun Ultra5 上，以 Sun Java 虛擬機器執行。

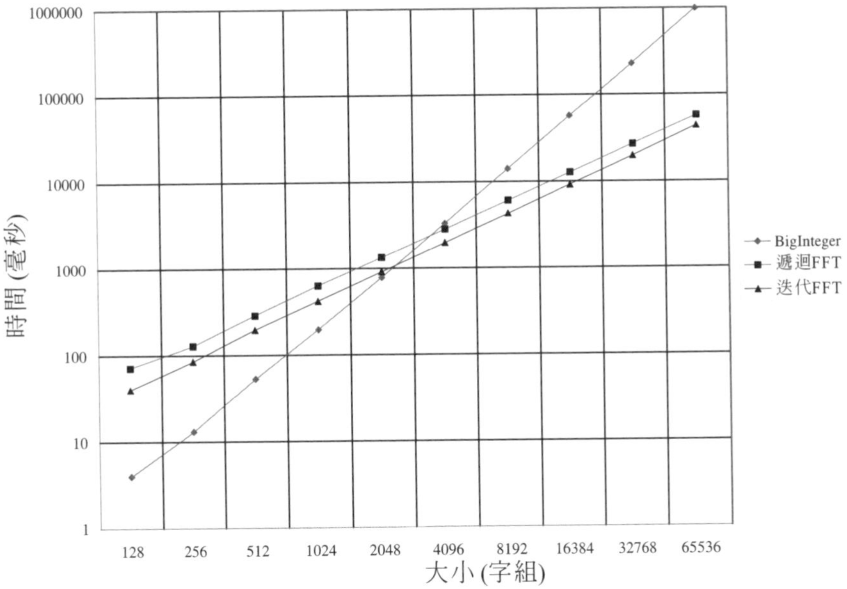

圖 **10.25**：整數乘法的執行時間。曲線圖顯示整數乘法的執行時間，乘數為不等數目的 15 位元字組 (FFT)，或是等大小的整數 (標準 BigInteger 實作)。注意 x 和 y 座標的單位都是對數。

請注意實驗結果是用對數—對數的刻度來表示。我們選擇這樣的刻度以符合乘冪測試 (第 1.6.2 節)，而且比起標準的線性刻度，對數刻度讓我們更清楚地比較不同實作方法所需的運算資源。由於 $\log n^c = c \log n$，對數—對數刻度上直線的斜率，正好跟標準線性刻度上多項式的指數相關。相同地，對數—對數刻度上直線的高度，也會和某個比例常數相對應。圖 10.25 的 y 軸以 10 爲底，x 軸則以 2 爲底。考慮到 $\log_2 10$ 大概是 3.322，我們確實可以發現傳統的乘法演算法執行時間是 $\Theta(n^2)$，而 FFT 演算法的執行時間則接近線性。同樣地，我們也可以注意到迭代 FFT 演算法實作的常數係數，大約只有遞迴版 FFT 演算法實作的 70%。我們還可以注意到 FFT 類的方法和傳統乘法演算法間有一個重要的 trade-off。在刻度小的一邊，FFT 類的方法十倍慢於傳統演算法，然而在刻度大的一邊，它們卻十倍快於傳統演算法！

10.6 習題

複習題

R-10.1 證明定理 10.1。

R-10.2 透過建立一個類似表 10.2 的表格，展示 EuclidGCD (14300, 5915) 的執行過程。

R-10.3 寫出演算法 EuclidGCD 的非遞迴版本。

R-10.4 透過建立一個類似表 10.2 的表格，展示 EuclidBinaryGCD (14300, 5915) 的執行過程。

R-10.5 證明 Z_p 中加法反元素的存在，亦即證明對每一個 $x \in Z_p$，必存在一 $y \in Z_p$，使得 $x+y \bmod p = 0$。

R-10.6 建立 Z_{11} 成員的乘法表，位於列 i 及行 j ($\le i,j \le 10$) 的成員之值爲 $i \cdot j \bmod 11$。

R-10.7 證明推論 10.7。

R-10.8 爲定理 10.6 及推論 10.7 提出不同的證明，證明時不要用到定理 10.3。

R-10.9 透過建立一個類似表 10.8 的表格，秀出 FastExponentiation (5, 12, 13)的執行過程。

R-10.10 寫出 ExtendedEuclidGCD 演算法的非遞迴版本。

R-10.11 將表 10.10 多加兩列，列出演算法每一步 ia 及 jb 的值，並檢驗 $ia+jb = 1$。

R-10.12 透過建立一個類似表 10.10 的表格，證明 ExtendedEuclidGCD(412, 113) 的執行過程。

R-10.13 計算 Z_{299} 中 113、114 以及 127 的乘法反元素。

R-10.14 描述一個逆 FFT 演算法，能夠在 $O(n \log n)$ 時間內計算逆 DFT。亦即，展示如何交換 **a** 和 **y** 的角色，並改變數值的指定，對每個輸出序數，我們可知

$$a_i = \frac{1}{n}\sum_{j=1}^{n-1} y_j \omega^{-ij}$$

R-10.15 證明單位元素原根的降次性。亦即證明對任一整數 $c>0$，若 ω 是單位元素的 (cn) 次根，則 ω^c 是單位元素的 n 次根。

R-10.16 以 $a+b\mathbf{i}$ 的形式寫下 $n = 4$ 和 $n = 8$ 的單位元素 n 次複數根。

R-10.17 請問 reverse 對於 $n = 16$ 的位元倒換排列爲何？

R-10.18 使用 FFT 和逆 FFT 來計算 $\mathbf{a} = [1, 2, 3, 4]$ 及 $\mathbf{b} = [4, 3, 2, 1]$ 的疊積。展示出圖 10.15 中每個成員的輸出。

R-10.19 使用疊積定理來計算多項式 $p(x) = 3x^2+4x+2$ 和 $q(x) = 2x^3+3x^2+5x+3$ 的乘積。

R-10.20 使用算術模數 $17 = 2^4+1$ 來計算向量 [5, 4, 3, 2] 的離散傅利葉轉換。利用 5 是 Z_{17}^* 的生成元的事實。

R-10.21 建立一個表格來顯示參數 $p = 17$、$q = 19$ 和 $e = 5$ 的 RSA 加密系統的例子。表格必須有兩列，其中一列是明文 M，另一列是密文 C。每行必須對應到 M 的數值範圍 [10, 20]。

挑戰題

C-10.1 證明二進位歐幾里德演算法 (演算法 10.3) 的正確性並且分析執行時間。

C-10.2 令 p 爲奇質數。

a. 證明 Z_p 剛好有 $(p-1)/2$ 個二次餘數。

b. 證明

$$\left(\frac{a}{b}\right) \equiv a^{\frac{p-1}{2}} \pmod{p}$$

c. 試設計一期望時間爲 $O(1)$ 的隨機演算法以找出 Z_p 的二次餘數。

d. 討論二次餘數和排除雜湊碰撞的二次探索技巧之間的關係 (參考第 2.5.5 節及習題 C-2.35)。

C-10.3 令 p 爲質數。試設計一個不以歐幾里德演算法爲基礎，卻能有效率地計算 Z_p 中元素的乘法反元數的別種演算法。請問你的演算法執行時間如何？

C-10.4 如果所有算術運算最多都只能在 $2\lceil \log_2 n \rceil$ 個位元的資料上操作，請說明要如何修改演算法 ExtendedEuclidGCD 來計算 Z_n 中元素的乘法反元素。

C-10.5 證明用來計算 Jacobi 符號的 Jacobi(a, b) 之正確性 (演算法 10.12)。並證明這個方法會執行 $O(\log \max(a, b))$次算數運算。

C-10.6 試設計在 Rabin-Miller 演算法中的複合證明函數的虛擬碼演算法。

C-10.7 試描述一種各個擊破演算法，不以 FFT 爲基礎，用來將兩個 n 階多項式在 $O(n^{\log_2 3})$ 時間內相乘，假定任意兩整數的基本算術運算可在常數時間內執行。

C-10.8 證明對任意整數 $b>0$，對乘法取模數 $(2^{2b}+1)$ 時，$\omega = 2^{4b/m}$ 是單位元素的 m 次原根。

C-10.9 給定 n 階多項式 $p(x)$ 和 $q(x)$，試描述一執行時間爲 $O(n \log n)$ 的方法，來作 $p(x)$ 和 $q(x)$ 的導數相乘。

C-10.10 試描述 FFT 在 n 爲 3 的次方時的版本。藉由將輸入向量分成三個子向量，對每個子向量遞迴，然後合併子問題解答。導出此演算法執行時間的遞迴方程式，並使用主導者定理解這個遞迴方程式。

C-10.11 假定我們有一實數集合 $X = \{x_0, x_1, ..., x_{n-1}\}$。注意，由多項式內插定理可知，會有唯一的$(n-1)$ 次多項式 $p(x)$，使得 $p(x_i) = 0$，當 $i = 0$、1、…、$n-1$。試設計一個各個擊破演算法，在 $O(n \log^2 n)$ 時間內，有效地建構 $p(x)$ 的表示法。

軟體專案

P-10.1 寫出一個包含模數指數運算及計算模數反元素方法的類別。

P-10.2 實作 Rabin-Miller 和 Solovay-Strassen 的隨機質數測試演算法。分別使用信賴參數 7、10 和 20，在隨機產生的 32 位元整數上測試這些演算法。

P-10.3 使用 Java 類別實作 RSA 加密系統的簡化版本，可以提供整數的加密、解密、簽章以及驗證簽章。

P-10.4 使用 Java 類別實作 El Gamal 加密系統的簡化版本，可以提供整數的加密、解密、簽章以及驗證簽章。

進階閱讀

Koblitz [123] 和Kranakis [125] 的書中有提供關於數論的簡介。數值演算法的經典教科書是 Knuth 的 ***The Art of Computer Programming*** [121] 系列書籍中的第二卷。解決數論問題的演算法同樣也出現在 Bressoud 和 Wagon [40] 的著作，以及 Bach 和 Shallit [20] 的著作中。Solovay-Strassen 隨機質數測試演算法出現在 [190, 191]。Rabin-Miller 演算法則出現在 [171]。

Schneier的著作 [180] 描述了密碼協定和演算法的細節。密碼學在網路安全上的應用，則涵蓋在 Stallings [192] 的書中。RSA 加密系統是以發明者 Rivest、Shamir和Adleman [173] 的名字來命名。El Gamal加密系統也是用發明者的名字來命名 [75]。雜湊樹結構是由 Merkle [153, 154] 所提出。**單向堆積 (accumulator)** 函數則在 [27, 179] 中被提出。

快速傅利葉轉換 (FFT) 出現在 Cooley 和 Tukey [54] 的論文中。在 Aho、Hopcroft 和 Ullman [7] 的著作、Baase [19] 的著作、Cormen、Leiserson 和 Rivest [55] 的著作、Sedgewick [182, 183] 的著作以及 Yap [213] 的著作中，都對 FFT 有相當具影響力的探討。特別是前文提出的快速整數乘法演算法實作，是由 Yap 與 Li 提出的 QuickMul 演算法修改而來的。想要得到更多關於 FFT 的應用，有興趣的讀者可以參考 Brigham [41] 的著作及 Elliott 與 Rao 的著作 [66] 以及 Emiris 與 Pan 書中的相關章節 [67]。第 10.1 節和第 10.2 節有一部分是以 Achter 及 Tamassia 未出版的原稿 [1] 為基礎。

Chapter

11 網路演算法

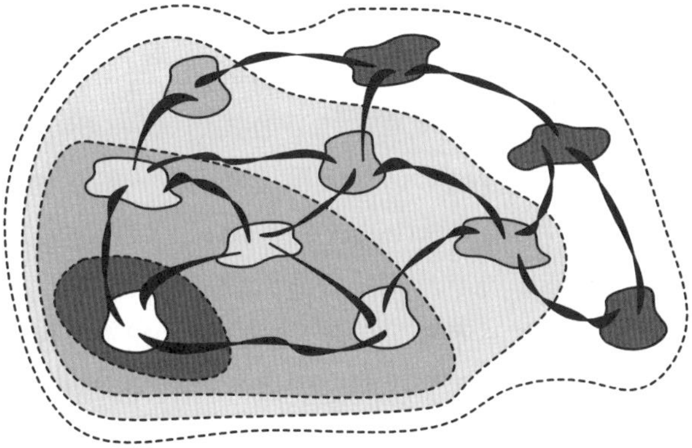

網路演算法 (Network Algorithms) 是在電腦網路裡執行的演算法，它們包括了像是規範一些稱之為路由器 (router) 的特殊電腦如何在網路間傳送封包。電腦網路可以模擬成一個圖，頂點代表處理器或是路由器，而邊表示通訊通道 (參考圖 11.1)。因為這種演算法的輸入通常散佈在整個網路，而且演算法的執行也分散在網路中的各個處理器上，所以在這樣的網路上執行的演算法通常沒有互相協議過。

我們透過考慮到幾個基本的分散式演算法 (distributed algorithms) 開始研究我們的網路演算法。這些演算法提出了一些在網路演算法裡會碰到的基本議題。包括領袖選舉 (leader election) 以及建造生成樹 (spanning trees)。我們經由同步運算設定及非同步運算設定來檢驗每個演算法，在同步運算設定中，處理器在一連串「回合」(round) 中可在「鎖定步驟」內操作，在非同步運算設定中，各個處理器能以各自的速度運轉。有時候，處理非同步時會帶來複雜的新問題，但對於分散 (diverse) 網路，例如網際網路，非同步處理是符合現實狀況的而必須被有效率的處理。

路由 (routing) 演算法是網路演算法中的一個主要類型，其作用是詳細說明在同一網路中，訊息封包如何在各個不同的電腦之間移動傳送。好的路由演算法應該要能迅速可靠地遞送每個封包以達到其目的地，同時也必須「公平」(fair) 對待其他網路中的封包。要設計出好的路由演算法時所會面臨的一項挑戰是這些目標有時候會互相矛盾，這是因為封包傳輸的公平性與快速性可能會互相抵觸。而另一項挑戰是需要快速且有效率地完成路由。因此在本章的第二個部分，我們將重點放在路由演算法，包括下列傳輸模式的各種方法：

- **路由廣播 (Broadcast routing)**，傳送一封包至每台電腦
- **單路由傳輸 (Unicast routing)**，傳送一封包至某台特定電腦
- **群播路由 (Multicast routing)**，傳送一封包至一個電腦群組。

我們將透過分析設這些演算法及使用該演算法決定訊息傳遞路徑所花費的成本，來研讀這些路由演算法。然而，在我們討論這些網路演算法如何執行之前，我們應該解釋更多關於這些演算法所用到的計算模型。

11.1 複雜度測量與模型

在我們能完全研究網路演算法之前，我們需要先好好認識網路－像是網際網路－是如何運作的。具體來說，我們需要探索如何執行、模擬與分析處

理器之間的通信。

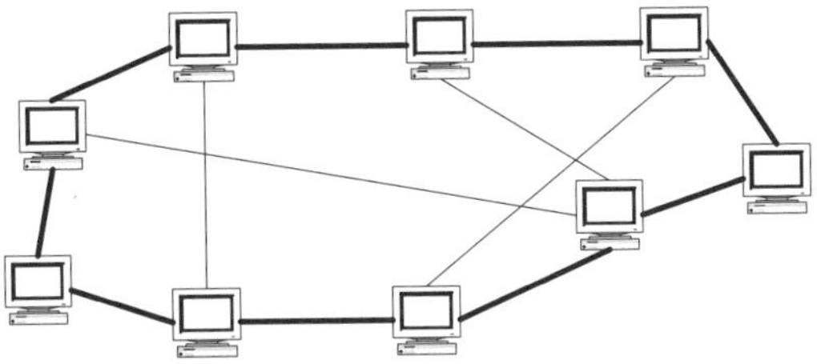

圖 11.1：一個電腦網路，其頂點為處理器，邊為通訊鏈結。由粗的邊決定出一簡單圓環狀，稱為**環狀 (ring)** 網路。

11.1.1 網路協定堆疊

要了解網路 (例如網際網路) 運作的方式，使用分層的網路模型是其中一個方法，我們將它分爲以下的幾個概念層級：

- **實體層 (Physical layer)**：未經處理的位元在這一層透過某種媒介被傳送，例如電氣電線或者光導纖維電纜。這層的主要考量在於使用工程技術表現出 1 和 0，以及將傳輸頻寬最大化、傳輸雜訊最小化。
- **資料連結層 (Data-link layer)**：這一層是將資料拆解成稱爲**訊框 (frame)** 的次單元，並透過實體層將資料由某一台電腦傳輸到另一台。點對點協定即爲一實例，它描述了如何在兩個實體連結的電腦之間傳送資料。
- **網路層 (Network layer)**：這層是將資料拆解成**封包** (packet，不同於訊框)，並透過整個網路在電腦間遞送那些封包。在這一層的演算法議題，在於考慮如何決定封包在網路中遞送的路徑，以及拆解、組合封包的方式。在這一層中所使用的主要的網路協定爲**網際網路協定 (Internet Protocol)** 或者稱做 **IP**。這個協定使用「最大努力」法，這意謂著無法提供效能保證，甚至可能會遺失一些封包。
- **傳輸層 (Transport layer)**：這層接收了從各個不同的應用程式而來的資料，若必要時將它們分割成更小的單位，並且在確保了特定的可靠度與網路壅塞控制的情況下，將它們傳送至網路層。這層存在著兩個主要的網路協定，分別是**傳輸控制協定 (Transmission Control Protocol，TCP)** 和**用戶數據協定 (User Datagram Protocol，UDP)**。前者提供在網路上的兩台機器間，無錯誤、終端對終端、連結導向的傳輸。後者則是最大努力、無連結導向的協定。
- **應用層 (Application layer)**：這層使用較低階的協定，應用程式就是在這層運作。網際網路應用的例子包括電子郵件 (SMTP)，檔案傳輸程式 (FTP 和 SCP)，虛擬終端機 (TELNET 和 SSH)，全球資訊網 (HTTP)，以及將主機名稱 (例如 www.cs.brown.edu) 對應到 IP 位址 (例如 128.148.32.110) 的區域名稱服務 (DNS)。

11.1.2 訊息傳輸模型

我們在這章裡很少說明關於網路協定堆疊的細節。取而代之地，我們所討論的網路演算法是操作在一種計算模型中，而這個模型能抽象表達出上述的**網路協定堆疊 (network protocol stack)** 中不同層級所提供的功能。儘管如此，理解網路協定堆疊的不同層級架構，能讓我們將分配計算模型中的概念連接至如網際網路的眞實網路中特定的功能與協定。

要抽象表達出網路的功能以使得我們能描述網路演算法有幾個可能的方式。在本章，我們將使用**訊息傳輸模型 (message-passing model)** 來描述**分散式演算法 (distributed algorithms)**。這種演算法能使鬆散連結的處理器作通訊以處理計算上的問題。另一個模型則是**平行演算法 (parallel algorithms)**，它將在第 14.2 節被介紹。在平行演算法中，緊密連接的多處理器能透過一共享記憶空間進行合作並協調。

這章的重點是在分散式訊息傳輸模型，這個模型將網路模擬爲一個圖，頂點相當於處理器，而邊則相當於處理器之間那些即使在計算時也不會改變的固定連接。每個邊 e 維持著在兩個位於 e 的端點的處理器之間的訊息傳送。如果 e 是有向的 (directed)，訊息只能朝某一方向傳輸；若 e 是無向的 (undirected)，訊息便能雙向傳輸。例如，在網際網路的網路層，其頂點可以相當於被稱爲 **IP 路由器 (IP routers)** 的一種特定的電腦，各自擁有被稱爲 **IP 位址 (IP address)** 的一組獨特的數字編碼來作識別，而它們之間所交換的訊息是被稱爲 **IP 封包 (IP packets)** 的基本資料傳輸單位。或者，頂點也可以相當於網際網路上的電腦伺服器，邊則相當於在不同的伺服器之間能永遠保持的 TCP/IP 連線。

如同字面的暗示，在訊息傳送模式裡，資訊在網路上傳送交流是藉由訊息的交換。每個在網路上的處理器都有一個獨特的**識別號碼 (identifier**，例如路由器或主機在網際網路上的 IP 位址)。再者，我們假設每台處理器知道它在網路上的芳鄰是誰，並且它只能直接與它的芳鄰交流。在某些情況下，我們甚至允許每台處理器知曉整個網路裡的處理器總數。但是在很多實例裡，這件全域性的知識是無法做到或非必要的。

網路演算法的另一個重要考量是，當他們正在運算時是否必須應付網路的潛在變化。當一個演算法執行時，處理器可能會失敗或「毀壞」(crash)，網路連接可能停止，雖然我們能讓一些處理器仍然保持運轉，但卻會發生執行不良、甚至是惡意的計算。理想中，我們最好能將分散式演算法設定爲動態的，意即能針對網路的改變做出回應，並具有錯誤容忍性，意即能從失敗中正確且完善地修復。然而，製造出健全的分散式演算法技術是相當錯綜複雜的，因此，它們並不屬於本書的範圍。所以，在這章裡，我們假設網路的拓撲不會改變，而且當網路執行分散式演算法時，處理器能一直與網路保持聯繫並無任何錯誤。意即我們假設在執行演算法時，網路是**靜態 (static)** 的狀態。

在訊息傳送模型中，分散式計算的最重要考量之一就是假設網路的處理器都能夠作到同步化。就同步化而論，我們有好幾種可能的選擇，但在分散式演算法的設計中，以下兩種是最常用的模型：

- **同步模型 (Synchronous model)**：在這模型內，每處理器有一個內部計時器，以計算程式的執行時間，而所有處理器的計時器都將被同步化。此外，我們假設處理器的執行速度一致，且每個處理器執行相同的操作運算時，均花費一樣多的時間(例如加法或比對)。最後，我們假設透過網路任一連結去傳送一則訊息均花費相同的時間。
- **非同步模型 (Asynchronous model)**：在這個模型中，我們並未對處理器的內部計時器做任何假設。再者，我們不假設處理器的速度必定相似。因此，在非同步演算法裡，執行的步驟是經由條件或者**事件 (event)** 來確定，而非經由計時器的「刻度」(tick)。儘管如此，我們依舊有作一些時間上的合理假設以使得演算法在處理工作時顯得更有效率。首先，我們假設以邊代表的每一個通訊通道是一個先進先出 (FIFO) 的佇列，它能暫存任意數量的訊息。意即將被傳輸到某一個邊的訊息會先被儲存在一個緩衝器內，使得那些訊息達到的順序和它們被傳輸的順序是一樣的。其次，我們雖然假設處理器的速度可以改變，但並不會任意地由某一速度變成另一個速度。也就是說，有一基本**公正 (fairness)** 的假設，保證若處理器 p 有一事件需要 p 執行某一項工作，而 p 終會去執行那項工作。

除分佈計算模型的這兩個極端的情況之外，我們也考慮中間的情況，也就是當處理器具有計時器，但這些計時器並非完全同步。因此，在這樣的一個中間模型裡，我們不能假設處理器根據「步伐一致」來做運算，但是我們仍然能根據在冗長的時間之內處理器沒有反應的「逾時」事件來做選擇。雖然這樣的中間模型與眞實的網路如網際網路在時間方面的特性更爲貼近，但我們發現只專注在上述的同步和非同步模型是有助益的。爲同步模型設計的演算法通常十分簡單，並且經常能被翻譯成能在非同步模型裡使用的演算法。另外，爲非同步模型設計的演算法當然也適合用於具備有限的同步化的中間模型裡。

11.1.3 網路演算法的複雜度測量

在本書其他章節內所被研究傳統的演算法設計裡，用來評量該演算法的效率的複雜度測量是根據執行時間與記憶體空間的使用。然而，因爲這些複雜度測量暗自假設執行計算的範圍僅限於單一台電腦，而非一個區域網路，因此這些複雜度測量不會直接轉譯成網路演算法的相對領域。在網路演算法中，其輸入會在網路上的電腦之間散佈，而計算過程也必須在網路上透過許多電腦來進行。因此，我們必須小心描述網路演算法之效能的參數。

對複雜度測量來說，分散式演算法與傳統演算法固然有著天然相似的地方，但在網路設定方面仍然有一些獨特的複雜度測量。在這章裡，我們專注於下列的複雜度測量：

- **計算回合數 (Computational rounds)**：幾種網路演算法透過一系列的全域性的回合，使其執行最後會聚於一個解決辦法上。會聚的回合數將可以做爲時間的近似値來使用。在同步演算法中，將以計時器的刻度數來決定回合數，而在非同步演算法裡，將以透過網路散播事件的次數 (waves) 來決定回合數。
- **空間 (Space)**：計算所需要使用的空間數量可能被用在網路演算法上，但它必須符合一則是**整體的 (global)** 範圍，即被演算法裡所有的電腦使用的空間總和，或是**局部的 (local)** 範圍，即每台電腦需要使用多少空間。
- **局部執行時間 (Local running time)**：當分析一次計算所需要的整體執行時間很難時，特別是對非同步演算法來說，我們仍然能分析參與網路演算法的一台特定電腦所需要的局部計算時間量。如果演算法裡的全部電腦正執行相同類型的功能，那麼單一的局部執行時間範圍便能夠滿足所有的電腦。不過若參與演算法的電腦有幾種不同等級的話，我們便應該針對每種等級的電腦所需的局部執行時間來做描述。
- **訊息複雜度 (Message complexity)**：這個參數是測量在計算期間被所

有電腦傳送的總訊息數(其大小至多爲處理器總數的對數)。例如，如果一訊息 M 透過 p 個邊由一台電腦遞送至另一台，我們將指出本次通訊的訊息複雜度爲 $p|M|$，其中 $|M|$ 代表 M 的長度 (以字數計)。

最後，如果有其他明顯的複雜度測量是我們試圖在網路演算法中做最佳化的(例如線上拍賣協議的利潤或是取回線上隱藏計畫的成本)，那麼我們也應該對這些複雜度設下界限。

11.2 基本分散式演算法

我們試圖解決網路演算法的複雜度測量經常被直覺的認爲是做爲問題「大小」的最佳函數。例如，一個問題的大小就可能以下列參數表示：

- 用來形容輸入的單字數量；
- 使用的處理器的數量；
- 在處理器之間的通訊連結的數量。

因此，爲一網路演算法正確地分析複雜度，我們必須公式化演算法問題的大小。

爲落實這些概念，在這個小節裡，我們研習幾個基本分散式演算法，使用上述的複雜度測量來分析它們的效能。我們研究的特定的問題將拿來說明基本分散式演算法的技術和分析網路演算法的方法。

11.2.1 環狀網路的領袖選舉

我們說明的第一個問題是在環狀網路中的**領袖選舉 (leader election)**。在這個問題裡，我們給定 n 個處理器、並構成一個環狀連通，意即該網路的圖是一個有 n 個頂點的簡單循環。問題的目的是指定這 n 個處理器的其中之一爲「領袖」(leader)，並讓所有其它的處理器都同意這個篩選。我們這裡描述的演算法，其環狀是一個有向循環。習題C-11.1 考慮一無向循環的環狀案例。

我們首先描述一個同步化的解決辦法。這個同步化解決辦法的主要構想是選擇識別號碼最小的處理器爲領袖。其挑戰是在一環狀裡，並沒有一個明顯的地方可以作爲起點。因此我們必須在每一處都進行計算。在演算法的開頭，每個處理器將它的識別號碼傳送到環狀裡的下一個處理器。在隨後的回合裡，每個處理器將執行如下的計算：

1. 它從圓環裡的上一個處理器收到一個識別號碼 i
2. 它將 i 與自己的識別號碼做比較
3. 它把這兩個值之中的最小值，傳送到環狀裡的下一個處理器。

如果某一個處理器從它的上一個處理器那裡收到自己的識別碼，那麼它將知道自己一定擁有最小的識別號碼，因此它會是這個環狀的領袖。接著，這個處理器將在環狀之中發出訊息，告知其他所有的處理器它是領袖。

我們在演算法 11.2 裡描述上述的方法。圖 11.3 描述這個演算法的一個執行實例。

Algorithm RingLeader(id):
  Input: The unique identifier, id, for the processor running this algorithm
  Output: The smallest identifier of a processor in the ring

  $M \leftarrow$ [Candidate is id]
  Send message M to the successor processor in the ring.
  $done \leftarrow$ **false**
  repeat
    Get message M from the predecessor processor in the ring.
    if $M =$ [Candidate is i] **then**
      if $i = id$ **then**
        $M \leftarrow$ [Leader is id]
        $done \leftarrow$ **true**
      else
        $m \leftarrow \min\{i, id\}$
        $M \leftarrow$ [Candidate is m]
    else
      {M is a "Leader is" message}
      $done \leftarrow$ **true**
    Send message M to the next processor in the ring.
  until $done$
  return M {M is a "Leader is" message}

演算法 **11.2**：一個藉由有向環狀中的處理器來執行的同步演算法，用來決定環狀中處理器的「領袖」。

在我們分析演算法 RingLeader 之前，首先讓我們說服自己其執行的正確性。令 n 爲處理器的個數，在第一回合時，每個處理器經由傳送自己的識別號碼來開始做運算。然後，在接續的 $n-1$ 個回合，每個處理器都會收到一個「candidate is」的訊息，並比較訊息中的識別號碼 i 和自己的識別號碼 id，並將 m 設爲其中的最小值，然後將識別號碼 m 隨著「candidate is」的訊息，傳送給下一個處理器。令 ℓ 是在環狀當中，擁有最小識別號碼的處理器。第一個由處理器 ℓ 傳送的訊息將跨越整個環狀，並毫無改變的回到處理器 ℓ。到那個時候，處理器 ℓ 將意識到自己是領袖，並將傳送「leader is」的訊息通知其它所有處理器，這個訊息將在接下來的 n 個回合傳送給整個環狀上的每個點。應當被注意的是，上述分析中處理器無須知道處理器的總數 n。此外，在演算法裡不會有死結 (deadlocks) 發生，也就是不會有兩個處理器都在等待由對方傳送過來的訊息。

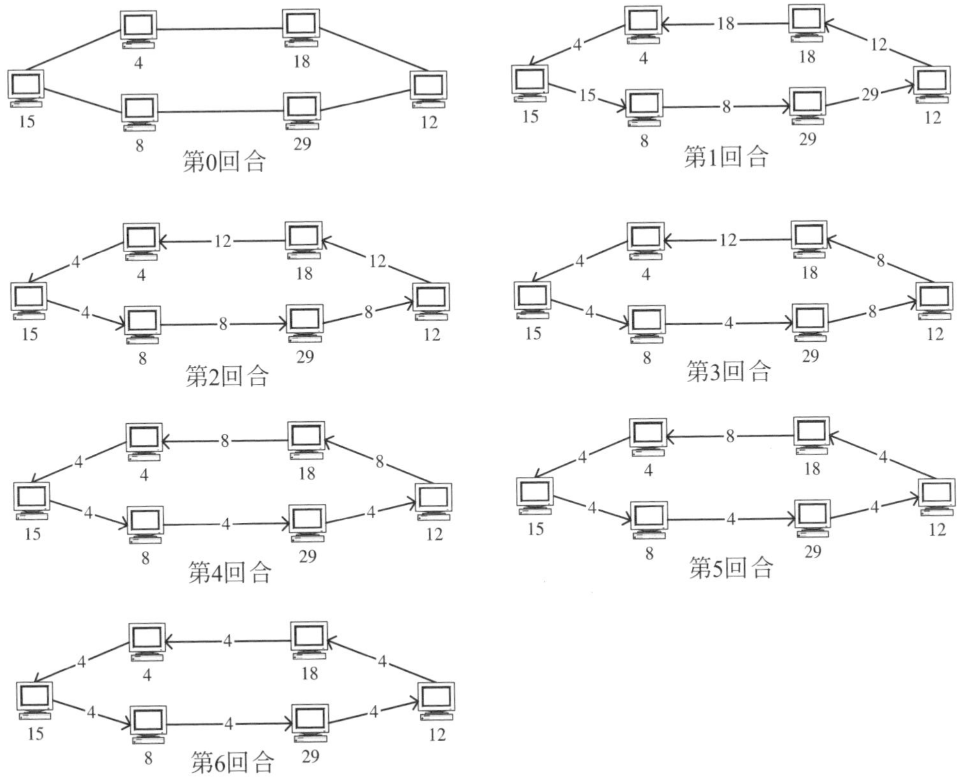

圖 11.3：環狀的同步領袖選舉之演算法圖例。初始配置被標示為「第 0 回合」(Round 0)。對於每個接續的回合，我們將每條邊標上「candidate is」的訊息，並沿著那些邊傳送這個訊息。我們沒有顯示最後一個回合，也就是識別號碼為 4 的處理器用「leader is」的訊息通知其他處理器說它是領袖的回合。

現在我們來分析 RingLeader 演算法的效能。首先，就回合的數量而言，第一個從領袖發出的「candidate is」訊息，需經過 n 次回合才能跨越整個環狀。此外，由領袖發出的「leader is」訊息，還要再經過 n 次回合才能傳送給所有其他的處理器。因此，總共需要 $2n$ 個回合。

我們現在來分析演算法的訊息複雜度。我們在演算法裡區分兩個階段。

1. 第一階段包含處理器傳送「candidate is」訊息的前 n 個回合，並將這些訊息一一向下一個處理器作傳播。在這個階段裡，每個處理器在每一個回合當中，傳送並接收到一則訊息。因此，第一階段有 $O(n^2)$ 個訊息被傳送。
2. 第二階段由下 n 個「leader is」訊息在環狀之間傳送的回合所組成。在這階段內，處理器繼續傳送「candidate is」訊息，直到「leader is」訊息抵達這個點。此時，它將傳送「leader is」訊息並且停止。因此，在這個階段裡，領袖將傳送一則訊息，領袖的下一個處理器將傳送兩則訊息，它的再下一個處理器將傳送三則訊息，依此類推。因此，第二階段傳送的訊息的總數是 $\sum_{i=1}^{n} i$，也就是 $O(n^2)$ 。

我們做出以下結論。

定理 11.1： 假設我們給定一個有 n 個節點的有向之分散式環狀網路 N，並清楚標明各節點的識別號碼，但並沒有區分出誰是領袖。RingLeader 演算法必須使用總數為 $O(n^2)$ 個訊息來找出 N 的領袖。並且，演算法的總訊息複雜度為 $O(n^2)$。

證明：

我們已經看見有 $O(n^2)$ 個訊息被傳送。既然每則訊息需使用到 $O(1)$ 個字元，總訊息複雜度即是 $O(n^2)$。 ■

透過修改 RingLeader 演算法，使其只需要傳送較少的訊息，並以此來改善領袖選舉的訊息複雜度是有可能的。我們在習題 C-11.2 和 C-11.3 探索兩種可能的修改方式。

非同步的領袖選舉

演算法 11.2 (RingLeader)。是在描述、分析同步模型下選舉領袖的方式。再者，每個回合被我們組織成能分成一個訊息接收步驟、一個處理步驟、與一個訊息傳送步驟。而這也的確是同步分散式演算法的典型架構。

在一個非同步演算法裡，我們無法再假設處理器能以「步伐一致」的方式來運作。取而代之的是，處理器經由事件來決定其如何運作，而非計時器的刻度。然而上述的環狀網路之領袖選舉演算法，也能在非同步模型裡運作。實際上，上述演算法的正確性並非取決於處理器是否同步動作，而是取決於每個處理器接收訊息的順序是否跟那些訊息被傳送的順序是一樣的。這個條件仍適用於非同步模型中。

下列定理將總結我們對環狀網路的領袖選舉之研究。

定理 11.2： 給定一個有 n 個處理器的有向環狀，RingLeader 演算法執行領袖選舉具有 $O(n^2)$ 的訊息複雜度。對於每個處理器而言，局部計算時間為 $O(n)$，且局部的空間使用量是 $O(1)$。RingLeader 演算法可用於同步和非同步的模型中。在同步模型當中，整體的執行時間是 $O(n)$。

起先，領袖選舉看似一個被人為製造出來的問題，但實際上它可以被應用在很多地方。當我們需要計算網路中一個節點的子集合的全域函數時，便必須執行領袖選舉。像是計算儲存在環狀中所連結的電腦的某種值的總和、其中之最大值或最小值等等，都能以類似於上述領袖選舉的演算法來解決。

當然，處理器並不會總是以環狀連結在一起。因此，在下一章節裡，我們將探索處理器以自由樹狀圖連結的情況。

11.2.2 樹的領袖選舉

假設網路是一個自由樹狀圖，選舉出領袖比在一個環狀當中簡單多了，因為樹狀圖對於計算有一個自然的起始點：外部節點。

非同步的樹狀圖領袖選舉

演算法 11.5 表示著一個非同步的樹狀圖領袖選舉演算法。同樣的，我們選擇有著最小識別號碼的處理器做為領袖。這個演算法假設處理器會以一個定時的**訊息檢查 (message check)**，查看某特定邊是否已送出訊息，而抵達該節點。

我們將 TreeLeader 演算法的主要概念分為兩階段。在**計數時程 (accumulation phase)** 裡，識別號碼自樹的外部節點流入。每個節點必須紀錄從鄰居接收而來的最小識別號碼 ℓ 之軌跡，並在它從除了一個之外的所有鄰居接收到識別號碼之後，便將這個識別號碼傳送 ℓ 給那個鄰居。在某個時間點，一個從它所有鄰居都收到識別號碼的節點，被稱為**計數節點 (accumulation node)**，會決定誰是領袖。我們將在圖 11.4 說明計數時程。一旦我們能用某個節點來確認領袖之後，便進入第二階段**廣播時程 (broadcast phase)**。在廣播時程過程中，計數節點將向外部節點進行廣播，傳送領袖的識別號碼。注意到當兩個相鄰節點都成為計數節點時，就有可能會發生平手的狀況。如此一來，他們將廣播至他們各自的「半」棵樹。任何在樹上的一點，甚至是外部節點，都有可能成為一個計數節點，這將取決於處理器各自的相對速度。

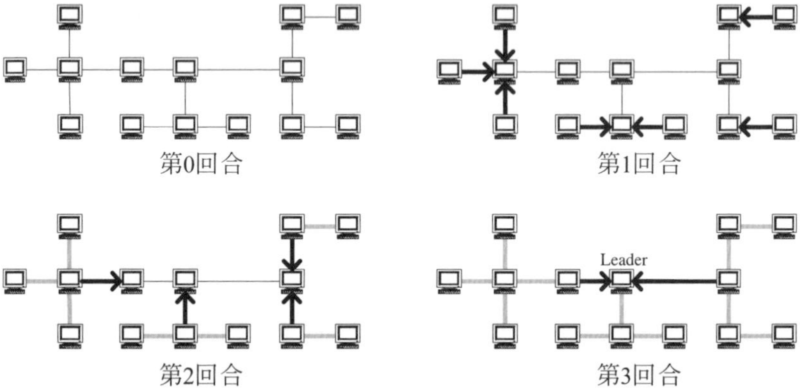

圖 **11.4**：在一樹狀圖裡尋找領袖的演算法的圖例。我們只顯示出計數時程。沒有承載訊息的邊以細線表示。在該回合中，承載訊息流的邊以粗箭頭表示。灰色的線則代表在之前的回合裡已傳送過訊息的邊。

樹的同步領袖選舉

在演算法的同步版本裡，所有處理器在同一時間開始一個回合。因此，訊息在計數時程會流向計數節點，就像是一塊石頭被丟進池塘內後所引起的漣漪一般。同樣地，在廣播時程中，訊息如同池塘裡前進的漣漪一般，從計數節點向外傳播。意即，在計數時程訊息朝樹的「中心」行進，而在廣播時程訊息則向外行進。

圖形的**直徑 (diameter)** 是在圖中任兩個節點之間最長的路徑之長度。對樹狀圖而言，其直徑可經由某兩個外部節點間的路徑來取得。有趣的是，我們可以發現到在演算法的同步版本裡，其回合數恰好等於樹的直徑。

樹的領袖選舉演算法之效能

分析非同步樹狀領袖選舉演算法的訊息複雜度是相當直觀的。在計數時程間，每處理器都傳送一則「candidate is」訊息。在廣播時程間，每處理器最多傳送一則「leader is」訊息。每則訊息的大小為 $O(1)$。 因此，訊息複雜度是 $O(n)$。

```
Algorithm TreeLeader(id):
  Input: The unique identifier, id, for the processor running this algorithm
  Output: The smallest identifier of a processor in the tree
   {Accumulation Phase}
   let d be the number of neighbors of processor id          {d ≥ 1}
   m ← 0          {counter for messages received}
   ℓ ← id         {tentative leader}
   repeat
     {begin a new round}
     for each neighbor j do
       check if a message from processor j has arrived
       if a message M = [Candidate is i] from j has arrived then
         ℓ ← min{i, ℓ}
         m ← m + 1
   until m ≥ d − 1
   if m = d then
     M ← [Leader is ℓ]
     for each neighbor j ≠ k do
       send message M to processor j
     return M          {M is a " leader is" message}
   else
     M ← [Candidate is ℓ]
     send M to the neighbor k that has not sent a message yet
   {Broadcast Phase}
   repeat
     {begin a new round}
     check if a message from processor k has arrived
     if a message M from k has arrived then
       m ← m + 1
       if M = [Candidate is i] then
         ℓ ← min{i, ℓ}
         M ← [Leader is ℓ]
         for each neighbor j do
           send message M to processor j
       else
         {M is a " leader is" message}
         for each neighbor j ≠ k do
           send message M to processor j
   until m = d
   return M          {M is a " leader is" message}
```

演算法 **11.5**：為計算樹狀圖中，處理器選舉領袖的演算法。在同步化的演算法中，所有處理器均在同一時間開始一個回合，直到它們停止為止。

現在假設我們忽略等待一個回合開始所花費的時間，來研究同步演算法的局部執行時間。對處理器 i 來說，演算法花費了 $O(d_iD)$ 時間，其中 d_i 是處理器 i 的鄰居數，而 D 是樹的直徑。並且，處理器 i 使用 d_i 的空間來紀錄那些已經傳送訊息的鄰居的軌跡。

我們以以下定理總結對樹狀圖中的領袖選舉研究。

定理 11.3： 給定一有 n 個節點、直徑爲 D 的 (自由) 樹，TreeLeader 演算法執行領袖選舉的訊息複雜度爲 $O(n)$。TreeLeader 演算法可同時在同步與非同步模型下運作。在同步模型下，對每個處理器 i 而言，局部計算時間是 $O(d_iD)$，且局部的空間使用量是 $O(d_i)$，其中 d_i 是處理器 i 的相鄰處理器之數量。

11.2.3 廣度優先搜尋

假定我們有一個由處理器組成的一般連通網路，在這個網路中我們認定一個特別的頂點 s 作爲出發點 (source node)。在第 6.3.3 節裡，我們討論了一種集中式演算法，從出發點 s 開始建構一個圖 G 的廣度優先搜尋。在這個小節裡，我們將描述解決這個問題的分散式演算法。

同步 BFS

我們首先描述一個簡單的同步化廣度優先搜尋 (breadth-first search，BFS) 演算法。這個演算法的主要概念是著手在從出發點 s 以「波」(waves) 的型態向外散播，並以此一層層由上往下的建構一個 BFS 樹。在這個情況下，處理器的同步化對於作到散播的過程能夠完全協調一致將有很大的助益。

我們經由確認 s 是目前 BFS 樹的一個「外部節點」，且這個時候這個樹就是 s，來開始這個演算法。接著在每一回合中，每個外部節點 v 傳送訊息給先前沒有與 v 有所接觸的鄰居，以此來通知它們說 v 想讓它們做爲自己在 BFS 樹裡的子節點。如果這些點還沒有選擇其他點做爲父節點，那麼它們將會回應 v 說選取 v 做爲它們的父節點。

我們在圖 11.6 中以圖解來說明這個演算法，並且在演算法 11.7 給予這個演算法的虛擬碼。

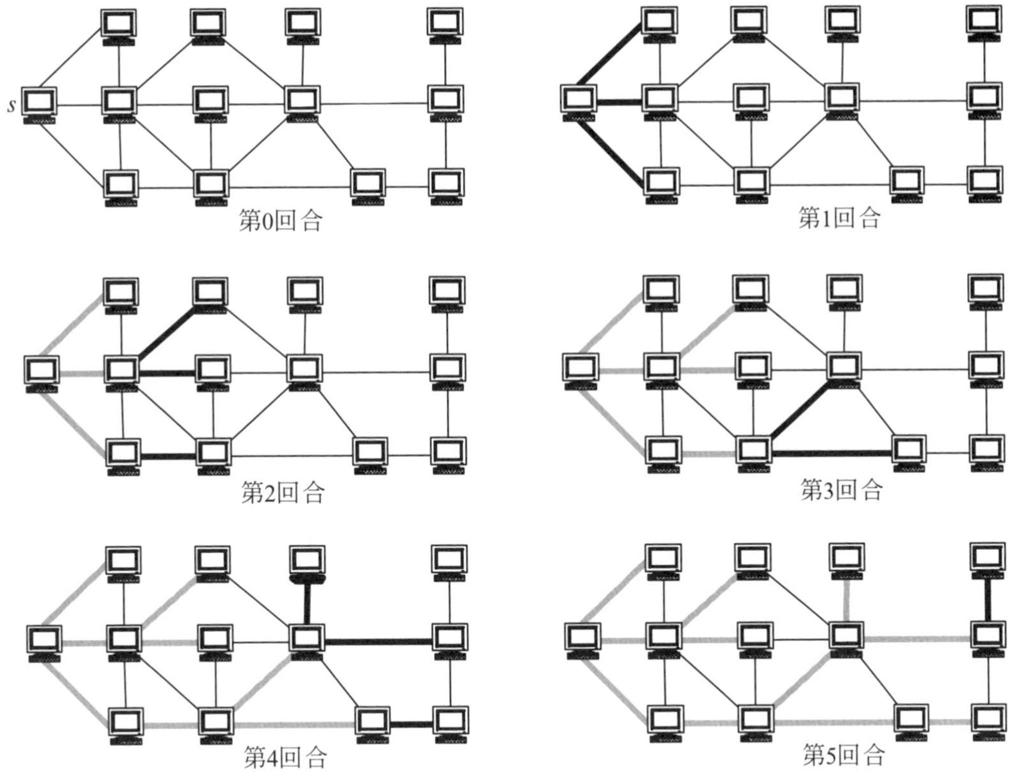

圖 11.6：一張同步化 BFS 演算法的說明圖。粗邊代表 BFS 樹的邊，而黑色粗邊代表在目前的回合中被選擇的邊。

Algorithm SynchronousBFS(v,s):

Input: The identifier v of the node (processor) executing this algorithm and the identifier s of the start node of the BFS traversal

Output: For each node v, its parent in a BFS tree rooted at s

repeat
  {begin a new round}
  if $v = s$ **or** v has received a message from one of its neighbors **then**
    set parent(v) to be a node requesting v to become its child (or **null**, if $v = s$)
    for each node w adjacent to v that has not contacted v yet **do**
      send a message to w asking w to become a child of v
until $v = s$ or v has received a message

演算法 11.7：一個在由處理器組成的連通網路裡計算廣度優先搜尋樹的同步演算法。

分析 SynchronousBFS 演算法是很簡單的。在每一回合當中，我們向外散播到 BFS 樹的另一個層級。因此，這演算法的執行時間與 BFS 樹的深度是成正比的。另外，在整個計算過程中，我們在每一條邊的每個方向上，最多只傳送一個訊息。所以，在一個有 n 個節點、m 個邊的網路中，傳遞的訊息量爲 $O(n+m)$。如此說來，這個演算法是十分有效率，但無可否認地，它需要處理器間相當程度的同步化。

非同步 BFS

我們能藉由花費額外的訊息來維持整體的協調性使得上述的BFS演算法達到非同步化。此外，我們要求每個處理器知道在網路中的處理器總數。

與其依賴於一個同步的計時器來決定計算過程中的每個回合，我們現在利用出發點 s 送出的一個「脈衝」訊息，來觸發 (trigger) 其他處理器開始進行整體計算的下一回合。透過使用這項脈衝技術，我們仍然能使計算以一層層的方式向外散播。這種脈衝的過程本身像是呼吸一般，有一個向下脈衝期將信號從根節點 s 向下傳遞至 BFS 樹，和一個向上脈衝期將從樹的外部節點一直到根節點 s 來合併出一個信號。

如果位在外部節點的處理器從各自的父節點接收到一個新的向下脈衝信號，那麼它們才能從這一回合進行到下一回合去。同樣地，根節點 s 會直到它從所有的子節點都收到了向上脈衝信號之後，才會發出一個新的向下脈衝信號。用這種方式，我們能確定處理器會在一個大略的同步化 (大致相同的回合數) 下進行操作。我們在演算法 11.8 裡詳細描述非同步 BFS 演算法。

效能

非同步 BFS 演算法無可否認地比同步 BFS 演算法還要來的複雜。然而，其計算仍需透過一系列的回合來作操作。在每個回合中，根節點 s 向下傳送「pulse-down」訊息到已建構好的部份的 BFS 樹。當這些訊息到達樹的外部層級時，這時候的外節點將會發佈「make-child」訊息給他的子節點候選者，進而使BFS樹再向外擴充一個層級。當這些候選者以接受或拒絕成爲子節點的邀請來做出回應後，收到回應的處理器會送出「pulse-up」訊息傳播回 s。接著，根節點 s 又會再度重複整個過程。

由於 BFS 樹的高度最多爲 $n-1$ 個節點，所以爲了保證網路裡的每個點已經被納入 BFS 樹之內，點 s 會重複 $n-1$ 次的脈衝動作。因此，透過訊息的傳遞可以確保每個回合都達到同步化。對一個最新的外部節點而言，直到它接收了「pulse-down」訊息才會開始運作，並且直到它收到它所有的子節點候選者 (接受或拒絕成爲子節點的邀請) 的回應之後，才會發佈「pulse-up」訊息。如同在同步演算法裡一般，整個 BFS 樹是以一層層的方式來成長。

Algorithm AsynchronousBFS(v,s,n):

Input: The identifier v of the processor running this algorithm, the identifier s of the start node of the BFS traversal, and the number n of nodes in the network

Output: For each node v, its parent in the BFS tree rooted at s

```
C ← ∅            {verified BFS children for v}
set A to be the set of neighbors of v        {candidate BFS children for v}
repeat
  {begin a new round}
  if parent(v) is defined or v = s then
    if parent(v) is defined then
      wait for a pulse-down message from parent(v)
    if C is not empty then
      {v is an internal node in the BFS tree}
      send a pulse-down message to all nodes in C
      wait for a pulse-up message from all nodes in C
    else
      {v is an external node in the BFS tree}
      for each node u in A do
        send a make-child message to u
      for each node u in A do
        get a message M from u and remove u from A
        if M is an accept-child message then
          add u to C
    send a pulse-up message to parent(v)
  else
    {v ≠ s has no parent yet.}
    for each node w in A do
      if w has sent v a make-child message then
        remove w from A          {w is no longer a candidate child for v}
        if parent(v) is undefined then
          parent(v) ← w
          send an accept-child message to w
        else
          send a reject-child message to w
until (v has received message done) or (v = s and has pulsed-down n − 1 times)
send a done message to all the nodes in C
```

圖 11.8：一個在由處理器組成的連通網路裡計算廣度優先搜尋樹的非同步演算法。網路裡的每個節點會同時執行這個演算法。可能產生的訊息有 pulse-down、pulse-up、make-child、accept-child、reject-child 和 done。

然而，這個演算法爲了達成整體的協調性，所需要的訊息量會遠比在同步模型下要來的多。網路裡的每個邊的每個方向仍舊最多只接受個別一個「make-child」訊息和回應。因此，接受與拒絕產生子節點的邀請之總訊息複雜度爲 $O(m)$，其中 m 是網路裡邊的數量。但是隨著演算法的每一回合，我們需要傳播所有的「pulse-down」和「pulse-up」的訊息。因爲這些訊息只沿著 BFS 樹的邊作傳佈，所以在每一回合裡，最多會傳送 $O(n)$ 個「pulse-down」和「pulse-up」的訊息。給定出發點運作 $n-1$ 個回合，會最多發佈 $O(n^2)$ 個訊息，以做爲 pulse 協調之用。因此，演算法的總訊息複雜度是 $O(n^2+m)$，其中 m 是網路裡邊的數量。既然 m 爲 $O(n^2)$，這個邊限即可更進一步被簡化成 $O(n^2)$。

因此，我們用下列定理總結上述討論。

定理 11.4： 給定一個有 n 個頂點和 m 個邊的網路 G，在非同步模型中，我們僅使用 $O(n^2)$ 的訊息量，便可以算出一個 G 的廣度優先生成樹 (breadth-first spanning tree)。

在習題C-11.4 裡，我們將探索怎樣改進非同步廣度優先搜尋演算法的執行時間爲 $O(nh+m)$，其中 h 是 BFS 樹的高度。

11.2.4 最小生成樹

讓我們回想在第 7.3 節提到說，在一個權重圖中，**最小生成樹 (minimum spanning tree，簡稱 MST)** 指的是其生成子圖中擁有最小權重的樹。在本節中，我們針對這個問題描述了一個有效率的分散式演算法。在說明細節之前，我們先複習一個由 Barůvka 爲找出 MST 所提出的有效率的序列式演算法。這個演算法從 G 的連通分量圖邊上每一個節點來開始。接著這個演算法進行一連串的回合加入樹的邊到連通分量圖裡，進而建構一個 MST。如同所有的 MST 演算法，它是根據以下的事實作爲基礎，就是對任意兩個非空子集的頂點的分割 $\{V_1,V_2\}$，若 e 是一個連接 V_1 和 V_2 具最小權重的邊，則 e 屬於一個最小生成樹 (參考定理 7.10)。

爲達簡化的目的，我們假設所有邊的權重皆是獨特的。回想在初始的時候，圖中的每一個頂點是屬於本身的連通分量圖以及樹的邊的初始集合 T 是空集合。更進一步來說，Barůvka 的演算法接下來執行以下的計算：

while T 中定義的連通分量圖不只一個 **do**
　　for 每個平行的連通分量圖 C **do**

選擇最小的邊 e，加入 c 使其成為另一個分量圖
加入 e 至樹的邊的集合 T 中

Barůvka 演算法對每一個平行的連通分量圖執行上述計算，也因此能迅速地找到樹的邊。實際上要注意的是在每回合內，我們保證每個連通分量圖至少能和另一個連通分量圖合併。因此，連通分量圖的數量每回合都會減半 (從 while 迴圈的重覆執行得知)，這暗示著回合的總數與頂點的數量成對數關係。

分散式設定的 Barůvka 演算法

我們來實作同步模型下的 Barůvka 分散式演算法 (此演算法的非同步版本留作習題C-11.7)。在每一回合中，要執行兩個關鍵的計算，一個是必須能決定出所有的連通分量圖，另一個是決定出每個分量圖的向外衍生的邊中具最小值者 (要記得我們假設邊的權重皆是獨特的，所以分量圖的向外衍生邊中具最小值者也會是獨特的，參閱圖 11.2.2。

我們假定對任意節點 v 來說，v 儲存了一個 T 當中與 v 相鄰的邊的清單。因此，每個節點 v 都屬於某一個樹，但是只儲存 T 之中與其相鄰的資訊。在每一回合中，第 11.2.2 裡的樹之領袖選舉演算法做為一輔助方法將被使用到兩次：

1. 決定每一個連通分量圖
2. 針對每個連通分量圖，找到具最小權重的邊以加入到另一個分量圖。

一個回合運作如下。為決定連通分量圖，每個節點的識別號碼將被用來進行領袖選舉的計算。接著，每個分量圖將透過它的節點中最小的識別號碼來被分辨出來。接下來每個節點 v 計算出與它相鄰具最小權重的邊 e，並且要讓 e 的兩個頂點屬於不同的連通分量圖。如果找不到這樣的邊，我們會使用一個具無限大權重的虛構邊。接著領袖選舉將用每個節點相關的邊及其權重再重覆執行一次，進而針對每個連通分量圖 C，產生出連接 C 與另一個分量圖具最小權重之邊。注意到當我們計算出具最小權重之邊為無限大的那一回合即是演算法的終止了。

令 n 為節點數、m 為邊數，為了分析分散式版本的 Barůvka 演算法的訊息複雜度，注意到每一回合會送出 $O(m)$ 個固定大小的訊息。因此，既然有 $O(\log n)$ 個回合，總訊息複雜度會是 $O(m\log n)$。習題C-11.6 中，我們測試了一種能改善同步MST的訊息複雜度為 $O(m+n\log n)$ 的方法。而在習

題 C-11.7 中，我們要求讀者能找出一個訊息複雜度仍能保持為 $O(m\log n)$ 的非同步 MST 演算法。

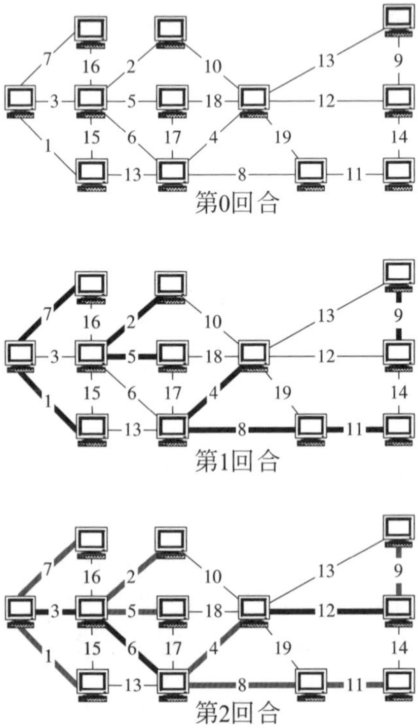

圖 11.9：Barůvka 分散式演算法之同步版本的圖解。粗線表示 MST 的邊，黑色的粗線表示在這個回合被選擇的邊。

11.3 路由廣播與單路由傳輸

我們已研究了一些基本的分散式演算法，現在將轉向兩個在通訊網路中的常見問題，分別是**路由廣播 (broadcast routing)** 與**單路由傳輸 (unicast routing)**。路由廣播是一訊息由一個處理器傳送給網路上其他所有的處理器。當儲存在某一處理器上的資訊，必須與網路上所有其他的處理器分享時，便會使用這種通訊形式。另一方面，單路由傳輸是指當某個處理器希望將訊息傳送給另一個處理器，以支援點對點的通訊時所需建立的資料結構。

在接下的章節討論路由演算法 (routing algorithm) 時，我們稱一台處理器為路由器。回想我們當初假設網路是固定的且不會隨時間而改變。因此，我們只研究靜態的路由演算法。我們也假設路由器所交換的訊息的長度為固定大小，這表示著訊息複雜度與交換的訊息總數成正比。綜觀整個章節，我們令 n 為網路中的節點數、m 為網路中的邊數。

我們以路由廣播開始討論，接著是單路由傳輸與群播路由 (multicast routing)。本章節呈現的演算法是用在網際網路上來傳輸封包之簡化版本。

11.3.1 路由廣播的洪氾演算法

廣播路由的洪氾演算法十分簡單，而且基本上也不需要作預先的設定。但是它的路由成本頗高。

當路由器 s 希望遞送一則訊息 M 給所有其他在網路中的路由器，就會先將 M 傳送給跟它相鄰的路由器。當一個路由器 $v \neq s$ 收到了由相鄰路由器 u 傳送的洪氾訊息 M，v 便向除了 u 之外的所有鄰居，重新廣播一次 M。當然，在尚未修改的情況下，這個演算法在任何有環路的網路中將會導致訊息的「無窮迴圈」。然而，一個沒有環路的網路能用一個簡單的路由演算法來解決，在習題 (C-11.5) 中將探討這個演算法。

行程計數器法則

為避免無窮迴圈的問題，我們必須把一些記憶體，或是**狀態 (state)**，和洪氾演算法的要件做一個聯合。一個可能的方法是我們為每個訊息 M 增加一個**行程計數器 (hop counter)**，每當有一個路由器執行過 M，便減少行程計數器的數值。一但有行程計數器數到 0，我們便會拋棄擁有這個行程計數器的訊息。如果我們將一則訊息 M 的行程計數器初始為整個網路的直徑，那麼我們便能在避免產生無限數量的訊息的情況下傳達到所有的路由器。

序列號碼法則

另一種可能的方法是每個路由器保存一個雜湊表格 (或是任一有效率的辭典資料結構)，來紀錄已經處理過哪些訊息。當路由器 x 產生一個廣播訊息時，會指派一個獨特的序列號碼 k 給那個訊息。因此，一個洪氾訊息會被標上一對 (x,k) 的標籤。當一個路由器收到帶有 (x,k) 標籤的訊息，它會檢查 (x,k) 是否已經存在它的表格裡。如果是的話，它將拋棄這個訊息。否則，它會把 (x,k) 加入到表格內，並重新廣播這個訊息給它相鄰的路由器。

雖然這個方法很明顯地能消除無窮迴圈的問題，但在空間的使用上是非常沒有效率的。因此我們使用常見的法則，即要求每個路由器只保留網路上的其他路由器所產生的最新的一個序列號碼，並假設如果一個路由器收到由 x 產生、序列號碼為 k 的訊息，它大概已經處理過所有由 x 傳送、序

列號碼小於 k 的訊息。

洪氾演算法的分析

爲分析洪氾演算法，我們首先注意到除了讓每個路由器知道網路裡的路由器總數 n，或著可能還有網路的直徑 D 之外，並沒有任何其他的設定成本。如果我們使用行程計數器法則，那麼路由器就不需要額外的空間。另一方面，如果我們使用序列號碼法則，在最差的情況下，每個路由器需要 $O(n)$ 的空間。在這兩個實例中，一個路由器處理一則訊息所預期的時間需求與該路由器的鄰居數成正比，因爲雜湊表格的搜尋與插入預期要花 $O(1)$ 的執行時間 (參考第 2.5.3 節)。

現在我們將分析洪氾演算法的訊息複雜度。當使用行程計數器法則時，最差情況的訊息複雜度是 $O((d_{\max}-1)^D)$，其中 $d_{\max}$ 是網路中路由器最大的鄰居數。當我們使用序列號碼法則時，訊息複雜度爲 $O(m)$，因爲我們最終將沿著網路的每一個邊傳送訊息。由於 m 通常比 $(d_{\max}-1)^D$ 小得多，序列號碼法通常比行程計數器法要來的常用。然而無論是哪種情況，洪氾演算法只在我們要廣播訊息給網路中的所有其他路由器時才會是有效的。

在同步網路模型中，洪氾演算法仍然保證在最少的行程數下，將訊息 M 由來源傳送至每個目的地。也就是說，它總是會尋找最短的路由路徑。然而，考慮到洪氾演算法所所需的花費，如果能找到一個能夠更有效率地沿著最短路徑遞送訊息的演算法的話是很好的。接下來我們要討論的演算法將藉由執行某些設定計算，以決定在網路中令人滿意的路由，來達到上述的這點。

11.3.2 單路由傳輸的距離向量演算法

我們討論的第一個單路由傳輸演算法是用來尋找最短路徑的典型演算法之分散式版本。這是由 Bellman 和 Ford 提出來的 (第 7.1.2 節)。我們假設網路當中的每一個邊 e 都有一個正的權重 $w(e)$，代表著經由 e 傳送訊息的成本。例如，權重可以代表在通訊連結中平均的「等待時間」。

單路由傳輸的問題是用在網路的節點上建立資料結構，以提供從來源節點到目的節點間有效地傳遞訊息的方式。

距離向量演算法總是沿著最短路徑遞送訊息。這個演算法的主要概念是對於每個路由器 x，儲存一個被稱爲**距離向量的 (distance vector)** 水桶陣列 (bucket array)。它儲存了從 x 到網路中其他的每個路由器 y 的最佳路徑長，記作$D_x[y]$，而這種路徑的第一個邊 (連線) 被記爲$C_x[y]$。開頭時，對於每一個邊(x,y)，我們指定

$$D_x[y] = D_y[x] = w(x, y)$$

和

$$C_x[y] = C_y[x] = (x, y)$$

所有其他D_x的內容都設定成$+\infty$。然後，我們進行一連串的回合，重覆地使每個距離向量儘可能找到更好的路徑，直到每個距離向量儲存的是到其他所有路由器的確實距離爲止。

分散式 Relaxation

距離向量演算法的設定是由一連串的回合構成。每個回合依次由**relaxation**步驟所組成。在一個回合的開端，每個路由器把它的距離向量傳送給網路中與它直接相鄰的所有鄰居。當某個路由器x已經收到從它每個鄰居傳送過來的距離向量之後，它將執行$n-1$次的以下的局部計算：

---

for each router w connected to x **do**
  for each router y in the network **do**
    { ***relaxation*** }
    if $D_w[y] + w(x, w) < D_x[y]$ **then**
      {a better route from x to y through w has been found}
      $D_x[y] \leftarrow D_w[y] + w(x, w).$
      $C_x[y] \leftarrow (x, w).$

效能

由於在每一回合中，每個頂點x傳遞一個大小爲n的向量給它的每個鄰居。所以對x來說，完成一個回合的時間與訊息複雜度爲$O(d_x n)$，其中d_x是x的鄰居數，n是網路中路由器的個數。還記得我們重覆這個演算法$n-1$個回合，事實上，我們能改善爲D個回合，其中D爲網路的直徑，因爲距離向量不會在那些多出的回合有所改變。

設定完成之後，路由器x的距離向量便儲存了x到網路中其他路由器的實際距離，以及這個路徑的起始邊。所以一但我們執行完這個設定之後，路由演算法就顯得很簡單了：若路由器x接收到欲傳送給路由器y的訊息，x會經由邊$C_x[y]$傳送訊息給y。

距離向量演算法的正確性

距離向量演算法的正確性可由以下的簡單的歸納論證來得證：

引理 11.5： 在回合 i 執行完成之後，每一個距離向量儲存了最多經由 i 個路由器所能達到的所有的路由器的最短路徑。

在演算法開始時這個論據爲真，並且每個回合中所做的 relaxation，也保證在下一個回合這個論據仍然爲真。

距離向量演算法的分析

讓我們分析距離向量演算法的複雜度，跟在第 11.3.1 節中所討論的洪氾演算法不一樣的是，距離向量演算法有一顯著的設定成本。每一回合所傳送的訊息總數與 n 倍的網路中各點的鄰居數總和成正比。這是因爲任一路由器 x 傳送和接收的訊息總數是 $O(d_x n)$，其中 d_x 表示 x 的鄰居數。因此，每一回合會有 $O(nm)$ 個訊息總數。所以距離向量演算法在設定時的總訊息複雜度爲 $O(Dnm)$，其中的最差情況爲 $O(n^2m)$。

在設定完成之後，每個路由器儲存一個有 $n-1$ 個元素的水桶陣列，而這將使用到 $O(n)$ 的空間，並以 $O(1)$ 的預期時間處理一則訊息。要注意的是，在這裡的局部空間的需求與洪氾演算法中的序列號碼法則是一樣的。既然距離向量演算法如同洪氾演算法一樣是尋求最短路徑，除了前者是在設定時做這樣的計算，所以距離向量演算法可被視爲在設定的成本與有效率的訊息傳送間作一種交換。

11.3.3 單路由傳輸的連結狀態演算法

我們討論的最後一個靜態路由演算法是 Dijkstra 的最短路徑演算法的分散式版本。如同在距離向量演算法的描述，我們假設每個邊都有一個正數的權重。相對於距離向量演算法透過一連串的回合來執行其設定，其中每個回合只需要相鄰的路由器之間作區域通訊，連結狀態演算法在每一個回合都必須在整個網路中進行全域通訊。

連結狀態演算法 (link-state algorithm) 的執行過程如下，設定首先開始於每個路由器 x 用洪氾路由演算法中的序列號碼法則 (不需要事先設定，參閱第 11.3.1 節，對網路裡所有其他的路由器，廣播與它相鄰所有的邊的權重 (此即爲 x 的「狀態」)。在廣播階段之後，每個路由器會知悉整個網路，並能執行 Dijkstra 的最短路徑演算法，以找出從它到其他每個路由器 y 的最短路徑，以及此路徑的起始邊 $C_x[y]$。如果使用標準的演算法來進行這個內部計算會花費 $O(m\log n)$ 的時間，如果使用較複雜的資料結構則會花費 $O(n\log n+m)$ 的時間 (參照第 7.1.1 節)。

如同在距離向量演算法中，每個路由器所建立的資料結構需要 $O(n)$ 的空間，並在處理一則訊息提供 $O(1)$ 的預期時間。

我們現在來分析在連結狀態演算法中，其設定過程的總訊息複雜度。總共會廣播 m 個大小爲常數的訊息，根據洪氾演算法，每個訊息都會依序再產生 m 個需被傳送的訊息。因此設定過程的總訊息複雜度爲 $O(m^2)$。

路由廣播與單路由傳輸演算法的比較

我們在表 11.10 對本節所討論的三種靜態路由演算法的效能作一個比較。注意到在本表中，路由器在事先的設定所花費的內部計算時間並不被包含在內。

演算法	訊息	局部空間	局部時間	路由時間
行程計數器洪氾法	$O(1)$	$O(1)$	$O(d)$	$O((d-1)^D)$
序列號碼洪氾法	$O(1)$	$O(n)$	$O(d)$	$O(m)$
距離向量法	$O(Dnm)$	$O(n)$	$O(1)$	$O(p)$
連結狀態法	$O(m^2)$	$O(n)$	$O(1)$	$O(p)$

表 11.10：靜態路由演算法的效能的界限。我們為網路與路由定義以下幾種參數：n 為節點的個數；m 為邊的個數；d 為所有節點中最大的鄰居數；D 為直徑；p 為最短路由路徑所需經過的邊的個數。注意到 p、d 和 D 都會小於 n。

11.4 群播路由

迄今我們已研究了兩種形式的通訊—路由廣播與單路由傳輸的路由演算法。它們可被視爲在一個範圍上的兩個極端。處於這個範圍中間者被稱爲群播路由 (multicast routing)，網路裡某個被稱爲群播群組 (multicast group) 的主機的子集合，將參與這個通訊。

11.4.1 反向路徑傳送

反向路徑傳送 (Reverse Path Forwarding，RPF) 演算法改編原本用於路由廣播的洪氾演算法，使其能用於群播路由。這個演算法被設計能和現存於所有路由器的最短路徑的路由表格相結合，以便能經由最短路徑樹從來源來廣播一則群播訊息。

這個方法開始於某一主機希望傳送訊息至一群組 g。該主機會將訊息傳送至它的區域路由器 s，使 s 能將訊息傳送給它所有相鄰的路由器。當路由器 x 收到從鄰居 y 所傳送、路由器 s 所產生的群播訊息，x 會查看它的局部路由表格，以檢視 y 是否在 x 到 s 的最短路徑上。如果 y 不在 x 到 s 的最短路徑上，那麼 (假定所有路由表格都是正確且一致的) 從 y 到 x 的連結便不屬於起源於 s 的最短路徑樹。因此在這個情況下，x 便直接拋棄由 y 送來的封包，並傳回一個特殊的**剪除 (prune)** 訊息給 y，訊息中包括來源 s 與群組 g 的名稱。這個 prune 訊息會告訴 y，停止傳送來自於 s 的群播訊息給群組 g (並且可能的話，無論傳送的目的是哪個群組，都不要經由這個連結傳送來自 s 的群播訊息)。另一個可能性，如果 y 在 x 到 s 的最短路徑上，x 將複製該訊息並將它送出給除了 y 之外的所有相鄰的路由器。因此在這種情形中，自 y 至 x 的連結便會屬於起源於 s 的最短路徑樹 (這裡同樣假定所有路由表格都是正確且一致的)。

這種廣播通訊模式從 s 沿著最短路徑樹 T 開始向外延伸，直到它充滿了這個網路。當網路上只有一小部分的路由器希望收到傳送給群組 g 的群播訊息的時候，如果這個演算法將這些群播訊息廣播給所有的路由器，那其實是件非常浪費的事情。

爲了解決這種浪費，RPF 演算法提供另外一個類型的剪除訊息。尤其是當路由器 x 是 T 的一個外部節點，發現到說在它的區域網路中，沒有客戶端有興趣接收要傳給群組 g 的訊息，那麼 x 便會發佈一個剪除訊息給它在 T 的父節點 y，告訴 y 說停止傳送從 s 給群組 g 的訊息給它。這個訊息的效果等於是告訴 y 從樹 T 當中移除外部節點 x。

剪除

當然，剪除訊息可同時由 T 的外部節點發佈出去；所以我們可以同時移除許多個 T 的外部節點。此外，移除 T 的外部節點可能會產生出新的外部節點。因此，RPF 演算法讓每個路由器 x 持續測試自己是否成爲 T 的外部節點，而且如果 x 發現到自己成爲 T 的一個外部節點的話，那麼它就必須找出在區域網路中是否有任何客戶端有興趣接收傳給群組 g 的群播訊息。再次地，如果沒有這種客戶端，那麼 x 便會傳送一則針對從 s 給群組 g 的群播訊息的剪除訊息給自己在 T 中的父節點，外部節點的剪除會一直持續到所有剩下的T的外部節點都有客戶端希望收到給群組g的群播訊息。此時RPF演算法便達到一個穩定的狀態。

但是這個穩定狀態無法永遠維持不變，因爲在網路中可能會有些客戶端希望開始收到給群組g的訊息。也就是說，我們可能至少有一個客戶端h希望**加入 (join)** 到群組g當中。因爲 RPF 沒有爲客戶端提供明確的方式來加入某一群組，所以h能開始收到傳送給群組g的群播訊息的唯一方法就是讓h的路由器x接收到這些封包。但是若x已經從T中被剪除，那麼上述的方法就不會發生了。所以RPF額外的一個構成要素就是要網際網路上節點所儲存的剪除資料，能在經過一段時間後被視爲逾時。

當這樣的逾時發生時，假設發生的剪除是從路由器z到路由器x，並且保有z的前一個剪除訊息，x便會繼續傳送給群組g的群播封包到z。因此，如果一個路由器眞的再也不想接收或處理某個類型的群播訊息，那它必須持續地傳送剪除訊息給它上游的鄰居來告知這件事情。有鑑於此，RPF演算法在並不是一個有效率地達到群播路由的方法。

效能

考慮到訊息的效率的時候，RPF 開始時傳送出$O(m)$個訊息，其中m是網路中的連線(邊)的個數。然而，在第一波的剪除散播到整個網路之後，群播的複雜度便降到每次的群播訊息只需被送出$O(n)$個，其中n是路由器的個數。而且如果使用額外的剪除訊息的話，便能進一步的降低複雜度。再考慮到路由器中額外的儲存需求的話，RPF演算法的效率便不是很好，這是因爲每個路由器必須儲存剪除訊息直到它們逾時爲止。在最差情況下，路由器x必須儲存多達$O(|\mathcal{S}|\cdot|\mathcal{G}|d_x)$的剪除訊息，其中$\mathcal{S}$是訊息來源的集合，$\mathcal{G}$是群組的集合，而$d_x$是網路中$x$的鄰居數。因此，如同我們觀察到的，RPF 演算法的效率不是很好。

11.4.2 中心定位樹

中心定位樹 (center-based tree) 就是一個效率比反向路徑傳送演算法好的多的群播演算法。在這個演算法當中，我們爲每個群組g在網路上選擇一個路由器z，當作群組g的「中心點」或「會合點」。從路由器z會形成一個屬於群組g的群播樹T，會被用來傳送訊息給屬於這個群組的路由器。任一希望傳送群播訊息到群組g者，必須先將那則訊息朝向中心點z傳送。在中心定位樹演算法最簡單的形式中，這個訊息會一路傳送到z，而一旦

z收到這個訊息之後，z會廣播這個訊息給T的所有節點。所以每個在T中的路由器x都知道說，如果x從它在T中的父節點收到要傳送給g的群播訊息，那麼x會複製這則訊息並傳送給所有它在T中的相鄰子節點。同樣的，在中心定位樹方法最簡單的形式中，若x接收到它在T當中的父節點以外的相鄰節點所傳送的群播訊息，它會將訊息沿著樹向上傳送至z。這樣的訊息應該是從某些來源而來，並且應該在群播至T之前先被向上送到z。

如上所述，我們必須明確地爲每個群組g維護群播樹T。因此，我們必須提供一個方法讓路由器加入群組g，路由器x的加入運算首先會要x發出一則加入訊息給中心點z，任何一個從鄰居t收到一則加入訊息的路由器y，會查看是否有一個鄰居u是位在通往z的最短路徑上，接著y會建立並儲存一筆指出y在樹T裡有一個子節點t與父節點u的內部紀錄。如果y已經在樹T裡面(也就是說已經有一筆紀錄說u是y在T的的父節點)，那麼加入群組的運算便已完成了—路由器x現在是T的一個外部連通節點了。然而，如果y原本不在樹T裡面，y會向上傳播加入訊息給它在T中的(新的)父節點u(參考圖 11.11)。

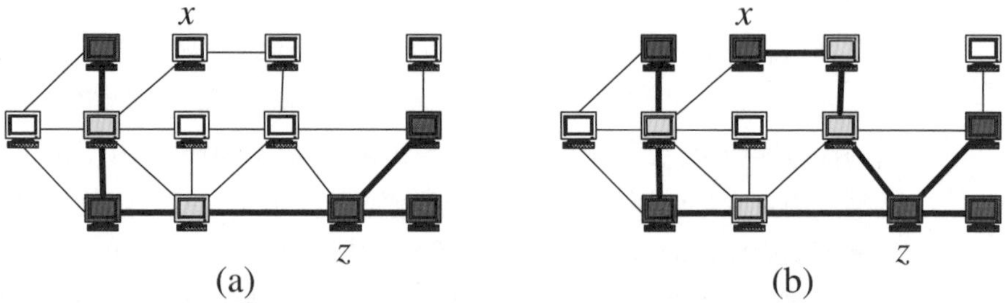

圖 **11.11**：中心定位樹協定的圖解 **(a)** 一個以z為中心的群播樹，粗線代表樹的邊，深灰節點代表群組成員，淺灰節點表示只傳播訊息的路由器；**(b)** x加入之後的群播樹。注意到x的加入可以只用到一個邊而不用到任何額外的中間節點，但是如此一來傳送到z的路徑就不會是一個最短路徑。

效能

對於要離開群組g的路由器，一則經由明確的離開(leave)訊息再者因爲要求加入群組的紀錄逾時，我們會逆向執行加入群組的動作。考慮到效率時，中心定位樹的方法只經由T傳送訊息，其中T是群組g的群播樹，所以對每一次群播而言，其訊息複雜度爲$O(|T|)$。此外，因爲每個路由器只儲存T的局部結構，所以對任一路由器x來說，需要儲存的記錄數最大爲$O(|\mathcal{G}|d_x)$，其中$\mathcal{G}$是群組的集合，d_x是網路中的x的鄰居數。所以中心定位樹演算法藉由每次都是經由一單顆樹來傳送群播訊息給群組，來達到一個

比較好的效率。然而在傳送這類訊息的方面，這種樹未必是最有效率的。

11.4.3 史添納樹

史添納樹演算法的主要目標是將我們爲群組 g 建立群播樹所用到的所有的邊的總成本最佳化。正式的說，我們令 $G = (V,E)$ 來代表整個網路，其中 V 是路由器的集合，並爲 G 的所有邊定義一個爲 $c(e)$ 的成本量度。此外，我們假定一個 V 的子集合 S，用來代表在網路中屬於群組 g 的路由器。S 的**史添納樹 (Steiner tree)** T 是連接 S 中所有節點的最小成本樹。注意到若 $|S| = 1$，則 T 會是一個單獨的節點；若 $|S| = 2$，則 T 會是 S 的那兩個節點中的最短路徑；又若 $|S| = |V|$，則 T 會是 T 的最小生成樹。所以，對於這些特別的情況，我們可以很容易建立出最佳化的樹 T，並在加入 S 的節點後，便能經由這個樹來群播到群組 g，一如中心定位樹演算法一樣。不幸的是，要解決一般情況下的史添納樹問題，其難度爲NP程度 (參考第 13.2.1 節)；所以，我們必須嘗試利用一些法則，來求得史添納樹的近似值。

史添納樹的逼近演算法是以最小生成樹演算法 (參考第 11.2.4 節) 爲基礎。它使用網路中每個路由器已經有的訊息並被稱爲**距離網路 (distance network)** 演算法，因爲它在由 G 所衍生的圖 G' 上運作，而這個圖 G' 也就是所謂的 S 的距離網路。圖 G' 的產生是將 S 的節點當作它的頂點，並用一個邊連接每對上述的節點。G' 的一邊 $e = (v, w)$ 的成本 $c'(e)$，即爲 G 中 v 和 w 的距離，也就是 G 當中從 v 到 w 的最短路徑的長度 (假設 G 是無向圖)。這個特定的演算法如下：

1. 建構 S 的距離網路，以 G' 表示。
2. 找出 G' 的最小生成樹 (MST) T_M。
3. 將 T_M 的每一個邊(v,w)，取得從 v 到 w 的最短路徑，以轉換 T_M 成爲樹 T_A。
4. 利用 T_A 的節點，找出 G 的子圖中的 MST T_D。
5. 移除 T_D 所有指向不屬於 S 的外部節點的路徑。

最後兩個步驟提供對樹 T_A 的一些額外改進，而 T_A 原本已經是史添納樹 T_S 的一個良好的近似值了。

引理 11.6： $|T_A| \le |T_S|(2 - 2/k)$，其中 $k = |S|$。

證明：

考慮到史添納樹 T_S，它以最佳化的方式在 G 當中連接 S 的節點。進一

步考慮藉由沿著 T_S 的邊界連續 (深度優先) 的走訪來產生的路 (walk) W，也就是說，試想 T_S 是一張標示某些道路的集合的地圖，接著我們總是沿著道路的右邊來行走，因此 $|W| = 2|T_S|$。將 W 分割成 k 條路徑之集合，這些路徑連接著在 S 中連續地被路 W 所拜訪的一對對的節點，而我們只有在第一次拜訪每個節點時才將 W 分割 (參考圖 11.12a)。令 P 為在移除集合內中具有最大成本的路徑之後，剩下的 $k-1$ 條路徑的集合，因此 $|P| \leq (2 - 2/k)|T_S|$。令 P' 為將 P 當中的每條路徑 p，亦即 S 當中所有從節點 v 走到節點 w 的路徑，代換為從 v 到 w 的最短路徑之後所有的路徑的集合，因此，$|P'| \leq |P|$。最後，令 T' 為將 P' 中所有的路徑以 S 的距離網路中相對應的邊替換之後，所產生的距離網路中所有邊的集合 (參見圖 11.12b)。我們觀察到 T' 是 S 的距離網路當中的一個生成樹，因此，$|T_A| \leq |T'|$。所以，$|T_A| \leq (2 - 2/k)|T_S|$。 ■

因為 T_D 不會比 T_A 還要差，上述的引理便意味著 $|T_D| \leq (2 - 2/k)|T_S|$。

分析

除了產生良好的史添納樹的近似值之外，距離網路演算法在網路環境中也很容易被實作出來。距離網路本身隱含著由能被儲存在網路中的每一個路由器 (在執行過連結狀態或是距離向量演算法之後) 的距離向量來表示。因此，如果每個路由器都知道在群組 g 裡有哪些路由器，在產生距離網路 G' 時就不需要做額外的計算。接著可以使用在第 11.2.4 節中所描述的分散式最小生成樹演算法來找出 G' 的最小生成樹，這個演算法讓每個節點考慮達到其他節點所有可能的最短路徑，而不是在每一回合中讓每個節點只查看與它們相鄰的邊。但是若每個節點儲存的距離向量指向網路裡其他所有的節點，我們就不需要詢問其他節點來決定到它們之間的距離。我們只需要在每回合針對 S 當中每個節點 x，來決定出到某個在 S 中和 x 處於不同的連通分量圖的節點的最短路徑。我們可以藉由要求 x 在 G 裡傳送訊息給 S 的其他節點來做到這點，而這個訊息是用來詢問對方是否和 x 處於同一個連通分量圖，並且是以兩點間的距離來決定傳送的順序。也就是說，分散式演算法的每個步驟能以在 G 裡繞送訊息來達成。因為每一個這樣的訊息最多需要 D 個行程，其中 D 是 G 的半徑，這代表著我們最多要使用 $O(k^2D)$ 個訊息來找到 T_A。若我們希望更進一步來計算樹 T_D，那麼必須在 G 本身內執行一個額外的MST 演算法，而這將花費 $O(n \log n + m)$ 個訊息來達成。所以逼近演算法在史添納樹的問題的訊息複雜度上是很有效率的。

但是這個演算法只適合在能保持穩定的群組，因爲任何對群組的更動都需要重新建立一個新的群播樹。所以要注意到我們討論的群播演算法或多或少都會有缺點。實際上，仍然有相當多的演算法可以繼續被探究以找出更有效率的群播路由演算法。

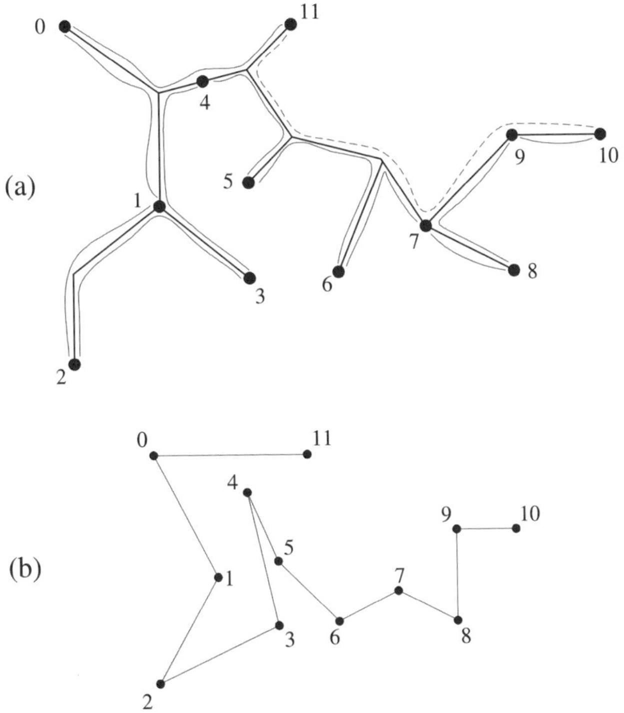

圖 **11.12**：圖解引理 11.6 的證明。**(a)** 史添納樹 T_S 在 S 中的頂點已被特別標示出來，而路 W 分割成 k = 12 條路徑。虛線表示最高成本的路徑 **(b)** 在距離網路裡的樹 T'。

11.5 習題

複習題

R-11.1 試畫一個圖來描述在有 10 個節點的環狀上每一個回合中，用來作領袖選舉的同步演算法所傳送的訊息。

R-11.2 試畫一個圖來描述在有 10 個節點的環狀上每一個回合中，用來作領袖選舉的同步演算法所傳送的訊息。設計這個程序使兩個節點在選舉領袖時達到「平手」的情況。

R-11.3 畫出解釋同步 BFS 演算法如何工作的圖。你的圖的結果必須是至少有五層的 BFS 樹。

R-11.4 畫出解釋非同步 BFS 演算法如何工作的圖。你的圖的結果必須是至少有三層的 BFS 樹，並且要顯示出 pulse-down 和 pulse-up 的動作。

R-11.5 畫出一個電腦網路，使從 Barůvka 演算法衍生出的同步化分散式最小生成樹演算法執行四個回合。標示出每個回合中所選擇的邊。

R-11.6 用虛擬碼來描述一個電腦如何使用行程記數器法則，來繞送一則洪氾訊息。

R-11.7 用虛擬碼來描述一個電腦如何使用序列號碼法則，來繞送一則洪氾訊息。

R-11.8 用虛擬碼來描述一個電腦如何在已完成連結狀態或距離向量演算法的設定之後，繞送一則單播訊息。

R-11.9 試畫出一個圖以描述距離向量演算法如何在至少有十個節點的網路上工作。你的圖必須經過至少三個回合的計算，以趨向穩定狀態。

R-11.10 在有 10 個點、20 個邊的網路中執行連結狀態設定演算法，並且假定每個節點都已經知道與它相鄰的邊的狀態，那麼需要傳送多少訊息？

R-11.11 試畫出一個圖以描述反向路徑傳送演算法的三次剪除動作。

R-11.12 試畫出一個圖以顯示出應用在群播路由上的中心定位樹的方法，所用到的邊的數量是史添納樹方法的兩倍。

R-11.13 試畫出一個圖以顯示出應用在群播路由上的反向路徑傳送的方法，所用到的邊比史添納樹方法還要多。

挑戰題

C-11.1 將領袖選舉演算法延伸到無向環路的網路上，且訊息可以向任意方向傳送。[**提示**：將無向環路視爲兩個有向環路的聯集。]

C-11.2 考慮 $n \geq 4$ 個處理器的環狀網路當中的領袖選舉的問題，其中每個處理器都有一個獨特的識別號碼。假定所有的處理器都知道 n 的值，試設計一個同步化隨機論演算法，其執行時間爲 $O(n)$，而它的預期訊息複雜度也是 $O(n)$。[**提示**：試著運用以下事實，若 $n \geq 4$ 個處理器各自獨立決定傳送訊息的機率是 $4/n$，則處理器傳送訊息的期望值是 4，而沒有處理器傳送訊息的機率小於 1/2。]

C-11.3 考慮 n 個處理器的環狀網路中的領袖選舉的問題，每個處理器都有唯一的識別碼。

試設計一個同步化決定論演算法，其執行時間和訊息複雜度是 $O(n\log n)$。[**提示**：考慮一個有 $\log n$ 個階段的演算法，在階段 i 時，每個處理器都試想自己可能是領袖，並往各方向送出一個「probe」的訊息。如果它發現沒有任何一個處理器有比它更小的識別號碼，該訊息便會在走過 2^i 的行程之後回到原點。]

C-11.4 設計一個有 n 個頂點、m 個邊的網路的非同步廣度優先搜尋 (BFS) 演算法，總訊息複雜度 $O(nh+m)$，其中 h 是 BFS 樹的高度。[**提示**：延伸「pulse-down」與「pulse-up」訊息，使得根節點 s 能夠知道在哪一個回合已建構完成 BFS 樹。]

C-11.5 假定一個連通網路 G 不包含環路；也就是說 G 是一個 (自由) 樹。描述一個將 G 的節點標上號碼的方法，這個方法將使得每個節點 x 只儲存 $O(1)$ 的資訊，而我們可以在不繞路的情形下將訊息從 G 裡的電腦 y 傳送到 z。

C-11.6 描述一個同步分散式演算法，用來在一個有 n 個頂點、m 個邊的權重網路中找到最小生成樹，其訊息複雜度爲 $O(m+n\log n)$。[**提示**：考慮先對每個頂點與之相鄰的邊作排序所帶來的好處。]

C-11.7 描述一個非同步分散式演算法，用來在一個 n 個頂點、m 個邊的權重網路當中找到最小生成樹，其訊息複雜度是 $O(m\log n)$。[**提示**：考慮使用一個用來計算演算法目前執行的回合數的「pulsing」策略。]

C-11.8 試描述如何改進課堂上所提的分散式最小生成樹演算法，使得我們不需要再假設邊的權重都是獨特的。[**提示**：描述一個局部的平手時的處理規則，使得在這個規則下的最小生成樹是唯一的。]

C-11.9 考慮一個使用序列號碼法則的洪氾演算法的被動動態版本，能在演算法執行時針對網路分割作出反彈。這個方法的主要想法是使每個路由器發出一則用來儲存舊的訊息的洪氾廣播，其延續時間會比網路中任一預期的失敗都還要長。每一個路由器仍然儲存一個自所有其他路由器傳來的洪氾訊息的最後的序列號碼。但現在若有一個路由器 x 收到洪氾訊息 y，其序列號碼爲 i，它比 x 先前紀錄自 y 的序列號碼 j 多了 1。則 x 發出一則回應的洪氾訊息，要求 y 必須重新傳遞序列號碼爲 $j+1$ 到 $i-1$ 的訊息。試說明這個「修改」可能會導致無窮迴圈的洪氾訊息。

C-11.10 考慮一個使用序列號碼或是行程計數器的洪氾演算法，其中每次路由器 x 不能傳送訊息 M 到它的相鄰路由器 y (例如連線 (x,y) 斷線)，則 x 會將訊息暫存在一個佇列當中。你的演算法必須能在動態設定下執行，其中通訊連線會失效和復原。設計你的協定，使得當你的 (x,y) 連線復原的時候，x 會將原先暫存在佇列中的訊息傳送給 y。證明這樣作如何允許洪氾訊息甚至能粗魯的出現在暫存網路分割中。需要多少額外的空間來實作這個解答？這個演算法該如何被修改成允許電腦能永久的和網路間斷線？

C-11.11 令 G 是一個網路的圖示，其中的 n 個頂點表示路由器，m 個邊表示連線。進一步假定 G 是靜態的 (亦即不會改變)，以及有一個由 G 的節點所定義的生成樹 T。T 必須不是最小生成樹，但是它包含 G 的所有的節點。另外對於 G 的每個節點 v 而言，v 會儲存它在 G 裡的相鄰節點，並且知道它們彼此之間哪些互爲鄰居。描述如何利用樹 T 來改善執行連結狀態的最短路徑設定演算法的訊息複雜度 (這會建立用最短路徑來路由的路由表)。這個修正過的演算法的訊息複雜度爲何？

C-11.12 假定有一個路由演算法，像是連結狀態或是距離向量，已經在穩定網路 (沒有任何連結改變) 中完成它的設定階段。也就是，每一個路由器 i 儲存一個向量 D，使得 $D[j]$ 儲存從路由器 i 到路由器 j 的距離和到達 j 的路徑的下一個節點名稱。設計一個有效率的演算法，以允許所有的路由器來檢查看它們的路由表是否正確。請問這個演算法的訊息複雜度爲何？

C-11.13 假定我們使用中心定位樹的方法來實作群播，因此每個群播群組的成員會藉由傳送一個加入的訊息給樹的根節點來動態的進入群組，而這則訊息的走訪會在中心定位樹上形成一條新的路徑 (會結合中心樹裡面先前的一些節點)。成員以類似但是相反的方法離開樹。試描述如何修改這個加入演算法，使得每次某個路由器 x 要加入群組的時候，會自動連接到中心定位樹當中最接近 x 的節點 (注意到這個點可能不是群組當中的成員)。

C-11.14 說明如何延伸你對前一個問題的解決方式，使得一個新的路由器 x 會去找出離它最近的群組成員而不是找出最近的樹節點。這個節點是一個 **anycast** 要求的一個理想的候選者，這種要求是指某個群組的任何成員都能對某種詢問作出回應。

C-11.15 假定我們在標準的洪氾演算法當中使用數位簽章 (使用序列號碼)，使得每個想要發布洪氾訊息的路由器都必須簽證該訊息。在傳輸的過程中，若有任意的路由器接收到的封包沒有由它的來源路由器簽章，則這個封包就會被拋棄。但是這個演算法仍然允許來源 x，用相同的序列號碼來簽證兩個不同的洪氾訊息並且在同一時間傳送給不同的鄰居。試描述演算法該如何偵測出上述情形的發生 [GH7]？假設網路是雙連通的且 x 是唯一個「壞掉的」路由器。請問你的演算法的訊息複雜度爲何？

軟體專案

P-11.1 運用像「ping」或「HTTP」的網路存取協定，來收集以下來自於網際網路的四個主機的統計資料，而實際上也是來自於地球的四個不同大陸 (也就是北美、南美、歐洲、亞洲、非洲、澳洲、南極洲某四洲)：

- 50 個連續封包所花費的傳送時間之最小值，平均值，標準差，以及最大值 (所有封包的間隔都是在幾秒鐘之內)。用你的資料畫成一個散佈圖，其中 x 軸代表來回的每趟而 y 軸代表來回的時間。
- 連續傳送 10 個封包的平均來回時間 (所有封包的間隔都是在幾秒鐘之內)，但是至少要每 4 小時重複一次並且持續至少 2 天。理想的情況是，你必須每小時重複ping10 次並且持續至少 5 天 (使用背景處理)。將你的資料畫成一個圖，用天數當 x 軸，每趟來回的時間當 y 軸，並將四個主機的統計資料以線狀圖重疊在同一張圖上。

P-11.2 對中心定位樹的方法和史添納樹的群播逼近演算法之作一個實驗性的比較。請問是否有一者在邊的使用度上明顯優於另一者嗎？如果是的話，節點的加入需求的散佈情況必須作何種假設呢？

進階閱讀

對分散式演算法有進一步學習興趣的讀者可以參考 Lynch [137]、Peleg [166] 以及 Tel [202] 的優秀著作。對電腦網路和協定有更進一步興趣的讀者可以參考 Comer [52]、Huitema [105] 以及 Tanenbaum [196]。Barůvka 演算法的分散式實作是參考自 Galleger 等人 [74]。一個非同步化演算法的簡易實作是參考自 Awerbuch [18]。

Part IV 進階主題

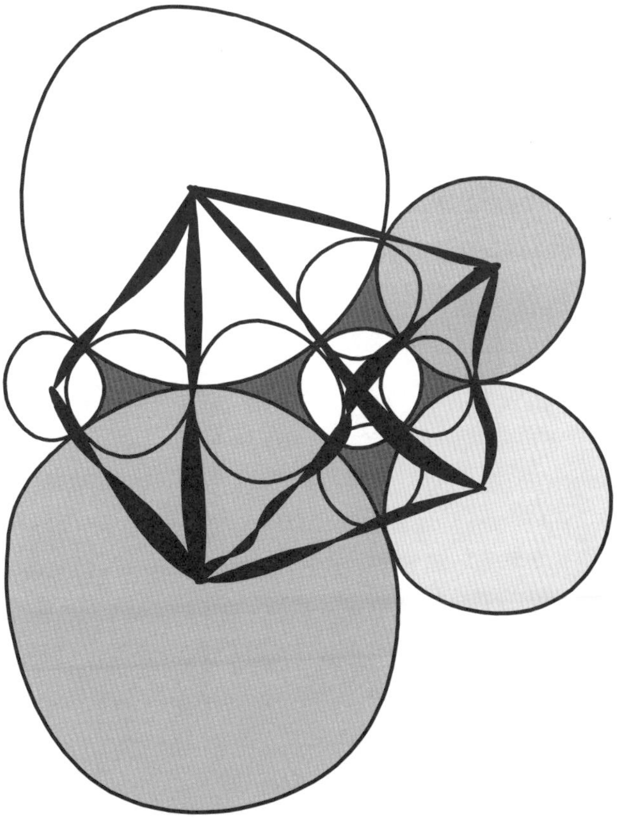

Chapter

12 計算幾何學

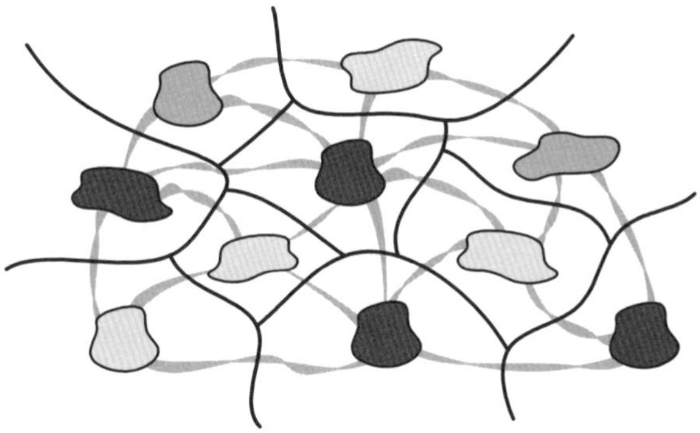

我們生活在一個多維度的幾何世界。自然界是三維空間，因而我們可用三個座標 x、y 和 z 來描述在空間中的一點。完整地描述機器手臂末端的方向需要六個維度，因爲我們要用三個維度來描述末端在空間中的位置，再加上三個維度來描述末端所在的角度 (特別把它們稱爲斜度、捲度和偏度)。描述飛行中的飛機則至少需要九個維度，因爲我們需要其中六個如同機器手臂一樣來描述它的方向，以及另外三個描述飛機的速度。事實上，相對於常是一百或一千維度的機器學習或計算生物學方面的應用而言，這些物理上的表示算是「低維度」的。本章的重點是**計算幾何學 (computational geometry)**，其中包括能夠處理點、線和多邊形等的資料結構和演算法。關於幾何資料，像是點、線、多邊形，而研究資料結構和演算法的計算幾何學上。

事實上，有很多不同的資料結構與演算法能夠處理高維度的幾何資料，但本章的範圍並不是探討它們全部。取而代之的是，我們在本章中介紹其中較爲有趣的。我們先從**範圍樹 (range trees)** 的討論開始，它可以儲存多維度的點，以便支援一種特殊的搜尋，叫做**搜尋範圍查詢 (range-searching query)**，另外我們還包含了範圍樹的變形，**優先搜尋樹 (priority search tree)**。最後，我們要討論一類將空間分割成更小空間的資料結構，**分割樹 (partition trees)**，和它的變形，如四元樹和 **k-d 樹**。

接著是介紹一個通用的演算法設計模型，稱爲**平面掃描 (plane-sweep)**，它在解決二維的問題時特別有用。我們藉由如何利用它 (將二維簡化成一系列一維的問題) 解決二維的計算幾何問題來描述這個方法的實用性。我們特別將平面掃描技術運用於尋找一組正交線段的交叉點，及從一組點集合中尋找距離最短的兩個點。平面掃描還可以被用在許多問題，而我們在本章最後的習題還會再探討一些。

我們以研究一個可以應用在電腦圖學、統計學、地理資訊系統、機器人學和電腦視覺中的問題作爲本章的結尾。這個問題就是**凸多邊形包覆 (convex hull)**，我們有興趣的是如何從一組給定的點中尋找能夠包含整個集合的最小凸多邊形子集。建構這樣的集合時，允許我們定義這一組點集合的「邊界」，這問題也產生了一些有趣的議題，像是如何表示幾何物體和進行幾何的測試。

12.1 範圍樹

多維度資料產生各種的應用，包括統計學和機器人學。最簡單的一種多維度資料是 d 個維度的點，它可以用數值的座標數列 $(x_0$、x_1、…、$x_{d-1})$ 表示。在商業上的應用，d 個維度的點可能用來表示於資料庫中產品或員工的各種屬性。舉例來說，在電器用品目錄中的電視機對於價格、螢幕尺寸、重量、高度、寬度和深度有不同的屬性值。多維度的資料也可以是科學方面的應用，每一個點表示個別實驗或觀察的屬性。舉例來說，天文太空偵測的太空物體可能在亮度(或清晰度)、直徑、距離和在空中的位置(這本身是二維的)上有不同屬性的值。

在一個多維度的點的集合中，**範圍搜尋查詢(range-search query)** 是一個直覺的查詢操作，它尋找落在給定的範圍座標內的一組多維度點。比如說想要購買一台新電視機的消費者，可能會要求從電器用品店的目錄中，挑選出所有螢幕尺寸在 24 到 27 吋，且價格在 200 到 400 之間的電視機。相對的，對研究小行星有興趣的天文學家，可能會想要找到距離在 1.5 到 10 天文單位之間、亮度在+1 到+15 之間，且直徑是在 0.5 到 1,000 公里之間的所有天文物體。我們在本節範圍內所討論的樹狀資料結構，就可以解決這些需求了。

二維範圍搜尋查詢

爲了保持討論的簡單性，我們將焦點放在二維範圍搜尋查詢上。習題 C-12.6 提出二維範圍樹是如何擴展到高維度。二維字典是一個儲存資料項的 ADT，它以鍵值與元素的方式儲存資料項，以數對 (x,y) 來表示其鍵值，稱爲元素的座標。二維字典 D 支援下列的基本查詢操作：

findAllInRange (x_1,x_2,y_1,y_2)：傳回 D 裡面以 (x,y) 座標表示的所有元素，使得 $x_1 \le x \le x_2$、$y_1 \le y \le y_2$。

findAllInRange 的操作是報告式的範圍搜尋查詢，因爲它要求所有項目都必須符合範圍限制。另外有一種計數式的範圍搜尋，在這種搜尋當中，我們只關心有多少數量的項目包含在裡面。我們會在這章節剩下的部份描述實現二維字典的資料結構。

12.1.1 一維範圍搜尋

在我們進入二維搜尋的討論之前，我們先離題來看一下一維範圍搜尋，給定一個有順序的字典D，我們將進行下列查詢的操作：

findAllInRange (k_1, k_2)： 以關鍵值k傳回字典D裡面以k表示的所有元素，使得 $k_1 \leq k \leq k$。

讓我們來看如何運用二元搜尋樹 T 來呈現字典D(參見第 3 章) 以進行查詢操作 findAllInRange (k_1, k_2)。我們運用一種遞迴的方法 1DTreeRangeSearch，接受範圍參數k_1與k_2及在T的節點v等參數。若v是外部節點的話，操作就結束了；若點v是內部節點的話，依 key (v)的不同會有三種情形，若儲存在v的項目關鍵值為：

- key$(v) < k_1$：遞迴的拜訪v的右節點。
- $k_1 \leq$ Key$(v) \leq k_2$：回報 element (v)，並遞迴拜訪v兩邊的子節點。
- key$(v) > k_2$：遞迴的拜訪v的左節點。

我們在演算法 12.1 描述這個搜尋過程 (1DTreeRangeSearch)，並在圖 12.2 中圖解說明。藉著呼叫 1DTreeRangeSearch $(k_1, k_2, T.$root())來執行 findAllInRange (k_1, k_2)這個操作。直觀而論，1DTreeRangeSearch 這個方法是標準的二元樹搜尋法 (演算法 3.5) 的修改。它能同時搜尋k_1和k_2「兩個」關鍵值。

Algorithm 1DTreeRangeSearch(k_1, k_2, v):
  Input: Search keys k_1 and k_2, and a node v of a binary search tree T
  Output: The elements stored in the subtree of T rooted at v, whose keys are greater than or equal to k_1 and less than or equal to k_2

  if T.isExternal(v) **then**
    return $\emptyset$
  if $k_1 \leq$ key$(v) \leq k_2$ **then**
    $L \leftarrow$ 1DTreeRangeSearch$(k_1, k_2, T.$leftChild$(v))$
    $R \leftarrow$ 1DTreeRangeSearch$(k_1, k_2, T.$rightChild$(v))$
    return $L \cup \{$element$(v)\} \cup R$
  else if key$(v) < k_1$ **then**
    return 1DTreeRangeSearch$(k_1, k_2, T.$rightChild$(v))$
  else if $k_2 <$ key(v) **then**
    return 1DTreeRangeSearch$(k_1, k_2, T.$leftChild$(v))$

演算法 **12.1**：遞迴法在二元搜尋樹的一維範圍搜尋。

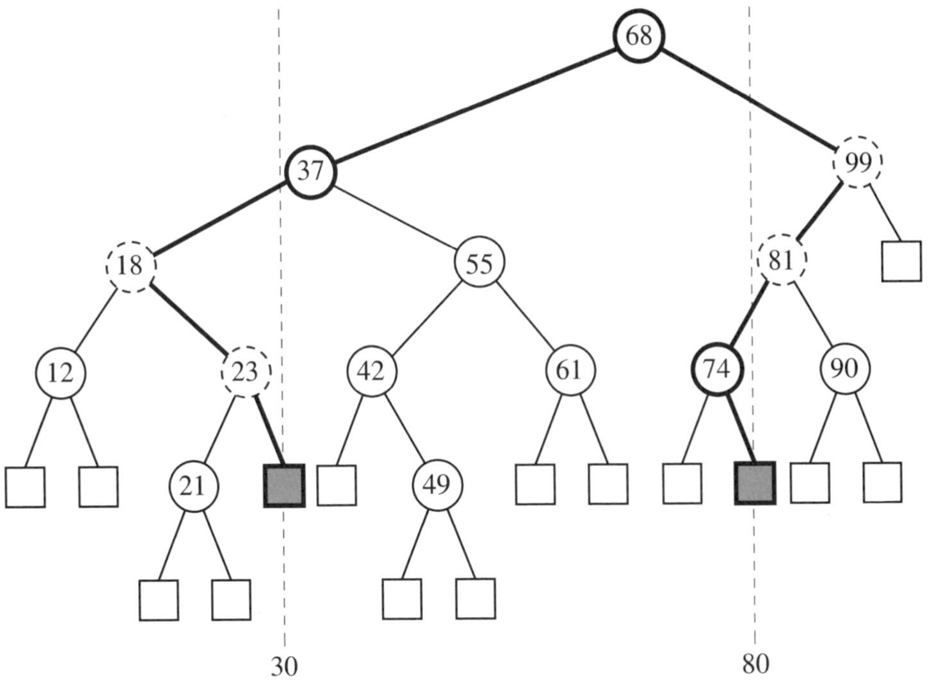

圖 12.2：使用二元搜尋樹的一維範圍搜尋，其中 $k_1 = 30$ 且 $k_2 = 80$。邊界節點的路徑 P_1 及 P_2 以粗線表示。節點鍵值在 $[k_1, k_2]$ 範圍以外的用虛線表示，而範圍內共有十個節點。

效能

現在我們來分析演算法 1DTreeRangeSearch 所需的執行時間。為了簡化起見，我們假設 T 並未包含鍵值為 k_1 或 k_2 的資料項。把這個分析擴展到一般的情況則留做習題。

當在樹 T 中搜尋鍵值 k_1 時，令 P_1 為搜尋所經過的路徑。路徑 P_1 從 T 的根節點開始，並且結束於 T 的一個外部節點。路徑 P_2 的定義與 P_1 相似，只是它是搜尋 k_2。T 中每一個節點 v 可分為下列三種情況 (參見圖 12.2)：

- 若 v 屬於 P_1 或 P_2，那麼節點 v 是邊界節點；邊界節點的鍵值可能落在區間 $[k_1, k_2]$ 的裡面或外面。
- 若 v 並非邊界節點，且 v 屬於 P_1 中任一點的右子樹，或屬於 P_2 中任一點的左子樹，那麼節點 v 就是一個範圍內的節點；一個在範圍內的內部節點其關鍵值會落在 $[k_1, k_2]$ 區間內。
- 若 v 並非邊界節點，且 v 屬 P_1 中任一點的左子樹，或屬於 P_2 中任一點的右子樹，那麼節點 v 就是範圍外的節點；一個範圍外的內部節點，其關鍵值會落在 $[k_1, k_2]$ 區間外。

考慮演算法 1DTreeRangeSearch(k_1, k_2, r)的執行，其中r是T的根節點。我們走訪邊界節點所形成的路徑，遞迴地呼叫走訪左子節點或右子節點，直到拜訪外部節點或一個內部節點w (也有可能是根節點) 的鍵值落在$[k_1, k_2]$區間內。在第一種情況下 (到達外部節點)，演算結束並回傳空集合。在第二種情況下，演算法對w的兩個子節點遞迴的呼叫。我們知道節點w是路徑P_1與P_2共同擁有的節點中最底端。從w之後所拜訪的邊界節點v來說，我們可能會對v的子節點 (同時也是邊界節點) 做單一呼叫，或我們對v的一個邊界子節點做呼叫，而另一個子節點則是範圍內的節點。一旦我們拜訪到範圍內的節點，我們就會拜訪該點以下所有的節點。

因為在演算法中，我們花在走訪每一個節點的時間都是固定的，那整個演算的過程所花的時間便與走訪過的節點數成正比。以下是計算走訪的節點數的方式：

- 我們不拜訪範圍以外的節點。
- 最多拜訪$2h+1$個邊界節點，其中h是T的高度，因為邊界節點落在搜尋路徑P_1及P_2上，且它們至少共享一個節點 (T的根節點)。
- 每次走訪範圍以內的節點v時，也同時拜訪了整個以v為根節點的子樹T_v。此時我們將儲存在T_v每一個內部節點的元素加入要回報的集合之中。若T_v有s_v個資料項，就共有$2s_v+1$個節點。範圍內的節點可被分割成j個沒有交集的子樹T_1、⋯、T_j，且其根節點即為邊界節點的子點，其中$j \le 2h$。以s_i表示儲存在樹T_i的資料項數量，我們可以得到所有被到訪過的範圍內之節點數為

$$\sum_{i=i}^{j} (2si+1) = 2s+2h$$

因此，T至多有$2s+4h+1$個節點會被走訪，且findAllInRange的執行時間是$O(h+s)$。我們希望在最差情況下將h極小化，因此必須選擇一個平衡的二元搜尋樹T，例如 AVL 樹 (參見第 3.2 節) 或紅黑樹 (參見第 3.3.3 節)，使得h為$O(\log n)$。此外，使用平衡的二元搜尋樹也可另外執行 insertItem 和 removeElement 的操作，每項操作只需要$O(\log n)$的時間。我們可以總結以上：

定理 12.1： 一個平衡的二元搜尋樹，支援擁有 n 個項目、且已排序的字典的一維範圍搜尋：

- 所使用的空間為 $O(n)$。
- findAllInRange 的操作需要 $O(\log n+s)$ 的時間，其中 s 是被傳回報告的元素數量。
- insertItem 與 removeElement 的操作各需要 $O(\log n)$ 的時間。

12.1.2 二維範圍搜尋

二維範圍樹 (參見圖 12.3) 是實現二維字典 ADT 的一種資料結構。它包含一個主要的結構，也就是平衡二元搜尋樹 T，以及一些輔助的結構。如下所述，每一個在主要結構 T 的內部節點都儲存了指向相關輔助結構的參考。主要結構 T 的功能在於支援 x 座標軸的搜尋。同時為了支援 y 座標軸的搜尋，我們使用一組輔助資料結構，這些輔助結構都是使用 y 座標為關鍵值的一維搜尋樹。而 T 主要是以 x 座標做為資料項的鍵值，來建構平衡二元搜尋樹。一個 T 的內部節點 v 將儲存下列資料：

- 資料項的座標以 $x(v)$ 與 $y(v)$ 表示，而元素是以 element (v) 表示。
- 一個一維範圍樹 $T(v)$ 儲存了和 T 裡面以 v 為根節點的子樹一樣的資料項集合，但是以 y 座標為鍵值。

引理 12.2： 一個儲存 n 個項目的二維範圍樹需要 $O(n\log n)$ 的空間，並能夠在 $O(n\log n)$ 的時間內建立。

證明：

主要結構使用 $O(n)$ 的空間，並有 n 個次要結構，而輔助結構的大小與儲存在其中的資料項個數成正比。一個儲存在主要結構 T 的節點 v，同時也被儲存在每個 v 的上游節點 u 的輔助結構 $T(u)$。既然 T 是平衡樹，便表示節點 v 有 $O(\log n)$ 個上游節點。因此，在輔助結構裡的項目就有 $O(\log n)$ 個 v 的複本，故總耗用空間為 $O(n\log n)$。至於建立的演算法則留待練習 (C-12.2)。 ■

演算法的 findAllInRange (x_1, x_2, y_1, y_2) 操作，是以執行在主要結構 T，範圍為 $[x_1, x_2]$ 的一維範圍搜尋開始。也就是說，為了搜尋範圍內的節點，我們向下走訪樹 T。然而我們做了一項重要的調整：當到達範圍內的節點 v 時，我們不再遞迴走訪以 v 為根節點的子樹，而是在 v 的輔助結構內使用

以 $[y_1, y_2]$ 爲區間的一維範圍搜尋。

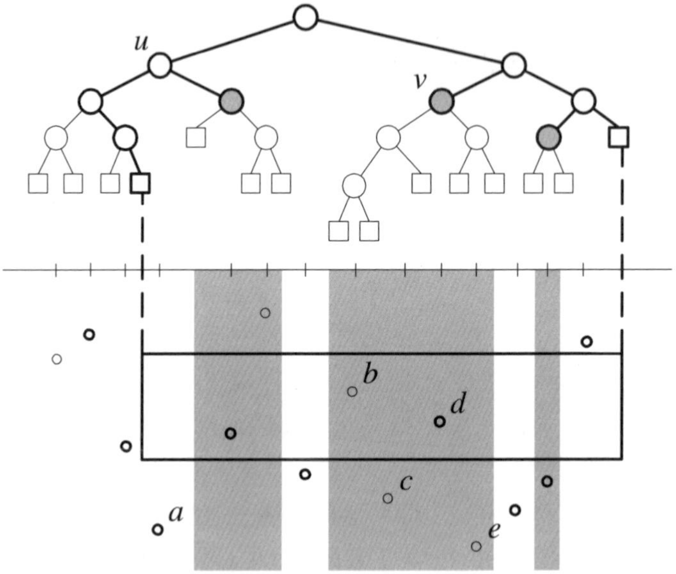

圖 12.3：一個資料項集合並以二維鍵值用二維範圍樹所表示，並且在這個樹進行搜尋。圖中看到主要結構 T。搜尋演算方法所走訪的節點以粗線表示，其中邊界節點是白色的，分配節點則是灰色的。儲存在邊界節點 u 的點 a 落在搜尋範圍之外。而灰色的垂直線條涵蓋了儲存於輔助結構中的分配節點。例如，節點 v 的輔助結構包含點 b，c，d 及 e。

我們把同時爲 T 的範圍內節點且爲邊界節點的子節點稱做分配節點。演算法走訪了 T 的邊界節點和分配節點，但並不經過其他的範圍內節點。每一個邊界節點 v 被演算法分類成左側節點、中間節點、或右側節點。中間節點位於搜尋 x_1 的路徑 P_1 與搜尋 x_2 的路徑 P_2 的交叉處。而左側節點則落在路徑 P_1 中，並非 P_2；右側節點則落在 P_2，並非 P_1。在每個分配節點 v 上，演算在輔助結構 $T(v)$ 上執行範圍爲 $[y_1, y_2]$ 的一維範圍搜尋。這方法的詳細說明在演算法 12.4 (並參考圖 12.3)。

定理 12.3： 一個擁有 n 個資料項的二維範圍樹 T，且每個資料項目皆有二維的鍵值，共需要 $O(n\log n)$ 的空間，並在 $O(n\log n)$ 的時間內建立。使用 T，一個二維範圍搜尋查詢則需花 $O(\log^2 n + s)$ 的時間，其中 s 是被回報的元素個數。

證明：

對於空間的需求與建立的時間是從引理 12.2 而來。我們現在來分析使用演算法 12.4 (2DTreeRangeSearch) 的範圍搜尋查詢所需的時間。我們計算在主要結構 T 中，對每個邊界節點和分配節點所花的時間。該演算法

在每個邊界節點所花的時間爲常數，又總共有 $O(\log n)$ 個邊界節點，因此所有花在邊界節點的時間總數爲 $O(\log n)$。對每個分配節點 v 來說，演算法需花 $O(\log n_v+s_v)$ 的時間，在輔助結構 $T(v)$ 中來做一維範圍搜尋，其中 n_v 是儲存在 $T(v)$ 的項目個數，而 s_v 是從 $T(v)$ 的範圍搜尋傳回的元素個數。以 A 代表分配節點的集合，我們花在分配節點的總時間與 $\Sigma_{v\in A}(\log n_v+s_v)$ 成正比。因爲 $|A|$ 爲 $O(\log n)$，且 $n_v \le n$、$\Sigma_{v\in A} \le s$，那麼花在分配節點的總時間爲 $O(\log^2 n+s)$。於是我們得到一個結論：二維範圍搜尋需花 $O(\log^2 n+s)$ 的時間。 ■

12.2 優先搜尋樹

在這小節，我們會介紹優先搜尋樹結構，它能找出在二維鍵值的資料項集合 S 中，三側的範圍查詢。

findAllInRange (x_1,x_2,y_1)：傳回 S 中所有座標爲 (x,y) 的項目，使得 $x_1 \le x \le x_2$ 且 $y_1 \le y$。

以幾何的觀點而言，這個查詢要求我們傳回在兩條垂直線 ($x = x_1$ 及 $x = x_2$) 中，且在水平線 ($y = y_1$) 以上的所有點。

集合 S 的優先搜尋樹是儲存 S 中的項目的二元樹，它的操作方式如同一個有著相對 x 座標的二元搜尋樹，也像是一個有 y 座標的堆積。簡化起見，假設 S 的所有項目都有著不同的 x 與 y 座標，若集合 S 是空的，T 只由單個外部節點組成；否則，令 $\bar{p}$ 爲 S 最高的項目，即其 y 座標是最大值。$\hat{x}$ 則是指 $S-\{\bar{p}\}$ 的項目中，x 座標的中間值。且在 $S-\{\bar{p}\}$ 的子集合裡，S_L 代表其中 x 座標小於或等於 $\hat{x}$ 的子集合；S_R 則代表其中 x 座標大於 $\hat{x}$ 的子集合。以下我們將遞迴定義 S 的優先搜尋樹 T：

- T 的根節點儲存了項目 $\bar{p}$ 和 x 座標的中間值 $\hat{x}$。
- T 的左子樹是 S_L 的優先搜尋樹。
- T 的右子樹是 S_R 的優先搜尋樹。

對每個 T 的內部節點 v 來說，我們以 $\bar{p}(v)$、$\bar{x}(v)$ 與 $\bar{y}(v)$ 表示儲存在 v 的最高項目和它的座標。同樣地，以 $\hat{x}(v)$ 表示儲存在 v 的 x 座標中間值。優先搜尋樹的範例如圖 12.5。

Algorithm 2DTreeRangeSearch$(x_1, x_2, y_1, y_2, v, t)$:
  Input: Search keys x_1, x_2, y_1, and y_2; node v in the primary structure T of a two-dimensional range tree; type t of node v
  Output: The items in the subtree rooted at v whose coordinates are in the x-range $[x_1, x_2]$ and in the y-range $[y_1, y_2]$

```
if T.isExternal(v) then
  return ∅
if x1 ≤ x(v) ≤ x2 then
  if y1 ≤ y(v) ≤ y2 then
    M ← {element(v)}
  else
    M ← ∅
  if t = "left" then
    L ← 2DTreeRangeSearch(x1, x2, y1, y2, T.leftChild(v), "left")
    R ← 1DTreeRangeSearch(y1, y2, T.rightChild(v))
  else if t = "right" then
    L ← 1DTreeRangeSearch(y1, y2, T.leftChild(v))
    R ← 2DTreeRangeSearch(x1, x2, y1, y2, T.rightChild(v), "right")
  else
    { t = "middle }
    L ← 2DTreeRangeSearch(x1, x2, y1, y2, T.leftChild(v), "left")
    R ← 2DTreeRangeSearch(x1, x2, y1, y2, T.rightChild(v), "right")
else
  M ← ∅
  if x(v) < x1 then
    L ← ∅
    R ← 2DTreeRangeSearch(x1, x2, y1, y2, T.rightChild(v), t)
  else
    { x(v) > x2 }
    L ← 2DTreeRangeSearch(x1, x2, y1, y2, T.leftChild(v), t)
    R ← ∅
  return L ∪ M ∪ R
```

演算法 **12.4**：在二維範圍樹中的二維範圍搜尋的遞迴方法。初始方法是 2DTreeRange-Search $(x_1, x_2, y_1, y_2, T.$root(),「中間」)這個函式。演算法在所有 x 軸範圍為 $[x_1, x_2]$ 的邊界節點上，以遞迴呼叫的方式執行。而參數 t 負責指出 v 為左側、中間、或右側的邊界節點。

12.2.1 建立優先搜尋樹

儲存在優先搜尋樹 T 節點中的資料項，其 y 座標滿足堆積順序的特性 (參見第 2.4.3)。也就是說，若 u 爲 v 的父節點，則 $\bar{y}(u) > \bar{y}(v)$。而 T 的每個節點的 x 座標中間值，用以定義二元搜尋樹 (參考第 3.1.2 節)。這兩個因素就是

「優先搜尋樹」的由來。接著我們解釋如何從 n 個二維資料項的集合 S，來建立優先搜尋樹。首先將 S 依 x 座標遞增的方式排列，然後呼叫遞迴方法 buildPST (S)，如演算法 12.6 所示。

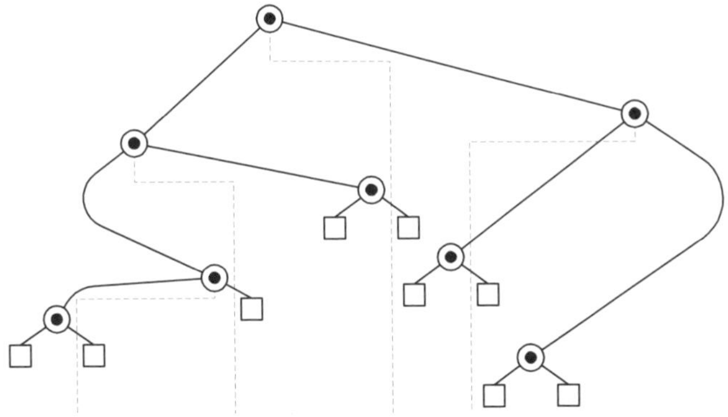

圖 12.5：一個二維鍵値的集合 S 和它的優先搜尋樹 T。每個 T 的內部節點 v 以包圍著點 $\bar{p}(v)$ 的圓圈表示。x 座標的中間值 $\hat{x}(v)$ 在點 v 以下的虛線表示，該虛線將左右兩側的子樹分開。

引理 12.4： 給定一個擁有 n 個二維資料項的集合 S，則 S 的優先搜尋樹會使用 $O(n)$ 空間，高度爲 $O(\log n)$，且可在 $O(n\log n)$ 時間中建構完成。

證明：

之所以需要 $O(n)$ 的空間，是由於優先搜尋樹 T 的每個內部節點，都儲存了一個 S 的資料項。T 的高度是因爲在每個層級的節點數都會減半。在剛開始的將 S 中的資料項依 x 座標排序，可使用最佳排序方法，在 $O(n\log n)$ 時間中完成，例如堆積排序或合併排序。方法 buildPST (演算法 12.6) 的執行時間 $T(n)$，是以遞迴關係式來表示：$T(n) = 2T(n/2) + bn$，對常數 $b > 0$。因此透過主導者定理(5.6)可得，$T(n)$ 爲 $O(n\log n)$。 ■

12.2.2 優先搜尋樹的搜尋

接下來是示範方法 findAllInRange (x_1, x_2, y_1) 如何在優先搜尋樹 T 上執行三側範圍查詢。我們以類似範圍爲 $[x_1, x_2]$ 的一維範圍搜尋的方法走訪 T。然而一個重要的差別是，只有當 $y(v) \geq y_1$ 時，我們才繼續搜尋節點 v 的子樹。有關於三側範圍搜尋的細節在演算法 12.7 (PSTSearch)，且在圖 12.8 有執行該演算法的示範。

注意我們定義三側的範圍爲左側、右側及底部，但在頂部則沒有上限。然而，這個限制並未失去其一般性，因爲我們也可以用一個矩形的任三邊來定義三側範圍的查詢。若是以這方法來定義優先搜尋樹的話，其實很類似我們之前的定義，但，只是「換一邊」來想而已。

現在我們來分析 PSTSearch 所需要的時間，以解決有 n 個有二維鍵值的資料項的優先搜尋樹 T，其三側範圍搜尋的查詢。我們以 s 表示回報的資料項個數，因爲走訪每個節點所需時間爲 $O(1)$，則 PSTSearch 這個方法的執行時間會與走訪過的節點數成正比。

Algorithm buildPST(S):
  Input: A sequence S of n two-dimensional items, sorted by x-coordinate
  Output: A priority search tree T for S

  Create an elementary binary tree T consisting of single external node v
  if !S.isEmpty() **then**
    Traverse sequence S to find the item $\bar{p}$ of S with highest y-coordinate
    Remove $\bar{p}$ from S
    $\bar{p}(v) \leftarrow \bar{p}$
    $\hat{p} \leftarrow S.\mathsf{elemAtRank}(\lceil S.\mathsf{size}()/2 \rceil)$
    $\hat{x}(v) \leftarrow x(\hat{p})$
    Split S into two subsequences, S_L and S_R, where S_L contains the items up to $\hat{p}$ (included), and S_R contains the remaining items
    $T_L \leftarrow \mathsf{buildPST}(S_L)$
    $T_R \leftarrow \mathsf{buildPST}(S_R)$
    T.expandExternal(v)
    Replace the left child of v with T_L
    Replace the right child of v with T_R
  return T

演算法 **12.6**：以遞迴的方式建立優先搜尋樹。

在 PSTSearch 方法之下，被走訪的節點可歸類如下：

- 將 T 視爲二元搜尋樹其節點儲存了 x 座標的中間值，若節點 v 落在搜尋 x_1 或 x_2 的搜尋路徑上，那麼 v 爲邊界節點。儲存在內部邊界節點的資料項，可能位於三側範圍的裡面或外面。根據引理 12.4，T 的高度爲 $O(\log n)$，因此，共有 $O(\log n)$ 個邊界節點。
- 若節點 v 是內部節點，又非邊界點，且 $\bar{y}(v) \geq y$，則 v 爲範圍內節點。儲存在範圍內節點的資料項會落在三側的範圍裡。範圍內節點不會多於回報的資料項個數 s。
- 若節點 v 不是邊界節點，且如果它是內部節點又符合 $\bar{y}(v) < y_1$ 的話，則 v 爲終點節點。儲存在內部終點節點的資料項，會落在三側的範圍外。每個終點節點都是邊界節點或是範圍內節點的子節點，因此，終點節點的個數，最多可能是邊界節點加上範圍內節點的兩倍，故共有 $O(\log n + s)$ 個終點節點。

我們得到 PSTSearch 走訪 $O(\log n + s)$ 個節點的結論，並於以下所述。

Algorithm PSTSearch(x_1, x_2, y_1, v):

Input: Three-sided range, defined by x_1, x_2, and y_1, and a node v of a priority search tree T

Output: The items stored in the subtree rooted at v with coordinates (x, y), such that $x_1 \leq x \leq x_2$ and $y_1 \leq y$

```
if ȳ(v) < y1 then
    return ∅
if x1 ≤ x̄(v) ≤ x2 then
    M ← {p̄(v)}            {we should output p̄(v)}
else
    M ← ∅
if x1 ≤ x̂(v) then
    L ← PSTSearch(x1, x2, y1, T.leftChild(v))
else
    L ← ∅
if x̂(v) ≤ x2 then
    R ← PSTSearch(x1, x2, y1, T.rightChild(v))
else
    R ← ∅
return L ∪ M ∪ R
```

演算法 **12.7**：在優先搜尋樹 T 裡的三側範圍搜尋。該演算法最初稱為 PSTSearch(x_1, x_2, y_1, T.root())。

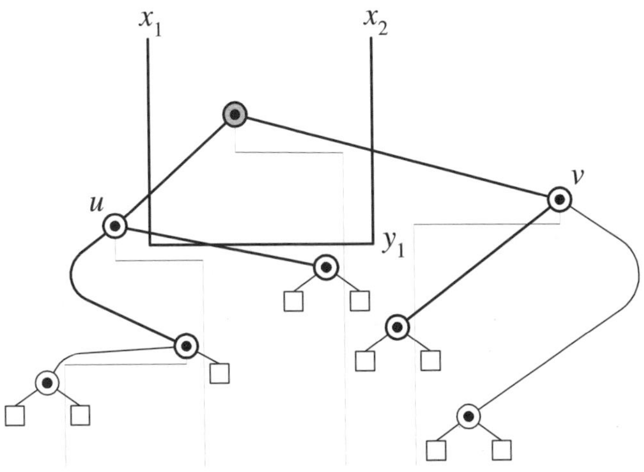

圖 **12.8**：在一個優先搜尋樹中的三側範圍搜尋。被走訪的節點以粗線表示，儲存被回報的項目的節點是灰色的。

定理 12.5： 儲存 n 個二維鍵值資料項的優先搜尋樹 T，使用 $O(n)$ 的空間，並能在時間 $O(n\log n)$ 之內建構完成。藉由 T，一個三側範圍搜尋的查詢共花 $O(\log n+s)$ 時間，其中 s 是回報的資料項個數。

當然，三側範圍的查詢並不像一般矩形範圍查詢那麼一般化，矩形範圍查詢需要 $O(\log^2 n+k)$ 的時間，並會使用到之前所討論的範圍樹。但是，優先搜尋樹仍可被應用在加速一般四側、二維的範圍查詢。在這種應用中所使用的資料結構為優先範圍樹，它把優先搜尋樹當成輔助結構並和一般範圍樹的有著相同的空間複雜度。我們之後會討論這種資料結構。

12.2.3 優先範圍樹

令 T 為儲存 n 個二維鍵值資料項的平衡二元搜尋樹，並依照其 x 座標排序。我們會示範如何以優先搜尋樹做為輔助結構來擴展 T，以回覆 (四側) 範圍查詢。結果所產生的資料結構即為優先範圍樹。

為了把 T 轉換為優先範圍樹，我們走訪 T 裡面除了根節點以外的每個內部節點 v，並建立一個優先搜尋樹 $T(v)$ 做為輔助結構，$T(v)$ 儲存了所有在以 v 為根節點的子樹的資料項。若 v 是一個左子節點，則 $T(v)$ 以右側未設邊界的三側範圍來回答這個範圍查詢。但若 v 是一個右側子節點，則 $T(v)$ 以左側未設邊界的三側範圍來回答這個範圍查詢。根據引理 12.2 和 12.4，一個優先範圍樹使用 $O(n\log n)$ 的空間，並可以在 $O(n\log n)$ 的時間內建構完成。在優先範圍樹中執行二維範圍查詢的方法在演算法 12.9 (PSTRangeSearch)。

定理 12.6： 有 n 個二維鍵值資料項的優先範圍樹 T，使用 $O(n\log n)$ 的空間，並可在 $O(n\log n)$ 的時間中被建立。使用 T 時，二維的範圍搜尋需要 $O(\log n+s)$ 的時間，其中 s 是被回報的元素個數。

12.3 四元樹及 k-d 樹

多維度的資料集合常來自於大型的應用；因此，我們希望用線性空間的結構來儲存它們。一個為儲存 d 個維度資料的線性空間結構而設計的架構，我們稱為分割樹，其中假設 d 是一個固定的常數。

分割樹 (partition tree) 是一個有根節點的樹 T，最多有 n 個外部節點，其中 n 是給定之集合 S 中，其 d 個維度的點的個數。分割樹 T 的每一個外部節點，都儲存了 S 裡面不同的子集合。而在分割樹 T 的每個內部節點 v，則對應到一塊 d 個維度空間的區域，故此區域再被劃分爲 c 個不同的細胞或區域，並相對應於 v 的子節點。以 v 的子節點 u 所對應的區域 R 而言，我們要求以 u 爲根節點的子樹內所有的點，都要落在區域 R 中。理想的情況是，v 的子節點所對應的的 c 個細胞，可以一個固定的比較次數或數學運算來區別。

```
Algorithm PSTRangeSearch(x1, x2, y1, y2, v):
  Input: Search keys x1, x2, y1, and y2; node v in the primary structure T of a
    priority range tree
  Output: The items in the subtree rooted at v whose coordinates are in the x-
    range [x1, x2] and in the y-range [y1, y2]
  if T.isExternal(v) then
    return ∅
  if x1 ≤ x(v) ≤ x2 then
    if y1 ≤ y(v) ≤ y2 then
      M ← {element(v)}
    else
      M ← ∅
    L ← PSTSearch(x1, y1, y2, T(leftChild(v)).root())
    R ← PSTSearch(x2, y1, y2, T(rightChild(v)).root())
    return L ∪ M ∪ R
  else if x(v) < x1 then
    return PSTRangeSearch(x1, x2, y1, y2, T.rightChild(v))
  else
    { x2 < x(v) }
    return PSTRangeSearch(x1, x2, y1, y2, T.leftChild(v))
```

演算法 **12.9**：在優先範圍樹 T 的範圍搜尋。演算法最初呼叫的方式為 PSTRangeSearch (x_1, x_2, y_1, y_2, T. root())。

12.3.1 四元樹

我們討論的第一個分割樹是四元樹。四元樹的主要應用是從圖像而來的點集合，且 x 和 y 座標都是整數，因爲點都是從圖像的像素而來。此外，特別是當這些點的分佈的不一致時，也就是有的區域是空的，而有的區域很密集時，會呈現出它最好的特性。

假設在平面中，給定一個有 n 個點的集合 S，且 R 定義爲包含 S 所有點的正方形區域(例如，R 是一個大小爲 2048×2048 的圖像的區域範圍，而集合 S 則是從圖像產生而來)。四元樹是一個分割樹 T，使得其根節點 r 與區

域 R 相對應。為了進行到 T 的下一層，我們把 R 平分為四個面積相等的正方形 R_1、R_2、R_3 與 R_4，每個正方形 R_i 則對應到根節點 r 可能存在的子節點。更精確的來說，若正方形 R_i 包含了 S 的一個點，則產生 r 的子節點 v_i；若 R_i 並未包含 S 的點，則不產生相對應的子節點。把 R 劃分成 R_1、R_2、R_3 與 R_4 的過程，我們稱之為**分割 (split)**。

如果必要的話，**四元樹** T 是由每個 r 的子節點 v，以遞迴方式執行分割而來。也就是說，每個 r 的子節點 v，都有一塊相對應的正方形區域 R_i。而且若 R_i 不只包含了 S 的一個點，那我們就在 v 執行分割，再將 R_i 劃分成四等份的正方形，若仍有超過一個點，則再繼續並重複該動作，直到將 S 中每個點劃分在不同的正方形為止。然後在 T 的外部節點中，儲存 S 中的點 p，且這些點會對應到分割過程中的最小正方形，而在每個內部節點 v 中，用一個簡單的表示法儲存了 v 所執行的分割。

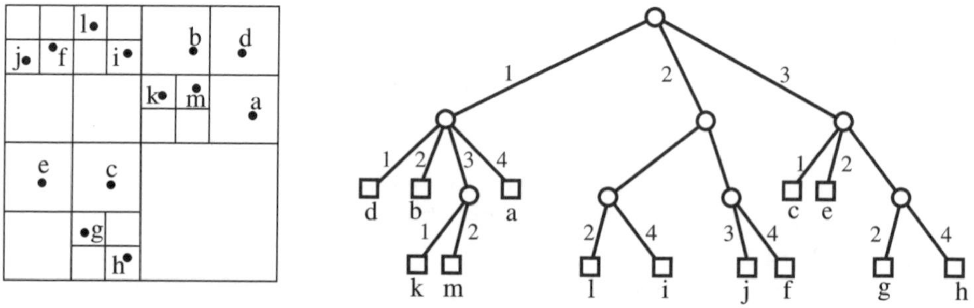

圖 12.10：四元樹。圖為點集合及其相對應的四元樹資料結構。

圖 12.10 為點集合及其相對應的四元樹資料結構之圖解說明。而與圖解不同且值得注意的是，正如我們才定義過的四元樹，其深度可能是沒有上限的。例如，點集合 S 可能包含兩個非常相鄰的點，而這兩個點必須經過很多次的分割才會被分開來。因此，四元樹的設計者習慣會在 T 的深度設定上限 D，如此一來，在平面上給定 n 個點的集合 S，我們可為 S 建立其四元樹 T，每一層花費 $O(n)$ 的時間，因此，在最差的情況下，需耗費 $O(Dn)$ 的時間來建構四元樹。

以四元樹回覆範圍查詢

四元樹經常用來解決範圍搜尋的問題。假設有一個矩形 A 位於座標軸上，而我們必須用四元樹 T 來找出 S 裡面被包含在 A 的點。要解決這個查詢是非常容易的。我們從 T 的根節點 r 開始，並將其區域 R 與 A 作比較，若 A 與 S 並無任何交集，查詢工作便結束了—沒有任何在以 r 為根的子樹的點，

落在 A 之中。而若 A 完全包含 R，那我們只需列舉出 r 下所有的外部節點，這是兩種簡單的情況。如果相反的 R 與 A 有所交集，但 A 未完全包含 R，那只好在 r 的每個子節點 v 上以遞迴方式執行搜尋。

效能

執行範圍搜尋時，可能會遇到的最差狀況就是拜訪了整個 T，但卻沒有任何結果。因此在最差情況下，一個深度 D，且擁有 n 個外部節點的四元樹，需花費 $O(Dn)$ 的時間去執行範圍查詢。從這個角度來看，還不如以暴力法搜尋整個集合 S，都比利用四元樹來的好。因爲只要花 $O(n)$ 的時間，便可一個二維範圍查詢的問題。但實際上，四元樹一般來講可以使範圍搜尋進行的更爲快速。

12.3.2 k-d 樹

四元樹有個缺點，就是它無法一般化至更高的維度。精確地說，在一個模擬四維空間的四元樹中的每一個節點，可至多有 16 個子節點。一個 d 維空間四元樹的每一個內部節點至多 2^d 個的子節點。爲了克服當維度大於三時爲儲存資料而使得分支度過高的缺點，資料結構設計者常會考慮另一種二元的分割樹。

另一種分割資料結構叫做 k-d 樹，它很像四元樹的結構，但它是二元的。k-d 樹其實有一系列的分割樹成員，它們都是用二元分割樹來儲存多維度的資料。就像四元樹一樣，每個 k-d 樹的節點 v 都與一個矩形區域 R 相對應，雖然在 k-d 樹的情況下，這個矩形可能不是正方形。

其差異在於，當 k-d 樹的節點 v 要執行分割操作時，只要單一直線垂直於某一個座標軸即可完成。而對於三或更多維度的資料集合，這條分割的線則是對齊某一個座標軸的超平面，因此無論是幾個維度，k-d 樹都是一個二元樹，我們把分割這個動作分解，使 v 的左子節點對應於其區域 R 的分割線的左邊；而使其右子節點對應於 R 的分割線的右邊。如同四元樹結構，當區域內的點的個數，已到達某固定常數的門檻時，我們就停止執行分割 (參考圖 12.11)。

基本上有兩種不同的 k-d 樹，分別是**區域基礎 (region-based)** 的 k-d 樹，和**點基礎 (point-based)** 的 k-d 樹。以區域爲基礎的 k-d 樹本質上是四元樹的二元版本，每當有以區域爲基礎的 k-d 樹的矩形區域 R 必須被分割時，它會以一條與 R 之中最長的一邊互相垂直的線分成兩半。若最長邊超過一個，則會用循環的方法來分割；另一方面，點基礎的k-d 樹，則是依照在矩形區域內的點的分佈作分割，圖 12.11 就是點基礎的k-d 樹。

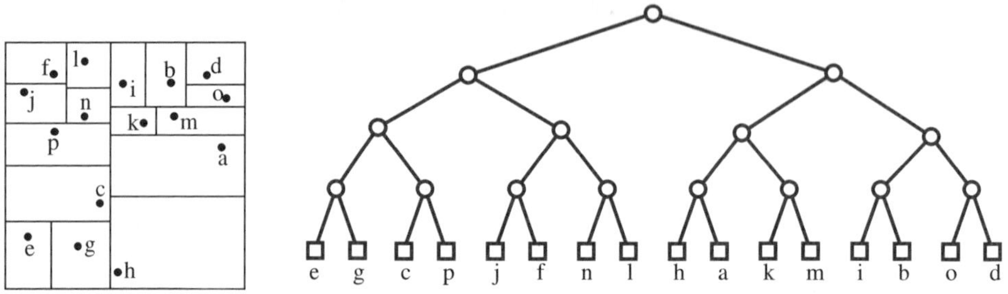

圖 **12.11**：k**-d** 樹的例子。

在點基礎的k-d樹中，分割一個包含子集合$S' \subseteq S$的矩形R的方法，有兩個步驟。在第一個步驟中，必須從S'中的點找出差異最大的維度i，也就是說從S'中所有的點找出在維度j的最大和最小值，兩者相減即爲維度j的差異，每一個維度的差異中最大的即是維度i。第二個步驟則是找出S'裡面所有的點在維度i的中間值，並且以通過中間值並垂直於維度i軸的方式來分割R。因此，會把S'中的點集合平分成兩半，但不一定會平分R這塊區域。利用線性時間的中位數尋找方法(參考第 4.7 節)，這個分割的步驟可在$O(k|S'|)$的時間內完成。因此，建立有n個點的k-d樹之執行時間，可透過下列遞迴關係方程式：$T(n) = 2T(n/2) + kn$ 來計算，也就是$O(kn\log n)$。此外，因爲我們以對半的方式分割集合中的點，所以可得到T的高度$\lceil \log n \rceil$。圖 12.11 爲使用此演算法建立的點基礎k-d 樹。

點基礎k-d 樹的優點爲，它們可以保證樹的深度以及建立時間；但缺點則是可能會產生「過長且過瘦」的矩形區域，而這在k-d 樹的查詢方法中，通常被認爲是不好的。事實上這種過長且過瘦的區域並不常見，大部分對應於k-d 樹的節點的矩形區域是「箱形的」。

以k-d 樹做最近鄰點搜尋

現在要討論如何用k-d 樹來回覆查詢，更精確的說，我們把重點放在尋找距離最近的點。給定一個查詢點p，要在S中找出與p距離最近的點。一個可以善加利用k-d 樹T來回覆這樣查詢的方法，正如下所述。我們首先向下搜尋T，並找到一個外部節點v具有最小矩形區域R包含著p。所有在S的點中，凡是落在R或是v的兄弟節點所相對應的區域者，都會被拿來比較以找出目前距離最近的點q。接著定義一個中心爲p且包含點q的球形區域，並將其視爲距離最近的球形區域 s。有了這個球形區域後，我們開始在 T 走訪 (最好是由下往上)，以找出任何包含 T 的外部節點並與 s 有交集的區域。若在過程中，我們發現一個比 q 更接近的點，那我們就把 q 用來指向這個新發現的點，並且更新球形區域 s，使其包含這個新的點。我們並不走訪任何跟 s 沒有交集的區域，而當試完所有的可能之後，便說 q 是距離 p 最近的點。最差的情況下，這個方法可能會花費 $O(n)$ 的時間。但有很多不同的分析及實驗結果，針對 S 的分佈做一些合理的假設，發現平均的執行時間比較像是 $O(\log n)$。實際上，也有一些法則可以加速搜尋的過程，其中最好的方法之一是優先搜尋策略，這策略告訴我們應該按照與 p 的遠近，依序來搜尋 T 的子樹。

12.4 平面掃描技術

在這個部分，我們要來探討一個可以應用在很多不同幾何問題的技術。主要概念是將靜態的二維問題，轉換至動態的一維問題，我們使用一連串的插入、移除及查詢的操作來解決一維問題。我們將以具體的應用來介紹這技術，而不是以抽象的方法來介紹該技術。

12.4.1 正交線段的交集

我們利用平面掃描技術所解決的第一個問題是，找出所有 n 條線段的交集，當然，我們可以使用暴力法直接檢查每一對線段，看看它們是否有交集。由於共有 $n(n-1)/2$ 對線段，因爲我們可以在常數的時間內完成線段是否交集的檢測，故演算法需要 $O(n^2)$ 的時間。若每一對線段皆有交集，那麼這個演算法就是最佳的。但我們想要在某些情況下更快速的完成，例如只有幾對線段有交集，甚至沒有任何一對線段有交集。更精確的來說，若有 s 對的線段交集，我們希望有一個對輸出結果較敏感的演算法，其所需的執行時間是取決於 n 和 s。我們將介紹一個利用平面掃描技術的演算法並且可在 $O(n\log n+s)$ 的時間內完成。而輸入集合裡的線段是由 n 個正交線段所組成，這意謂著每個在集合內的線段都是垂直或水平的。

複習一維範圍搜尋

在我們繼續進行之前，我們稍微偏離主題的探討一下之前在這章曾討論過的一個問題。

這問題就是一維範圍搜尋，在這問題中我們想要動態地維持一部數字的字典集(也就是在數字線上的點)，而下列的方法受到鍵入、刪除及查詢的影響：

findAllInRange (k_1, k_2)： 傳回在 D 裡，關鍵值 k 滿足 $k_1 \le k \le k_2$ 的所有元素。

在第 12.1.1 節中，我們說明如何運用平衡二元搜尋樹，像是 AVL 樹或紅黑樹，來維持字典能夠在 $O(\log n)$ 的時間內做插入與移除的操作，並在 $O(\log n+s)$ 的時間內回覆 findAllInRange 的查詢，其中 n 為當時字典裡點的個數，而 s 是回傳的個數。我們不會使用這個演算法的細節，僅確定它的存在，故若讀者跳過第 12.1.1 節，可以放心地信賴這個結果，無需擔心是如何達成的。

一群集的範圍搜尋問題

現在回到手邊的問題，也就是計算在 n 個垂直或水平的線段中，有多少對線段產生交集，而解決此問題最主要的想法是把二維問題縮化成一群的一維範圍搜尋問題，意即對於每個垂直線段 v，我們考慮一條垂直無線延伸的線 $l(v)$ 穿越 v，並把 $l(v)$ 放置的「一維世界」 (參考圖 12.13 的 a 與 b)。在這個世界裡，只有垂直的線段 v 以及與 $l(v)$ 交集的水平線段存在，更精確的說，區段 v 相對應於 $l(v)$ 的區間，與 $l(v)$ 相交的水平線段 h，則對應至 $l(v)$ 上的一個點，而與 v 交叉的水平線段則對應到 $l(v)$ 上的點，且落於該 v 的區間內。

因此，若給定一個與 $l(v)$ 相交的水平線段之集合 $S(v)$，並決定那些與線段 v 有交集的問題，等價於使用 $S(v)$ 裡線段的 y 座標為鍵值，以區段 v 的端點的 y 座標當做選擇的範圍並在 $S(v)$ 中執行一個範圍查詢。

平面掃描線段交集演算法

假設在平面上給定 n 個垂直及水平線段，我們利用**平面掃描 (plane sweep)** 技術和整合剛剛所介紹的想法可以找出每一對有交集的線段。這個演算法模擬一條垂直線 ℓ 的掃描，其掃描方式是從所有線段的最左端開始並往右移動。在掃描過程中，與掃描線交集的水平線段集合，會以其 y 座標為鍵值對字典做插入或移除的操作來維持。當掃描過程遇到垂直線段 v 時，就會在字典上的做範圍查詢，以找到與 v 交集的水平線段。

更精確的說，在掃描的過程中，我們維持一部排序的字典 S，它儲存了以 y 座標為鍵值的水平線段。在掃描的時候，如觸發如表 12.12 所示的動作的事件時，掃描的動作會暫停。另外在圖 12.13 有圖解。

事件	動作
水平線段 h 的左端	將 h 插入字典 S
水平線段 h 的右端	S 將 h 從字典 S 移除
垂直線段 v	對 S 執行範圍搜尋，選擇範圍爲 v 兩端的 y 座標

表 **12.12**：為找出正交線段的交集，在平面掃描演算法中會觸發動作的事件。

效能

爲了分析平面掃描演算法所需的時間，我們必須先找出所有發生的事件，並以 x 座標來做排序。事件的發生不是垂直線段的終點，就是水平線段的終點，因此，最多有 $2n$ 個事件。當把這些事件作排序時，我們會以 x 座標來做比較，而每一次比較使用 $O(1)$ 的時間。使用最佳排序演算法，例如堆積排序 (參考第 2.4.4 節) 或合併排序 (參考第 4.1 節)，我們便可在 $O(n\log n)$ 的時間內把事件排序。對字典 S 執行的操作爲插入、移除、與範圍搜尋，每當執行某一個操作時，S 的大小最多爲 $2n$。我們以 AVL 樹 (參考第 3.2 節) 或紅黑樹 (參考第 3.3.3 節) 來實作 S，所以插入與刪除各需要 $O(\log n)$ 的時間，正如我們在之前已經討論過的 (參考第 12.1.1 節)，在有 n 個元素且已排序的字典裡，可在 $O(\log n+s)$ 的時間、$O(n)$ 的空間內執行範圍搜尋，其中 s 是被回報的資料項個數。接著我們便能確認，一個垂直線段 v 觸發的範圍搜尋，其執行時間爲 $O(\log n+s(v))$，其中 $s(v)$ 是目前在字典 S 裡面，與 v 有交集的水平線段之個數。因此，以 V 來表示垂直線段的集合時，掃描所需的總時間爲

$$O\left(2n\log n+\sum_{v\in V}(\log n+s(v))\right)$$

因爲掃描的過程會經過所有的線段，而所有垂直線段 $s(v)$ 的總和與總共有 s 對線段交集的 s 相等，因此我們可歸納出掃描需要花 $O(n\log n+s)$ 的時間。

總之，上面所述的一個完整的線段交集演算法包含了事件的排序和掃描，而事件的排序需要 $O(n\log n)$ 的時間，掃描需要 $O(n\log n+s)$ 的時間，故演算法所需時間爲 $O(n\log n+s)$。

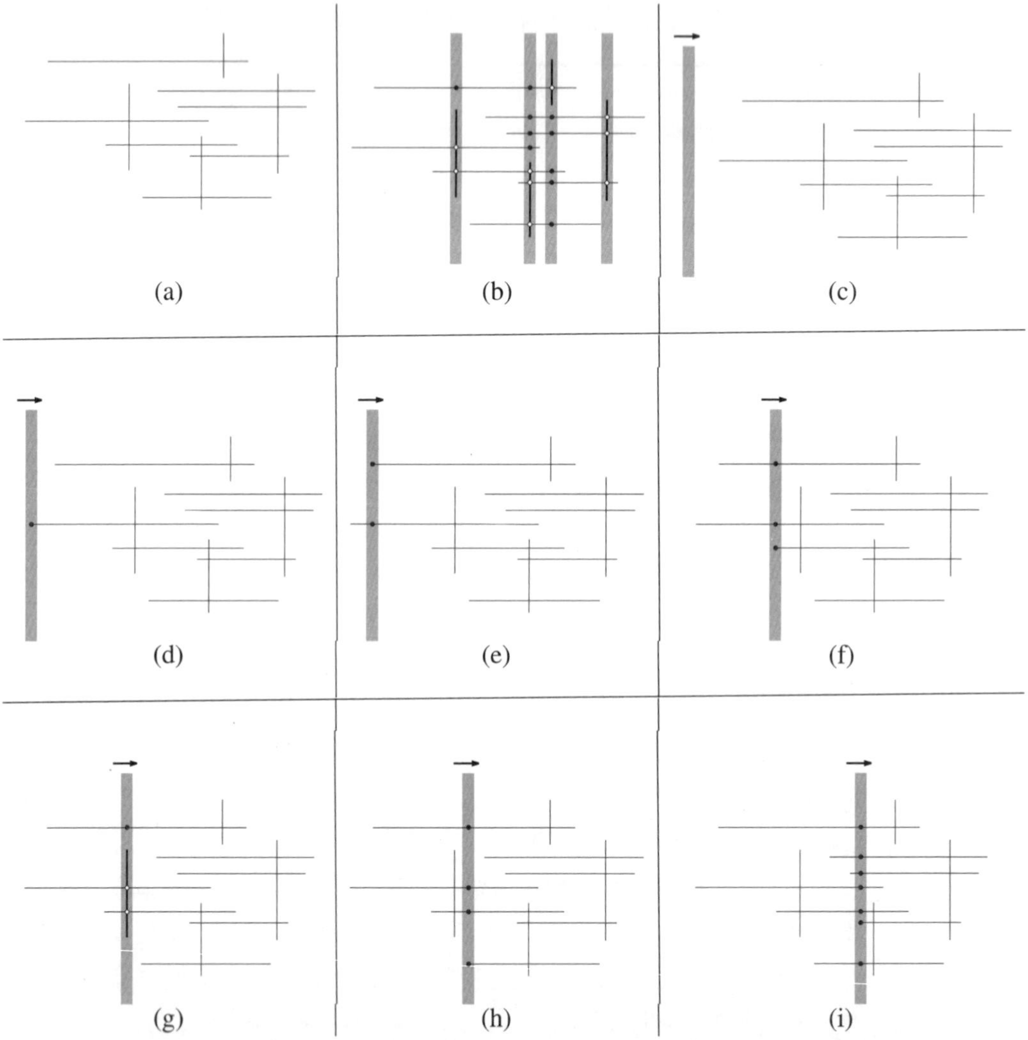

圖 12.13：正交線段交集的平面掃描：**(a)** 垂直與水平線段的集合；**(b)**一群一維範圍搜尋問題；**(c)** 平面掃描的起始 (水平線段的排序字典 *S* 為空集合)；**(d)** 第一個事件 (左邊終點)，對 *S* 做插入操作；**(e)** 第二個事件 (左邊終點)，對 *S* 做另一個插入操作；**(f)** 第三個事件 (左邊終點)，再對 *S* 做插入操作；**(g)** 第一個垂直線段事件，在 *S* 中做範圍搜尋(有兩個交集被回報)；**(h)** 下一個事件 (左邊終點)，對 *S* 做插入操作；**(i)** 在另外三個事件之後，又一個左邊終點事件，對 *S* 做另一個插入。

12.4.2 尋找最接近的兩個點

另一個能使用平面掃描技術來解決的幾何問題涉及**接近度 (proximity)** 的概念，也就是存在於兩個幾何物體之間的距離關係。進一步來說，我們把焦點放在**最近配對 (closest pair)** 問題上，也就是在 n 個點的集合中，找到兩個點 p 及 q，且它們之間的距離是最小的。這樣的兩個點就稱為最相近的一對。我們使用歐幾里得的定義來描述 a 與 b 兩點間的距離：

$$\text{dist}(a,b)=\sqrt{(x(a)-x(b))^2+\leq(y(a)-y(b))^2}$$

其中 $x(p)$ 與 $y(p)$ 分別代表點 p 的 x、y 座標，最相近的一對點的應用包含了機械部分與整合積體電路的驗證，在這些問題中，遵守各元件之間的明確規則是很重要的。

平面掃描演算法

以「暴力法」來解決最近配對問題的方法，就是計算每兩個點之間的距離，並選出一對距離最小的。由於總共有 $n(n-1)/2$ 對點，故該演算需要 $O(n^2)$ 的時間，但我們可以更有技巧的方法，避免確認所有成對的點。

我們可以應用平面掃描技術來解決最近配對的問題，使其更有效率。想像我們以一條垂直線，以 n 個點的最左邊為起點，從左至右的掃描平面。當掃描越過平面時，我們紀錄目前最近配對和那些距離掃描線很「近」的點。同時也紀錄目前最近配對之間的距離 d。精確說來，當由左至右的掃描所有點時，便如圖 12.14 所示。我們記錄以下的資料：

- 在所有遇到的點之中的最近配對 (a,b)，距離為 $d=\text{dist}(a,b)$
- 一部有序的字典 S 裡，儲存了在掃描線以左，寬度為 d 的長條裡的點，並且以點的 y 座標作為鍵值。

每一個點 p，在這個平面掃描中都對應著一個事件，當掃描線碰到點 p 時，我們就會執行下列的動作：

1. 只要任何點與 p 的水平距離大於 d，我們就從字典 S 移除那些點。也就是每個點 r 都符合 $x(p)-x(r)>d$。
2. 從字典 S 中搜尋在 p 左邊且與 p 距離最近的點 q (我們之後會說明如何做到)。若 $\text{dist}(p,q)<d$，則 $a\leftarrow p$，$b\leftarrow q$，與 $d\leftarrow\text{dist}(p,q)$，以更新目前的最近配對及距離。
3. 將 p 插入 S。

顯然地，我們可縮小位在 p 左邊且最接近的點 q 的範圍到 S 之中，因為所有其他的點其距離都大於 d。在 S 中，我們真正需要的點是位在 p 的左邊且落在半徑為 d 且圓心為 p 的半圓 $C(p,d)$ 之內 (參考圖 12.15)。在第一次大概性的搜尋內，藉由範圍搜尋 (參考第 12.1.1 節)，我們取得在 S 裡、且

y 座標鍵值位於 $[y(p)-d, y(p)+d]$ 區間的點，進而得到位在 $C(p, d)$ 的封閉矩形 $B(p, d)$ 且大小為 $d\times 2d$ 裡的點 (參考圖 12.15)。我們一一檢驗這些點，並找到與 p 最接近的點 q。因為字典 S 的操作是範圍搜尋、插入、與移除，那麼我們可以用 AVL 樹或紅黑樹來實作 S。

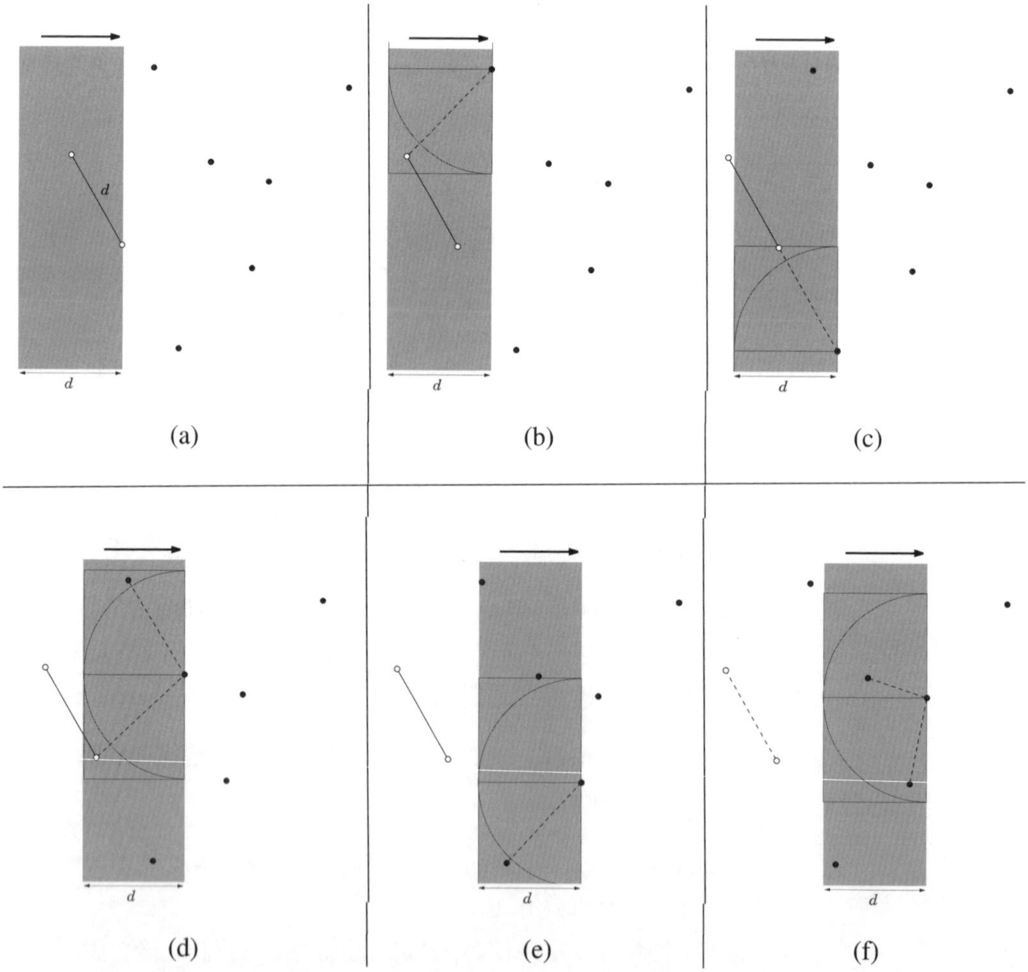

圖 **12.14**：最近配對問題的平面掃描：**(a)** 第一對最近配對與其最小距離 d；**(b)** 下一個事件 (箱形 $B(p, d)$ 包含一個點，但半圓 $C(p, d)$ 是空的)；**(c)** 下一個事件($C(p, d)$ 仍是空的，但有一個點從 S 移除了)；**(d)** 下一個事件 ($C(p, d)$ 還是空的)。字典 S 包含了哪些位在寬度為 d 的灰色長條裡的點；**(e)** 碰到了點 p (而且有一個點從 S 裡移除了)，同時箱形 $B(p, d)$ 內有 1 個點，但 $C(p, d)$ 仍未包含任何點；因此最小距離 d 與最近配對 (a, b) 仍不變；**(f)** 碰到了點 p 而 $C(p, d)$ 包含了 2 個點 (有一個點被從 S 移除)。

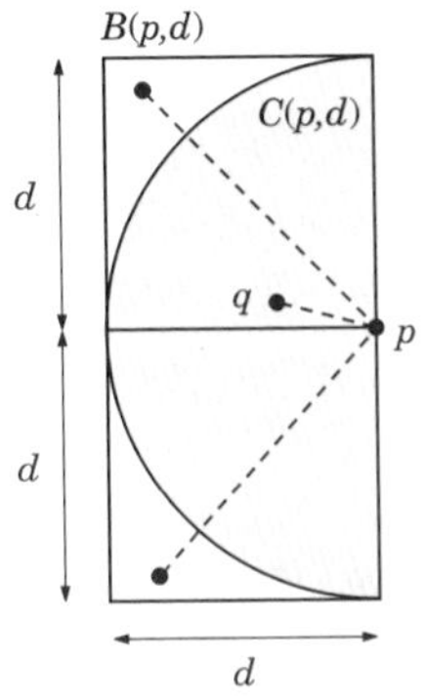

圖 12.15：箱形 $B(p, d)$ 與半圓 $C(p, d)$。

下面這些直觀的特性對於分析演算法的執行時間是很關鍵的，而其證明將留做習題 (R-12.3)。

定理 12.7： 一個寬度爲 d，而長度爲 $2d$ 的矩形最多可包含六個點，使得任兩點之間的距離至少爲 d。

因爲箱形 $B(p, d)$ 中至多有六個 S 的點。爲了找到這些在 $B(p, d)$ 的點，我們對 S 進行範圍搜尋，這樣的需要 $O(\log n + 6)$ 的時間，也就是 $O(\log n)$。同樣地，我們可在 $B(p, d)$ 中找到與 p 最相近的點，所花費的時間爲 $O(1)$。

在開始掃描之前，我們將這些點依 x 座標排序，並將之儲存在一個有序串列 X 中，X 有下列兩個目的：

- 找到下一個要處理的點
- 找出要從字典 S 中移除的點

我們保持 X 中的兩個參考位置，以 firstInStrip 與 lastInStrip 表示。lastInStrip 的位置用來紀錄下一個要插入 S 的點，同時 firstInStrip 的位置則紀錄 S 中最左邊的點。藉著一次將 lastInStrip 向前移動一格，我們可以找到要處理的下一點，而 firstInStrip 則是用以找出 S 中必須被移除的點。意即以下不等式成立時，

$$x(\text{point(firstInStrip)}) < x(\text{point(lastInStrip)} - d$$

我們對字典 S 執行 removeElement (y(point(firstInStrip))) 並將 firstInStrip 向前移。

令 n 爲輸入中所含有點的個數，平面掃描演算法的分法是根據下列的觀察：

- x座標的排序所需時間爲 $O(n\log n)$。
- 每個點都會被插入到字典S和從字典S移除，而字典S最多有n個點。因此從S中插入及移除元素的總時間爲 $O(n\log n)$。
- 根據定理 12.7，每一個S內的範圍搜尋需要 $O(\log n)$ 的時間，我們每找到下一個要處理的點就執行一次這樣的範圍搜尋，故範圍搜尋的總時間爲 $O(n\log n)$。

我們得到的結論是在n個點的集合中，計算一個最近配對需花 $O(n\log n)$ 的時間。

12.5 凸多邊形包覆

計算一個點集合的凸多邊形包覆是最常被研究的幾何問題。非正式的說法是在平面上的一個點集合的凸多邊形包覆是一個像把橡皮筋以圍繞著這些點的方式放置，並縮小成一個均衡的狀態 (參考圖 12.16)。

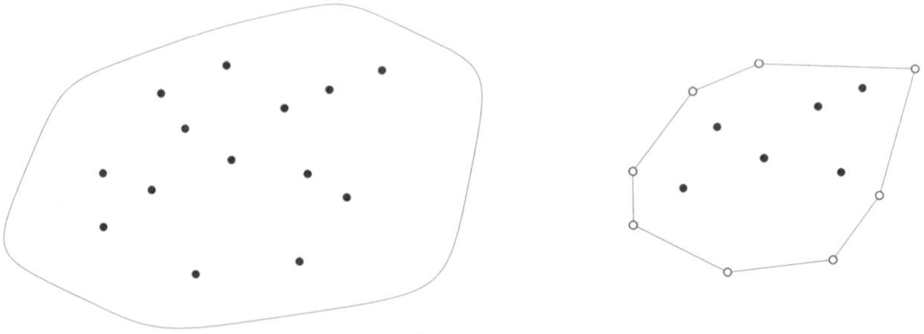

(a) (b)

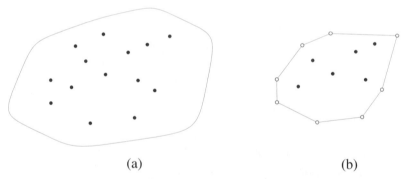

圖 12.16：平面上一個點集合的凸多邊形包覆：**(a)** 用橡皮筋圍繞這些點的例子；**(b)** 點的凸多邊形包覆。

凸多邊形包覆可以對應到一個直覺上點集合的「邊界」，並且用來大約的表現出一個複雜物體的形狀。事實上，在計算幾何學中，算出點集合的凸多邊形包覆是一項基本的操作。在我們詳細說明凸多邊形包覆及其演算法之前，我們必須先討論如何表示幾何物件的議題。

12.5.1 幾何物件的表示

幾何演算法以各種不同的幾何物件做爲輸入，在平面上最基本的幾何物件爲點、線、線段及多邊形。

有很多種方法可以表示平面上的幾何物件，我們並不會別個的探討點、線、線段及多邊形的ADT，因爲哪些較適合出現在一本針對幾何問題的演算法，取而代之的，我們假設以一個直覺的方式來表示這些物件。即使如此，我們還是會簡略的提到如何表示幾何物件。

我們可以用 (x,y) 來表示平面上的一點，它儲存了這個點的 x、y 的笛卡兒座標，儘管這個表示方法很普遍，但它並非唯一的，某些情況下用別種表示方式可能更好 (例如以兩條非平行線的交點來表示)。

線、線段與多邊形

我們可以用 (a,b,c) 來表示一條線 1，其中 a、b 與 c 爲與線 1 相對應的線性方程式之係數：

$$ax+by+c=0$$

或者，也可以用兩個不同的點 q_1 與 q_2，以通過這兩點的線來表示。給定兩點的平面座標爲表示 q_1 的 (x_1,y_1)，與表示 q_2 的 (x_2,y_2)，那麼通過 q_1 與 q_2 的線 1 之等式爲：

$$\frac{x-x_1}{x_2-x_1}=\frac{y-y_1}{y_2-y_1}$$

從這裡可導出

$$a=(y_2-y_1)\text{；}b=-(x_2-x_1)\text{；}c=y_1(x_2-x_1)-x_1(y_2-y_1)$$

一條線段 s 通常是以平面上的兩個點 (p,q) 表示，這兩點爲線段的兩邊端點，我們也可以用一條穿過 s 的線和 x，y 座標的範圍來表示 s。(爲什麼只用 x 或只用 y 座標來表示是不夠的呢？)

我們可以用一串循環的點來表示多邊形 P，這些點稱爲 P 的頂點 (參考圖 12.17)。在 P 的兩個連續的頂點之間的線段，稱爲 P 的邊。多邊形 P 稱是互不相交的，或簡單的，是指當 P 的任意的兩個邊不會有交集，除非兩個邊有共同的頂點；而多邊形稱爲凸多邊形，除了它是簡單的之外，其內角必須小於 π。

我們探討以不同的方式表示點、線、線段和多邊形的方法並不是全部。在這裡我們只是提出幾種不同可實作幾何物件的方式。

12.5.2 點的方向測定

在許多幾何演算法中，尤其是建構凸多邊形包覆的重要幾何關係就是方向。給定一組有序的點 (p,q,r)，如果從 p 至 q 至 r 的角度在左邊且小於 π，我們說 (p,q,r) 三點構成一個左轉，意指其方向爲逆時針。若這個角度在右邊且小於 π，那麼我們說 (p,q,r) 構成了一個右轉，也就是順時針方向 (參考圖 12.18)。 但也有可能點的左右兩邊角度皆爲π，此時這三個點並不構成轉向，因而稱其方向爲共線。

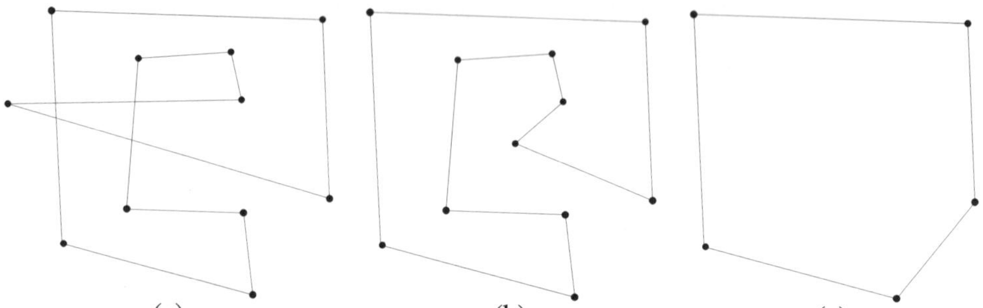

圖 **12.17**：多邊形的例子：**(a)** 相交多邊形，**(b)** 簡單多邊形，**(c)** 凸多邊形。

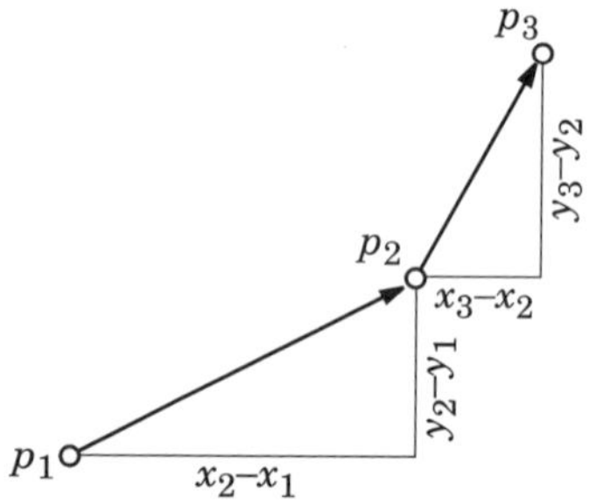

圖 **12.18**：左轉的例子。p_1 及 p_2 與 p_2 及 p_3 之間座標的差異亦列出。

在平面上給定三個一組的點 (p_1,p_2,p_3)，其座標爲 $p_1=(x_1,y_1)$，$p_2=(x_2,y_2)$ 與 $p_3=(x_3,y_3)$，並令 $\Delta(p_1,p_2,p_3)$ 爲其行列式，定義如下：

$$\Delta(p_1,p_2,p_3)=\begin{vmatrix} x_1 & y_1 & 1 \\ x_2 & y_2 & 1 \\ x_3 & y_3 & 1 \end{vmatrix}=x_1y_2-x_2y_1+x_3y_1-x_1y_3+x_2y_3-x_3y_2 \quad (12.1)$$

函式 $\delta(p_1,p_2,p_3)$ 常被稱爲「有向面積」函數，因爲它的絕對值是點 p_1，p_2 與 p_3 構成的三角形 (可能是退化版的) 面積的兩倍，此外，這個函數與方向測定有其重要的關係如下：

定理 12.8： 平面中 (p_1,p_2,p_3) 點是逆時針方向、順時針或共線，取決於 $\Delta(p_1,p_2,p_3)$ 是正的，負的或者爲零。

我們大概的敘述定理 12.8 的證明；把詳細的證明留爲習題 (R-12.4)。在圖 12.18 中，點 (p_1,p_2,p_3) 符合 $x_1<x_2<x_3$。很明顯的，若區段 p_2p_3 的斜率比區段 p_1p_2 的斜率大的話，則這個三元組會構成左轉，以下列問題表示：

$$此式\ \frac{y_3-y_2}{x_3-x_2} > \frac{y_2-y_1}{x_2-x_1}\ 是否成立？ \quad (12.2)$$

藉著 $\Delta(p_1,p_2,p_3)$ 的展開式 (如 12.1 所示)，我們可以驗證不等式 12.2 等價於 $\Delta(p_1,p_2,p_3)>0$。

範例 12.9： 運用方向的概念，我們來討論兩個線的區段 s_1 與 s_2 是否相交。更精確的說，令 $s_1=\overline{p_1q_1}$ 且 $s_2=\overline{p_2q_2}$ 爲平面上的兩個線段，s_1 與 s_2 有交集若且唯若下列兩個條件必定有其中一個被驗證成立：

1. (a) (p_1,q_1,p_2) 及 (p_1,q_1,q_2) 有不同方向，且
   (b) (p_2,q_2,p_1) 及 (p_2,q_2,q_1) 有不同方向。
2. (a) (p_1,q_1,p_2)、(p_1,q_1,q_2)、(p_2,q_2,p_1) 及 (p_2,q_2,q_1) 全部共線，且
   (b) s_1 與 s_2 的 x 方向投影相交，且
   (c) s_1 與 s_2 的 y 方向投影相交。

條件 1 在圖 12.19 有圖解。而表 12.20 列出 (p_1,q_1,p_2)、(p_1,q_1,q_2)、(p_2,q_2,p_1) 及 (p_2,q_2,q_1) 在條件 1 下的四種情況的方向。完整的證明留做習題 (R-12.5)。請注意若 s_1 與/或 s_2 爲退化的線段，且有相同的端點，這個條件也會成立。

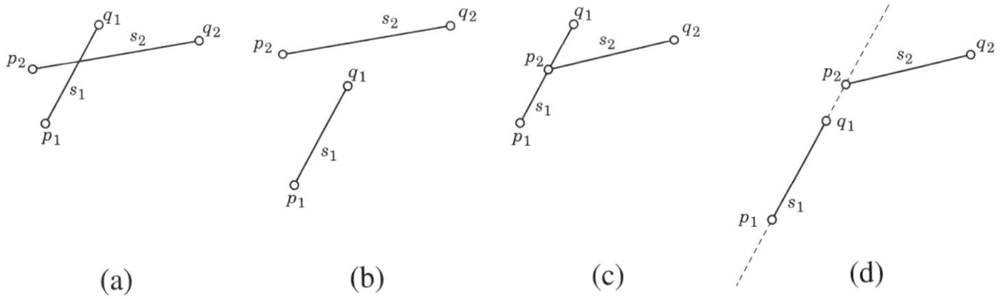

圖 **12.19**：如同範例 **12.9** 所示，條件 1 的四種情況之圖解。

情況	(p_1,q_1,p_2)	(p_1,q_1,p_2)	(p_2,q_2,p_1)	(p_2,q_2,p_1)	**相交**
(a)	CCW	CW	CW	CCW	yes
(b)	CCW	CW	CW	CW	no
(c)	COLL	CW	CW	CCW	yes
(d)	COLL	CW	CW	CW	no

表 **12.20**：圖 **12.19** 的四種情況是範例 **12.9** 當中的條件 1 所紀錄的方向。

12.5.3 凸多邊形包覆的基本特性

我們說一塊區域 R 是凸形，指的是 R 任兩點 p 和 q 所連成的線段 $\overline{pq}$，也落在區域 R 中。一個集合 S 的凸多邊形包覆是一個最小的凸形能包含 S 裡面所有的點或剛好在凸形的邊線上。「最小」指其周長或面積，兩者的定義是等價的。一個平面上的點集合的凸多邊形包覆定義出一個凸多邊形，而集合 S 中在邊線上的點定義出這個凸多邊形的頂點。下面的例子描述凸多邊形包覆問題在機器人動作規劃程式中的應用：

範例 12.10： 在有關機器人的問題中，一個最普遍的問題就是找出從起始點 s 到目標點 t 的軌跡且能避開障礙物，在所有可能的軌道中，我們希望找到一條最短的。假設障礙物為一個凸多邊形 P，就可以計算一條從 s 至 t、且避免障礙物 P 的最短路徑，其策略如下 (參考圖 12.21)：

- 決定線段 $\ell = \overline{st}$ 是否與 P 相交，若沒有，則 ℓ 就是避開 P 的最短路徑。
- 否則，若 $\overline{st}$ 與 P 相交，那我們就計算凸多邊形包覆 H，它由多邊形 P 的頂點加上點 s 與 t 所構成。注意 s 與 t 將 H 劃分為兩個多邊形串鍊，從 s 至 t 有一條為順時針，而另一條則為逆時針。
- 我們從兩個中選擇並傳回最短的多邊形串鍊。

這條最短多邊形串鍊就是在平面中，能避開障礙物 P 的最短路徑。

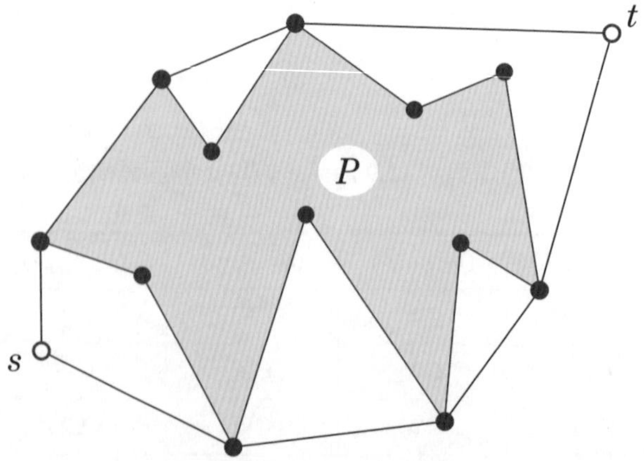

圖 12.21：一條從 s 至 t，且能避開多邊形障礙物 P 的最短路徑的一個範例：它是從 s 至 t 的順時針路線。

關於凸多邊形包覆問題的應用有很多，包括分割問題、形狀測定問題、區隔問題等。例如，若我們想知道是否有一個半平面 (也就是在平面上有一個區域其位在一條線的某一側的區域)，能完全包含點集合 A，但同時完全不會包含點集合 B。只要計算 A 與 B 的凸多邊形包覆，再確認它們是否彼此相交就可以了。

有許多有趣的幾何特質是跟凸多邊形包覆有關的，下列的定理提供另一個在凸多邊形包覆內或外的點的特徵。

定理 12.11： 令 S 爲平面上，凸多邊形包覆 H 的點集合。則

- S 裡面的兩個點 a 及 b，在凸多邊形包覆 H 存在一個邊，若且唯若在 S 中的其他的點都位在 a 與 b 之間的直線的其中一邊。
- 在 S 中的點 p 爲 H 的頂點，若且唯若存在著一條通過 p 的線 ℓ，使得 S 中的其他點，都被包含在由 ℓ 所區隔的同一個半平面 (也就是它們都在 ℓ 的同一側)。
- 在 S 中的點 p 不是 H 的頂點，若且唯若 p 被包含在由 S 的其他三點所構成的三角形內部，或在 S 的其他任兩點所構成的內部線段上。

定理 12.11 所描述的特質如圖 12.22 所示。完整的證明留做習題 (R-12.6)。根據定理 12.11，我們可以馬上確認在平面上任何點的集合 S 中，下列的臨界點永遠都在 S 的凸多邊形包覆邊界上：

- 有最小 x 座標的點
- 有最大 x 座標的點
- 有最小 y 座標的點
- 有最大 y 座標的點

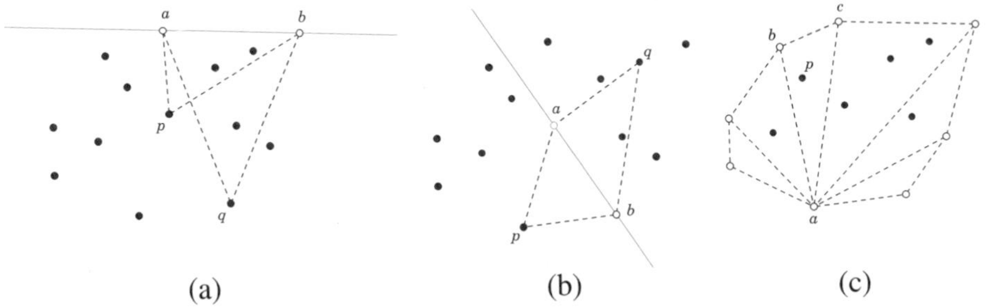

圖 12.22：定理 12.11 所描述的凸多邊形包覆之特質圖解：**(a)** 點 a 及 b 之間形成凸多邊形包覆中的一個邊；**(b)** 點 a 與點 b 之間沒有產生凸多邊形包覆的邊；**(c)** 點 p 不在凸多邊形包覆上。

12.5.4 禮物包裝演算法

定理 12.11 說明我們可以找出某一個特定的點，例如擁有最小 y 座標的點，用以提供凸多邊形包覆演算法的初始設定組態。禮物包裝演算法是爲了計算平面中的點集合的凸多邊形包覆，它僅以一個特殊的點爲起始點，並可直覺式的描述如下 (參考圖 12.23)：

1. 將點視爲釘入一個平面的釘子，試想在擁有最小 y 座標値的點 a 上綁一條線 (以及最小 x 座標値，如果也有綁線的話)。我們稱 a 爲錨點，並注意到 a 是凸多邊形包覆的頂點。
2. 將線拉到錨點的右邊，並以逆時針方向旋轉，直到碰到另一個釘子，而這個釘子便是凸多邊形包覆的下一個頂點。
3. 以下一個頂點爲準，進行上個步驟，找出各個頂點，一直到回到原錨點爲止。

每當我們繞著釘子去旋轉「線」，直到碰到下一個點的時候，這項操作稱之爲包裹。在幾何學裡，一個包裹的步驟包含從一條給定的線 L 開始，這條線在目前的錨點 a 上與凸多邊形包覆正切，並決定一條穿過 a 的線並與集合中的另一點形成最小的角度。實作包裹的步驟，並不要求三角函數與角度的計算。相反的，我們可以用下列的定理來執行包裹的動作，其中本定理是由定理 12.11 而來的。

定理 12.12： 令 S 爲平面中的點集合，並令 a 爲 S 的一個點，同時也是 S 的凸多邊形包覆 H 裡的一個頂點。H 的下一個頂點是從 a 開始，以逆時針方向前進而找到的點 p，同時在 S 裡的其他點 q 使得 (a,p,q) 構成了一個左轉。

回憶第 2.4.1 節的討論，我們定義一個測量器 $C(a)$，用 (a,p,q) 的方向來比較 S 中的兩個點 p 與 q。也就是說，若 $C(a)$.isLess (p,q)傳回的結果爲眞，則表示 (a,p,q) 構成一個左轉。我們稱測量器 $C(a)$ 爲徑向測量器，它用來比較其他點與錨點 a 之間的徑向關係。根據定理 12.12，在凸多邊形包覆中隨著 a 以逆時針方向遇到的下一個頂點，對徑向測量器 $C(a)$ 而言是最小的點。

效能

現在我們來分析禮物包裝演算法的執行時間，令 n 爲 S 中點的個數，且令 h 爲 S 的凸多邊形包覆 H 中的頂點個數，並滿足 $h \le n$。令 p_0、⋯、p_{h-1} 爲 H 的頂點。爲找出錨點 $a = p_0$ 需花 $O(n)$ 的時間。既然在包禮物演算法每一個步驟中，我們就會發現一個凸多邊形包覆的新頂點，那麼表示共進行了 n 次包裹的步驟。步驟 i 是根據徑向測量器 $C(p_{i-1})$ 尋找最小值，這會花費 $O(n)$ 的時間。因爲決定三個點的方向需要 $O(1)$ 的時間，而我們必須檢查 S 中所有的點，以找到對 $C(p_{i-1})$ 來說的最小點。結論是禮物包裝演算法需要花 $O(hn)$ 的時間，在最差情況下則是 $O(n^2)$。其實禮物包裝演算法的最差情況就是發生在 $h = n$，也就是所有的點都在凸多邊形包覆上。

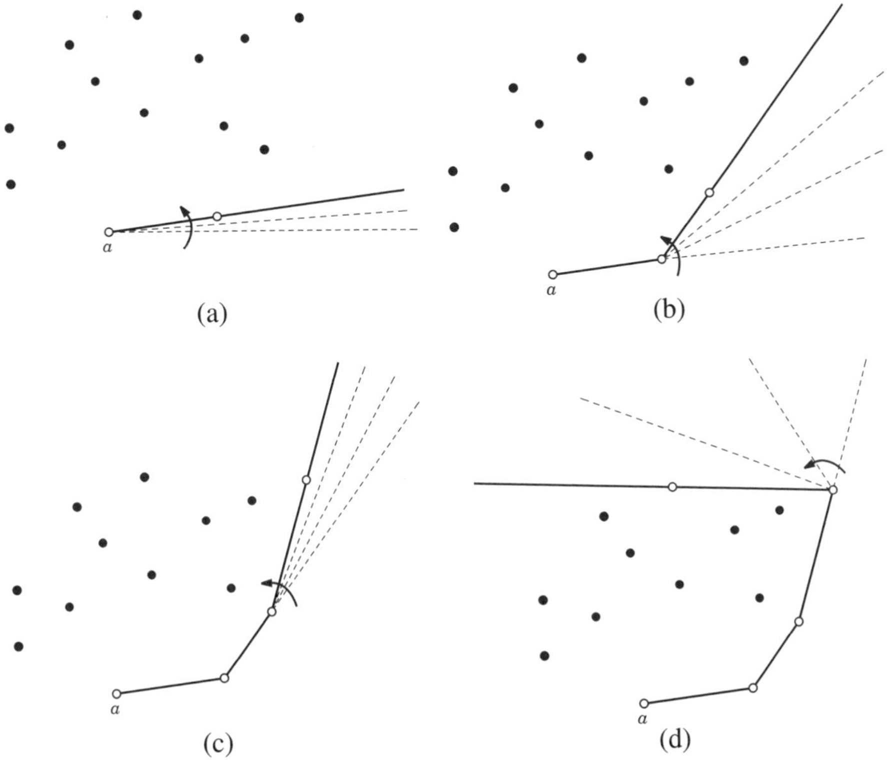

圖 **12.23**：禮物包裝演算法的初始四個包裹步驟。

以 n 來表示禮物包裝演算法在最差情況所需的時間，是不怎麼有效率的。然而，事實上這個演算法仍算是有效率的，因爲它能取得一般情況下的優點，也就是當凸多邊形包覆頂點的個數 h 比輸入的個數 n 還小的時候。意即，這個演算法是一種輸出敏感的演算法—演算法的執行時間由輸出結果的大小來決定。禮物包裝演算法的執行時間在線性與二次方程之間變化，若凸多邊形包覆的頂點很少時，它就會有效率一點。在下一節中，我們會探討一個對於不同大小的凸多邊形包覆來說，都是有效率的演算法，當然它會比較複雜一點。

12.5.5 葛拉漢掃描演算法

葛拉漢掃描 (Graham scan) 是一個無論凸多邊形的邊界上有多少點，效能都不會受到影響的演算法。葛拉漢掃描演算法對於計算一平面上的 n 個點集合 P 的凸多邊形包覆 H，由以下三個階段所組成：

1. 找到 P 的點 a，它爲 H 的頂點之一，稱之爲錨點。例如，我們可以把有最小 y 座標的點當成錨點 (以及最小 x 座標，若有是同一個的話)。
2. 使用徑向測量器 $C(a)$ 對 P 剩下的點做排序 (也就是 $P-\{a\}$)，並令 S 儲存排序過的串列 (參考圖 12.24)。在串列 S 中，雖然測量器沒有對於角度做清楚的計算，但我們將 P 的點以與錨點 a 所夾的角度做逆時針方向的排序。
3. 將錨點 a 加在 S 的最前面與最後面位置之後，我們以 (徑向) 順序掃描 S 中的點，並在每個步驟中，維持一張串列 H。此串列儲存一個凸多邊形鍊，它會「包圍」目前掃描過的點。每當我們考慮新的點 p 時，就執行下列的測試：
   (a) 若 p 與 H 中的最後兩個點形成一個左轉，或者若 H 包含的點少於兩個，那麼就把 p 加入 H 的末端。
   (b) 否則，就移除 H 的最後一個點，並對 p 重複該測試。

   當回到錨點 a 時就停止測試，此時 H 在該點以逆時針方向儲存了凸多邊形包覆 P 的頂點。

掃描階段 (階段 3) 的細節在演算法 Scan 有其研究，並在演算法 12.25 說明 (參見圖 12.26)。

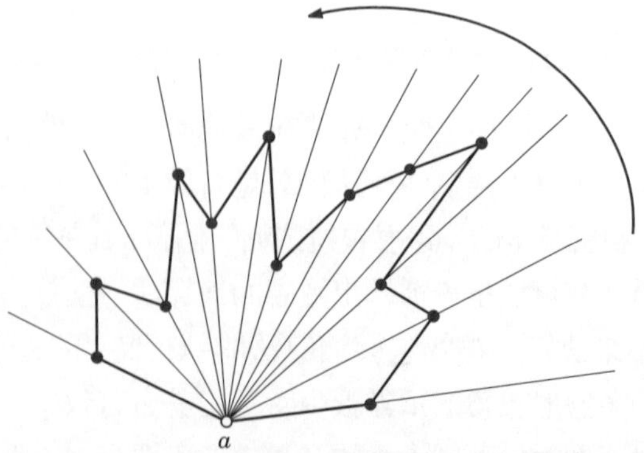

圖 **12.24**：在葛拉漢掃描演算法之下繞著錨點排序。

```
Algorithm Scan(S, a):
  Input: A list S of points in the plane beginning with point a, such that a is on the
    convex hull of S and the remaining points of S are sorted counterclockwise
    around a
  Output: List S with only convex hull vertices remaining
  S.insertLast(a)          {add a copy of a at the end of S}
  prev ← S.first()          {so that prev = a initially}
  curr ← S.after(prev)          {the next point is on the current convex chain}
  repeat
    next ← S.after(curr)          {advance}
    if points (point(prev), point(curr), point(next)) make a left turn then
      prev ← curr
    else
      S.remove(curr)          { point curr is not in the convex hull}
      prev ← S.before(prev)
    curr ← S.after(prev)
  until curr = S.last()
  S.remove(S.last())          {remove the copy of a}
```

演算法 **12.25**：葛拉漢掃描凸多邊形包覆演算法的掃描階段 **(**見圖 **12.26)** 變數 *ppos*、*qpos*、*curr* 與 *next* 均代表 串列 *S* 的位置 (參見第 2.2.2 節)。我們假設有一個方法 point(*pos*)定義為回傳儲存在 *pos* 的點。我們描述簡化的演算法，它只在 *S* 至少有三個點，且沒有任何三個點是共線的時候執行可以正常運作。

效能

現在我們來分析葛拉漢掃描演算法的執行時間。以 n 表示 P (及 S) 內含有點的個數。第一階段 (找到錨點) 很明顯的會花費 $O(n)$ 的時間。第二階段 (將在錨點附近的點排序) 要花上 $O(n \log n)$ 的時間，我們使用最佳排序演算法，例如堆積排序 (參考第 2.4.4 節) 或合併排序 (參考第 4.1 節)。而掃描 (第三) 階段的分析就更微妙了。

爲了分析葛拉漢掃描演算法的掃描階段，我們先仔細的看演算法 12.25 的 **repeat** 迴圈。每跑過一次迴圈時，變數 *next* 便在清單 *S* 中往前移動一個位置 (如果 **if** 測試成功的話)，或者變數 *next* 會停留在原本的位置，但是會有一個點要從 *S* 裡被移除 (如果 **if** 測試失敗的話)。因此，**repeat** 迴圈最多只會跑 $2n$ 次。所以演算法 Scan 的每句敘述，最多會被執行 $2n$ 次。因爲每句敘述需要 $O(1)$，所以演算法 Scan 需要花 $O(n)$ 的時間。總結來說，葛拉漢掃描演算法的執行時間是被第二個階段，也就是被排序階段所控制著，因此葛拉漢掃描演算法需花 $O(n \log n)$ 的時間。

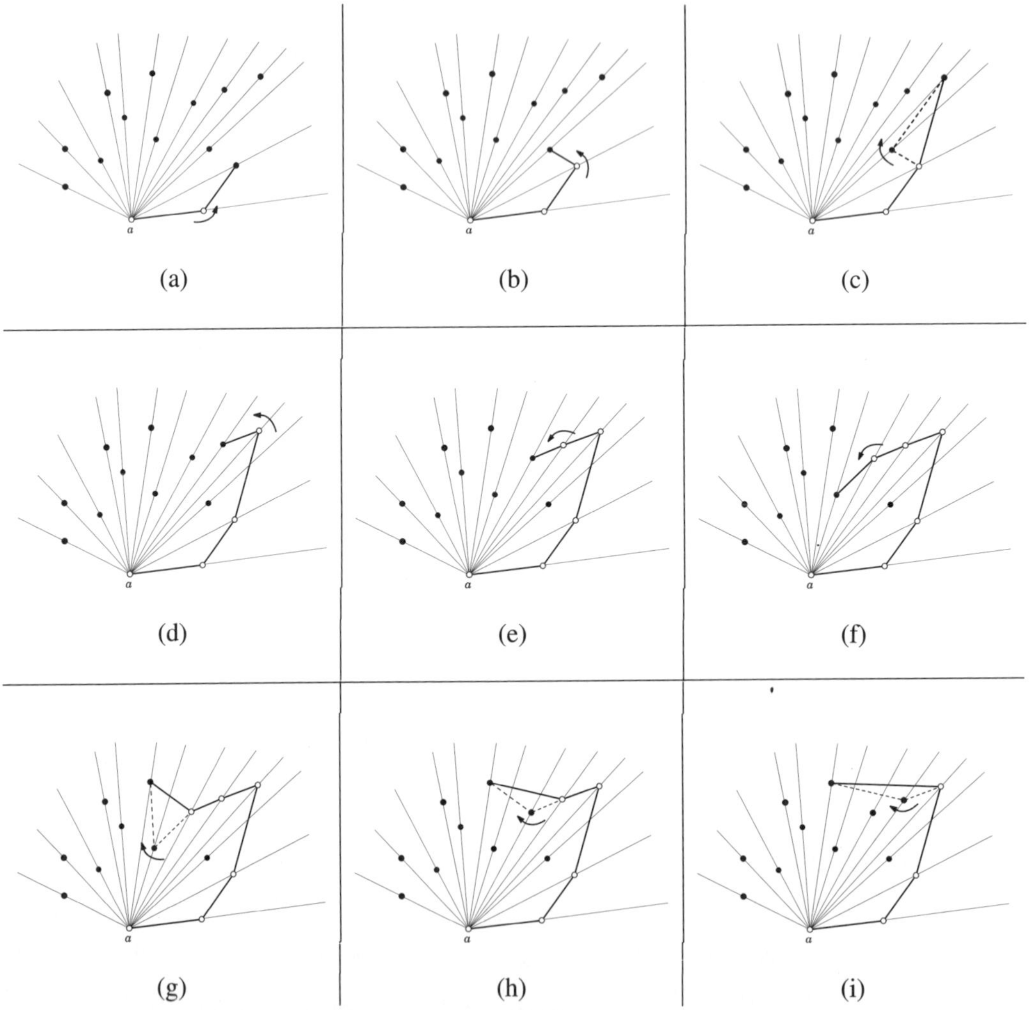

圖 12.26：葛拉漢掃描演算法的第三階段 (參考演算法 12.25)。

12.6 Java 範例：凸多邊形包覆

我們所描述的葛拉漢掃描演算法 (演算法 12.25) 是假設它避免任何的**退化 (degeneracies)** 現象，所謂退化是指點的形狀包含了一些惱人的特殊情況，像是共線的點或點的重合。然而，當實作葛拉漢掃描演算法時，可以處理所有可能的輸入是很重要的，例如，兩個以上的點可能重合或產生共線的狀況。

在程式碼 12.27 到 12.29 中，我們將展示以 Java 語言實作的葛拉漢掃描演算法，其中主要的方法是grahamScan (程式碼 12.27)，而這方法使用數個輔助結構。由於可能發生的退化的狀況，因此grahamScan可以處理許多特殊情況。

- 輸入串列最初會被複製到hull這個序列裡，而它會在執行結束時被回傳 (程式碼 12.28 的 copyInputPoints 方法)。
- 若輸入僅有零個或一個點，函式結束，回到原程式 (輸出結果與輸入相同)。
- 若輸入爲兩個點，而且如果這兩個點是重合的，便移除其中一個並回傳。
- 計算出錨點與所有跟它重合的點並移除 (程式碼 12.28 的anchorPoint-SearchAndRemove 方法)。若留下零個或一個點，則將錨點插入並回傳。
- 若以上任何特殊情況都沒發生，也就是至少有兩個點留下，則使用 sortPoints 方法 (程式碼 12.28)，這方法會傳遞 ConvexHullComparator 這個函式，以錨點爲中心，將那些點作逆時針方向的排序 (如同演算法 12.25 所需要的比較器，一個比較器可以讓泛型的的排序演算法以某一點爲中心，依逆時針方向將平面上的點做放射狀的排序)。
- 在準備葛拉漢掃描時，我們檢查已排序過的串列，除了距離錨點最遠的那個點之外，移除所有一開始便共線的點 (程式碼 12.29 的方法 removeInitialIntermediatePoints)。
- 演算法的掃描階段是以呼叫程式碼 12.29 的 scan 函式來執行。

一般來說，當我們實作計算幾何演算法時，必須要能夠處理所有可能的「退化」情形。

```
public class ConvexHull {
  private static Sequence hull;
  private static Point2D anchorPoint;
  private static GeomTester2D geomTester = new GeomTester2DImpl();
  // public class method
  public static Sequence grahamScan (Sequence points) {
    Point2D p1, p2;
    copyInputPoints(points); // copy into hull the sequence of input points
    switch (hull.size()) {
    case 0: case 1:
      return hull;
    case 2:
      p1 = (Point2D)hull.first().element();
      p2 = (Point2D)hull.last().element();
      if (geomTester.areEqual(p1,p2))
        hull.remove(hull.last());
      return hull;
    default:  // at least 3 input points
      // compute anchor point and remove it together with coincident points
      anchorPointSearchAndRemove();
      switch (hull.size()) {
      case 0: case 1:
        hull.insertFirst(anchorPoint);
        return hull;
      default:   // at least 2 input points left besides the anchor point
        sortPoints();// sort the points in hull around the anchor point
        // remove the (possible) initial collinear points in hull except the
        // farthest one from the anchor point
        removeInitialIntermediatePoints();
        if (hull.size() == 1)
          hull.insertFirst(anchorPoint);
        else { // insert the anchor point as first and last element in hull
          hull.insertFirst(anchorPoint);
          hull.insertLast(anchorPoint);
          scan(); // Graham's scan
          // remove one of the two copies of the anchor point from hull
          hull.remove(hull.last());
        }
        return hull;
      }
    }
  }
```

程式碼 **12.27**：以 Java 語言實作的葛拉漢掃描演算法的 GrahamScan 方法。

```
private static void copyInputPoints (Sequence points) {
  // copy into hull the sequence of input points
  hull = new NodeSequence();
  Enumeration pe = points.elements();
  while (pe.hasMoreElements()) {
    Point2D p = (Point2D)pe.nextElement();
    hull.insertLast(p);
  }
}
private static void anchorPointSearchAndRemove () {
  // compute the anchor point and remove it from hull together with
  // all the coincident points
  Enumeration pe = hull.positions();
  Position anchor = (Position)pe.nextElement();
  anchorPoint = (Point2D)anchor.element();
  // hull contains at least three elements
  while (pe.hasMoreElements()) {
    Position pos = (Position)pe.nextElement();
    Point2D p = (Point2D)pos.element();
    int aboveBelow = geomTester.aboveBelow(anchorPoint,p);
    int leftRight = geomTester.leftRight(anchorPoint,p);
    if (aboveBelow == GeomTester2D.BELOW ||
        aboveBelow == GeomTester2D.ON &&
        leftRight == GeomTester2D.LEFT) {
      anchor = pos;
      anchorPoint = p;
    }
    else
      if (aboveBelow == GeomTester2D.ON &&
          leftRight == GeomTester2D.ON)
        hull.remove(pos);
  }
  hull.remove(anchor);
}
private static void sortPoints() {
  // sort the points in hull around the anchor point
  SortObject sorter = new ListMergeSort();
  ConvexHullComparator comp = new ConvexHullComparator(anchorPoint,
                                                       geomTester);
  sorter.sort(hull,comp);
}
```

程式碼 **12.28**：程式碼 **12.27** 中 grahamScan 呼叫的輔助方法 copyInputPoints、anchorPointSearchAndRemove 及 sortPoints。

```
  private static void removeInitialIntermediatePoints() {
    // remove the (possible) initial collinear points in hull except the
    // farthest one from the anchor point
    boolean collinear = true;
    while (hull.size() > 1 && collinear) {
      Position pos1 = hull.first();
      Position pos2 = hull.after(pos1);
      Point2D p1 = (Point2D)pos1.element();
      Point2D p2 = (Point2D)pos2.element();
      if (geomTester.leftRightTurn(anchorPoint,p1,p2) ==
          GeomTester2D.COLLINEAR)
        if (geomTester.closest(anchorPoint,p1,p2) == p1)
          hull.remove(pos1);
        else
          hull.remove(pos2);
      else
        collinear = false;
    }
  }
  private static void scan() {
    // Graham's scan
    Position first = hull.first();
    Position last = hull.last();
    Position prev = hull.first();
    Position curr = hull.after(prev);
    do {
      Position next = hull.after(curr);
      Point2D prevPoint = (Point2D)prev.element();
      Point2D currPoint = (Point2D)curr.element();
      Point2D nextPoint = (Point2D)next.element();
      if (geomTester.leftRightTurn(prevPoint,currPoint,nextPoint) ==
          GeomTester2D.LEFT_TURN)
        prev = curr;
      else {
        hull.remove(curr);
        prev = hull.before(prev);
      }
      curr = hull.after(prev);
    }
    while (curr != last);
  }
}
```

程式碼 **12.29**：程式碼 **12.27** 中 grahamScan 呼叫的輔助方法 removeInitialIntermediate-Points 及 scan。

12.7 習題

複習題

R-12.1 把演算法 12.1 1DTreeRangeSearch的執行時間分析，擴展至包含 k_1 及/或 k_2 的二元搜尋樹 T 之情況。

R-12.2 驗証函數 $\Delta(p_1, p_2, p_3)$ 的絕對值爲平面上點 p_1、p_2 及 p_3 所構成的三角形面積的兩倍。

R-12.3 提供定理 12.7 的完整證明。

R-12.4 提供定理 12.8 的完整證明。

R-12.5 提供範例 12.9 的完整證明。

R-12.6 提供定理 12.11 的完整證明。

R-12.7 提供定理 12.12 的完整證明。

R-12.8 若其主要結構並不需要 $O(\log n)$ 的高度，那麼在最差情況下，範圍樹所需的空間是多少？

R-12.9 給定 n 個物件的集合，並以物件的 x 座標爲鍵值建構一個二元搜尋樹 T。試述一個方法能在 $O(n)$ 時間內，計算出 T 的每個節點 v 的 $\min_x(v)$ 及 $\max_x(v)$。

R-12.10 證明在一個優先搜尋樹中，high_y 會滿足堆積順序的特性。

R-12.11 請說明以優先搜尋樹來回覆三側範圍搜尋查詢的演算法是正確的。

R-12.12 定義在平面上 n 個點的 k-d 樹，其最差情況的高度是多少？若在更高的維度，其高度又是多少？

R-12.13 假設集合 S 在二維空間中包含了 n 點，其座標皆爲 $[0, N]$ 之間的整數。那麼在最差情況下，定義在 S 的四元樹其高度爲何？

R-12.14 假設在邊界爲 16×16 的箱形區域內，請畫出下列點集合的四元樹：

$$\{(1, 2), (4, 10), (14, 3), (6, 6), (3, 15), (2, 2), (3, 12), (9, 4), (12, 14)\}$$

R-12.15 利用習題 R-12.14 的點集合，試建構出一個 k-d 樹。

R-12.16 利用習題 R-12.14 的點集合，試建構出優先搜尋樹。

挑戰題

C-12.1 嚴格來講，在二維範圍樹中，$\min_x(v)$ 與 $\max_x(v)$ 這兩個標籤並非必需的。請描述一個以二維範圍樹，來執行二維範圍搜尋查詢的演算法，其中主要結構的內部節點僅儲存一個 key (v)標籤 (該標籤就是元素的 x 座標)。這個方法的執行時間爲何？

C-12.2 試說明一個能在有 n 個點的平面上，在 $O(n \log n)$ 的時間內建構範圍樹的虛擬碼敘述。

C-12.3 請敘述一個有效率的資料結構，用來儲存以鍵值排序過的集合 S 中的 n 個資料項，並支援 rankRange (a, b)方法，該方法列舉出 S 中所有順序在 $[a, b]$ 範圍內的資料項和它的鍵值，其中 a 與 b 爲 $[0, n-1]$ 之間的整數。請描述物件插入與刪除的方式，並找出它們與 rankRange 方法所需的執行時間。

C-12.4 請設計一個靜態資料結構 (也就是它並不支援插入及刪除)，它儲存了一個二維空間的集合 S 並含有 n 個點，並能在 $O(\log^2 n)$ 的時間內回覆 countAllInRange (a, b, c, d)的查詢。該函式將傳回 S 中 x 座標在 $[a, b]$ 範圍內、且 y 座標在 $[c, d]$ 範圍內點的個數。這個結構所需的空間爲何？

C-12.5 請設計一個能在 $O(\log n)$ 的時間內，回覆 countAllInRange 查詢的資料結構 (如在前一個習題中所定義的)。[**提示：**考慮在每一個節點儲存一個輔助結構，其可以「連結」到鄰近的節點。]

C-12.6 試說明如何將二維範圍樹擴展至能在 $O(\log^d n)$ 的時間內，回覆一個在 d 維度的點集合之 d 維範圍搜尋查詢，其中 d 爲常數，且 $d \geq 2$。[**提示：**設計一個遞迴資料結構，也就是用 $(d-1)$ 個維度的結構，來建立 d 個維度的結構。]

C-12.7 假設給定一個範圍搜尋的資料結構 D，它可以在 $O(\log^d n + k)$ 時間內，回覆在 d 維空間中，有 n 個點的集合之範圍搜尋查詢，其中維度 d 爲固定的數 (例如 8、10 或 20)，而 k 爲回覆的次數。試說明如何運用 D 來回覆平面上有 n 個矩形的集合 S 之查詢：

- findAllContaining (x, y)：傳回所有在 S 裡包含點 (x, y) 的矩形。
- findAllIntersecting (a, b, c, d)：有一矩形的 x 座標範圍爲 $[a, b]$、y 座標範圍爲 $[c, d]$，傳回 S 裡所有與此矩形相交的矩形。

試問上述每個查詢的執行時間爲何？

C-12.8 令 S 是 n 個型式爲 $[a, b]$ 的區間集合，其中 $a < b$。試設計一個有效率的資料結構，能在 $O(\log n + k)$ 的時間內回覆 contains (x)查詢。該函式要求列出在 S 中包含 x 的所有區間，其中 k 爲這種區間的數目。這樣的資料結構所需空間爲何？

C-12.9 請描述一個有效方法其能夠插入物件至 (平衡) 優先搜尋樹。該方法的執行時間爲何？

C-12.10 假設給定一個陣列型式的序列 S，該序列擁有由左至右排序的 n 個不相交線段 s_0、…、s_{n-1}，且線段的端點爲 $y = 0$ 與 $y = 1$。給定一個點 q，且 $0 < y(q) < 1$。試設計一個執行時間爲 $O(\log n)$ 的演算法，以計算在 S 當中，位於 q 右邊的線段 s_i，或者回報 q 在所有線段的右邊。

C-12.11 請舉出一個執行時間爲 $O(n)$ 的演算法，以測試點 q 位在一個不相交的多邊形 P 的外面、裡面、或邊界上，其中該多邊形擁有 n 個頂點。這個演算法必須在 q 的 y 座標，與 P 的一個或多個頂點的 y 座標相同時也適用。

C-12.12 請設計一個 $O(n)$ 時間的演算法，以測試一個具有 n 個頂點的多邊形是否爲凸多邊形。而你不應該假設 P 是不相交的。

C-12.13 令 S 爲線段的集合。請舉出一個演算法以決定 S 的線段是否能形成一個多邊形。該多邊形允許相交，但不允許任兩頂點重合。

C-12.14 令 S 爲平面上，擁有 n 條線段的集合。試以一個執行時間爲 $O((n+k)\log n)$ 的演算法，列出在 S 裡 k 對線段的相交。[**提示：**運用平面掃描技術，將線段相交視爲一個事件。注意你無法事先預先知道有那些事件，但在掃描時，你會知道下一個要處理的事件爲何。]

C-12.15 針對凸多邊形，設計一個使用線性空間的資料結構，並在對數時間內，測試一個點是否在凸多邊形的內部。

C-12.16 給定一個有 n 個點的集合 P，試設計一有效率的演算法，以建立一個不相交的多邊形，且多邊形的頂點就是 P。

C-12.17 設計一個 $O(n^2)$ 的演算法，以測試一個擁有 n 個頂點的多邊形是否爲一個不相交的多邊形。假設該多邊形是由其頂點列表所給定。

C-12.18 針對演算法 12.25 的簡化版葛拉漢掃描演算法，試舉出一種輸入使得演算法無法正確運作的例子。

C-12.19 令 P 是一個在平面上擁有 n 個點的集合。對於 P 中不是凸多邊形包覆的頂點的點 p 來說，修改葛拉漢掃描演算法以計算出，若不是和 P 的頂點構成三角形，就是 p 會被包覆在以 P 中的點爲端點之線段內。

C-12.20 給定平面上的點集合 S。對 S 裡的每一點 p，**維若諾圖 (Voronoi diagram)** 爲區域 $V(p)$ 的集合，該區域稱之爲**維若諾區塊 (Voronoi cell)**，$V(p)$ 爲在平面上，所有與 p 爲最近鄰居的點 q 的集合。

a. 說明每一個在維若諾圖裡的區塊都是凸面的。
b. 說明若 p 和 q 是集合 S 裡的最相近的一對點，則維若諾區塊 $V(p)$ 和 $V(q)$ 會相連。
c. 說明 p 在 S 的凸多邊形包覆的邊界上，若且唯若 p 的維若諾區塊 $V(p)$ 是沒有邊界的。

C-12.21 給定平面上一個點的集合 S，定義其**迪朗內三角 (Delaunay triangulation)** 爲 S 中所有 (p,q,r) 的集合，定義一個圓使得 p、q 與 r 都在圓周上且圓的內部並未包含 S 中其它的點。

a. 說明若 p 與 q 爲集合 S 裡的最相近的兩個點，則 p、q 兩點之間會存在在迪朗內三角的一個邊。
b. 說明維若諾區塊 $V(p)$ 與 $V(q)$ 在點集合 S 的維若諾圖中共享一個邊，若且唯若 p、q 兩點在 S 的迪朗內三角的存在一個邊。

軟體專案

P-12.1 請製作一個禮物包裝與葛拉漢掃描演算法的動畫，以計算一個點集合的凸多邊形包覆。

P-12.2 請以一個範圍樹或優先範圍樹的資料結構，實作一個支援範圍搜尋的類別。

P-12.3 實作四元樹與 k-d 樹資料結構，並進行一個實驗性的研究，比較它們在範圍搜尋查詢上的效能。

進階閱讀

在這一章中所介紹的凸多邊形包覆演算法是 Graham [88] 所提出的一種變形；而針對正交線段區段的平面掃描演算法是從 Bentley 以及 Ottmann [31] 而來的；至於最近配對演算法，則結合了 Bentley [28] 與 Hinrichs 等人 [94] 的創意。

關於計算幾何學有很多傑出的書籍，例如 Edelsbrunner [63]、Mehlhorn [150]、O'Rourke [160]、Preparata 與 Shamos [168] 及由 Goodman 和 O'Rourke 寫的書[83] 以及 Pach [162]。其他的延伸閱讀包括一些論文，作者為 Aurenhammer [17]，Lee 與 Preparata [129] 以及由 Goodrich [84]、Lee [128] 與 Yao [212] 所著書籍的部分章節。而 Sedgewick 的書 [182，183] 也包含許多討論計算幾何學的篇幅，都有很漂亮的圖表可參閱。事實上，Sedgewick 書中的圖表給予本書不少在圖片呈現上的靈感。

多維搜尋樹的討論則在由 Mehlhorn [150]、Samet [175，176] 與 Wood [211] 所寫的書中。若要對於多維搜尋樹的發展歷史有所了解，可以參閱這些書，包含解決範圍查詢的不同資料結構。優先搜尋樹則是由 McCreight [140] 而來，不過 Vuillemin [208] 在更早的時候便以「Cartesian 樹」介紹過這個結構。而在某些書中，它們被稱為「treap」，例如 McCreight [140] 與 Aragon 和 Seidel [12]。Edelsbrunner [62] 說明優先搜尋樹如何被運用來回覆二維範圍查詢。Arya 與 Mount [14] 說明了平衡箱型解構樹，並示範如何被運用來解決逼近範圍搜尋 [15]。讀者若對於範圍搜尋資料結構在最近的發展有興趣，可以參考 Agarwal [3, 4] 或者 Matoušek [138] 的論文；LucaVismara 則是發展出在第 12.6 節所說明的凸多邊形包覆演算法之實作。

Chapter 13

NP-Complete

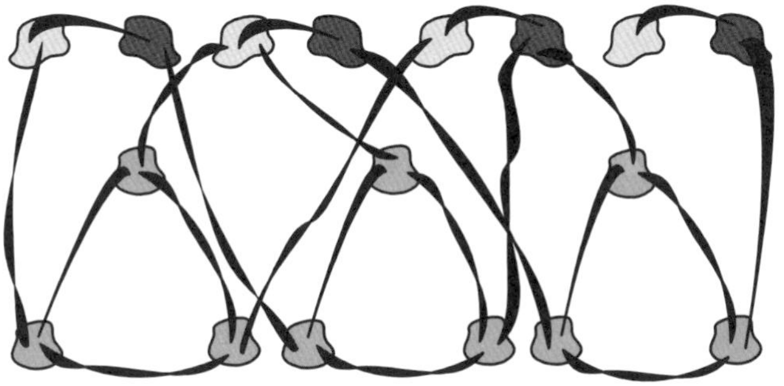

有些計算問題相當困難。我們絞盡腦汁想找出能有效率地解決它們的演算法，但卻一再地失敗。如果我們能夠證明，在這種情況下並不存在有效率的演算法，將會是件很棒的事。當我們找不到有效率的演算法，這種證明是很好的解脫，我們可以安心於這個問題並不存在有效率的演算法。不幸的是，這種證明的難度，通常比找到有效率的演算法還難。

儘管如此，我們在這方面並未全面挫敗，本章討論的主題，說明了有些計算問題確實是困難的。這些證明包含了所謂 NP-complete 的概念。這個概念讓我們可以嚴謹地證明出，要爲某個問題找出有效率演算法的難度，比起爲「NP」類的所有問題找出有效率演算法，兩者至少是一樣困難的。我們在這裡使用的「有效率」概念，正式定義就是對某個問題而言，有某個演算法的執行時間，和輸入資料大小 n 的多項式函數成正比。(這個效率的觀念已經在第 1.2.2 節中提過)。也就是若某個演算法在輸入資料大小 n 時，執行時間是 $O(n^k)$，其中 $k>0$ 爲常數，我們就認爲這個演算法是「有效率」的。即使如此，NP 類型的問題包含某些極爲困難的問題，數十年來它們的多項式時間解法難倒了許多研究者。因此，證明一個問題是 NP-complete，一般認爲和證明這個問題的有效率演算法不存在是不同的，但是這仍然是有力的陳述。基本上，證明一個問題 L 是 NP-complete，說明了雖然我們不能爲 L 找到有效率的演算法，到目前爲止也沒有任何電腦科學家能找到這類問題的有效演算法！事實上多數電腦科學家強烈相信，在多項式時間中解決任何 NP-complete 問題，都是不可能的。

在本章中，我們會正式定義 NP 類型問題，以及與它有關的 P 類型問題，並且我們會提到如何證明一些問題爲 NP-complete。我們也會討論一些最著名的NP-complete問題，我們也會證明它們至少都和其他任何在NP中的問題一樣難。這些問題包含可滿足性 (satisfiability)、頂點涵蓋 (vertex cover)、包裹問題 (knapsack) 和推銷員旅行問題 (traveling salesman) 等。

但是我們不會在證明某個問題是 NP-complete 後就停下腳步，因爲這裡頭有許多非常重要的問題，這些問題很多和最佳化問題有關，這些問題的解，在現實生活中時常可以讓我們節省金錢、時間或是其他資源。所以在本章中我們也會討論處理 NP-completeness 問題的方法。其中一種最有效的方法是建構 NP-complete 問題的多項式時間近似演算法。雖然這種演算法通常沒法求得最佳解，但它們所求得的結果通常是很接近最佳解的。實際上，在某些情況中，我們可以保證近似演算法的解，與原本最佳解的接近程度。我們在本章中會探討其中的幾種情況。

本章最後，我們會討論一些通常可以將 NP-complete 問題處理得不錯的實用技巧。我們會特別闡述**回溯 (backtracking)** 與**分支限制 (branch-and-bound)** 這兩種技巧，這兩種技巧建構了在最差情況會執行指數時間，但是會盡可能使用較少時間的演算法。我們會給讀者這兩種技巧的Java範例。

13.1 P 與 NP

爲了探討 NP-complete，我們需要更嚴謹地表示執行時間。也就是說，原本我們使用「項目」個數來表示輸入資料大小(參考第 1 章)是不正式的，我們現在將**輸入大小 (input size)**，定義爲將某個問題的輸入實例加以編碼後，所得到的位元數爲 n。我們假定輸入的字元和數字使用適當的二元編碼機制，也就是每個字元使用常數個位元，而每個整數 $M>0$ 使用最多 $c\log M$ 位元來表示，c 爲大於零的整數。此外，我們不允許**一元編碼 (unary encoding)**，也就是把整數 M 用 M 個 1 來表示。

在本書其他的部分，我們使用之前定義的輸入資料大小，亦即 n 爲輸入中的「項目」個數。但是在這裡，我們用 N 代表在輸入中項目的個數，而 n 則代表所需的編碼位元數。所以若 M 是輸入中最大的整數，則 $N+\log M \le n \le cN\log M$，其中 $c>0$ 爲一個常數。我們現在正式定義，演算法 A 的最差**執行時間 (running time)** 爲 n 的函數，它是 A 在最差狀況下，處理 n 位元編碼產生的所有可能輸入所花的時間。幸運的是，如同我們接下來要證明的引理，大部分用 N 考慮的演算法，其執行時間如果是多項式時間，該演算法改由 n 來考慮的話，執行時間通常也會是多項式時間。若某演算法中，任何牽涉到一或二個以 b 位元表示之物件的基本運算，其運算結果爲一最多以 $b+c$ 位元即可表示的物件，其中 $c\ge 0$，則我們稱這個演算法是 ***c*-*incremental***。例如使用乘法做爲基本運算的演算法，對任何常數 c 都不會是 c-incremental。當然，我們可以在 c-incremental 演算法中加入一個常式來執行乘法運算，但此處我們不應將此常式視爲基本運算。

引理 13.1： 若一個 c-incremental 演算法 A 在 RAM 模型中有最差執行時間 $t(N)$，$t(N)$ 爲輸入項目數 N 的函數，其中 $c>0$ 爲常數，則 A 的執行時間爲 $O(n^2t(n))$，其中 n 是輸入資料的標準非一元編碼位元數。

證明：

注意 $N\le n$。所以 $t(N)\le t(n)$。同樣的，因爲 c 爲常數，演算法 A 的每

個基本運算，牽涉到一或二個可用 $b \geq 1$ 個位元來表示的物件，最多使用 db^2 個位元運算來執行，其中 $d \geq 1$ 爲常數，因爲 c 爲常數。此類基本運算包含所有的比較、控制流程以及基本的非乘法算術運算。並且在 c-incremental 演算法的 N 個步驟當中，最大物件可以用 $cN+b$ 個位元來表示，其中 b 是所有輸入物件中最大的大小。但是 $cN+b \leq (c+1)n$。所以，在 A 中的每個步驟最多使用 $O(n^2)$ 個位元步驟便能完成。 ■

所以任何「合理的」演算法，如果從輸入項目的角度來看是多項式時間，從輸入位元的角度來看也會是多項式時間。所以瞭解不論使用輸入位元或輸入項目計算，合理的演算法都會是「多項式時間」的前提下，在本章中剩下的部分，我們還是以 n 代表項目個數，表示輸入大小。

13.1.1 定義複雜度類別 P 和 NP

依據引理 13.1，我們知道在本書中討論的問題，例如圖論問題、文字處理或排序，我們先前提出的多項式時間演算法，都可以轉換成在位元模式下的多項式時間演算法。即使是用來計算 x 乘冪的重複平方演算法 (參考第 10.1.4 節)，如果我們用 $O(\log n)$ 個位元表示 x，也能在多項式時間完成。因此，多項式時間表示法在測量問題可解性時相當有用。

此外，多項式類別在加法、乘法以及合成運算上有封閉性。也就是說，如果 $p(n)$ 和 $q(n)$ 是多項式，則 $p(n)+q(n)$、$p(n)\cdot q(n)$ 和 $p(q(n))$ 也都是多項式。所以我們可以組合或結合多項式時間的演算法，來得到新的多項式時間演算法。

判定問題

爲了簡化討論，我們現在把注意侷限在**判定問題 (decision problems)** 上，也就是輸出僅有「是」或「否」的計算問題。換句話說，判定問題的輸出是單一位元，不是 0，就是 1。例如，下面的每一個都是判定問題：

- 給定字串 T 及字串 P，P 是否爲 T 的子字串？
- 給定兩集合 S 和 T，S 和 T 是否包含相同的元素？
- 給定一個邊有整數權重的圖 G，以及一整數 k，G 當中有沒有權重至多是 k 的最小延展樹？

事實上，最後一個問題說明我們如何將**最佳化問題 (optimization problem)** 轉換成判定問題，我們通常是藉由試圖將某個值最小化或是最大化以將最佳化問題轉換成判定問題。注意，若我們能證明判定問題是困難的，則它所對應的最佳化版本也是困難的。

問題和語言

若A在輸入字串x時會輸出「是」，則我們稱演算法A**接受 (accepts)** 輸入x。所以我們可以將**判定問題 (decision problem)** 視為字串集合L；亦即所有會被能正確解決問題的演算法所接受的字串。是的，我們用字母「L」來代表判定問題，因為字串的集合通常被稱為**語言 (language)**。若A對L當中的每個x能接受的都會輸出「是」，否則就輸出「否」；則我們將這個以語言為基礎的觀點擴充後，我們就可以說演算法A**接受 (accepts)** 一個語言L。在本章中，我們假設若x的語法不正確，輸入x到演算法中，輸出一定是「否」。(註：某些文字有可能會讓A進入無窮迴圈然後無法輸出任何值，但本書關注的焦點在演算法，亦即會在有限步驟後終止的計算)。

複雜度類別 P

複雜度類別 (complexity class) P 是所有在最糟狀況下，可以在多項式時間內被接受的判定問題 (或語言)L的集合。亦即存在一演算法A，若輸入$x \in L$，則A會在$p(n)$時間之內輸出「是」，n為x的大小，且$p(n)$為一多項式。注意，P並沒有告訴我們否決某個輸入時−即在演算法A輸出「否」的時候，會花多少執行時間。這種狀況叫做語言L的**餘集 (complement)**，餘集包含所有不在L中的二進位字串。儘管如此，若我們有一個在多項式時間$p(n)$內可接受語言L的演算法A，我們可以很容易建構在多項式時間內接受L餘集的演算法。確切來說，給定一個輸入x，我們可以建構一個餘集演算法B，B會簡單地執行演算法A，執行時間為$p(n)$，n為x的大小，若執行時間超過$p(n)$，就終止演算法A。若A輸出「是」，則B輸出「否」。同樣的，若A輸出「否」，或A執行至少$p(n)$個步驟而沒有任何輸出，則B輸出「是」。在任何情況下，餘集演算法B都可以在多項式時間之內執行。所以若某個語言L是一個屬於P的判定問題，則L的餘集也屬於P。

複雜度類別 NP

複雜度類別 (complexity class) NP的定義中包含複雜度類別P，但也允許可能不屬於P的語言。明確的說，對NP問題，我們允許演算法使用一個額外的操作：

- choose(b)：這個操作用非決定性的方式選擇一個位元(也就是說，某個為 0 或 1 的值)，並將該位元指定給 b。

當演算法 A 使用基本操作 choose 時，則我們說 A 是**非決定性 (nondeterministic)** 的。如果對輸入 x，有某一組 choose 呼叫的結果最後能夠讓 A 輸出「是」，則我們說 A **非決定性接受 (nondeterministically accepts)** 字串 x。換句話說，就像是考慮所有 choose 呼叫可能產生的結果，然後只選擇會導致接受的結果，如果這種結果存在的話。注意，這和隨機選擇是不一樣的。

複雜度類別 ***NP***，是能在多項式時間內被非決定性接受的判定問題(或語言) L 的集合，也就是，會有一個非決定性演算法 A，若 $x \in L$，則輸入 x 時，A 會有一組 choose 呼叫結果的集合，使得該演算法在 $p(n)$ 時間輸出「是」，其中 n 為 x 的大小，而 $p(n)$ 是一個多項式。注意，***NP*** 的定義並沒有說明拒絕時所需的執行時間。事實上，對於可以在多項式時間 $p(n)$ 內接受語言 L 的演算法 A，我們允許 A 使用超過 $p(n)$ 的時間以輸出「否」。此外，因為非決定性接受可能牽涉到多項式個 choose 方法的呼叫，若語言 L 是 ***NP***，L 的餘集並不必然屬於 ***NP***。事實上，有一個稱為 ***co−NP*** 的複雜度類別，這個類別包含所有餘集屬於 ***NP*** 的語言，並且很多學者認為 ***co − NP ≠ NP***

NP 的另外一個定義

事實上對讀者來說，有另一個比較直覺的方法來定義複雜度類別 NP。這個定義是以決定性的驗證為基礎，而不是非決定性的接受。若給定任意屬於 L 的字串 x 為輸入，則會有另一個字串 y，使得 A 在輸入 $z = x+y$ 的時候會輸出「是」，我們就說語言 L 可以透過演算法 A 來**驗證 (verified)**，「+」號表示連接。字串 y 稱為 L 的成員**憑證 (certificate)**，它幫助我們認證 x 確實在 L 當中。注意到字串不屬於 L 時，我們並沒有提到要如何驗證。

這個驗證表示法允許我們給複雜度類別 ***NP*** 另一個定義。亦即，我們將 ***NP*** 定義為所有判定問題且能在多項式時間內被驗證的語言 L 的集合。也就是說，會有一個 (決定性) 演算法 A，對任何 x 屬於 L，可以在多項式時間 $p(n)$ 內，使用某個憑證 y，以驗證 x 確實屬於 L，這個多項式時間包含 A 用來讀取輸入 $z = x+y$ 的時間，其中 n 為 x 的大小。注意此定義意謂 y 的大小會小於 $p(n)$。如以下定理所示，這個以驗證為基礎的 ***NP*** 定義，和上述的非決定式定義是等價的。

定理 13.2： 語言L能在多項式時間內被（決定性）檢驗，若且唯若L能在多項式時間內被非決定性接受。

證明：

讓我們考慮所有的可能性。先假設L能在多項式時間內被驗證。也就是給定長度為多項式的憑證y時，存在可以在多項式時間$p(n)$檢驗x屬於L的決定性演算法A（沒有使用 choose 呼叫）。如此我們可以建構一個非決定性的演算法B，把字串x當作輸入，並呼叫choose方法來指定y的每個位元。在B建構完字串$z = x+y$之後，它會將y視為憑證，呼叫A來檢驗$x \in L$。若存在使A接受z的憑證y，則很清楚地，會有一組非決定性選擇，使得B本身輸出「是」。此外，B的執行步驟會是$O(p(n))$。

再來假設L可以在多項式時間內被非決定性接受。也就是說，有一個非決定性演算法A，對一屬於L的字串x，執行$p(n)$個可能包含choose的步驟後，對某些 choose 步驟產生結果的順序，A將會輸出「是」。則有一個決定性的檢驗演算法B，對一屬於L的字串x，把所有A對輸入x執行的 choose 呼叫結果依順序結合起來當作認證y，以使得最後能輸出「是」。因為A能在$p(n)$內執行，其中n為x的大小，則在輸入為$z = x+y$時，演算法B也能在$O(p(n))$的時間內執行結束。 ■

這個定理實際的含意在於，因為 ***NP*** 的兩種定義是等價的，所以我們可以用其中任何一種來證明某個問題是 ***NP***。

P = NP 問題

電腦學家並不知道是否 ***P = NP***。實際上研究者甚至不知道 ***P = NP*** ∩ ***co-NP*** 是否成立。但是大部分的研究者相信 ***P*** 不等於 ***NP*** 或 ***co-NP***，也不等於它們的交集。而我們接下來要討論的問題，則是很多人相信屬於 ***NP***，但是不屬於 ***P*** 的問題。

13.1.2 一些屬於 NP 的有趣問題

定理 13.2 的另一個解讀是，這意味我們永遠可以建構一個非決定性演算法，先執行完所有的 choose 步驟，剩下的演算法則只進行驗證。我們在這個小節會使用上述的方法，證明幾個有趣的判定問題屬於 ***NP***。我們的第一個例子是圖論的問題。

HAMILTONIAN-CYCLE 問題的輸入為一圖G，然後判斷此圖中是否有一簡單迴路，經過 G 中每個頂點恰好一次，最後並回到起始點。這種迴路稱為 G 的漢米爾頓迴路。

引理 13.3： HAMILTONIAN-CYCLE 屬於 ***NP***。

證明：

讓我們定義一個非決定性演算法 A，圖 G 的頂點從 1 到 N 編號，並用相鄰串列來表示然後編碼為二進位做為輸入。我們定義 A 會先呼叫 choose 以決定一個由 1 到 N 構成的 $N+1$ 個數字的序列 S。然後，我們讓 A 檢查除了頭尾兩個數字應相同外，1 到 N 每個數字是否剛好在序列中出現一次 (比如可以把 S 排序以進行檢查)。然後，我們會檢驗序列 S 在 G 中是否定義一組由頂點和邊構成的迴路。很清楚的，序列 S 的二進位編碼大小最多是 n，n 為輸入的大小。此外，兩種對序列 S 的檢查，都可以在 n 的多項式時間內完成。

請觀察如果 G 中有一個迴路走訪 G 的每個頂點恰好一次，然後回到其起始點，則序列 S 就會讓 A 輸出「是」。同樣的，如果 A 輸出「是」，則表示它已找到 G 中某個迴路會走訪 G 的每個頂點恰好一次，並回到其起始點。也就是說，A 會非決定性的接受 HAMILTONIAN-CYCLE 語言。換句話說，HAMILTONIAN-CYCLE 屬於 NP。 ■

我們下個例子是有關電路設計的測試問題。**布林電路 (Boolean circuit)** 是一個有向圖，其節點稱做**邏輯閘 (logic gate)**，相當於簡單布林函數 AND、OR 或 NOT 的其中一種。邏輯閘的輸入邊相當於該布林函數的輸入，當然對邏輯閘來說，輸出和對應的輸出邊會有相同的值 (參考圖 13.1)。沒有輸入邊的節點稱為**輸入 (input)** 節點，而沒有輸出邊的頂點則稱為**輸出 (output)** 節點。

CIRCUIT-SAT 問題的輸入是一個有單一輸出節點的布林電路，然後試問有沒有任何電路的輸入指定值可以使該電路的輸出為「1」。這樣的指定值稱為**滿足指定 (satisfying assignment)**。

引理 13.4： CIRCUIT-SAT 屬於 ***NP***。

證明：

我們建構一個能在多項式時間內接受 CIRCUIT-SAT 的非決定性演算法。首先我們使用 choose 方法來「猜」輸入節點的值，以及每個邏輯閘的輸出值。然後，我們只需要簡單地走訪 C 的每個邏輯閘 g，也就是所有至少有一個輸入邊的頂點，接著，根據g的布林函數檢查g的「猜測」輸出值是否爲g的正確輸出值，這函數可能是AND、OR或NOT。這個計算過程可以很容易在多項式時間內執行。如果任何一個邏輯閘的檢驗失敗，或者輸出的「猜測」值爲 0，則會輸出「否」。另一方面來說，如果每個邏輯閘的檢驗都成功，且輸出爲 1，則演算法輸出「是」。所以如果存在一組C輸入值的滿足指定，就會有一組 choose 陳述的結果，能使演算法在多項式時間內輸出「是」。同樣的，如果有一組 choose 陳述的輸出結果，能使演算法在多項式時間輸出「是」，則必存在一組C輸入值的滿足指定。故 CIRCUIT-SAT 屬於 ***NP***。■

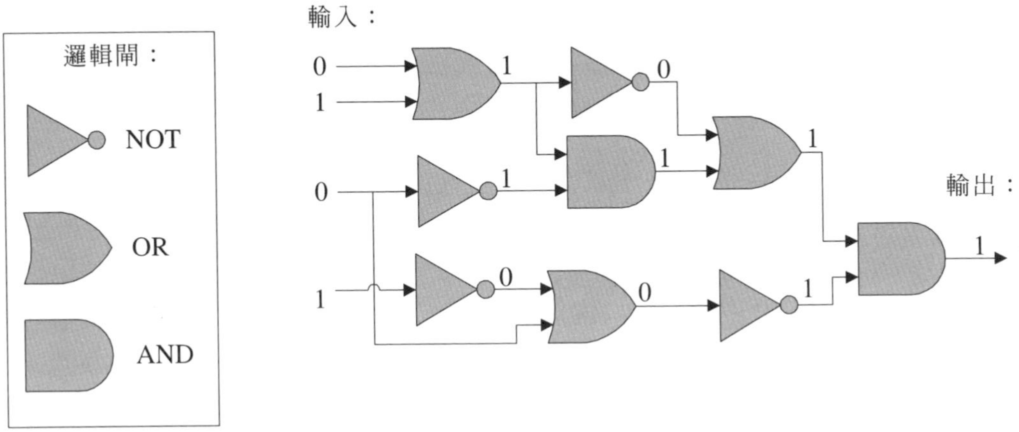

圖 13.1：布林電路的例子。

下一個例子會解釋如何證明最佳化的判定問題屬於 ***NP***。給定圖G，G的**頂點涵蓋 (vertex cover)** 問題指一頂點子集合C，使得G的每一邊(v, w)，$v \in C$或$w \in C$ (也可能兩者皆是)。最佳化目標是要找到G最小可能的頂點涵蓋。

VERTEX-COVER 判定問題的輸入爲一圖G及一整數k，並試問G是否有一頂點涵蓋包含最多k個頂點。

引理 13.5： VERTEX-COVER 在 ***NP*** 當中。

證明：

假定我們有一整數k及一圖G，G的頂點編號爲 1 到N。我們可以重複呼叫 choose 方法以建構一包含k個數字的集合，這些數字的範圍從 1 到N。爲了驗証，我們將C中所有的數字加到某個字典中，然後檢查G的每一邊以確定，對G的每一邊(v, w)，v或w至少有一在C當中。若我們能找到某個邊的端點不在 C 當中，則我們輸出「否」。若我們走遍 G 的每一邊，且每一邊至少都有一個端點在 C 當中，則我們輸出「是」。這樣的計算很明顯地可以在多項式時間內執行完畢。

注意到若 G 有大小最多是 k 的頂點涵蓋，則會有一組數字的指定值定義某個集合 C，使得 G 的每一邊通過我們的測試，使我們的演算法輸出「是」。同樣的，若我們的演算法輸出「是」，則必有一個大小最多是 k 的頂點子集合 C，使得 C 是一個頂點涵蓋。所以 VERTEX-COVER 屬於 ***NP***。 ■

有了一些屬於 ***NP*** 的有趣的例子後，現在讓我們來看看 ***NP***-completeness 概念的定義。

13.2 NP-Completeness

所謂判定問題 (或語言) 的非決定性接收性，無可否認是個相當詭異的概念。不管怎麼說，畢竟沒有任何一般的電腦可以有效率地執行牽涉到 choose 方法呼叫的非決定性演算法。實際上到目前爲止，即使使用非一般電腦如量子電腦或 DNA 電腦，也沒有人能證明可以使用多項式數量的資源在多項式時間內有效率地模擬任何非決定性演算法。確實，我們可以透過一個個嘗試演算法裡使用的 choose 陳述所有可能產生的結果，來模擬非決定性演算法。但是對於任何至少會呼叫 choose 方法 n^{ε} 次，其中 $\varepsilon > 0$ 且爲任意固定常數，的非決定性演算法，這樣的模擬都會變成需要指數時間的計算。實際上，有上百個屬於複雜度類別 ***NP*** 的問題，讓大多數的電腦學家強烈相信並沒有任何傳統的決定性演算法可以在多項式時間內解決它們。

因此，複雜度類別 ***NP*** 的用途在於，它正式地描繪了一群被許多人認爲是計算困難的問題。事實上，我們可以證明，就多項式時間解法而言，某些問題至少跟其他所有屬於 ***NP*** 的問題一樣難。這種困難度表示法建立在多項式時間可轉化性 (polynomial-time reducibility) 的概念上，我們即將加以討論。

13.2.1 多項式時間的可轉化性及 NP-Hardness

我們說定義判定問題的語言 L **多項式時間可轉化 (polynomial-time reducible)** 到語言 M，若存在某個可以在多項式時間的函數 f，f 讀入語言 L 的輸入x，並轉換爲語言M的輸入$f(x)$，使得$x \in L$若且唯若$f(x) \in M$。又，我們用速記符號$L \xrightarrow{poly} M$來表示語言L可以在多項式時間轉化成語言M。

我們說一個定義某些判定問題的語言M爲***NP-hard***，如果所有其他屬於 NP 的語言都可以多項式時間轉化到M。使用更數學的符號來說，若對每個$L \in \boldsymbol{NP}$，$L \xrightarrow{poly} M$，則M爲***NP***-hard。若某個語言M是***NP***-hard，且本身也屬於 ***NP*** 類別，則M爲 ***NP-complete***。所以就多項式時間可運算性而言，用非常正式的概念來說，***NP***-complete 問題是 NP 中最困難的問題。如果有任何人可以證明某個 ***NP***-complete 問題L，可以在多項式時間內解出，則直接意味著所有屬於***NP***類別的問題，也都可在多項式時間內解決。在這種情況下，我們可以接受任何其他的***NP***語言M，藉由將之轉化到L，並執行L的演算法來接受它。換句話說，如果有任何人找到一個決定性多項式時間演算法，它只要能解任一個 ***NP***-complete 問題，則 $\boldsymbol{P} = \boldsymbol{NP}$。

13.2.2 Cook-Levin 定理

乍看之下，***NP***-completeness的定義似乎很嚴苛。但是，如同以下定理所證明的，至少存在一個 ***NP***-complete 問題。

定理 13.6： **(Cook-Levin 定理)** CIRCUIT-SAT 是 ***NP***-complete。

證明：

引理 13.4 證明 CIRCUIT-SAT 屬於 ***NP***。因此，我們還要證明這個問題是 ***NP***-hard。也就是說，我們需要證明所有屬於 ***NP*** 的問題，都可多項式轉化成 CIRCUIT-SAT。因此，考慮某個語言L，L表示某個屬於 ***NP*** 的判定問題。因爲L屬於***NP***，所以如果有一個多項式大小的憑證y，則存在一決定性演算法D，能在多項式時間$p(n)$內接受任何屬於L的x，其中n爲x的大小。此證明的主要概念在於建立一個大型，但是，是多項式大小的電路C，這個電路會模擬演算法D輸入x時的運作，若C可滿足，若且唯若有一憑證y使得D輸入$z = x+y$會輸出「是」。

回想一下 (第 1.1.2 節) ，任何確定性演算法，例如D，都可以實作在某個簡單的計算模型上 (稱做隨機存取機器，或 RAM) ，這個模型包括一個 CPU，以及一組可定址的記憶體空間M。在我們的情況中，記憶體M包含輸入x，憑證y，D執行運算的工作儲存區W，以及D本身的演算法編碼。D的工作儲存區W包含了所有用來暫存運算結果的暫存器，以及D在執行時呼叫程序所需的堆疊架構。這種W中的堆疊架構的頂端，儲存著辨識D目前執行位置的程式計數器 (PC)。所以，CPU 本身是沒有記憶空間的。在執行D的每一步時，CPU 會讀取下一個指令i，將PC指向該指令，並且執行i指定的運算，可能是比較運算、算術運算、條件跳躍，程序進入呼叫等等，然後會將PC更新指向下個要執行的指令。因此，D目前的狀態完全由記憶體內容來決定。此外，因爲D會在多項式$p(n)$個步驟內接受屬於L的x，其中n爲x的大小，則我們可以假定所有有效的記憶體集合只包含$p(n)$位元。因爲在$p(n)$個步驟當中，D最多只能存取$p(n)$個記憶空間。同樣注意到D的程式碼大小對x、y、甚至是W來說，都是常數。我們將執行D所用到的$p(n)$大小的記憶體集合稱做演算法D的**組態 (configuration)**。

將L轉化成 CIRCUIT-SAT 的核心在於建立一個布林電路，以模擬在我們的計算模型中，CPU的工作情形。這種建構的細節超出本書的範圍，但是大家都熟知我們可以用包含 AND、OR 及 NOT 邏輯閘的布林電路來設計CPU。此外，讓我們更進一步假定這種電路，包含用來連結到有$p(n)$個位元的記憶體的定址單元，並設計爲能接受一個組態D爲輸入，然後輸出組態當下一個運算的輸入。又，這個我們稱之爲S的模擬電路，最多可以用 $cp(n)^2$ 個 AND、OR 或 NOT 邏輯閘來建構，$c>0$爲一常數。

爲了模擬所有D的$p(n)$個步驟，我們複製$p(n)$份S，其中一份副本的輸出做爲下一份副本的輸入 (參考圖 13.2) 。S的第一份副本輸入的部分包含「寫死」的D程式編碼、x、初始堆疊架構 (附帶PC指向D的第一個指令)，以及其他的工作儲存體(初始值全部爲0) 。S的第一份副本唯一未被指定的眞正輸入爲D對憑證y的組態。這些便是我們電路的眞正輸入。同樣的，我們忽略所有最後一份S副本的輸出，除了指示D之答案的那個輸出值，「1」代表「是」而「0」代表「否」。電路C總共的大小是$O(p(n)^3)$，而這對x的大小來說當然還是多項式。

對D及某個憑證y在$p(n)$步之後會接受的某輸入x，必有一組C的輸入指定值對應到y，使得用C模擬D的輸入及寫死的x值，最終會輸出「1」。因此C在這種情況是可滿足的。反過來說，若某個狀況C是可以被滿足，則會有一組輸入對應到憑證y。使得C輸出「1」。然而，由於C完全模擬演算法D，這意謂有一組憑證y的指定值，會使得D輸出「是」。因此，在這種情況下D就可以驗證x。所以，D在某憑證y下會接受x，若且唯若C是可滿足的。 ■

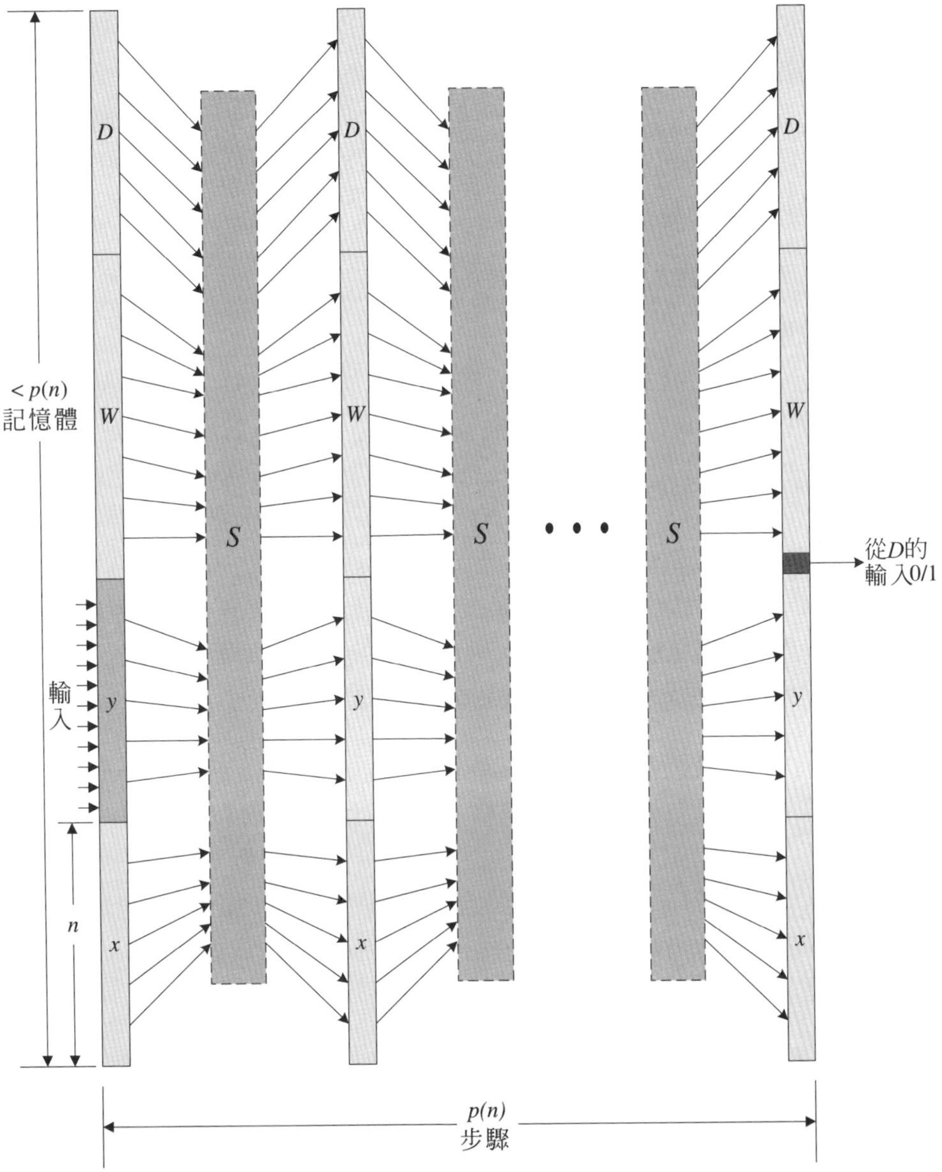

圖 13.2：用來證明 CIRCUIT-SAT 是 ***NP***-hard 的電路圖解。唯一真正的輸入是憑證 *y*。而問題實例 *x*，工作儲存區 *W*，以及程式碼 *D*，都是一開始「寫死」 (hard wired) 的值。唯一的輸出是判斷演算法是否接受 *x*。

13.3 重要的 NP-Complete 問題

所以確實有 ***NP***-complete 問題存在。即便模擬電路 *S* 存在，證明這個事實仍相當麻煩。幸運的是，現在我們手上已握有一個證明是 ***NP***-complete 的問題，我們可以從這個問題開始，然後用簡單的多項式時間轉化來證明其他的問題也是 ***NP***-complete。我們將在本節中探討這些轉化。

只需要一個 ***NP***-complete 問題，我們就可以使用多項式時間轉化來證明其他的問題也是 ***NP***-complete。此外，我們將重複使用以下關於多項式時間轉化的重要引理。

引理 13.7： 若 $L_1 \xrightarrow{\text{poly}} L_2$ 且 $L_2 \xrightarrow{\text{poly}} L_3$，則 $L_1 \xrightarrow{\text{poly}} L_3$。

證明：

因爲 $L_1 \xrightarrow{\text{poly}} L_2$，任何 L_1 的實例 x，都能在多項式時間 $p(n)$ 內轉化成 L_2 的實例 $f(x)$，使得 $x \in L_1$ 若且唯若 $f(x) \in L_2$，其中 n 爲 x 的大小。同理，因爲 $L_2 \xrightarrow{\text{poly}} L_3$，任何 L_2 的實例 y，都能在多項式時間 $q(m)$ 內轉化成 L_3 的實例 $g(y)$，使得 $y \in L_2$ 若且唯若 $g(y) \in L_3$，m 爲 y 的大小。結合這兩個建構，我們得到任何 L_1 的例子 x，都能在時間 $q(k)$ 之內轉化成 L_3 的實例 $g(f(x))$，使得 $x \in L_1$ 若且唯若 $g(f(x)) \in L_3$，其中 k 爲 $f(x)$ 的大小。因爲 $f(x)$ 可在 $p(n)$ 步驟內建構，所以 $k \le p(n)$，因此 $q(k) \le q(p(n))$。而因爲兩個多項式的合成還會是多項式，這個不等式意味著 $L_1 \xrightarrow{\text{poly}} L_3$。 ■

本節我們會使用這個引理確認幾個重要的問題爲 ***NP***-complete。所有這些證明都有相同的一般結構。給定一個新的問題 L，我們首先證明 L 屬於 ***NP***。然後我們將某個已知的 ***NP***-complete 問題，在多項式時間內轉化爲 L 來證明 L 是 ***NP***-hard。如此一來我們便證明 L 屬於 ***NP*** 也是 ***NP***-hard；故得證 L 爲 ***NP***-complete。(爲什麼不用另一個方向做轉化？) 這些轉化通常取下列三種形式的其中一種：

- **限制 (Restriction)**：此形式藉由指出已知的 ***NP***-complete 問題 M，實際上只是 L 的某個特例，以證明 L 是 ***NP***-hard。
- **局部代換 (Local replacement)**：這個型式藉由將已知的 ***NP***-complete 問題 M 及 L 的實例分割爲許多「基本單位」，然後展示如何將每個 M 的基本單位分別轉化爲 L 的基本單位，以將 M 轉化爲 L。
- **元件設計 (Component design)**：這個型式藉由建構一些某個 L 實例的元件，並加上一個已知是 ***NP***-complete 問題 M 之實例重要的結構性功能，以將 M 轉化爲 L。舉例來說，某些元件可能會被加上「choice」功能，而某些可能會被加上「evaluation」功能。

以上三種型式最後一種最難建構；舉例來說，這型式被應用在 Cook-Levin

定理 (13.6) 的證明上。

圖 13.3 描繪出我們將證明為 ***NP***-complete 的問題，這些問題從哪些問題轉化而來，以及所使用到的多項式時間轉化技巧。

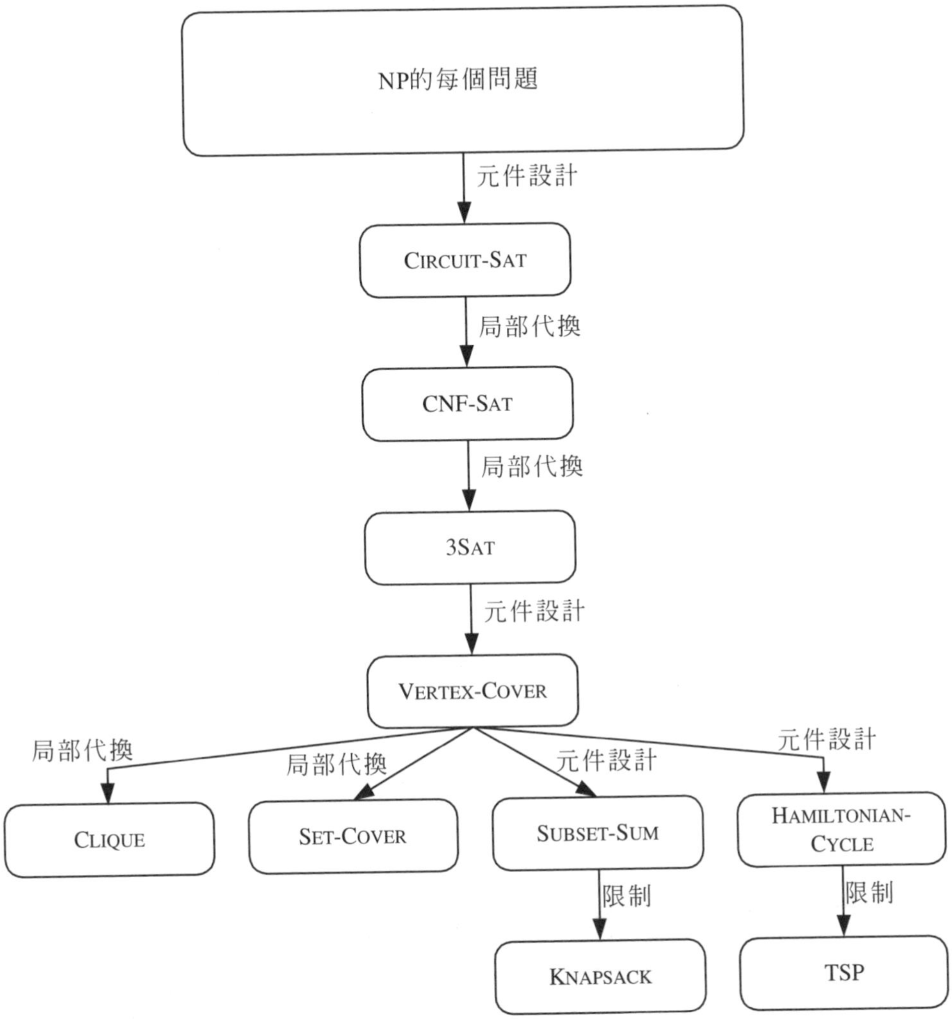

圖 13.3：一些基本的 ***NP***-completeness 證明所用到的轉化。每一個有向邊代表多項式時間轉化，在邊上標示的是該轉化使用的型式。最上方的轉化為 Cook-Levin 定理。

本節剩下的部分我們會學習其他重要的 ***NP***-complete 問題。大部分我們將以成對的方式處理這些問題，每一對代表某個重要的問題種類，包括牽涉到布林運算式、圖論、集合論及數字的問題。我們將從兩個牽涉到布林運算式的問題開始。

13.3.1 CNF-SAT 以及 3SAT

首先我們要介紹的轉化是牽涉到布林運算式的問題。布林運算式是由布林變數及布林運算子，如 OR (+)、AND (·)、NOT (在負的子運算式上面劃一橫線)、IMPLIES (→)及 IF-AND-ONLY-IF (↔) 等，所構成的有括號的數學式。如果布林運算式是由一組叫做**子式 (clause)** 的子數學式 AND 起來所構成，我們稱這個布林運算式爲**聯結標準式 (conjunctive normal form**，簡稱 CNF) 。子式是由布林變數或其負值，即**單字 (literals)**，OR 起來所構成。舉例來說，下列的布林運算式便是 CNF：

$$(\overline{x_1}+x_2+x_4+\overline{x_7})(x_3+\overline{x_5})(\overline{x_2}+x_4+\overline{x_6}+x_8)(x_1+x_3+x_5+\overline{x_8})$$

若 x_2、x_3 及 x_4 是 1，則此運算式的結果爲 1。我們將 0 視爲 **false**，將 1 視爲 **true**。CNF 稱爲「標準」式是因爲任何布林運算式都能轉換成這種型式。

CNF-SAT

CNF-SAT 問題的輸入爲 CNF 的布林運算式，試求有沒有一組指定值可以使該運算式輸出 1。

要證明 CNF-SAT 屬於 NP 很容易，給我們一個布林運算式 S，我們可以建立簡單的非決定性演算法，先爲 S 的變數「猜測」布林值的指定值，之後依序計算 S 的每個子句，若所有 S 的子句都是 1，則 S 就是可滿足的；不然就不是。

爲了證明 CNF-SAT 是 ***NP***-hard，我們將在多項式時間內轉化 CIRCUIT-SAT 問題。假定給我們一個布林電路 C，不失一般性，我們假設每個 AND 及 OR 邏輯閘都有兩個輸入，且每個 NOT 邏輯閘有一個輸入。要開始建構等價於 C 的公式 S，我們爲整個電路 C 的每個輸入建立變數 x_i。有人可能會想把變數的集合限制在這些 x_i 之內，並透過合併輸入的子式，直接開始爲 C 建構運算式，然而一般來說這樣的方法無法在多項式時間內執行完 (參考習題C-13.3) 。反之，我們爲 C 每個邏輯閘的輸出都建立一個變數，然後對每一個邏輯閘我們會建立相應的短運算式 B_g 如下：

- 若 g 是一個輸入爲 a 及 b，輸出爲 c 的 AND 邏輯閘 (可能是 x_i 或 y_i) ，則 $B_g=(c\leftrightarrow(a\cdot b))$。
- 若 g 是一個輸入爲 a 及 b，輸出爲 c 的 OR 邏輯閘，則 $B_g=(c\leftrightarrow(a+b))$ 。

● 若 g 是一個輸入爲 a，輸出爲 b 的 NOT 邏輯閘，則 $B_g = (b \leftrightarrow \overline{a})$。

我們希望把所有的 B_g AND 起來，以建立我們的運算式，然而這樣的運算式並非 CNF。所以我們的方法要先把所有的 B_g 轉換成 CNF，然後再用 AND 運算組合這些轉換過的 B_g，以定義 CNF 運算式 S。

a	b	c	$B = (c \leftrightarrow (a \cdot b))$
1	1	1	1
1	1	0	0
1	0	1	0
1	0	0	1
0	1	1	0
0	1	0	1
0	0	1	0
0	0	0	1

$\overline{B} = a \cdot b \cdot \overline{c} + a \cdot \overline{b} \cdot c + \overline{a} \cdot b \cdot c + \overline{a} \cdot \overline{v} \cdot c$ 的 DNF 運算式

$B = (\overline{a} + \overline{b} + c) \cdot (\overline{a} + b + \overline{c}) \cdot (a + \overline{b} + \overline{c}) \cdot (a + b + \overline{c})$ 的 CNF 運算式

圖 13.4：某布林運算式 B 對於變數 a、b、c 的真值表。和 $\overline{B}$ 等價的 DNF 運算式，以及和 B 等價的 CNF 運算式。

要將布林運算式 B 轉換成 CNF，我們爲 B 建立眞值表，如圖 13.4 所示。然後我們爲表中每一列值爲 0 的，建構短運算式 D_i。每個 D_i 由所有變數 AND 而成，該列的值爲 0 值且唯若變數在 D_i 中爲負值。然後我們把所有 D_i OR 起來以建立運算式式 D。這種由變數或變數的負值 AND 起來之後再 OR 起來的運算式稱爲**分離標準式 (disjunctive normal form，簡稱 DNF)**。此時，我們得到和 $\overline{B}$ 等價的 DNF 運算式 D，因爲它的值等於 1 若且唯若 B 的值爲 0。爲了要將 D 轉換成 CNF，我們對所有 D_i 運用 De Morgan 定律，得到

$$\overline{(a+b)} = \overline{a} \cdot \overline{b} \qquad \text{及} \qquad \overline{(a \cdot b)} = \overline{a} + \overline{b}$$

從圖 13.4 可知，我們可以將所有形態爲 $(c \leftrightarrow (a \cdot b))$ 的 B_g 替代爲 CNF

$$(\overline{a} + \overline{b} + c)(\overline{a} + b + \overline{c})(a + \overline{b} + \overline{c})(a + b + \overline{c})$$

同樣的，對於所有形態爲 $(b \leftrightarrow \overline{a})$ 的 B_g，我們可以將之代換成等價的 CNF 運算式

$$(\overline{a} + \overline{b})(a + b)$$

我們將形態爲 $(c \leftrightarrow (a + b))$ 的 B_g 之 CNF 代換留作習題 (R-13.2)。用這種方法代換所有的 Bg 得到 CNF 運算式 S'，剛好對應到迴路 C 每個輸入和邏輯

閘。爲建構最後的布林運算式 S，則我們定義 $S = S'\cdot y$，其中 y 爲一個變數且對應到 C 輸出值的邏輯閘。如此則 C 可被滿足若且唯若 S 可被滿足。此外，從 C 到 S 的建構，會對 C 的每個輸入及邏輯閘，建立一常數大小的子運算式，因此，這樣的建構可在多項式時間內執行。所以，這種局部代換轉化使我們得到以下定理。

定理 13.8： CNF-SAT 是 ***NP***-complete。

3SAT

現在我們來考慮 3SAT 問題。輸入一個 CNF 形式的布林運算式 S，S 的每個子式都有正好三個單字，試問 S 是否可被滿足。記住一個布林運算式如果是由一組子式 AND 而成，每個子式爲一組單字 OR 而成，則稱做 CNF。舉例來說，下列運算式爲 3SAT 的例子：

$$(\overline{x_1}+x_2+\overline{x_7})(x_3+\overline{x_5}+x_6)(\overline{x_2}+x_4+\overline{x_6})(x_1+x_5+\overline{x_8})$$

因此，3SAT 問題是 CNF-SAT 問題的限制版本。(注意我們不能使用 ***NP***-hardness 證明的限制型式，這種證明形式只能夠轉化限制版本到更普遍的型式)。這個小節我們會使用局部代換型式的證明，以證明 3SAT 爲 ***NP***-complete。有趣地，2SAT 問題，即每個子式都有二個單字，能在多項式時間內解出 (參考習題 C-13.4 和 C13.5) 。

注意 3SAT 屬於 ***NP***，我們能夠建構一個非決定性多項式時間演算法，輸入每個子式有 3 個單字的 CNF 運算式 S，猜測 S 的布林值指定，然後解出 S 看其值是否爲 1。

爲了證明 3SAT 是 ***NP***-hard，我們將在多項式時間內轉化 CNF-SAT 問題。令 C 是 CNF 布林運算式。我們對 C 的每一個子式 Ci 做下列的局部代換：

- 若 $C_i = (a)$，也就是說，僅有一項，可能是負值，則我們用 $S_i = (a+b+c)\cdot(a+\overline{b}+c)\cdot(a+b+\overline{c})\cdot(a+\overline{b}+\overline{c})$ 代換 C_i，此處 b 和 c 是沒有在別處使用過的新變數。
- 若 $C_i = (a+b)$，也就是說，它有兩項，則我們用子運算式 $S_i = (a+b+c)\cdot(a+b+\overline{c})$ 代換 C_i，此處 c 是沒有在別處使用過的新變數。
- 若 $C_i = (a+b+c)$，也就是說，它有三項，則我們設定 $S_i = C_i$。
- 若 $C_i = (a_1+a_2+a_3+\cdots+a_k)$，也就是說，它有 $k>3$ 項，則我們用 $S_i = (a_1+a_2+b_1)\cdot(\overline{b_1}+a_3+b_2)\cdot(\overline{b_2}+a_4+b_3)\cdots(\overline{b_{k-3}}+a_{k-1}+a_k)$ 代換 C_i，此處

b_1、b_2、⋯、b_{k-1}是沒有在別處使用過的新變數。

注意，不管給新引進的變數什麼值都完全無所謂。不論我們給什麼值，子式 C_i 爲 1 若且唯若子運算式 S_i 也是 1。因此，最初的子式 C 爲 1 若且唯若 S 爲 1。此外，注意到每個子式只會增加固定倍數的大小，而計算僅牽涉到簡單的代換。因此，我們證明了如何在多項式時間內，將 CNF-SAT 問題的實例，轉化成 3SAT 問題的實例。由此結果及先前有關 3SAT 屬於 ***NP*** 的結果，使我們得到以下定理。

定理 13.9： 3SAT 是 ***NP***-complete。

13.3.2 頂點涵蓋

回憶引理 13.5，VERTEX-COVER 的輸入爲圖 G 與整數 k，試問 G 是否有一頂點涵蓋，包含最多 k 個頂點。用正式的說法，頂點涵蓋求解是否有一大小最大爲 k 的頂點子集合 C，使得對每個邊 (v, w)，v 屬於 C 或 w 屬於 C。引理 13.5 已證明 VERTEX-COVER 屬於 ***NP***。接下來的實例引發我們探討這個問題的動機。

範例 13.10： 假設我們有一圖 G，代表一座電腦網路，頂點代表路由器，邊代表實體連線。進一步假設我們想把網路中某些路由器升級成新穎但昂貴路由器，以對於經過的連線進行複雜的監控操作。如果我們想要判定 k 個新路由器是否足以監控我們網路中所有的連線，則我們所面對的，便是一個 VERTEX-COVER 的實例。

我們現在藉由在多項式時間內轉化 3SAT 問題，來證明 VERTEX-COVER爲 ***NP***-hard。此轉化有兩個有趣的著眼點。首先，它展示了一個將邏輯問題轉化到圖論問題的例子。其次，它描繪了元件設計這個證明技術的應用。

令 S 爲某個 3SAT 問題的實例，也就是一個 *CNF* 運算式，其中每個子式正好都有三個單字。我們建構一圖 G 和一整數 k，其中若 G 有一個大小最多是 k 的頂點涵蓋，則若且唯若 S 是可被滿足的。我們藉由加入下列元件以開始我們的建構：

- 對運算式 S 中每個用到的變數 x_i，我們在圖形 G 中加入兩個頂點，其中一點我們標記爲 x_i，另一點則標記爲 $\overline{x_i}$，此外我們也將邊 $(x_i, \overline{x_i})$ 加入 G (注意：這些符號是爲了我們自己方便而設；在我們建構完圖形 G

之後，我們可以新把這些頂點標上不同的整數，以符合某個VERTEX-COVER 問題實例的需求)。

每一邊$(x_i, \overline{x_i})$是所謂的「眞値設定 (truth-setting)」元件，將這個邊加入G，使得頂點涵蓋必須至少包含x_i或$\overline{x_i}$其中一個。接著，我們加入下列元件：

- 對S的每個子式$C_i = (a+b+c)$，我們建構一個包含$i1$、$i2$、$i3$三點，和$(i1, i2)$、$(i2, i3)$、$(i3, i1)$三邊的三角形。

注意，任何頂點涵蓋，必然涵蓋每個三角形$\{i1, i2, i3\}$中至少兩點。每個這種三角形稱做「強制滿足 (satisfaction-enforcing)」元件。接著，我們將兩種元件相連，對每個子式$C_i = (a+b+c)$，我們加入$(i1, a)$、$(i2, b)$和$(i3, c)$(參考圖 13.5)。最後，我們設定整數參數$k = n+2m$，n爲S中變數的數目，而m爲子式的數目。如此一來，如果存在一個大小最多爲k的頂點涵蓋，則其大小必然剛好是k。這樣我們便完成了 VERTEX-COVER 問題的實例建構。

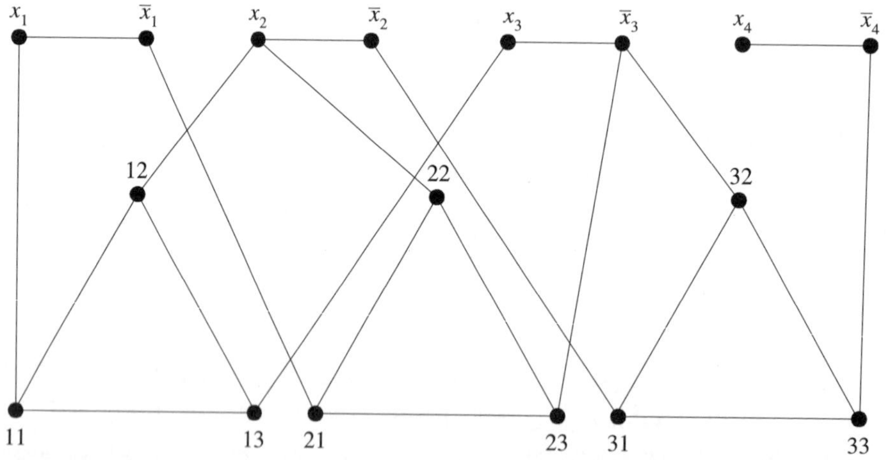

圖 13.5：由運算式$S = (x_1 + x_2 + x_3) \cdot (\overline{x_1} + x_2 + \overline{x_3}) \cdot (\overline{x_2} + \overline{x_3} + \overline{x_4})$，建構而來的 VERTEX-COVER 問題實例圖G。

這樣的建構很明顯地可以在多項式時間內執行，所以讓我們考慮它的正確性。假設有一組布林值的指定可滿足S。對於從S建構而來的圖G，我們可以建立一個頂點子集合，包含了所有在這組滿足指定中，被設爲 1 的單字a (眞値設定元件中)。同樣地，對每個子式$C_i = (a+b+c)$，滿足指定至少會將a、b、c其中一個設爲 1。若a、b、c其中某個是 1 (如果有兩個以上則任選一個)，則我們在子集合C中加入另外兩個。C的大小會是

$n+2m$。此外，眞值設定元件及子式滿足元件所有的邊都有被涵蓋，而連接到子式滿足元件的三個邊中會有兩邊被涵蓋。另外，對某子式 C_i 的滿足元件，未被元件內頂點涵蓋到的那個連接邊，必然會被C中標記爲單字，對應到 C_i 裡值爲 1 的頂點涵蓋到。

假設現在問題反過來，也就是說，存在一個大小最多爲 $n+2m$ 的頂點涵蓋 C。經由建構過程可知，此集合大小必然剛好是 $n+2m$，它必須包含每個眞值設定元件的一點，及每個子式滿足元件的兩點。這使得子式滿足元件其中一個連接邊並未被子式滿足元件中的頂點所涵蓋，如此一來這個邊必須被另一端點所涵蓋，亦即被標記爲單字的頂點。如此，我們可以將 S 中連結到這個點的單字指定爲 1，進而滿足 S 的每個子式，這樣 S 就可被滿足。因此，S 可被滿足若且唯若 G 存在一大小最多爲 k 的頂點涵蓋。此結果讓我們得到以下定理。

定理 13.11： VERTEX-COVER 是 ***NP***-complete。

如前所言，上述轉化展示了元件設計的證明技巧。我們在圖 G 中建構了眞值設定及子式滿足元件，使 G 展現出子式 S 的重要特性。

13.3.3 CLIQUE 和 SET-COVER

如同 VERTEX-COVER 問題，有許多問題牽涉到從一個較大的物件集合中，選擇一子集合，最佳化子集合的大小並同時滿足某項重要特性。這小節我們會讀到另兩個此類的問題，CLIQUE 和 SET-COVER。

CLIQUE

圖 G 中的群組 (clique) 爲一頂點子集合 C，C 中的 v 和 w，若 $v \neq w$，則 (v, w) 爲一個邊。亦即，C 中每一對相異點之間，都有一條邊存在。CLIQUE問題的輸入爲圖 G 和整數 k，試問圖 G 中是否有大小至少爲 k 的群組。

我們將證明 CLIQUE 屬於 ***NP*** 留作簡單的練習 (R-13.7)。要證明 CLIQUE 是 ***NP***-hard，我們從 VERTEX-COVER 問題做轉化。所以，令 (G, k) 爲一 VERTEX-COVER 問題的實例。對於 CLIQUE 問題，我們建立餘圖 G^c，它有和 G 相同的頂點集合，但若邊 (v, w) 在 G^c 中，$v \neq w$，則若且爲若 (v, w) 不在 G 中。我們將 CLIQUE 的整數參數定義爲 $n-k$，k 爲 VERTEX-COVER的整數參數。此建構可在多項式時間內轉化，若 G^c 有一個大小至少爲 $n-k$ 的群組，則若且爲若 G 有大小最多爲 k 的頂點涵蓋 (參考圖

13.6)。

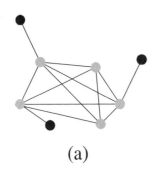

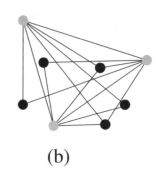

(a) (b)

圖 13.6：圖 G 描繪出如何證明 CLIQUE 為 ***NP***-hard。**(a)** 以灰色標記出圖 G 有一大小為 5 的群組。**(b)** 以灰色標記出圖 G^c 有一大小為 3 的頂點涵蓋。

因此，我們得到以下定理。

定理 13.12： CLIQUE 是 ***NP***-complete。

注意到上述利用部分代換的證明有多簡單。有趣的是，下一個要介紹的轉化，也是建立在部分代換技巧上，甚至還要更簡單。

SET-COVER

SET-COVER 問題的輸入爲 m 個集合 S_1、S_2、...、S_m，以及一整數參數 k，試問其中是否有 k 個集合 S_{i_1}、S_{i_2}、...、S_{i_k} 使得

$$\bigcup_{i=1}^{m} S_i = \bigcup_{j=1}^{k} S_{i_j}$$

也就是說，這 k 個集合的聯集，包含了所有原本 m 個集合聯集內的所有元素。

我們將證明 SET-COVER 屬於 NP 留作習題 (R-13.14)。至於轉化，我們發現可以從 VERTEX-COVER 實例的 G 與 k，來定義 SET-COVER 的實例。意即，G 的每個頂點 v，都對應到一個集合 S_v，其中 G 包含所有通過 v 的邊。很明顯地，這些集合 S_v 會有一大小爲 k 的集合涵蓋，若且唯若 G 有一大小爲 k 的頂點涵蓋 (參考圖 13.7)。

因此，我們得到以下定理。

定理 13.13： SET-COVER 是 ***NP***-complete。

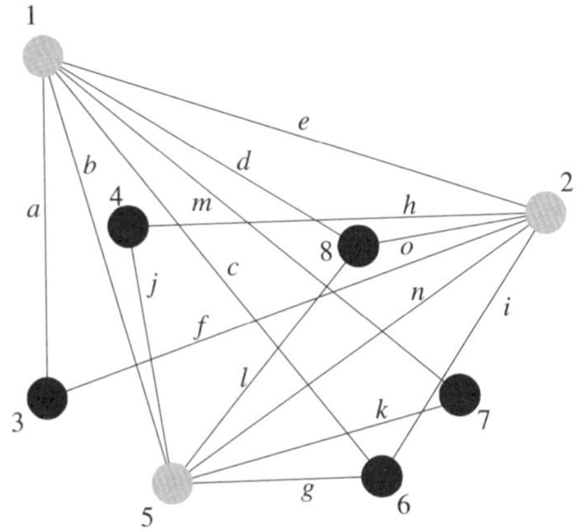

(a)

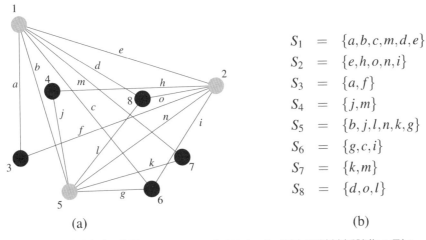

$$
\begin{aligned}
S_1 &= \{a,b,c,m,d,e\} \\
S_2 &= \{e,h,o,n,i\} \\
S_3 &= \{a,f\} \\
S_4 &= \{j,m\} \\
S_5 &= \{b,j,l,n,k,g\} \\
S_6 &= \{g,c,i\} \\
S_7 &= \{k,m\} \\
S_8 &= \{d,o,l\}
\end{aligned}
$$

(b)

圖 13.7：圖 G 描繪出如何證明 SET-COVER 為 NP-hard。所有頂點被編號為 1 到 8，所有邊則編號為 a 到 o。**(a)** 以灰色標記出圖 G 有一大小為 3 的頂點涵蓋。**(b)** 顯示出和 G 的每個頂點對應的集合，其下標標記出對應的頂點。注意到 $S_1 \cup S_2 \cup S_5$ 包含了 G 所有的邊。

此轉化說明了我們可以多輕易地將圖論問題轉換成集合問題。下一節我們將說明我們如何將圖論問題轉化到數字問題。

13.3.4 SUBSET-SUM 與 KNAPSACK

某些難題僅牽涉到數字。對此種情況，我們必須特別小心地以位元數來評估輸入的大小，因爲某些數字可以相當的大。爲闡明數字大小會造成的影響，研究者稱問題 L 爲 **strongly *NP*-hard**，如果我們限制輸入的值數值必需是多項式 (位元數) 的值時，L 仍爲 ***NP***-hard。舉例來說，對一個大小爲 n 的輸入 x，若每個 x 中的數字 i 都使用 $O(\log n)$ 位元來表示，則 x 便滿足此條件。有趣的是，我們將在本節探討的數字問題，並非 strongly ***NP***-hard (參考習題 C-13.12 及 C-13.13) 。

SUBSET-SUM

對 SUBSET-SUM 問題，我們有一包含 n 個整數的集合 S，和一整數 k，試問 S 是否有一子集合之整數和爲 k。舉例來說，這個問題可能發生在以下情況。

範例 13.14： 假設我們有個網頁伺服器，並面對一堆下載的請求。針對每個下載請求，我們可以很容易地判斷被請求的檔案大小。因此，我們可以把每筆網頁請求簡單地抽象化爲一個整數－即被請求檔案的大小。有了這個整數的集合，我們可能會想要決定某個子集合，使得其大小總和剛好能塞進我們的伺服器在一分鐘內能容納的網路頻寬。不幸地，這個問題是一個SUBSET-SUM的實例。更甚者，因爲這個問題是 ***NP***-complete，當網頁伺服器頻寬與請求處理能力增強時，這個問題卻益加難以解決。

SUBSET-SUM 可能乍看簡單，而證明它屬於 ***NP*** 也相當直覺 (參考習題R-13.15)。不幸地，它是***NP***-complete，如我們即將證明的。令G和k爲某個 VERTEX-COVER 問題的實例。將G的頂點編號爲 1 到n，G的邊編號爲 1 到m，並建立G的**連接矩陣 (incidence matrix)** H，H的定義爲若$H[i,j] = 1$，則若且唯若編號爲j的邊通過編號爲i的點；否則$H[i,j] = 0$(參考圖 13.8) 。

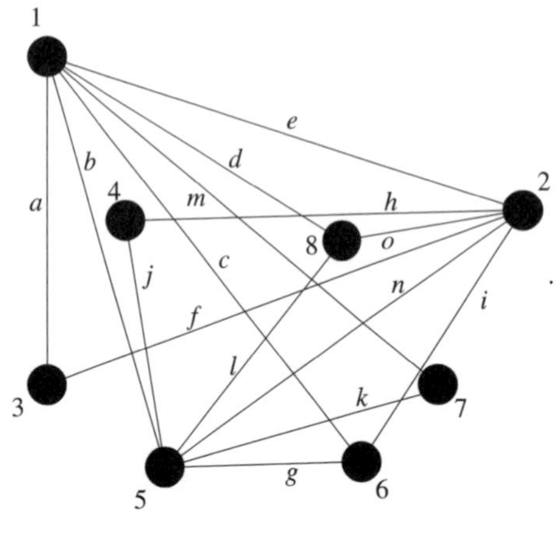

(a)

H	1	2	3	4	5	6	7	8
a	1	0	1	0	0	0	0	0
b	1	0	0	0	1	0	0	0
c	1	0	0	0	0	1	0	0
d	1	0	0	0	0	0	0	1
e	1	1	0	0	0	0	0	0
f	0	1	1	0	0	0	0	0
g	0	0	0	0	1	1	0	0
h	0	1	0	1	0	0	0	0
i	0	1	0	0	0	1	0	0
j	0	0	0	1	1	0	0	0
k	0	0	0	0	1	0	1	0
l	0	0	0	0	1	0	0	1
m	0	1	0	1	0	0	0	0
n	0	1	0	0	1	0	0	0
o	0	1	0	0	0	0	0	1

(b)

圖 **13.8**：圖G描繪出如何證明**SUBSET-SUM**為***NP*-hard**。所有點編號為 **1** 到 **8**，所有邊則編號為a到o。**(a)** 顯示圖G；**(b)** 則顯示G的連接矩陣H。注意在頂點 **1**、**2**、**5** 的三行中，每一邊都至少有一個 **1**。

我們使用H定義一些大數 (但仍爲多項式大小)，以做爲SUBSET-SUM問題的輸入。亦即，對H中記錄頂點i鄰邊的每一列i，我們建構數字

$$a_i = 4^{m+1} + \sum_{j=1}^{m} H[i,j]4^j$$

注意到這個數字對$H[i,j]$第i列每個爲 1 的項目，以不同的 4 冪次相加後，再加上一個很大的 4 冪次以方便估算。這些a_i定義了我們轉化的「連接元件」，a_i中每個 4 的冪次，除了最大的以外，都對應到頂點i和某個邊的鄰接。

除上述連接元件外，我們並定義「邊涵蓋元件 (edge-covering component)」，對每一邊 j，我們定義一個數字

$$b_j = 4^j$$

接著對於這些數字，我們將想得到的子集合和設爲

$$k' = k4^{m+1} + \sum_{j=1}^{m} 2 \cdot 4^j$$

k 爲 VERTEX-COVER 實例的整數參數。

接著，讓我們思考一下這個明顯可以在多項式時間內完成的轉化，是否正確。假設圖 G 有一大小爲 k 的頂點涵蓋 $C = \{i_1, i_2, ..., i_k\}$。如此我們便可以建構一個總和爲 k' 的集合，藉由索引值取出所有包含於 C 的 a_i，即所有 a_{i_r}，$r = 1$、2、⋯、k。此外，對 G 每個邊的編號 j，如果 j 僅有一個端點包含於 C，則我們也把 b_j 加入我們的子集合中。此數字集合總和爲 k'，因爲它包含 k 個 4^{m+1}，再加上 2 個 4^j (如果此邊兩個端點都包含於 C，則兩個 4^j 都來自 a_{i_r}；如果僅有一個端點包含於 C，則一個來自 a_{i_r}，另一個來自 b_j)。

假設存在一總和爲 k' 的數字子集合。因爲 k' 包含 k 個 4^{m+1}，所以該子集合一定恰好包含 k 個 a_{i_r}。對每個 a_i，我們將頂點 i 加入涵蓋中。這個集合會是一個涵蓋，因爲每一個對應到 4^j 的邊 j，都必須在總和中貢獻兩次數值，由於 b_j 只能提供一次數值，另一次必須至少從一個被選中的 a_i 得來。因此我們得到：

定理 13.15： SUBSET-SUM 是 ***NP***-complete。

KNAPSACK

如圖 13.9 描繪的 KNAPSACK 問題，我們有一集合 S，裡頭項目被編號爲 1 到 n。每個項目 i 都有一個整數大小 s_i，及其價值 w_i。此外我們還有兩個整數參數 s 和 w，試問是否存在一 S 的子集合 T，使得

$$\sum_{i \in T} s_i \le s \qquad \text{且} \qquad \sum_{i \in T} w_i \ge w$$

上述定義的KNAPSACK問題，爲 5.3.3 節所討論的最佳化問題「0-1 knapsack」的判定版本。

以下的網路應用給了我們處理 KNAPSACK 問題的動機。

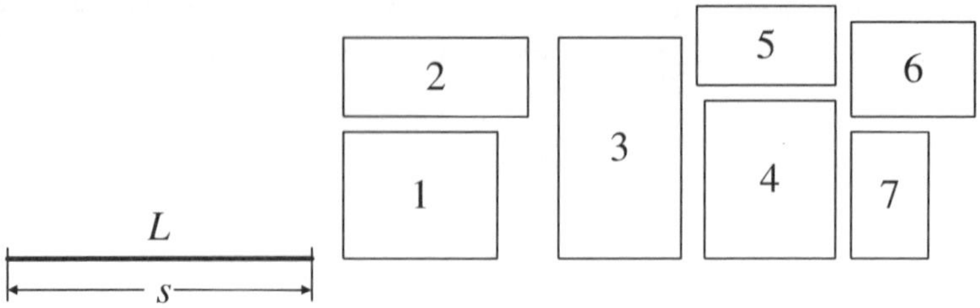

圖 13.9：Knapsack 幾何觀點的問題。給定一長度為 s 的線段 L，以及 n 個長方形，我們是否可以得到一長方形的子集合，其底邊可以放在 L 上，使得碰到 L 的長方形總面積至少是 w？長方形 i 的寬為 s_i 而其面積為 w_i。

範例 13.16： 假設我們有 s 個產品想要在網路拍賣網站上販售。某個可能的買主 i 可以對多個貨品喊價，他可以說他想要花 w_i 元買 s_i 個產品。如果這種整批喊價不可分割 (即買主 i 想要恰好 s_i 個產品)，則判定我們是否可以從此拍賣獲利 w 元，便成爲一個 KNAPSACK 問題。(如果整批喊價可以分割，則我們的拍賣最佳化問題就變成分割打包問題 (fractional knapsack problem)，而可以有效率地使用第 5.1.1 節的貪婪演算法加以解決)。

KNAPSACK 問題屬於 NP，因爲我們可以建構一個非決定性的多項式時間演算法，猜測我們要放入子集合 T 中的項目，然後分別檢驗它們有沒有違反 s 和 w 的限制。

KNAPSACK 也是 ***NP***-hard，因爲它實際上包含 SUBSET-SUM 問題爲其特例。任何 SUBSET-SUM 問題的數字實例，都可以對應到 KNAPSACK 實例的項目上，將每個 $w_i = s_i$ 設定爲 SUBSET-SUM 實例中的值，而目標大小 s 與目標價值 w，都設定爲與 k 相等，k 爲 SUBSET-SUM 中我們想要的整數和。因此，藉由限制的證明技巧，我們得到以下定理。

定理 13.17： KNAPSACK 是 ***NP***-complete。

13.3.5 漢米爾頓迴路和 TSP

最後兩個我們要考慮的 ***NP***-complete 問題，牽涉到在某個圖中尋找某種迴路。舉例來說，此類問題對於機器人或繪圖機在移動上的最佳化相當有用。

漢米爾頓迴路

回想一下引理 13.3，HAMILTONIAN-CYCLE 問題的輸入爲一圖 G，試問

是否有通過 G 所有點恰好一次，最後回到起始點的迴路。(參考圖 13.10a) 同時回想一下，從引理 13.3 可知，HAMILTONIAN-CYCLE 屬於 ***NP***。爲了證明這個問題是 ***NP***-complete，我們將利用元件設計式的轉化，將 VERTEX-COVER 轉化成 HAMILTONIAN-CYCLE。

令 G 和 k 爲一 VERTEX-COVER 問題的實例。我們將建構一圖 H，若 H 擁有漢米爾頓迴路，則若且唯若 G 有一大小爲 k 的頂點涵蓋。一開始，我們把 k 個互不相連的頂點 $X = \{x_1, x_2, ..., x_k\}$ 加入 H。這些頂點會用作「涵蓋選擇」元件，它們會用來決定 G 的哪些點要包含在頂點涵蓋中。然後，對 G 的每一邊 $e = (v, w)$，我們在 H 中建立「強制涵蓋」子圖 H_e。這個子圖 He 有 12 個點和 14 個邊，如圖 13.10b 所示。

在 $e = (v, w)$ 的強制涵蓋子圖 H_e 中，有六個點對應到 v，六個點對應到 w。此外，我們把強制涵蓋子圖 H_e 其中兩個對應到 v 的點標記爲 $v_{e,\text{top}}$ 及 $v_{e,\text{bot}}$，其中兩個對應到 w 的點標記爲 $w_{e,\text{top}}$ 及 $w_{e,\text{bot}}$，H_e 中只有這四個點可以連結到 H_e 外的其他點。

因此，漢米爾頓迴路只有三種可能的路徑通過 H_e 每個點，如圖 13.11 所示。

我們用兩種方式把每個強制涵蓋子圖 H_e 的重要頂點和其他 H 中的頂點相連，一種對應到涵蓋選擇元件，另一種則對應到涵蓋強制元件。對涵蓋選擇元件，我們把所有 X 中的頂點連結到所有的 $v_{e,\text{top}}$ 及 $v_{e,\text{bot}}$，也就是說，我們加入 $2kn$ 個邊到 H，n 爲 G 的頂點數目。

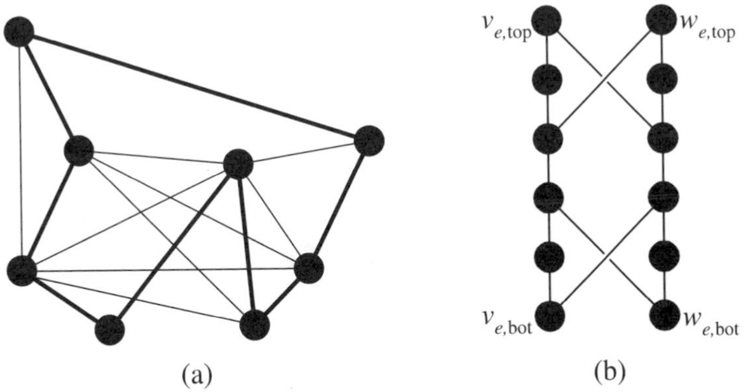

圖 **13.10**：HAMILTONIAN-CYCLE 問題的描繪和它的 ***NP***-completeness 證明。**(a)** 展示一個例圖，其漢米爾頓迴路以粗線表示。**(b)** 描繪一強制涵蓋 (cover-enforce) 子圖 H_e，以證明 HAMILTONIAN-CYCLE 是 ***NP***-hard。

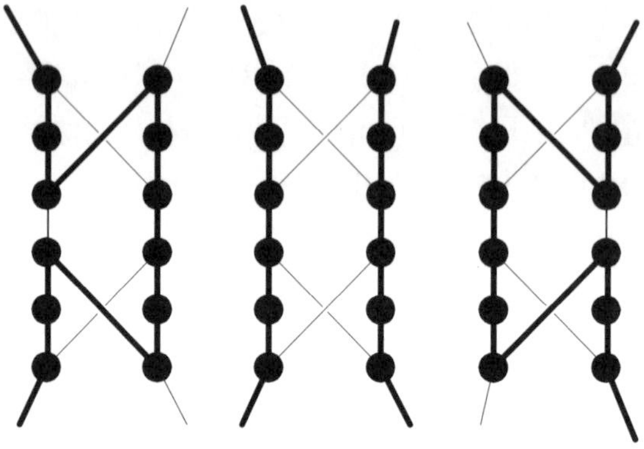

(a) (b) (c)

圖 13.11：在強制涵蓋子圖 H_e 中，漢米爾頓迴路通過頂點的三種可能路徑。

對強制涵蓋元件，我們依序考慮 G 的每個頂點 v。對每個 v，令 $\{e_1, e_2, ..., e_{d(v)}\}$ 爲 G 中所有通過 v 的邊。我們利用這些邊來製造 H 的邊，對 $i = 1$、2、⋯、$d-1$，我們將 H_{e_i} 的 $v_{e_i,\text{bot}}$，連結到 $H_{e_{i+1}}$ 的 $v_{e_{i+1},\text{top}}$。(參考圖 13.12)。我們把藉由這種方式連接起來的 H_{e_i} 元件稱作 v 的**涵蓋貫路 (covering thread)**。如此我們便完成圖 H 的建構。注意到這些運算可以在 G 之大小的多項式時間內完成。

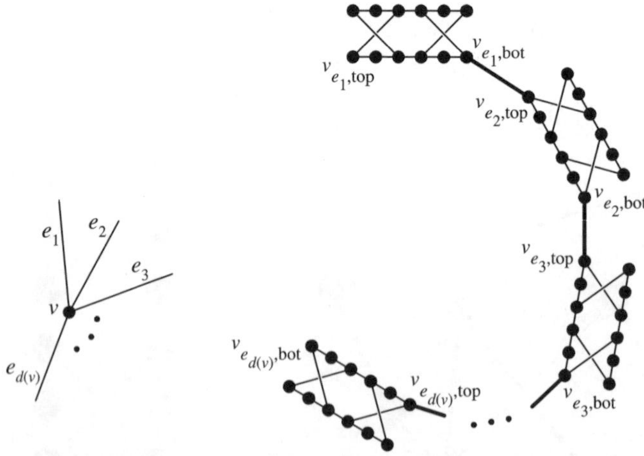

(a) (b)

圖 13.12：連接強制涵蓋子圖。**(a)** G 的一頂點 v，和其鄰邊 $\{e_1, e_2, ..., e_{d(v)}\}$。**(b)** 在 H 中，為 v 的鄰邊而在 H_{e_i} 之間建立的連結。

我們宣稱 G 有一大小爲 k 的頂點涵蓋，若且唯若 H 有一漢米爾頓迴路。首先我們假設，G 有一大小爲 k 的頂點涵蓋。令 $C = \{v_{i_1}, v_{i_2}, ..., v_{i_k}\}$ 爲此涵蓋。則我們可以藉由連結一系列的路徑 P_j，以在 H 中建構一個漢米爾頓迴路；對於 $j = 1$、2、⋯、$k-1$，每一條 P_j 始於 x_j，終於 x_{j+1}，除了最後一條路徑 P_k 以外，它始於 x_k，終於 x_1。我們以下述的方法建立這樣的路徑 P_j。從 x_j 開始，經過 v_{i_j} 在 H 中整條涵蓋貫路上所有的點，回到 x_{j+1} (或 x_1 若 $j = k$)。對於所有被 P_j 通過，v_{i_j} 之涵蓋貫路上的強制涵蓋子圖 H_e，我們不失一般性地將 e 寫做 (v_{i_j}, w)；如果 w 不在 C 中，則我們以圖 13.11a 或圖 13.11c 的方式通過 H_e；反之若 w 也在 C 中，則我們以圖 13.11b 的方式通過 H_e。以這樣的方式，H 中的每個頂點都會被恰好通過一次，因爲 C 是 G 的頂點涵蓋。因此，這個我們所建立的迴路確實是漢米爾頓迴路。

相反地，假設 H 有一個漢米爾頓迴路。由於此迴路必須通過 X 中的每個頂點，我們可以將此迴路拆成 k 條路徑，P_1、P_2、⋯、P_k，且每條路徑的起點與終點都是 X 中的頂點。此外，由於強制涵蓋子圖 H_e 的結構設計，以及它們相連接的方式，每一條 P_j 必然會通過 G 中某點 v 之涵蓋貫路的其中一部份 (也可能是整條)。令 C 爲所有這種點 v 的集合。由於漢米爾頓迴路必然會包含所有強制涵蓋子圖 H_e 的頂點，且每個子圖一定會被以對應到 e 其中一個 (或兩個) 端點的方式通過，則 C 必然是 G 的頂點涵蓋。

因此，G 有一大小爲 k 的頂點涵蓋，若且唯若 H 有一漢米爾頓迴路。

定理 13.18： HAMILTONIAN-CYCLE 是 ***NP***-complete。

TSP

在**推銷員旅行問題 (traveling salesperson problem**，簡稱 TSP) 中，我們有整數 k 和圖 G，G 的每一邊 e 有整數成本 $c(e)$，試問 G 是否有一迴路通過所有頂點 (可能通過一次以上)，且此迴路之總成本最多爲 k。證明 TSP 屬於 NP 相當簡單，我們只需猜測一串頂點，然後檢驗這些頂點能否構成成本不超過 k 的迴路。證明 TSP 是 ***NP***-complete 也同樣簡單，因爲 HAMILTONIAN-CYCLE 只是 TSP 問題的特例。也就是說，給定一個 HAMILTONIAN-CYCLE 問題的實例 G，我們可由此建立一個 TSP 的實例；我們對 G 的每一邊指定成本 $c(e) = 1$，並將整數參數設定爲 $k = n$，n 爲 G 之頂點數。因此使用限制形式的轉化，我們得到以下定理。

定理 13.19： TSP 是 ***NP***-complete。

13.4 近似演算法

一種處理最佳化問題 ***NP***-completeness 的方法是使用近似演算法。這種演算法通常比奮力求取精確解的演算法要快上許多，不過並不保證能找到最佳解。本節我們將探討對於困難的最佳化問題，建立及分析近似演算法的方法。

一般情況是，我們有某個問題實例 x，可能是一組數字，或一個圖的編碼等，如前所述。此外，對於我們想要解決的問題，通常會有很多 x 的可行解，我們將這些可行解定義爲一集合 $\mathcal{F}$。

此外我們也會有一個成本函數 c，決定每個解 $S \in \mathcal{F}$ 的數字成本 $c(S)$。通常對於最佳化問題來說，我們想要找到某個屬於 $\mathcal{F}$ 的解 S，使得

$$c(S) = OPT = \min\{c(T): T \in \mathcal{F}\}$$

亦即，我們想要找到最小成本的解答。同樣我們也可以建立最大化版本的最佳化問題，只需要把上式的「min」換成「max」就好了。爲便於本節的討論，除非有特別提及，否則我們均採用最佳化目標爲最小化的觀點。

近似演算法的目標在於，在可行的時間內，盡可能地逼近最佳解。誠如我們在這一整章採用的觀點，我們將所謂可行的時間，視爲在多項式時間以內。

理想上，我們希望能保證某個近似演算法能夠多接近最佳解，OPT。我們把處理某個特定最佳化問題的演算法叫做 δ **近似 (δ-approximation)** 演算法，如果這個演算法會傳回一個可行解 (亦即 $S \in \mathcal{F}$)，且對於最小化問題

$$c(S) \le \delta\, OPT$$

針對最大化問題，δ 近似演算法則會保證 $OPT \le \delta\, c(S)$。或者，用一致的說法

$$\delta \le \max\{c(S)/OPT, OPT/c(S)\}$$

本節剩下的部分，我們將會研究可以對不同 δ 建立 δ 近似演算法的問題。我們將從這種理想狀況開始我們對近似因素的探討。

13.4.1 多項式時間近似機制

對某些問題我們可以建立多項式時間的 δ 近似演算法，使得 $\delta = 1 + \varepsilon$，ε 爲任一大於 0 的定值。此類演算法的執行時間取決於輸入大小 n，以及定值 ε。我們將此類演算法稱做**多項式時間近似方法 (polynomial-time approximation scheme)** 或 **PTAS**。當我們擁有某個最佳化問題的多項式時間近似

方法，我們就可以把我們的效能保證依我們能付出多少執行時間進行調整。理想上來說，執行時間會是n與$1/\varepsilon$的多項式，此種情況我們便擁有所謂完全多項式時間近似方法。

多項式時間近似方法利用了某個許多難題都會具有的特質，即它們是可縮放的。如果某個問題的實例x，可以透過縮放成本函數c，轉換爲等價的實例x'，則該問題就是可縮放的。舉例來說，TSP 是可縮放的。對 TSP 的某個實例G，我們可以將任一對頂點間的距離乘以縮放係數s，以得到一個等價的實例G'。G'和G的推銷員旅程會完全相同，但總成本會被乘以s。

KNAPSACK 的完全多項式時間近似方法

爲了更具體的闡述，我們現在來對著名的 KNAPSACK 問題 (第 5.1.1 和 13.3.4 節) 之最佳化版本，建立完全多項式的近似機制。在此問題的最佳化版本中，我們擁有一物品集合S，物品從 1 到n編號，此外我們還有一大小限制s。每個S中的物品i有一整數大小s_i，及價值w_i。試求一S之子集合T，使得T有最大的價值。

$$w = \sum_{i \in T} w_i \qquad \text{同時滿足} \qquad \sum_{i \in T} s_i \le s$$

我們希望得到對任何固定常數ε，都能產生$(1+\varepsilon)$近似的 PTAS。也就是說，這樣的演算法必須找到一滿足大小限制的子集合T'，如果我們定義$w' = \sum_{i \in T'} w_i$,，則使得

$$OPT \le (1+\varepsilon)w'$$

此處OPT爲所有滿足總量限制的子集合中，最佳的總和價值。要證明這個不等式成立，我們實際上要證明

$$w' \ge (1 - \varepsilon/2)OPT$$

當$0<\varepsilon<1$。這便已足夠了，因爲對任何固定的$0<\varepsilon<1$，

$$\frac{1}{1-\varepsilon/2} < 1+\varepsilon$$

要找到 KNAPSACK 的 PTAS，我們利用 KNAPSACK 問題可縮放的事實。假設給定$0<\varepsilon<1$。令$w_{\max}$表示S中物品的最高價值。不失一般性地，我們假設每個物品的大小最多爲s (因爲比s大的物品無法被打包。) 因此，價值爲$w_{\max}$的物品，定義了最佳解的下限。意即$w_{\max} \le OPT$。同樣地，我們也可以定義最佳解的上限。因爲我們最多只能將S中所有n個物品都打包，而這個n個物品價值最多是$w_{\max}$，所以，$OPT \le n\,w_{\max}$。爲了利

用 KNAPSACK 的可縮放性，我們將每個 w_i 去尾數成 w_i'，w_i' 爲最接近但不超過 w_i 之 $M = \varepsilon w_{\max}/2n$ 的倍數。我們把去尾數的 S 版本叫做 S'，S' 的解叫做 OPT'。注意到，經由簡單的代換 $OPT \le 2n^2M/\varepsilon$。此外，$OPT' \le OPT$，因爲我們把所有 S 裡頭的價值去尾數而降成 S'，故 $OPT' \le 2n^2M/\varepsilon$。

因此，現在讓我們來看看 S 的去尾數版 S' 的 KNAPSACK 問題解答。由於 S' 中所有價值都是 M 的倍數，從 S' 取出任何一組可能物品的總價值也會是 M 的倍數。此外，因爲 OPT' 的上限，我們總共只有 $N = \lceil 2n^2/\varepsilon \rceil$ 個這種倍數需要考慮。我們可以使用動態規劃 (第 5.3 節) 來建立有效率的演算法，以找到 S' 的最佳價值。明確來說，我們定義參數，

$s[i,j] = \{1,2,...,j\}$ 中價值爲 iM 之項目的最小集合大小。

設計動態規劃演算法，以解決去尾數 KNAPSACK 問題的關鍵在於，我們可以利用

$$s[i,j] = \min\{s[i,j-1],\ s_j + s[i-(w_j'/M), j-1]\}$$

對 $i = 1、2、\cdots、N$ 及 $j = 1、2、\cdots、n$ (參考圖 13.13)。

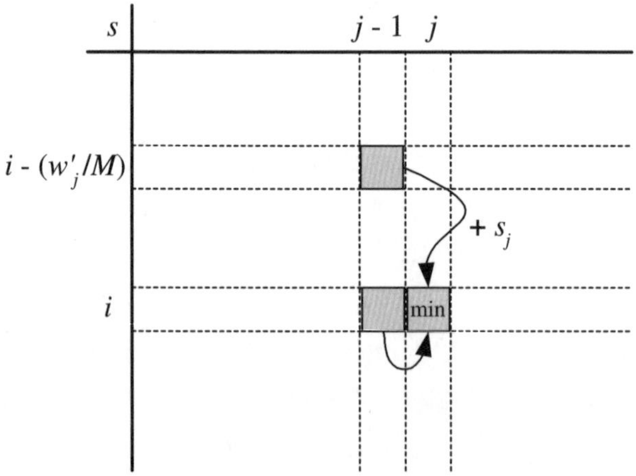

圖 13.13：描繪 KNAPSACK 的縮放版本中，$s[i,j]$ 在動態規劃時所使用的方程式。

上述 $s[i,j]$ 的方程式的來由，是因爲物品 j 可能參與也可能未參與從物品 $\{1,2,...,j\}$ 中，達到價值 iM 的最小方法。此外，注意到最基本的情形，$j = 0$，當尚未有任何物品被打包時，則

$$s[i,0] = +\infty$$

對 $i = 1、2、\cdots、N$。意即，此時的大小是未被定義的。另外，

$$s[0,j] = 0$$

對 $j = 1、2、\cdots、n$，因爲我們永遠都可以達成價值 0，只要不打包任何物

品即可。最佳解被定義爲

$$OPT' = \max\{iM: s[i,n] \le s\}$$

這個值便是我們的 PTAS 演算法輸出。

KNAPSACK 的 PTAS 分析

我們可以輕易地將以上的描述轉換爲一個可在 $O(n^3/\varepsilon)$ 時間內，計算 OPT' 的動態規劃演算法。這樣的演算法只能給我們最佳解的值，不過我們可以輕易的將計算大小的動態規劃演算法，轉換爲計算實際物品的集合。

接著，讓我們想想，對 OPT 來說，OPT' 是多好的近似。回想我們對每個物品 i 的價値 w_i 最多降低 $M = \varepsilon w_{max}/2n$。因此，

$$OPT' \ge OPT - \varepsilon w_{max}/2$$

因爲最佳解最多包含 n 項物品。而因爲 $OPT \ge w_{max}$，則意味著

$$OPT' \ge OPT - \varepsilon OPT/2 = (1 - \varepsilon/2)OPT$$

所以，$OPT \le (1+\varepsilon)OPT'$，這就是我們想要證明的。這個近似演算法的執行時間爲 $O(n^3/\varepsilon)$。我們對任何 $\varepsilon > 0$ 所設計的有效率演算法機制，爲完全多項式近似方法，因爲其執行時間爲 n 及 $1/\varepsilon$ 的多項式。這個事實讓我們得到以下定理

定理 13.20： KNAPSACK 最佳化問題擁有可以在 $O(n^3/\varepsilon)$ 時間內達到 $(1+\varepsilon)$ 近似係數的完全多項式近似方法， n 爲 KNAPSACK 實例的物品數，而 $0 < \varepsilon < 1$ 爲一給定的固定常數。

13.4.2 VERTEX-COVER 的 2 近似

我們並非永遠能對某個難題設計出多項式時間的近似方法，更不要說是完全多項式時間近似方法。在這種情況下，我們當然還是喜歡良好的近似，但是我們必須接受一個無法像前一小節般，無限逼近於 1 的近似係數。這小節將會描述我們如何對著名的 ***NP*-complete** 問題，VERTEX-COVER 問題 (第 13.3.2 節)，建構 2 近似演算法。在這個問題的最佳化版本裡，我們擁有一圖 G，試求一最小集合 C 爲 G 之頂點涵蓋，意即，所有 G 的邊都會通過 C 中的某個點。

我們的近似演算法建立在貪婪演算法上，並且相當簡單。這個演算法會從圖中任意挑一個邊，把其兩個端點加入涵蓋，然後刪除此邊及其所有鄰邊。此演算法會重複此步驟直到沒有任何邊剩下爲止。這個方法的詳細描述見 演算法 13.14。

```
Algorithm VertexCoverApprox(G):
   Input: A graph G
   Output: A small vertex cover C for G
   C ← ∅
   while G still has edges do
      select an edge e = (v,w) of G
      add vertices v and w to C
      for each edge f incident to v or w do
         remove f from G
   return C
```

演算法 **13.14**：VERTEX-COVER 的 2 近似。

這個演算法如何在 $O(n+m)$ 時間內執行的實作細節，我們留作簡單的習題 (R-13.18)。接著，讓我們想想，爲何此演算法爲 2 近似演算法。首先，觀察到演算法所選擇，用來把 v 和 w 加入 C 的每一個邊 $e=(v,w)$，必然會被任何頂點涵蓋所涵蓋。也就是說，任何頂點涵蓋必然包含 v 或 w (也可能同時包含)。這種情況下演算法會把 v 跟 w 都加入 C。當近似演算法完成時，G 裡頭已經沒有未被涵蓋的邊存在，因爲所有被加入 C 的頂點 v 及 w 所涵蓋的邊都會被移除。因此，C 爲 G 的頂點涵蓋。又，C 的大小最多是 G 之最佳頂點涵蓋的兩倍，因爲對任何被加入 C 的兩頂點來說，其中一個必然屬於最佳涵蓋。因此，我們得到以下定理。

定理 13.21：給定一個有 n 個點和 m 個邊的圖，最佳化版本的 VERTEX-COVER，有一個可以在 $O(n+m)$ 時間內執行的 2 近似演算法。

13.4.3 TSP 特例的 2 近似

在旅行推銷員問題，或 TSP 的最佳化版本中，我們有一權重圖 G，G 的每一邊 e 有一整數權重 $c(e)$，試求通過 G 每個頂點的最小權重迴路。本節會描述一個簡單的 2 近似演算法來解決 TSP 最佳化問題的某個特例。

三角不等式

考慮某個 TSP 的實例，其邊之權重滿足三角不等式，即，對 G 的任意三邊 (u,v)、(v,w)、(u,w)，

$$c((u,v))+c((v,w))\geq c((u,w))$$

另外，我們假設 G 中任兩頂點都有邊相連接，即 G 爲一完全圖。這些不管在任何距離度量下皆成立的性質，意味 G 的最佳行程只會通過每個點恰好

一次；由此，我們只需考慮漢米爾頓迴路爲可能的 TSP 解答。

近似值演算法

我們的近似演算法利用上述 G 的特性來設計一個非常簡單的TSP近似演算法，它只需要三步。第一步我們建構一個 G 的最小延展樹 M (第 7.3 節)。第二步我們建構一個 M 的尤拉尋訪 (Euler-tour traversal)，E，亦即一個用不同方向走過 M 每個邊恰好一次，並從同一點開始及結束的尋訪 (第 2.3.3 節)。第三步藉由尋訪 E 的每一邊，我們從 E 建立一行程 T，一旦當 E 中有兩邊 (u, v)、(v, w)，其中且我們已走過 v 時，我們就把這兩邊取代爲 (u, w) 並繼續。本質上，我們是利用前序走訪 M 來建立 T。這個三步驟的演算法很清楚地可在多項式時間內執行 (參考圖 13.15) 。

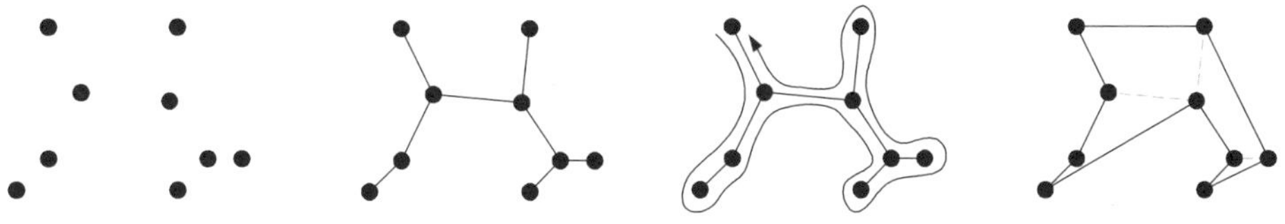

(a) (b) (c) (d)

圖 13.15：對滿足三角不等式的圖，TSP 近似演算法的執行範例：**(a)** 一組平面上的點集合 S，以歐式幾何距離 (未畫出) 定義邊的成本；**(b)** S 的最小延展樹 M；**(c)** M 的尤拉尋訪 E；**(d)** 近似的 TSP 行程 T。

TSP 近似演算法的分析

分析爲何這個演算法可達到 2 的近似係數也很簡單。讓我們引入另一個符號 $c(H)$ 代表 G 的某個子圖 H 的總權重。令 T' 爲 G 的最佳行程。如果我們刪除 T' 的任何一邊，則我們會得到一條路徑，這條路徑當然也是一個延展樹。因此，

$$c(M) \le c(T')$$

我們也可以簡單地找到 E 與 M 的成本關係

$$c(E) = 2c(M)$$

因爲尤拉尋訪 E 會經過 M 每一邊每個方向恰好一次。最後，基於三角不等式，當我們建構行程 T 時，每當用邊 (u, w) 代替 (u, v) 及 (v, w) 時，並不會增加行程成本。亦即，

$$c(T) \le c(E)$$

所以，我們得到

$$c(T) \le 2c(T')$$

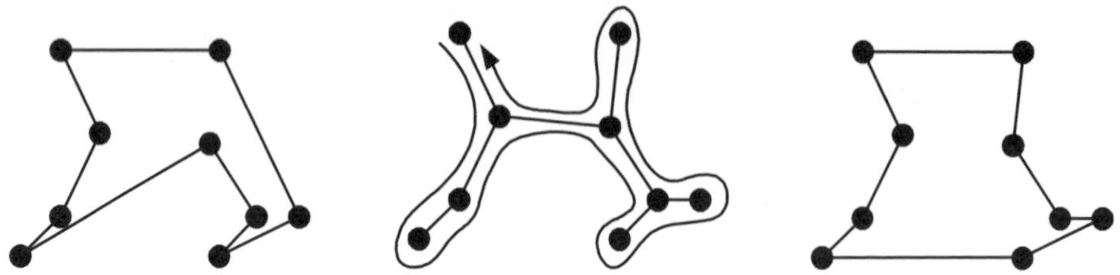

輸出行程T
(最大爲E的成本)

MST M的尤拉行程E
(成本爲M的兩倍)

最佳行程T'
(最少爲MST M的成本)

圖 13.16：描繪 MST-based 演算法為 TSP 最佳化問題的 2 近似證明。

(參考圖 13.16)

我們的討論可以總結如下。

定理 13.22： 如果一權重圖 G 是完全圖，且其邊之權重滿足三角不等式，則對於 G 的 TSP 最佳化問題，存在一可在多項式時間內執行的 2 近似演算法。

這個定理強烈倚賴圖 G 的成本函數必須滿足三角不等式。事實上，去除這個假設的話，對 TSP 的最佳化版本，不存在任何可以在多項式時間內執行的常數係數近似演算法，除非 $\boldsymbol{P} = \boldsymbol{NP}$ (參考習題 C-13.14)。

13.4.4 Set-Cover 的對數近似

有些情況下，即使想找到多項式時間內的常數係數近似都很困難。本節將探討這類問題中最著名的例子，SET-COVER 問題 (第 13.3.3 節)。在此問題的最佳化版本中，給定一群集合 S_1、S_2、⋯、S_m，其聯集爲宇集 U，大小爲 n，試求一最小整數 k，使這群集合中的 k 個集合 S_{i_1}、S_{i_2}、⋯、S_{i_k}，滿足

$$U = \bigcup_{i=1}^{m} S_i = \bigcup_{j=1}^{k} S_{i_j}$$

雖然對於這個問題，要找到能在多項式時間內執行的常數係數近似演算法是很困難的，我們仍然可以設計出近似係數爲 $O(\log n)$ 的有效率演算法。如同一些其他難題的近似演算法，此演算法建立在貪婪演算法上 (第 5.1 節)。

貪婪演算法

我們的演算法每次選擇一個集合 S_{i_j}，此集合擁有最多未被涵蓋的元素。當

所有 U 的元素都被涵蓋，就完成了。演算法 13.17 提供了簡單的假碼描述。

Algorithm SetCoverApprox(S):
 Input: A collection S of sets $S_1, S_2, \ldots, S_m$ whose union is U
 Output: A small set cover C for S

```
C ← ∅          {The set cover we are building}
E ← ∅          {The set of covered elements from U}
while E ≠ U do
   select a set S_i that has the maximum number of uncovered elements
   add S_i to C
   E ← E ∪ S_i
Return C.
```

演算法 **13.17**：SET-COVER 的近似演算法。

此演算法可在多項式時間內執行。(參考習題 R-13.19)

分析 SET-COVER 貪婪演算法

爲分析上述 SET-COVER 貪婪演算法的近似係數，我們將利用建立在索費機制 (第 1.5 節) 上的攤銷理論。也就是說，每當近似演算法選擇一集合 S_j 時，我們將會因爲演算法選擇 S_j 而對其索費。

清楚地說，想想當我們的演算法將某個集合 S_j 加進 C 的時候，並令 k 爲 S_j 之前未被涵蓋到的元素數，我們必須付出總費用 1 以把此集合加入 C，所以我們對 S_j 中每個之前未被涵蓋的元素 i 索費

$$c(i) = 1/k$$

因此，我們涵蓋的總大小，就會等於我們演算法花費的總費用，即

$$|C| = \sum_{i \in U} c(i)$$

爲證明近似的邊界，我們要考慮屬於最佳涵蓋 C' 的每一個子集 S_j，其所有元素被索取的總費用。因此，假設 S_j 屬於 C'。我們把 S_j 寫做 $S_j = \{x_1, x_2, \ldots, x_{n_j}\}$，使 S_j 的元素以被我們的演算法涵蓋的順序來排列 (同時的話則隨意排列)。現在，考慮 x_1 首次被涵蓋的迴圈。當時 S_j 尚未被選擇；因此，無論是哪個集合被選擇，都必須有至少 n_j 個未被涵蓋的元素。因此，x_1 最多被索費 $1/n_j$。所以接著讓我們想想，當我們的演算法對 S_j 的元素 x_l 索費的時候，最壞的情況是，我們尚未選擇 S_j (事實上，我們的演算法可能根本不會選擇 S_j)。在這個迴圈中不管是那個集合被選擇，最壞的情況下，都至少有 $n_j - l + 1$ 個未被涵蓋的元素；因此，x_l 最多被索費 $1/(n_j - l + 1)$。因此，S_j 所有元素的總費用最多爲

$$\sum_{l=1}^{n_j} \frac{1}{n_l - l + 1} = \sum_{l=1}^{n_j} \frac{1}{l}$$

即我們所熟悉的調和數 H_{n_i}。眾所周知，H_{n_j} 爲 $O(\log n_j)$ (請參考附錄的範例)。令 $c(S_j)$ 表示屬於最佳涵蓋 C' 之集合 S_j，其所有元素被索取的總費用。我們的索費機制意味著 $c(S_j)$ 爲 $O(\log n_j)$。因此，將所有 C' 中的集合相加，我們得到

$$\sum_{S_j \in C'} c(S_j) \le \sum_{S_j \in C'} b \log n_j$$
$$\le b|C'|\log n$$

對某常數 $b \ge 1$。然而，因爲 C' 爲一集合涵蓋，

$$\sum_{i \in U} c(i) \le \sum_{S_j \in C'} c(S_j)$$

所以，

$$|C| \le b|C'|\log n$$

這個事實讓我們得到以下定理。

定理 13.23： 最佳化版本的 SET-COVER 問題，存在一 $O(\log n)$ 近似多項式時間演算法，以對一群聯集之宇集大小爲 n 的集合，找到其集合涵蓋。

13.5 回溯及分支限制

在前幾節中，我們介紹了許多 ***NP***-complete 問題。因此，除非 $\boldsymbol{P} = \boldsymbol{NP}$，而大多數電腦學家相信這不是眞的，我們是不可能在多項式時間內解決這類問題的。然而，此類問題有許多出現在眞實生活應用上，我們需要找出它們的解答，即使這可能要花上許久。因此，本節所介紹處理 ***NP***-completeness 的技巧，已在實用上取得許多保證。這些技巧讓我們能設計出通常可在合理時間內，找出難題解答的演算法。本節我們將討論回溯及分支限制兩種技巧。

13.5.1 回溯

回溯設計樣式是爲某些難題 L 建立演算法的方法。這種演算法會在一個很大的，甚至是指數大小的機會集合中，以有系統的方式進行搜尋。這種搜尋策略通常會被最佳化以處理當問題實例出現重覆的狀況，並且會設法在搜尋空間中找到「簡單」的解答，如果簡單解存在的話。

回溯技巧利用了許多 ***NP***-complete 問題所具有的內在結構。回想一

下，某個屬於 ***NP*** 的問題是否接受某個實例x，可以使用一個多項式大小的憑證，在多項式時間內進行驗證。通常，這份憑證由一組「選擇」構成，例如指定到一組布林變數的值、要包含在某個特殊集合中的某圖頂點子集合、或某組要被打包的物件集合。同樣地，憑證的檢驗通常牽涉到一個簡單的測試，看憑證是否代表一份成功的x組態，比如滿足某個運算式、涵蓋圖中所有的邊，或符合某個效能標準。這種這情況下，我們可以使用演算法 13.18 所示之回溯演算法，以對於我們問題的解答做有系統地搜尋，如果此類問題存在的話。

回溯演算法會走過可能的「搜尋路徑」，以發現解答或「死路」。這種路徑終點的組態由一對(x,y)所構成，x爲剩下待解的子問題，而y則是從原問題實例變成目前的子問題，途中所做的choice之集合。一開始，我們給回溯演算法$(x,\emptyset)$，x爲原本之問題實例。每當回溯演算法發現某個組態(x,y)無論再做什麼choice，都無法得到有效解時，它就會中斷從目前組態開始的所有搜尋，並「回溯」到另一個組態。事實上，這個方法便是回溯演算法的命名來由。

Algorithm Backtrack(x):
  Input: A problem instance x for a hard problem
  Output: A solution for x or "no solution" if none exists
  $F \leftarrow \{(x,\emptyset)\}$.   {$F$ is the "frontier" set of subproblem configurations}
  while $F \neq \emptyset$ **do**
    select from F the most "promising" configuration (x,y)
    expand (x,y) by making a small set of additional choices
    let (x_1,y_1), (x_2,y_2), ..., (x_k,y_k) be the set of new configurations.
    for each new configuration (x_i,y_i) **do**
      perform a simple consistency check on (x_i,y_i)
      if the check returns "solution found" **then**
        return the solution derived from (x_i,y_i)
      if the check returns "dead end" **then**
        discard the configuration (x_i,y_i) {Backtrack}
      else
        $F \leftarrow F \cup \{(x_i,y_i)\}$ {(x_i,y_i) starts a promising search path}
  return "no solution"

演算法 **13.18**：回溯演算法的範本。

細節補充

要將回溯策略變成眞正的演算法，我們只需要補足以下的細節：

1. 定義如何從「邊境」集合F中，選擇最「有希望」的候選組態。
2. 具體說明如何將組態(x,y)擴展成子問題的組態。這個擴展過程原則上應該要能夠產生所有從初始組態$(x,\emptyset)$出發可能到達的組態。
3. 描述如何對組態(x,y)進行簡單的一致性檢查，然後傳回「找到解答」、「死路」或「繼續」。

如果F是一個堆疊，則我們會對組態空間進行深度優先搜尋。實際上，這種情況下我們甚至可以利用遞迴來自動將F實作爲堆疊。另一方面，如果F是一個佇列，則我們會對組態空間進行廣度優先搜尋。我們還可以想像其他的資料結構來實作F，但只要我們保有這個直覺的概念，如何從F選擇最「有希望的」組態，我們就會得到回溯演算法。

所以，爲了讓此方法更爲具體，且讓我們將回溯技巧應用在CNF-SAT問題上。

CNF-SAT 的回溯演算法

回想一下CNF-SAT問題，給定一聯結標準式(CNF)之布林運算式S，試問S是否可被滿足。爲設計CNF-SAT的回溯演算法，我們會有系統地對S的變數嘗試指定數值，並檢查該指定值是否能直接使S爲1或爲0，或產生一個新運算式S'，讓我們能夠繼續嘗試指定數值。所以，此演算法的組態將由一對(S',y)構成，S'爲一CNF布林運算式，y則是一組對不在S'中之布林變數的指定值，而指定這些值給S會產生運算式S'。

接著，爲規劃我們的回溯演算法，我們需要訂定回溯演算法三個元件的細節。對一邊境組態集合F，我們要做最「有希望的」選擇，即擁有最小子式的子運算式S'。這樣的運算式是F所有運算式中受限制最多的；因此，我們會預期它能夠最快的撞上死路，如果這終究是它的命運。

接著，讓我們想想如何從子運算式S'產生子問題。爲達成此目的，我們找出S'中最小的子式C，並選擇某個出現在C裡頭的變數x_i。然後我們分別指定$x_i = 1$和$x_i = 0$，並產生兩個對應的新子問題。

最後，我們必須談談如何處理S'，以對於S'中某個x_i的指定值進行一致性檢查。我們從看x_i的指定值是0或1(取決於我們所做的選擇)，以化簡所有包含x_i的子式開始。如果化簡造成某子式只有一個單字，x_j或$\overline{x_j}$，則我們指定給x_j適當的值，使得這個只有一個單字的子式能被滿足。然後我們會處理得到的算式以傳遞x_j的指定值。如果這個新的指定值會產生新的只有一個單字的子式，則我們重複此步驟直到我們沒有單一單字的子式爲止。如果在任一時間點我們發現矛盾 (亦即子式 x_i 及 $\vec{x_i}$ 或空子式)，則傳回「死路」。如果我們一路把 S' 化簡至常數 1，則傳回「發現解答」，以及一路上我們所選擇的指定值。如非以上兩者，則我們導出一個新的子運算式 S''，其每個子式至少有兩個單字，以及一路讓原式 S 成爲 S'' 的指定值。我們把得到的指定值傳遞給 S' 的 x_i 而這樣的操作稱之爲化簡。

把所有這些元件裝到回溯演算法的範本上，便得到大致能以如我們所料的速度，解決 CNF-SAT 問題的演算法。一般來說，此演算法在最糟狀況下的執行時間仍是指數，但回溯通常能夠加快速度。事實上，如果輸入的運算式中每個子式最多都只有兩個單字的話，此演算法可在多項式時間內執行 (參考習題 C-13.4)。

Java 範例：SUBSET-SUM 的回溯解法

爲了更加具體，讓我們來考慮對 ***NP***-hard 的 SUBSET-SUM 問題，一個 Java 的回溯解法。回想一下第 13.3.4 節，面對 SUBSET-SUM 問題，我們有一 n 個整數的集合 S，及一整數 k，試問 S 是否有一子集合之總和爲 k。

爲了使我們能較容易判斷某個組態是否爲死路，讓我們假設 S 中的整數是以非遞減的方式排列如 $S = \{a_0, a_1, \ldots, a_{n-1}\}$。在此選擇下，我們接著定義回溯演算法的三個主要元件如下：

1. 對於如何選擇最「有希望的」候選組態，我們選擇和許多回溯演算法相同的做法。亦即，我們使用遞迴對於組態空間進行深度優先搜尋。如此一來，我們的方法堆疊會自動爲我們追蹤未被探索過的組態。
2. 對於如何將組態 (x, y) 擴展爲子問題組態，讓我們簡單地依 S 中整數的順序「行進」。亦即，如果目前的組態已經考慮過子集合 $S_i = \{a_0, \ldots, a_i\}$，我們只需要簡單地產生兩個可能的組態，即要不要使用 a_{i+1}。
3. 我們回溯演算法的最後一個重要元件是如何執行一致性檢查，以傳回「找到解答」、「死路」或「繼續」。爲了幫助此檢查進行，我們再次利用 S 中的整數已排序過的事實。假設我們已然考慮過子集合 $S_i = \{a_0, \ldots, a_i\}$ 中的整數，並且正在考慮 a_{i+1}，此時有個簡單的二段式一致性檢查我們可以進行。令 k_i 表示從 S_i 中我們嘗試選擇出的元素之總和，並令剩下的整數總和爲

$$r_{i+1} = \sum_{j=i+1}^{n-1} a_j$$

我們第一部份的檢查會確認

$$k \geq k_i + a_{i+1}$$

如果這個條件不成立，則我們的k「爆表」了。此外，因為S排序過，任何$j>i+1$的a_j也會使k爆表，因此，這個狀況是死路。我們第二部分的檢查則會確認

$$k \leq k_i + r_{i+1}$$

如果這個條件不成立，則我們的k「匱乏」了，S中剩下的整數不可能讓我們達到k，因此，這個狀況也是死路。如果兩步檢查都成功，我們便接著考慮a_{i+1}並繼續進行下去。

程式碼 13.19 提供此方法的 Java 程式碼

```
/**
 * Method to find a subset of an array of integers summing to k, assuming:
 * - the array a is sorted in nondecreasing order,
 * - we have already considered the elements up to index i,
 * - the ones we have chosen add up to sum,
 * - the set that are left sum to reamin.
 * The function returns "true" and prints the subset if it is found.
 * Should be first called as findSubset(a,k,-1,0,t), where t is total.
 */
public static boolean findSubset(int[] a, int k, int i, int sum, int remain) {
  /* Test conditions for expanding this configuration */
  if (i+1 >= a.length) return false; // safety check that integers remain
  if (sum + remain < k) return false; // we're undershooting k
  int next = a[i+1];                  // the next candidate integer
  if (sum + next > k) return false; // we're overshooting k
  if (sum + next == k) {            // we've found a solution!
    System.out.print(k + "=" + next); // begin printing solution
    return true;
    }
  if (findSubset(a, k, i+1, sum+next, remain-next)) {
    System.out.print("+" + next);     // solution includes a[i+1]
    return true;
    }
  else     // backtracking - solution doesn't include a[i+1]
    return findSubset(a, k, i+1, sum, remain);
}
```

程式碼 **13.19**：處理 SUBSET-SUM 問題之回溯演算法的 Java 實作。

注意到我們將搜尋方法 findSubset 定義為遞迴式的，並且我們同時利用遞迴來進行回溯及列印找到的解答。另外注意到每次遞回呼叫只花$O(1)$的時間，因為陣列是以參照基底位址的方式傳遞的。因此，此方法最糟狀況的執行時間為$O(2^n)$，n為我們所考量的整數個數。當然我們希望對於一般的問題實例，回溯能夠避免最糟狀況，不管是快速地找到解答，或利用死路的狀況剪除掉許多無用的組態。

如果我們可以信任 findSubset 永遠會被正確呼叫，則我們可以做個小小的改進。即，我們仍可以略過尚需考慮之整數的測試。因爲，如果沒有剩下任何整數需要考慮，則 remain = 0，如此一來 sum + remain < k，因爲在之前 k 必然已經爆表或求得，故此解答搜尋路徑已然結束。然而，即使理論上我們可以略過這個對於剩下整數的測試，爲安全之故，我們仍將此測試保留在程式碼中，以防有某人錯誤的呼叫這個方法。

13.5.2 分支限制

回溯演算法對判定問題是有效的，然而它並非針對最佳化問題而設計。對最佳化問題而言，除了對憑證 y 及其相關實例 x 和某個可行性條件必須成立外，我們還有一個成本函數 $f(x)$ 需要得到最大值或最小值 (不失一般性地，我們假設要求成本函數的最小值)。即便如此，我們仍可以將回溯演算法延伸到這些最佳化問題上，而這樣的延伸所得到的演算法設計樣式，稱做分支限制。

演算法 13.20 所展示之分支限制設計樣式擁有所有回溯的元件，然而在找到解答時，分支限制不會停下整個搜尋過程，而是繼續進行直到找到最佳解爲止。此外，這個演算法有一個計分機制，在每次迴圈中它會永遠選擇最有希望的組態做探索。因爲這個做法，分支限制有時也會被叫做最佳優先搜尋策略。

對於永遠選擇「最有希望的」組態，爲了提供此最佳化條件，我們在回溯演算法的三條假設上多加一條：

- 對於任何組態 (x, y)，我們假設有一函數 $lb(x, y)$，會傳回此組態所有解答中成本的下限。

所以，對 $lb(x, y)$ 唯一的嚴格要求在於，它必須小於等於任何可求得之解答的成本。但，從分支限制的描述中我們應清楚一點，如果這個下限越準確，則此演算法的效能便越好。

TSP 的分支限制演算法

爲了具體地描述分支限制演算法，讓我們來想想如何將之應用在推銷員旅行問題 (TSP) 的最佳化版本上。對此問題的最佳化版本，我們有圖 G 及對 G 所有邊 e 定義之成本函數 $c(e)$，我們想要找到經過 G 所有頂點後回到起始點，且總成本最小的行程。

```
Algorithm Branch-and-Bound(x):
  Input: A problem instance x for a hard optimization (minimization) problem
  Output: An optimal solution for x or "no solution" if none exists
  F ← {(x,∅)}              {Frontier set of subproblem configurations}
  b ← (+∞,∅)           {Cost and configuration of current best solution}
  while F ≠ ∅ do
    select from F the most "promising" configuration (x,y)
    expand (x,y), yielding new configurations (x1,y1), ..., (xk,yk)
    for each new configuration (xi,yi) do
      perform a simple consistency check on (xi,yi)
      if the check returns "solution found" then
        if the cost c of the solution for (xi,yi) beats b then
          b ← (c,(xi,yi))
        else
          discard the configuration (xi,yi)
      if the check returns "dead end" then
        discard the configuration (xi,yi)          {Backtrack}
      else
        if lb(xi,yi) is less than the cost of b then
          F ← F ∪ {(xi,yi)}          {(xi,yi) starts a promising search path}
        else
          discard the configuration (xi,yi)          {A "bound" prune}
  return b
```

演算法 **13.20**：分支限制演算法的範本。此演算法假設存在一函數 $lb(x_i, y_i)$，會傳回組態 (x_i, y_i) 所有解答中成本的下限。

藉由對每一邊 $e = (v, w)$，計算從 v 出發到達 w，且途中經過所有其他頂點的最小成本路徑，我們可以設計一個TSP的演算法。爲找到這樣的路徑，我們運用分支限制演算法。我們在分支限制演算法中，每一次迴圈對現有路徑增加一個頂點，以產生 $G - \{e\}$ 中從 v 到 w 的路徑。

- 在我們建立好從 v 開始的部份路徑 P 之後，我們只需考慮加入不在 P 中的頂點。
- 如果不在 P 中的頂點和 $G - \{e\}$ 間沒有連結，則部分路徑 P 爲死路。
- 要定義下限函數 lb，我們可以使用 P 裡頭的邊的總成本加上 $c(e)$。對任何由 e 和 P 構成的行程，這必然會是成本下限。

此外，在我們對 G 的某一邊 e 執行完這個演算法之後，我們可以使用目前對所有測試過的邊所找到的最佳路徑，而不用把目前的最佳解 b 重設爲 $+\infty$。這樣的演算法在最糟狀況下執行時間仍是指數，但在實用上它能夠免去相當多無用的計算。TSP問題是相當受到關注的，因爲它有相當多應用，所以如果輸入圖的頂點數不要太多，這個解法在實用上是相當有用的。此外，還有一些其他的估算法則可以用來搜尋最佳的TSP行程，但這已超出本書的範圍了。

java 範例：KNAPSACK 的分支和邊界解答

爲了更加具體，讓我們來描述一個 KNAPSACK 問題的分支限制解法的 Java 實作。對此問題的最佳化版本，我們有一物品集合 S，由 0 編號至 $n-1$，每項物品 i 有一整數大小 s_i，及一價值 w_i。我們還有一個整數 $size$，試求一個 S 的子集合 T，使得 $\Sigma_{i\in T}\, s_i \le size$，且 T 中物品的總價值 $worth = \Sigma_{i\in T}\, w_i$ 爲最高。

讓我們從借用解決部分 KNAPSACK 問題 (第 5.1.1 節) 的貪婪演算法的某些概念開始。也就是說，讓我們假設 S 中物品是依 w_i/s_i 的非遞增順序排列好的。我們將會以此順序處理它們，以便讓我們以獲益遞減的方式考慮物品；我們會從獲益最大的物品開始，亦即以其大小來說有最高價值的物品。然後，我們的組態定義爲在 S 的順序下前 i 項物品的某個子集合 S_i。所以 S_i 中物品的序數在 0 到 $i-1$ 之間 (另外讓我們定義 S_0 爲序數是 -1 的空組態)。

我們從把 S_0 的組態放入序列 P 開始。接著，在分支限制演算法每次迴圈中，我們從 P 選擇最有希望的組態 c。如果 i 是 c 最後一個被考慮的物品序數，則我們擴展 c 爲兩個新組態，一個加入物件 $i+1$，另一個則剔除它。注意到所有滿足大小限制的組態都是 KNAPSACK 問題的合法解。因此，如果兩個新組態都合法，並且比目前找到的最佳解要來得好，我們將目前的最佳解更新爲兩者中較好的那個，並繼續進行迴圈。

爲選擇最有希望的組態，當然，我們需要一個計算組態潛在價值的方法。由於對 KNAPSACK 問題我們感興趣的是找到最高價值，而非最小成本，因此我們計算組態潛在價值的上限，以對組態給分。確切來說，給定一組態 c，其考慮的物品序數由 0 到 i，我們從 c 的總價值 w_c 開始，並看我們能夠爲 c 增加多少價值。我們把 S 中剩下的物品，當作部分 KNAPSACK 問題來求解，並以此增加 c 的價值，以計算 c 的價值上限。回想一下 S 中的物品是以 w_i/s_i 的非遞增順序排列的，令 k 爲最大的序數，使得 $\Sigma_{j=i+1}^{k}\, s_j \le size - s_c$,，$s_c$ 爲已存在於組態 c 中所有物品的總大小。序數爲 $i+1$ 到 k 的物品是剩下最多能夠完全打包進去的物品。接著，爲計算 c 的上限，我們考慮把這些物品都加入 c，再加上物品 $k+1$ (如果存在的話) 能盡量打包進去的部分。即，c 的上限定義如下：

$$\text{upper}(c) = w_c + \sum_{j=i+1}^{k} w_j + \left(size - s_c - \sum_{j=i+1}^{k} s_j \right) \frac{w_{k+1}}{s_{k+1}}$$

如果 $k = n - 1$，則假設 $w_{k+1}/s_{k+1} = 0$。

程式碼 13.21、13.22 及 13.23 展示了根據此方法建立的 Java 分支限制解法的程式碼片段。

```
/**
 * Method to find an optimal solution to KNAPSACK problem, given:
 * - s, indexed array of the sizes
 * - w, index array of element worth (profit)
 * - indexes of s and w are sorted by w[i]/s[i] values
 * - size, the total size constraint
 * It returns an external-node Configuration object for optimal solution.
 */
public static Configuration solve(int[] s, int[] w, long size) {
  /* Create priority queue for selecting current best configurations */
  PriorityQueue p = DoublePriorityQueue();
  /* Create root configuration */
  Configuration root = new Configuration(s,w,size);
  double upper = root.getUpperBound(); // upper bound for root
  Configuration curBest = root; // the current best solution
  p.insertItem(new Double(−upper), root); // add root configuration to p
  /* generate new configurations until all viable solutions are found */
  while (!p.isEmpty()) {
    double curBound = −((Double)p.minKey()).doubleValue(); // we want max
    Configuration curConfig = (Configuration) p.removeMin();
    if (curConfig.getIndex() >= s.length−1) continue; // nothing to expand
    /* Expand this configuration to include the next item */
    Configuration child = curConfig.expandWithNext();
    /* Test if new child has best valid worth seen so far */
    if ((child.getWorth() > curBest.getWorth()) && (child.getSize() <= size))
      curBest = child;
    /* Test if new child is worth expanding further */
    double newBound = child.getUpperBound();
    if (newBound > curBest.getWorth())
      p.insertItem( new Double(−newBound), child);
    /* Expand the current configuration to exclude the next item */
    child = curConfig.expandWithoutNext();
    /* Test if new child is worth expanding further */
    newBound = child.getUpperBound();
    if (newBound > curBest.getWorth())
      p.insertItem( new Double(−newBound), child);
  }
  return curBest;
}
```

程式碼 **13.21**：KNAPSACK 問題分支限制解法的主要方法。並未顯示在此的 DoublePriorityQueue 類別，是一個專門用來儲存擁有 Double 鍵值之物件的優先權序列。注意到此優先權序列使用的鍵值為負值，因為我們想要得到最大價值，而非最小成本。同樣注意到當我們擴展一個組態而未加入物品時，我們不會檢查它是否是更好的解答，因為其價值跟原組態一模一樣。

```
class Configuration {
  protected int index; // index of the last element considered
  protected boolean in; // true iff the last element is in the tentative sol'n
  protected long worth; // total worth of all elements in this solution
  protected long size; // total size of all elements in this solution
  protected Configuration parent; // configuration deriving this one
  protected static int[] s;
  protected static int[] w;
  protected static long bagSize;
  /** The initial configuration - is only called for the root config. */
  Configuration(int[] sizes, int[] worths, long sizeConstraint) {
    /* Set static references to the constraints for all configurations */
    s = sizes;
    w = worths;
    bagSize = sizeConstraint;
    /* Set root configuration values */
    index = −1;
    in = false;
    worth = 0L;
    size = 0L;
    parent = null;
  }
  /** Default constructor */
  Configuration() { /* Assume default initial values */ }
  /** Expand this configuration to one that includes next item */
  public Configuration expandWithNext() {
    Configuration c = new Configuration();
    c.index = index + 1;
    c.in = true;
    c.worth = worth + w[c.index];
    c.size = size + s[c.index];
    c.parent = this;
    return c;
  }
  /** Expand this configuration to one that doesn't include next item */
  public Configuration expandWithoutNext() {
    Configuration c = new Configuration();
    c.index = index + 1;
    c.in = false;
    c.worth = worth;
    c.size = size;
    c.parent = this;
    return c;
  }
```

程式碼 13.22：用來建構並擴展組態的 Configuration 類別及其方法。這些方法被用在 KNAPSACK 問題的分支限制解法中。程式碼 13.23 繼續列出此類別。

```
/** Get this configuration's index */
public long getIndex() {
  return index;
}
/** Get this configuration's size */
public long getSize() {
  return size;
}
/** Get this configuration's worth */
public long getWorth() {
  return worth;
}
/** Get this configuration's upper bound on future potential worth */
public double getUpperBound() {
  int g;  // index for greedy solution
  double bound = worth; // start from current worth
  long curSize=0L;
  long sizeConstraint = bagSize - size;
  /* Greedily add items until remaining size is overflowed */
  for (g=index+1; (curSize <= sizeConstraint) && (g < s.length); g++) {
    curSize += s[g];
    bound += (double) w[g];
    }
  if (g < s.length) {
    bound -= w[g]; // roll back to worth that fit
    /* Add fractional component of the extra greedy item */
    bound += (double) (bagSize - size)*w[g]/s[g];
  }
  return bound;
}
/** Print a solution from this configuration */
public void printSolution() {
  Configuration c = this; // start with external-node Configuration
  System.out.println("(Size,Worth) = " + c.size + "," + c.worth);
  System.out.print("index-size-worth list = [");
  for (; c.parent != null; c = c.parent)  // march up to root
    if (c.in) { // print index, size, and worth of next included item
      System.out.print("(" + c.index);
      System.out.print("," + s[c.index]);
      System.out.print("," + w[c.index] + ")");
    }
  System.out.println("]");
}
```

程式碼 **13.23**：程式碼 **13.22** 中 Configuration 類別的輔助方法，使用在 Knapsack 問題的分支限制解法中。用來計算上限的方法尤為重要。

13.6 習題

複習題

R-13.1 阿蒙格斯教授已證明判定問題 L 可以在多項式時間內轉化為 ***NP***-complete 問題 M。此外，在八十頁複雜的數學之後，他同樣證明了 L 可以在多項式時間內解出。他是否同樣證明了 $\boldsymbol{P = NP}$？為什麼或為什麼不？

R-13.2 使用眞值表將布林運算式 $B = (a \leftrightarrow (b+c))$ 轉換為等價的 CNF 運算式。寫出眞值表，及過程中 $\overline{B}$ 的 DNF。

R-13.3 SAT 問題的輸入為一任意布林運算式 S，試問 S 是否可被滿足。試證明 SAT 為 ***NP***-complete。

R-13.4 DNF-SAT 問題的輸入為一分離標準式 (DNF) 的布林運算式 S，試問 S 是否可被滿足。試描述一可解 DNF-SAT 問題的決定性多項式時間演算法。

R-13.5 DNF-DISSAT 問題的輸入為一分離標準式 (DNF) 的布林運算式 S，試問 S 是否可不被滿足。意即，是否有一組對 S 變數的布林指定值，可使 S 為 0。試證明 DNF-DISSAT 為 ***NP***-complete。

R-13.6 試轉換布林運算式 $B = (x_1 \leftrightarrow x_2)\cdot(\overline{x_3}+x_4x_5)\cdot(\overline{x_1x_2}+x_3\overline{x_4})$ 為 CNF。

R-13.7 試證明 CLIQUE 問題屬於 ***NP***。

R-13.8 給定 CNF 運算式 $B = (x_1)\cdot(\overline{x_2}+x_3+x_5+\overline{x_6})\cdot(x_1+x_4)\cdot(x_3+\overline{x_5})$，請展示如何將 B 轉化成等價的 3SAT 輸入。

R-13.9 給定 $B = (x_1+\overline{x_2}+x_3)\cdot(x_4+x_5+\overline{x_6})\cdot(x_1+\overline{x_4}+\overline{x_5})\cdot(x_3+x_4+x_6)$，請展示由此布林運算式的 3SAT 問題，轉化建構成的 VERTEX-COVER 問題實例。

R-13.10 試畫出一例圖，擁有 10 個頂點和 15 個邊，並有一大小為 2 的頂點涵蓋。

R-13.11 試畫出一例圖，擁有 10 個頂點和 15 個邊，並有一大小為 6 的群組。

R-13.12 阿蒙格斯教授剛剛設計了一個演算法，能對於任何有 n 個頂點的圖 G，在 $O(n^k)$ 時間內判定 G 是否擁有大小為 k 的群組。請問阿蒙格斯教授是否應該為證明了 $\boldsymbol{P = NP}$ 而獲得圖林獎？為什麼或為什麼不？

R-13.13 $\{23, 59, 17, 47, 14, 40, 22, 8\}$ 中是否有總和為 100 的子集合？130 呢？請寫出過程。

R-13.14 試證明 SET-COVER 問題屬於 ***NP***。

R-13.15 試證明 SUBSET-SUM 問題屬於 ***NP***。

R-13.16 試畫出一擁有 10 個頂點和 20 個邊，並有一漢米爾頓迴路的例圖。又，試畫出另一擁有 10 個頂點和 20 個邊，但沒有漢米爾頓迴路的例圖。

R-13.17 平面上兩點 (a, b) 和 (c, d) 的**曼哈頓距離 (Manhattan distance)** 為 $|a-c|+|b-d|$。用曼哈頓距離來定義每兩點間的移動成本，試求對下列各點最佳的旅行推銷員行程：$\{(1,1),(2,8),(1,5),(3,-4),(5,6),(-2,-6)\}$。

R-13.18 試詳述如何實作演算法 13.14，令其對有 n 個頂點，m 個邊的圖，可在 $O(n+m)$ 時間內執行。你可以使用傳統的操作個數來估量執行時間。

R-13.19 試詳述一個有效率的演算法 13.17 實作，並分析其執行時間。

R-13.20 試畫出一個最少有 10 個頂點的例圖，讓我們可以保證前述 VERTEX-COVER 的 2 近似貪婪演算法，必然能產生一個次佳解。

R-13.21 試畫出一完全權重圖 G，使其邊權重符合三角不等式，但 MST 爲本的 TSP 近似演算法無法找到最佳解。

R-13.22 試使用假碼撰寫 CNF-SAT 的回溯演算法。

R-13.23 試使用遞回式的假碼撰寫回溯演算法，使搜尋策略會採用深度優先的方式搜索每個組態。

R-13.24 試使用假碼撰寫 TSP 的分支限制演算法。

R-13.25 第 13.5.2 節中用來解決 KNAPSACK 的分支限制程式，使用布林旗標來決定某個物品是否被包含在解答中。試說明此旗標是多餘的。亦即，即使我把旗標拿掉，我們依然可以判別某項物品是否在解答中 (不使用多餘的儲存欄位)。

挑戰題

C-13.1 試證明我們能夠決定性地在多項式時間內，模擬任何可在多項式時間內執行並呼叫 choose 方法最多 n 次的非決定性演算法 A，n 爲 A 的輸入大小。

C-13.2 試證明所有屬於 $\boldsymbol{P}$ 的語言 L，都能在多項式時間內轉化到語言 $M = \{5\}$，即，一個簡單地詢問輸入的二進位編碼是否等於 5 的語言。

C-13.3 試寫出如何建構一布林電路 C，使我們如果僅爲 C 的輸入建立變數，並試圖建立等價於 C 的布林運算式，則此運算式必然指數倍大於 C 的編碼。[**提示：**使用遞回來重覆製造子運算式，使每次遞回其大小都會加倍。]

C-13.4 試證明第 13.5.1 節 CNF-SAT 問題的回溯演算法可在多項式時間內執行，如果輸入的布林運算式每個子式最多只有兩個單字。亦即，此演算法可在多項式時間內解決 2SAT。

C-13.5 考慮 2SAT 版本的 CNF-SAT 問題，即運算式 S 中每個子式都恰好有兩個單字。注意到我們可以把任何子式 $(a+b)$ 想成兩個推論式 $(\bar{a} \to b)$ 和 $(\bar{b} \to a)$。考慮從 S 建構的圖 G，G 的每個頂點都連結到 S 的某個變數 x 或其負值 $\bar{x}$。對每個等價於 $(\bar{a} \to b)$ 的子式，我們對 G 建立一從 $\bar{a}$ 到 b 的有向邊。試證明 S 無法被滿足，若且唯若存在一變數 x，使得 G 有從 x 到 $\bar{x}$ 及從 $\bar{x}$ 到 x 的路徑。試由此規則設計一多項式時間演算法來解決這種 CNF-SAT 問題的特例。請問此演算法的執行時間爲何？

C-13.6 假設神的使者送你一台神奇的電腦 C，給 C 任何 CNF 布林運算式 B，它都能在一步內告訴你是否 B 可被滿足。試寫出如何利用 C 來找到一組實際的布林指定值以滿足任何可被滿足的運算式 B。在最糟狀況下，你必須呼叫多少次 C 來完成這個工作？

C-13.7 我們定義 SUBGRAPH-ISOMORPHISM 問題的輸入爲二圖 G 與 H，試判斷 H 是否爲 G 之子圖。意即，H 的每個點 v，都有一對應的 G 的點 $f(v)$，使得若 (v, w) 是 H 中的一邊，則 $(f(v), f(w))$ 爲 G 中的一邊。試證明 SUBGRAPH-ISOMORPHISM 爲 ***NP***-complete。

C-13.8 我們定義 INDEPENDENT-SET 問題的輸入爲一圖 G 及一常數 k，試問 G 是否包含一大小爲 k 的獨立集合。意即，G 包含一大小爲 k 的頂點集合，使得對任何屬於 I

的 v 及 w，G 中不存在邊 (v, w)。試證明 INDEPENDENT-SET 爲 ***NP***-complete。

C-13.9 我們定義 HYPER-COMMUNITY 問題的輸入爲 n 份網頁及一整數 k，試判斷裡頭是否有 k 個互相皆有連結的網頁。試證明 HYPER-COMMUNITY 爲 ***NP***-complete。

C-13.10 我們定義 PARTITION 問題的輸入爲一組數字集合 $S = \{s_1,s_2,...,s_n\}$，試問是否存在一 S 的子集合 T，使得

$$\sum_{s_i \in T} s_i = \sum_{s_i \in S-T} s_i$$

亦即，這個問題詢問是否有方法把這些數字，分成兩群總和相同的數字。試證明 PARTITION 爲 ***NP***-complete。

C-13.11 試證明 HAMILTONIAN-CYCLE 問題在有向圖上也是 ***NP***-complete。

C-13.12 試證明若輸入爲單位元編碼，則 SUBSET-SUM 問題可在多項式時間內解決。亦即，試證明 SUBSET-SUM 並非 strong ***NP***-hard。請問你的演算法執行時間爲何？

C-13.13 試證明若輸入爲單位元編碼，則KNAPSACK問題可在多項式時間內解決。亦即，試證明 KNAPSACK 並非 strong ***NP***-hard。請問你的演算法執行時間爲何？

C-13.14 考慮 TSP 問題的一般性最佳化版本，即其圖無需滿足三角不等式。試證明，對任何定值 $\delta \geq 1$，都不存在一般性 TSP 問題的多項式時間 δ 近似演算法，除非 ***P*** = ***NP***。[**提示：**將HAMILTONIAN-CYCLE轉化成這個問題，對有 n 個頂點的輸入圖 G，定義其完全圖 H 的成本函數，使 G 中的邊成本爲 1，而不在 G 中的邊則有大於 1 的成本 δn。]

C-13.15 考慮某個TSP的特例，其頂點對應到平面上的點，而每一對 (p, q) 的邊成本則定義爲一般 p 與 q 的歐幾里德距離。試證明最佳行程中必然不會包含任何相交的邊。

C-13.16 試建立 HAMILTONIAN-CYCLE 問題有效率的回溯演算法。

C-13.17 試建立 KNAPSACK 最佳化問題有效率的回溯演算法。

C-13.18 試建立 KNAPSACK 最佳化問題有效率的的分支限制演算法。

C-13.19 對解決 TSP 最佳化問題的分支限制演算法，試求一新的下限函數 lb。新的函數必須永遠大於等於第 13.5.2 節中提出的 lb 函數，但仍爲合規定的下限函數。試描述一個你的 lb，會嚴格大於第 13.5.2 節使用的 lb 函數的例子。

軟體專案

P-13.1 設計並實作 CNF-SAT 問題的回溯演算法。用大量的實例比較你的演算法對 2SAT 和 3SAT 的執行時間。

P-13.2 設計並實作 TSP 問題的分支限制演算法。使用至少兩種不同的下限函數 lb 定義，並分別測試其效率。

P-13.3 可小組合作，設計並實作 TSP 問題的分支限制演算法及多項式時間近似演算法。對以歐幾里德距離定義成本的平面點，測試兩種實作尋找旅行推銷員旅程的效率及成效。

P-13.4 實作 HAMILTONIAN-CYCLE 的回溯演算法。針對不同的 n，測試當邊的數目爲 $2n$、$\lceil n\log n \rceil$、$10n$、$20\lceil n^{1.5} \rceil$時，尋找漢米爾頓迴路的成效。

P-13.5 針對 SUBSET-SUM 問題，實驗比較動態規劃與回溯。

P-13.6 針對 KNAPSACK 問題，實驗比較動態規劃與分支限制。

進階閱讀

Lewis 與 Papadimitriou [133]、Savage [177] 以及 Sipser [187] 的教科書中有關於計算模型的討論。

本章對於 Cook-Levin 定理的概略證明，改寫自 Cormen、Leiserson 與 Rivest [55] 的概略證明。Cook的原定理 [53] 是用來證明CNF-SAT爲NP-complete，而Levin的原定理 [131] 則針對貼磁磚問題。我們將定理 13.6 稱做「Cook-Levin」定理，以紀念這兩篇始祖論文，因爲它們證明的方向和定理 13.6 的概略證明相同。Karp [113] 展示了一些其他的 ***NP***-complete 問題，以及後續數百個被證明爲 ***NP***-complete 的問題。Garey 與 Johnson [76] 對 ***NP***-completeness 有非常好的討論，他們也列出許多重要的 ***NP***-complete 和 NP-hard 問題。

本章利用到局部代換及限制技巧的轉化方法，在電腦科學著作中都是眾所皆知的；舉例來說，參見 Garey 與 Johnson [76] 或 Aho、Hopcroft 與 Ullman [7]。對 VERTEX-COVER 爲 ***NP***-complete 的元件設計證明，改寫自 Garey 與 Johnson [76] 的證明，原本的元件設計證明是針對 HAMILTONIAN-CYCLE 爲 NP-complete，而其本身也是從合併 Karp [113] 提出的兩個轉化得來的。對 SUBSET-SUM 爲 ***NP***-complete 的元件設計證明，改寫自 Cormen、Leiserson 與 Rivest [55] 的證明。

對回溯與分支限制的討論，根基於 Lewis 與 Papadimitriou [133] 以及 Brassard 與 Bratley [38] 的討論，回溯針對判定問題而分支限制針對最佳化問題。不過，我們的討論也被 Neapolitan 與 Naimipour [159] 所影響，它們把回溯看成對組態空間進行深度優先搜尋的估算搜尋 (heuristic search)，而分支限制則是使用廣度優先或最佳優先搜尋，加上下限函數以進行分支剪除的估算搜尋。而回溯本身的技巧，則可以追溯到 Golomb 和 Baumert [80] 的早期成果。

對近似演算法的一般討論可在一些其它的書裡找到，包括 Hochbaum [97]、Papadimitriou 與 Steiglitz [165] 以及 Klein 與 Young [116] 的相關章節。KNAPSACK 的 PTAS 根基於 Ibarra 與 Kim [106] 的結果，呈現在 Klein 與 Young [116] 中。Papadimitriou 與 Steiglitz 將 VERTEX-COVER 的 2 近似歸功於 Gavril 與 Yannakakis。處理 TSP 特例的 2 近似演算法，是由 Rosenkrantz、Stearns 與 Lewis [174] 所提出。SET-COVER 的 $O(\log n)$ 近似，和其證明，則出自 Chvátal [46]、Johnson [109]以及 Lovász [136] 的成果。

Chapter 14 演算架構

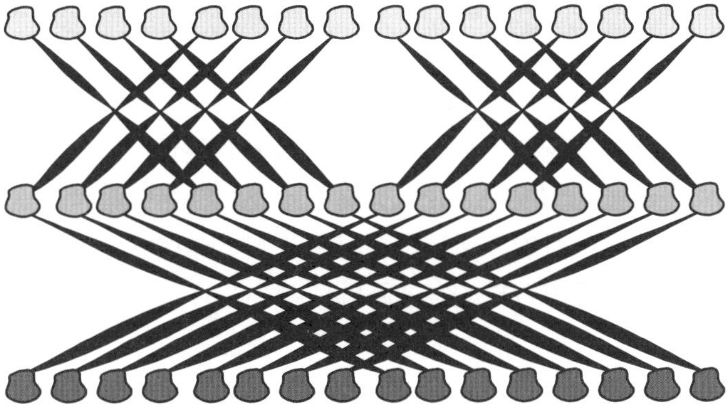

本書大部分都在同個計算機架構下進行討論。此架構正式名稱為隨機存取機器 (或 RAM)，包含單一處理器，連接到另一組單一但可能有無限容量的記憶體。此外，我們主要都在探討接受單一輸入，對輸入做處理後產生輸出的演算法，這樣的架構運作良好，並且能夠建立大多數演算法設計者會遇到的計算模型。不過不管怎麼說，它有其能力限度，仍有一些有關自然界且動機充分的計算情節，無法適用在此架構上。本章我們將研究三種此類架構。

第一種我們要面對的架構是對 RAM 模型的記憶體元件延伸。此架構稱做外部記憶體模型，在此架構下，我們試圖更逼眞的建立現今電腦所使用的記憶體階層模型。精確的說，我們試圖建構的記憶體被分為較快的內部記憶體，擁有較短的存取時間但較小的容量；以及較慢的外部記憶體，擁有較長的存取時間但較大的容量。要在腦袋裡為這種記憶體階層設計有效率的演算法，需要對之前假設所有記憶體有相同存取時間時所使用的技巧做某些修正。在本章中，我們會檢視某些搜尋及排序上所需的修正，以使這些演算法在外部記憶體上能有效率的執行。

另一個對於傳統 RAM 架構重要的改變則是平行演算法。亦即，我們將考慮可以同時使用多個處理器來解決問題的演算法。在平行演算法設計上，我們想要找到方法，其效能以盡量接近處理器數量之線性係數的幅度，來改進目前已知的循序演算法。我們將研究一些重要的平行演算法，包括平行數學運算、搜尋、排序等演算法，看看那些將多處理器應用在 RAM 的平行處理延申上的方法。

本章檢視的最後一個架構，將挑戰演算法只能是輸入對應到輸出的函數觀點。在線上演算法的架構下，我們把演算法考慮為一個伺服器，它必須處理客戶端不停送來的一連串要求。對這些要求的回應，必須在我們進行檢驗並傳遞下一個要求之前，被完全處理完。這樣的模型是發自於電腦常常用在網際網路上處理遠端使用者發出的運算要求。為此模型設計演算法的挑戰在於，我們對某個要求所做的選擇，可能會使我們需要花多上較多的時間來處理之後的要求。因此為了分析線上演算法選擇的效能，我們通常會把它跟某個預先已知客戶端要求序列的離線演算法相比較。這樣的分析被稱做競爭性分析，而它和我們在整本書中，用來分析輸入對應輸出式演算法的最糟狀況時間複雜度，是十分類同的。

14.1 外部記憶體演算法

有許多電腦應用必須處理大量的資料，比如分析科學數據、處理金融交易、資料庫的組織與維護 (如電話簿)。實際上，需要處理的資料量往往比電腦的內部記憶體容量要來得大。

記憶體階層

爲了容納大量的資料，電腦擁有由不同種類記憶體構成的階層，這些記憶體大小及距 CPU 的遠近各有不同。最靠近 CPU 的是 CPU 本身使用的內部暫存器，對此區域存取資料非常快，但此區域相對來說容量相當小。第二階層則是快取記憶體，其容量比 CPU 內的暫存器大，但存取資料的速度較慢 (階層內甚至可能有多層快取記憶體，其存取速度一層比一層慢。第三階層是**內部記憶體 (internal memory)**，也稱做主記憶體、核心記憶體、或隨機存取記憶體 (RAM)。內部記憶體容量比快取記憶體大得多，但也需要更多時間進行存取的動作。最後，最高階層的記憶體是**外部記憶體 (external memory)**，通常包含硬碟、CD 以及磁帶。這種記憶體容量非常大，存取速度卻也非常慢。因此，我們可以把電腦記憶體階層看做四個階層，每一階層的記憶體都比前一階層大且比前一階層慢 (如圖 14.1)。

然而，在大部分的應用上，只有兩個階層眞正有影響−能存下我們問題中所有資料項目的那一層，以及其下的那一層。在這種狀況下，將資料項目從存有所有資料的較高層記憶體讀出及寫入的過程，通常會是計算瓶頸之所在。

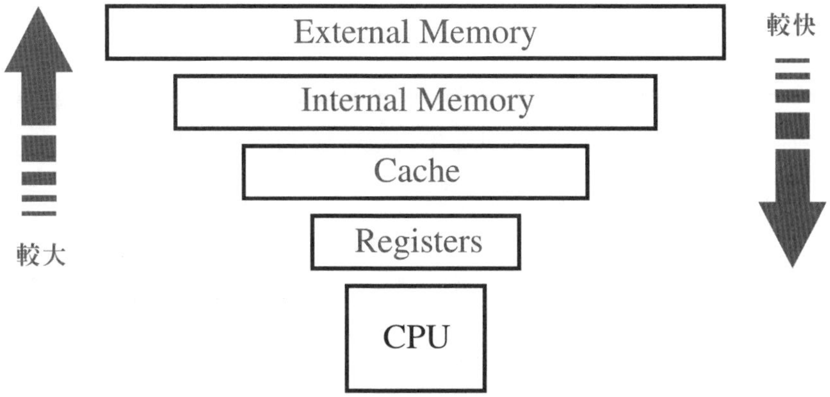

圖 14.1：記憶體階層。

快取記憶體與硬碟

影響最大的是哪兩個階層，是由問題的大小所決定。對一個能完全放進主記憶體的問題，最重要的兩層是快取記憶體以及內部記憶體。內部記憶體的存取時間可能比快取記憶體要慢 10 到 100 倍。因此，我們想要能在快取記憶體進行大多數的記憶體存取。另一方面來說，對一個無法完全放進主記憶體的問題，最重要的兩層是內部記憶體與外部記憶體。此處的差異更爲巨大，最常見的一般用途外部記憶體裝置，磁碟，其存取時間一般要比內部記憶體慢上 100,000 到 1,000,000 倍。

爲更清楚地了解後者的數據差異有多大，想像一下在巴爾的摩有一個學生，想要寄一封要零用錢的訊息給遠在芝加哥的父母。如果這個學生寄了一封電子郵件，則這封信件大約可在五秒內寄達家裡的電腦。如果把這種通訊模式想成CPU的內部記憶體存取，對應到慢 500,000 倍的外部記憶體存取，就像是該名學生親自走到芝加哥送信，如果他的步行時間平均爲一天二十哩，大概需要一個月才能走到。因此，我們應當盡量減少對外部記憶體的存取。

本節將討論記憶體階層管理的一般策略，並呈現對外部記憶體進行搜尋及排序的方法。

14.1.1 階層記憶體管理

大多數演算法並非爲記憶體階層所設計，更別說考慮到不同階層間存取時間的巨大差異。的確，本書之前所描述的所有演算法分析，都假設記憶體存取時間通通是相同的。這個假設乍看之下似乎是很大的疏忽－而且我們僅在最後一章加以處理－然而有兩個基本的理由可以說明，爲何這仍是合理可行的假設。

第一個理由是，我們常常必須假設所有記憶體都有相同的存取時間，因爲有關記憶體大小的裝置相關資料很難取得。舉例來說，一個設計在不同電腦平台上執行的 Java 程式，不能夠用某種特定的電腦架構組態來定義。當然如果我們有的話，我們還是可以使用特定架構的資訊 (本章稍後我們也將會告訴你如何利用這些資訊)。然而一旦我們將軟體爲特定的架構最佳化，我們的軟體就不再是與裝置無關的了。幸運地，我們不會永遠需要這種最佳化，主要是因爲第二個假設記憶體存取時間相同的理由。

第二個假設記憶體存取時間相同的理由是，作業系統的設計者已然開發出一般性機制，讓大多數記憶體存取能夠快速進行。這些機制建立在兩種重要的**地域性參照 (locality-of-reference)** 性質上，大多數軟體都會呈現這兩種性質：

- **時間地域性 (temporal locality)**：如果某個程式存取了某個記憶體位址，則這個程式近期內很有可能再次存取這個位址。舉例來說，在多個不同的算式中，包括增加計數器值的算式，使用同一個計數變數是非常常見的。事實上，有一則在電腦設計師間廣為流傳的格言，「程式會花百分之九十的時間在百分之十的程式碼上。」
- **空間地域性**：如果某個程式存取了某個記憶體位址，則這個程式接著很有可能會存取附近的位址。舉例來說，使用陣列的程式可能會依序或幾乎依序地存取其陣列的每個位址。

電腦學家及工程師已進行過大量的軟體分析實驗，並證實大多數軟體都會呈現這兩種地域性參照。舉例來說，一個用來掃瞄整個陣列的 for 迴圈，便會同時呈現這兩種地域性。

快取與區塊

時間與空間地域性分別給兩層式電腦記憶體系統 (可以是快取記憶體與內部記憶體，或內部記憶體與外部記憶體)，兩個基本設計上的選擇。

第一個設計選擇稱為**虛擬記憶體 (virtual memory)**。此概念在於，提供和次要層記憶體同大的定址空間，要處理放置於次要層的資料時，將之搬移到主要層記憶體中。虛擬記憶體不會將程式設計者限制在僅能使用內部記憶體的大小。將資料搬移到主要記憶體的概念稱為快取，發自時間地域性。藉由將最近存取的資料搬移至主要記憶體，我們希望這些資料能很快地再次被存取，如此我們就能快速地回應近期內對此資料的要求。

第二個設計選擇則發自空間地域性。確切來說，如果放置在次要記憶體位置 l 的資料被存取，則我們將附近一塊包含 l 的連續位置，都搬到主要記憶體中 (見圖 14.2)。此概念被稱為區塊存取，發自於我們預期 l 附近其他的次要記憶體位置，也會馬上被存取。在快取記憶體與內部記憶體間，這種區塊通常被稱做**快取行 (cache line)**；而在內部記憶體與外部記憶體間，這種區塊則通常被稱做**分頁 (page)**。

順帶一提，磁碟及光碟的區塊存取也發自硬體技術的緣故。磁碟或光碟的讀寫臂在將自己定位到某個讀取位置時會花上相對較長的時間，然而一旦讀取臂定位完成後，它便能快速地讀取連續的位置，因為被讀取的儲存媒體旋轉的非常快 (見圖 14.2)。然而即使沒有這個原因，多數程式仍然滿足空間地域性的特質，還是能完全構成我們使用區塊存取的理由。

因此，實作快取與區塊存取後，虛擬記憶體技術通常能使我們感覺次要記憶體的速度比實際要來得快。然而，仍有一個問題存在。主要記憶體遠比次要記憶體來得小。而且，因爲記憶體系統使用區塊存取技術，任何程式實體都可能會碰上當它想要從次要記憶體要求資料，主要記憶體卻已塞滿區塊的情形。爲了滿足這些要求並維護快取及區塊的使用，我們必須從主要記憶體中移出某些區塊，以便挪出空間給從次要記憶體中搬來的新區塊。決定如何進行這些回收工作會帶來許多有趣的資料結構及演算法設計議題，我們將在本節接下來的部分討論這些議題。

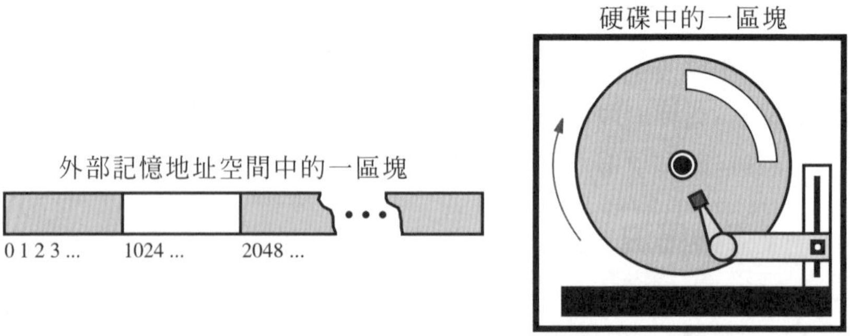

圖 **14.2**：外部記憶體中的區塊。

外部搜尋的模型

第一個我們要處理的問題是，爲一大筆無法放入主要記憶體的物件建立字典。回想一下，字典存有鍵值—物件的配對，可用來進行插入、移除、及對鍵值做搜尋。由於大型字典的某個主要應用爲資料庫系統，我們將次要記憶體區塊稱做磁碟區塊。同樣地，我們把次要記憶體與主要記憶體間的區塊傳輸叫做磁碟傳輸。即使我們使用這些術語，本節所討論的搜尋技巧，仍可以在主要記憶體是 CPU 快取，而次要記憶體是主 (內部) 記憶體時運用。我們使用磁碟爲主的觀點，是因爲其較爲具體及普遍。

14.1.2 (a, b) 樹和 B 樹

回想一下主記憶體與硬碟存取間巨大的時間差異，在外部記憶體中維護一份字典的主要目的在於，盡量減少在進行查詢或更新時，所需磁碟傳輸的次數。事實上，磁碟與內部記憶體的速度差異大到，如果能讓我們避免少量的磁碟傳輸，我們甚至願意進行大量的內部記憶體存取。因此，讓我們

以執行傳統字典搜尋及更新操作時，所需的磁碟傳輸數量，來分析字典實作的效能。

首先讓我們考量一下某個以序列方式建立，效率不佳的外部記憶體字典實作。如果此表示字典的序列被實作爲一個未排序的雙重鏈結串列 (linked list)，則每次插入和移除可以在 $O(1)$ 個傳輸內完成，如果我們知道想移除的物件在哪一個區塊的話。然而，在最糟的情況下，搜尋會需要 $\Theta(n)$ 次傳輸，因爲每走過一個連結可能必需存取一個不同的區塊。這個搜尋時間可以改良爲 $O(n/B)$ 次傳輸 (見習題 C-14.1)，B 代表列表中能夠塞進一個區塊的節點數，但這樣的效能仍然很糟。我們可以改用排序過的陣列實作此序列。在這種情況下，透過二元搜尋，每次搜尋需要 $O(\log_2 n)$ 次傳輸，這是相當不錯的改良。然而這種解法在最糟狀況下，會需要 $\Theta(n/B)$ 次傳輸來實作插入或移除操作，因爲我們必須存取所有的區塊以將物件上下移動。因此，循序字典實作對於外部記憶體效能並不好。

如果循序實作效率不佳，或許我們該考慮對數時間複雜度的內部記憶體策略，使用平衡二元樹 (如 AVL 樹或紅黑樹)，或其他對查詢及更新在平均狀況有對數時間表現的搜尋結構 (如 skip list 或 splay 樹)。這些方法會把字典項目存在二元樹或圖的節點上。在最糟狀況下，一次查詢或更新所有要存取的節點都在不同區塊內。因此，這些方法在最糟狀況都需要 $O(\log_2 n)$ 次傳輸。這個結果還不錯，但我們可以做的更好。在某些特定情況下，我們可以執行字典查詢及更新，只需 $O(\log_B n) = O(\log n/\log B)$ 次傳輸。

一個更好的方法

以上我們討論使用字典實作以改善外部記憶體效能，主要想法在於，我們寧願花上 $O(B)$ 次內部記憶體存取，以避免一次磁碟傳輸，B 代表區塊的大小。驅動磁碟的軟硬體只需將區塊放入內部記憶體一次，便能進行多次內部記憶體存取，而多次內部記憶體存取對磁碟傳輸成本來說，僅是小玩意而已。因此，$O(B)$ 次高速的內部記憶體存取是我們需付的一小筆代價，以避免耗時的磁碟傳輸。

(a, b) 樹

爲了減少搜尋上內外部記憶體存取的效能差異，我們可以將字典用多路搜尋樹 (第 3 章) 來表示。這個方法爲 $(2, 4)$ 樹資料結構的一般化結構，稱做

(a, b) 樹。

正式地說，(a, b) 樹是一棵多路搜尋樹，每個節點有 a 到 b 之間個子節點，並存放 $a-1$ 到 $b-1$ 個物件。(a, b) 樹的搜尋、插入及移除演算法，爲 $(2, 4)$ 樹演算法直接的一般化。將 $(2, 4)$ 樹一般化爲 (a, b) 樹的好處在於，一般化的樹類別可提供較有彈性的搜尋結構，其節點大小與各種字典操作的執行時間，取決於參數 a 及 b。考量磁碟區塊大小以適當設定 a 及 b 的大小，我們可以得到一個效能不錯的外部記憶體資料結構。

在所謂的 (a, b) 樹中，a 和 b 爲整數，且 $2 \le a \le (b = 1)/2$，它遵從下列額外限制的多路搜尋樹：

大小性質：除根節點外，每個內部節點都至少有 a 個子節點。每個內部節點至多有 b 個子節點。

深度性質：所有外部節點都有相同的深度。

定理 14.1： 一個存有 n 個項目的 (a, b) 樹，其高度爲 $\Omega(\log n/\log b)$ 及 $O(\log n/\log a)$。

證明：

令 T 爲存有 n 個元素的 (a, b) 樹，並令 h 爲 T 之高度。我們藉由對 h 建立下列的界限，以說明此定理。

$$\frac{1}{\log b}\log(n+1) \le h \le \frac{1}{\log a}\log\frac{n+1}{2}+1$$

從大小及深度性質可知，T 的外部節點數 n'' 至少是 $2a^{h-1}$，至多是 b^h。由定理 3.3 可知，$n'' = n+1$。所以

$$2a^{h-1} \le n+1 \le b^h$$

對每項都取以 2 爲底的對數，我們得到

$$(h-1)\log a + 1 \le \log(n+1) \le h\log b$$ ■

我們想起在多路搜尋樹 T 中，每個節點 v 都包含次層結構 $D(v)$，本身也是字典 (第 3.3.1 節)。如果 T 爲 (a, b) 樹，那麼 $D(v)$ 儲存最多 b 個物件。令 $f(b)$ 表示在字典 $D(v)$ 中進行搜尋的時間。(a, b) 樹的搜尋演算法和 3.3.1 節提出的多路搜尋樹演算法完全相同。因此，對有 n 個項目的 (a, b) 樹 T，搜尋需花費 $O(\frac{f(b)}{\log a}\log n)$ 時間。注意到如果 b 是常數 (因此 a 也是常數)，則搜尋時間便是 $O(\log n)$，與次層結構如何實作無關。

(a, b) 樹的主要應用爲儲存於外部記憶體 (比如儲存在磁碟或光碟上) 的字典。換句話說，爲了盡量減少磁碟存取，我們選擇參數 a 及 b，使得每個節點剛好使用一個磁碟區塊 (如此一來 $f(b) = 1$，如果我們只想簡單地

計算區塊傳輸的次數)。在這種情境下，提供正確的 a 與 b，便形成一種叫做 B 樹的資料結構，我們將簡短地介紹 B 樹。然而在我們描述此結構之前，讓我們先討論一下如何處理 (a, b) 樹的插入及移除。

(a, b) 樹的插入和移除

(a, b) 樹的插入演算法和 $(2, 4)$ 樹類似。當一個物件被插入到 b 節點 v 時，會發生溢位，造成不合法的 $(b+1)$ 節點。(回想一下，在多路搜尋樹如果某個節點有 d 個子節點，則叫做 d 節點)。為了解決溢位，我們將節點 v 拆開，將 v 的中位項移至 v 的母節點上，並且將 v 換成 $\lceil(b+1)/2\rceil$ 節點 v'，和 $\lfloor(b = 1)/2\rfloor$ 節點 v''。現在我們可以瞭解為何 (a, b) 樹的定義為 $a \le (b = 1)/2$。注意到由於拆開節點的關係，我們必須建立次層結構 $D(v')$ 和 $D(v'')$。

從 (a, b) 樹中移除一個物件也和 $(2, 4)$ 樹相似。當某個鍵值被從非根節點的 a 節點 v 移除時，則會發生下溢位 (underflow)，使 v 變成不合法的 $(a-1)$ 節點。為了解決下溢位，我們可以跟非 a 節點的鄰節點取得物件，或跟是 a 節點的鄰節點合併。合併造成的新節點 w 為一 $(2a-1)$ 節點。在此，我們可以發現另一個為何 $a \le (b+1)/2$ 的原因。注意由於合併節點的關係，我們必須建立次層結構 $D(w)$。

表 14.3 展示出利用 (a, b) 樹建造的字典，其主要操作的執行時間。

函式	時間
findElement	$O\left(\frac{f(b)}{\log a}\log n\right)$
insertItem	$O\left(\frac{g(b)}{\log a}\log n\right)$
removeElement	$O\left(\frac{g(b)}{\log a}\log n\right)$

表 **14.3**：利用 (a, b) 樹建立的字典，其主要方法的時間複雜度。我們令 $f(b)$ 代表搜尋某個 b 節點的時間，$g(b)$ 代表拆開或合併 b 節點的時間。我們將字典中物件的數目以 n 表示。其空間複雜度為 $O(n)$。

表 14.3 中的界限，是建立在以下的假設和事實上。

- (a, b) 樹 T 是用 3.3.1 節所描述的資料結構來表示，而 T 節點的次層結構能夠以 $f(b)$ 的時間支援搜尋，以 $g(b)$ 的時間支援拆開及合併，如果我們只計算磁碟傳輸的數目，這些函數可視為 $O(1)$，並分開和融合操作在時間中。
- 儲存 n 個物件的 (a, b) 樹高度，最多是 $O((\log n)/(\log a))$ (定理 14.1)。

- 每次搜尋最多拜訪 $O((\log n)/(\log a))$ 個在根節點與某外部節點間的節點，並在每個節點上花費 $f(b)$ 時間。
- 一次傳輸操作花費 $f(b)$ 時間。
- 每次拆開或合併操作花費 $g(b)$ 時間，並建立大小為 $O(b)$ 的次層結構以儲存製造出的新節點。
- 每次插入或移出一個物件，需拜訪 $O((\log n)/(\log a))$ 個根節點與某外部節點間的節點。並在每個節點上花費 $g(b)$ 時間。

所以，我們可以做如下總結。

定理 14.2： 使用 (a, b) 樹，能實作一個共有 n 項物件的字典，其能夠在 $O((g(b) / \log a) \log n)$ 時間內完成插入及移除操作，可在 $O((f(b) / \log a) \log n)$ 時間內完成搜尋要求。

B 樹

某個特別版的 (a, b) 樹資料結構，可有效率的維護外部記憶體中的字典，稱做「B 樹」。(參考圖 14.4) 所謂 d 級 B 樹，便是 $a = \lceil d/2 \rceil$ 且 $b = d$ 的 (a, b) 樹。由於前面已討論過 (a, b) 樹傳統的字典查詢及更新方法，我們在此將只討論 B 樹的外部記憶體效能。

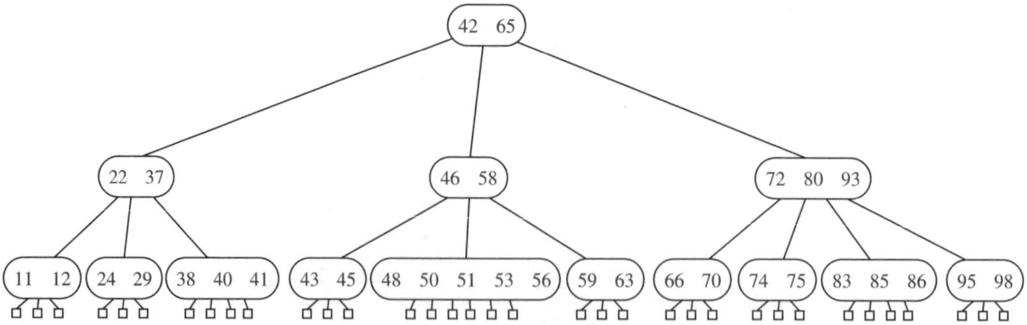

圖 14.4：一棵 6 級的 B 樹。

B 樹參數設定：應用在外部記憶體

對於 B 樹最重要的觀察在於，我們可以選擇 d，使得一個節點上儲存的 d 個子節點參照與 $d-1$ 個鍵值，可以全部塞進一個磁碟區塊中。意即，我們選擇 d 使得

$$d \text{ 為 } \Theta(B)$$

此選擇同樣意味著我們可以在分析 (a, b) 樹的搜尋及更新操作時，假設 a 和

b 為 $\Theta(B)$。同樣的，回想一下我們主要在意的是執行不同操作時，所需的磁碟傳輸次數。因此，d 的選擇同樣意味著

$$f(b) = c$$

且

$$g(b) = c$$

其中 $c \geq 1$ 為一常數，因為每次存取節點以執行搜尋或更新操作時時，只需執行一次磁碟傳輸。也就是說，$f(b)$ 和 $g(b)$ 都是 $O(1)$。正如我們之前觀察到的，每次搜尋或更新時，每層我們最多只需檢驗 $O(1)$ 個節點。因此，任何 B 樹的字典搜尋或更新操作，只需

$$\begin{aligned} O(\log_{\lceil d/2 \rceil} n) &= O(\log n / \log B) \\ &= O(\log_B n) \end{aligned}$$

次磁碟傳輸。舉例來說，插入操作會在 B 樹內向下前進，以找到插入新物件的節點位置。如果該節點會因為此插入而溢位 (擁有 $d+1$ 個子節點)，則此節點被分成兩個擁有 $\lfloor (d+1)/2 \rfloor$ 與 $\lceil (d+1)/2 \rceil$ 個子節點的節點。這個步驟會向上一層再次進行，並且會繼續最多 $O(\log_B n)$ 層。同樣的，移除操作會對一個節點移除一項物件，如果這會造成該節點下溢 (擁有 $\lceil d/2 \rceil - 1$ 個子節點)，則我們可以從擁有至少 $\lceil d/2 \rceil + 1$ 個子節點的鄰節點，搬移來某個子節點參照，不然我們就必須對此節點與其鄰節點進行合併操作 (並重複此運算在其母節點上)。與插入操作相同，此操作會在 B 樹中繼續往上最多 $O(\log_B n)$ 層。因此，我們得到以下定理：

定理 14.3： 擁有 n 個項目的 B 樹，其搜尋或更新操作，要執行 $O(\log_B n)$ 次磁碟傳輸，B 為可放入一個區塊的項目數。

每個內部節點至少有 $\lceil d/2 \rceil$ 個子節點的需求，意味著每個用來構成 B 樹的磁碟區塊都至少是半滿的。對於 B 樹平均區塊使用率的分析及實驗研究顯示，實際實用率接近 67%，是相當不錯的。

14.1.3 外部記憶體排序

除了資料結構，如字典，需要在外部記憶體中實作外，還有許多演算法也必須對於沒辦法完全放進內部記憶體的資料進行操作。在這種情況下，我們的目標是盡量減少解決演算問題所需的區塊傳輸。此類外部記憶體演算法中，最典型的領域為排序問題。

外部記憶體排序的下限

如我們先前討論過的，在內外部記憶體中演算法的執行效能可能會有相當大的差異。比如說，字根排序 (radix sort) 演算法在外部記憶體中效能很糟，但是在內部記憶體卻不錯。其他的演算法，比如合併排序 (merge sort) 演算法，在內外部記憶體表現都還不錯。傳統的合併排序演算法會進行的區塊傳輸數量為 $O((n/B)\log_2 n)$，B 為磁碟區塊的大小。這比外部版字根排序所需的 $O(n)$ 次區塊傳輸要好上非常多。不過，這還不是我們在排序問題上能達到的最佳表現。事實上，我們可以指出以下的下限，不過其證明超過本書的範圍。

定理 14.4： 將儲存在外部記憶體的 n 個物件排序需要

$$\Omega\left(\frac{n}{B}\cdot\frac{\log(n/B)}{\log(M/B)}\right)$$

次區塊傳輸，M 為內部記憶體的大小。

M/B 意指能夠塞進內部記憶體的外部記憶體區塊數。因此，此定理說明了在排序問題上我們能達到的最佳表現，等價於掃瞄所有輸入資料 (這會使用 $\Theta(n/B)$ 次傳輸) 至少指數次，而指數的底數為可塞進內部記憶體的區塊數。我們不會正式地證明此定理，但我們會展示如何設計一個外部記憶體排序演算法，使其執行時間為此下限的常數倍。

多路合併排序

一個有效率地將外部記憶體中含有 n 個物件的集合 S 排序的方法，為我們熟悉的合併搜尋演算法的一個簡單的外部記憶體變形版本。此版本背後主要的概念在於，一口氣合併多個遞迴排序好的列表，以減少遞迴的層數。具體來說，對此多路合併排序的高階描述為，將 S 分成 d 個大小約略相等的子集合 S_1、S_2、⋯、S_d，對每個子集合 S_i 遞迴排序，然後同時合併所有 d 個排序好的列表，成為一份排序過的 S。如果我們能夠只用 $O(n/B)$ 個磁碟傳輸執行合併程序，則執行此演算法總共需要的傳輸數目滿足以下的遞迴函數：

$$t(n) = d\cdot t(n/d) = cn/B$$

$c \geq 1$ 為一常數。當 $n \leq B$ 時，我們就可以停止遞迴，因為此時我們可以執行單一的區塊傳輸，就能把所有物件都放入內部記憶體中，並使用有效率的內部記憶體演算法將這些資料排序。因此，$t(n)$ 的停止條件為

$$t(n) = 1 \quad 若 \quad n/B \leq 1$$

這意味著 $t(n)$ 的封閉形式解為 $O((n/B)\log_d(n/B))$，即

$$O((n/B)\log(n/B)/\log d)$$

因此，如果我們可以選擇 d 為 $\Theta(M/B)$，則此多路合併排序演算法在最糟狀況時所需的區塊傳輸數，將會是定理 14.4 給予之下限的常數倍。我們選擇

$$d = (1/2)M/B$$

這個演算法現在剩下一點要說明，便是如何只使用 $O(n/B)$ 次區塊傳輸，就能進行 d 路合併。

我們使用「晉級」來執行 d 路合併。令 T 為擁有 d 個外部節點的完全二元樹，且我們將 T 完整放在內部記憶體中。我們把 T 的每個外部節點 i 連到不同的已排序列表 S_i。為初始化 T，對所有外部節點 i，我們讀入 S_i 的第一個物件。這會使得每個已排序列表 S_i 的第一個區塊都被讀入內部記憶體。接著對所有外部節點的內部母節點 v，我們比較 v 的子節點所儲存的物件，並將兩者間較小的連結到 v。接著我們對 T 的上一層重複此比較測試，接著再上一層，以此類推。當我們抵達 T 的根節點 r 時，我們會將所有列表中最小的物件連結到 r。如此便完成了 d 路合併的初始化 (見圖 14.5)。

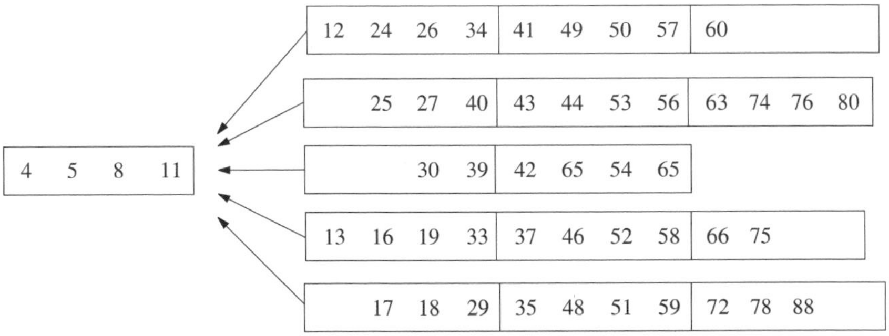

圖 14.5： d 路合併。我們展示 5 路合併，且 $B = 4$。

在 d 路合併的一般步驟中，我們將與根節點 r 相連的物件 o，搬到儲存合併結果 S' 的陣列中。接著我們往下走，找到 o 來自的外部節點 i，然後把列表 S_i 的下一個物件讀入 i。如果 o 並非其區塊最後一個物件，則 S_i 的下一個物件已然在內部記憶體中；否則，我們讀取 S_i 的下一個區塊，以存取新的物件 (如果 S_i 已經空了，則我們用一鍵值為 $+\infty$ 的假物件連結到 i)。接著我們對所有在 i 和根節點之間的內部節點進行同樣的大小比較運算。這再次讓我們得到完全樹 T。接著我們重複此步驟將物件從 T 的根節點搬

到合併結果 S'，然後重建 T 直到 T 再也沒有任何物件。此種合併每一步會花 $O(\log d)$ 的時間；因此，d 路合併的內部時間為 $O(n\log d)$。合併所需的傳輸次數為 $O(n/B)$，因為我們會依順序掃瞄所有列表 S_i 一次，寫入合併結果 S' 一次。因此我們得到：

定理 14.5 給定一儲存於外部記憶體，擁有 n 個物件，以陣列方式儲存的序列 S，我們可以使用 $O((n/B)\log(n/B)/\log(M/B))$ 次傳輸，及 $O(n\log n)$ 的內部 CPU 時間，將 S 排序，M 為內部記憶體的大小，而 B 為區塊的大小。

達到「幾近」與機器無關

利用 B 樹與外部排序演算法，可大大減少區塊傳輸的量。要讓這樣的減量可行，最重要的資訊是我們得知道 B 的值，即磁碟區塊 (或快取行) 的大小。這種資訊當然是與機器相關的，但這只是極少數我們所需的機器相關資訊之一，而另一項則是把鍵值連續儲存在陣列中的能力。

我們對 B 樹和外部排序的描述可能會讓人覺得，我們也需要對外部記憶體裝置驅動程式的低階存取，但如果要達到我們宣稱的常數倍結果，這其實並非必須的。明確地說，除了區塊大小外，唯一一件我們需要知道的事情是，太大的鍵值陣列，必須分成許多連續的區塊來儲存。這讓我們能使用個別大小為 B 的陣列，或稱做虛擬區塊 (pseudo-block)，來實作 B 樹的「區塊」與我們的外部記憶體排序演算法。如果陣列是用自然的方式放置在區塊中，則任何這種虛擬區塊最多只會被放置在兩個真實的區塊中。因此，即使我們倚賴作業系統幫我們執行區塊替換 (舉例來說，使用 FIFO、LRU 或稍後在第 14.3 節會討論的標記策略)，我們還是可以保證，存取任何虛擬區塊只會使用最多兩次，即 $O(1)$ 次真實區塊傳輸。藉由使用虛擬區塊，而非真實區塊，我們可以實作字典 ADT，以達到搜尋及更新操作僅使用 $O(\log_B n)$ 次區塊傳輸。因此，我們不必從作業系統取得記憶體階層的完整控制權，便能夠設計外部記憶體的資料結構及演算法。

14.2 平行演算法

本節我們將討論平行演算法及一些基本的平行演算技巧，包括簡單的平行各個擊破、循序子集合、布倫特定理 (Brent's theorem)、遞迴增倍 (recursive doubling) 與平行列首 (parallel prefix)、平行合併與排序等。這些技巧都已證明對設計許多有效率的平行演算法相當有用。本節最後，我們將介紹如何在尋找凸多邊形的直徑上，應用其中的一些技巧。

14.2.1 平行運算模型

將RAM模型延伸爲可使用多個處理器，產生了被稱做平行RAM或***PRAM***的平行模型。這是一個同步化的平行模型，所有的處理器共用同一組記憶體。因爲其概念的簡單，幾乎所有的平行電腦都以某種方式在模擬這個模型。PRAM模型也適於尋找某個問題可能呈現出的先天平行性質。最後，PRAM 模型也適於尋找一般範例，以用來開發有效率的平行演算法。

平行效能

在循序的場景下，我們稱某個演算法是「好的」，如果其執行時間最多是 $O(n^k)$，其中 k 爲某一常數，意即，在多項式時間內可完成。誠如第 13 章所提的，某個問題被認爲「可解」，如果存在多項式時間演算法可解此問題。在平行場景下對應的說法是，某個演算法是好的，如果它使用 $O(n^{k_2})$ 個處理器，且能在 $O(\log^{k_1} n)$ 時間內完成，其中 k_1 與 k_2 爲常數，意即，使用多項式個處理器在多項式時間內能解決。類似地，用複雜度理論的說法，如果某個問題存在一個上述好的演算法可以解決它，則我們說此問題屬於類別 *NC*。

在循序的場景下，一旦我們知道某個問題有多項式時間解，則我們的目標便轉爲找到能更快速解決此問題的演算法。同樣地，在平行的場景下，一旦我們知道某個問題屬於 *NC*，則我們的目標便轉爲盡量減少 $T(n)*P(n)$ 乘積 (在漸近概念下) 的演算法，$T(n)$ 爲此演算法的時間複雜度，而 $P(n)$ 則是此演算法使用到的處理器數量。也就是說，若 $Seq(n)$ 表示解決某特定問題的循序執行時間，則我們希望 $T(n)*P(n)$ 在漸近概念下能盡量接近 $Seq(n)$。這個目標發自於單一處理器能夠用循環的方式執行多個處理器的動作，以模擬 $P(n)$ 個處理器的執行。(參考第 2.1.2 節)

我們說某個平行演算法是最佳的，如果其 $T(n)*P(n)$ 的乘積符合此問題的循序執行時間下限。技術上來說，這樣的定義表示某個循序演算法 ($P(n) = 1$) 也可以是最佳的平行演算法。所以，如果某個問題的 $T(n)*P(n)$ 接近於 $Seq(n)$，則我們的第二個目標便是盡量減少 $T(n)$，即執行時間。這兩個目標的動機在於，任何現存的機器，擁有比如 k (常數) 個處理器，都可用此方法模擬任何有效率的演算法，以達到最大的加速。k 個處理器可以在 $\lceil P(n)/k \rceil$ 步內模擬 $P(n)$ 個處理器的一步，藉由讓每個處理器處理 $\lceil P(n)/k \rceil$ 個處理器的工作。這個方法可以建立執行時間為 $O(T(n)P(n)/k+T(n))$ 的演算法。此外，任何問題的循序執行時間下限，都立刻變成 $T(n)*P(n)$ 乘積的下限 (因為循序機器可以在 $O(T(n)*P(n))$ 時間內模擬有這些下限的 PRAM 演算法)。

PRAM 模型的版本

PRAM 模型基本上有三種不同的版本，三個版本不同的地方在於處理記憶體衝突的方式 (回想一下，在 PRAM 模型中，所有處理器是同時動作的)。限制性最強的版本為獨佔讀取，獨佔寫入 (或 EREW) PRAM，不允許任何同步讀取或同步寫入發生。如果我們允許一個以上的處理器同時讀取同個記憶體位置，但限制同時寫入，則我們得到同時讀取，獨佔寫入 (或 CREW) PRAM。如果我們允許一個以上的處理器同時寫入同個記憶體位置，則我們得到最強的模型，同時讀取，同時寫入 (或 CRCW) PRAM。解決寫入衝突的方法各有不同，但兩種最常見的方法，是根據以下其中一條規則來定義模型：

- 限制所有寫入相同位置的處理器必須寫入相同的值。
- 當 $k>1$ 個處理器要同時寫入同個位置時，只隨機允許一個處理器可以成功寫入。

我們舉個例子說明 CRCW PRAM 演算法；假設我們有一布林陣列 A，請對 A 所有位元做 OR 布林運算。我們可以把輸出位元 o 初始化為 0，然後把 A 的每個位元交給一個處理器。接著，我們要每個處理器如果得到的位元是 1，便將 1 寫入 o。這個簡單的演算法讓我們能使用 n 個處理器的 CRCW PRAM 模型 (使用上述任一條規則解決寫入衝突)，在 $O(1)$ 時間內處理 n 位元的 OR 運算。

這個簡單的例子說明了 CRCW PRAM 的能力，但許多研究者認為這個模型是不切實際的。因此，所有其他在本節中討論的演算法，都會建立在 CREW PRAM 或 EREW PRAM 模型上。

14.2.2 簡單的平行各個擊破

平行各個擊破技術，和傳統的循序各個擊破技術完全相似。方法如下。給定某個問題，我們把這個問題分成一些子問題，結構上與原問題相似，但大小較小，然後平行遞迴地解決每個子問題。接著為了得到有效率的演算法，一旦平行遞迴呼叫傳回子問題的結果，我們必須在平行運算下，快速地合併子問題的答案。

舉一個使用此技巧的簡單例子；想想計算 n 個整數和的問題 (同樣的技巧可對任何結合運算使用)。讓我們假設輸入爲一有 n 個整數的陣列，且已經存在記憶體中。爲簡便之故，讓我們假設 n 爲 2 的次方。將陣列分成兩個擁有 $n/2$ 個整數的子陣列，並平行遞迴地尋找各個子陣列的整數和。在平行遞迴呼叫傳回結果後，接著我們把各個子陣列的和加起來，就可計算所有 n 個整數的和。因爲這可以在 $O(1)$ 時間內完成，則時間複雜度 $T(n)$ 滿足遞迴方程式 $T(n) = T(n/2) = c$，意味 $T(n) = O(\log n)$。此運算所需的處理器數量 $P(n)$，可以用遞迴方程式 $P(n) = \max\{2P(n/2), 1\}$ 表示，其解爲 $P(n) = O(n)$。注意到，此情況下 $T(n)*P(n)$ 的乘積爲 $O(n \log n)$，比最佳效能要多了 $\log n$ 倍。下一節將討論兩種方法，可以減少處理器的數目，使得 $T(n)*P(n)$ 的乘積爲最佳，即 $O(n)$。

14.2.3 循序子集合及布倫特定理

循序子集合及布倫特定理兩者都著重於，從可能不是很有效率的演算法，建構有效率的平行演算法。我們從循序子集合技巧開始討論。此技巧背後主要的概念是，對於待解問題的幾個子集合，我們執行有限的循序前置處理，接著使用平行演算法來完成整個問題的解答。某些情況下，在平行演算法執行完畢後，我們可能還需要對每個子集合進行一些循序的後置處理。我們現在來描述如何將此技巧用在 n 個整數和的問題上。首先，我們可以把陣列分爲 $n/\log n$ 個子陣列，每個擁有 $\log n$ 個成員，然後，把每個子陣列交給不同處理器，循序地將其成員相加。接著，我們可以利用前一小節所描述的平行各個擊破程序，把剛算好的 $n/\log n$ 個總和相加。前處理步驟會使用 $O(n/\log n)$ 個處理器，在 $O(\log n)$ 時間內執行，而平行各個擊破步驟亦相同。因此，便可以達成計算 n 個整數總和 $T(n)*P(n)$ 的最佳乘積 $O(n)$。

布倫特定理

布倫特定理也是一種減少解決問題所需處理器數量的技巧。如果某個演算法在大多數運算時間有很多處理器閒置，則布倫特定理就可以派上用場。此定理可以概括如下：

定理 14.6： 任何共含 N 個操作，可在 T 時間內執行的同步平行演算法，可以用 P 個處理器，在

$$O(\lfloor N/P \rfloor + T)$$

時間內模擬。

證明：

(概述) 令 N_i 爲此平行演算法第 i 步執行的操作數。P 個處理器可以在 $O(\lceil N_i/P \rceil)$ 時間內模擬此演算法的第 i 步。因此，總執行時間爲 $O(\lfloor N/P \rfloor = T)$，因爲

$$\sum_{i=1}^{T} \lceil N_i/P \rceil \leq \sum_{i=1}^{T} (\lfloor N_i/P \rfloor + 1)$$
$$\leq \lfloor N/P \rfloor + T$$

■

在我們將布倫特定理應用在PRAM模型上之前，有兩樣條件我們必須先達成。首先，我們必須要能夠使用 P 個處理器，在步驟 i 的一開始便計算出 $O(\lceil N_i/P \rceil)$ 這時的 N_i。意即，我們必須知道步驟 i 確切會執行的操作數。其次，我們必須確切知道如何將工作指派給每個處理器。意即，我們必須能夠告訴每個處理器它要模擬步驟 i 所需執行的 $O(\lceil N_i \rceil/P)$ 個操作爲何。

舉一個布倫特定理的例子；再想想加總問題。回想一下之前呈現的各個擊破加總演算法。雖然此演算法使用 $O(n)$ 個處理器在 $O(\log n)$ 時間內執行，但它總共只執行了 $O(n)$ 個操作。因此，藉由應用布倫特定理，我們可以得到另一個在 $O(\log n)$ 時間解決此問題的方法，並且只使用 $O(n/\log n)$ 個處理器。在這個例子中，布倫特定理的條件很好解決，因爲第 i 步會執行的操作數，恰好是第 $i-1$ 步的一半。更具體來說，我們會使用 $\lceil \log n \rceil$ 的時間模擬第一步（n 個處理器全部在運作），$\lceil \log n/2 \rceil$ 的時間模擬第二步，$\lceil \log n/4 \rceil$ 的時間模擬第三步，依此類推。很明顯的總時間爲 $O(\log n)$，這讓我們得到另一個在 $O(\log n)$ 時間內，對 n 個整數加總的方法，且只使用 $O(n/\log n)$ 個處理器。

14.2.4 遞迴增倍

遞迴增倍技巧可以想像成各個擊破範例的反面－各個擊破爲由上而下的技巧，遞迴增倍則是由下而上的技巧。主要的概念是，我們從小的子集合開始，然後不斷的一對對合併這些子集合，直到我們解決整個問題爲止。我們用列表排位爲例，以解釋遞迴增倍技巧。在這個列表排位問題中，我們有一個已儲放在記憶體中並以指標陣列表示的鏈結串列，試求列表中所有

成員到尾端的距離。我們將討論解決此問題經典的平行演算法。主要概念是，將列表中的每個成員指派給不同處理器，在每一步，將每個成員的指標指向其下一個成員的指標。每經過一次迴圈，每個成員「前望」的距離都會倍增，因此，最多 $O(\log n)$ 次迴圈，每個成員都會指向尾端。更精確的說，令 $p(v)$ 爲 v 的指標，令 *tail* 爲列表尾端的節點。另外對於每個節點 v，儲存一標籤 $r(v)$，對所有除了尾端的節點，初始化 $r(v)$ 爲 1 (尾端則初始化爲 0)。這個標籤最後會儲存列表中 v 的排位。在每一步中，每個節點 v 都會平行地進行下列操作 (參考圖 14.6)：

if $p(v) \neq tail$ **then**
　　$r(v) := r(p(v)) + r(v);$ 　　{排位步驟}
　　$p(v) := p(p(v));$ 　　{「增倍」步驟}

因此，我們得到以下定理：

定理 14.7 對擁有 n 個節點的列表 L，我們可以在 CREW PRAM 模型下，使用 $O(n)$ 個處理器，在 $O(\log n)$ 時間內找到其每個節點 v 到尾端的距離。

注意，上述的 $T(n)*P(n)$ 乘積爲最佳值的 $\log n$ 倍。

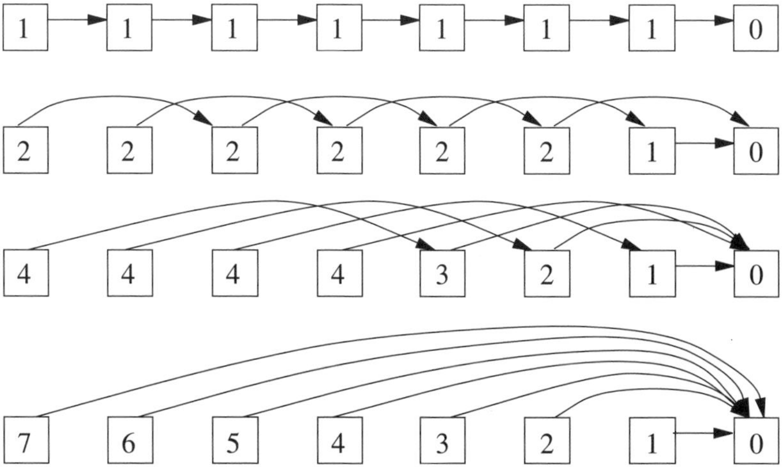

圖 14.6：應用遞迴增倍法來解決列表排位問題。

平行列首

另一個相關的問題，平行列首問題，也可以用遞迴增倍來解決。我們有一列整數 $A = (a_1, a_2, ..., a_n)$，想計算所有列首的總和 $s_k = \Sigma_{i=1}^{k} a_i$。使用遞迴增倍技巧，我們可以很容易地使用 $O(n)$ 個處理器在 $O(\log n)$ 時間內解決這個

問題 (參考圖 14.7)，方法基本上和前述的列表排位相同。

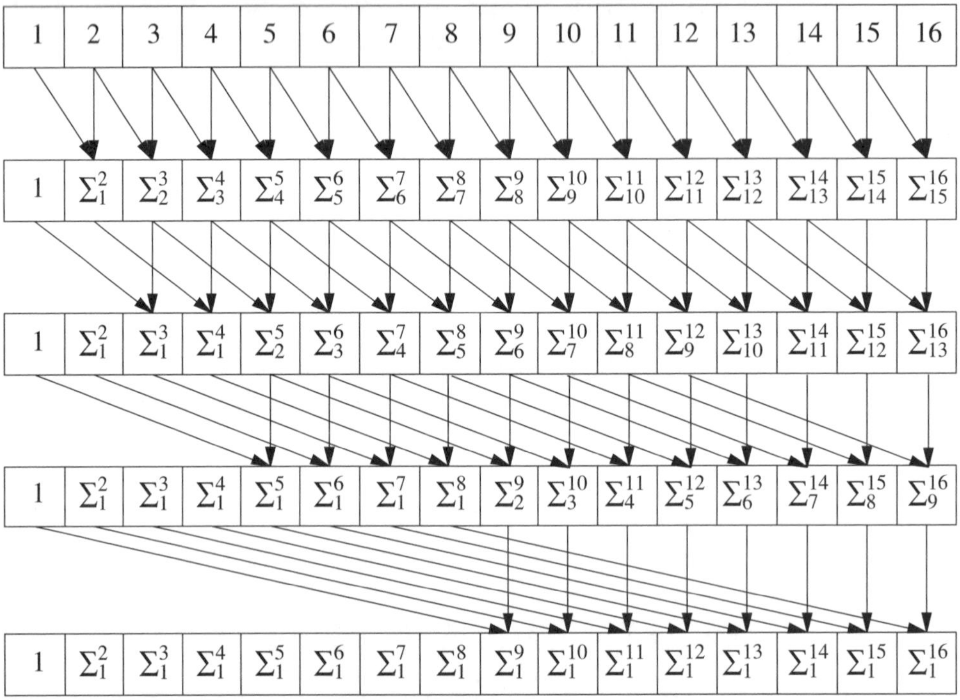

圖 14.7：應用遞迴倍增法來解決平行列首問題。

不同於列表排位問題，我們可以將循序子集合技巧，很簡單且相當直接的運用在平行列首問題上。在這個例子中，我們可以把處理器的數量減少為 $O(n/\log n)$，而依然達到 $O(\log n)$ 的執行時間，使我們得到最佳的 $T(n)*P(n)$ 乘積。方法如下。將陣列 A 分成 $n/\log n$ 個大小為 $\log n$ 的子陣列，並使用單一的處理器循序地計算每個子陣列的和。然後利用這些部分和做為元素，用之前的方法進行列首運算。完成對這些元素的列首運算後，對這 $n/\log n$ 個子陣列，進行「回溯」的動作，每個子陣列使用一個處理器，以計算其部分和。(參考圖 14.8)

平行列首問題是一些其他列表處理問題的子問題。我們將用兩個例子加以解釋。

首先，考慮以下的陣列壓縮問題：給定一擁有 n 個成員的陣列 A，其每個成員都被標記為「已標記」或「未標記」，試建立一陣列 B，列出所有 A 中已標記的成員，並以它們出現在 A 中的順序排列 (即 B 為 A 的已標記子序列)。這個方法會給每個已標記成員一個值 1，給每個未標記成員 0。藉由執行平行列首運算，我們就可以決定 A 的每個已標記成員在 B 中的排位。接著把每個 A 的已標記成員，寫到 B 的適當位置，就是一件簡單的操作了。這個方法很顯然可以使用 $O(n)$ 個處理器，在 $O(\log n)$ 時間完成。

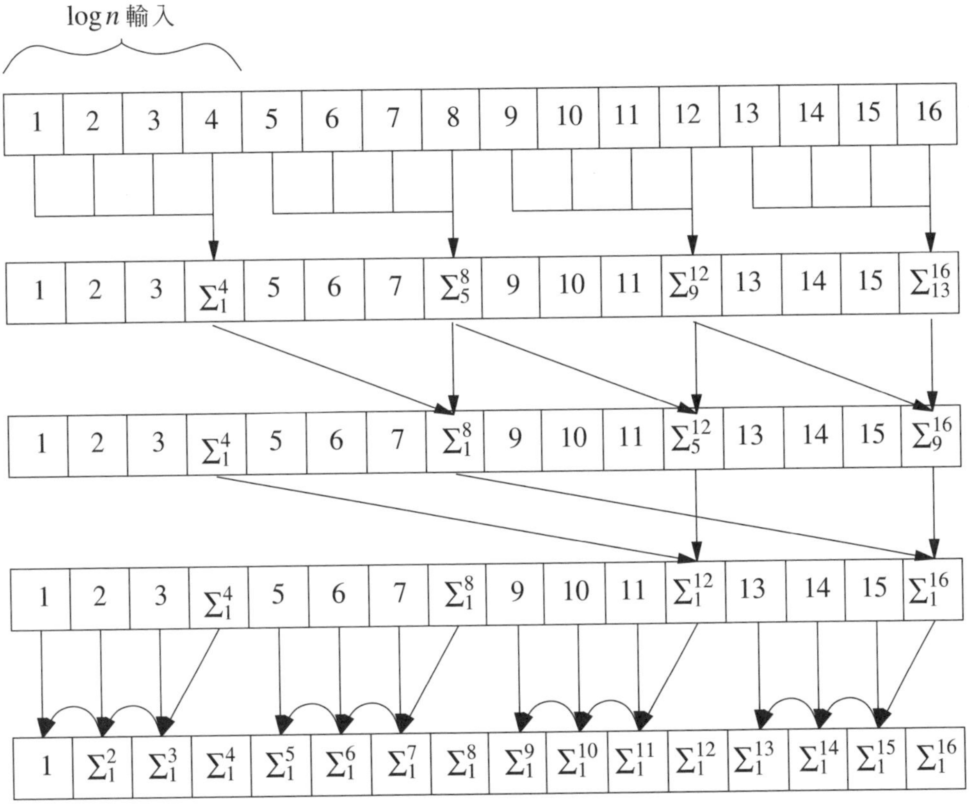

圖 14.8：將循序子集合應用在平行列首問題上。

然後，讓我們考慮陣列分割問題：給定一包含 n 個整數的陣列 A，將 A 分為子陣列 A_1、 A_2、⋯、A_m，使得每個 A_i 包含同個重複出現的整數值，且此整數值跟 A_{i-1} 與 A_{i+1} 儲存的整數值不同 (即 $k \in A_i$ 則 $k \notin A_{i-1}$ 且 $k \notin A_{i+1}$)。我們可以給 A 的每個成員一個值 1，然後只要前面的成員都相同的話，就對成員執行平行列首演算法的合併步驟。如此我們便會得到每個成員 a 在其子陣列中的排位。接著我們可以執行另一次平行列首操作，以決定 a 要存放在哪一個子陣列 A_i(即決定 i 的值)。

14.2.5 平行合併與排序

合併兩個排序好的列表，或排序 n 個數字，在循序模型中都相當容易就能達到高效率的運算，然而這在平行模型中卻不是這麼簡單。已經有相當多研究在解決這兩個問題上，其中最有效率的合併演算法可以用 $n/\log n$ 個處理器，在 $O(\log n)$ 時間內合併兩個排序好的列表。而最有效率的排序演算法，則可以使用 n 個處理器，在 $O(\log n)$ 時間內排序 n 個數字。甚至有些演算法可以在 EREW PRAM 模型中，以同樣的非漸近界限執行。

很不幸地，最有效率的平行合併和排序演算法太過複雜而無法在此詳述。讓我們改爲敘述一個較簡單的方法，它在 CREW PRAM 模型下，可以用 n 個處理器，在 $O(\log n)$ 時間內合併兩個已排序好，擁有 n 個相異成員的列表 A 及 B。對於任何一個成員 x 來說，我們定義 x 在 A 或 B 中的排位爲此列表中所有小於等於 x 的成員數。我們的演算法會對 A 的每個成員找出其在 B 中的排位，以及對 B 的每個成員找出其在 A 中的排位。明確地說，我們對於 A 及 B 的每個物件都指派一個處理器，然後執行二元搜尋找到該物件會應該被安插到另一個列表的何處。這會花上 $O(\log n)$ 的時間，因爲所有的二元搜尋都是平行進行的。一旦某個被指派給在 $A \cup B$ 中的成員 x 的處理器，得知了 x 在 A 的排位 i，以及在 B 的排位 j，便能立刻把 x 寫到合併後陣列的第 $i+j$ 個位置。因此，我們可以使用 n 個處理器在 $O(\log n)$ 時間內合併 A 與 B。

一旦我們知道如何在平行模型中快速地合併二個排序好的列表，我們就可以把它當成副程序用在平行版的合併排序演算法中。明確地說，要排序一集合 S，我們將 S 分爲等大小的兩集合 S_1 與 S_2，並平行地個別遞迴排序兩集合。一旦我們得到排序好的 S_1 及 S_2，便使用平行合併演算法，將兩者合併爲單一的已排序列表。總共需要的處理器爲 n 個，因爲我們指派給每個子問題與其大小數量相同的處理器。同樣的，此演算法的執行時間 $T(n)$ 可以遞迴運算式 $T(n) = T(n/2) + b\log n$ 來表示， b 爲一常數，這意味著 $T(n)$ 爲 $O(\log^2 n)$。因此，我們得到以下定理：

定理 14.8： 給定一 n 個物件的集合 S，我們可以在 CREW PRAM 模型下，用 n 個處理器，在 $O(\log^2 n)$ 時間內排序 S。

注意到上述的演算法是一個簡單的平行各個擊破樣式範例。我們會在習題C-14.23 中探討如何使用 $O(n/\log n)$ 個處理器，在 $O(\log n)$ 時間內合併兩個排序好的陣列，在在這能得到一個功效最佳的平行排序演算法。如前所述，如果使用更高明的演算法，我們可以在 EREW PRAM 模型下，使用 n 個處理器，在 $O(\log n)$ 時間內排序 n 項物件。雖然此處我們並不會描繪此演算法，但知道這件事情有助於我們建立其他有效率的平行演算法。下一節我們眞對這種應用舉出一個例子，將合併與排序 (以及其他一些上面提到的技巧) 使用在幾何問題上。

14.2.6 尋找凸多邊形的直徑

想想下面這個問題：給定一凸多邊形 P，在 P 上找到相距最遠的兩點。這個問題等同於計算 P 的直徑，即 P 上相距最遠兩點間的距離。我們很容易可以發現，對任何 P 來說，擁有最遠距離的兩點一定是頂點。因此，我們可以很簡單地使用 $O(n^2)$ 個處理器在 $O(\log n)$ 時間內解決這個問題 (使用簡單的各個擊破技巧來計算總共 $O(n^2)$ 對頂點之間的距離最大値)。然而，利用這個問題中的特殊幾何結構，以及之前提過的某些技巧，我們可以做的得更好。在本節中，我們會提出一個最理想的演算法 DIAMETER，使用 $O(n/\log n)$ 個處理器，在 $O(\log n)$ 時間內解決尋找直徑問題。

注意到任何一對最遠的點 p 及 q，必然是 P 的反邊頂點。點 p 與 q 爲反邊，如果存在兩平行線 L_1 與 L_2 和多邊形 P 相切，且 L_1 包含 p 而 L_2 包含 q。這很明顯地將需要考慮的頂點對數量從 $O(n^2)$ 減少到 $O(n)$，但我們仍有一個問題，如何在平行中有效率地列舉出所有反邊的頂點。頂點環繞 P 的環狀順序，決定了每一邊的方向。

把每一邊當成一個向量，將這一組邊向量搬移到原點。任何通過此向量圖原點且橫貫兩個扇形的直線，就會指出我們要找的反邊頂點。(參考圖 14.9)

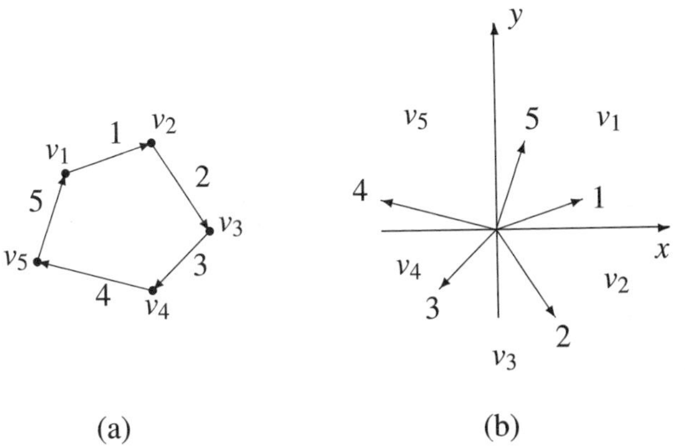

圖 14.9：將邊當成向量，把它們移到原點。注意到多邊形 (a) 的頂點，會對應到向量圖 (b) 的扇形分區。

現在我們希望在 $O(\log n)$ 時間內找出所有反邊頂點，但我們不能使用在向量間旋轉通一個通過原點的直線的方法。我們也不能對每一塊區域

(對應到某個頂點 v) 指派一個處理器，然後用二元搜尋列舉所有 v 的反邊頂點，因為對於任何 v，都可能會有 $O(n)$ 個這樣的頂點，而且，我們最多只能使用 $O(n/\log n)$ 個處理器。我們採取另一個方法，用 x 軸將所有向量分為兩組，把所有 x 軸以下的向量旋轉 180°，然後使用平行合併程序來列舉所有的反邊頂點。接著，尋出 $O(n)$ 對頂點間的最遠距離，我們便能找到 P 中最遠的一對頂點。(參考演算法 14.10)

Algorithm DIAMETER(P):
  Input: A convex polygon $P = (v_1, v_2, \ldots, v_n)$.
  Output: Two farthest points, p and q, in P.
1. Using the cyclic ordering of the vertices of P as determining a direction on each edge, and treating edges as vectors, translate the set of edge vectors to the origin.
2. Tag the vectors in the vector diagram that are above the x-axis "red" and the vectors below the x-axis "blue."
3. Rotate each blue vector by an angle of 180°.
   {The red vectors and blue vectors are now similarly ordered by angle.}
4. Use a fast parallel merging algorithm to merge these two sorted lists.
5. **for** each vector v **do**
   Use the sorted list to compute the two vectors of opposite color that precede v and succeed v in the merged list.
   Identify each such pair (a, b) as an antipodal pair.
6. Find the maximum of all the distances between antipodal vertices to find a farthest pair of vertices in P.

演算法 **14.10**：尋找凸多邊形 P 中最遠兩點的演算法。

定理 14.9： 演算法 DIAMETER 在 CREW PRAM 模型下，可以用 $O(n/\log n)$ 個處理器，在 $O(\log n)$ 時間內，對有 n 個頂點的凸多邊形 P，找到相距最遠的兩點。

證明：

演算法 DIAMETER 的正確性，在於將低於 x 軸的向量旋轉 180°，會使所有本來在反邊的扇形 (意即，被同一條通過頂點的直線穿過)，現在變成重疊。現在我們來看看複雜度界限。注意到，如果我們使用 $O(n)$ 個處理器，則步驟 1、2、3、5 都可以在 $O(1)$ 時間內完成；因為在這些步驟中，我們會對 $O(n)$ 個物件進行 $O(1)$ 件工作。如此一來，我們可以把這些步驟用 $O(n/\log n)$ 個處理器在 $O(\log n)$ 時間內完成。我們已經觀察過，步驟 4 及步驟 6 可以用 $O(n/\log n)$ 個處理器在 $O(\log n)$ 時間內完成 (見習題 C-14.23)。 ■

14.3 線上演算法

線上演算法會回應一連串的服務要求，每個服務要求都會有其成本。舉例來說，網頁替換策略會維護快取中的網頁，在接受一連串存取要求的過程中，如果網頁剛好在快取內則要求其成本爲零，如果在快取外則要求成本則爲一。對一個線上的環境來說，演算法在接收下一個要求前，必須完全完成前一個服務要求的回應。如果某個演算法能預先得知所有的服務要求序列，則稱做離線演算法。要分析線上演算法的效率，我們常常會使用競爭分析法，把某個線上演算法 A，與相對的最佳的離線演算法 OPT 相較。給定一系列服務要求 $P = (p_1, p_2, \ldots, p_n)$，令 $cost(A, P)$ 代表 A 對 P 的執行成本，$cost(OPT, P)$ 代表最佳演算法對 P 的執行成本。演算法 A 對 P 被稱做 c 可競爭，如果

$$cost(A, P) \le c \cdot cost(OPT, P) + b$$

$b \ge 0$ 爲一常數。如果對所有序列 P，A 都是 c 可競爭的，則我們可以簡稱 A 爲 c 可競爭，我們把 c 叫做 A 的**可競爭比 (competitive ratio)**。如果 $b = 0$，則我們說演算法擁有嚴格可競爭比 c。

租借者的矛盾

某個知名的線上問題，最適合用故事來說明，即租借者的矛盾。愛麗絲決定要試用某個音樂串流服務，以聽聽看 *The Streamin' Meemees* 的某些歌曲。每次愛麗絲串流一首歌，就需要花 x 元來「租借」這首歌，因爲她的軟體並不允許不付錢的重播。假設如果買下 *The Streamin' Meemees* 新專輯中所有的歌，總共要花費 y 元。在故事裡，我們說 y 比 x 大十倍，即 $y = 10x$。愛麗絲的矛盾在於如何決定她是否或何時應該要買下整張專輯而非每次串流歌曲。舉例來說，如果她在串流任何歌曲之前買了專輯，然後發現她並不喜歡這些歌，則她就多花了十倍應花的錢。然而如果她串流許多次而沒有購買專輯，則她可能甚至多花了超過十倍應花的錢。事實上，如果她串流歌曲 n 次，則此永遠「租借」的策略，會使她多花 $n/10$ 倍應花的錢。也就是說，馬上就買專輯的策略，最糟狀況的可競爭比爲 10，而永遠租借的策略，最糟狀況的可競爭比則爲 $n/10$。這兩種選擇都不好。

幸運地，愛麗絲有個可競爭比爲 2 的策略。即，她可以租借 10 次之後再買專輯。最糟狀況是她從來不聽剛買的專輯。如此一來，她總共花了 $10x + y = 2y$ 元，而她應花的錢則是 y；因此，此策略的可競爭比爲 2。事

實上，無論 y 比 x 大多少，如果愛麗絲先租 y/x 次，再買專輯，她就會得到 2 的可競爭比。

14.3.1 快取演算法

有些網路應用程式必須面對許多使用者重複瀏覽某些網頁所呈現的資訊。這種重複瀏覽特性無論在時間或空間上都有地域性參照的特性。爲了利用這些地域性參照，將網頁副本存在快取記憶體中會有很大的幫助，如此一來這些網頁在重複被要求時，便可以快速地取出。精確地說，如果我們的快取記憶體有 m 個「槽」可以放網頁。假設某個網頁可以放在快取記憶體任何一個槽中，這稱做**完全連結 (fully associative)** 快取。

瀏覽器執行時，會要求許多不同的網頁。每當瀏覽器要求某個網頁 ℓ 時，它會偵測 (快速地測試) ℓ 是否未曾改變且現存於快取中。如果 ℓ 存在快取中，則瀏覽器利用快取中的副本來回應網頁要求。如果 ℓ 不在快取中，則瀏覽器會透過網路要求 ℓ 並將之存放到快取中。如果快取的 m 個槽還有可用的，則瀏覽器會把 ℓ 放到其中一個空槽中。然而一旦所有 m 個槽都被佔滿了，則電腦就必須決定哪個之前看過的網頁，必須在 ℓ 搬進來前讓出空間。當然，有許多不同的策略可以決定要哪個網頁讓出空間。下列是一些比較有名的網頁替換策略：

- **先進先出 (FIFO)**：將存在快取中最久，即把最早被放入快取中的網頁移出。
- **最近最少被使用 (LRU)**：將最久沒被要求的網頁移出。

另外，我們可以考慮一個簡單、完全隨機的策略：

- **隨機**：隨機選出一個網頁從快取中移出。

隨機策略是最容易實作的策略，因爲只需要一個亂數或準亂數產生器。實作此策略，每次網頁替換會增加 $O(1)$ 的額外工作量。此外，每次網頁要求並不會增加額外的工作量，除了判斷被要求的網頁是否在快取中以外。然而，這個策略並未試圖利用任何使用者瀏覽時呈現的時間或空間地域性。

實作 FIFO 策略相當簡單，只需要一個佇列 Q 存下對快取中所有網頁的參照。當某個網頁被瀏覽器參考時，就會被加入佇列 Q 並加入快取中。當我們需要移出網頁時，電腦只需要對 Q 執行移出佇列的操作，以決定哪個網頁需被移出。因此，此策略對於每次網頁替換同樣需要 $O(1)$ 的額外工作量。同樣的，FIFO 策略不會增加網頁要求的額外工作量。此外，它還會試圖利用時間地域性。

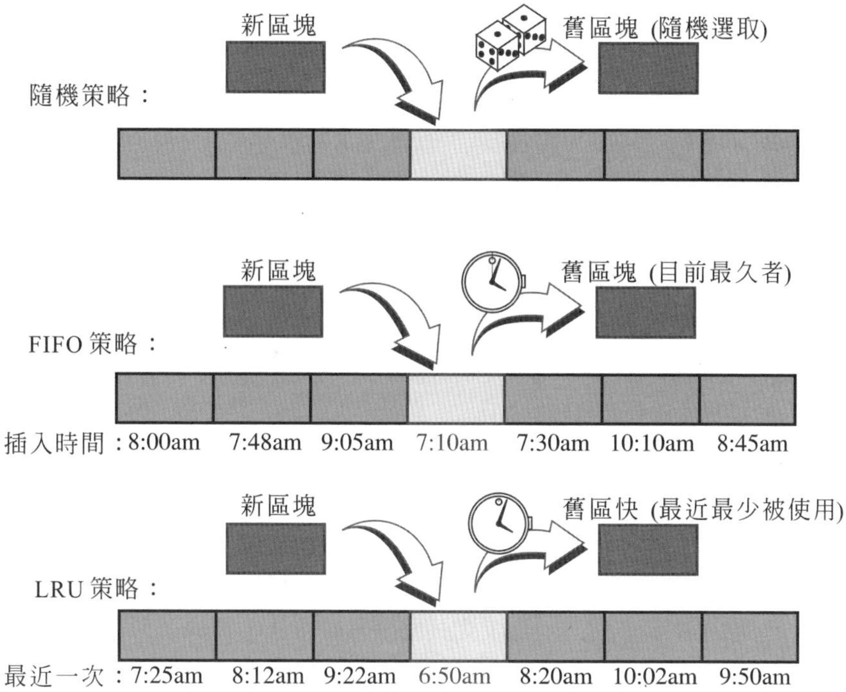

圖 14.11：隨機、FIFO、LRU 網頁替換策略。

LRU 策略比 FIFO 策略更進一步。FIFO 假設待在快取中最久的網頁，是最不可能在近期被要求的網頁；而 LRU 策略則盡量地利用時間地域性，它會選擇最近最少被使用的網頁來移出。從策略觀點來看，這是絕佳的方法，但從實作觀點來看，它的成本相當高。也就是說，LRU 盡量利用時間與空間地域性的方法成本太高了。實作 LRU 需要一個支援搜尋動作的網頁優先權佇列 Q，比如使用特別的指標或「定位器」。如果我們用已排序過的序列鏈結串列來實作 Q，則每次網頁要求及網頁替換的額外工作量都是 $O(1)$。每當我們加入一個網頁到 Q 或更新其鍵值，這個網頁會被賦予 Q 中最高的鍵值並放到列表的最末，這可以在 $O(1)$ 時間內完成。即便如此，使用上述的實作方法，LRU 策略還是會帶來常數時間的額外工作量，而此常數係數牽涉到額外的時間需求及額外的空間需求以存放優先權佇列 Q，使得這個策略從實用觀點來看較不吸引人。

由於這些不同的網頁替換策略在實作難度及對於地域性的利用度上，有不同的代價，很自然地我們會要求對這些方法進行某種比較性分析，以看看哪一種才是最好的策略。

FIFO 與 LRU 的最糟狀況競爭性分析

從最糟狀況的觀點來看，FIFO 和 LRU 策略都有相當不吸引人的競爭性特性。舉例來說，假設我們有一組存有 m 個網頁的快取，有某個程式會循環地要求 $m+1$ 個不同的網頁，考慮一下此情況下 FIFO 和 LRU 執行網頁替換的狀況。FIFO 和 LRU 在這種網頁要求序列下，都表現的很差，因爲它們必須在每次網頁要求時都必需執行網頁替換。因此，從最糟狀況的觀點來看，這些策略都幾乎是我們所能想像最糟糕的策略－它們在每次網頁要求時都需要做網頁替換。

不過，最糟狀況的分析是有些太過悲觀的，因爲它只針對一串最不好的網頁要求所呈現的行爲。一個理想的分析應該要比較對所有可能的網頁要求串列，這些方法的成效。當然，我們不可能徹底地測試所有可能出現的串列，但已有大量的實驗模擬過眞實程式可能出現的網頁要求串列。這些實驗主要針對隨機、FIFO 及 LRU 策略。根據這些實驗性的比較，這些策略從好到壞的排名爲：(1) LRU，(2) FIFO，(3) 隨機。事實上，LRU 在一般的要求串列上，表現比其他兩者好得多，然而在最糟狀況下它的效能仍然差勁，如以下定理所示。

定理 14.10： FIFO 和 LRU 網頁替換策略，對於有 m 個網頁的快取，其可競爭比最少是 m。

證明：

我們之前發現到，有某種網頁要求串列 $P=(p_1,p_2,\ldots,p_n)$，會使 FIFO 和 LRU 對每次要求都執行網頁替換－循環的 $m+1$ 個要求。我們將這種狀況的效能和最佳的離線演算法 OPT 相較，OPT 在面對這個網頁替換問題時，會把最久以後才會被要求的網頁移出快取。這個策略當然只能在離線的情況下才可能實現，即我們必須預先知道所有的 P，不然的話這個演算法就得是能預知未來的「先知」。當我們將 OPT 策略應用到循環序列時，OPT 會對每 m 次要求執行一次網頁替換 (因爲它每次都會移出最近被參考的網頁，即最久以後才會被再參考的網頁)。因此，FIFO 與 LRU 對於序列 P 都是 c 可競爭的，而

$$c=\frac{n}{n/m}=m$$

觀察到如果 P 的的任一部份 $P'=(p_i,p_{i+1},\ldots,p_j)$ 要求 m 個不同的網頁 (而

p_{i-1} 或 p_{j+1} 並非其中之一)，則即使是最佳演算法也必須移出某個網頁。此外，對這樣的部分序列 P'，FIFO 和 LRU 策略最多會移出 m 個網頁，每次移出一個在 p_i 之前被參考的網頁。因此，FIFO 與 LRU 的可競爭比爲 m，而且這是所有策略在最糟狀況下可能達到的最佳可競爭比。 ■

隨機標記演算法

即使和「先知的」最佳演算法比起來，決定性的 FIFO 與 LRU 策略在最糟狀況下的可競爭比很差，但我們可以展示，某個試圖模擬 LRU 的隨機策略，擁有不錯的可競爭比。明確地說，讓我們來研究一個試著模擬 LRU 策略的隨機策略的可競爭比。從策略觀點來看，這個名爲**標記策略 (Marker strategy)** 的方法，會模擬決定性 LRU 策略的最佳層面，利用隨機程序以避免發生 LRU 策略的最糟狀況。標記策略運作如下：

- **標記**：對快取中的每個網頁，加上一個布林變數「標記」，一開始對快取中所有的網頁標記都設定爲「僞」。如果瀏覽器要求一個已經在快取中的網頁，則網頁的標記變數便被設爲「眞」。又，如果瀏覽器要求某個不在快取中的網頁，則隨機選擇一個標記變數爲「僞」的網頁，將其移出並以新網頁取代，而新網頁，其標記變數立刻被設爲「眞」。如果所有快取中的網頁標記變數都被設爲「眞」，則將所有的標記變數都重設爲「僞」。(參考圖 14.12)

隨機線上演算法的競爭性分析

得到上述的策略定義後，我們現在想要對標記策略進行競爭性的分析。不過，在我們進行分析之前，我們必須先定義何謂隨機線上演算法的可競爭比。由於隨機演算法 A，例如標記策略，可能會有許多不同的執行過程，取決於其隨機選擇的結果，我們把這種演算法對一串要求 P 定義爲 c 可競爭的，如果

$$E(cost(A,P)) \le c \cdot cost(OPT,P) + b$$

$b \ge 0$ 爲一常數，而 $E(cost(A,P))$ 表示演算法 A 對於序列 P 的成本期望值 (即 A 在所有隨機選擇下的期望值)。如果對所有的序列 P，A 都是 c 可競爭的，則我們就說 A 是 c 可競爭的，c 爲 A 的可競爭比。

定理 14.11： 對某大小爲 m 個網頁的快取，標記策略有 $2\log m$ 的可競爭比。

證明：

令$P = (p_1, p_2, ..., p_n)$爲一串夠長的網頁要求序列。標記策略可看成把序列P的要求分割成許多回合。每回合的一開始所有快取中的網頁標記爲「僞」，直到所有快取中的網頁標記爲「眞」結束 (而下個要求會開始另一個新的回合，所以此策略會把所有標記重設爲「僞」)。考慮序列P的第i回合，如果在回合i開始時某網頁並不在快取中，但在此回合中被要求，則我們說這個網頁是新鮮的。同樣的，我們把快取中標記爲僞的網頁叫做陳舊的。因此，在回合i的一開始，所有標記策略快取中的網頁都是陳舊的。令m_i表示會在回合i被參考的新鮮網頁數，b_i表示回合i一開始時，若使用OPT演算法則會在快取中，但使用標記策略則不在快取中的網頁數。由於標記策略必須對這m_i個要求都執行網頁替換，所以OPT演算法在回合i至少需進行$m_i - b_i$次網頁替換。(參考圖 14.13) 此外，由於在回合i結束時，標記策略快取中的每個網頁都在回合i被要求過，演算法OPT在回合i至少要執行b_{i+1}次網頁替換。因此，演算法OPT在回合i至少要執行

$$\max\{m_i - b_i, b_{i+1}\} \geq \frac{m_i - b_i + b_{i+1}}{2}$$

次網頁替換。接著對序列P全部k個回合的網頁替換加總，我們會發現演算法OPT至少要執行以下次數的網頁替換：

$$L = \sum_{i=1}^{k} \frac{m_i - b_i + b_{i+1}}{2} = (b_{k+1} - b_1)/2 = \frac{1}{2}\sum_{i+1}^{k} m_i$$

接著，讓我們考慮標記策略中期望出現的網頁替換次數。

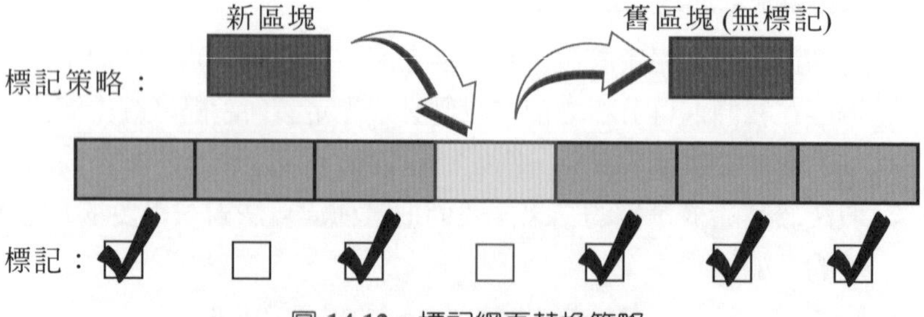

圖 14.12：標記網頁替換策略。

我們已經觀察到標記策略在回合i時至少會執行m_i次網頁替換。不過，事實上它有可能會做更多次網頁替換，如果它把標記爲陳舊的網頁移出，但這個網頁卻在此回合稍後又被要求的話。因此，標記策略所期望出現的網頁替換次數爲$m_i + n_i$，n_i爲在回合i中，期望在移出快取後又被參考的陳舊網頁數。n_i的值等於對所有會在回合i被參考的陳舊網頁，被參照時不在快取中的機率總和。當某個陳舊網頁v在回合i被參考時，v不在快

取中的機率最多爲 f/g、f 爲在網頁 v 之前被參考過的新鮮網頁數，而 g 則是尚未被參考的陳舊網頁數。這是因爲每參照一次新鮮網頁，就恷需要隨機移出某個陳舊網頁。而標記策略的成本最高的時候，便是所有對新鮮網頁的 m_i 次要求，都在對陳舊網頁的要求之前。因此，以此最糟狀況觀點來假設，在回合 i 移出後才被參考的陳舊網頁數期望值，可以決定在以下的界限內：

$$\begin{aligned} n_i &\le \frac{m_i}{m} + \frac{m_i}{m-1} + \frac{m_i}{m-2} + \cdots + \frac{m_i}{m_i+1} \\ &\le m_i \sum_{j=1}^{m} \frac{1}{j} \end{aligned}$$

因爲在回合 i 中，共有 $m - m_i$ 次對陳舊網頁的參考。注意到這個加總結果被稱做 m 階調和數，表示爲 H_m，我們得到

$$n_i \le m_i H_m$$

因此，標記策略所期望出現的網頁替換次數最多爲

$$U = \sum_{i=1}^{k} m_i(H_m + 1) = (H_m + 1) \sum_{i=1}^{k} m_i$$

所以，標記策略的可競爭比最多是

$$\begin{aligned} \frac{U}{L} &= \frac{(H_m+1)\Sigma_{i=1}^{k} m_i}{(1/2)\Sigma_{i=1}^{k} m_i} \\ &= 2(H_m+1) \end{aligned}$$

使用 H_m 的近似值，$H_m \le \log m$，標記策略的可競爭比最多爲 $2 \log m$。 ■

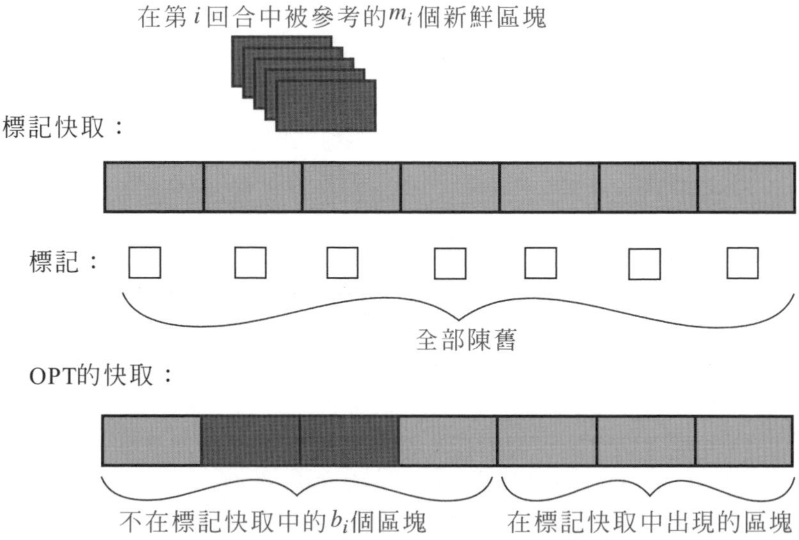

圖 **14.13**：在第 i 回合開始時，標記策略與 **OPT** 的快取狀態。

因此，競爭性分析顯示出標記策略是相當有效率的。

14.3.2 拍賣策略

本節我們將展示如何將競爭性分析應用在處理網路拍賣的簡單演算問題上。一般的情境是，我們有某個物品，如古董、藝術品或珠寶，價值在 1 到 B 元之間，我們想要在網路上拍賣它。對此拍賣，我們必須預先提供演算法 A，A 會在線上一次接受一筆出價，而在面對下一次出價前(當然，如果有下一次出價的話)，A 會接受或拒絕這次的出價。我們的目標是，讓 A 能夠為我們的寶貝物品接受最高的價錢。

最大化問題的競爭性分析

由於在此問題中，我們希望找到最大利益，而非最小成本，我們需要對 c 可競爭演算法的定義稍做調整。精確地說，我們說某個最大化演算法為 c 可競爭的，如果

$$cost(A, P) \geq cost(OPT, P) / c + b$$

$b \geq 0$ 為一常數。跟最小化的情況相同，如果 $b = 0$，則我們說此最大化演算法為嚴格 c 可競爭。

如果我們不知道會接到多少筆出價，則決定性演算法無可選擇的必須接受第一筆出價，因為這可能是唯一一筆出價。然而，為了進行競爭性分析，如果我們把此策略跟一個知道所有出價的對手相比，則我們的可競爭比必然是 B。這樣糟糕的可競爭比是由於 $P_1 = (1, B)$ 及 $P_2 = (1)$ 都是合法的出價順序。由於我們不知道會是 P_1 還是 P_2，當我們看到一元的出價時，就必須馬上接受；然而我們的對手會知道出價順序是 P_1，所以他會等到 B 元的出價再接受。如果我們知道總共會有多少筆出價 n，那我們將可以做的更好。

定理 14.12： 如果我們知道有多少筆出價 n，則存在一拍賣問題的決定性演算法，其可競爭比為 $O(\sqrt{B})$。

證明：

要達到這個可競爭比的演算法很簡單：接受第一筆超過 $\lfloor \sqrt{B} \rfloor$ 元的出價。如果沒有這麼高的出價，則接受最後一筆出價。我們用以下兩種情況來分析其可競爭比。

1. 假設沒有任何一筆出價超過 $\lfloor \sqrt{B} \rfloor$。令 m 為全部的最高出價。則在最

糟情況下，我們可能必須選擇接受一元的出價，而離線演算法則接受 m 元的出價。因此，我們得到可競爭比爲 $m \le \lfloor\sqrt{B}\rfloor$。

2. 假設我們有一筆超過 $\lfloor\sqrt{B}\rfloor$ 的出價。令 m 爲全部的最高出價。則在最糟情況下，我們可能會接受 $\lfloor\sqrt{B}\rfloor+1$ 元的出價，而離線演算法則接受 m 元的出價。因此，我們得到可競爭比爲 $m/(\lfloor\sqrt{B}\rfloor+1)$。這個值當然小於 $\sqrt{B}$。■

這樣的可競爭比顯然不是太好，不過，這已經是決定性演算法所能達到的極限了。

定理 14.13： 如果已知出價筆數 n，沒有任何拍賣問題的決定性演算法可以達到比 $\Omega(\sqrt{B})$ 更好的可競爭比。

證明：

令 A 爲解決拍賣問題的決定性演算法，令 $b=\lfloor\sqrt{B}\rfloor$。考慮 A 對線上出價順序 $P=(b,B)$ 呈現的行爲。我們有兩種狀況。

1. 如果 A 接受 b，則我們的對手很明顯地可以得到出價 B；因此，在這種狀況下可競爭比爲 $\Omega(\sqrt{B})$。
2. 假設 A 不接受 b。因爲 A 爲線上演算法，所以當它拒絕出價 b 時，它無法分辨面對的是序列 P 或序列 $Q=(b,1)$。因此，我們可以考慮 A 對於 Q 所呈現的行爲。由於在必須對 b 做決定時，A 並不知道下一筆出價爲何，在這種狀況下 A 無可避免的必須接受一元出價。因此，在這種狀況下，A 的可競爭比爲 b，即 $\Omega(\sqrt{B})$。■

因此，決定性演算法無法在拍賣問題上達到非常好的可競爭比。

隨機門檻

讓我們考慮看看使用隨機演算法在拍賣問題上。在這種情況下，利用隨機門檻的技巧，我們可以大大改進可競爭比，即使我們的演算法無法預先知道出價的總筆數。概念如下。

演算法 A 會從 $\{0,1,2,\ldots,\log B\}$ 中隨機挑出一個整數 i，並接受第一筆大於等於 2^i 的出價。如以下定理所示，這個隨機門檻演算法，能夠達到可競爭比 $O(\log B)$。

定理 14.14： 隨機門檻演算法可達到可競爭比 $O(\log B)$。

證明：

令P爲出價順序，m爲P中最大的出價。則離線演算法能得到m的出價。回想一下隨機演算法的可競爭比是建立在成本期望值上，因此對於這個拍賣問題，則可以看成對利潤的期望值，所以我們希望將最大化所接受的出價。演算法A所接受的出價，期望值至少是$m/(1+\log B)$，因爲A接受m的機率爲$1/(1+\log B)$。因此，A的可競爭比最多是$1+\log B$。■

在下一小節中，我們將會展示如何將競爭性分析應用在資料結構設計上。

14.3.3 具競爭性的搜尋樹

在這個小節中，我們將呈現一個以樹爲基礎，平衡且具競爭性的簡單字典結構。這個方法的基礎在樹的每個節點儲存的位能參數上。執行更新與查詢時，節點的位能會增加或減少。當節點的位能達到某個門檻時，我們就重建以該節點爲根節點的子樹。我們將會展示，雖然這個機制很簡單，卻具有競爭性。

能量平衡二元搜尋樹

回想一下字典裡頭存放一對對有順序的鍵值與內容，可進行更新與查詢操作。一般實作字典 ADT 的方法是使用平衡的二元搜尋樹，它會藉由局部旋轉來維持平衡。一般來說，這種旋轉是很快速的，但如果這個樹有附屬結構的話，旋轉通常是很慢的。我們將描述一種簡單的樹，藉由在每個節點儲存位能參數及進行部分重建，不用透過旋轉便能達到平衡。我們的方法不會使用任何顯著的平衡規則。反之，我們在每個節點上放一個位能標籤，讓這個方法能夠合用，具競爭性，並且相信比之前的方法都要簡單。

一棵能量平衡樹爲一棵二元搜尋樹T，每個節點v儲存一物件e，使得所有在v左邊子樹的物件都小於等於e，且所有在v右邊子樹的物件都大於等於e。T中每個節點v都有一參數n_v，表示在以v爲根節點的子樹中，儲存的物件數量 (包括v)。更重要地，每個節點v都有一位能參數p_v。插入和移除都和傳統 (非平衡) 二元搜尋樹相同，除了一個小小的修改。每次我們進行更新操作時，會從T的根節點一路走到某個節點w，對於此路徑上的每個節點v，我們將其p_v加一。如果這條路上沒有任何一節點v會使得$p_v \ge n_v/2$，則我們便完成更新操作。不然的話，令v爲T中最高的節點，使$p_v \ge n_v/2$，我們將以v爲根節點的子樹重建爲一棵完整二元樹，然後把這棵子樹所有節點的位能欄位歸零(包括 v 本身)。這就是完整的更新演算法。

這個簡單的策略馬上可導出以下定理。

定理 14.15： 能量平衡樹在最糟情況下的高度爲 $O(\log n)$，對這樣的樹執行更新的攤償時間是 $O(\log n)$。

證明：

對任何節點 v 與其鄰節點 w，我們要來證明 $n_w < n_v/4$。所以讓我們做相反的假設。那麼，從上次對 v 與 w 的母節點 z 進行重新平衡以來 (當時 v 與 w 的子樹大小相同)，對於 w 的子樹進行的移除及插入總數加起來必然至少是 $3n_v/4$。意即，$p_z \geq 3n_v/4$。此時，$n_z = n_w + n_v < 5n_v/4$。因此，$p_z \geq 3n_v/4 > (3/5)n_z$。但是這不可能發生，因爲在 $p_z > n_z/2$ 時，我們就會立刻重建 z 的子樹。

從上述的事實馬上可導出搜尋樹 T 的高度爲 $O(\log n)$，因此任何搜尋的最糟執行時間爲 $O(\log n)$。此外，每次的重建運算，都是對於以某 $p_v \geq n_v/2$ 的節點 v 爲根節點的子樹進行。意即，p_v 爲 $O(n_v)$。由於在 v 點重建子樹需花 $O(n_v)$ 的時間，這個事實意味著，這個重建運算，我們可以對之前 p_v 個在 v 點儲放「能量」的操作索費。由於能量平衡樹的深度爲 $O(\log n)$，且任何更新操作都會在某條根到葉的路徑上儲放能量，這個事實於是意味著，重建運算會對每次更新操作最多索費 $O(\log n)$ 次。因此，對能量平衡搜尋樹執行更新操作所需的攤償時間，同樣是 $O(\log n)$。 ■

偏重能量平衡搜尋樹

我們的位能方法可以做進一步延伸，把字典應用到存取與更新操作分佈不平均的情況上。在這種狀況下，我們把 T 的每個節點 v 加上一個存取計數 a_v，它會記錄下 v 儲存之物件被存取的次數。每當在搜尋中此節點被存取時。我們就增加它的存取計數。我們同樣也會增加從 v 到根節點路徑上每個節點的位能。插入部分的演算法仍相同，但當我們移除一節點 v 時，我們把 v 到根節點路徑上每個點的位能改爲增加 a_v。令 A_v 代表以 v 爲根節點的子樹所有節點的存取總數。當某個節點的位能，大於其存取值的四分之一，即 $p_v \geq A_v/4$ 時，我們就進行重建。在這個修改版的二元搜尋樹中，我們重建子樹使其節點的存取計數接近平衡，意即，我們試圖用 A_v 值來平衡其子節點。明確地說，存在一線性時間的建樹演算法 (參考習題C-3.25)，可保證對任何母節點爲 z 的節點 v，$A_z \geq 3A_v/2$。對任何非根節點 v，我們用

$\hat{A}_v$來表示，以v爲根節點的子樹大小，加上v之母節點z所存的物件權重(也就是說$A_z = A_v+\hat{A}_w$，w爲v之鄰節點)。

引理 14.16： 對任何鄰節點爲w的節點v，$\hat{A}_w \geq A_v/8$。

證明：

爲使用反證法，我們假設$\hat{A}_w < A_v/8$。則，自從前一次對v及w的母節點z所進行的重新平衡以來 (當$\hat{A}'_w \geq A'_v/2$，$\hat{A}'_w$和A'_v分別代表$\hat{A}_w$和A_v的舊值)，w的子樹的總移除權重，加上對v的子樹的插入及存取，再加上停在v的母節點的存取，至少是$3A_v/8$。在此時，$A_z = \hat{A}_w + A_v < 9A_v/8$。因此，$p_z \geq 3A_v/8 > A_z/3$。但事實上這不可能發生，因爲當$p_z > A_z/4$時，我們就會馬上在$z$重建子樹。 ■

上述的事實意味著一個目前存取頻率爲a的成員，會被放在搜尋樹深度$O(\log A/a)$的地方，A爲樹中所有節點的總存取頻率，如以下定理所示。從上述引理直接可推知以下定理。

定理 14.17： 一個目前存取頻率爲a的成員，會被放在深度$O(\log A/a)$的地方，A爲所有節點的總存取頻率。

證明：

從前述引理可知，以v爲根節點的子樹，其總存取次數至少比v之子節點的存取總數大某個常數倍。因此，樹中任何節點的深度最多是$O(\log A/a_v)$。 ■

在分析偏重能量平衡樹之前，我們先建立以下技術性引理。這個引理是用來分析全部操作序列S中，對某個節點v進行的存取或更新操作構成的子序列S_v，其所需的執行時間。

引理 14.18： 令A_i表示執行完S_v的第i個操作之後，動態偏重能量平衡樹中，所有節點的總存取數。則

$$\sum_{i=1}^{m} \log A_i/i$$

爲

$$O(m \log \hat{A}/m)$$

其中$m = |S_v|$且$\hat{A}$爲所有在操作序列S中被參照的成員的總存取數。

證明：

爲了分析之故，讓我們假設m爲 2 的次方，即$m = 2^k$。注意到

$$\sum_{i=1}^{m} \log \frac{A_i}{i} \le \sum_{i=1}^{m} \log \frac{\hat{A}}{i} = \sum_{i=1}^{m} \log \left(\frac{\hat{A}}{m}\right)\left(\frac{m}{i}\right)$$
$$= \sum_{i=1}^{m} \log \frac{\hat{A}}{m} + \sum_{i=1}^{m} \log \frac{m}{i} = m \log \frac{\hat{A}}{m} + \sum_{i=1}^{m} \log \frac{m}{i}$$

因此，要建立此引理，我們只需要找到上頭最後一項(總和項)的界限。注意到

$$\sum_{i=1}^{m} \log \frac{m}{i} = \sum_{i=1}^{2^k} \log \frac{2^k}{i} \le \sum_{i=1}^{2^k} \log \frac{2^k}{2^{\lfloor \log i \rfloor}} = \sum_{i=1}^{2^k} k - \lfloor \log i \rfloor$$
$$\le \sum_{j=1}^{k} j 2^{k-j} = 2^k \sum_{j=1}^{k} \frac{j}{2^j} \le 2 \cdot 2^k = 2m$$ ■

上述引理必須將目前更新存取序列的存取數，和整個序列的存取數相連。有某個預先知道序列內容的天使，我們把他叫做偏重樹天使，他能夠根據已知的存取數，建立一個靜態樹，使得對某個節點 v 進行存取或更新的執行時間為 $O(\log \hat{A}/\hat{a}_v)$，$\hat{a}_v$ 代表節點 v 上的物件的總存取數。

定理 14.19： 能量平衡搜尋樹對每個節點 v 進行更新操作時，能達到攤償效能 $O(\log \hat{A}/\hat{a}_v)$，和偏重樹天使能達到的效能比較起來，只差常數倍而已。

證明：

令 S 為包含 n 個字典操作的序列，T 表示偏重樹天使建立的靜態樹。S_v 為 S 的子序列，其由所有對 v 點的存取及更新操作構成。令 A_i 表示執行完 S_v 的第 i 個操作之後，動態偏重能量平衡樹中，所有節點的總存取數。注意到使用此能量平衡樹執行 S_v 的第 i 個操作，其攤償執行時間與 v 未來在能量平衡樹的深度成正比，而其深度最多為 $O(\log A_i/i)$。因此，我們執行 S_v 中所有的操作所需的攤償時間，最多和

$$\sum_{i=1}^{m} \log A_i/i$$

成正比，而偏重樹天使所建的樹需要的總時間則正比於

$$m \log \hat{A} / \hat{a}_v = m \log \hat{A} / m$$

而 $m = |S_v|$。然而，由引理 14.18 可知

$$\sum_{i=1}^{m} \log A_i/i$$

為

$$O(m \log \hat{A} / m)$$

這意味這能量平衡方法對 S_v 的時間效能，最糟只會比偏重樹天使所能達到的時間效能多常數倍而已。因此類似的說法在處理所有 S 時也會成立。■

因此，偏重能量平衡搜尋樹雖然簡單，但卻是有效率且具競爭性的。

14.4 習題

複習題

R-14.1 請詳述 (a, b) 樹的插入及移除演算法。

R-14.2 假設 T 為一多路樹，其內部節點的子節點最少有五個，最多有八個。如果要 T 使為合成的 (a, b) 樹，請問 a 與 b 的值為多少？

R-14.3 請問對前一題的 T，d 要是多少，T 才會是 d 階的 B 樹？

R-14.4 試繪出將以下鍵值 (依序) 插入空樹 T 後，所形成的 7 階 B 樹。
(4, 40, 23, 50, 11, 34, 62, 78, 66, 22, 90, 59, 25, 72, 64, 77, 39, 12)

R-14.5 對前一題所給之數列，試寫出執行四路外部記憶體合併排序時，每一層的遞迴情形。

R-14.6 考慮一下租借者矛盾的一般化情形。愛麗絲可以分開租或買滑雪板及雪靴。租滑雪板要 a 元，買則要 b 元。同樣地，租雪靴要 c 元，買則要 b 元。試描述一 2 可競爭線上演算法，讓愛麗絲在不確定以後還會滑多少次雪的情況下，能夠盡量減少付出的成本。

R-14.7 考慮由四個分頁構成，一開始是空的記憶體快取。對分頁要求序列 (2, 3, 4, 1, 2, 5, 1, 3, 5, 4, 1, 2, 3)，LRU 演算法會有幾次分頁漏失 (page miss)？

R-14.8 考慮由四個分頁構成，一開始是空的記憶體快取。對分頁要求序列 (2, 3, 4, 1, 2, 5, 1, 3, 5, 4, 1, 2, 3)，FIFO 演算法會有幾次分頁漏失？

R-14.9 考慮由四個分頁構成，一開始是空的記憶體快取。對分頁要求序列 (2, 3, 4, 1, 2, 5, 1, 3, 5, 4, 1, 2, 3)，標記演算法會有幾次分頁漏失？請展示出演算法所做的隨機選擇。

R-14.10 考慮由四個分頁構成，一開始是空的記憶體快取。試建構一串記憶體要求，使得標記演算法會進行四個回合。

R-14.11 試寫出遞迴增倍平行演算法，會如何計算序列 (1, 4, 20, 12, 7, 15, 32, 10, 9, 18, 11, 45, 22, 50, 5, 16) 的平行列首。

挑戰題

C-14.1 試寫出如何在外部記憶體中實作出一個字典，其使用沒有順序的串列使更新只需要 $O(1)$ 次傳輸，而最糟狀況更新需要 $O(n/B)$ 次傳輸，n 為物件數，B 為可以放入一個磁碟區塊的列表節點數。

C-14.2 試修改紅黑樹的定義規則，使每棵紅黑樹 T 都一對應的 $(4, 8)$ 樹，反之亦然。

C-14.3 試描繪一個 B 樹插入演算法的修改版，使得每當因為某節點 v 被拆開而產生溢位時，我們對 v 的鄰節點重新分配鍵值，使得每個鄰節點擁有數量相近的鍵值 (可能持續往上把 v 的母節點拆開)。請問若利用此策略，最少會有多少比例的區塊永遠是滿的？

C-14.4 另一種可能的外部記憶體字典實作，是利用**忽略清單 (skip list)**，在忽略清單的每一層，對個別區塊收集連續的 $O(B)$ 個節點。明確地說，我們定義一 d 階的 B 忽略清單結構爲，每個區塊最少有$\lceil d/2 \rceil$個，最多有d個清單節點。在此讓我們選擇d爲從忽略清單某一層，最多能塞進單一區塊的清單節點數量。試描述要如何爲B忽略清單修改插入與移除演算法，使得此結構的高度期望值爲$O(\log n / \log B)$。

C-14.5 假設對於d階 B 樹T，我們沒有$f(d) = 1$的節點搜尋函數，僅有$f(d) = \log d$。請問如此一來對T進行搜尋的非漸近執行時間變成多少？

C-14.6 試描述如何使用 B 樹實作佇列的 ADT，使得執行n個加入佇列與移出佇列的操作，總共需要的磁碟傳輸數爲$O(n/B)$。

C-14.7 試描述如何使用 B 樹實作分割 (聯合尋找) 的 ADT (參考第 4.2.2 節)，使得每次聯合或尋找操作，最多使用$O(\log n / \log B)$次磁碟傳輸。

C-14.8 假設我們有一包含n個物件及其整數鍵值的序列S，這些物件有些被畫爲「藍色」，有些被畫爲「紅色」。此外，我們說某個紅色物件e和某個藍色物件f是一對，如果它們有相同的鍵值。試描述一個有效率的外部記憶體演算法來找到S內所有的紅藍配對。請問你的演算法需要執行多少次磁碟傳輸？

C-14.9 考慮某個分頁問題，記憶體快取可以儲存m個分頁，我們有一包含n個要求的序列P，此n個要求針對$m+1$個可能的分頁。試描述一最佳的離線演算法策略，並證明從空的快取開始，它最多只會造成$m+n/m$次分頁漏失。

C-14.10 考慮根據最少使用規則 (LFU) 設計的分頁快取策略，當某個新分頁被要求時，快取中最不常被存取的分頁會被移出。對於平手狀況，LFU 會移出在快取中待比較久的那個。試證明有某個包含n個要求的序列P，會造成 LFU 在可存m個分頁的快取上漏失$\Omega(n)$次，而最佳演算法則只會漏失m次。

C-14.11 試證明LRU對任何包含n個分頁要求的序列，都是m可競爭的，m爲記憶體快取的大小。

C-14.12 試證明FIFO對任何包含n個分頁要求的序列，都是m可競爭的，m爲記憶體快取的大小。

C-14.13 對大小爲m的快取，長度爲n，以環狀方式輪流存取$m+1$個區塊的存取序列 (假設n遠大於m)，請問以隨機策略執行的區塊替換數期望值爲多少？

C-14.14 試證明對大小爲m的快取，有$m+1$可能被存取的分頁，標記演算法爲H_m可競爭的，H_m指m階調和數。

C-14.15 試說明如何在 CREW PRAM 模型下，使用$O(n/\log n)$個處理器，在$O(\log n)$時間內合併兩個已排序好，有n個相異物件的陣列A與B。

C-14.16 試證明擁有p個處理器的 EREW PRAM E，可以模擬任何有p個處理器的 CREW PRAM C，使得C的每一步平行步驟都可以在E上以$O(\log p)$時間被模擬。

C-14.17 試描述一個使用n^3個處理器，可在$O(\log^2 n)$時間內執行兩個$n \times n$矩陣相乘的平行演算法。

C-14.18 試描述一個在CRCW PRAM模型下，使用n個處理器，在$O(1)$時間內計算n個位元 AND 結果的平行演算法。

C-14.19 試描述一個在 CRCW PRAM 模型下，使用$O(n^2)$個處理器，在$O(1)$時間內計算n個數字中最大數的平行演算法。

C-14.20★ 試描述一個在CRCW PRAM模型下，使用$O(n)$個處理器，在$O(\log \log n)$時間內，

計算 n 個數字中最大數的平行演算法。[**提示：**先使用平行各個擊破的方法，把數字分爲 $\sqrt{n}$ 個 $\sqrt{n}$ 大小的子集合。]

C-14.21 試描述一個在 CREW PRAM 模型下，使用 $O(n/\log n)$ 個處理器，在 $O(\log n)$ 時間內，對於在範圍 $[1,c]$，$c>1$ 爲一常數，之中的 n 個數字構成的序列 S，執行排序的平行演算法。

C-14.22 試描述一個在 CREW PRAM 模型下，使用 n 個處理器，在 $O(\log n)$ 時間內，對平面上 n 個點找出凸多邊形包覆 (參考第 12 章) 的平行演算法，此 n 個點已照 x 座標排序好存在一陣列中 (你可以假設這些點的 x 座標均不相同)。

C-14.23 令 A 及 B 爲包含 n 個整數的已排序陣列。試描述一方法在 CREW PRAM 下，使用 $O(n/\log n)$ 個處理器，在 $O(\log n)$ 時間內，將 A 與 B 合併成一個排序好的陣列。[**提示：**對 A 所有第 $\lceil \log n \rceil$ 個位置指派一個處理器 (B 亦同)，並對此物件在另一個陣列中進行二元搜尋。]

軟體專案

P-14.1 撰寫一個類別，使用 (a,b) 樹實作第 2.5 節提到的所有字典方法，a 和 b 爲整數常數。

P-14.2 實作 B 樹資料結構，假定區塊大小爲 1,000，而鍵值爲整數。測試對一系列字典操作，所需的「磁碟傳輸」數。

進階閱讀

Knuth [119] 對於外部記憶體排序與搜尋有非常好的討論，而 Ullman [203] 有對於資料庫系統外部記憶體結構的討論。對於研究記憶體階層架構有興趣的讀者，可以參考 Burger 等人 [43] 或 Hennessy 與 Patterson [93] 的相關章節。Gonnet 和 Baeza-Yates [81] 的手冊中比較了一些不同排序演算法的效能，其中有許多是外部記憶體演算法。B 樹是由 Bayer 與 McCreight [24] 所發明的，而 Comer [51] 對此資料結構提供了非常好的綜述。Mehlhorn [148] 和 Samet [176] 的著作中，也對 B 樹和其它以 B 樹爲基礎的變形有很好的討論。Aggarwal 與 Vitter [5] 探討排序相關問題的 I/O 複雜度，建立上下限，包括本章中提到的排序下限。Goodrich 等人 [87] 探討了一些計算幾何問題的 I/O 複雜度。對研究有效率 I/O 的演算法有興趣的讀者，可以看看 Vitter [206] 的考察論文。

對於平行演算法設計良好的一般性導讀，請參閱 JáJá [107]、Reif [172]、Leighton [130]、Akl 與 Lyons [11] 等著作。對於近年平行演算法的發展，請參閱 Atallah 與 Chen [16] 以及 Goodrich [84] 的相關章節。Brent [39] 在 1976 年提出了我們稱做「布倫特定理」的設計樣式。Kruskal 等人 [126] 探討了平行列首問題與其應用，而 Cole 與 Vishkin [50] 則詳細研究了此問題與列表排位問題。在 [186] 中，Shiloach 與 Vishkin 提供了一個在 CREW PRAM 模型中，使用 $O(n/\log n)$ 個處理器， 在 $O(\log n)$ 時間內合併二個已排序列表的演算法，而這很明顯是最佳的。在 [204] 中，Valiant 證明使用 $O(n)$ 個處理器時，如果只計算比對次數， $O(\log\log n)$ 時間是可能的。在 [34] 中，Borodin 與 Hopcroft 證明，Valiant 的演算法確實可以在 CREW PRAM 模型中實作，仍然使用 $O(n)$ 個處理器在 $O(\log\log n)$ 時間內執行。在 [10] 中，Ajtai、Kolmlós 與 Szemerédi 證明，在 EREW PRAM 模型下，使用 $O(n)$ 個處理器，可以在最佳的 $O(\log n)$ 時間內排序 n 個數字。不幸地，他們結果的重要性很大部分在理論上，爲其時間複雜度牽涉到的常數非常大。Cole [48] 提出了一個漂亮的 $O(\log n)$ 時間排序演算法，在 EREW PRAM 模型下，使用 $O(n)$ 個處理器，而牽涉到的常數不至於太大。尋找凸多邊形直徑的平行演算法，是從 Shamos [185] 的演算法，做平行化的修改而來。

對於其他線上演算法的競爭性分析有興趣的讀者，可以參閱 Borodin 與 El-Yaniv [33] 的著作或 Koutsoupias 與 Papadimitriou [124] 的論文。標記快取演算法與線上拍賣演算法在 Borodin 和 El-Yaniv 的書中有作討論；上述對於標記演算法的討論，是本於 Motwani 與 Raghavan [157] 書中的類似討論。對於有競爭力搜尋樹的討論，是根據 Goodrich [85] 的論文。Overmars [161] 提出了部分重建以維持資料結構平衡的概念。習題 C-14.11 與 C-14.12 是來自 Sleator 與 Tarjan [188]。

Appendix A 常用的數學定理

在這個附錄中，我們將討論一些常用的數學定理。首先由組合的定義與定理開始。

對數與指數

對數函數的定義如下

$$\log_b a = c \qquad 若 \qquad a = b^c$$

下列有關對數與指數的等式是成立的：

1. $\log_b ac = \log_b a + \log_b c$
2. $\log_b a/c = \log_b a - \log_b c$
3. $\log_b a^c = c\log_b a$
4. $\log_b a = (\log_c a)/\log_c b$
5. $b^{\log_c a} = a^{\log_c b}$
6. $(b^a)^c = b^{ac}$
7. $b^a b^c = b^{a+c}$
8. $b^a/b^c = b^{a-c}$

另外有以下定理：

定理 A.1： 如果 $a>0$、$b>0$ 且 $c>a+b$，則

$$\log a + \log b \leq 2\log c - 2$$

自然對數 (natural logarithm) 函數 $\ln x = \log_e x$，其中 $e = 2.71828...$，是由級數得到的：

$$e = 1 + \frac{1}{1!} + \frac{1}{2!} + \frac{1}{3!} + \cdots$$

此外

$$e^x = 1 + \frac{x}{1!} + \frac{x^2}{2!} + \frac{x^3}{3!} + \cdots$$

$$\ln(1+x) = x - \frac{x^2}{2!} + \frac{x^3}{3!} - \frac{x^4}{4!} + \cdots$$

這裡有一些關於這些函數的常用不等式 (是由這些定義所導出)。

定理 A.2： 如果$x>-1$，則

$$\frac{x}{1+x} \le \ln(1+x) \le x$$

定理 A.3： 當$0 \le x < 1$，則

$$1+x \le e^x \le \frac{1}{1-x}$$

定理 A.4： 對任意正實數x及n，

$$\left(1+\frac{x}{n}\right)^n \le e^x \le \left(1+\frac{x}{n}\right)^{n+x/2}$$

整數函數與關係

「Floor」以及「ceiling」函數分別定義如下：

1. $\lfloor x \rfloor$ = 小於或等於x的最大整數
2. $\lceil x \rceil$ = 大於或等於x的最小整數.

當$a \ge 0$及$b>0$爲整數，模 (modulo) 算子的定義爲

$$a \bmod b = a - \left\lfloor \frac{a}{b} \right\rfloor b$$

階乘 (factorial) 函數定義爲

$$n! = 1 \cdot 2 \cdot 3 \cdot \cdots \cdot (n-1)n$$

二項式係數的公式如下

$$\binom{n}{k} = \frac{n!}{k!(n-k)!}$$

這相當於從n個物件中選取k個不同東西的不同**組合 (combinations)** 的個數 (與順序無關)。「Binomial coefficient」這個名稱是由**二項式展開 (binomial expansion)** 產生：

$$(a+b)^n = \sum_{k=0}^{n} \binom{n}{k} a^k b^{n-k}$$

我們也有下列的關係

定理 A.5： 如果$0 \le k \le n$，則

$$\left(\frac{n}{k}\right)^k \le \binom{n}{k} \le \frac{n^k}{k!}$$

定理 A.6： **Stirling's 近似式**

$$n! = \sqrt{2\pi n} \le \left(\frac{n}{e}\right)^n \le \left(1 + \frac{1}{12n} + \varepsilon(n)\right)$$

其中 $\varepsilon(n)$ 是 $O(1/n^2)$。

費波納西級數 (Fibonacci progression) 是使得下式成立的級數 $F_0 = 0$、$F_1 = 1$ 以及 $F_n = F_{n-1} + F_{n-2}$ 當 $n \ge 2$。

定理 A.7： 若 F_n 滿足費波納西級數定義，則 F_n 是 $\Theta(g^n)$，其中 $g = (1+\sqrt{5})/2$ 稱為**黃金比例 (golden ratio)**。

求和

以列是求和的常用定理

定理 A.8： 求和因子：

$$\sum_{i=1}^{n} af(i) = a\sum_{i=1}^{n} f(i)$$

若 a 與 i 無關。

定理 A.9： 順序調換：

$$\sum_{i=1}^{n}\sum_{j=1}^{m} f(i,j) = \sum_{j=1}^{m}\sum_{i=1}^{n} f(i,j)$$

套疊和 (telescoping sum) 是求和的特殊形式：

$$\sum_{i=1}^{n} (f(i) - f(i-1)) = f(n) - f(0)$$

這常出現在資料結構或演算法的償還式分析。

以下是經常出現在資料結構或演算法中有關求和的其他定理。

定理 A.10：

$$\sum_{i=1}^{n} i = \frac{n(n+1)}{2}$$

定理 A.11：

$$\sum_{i=1}^{n} i^2 = \frac{n(n+1)(2n+1)}{6}$$

定理 A.12： 若 $k \ge 1$ 是整數常數，則

$$\sum_{i=1}^{n} i^k \text{ 是 } \Theta(n^{k+1})$$

另外一個常見的求和是**幾何級數和 (geometric sum)**

$$\sum_{i=0}^{n} a^i$$

對任意實數 $0<a\neq 1$。

定理 A.13：

$$\sum_{i=0}^{n} a^i = \frac{1-a^{n+1}}{1-a}$$

對任意實數 $0<a\neq 1$。

定理 A.14：

$$\sum_{i=0}^{\infty} a^i = \frac{1}{1-a}$$

對任意實數 $0<a<1$。

接下來有兩個共同形式的運算式相結合，稱為**線性指數 (linear exponential)** 求和，運算式如下：

定理 A.15： 當 $0<a\neq 1$ 且 $n\geq 2$，則

$$\sum_{i=1}^{n} ia^i = \frac{a-(n+1)\,a^{(n+1)}+na^{(n+2)}}{(1-a)^2}$$

第 n 個調和數 (harmonic number) H_n 定義為

$$H_n = \sum_{i=1}^{n} \frac{1}{i}$$

定理 A.16： 若 H_n 是第 n 個 調和數，則 H_n 是 $\ln n+\Theta(1)$。

常用的數學技巧

要判斷一個函數是另外一個函數的 little-oh 或 little-omega，應用下列的規則有時候是有幫助的。

定理 A.17： (L'Hôpital's 規則) 如果有 $\lim_{n\to\infty} f(n) = +\infty$ 且 $\lim_{n\to\infty} g(n) = +\infty$，則 $\lim_{n\to\infty} f(n)/g(n) = \lim_{n\to\infty} f'(n)/g'(n)$，其中 $f'(n)$ 與 $g'(n)$ 分別表示 $f(n)$ 和 $g(n)$ 的導數。

在求和的上界或下界的推導當中，常常用到**分割總合 (split a summation)**：

$$\sum_{i=1}^{n} f(i) = \sum_{i=1}^{j} f(i) + \sum_{i=j+1}^{n} f(i)$$

另外一個技巧是由**積分限定總合 (bound a sum by an integral)**。若 f 是非遞減函數，則假設以下的公式已經定義了，

$$\int_{a-1}^{b} f(x)\,dx \leq \sum_{i=a}^{b} f(i) \leq \int_{a}^{b+1} f(x)\,dx$$

國家圖書館出版品預行編目資料

演算法設計 / Michael T. Goodrich, Roberto Tamassia 原著；劉傳銘編譯. – –初版. – –臺北市：全華, 2006[民 95]
面； 公分
譯自：Algorithm design: foundations, analysis, and Internet examples
ISBN 957-21-5331-5(平裝)

1.演算法 2.資料結構

312.931 95005957

演算法設計：基礎、分析與網際網路實例

Algorithm Design: Foundations, Analysis, and Internet Examples

原 著 / Michael T. Goodrich、Roberto Tamassia
編 譯 / 劉傳銘
執行編輯 / 陳明利
封面設計 / 唐謝文
發行人 / 陳本源
出版者 / 全華圖書股份有限公司
郵政帳號 / 0100836-1 號
印刷者 / 宏懋打字印刷股份有限公司
圖書編號 / 05370
初版三刷 / 2019 年 2 月
定價 / 新台幣 650 元
ISBN / 978-957-215-331-4 (平裝)
全華圖書 / www.chwa.com.tw
全華網路書店 Open Tech / www.opentech.com.tw
若您對書籍內容、排版印刷有任何問題，歡迎來信指導 book@chwa.com.tw

臺北總公司(北區營業處)
地址：23671 新北市土城區忠義路 21 號
電話：(02) 2262-5666
傳眞：(02) 6637-3695、6637-3696

南區營業處
地址：80769 高雄市三民區應安街 12 號
電話：(07) 381-1377
傳眞：(07) 862-5562

中區營業處
地址：40256 臺中市南區樹義一巷 26 號
電話：(04) 2261-8485
傳眞：(04) 3 00-9806

廣 告 回 信
板橋郵局登記證
板橋廣字第540號

行銷企劃部　收

23671 新北市土城區忠義路 21 號
全華圖書股份有限公司

讀者回函卡

填寫日期：　／　／

姓名：＿＿＿＿　生日：西元＿＿年＿＿月＿＿日　性別：□男 □女

電話：（　）＿＿＿＿　傳真：（　）＿＿＿＿　手機：＿＿＿＿

e-mail：（必填）＿＿＿＿

註：數字零，請用 Φ 表示，數字 1 與英文 L 請另註明並書寫端正，謝謝。

通訊處：□□□□□

學歷：□博士　□碩士　□大學　□專科　□高中・職

職業：□工程師　□教師　□學生　□軍・公　□其他

學校／公司：＿＿＿＿　科系／部門：＿＿＿＿

・需求書類：

□ A. 電子 □ B. 電機 □ C. 計算機工程 □ D. 資訊 □ E. 機械 □ F. 汽車 □ I. 工管 □ J. 土木

□ K. 化工 □ L. 設計 □ M. 商管 □ N. 日文 □ O. 美容 □ P. 休閒 □ Q. 餐飲 □ B. 其他

・本次購買圖書為：＿＿＿＿　書號：＿＿＿＿

・您對本書的評價：

封面設計：□非常滿意　□滿意　□尚可　□需改善，請說明＿＿＿＿

內容表達：□非常滿意　□滿意　□尚可　□需改善，請說明＿＿＿＿

版面編排：□非常滿意　□滿意　□尚可　□需改善，請說明＿＿＿＿

印刷品質：□非常滿意　□滿意　□尚可　□需改善，請說明＿＿＿＿

書籍定價：□非常滿意　□滿意　□尚可　□需改善，請說明＿＿＿＿

整體評價：請說明＿＿＿＿

・您在何處購買本書？

□書局　□網路書店　□書展　□團購　□其他＿＿＿＿

・您購買本書的原因？（可複選）

□個人需要　□幫公司採購　□親友推薦　□老師指定之課本　□其他＿＿＿＿

・您希望全華以何種方式提供出版訊息及特惠活動？

□電子報　□ DM　□廣告（媒體名稱＿＿＿＿）

・您是否上過全華網路書店？（www.opentech.com.tw）

□是　□否　您的建議＿＿＿＿

・您希望全華出版那方面書籍？＿＿＿＿

・您希望全華加強那些服務？＿＿＿＿

～感謝您提供寶貴意見，全華將秉持服務的熱忱，出版更多好書，以饗讀者。

全華網路書店 http://www.opentech.com.tw　　客服信箱 service@chwa.com.tw

2011.03 修訂

親愛的讀者：

感謝您對全華圖書的支持與愛護，雖然我們很慎重的處理每一本書，但恐仍有疏漏之處，若您發現本書有任何錯誤，請填寫於勘誤表內寄回，我們將於再版時修正，您的批評與指教是我們進步的原動力，謝謝！

全華圖書　敬上

勘誤表

書號		書名		作者	
頁數	行數	錯誤或不當之詞句		建議修改之詞句	

我有話要說：（其它之批評與建議，如封面、編排、內容、印刷品質等・・・）